회로이론의 기초와 응용

Aram Budak
정원섭 · 손상희 · 박지만 편역

Circuit Theory Fundamentals and Applications

역자 서문

회로 이론에 관련된 많은 교재들이 있음에도 불구하고, 이 책을 번역 출간하게 된 이유는 이 책이 구성과 내용에서 기존의 회로 이론 책들과는 다른 점이 많기 때문이다. 이들을 요약하면 다음과 같다.

✔ 회로 측정에 사용되는 주요 계기들(전압계, 전류계, 오실로스코프 등)의 사용법을 설명하고 이들을 이용하여 회로의 기본 법칙들(키르히호프의 전압 및 전류 법칙, 옴의 법칙 등)을 실험적으로 설명하기 때문에, 이 책은 전기에 대한 기초 지식을 갖고 있지 않은 독자들을 위한 입문서로서 적합할 뿐 아니라 회로 이론과 회로 실험을 동시에 이해할 수 있게 해준다.

✔ 본문 및 예제에서 많은 블록도들을 이용하여 회로 이론의 개념을 설명하기 때문에, 이 책은 독자들에게 회로 이론의 개념을 쉽게 정립시켜줄 것이다. 또한, 많은 파형들과 그래프들을 이용하여 회로 동작을 설명하고 있기 때문에, 회로를 실험했을 때 얻어질 결과를 예측 가능케 하여 회로를 보는 통찰력을 길러줄 것이다.

✔ 회로 종사자들이 흔히 그러하듯이, 회로 해석을 행할 때, 어렵고 지루한 미분 방정식을 풀지 않고 라플라스 변환이라는 편리한 수학 도구를 사용함으로써, 회로 해석을 보다 쉽고 빠르게 할 수 있게 해줄 뿐 아니라 시간-영역 해석과 주파수-영역 해석 사이의 상관관계를 자연스럽게 이해시켜 준다.

✔ 전기 회로와 전자 회로의 교량 역활을 하는 종속 전원 및 능동 소자들을 후반부(10장)에서 다루면서 그들의 역활 및 독립 전원과의 차이점을 자세히 설명하기 때문에, 종속 전원과 독립 전원을 동시에 다룸으로써 야기되는 혼돈을 피하게 해주고, 종속 전원이 포함된 회로를 무리 없이 해석할 수 있게 해준다.

1998년에 이 번역서가 출간된 이후에, 우리 교육의 현실을 참고하여 2004년에 일부 개정을 하였고, 이번에 두 번째 개정을 하였다. 특히, 이번의 개정에서는 브레드보드와 PSPICE를 이용하여 실험을 할 수 있는 주제를 30개 수록하였다.

교재의 웹사이트

이 교재에 관련된 웹사이트 주소는 내하출판사 홈페이지(www.naeha.co.kr) - 자료실 - 일반자료실 [회로이론(정원섭)]이며, 다음의 내용들이 수록되어 있다.

❶ 본 교재에서 다루지 않았거나 간략하게 설명된 주제에 대한 추가 자료
❷ (브레드보드와 PSPICE를 이용한) 회로이론 실험 - 30개의 주제를 실험하는 내용

감사의 말

이 책을 저술하여 출간하는 데까지는 많은 사람들의 노력과 수고가 있었다. 컴퓨터 편집과 회로 시뮬레이션에 많은 시간을 할애해 준 김동룡, 김훈 군에게 심심한 사의를 표한다. 또한, 실험 보충서 저술에 힘을 보탠 차형우, 박지만, 박상렬 군에게도 고마움을 전한다. 끝으로, 이 책의 제작에 성의를 다해 준 내하출판사의 제작진에게도 감사의 말씀을 드린다.

2024년 3월
정원섭 · 손상희 · 박지만

저자 서문

회로 이론과 전자 회로의 강의와 실험 교육 그리고 회로-설계 기술자들과의 접촉으로부터, 저자는 대학의 2학년 수준에서 회로를 어떻게 가르쳐야 할지에 대한 뚜렷한 생각을 갖게 되었다. 즉, 기초 이론을 확고히 이해하는 것이 필수이지만, 회로가 어떻게 동작하는지를 물리적으로 확실히 이해하는 것 역시 그에 못지않게 중요하다. 이와 같은 이해 없이는, 학생들이 이론을 실제에 적용할 수 없을 것이다. 실제로, 학생들이 교과 과정상의 실험을 강의실에서 배운 교과목과 별개로 취급하는 것을 보는 것은 드문 일이 아니다. 학생들은 강의실에서 배운 강력한 기법들을 제쳐두고, 시행착오를 거듭해 가면서 경험에 의존하여 회로를 다루곤 한다. 이런 경향은 회사에서도 마찬가지이다. 분명히, 이론은 지침이 되는 빛이다. 그러나, 학생들은 그 이론이 언제 그리고 어떻게 적용되는지를 확실히 알아야 하고, 또 그 이론의 한계를 명확히 깨달아야 한다. 이 책이 회로 문제들을 보다 쉽게 그리고 보다 통찰력 있게 푸는 데 필요한 지식들을 학생들에게 제공했으면 하는 것이 저자의 진실한 희망이다. 이러한 취지 아래, 저자는 실용적인 접근 방법을 채용했다. 즉, 이 책에서 저자는 기본적인 회로 해석 기법을 사용하여 간단한 문제부터 복잡한 문제까지를 일관성 있게 풀어 보일 것이다. 이 책은 회로의 이론을 자세하게 유도하는 것보다 그 이론으로 무엇을 할 수 있는지에 더 많은 관심을 갖고 있는 학생들을 위해 쓰여진 것이다.

나는, 내가 이 책을 쓰고 나의 생각을 다른 사람들과 함께 나눌 수 있다는 것을 기쁘게 생각한다. 그리고, 이 책에 제시된 많은 예제들과 설명을 통해서 학생들이 회로에 대한 확실한 감을 잡고 더 나아가 창조적인 생각을 할 수 있는 사람이 되었으면 하는 것이 나의 희망이다. 또한, 내가 회로 연구에 종사하면서 경험했던 흥미와 흥분을 학생들 역시 경험하기를 기원한다.

Aram Budak

Fort Collins, Colorado

개요

1부는 네 개의 장으로 구성되어 회로 소자들과 기본 법칙들을 다룬다. 1장에서는 회로 이론의 기초적인 관계를 공부한다. 2장에서는 직류 전원들과 저항기들만으로 구성된 간단한 저항 회로들을 다룬다. 3장에서는 복잡한 저항 회로들을 풀기 위한 몇 가지 유용한 기법들을 제시하고, 이 기법들을 간단하지만 실용적인 여러 문제들에 적용한다. 4장에서는, 신호 파형들과 에너지 축적 소자들을 공부한다. 1부가 끝날 즈음에는 학생들은 어떤 저항 회로도 풀 수 있을 것이고, 또한 어떤 *RLC* 회로에 대해서도 미분 방정식을 세울 수 있을 것이다.

2부는 두 개의 장으로 구성되어 회로들의 주파수 영역 해석을 다룬다. 5장에서는, 미분 방정식을 풀기 위한 수단으로써 라플라스 변환을 사용한다. 이 장의 주된 내용은 라플라스 변환 자체를 자세히 다루는 것이 아니라, 이 변환의 연산 공식과 활용 양상을 중점적으로 다루는 것이다. 5장에서 라플라스 변환을 다루는 목적은 학생들에게 회로 문제들을 풀고 그 결과들을 이해하는 데 필요한 기술을 가능한 한 일찍이 제공하는 것이다. 이는 다음의 장에서도 행해진다. 즉, 6장에서는 주파수 영역과 시간 영역 사이의 관계를 설명하고, 주파수 영역에서 회로들을 해석하는 방법들을 논의한다. 2부의 주파수-영역 해석 기법들은 다음의 3부에서 다룰 회로 응답을 이해하는 데 초석이 된다.

3부는 세 개의 장으로 구성되어 회로 응답을 다룬다. 7장에서는, 1차 회로들의 계단 응답을 유도하고, 그 결과를 *RC* 그리고 *RL* 회로에 적용한다. 여기서 우리는, 1차 회로들의 모든 전류 응답 또는 전압 응답을 회로의 고찰로부터 수학적으로 나타낼 수 있고 또 스케치할 수 있다는 것을 보게 될 것이다. 7장에서는 또, 2차 *RLC* 회로들의 계단 응답도 다룬다. 2차 회로의 확실한 이해는 현대의 모든 공학의 필수가 된다. 이것이 이 장에서 2차 회로를 자세히 다루는 이유이다. 8장에서는, 사인파 응답에 대해 공부한다. 즉, 이 장에서 우리는 주파수-영역 해석 기법을 이용하여 1차 및 2차 회로들의 사인파 응답을 구한다. 9장에서는, 회로들의 주파수 응답을 다룸과 동시에 1차 및 2차 여파기 함수들과 그들의 *RLC* 실현에 대해 공부한다. 즉, 이 장에서 우리는 저역 통과, 고역 통과, 대역 통과, 대역 제거, 그리고 다른 여파기들을 다룬다.

4부는 세 개의 장으로 구성되어 종속 전원, 교류 전력, 그리고 파형 분석에 대해 각각 설명한다. 10장에서는, 이상적인 변압기 회로들을 살펴봄과 동시에 변압기와 증폭기로 대표되는 종속 전원들에 대해 공부한다. 즉, 이 장에서 우리는, 종속 전원들이 어떻게 다뤄지고 또 이들이 RLC 회로에 어떤 영향을 미치는지를 보기 위해 많은 예제들을 살펴볼 것이다. 이 장은 이 책 다음에 배울 전자공학을 이해하는 데 필요한 기초 지식들을 학생들에게 제공할 것이다. 11장에서는 페이저의 개념을 도입하여 사인파의 정상-상태 응답을 구하기도 하고, 회로에 공급되는 전력과 회로에서 소비되는 전력 그리고 효율 등을 계산하는 법을 다룬다. 12장에서 우리는 여러 파형들의 푸리에 급수를 삼각 형식 및 지수 형식으로 전개하고, 이들 파형의 진폭 스펙트럼을 계산한다. 그리고, 푸리에 급수를 사용하여 회로 문제를 어떻게 푸는지를 살펴보기 위해 몇 가지 예제들을 다룬다.

CONTENTS

PART 01 회로 소자들과 기본 법칙들

CONTENTS

PART 02 주파수 영역 해석

PART 03 회로 응답

CONTENTS

Circuit Theory Fundamentals and Applications

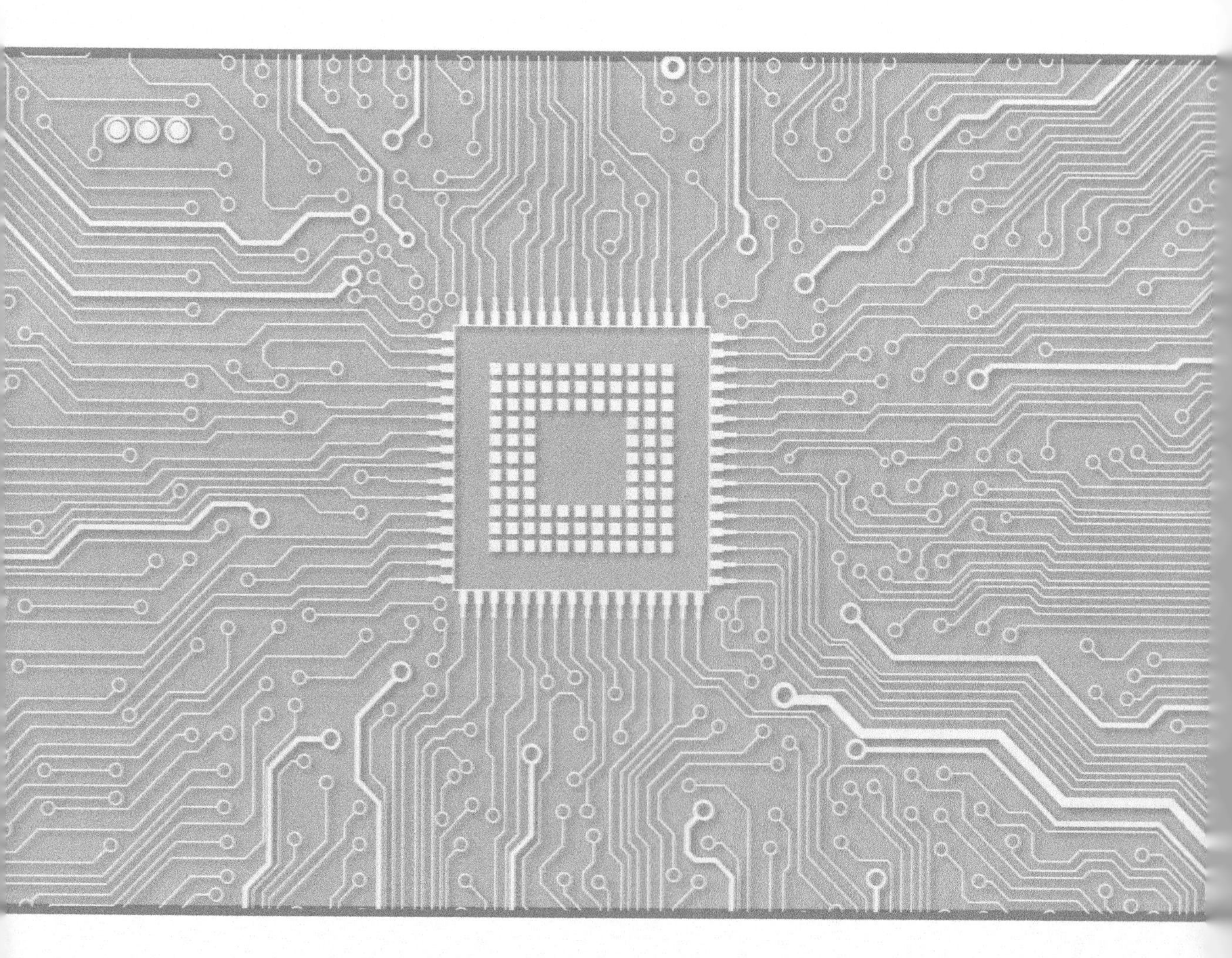

PART 01

회로 소자들과 기본 법칙들

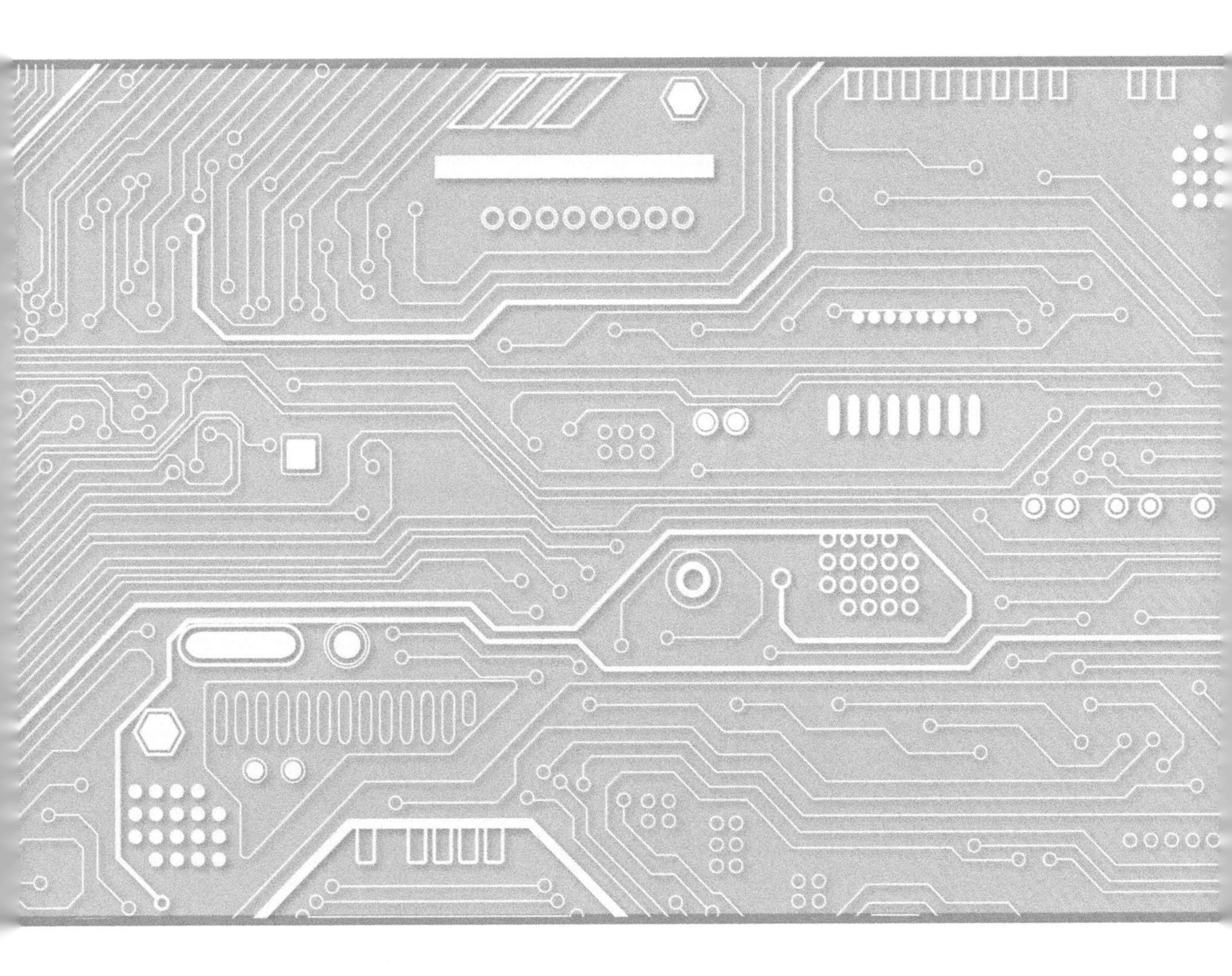

CHAPTER 01

회로 이론의 기본적인 관계

서론

임의의 시스템의 여러 가지 관계들은 변수들과 방정식들에 의해 특징지어진다. 만일 그 변수들이 실제의 물리적인 시스템을 특징짓는다면, 우리는 측정을 통하여 그것들의 값을 구해야 한다. 따라서 우리는 측정기들을 사용해야 하고, 또 그 측정기들의 사용법을 알아야 한다. 만일 측정된 값들이 수학적인 상관관계를 가진다면, 우리는 이들의 관계를 이론으로 전개함으로써 실험적으로 관측된 결과들의 적용범위를 일반화하고 확장할 수 있을 것이다. 전기 회로의 경우에는 그 이론이 전압과 전류 측정에 의해 전개된다. 이 장에서 우리는 회로 소자들과 그들의 접속을 지배하는 기본적인 관계들이 간단한 몇 가지 측정에 의해 이론적으로 전개된다는 것을 보일 것이다.

1.1 전압과 전류

전기 회로에 있어서의 여러 가지 관계들은 두 변수 $v(t)$ 와 $i(t)$에 의해 특징지어진다. 이들 변수는 시간의 함수이므로, 이들의 값은 시간에 따라 변할 것이다. 우리는 $v(t)$ 변수(간단히 v)를 **전압**(voltage) 변수라고 부르고, $i(t)$ 변수(간단히 i)를 **전류**(current) 변수라고 부른다. 이들 변수는 상수일 수도 있다.

전압계(voltmeter)는 $v(t)$ 변수를 측정하는 계기이다. $i(t)$ 변수를 측정하는 계기를 우리는 **전류계**(ammeter)라고 부른다. 이들 계기로 측정한 값들과 그것에 의해 얻은 지식이 회로 이론의 기초를 이루기 때문에, 우리는 이 계기들의 적절한 사용법을 잘 알아야 한다.

과거에는 전압계와 전류계가 독립적인 계기였으나, 최근에는 통합되어 전압, 전류는 물론 저항까지도 같이 측정할 수 있는 디지털 멀티미터(digital multimeter)가 많이 사용된다. 그림 1.1(a)는 휴대용 디지털 멀티미터(간단히 테스터(tester)라고도 함)가 전압계로 사용될 때의 전면도를 나타냈다. 그림으로부터 알 수 있듯이, 전압계는 두 개의 리드(lead)를 가지고 있다. 전압계 본체의 전압(V) 단자에 접속되어 있는 빨간 색 리드가 +리드이고, 전압계 본체의 공통(common) 단자에 연결되어 있는 검정 색 리드가 −리드이다. 그림 1.1(b)는 전압계를 도식적으로 나타낸 것이다. 전압계를 도식적으로 나타낼 때에는, 그림에 보인 것처럼, 한쪽 리드에만 +부호를 붙여 다른 리드(즉, −리드)와 구별한다. 그림에서 원 안의 대문자 V는 이 계기가 전압계라는 것을 의미한다.

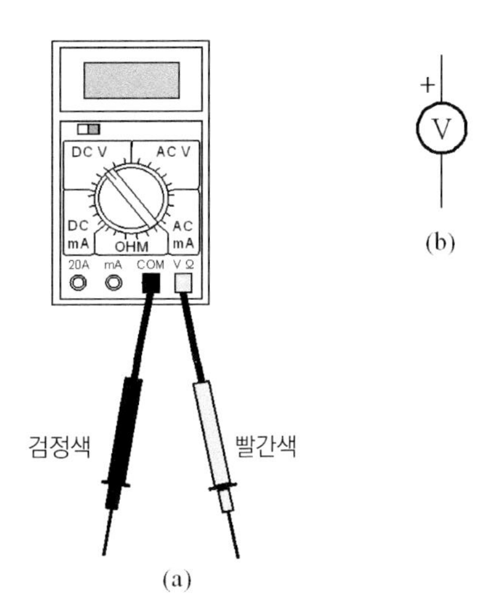

그림 1.1 (a) 휴대용 멀티미터가 전압계로 사용될 때의 전면도, (b) 전압계의 회로 기호.

그림 1.2(a)는 휴대용 디지털 멀티미터가 전류계로 사용될 때의 전면도를 나타낸 것이다. 전압계와 마찬가지로, 전류계도 두 개의 리드를 가지고 있다. 즉, 전류계 본체의 전류(mA) 단자에 접속되어 있는 빨간 색의 리드가 +리드이고, 전류계 본체의 공통 단자에 연결되어 있는 검은 색 리드가 −리드이다. 그림 1.2(b)는 전류계를 도식적으로 나타낸 것이다. 전압계의 경우와 마찬가지로, −리드는 통상적으

로 그림에 표시하지 않는다. 원 안의 대문자 A는 이 계기가 전류계라는 것을 의미한다.

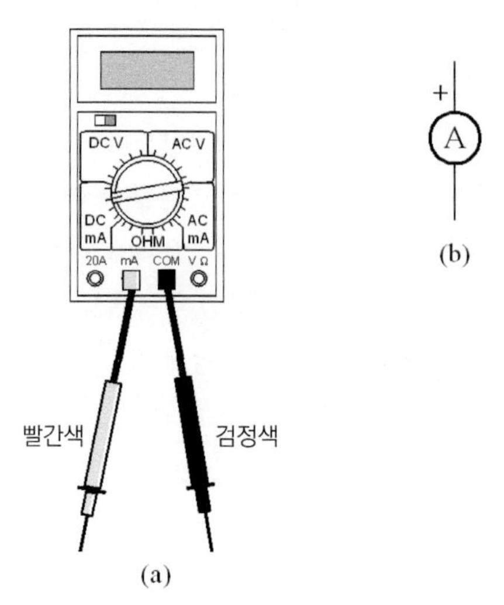

그림 1.2 (a) 휴대용 멀티미터가 전류계로 사용될 때의 전면도, (b) 전류계의 회로 기호.

가장 간단한 전기 소자들은 2-단자 소자들이며, 이들의 단자 특성은 간단한 전류-전압 관계로 나타내어진다. 앞으로 배우게 될 저항기, 커패시터, 인덕터, 그리고 전원들이 이런 전기 소자들의 예들이다. 이 소자들이 도선으로 서로 접속되어 회로나 회로망을 형성한다. 일반적으로, **회로**(circuit)란 말은 소자들의 간단한 상호 접속을 가리키는 데 사용된다. 한편, **회로망**(network)이란 말은 많은 회로들의 상호 접속을 가리키는 데 사용된다. 그림 1.3(a)에 소자 1과 소자 2 그리고 회로N으로 구성된 전기 회로를 나타냈다. 우리는 2-단자 소자들 또는 회로N에 전압 변수와 전류 변수를 관련시킬 수 있을 것이다. 예를 들어, 우리는 소자 2에 변수 v_2와 i_2를 관련시킬 수 있을 것이며, 회로N에 v_N과 i_N을 관련시킬 수 있을 것이다.

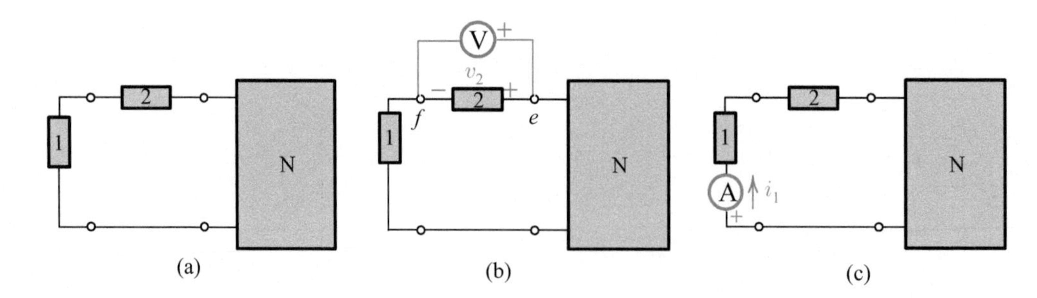

그림 1.3 (a) 소자들과 회로로 구성된 전기회로, (b) 소자 2의 전압 측정을 위한 전압계 접속, (c) 소자 1의 전류 측정을 위한 전류계 접속.

전압

전압은 소자 또는 회로 사이에 걸리는 변수로서 취해진다. 따라서, 전압은 항상 회로의 두 점 사이 또는 소자의 두 단자 사이에 전압계를 접속하여 측정해야 한다. 예를 들어, 우리는 그림 1.3(b)의 회로와 같이 전압계를 접속함으로써, 소자 2(e와 f 사이)에 걸리는 전압을 측정할 수 있을 것이다. 이때의 전압계의 지시가 소자 2의 양옆에 +와 −로 표시되어 있는 변수 v_2의 값을 나타낸다. 변수 v_2의 +표시와 전압계의 +리드가 서로 일치되어 있다는 점에 주목하기 바란다. 만일 전압계의 지시가 양(+)이면, 변수 v_2의 값은 정의에 의해 양의 값이 된다. 만일 전압계의 지시가 음(−)이면, 변수 v_2의 값은 음의 값이 된다. 예를 들어, 만일 전압계의 지시가 양의 값 5이면 소자 2에 걸리는 전압은 $v_2 = +5$이고, 전압계의 지시가 음의 값 10이면 $v_2 = -10$이다. 바꿔 말하면, 변수 v_2는 전압계 지시의 부호에 따라 음의 값뿐만 아니라 양의 값도 가질 수 있다. 전압계의 +끝과 변수의 +표시가 소자 2의 같은 점에 접속될 때에만, 전압계 지시와 변수에 할당된 값 사이에 1 대 1 대응이 성립한다는 점에 주목하기 바란다. 만일 이들의 극성 표시가 일치되지 않았다면, 즉 v_2의 왼쪽에 +가 그리고 오른쪽에 −가 표시되어 있었다면, 변수 값은 전압계 지시의 음의 값으로 취해질 것이다. 즉, 이 경우, 전압계의 양의 값 지시는 음의 값 전압에 해당할 것이다. 전압 변수의 극성이 회로 내에서 + − 순서로 표시되어 있든 아니면 − + 순서로 표시되어 있든 간에, 그 순서 자체는 중요하지 않다. 즉, 우리는 일반적으로 전압 변수의 극성을 임의로 선택할 수 있다.

위의 내용 중에서 중요한 부분을 반복하면 다음과 같다. 즉, 전압 측정은 항상 회로내의 두 점 사이 또는 소자 사이에서 행해야 한다. 따라서, 다른 점의 위치를 명시하지 않고 한 점의 전압을 말하는 것은 의미가 없다.

전압은 볼트(volt)의 단위로 측정되며, 볼트는 약자 V로 표시된다.

그림 1.1(b)에 나타낸 전압계 표시는 이상적인(ideal) 전압계의 표시이다. 이상적인 전압계에는 어떤 전류도 흐르지 않는다. 따라서, 우리가 전압을 측정하기 위해 이상적인 전압계를 회로 내에 접속시켜도, 회로는 아무런 영향을 받지 않는다.

전류

전류는 소자 또는 회로를 통해 흐르는 변수로서 취해진다. 따라서, 전류는 항상 회로 내에 전류계를 삽입하여 측정해야 한다. 예를 들어, 그림 1.3(a)의 소자 1을 통해 흐르는 전류를 측정하려면, 그림 1.3(c)와 같이 소자 1에 연결된 도선을 끊고 전류계를 삽입해야 한다. 이때의 전류계 지시가 그림에 표시된 전류 변수 i_1의 값을 나타낸다. i_1에 화살표가 있고, 또 이 화살표가 전류계의 ＋리드로부터 출발하여 다른 리드로 향한다는 점에 주목하기 바란다. 전류계가 이와 같은 방식으로 접속되었을 때, 전류계 지시가 ＋이면 변수 i_1은 정의에 의해 양의 값이 되고, 전류계 지시가 －이면 변수 i_1의 값은 음의 값이 된다. 그러나, 전류계를 그림과 같이 접속한 상태에서 i_1의 화살표만 반대 방향으로 돌려놓는다면, 변수 값은 전류계가 지시하는 값의 음의 값이 될 것이다. 바꿔 말하면, 그림 1.3(c)와 같이 전류계 표시와 전류의 화살표 표시가 일치할 경우에는, 전류계 지시와 변수 값이 동일할 것이고, 만일 극성들이 그림과 같이 일치되어 있지 않을 경우에는, 전류계의 지시와 변수 값은 －부호만큼 다를 것이다. 회로에서 전류 변수의 방향, 즉 화살표의 방향이 어느 쪽으로 표시되어 있든지 간에 그 방향 자체는 중요하지 않다. 즉, 우리는 일반적으로 전류 변수의 방향을 임의로 선택할 수 있다.

우리가 전류에 대해 얘기할 때, 전류는 소자를 통해 흐르는 전류 또는 도선을 통해 흐르는 전류임을 의미한다. 전류는 **암페어**(ampere) 단위로 측정되며, 암페어는 약자 A로 표시된다.

그림 1.2(b)에 나타낸 전류계 표시는 이상적인 전류계의 표시이다. 이상적인 전류계에 걸리는 전압은 0이다. 따라서, 우리가 전류를 측정하기 위해, 이상적인 전류계를 회로에 접속해도 회로는 아무런 영향을 받지 않는다.

전압 및 전류 측정

어떤 회로에서 전압과 전류 변수들이 그림 1.4에 보인 것처럼 표시되어 있다. 그림으로부터 우리는 전압 변수에는 항상 ＋와 －부호가 붙고 전류 변수에는 항상 화살표가 붙는다는 것을 알 수 있다. 전압 v_1은 a점과 b점 사이의 전압이기도 하고, 또한 N_1의 단자들 사이에 걸리는 전압이기도 하다. v_1을 구하려면, 전압계의 ＋리드를 a점에 그리고 －리드를 b점에 각각 접속해야 한다. 전압 v_2는 c점과 d점 사이에 걸리는 전압이기도 하고, 또한 N_2의 위쪽 단자들 사이에 걸리는 전압이기도 하다. v_2를 측정하기 위해서는, 전압계의 ＋리드를 c점에 접속하고 －리드를 d점에 접속해야 한다. 전류 i_1은 e로 표시된 도선에 흐르는 전류를 나타낸다. i_1을 측정하려면 e점에서 도선을 자른 후, 전류계의 ＋리드가 왼쪽으로 가도록 전류계를 삽입해야 한다. 마찬가지로, i_2를 측정하기 위해서는 f점에서 도선을 자른 후, 전류계의 ＋리드가 오른쪽으로 가도록 전류계를 삽입해야 한다.

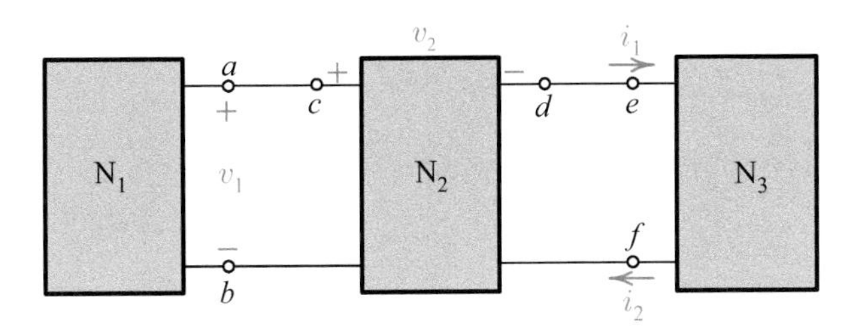

그림 1.4 임의의 회로에서의 전압 및 전류 측정.

예제 1.1 그림 1.5(a)의 회로에서 v_1과 i_2 변수들의 값을 구하고자 한다. 이들 값을 구하기 위해 전압계와 전류계를 사용한 결과, 이들 계기는 그림 1.5(b)와 같은 값을 각각 지시했다. v_1의 값과 i_2의 값을 구하라.

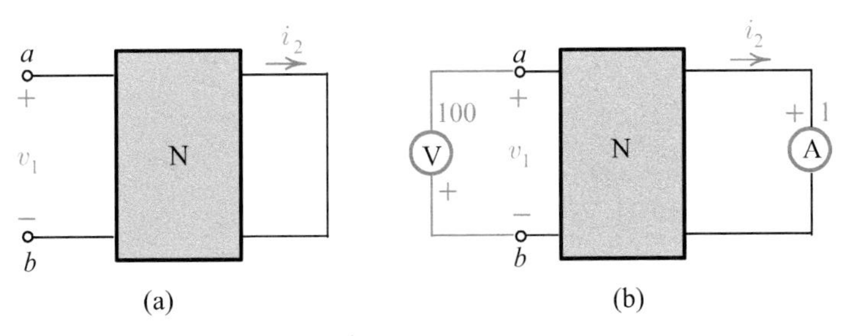

그림 1.5 (a) 예제 1.1을 위한 회로, (b) 회로에서 전압계와 전류계의 지시 값.

풀이 우리는 그림으로부터 전압계가 +100을 지시한다는 것을 알 수 있다. 변수 v_1의 극성 표시는 전압계 극성 표시와 반대이다. 따라서,

$$v_1 = -100 \text{ V}$$

이다. i_2 전류는 전류계의 +단자로 흘러 들어가서 -단자로 흘러나온다. 따라서, 전류계 지시가 i_2 변수의 값을 나타낸다. 즉,

$$i_2 = 1 \text{ A}$$

(a) 그림 1.6에서 $v_1 =$ 20 V이다. v_2를 구하라.

(b) 만약 i = −2 A라면, 전류계를 어떻게 접속해야 +2 V를 지시하겠는가?

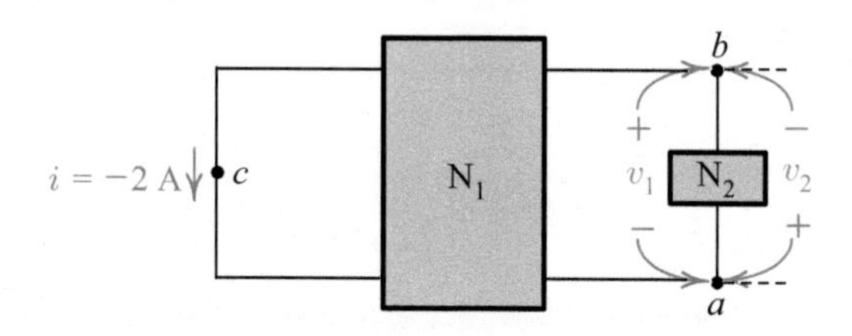

그림 1.6 예제 1.2를 위한 회로.

풀이 (a) v_1과 v_2는 동일한 두 점, 즉 a점과 b점 사이에서 측정한 값들이다. v_1은 전압계의 +단자를 b점에 접속하여 측정한 값이고, v_2는 전압계의 +단자를 a점에 접속하여 측정한 값이다. 따라서,

$$v_2 = -v_1 = -20 \text{ V}$$

이다.

(b) c점에서 도선을 끊고, 전류계를 +단자가 아래로 가도록 삽입한다.

연습문제 1.1

(a) 그림 E1.1에서 i_1과 i_2 사이에는 어떤 관계가 있는가?

(b) 만약 i_1 = −6 A라면, i_2는 얼마인가?

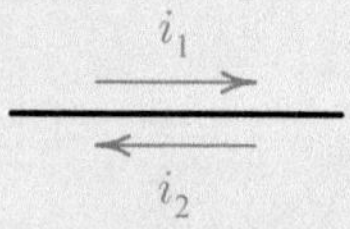

i_1

i_2

그림 E1.1 연습문제 1.1을 위한 그림.

답 (a) $i_2 = -i_1$, (b) i_2 = 6 A

1.2 키르히호프의 법칙

전류 법칙

임의의 회로에서 둘 또는 그 이상의 도선들이 접속되는 접점을 우리는 **마디**(node)라고 부른다. 만일 우리가 전류계를 가지고 실제 회로의 마디에서 전류가 어떻게 분배되는지를 조사한다면, 우리는 전류 분배를 지배하는 어떤 법칙이 존재한다는 것을 곧 발견하게 될 것이다. 예를 들어, 그림 1.7(a)에 점으로 나타낸 마디를 고찰해 보기로 하자. 우리는 그림으로부터 세 개의 도선과 그에 따른 세 개의 전류가 이 마디와 관계한다는 것을 알 수 있다. 세 개의 전류 변수 모두가 마디로 들어간다고 가정하고, 그들을 i_1, i_2, i_3라고 표기하기로 하자. 그림 1.7(a)에서 이들 전류를 측정하려면, 우리는 세 개의 전류계를 그림 1.7(b)와 같이 접속해야 할 것이다. 세 전류계의 −단자들이 전부 마디를 향하고 있다는 점에 주목하기 바란다. 따라서 변수 값들은 전류계 지시들과 동일한 값들을 가질 것이다. 전류계 지시들로부터 우리는

$$i_1 + i_2 + i_3 = 0 \tag{1.1a}$$

이라는 것을 알 수 있다. 바꿔 말하면, 세 전류계가 지시하는 값들의 합이 0이라는 것, 또는 마디로 향하는 전류 변수들의 합이 0이라는 것을 알 수 있다. 물론, 이 말은 모든 값들이 동일한 부호를 갖지 않는다는 것을 의미한다. 예를 들어, i_1과 i_2의 값이 양의 값이면, i_3는 음의 값을 가져야 식 (1.1a)를 만족시킬 것이다.

다음으로, 모든 전류 변수들이 마디로 들어가는 대신에, 그림 1.7(c)와 같이 이들이 모두 마디로부터 나온다고 가정해 보기로 하자. i_1', i_2' 그리고 i_3'의 값들을 구하려면, 우리는 그림 1.7(d)와 같이 전류계를 접속해야 할 것이다. 세 전류계의 +단자들이 마디를 향하고 있다는 점에 주목하기 바란다. 전류계 지시들은

$$i_1' + i_2' + i_3' = 0 \tag{1.1b}$$

이라는 것을 보일 것이다. 따라서 우리는 마디로부터 나오는 전류 변수들의 합은 0이라고 말할 수 있을 것이다. 실제로, 우리가

$$i_1 = -i_1', \qquad i_2 = -i_2', \qquad i_3 = -i_3'$$

이라는 것을 인지한다면, 우리는 다음과 같이 식 (1.1a)로부터 직접 식 (1.1b)를 구할 수 있을 것이다.

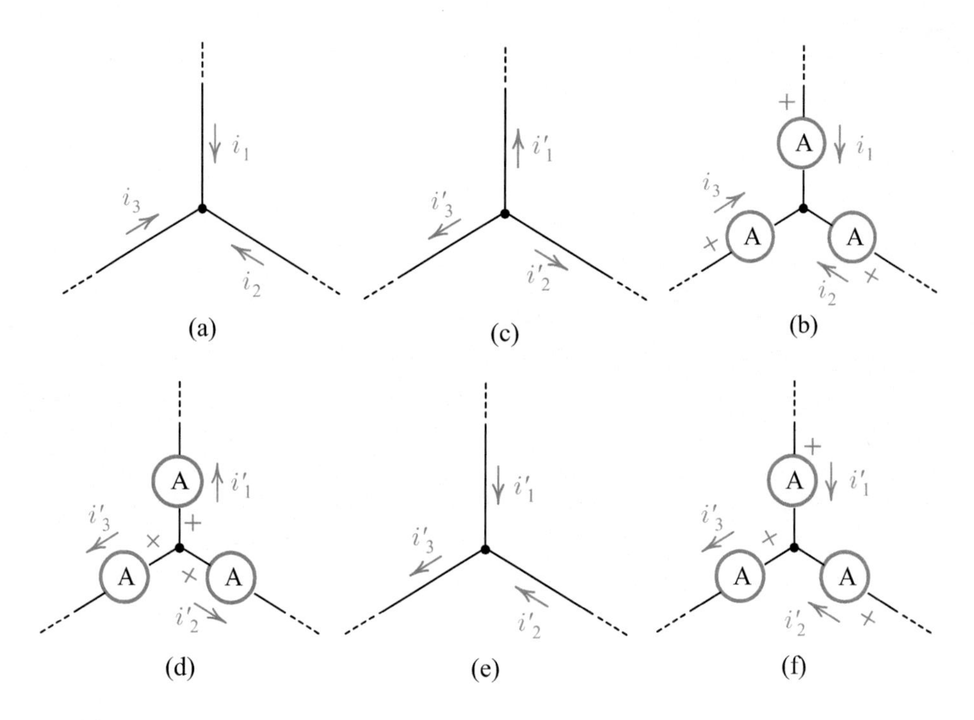

그림 1.7 세 개의 도선이 접속된 마디에서 전류 관계의 예:
(a) 모든 전류가 들어간다고 가정한 경우, (b) (a)의 경우의 전류계 접속,
(c) 모든 전류가 나온다고 가정한 경우, (d) (c)의 경우의 전류계 접속,
(e) 들어가고 나오는 전류가 같이 있다고 가정한 경우, (f) (e)의 경우의 전류계 접속.

$$i_1 + i_2 + i_3 = (-i_1') + (-i_2') + (-i_3') = -(i_1' + i_2' + i_3') = 0$$

마지막으로, 그림 1.7(e)와 같이, 두 개의 전류 변수가 마디로 들어가고 나머지 하나의 전류 변수가 마디로부터 나온다고 가정해 보자. 전류계를 그림 1.7(f)와 같이 연결한 다음, 전류계 지시들을 정리하면,

$$i_1 + i_2 = i_3' \quad \text{또는} \quad i_1 + i_2 - i_3' = 0 \tag{1.1c}$$

이라는 것을 알 수 있다. 따라서 우리는 마디로 들어가는 두 전류의 합이 마디에서 나오는 하나의 전류와 같다고 말할 수 있으며, 또는 한쪽 방향으로 취한 전류들의 합에서 반대쪽 방향으로 취한 전류들의 합을 빼면 0이 된다고 말할 수도 있다. $i_3 = -i_3'$이기 때문에, 우리는 식 (1.1a)로부터 직접 식 (1.1c)를 구할 수도 있다. 즉,

$$i_1 + i_2 + i_3 = i_1 + i_2 + (-i_3') = 0$$
$$i_1 + i_2 = i_3'$$

이와는 달리, 만일 우리가 식 (1.1b)로 시작한다면, $i_1' = -i_1$과 $i_2' = -i_2$를 이용함으로써 식 (1.1c)를 다음과 같이 구할 수도 있을 것이다.

$$i_1' + i_2' + i_3' = (-i_1) + (-i_2) + i_3' = 0$$
$$i_1 + i_2 = i_3'$$

임의의 마디에서의 전류들의 이와 같은 기본적인 성질을 처음으로 관찰한 사람은 독일의 물리학자 키르히호프[1]였다. 따라서 우리는 회로의 모든 마디에서 전류를 지배하는 법칙을 **키르히호프의 전류 법칙**(Kirchhoff's Current Law : KCL)이라고 부른다. 이 법칙은 우리가 임의의 마디에서 전류 변수들을 어떻게 표시하느냐에 따라 세 가지 방식으로 기술된다. 그림 1.8과 같이, n개의 도선이 함께 접속되어 마디 p를 형성하고 있는 일반적인 경우에 대해 생각해 보기로 하자.

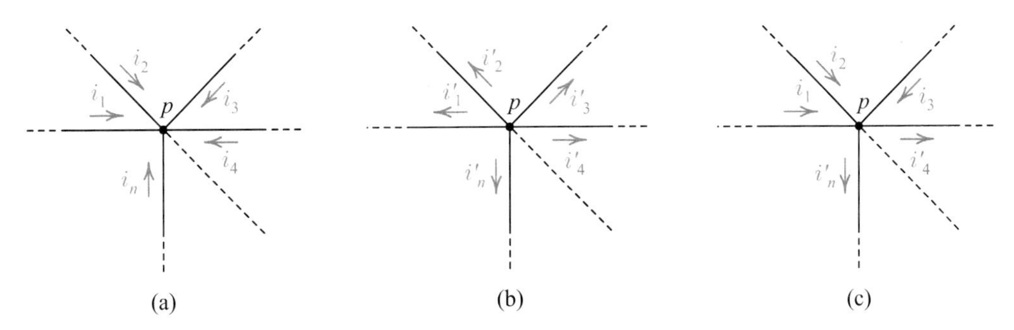

그림 1.8 n개의 도선이 접속된 마디에서 전류 관계의 예: (a) 모든 전류가 들어간다고 가정한 경우, (b) 모든 전류가 나온다고 가정한 경우, (c) 들어가고 나오는 전류가 같이 있다고 가정한 경우.

1. 만일 그림 1.8(a)와 같이, n개의 전류 모두가 임의의 마디 p를 향해 들어간다면, KCL은 다음과 같이 기술될 것이다. 즉,

임의의 마디로 들어가는 모든 전류들의 합 = 0

   수학적으로는,

$$\sum_{j=1}^{n} i_j = 0 \tag{1.2a}$$

   으로 나타낼 수 있을 것이다.

[1] Gustav Kirchhoff(1824-1887)는 1847년에 실험을 통해 이 법칙을 발견했다.

2. 만일 그림 1.8(b)와 같이, n개의 전류 모두가 임의의 마디 p로부터 나온다면, KCL은 다음과 같이 기술될 것이다. 즉,

임의의 마디로부터 나오는 모든 전류들의 합 = 0

수학적으로는

$$\sum_{j=1}^{n} i_j' = 0 \tag{1.2b}$$

으로 나타낼 수 있을 것이다.

3. 만일 그림 1.8(c)와 같이, 몇몇 전류들은 임의의 마디 p로 들어가고, 나머지 전류들은 그 마디로부터 나온다면, KCL은 다음과 같이 기술될 것이다. 즉,

임의의 마디로 들어가는 전류들의 합 = 그 마디로부터 나오는 전류들의 합

수학적으로는

$$\sum_{j=1}^{k} i_j = \sum_{j=k+1}^{n} i_j' \tag{1.2c}$$

으로 나타낼 수 있을 것이다.

식 (1.2c)에서 k개의 전류들은 마디로 들어가고, $n-k$개의 전류들은 마디로부터 나온다는 점에 주목하기 바란다. 이와는 달리, 우리는 식 (1.2c)를

$$\sum_{j=1}^{k} i_j - \sum_{j=k+1}^{n} i_j' = 0$$

으로 나타낼 수도 있을 것이다. 즉, 한쪽 방향으로 취한 전류들의 합에서 다른 쪽 방향으로 취한 전류들의 합을 빼면 0이 될 것이다.

$i_j = -i_j'$이므로, 우리는 식 (1.2)에 나타낸 KCL의 세 가지 형태가 서로 같은 의미의 설명이라는 것을 알 수 있다. KCL은 회로내의 모든 마디에 적용되며, 또한 모든 시간에 대해서도 유효하다는 것을 강조해 둔다. 즉, 시간이 변함에 따라 마디로 들어가는 전류들과 마디로부터 나오는 전류들의 값은 변할 수도 있다. 그러나, 마디로 들어가는 전류들의 합과 마디로부터 나오는 전류들의 합은 항상 같다.

그림 1.9에서 전류 i를 구하라.

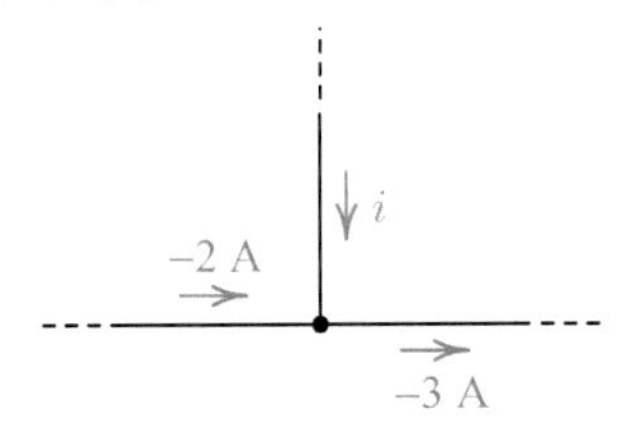

그림 1.9 예제 1.3을 위한 그림.

풀이 세 전류가 마디에 포함되어 있다. 그 중의 두 전류는 우리가 알고 있고, 한 전류는 모른다. 즉,

마디로 들어가는 전류 : -2, i
마디에서 나오는 전류 : -3

이라는 것을 알 수 있다. 이제 우리는 세 가지 방법을 이용하여 전류 i를 구할 수 있을 것이다.

- 방법 1 : 마디로 들어가는 전류는 마디에서 나오는 전류의 음의 값이므로(전류계를 거꾸로 접속하면 실제의 전류 값은 전류계 지시에 음의 부호를 붙인 것이 된다), 우리는 모든 전류들을 들어가는 전류들로 나타낼 수 있을 것이다. 즉, -2, i, 3이 마디로 들어간다고 생각할 수 있을 것이다. 따라서, KCL에 의해

$$\sum_{j=1}^{3} i_j = 0$$
$$(-2) + i + 3 = 0$$
$$i = -1 \text{ A}$$

를 얻을 수 있을 것이다.

- 방법 2 : 마디에서 나오는 전류는 마디로 들어가는 전류의 음의 값이므로, 우리는 모든 전류들을 나오는 전류들로 나타낼 수 있을 것이다. 즉, 2, $-i$, -3이 마디로부터 나온다고 생각할 수 있을 것이다. 따라서, KCL에 의해

$$\sum_{j=1}^{3} i_j' = 0$$
$$2 + (-i) + (-3) = 0$$
$$i = -1 \text{ A}$$

를 얻을 수 있을 것이다.

• 방법 3 : 마디로 들어가는 전류들의 합과 마디로부터 나오는 전류의 합을 같게 놓으면,

$$(-2) + i = -3$$
$$i = -1\text{ A}$$

를 얻을 수 있을 것이다.

연습문제 1.2

그림 E1.2에서 전류계는 얼마를 지시하겠는가?

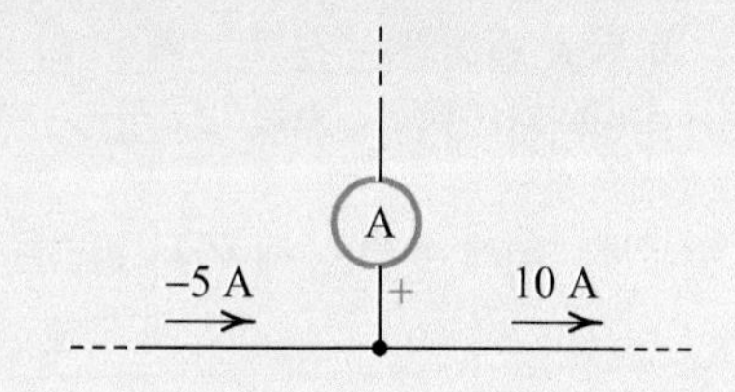

그림 E1.2 연습문제 1.2를 위한 그림.

답 −15 A

전압 법칙

임의의 회로에서 회로 소자들을 포함하는 폐쇄된 경로를 우리는 **루프**(loop)라고 부른다. 만일 우리가 전압계로 루프 주위의 전압들을 조사한다면, 우리는 그들을 지배하는 어떤 법칙이 존재한다는 것을 곧 알게 될 것이다. 예를 들어, 그림 1.10(a)에 시계 방향 화살표로 나타낸 루프를 고찰해 보기로 하자. 우리는 그림으로부터 세 개의 소자와 그에 따른 세 개의 전압이 이 루프와 관계한다는 것을 알 수 있다. 이 전압들을 v_1, v_2, v_3로 표기하고, 이들의 극성을 모두 같은 방향, 즉 시계 방향에서 + − 순서가 되도록 맞추기로 하자. 그림 1.10(a)에서 이들 전압을 측정하려면, 우리는 세 개의 전압계를 그림 1.10(b)와 같이 접속해야 할 것이다. 전압계들의 극성 표시와 변수들의 +와 −표시가 일치되어 있기 때문에, 변수 값들과 전압계 지시들이 같다는 점에 주목하기 바란다. 전압계 지시들로부터 우리는

$$v_1 + v_2 + v_3 = 0 \tag{1.3a}$$

이라는 것을 알 수 있다. 따라서 우리는 루프 주위를 시계 방향을 따라 돌면서 + − 극성 순서로 취한 전압들의 합은 0이라고 말할 수 있다. 이는 전압 변수들의 모든 값이 같은 부호가 아니라는 것, 즉 최소한 하나의 변수 값이 반대 부호를 가진다는 것을 의미한다.

그림 1.10(c)에는 모든 전압들이 루프 주위를 시계 방향을 따라 진행하면서 − +의 극성 순서로 표시되어 있다. v_1', v_2' 그리고 v_3'의 전압을 측정하려면, 우리는 전압계들을 그림 1.10(d)와 같이 접속해야 할 것이다. 전압계 지시들과 변수 값들이 같다는 점에 주목하기 바란다. 전압계 지시들로부터 우리는

$$v_1' + v_2' + v_3' = 0 \tag{1.3b}$$

이라는 것을 알 수 있다. 따라서 우리는 루프를 따라 − + 극성 순서로 취한 전압들의 합은 0이라고 말할 수 있다. 만일 우리가

$$v_1' = -v_1, \qquad v_2' = -v_2, \qquad v_3' = -v_3$$

라는 것을 인지한다면, 이 식들을 식 (1.3a)에 대입하여 식 (1.3b)를 구할 수도 있을 것이다.

그림 1.10(e)에서는 v_1과 v_2가 루프 주위를 시계 방향을 따라 돌면서 + −의 극성 순서로 표시되어 있는 반면에, v_3'는 − +의 극성 순서로 표시되어 있다. 전압계의 지시들과 변수 값들이 일치되도록(부호가 반대가 되지 않도록), 전압계들을 접속한 것이 그림 1.10(f)이다. 이 그림으로부터 우리는

$$v_1 + v_2 = v_3' \quad \text{또는} \quad (v_1 + v_2) - v_3' = 0 \tag{1.3c}$$

이라는 것을 알 수 있다. 따라서 우리는 루프를 따라 + − 극성 순서로 취한 전압들의 합과 − + 극성 순서로 취한 전압들의 합이 같다는 것, 또는 + − 극성 순서로 취한 전압들의 합에서 − + 극성 순서로 취한 전압들의 합을 뺀 값이 0이라는 것을 알 수 있다. $v_3' = -v_3$이므로, 이를 이용하면 식 (1.3c)를 식 (1.3a)로 만들 수 있을 것이다.

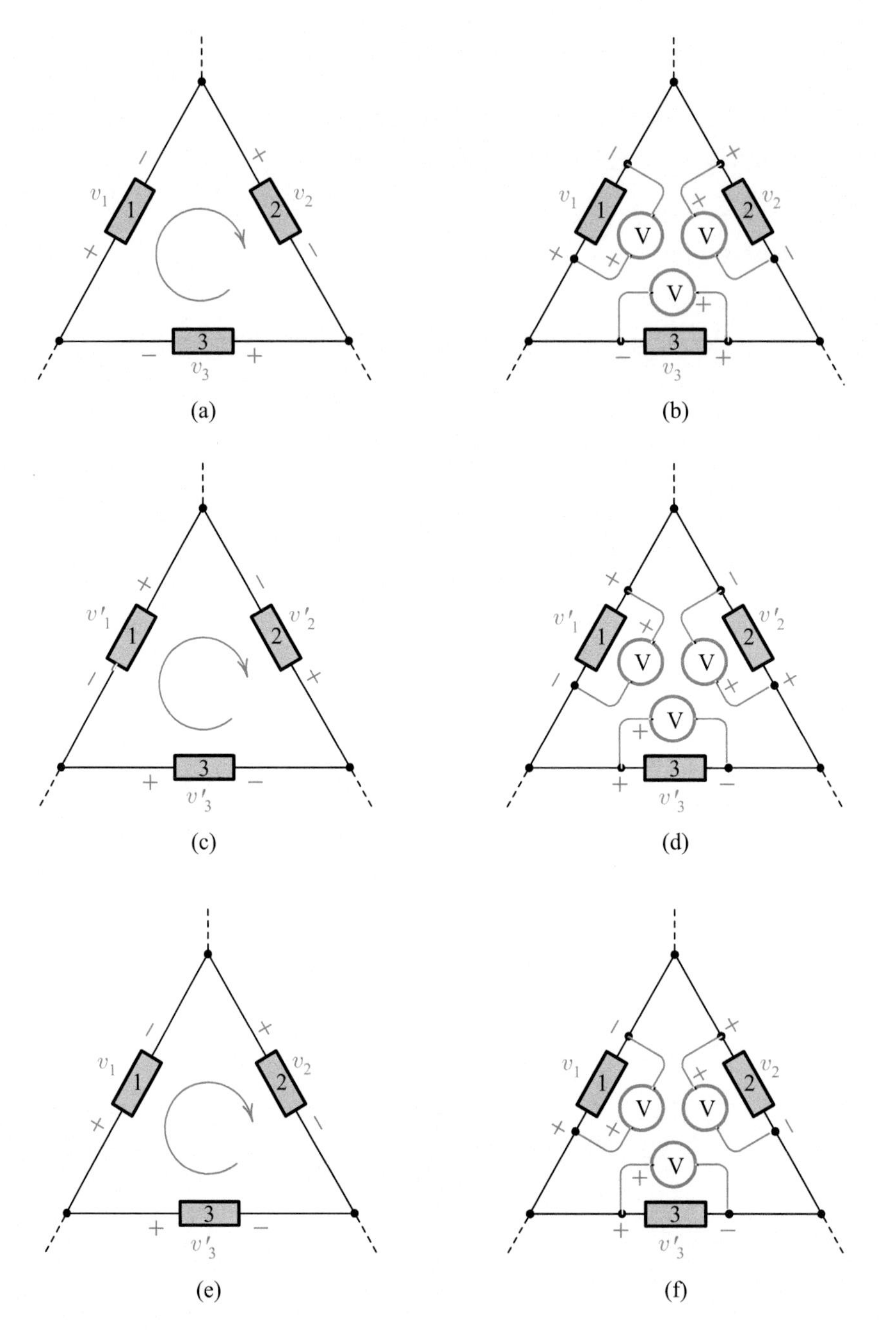

그림 1.10 세 개의 소자가 접속된 루프에서 전압 관계의 예:
(a) 모든 전압이 시계 방향으로 + — 순서라고 가정한 경우, (b) (a)의 경우의 전압계 접속,
(c) 모든 전압이 시계 방향으로 — + 순서라고 가정한 경우, (d) (c)의 경우의 전압계 접속,
(e) + — 순서와 — + 순서가 같이 있다고 가정한 경우, (f) (e)의 경우의 전압계 접속.

이와는 달리, $v_1 = -v_1'$와 $v_2 = -v_2'$를 이용하면 식 (1.3c)를 식 (1.3b)와 같이 만들 수도 있을 것이다.

키르히호프는 임의의 루프 주위의 전압들의 이러한 기본적인 성질도 관측했다. 따라서 우리는 회로의 모든 루프 주위에서 전압들을 지배하는 법칙을 **키르히호프의 전압 법칙**(Kirchhoff's Voltage Law : KVL)이라고 부른다. 이 법칙은 우리가 임의의 루프 주위에서 전압 변수들을 어떻게 표시하느냐에 따라 세 가지 방식으로 기술된다. 그림 1.11에 보인 것처럼, n개의 소자가 임의의 q 루프를 형성하고 있는 일반적인 경우에 대해 고찰해 보기로 하자.

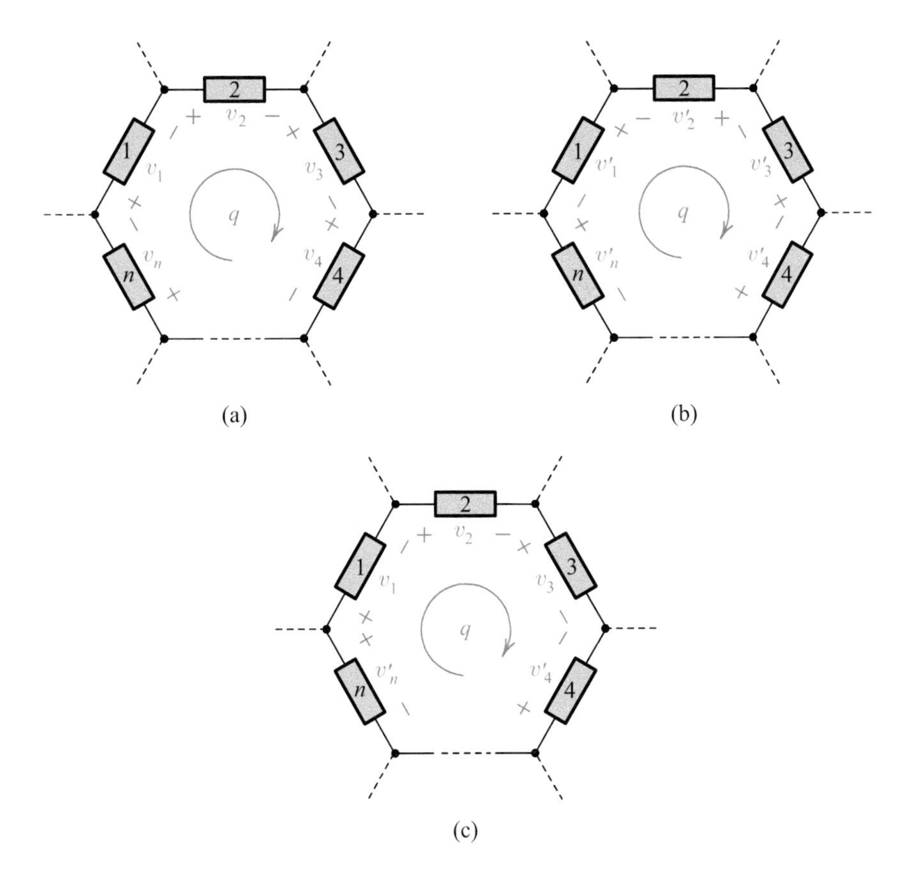

그림 1.11 n개의 소자가 접속된 루프에서 전압 관계의 예:
(a) 모든 전압이 시계 방향으로 + — 순서라고 가정한 경우,
(b) 모든 전압이 시계 방향으로 — + 순서라고 가정한 경우,
(c) + — 순서와 — + 순서가 같이 있다고 가정한 경우.

1. 만일 그림 1.11(a)에 보인 것처럼, n개의 전압 모두가 임의의 루프 q 주위를 따라 + −의 극성 순서로 표시되어 있다면, KVL은 다음과 같이 기술된다.

즉,

임의의 루프 주위를 따라 + − 극성 순서로 취한 모든 전압들의 합 = 0

수학적으로는,

$$\boxed{\sum_{j=1}^{n} v_j = 0} \tag{1.4a}$$

으로 나타낼 수 있다.

2. 만일 그림 1.11(b)에 보인 것처럼, 모든 전압들이 임의의 루프 q 주위를 따라 − +의 극성 순서로 표시되어 있다면, KVL은 다음과 같이 기술된다. 즉,

임의의 루프 주위를 따라 − + 극성 순서로 취한 모든 전압들의 합 = 0

수학적으로는

$$\boxed{\sum_{j=1}^{n} v_j' = 0} \tag{1.4b}$$

으로 나타낼 수 있다.

3. 만일, 그림 1.11(c)에 보인 것처럼, 몇 개의 전압들은 임의의 루프 q 주위를 따라 + −의 극성 순서로 표시되어 있고, 나머지 전압들은 − +의 극성 순서로 표시되어 있다면, KVL은 다음과 같이 기술된다. 즉,

임의의 루프 주위를 따라 + − 극성 순서로 취한 모든 전압들의 합 = 그 루프 주위를 따라 − + 극성 순서로 취한 모든 전압들의 합

수학적으로는

$$\boxed{\sum_{j=1}^{k} v_j = \sum_{j=k+1}^{n} v_j'} \tag{1.4c}$$

으로 나타낼 수 있다.

식 (1.4c)에서, k개의 전압들은 + − 극성 순서로 표시되어 있고, $n - k$개의 전압들은 − + 극성 순서로 표시되어 있다는 점에 주목하기 바란다. 이와는 달리, 우리는 식 (1.4c)를

$$\sum_{j=1}^{k} v_j - \sum_{j=k+1}^{n} v_j' = 0$$

으로 나타낼 수도 있다. 즉, + − 극성 순서로 취한 전압들의 합에서 − + 극성 순서로 취한 전압들의 합을 빼면 0이 된다.

$v_j = -v_j'$이므로, 우리는 식 (1.4)에 나타낸 KVL의 세 가지 형태가 서로 같은 의미의 설명이라는 것을 알 수 있다. 루프를 반 시계 방향으로 잡아도, 이 법칙은 여전히 유효하다. KVL은 회로의 모든 루프에 적용되며, 또한 모든 시간에 대해서도 유효하다는 것을 강조해 둔다. 루프 주위의 전압들은 시간에 따라 그들의 값이 변할 수도 있지만, 그들의 합은 항상 식 (1.4)에 의해 결정된다.

KVL의 기술에서 이미 암시했듯이, 전압들은 그림 1.10과 1.11에 상자로 나타낸 소자들에만 걸리고, 소자들을 접속하는 도선에는 걸리지 않는다(또는 0 전압이 걸린다)는 것을 잘 이해하기 바란다. 바꿔 말하면, 회로도에서 전압들은 소자들에만 집중되고, 소자들을 연결하는 도선에는 집중되지 않는다. 그러나, 연결 도선에 걸리는 전압들을 무시할 수 없는 경우에는, 우리는 도선 그 자체도 전압이 존재하는 소자로 간주해야 한다.

우리는 종종 변형된 형태의 KVL을 사용하기도 하는데, 이는 다음과 같이 기술된다. 즉, 임의의 회로에서 두 마디 사이의 전압들의 합은, 우리가 두 마디 사이의 경로를 어떻게 취하든 상관없이 항상 같다(만일 그렇지 않으면, 경로들에 의해 형성된 루프 주위의 전압들의 합이 0이 되지 않을 것이다). 예를 들어, 그림 1.12(a)에 나타낸 회로의 일부분을 고찰해 보기로 하자. k 루프에는 네 개의 소자가 포함되어 있으므로, 그와 관련된 네 개의 전압이 존재할 것이다. 우리가 k 루프를 따라 시계 방향으로 진행할 때, 이들 전압 중에서 두 개의 전압, 즉 v_1과 v_2는 − + 극성 순서로 나타나고, 다른 두 개의 전압, 즉 v_3와 v_4는 + − 극성 순서로 나타난다. 따라서 식 (1.4c)의 KVL에 의해 우리는

− + 극성 순서의 전압들의 합 = + − 극성 순서의 전압들의 합

$$v_1 + v_2 = v_3 + v_4$$

를 얻게 된다.

만일 우리가 k 루프 대신에 l 루프를 따라 시계 방향으로 진행하면서 KVL을 적용했다면, 우리는

$$v_3 + v_4 = v_5$$

를 얻었을 것이다.

한편, 만일 우리가 소자 1, 2, 그리고 5로 구성된 루프(그림에는 화살표를 표시하지 않았다)를 따라 시계 방향으로 진행하면서 KVL을 적용했다면, 우리는

$$v_1 + v_2 = v_5$$

를 얻었을 것이다. 따라서 우리는

$$v_1 + v_2 = v_3 + v_4 = v_5 = v_{mn}$$

이라는 것을 알 수 있다. 여기서 우리는 마디 m과 n 사이의 전압을 표시하기 위해 v_{mn}을 도입했다. 실제로, 소자 5를 전압계로 생각한다면, 이 전압계는 v_{mn} 전압을 지시할 것이다. m에서부터 n까지 가는데 우리가 어떤 경로를 취하든 상관없이, 항상 같은 전압, 즉 v_{mn}을 얻게 된다는 점에 주목하기 바란다. 이 전압을 그림 1.12(b)에 나타냈다. v_{mn}의 극성 표시는 다음과 같이 되어 있다. 즉, m에는 +부호, n에는 −부호가 표시되어 있다. 약정에 의해 우리는 첫 번째 첨자를 +로 두 번째 첨자를 −로 간주한다. 따라서 $v_{nm} = -v_{mn}$이다.

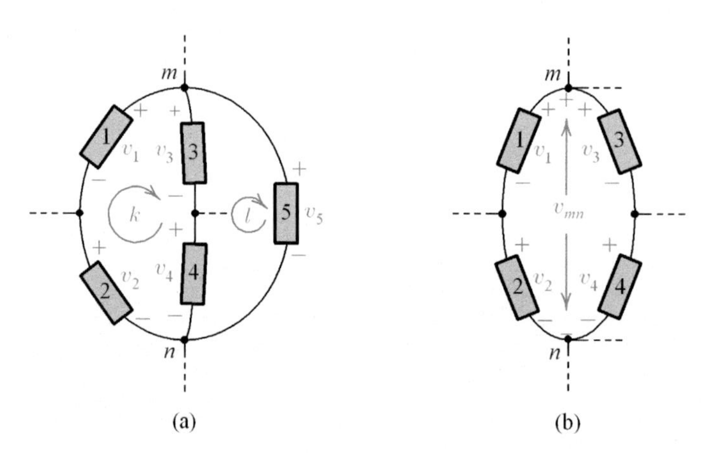

그림 1.12 (a) 여러 경로를 갖는 두 마디에서의 전압 관계. (b) 소자 5를 전압계로 가정할 때 v_{mn}의 표시.

예제 1.4

그림 1.13에서 v_1과 v_2를 구하라.

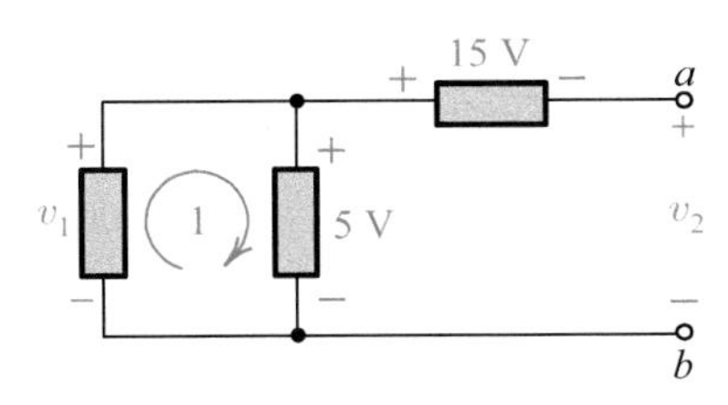

그림 1.13 예제 1.4를 위한 회로.

풀이 v_1을 구하기 위해 루프 1에 KVL을 적용하면, $v_1 + (-5) = 0$ (- + 극성 순서로 취한 루프 주위의 전압들의 합은 0이다.)

$$v_1 = 5 \text{ V}$$

를 얻는다. a에서 b까지의 임의의 경로를 따라 + - 극성 순서로 전압들을 더하면, v_2가 구해진다. 즉,

$$v_2 = (-15) + 5 = -10 \text{ V}$$

연습문제 1.3

그림 E1.3에서 전압계 1과 2는 각각 -10 V와 5 V를 지시한다.

(a) 전압계 3은 얼마를 지시하겠는가?

(b) v_{ab}는 얼마인가?

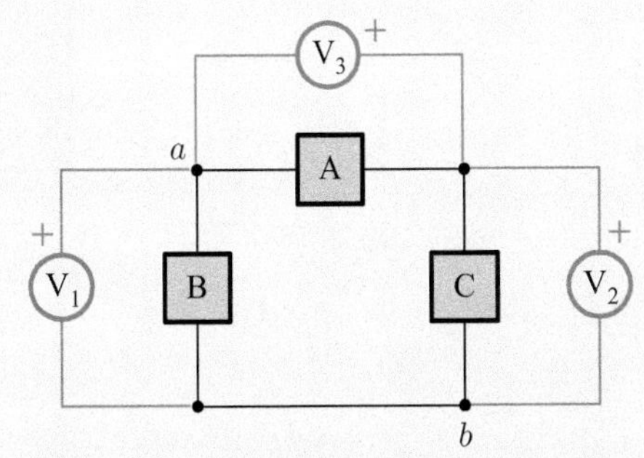

그림 E1.3 연습문제 1.3을 위한 회로.

답 (a) 15 V, (b) -10 V

끝으로, KCL과 KVL은 회로의 접속 모양에 바탕을 둔 법칙이라는 점에 유의하기 바란다. 즉, KCL은 회로의 모든 마디에서의 전류들의 합을 결정하고, KVL은 회로의 모든 루프 주위의 전압들의 합을 결정한다. 이 법칙들은 소자 자체에 대해서는 아무런 정보도 제공하지 않는다.

KCL과 KVL은 각기 다른 독립적인 법칙이므로, 회로 문제를 푸는 데 어느 법칙을 사용해도 무방하다.

1.3 소자들의 2-단자 특성

임의의 2-단자 소자를 그림 1.14(a)에 나타냈다. 그림에서 한쪽 단자에 점이 찍혀 있는데, 이는 단자들을 식별하기 위한 것이다. 그림으로부터 우리는 세 가지의 변수가 이들 두 단자와 관계한다는 것을 알 수 있다. 한 변수는 단자 사이의 전압이다. 그림에서 전압을 위쪽이 +이고, 아래쪽이 −인 v로 표시했다. 다른 두 가지의 변수는 각각의 단자에 흐르는 전류들이다. 만일 위쪽 단자의 전류를 i라고 표기하고, 그림과 같이 상자 안으로 흘러 들어간다고 가정하면, KCL에 의해 아래쪽 단자의 전류는 반드시 i가 될 것이고, 또 이 전류는 반드시 상자 밖으로 흘러나올 것이다. 우리가 이러한 상황을 이해한다면, 아래쪽 단자에는 전류를 나타내지 않아도 될 것이다. 결과적으로, 우리는 단지 두 변수, 즉 v와 i만이 2-단자 소자와 관계한다는 것을 알 수 있다. 그림 1.14(a)에서 왼쪽의 파선은, 이 소자가 다른 회로에 접속된다는 것을 의미한다.

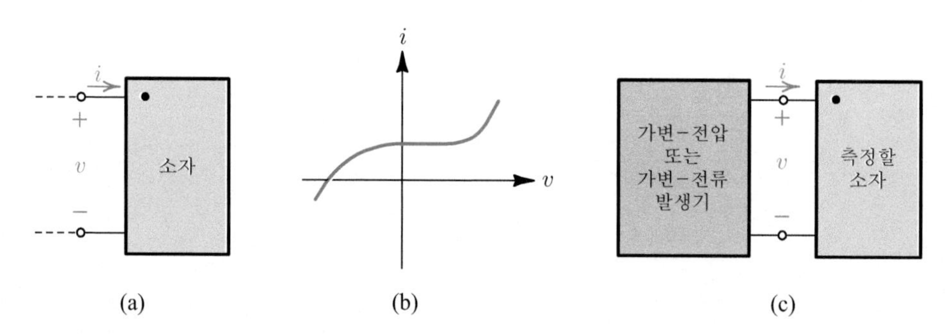

그림 1.14 (a) 임의의 2-단자 소자, (b) 소자의 특성 곡선, (c) 소자 특성의 측정법.

만일 우리가 어떤 소자의 v와 i 사이의 함수적인 관계를 구할 수 있다면, 우리는 그 소자를 특징지을 수 있을 것이다. 만일 우리가 v와 i 사이의 관계식을 구할 수 있다면, 우리는 소자의 단자 특성을 나타내는 **수학적인 모델**(mathematical model) 또는 방정식을 구할 수 있을 것이다. 실제로, 이 함수적 관계는 소자를 정의하는 데 사용된다.

v와 i가 어떤 관계를 가지고 있는지를 알아보려면, 우리는 우선 일련의 전압에 대한 전류를 측정하거나, 그 반대로 일련의 전류에 대한 전압을 측정하여 그림 1.14(b)와 같이 그래프를 그려야 한다. 그런 다음에, 이 곡선을 수학적으로 표현하면 된다. 만일 이 곡선이 직선과 같이 간단하다면, 직선에 대한 식은 쉽게 쓸 수 있으므로, 우리는 v와 i 사이의 함수 관계를 쉽게 세울 수 있을 것이다. 그러나 어떤 경우에는 변수들의 제한된 범위에서만 v와 i 사이의 관계를 구할 수 있을 것이다. 이런 경우에는 v와 i 변수가 그 범위 내에 존재할 때에만 그 소자에 대한 수학적인 모델을 세울 수 있을 것이다. 또 다른 어떤 경우에는 곡선을 둘 또는 그 이상으로 분리하여 수학적으로 나타낼 수도 있을 것이다. 이런 경우에는 각각의 범위에 대해 하나씩의 모델이 얻어지므로, 우리는 둘 또는 그 이상의 모델로 소자를 특성화할 수 있을 것이다. 마지막으로, 소자에 대한 정확한 모델을 얻을 수 없는 경우도 있을 것이다. 이런 경우에는 우리가 그 소자의 특성을 예상하거나, 그 소자를 다른 소자와 함께 사용하는 것이 쉽지 않을 것이다. 실제로, 소자들을 설계하거나 제조하는 사람들은 회로에서 그것들의 성능이 쉽게 예상될 수 있게 하기 위해, 간단한 수학적인 관계를 따르는 소자를 생산하려고 노력한다.

그림 1.14(b)에 나타낸 소자의 특성 곡선을 구하려면 단자 변수들을 변화시켜야 할 것이다. 단자 변수들을 변화시키려면, 그림 1.14(c)와 같이, 우리가 측정하고자 하는 소자를 변수 v 또는 변수 i를 발생시키는 회로에 접속해야 한다. 변수-발생 회로로는 시간에 따라 변하는 전압 전원이나, 전류 전원 또는 수동적으로 가변되는 직류(direct current) 전원이 주로 사용된다. 그림 1.14(c)의 측정에서 변수 v와 i가 양쪽 두 상자에 대해 공통이지만, 이 측정으로 얻은 특성 곡선은 왼쪽 상자에 대한 것이 아니라 오른쪽 상자에 대한 것이다. 즉, 단자 변수들을 변화시키는 것이 왼쪽 상자인 반면에, 오른쪽 상자는 이들 변화에 지배된다.

이제부터는 특별한 언급이 없는 한, 우리는 그림 1.14(a)와 (c)에 보인 것과 같은 부호 약정을 채택할 것이다. 즉, 전압 변수에 대해서는 위쪽에 $+$ 그리고 아래쪽에 $-$를 표시하고, 전류 변수에 대해서는 화살표가 시험중인 상자의 위쪽 단자에서 오른쪽으로 향하도록 표시할 것이다. 이와 같은 방법으로, 우리는 일련의 일관된 극성 표시를, 우리가 특성화하고자 하는 모든 소자의 단자 변수를 측정하는 데 사용할 수 있을 것이다. 이 장의 나머지 부분에서 우리는 다섯 가지 회로 소자의 특성에 대해 공부할 것이다.

1.4 전압 전원

그림 1.15(a)와 같은 i 대 v(또는 $i-v$) 특성을 갖는 2-단자 소자를 우리는 **전압 전원**(voltage source)이라고 부른다. 모든 전압 전원은 수직선으로 특징지어진다. v-축 교차점 v_s는 전압 전원의 값을 나타낸다. 전압 전원의 전압이 높으면 높을수록, v_s는 그만큼 커진다. 만일 전압 전원이 시간의 함수라면, 즉 그 값이 한 순간으로부터 다음 순간으로 변한다면, 그 교차점도 시간에 따라 변할 것이다. 그러나, 임의의 특정한 시각에서의 특성 곡선은 수직선일 것이다. v_s가 음의 값일 때, 수직선은 i축의 왼쪽에 위치할 것이다.

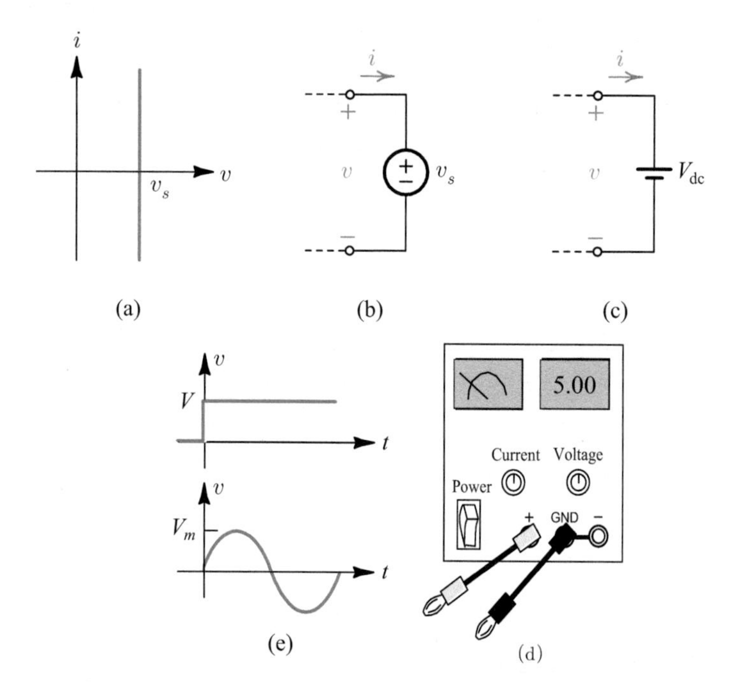

그림 1.15 전압 전원: (a) i-v 특성, (b) 회로 기호, (c) 직류 전원의 기호, (d) 직류 전력 공급기, (e) 널리 쓰이는 두 전압 파형.

그림 1.15(a)에 나타낸 전압 전원의 수학적인 모델은

$$\boxed{v = v_s} \tag{1.5}$$

이다. 그림 1.15(a)와 식 (1.5)로부터 알 수 있듯이, 전압 전원의 전압은 전압 전원을 통과하는 i의 값에 관계없이 v_s 값으로 고정된다. 따라서, 우리는 전압 전원 자체만 봐서는 전압 전원을 통과하는 전류를 결정할 수 없다. 우리는 단지 전압 전원

의 전압 값, 즉 v_s 만을 결정할 수 있다. 전압 전원을 통과하는 전류는 전압 전원에 접속되어 있는 외부 회로에 의해 결정되며, 양의 값, 0, 또는 음의 값이 될 수 있다.

그림 1.15(a)와 같이 수직선으로 나타내어지는 전압 전원을 우리는 **이상적인 전압 전원**(ideal voltage source)이라고 한다. 전압 전원의 설계자와 제조업자들은 이와 같은 이상적인 특성을 얻기 위해 최선을 다한다. 즉, 이상적인 특성의 전압 전원은 만들 수 없지만, 이상적인 특성에 근접한 전압 전원은 만들 수 있을 것이다. 또한, 실제의 전압 전원은 제한된 전류 용량을 가진다. 즉, 전압 전원은 특정한 범위의 전류 값에서만 전압 전원으로 동작한다.

그림 1.15(b)에 전압 전원을 도시적으로 나타냈다. 이 그림은 전압 전원에 대한 **회로 모델**(circuit model)로 사용된다. 이 회로 모델로부터 식 $v = v_s$ 를 구할 수 있다는(KVL에 의해) 점에 주목하기 바란다. 또한, 이 회로 모델은 그림 1.15(a)의 특성 곡선과 동일한 정보를 제공한다. 두 말할 나위 없이, 전압 전원의 특성 곡선과 회로 모델은 둘 다 $v = v_s$ 임을 말해주고 있다. 이 수학적인 모델이 전압 전원에 대한 정의 식이다. 따라서, 우리는 그림 1.15(a)나 그림 1.15(b) 또는 식 (1.5)를 사용하여 전압 전원을 완전하게 특징지을 수 있다.

전압 전원이 시간에 무관하게 일정할 경우, 우리는 그 전압 전원을 직류 전원, **전지**(battery), 또는 **직류 전력 공급기**(dc power supply)라고 부르며, 그림 1.15(c)와 같이 도식적으로 나타낸다. 전지 기호에서 더 긴(위쪽) 선이 전지의 +단자를 나타낸다. 그림에 나타낸 전지에서 $v = V_{dc}$ 이다. 그림 1.15(d)는 실험실에서 사용되는 직류 전력 공급기의 전면도를 나타낸 것이다. 널리 쓰이는 두 가지의 전압-전원 파형을 그림 1.15(e)에 나타냈다. 위쪽 파형은 **진폭이 V 인 계단파 전압**(voltage step of amplitude V)[2]을 나타내고, 아래쪽 파형은 **피크 진폭이 V_m 인 사인파 전압**(sinusoidal voltage of peak amplitude V_m)[3]을 나타낸다.

전압 전원이, 그림 1.16에 보인 것처럼, 임의의 회로 N의 a 와 a' 마디 사이에 인가(접속)될 때, a 와 a' 사이의 전압은 무조건 그 전압 전원의 값을 가진다. 따라서, a 와 a' 사이의 전압은, 회로 N에서 어떤 상황이 일어나든 상관없이 전원 전압의 값으로 고정된다. 즉, 이 전압은 그 회로에서 일어나고 있는 다른 모든 것들과 무관하다.

[2] 계단파 전압에 대한 자세한 설명은 4.1절을 참조하기 바란다.
[3] 사인파 전압에 대한 자세한 설명은 4.2절을 참조하기 바란다.

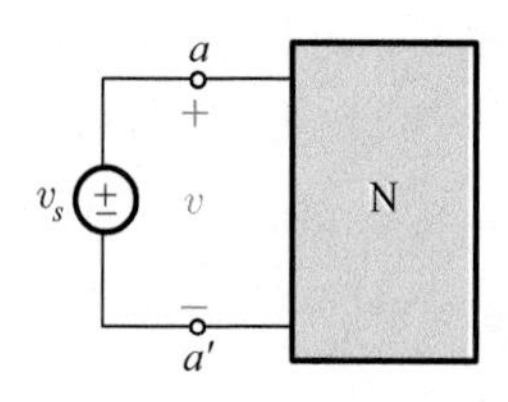

그림 1.16 회로 N에서 어떤 상황이 일어나든 상관없이 $v = v_s$ 이다.

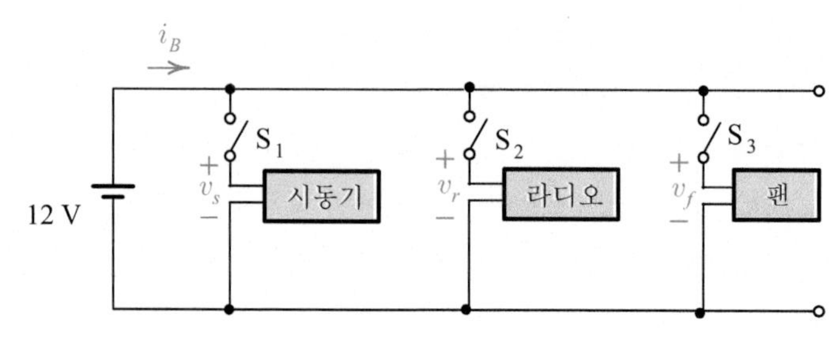

그림 1.17 자동차의 전지와 부속 장치의 회로.

이것을 설명하기 위해, 자동차의 전지와 이 전지로 작동되는 몇 가지 부속 장치를 나타낸 그림 1.17의 회로에 대해 고찰해 보기로 하자.

스위치 S_1이 폐쇄될 때, v_s가 12 V가 되어(전지, S_1 그리고 시동기를 포함하는 루프에 KVL을 적용함으로써), 시동기가 작동한다. 폐쇄된 스위치에는 그림 1.18(a)에 보인 것처럼 전압은 걸리지 않지만(또는 0 볼트의 전압이 걸리지만), 전류는 얼마든지 흐를 수 있다는 점에 유의하기 바란다. 또한, 개방된 스위치에는 그림 1.18(b)에 보인 것처럼 전류는 흐르지 못하지만(또는 0 A의 전류가 흐르지만), 전압은 얼마든지 걸릴 수 있다는 점에도 유의하기 바란다. 그림 1.17에서 스위치 S_2가 폐쇄될 때, v_r이 12 V가 되어(전지, S_2 그리고 라디오를 포함하는 루프에 KVL을 적용함으로써), 라디오가 켜진다. 스위치 S_3가 폐쇄될 때, v_f가 12 V가 되어[전지, S_3 그리고 팬(fan)을 포함하는 루프에 KVL을 적용함으로써], 팬이 작동한다. 따라서, 모든 부속 장치들은 스위치가 폐쇄될 때, 전지의 12 V를 공급받는다. 우리는 또, 라디오, 팬, 그리고 이들과 유사한 부속 장치들에 공급되는 전압에 영향을 주지 않으면서, 다른 부속 장치들을 전지 양단에 접속할 수 있다. 그러나, 전지에 흐르는 전류 i_B는 스위치가 폐쇄되어 있는 장치들의 수에 따라 달라진다. 작동되는 전기 소자들의 수가 증가함에 따라 전지에 의해 공급되는 전류는 증가하지만, 전압은 항상 12 V로 일정하다는 점에 유의하기 바란다.

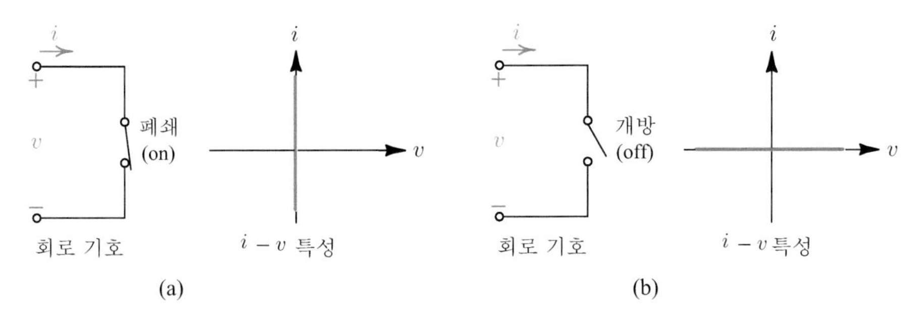

그림 1.18 스위치의 회로 기호와 i-v 특성 :
(a) 스위치 폐쇄[온(on)], (b) 스위치 개방[오프(off)].

예제 1.5 그림 1.17의 회로에서, 스위치 S_1이 폐쇄될 때 시동기가 작동하며, 이때 시동기에는 3 A의 전류가 흐른다. 스위치 S_2가 폐쇄될 때 라디오가 켜지며, 라디오에는 2 A의 전류가 흐른다. 스위치 S_3가 폐쇄될 때 팬이 작동하며, 팬을 통해 1 A의 전류가 흐른다.

(a) 스위치 S_1, S_2 그리고 S_3 모두가 개방되어 시동기, 라디오 및 팬이 작동하지 않을 때, 전지에 흐르는 전류 i_B는 얼마인가?
(b) 스위치 S_1은 폐쇄되어 시동기는 작동하고, 스위치 S_2와 S_3는 개방되어 라디오와 팬은 작동하지 않는다. 이때 전지에 흐르는 전류 i_B는 얼마인가?
(c) 스위치 S_1, S_2 그리고 S_3 모두가 폐쇄되어 시동기, 라디오 및 팬이 작동한다. 이때 전지에 흐르는 전류 i_B는 얼마인가?
(d) (a), (b) 및 (c)에서 얻은 결과들을 이용하여 전지의 $i-v$특성을 도시하라.

풀이 (a) 스위치 S_1, S_2 그리고 S_3 모두가 개방되어 있으므로, 시동기, 라디오 및 팬에는 전류가 흐르지 않을 것이다. 따라서 전지로부터 이들 부속 장치로 공급되는 전류 i_B는 0일 것이다.

(b) 스위치 S_1은 폐쇄되어 시동기가 작동하므로, 시동기에는 3 A의 전류가 흐를 것이다. 스위치 S_2와 S_3는 개방되어 있으므로, 라디오와 팬에는 전류가 흐르지 않을 것이다. 따라서, 전지에 흐르는 전류 i_B는 시동기에 흐르는 전류와 같을 것이다. 즉, i_B는 3 A이다.

(c) 스위치 S_1, S_2 그리고 S_3 모두가 폐쇄되어 시동기, 라디오 및 팬이 작동한다. 이때의 회로 상태를 그림 1.19에 나타냈다. 우리는 KCL을 이용하여 i_B를 다음과 같이 구할 수 있을 것이다.

$$i_B = i_s + i_r + i_f = 3 + 2 + 1 = 6\text{A}$$

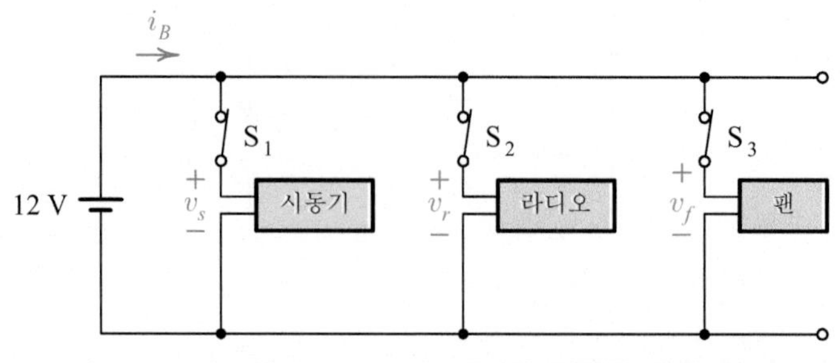

그림 1.19 **자동차의 모든 부속 장치가 작동될 때의 회로.**

(d) 그림 1.20에 전지의 $i-v$ 특성을 나타냈다. 이 특성으로부터 우리는, 작동되는 전기 소자들의 수가 증가함에 따라 전지에 의해 공급되는 전류는 증가하지만, 전압은 항상 12V로 일정하다는 것을 알 수 있다.

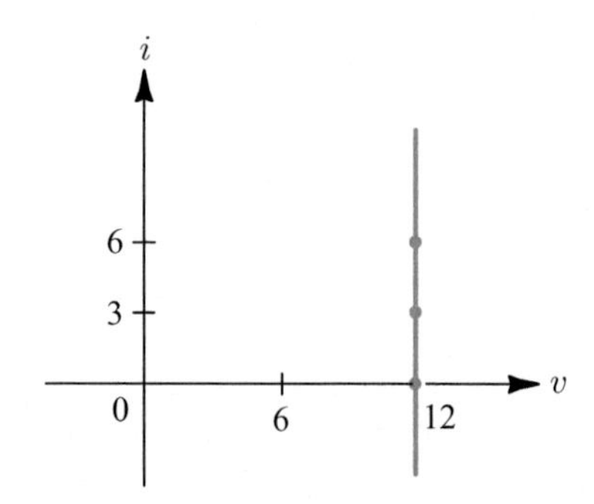

그림 1.20 **자동차 전지의 $i-v$ 특성.**

1.5 전류 전원

그림 1.21(a)와 같은 $i-v$ 특성을 갖는 2-단자 소자를 우리는 **전류 전원**(current source)이라고 부른다. 모든 전류 전원은 **수평선**으로 특징지어진다. i축 교차점 i_s는 전류 전원의 값을 나타낸다. 전류 전원의 값이 높으면 높을수록, i_s는 그만큼 커진다. 만일 전류 전원이 시간의 함수라면, 즉 그 값이 한 순간으로부터 다음 순간으로 변한다면, 그 교차점도 시간에 따라 변할 것이다. 그러나, 임의의 주어진 시각에서의 특성 곡선은 수평선일 것이다. i_s가 음의 값일 때, 수평선은 v축 아래에 위치할 것이다.

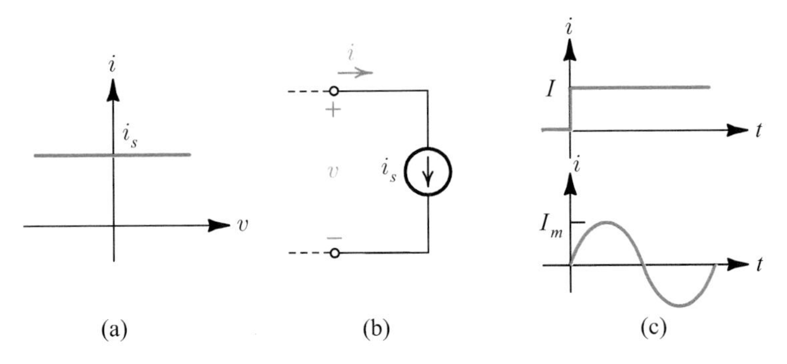

그림 1.21 전류 전원: (a) i-v 특성, (b) 회로 기호, (c) 널리 쓰이는 두 전류 파형.

그림 1.21(a)에 나타낸 수평선은 수학적으로

$$i = i_s \tag{1.6}$$

로 모델링된다.

그림 1.21(a)와 식 (1.6)에 나타냈듯이, 전류 전원의 전류는 전류 전원에 걸리는 v의 값에 관계없이 i_s 값으로 고정된다. 따라서 우리는 전류 전원 자체만 봐서는 전류 전원에 걸리는 전압을 결정할 수 없다. 우리는 단지 그것의 전류 값, 즉 i_s만을 결정할 수 있다. 전류 전원에 걸리는 전압은 전류 전원에 접속되어 있는 외부 회로에 의해 결정되며, 양의 값, 0, 또는 음의 값이 될 수 있다.

그림 1.21(a)와 같이 수평선으로 나타내어지는 전류 전원을 우리는 **이상적인 전류 전원**(ideal current source)이라고 한다. 전압 전원의 경우와 마찬가지로, 전류 전원의 설계자와 제조업자들 역시 이와 같은 특성을 만들어 내기 위해 최선을 다한다. 실제의 전류 전원은 제한된 전압 용량을 가진다. 즉, 전류 전원은 특정한 범위의 전압 값에서만 전류 전원으로 동작한다.

전류 전원을 그림 1.21(b)에 도식적으로 나타냈다. 이 그림은 전류 전원에 대한 회로 모델로 사용된다. 이 회로 모델로부터 식 $i = i_s$를 구할 수 있다는(KCL에 의해) 점에 주목하기 바란다. 또한, 이 회로 모델은 그림 1.21(a)의 특성 곡선과 동일한 정보를 제공한다. 두 말할 나위 없이, 전류 전원의 특성 곡선과 회로 모델은 둘 다 $i = i_s$임을 말해주고 있다. 이 수학적인 모델이 전류 전원에 대한 정의 식이다. 따라서, 우리는 그림 1.21(a)나 그림 1.21(b) 또는 식 (1.6)을 사용하여 전류 전원을 완전하게 특징지을 수 있다. 널리 쓰이는 두 가지의 전류－전원 파형을 그림 1.21(c)에 나타냈다. 위의 파형은 **진폭이 I인 계단파 전류**(step current of amplitude I)[4]를 나타내고, 아래 파형은 피크 **진폭이 I_m인 사인파 전류**(sinusoidal current of peak amplitude I_m)를 나타낸다.

전류 전원이 그림 1.22에 보인 것처럼 임의의 회로 N의 두 마디 사이에 접속될 때, i_s 전류는 한쪽 마디로 들어가서 다른 쪽 마디로 나온다. i_s의 값은 그 회로에서 일어나고 있는 다른 모든 것들과 무관하다.

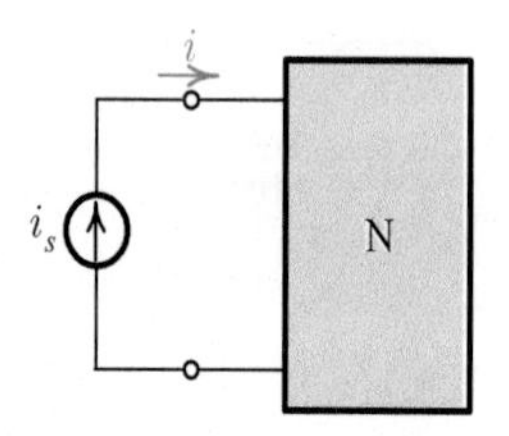

그림 1.22 회로 N에서 어떤 상황이 일어나든 상관없이 $i = i_s$이다.

전류 전원으로 부하를 구동시키는 예로서, 그림 1.23에 보인 회로를 고찰해 보자. 회로에서 10 A의 전류 전원에 다섯 개의 램프(lamp)가 접속되어 있다. 각각의 스위치가 개방될 때 각각의 램프가 켜진다. KCL에 의해 우리는 각각의 램프에 흐르는 전류가 10 A라는 것을 알 수 있다. 만일 여섯 번째 램프가 회로에 첨가된다면, 그 램프에 흐르는 전류 역시 10 A일 것이고, 다른 램프들에 흐르는 전류도 변함 없이 10 A일 것이다. 그러나, 전류 전원 사이에 걸리는 전압 v는 첨가된 램프에 전압을 공급해야 하기 때문에 증가할 것이다.

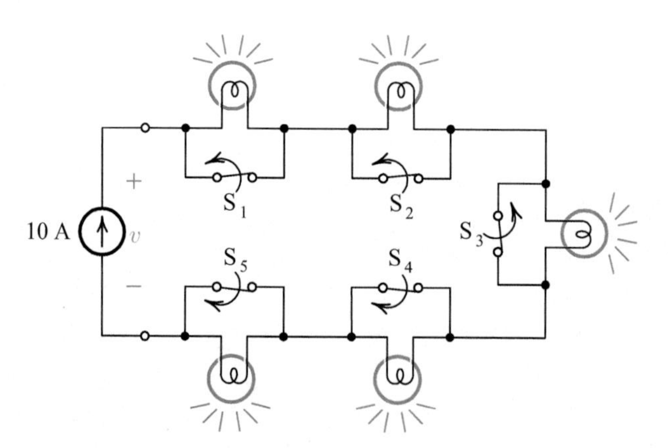

그림 1.23 전류 전원으로 램프를 구동시키는 회로.

[4] 계단파 전류에 대한 자세한 설명은 4.1절을 참조하기 바란다.

예제 1.6

그림 1.23의 회로에서 스위치가 폐쇄되어 있을 때는, 10 A의 전류가 스위치를 통해 흐르기 때문에 램프가 작동하지 않는다. 스위치가 개방될 때 램프가 켜지며, 그 램프에는 1 V의 전압이 걸린다.

(a) 모든 스위치가 폐쇄되어 모든 램프가 꺼져 있을 때, 10 A의 전류 전원의 양쪽 단자 사이에 걸리는 전압 v는 얼마인가?

(b) 스위치 S_1과 S_2는 개방되어 램프 1과 램프 2는 켜져 있고, 스위치 S_3, S_4 및 S_5는 폐쇄되어 램프 3, 램프 4 및 램프 5는 꺼져 있다. 이때 전류 전원에 걸리는 전압 v는 얼마인가?

(c) 모든 스위치가 개방되어 모든 램프가 켜져 있을 때, 전류 전원에 걸리는 전압 v는 얼마인가?

(d) (a), (b) 및 (c)에서 얻은 결과들을 이용하여 전류 전원의 $i-v$ 특성을 도시하라.

풀이 (a) 폐쇄된 스위치의 양쪽 단자 사이에는 전압이 걸리지 않는다(또는 0 V의 전압이 걸린다). 모든 스위치가 폐쇄되어 있으므로 전류 전원에 걸리는 전압 v는 0 V이다.

(b) 스위치 S_1과 S_2가 개방되면, 램프 1과 램프 2가 켜지고, 이들 램프의 양쪽 단자 사이에는 각각 1 V의 전압이 걸릴 것이다. 한편, 스위치 S_3, S_4 및 S_5는 폐쇄되어 있으므로 이들 스위치에는 전압이 걸리지 않을 것이다. 이때의 회로 상태를 그림 1.24에 나타냈다. 이 회로에 KVL을 적용하면,

$$v = v_1 + v_2 = 1 + 1 = 2 \text{ V}$$

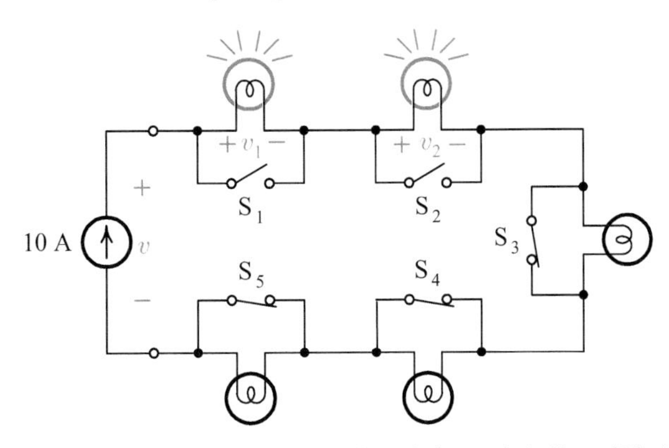

그림 1.24 그림 1.23에서 두 램프는 켜지고, 나머지는 꺼진 상태.

를 얻을 것이다.

(c) 모든 스위치가 개방되면, 모든 램프가 켜지고, 각각의 램프에는 1 V의 전압이 걸릴 것이다. 따라서, 램프가 다섯 개 있으므로 KVL을 이용하면, $v = 5$ V를 얻을 것이다.

(d) 그림 1.25에 전류 전원의 $i-v$ 특성을 나타냈다. 이 특성으로부터 우리는 켜지는 램프들의 수가 증가함에 따라 전류 전원에 의해 공급되는 전압은 증가하지만, 전류는 항상 10 A로 일정하다는 것을 알 수 있다.

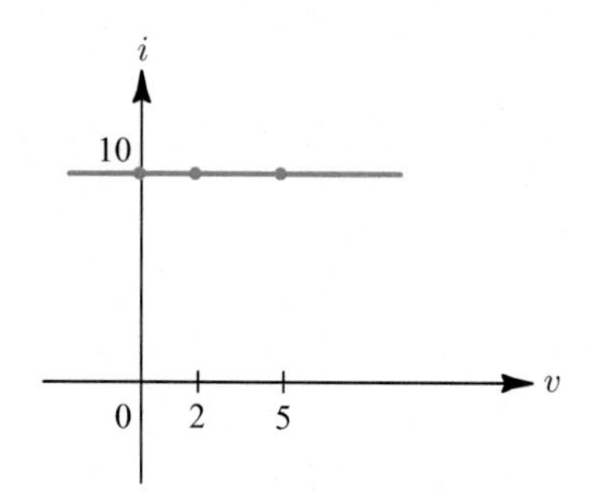

그림 1.25 램프 스위치의 상태에 따른 $i-v$ 특성(개방 스위치수가 0, 2, 5일 때).

1.6 저항기와 옴의 법칙

그림 1.26(a)와 같은 $i-v$ 특성을 갖는 2-단자 소자를 우리는 **저항기**(resistor)라고 부른다. 모든 저항기는 원점을 지나면서 양의 기울기를 갖는 직선으로 특징지어진다. 직선의 기울기는 $1/R$이며, 기울기의 역수 R이 저항기의 저항 값을 나타낸다. 주어진 저항기에 대해 R의 값은 상수이다. 그림 1.26(a)에 나타낸 특성 곡선은 저항기의 단자들이 뒤바뀌어도 변하지 않는다.

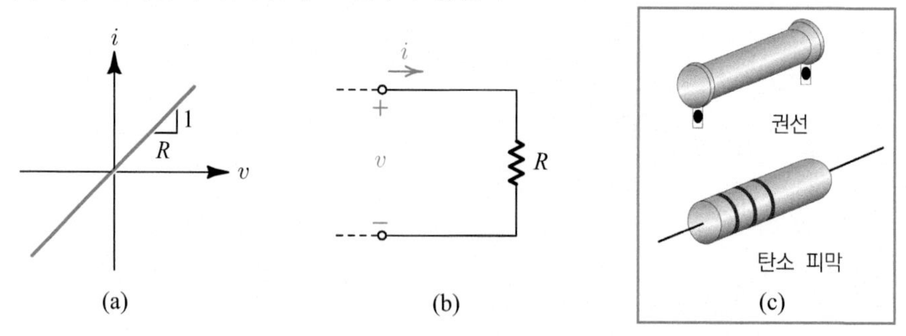

그림 1.26 저항기: (a) $i-v$ 특성, (b) 회로 기호, (c) 종류 및 외형.

저항기에 대한 수학적인 모델은 그림 1.26(a)의 직선에 대한 방정식을 세움으로써 구할 수 있다. 즉,

$$i = \frac{v}{R} \tag{1.7a}$$

가 된다. 이 식은 또 다음과 같이 쓸 수도 있다.

$$v = iR \tag{1.7b}$$

식 (1.7b)는 **옴의 법칙**(Ohm's Law)[5]을 기술하는 식이기도 하고, 또 저항기를 정의하는 식이기도 하다. 상수 R은 저항기의 **저항**(resistance)을 나타낸다. 저항은 **옴**(ohm)의 단위로 측정되고, Ω으로 표시되며, $1\ \Omega = 1\,\mathrm{V}/1\,\mathrm{A}$의 차원을 가진다. 킬로-옴[$\mathrm{k}\Omega$]은 1000 Ω을 의미한다.

우리가 만일 저항기에 걸리는 전압을 알면, 우리는 옴의 법칙을 이용함으로써 저항기를 통해 흐르는 전류를 계산할 수 있을 것이다. 반대로, 저항기를 통해 흐르는 전류를 알면, 저항기에 걸리는 전압을 계산할 수 있을 것이다. 저항기에 걸리는 전압과 저항기를 통해 흐르는 전류는 외부 회로에 따라 그 값이 달라질 수 있으나, 그것들의 비는 항상 일정하다.

그림 1.26(a)와 같은 직선 특성을 갖는 저항기를 도식적으로 나타낸 것이 그림 1.26(b)이다. 우리는 이 그림을 저항기에 대한 회로 모델로 사용한다. 실제의 저항기들의 외형은 그림 1.26(c)에 나타냈다.

v와 i가 그림 1.26(b)의 극성 표시에 따라 측정될 때에만 옴의 법칙($v = iR$)이 유효하다는 점에 유의하기 바란다. 만일 v 또는 i를 이 극성 표시와 다르게 측정한다면, 우리는 그에 알맞게 옴의 법칙을 수정해 줘야 할 것이다. 예를 들어, 만일 i가 그림 1.27(a)와 같이 다른 방향으로 취해졌을(측정됐을) 경우에는, 그림 1.27(b)와 같이 i의 방향과 부호 모두를 바꿔주면 될 것이다. 따라서 단자 변수들은 모든 소자들을 정의하는 데 사용되는 표준 형태에 부합하게 될 것이다. 그림 1.27(b)에 옴의 법칙을 적용하면,

$$(-i) = \frac{v}{R} \tag{1.8a}$$

또는

$$v = -iR \tag{1.8b}$$

을 얻는다.

---

[5] 독일의 물리학자 George Simon Ohm(1787-1854)은 1826년에 실험을 통해 이 법칙을 발견했다.

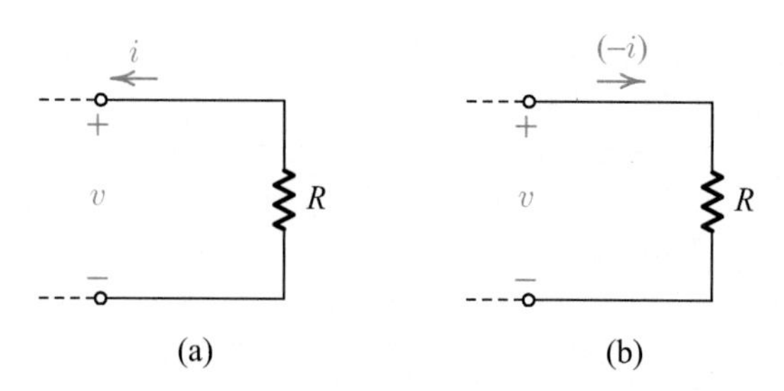

그림 1.27 (a) 전류가 표준 형태와 반대 방향일 때, (b) 부호를 바꿔 표준 형태로 맞춘 상태.

식 (1.8)의 음의 부호는, 저항이 음의 값이라는 것을 의미하는 것이 아니라, i의 방향을 반대로, 즉 그림 1.27(a)에서처럼 왼쪽 방향으로 설정했다는 것을 의미한다.

그림 1.26(b)의 도식적 표현은 그림 1.26(a)의 특성 곡선이 나타내는 바를 기호로써 표현한 것이다. 두 표현 모두가 저항기를 완전하게 특징짓는다는 점에 주목하기 바란다. 저항기 제조업자들은 그림 1.26(a)와 같은 특성으로 동작하는 저항기를 제조하려고 노력한다.

2-단자 소자와 관련된 변수 v와 i의 해를 구하기 위해 두 개의 식이 요구된다. 하나는 소자 그 자체로부터 나온다. 즉, 전압 전원에 대해서는 $v = v_s$, 전류 전원에 대해서는 $i = i_s$, 그리고 저항기에 대해서는 $v = iR$이다. 다른 하나는 소자의 외부 회로로부터 나오며, 외부 회로에 의해 단자 변수들에 부과되는 속박을 나타낸다.

그림 1.28의 회로에서 v와 i를 구하라.

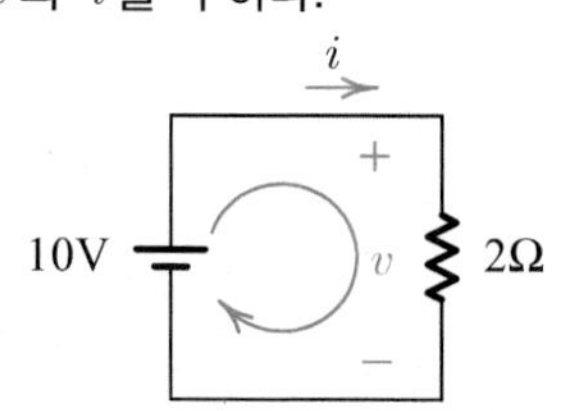

그림 1.28 **예제 1.7을 위한 회로.**

풀이 그림에 나타낸 것처럼, 루프에 KVL을 적용하면

$$10 - v = 0, \qquad v = 10 \text{ V}$$

를 얻는다. 저항기의 v값과 R값을 알기 때문에, 우리는 옴의 법칙을 이용하여 i를 구할 수 있다. 즉,

$$i = \frac{v}{R} = \frac{10}{2} = 5 \text{ A}$$

예제 1.8 그림 1.29의 회로에서 v를 구하라.

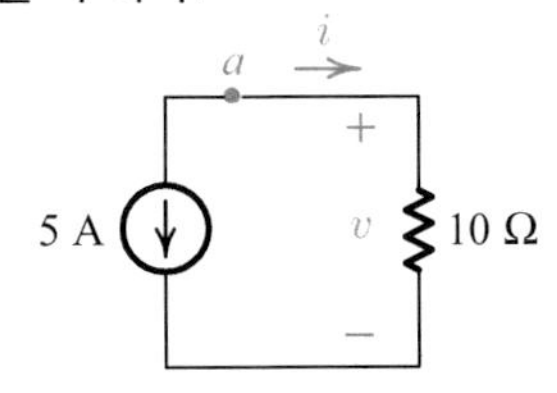

그림 1.29 예제 1.8을 위한 회로.

풀이 마디 a에 KCL을 적용하면,

$$i + 5 = 0, \quad i = -5 \text{ A}$$

를 얻는다. 우리는 저항기의 i값과 R값을 알기 때문에, 옴의 법칙을 이용하여 v를 구할 수 있다. 즉,

$$v = iR = -5 \times 10 = -50 \text{ V}$$

연습문제 1.4

그림 E1.4에서 i의 값을 구하라.

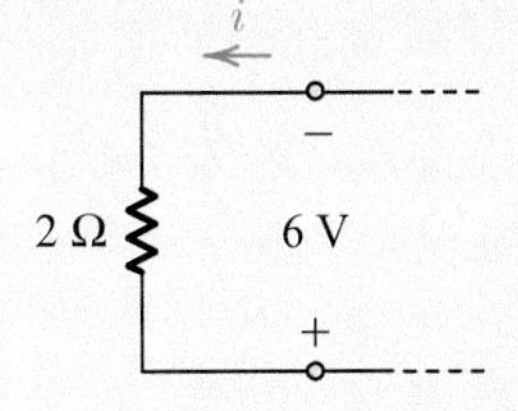

그림 E1.4 연습문제 1.4를 위한 회로.

답 -3 A

1.7 선형 회로

전원들은 하나의 변수로 기술된다. 따라서, $v = v_s$와 $i = i_s$는 각각 전압 전원과 전류 전원을 완전하게 특징짓는다. 전압 전원만을 고려한다면, 우리는 전압 전원에 흐르는 전류를 알 방법이 없다. 이와 마찬가지로, 전류 전원 자체만으로는 전류 전원 사이에 걸리는 전압을 알 수가 없다. 이 변수들을 구하려면, 우리는 반드시 전

체 회로를 알아야 한다. 즉, 전압 전원에 흐르는 전류 또는 전류 전원에 걸리는 전압을 구하려면, 반드시 외부 회로가 주어져야 한다.

한편, 저항기는 그것에 걸리는 전압과 그것을 통해 흐르는 전류를 포함하는 함수적 관계에 의해 기술된다. 우리는 저항기의 전류 또는 전압 그 자체에 대해서는 모르지만, 그들이 어떤 관계를 갖고 있는지는 알고 있다. 따라서 저항기의 전류 또는 전압 중의 하나를 알면, 우리는 저항기만을 고려함으로써 나머지 하나를 알 수 있다. 저항기와 연관된 두 변수 모두를 구하려면, 전원들의 경우에서와 마찬가지로, 전체 회로가 반드시 주어져야 한다.

저항기의 i 대 v 관계에 대해 생각해 보기로 하자.

$$i = \frac{1}{R}v \tag{1.9}$$

식 (1.9)로부터, 우리는 저항기를 통해 흐르는 전류와 저항기에 걸리는 전압 사이에 선형적인 관계가 있음을 알 수 있다. 따라서, 어떤 저항기에 걸리는 전압이 두 배가 되면, 그 저항기에 흐르는 전류도 두 배가 될 것이다. 만일 어떤 저항기에 걸리는 전압이 상수 K배만큼 증가하면, 그 저항기에 흐르는 전류도 K배만큼 커질 것이다.

i를 v의 함수로 나타내는 대신에, v를 i의 함수로 나타내면,

$$v = Ri \tag{1.10}$$

를 얻을 것이다. 여기서 우리는 전류를 K배 증가시키면, 전압도 K배만큼 커진다는 것을 알 수 있다. 이러한 특성 때문에, 우리는 저항기를 선형 소자라고 말한다. 일반적으로, 전압과 전류 변수들이 다음 식의 형태로 관계하는 소자를 우리는

$$i = A\frac{d^n v}{dt^n} \quad \text{또는} \quad v = B\frac{d^n i}{dt^n}\,(n = 0,\ 1,\ 2, \cdots) \tag{1.11}$$

선형 소자(linear element)라고 부른다. 단, 여기서 A와 B는 v 또는 i에 의존하지 않는다. 선형 소자와 전원으로 구성된 회로를 우리는 **선형 회로**(linear circuit)라고 부른다(전원에는 독립 전원과 선형적인 종속 전원이 있는데, 이들의 차이는 10장에서 논의할 것이다). 다음 장에서 배우게 될 에너지 축적 소자인 커패시터와 인덕터도 선형 소자이고, 이들 소자와 전원으로 구성된 회로도 선형 회로라는 것을 미리 언급해 둔다.

단일 전압 전원 또는 전류 전원에 의해 구동되는 선형 회로에서는, 모든 전압과 전류들이 전원에 선형적으로 의존한다. 따라서, 만일 전원의 값이 두 배 또는 세 배가 되면, 회로내의 모든 전류와 전압들도 두 배 또는 세 배가 될 것이다. 만일

전원이 K배 증가한다면(K는 양의 값일 수도 있고, 음의 값일 수도 있다), 회로내의 모든 전류와 전압들도 K배 증가할 것이다. 바꿔 말하면, 선형 회로에서 전류와 전압들은 그 회로를 구동하는 전원에 직접 비례한다.

비선형 소자(nonlinear element)는 전류-전압의 관계가 선형이 아닌 소자로 다이오드(diode) 또는 트랜지스터(transistor)가 이에 해당한다. (트랜지스터는 10장에서 공부할 것이다.) 예를 들어, 전계-효과 트랜지스터(field-effect transistor: FET)는 드레인 단자 전류와 게이트-소스 단자 전압 사이의 관계가 $i_D = Kv_{GS}^2$로 나타내어진다. v_{GS} 전압이 두 배가 되면 i_D 전류가 네 배가 되어, 이들 사이의 관계는 선형이 아니라는 것을 알 수 있다. 비선형 소자를 사용하여 구성한 회로를 비선형 회로(nonlinear circuit)라고 한다.

1.8 개방 회로와 단락 회로

개방 회로

한 쌍의 단자들로부터 유출되는 전류가 없을 때, 우리는 이들 단자가 개방 회로가 되었다고 말한다. 그림 1.30(a)를 보라. 여기서, 단자들 사이에 걸리는 전압은 회로N에 의존하며, 어떤 값도 가질 수 있다는 점에 유의하기 바란다. 이 전압을 우리는 **개방-회로 전압**(open-circuit voltage) v_{oc}라고 부른다. 이와는 달리, 우리는 단자 1-1' 사이에 무한대의 저항이 있을 때, 이 단자를 개방 회로로 간주할 수도 있다.

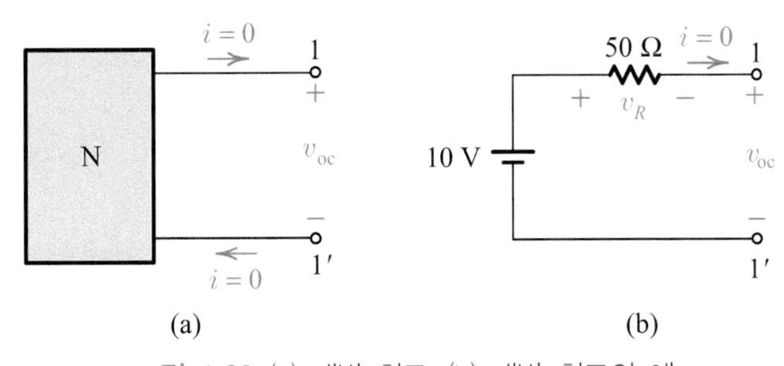

그림 1.30 (a) 개방 회로, (b) 개방 회로의 예.

개방 회로의 예를 그림 1.30(b)에 나타냈다. KCL을 마디 1 또는 1'에 적용하면, 단자로부터 유출되는 전류가 없다는 것, 즉 $i = 0$이라는 것을 알 수 있다. 따라서, 50 Ω 저항기를 통해 흐르는 전류는 0이다. 또한 옴의 법칙($v_R = iR$)에 의하면, 저항기 사이에 걸리는 전압 역시 0이다. 따라서, (10 V, v_R 및 v_{oc}를 포함하는 루프에 적용된) KVL에 의해 $v_{oc} = 10$ V라는 것을 알 수 있다.

단락 회로

한 쌍의 단자들 사이에 걸리는 전압이 0일 때, 우리는 이들 단자가 단락 회로가 되었다고 말한다. 그림 1.31(a)를 보라. 여기서, 단자들을 통해 흐르는 전류는 회로 N에 의해 좌우되며, 어떤 값도 가질 수 있다는 점에 유의하기 바란다. 이 전류를 우리는 **단락-회로 전류**(short-circuit current) i_{sc}라고 부른다. 이와 달리, 우리는 단자 1-1' 사이에 0의 저항이 있을 때, 이 단자를 단락 회로로 간주할 수도 있다.

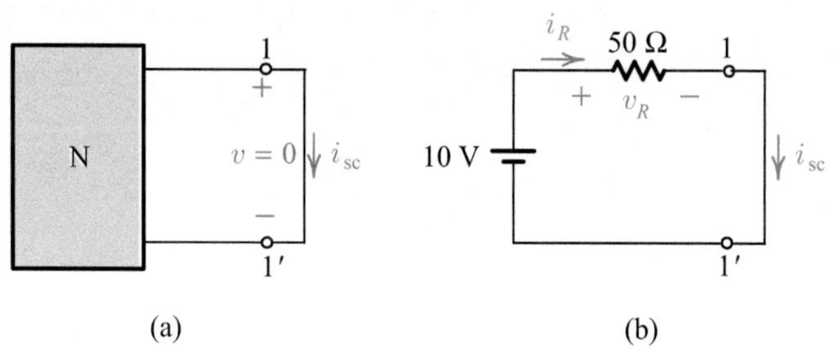

그림 1.31 (a) 단락 회로, (b) 단락 회로의 예.

단락 회로의 예를 그림 1.31(b)에 나타냈다. KVL에 의하면, v_R = 10 V이다. 옴의 법칙에 의하면, 저항기를 통해 흐르는 전류는 $i_R = v_R/R = 10/50 = 0.2$ A이다. 이로 미루어 보아, 마디 1에 KCL을 적용하면, $i_{sc} = i_R = 0.2$ A라는 것을 알 수 있다.

연습문제 1.5

그림 E1.5를 참조하라.
(a) 스위치가 위치 1에 있다. v와 i를 구하라.
(b) 스위치가 위치 2에 있다. v와 i를 구하라.

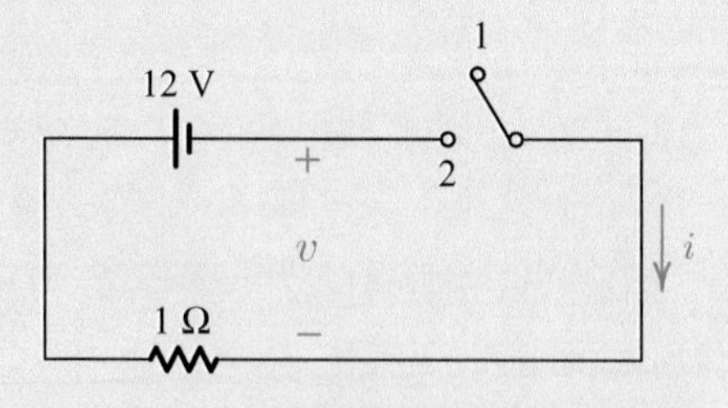

그림 E1.5 연습문제 1.5를 위한 회로.

답 (a) $i = 0$, $v = -12$ V, (b) $i = -12$ A, $v = 0$

요 약

- ✔ 두 변수, 즉 v와 i가 전기 회로의 특성을 나타낸다. 이 변수들은 전압계와 전류계로 측정된다.

- ✔ 회로의 i와 v 변수들은 키르히호프의 두 법칙에 의해 지배되며, 회로 소자들의 연결된 형태에 따라 그 값이 달라진다. 키르히호프의 전류 법칙(KCL)

$$\sum i = 0$$

은 회로의 모든 마디에 항상 적용된다. 키르히호프의 전압 법칙(KVL)

$$\sum v = 0$$

은 회로의 모든 루프에 항상 적용된다.

- ✔ 소자들은 그들 단자에서의 v와 i의 관계식으로 기술된다. 이 장에서 논의한 세 가지 기본 소자들은 전압 전원 $(v = v_s)$, 전류 전원 $(i = i_s)$, 저항기 $(v = iR)$이다.

- ✔ 우리는 소자-정의 식으로부터 단자 변수 v와 i 사이의 관계를 알 수 있다. 두 단자 변수를 구하기 위해서는 다른 한 식이 있어야 한다. 이 두 번째 식은 소자가 접속된 회로의 특성을 고려함으로써 구해진다.

- ✔ 저항기를 정의하는 식, 즉 $v = iR$을 우리는 옴의 법칙이라고 부르기도 한다.

- ✔ 두 단자가 개방 회로일 때, 단자 전류는 0이지만, 개방-회로 전압은 0이 아닌 다른 값을 가질 수 있다.

- ✔ 두 단자가 단락 회로일 때, 단자 전압은 0이지만, 단락-회로 전류는 0이 아닌 다른 값을 가질 수 있다.

문제 Question

1.2 키르히호프의 법칙

1.1 그림 P1.1에 보인 각각의 회로에서 미지의 전류를 구하라.

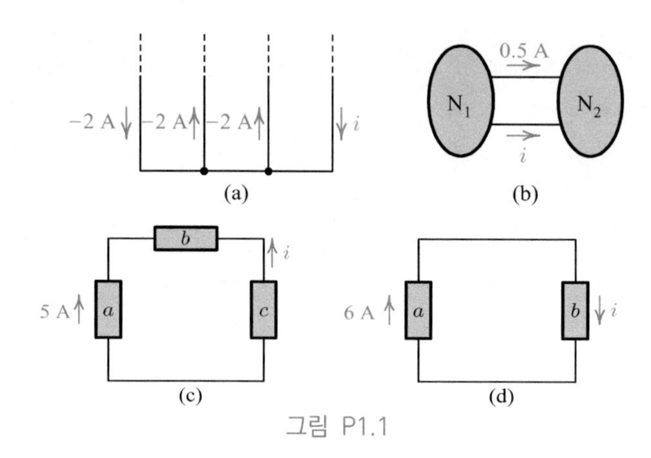

그림 P1.1

1.2 그림 P1.2에서 전류계 1과 2는 각각 -2A와 3A를 지시한다. 전류계 3은 얼마를 지시하겠는가?

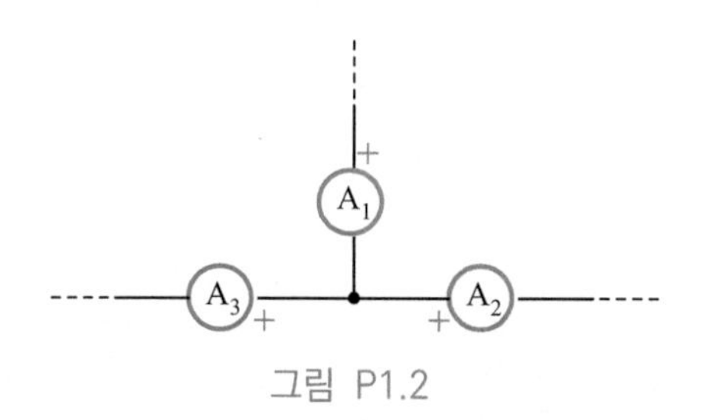

그림 P1.2

1.3 그림 P1.3에서 전류계는 -2A를 지시한다. i_1과 i_2를 구하라.

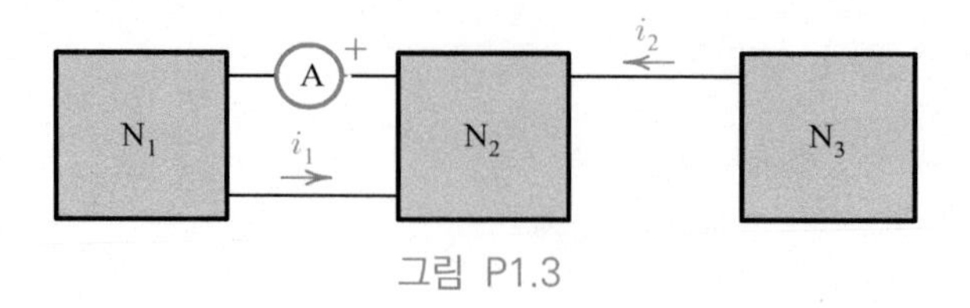

그림 P1.3

1.4 그림 P1.4를 참조하라.

(a) 전류계는 얼마를 지시하겠는가?

(b) i는 얼마인가?

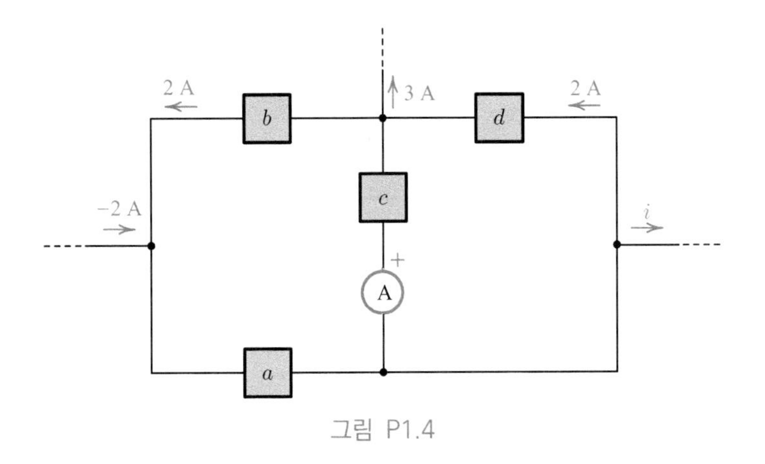

그림 P1.4

1.5 그림 P1.5에 보인 각각의 회로에서 미지의 전압을 구하라.

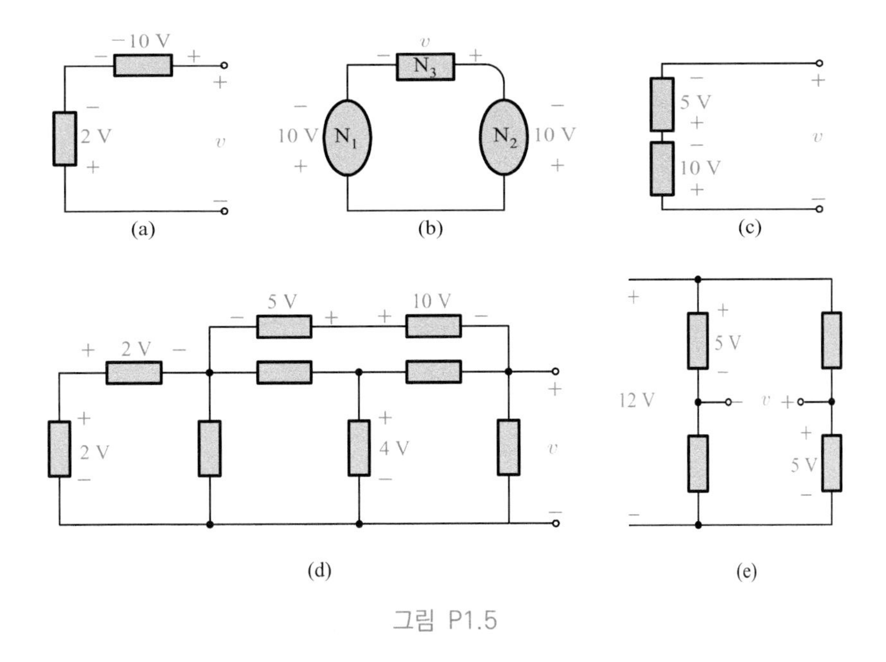

그림 P1.5

1.6 그림 P1.6을 참조하라.

(a) 전압계는 얼마를 지시하겠는가?

(b) v_d는 얼마인가?

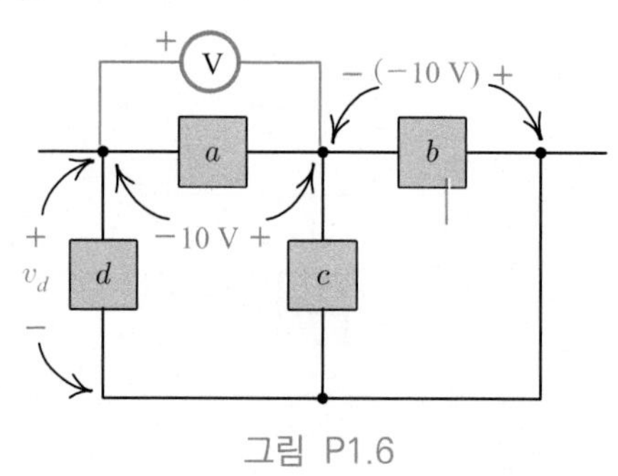

그림 P1.6

1.7 그림 P1.7에 보인 각각의 회로에서 미지의 전류를 구하라.

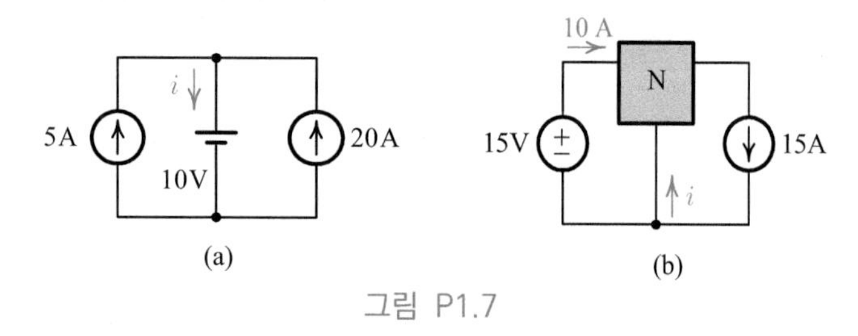

그림 P1.7

1.8 그림 P1.8에 보인 각각의 회로에서 미지의 전압을 구하라.

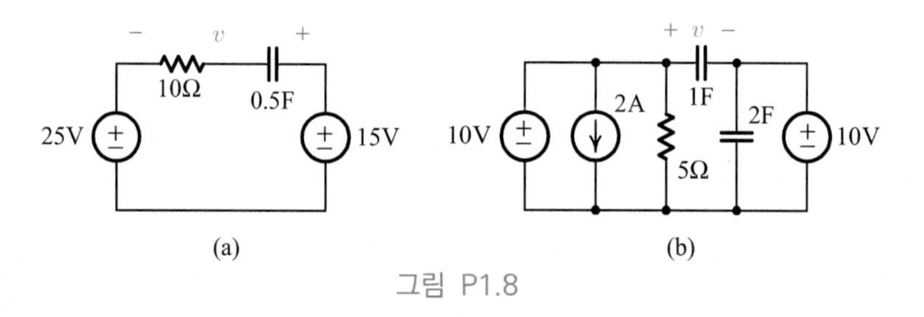

그림 P1.8

1.9 그림 P1.9에 보인 네 개의 회로에서 i를 계산하라.

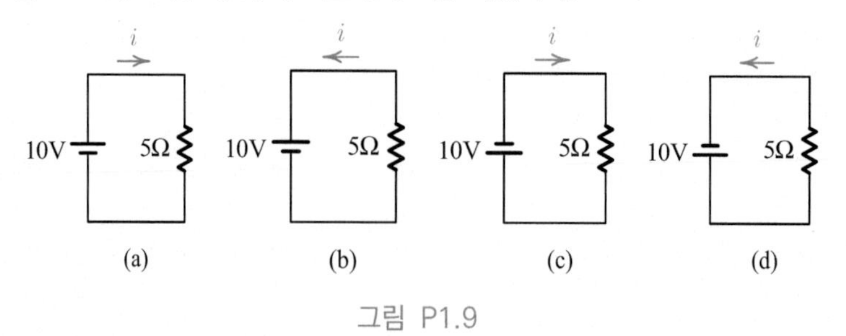

그림 P1.9

1.10 그림 P1.10에 보인 각각의 회로에서 v를 계산하라.

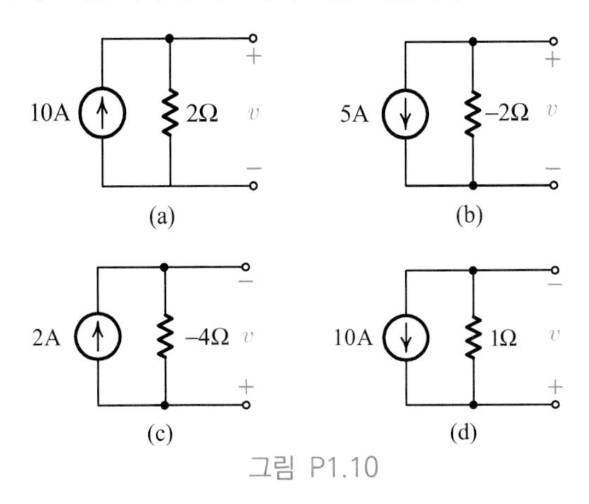

그림 P1.10

1.6 저항기와 옴의 법칙

1.11 그림 P1.11에 보인 회로에 대해 i 대 v 특성 곡선을 그려라.

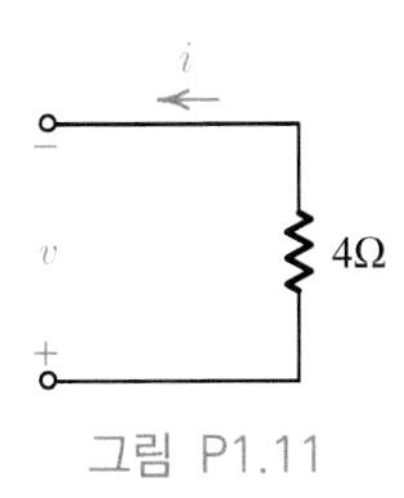

그림 P1.11

1.12 어떤 상자의 단자 변수들을 측정하여 그래프로 그린 결과를 그림 P1.12에 나타냈다. 상자 안에 무엇이 들어 있겠는가?

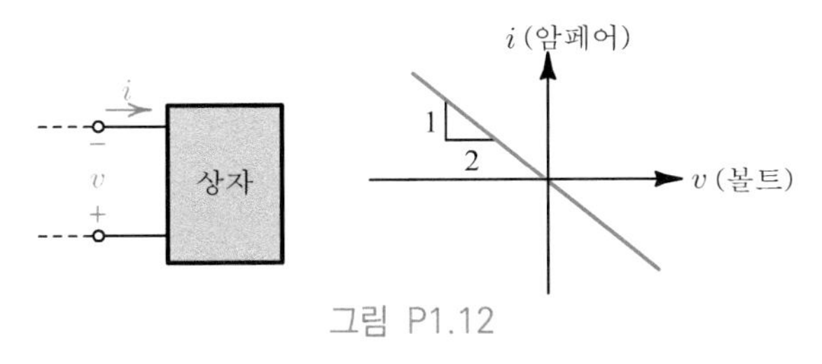

그림 P1.12

1.13 그림 P1.13을 참조하라. 네 개의 계측기들이 각각 얼마를 지시하겠는가?

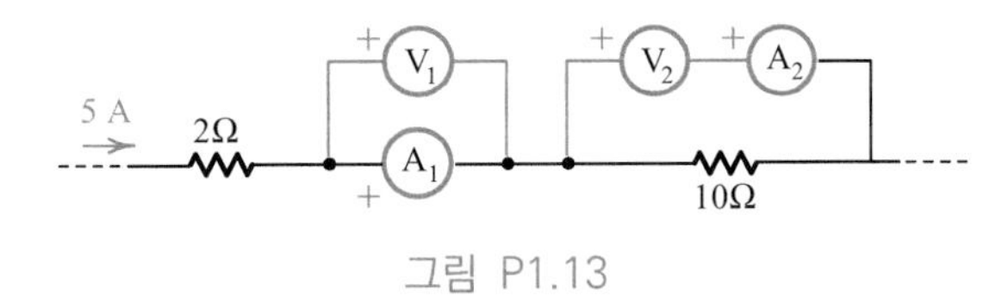

그림 P1.13

1.14 그림 P1.14에서 전압계는 -10V를 지시한다. i_1은 얼마인가?

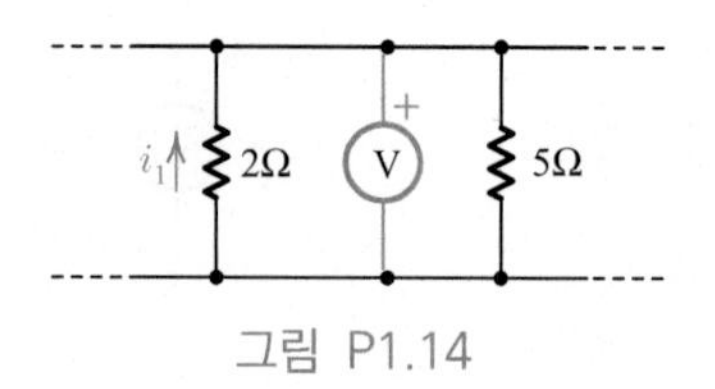

그림 P1.14

1.15 그림 P1.15에서 $v_1 = -10\text{V}$이다. 세 개의 계측기들이 각각 얼마를 지시하겠는가?

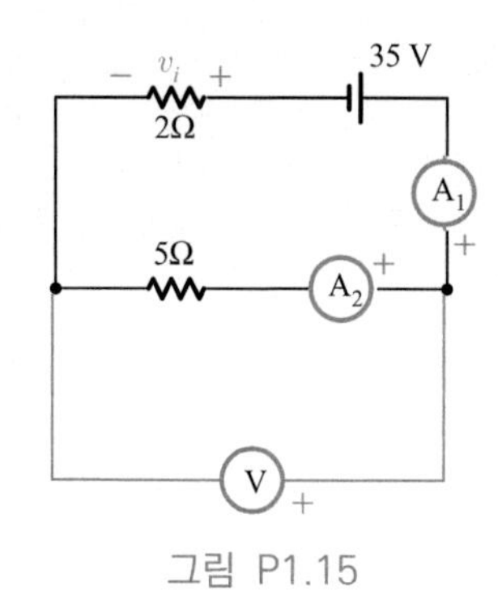

그림 P1.15

1.16 그림 P1.16에서 전류계와 전압계는 각각 -2A와 10V를 지시한다. i_s는 얼마인가?

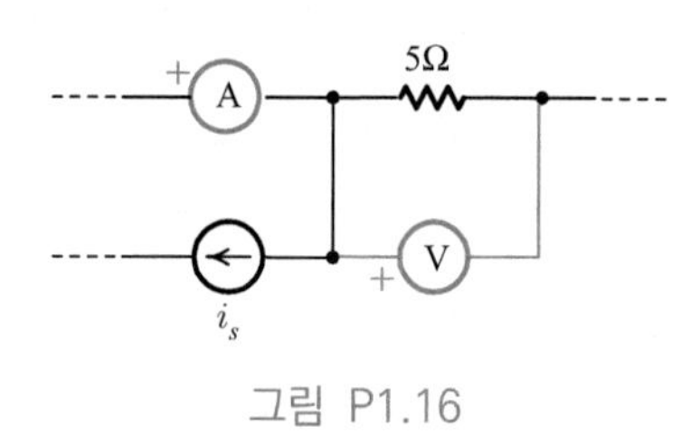

그림 P1.16

1.17 그림 P1.17에서 전류계는 2A를 지시한다. v_3와 i_b를 구하라.

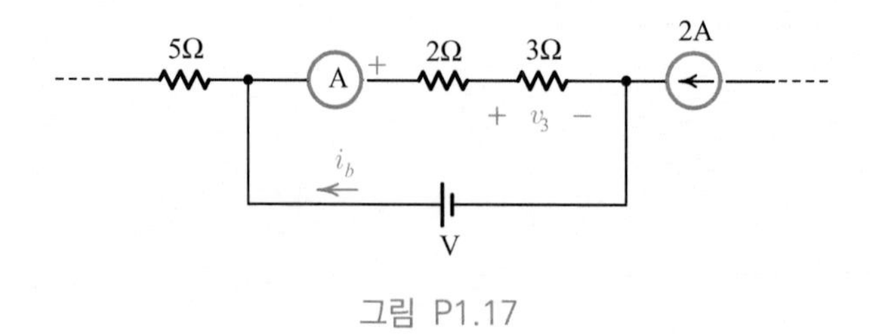

그림 P1.17

CHAPTER 02

저항 회로

서론

여러 개의 저항기들과 하나의 전압 전원 및 전류 전원으로 구성된 회로는 옴의 법칙과 키르히호프의 두 법칙을 사용해서 쉽게 해석할 수 있다.

2.1 등가; 직렬 접속과 병렬 접속

어떤 두 회로의 단자 특성이 동일할 경우, 우리는 이들 두 회로가 단자 성질에 관해서 서로 **등가**(equivalent)라고 말한다. 단자 특성은 v와 i 변수 사이의 함수 관계로 기술된다.

두 소자(또는 회로)가 그림 2.1(a)와 같이 접속되어 있을 경우, 우리는 이들이 **직렬**(series)로 접속되었다고 말한다. 그림에서 소자 1과 2 사이의 공통 마디 A에 다른 접속이 없으므로, 두 소자에는 똑같은 전류 i가 흐를 것이다. 이 관계는 두 소자 사이의 마디, 즉 A 마디에 KCL을 적용하여 증명할 수 있다.

두 소자(또는 회로)가 그림 2.1(b)와 같이 접속되어 있을 경우, 우리는 이들이

병렬(parallel)로 접속되었다고 말한다. 두 소자가 B와 C 마디 사이에 접속되어 있으므로, 이들 마디 사이에는 똑같은 전압 v가 걸릴 것이다. 이 관계는 소자 1과 2를 포함하는 루프에 KVL을 적용하여 증명할 수 있다.

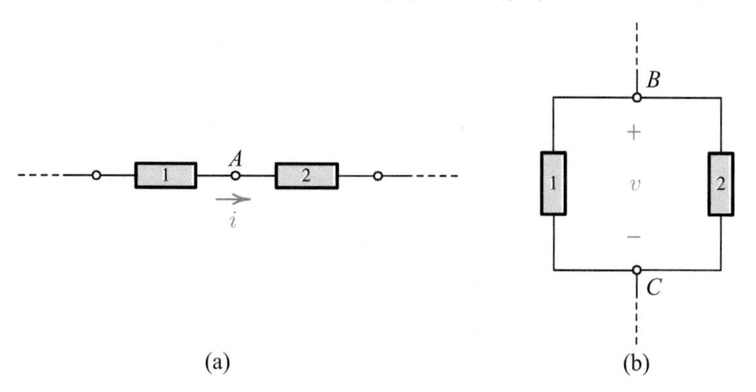

그림 2.1 직렬 접속과 병렬 접속: (a) 직렬 접속, (b) 병렬 접속.

그림 2.2에 직-병렬-접속 회로를 나타냈다. 소자 1은 소자 2와 직렬로 접속되어 있고(마디 A에 소자 1과 2만 접속되어 있다), 소자 3은 소자 4와 병렬로 접속되어 있다(소자 3과 4가 B와 C 마디 사이에 접속되어 있다). 우리는 또 이 회로에서 소자 1과 2의 결합(N_1으로 표기된 상자)이 소자 3과 4의 결합(N_2로 표기된 상자)과 직렬로 접속되어 있는 것으로 볼 수 있다(왜냐하면, N_1과 N_2에 똑같은 전류 i가 흐르므로). 이와는 달리, 우리는 소자 1과 2의 결합이 소자 3과 4의 결합과 병렬로 접속되어 있는 것으로도 볼 수 있다(왜냐하면, N_1과 N_2 양단에 똑같은 전압 v가 걸리므로). 만약 세 번째 회로 N_3가 D와 E 마디 사이에 접속될 경우에는, N_1이 더 이상 N_2에 직렬이 될 수 없을 것이다(왜냐하면, N_1과 N_2에 흐르는 전류가 다르므로). 그러나, N_1, N_2, 그리고 N_3 모두가 병렬은 될 수 있을 것이다(왜냐하면, N_1, N_2, 그리고 N_3 양단에 걸리는 전압이 똑같으므로).

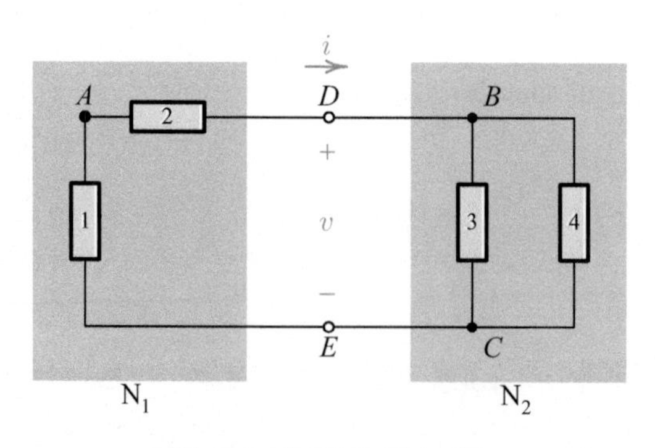

그림 2.2 직-병렬-접속 회로.

2.2 저항기들의 직렬 접속, 병렬 접속, 그리고 직-병렬 접속

저항기들의 직렬 접속

그림 2.3(a)에 두 저항기가 직렬로 접속된 모양을 나타냈다. 그림으로부터 우리는 R_1과 R_2에 똑같은 전류 i가 흐른다는 것을 알 수 있다. 옴의 법칙에 의하면, R_1과 R_2에 걸리는 전압은

$$v_1 = iR_1, \qquad v_2 = iR_2$$

이다. KVL에 의하면, 단자 1과 2 사이에 나타나는 전압 v는

$$v = v_1 + v_2 = iR_1 + iR_2 = i(R_1 + R_2) = iR_{eq}$$

이다. 여기서, $R_{eq} = R_1 + R_2$이다. 따라서, R_1과 R_2의 직렬 결합을 들어내고, 그 대신에 (R_1+R_2)의 값을 갖는 하나의 저항기로 대체해도, 단자 특성($i-v$ 특성 곡선)은 똑같을 것이다. 따라서 우리는 그림 2.3(a)의 회로를 등가적으로 그림 2.3(b)와 같이 나타낼 수 있을 것이다. 이 결과는 저항기가 접속되어 있는 순서와 무관하다. 즉, 그림 2.3(a)에서 R_1과 R_2는 서로 교환될 수 있다.

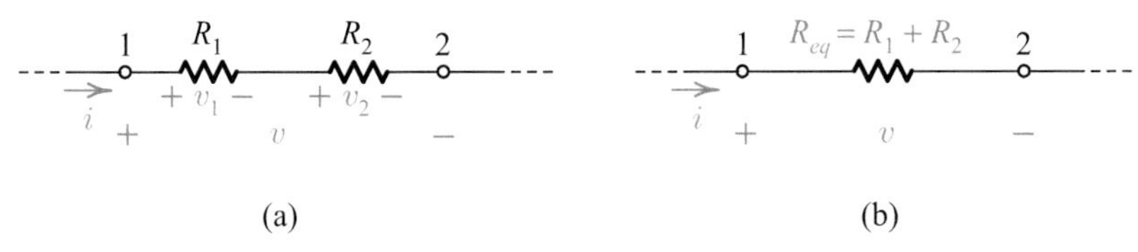

그림 2.3 두 저항기의 직렬 접속 및 등가 표현.

n개의 저항기가 직렬로 접속되어 있을 때, 등가 저항은

$$R_{eq} = R_1 + R_2 + R_3 + \cdots + R_n \tag{2.1}$$

이 된다. 이를 말로 표현하면, 직렬로 접속되어 있는 n개 저항기의 등가 저항은 개개의 저항들의 합과 같다고 표현할 수 있다.

저항기들의 병렬 접속

그림 2.4(a)에 두 저항기가 병렬로 접속된 모양을 나타냈다. 그림으로부터 우리는 R_1과 R_2 양단에 똑같은 전압 v가 걸린다는 것을 알 수 있다. 옴의 법칙에 의하면, R_1과 R_2에 흐르는 전류는

$$i_1 = \frac{v}{R_1}, \qquad i_2 = \frac{v}{R_2}$$

이다. KCL에 의하면, 마디 1에서 들어오는 전류 i는

$$\begin{aligned} i &= i_1 + i_2 = \frac{v}{R_1} + \frac{v}{R_2} = v\left(\frac{1}{R_1} + \frac{1}{R_2}\right) = v\left(\frac{R_1 + R_2}{R_1 R_2}\right) \\ &= \frac{v}{R_{eq}} \end{aligned}$$

이다. 여기서,

$$\frac{1}{R_{eq}} = \frac{1}{R_1} + \frac{1}{R_2} \quad \text{또는} \quad R_{eq} = \frac{R_1 R_2}{R_1 + R_2}$$

이다. 따라서, 만일 우리가 R_1과 R_2의 병렬 결합을 들어내고, 그 대신에 $R_1 R_2/(R_1 + R_2)$의 값을 갖는 하나의 저항기로 대체해도, 단자 특성($i-v$ 특성 곡선)은 똑같을 것이다. 따라서 우리는 그림 2.4(a)의 회로를 등가적으로 그림 2.4(b)와 같이 나타낼 수 있을 것이다. 이를 말로 표현하면, "병렬로 접속되어 있는 두 저항기의 등가 저항은 두 저항의 곱을 합으로 나눈 것과 같다"고 표현할 수 있을 것이다. 한쪽 저항이 0일 때(이때의 등가 저항은 0이다)를 제외하고는, 이 등가 저항이 어느 쪽 저항보다 항상 작다는 점에 주목하기 바란다. 이 결과는 저항기들이 접속되어 있는 순서와 무관하다. 즉, 그림 2.4(a)에서 R_1과 R_2는 서로 교환될 수 있다.

n개의 저항기가 병렬로 접속되어 있을 때, 등가 저항은

$$\boxed{\frac{1}{R_{eq}} = \frac{1}{R_1} + \frac{1}{R_2} + \frac{1}{R_3} + \cdots + \frac{1}{R_n}} \tag{2.2}$$

이 된다. 이를 말로 표현하면, 등가 저항의 역수는 개개의 저항들의 역수의 합과 같다고 표현할 수 있다.

우리는 이제 식 (2.1)과 식 (2.2)로 주어지는 저항기에 관한 직렬 및 병렬 접속 공식을 이용하여, 직-병렬-접속 저항기들의 등가 저항을 구할 수 있을 것이다.

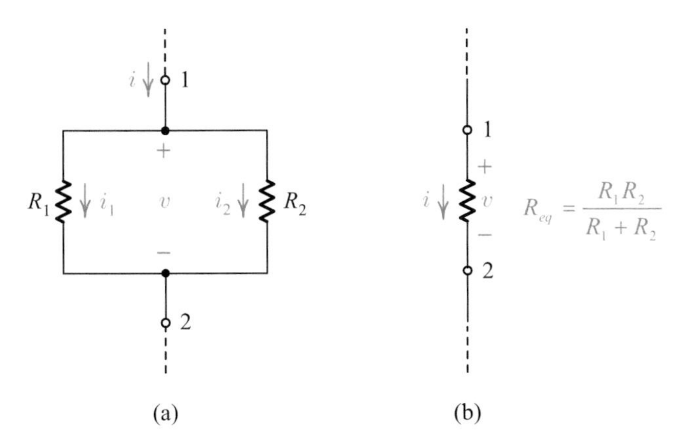

그림 2.4 두 저항기의 병렬 접속 및 등가 표현.

끝으로, 병렬로 접속된 두 저항기들의 등가 저항을 다음과 같이 간단한 형태로 표시한다는 것을 언급해 둔다.

$$R_{eq} = \frac{1}{\frac{1}{R_1} + \frac{1}{R_2}} = \frac{R_1 R_2}{R_1 + R_2} = R_1 \parallel R_2$$

여기서 기호 "$\parallel$"는 "병렬"이라는 것을 의미한다. n개의 저항기가 병렬로 접속되어 있을 때의 등가 저항은 다음과 같이 나타낼 수 있을 것이다.

$$R_{eq} = \frac{1}{\frac{1}{R_1} + \frac{1}{R_2} + \frac{1}{R_3} + \cdots + \frac{1}{R_n}} = R_1 \parallel R_2 \parallel R_3 \parallel \cdots \parallel R_n$$

그림 2.5에 보인 두 회로의 등가 저항을 구하라.

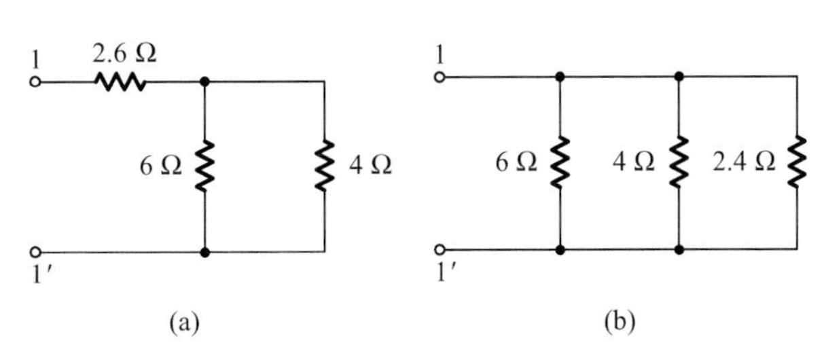

그림 2.5 예제 2.1을 위한 회로.

풀이 먼저, 그림 2.5(a)의 회로에 대해 생각해 보자. 회로로부터 우리는, 6 Ω과 4 Ω의 저항기가 병렬로 접속되어 있다는 것을 알 수 있다. 이 결합은

$$\frac{6 \times 4}{6 + 4} = 2.4\ \Omega$$

의 등가 저항으로 대체될 수 있다. 이 2.4 Ω의 저항기는 2.6 Ω의 저항기와 직렬이다. 따라서 1-1' 단자 사이에 나타나는 등가 저항은

$$2.4 + 2.6 = 5\ \Omega$$

이다.

다음으로, 그림 2.5(b)의 회로에 대해 생각해 보자. 1-1' 단자 사이의 등가 저항은 식 (2.2)를 이용하여 구할 수 있다. 즉,

$$\frac{1}{R_{eq}} = \frac{1}{6} + \frac{1}{4} + \frac{1}{2.4} = \frac{1}{1.2}$$
$$R_{eq} = 1.2\ \Omega$$

다른 방법으로 이 문제를 풀어 보기로 하자. 우리는 우선, 왼쪽의 두 저항기(또는 어떤 다른 두 저항기)를

$$\frac{6 \times 4}{6 + 4} = 2.4\ \Omega$$

의 저항을 가지는 하나의 저항기로 대체할 수 있을 것이다. 이 저항기는 남아 있는 2.4 Ω의 저항기와 병렬이다. 따라서, 곱을 합으로 나누는 공식을 이용하여 단자 1-1' 사이의 등가 저항을 구하면,

$$\frac{2.4 \times 2.4}{2.4 + 2.4} = \frac{2.4}{2} = 1.2\ \Omega$$

을 얻는다. 끝으로, 병렬 저항이 세 개일 경우에는, 세 저항의 곱을 그들의 합으로 나누어서는 등가 저항을 구할 수 없다는 점에 주의하기 바란다.

예제 2.2 그림 2.6에서 1-1', 2-2', 그리고 3-3'에서 오른쪽으로 바라다본 등가 저항은 얼마인가?

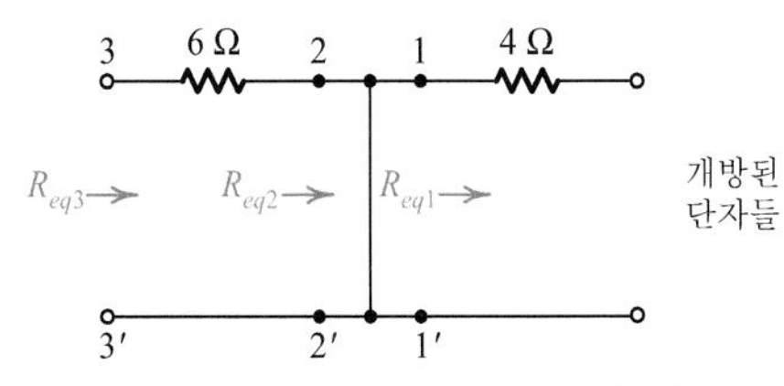

그림 2.6 예제 2.2를 위한 회로.

풀이 1-1'에서 오른쪽을 보면, 4 Ω이 개방 회로(무한대 저항)와 직렬이라는 것을 알 수 있다. 따라서 우리는

$$R_{eq1} = 4 + \infty = \infty$$

를 얻는다. 이로부터, 우리는 1-1'의 오른쪽이 여전히 개방 회로라는 것을 알 수 있다. 2-2'에서 오른쪽을 보면, 단락 회로(0 저항)가 무한대 저항인 R_{eq1}과 병렬인 것을 알 수 있다. 따라서 우리는

$$R_{eq2} = 0$$

을 얻는다. 이로부터, 우리는 2-2'의 오른쪽이 여전히 단락 회로라는 것을 알 수 있다. 3-3'에서 오른쪽을 보면, 6 Ω이 0 저항인 R_{eq2}와 직렬인 것을 알 수 있다. 따라서 우리는

$$R_{eq3} = 6 + R_{eq2} = 6\ \Omega$$

을 얻는다.

연습문제 2.1

직렬 및 병렬 결합 공식을 이용하여 그림 E2.1에 보인 회로의 등가 저항 R_{eq}를 구하라.

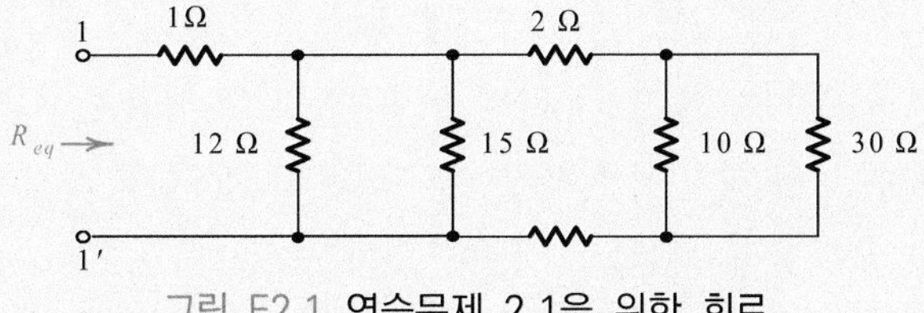

그림 E2.1 연습문제 2.1을 위한 회로.

답 $R_{eq} = 5\ \Omega$

2.3 전원들의 직렬 접속과 병렬 접속

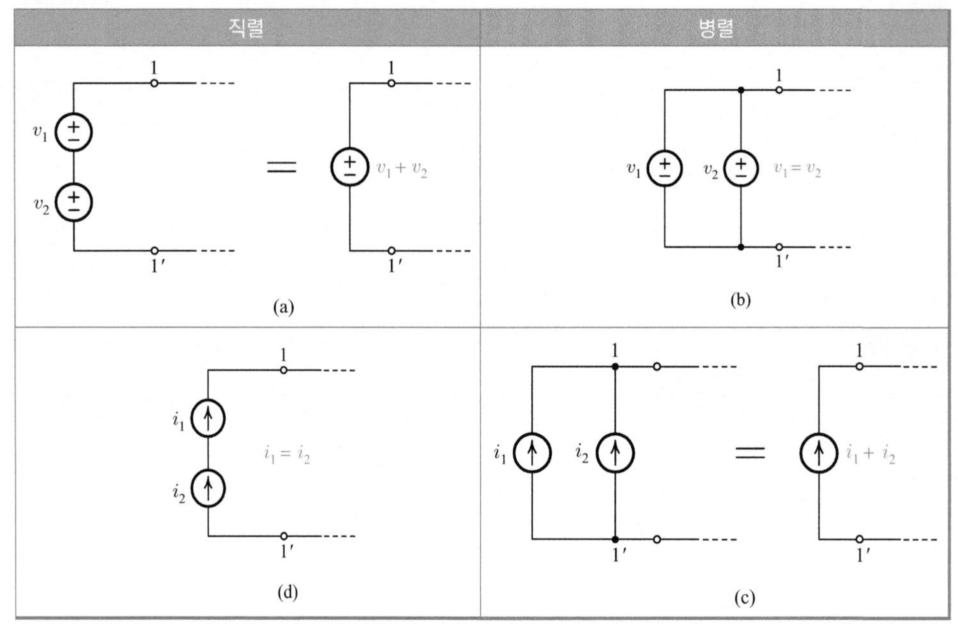

그림 2.7 전압 전원과 전류 전원의 직렬 접속과 병렬 접속.

우리는 전압 전원을 그림 2.7(a)와 같이 직렬로 접속시킬 수 있다. 단자 전압이 $(v_1 + v_2)$이므로, 우리는 $(v_1 + v_2)$ 값의 등가적인 전압 전원을 사용하여 이 단자 특성을 나타낼 수 있을 것이다. 실제의 전압 전원을 전압 전원으로서 제대로 동작시키려면, 단자 1-1'가 단락되지 않게 해주어야 한다.

만일 두 전원의 전압이 같고 전압 극성이 일치한다면, 우리는 두 전압 전원을 그림 2.7(b)와 같이 병렬로 접속시킬 수 있을 것이다. 만일 이 두 조건이 충족되지 않는다면, 두 전원을 포함하는 루프 주위에서 KVL에 위배되는 상황이 일어날 것이다. 실제로, 이와 같이 키르히호프의 법칙에 위배될 때는 전원들이 손상을 입게 된다.

우리는 전류 전원을 그림 2.7(c)와 같이 병렬로 접속시킬 수 있다. 단자 전류가 $(i_1 + i_2)$이므로, 우리는 $(i_1 + i_2)$ 값의 등가적인 전류 전원을 사용하여 이 단자 특성을 나타낼 수 있을 것이다. 실제의 전류 전원을 전류 전원으로서 제대로 동작시키려면, 단자 1-1'가 개방되지 않게 해주어야 한다.

만일 두 전원의 전류가 같고 전류 방향이 일치한다면, 우리는 두 전류 전원을 그림 2.7(d)와 같이 직렬로 접속시킬 수 있을 것이다. 만일 이 두 조건이 충족되지 않는다면, 두 전원의 접합 마디에서 KCL에 위배되는 상황이 일어날 것이다. 실제로, 실수로 인해 이와 같은 접속이 이루어질 경우에는, 전원들은 더 이상 전류 전원으로 동작하지 않을 것이고, 이들의 $i-v$ 특성은 KCL에 위배되지 않도록 변화할(때에 따라서는 극심하게) 것이다.

하나의 전압 전원은 하나의 전류 전원과 직렬로 접속될 수 있다. 이 경우를 그림 2.8(a)에 나타냈다. 이 결합의 단자 전류가 전류 전원에 의해 결정되므로, 이 결합은 단자 특성에 관한 한 하나의 전류 전원과 등가이다.

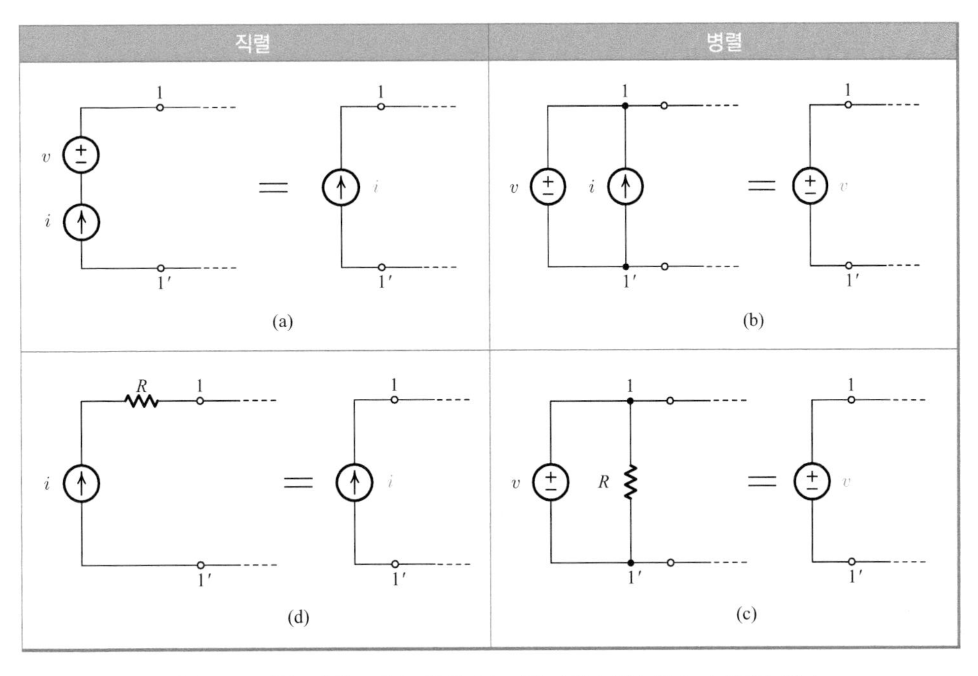

그림 2.8 전압 전원, 전류 전원 및 저항기의 직렬 접속과 병렬 접속.

하나의 전압 전원과 하나의 전류 전원은 그림 2.8(b)와 같이 병렬로도 접속될 수 있다. 이 결합의 단자 전압이 전류 전원의 값에 상관없이 v이므로, 결합된 단자 특성은 그 값이 v인 전압 전원과 등가이다.

마찬가지로, 우리는 그림 2.8(c)와 (d)에 나타낸 단자 등가들 역시 타당하다는 것을 알 수 있을 것이다.

2.4 비이상적인 전원들

우리는 1장에서 저항기의 $i-v$ 특성은 원점을 통과하는 직선으로 나타내고, 전압 전원의 $i-v$ 특성은 수직선으로 나타내며, 전류 전원의 $i-v$ 특성은 수평선으로 나타낼 수 있다는 것을 공부했었다. 우리는 이제 전원들과 저항기들을 결합시킴으로써, 다양한 $i-v$ 특성들을 얻을 수 있을 것이다. 또한 우리는 이와는 반대로, 측정된 $i-v$ 특성으로부터 전원들과 저항기들로 구성되는 등가 회로를 유도해낼 수 있을 것이고, 또 그렇게 함으로써 우리가 시험중인 소자에 대한 회로 모델을 구해낼 수 있을 것이다.

비이상적인 전압 전원

그림 2.9(a)에 나타낸 저항기와 전압 전원의 결합을 생각해 보기로 하자. 이 결합의 단자 특성을 그래프로 나타내기 위해서는, v와 i 사이의 관계식을 알아야 한다. 회로를 살펴보면,

$$v = v_R + V_{dc}$$

라는 것을 알 수 있다.

$$v_R = iR$$

이므로,

$$v = iR + V_{dc}$$

또는

$$i = \frac{v - V_{dc}}{R} = \underbrace{\frac{1}{R}}_{\text{기울기}}v - \underbrace{\frac{V_{dc}}{R}}_{i\text{축 절편}}$$

일 것이다. 이 식은 기울기가 $1/R$이고, v축 절편이 V_{dc}인 직선의 방정식이다. 이 방정식을 그림 2.9(b)에 그래프로 나타냈다. 우리는 이제 V_{dc}의 영향을 알 수 있을 것이다. 즉, 만일 V_{dc}가 0이면, i 대 v 그래프는 저항기의 특성 곡선이 될 것이고, 만일 V_{dc}가 0에서부터 증가한다면, 직선은 기울기의 변화 없이 오른쪽으로 이동할 것이다. 또한, 만일 V_{dc}가 음의 값일 경우에는, 직선은 기울기의 변화 없이 왼쪽으로 이동할 것이다. 이와 같이 V_{dc}는 수평 이동의 양과 방향을 조정한다.

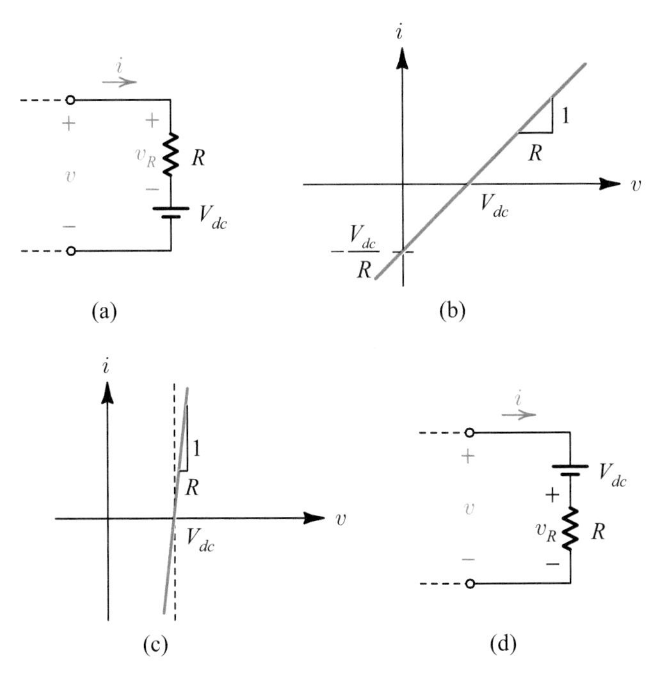

그림 2.9 저항기와 전압 전원의 결합.

만일 V_{dc}가 일정하고, R이 감소한다면, 직선은 $(V_{dc},\ 0)$ 점을 중심으로 하여 시계 반대 방향으로 회전할 것이다. $R = 0$일 때, 직선은 $v = V_{dc}$에서 수직이 되며, 우리는 이상적인 전압 전원을 얻게 될 것이다. 실제의 전압 전원은 그림 2.9(c)에 나타낸 것과 같은 단자 특성(완전한 수직이 아닌)을 가진다. 이는 **작은 직렬 내부 저항**(internal resistance)이 존재한다는 것을 의미한다. 실제의 전압 전원의 등가 회로를 그림 2.9(a)에 나타냈다. R이 점점 작아질수록, 회로는 이상적인 전압 전원에 보다 가깝게 동작할 것이다. 즉, 단자 전압 v가 전류 i와 무관해질 것이다.

그림 2.9(a)에서 저항기와 전지의 위치를 서로 바꾸면, 그림 2.9(d)의 회로가 얻어질 것이다. 이와 같이 저항기와 전지의 위치를 바꾸어도 단자 특성이 변하지 않는다는 점에 주목하기 바란다. 즉, 단자 변수들은 여전히 식 $i = (v - V_{dc})/R$의 관계를 갖는다.

예제 2.3 그림 2.10(a)에 보인 것처럼, 어떤 전압 전원의 단자들 사이에 걸리는 개방-회로 전압이 12 V이다. 그림 2.10(b)에 보인 것처럼, 이 전압 전원으로부터 20 A가 유출될 때 단자 전압은 10 V로 강하한다. 전압 전원의 전압 v_s와 내부 저항 R_s는 얼마인가?

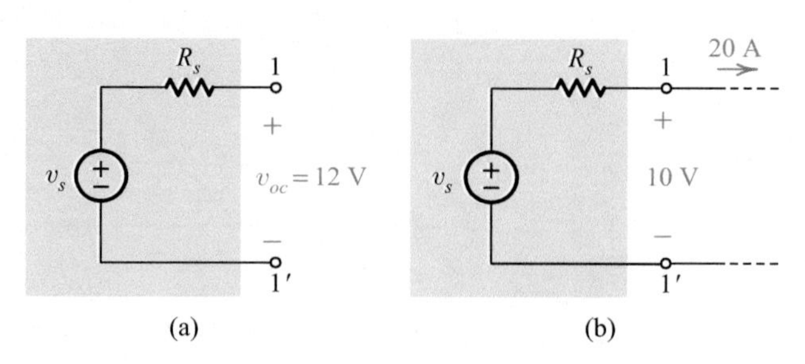

그림 2.10 **예제 2.3을 위한 회로.**

풀이 그림 2.10(a)에서 단자가 개방되어 있으므로, 저항기에 전류가 흐르지 않을 것이고, 이에 따라 저항기에 걸리는 전압은 0일 것이다. 따라서 전원의 전압 v_s는 개방-회로 전압 v_{oc}와 같을 것이다. 즉, v_s는 12 V이다. 이 전압 전원으로부터 20 A가 유출될 때의 상황을 그림 2.10(b)에 나타냈다. 이 회로에 KVL을 적용하면 다음 식을 얻을 것이다.

$$-v_s + 20R_s + 10 = 0$$

여기서 v_s가 12 V이므로

$$R_s = 0.1\ \Omega$$

이다.

연습문제 2.2

슈퍼마켓에서 사온 전지의 전압을 디지털 전압계로 측정했다. 전압계의 지시는 9.250 V였다. 전지에 1 Ω의 저항기 하나를 연결한 상태에서 저항기 사이에 걸리는 전압을 측정했더니, 전압계의 지시가 7.4 V로 떨어졌다. 이 전지의 내부 저항 R_s를 구하라.

답 $R_s = 0.25\ \Omega$

비이상적인 전류 전원

다음으로, 그림 2.11(a)에 나타낸 회로에 대해 생각해 보기로 하자. 회로의 관찰로부터, 우리는 $i-v$의 관계가 다음과 같이 주어진다는 것을 쉽게 알 수 있다.

$$i = I_{dc} + i_R$$

여기서

$$i_R = \frac{v}{R}$$

이므로,

$$i = \underbrace{I_{dc}}_{i\text{축 절편}} + \underbrace{\frac{1}{R}}_{\text{기울기}} v$$

일 것이다. 이 방정식을 그림 2.11(b)에 그래프로 나타냈다. 그래프를 살펴보면, I_{dc} 때문에, 직선이 기울기의 변화 없이 수직으로 위($I_{dc} > 0$) 또는 아래($I_{dc} < 0$)로 이동한다는 것을 알 수 있다.

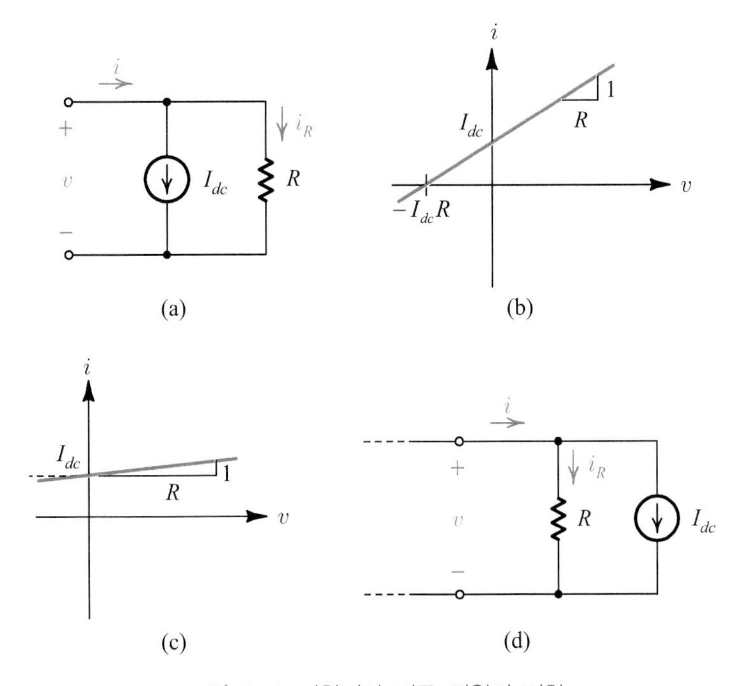

그림 2.11 저항기와 전류 전원의 결합.

만일 I_{dc}가 상수이고 R이 증가한다면, 직선은 $(0,\ I_{dc})$ 점을 중심으로 하여 시계 방향으로 회전할 것이다. $R = \infty$일 때, 직선은 수평이 되고, 우리는 이상적인 전류 전원을 얻게 될 것이다. 실제의 전류 전원은 그림 2.10(b)에 점선으로 나타낸 것과 같은 단자 특성(즉, 완전한 수평이 아닌 단자 특성)을 가진다. 이는 큰 병렬 내부 저항이 존재한다는 것을 의미한다. 그림 2.11(a)에 나타낸 회로가 실제의 전류 전원의 등가 회로이다. R이 커짐에 따라 회로는 이상적인 전류 전원에 좀더 가깝게 동작할 것이다. 즉, 단자 전류 i는 단자 전압 v에 상관없이 항상 I_{dc}가 될 것이다.

그림 2.11(a)에서 저항기와 전류 전원의 위치를 바꾸면, 2.11(c)의 회로가 될 것이다. 이와 같이 저항기와 전류 전원의 위치를 바꾸어도, 단자 특성은 변하지 않는다는 점에 주목하기 바란다(즉, 전류 i는 여전히 $i = I_{dc} + v/R$로 주어진다).

전원들과 저항기들이 어떻게 접속되어 있는가에 상관없이, 단자 쌍에서의 $i-v$ (또는 $v-i$) 특성이 항상 직선이라는 점에 주목하기 바란다.

예제 2.4 그림 2.12(a)에 보인 것처럼, 어떤 전류 전원의 단자들을 도선으로 단락시켰을 때, 도선을 통해 흐르는 단락-회로 전류가 1 mA이다. 그림 2.12(b)에 보인 것처럼, 이 전류 전원에 10 V의 전압이 걸릴 때, 단자에 흐르는 전류는 0.9 mA로 떨어진다. 전류 전원의 전류 i_s와 내부 저항 R_s는 얼마인가?

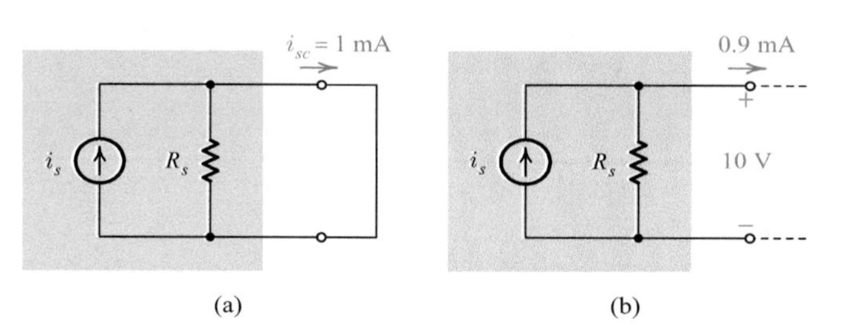

그림 2.12 예제 2.4를 위한 회로.

풀이 그림 2.12(a)에서 단자가 단락되어 있으므로, 전원 전류는 저항기로 흐르지 않고, 단락된 도선을 통해 흐를 것이다. 따라서 전원의 전류 i_s는 단락-회로 전류 i_{sc}와 같을 것이다. 즉, i_s는 1 mA이다. 이 전류 전원에 10 V의 전압이 걸릴 때의 상황을 그림 2.12(b)에 나타냈다. 이 회로에 KCL을 적용하면 다음 식을 얻을 것이다.

$$0.9 \times 10^{-3} = i_s - \frac{10}{R_s}$$

여기서, i_s가 1 mA이므로

$$R_s = 100\ \text{k}\Omega$$

이다.

연습문제 2.3

그림 E2.3에 나타낸 회로에서 전류 전원 사이에 걸리는 전압 v를 계산하라.

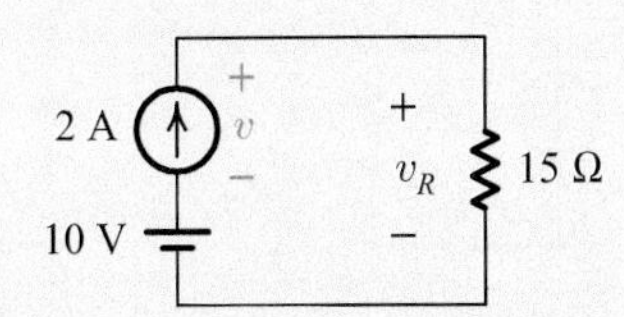

그림 E2.3 연습문제 2.3을 위한 회로.

답 20 V

예제 2.5 어떤 회로의 단자 특성을 실험적으로 구한 다음, 이를 도시하여 그림 2.13과 같은 $i-v$ 특성을 얻었다. 시험 중인 회로에 대한 등가 회로 표현을 구하라.

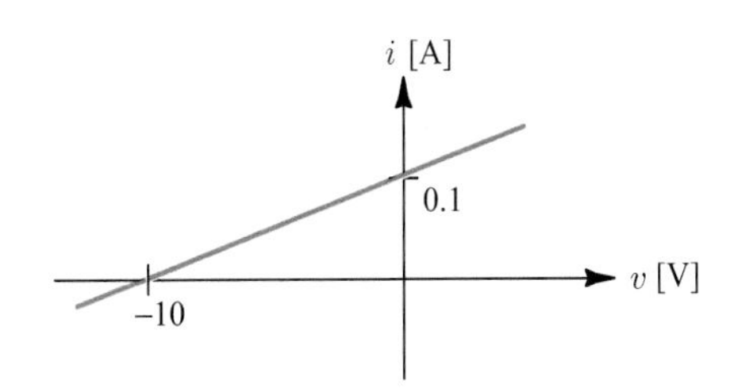

그림 2.13 예제 2.5를 위한 그림.

풀이 실험 특성 곡선으로부터 우리는 다음과 같은 $i-v$ 관계를 얻을 수 있다.

$$i = \underbrace{0.1}_{i\text{축 절편}} + 0.01v = 0.1 + \underbrace{\frac{v}{100}}_{\text{기울기}}$$

또는

$$v = -10 + 100i$$

우리는 첫 번째 식을 KCL로 해석함으로써 등가 회로를 구할 수 있을 것이다. 즉, 전류 i는 임의의 한 마디로 들어오고, $v/100$와 0.1의 전류는 같은 마디로부터 나갈 것이다. 여기서, 우리는 $v/100$ 전류는 단자 사이(여기서 v가 측정됨)에 연결된 $100\ \Omega$ 저항기에 의한 것이고, 또 하나의 전류는 0.1의 값을 가지는 일정한 전류라는 것을 알 수 있다.

따라서 우리는 두 번째 전류가 전류 전원을 나타낸다는 것도 알 수 있다. 이상의 내용을 종합하면, 측정된 특성으로부터 그림 2.14(a)의 등가 회로를 얻게 된다.

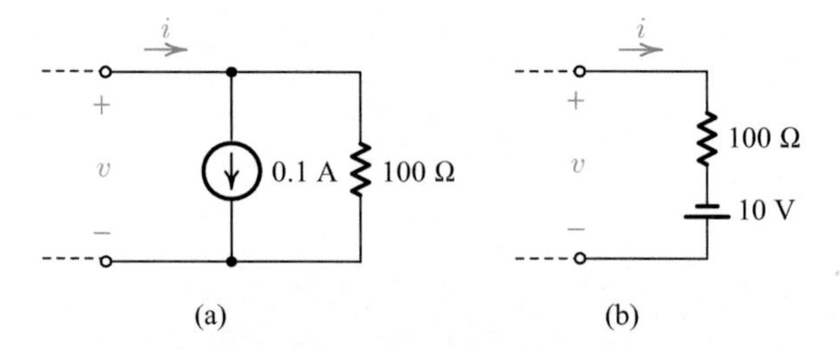

그림 2.14 **예제 2.4의 결과로 얻어진 등가 회로.**

이 문제를 다른 방법으로 풀어 보기로 하자. 즉, 두 번째 식을 이용하고, 이 식을 KVL로 해석해 보기로 하자. 두 번째 식으로부터, 우리는 전압 v가 -10과 $100\,i$의 두 성분으로 구성되어 있다는 것을 알 수 있다. 첫 번째 성분은 -10 V의 일정한 전압이고, 두 번째 성분은 $100\ \Omega$을 통해 흐르는 i에 의해 야기되는 전압이다. 이상의 내용을 종합하면, 측정된 단자 특성으로부터 그림 2.14(b)의 등가 회로를 얻게 된다. 결과적으로, 우리는 이 문제의 풀이가 하나만 있는 것이 아니며, 양쪽 회로 모두가 측정된 특성에 대한 모델이라는 것을 알 수 있다.

2.5 전원 변환

비이상적인 전압 전원은 비이상적인 전류 전원으로 등가적으로 나타낼 수 있다. 마찬가지로, 비이상적인 전류 전원은 비이상적인 전압 전원으로 변환시킬 수 있다.

비이상적인 전압 전원의 회로 모델을 그림 2.15(a)에 나타냈다. 이 모델에 상응하는 수학적인 모델은 그림과 같이 루프 주위의 전압들을 더함으로써 구해진다. 즉,

$$v = iR + v_s \tag{2.3}$$

비이상적인 전류 전원의 회로 모델을 그림 2.15(b)에 나타냈다. 이 모델에 상응하는 수학적인 모델은 그림과 같이 위쪽 마디에서 전류들을 더함으로써 구해진다. 즉,

$$i + i_s = \frac{v}{R}$$

우리는 이 식을 다음과 같이 다시 정리할 수 있을 것이다. 즉,

$$v = iR + i_s R \tag{2.4}$$

두 모델의 단자 변수가 같다는 것을 염두에 두면서, 식 (2.3)과 식 (2.4)를 비교해 보면,

$$v_s = i_s R \tag{2.5a}$$

또는

$$i_s = \frac{v_s}{R} \tag{2.5b}$$

일 때, 식 (2.3)과 식 (2.4)가 서로 등가가 된다는 것을 알 수 있다.

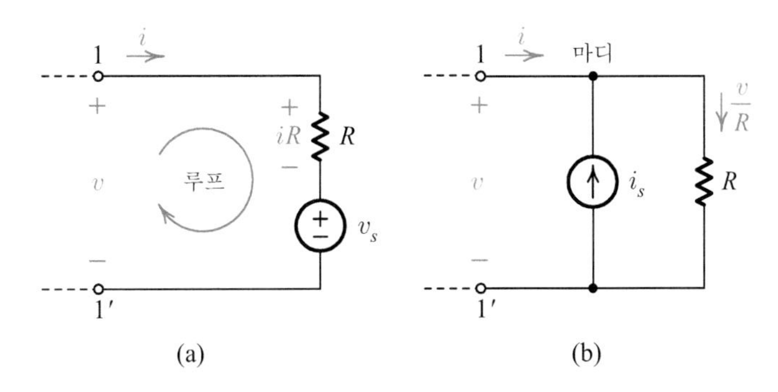

그림 2.15 비이상적인 전원의 회로 모델: (a) 전압 전원, (b) 전류 전원.

그림 2.15(a)의 전압 전원에서 만일 단자 1-1'를 단락시킨다면(즉, $v=0$으로 만든다면), 1로부터 1'로 흐르는 단락-회로 전류는 $-i = v_s/R$일 것이다. 그리고, 식 (2.5b)에 의하면, 이 전류는 반드시 i_s와 같아야 할 것이다. 따라서, 우리가 비이상적인 전압 전원을 비이상적인 전류 전원으로 바꾸려고 할 때는, 우선 전압 전원에 의해 생성되는 단락-회로 전류, 즉 i_s를 구한 다음, 이 전류와 같은 크기를 가지는 전류 전원을 그림 2.15(b)와 같이 다시 그리면 된다.

그림 2.15(b)의 전류 전원에서 만일 단자 1-1'를 개방한다면(즉, $i=0$으로 만든다면), 단자 1-1' 사이에 걸리는 개방-회로 전압은 $v = i_s R$일 것이다. 그리고, 식 (2.5a)에 의하면, 이 전압은 반드시 v_s와 같아야 할 것이다. 따라서, 우리가 비이상적인 전류 전원을 비이상적인 전압 전원으로 바꾸려고 할 때는, 우선 전류 전원에 의해 생성되는 개방-회로 전압, 즉 v_s를 구한 다음, 이 전압과 같은 크기를 가지는 전압 전원을 그림 2.15(a)와 같이 다시 그리면 된다.

이 변환들이 가리키는 것처럼, 우리는 어떠한 비이상적인 전원도 하나의 전압

전원이나 그렇지 않으면 하나의 전류 전원으로 나타낼 수 있다. 우리가 문제를 풀 때는, 전압 전원 모델과 전류 전원 모델 중에서 어느 쪽 모델을 사용해도 상관이 없다. 그러나, 물리적인 관점에서 볼 때는, 전압 또는 전류 중에서 어느 쪽의 단자 변수가 전원에 부과된 외부 요건들의 변화에도 불구하고 거의 일정하게 유지되느냐가 중요하며, 이에 따라 그 전원을 전압 전원 또는 전류 전원으로 표기하는 것이 전원의 특성을 보다 구체적으로 묘사하는 방법이 될 것이다.

예제 2.6 그림 2.16에 나타낸 전류 전원을 전압 전원으로 변환시켜라.

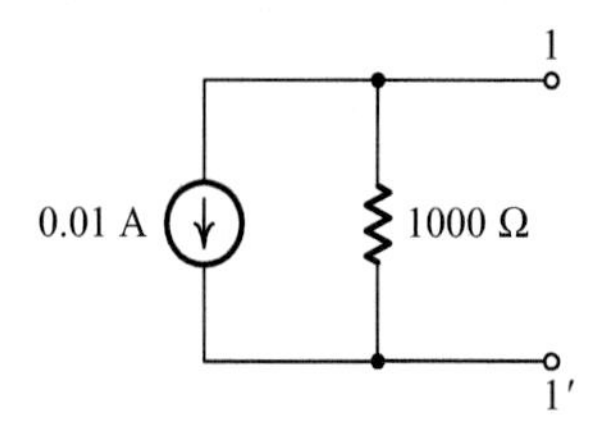

그림 2.16 **예제 2.6을 위한 회로.**

풀이 그림 2.16으로부터, 개방-회로 전압의 크기는

$$v_{oc} = 0.01 \times 1000 = 10 \text{ V}$$

이며, 이 전압의 극성은 아래쪽 단자가 + 라는 것을 알 수 있다. 따라서 우리는 문제에 주어진 전류 전원과 등가가 되는 전압 전원을 그림 2.17과 같이 그릴 수 있다.

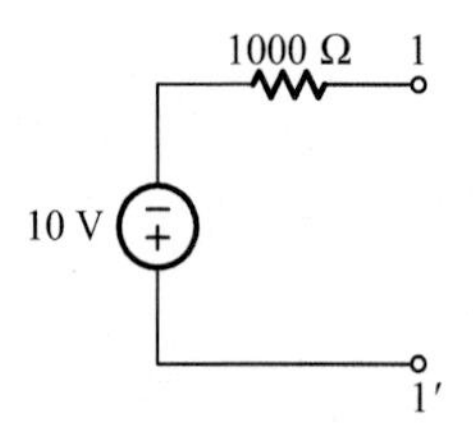

그림 2.17 **예제 2.6의 결과로 얻어진 등가 회로.**

연습문제 2.4

전원 변환을 연속적으로 사용하여, 그림 E2.4에 보인 회로에서 v_o를 v_s의 식으로 나타내어라.

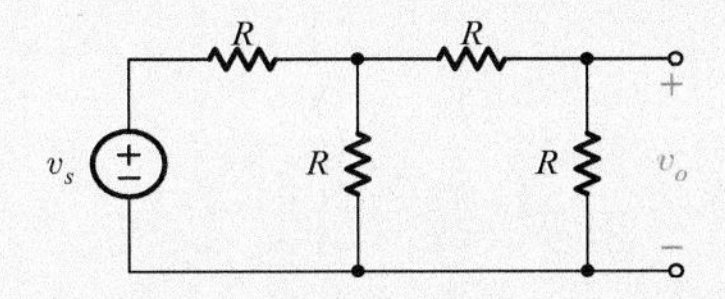

그림 E2.4 연습문제 2.4를 위한 회로.

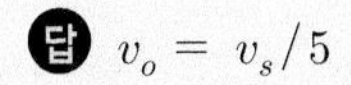

답 $v_o = v_s/5$

2.6 여기-응답; 입력-출력

임의의 회로는 하나 또는 그 이상의 전압 전원과 전류 전원들이 그 회로에 접속될 때 여기된다(excited)(또는 구동된다). 여기되지 않은 회로의 모든 전류와 전압은 0이다. 우리는 **여기**(excitation)를 **입력**(input)이라고 부르기도 한다.

회로가 여기됨으로써 그 회로의 여러 소자에 전류가 흐르기도 하고, 전압이 걸리기도 한다. 이러한 전류와 전압을 우리는 **응답**(response)이라고 부른다. 우리는 또 응답을 **출력**(output)이라고 부르기도 한다.

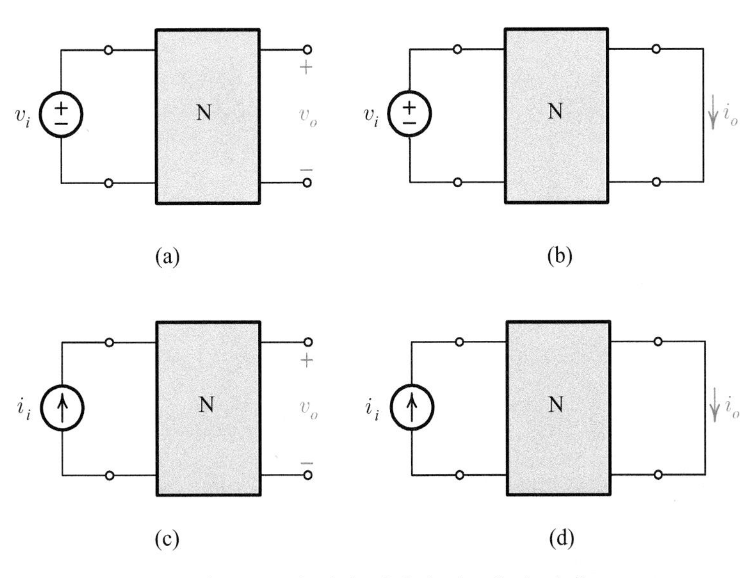

그림 2.18 네 가지 형태의 입-출력 관계.

입력은 전류이거나, 그렇지 않으면 전압일 것이다. 출력도 전류이거나, 그렇지 않으면 전압일 것이다. 따라서, 입-출력 관계는 그림 2.18에 보인 것처럼, 네 가지 형태들 중에서 하나의 형태를 취할 것이다. 즉, 전압-전압, 전압-전류, 전류-전압, 그리고 전류-전류 형태 중에서 하나의 형태를 취할 것이다.

2.7 전압-분배 공식과 전류-분배 공식

전압-분배 공식

그림 2.19(a)에 나타낸 회로의 입-출력 관계를 구해 보기로 하자. R_1과 R_2로 구성된 저항 회로의 입력은 v_i이고, 출력은 v_2이다. R_1과 R_2가 직렬이므로, 우리는 R_1과 R_2를 v_i 사이에 나타나는 $(R_1 + R_2)$의 등가 저항으로 바꿀 수 있을 것이다. 옴의 법칙에 의하면, 이 등가 저항에 흐르는 전류, 즉 R_1과 R_2에 흐르는 전류는

$$i_i = \frac{v_i}{R_1 + R_2}$$

이다. 따라서 출력 전압은

$$v_2 = i_i R_2$$

$$\boxed{v_2 = \left(\frac{R_2}{R_1 + R_2}\right) v_i} \qquad (2.6)$$

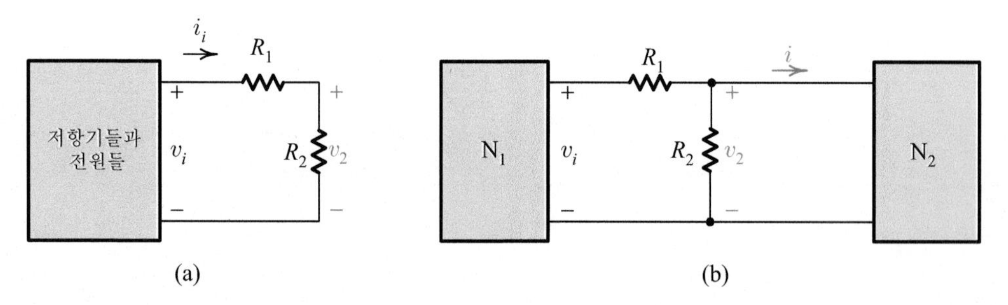

그림 2.19 전압-분배 공식: (a) 공식 설명을 위한 회로, (b) 공식을 적용할 수 없는 경우.

이다. $R_1 = 0$ 또는 $R_2 = \infty$일 때를 제외하고는 $R_2/(R_1 + R_2)$ 인수는 1보다 작을 것이다. R_2 사이에 걸리는 출력 전압을 구하려고 할 때는, 이 인수에 입력 v_i를 곱해주면 된다. 따라서 $R_1 = 0$ 또는 $R_2 = \infty$일 때를 제외하고는 출력이 입력보다 작을 것이다. 이렇게 되는 이유는, 입력 전압이 R_1과 R_2 사이에서 분배되며, 우리가 구하려고

하는 것이 R_2에 걸리는 전압이기 때문이다. 우리는 식 (2.6)을 **전압-분배 공식**(voltage-divider rule)이라고 부른다. 직렬로 접속된 두 저항기의 입력 전압을 알 경우, 우리는 이 식을 이용함으로써 출력 전압을 계산할 수 있다.

그림 2.19(b)의 회로에서 N_2로 들어가는 전류 i가 0이 아닐 경우에는 이 회로에 전압-분배 공식을 적용할 수 없다는 것을 강조해 둔다.

끝으로, 그림 2.20에 보인 것처럼, 하나의 전압 전원이 직렬로 접속된 n개의 저항기들을 구동하고 있는 경우를 생각해 보자. R_k 저항기에 걸리는 전압은

$$v_k = \left(\frac{R_k}{R_1 + R_2 + \cdots + R_n}\right)v_i \tag{2.7}$$

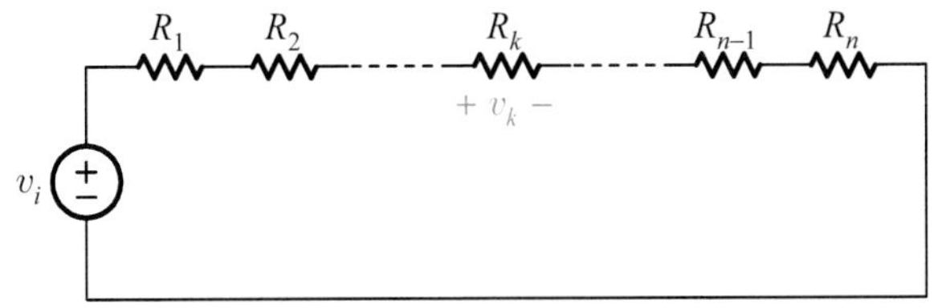

그림 2.20 하나의 전압 전원이 직렬로 접속된 n개의 저항기들을 구동할 때.

일 것이다. 여기서 $k = 1, 2, ..., n$ 이다.

그림 2.21에서 출력 전압을 구하라.

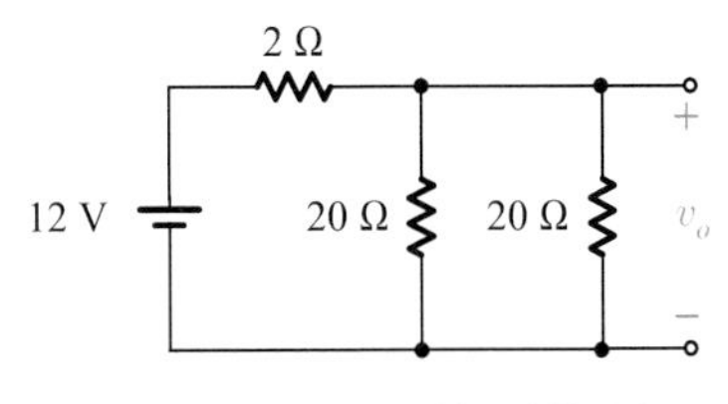

그림 2.21 **예제 2.7을 위한 회로.**

풀이 12 V의 입력 전압은 2 Ω에 걸리는 전압과 10 Ω에 걸리는 전압으로 분배될 것이다. 여기서 10 Ω은 두 개의 병렬-접속 20 Ω 저항의 등가 저항을 나타낸다. 그림 2.22를 참조하라. 이 등가 저항 사이에 나타나는 전압이 출력이므로,

$$v_o = \left(\frac{10}{2 + 10}\right)12 = 10 \text{ V}$$이다.

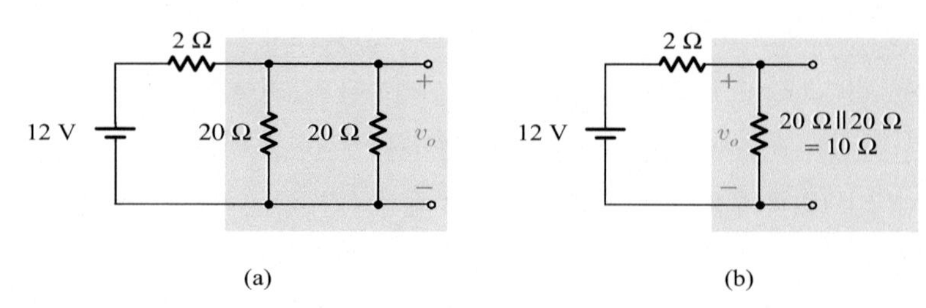

그림 2.22 병렬-접속 등가 저항을 이용한 그림 2.21의 간략화.

연습문제 2.5

그림 E2.5에서 각각의 저항기에 걸리는 전압을 구하라.

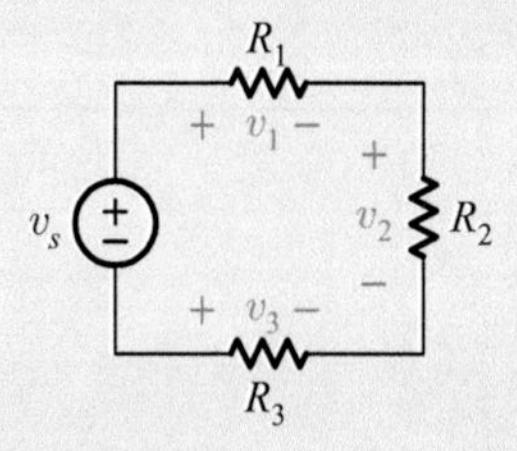

그림 E2.5 연습문제 2.5를 위한 회로.

답 $v_1 = \dfrac{R_1}{R_1+R_2+R_3}v_s$, $v_2 = \dfrac{R_2}{R_1+R_2+R_3}v_s$, $v_3 = \dfrac{R_3}{R_1+R_2+R_3}v_s$

전류-분배 공식

그림 2.23(a)에 나타낸 저항 회로의 입력은 i_i 전류이고, 출력은 R_2에 흐르는 전류 i_2이다. 입-출력 관계를 구하기 위해 병렬-접속을

$$\frac{1}{\dfrac{1}{R_1}+\dfrac{1}{R_2}}$$

의 등가 저항으로 바꾸어 보자. 그러면, 전류 i_i가 R 등가 저항에 흐를 것이고, 이 등가 저항 사이에는

$$\frac{1}{\dfrac{1}{R_1}+\dfrac{1}{R_2}}i_i$$

의 전압이 나타날 것이다. 이 전압은 R_2 사이에 걸리는 전압이기도 하므로, R_2에 흐르는 전류는

$$i_2 = \frac{\left(\dfrac{1}{\dfrac{1}{R_1}+\dfrac{1}{R_2}}\right)i_i}{R_2}$$

$$i_2 = \frac{\dfrac{1}{R_2}}{\dfrac{1}{R_1}+\dfrac{1}{R_2}}i_i$$

또는

$$i_2 = \left(\frac{R_1}{R_1 + R_2}\right)i_i \tag{2.8}$$

일 것이다. 우리는 식 (2.8)을 **전류-분배 공식**(current-divider rule)이라고 부른다. 이 식은 우리가 입력 전류 i_i를 알 경우, R_2에 흐르는 전류를 어떻게 구할 수 있는지를 말해준다. 입력 전류가 R_1과 R_2로 나누어지므로, R_2에 흐르는 전류는 입력 전류보다 작을 것이다. $R_2 = 0$ 또는 $R_1 = \infty$인 특별한 경우에는 출력 전류와 입력 전류가 서로 같을 것이다.

그림 2.23(b)의 회로에서 N_2에 걸리는 전압 v가 0이 아닐 경우에는 이 회로에 전류-분배 공식을 적용할 수 없다는 것을 강조해 둔다.

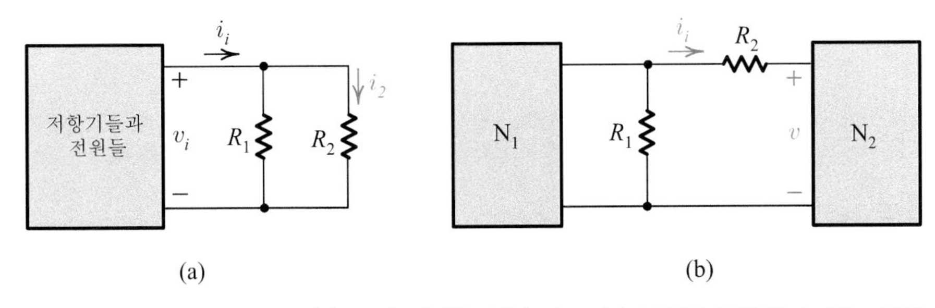

그림 2.23 전류-분배 공식: (a) 공식 설명을 위한 회로, (b) 공식을 적용할 수 없는 경우.

끝으로, 그림 2.24에 보인 것처럼, 하나의 전류 전원이 병렬로 접속된 n개의 저항기들을 구동하고 있는 경우를 생각해 보자. R_k 저항기를 통해 흐르는 전류는

$$i_k = \left(\frac{\dfrac{1}{R_k}}{\dfrac{1}{R_1} + \dfrac{1}{R_2} + \cdots + \dfrac{1}{R_n}} \right) i_i \tag{2.9}$$

일 것이다. 여기서 $k = 1, 2, ..., n$ 이다.

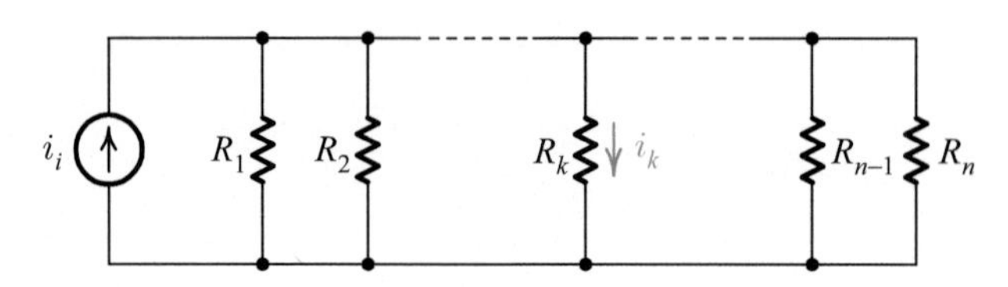

그림 2.24 하나의 전류 전원이 병렬로 접속된 n개의 저항기들을 구동할 때.

그림 2.25에서 출력 전류를 구하라.

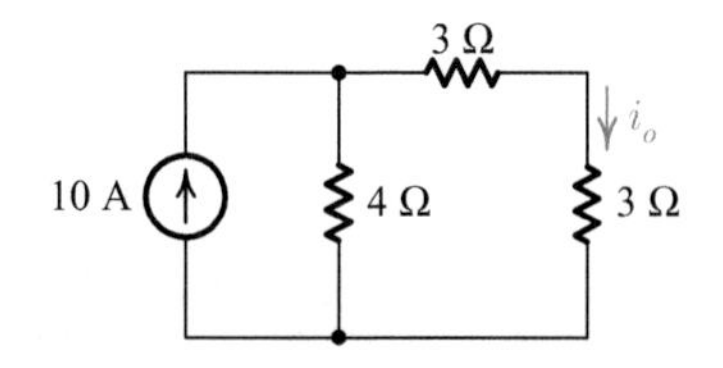

그림 2.25 예제 2.8을 위한 회로.

풀이 10 A의 입력 전류는 4 Ω에 흐르는 전류와 6 Ω에 흐르는 전류로 분배될 것이다. 여기서 6 Ω은 직렬로 접속된 두 개의 3 Ω 저항의 등가 저항을 나타낸다. 그림 2.26을 참조하라. 이 등가 저항에 흐르는 전류가 출력 전류이므로,

$$i_o = \left(\frac{4}{4 + 6} \right) 10 = 4 \text{ A}$$

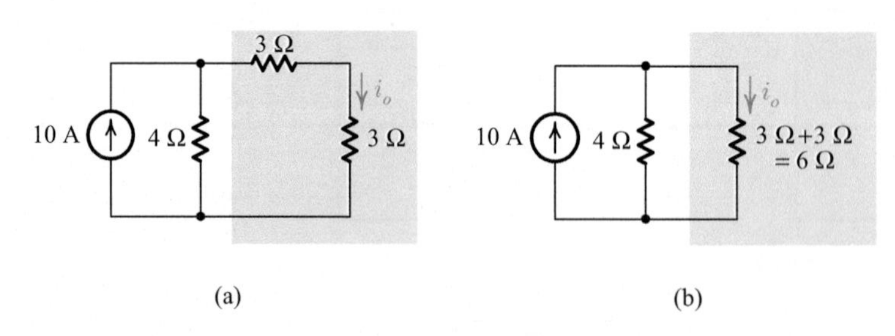

그림 2.26 직렬-접속 등가 저항을 이용한 그림 2.25의 간략화.

이다.

연습문제 2.6

그림 E2.6에서 각각의 저항기에 흐르는 전류를 구하라.

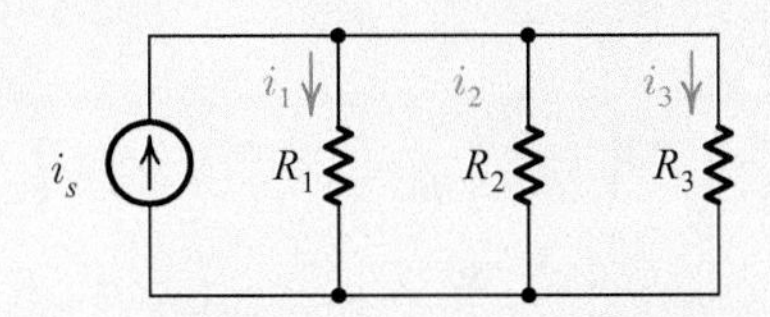

그림 E2.6 연습문제 2.6을 위한 회로.

답 $i_1 = \dfrac{R_1 \parallel R_2 \parallel R_3}{R_1} i_s$, $i_2 = \dfrac{R_1 \parallel R_2 \parallel R_3}{R_2} i_s$, $i_3 = \dfrac{R_1 \parallel R_2 \parallel R_3}{R_3} i_s$

2.8 기준 설정; 접지

일반적으로 전압을 측정할 때는 전압계의 한쪽 리드를 회로의 어느 한 마디에 접속하고, 다른 쪽 리드를 다른 마디들로 이동시켜 가면서 측정하는 것이 바람직하다. 이와 같이, 모든 전압은 **기준**(reference)이 되는 공통 점(또는 마디)을 중심으로 하여 측정된다. 우리는 이 점을 **접지**(ground)라고 부르며, 그림 2.27(a)에 나타낸 기호들 중의 하나로 표시한다. 실제로, 접지는 섀시(chassis)나 지표면과 같은 도전 물체를 나타낸다.

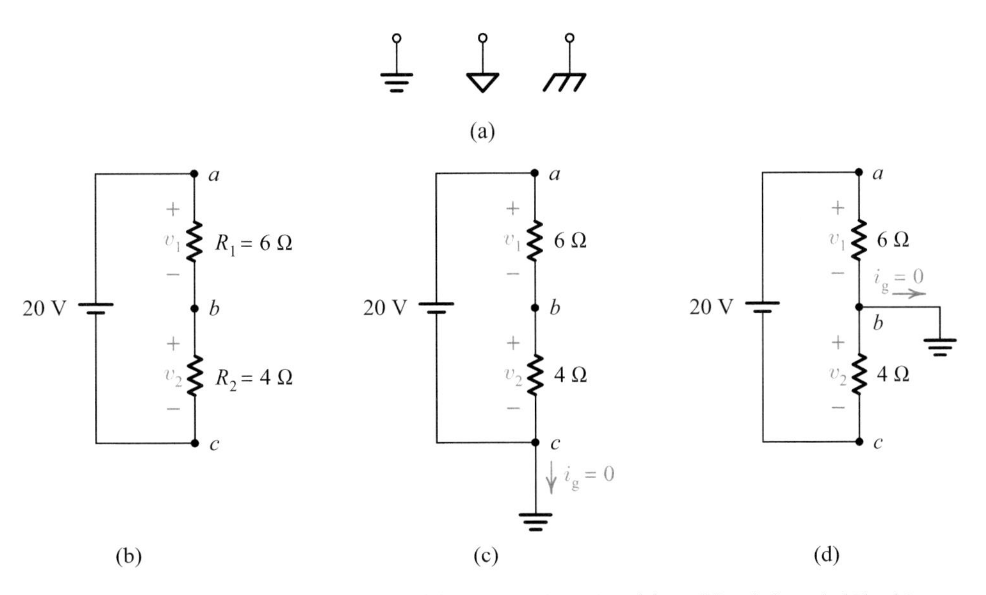

그림 2.27 접지의 이해: (a) 회로 기호, (b) 접지가 없는 회로, (c) c점을 접지로 설정한 경우, (d) b점을 접지로 설정한 경우.

이러한 측정을 좀 더 확실하게 이해하기 위해, 우선 그림 2.27(b)에 나타낸 회로에 대해 생각해 보자. 우리는 전압-분배 공식을 사용하여 v_1과 v_2 전압을 다음과 같이 쉽게 계산할 수 있을 것이다.

$$v_1 = 20\left(\frac{R_1}{R_1 + R_2}\right) = 20\left(\frac{6}{6 + 4}\right) = 12 \text{ V},$$

$$v_2 = 20\left(\frac{R_2}{R_1 + R_2}\right) = 20\left(\frac{4}{6 + 4}\right) = 8 \text{ V}$$

v_1을 측정할 때, 우리는 전압계의 ＋리드를 a점에 접속하고, －리드를 b점에 접속할 것이다. v_2를 측정할 때는, 양쪽 리드를 이전의 접속 점으로부터 제거한 후, ＋리드는 b점에, 그리고 －리드는 c점에 각각 접속할 것이다. 한 쌍의 접속 점에서 다른 쌍의 접속 점으로 리드들을 옮길 때는, 전압계의 ＋와 －의 표시와 측정하고자 하는 변수의 ＋와 －의 표시가 일치되도록 접속하는 것이 중요하다. 이러한 상황이 간과되거나, 리드들이 섞이게 되는 경우에는, 나중에 우리가 계산한 결과를 검산할 때, 측정된 값이 양의 값이어야 하는지, 아니면 음의 값이어야 하는지를 구분할 수 없는 문제가 발생할 것이다. 따라서 모든 전압을 c점에 접속된 전압계의 한쪽 리드(예를 들어, －리드)를 기준으로 하여 측정한다면, 이러한 불확실성을 피할 수 있을 것이다. 이 경우, c점이 모든 측정의 공통 기준 마디가 될 것이다. 이 사실은 그림 2.27(c)에 보인 것처럼, c점을 섀시 접지에 접속시킴으로써 확실히 알 수 있을 것이다. c점에 접지 점을 접속해도 접지 리드에 흐르는 전류가 0이기 때문에, 회로내의 전압 또는 전류는 변하지 않을 것이다($i_g = 0$이라는 것을 증명하기 위해, 점선으로 표시된 폐표면에 KCL을 적용하라). 따라서, v_1은 여전히 12V이고, v_2는 여전히 8V일 것이다. 그러나, 이제부터는 이들 전압을 접지를 기준으로 하여 측정해 보기로 하자. 즉, 전압계의 －리드를 접지 점에 접속하고, ＋리드를 a점이나 b점에 접속하여, a점과 접지 사이의 전압 또는 b점과 접지 사이의 전압을 측정해 보기로 하자. 이와 같이 측정할 경우에는, 전압계의 하나의 리드만을 움직여 가면서 측정을 수행하게 되므로, 측정된 결과에 부호를 틀리게 붙일 확률이 적어지며, 전체의 측정 절차가 보다 빠르고 간단해진다는 것을 우리는 쉽게 이해할 수 있을 것이다. 전압계의 ＋리드를 b점에 접속할 때, 전압계는 v_2의 전압, 즉 8V를 지시할 것이다. ＋리드를 a점에 접속할 때, 전압계는 $(v_1 + v_2)$의 전압인 20V를 지시할 것이다. v_2와 $(v_1 + v_2)$를 알았으므로, 우리는 v_1을 계산할 수 있을 것이다. 결론적으로, 우리는 이러한 절차로 v_1을 직접 측정할 수 없지만, 측정된 다른 두 결과를 이용하여 v_1을 구할 수 있을 것이다.

c점을 기준 접지로 하는 대신에, 우리는 그림 2.27(d)와 같이 b점을 기준 접지점으로 잡고, b점에 전압계의 $-$리드를 접속할 수 있을 것이다. 회로내의 전압과 전류들은 접지 리드에 흐르는 전류가 0이기 때문에 변하지 않을 것이다. 그러나, 전압계의 지시는 달라질 것이다. 즉, $+$리드를 a점에 접속할 때, 전압계는 v_1의 전압, 즉 12V를 지시할 것이고, $+$리드를 c점에 접속할 때, 전압계는 $-v_2$의 전압, 즉 -8V를 지시할 것이다.

전자 회로에서 접지는 일반적으로 많은 소자들이 접속된 도선이나 섀시를 의미한다. 예를 들어, 그림 2.28(a)에서는 전압 전원 v_s, 저항기 R_2, 그리고 저항기 R_4의 한쪽 끝이 접지에 접속되어 있다. 우리는 그림 2.28(a)를 그림 2.28(b)와 같이 그리기도 한다. 이와 같은 표현 방법은 회로도에 너무 많은 선을 그리는 것을 피하기 위해 사용된다. 실제로, 이 표현 방법을 이용함으로써 우리는 도선의 비용을 절약할 수 있을 것이다.

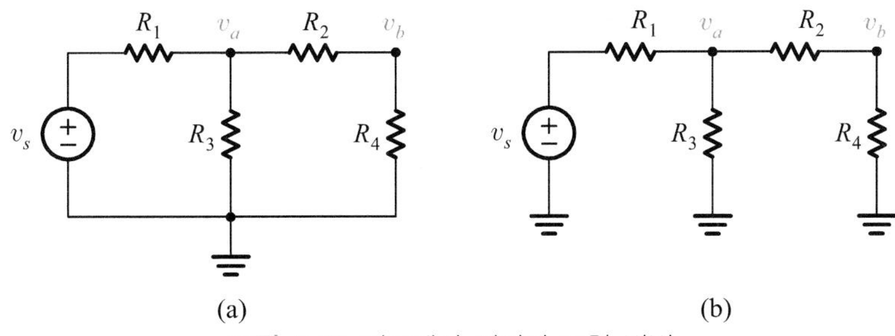

그림 2.28 회로에서 접지의 표현 방법.

그림 2.28(a)와 (b)에 전압 변수들의 새로운 명칭을 나타냈다. 이제부터는 마디 위에 표시한 v_a 또는 v_b와 같은 전압이 그 마디와 접지 사이의 전압을 의미할 것이다. 따라서 우리는 회로에 극성이 표시되어 있지 않더라도, 전압은 마디를 $+$로 그리고, 접지를 $-$로 하여 측정 또는 계산된다고 이해해야 할 것이다.

그림 2.29에서 마디 a와 접지 사이의 전압 v_a를 구하라.

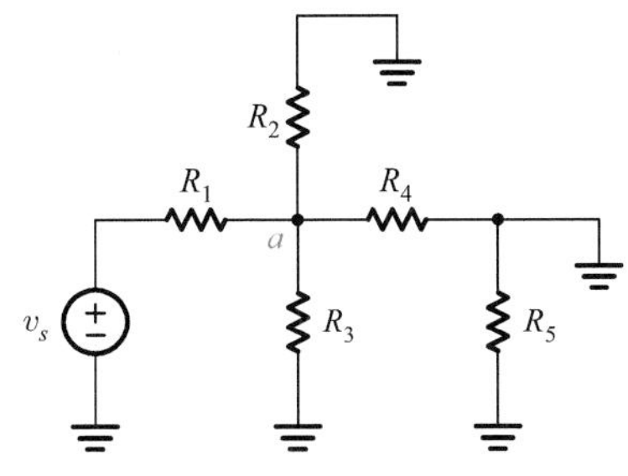

그림 2.29 예제 2.9를 위한 회로.

풀이 회로에서 우리는, R_2, R_3, 그리고 R_4가 마디 a와 접지 사이에 각각 접속되어 있으므로, 이들이 병렬이라는 것을 알 수 있다. 만일 우리가 좋다면, R_1과 v_s의 직렬 결합도 R_2, R_3, 그리고 R_4와 병렬이라고 말할 수 있을 것이다. 반면에, R_5는 그것의 양쪽 단자가 접지에 접속되어 있으므로 단락된 상태에 있다(누군가가 실수로 이와 같이 접속했을 것이다). R_5가 단락 회로이기 때문에, 이에 걸리는 전압은 0이다. 결과적으로, R_5는 전류나 전압에 어떠한 영향을 끼치지 않고 회로에서 완전히 제거될 수 있다. 따라서 우리는 그림 2.29를 그림 2.30과 같이 우리에게 친숙한 형태로 다시 그릴 수 있을 것이다. 이제, 우리는 전압-분배 공식을 이용하여 v_a를 다음과 같이 쉽게 계산할 수 있을 것이다.

$$v_a = v_s \frac{R_p}{R_p + R_1}$$

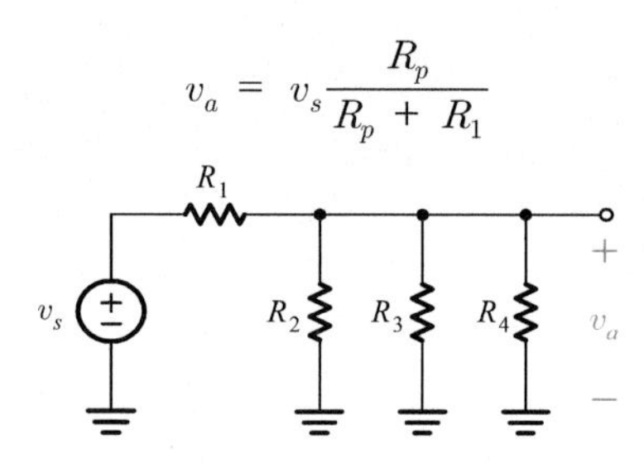

그림 2.30 그림 2.29를 정리한 회로.

여기서 R_p는 R_2, R_3, 그리고 R_4의 병렬 결합을 의미한다. 즉,

$$R_p = R_1 \parallel R_2 \parallel R_3 = \frac{1}{\dfrac{1}{R_2} + \dfrac{1}{R_3} + \dfrac{1}{R_4}}$$

R_4를 R_3의 뒤가 아닌 R_2의 앞에 위치시켜도 v_a는 변하지 않을 것이다.

예제 2.10 그림 2.31에서 $V_{dc} = 120$ V이다. v_1, v_2 그리고 R_1에 걸리는 전압을 구하라.

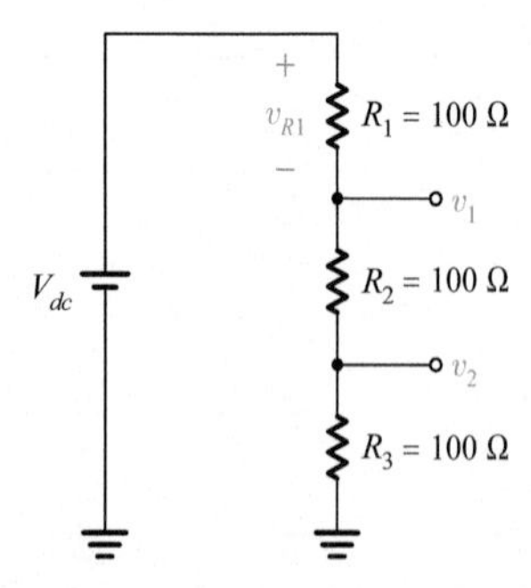

그림 2.31 예제 2.10을 위한 회로.

풀이 v_1과 v_2를 계산하기 위해 전압-분배 공식을 사용하면, 우리는 다음의 결과들을 얻을 수 있을 것이다.

$$v_1 = V_{dc}\frac{(R_2 + R_3)}{(R_2 + R_3) + R_1} = 120\left(\frac{200}{200 + 100}\right) = 80 \text{ V}$$

$$v_2 = V_{dc}\frac{R_3}{(R_1 + R_2) + R_3} = 120\left(\frac{100}{200 + 100}\right) = 40 \text{ V}$$

$$v_{R1} = V_{dc} - v_1 = 120 - 80 = 40 \text{ V}$$

연습문제 2.7

그림 E2.7에서 v_1, v_2 그리고 R_2에 걸리는 전압을 구하라.

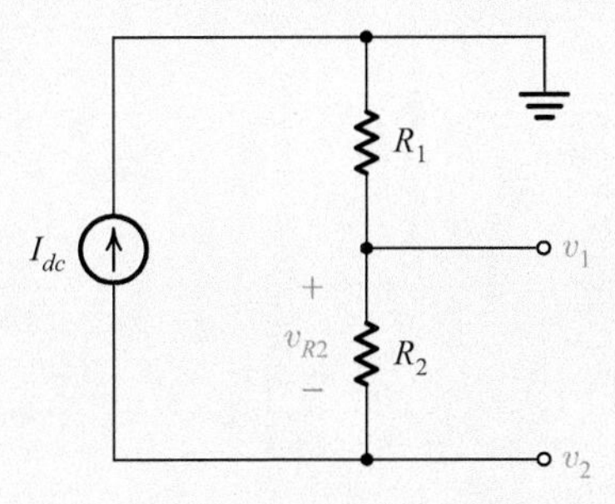

그림 E2.7 연습문제 2.7을 위한 회로.

답 $v_1 = -I_{dc}R_1$, $v_2 = -I_{dc}(R_1 + R_2)$, $v_{R2} = I_{dc}R_2$

2.9 밀리, 마이크로, 킬로 그리고 메가의 표현

많은 응용에서 우리는 매우 작은 전류와 전압, 그리고 매우 큰 저항들을 종종 만나게 된다. 이런 경우, 우리는 전류와 전압을 밀리암페어(mA), 밀리볼트(mV), 마이크로암페어(μA), 그리고 마이크로볼트(μV)로 측정한다. 그리고 저항은 킬로옴(kΩ)과 메가옴(MΩ)으로 측정한다.

$$1 \text{ mA} = 10^{-3} \text{ A} \qquad 1\ \mu\text{A} = 10^{-6} \text{ A}$$
$$1 \text{ mV} = 10^{-3} \text{ V} \qquad 1\ \mu\text{V} = 10^{-6} \text{ V}$$
$$1 \text{ k}\Omega = 10^{3}\ \Omega \qquad 1 \text{ M}\Omega = 10^{6}\ \Omega$$

옴의 법칙($v = iR$)에서 v는 볼트(V), i는 암페어(A), 그리고 R은 옴(Ω)으로 측정된다. m은 10^{-3}을 나타내고, k는 10^3을 나타내므로, $\mathrm{m} \times \mathrm{k} = 10^{-3} \times 10^3 = 1$이 된다. 따라서, 우리가 전류에 대해서는 밀리암페어를, 그리고 저항에 대해서는 킬로옴을 사용한다면, 전압은 여전히 볼트로 나타낼 수 있을 것이다. 예를 들어, 2 kΩ 사이에 걸리는 전압이 10 V이면, 이 저항기를 통해 흐르는 전류는 10/2 = 5 mA일 것이다. 마찬가지로, $\mu \times \mathrm{M} = 10^{-6} \times 10^6 = 1$이므로, 마이크로암페어 × 메가옴 = 볼트일 것이다.

2.10 간단한 전류 전원의 구성

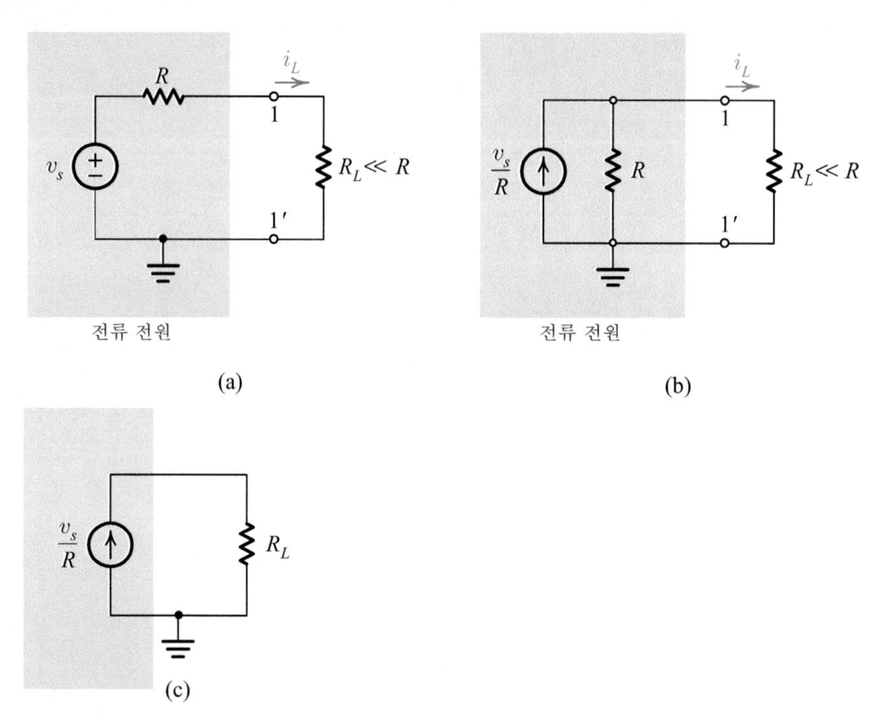

그림 2.32 (a) 전압 전원과 저항을 사용한 간단한 전류 전원의 구성. (b) 등가 표현. (c) $R_L \ll R$인 것을 고려하여 근사화된 회로.

그림 2.32(a)와 같이 하나의 전압 전원과 하나의 저항기를 사용하면, 간단한 전류 전원을 구성할 수 있다. 이제부터 우리는 점선의 상자 안에 나타낸 회로가 비이상적인 전류 전원으로 사용될 수 있다는 것을 보일 것이다. R_L을 회로의 부하로 간주하면, 부하 전류는

$$i_L = \frac{v_s}{R + R_L} = \frac{v_s}{R}\left[\frac{1}{1 + (R_L/R)}\right] \tag{2.10}$$

로 주어질 것이다. 부하 저항이 전원 저항보다 매우 작은 값일 경우에는, 식 (2.10)이

$$i_L \cong \frac{v_s}{R} \qquad (R_L \ll R) \tag{2.11}$$

가 될 것이다. 따라서, 부하에 흐르는 전류 i_L은 부하 저항 R_L과 무관해질 것이다. 바꿔 말하면, $R_L \ll R$ 인 한, R_L에 흐르는 전류는 주로 전원 전압과 전원 저항에 의해 결정될 것이다. 따라서 우리는 부하 저항이 v_s/R 값의 전류 전원에 의해 구동된다고 볼 수 있을 것이다.

우리는 이 회로를 다른 관점에서 살펴볼 수도 있다. 즉, 저항기와 직렬인 전압 전원은 똑같은 크기의 저항기와 병렬인 전류 전원으로 대체될 수 있으므로, 우리는 그림 2.32(a)를 그림 2.32(b)와 같이 다시 그릴 수 있을 것이다. 이 회로에 전류-분배 공식을 적용하면, 다음과 같은 부하 전류를 얻게 될 것이다.

$$i_L = \left(\frac{v_s}{R}\right)\left(\frac{R}{R + R_L}\right) \tag{2.12}$$

$R_L \ll R$인 한, 거의 모든 입력 전류는 부하로 흐를 것이다. 따라서 이런 조건 하에서는 식 (2.12)가 식 (2.11)로 줄여질 것이다. 실제로, 우리는 한 단계 더 나아가 그림 2.32(b)를 2.32(c)와 같이 그릴 수 있을 것이며, 이 그림으로부터 회로의 본질을 확실히 알 수 있을 것이다. 회로를 단순화하는 과정에서 R_L과 R의 병렬 접속을 R_L로 근사화했는데, 이 근사화는 $R_L \ll R$인 한 유효할 것이다.

v_s가 일정할 경우, 즉 직류 전압 전원일 경우, 그 결과로 생기는 전류 전원 v_s/R 역시 일정할 것이다. 만일 v_s가 사인파이라면, 전류 전원 역시 사인파일 것이다.

예제 2.11 하나의 전압 전원과 하나의 저항을 사용하여 0에서부터 100 Ω까지의 부하 저항 값의 범위를 갖는 1 mA의 직류 전류 전원을 설계하였다. 그 결과의 회로를 그림 2.33에 나타내었다. 부하 저항 R_L이 0일 때와 100 Ω일 때의 부하 전류 i_L을 각각 구하라. 설계된 전류 전원의 성능은 어떠한가?

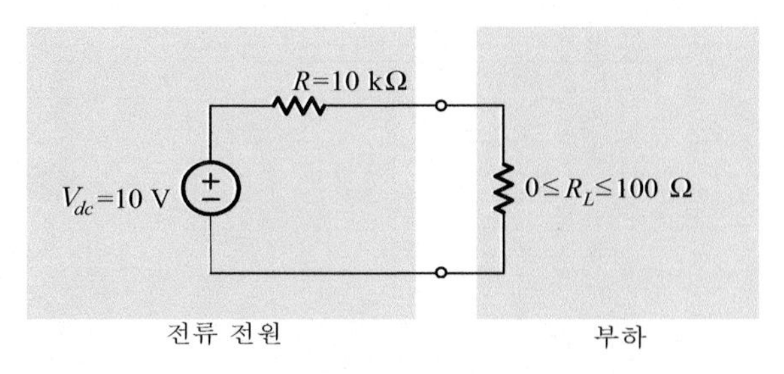

그림 2.33 예제 2.11을 위한 회로.

풀이 부하에 흐르는 전류 i_L은 다음과 같이 주어질 것이다. 즉,

$$i_L = \frac{V_{dc}}{R + R_L} = \frac{V_{dc}}{R}\left[\frac{1}{1 + (R_L/R)}\right] = 1\left[\frac{1}{1+(R_L/R)}\right]$$

$$= \begin{cases} 1 \text{ mA} & (R_L = 0) \\ 1\left(\frac{1}{1.01}\right) = 0.99 \text{ mA} & (R_L = 100 \ \Omega) \end{cases}$$

R_L 값의 전체 범위에 대해 i_L이 1 mA의 1% 범위 안에서 변한다는 것을 알 수 있다. (최악의 경우, R_L 사이에 걸리는 전압은 $0.0099 \ V_{dc}$일 것이고, 이 전압은 입력 전압의 약 1%에 해당할 것이다.) 여기서 우리는 V_{dc}와 R을 크게 하면 할수록 그 결과로 생기는 회로가 그만큼 충실한 전류 전원으로 동작한다는 것을 분명히 알 수 있다.

연습문제 2.8

그림 2.33의 회로에서 $V_{dc} = 1$ V, $R = 1$ kΩ으로 하여 1 mA의 전류 전원을 만들었다.

(a) 부하 저항 R_L이 0일 때와 100 Ω일 때의 부하 전류 i_L을 각각 구하라.

(b) R_L 값의 전체 범위에 대해 i_L이 1 mA의 몇 퍼센트 범위 안에서 변하는가?

답 (a) R_L이 0일 때 1 mA, R_L이 100 Ω일 때 0.91 mA, (b) 9%

2.11 연속 가변 감쇠기

많은 응용에서 우리는 신호를 일정한 양만큼 감쇠시킬(크기를 작게 할) 필요가 있다. 감쇠기(attenuator)는 이런 목적을 위해 사용된다. 거의 모든 전자 기기들에는 넓은 범위의 전압과 전류 값을 측정할 수 있도록 감쇠기가 사용된다. 예를 들어, 라디오의 음량을 낮출 때, 우리는 신호를 줄이기 위해 가변 감쇠기를 사용한다.

연속적으로 변화시킬 수 있는 감쇠 특성을 얻기 위해서는, 조정이 가능한 접촉을 갖고 있는 3-단자 저항기가 필요하다. 그런 저항기들을 우리는 **전위차계**(potentiometer)라고 부르며, 그림 2.34(a)와 (b)에 회로 기호와 외형들을 각각 나타냈다. 입력은 1과 2 단자 사이이고, 출력은 1과 3, 또는 2와 3 단자 사이이다. 우리는 **가동자**(wiper)라고 불리는 전위차계의 가동 축(moving arm)을 1과 2 단자 사이의 아무 곳에나 위치시킴으로써, 전체 저항의 양을 다양하게 분기시킬 수 있다. 이를 설명하기 위해, 가동자와 접지 사이에서 출력을 취하고 있는 그림 2.35(a)를 살펴보기로 하자. 가동자가 맨 위(1)에 있을 때 출력은 입력 V_{dc}와 같을 것이고, 가동자가 맨 아래(2)에 있을 때 출력은 접지와 같으므로 0일 것이다. 가동자가 그 밖의 다른 점에 위치할 때는, 출력이 V_{dc}와 0 사이의 전압이 될 것이다. 저항이 분기되는 양의 크기, 즉 **감쇠율**(attenuation factor)을 α (alpha : 알파)라고 하면, 우리는 그림 2.35(a)를 그림 2.35(b)와 같이 다시 그릴 수 있을 것이다. 이 그림으로부터 우리는

$$v_o = V_{dc}\frac{\alpha R}{\alpha R + (1-\alpha)R} = \alpha V_{dc} \qquad (0 \leqq \alpha \leqq 1)$$

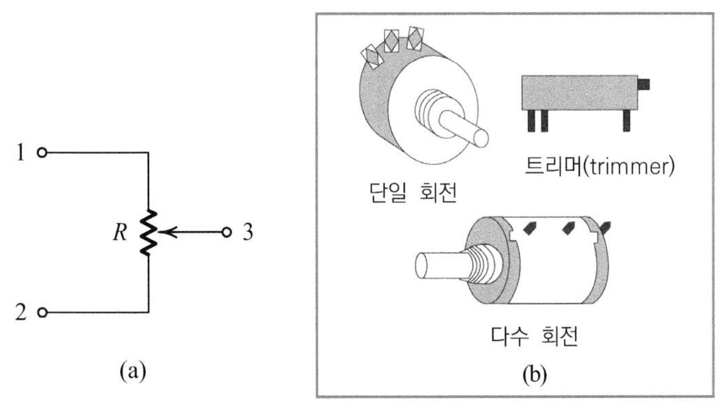

그림 2.34 전위차계: (a) 회로 기호, (b) 외형들.

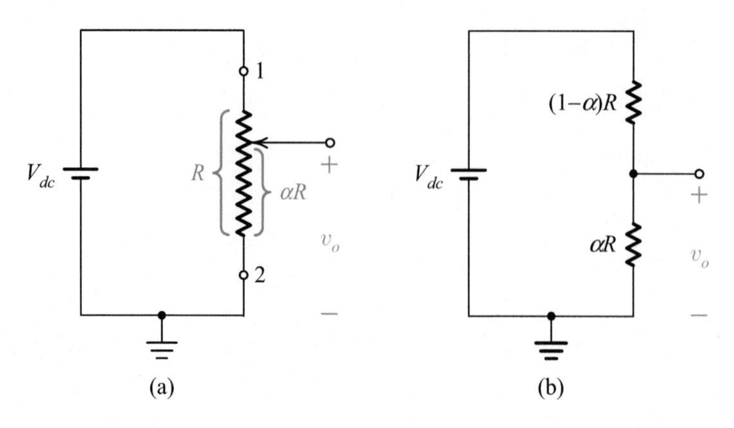

그림 2.35 연속 가변 감쇠기: (a) 회로 구성, (b) 등가 표현.

를 얻을 수 있을 것이다. 따라서 우리는 이 식으로부터, α를 0과 1 사이에서 변화시킴으로써 회로에 의해 유도되는 감쇠의 양을 연속적으로 변화시킬 수 있다는 것을 알 수 있다.

예제 2.12

그림 2.36의 회로를 이용하면, $+15$ V와 -15 V 사이의 어느 곳에서나 고정시킬 수 있는 가변 전압을 끌어낼 수 있다.

(a) 가동자가 맨 위에 있을 때, 즉 $\alpha = 1$일 때와 가동자가 맨 아래에 있을 때, 즉 $\alpha = 0$일 때의 출력 전압 v_o를 각각 구하라.

(b) 가동자가 임의의 점에 위치할 때의 출력 전압을 구하라.

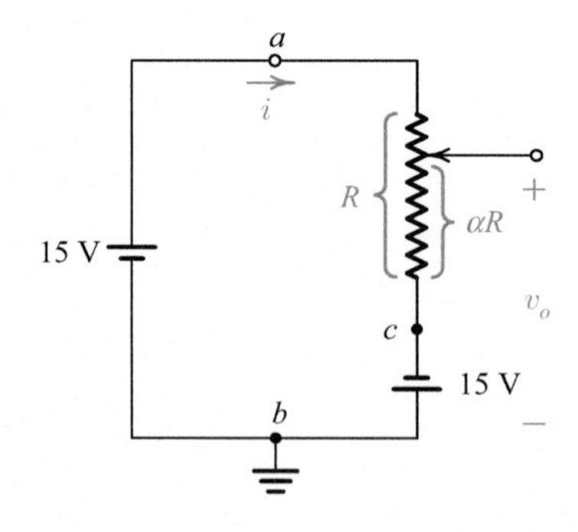

그림 2.36 예제 2.12를 위한 회로.

풀이 (a) 회로로부터 우리는

$$v_o = 15\ \text{V} \qquad (\text{가동자가 맨 위에 있을 때}\ ;\ \alpha = 1)$$
$$v_o = -15\ \text{V} \qquad (\text{가동자가 맨 아래에 있을 때}\ ;\ \alpha = 0)$$

라는 것을 알 수 있다.

(b) 가동자가 다른 임의의 점에 위치할 때는, 전위차계를 통해 흐르는 전류 i를 먼저 구함으로써 v_o를 구할 수 있을 것이다. 회로에서 R의 양단에 걸리는 전압과 이를 통해 흐르는 전류를 구하면,

$$v_R = v_{ac} = v_{ab} - v_{cb} = v_{ab} + v_{bc} = 15 + 15 = 30\ \text{V},$$
$$i = \frac{v_R}{R} = \frac{30}{R}$$

을 얻는다. 따라서 전위차계의 아래(가동자로부터 c까지) 부분에 걸리는 전압은

$$i\alpha R = \left(\frac{30}{R}\right)\alpha R = 30\alpha$$

이다. 이 전압과 전지에 의해 공급되는 -15 V의 합이 출력 전압이다. 즉,

$$v_o = 30\alpha + v_{cb} = 30\alpha + (-15)$$

이다. α가 0과 1 사이에서 변하므로, 출력 전압은 -15 V와 $+15$ V 사이에서 변할 것이다. $\alpha = 0.5$일 때, $v_o = 0$이 된다는 점에 유의하기 바란다.

연습문제 2.9

그림 E2.9의 회로에서 v_o를 구하라.

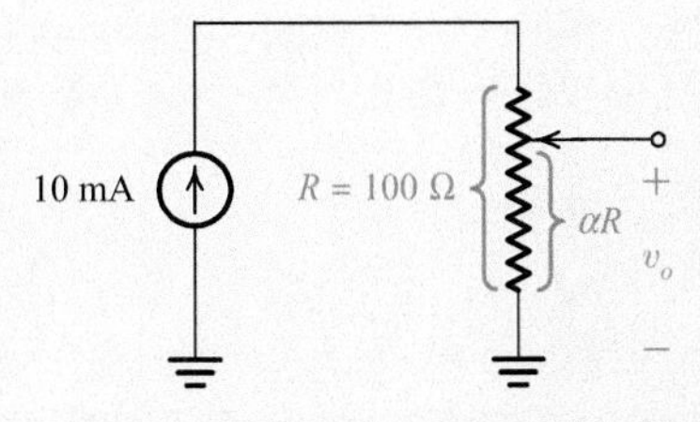

그림 E2.9 연습문제 2.9를 위한 회로.

답 α V

2.12 브리지 회로와 응용

브리지 회로의 기본 구성

브리지 회로(bridge network)의 구성을 그림 2.37에 나타냈다. 입력은 v_i 전압도 될 수 있고, 또는 i_i 전류도 될 수 있다. 이 변수들은 직류(dc; direct current)일 수도 있고, 또는 교류(ac; alternating current)일 수도 있다. 출력은 R_4에 걸리는 전압과 R_2에 걸리는 전압의 차인 v_o로 취해진다. $v_o = 0$일 때, 우리는 브리지가 평형이 되었다(balanced)고 말하거나, 또는 0이 되었다(nulled)고 말한다.

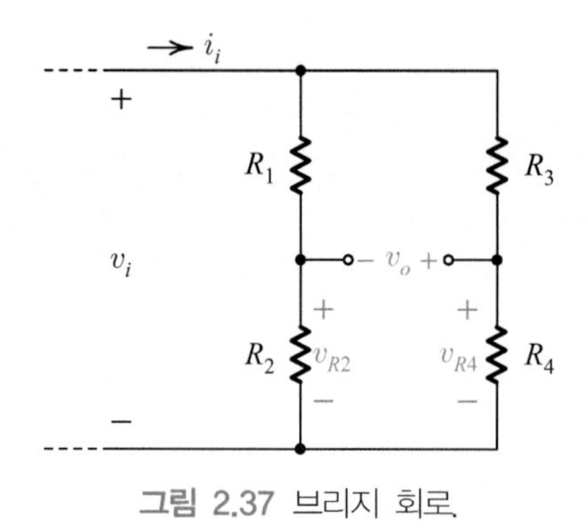

그림 2.37 브리지 회로.

만일 입력을 v_i로 취한다면, 출력은

$$v_o = v_{R4} - v_{R2} = v_i \frac{R_4}{R_3 + R_4} - v_i \frac{R_2}{R_1 + R_2}$$

$$= v_i \frac{(R_1 R_4 - R_2 R_3)}{(R_1 + R_2)(R_3 + R_4)} \tag{2.13}$$

가 될 것이고, 만일 입력을 i_i로 취한다면, 출력은

$$v_o = v_{R4} - v_{R2}$$

$$= i_i \frac{(R_1 + R_2)}{(R_1 + R_2) + (R_3 + R_4)} \times R_4 - i_i \frac{(R_3 + R_4)}{(R_1 + R_2) + (R_3 + R_4)} \times R_2$$

$$= i_i \frac{(R_1 R_4 - R_2 R_3)}{R_1 + R_2 + R_3 + R_4} \tag{2.14}$$

가 될 것이다. 입력이 v_i이든 또는 i_i이든 상관없이, 브리지는

$$\boxed{R_1 R_4 = R_2 R_3} \tag{2.15}$$

일 때 평형이 된다. 그림 2.37로부터 우리는, 대각선 반대편 저항들의 곱이 서로 같을 때 회로가 평형이 된다는 것을 알 수 있다.

브리지 회로는 다음의 두 가지 방법으로 여러 응용에 폭 넓게 사용된다. 즉, 어떤 응용에서는 하나의 저항을 v_o가 0이 될 때까지 변화시켜, 회로의 평형을 잡는 방법으로 사용된다. 다른 응용에서는 평형이 된 상태로부터 시작하여, v_o의 어떤 변화를 하나의 저항의 변화에 관련시키는 방법으로 사용된다.

예제 2.13

그림 2.38에서 R_1과 R_3는 고정도(high precision)의 $1\text{k}\Omega$ 저항이다. 저항 R_2는 고정도의 전위차계이다. 이 전위차계는 v_o가 0이 될 때까지 조정된다. 만약 $R_2 = 1.94\text{k}\Omega$일 때 $v_o = 0$이 되었다면, 미지의 저항 R_x는 얼마인가?

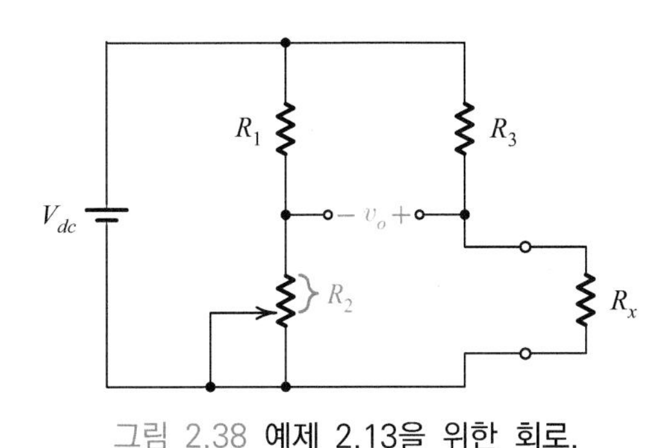

그림 2.38 예제 2.13을 위한 회로.

풀이 $v_o = 0$이므로, 브리지의 대각선 반대편 저항들의 곱은 서로 같을 것이다. 즉,

$$R_1 R_x = R_2 R_3$$

$R_1 = R_3$이고 $R_2 = 1.94\ \text{k}\Omega$이므로, 우리는 R_x를 다음과 같이 구할 수 있을 것이다.

$$R_x = R_2 = 1.94\ \text{k}\Omega$$

따라서, 우리는 세 개의 기지의 저항 값으로부터 하나의 미지의 저항 값을 구할 수 있다는 것을 알 수 있다.

연습문제 2.10

그림 E2.10의 회로에서 세 개의 R은 고정도의 $1\ \text{k}\Omega$ 저항이다. 만일 $v_o = 10\,\text{mV}$이었다면, R_x는 얼마인가?

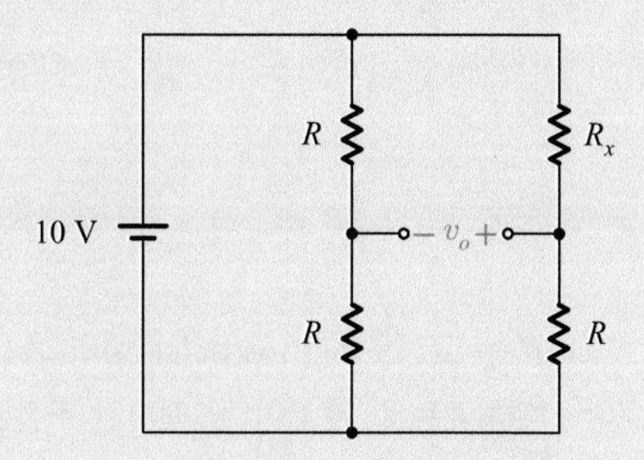

그림 E2.10 연습문제 2.10을 위한 회로.

답 $996\ \Omega$

브리지 회로의 응용

우리는 온도에 의존하여 저항 값이 바뀌는 저항기를 만들 수 있다. 이러한 저항기를 **써미스터**(thermistor)라고 부르며, 온도 측정과 온도 제어 회로들에 사용한다. 우리는 또, 가해진 신장력 또는 압력에 의존하여 저항 값이 바뀌는 저항기도 만들 수 있다. **스트레인 게이지**(strain gage)라고 불리는 이 저항기는 구조적인 물체의 변형을 측정하는 데 사용된다. 이들 외에 빛, 습도, 그리고 다른 요인에 의존하여 특성이 바뀌는 저항기들도 있다. 우리는 이러한 저항기들로 브리지 회로를 구성하여, 온도 또는 습도와 같은 외부 상태가 어떤 일정한 조건이 될 때 브리지가 평형이 되도록 조정할 수 있을 것이다. 외부 상태가 변하면, 저항 값이 변할 것이다. 따라서 브리지는 불평형이 될 것이고, 그 결과로 출력 단자 사이에 전압이 나타날 것이다. 우리는 이 전압을 브리지 회로에 불평형을 야기하는 외부 상태와 연관시킬 수 있을 것이다.

예제 2.14

그림 2.39에 보인 회로는 R이 $1\ \text{k}\Omega$으로 조정될 때 실온(약 $20\,℃$)에서 평형을 이룬다. 써미스터의 온도 계수는 $-2\ \Omega/℃$이다.

(a) 실온에서의 써미스터의 저항은 얼마인가?

(b) 써미스터를 다른 환경에 위치시켰더니, $v_o = 150\,\text{mV}$가 되었다. 이 새로운 환경의 온도는 얼마인가?

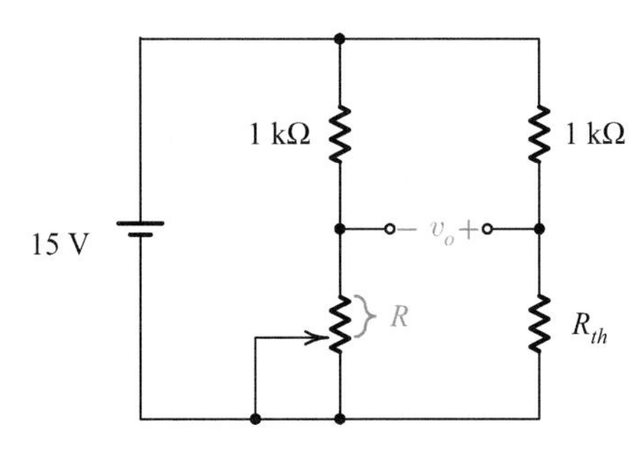

그림 2.39 예제 2.14를 위한 회로.

풀이 (a) 브리지는

$$1\ \text{k}\Omega \times R_{th} = 1\ \text{k}\Omega \times R$$

일 때 평형을 이룬다. $R = 1\ \text{k}\Omega$이므로, 실온에서의 써미스터의 저항은

$$R_{th} = 1\ \text{k}\Omega$$

이다.

(b) 써미스터가 새로운 환경에 놓일 때, 써미스터의 저항은

$$R_{th} = (1 + \Delta R_{th})\ \text{k}\Omega$$

이 된다. 여기서, ΔR_{th}는 새로운 환경과 주위(실내) 온도 사이의 온도차에 기인하는 저항의 변화를 나타낸다. ΔR_{th}에 기인하여 산출되는 v_o는 그림 2.39의 해석 결과와 $R = 1\ \text{k}\Omega$을 사용하여 구할 수 있을 것이다. 즉,

$$v_o = 15\left(\frac{R_{th}}{1 + R_{th}} - \frac{R}{1 + R}\right)$$

$$= 15\left(\frac{1 + \Delta R_{th}}{1 + 1 + \Delta R_{th}} - \frac{1}{1 + 1}\right) = \frac{15}{2}\left[\frac{1 + \Delta R_{th}}{1 + (\Delta R_{th}/2)} - 1\right]$$

$$= \frac{15}{4}\frac{\Delta R_{th}}{1 + (\Delta R_{th}/2)}$$

여기서 $v_o = 0.150$ V이므로, 우리는

$$0.150 = \frac{15}{4}\frac{\Delta R_{th}}{1 + (\Delta R_{th}/2)}$$

라는 것을 알 수 있다. 이 식으로부터 우리는

$$\Delta R_{th} = \frac{2}{49}\ \mathrm{k\Omega} \cong 4\ \Omega$$

을 얻는다. 써미스터의 온도 계수가 $-2\,\Omega/℃$ 이므로, 우리는 새로운 환경의 온도가 실온보다 20℃ 낮다는 것을 알 수 있다.

요 약

✔ R_1과 R_2가 직렬로 접속될 때, 등가 저항은 $R_1 + R_2$이다.

✔ R_1과 R_2가 병렬로 접속될 때, 등가 저항은 $\dfrac{1}{\dfrac{1}{R_1} + \dfrac{1}{R_2}}$ 또는 $\dfrac{RR_2}{R_1 + R_2}$ 이다.

✔ 비이상적인 전압 전원은 하나의 저항기와 직렬인 이상적인 전압 전원으로 특성화될 수 있다.

✔ 비이상적인 전류 전원은 하나의 저항기와 병렬인 이상적인 전류 전원으로 특성화될 수 있다.

✔ 우리는 비이상적인 전압 전원을 비이상적인 전류 전원으로 등가적으로 나타낼 수 있고, 그 반대로 비이상적인 전류 전원을 비이상적인 전압 전원으로 등가적으로 나타낼 수도 있다.

✔ 응답은 회로의 다른 부분에 인가된 단일 여기, 또는 몇 개의 여기에 의해 야기되는 결과이다.

✔ 전압 v가 두 개의 직렬 저항 R_1과 R_2 사이에서 분배될 때, R_2에 걸리는 전압은 다음과 같이 주어진다. 즉, $\pm\left(\dfrac{R_2}{R_1 + R_2}\right)v$

✔ 전류 i가 두 개의 병렬 저항 R_1과 R_2 사이에서 분배될 때, R_2에 흐르는 전류는 다음과 같이 주어진다. 즉, $\pm\left(\dfrac{R_1}{R_1 + R_2}\right)i$

✔ 브리지 회로는 평형된 상태를 구하고, 평형된 상태로부터의 이탈을 감지하는 데 폭 넓게 사용된다.

✔ 브리지가 평형일 때 출력 전압은 0이고, 브리지의 대각선 반대편 축의 저항들의 곱은 서로 같다.

✔ 브리지가 평형으로부터 벗어나면, 출력에는 브리지 회로 저항들 중의 한 저항의 변화와 관계하는 전압이 생성된다. 이 전압의 극성으로부터 우리는 저항 값이 증가했는지 또는 감소했는지를 알 수 있다.

문제 Question

2.2 저항기들의 직렬 접속, 병렬 접속, 그리고 직-병렬 접속

2.1 그림 P2.1의 회로들에서 단자 1-1' 사이에서 바라다본 등가 저항을 구하라.

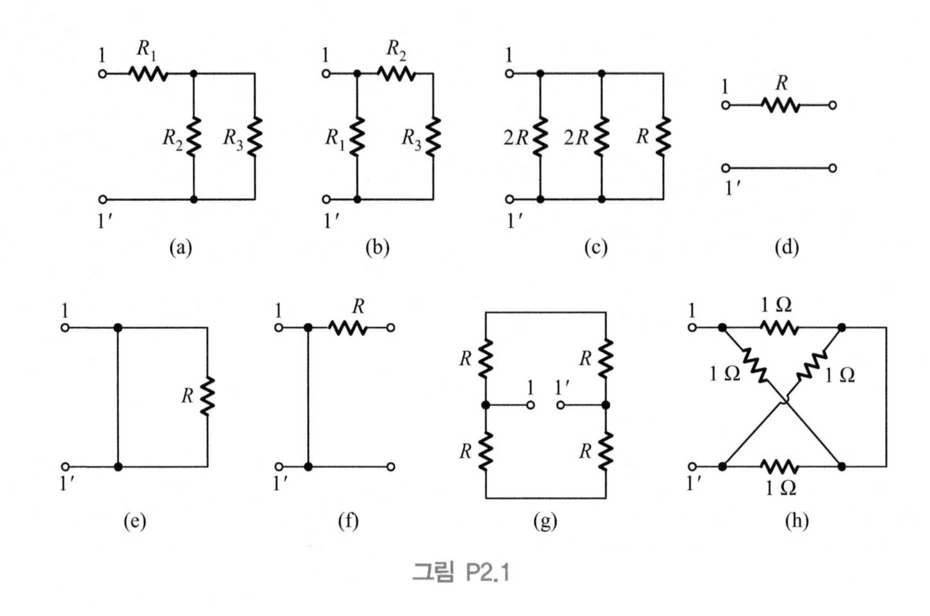

그림 P2.1

2.2 병렬로 접속된 n개의 동일한 저항기의 등가 저항을 구하라.

2.3 그림 P2.3의 회로는 그 자체가 무한히 반복된다. R_{eq}는 얼마인가?

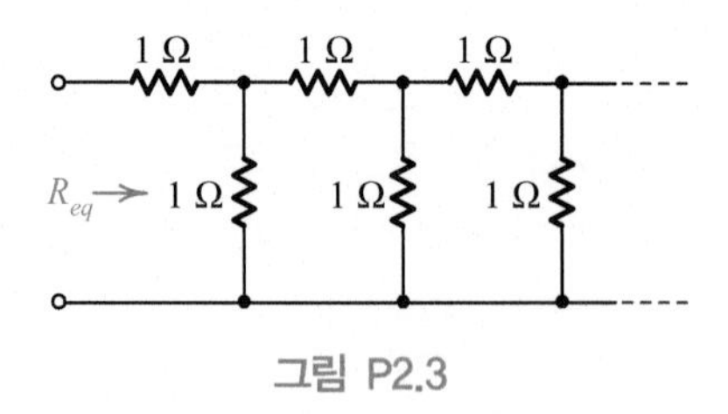

그림 P2.3

2.3 전원들의 직렬 접속과 병렬 접속

2.4 그림 P2.4의 전원 결합에 대한 등가적인 단자 표현을 구하라.

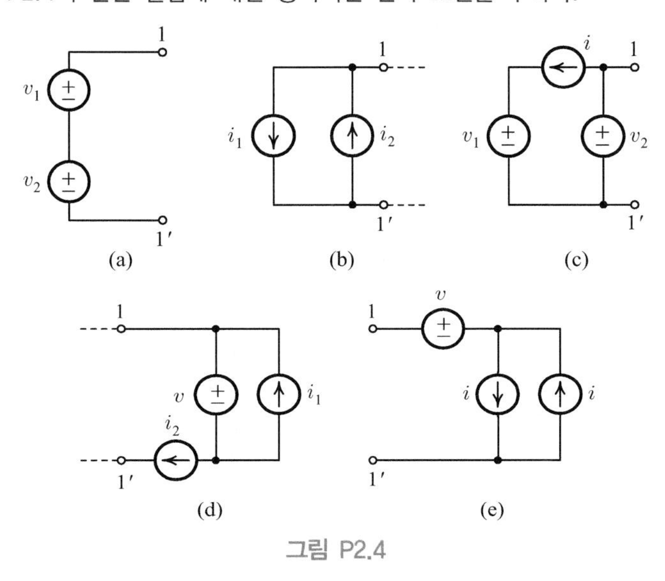

그림 P2.4

2.4 비이상적인 전원들

2.5 그림 P2.5의 회로에 대한 i 대 v 특성 곡선을 그려라.

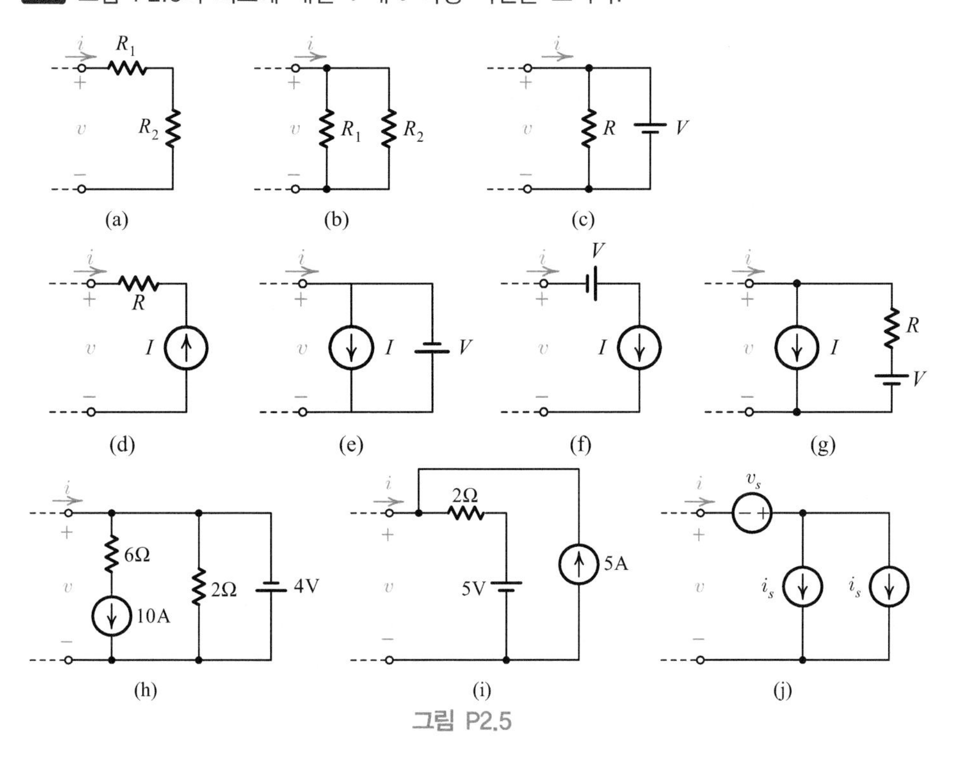

그림 P2.5

2.6 그림 P2.6에 보인 두 회로에 대한 i 대 v 특성 곡선을 동일 축 상에 그려라.

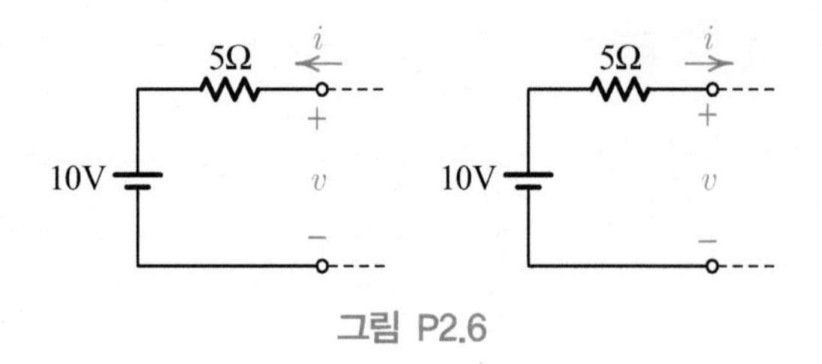

그림 P2.6

2.7 어떤 2-단자 상자를 그림 P2.7과 같은 극성으로 측정했고, 그 결과를 도시했다. 상자 안은 어떤 회로인가?

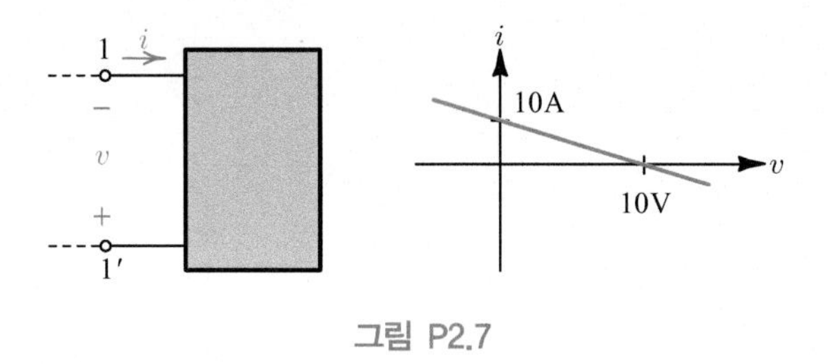

그림 P2.7

2.8 그림 P2.8에 i 대 v 특성 곡선이 나타내어져 있다. 상자 안은 어떤 회로인가?

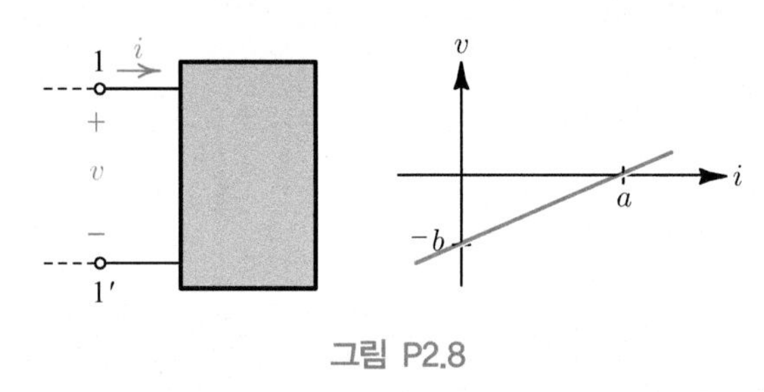

그림 P2.8

2.9 그림 P2.9의 2-단자 회로의 단자 변수에 대한 방정식은 $2v - 10i + 15 = 0$이다. 상자 안은 어떤 회로인가?

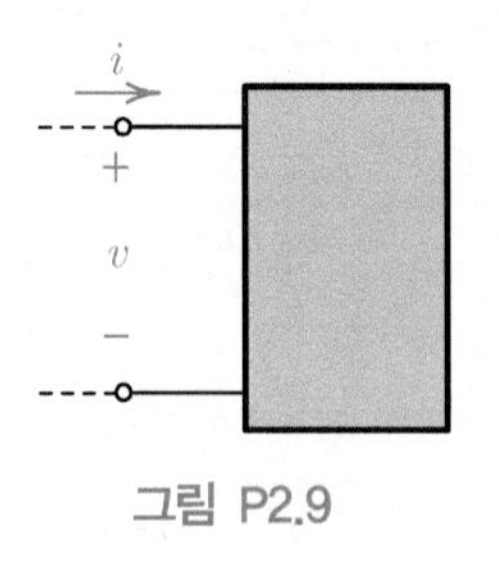

그림 P2.9

2.10 그림 P2.10에서 물음표로 표시된 전류와 전압을 구하라.

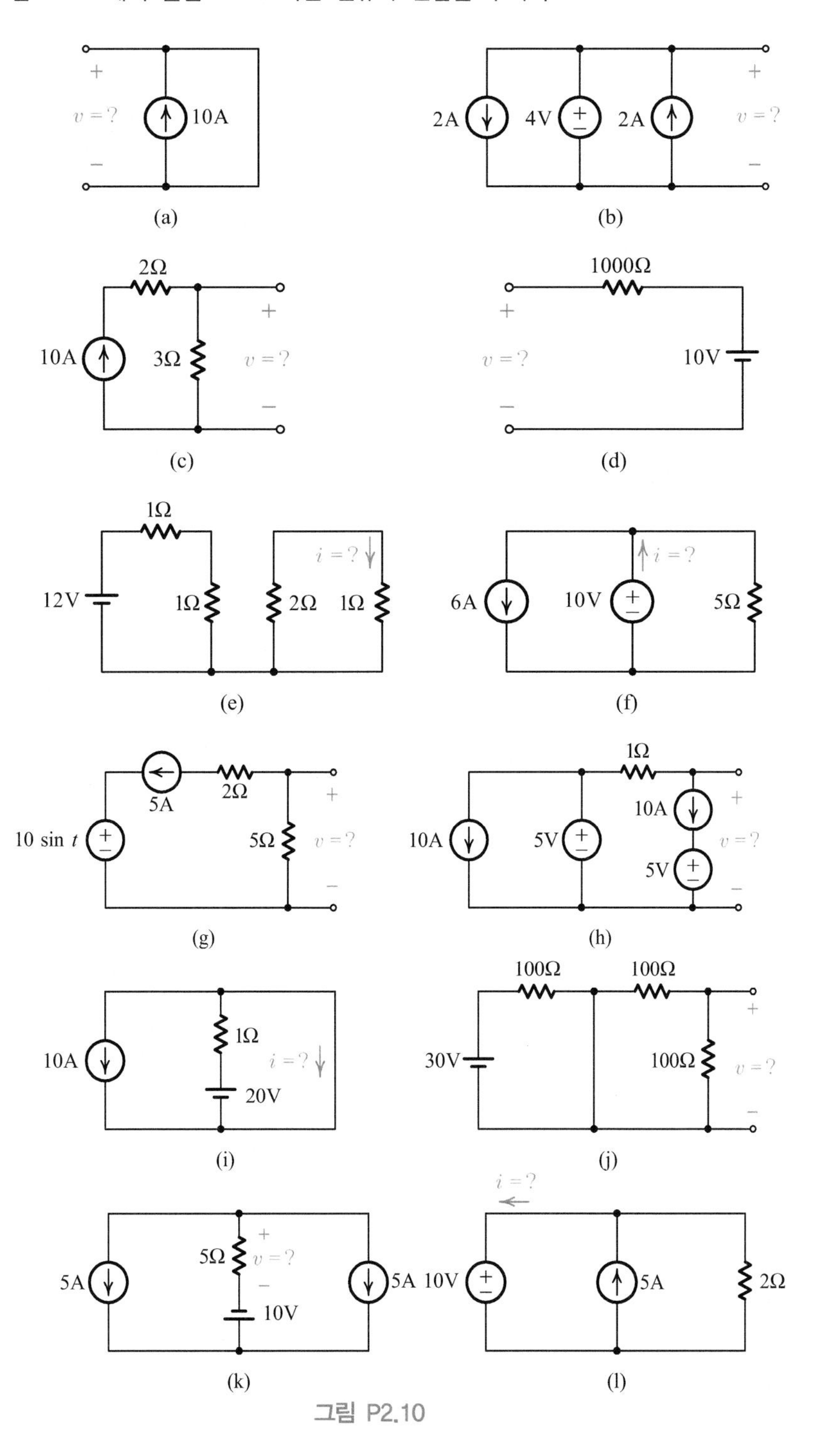

그림 P2.10

2.11 그림 P2.11의 각각의 회로에 대한 세 가지 물음에 답하라.

(a) 단자들이 개방되어 있다. v는 얼마인가?

(b) 단자들이 단락되어 있다. i는 얼마인가?

(c) v와 i 사이의 관계식은 무엇인가? $v = f(i)$의 형태로 나타내어라.

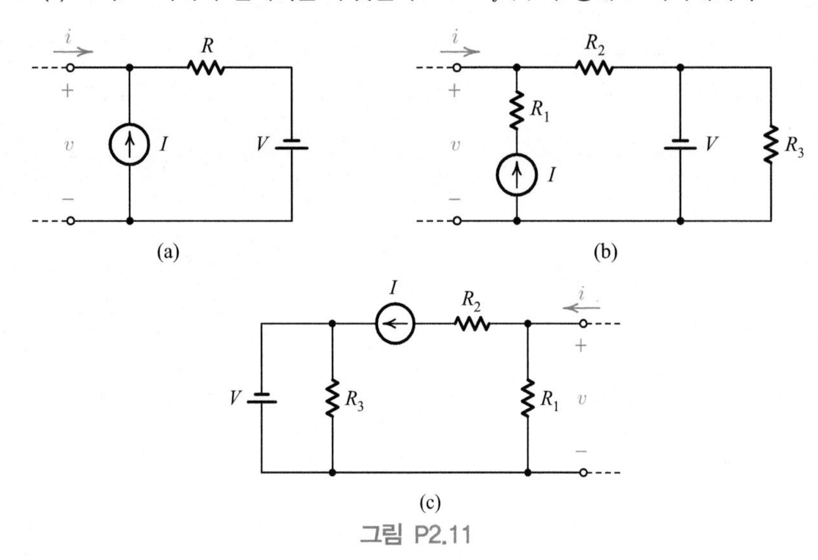

그림 P2.11

2.12 그림 P2.16을 참조하라. $R_L = 0$일 때 $i_o = 10\ \sin\omega t$이고, $R_L = 10\text{k}\Omega$일 때 $i_o = \ \sin\omega t$이다. R은 얼마인가?

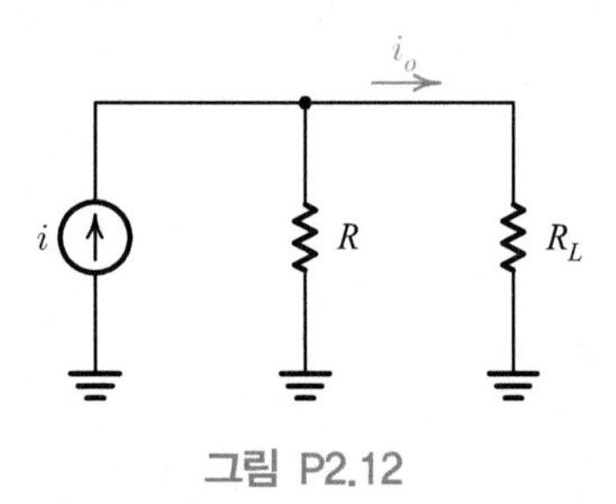

그림 P2.12

2.5 전원 변환

2.13 그림 P2.13의 비이상적 전압 전원을 비이상적 전류 전원으로 변환시켜라.

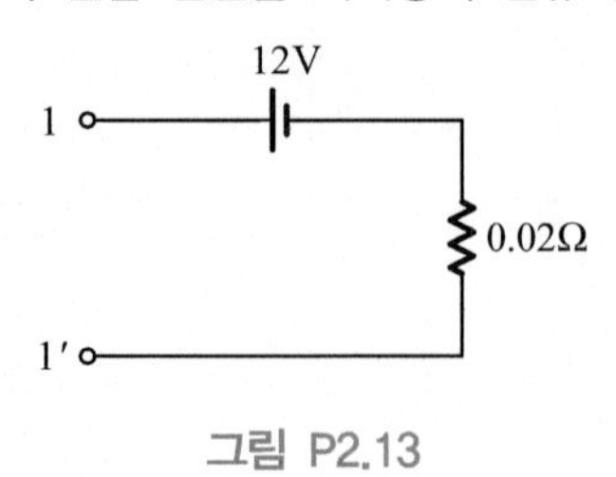

그림 P2.13

2.14 그림 P2.14에서 V가 얼마일 때 $v_o = 0$이 되는가.

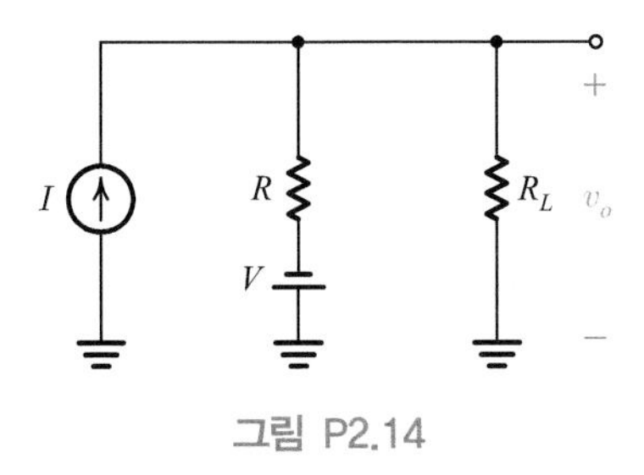

그림 P2.14

2.7 전압-분배 공식과 전류-분배 공식

2.15 그림 P2.15에서 물음표로 표시된 전압과 전류를 계산하라.

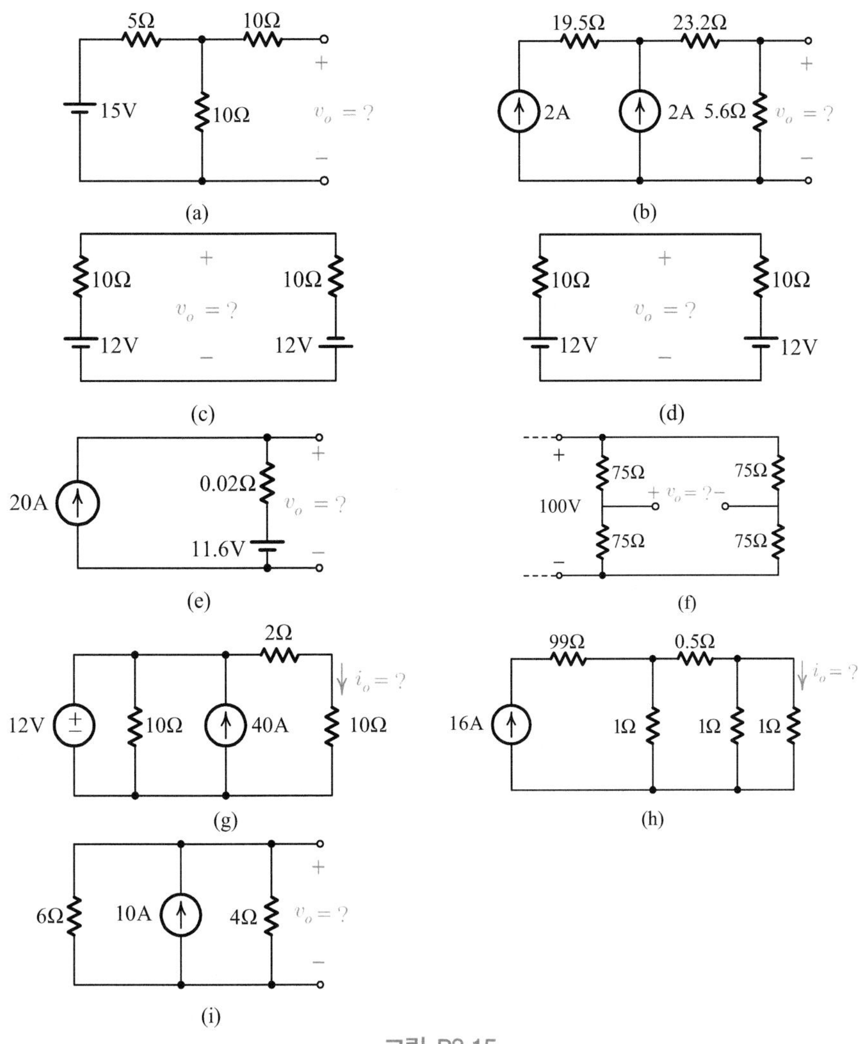

그림 P2.15

2.16 그림 P2.16에서 물음표로 표시된 변수의 값을 구하라.

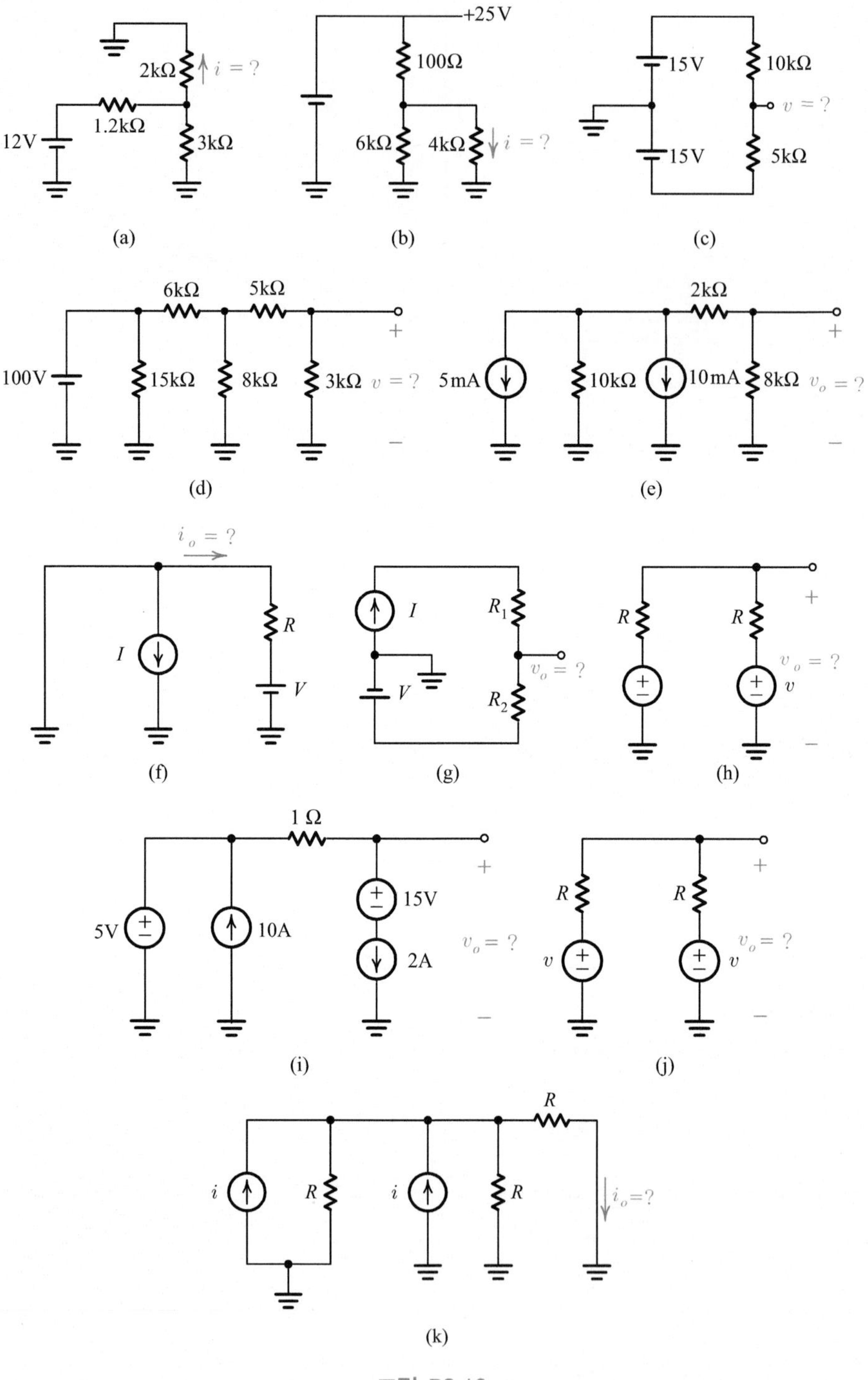

그림 P2.16

2.17 그림 P2.17을 참조하라.

(a) v_1과 v_2를 구하라.

(b) 단자 1은 $R_L = R$(점선으로 나타낸)로 부하된다. v_1과 v_2를 구하라.

(c) 두 단자 모두 R로 부하된다. v_1과 v_2를 구하라.

(d) 단자 1은 R로 부하되고, 단자 2는 $2R$로 부하된다. v_1과 v_2를 구하라.

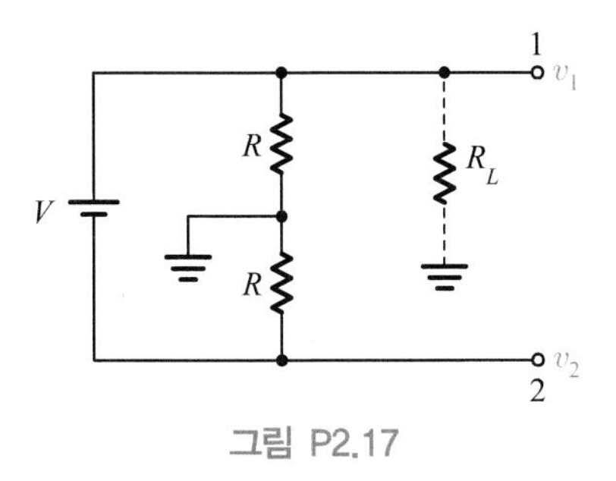

그림 P2.17

2.18 그림 P2.18에서 v_1, v_2, 그리고 v_3를 구하라.

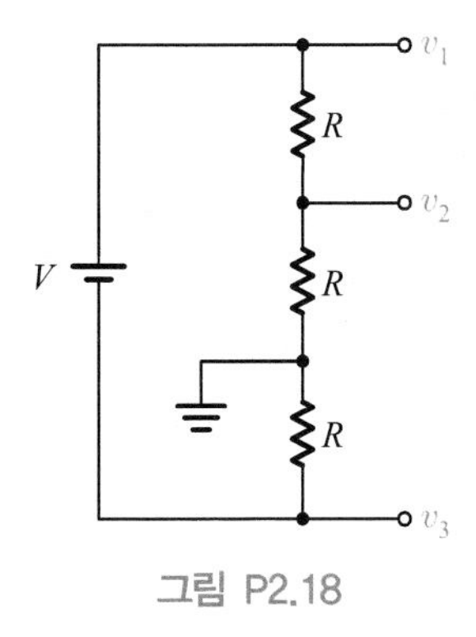

그림 P2.18

2.19 그림 P2.19에 보인 두 회로에서 v_o를 구하라.

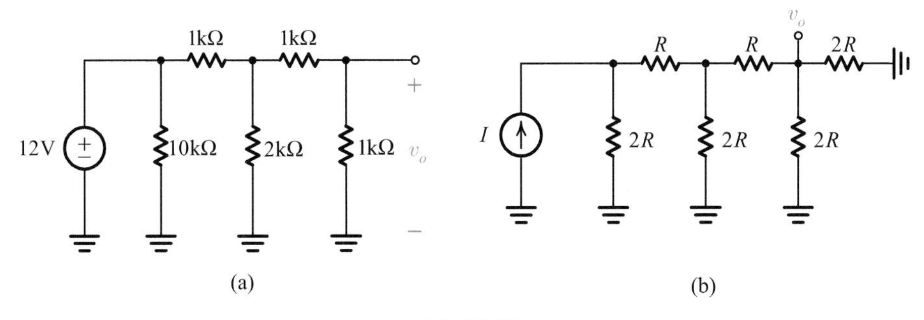

그림 P2.19

2.20 그림 P2.20(a)에서, 세 대의 전차가 그림과 같이 $50\,\mathrm{A}$, $100\,\mathrm{A}$, 그리고 $100\,\mathrm{A}$의 전류를 끌어들인다. 이 선로에 다른 전차는 없다. 가공선은 $0.4\,\Omega/\mathrm{mi}$의 저항을 가지고 있다. 선로 저항은 $0.03\,\Omega/\mathrm{mi}$이다. 각각의 전차에 걸리는 전압은 얼마인가? 참고로, 이 전차 시스템의 등가 회로를 그림 P2.20(b)에 나타냈다.

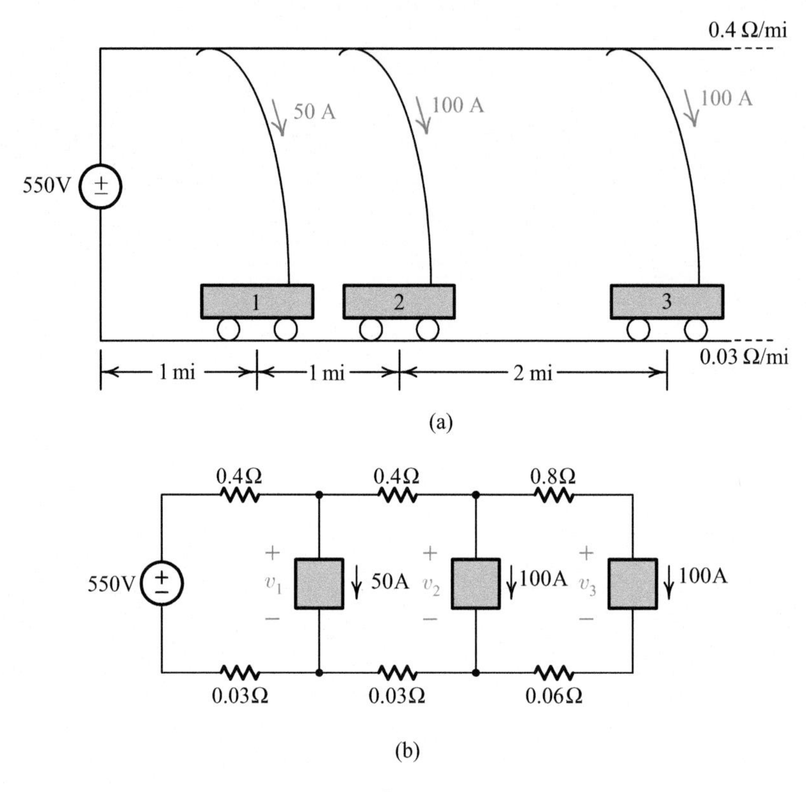

그림 P2.20

2.8 기준 설정; 접지

2.21 그림 P2.21에서 $v_a = 100\,\mathrm{mV}$, $v_b = 250\,\mathrm{mV}$이다. i는 얼마인가?

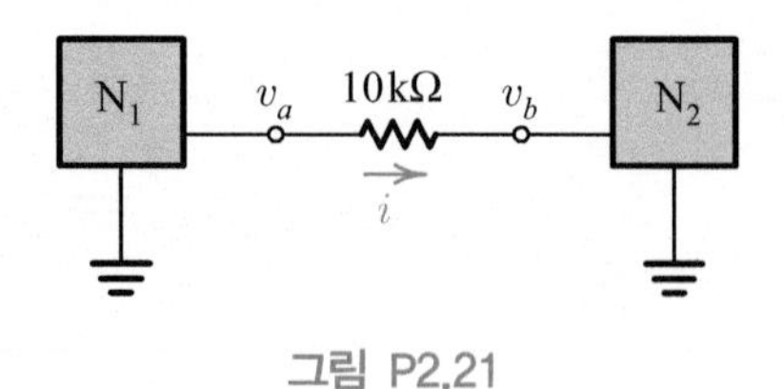

그림 P2.21

2.22 그림 P2.22에서 i는 얼마인가?

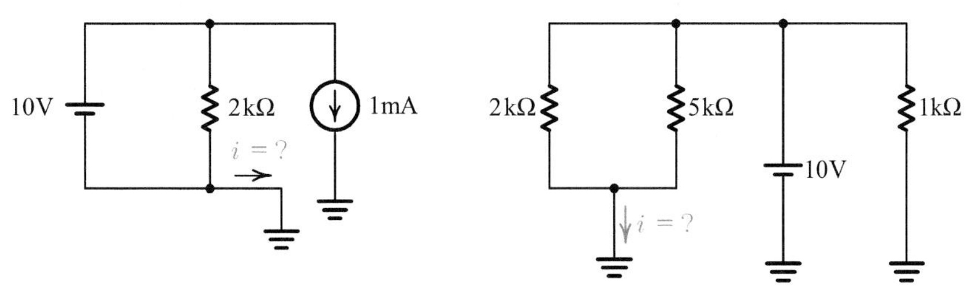

그림 P2.22

2.10 간단한 전류 전원의 구성

2.23 (a) $10\,\Omega$ 내부 저항을 가진 $100\,\mathrm{V}$의 전압 전원이 전류 전원처럼 동작하기 위한 부하 저항 값의 범위는 얼마인가? 전류의 10% 변화가 수용된다고 가정하라.

(b) (a)의 전원이 전압 전원처럼 동작하기 위한 부하 저항 값의 범위는 얼마인가? 전압의 10% 변화가 수용된다고 가정하라.

2.24 전류 전원이 전압 전원처럼 동작하기 시작하는 것은 언제인가? 전류 전원의 내부 저항이 R이라고 가정하라.

2.11 연속 가변 감쇠기

2.25 그림 P2.25에서 v_o를 구하라.

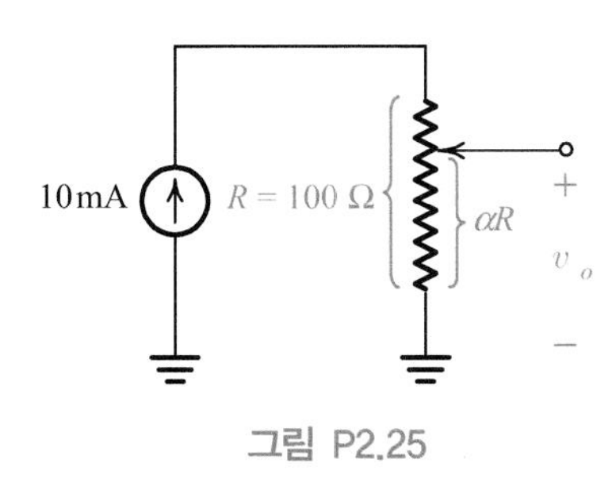

그림 P2.25

2.26 그림 P2.26에서 v_o를 구하라.

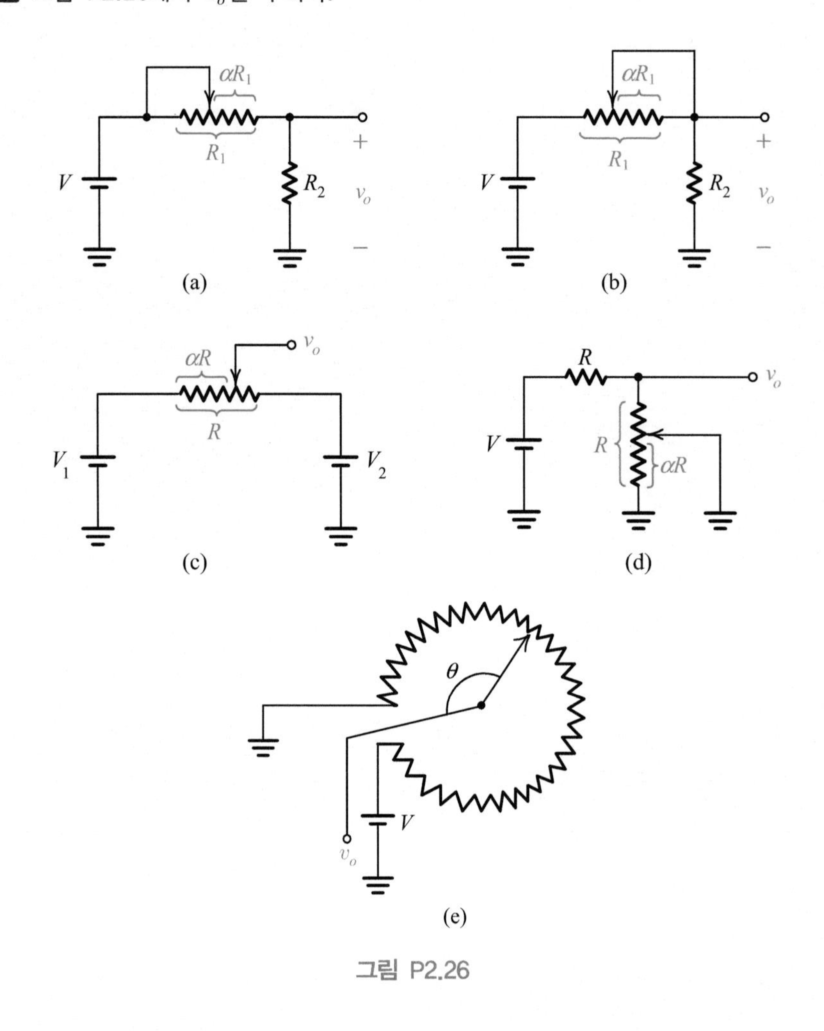

그림 P2.26

2.27 4-단자 가변 저항기를 그림 P2.27에 나타냈다. 저항기의 중앙(단자 3)은 접지되어 있다. 출력에서 이용할 수 있는 전압의 범위는 얼마인가? (가동자는 단자 1에서 단자 2까지 자유로이 움직일 수 있다.)

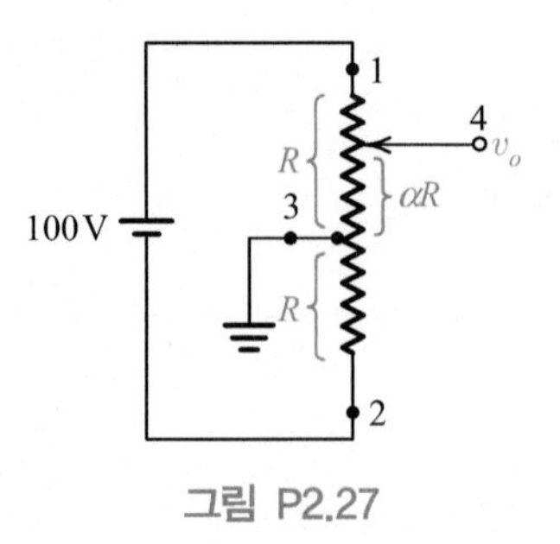

그림 P2.27

2.28 그림 P2.28에서 가동자가 중간에 있다고 가정하자.

(a) v_o를 구하라.

(b) R_L이 무한대일 때 v_o를 구하라.

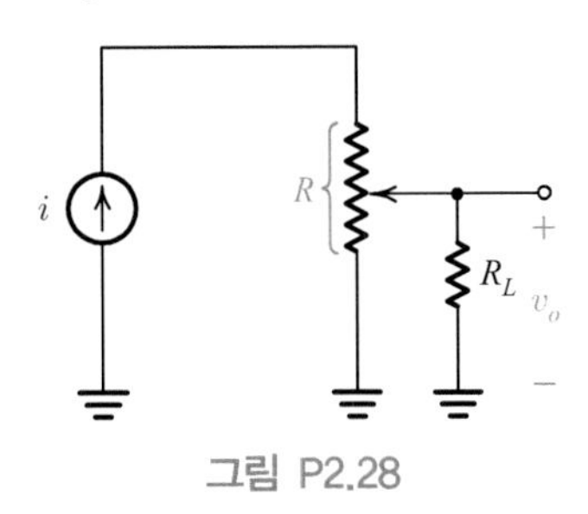

그림 P2.28

2.29 (a) 15 V 전압 전원 하나, 1 kΩ 전위차계 하나, 그리고 저항기 하나를 사용하여, 10 V에서 15 V까지 가변되는 전압 공급기를 설계하려고 한다. 회로의 배선도를 그려라.

(b) 전위차계가 10 V 위치에 고정되었다. 출력 단자가 1 kΩ의 부하 저항을 가질 경우, 이 전압은 얼마로 측정되겠는가?

(c) 전위차계가 15 V 위치에 고정되었다. 출력 단자가 1 kΩ의 부하 저항을 가질 경우, 이 전압은 얼마로 측정되겠는가?

2.30 그림 P2.30에서 출력에서 이용할 수 있는 전압의 범위는 얼마인가?

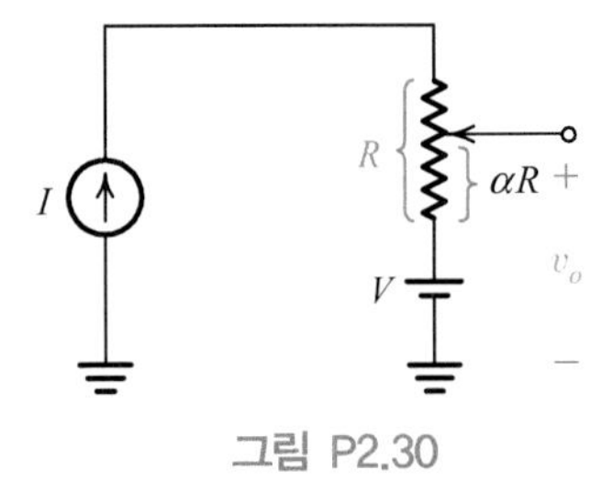

그림 P2.30

2.12 브리지 회로와 응용

2.31 그림 P2.31에서 v_o를 구하라.

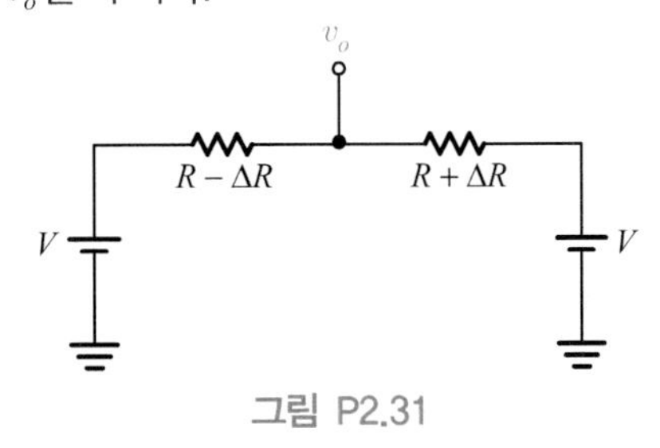

그림 P2.31

2.32 그림 P2.32에서 v_o는 얼마인가?

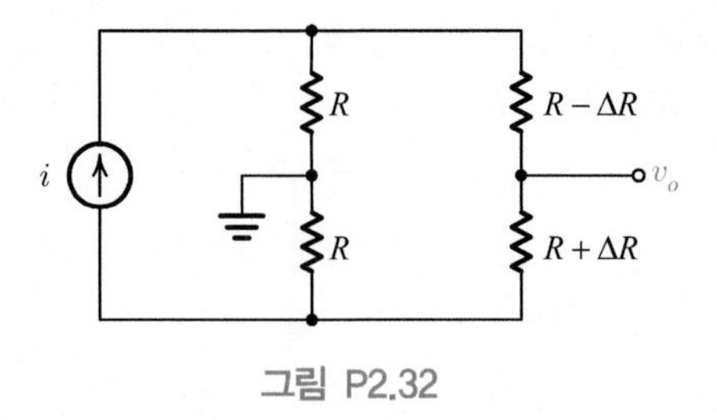

그림 P2.32

2.33 그림 P2.33에서 v_o를 구하여라.

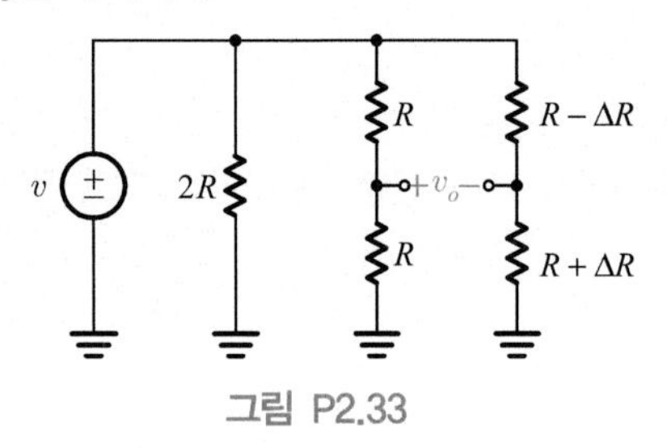

그림 P2.33

2.34 그림 P2.34에서 전류 전원 사이에 걸리는 전압은 얼마인가? α의 값이 얼마일 때, 브리지가 평형이 되는가?

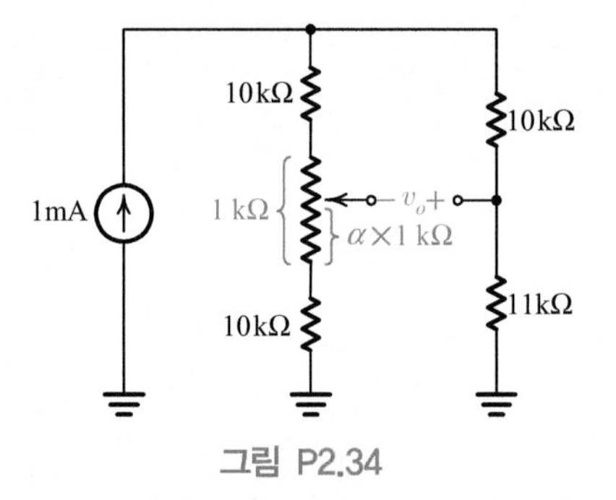

그림 P2.34

2.35 그림 P2.35에서 브리지가 평형이 될 수 있는 R_x 값의 범위는 얼마인가?

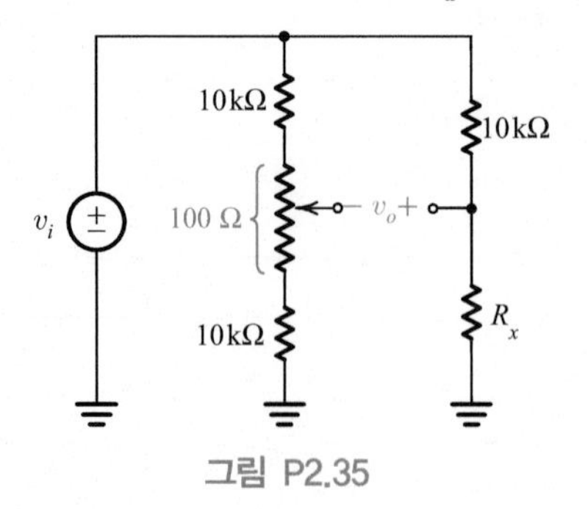

그림 P2.35

2.36 그림 P2.36에서 R이 $\pm 1\Omega$만큼 변할 때, v_o는 얼마 변하는가?

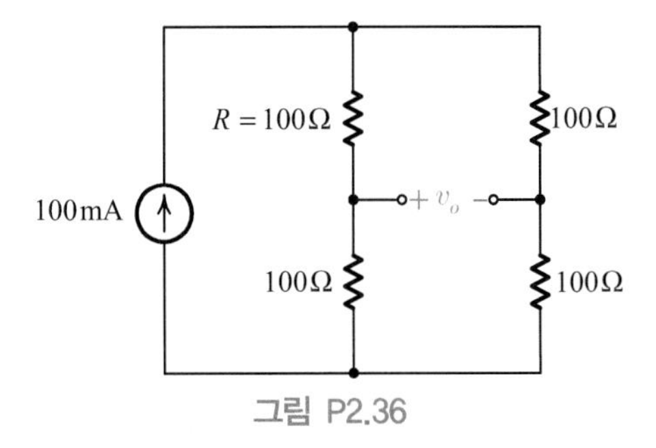

그림 P2.36

2.37 그림 P2.37에서 i를 구하라.

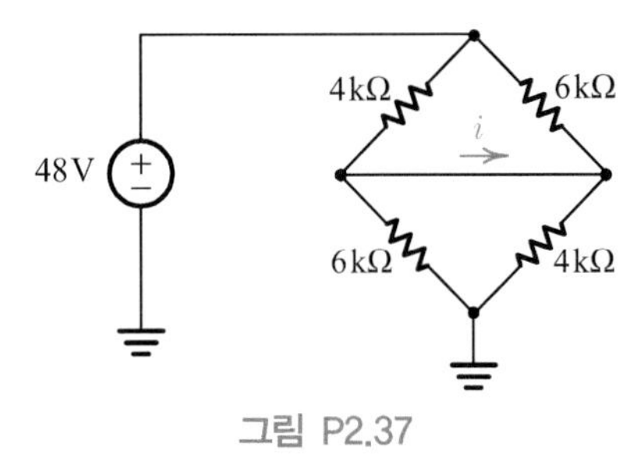

그림 P2.37

2.38 그림 P2.38에서 i_o를 구하라.

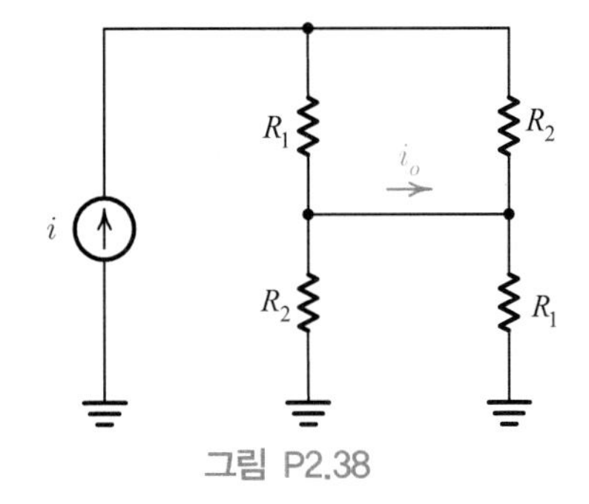

그림 P2.38

2.39 그림 P2.39에서 i_o를 구하라.

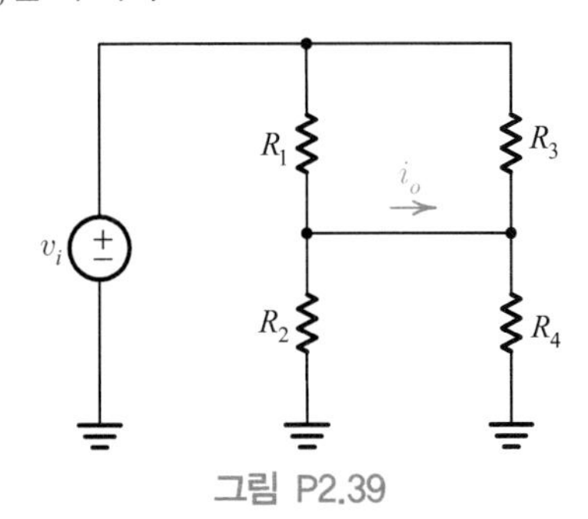

그림 P2.39

CHAPTER 03

회로 해석 기법

서론

몇 가지의 간단한 회로 정리들을 사용하면, 앞 절에서 논의한 것보다 더 복잡한 회로를 간단하게 해석할 수 있으며, 더 나아가 회로 동작에 대한 통찰력도 얻을 수 있다. 이 장에서 설명할 회로 해석 기법들은 저항 회로에 대한 것들이다. 그러나, 우리는 뒷장에서 이 해석 기법들을 일반화하여 커패시터, 인덕터, 그리고 종속 전원을 포함하는 회로에 대해서도 적용할 것이다.

3.1 중첩의 원리

우리는 간단한 어떤 회로가 하나의 전원(또는 단일 전원으로 등가적으로 표시되는 전원들의 조합)에 의해 여기될 때 그 회로의 응답을 계산하는 방법을 이미 알고 있다. 한편, 어떤 선형 회로가 둘 이상의 전원에 의해 여기될 때는, 우리는 그 응답을 다음과 같이 구할 수 있을 것이다. 즉, 한 번에 하나의 전원만 동작시키고, 다른 모든 전원들은 0으로 유지함으로써 얻어지는 개개의 응답들의 합으로 구할 수 있을 것이다. 바꿔 말하면, 한 번에 하나씩 인가된 전원들에 의한 응답들을 더함으로써, 함께 동작하고 있는 모든 전원들에 의한 응답을 구할 수 있을 것이다. 이 원리를 우리는 **중첩의 원리**(superposition principle)라고 부른다.

중첩의 원리를 사용할 때, 우리는 고려중인 하나의 전원만 남기고, 다른 모든 전원들은 0으로 놓아야 한다. 전압 전원을 0으로 놓는다는 것은 $v_s = 0$, 즉 전압 전원 v_s를 단락 회로로 대체하는 것을 의미한다. 전류 전원을 0으로 놓는다는 것은 $i_s = 0$, 즉 전류 전원 i_s를 개방 회로로 대체하는 것을 의미한다. 전원을 0으로 놓는 과정을, 우리는 전원을 제거하거나 죽인다고 말하기도 한다. 만일 하나의 회로가 세 개의 전원에 의해 여기되고 있고, 그 응답을 계산하기 위해 중첩의 원리를 사용한다면, 우리는 각각의 전원에 대해 하나씩, 즉 실제로 세 개의 문제를 풀어야 할 것이다.

중첩의 원리를 실제의 회로에 적용하는 절차를 요약하면 다음과 같다.

1. 하나의 전원만 남기고 다른 모든 전원들을 제거한다.
2. 홀로 동작하는 전원에 기인한 응답 성분을 구한다.
3. 각각의 전원에 대해 위의 단계들을 연속적으로 반복한다.
4. 각각의 전원에 기인한 개개의 응답 성분들을 더한다.

예제 3.1 그림 3.1에서 중첩의 원리를 사용하여 i와 v_o를 구하라.

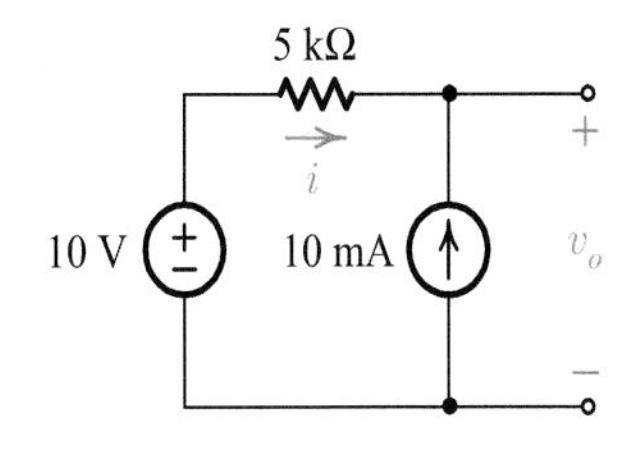

그림 3.1 예제 3.1을 위한 회로.

풀이 먼저 10 V 전압 전원을 켜고 10 mA 전류 전원을 끄면, 그림 3.2(a)의 회로가 얻어질 것이다. 이 회로에서 전류 전원을 개방 회로로 대체하고 그 결과의 응답에 첨자 1을 붙여, 그 응답이 첫 번째 전원에만 기인한다는 것을 표시했다는 점에 유의하기 바란다. 이 회로에서 우리는 직관적으로

$$i_1 = 0, \quad v_{o1} = 10 \text{ V}$$

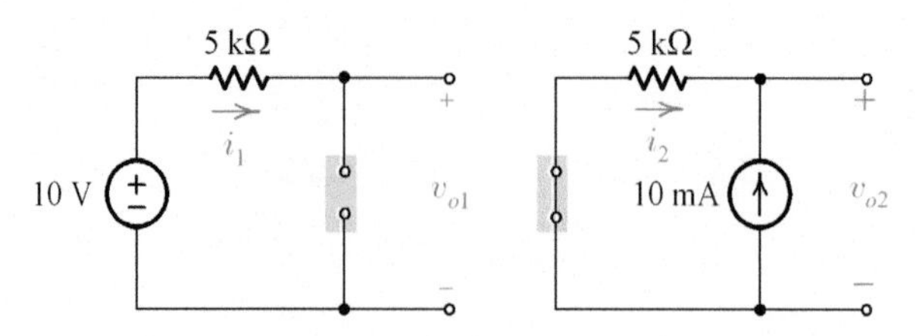

그림 3.2 (a) 그림 3.1에서 전압 전원만 킨 상태,
(b) 그림 3.1에서 전류 전원만 킨 상태.

라는 것을 알 수 있다. 다음으로, 10 mA 전류 전원을 켜고 10 V 전압 전원을 끄면, 그림 3.2(b)의 회로가 얻어질 것이다. 이 회로에서 우리는 전압 전원을 단락 회로로 바꾸고 그 결과의 응답에 첨자 2를 붙여, 그 응답이 두 번째 전원에만 기인한다는 것을 표시했다. 이 회로에서 우리는 다시

$$i_2 = -10\ \text{mA},\ v_{o2} = 10\ \text{mA} \times 5\ \text{k}\Omega = 50\ \text{V}$$

라는 것을 직관적으로 알 수 있다. 이제 중첩의 원리를 적용하면, 우리가 원하는 응답을 구할 수 있을 것이다. 즉,

$$i = i_1 + i_2 = 0 + (-10) = -10\ \text{mA}$$
$$v_o = v_{o1} + v_{o2} = 10 + 50 = 60\ \text{V}$$

그림 3.1과 3.2에서 i_1, i_2 그리고 i의 전류 방향이 같고, v_{o1}, v_{o2} 그리고 v_o의 +와 −의 전압 극성이 같다는 점에 유의하기 바란다.
우리는 중첩의 원리를 사용하지 않고 이 문제를 직접 풀 수도 있다. 그림 3.1을 살펴보면,

$$i = -10\ \text{mA},\ v_o = 10 + (10\ \text{mA} \times 5\ \text{k}\Omega) = 60\ \text{V}$$

라는 것을 알 수 있다. 비록 이 방법으로 답을 더 빨리 구할 수 있지만, 이 예제의 목적은 중첩의 원리를 어떻게 사용하는지를 설명하기 위한 것이다.

예제 3.2 그림 3.3에서 중첩의 원리를 사용하여 v_o를 구하라.

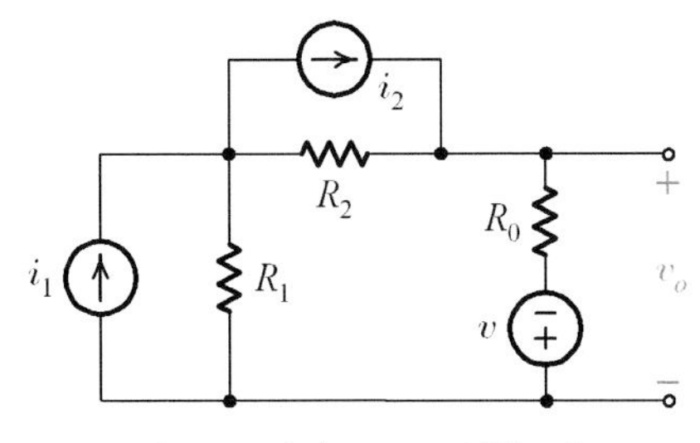

그림 3.3 예제 3.2를 위한 회로.

풀이 그림 3.4에 보인 것처럼, 우리는 이 문제를 각각 하나의 전원만을 포함하는 세 부분으로 나눌 수 있을 것이다. 그림 3.4(a)로부터 우리는

$$v_{o1} = \underbrace{i_1\left(\frac{R_1}{R_1 + R_2 + R_0}\right)R_0}_{\text{전류-분배 공식에 의해}}$$

를 얻을 수 있을 것이다. 그림 3.4(b)로부터는

$$v_{o2} = \underbrace{i_2\left(\frac{R_2}{R_1 + R_2 + R_0}\right)R_0}_{\text{전류-분배 공식에 의해}}$$

를 얻을 수 있을 것이다. 끝으로, 그림 3.4(c)로부터는

$$v_{o3} = \underbrace{-v\left(\frac{R_1 + R_2}{R_1 + R_2 + R_0}\right)}_{\text{전압-분배 공식에 의해}}$$

를 얻을 수 있을 것이다. 중첩의 원리를 이용하여 우리가 원하는 v_o를 구하면

$$v_o = v_{o1} + v_{o2} + v_{o3} = \frac{i_1 R_0 R_1 + i_2 R_0 R_2 - v(R_1 + R_2)}{R_0 + R_1 + R_2}$$

를 얻을 것이다.

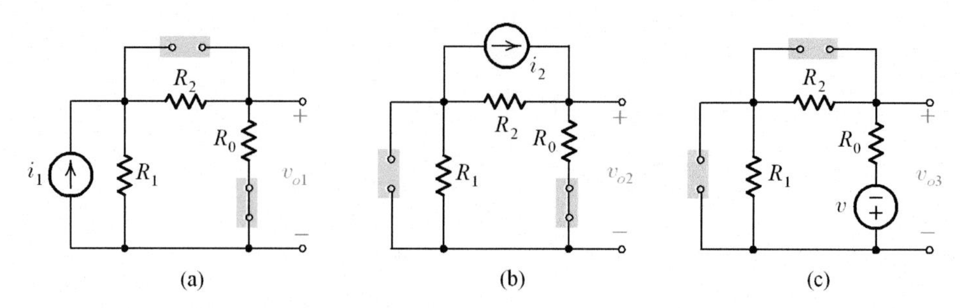

그림 3.4 (a) 그림 3.3에서 전류 전원 i_1만 킨 상태. (b) 그림 3.3에서 전류 전원 i_2만 킨 상태.
(c) 그림 3.3에서 전압 전원 v만 킨 상태.

연습문제 3.1

그림 E3.1에서 중첩의 원리를 사용하여 v_o와 i_o를 구하라.

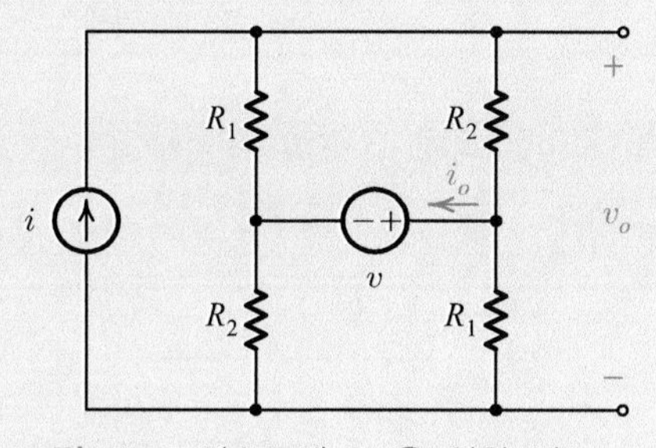

그림 E3.1 연습문제 3.1을 위한 회로.

답 $v_o = \dfrac{2iR_1R_2 + v(R_1 - R_2)}{R_1 + R_2}$, $i_o = \dfrac{i(R_1 - R_2) - 2v}{R_1 + R_2}$

3.2 신호의 가산과 감산, 레벨-시프팅

신호의 가산

접지된 전압 전원으로 나타내어지는 둘 또는 그 이상의 신호는, 저항 회로를 사용하여 함께 더할 수 있다. 이때, 신호의 가산에 필요한 저항기의 수는 신호 전원의 수와 같을 것이다. 두 신호를 더하기 위한 회로를 그림 3.5(a)에 나타냈다. 전원 v_1

과 v_2가 하나의 공통 접지를 가지고 있다는 점에 주목하기 바란다. 중첩의 원리를 이용하면, 출력은 다음과 같이 구해질 것이다.

$$v_o = v_1\left(\frac{R_2}{R_1 + R_2}\right) + v_2\left(\frac{R_1}{R_1 + R_2}\right) = \frac{v_1R_2 + v_2R_1}{R_1 + R_2} \tag{3.1}$$

R_1을 R_2와 같게 하면, 식 (3.1)은

$$v_o = \frac{1}{2}(v_1 + v_2) \tag{3.2}$$

가 될 것이다. 따라서, 만일 출력에 부하가 연결되지 않는다면, v_o는 두 신호의 합의 $\frac{1}{2}$이 될 것이다. 그러나, 그림 3.5(b)에 보인 것처럼, 만일 부하 R_L이 출력에 연결된다면 v_o는 다음과 같이 될 것이다.

$$\begin{aligned} v_o &= v_1\frac{R_2R_L}{R_2 + R_L}\Bigg/\left(R_1 + \frac{R_2R_L}{R_2 + R_L}\right) + v_2\frac{R_1R_L}{R_1 + R_L}\Bigg/\left(R_2 + \frac{R_1R_L}{R_1 + R_L}\right) \\ &= \left(\frac{v_1R_2 + v_2R_1}{R_1 + R_2}\right)\left[R_L\Bigg/\left(\frac{R_1R_2}{R_1 + R_2} + R_L\right)\right] \end{aligned} \tag{3.3}$$

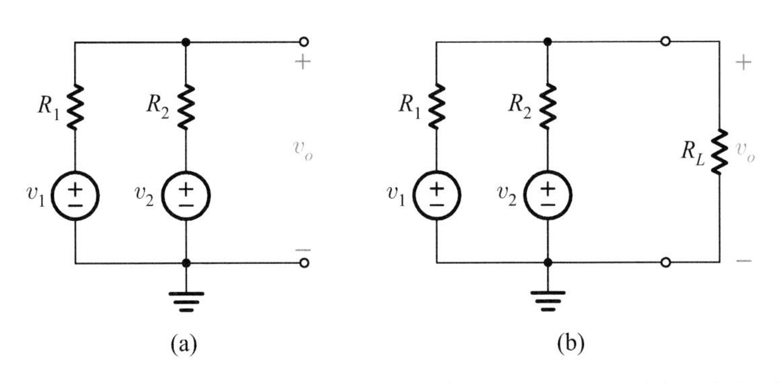

그림 3.5 접지된 두 전압 전원의 가산 회로: (a) 부하가 없을 때, (b) 부하가 있을 때.

식 (3.1)와 식 (3.3)을 비교하면, 우리는 식 (3.3)에서 대괄호로 묶인 항을 감쇠 계수로 볼 수 있을 것이며, 또 이 계수가 R_L, R_1, 그리고 R_2에 의존한다는 것도 알 수 있을 것이다. $R_L = \infty$일 때, 이 감쇠 계수가 1이 되고, 식 (3.3)이 식 (3.1)와 같아진다는 점에 주목하기 바란다. 부하가 연결된 상태 하에서 신호의 합을 얻기 위해 R_1과 R_2를 다시 같게 놓으면, 즉 식 (3.3)에서 $R_1 = R_2 = R$로 놓으면,

$$v_o = \frac{1}{2}(v_1 + v_2)\left[\frac{R_L}{(R/2) + R_L}\right] = \left(\frac{R_L}{R + 2R_L}\right)(v_1 + v_2) \tag{3.4}$$

가 얻어질 것이다.

연습문제 3.2

그림 3.5(b)의 회로를 중첩의 원리를 이용하여 해석하여 식 (3.3)을 유도하라.

신호의 감산

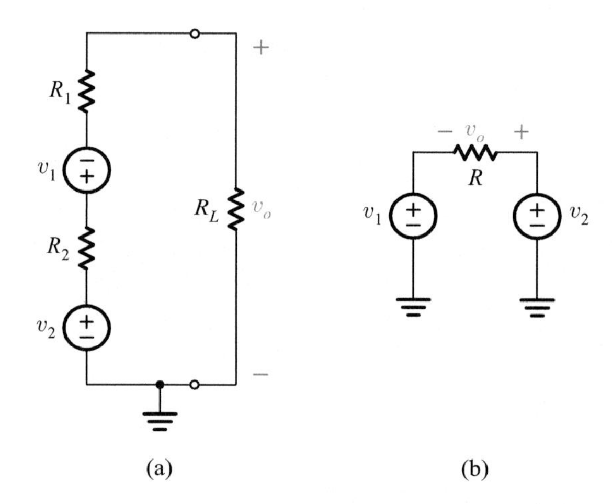

그림 3.6 (a) 접지된 출력의 전압 감산 회로, (b) 부유된 출력의 전압 감산 회로.

만일 신호 전원 중의 하나인 v_1이 부유되어 있다면(접지와 연결되어 있지 않다면), 우리는 그림 3.6(a)에 보인 것처럼 v_1을 v_2의 극성과 반대가 되도록 접속할 수 있을 것이다. 여기서 v_2가 접지되어 있다는 점에 주목하기 바란다. 이 회로의 출력은

$$v_o = \left[\frac{R_L}{(R_1 + R_2) + R_L}\right](v_2 - v_1) \tag{3.5}$$

이다. $R_L = \infty$인 경우(즉, 부하가 없는 경우), 이 식은

$$v_o = v_2 - v_1 \tag{3.6}$$

이 된다. 만일 부유된 출력이라도 상관이 없다면, 우리는 그림 3.6(b)의 회로를 사용하여 차동 신호를 얻을 수 있을 것이다. 출력은 R과 무관하며, 다음과 같이 주어질 것이다.

$$v_o = v_2 - v_1 \tag{3.7}$$

연습문제 3.3

그림 3.6(a)의 회로를 중첩의 원리를 이용하여 해석하라. 그 결과가 식 (3.5)와 같은지 확인하라.

레벨-시프팅

만일 어떤 신호의 직류 레벨이 바뀐다면, 그 신호는 **레벨-시프트**(level-shift)될 것이다. 따라서 우리는 신호 전원에 적당한 극성을 갖는 직류 전원을 더함으로써 신호를 위 또는 아래로 이동시킬 수 있다. 만일 신호 전원 v가 부유되어 있다면, 우리는 그림 3.7(a)의 회로를 사용하여 신호를 레벨-시프트시킬 수 있을 것이다. 출력에 부하가 연결되지 않을 경우, v_o는

$$v_o = v + V_{dc}$$

로 주어질 것이다.

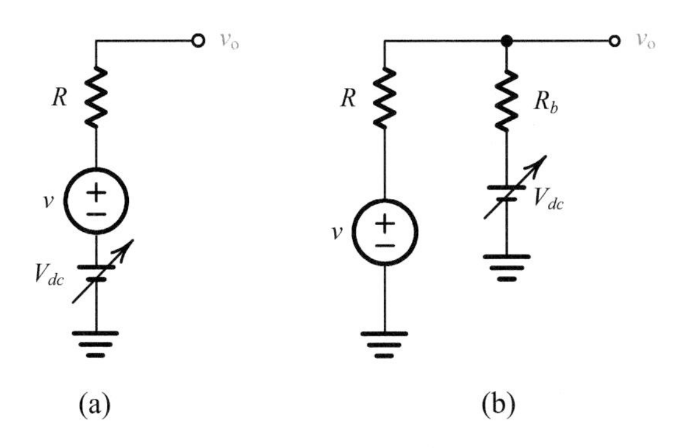

그림 3.7 (a) 직렬 레벨-시프터 (b) 병렬 레벨 시프터.

직류 전원 V_{dc}를 가변시킴으로써, 우리는 신호 v를 위로 이동(신호에 일정한 플러스 값을 더함)시킬 수 있을 것이며, 또 V_{dc}를 마이너스로 만듦으로써 신호를 아

래로 이동시킬 수도 있을 것이다. 이 회로는 본질적으로 신호 중의 하나가 레벨 시프터(level shifter)로 동작하는 가산 회로이다.

만일 신호와 직류 전원이 접지되어 있다면, 우리는 그림 3.7(b)의 회로를 이용해서 신호 전원의 레벨을 바꿀 수 있을 것이다. 중첩의 원리에 의하면, 출력이 다음과 같이 구해질 것이다.

$$v_o = \frac{vR_b + V_{dc}R}{R + R_b} = \frac{R_b}{R + R_b}\left(v + V_{dc}\frac{R}{R_b}\right)$$

따라서 우리는 V_{dc}를 가변시킴으로써, 신호 v를 위(V_{dc}가 플러스) 또는 아래로 (V_{dc}가 마이너스) 이동시킬 수 있을 것이다.

예제 3.3 10 V 피크를 갖는 사인파가 2 : 1로 감쇠되고, 또 그것의 평균 레벨이 0에서 −6 V로 이동하도록 회로를 설계하라.

풀이 우리는 우선 그림 3.8과 같이 회로를 그릴 수 있을 것이다. 신호의 감쇠율이 $\frac{1}{2}$이기 때문에, 두 저항은 반드시 같아야 할 것이다. 따라서 $R_1 = R_2$로 선택하면, 직류 전원에 기인하는 출력 성분은

$$-V_{dc}\frac{R_1}{R_1 + R_2} = -\frac{V_{dc}}{2}$$

일 것이다. 이 성분이 −6 V가 되어야 하기 때문에, 우리는 $V_{dc} = 12$ V를 선택해야 한다. 우리가 원하는 출력을 그림 3.8에 나타냈다.

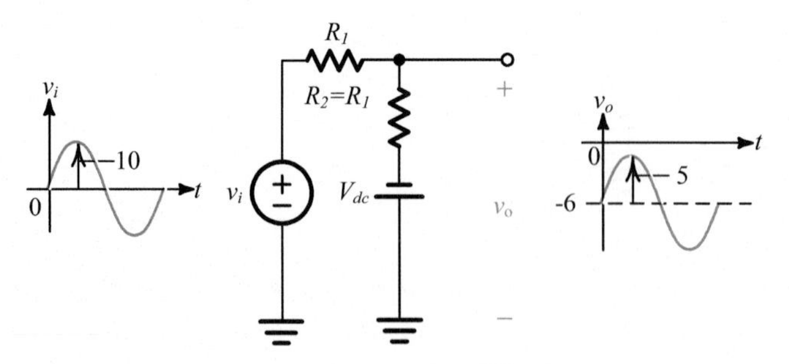

그림 3.8 예제 3.3을 위한 회로.

3.3 테브난과 노튼 등가 회로

저항기들과 전원들로 구성되는 모든 2-단자 선형 회로는, 하나의 저항기와 직렬로 접속된 하나의 전압 전원 또는 하나의 저항기와 병렬로 접속된 하나의 전류 전원으로 등가적으로 나타낼 수 있다. 우리는 전자를 **테브난 등가**(Thévenin equivalent)[6] 표현이라고 부르고, 후자를 **노튼 등가**(Norton equivalent)[7] 표현이라고 부른다. 그림 3.9에 그 등가성을 나타냈다.

따라서 1-1' 단자의 왼쪽이 아무리 복잡한 회로일지라도, 우리는 **단자 특성**(terminal characteristic)이 본래의 회로의 단자 특성과 동일하도록 그 회로를 하나의 전원과 하나의 저항기로 단순화할 수 있다.

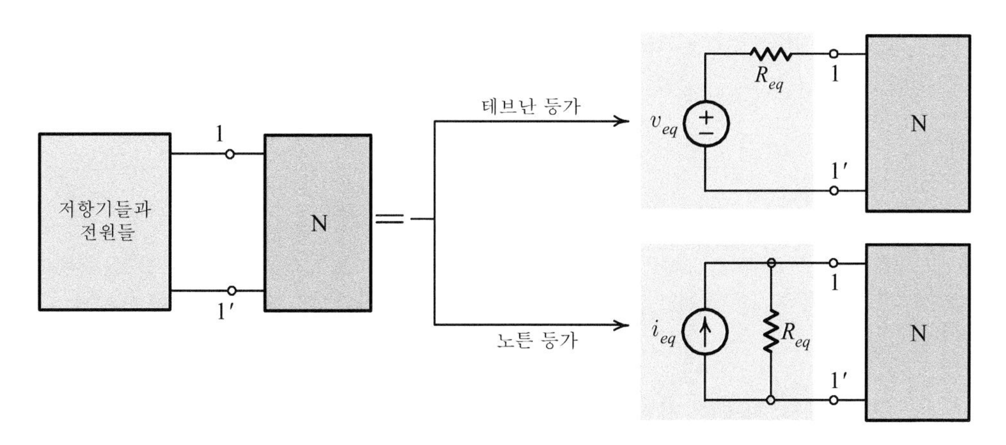

그림 3.9 테브난 등가 및 노튼 등가 표현.

테브난 등가 회로 또는 노튼 등가 회로 어느 것을 사용해도, R_{eq}는 같다. R_{eq}를 구하기 위해서는, 상자 내부의 모든 독립 전원들을 죽여야 한다. 즉, 전압 전원은 단락 회로로 바꾸고, 전류 전원은 개방 회로로 바꿔야 한다. 그리고 나서, 단자에서 상자 쪽으로 들여다본 저항을 계산하거나 측정해야 한다. 이 저항이 R_{eq}이다. 그림 3.10(a)에 R_{eq}를 구하는 절차를 나타냈다.

테브난 등가 전압 v_{eq}를 구하기 위해서는 단자 1-1'를 개방하고(만약 단자가 N으로 부하되지 않는다면, 이 단계는 필요없다), 단자 1-1'에 걸리는 전압을 계산하거나 측정해야 한다. 이 개방-회로 전압이 v_{eq}이다. 즉, $v_{oc} = v_{eq}$이다. 그림 3.10(b)

---

[6] 프랑스의 전신기술자인 Charles Leon Thévenin(1857~1926)이 1883년에 이 이론을 발표했다.
[7] 미국의 과학자 Edward L. Norton(1898~1983)이 1933년에 이 이론을 발표했다.

에 v_{eq}를 구하는 절차를 나타냈다. 노튼 등가 전류를 구하기 위해서는 단자 1-1'를 단락시키고, 단락 회로에 흐르는 전류를 계산하거나 측정해야 한다. 이 단락-회로 전류가 i_{eq}이다. 즉, $i_{sc} = i_{eq}$이다. 그림 3.10(c)에 i_{eq}를 구하는 절차를 나타냈다.

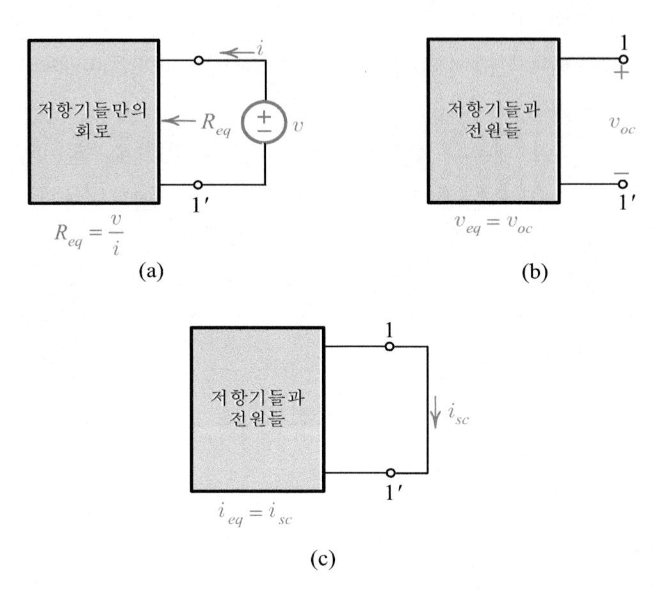

그림 3.10 (a) R_{eq}를 구하는 절차, (b) v_{eq}를 구하는 절차, (c) i_{eq}를 구하는 절차.

2.5절에서 설명한 전원-변환 이론으로부터, 우리는 v_{eq}와 i_{eq}가

$$v_{eq} = i_{eq} R_{eq} \tag{3.8a}$$

또는

$$v_{oc} = i_{sc} R_{eq} \tag{3.8b}$$

의 관계를 갖는다는 것을 확실히 알 수 있다. 테브난과 노튼 등가 회로를 이용함으로써, 우리는 전압과 전류를 직관적으로 계산할 수 있을 정도까지 회로를 충분히 단순화할 수 있다.

이제 우리는 테브난과 노튼 등가 회로를 구하는 절차를 다음과 같이 요약할 수 있을 것이다.

• 테브난 등가 회로를 구하는 절차

1. 등가 회로로 고치려고 하는 회로를 본래의 회로으로부터 떼어낸다(만약 등가 회로로 고치려고 하는 회로가 다른 회로와 접속되어 있지 않다면, 이 단계는 필요치 않다).
2. 개방된 단자들 사이에 걸리는 전압, 즉 개방-회로 전압 v_{oc}를 구한다.
3. 회로에 존재하는 모든 독립 전원들을 죽인 다음, 단자들로부터 회로쪽으로 들여다본 저항, 즉 R_{eq}를 구한다.
4. v_{oc}와 R_{eq}로 직렬 회로를 구성한다.

• 노튼 등가 회로를 구하는 절차

1. 등가 회로로 고치려고 하는 회로를 본래의 회로으로부터 떼어낸다(만약 등가 회로로 고치려고 하는 회로가 다른 회로와 접속되어 있지 않다면, 이 단계는 필요치 않다).
2. 개방된 단자들을 단락시킨 다음, 단락 회로에 흐르는 전류, 즉 단락-회로 전류 i_{sc}를 구한다.
3. 회로에 존재하는 모든 독립 전원들을 죽인 다음, 단자들로부터 회로쪽으로 들여다본 저항, 즉 R_{eq}를 구한다.
4. i_{sc}와 R_{eq}로 병렬 회로를 구성한다.

예제 3.4

그림 3.11에 나타낸 회로에서 단자 1-1'에서 바라다본 테브난 등가 회로와 노튼 등가 회로를 구하라.

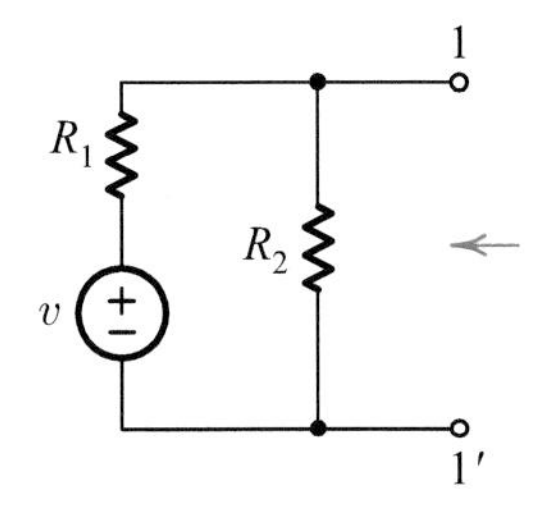

그림 3.11 예제 3.4를 위한 회로.

풀이 • v_{eq} 구하기 : v_{eq}를 계산하기 위해, 그림 3.11에 나타낸 회로를 사용하여 1-1' 단자 사이에 걸리는 개방-회로 전압을 구하면,

$$v_{eq} = v_{oc} = v\frac{R_2}{R_1 + R_2}$$

를 얻을 것이다.

• R_{eq} 구하기 : R_{eq}를 구하기 위해, 그림 3.12(a)에 보인 것처럼 전원 v를 죽이고, 단자 1-1'를 들여다보면,

$$R_{eq} = \frac{R_1 R_2}{R_1 + R_2}$$

가 얻어질 것이다.

• i_{eq} 구하기 : i_{eq}를 구하려면, 그림 3.12(b)에 보인 것처럼, 단자들을 단락시키고, i_{sc}를 계산해야 할 것이다. R_2 사이의 전압이 0이므로, R_2에는 전류가 흐르지 않을 것이고, i_{sc}는 R_1에 흐르는 전류와 같을 것이다. 즉,

$$i_{eq} = i_{sc} = \frac{v}{R_1}$$

앞에서 구한 R_{eq}, v_{eq}, 그리고 i_{eq}를 사용하여, 우리는 테브난과 노튼 등가 회로를 그림 3.12(c)와 같이 그릴 수 있을 것이다. 여기서

$$i_{sc} = \frac{v}{R_1} = \frac{v_{oc}}{R_{eq}} = \frac{vR_2/(R_1 + R_2)}{R_1R_2/(R_1 + R_2)} = \frac{v}{R_1}$$

라는 점에 주목하기 바란다.

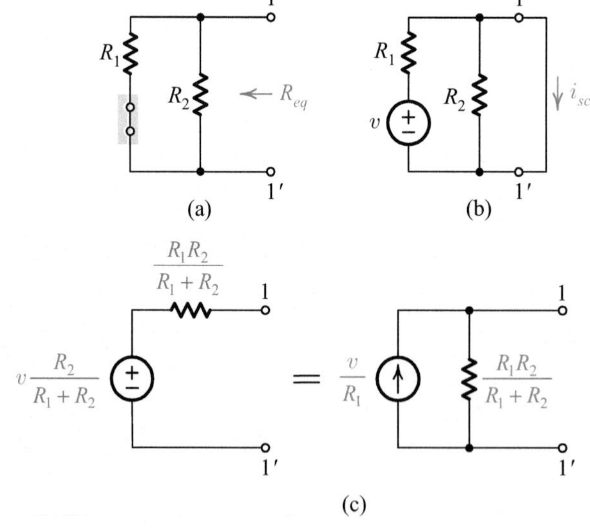

그림 3.12 (a) 그림 3.11에서 R_{eq}를 구하는 절차, (b) 그림 3.11에서 i_{eq}를 구하는 절차, (c) 구해진 테브난 등가 회로와 노튼 등가 회로.

연습문제 3.4

그림 E3.4에 나타낸 회로에서

(a) 단자 1-1'의 왼쪽 회로를 노튼 등가 회로로 고쳐라.

(b) 단자 2-2'의 오른쪽 회로를 노튼 등가 회로로 고쳐라.

(c) v_o를 구하라.

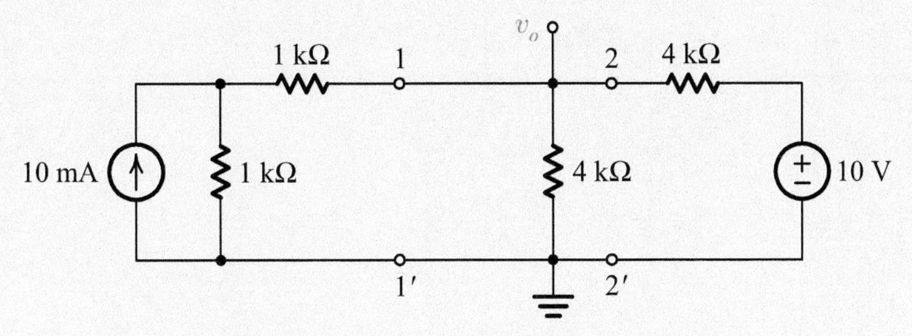

그림 E3.4 연습문제 3.4를 위한 회로.

답

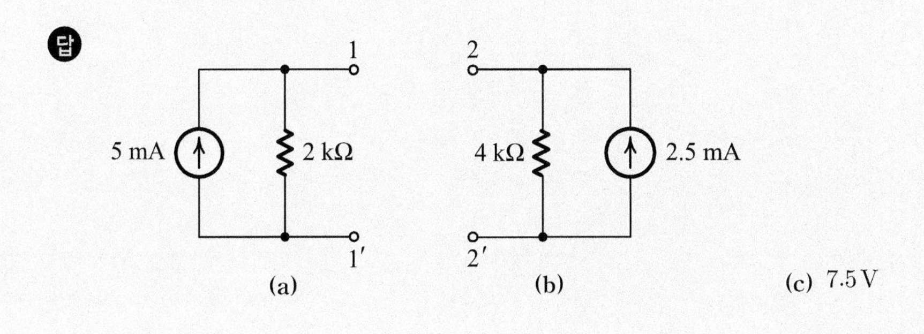

예제 3.5 그림 3.13의 회로에서 v_o를 구하라.

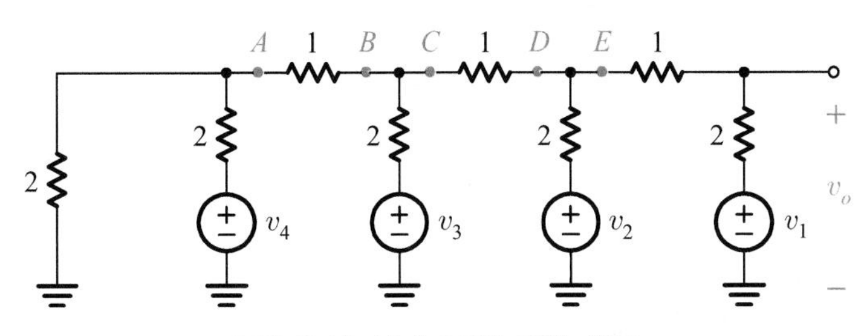

그림 3.13 예제 3.5를 위한 회로.

풀이 회로의 왼쪽부터 시작하여, A, B, C, D, 그리고 E에서 왼쪽을 들여다본 테브난 등가 회로들을 계속 구해 보자. 각각의 단계를 그림 3.14에 나타냈다. 마지막 등가 표현을 관찰함으로써, 우리는 v_o를 다음과 같이 구할 수 있을 것이다.

$$v_o = \frac{v_1}{2} + \frac{v_2}{4} + \frac{v_3}{8} + \frac{v_4}{16}$$

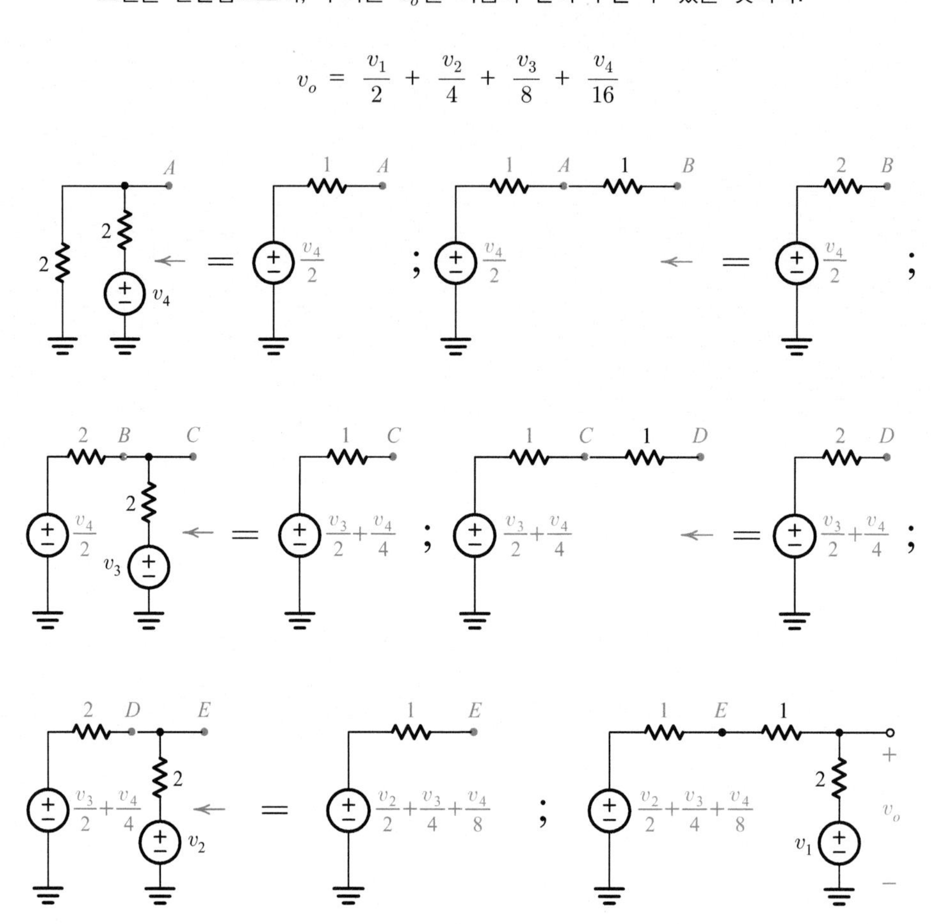

그림 3.14 그림 3.13의 각 지점에서 왼쪽을 들여다본 테브난 등가 회로.

여기서, 출력이 입력 신호들의 가중된 합을 나타낸다는 점에 주목하기 바란다. 가중(weighting) 계수는

$$\frac{1}{2^n}$$

이고, 여기서 n은 전원의 수를 나타낸다. 따라서 우리는 이 결과를 임의의 수의 전원을 포함하는 경우에 대해서도 확장하여 적용할 수 있다는 것을 (등가 회로가 전개되는 방법으로부터) 분명히 알 수 있다.

연습문제 3.5

그림 E3.5에서 테브난 등가 회로를 두 번 이용하여 v_o를 구하라.

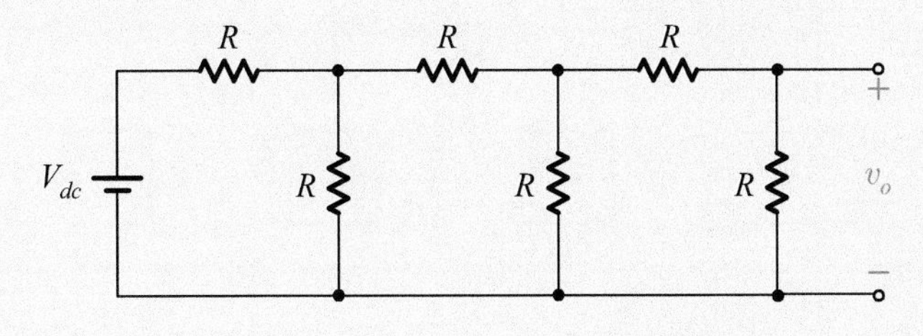

그림 E3.5 연습문제 3.5를 위한 회로

답 $v_o = i_3 R = \frac{1}{13} V_{dc}$

3.4 망로 방정식

앞장에서 소개한 회로 해석 기법들을 이용하면, 간단한 회로의 전류와 전압을 쉽게 구할 수 있다. 그러나 회로가 복잡해지면, i와 v 변수들을 풀기 위한 체계적인 해결 방법이 필요해진다. 우리는 이 장에서 두 가지의 체계적인 해결 방법에 대해 논의할 것이다. 첫 번째 방법은 망로 방정식을 세운 다음 망로 전류를 구하는 것이고, 두 번째 방법은 마디 방정식을 세운 다음 마디 전압을 구하는 것이다. 먼저 망로 방정식에 대해 살펴보기로 하자.

대부분의 회로들은 소자들이 망로 형태로 배열되도록 그릴 수 있다. 이 경우를 그림 3.15(a)에 나타냈다. 그림에서 각각의 망로 안에 그려진 시계 방향 화살표가 망로들을 표시한다. 이들 화살표는 그림에 나타냈듯이, **망로 전류**(mesh current) i_1, i_2, i_3를 정의하기도 한다.

망로 전류와 회로의 **가지**(branch)에 흐르는 전류 사이의 관계는 그림 3.15(b)에 보인 약정에 의해 결정된다. 따라서, 망로 전류 i_c와 i_d가 그림과 같이 N에 작용할 때(여기서 N은 2-단자 소자로서 저항기 또는 더 복잡한 회로일 수 있다.), N을 통해 아래로 향하는 전류는 $(i_c - i_d)$이다. 만일 필요하다면, 우리는 전류를 위로 향하게 나타낼 수도 있을 것이다. 이때의 전류는 $(i_d - i_c)$이다. 망로 전류 i_c는 N을 통해 아래로 향하고, 망로 전류 i_d는 N을 통해 위로 향한다는 점에 주목하기 바란다.

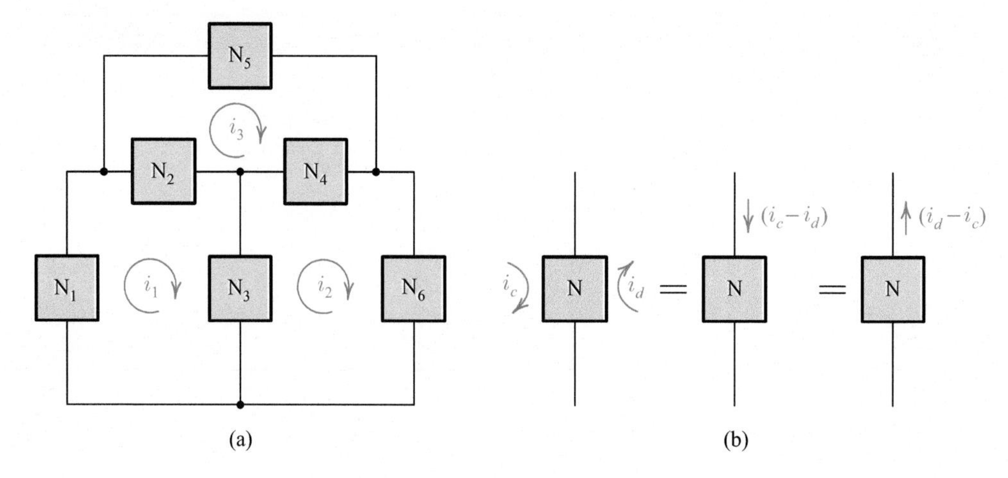

그림 3.15 (a) 망로 전류의 설명을 위한 회로, (b) 망로 전류와 가지 전류의 관계.

표 3.1 그림 3.15의 각 회로와 전류의 관계.

회로	전류	방향
N_1	i_1	위
N_2	$i_1 - i_3$	오른쪽
N_3	$i_1 - i_2$	아래
N_4	$i_2 - i_3$	오른쪽
N_5	i_3	오른쪽
N_6	i_2	아래

그림 3.15(a)로 되돌아가면, 우리는 여러 회로 또는 회로 소자들을 통해 흐르는 전류는 표 3.1과 같이 나타낼 수 있다는 것을 알 수 있다. 각각의 소자를 통해 흐르는 전류는 둘이 아니라 오직 하나이다. 따라서 우리는 이 전류를 두 망로 전류의 차로 표시하고 싶을 때에만, 두 성분으로 분해하여 사용한다.

우리는 망로를 **루프**(loop)라고 부르기도 하고, i_1, i_2 그리고 i_3 전류들을 **루프 전류**(loop current)라고 부르기도 한다. 그림 3.15(a)의 회로가 1, 2 그리고 3으로 표시된 루프 이외에 다른 루프도 가지고 있다는 점에 유의하기 바란다. 예를 들면, $N_1N_5N_6$ 도 하나의 루프를 형성한다. 그리고 $N_2N_5N_6N_3$ 와 $N_1N_5N_4N_3$ 역시 루프를 형성한다. 그러나, 우리는 회로가 그림 3.15(a)와 같은 배치 방식으로 그려져 있을 때는, 루프 1, 2 그리고 3이 눈에 잘 띄며, 이 루프들이 망로 1, 2 그리고 3과 일치한다는 것을 알 수 있다.

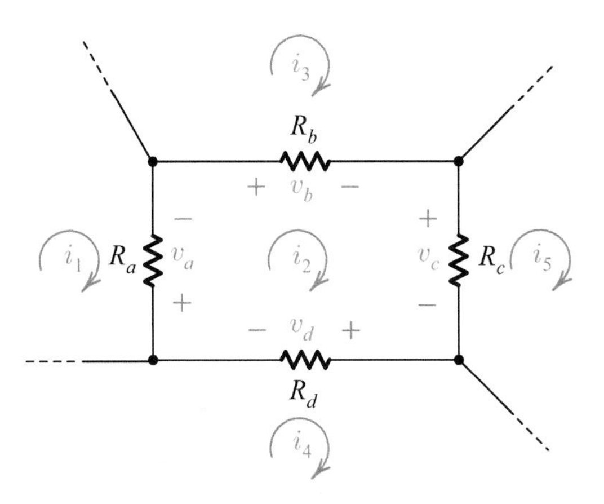

그림 3.16 네 개의 저항으로 구성된 망로의 예.

KVL에 의하면, 임의의 루프 주위의 전압들의 합은 0이다. 이 전압들이 어떻게 체계적인 방법으로 더해지는지를 알아보기 위해, 저항기 a, b, c 그리고 d로 구성되는 전형적인 망로(루프)를 그림 3.16에 나타냈다. 여기서 우리는 이 망로의 전류를 i_2로 표시했다. 그리고, 인접한 네 개의 망로 전류를 i_1, i_3, i_4 그리고 i_5로 표시했다. 우리는 또, 임의로 모든 망로 전류의 방향을 시계 방향으로 잡았다. 따라서, 각각의 저항기에 흐르는 전류는 저항기 양쪽에 나타나는 두 망로 전류의 차가 될 것이다. 즉, 저항기 R_b의 전류는 $(i_2 - i_3)$이며, 오른쪽으로 향할 것이다. 그리고 저항기 R_d에 흐르는 전류는 $(i_2 - i_4)$이며, 왼쪽으로 향할 것이다. R_a와 R_c에 대해서도 마찬가지로 생각할 수 있다. 다음으로, 망로 2의 주위를 시계 방향으로 돌면서(i_2와 같은 방향) 그림과 같이 모든 전압들을 $+$ $-$ 극성으로 하여 체계적으로 명칭을 붙여 보기로 하자. 그런 다음, 이 망로에 KVL을 적용하면

$$v_a + v_b + v_c + v_d = 0 \tag{3.9}$$

을 얻을 것이다. 옴의 법칙을 사용하여 이들 전압을 망로 전류의 식으로 표현하면,

$$v_a = (i_2 - i_1)R_a \tag{3.10a}$$

$$v_b = (i_2 - i_3)R_b \tag{3.10b}$$

$$v_c = (i_2 - i_5)R_c \tag{3.10c}$$

$$v_d = (i_2 - i_4)R_d \tag{3.10d}$$

를 얻을 것이다. 이들 전압 표현의 각각에서 i_2 전류가 맨 먼저 나타나는 점에 주목하기 바란다. 이 결과는 망로 주위의 전압들에 명칭을 붙일 때 i_2의 방향과 일치되

도록 해주었기 때문에 생긴 것이다. 식 (3.10)을 식 (3.9)에 대입함으로써, 우리는

$$(i_2 - i_1)R_a + (i_2 - i_3)R_b + (i_2 - i_5)R_c + (i_2 - i_4)R_d = 0 \tag{3.11}$$

을 얻는다.

식 (3.11)를 정리하여 i_1을 포함하는 모든 항들이 맨 먼저 나타나게 하고, 다음으로 i_2를 포함하는 항들이 오게 하고, 그런 다음 i_3를 포함하는 항들이 오게 하는 등등의 순서로 다시 쓰면,

$$-i_1R_a + i_2(R_a + R_b + R_c + R_d) - i_3R_b - i_4R_d - i_5R_c = 0 \tag{3.12}$$

을 얻을 것이다. 우리는 이 식이 명확하고 예측 가능한 순서를 가지고 있다는 것을 알 수 있다. 실제로, 우리는 그림 3.16을 고찰함으로써 이 식을 다음과 같이 직접 쓸 수도 있을 것이다. 즉, i_2는 분명히 네 개의 저항기 모두를 통해 흐른다. 그리고 만일 i_2만이 회로에 작용한다면, 식 (3.12)에서 $i_2(R_a + R_b + R_c + R_d)$로 표현된 전압이 산출될 것이다. 전류 i_1은 R_a만을 통해 흐르고, 그 방향은 i_2의 방향과 반대이다. 따라서 전류 i_1은 식 (3.12)의 첫 번째 항인 $-i_1R_a$의 전압을 발생시킬 것이다. 마찬가지로, 전류 i_2와 방향이 반대이고 망로 2에 관한 한 R_b만을 통해 흐르는 전류 i_3는, 식 (3.12)의 세 번째 항인 $-i_3R_b$의 전압을 발생시킬 것이다. 나머지 두 항은 R_d에서 i_2의 반대 방향으로 흐르는 전류 i_4와 R_c에서 i_2의 반대 방향으로 흐르는 i_5에 기인한다. 이상의 설명으로부터, 우리는 식 (3.12)를 망로 2의 전류, 즉 i_2에 의해 발생하는 항(자기 항)들과 인접한 망로들의 전류, 즉 i_1, i_3, i_4, 그리고 i_5에 의해 발생하는 항(상호 항)들의 합(중첩)으로 해석할 수 있을 것이다. 자기 항들은 양의 값으로 취해지는 반면에, 모든 상호 항들은 음의 값으로 취해진다는 점에 주목하기 바란다.

이제 우리는 망로 방정식을 체계적으로 세우기 위한 일반적인 절차를 다음과 같이 공식화할 수 있을 것이다.

1. 망로가 노출되도록, 즉 회로도에 교차선이 포함되지 않도록 회로를 그린다. 대부분의 회로에서 우리는 회로의 모든 망로가 드러나도록 회로도를 배치할 수 있다.

2. 각각의 망로에서 망로 전류를 시계 방향의 화살표로 표시한다. 그런 다음, 각각의 망로 주위의 전압들을 + − 극성 순서로 더하고, 그 결과를 0으로 놓는다. 이 단계는 각각의 망로 주위에 KVL을 적용하는 것과 마찬가지이다. 만일 회로망에 n개의 망로가 존재한다면, 그 망로에는 n개의 미지의 전류가 존재할 것이다. 따라서 n개의 독립적인 방정식(각각의 망로에 대해 하나씩)이 세워질 것이다.
3. n개의 방정식을 연립하여 풀어 n개의 미지의 망로 전류를 구한다. 개개의 소자에 흐르는 전류는 인접한 두 망로 전류 사이의 차를 취함으로써 구할 수 있다. 소자에 걸리는 전압은 적당한 소자-정의 방정식을 사용하여 구할 수 있다.

따라서 망로 방정식을 이용하여 어떤 회로의 미지 전압과 전류를 구하려고 할 때는, 우리는 먼저 망로 전류를 구해야 한다. 망로 전류가 일단 구해지면, 소자 전류와 전압을 쉽게 구할 수 있을 것이다.

(a) 그림 3.17에 나타낸 회로에 대해 망로 방정식을 세워라.
(b) 망로 전류를 구하라.
(c) R_2에 걸리는 전압과 출력 전압을 구하라.

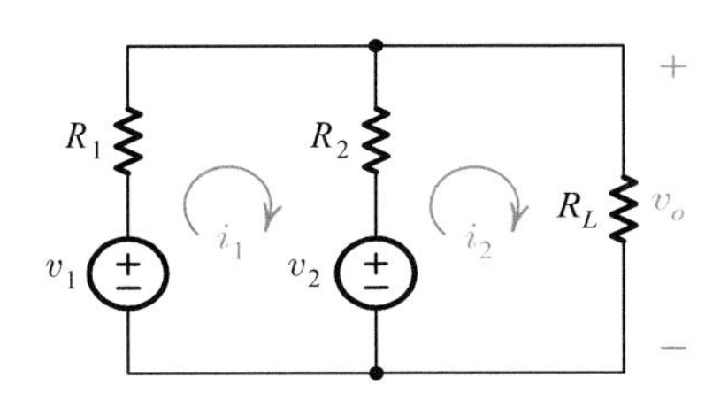

그림 3.17 예제 3.6을 위한 회로.

풀이 (a) 이 회로에는 두 개의 망로가 있으므로 두 개의 망로 전류가 존재할 것이다. 망로 전류들을 그림과 같이 i_1과 i_2로 표시했다. 첫 번째 망로 주위의 전압들을 더하면(즉, KVL을 적용하면),

$$i_1R_1 + (i_1 - i_2)R_2 = v_1 - v_2 \tag{3.13}$$

를 얻을 것이다. 방정식의 우변에 전원들을 위치시킨 점에 주목하기 바란다. 만일 회로에서 v_1 전원만이 동작한다면, v_1은 그림에 표시된 방향으로 전류 i_1을 흐르게 할 것이다. 따라서 v_1은 식의 우변에서 양의 값일 것이다. 만일 회로에서 v_2 전원만이 동작한다면, v_2는 i_1 전류의 반대 방향으로 전류를 흐르게 할 것이다. 따라서 v_2는 식의 우변에서 음의 값일 것이다. KVL에 바탕을 둔 이러한 논의는, 회로에서 일어나는 물리적인 현상을 이해하는 데 도움이 될 것이다.
두 번째 망로 주위의 전압들을 더하면,

$$(i_2 - i_1)R_2 + i_2R_L = v_2 \tag{3.14}$$

를 얻을 것이다. 우변에서 v_2는 양의 값으로 나타날 것이다. 왜냐하면, 만일 회로에서 v_2만이 동작한다면, v_2가 그림에 나타낸 방향으로 i_2를 흐르게 할 것이기 때문이다. 다음으로, i_1 항이 첫 번째로 나타나고 i_2 항이 두 번째로 나타나도록 식 (3.13)과 식 (3.14)을 정리하면,

$$i_1(R_1 + R_2) - i_2R_2 = v_1 - v_2 \tag{3.15}$$
$$-i_1R_2 + i_2(R_2 + R_L) = v_2$$

를 얻을 것이다. 우리는 물론, 그림 3.17의 고찰에 의해 이 식들을 직접 구할 수도 있을 것이다. 즉, 자기 항과 상호 항(—의 부호를 붙여)을 구분하고, 망로 전류에 대한 개개의 전원들의 영향을 조사함으로써 이 식들을 직접 구할 수 있을 것이다.

(b) 우리는 식 (3.15)로 주어진 일련의 식들을 **크래머 공식**(Cramer's rule)[8]을 이용하여 풀어 i_1과 i_2를 구할 수 있다. 행렬식은 다음과 같이 주어질 것이다.

$$\Delta = \begin{vmatrix} R_1 + R_2 & -R_2 \\ -R_2 & R_2 + R_L \end{vmatrix} = \begin{vmatrix} a_{11} & a_{12} \\ a_{21} & a_{22} \end{vmatrix}$$

여기서 주대각선(왼쪽 위로부터 오른쪽 아래까지의 점선으로 나타낸) 상의 항들은 양의 값이며, 각각의 망로 주위에 있는 저항들의 합을 나타낸다는 점에 주목하기 바란다. 따라서 a_{11}은 망로 1에 있는 저항들의 합이며, 그 값은$(R_1 + R_2)$이다. a_{22}는 망로 2에 있는 저항들의 합이며, 그 값은 $(R_2 + R_L)$이다. 한편, 다른 대각선상의 항들은 음의 값이며, 동일하다. 즉, 이 항들은 R_2에 의해 야기되는 망로 1과 2 사이의 상호 효과를 나타낸다. 행렬식의 값은

$$\Delta = (R_1 + R_2)(R_2 + R_L) - (-R_2)(-R_2) = R_1R_2 + R_1R_L + R_2R_L$$

이다. 행렬식의 각각의 항들이 양의 값이라는 점에 유의하기 바란다. 실제로,

---

[8] 행렬식의 간단한 복습을 부록 1에 나타냈다.

회로를 여기하는 전원들이 독립 전원들일 경우에는 항상 그러하다. 이 사실은 우리가 행렬식을 계산할 때 범할 수 있는 착오를 점검하는 데 사용될 수 있다. 즉, 이는 모든 계산이 끝났을 때 행렬식 표현에 어떠한 음의 값의 항도 남을 수 없다는 것을 의미한다.

i_1을 구하기 위해서는 Δ의 첫 번째 열을 식 (3.15)의 우변에 정돈된 것과 같은 회로의 전원들로 대체하여 새로운 행렬식을 구성해야 한다. 새롭게 구성된 행렬식을 계산하면,

전원들

$$\Delta_1 = \begin{vmatrix} v_1 - v_2 & -R_2 \\ v_2 & R_2 + R_L \end{vmatrix} = (v_1 - v_2)(R_2 + R_L) - v_2(-R_2)$$
$$= v_1(R_2 + R_L) - v_2 R_L$$

을 얻을 것이다. 마찬가지로, i_2를 구하기 위해서는 Δ의 두 번째 열을 식 (3.15)의 우변에 정돈된 전원들로 대체한 후, 그 결과로 생긴 행렬식을 계산해야 한다.

전원들

$$\Delta_2 = \begin{vmatrix} R_1 + R_2 & v_1 - v_2 \\ -R_2 & v_2 \end{vmatrix} = v_2(R_1 + R_2) - (v_1 - v_2)(-R_2)$$
$$= v_1 R_2 + v_2 R_1$$

이제, 우리는 i_1과 i_2를 다음과 같이 계산할 수 있을 것이다.

$$i_1 = \frac{\Delta_1}{\Delta} = \frac{v_1(R_2 + R_L) - v_2 R_L}{R_1 R_2 + R_1 R_L + R_2 R_L}$$
$$i_2 = \frac{\Delta_2}{\Delta} = \frac{v_1 R_2 + v_2 R_1}{R_1 R_2 + R_1 R_L + R_2 R_L}$$

(c) 그림 3.15의 고찰로부터, 우리는 R_2에 걸리는 전압이 다음과 같이 주어진다는 것을 알 수 있다. 즉,

$$v_{R2} = (i_1 - i_2)R_2 = \left[\frac{v_1 R_L - v_2(R_1 + R_L)}{R_1 R_2 + R_1 R_L + R_2 R_L}\right] R_2$$

그리고, 출력 전압은 다음과 같이 주어질 것이다.

$$v_o = i_2 R_L = \frac{(v_1 R_2 + v_2 R_1) R_L}{R_1 R_2 + R_1 R_L + R_2 R_L}$$

그림 3.18을 참조하라.

(a) 10 V 전원에서 바라다본 저항은 얼마인가?

(b) 출력 전압은 얼마인가?

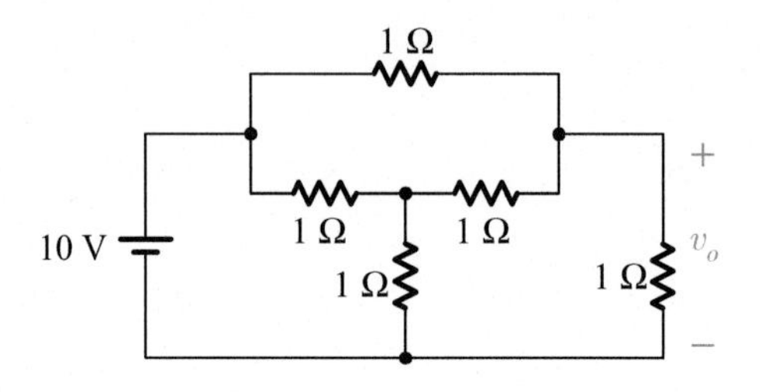

그림 3.18 예제 3.7을 위한 회로.

풀이 (a) 이 회로에서는 어떤 단일 저항기도 다른 저항기와 직렬 또는 병렬로 접속되어 있지 않기 때문에, 우리는 이 회로의 전압 전원에서 바라다본 저항을 저항들의 병렬 또는 직렬 결합 공식을 이용하여 쉽게 구할 수 없다. 따라서 전지에서 바라다본 등가 저항을 구하기 위해서는, 전지에 의해 전달된 전류를 계산해야 한다. 이 전류를 구하기 위해, 그림 3.18을 그림 3.19와 같이 다시 그렸다. 그리고 이 그림에 세 개의 망로 전류와 우리가 구하고자 하는 등가 저항 R_{in}을 표시해 놨다. 이 저항을 우리는 회로의 **입력 저항**(input resistance)이라고 부르기도 한다. 이제 우리는 각각의 망로에 대해 하나씩, 즉 세 개의 방정식을 다음과 같이 쓸 수 있을 것이다.

$$(i_1 - i_3) \times 1 + (i_1 - i_2) \times 1 = 10 \qquad \text{(망로 1)}$$

$$(i_2 - i_1) \times 1 + (i_2 - i_3) \times 1 + i_2 \times 1 = 0 \qquad \text{(망로 2)}$$

$$(i_3 - i_1) \times 1 + (i_3 - i_2) \times 1 + i_3 \times 1 = 0 \qquad \text{(망로 3)}$$

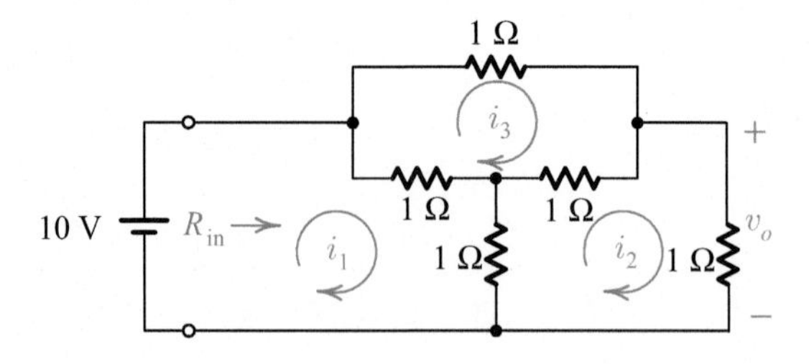

그림 3.19 예제 3.7의 풀이를 위해 망로 전류와 등가 저항을 표시한 회로.

우리는 또, 이 식들을 다음과 같이 정리할 수 있을 것이다.

$$\begin{aligned} 2i_1 - i_2 - i_3 &= 10 \\ -i_1 + 3i_2 - i_3 &= 0 \\ -i_1 - i_2 + 3i_3 &= 0 \end{aligned} \tag{3.16}$$

행렬식은 다음과 같이 주어질 것이다.

$$\Delta = \begin{vmatrix} 2 & -1 & -1 \\ -1 & 3 & -1 \\ -1 & -1 & 3 \end{vmatrix} = \begin{vmatrix} a_{11} & a_{12} & a_{13} \\ a_{21} & a_{22} & a_{23} \\ a_{31} & a_{32} & a_{33} \end{vmatrix}$$

이제 우리는 다음과 같이 행렬식을 계산할 수 있을 것이다.

$$\Delta = 2\begin{vmatrix} 3 & -1 \\ -1 & 3 \end{vmatrix} - (-1)\begin{vmatrix} -1 & -1 \\ -1 & 3 \end{vmatrix} + (-1)\begin{vmatrix} -1 & 3 \\ -1 & -1 \end{vmatrix}$$

$$= 2(9-1) + (-3-1) - (1+3) = 16 - 4 - 4 = 8$$

i_1을 구하려면 행렬식의 첫 번째 열을 지우고, 그 대신에 각각의 망로에 나타나는 전원들로 대체하여 새로운 행렬식을 구성해야 한다. 따라서 우리는 망로 1 (a_{11}의 위치)에서 동작하는 전원들을 시계 방향으로 돌면서 조사해야 한다. 그런 다음, 망로 2(a_{21}의 위치)와 망로 3(a_{31}의 위치)에 대해서도 같은 방법으로 조사해야 한다. 이 경우에는 단지 첫 번째 망로만이 $-$ $+$ 극성의 10 V 전원을 포함하고 있고, 다른 망로들은 전원을 갖고 있지 않으므로, 우리는 다음과 같이 쓸 수 있을 것이다.

$$\Delta_1 = \begin{vmatrix} 10 & -1 & -1 \\ 0 & 3 & -1 \\ 0 & -1 & 3 \end{vmatrix} = 10\begin{vmatrix} 3 & -1 \\ -1 & 3 \end{vmatrix} = 10(9-1) = 80$$

따라서 우리는

$$i_1 = \frac{\Delta_1}{\Delta} = \frac{80}{8} = 10$$

을 얻는다. 이 결과로부터 우리는 10 V 전원이 10 A의 전류를 전달한다는 것을 알 수 있다. 따라서 전원에서 바라다본 저항은

$$R_{in} = \frac{10\ \text{V}}{10\ \text{A}} = 1\ \Omega$$

이다.

(b) 출력 전압을 구하기 위해서는 i_2를 구해야 한다. 행렬식을 이미 구했기 때문에, 우리는 i_2를 쉽게 구할 수 있을 것이다. 행렬식의 두 번째 열을 식 (3.16)의 우변 항으로 대체하여 Δ_2를 구하면,

$$\Delta_2 = \begin{vmatrix} 2 & 10 & -1 \\ -1 & 0 & -1 \\ -1 & 0 & 3 \end{vmatrix} = -10\begin{vmatrix} -1 & -1 \\ -1 & 3 \end{vmatrix} = -10(-3-1) = 40$$

을 얻을 것이다. 따라서 우리는

$$i_2 = \frac{\Delta_2}{\Delta} = \frac{40}{8} = 5$$
$$v_o = i_2 \times 1 = 5 \text{ V}$$

를 얻는다.

연습문제 3.6

망로 해석법을 이용하여, 그림 E3.6의 회로에서 v_o를 구하라.

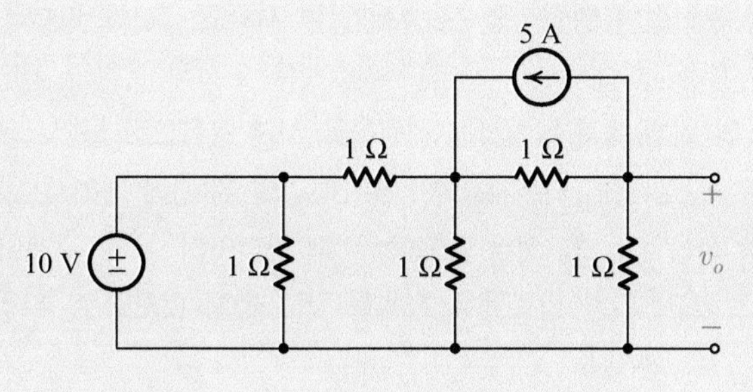

그림 E3.6 연습문제 3.6을 위한 회로.

답 $-\frac{5}{8}$ V

3.5 마디 방정식

우리는 마디 방정식을 이용하여 회로를 해석할 수도 있다. 만일 우리가 어떤 한 마디를 기준 마디로 정하고, 그 외의 모든 **마디 전압**(node voltage)들을 기준 마디를 기준으로 하여 지정한다면, 우리는 마디 방정식을 체계적으로 구할 수 있을 것이다. 일반적으로, 기준 마디는 회로도에서 밑 선으로 나타낸다. 이를 우리는 접지라고 부르기도 하고, 접지 기호를 붙여 보다 명확하게 표시하기도 한다. 그림 3.20(a)에서 우리는 밑 선을 기준으로 잡았고, 다른 마디 전압들은 v_1, v_2 등으로 표시했다. 따라서 v_1은 마디 1과 기준 마디 사이의 전압을 나타내고, v_2는 마디 2와 기준 마디 사이의 전압을 나타낸다. 이런 지정 방법은 실질적인 관점에서도 의미가 있다. 즉, 이는 전압을 측정할 때 전압계의 －리드를 접지에 연결하고, ＋리드를 움직여 가면서 마디 전압들을 읽는다는 것을 의미한다. 따라서 우리는 (회로도에는 나타나 있지 않더라도) 마디들에는 ＋부호가 붙어 있고, 기준 마디에는 －부호가 붙어 있는 것으로 이해해야 한다. 그림 3.20(b)를 보라.

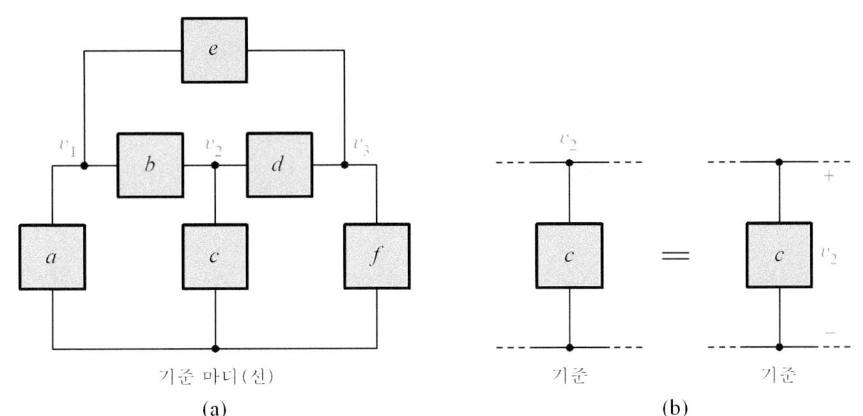

그림 3.20 (a) 마디 전압의 설명을 위한 회로, (b) 마디 전압의 이해.

그림 3.20(a)에서 a소자에 걸리는 전압은 v_1(위쪽이 ＋, 아래쪽이 －)이다. c소자에 걸리는 전압은 v_2이다. 그리고 f 소자에 걸리는 전압은 v_3이다. 그러나 b소자 사이에 걸리는 전압은 $(v_1 - v_2)$(왼쪽이 ＋, 오른쪽이 －)이거나, $(v_2 - v_1)$(오른쪽이 ＋, 왼쪽이 －)이다. d소자 사이에 걸리는 전압은 왼쪽이 ＋인 $(v_2 - v_3)$이고, e소자 사이에 걸리는 전압은 왼쪽이 ＋인 $(v_1 - v_3)$이다. 따라서, 만일 어떤 소자가 임의의 한 마디와 기준 마디 사이에 접속되어 있다면, 우리는 그 소자에 걸리는 전압이 마디 전압이라는 것을 알 수 있다. 반면에, 만일 어떤 소자가 기준 마디가 아닌 두 마디 사이에 접속되어 있다면, 우리는 그 소자에 걸리는 전압이 두 마디 전압의 차라는 것을 알 수 있다. 이런 상황을 그림 3.21에 나타냈다.

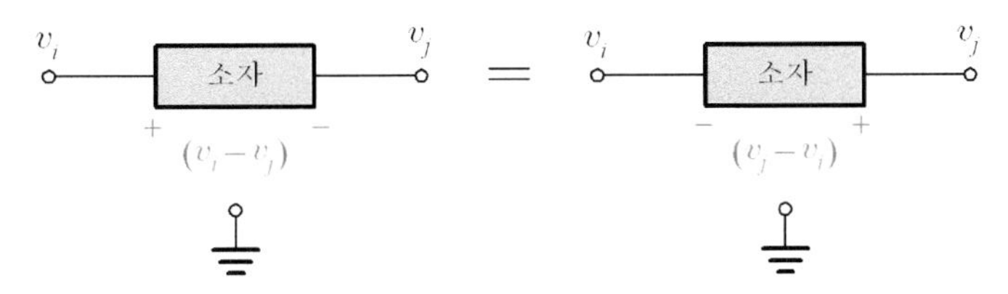

그림 3.21 소자가 두 마디 사이에 접속되었을 때의 전압 관계.

KCL에 따르면, 임의의 마디에서 유출되는(또는 유입되는) 전류들의 합은 0이다. 이 전류들이 어떻게 체계적으로 더해지는지를 알아보기 위해, 그림 3.22에서 세 개의 저항기 R_1, R_2, 그리고 R_3가 접속된 마디 2를 살펴보기로 하자. 마디 2에 접속된 다른 소자들은 없고, 마디 2의 전압은 v_2이다. 인접한 마디의 전압은 v_1과 v_3이다. 모든 전류가 마디 2에서 유출되는 것으로 간주하고, 그 전류들을 더하면,

$$i_{R1} + i_{R2} + i_{R3} = 0$$

$$\frac{v_2 - v_1}{R_1} + \frac{v_2}{R_2} + \frac{v_2 - v_3}{R_3} = 0 \tag{3.17}$$

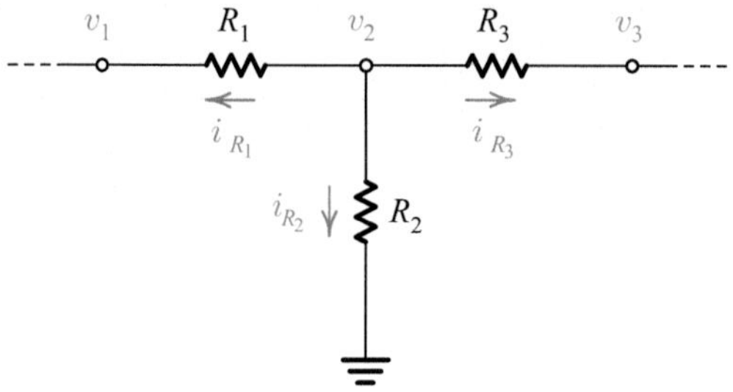

그림 3.22 세 개의 저항으로 구성된 마디의 예.

을 얻을 것이다. 여기서 **컨덕턴스**(conductance)를 **저항의 역수**로 정의하면,

$$G = \frac{1}{R}$$

로 쓸 수 있을 것이다. 기호 G는 컨덕턴스를 의미한다. 컨덕턴스는 **모**(mho)로 측정된다. 모는 옴(ohm)의 영문 철자를 거꾸로 쓴 것이다. 식 (3.17)을 컨덕턴스를 사용하여 다시 쓰면,

$$(v_2 - v_1)G_1 + v_2 G_2 + (v_2 - v_3)G_3 = 0 \tag{3.18}$$

이 될 것이다. 이 식의 모든 항에서 v_2가 맨 먼저 나타난다는 점에 주목하기 바란다. 이 결과는 우리가 마디 2에서 모든 전류가 유출된다고 간주했기 때문에 생긴 것이다. 식 (3.18)을 정리하여 v_1을 포함하는 항들이 맨 먼저 나타나게 하고, 그 다음으로 v_2, 그리고 v_3를 포함하는 항들이 나타나도록 하면,

$$-v_1 G_1 + v_2(G_1 + G_2 + G_3) - v_3 G_3 = 0 \tag{3.19}$$

을 얻을 것이다.

식 (3.19)를 살펴보면, 그림 3.22의 고찰로부터 이 식을 직접 쓸 수 있다는 것이 분명해진다. 우리가 지금 마디 2에 대한 식을 세우고 있기 때문에, 우리는 마디 2에 초점을 맞춰야 한다. 전압 v_2는 모든 컨덕턴스에 공통이다. 따라서, 만약 v_2만이 동작한다면(다른 모든 전압은 0으로 유지되고), 식 (3.19)의 가운데 항의 전류가 산출될 것이다. 이 항이 양의 값이라는 점에 주목하기 바란다. v_1 전압은 G_1에만 관계한다. 따라서, 만약 v_1만이 동작한다면, G_1을 통해 마디 2로 유입되는 v_1G_1의 전류가 산출될 것이다. 이 전류는 마디 2로부터 유출되는 전류와 방향이 반대이기 때문에, 식 (3.19)에서 $-v_1G_1$으로 나타날 것이다. 마찬가지로, v_3만이 동작한다면, G_3를 통해 마디 2로 유입되는 v_3G_3의 전류가 산출될 것이고, 이 전류로 말미암아 식 (3.19)의 $-v_3G_3$(마디 2로부터 유출되는) 항이 생겨날 것이다. 이 논의를 염두에 두면, 우리는 식 (3.19)를 v_2 전압(자기 항)과 인접한 마디 전압들(상호 항들)에 의해 산출된 항들의 합으로 해석할 수 있을 것이다. 자기 항은 양의 값이고, 모든 상호 항은 음의 값이라는 점에 주목하기 바란다.

이제 우리는 마디 방정식을 체계적으로 세우기 위한 일반적인 절차를 다음과 같이 공식화할 수 있을 것이다.

1. 임의의 한 마디를 기준 마디로 잡고, 그 기준 마디를 기준으로 하여 다른 모든 마디에 마디 전압을 할당한다.
2. 각각의 마디에서 유출되는 전류들을 더하고, 그 결과를 0으로 놓는다. 이 단계는 각각의 마디에 KCL을 적용하는 것과 마찬가지이다. 만일 회로에 기준 마디 이외에 n개의 마디가 있다면, n개의 미지의 마디 전압이 존재할 것이다. 따라서 n개의 독립적인 방정식(각각의 마디에 대해 하나씩)이 세워질 것이다.
3. n개의 방정식을 연립하여 풀어 n개의 미지의 마디 전압을 구한다. 개개의 소자에 9걸리는 전압은 인접한 두 마디 전압 사이의 차를 취함으로써 쉽게 계산할 수 있다. 소자들에 흐르는 전류는 소자-정의 방정식을 사용하여 구할 수 있다.

우리는 지금까지의 내용들을 다음과 같이 요약할 수 있을 것이다. 즉, 마디-방정식법을 이용하여 회로의 미지의 전압들과 전류들을 구하려고 할 때는, 우선 마디 전압들을 구해야 한다. 그런 다음에, 소자들의 전압과 전류들을 구하면 된다.

예제 3.8 (a) 그림 3.23에 나타낸 회로에 대한 마디 방정식을 세워라.

(b) 출력 전류 i_o를 구하라.

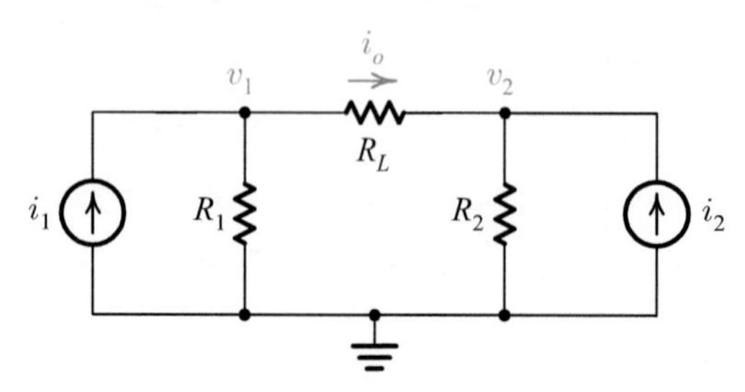

그림 3.23 예제 3.8을 위한 회로.

풀이 (a) 그림 3.23에 나타낸 것처럼, 마디 전압들은 밑 선을 기준으로 하여 지정되어 있다. 회로에는 두 개의 미지의 마디 전압, 즉 v_1과 v_2가 있다. 따라서 우리는 v_1과 v_2를 포함하는 두 개의 독립적인 방정식을 세워야 한다. 이들 방정식은 마디 1과 마디 2에 KCL을 적용함으로써 구할 수 있다.

$$v_1 G_1 + (v_1 - v_2)G_L = i_1 \quad \text{(마디 1)}$$

$$v_2 G_2 + (v_2 - v_1)G_L = i_2 \quad \text{(마디 2)}$$

우리는 이들 방정식을 다음과 같이 정리할 수 있을 것이다.

$$v_1(G_1 + G_L) - v_2 G_L = i_1$$

$$-v_1 G_L + v_2(G_2 + G_L) = i_2 \quad (3.20)$$

여기서, 미지의 전압을 포함하는 항들은 방정식의 좌변에 두고, 기지의 전류 전원을 나타내는 항들은 우변으로 옮겼다는 점에 주목하기 바란다. 전류 i_1은 양의 값이다. 왜냐하면 만약에 전류 전원 i_1만이 동작할 경우, 이 전류 전원이 마디 1에 양의 전압을 발생시키기 때문이다. 마찬가지로, 전류 전원 i_2가 마디 2에 양의 전압을 발생시키기 때문에, 전류 i_2도 양의 값이다.

(b) 식 (3.20)으로 주어진 방정식의 행렬식은

$$\Delta = \begin{vmatrix} (G_1 + G_L) & -G_L \\ -G_L & (G_2 + G_L) \end{vmatrix} = \begin{vmatrix} a_{11} & a_{12} \\ a_{21} & a_{22} \end{vmatrix}$$

이다. 이 행렬식으로부터 우리는 다음을 알 수 있다. 즉, 행렬식의 a_{11} 위치에는 마디 1에 접속된 컨덕턴스의 합을 나타내는 $(G_1 + G_L)$이 놓여져 있다. 행렬식의 a_{22} 위치에는 마디 2에 접속된 컨덕턴스의 합을 나타내는 $(G_2 + G_L)$이 놓여져 있다. a_{12} 위치에는 마디 1과 2 사이에 접속된 컨덕턴스의 음의 값인 $-G_L$이 놓여져 있다. a_{12}와 a_{21}은 같은 값을 가진다. 즉, $a_{12} = a_{21}$이다. 행렬식의 값은

$$\Delta = (G_1 + G_L)(G_2 + G_L) - G_L^2 = G_1G_2 + G_L(G_1 + G_2)$$

이다. 행렬식을 정리하고 나면, 모든 항들이 양의 값을 가진다는 점에 주목하기 바란다. 실제로, 회로를 여기하는 전원이 독립 전원일 때는 항상 그러하다. i_o를 구하기 위해서는 v_1과 v_2를 먼저 구해야 한다. v_1과 v_2는 행렬식들의 비로 구할 수 있다. 즉,

$$v_1 = \frac{\Delta_1}{\Delta}, \qquad v_2 = \frac{\Delta_2}{\Delta}$$

행렬식 Δ_1은 Δ의 첫 번째 열을 지운 다음, 그 열을 마디 1과 2로 유입되는 전류 전원들로 바꿔 놓은 것이다.

$$\Delta_1 = \begin{vmatrix} i_1 & -G_L \\ i_2 & (G_2 + G_L) \end{vmatrix} = i_1(G_2 + G_L) + i_2 G_L$$

행렬식 Δ_2는 Δ의 두 번째 열을 지운 다음, 그 열을 마디 1과 2로 유입되는 전류 전원들로 바꿔 놓은 것이다.

$$\Delta_2 = \begin{vmatrix} (G_1 + G_L) & i_1 \\ -G_L & i_2 \end{vmatrix} = i_2(G_1 + G_L) + i_1 G_L$$

따라서

$$v_1 = \frac{i_1(G_2 + G_L) + i_2 G_L}{G_1 G_2 + G_L(G_1 + G_2)}$$

$$v_2 = \frac{i_1 G_L + i_2(G_1 + G_L)}{G_1G_2 + G_L(G_1 + G_2)}$$

이고, 그 결과로

$$i_o = (v_1 - v_2)G_L = \frac{(i_1 G_2 - i_2 G_1)G_L}{G_1 G_2 + G_L(G_1 + G_2)}$$

이다. 우리는 이 식의 분자와 분모를 $G_1 G_2 G_L$로 나누어서, 이 식을 다음과 같이 단순화할 수 있을 것이다.

$$i_o = \frac{i_1/G_1 - i_2/G_2}{1/G_L + 1/G_2 + 1/G_1} = \frac{i_1R_1 - i_2R_2}{R_L + R_2 + R_1}$$

이 마지막 식의 형태는 그림 3.23을 그림 3.24와 같이 다시 그림으로써 쉽게 구할 수 있을 것이다. 그림 3.23의 전류-전원-병렬-저항의 결합이 전압-전원-직렬-저항의 결합으로 바뀌었다는 점에 주목하기 바란다. 변환된 회로로부터, 우리는 i_o를 직관적으로 계산할 수 있을 것이다. 따라서 우리는 이와 같이 더 간단한 방법을 사용하여 이 문제를 보다 쉽게 풀 수도 있다. 그러나, 이 예제의 목적은 마디 방정식을 이용하여 해를 어떻게 구하는가를 설명하기 위한 것이다.

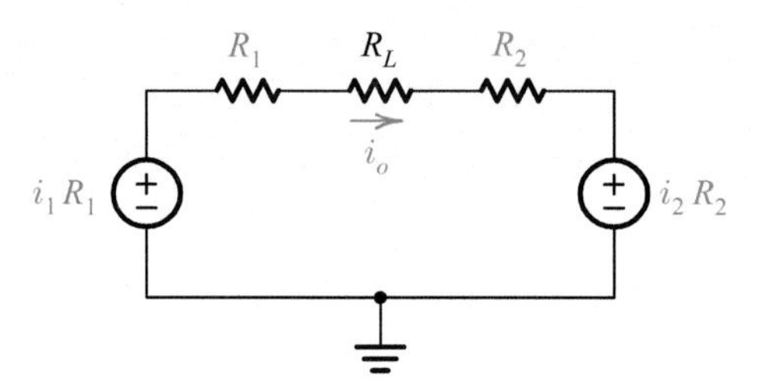

그림 3.24 그림 3.23을 전원 변환한 회로.

예제 3.9 그림 3.25의 회로에서 i_o의 값을 구하라.

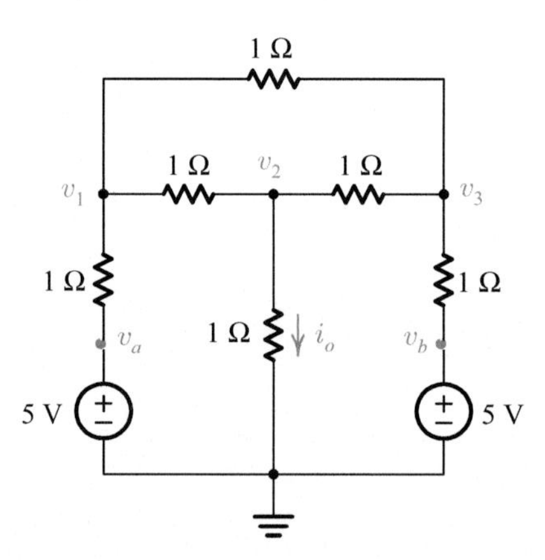

그림 3.25 예제 3.9을 위한 회로.

풀이 전원들이 전압 전원이기 때문에, 망로 방정식 법으로 이 회로를 해석하는 것이 이상적일 것이다. 그러나, 마디 방정식(전류 전원으로 여기될 때 이상적으로 적용되는)을 세울 때 전압 전원들을 어떻게 다루어야 하는가를 알아보기 위해, 이 문제에 마디 해석법을 적용해 보기로 하자.

밑 선을 기준 마디로 잡으면, 회로에는 v_a, v_b, v_1, v_2 그리고 v_3라고 명명된 다섯 개의 다른 마디들이 존재할 것이다. 우리는 회로의 관찰로부터, 마디 a와 마디 b의 전압이 5 볼트의 두 전압 전원에 의해 구속된다는 것을 곧 알 수 있다. 따라서, 마디 a와 마디 b의 전압은 기지 수이다. 이제, 회로에는 세 개의 미지의 마디 전압, 즉 v_1, v_2, 그리고 v_3가 존재할 것이다. 비록 우리가 (i_o를 구하기 위해) v_2에만 관심이 있지만, 우리는 v_1, v_2, v_3를 포함하는 세 개의 독립적인 방정식을 세워야 할 것이고, 그 다음에 v_2에 대해 풀어야 할 것이다. 세 개의 독립적인 방정식은 마디 1, 2 그리고 3에 KCL을 적용함으로써 구해진다.

$$(v_1 - 5) \times 1 + (v_1 - v_2) \times 1 + (v_1 - v_3) \times 1 = 0 \quad \text{(마디 1)}$$
$$(v_2 - v_1) \times 1 + v_2 \times 1 + (v_2 - v_3) \times 1 = 0 \quad \text{(마디 2)}$$
$$(v_3 - 5) \times 1 + (v_3 - v_2) \times 1 + (v_3 - v_1) \times 1 = 0 \quad \text{(마디 3)}$$

이 식들을 다시 정리하면,

$$\begin{aligned} 3v_1 - v_2 - v_3 &= 5 \\ -v_1 + 3v_2 - v_3 &= 0 \\ -v_1 - v_2 + 3v_3 &= 5 \end{aligned} \tag{3.21}$$

를 얻을 것이다.

여기서 우리는 다음을 관찰할 수 있을 것이다. 즉, 그림 3.25에서 두 전압 전원과 그것들과 직렬인 $1\ \Omega$ 저항기들을 두 전류 전원(각각 마디 1과 3에 전류를 공급하는)과 그것들과 병렬인 $1\ \Omega$ 저항기들로 변환시키면, 마디 해석법을 이상적으로 적용할 수 있는(회로가 전류 전원에 의해 구동되므로) 그림 3.26의 회로가 얻어진다는 것을 관찰할 수 있을 것이다. 이 회로에 대한 마디 방정식을 세우면, 식 (3.21)가 얻어질 것이다.

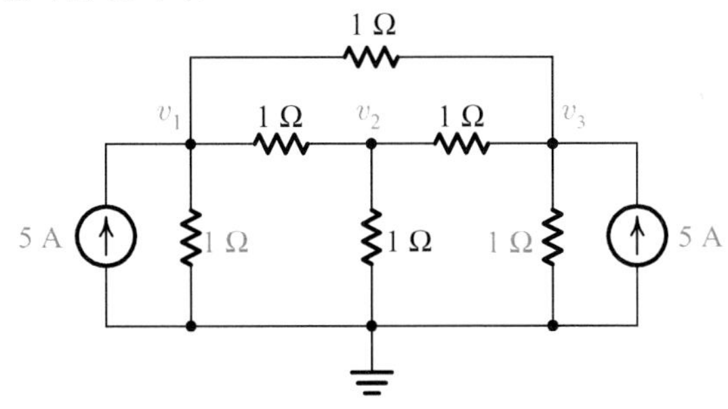

그림 3.26 그림 3.25를 전원 변환한 회로.

식 (3.21)의 행렬식은

$$\Delta = \begin{vmatrix} 3 & -1 & -1 \\ -1 & 3 & -1 \\ -1 & -1 & 3 \end{vmatrix} = 3\begin{vmatrix} 3 & -1 \\ -1 & 3 \end{vmatrix} + \begin{vmatrix} -1 & -1 \\ -1 & 3 \end{vmatrix} - \begin{vmatrix} -1 & -1 \\ 3 & -1 \end{vmatrix}$$
$$= 3(9 - 1) + (-3 - 1) - (1 + 3) = 16$$

이다. 우리는 그림 3.25 또는 3.26에서 모든 전원을 제거한(죽인) 다음, 회로를 고찰함으로써 이 행렬식을 직관적으로 구할 수도 있을 것이다. 바꿔 말하면, 행렬식은 단지 죽은 회로만을 묘사한다. 즉, 행렬식에는 독립 전원에 관한 정보가 포함되지 않는다. 이제 우리는 v_2 전압, 즉 i_o를 다음과 같이 구할 수 있을 것이다.

$$v_2 = i_o = \frac{\Delta_2}{\Delta}$$

여기서

$$\Delta_2 = \begin{vmatrix} 3 & 5 & -1 \\ -1 & 0 & -1 \\ -1 & 5 & 3 \end{vmatrix} = -5\begin{vmatrix} -1 & -1 \\ -1 & 3 \end{vmatrix} - 5\begin{vmatrix} 3 & -1 \\ -1 & -1 \end{vmatrix} = -5(-3 - 1)2 = 8 \times 5$$

이다. 따라서

$$i_o = \frac{40}{16} = 2.5 \text{ A}$$

연습문제 3.7

그림 E3.7에 나타낸 회로에 대해 마디 방정식을 세워라.

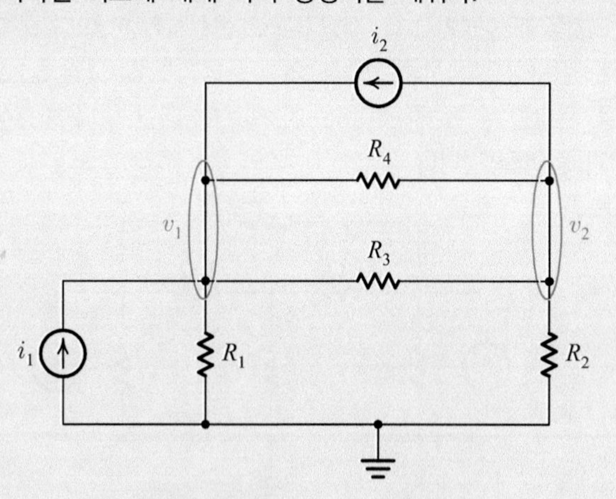

그림 E3.7 연습문제 3.7을 위한 회로

답 $(G_1v_1 + G_3v_1 + G_4v_1) - (G_3v_2 + G_4v_2) = i_1 + i_2$,
$-(G_3v_1 + G_4v_1) + (G_2v_2 + G_3v_2 + G_4v_2) = -i_2$.

3.6 혼합 전원

망로-방정식 법으로 회로를 해석할 때, 우리는 루프 주위의 전압들을 더한다. 따라서, 전압 전원들은 이 덧셈에 쉽게 짜 넣어진다. 한편, 전류 전원과 병렬 저항이 회로에 포함되어 있는 경우에는, 이 결합을 전압 전원과 직렬 저항의 결합으로 바꿔줌으로써, 우리는 전류 전원의 처리를 완전히 피할 수 있을 것이다.

마디-방정식 법으로 회로를 해석할 때, 우리는 마디의 전류들을 더한다. 이는 전류 전원들이 이 덧셈에 쉽게 짜 넣어진다는 것을 의미한다. 한편, 전압 전원과 직렬 저항이 회로에 포함되어 있는 경우에는, 이 결합을 전류 전원과 병렬 저항의 결합으로 바꿔줌으로써, 우리는 전압 전원의 처리를 완전히 피할 수 있을 것이다.

그러나 이와 같은 전원 변환 공식을 이용해도, 모든 전원을 전압 전원(망로-방정식 법을 위해)또는 전류 전원(마디-방정식 법을 위해)으로 바꿀 수 없는 경우가 있다. 예를 들어, 하나의 저항이 하나의 전압 전원과 직렬이 아닐 경우에는, 전류 전원으로의 변환이 불가능할 것이다. 마찬가지로, 하나의 저항이 하나의 전류 전원과 병렬이 아닐 경우에는, 전압 전원으로의 변환이 불가능할 것이다. 그럼에도 불구하고, 우리는 이런 경우에 대해서도 루프 또는 마디 해석법을 적용하여 방정식을 세울 수 있을 것이다. 우리는 다음 예제에서 이에 대해 자세히 살펴볼 것이다(예제 3.9의 풀이도 참고하기 바란다).

적당한 방정식들을 세우고 그것들을 풀어, 그림 3.27에 나타낸 미지의 전압들과 전류들을 구하라.

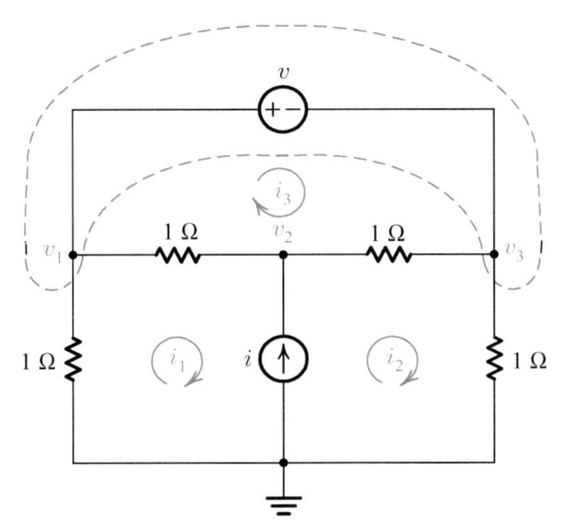

그림 3.27 예제 3.10을 위한 회로.

풀이 회로에 세 개의 미지의 망로 전류 i_1, i_2, 그리고 i_3가 있으므로, 이들의 해를 구하기 위해서는 세 개의 독립적인 방정식이 요구된다. 마찬가지로, 이 회로에는 세 개의 미지의 마디 전압 v_1, v_2 그리고 v_3가 있으므로, 이들의 해를 구하려면 세 개의 독립적인 방정식이 요구된다. 회로에는 두 개의 여기 전원, 즉 하나의 전압 전원과 하나의 전류 전원이 있다. 방정식의 수와 전원의 형태 때문에, 망로 해석법과 마디 해석법은 같은 양의 계산을 필요로 한다는 점에 주목하기 바란다. 즉, 우리는 어느 한쪽의 방법이 다른 쪽 방법보다 유리하다고 말할 수 없다.

- 망로 방정식에 의한 해석

  세 개의 미지의 망로 전류를 구하기 위해서는, 세 개의 방정식을 세워야 한다. 회로에서 전류 전원에 어떤 저항도 병렬로 연결되어 있지 않기 때문에, 우리는 전류 전원을 전압 전원으로 바꿀 수 없다. 그러나, 우리는 전류 전원이 망로 전류 i_2와 i_1을 구속한다는 것을 알 수 있다. 즉, $i_2 - i_1 = i$라는 것을 알 수 있다. 이것이 하나의 방정식이다(구속 방정식). 다른 두 개의 방정식은, 망로 1과 2가 결합된 망로와 망로 3에 KVL을 적용함으로써 구해진다. 망로 1과 2가 결합된 망로는 구속 방정식에 의해 이미 고려된 전류 전원을 포함하지 않는(즉, 우회하는) 망로(그림 3.27에 점으로 표시된)로서, 우리는 이를 슈퍼루프(superloop)라고 부른다. 우리는 이 슈퍼루프에 네 개의 전압(즉, 망로 1에서 두 개의 전압, 그리고 망로 2에서 두 개의 전압)이 관련된다는 것을 알 수 있다. 결론적으로, 우리는 구속 방정식과 슈퍼루프 방정식이 망로 1과 망로 2를 처리한다는 것을 알 수 있다.

  이 문제를 푸는 데 필요한 세 개의 방정식은 다음과 같다.

$$
\begin{aligned}
-i_1 + i_2 &= i && \text{(구속 방정식)} \\
2i_1 + 2i_2 - 2i_3 &= 0 && \text{(슈퍼루프 방정식)} \\
-i_1 - i_2 + 2i_3 &= -v && \text{(망로 3에 대한 방정식)}
\end{aligned}
$$

  두 번째 방정식의 양변을 2로 나눈 후, 회로의 행렬식을 구하면,

$$\Delta = \begin{vmatrix} -1 & 1 & 0 \\ 1 & 1 & -1 \\ -1 & -1 & 2 \end{vmatrix} = -1(2-1) - (2-1) = -2$$

  를 얻을 것이다. i_1, i_2, 그리고 i_3는 다음과 같이 구해질 것이다.

$$i_1 = \frac{\begin{vmatrix} i & 1 & 0 \\ 0 & 1 & -1 \\ -v & -1 & 2 \end{vmatrix}}{\Delta} = \frac{i+v}{-2} = -\frac{1}{2}(i+v)$$

$$i_2 = \frac{\begin{vmatrix} -1 & i & 0 \\ 1 & 0 & -1 \\ -1 & -v & 2 \end{vmatrix}}{\Delta} = \frac{-i+v}{-2} = \frac{1}{2}(i-v)$$

$$i_3 = \frac{\begin{vmatrix} -1 & 1 & i \\ 1 & 1 & 0 \\ -1 & -1 & -v \end{vmatrix}}{\Delta} = \frac{2v}{-2} = -v$$

망로 전류들을 구했으므로, 우리는 그림 3.27의 고찰로부터 마디 전압들을 다음과 같이 쉽게 구할 수 있을 것이다.

$$v_1 = -i_1 \times 1 = \frac{1}{2}(i + v)$$
$$v_2 = v_1 + (i_3 - i_1) \times 1 = i$$
$$v_3 = i_2 \times 1 = \frac{1}{2}(i - v)$$

- 마디 방정식에 의한 해석

세 개의 미지의 마디 전압을 구하기 위해서는, 세 개의 방정식을 세워야 한다. 회로에서 전압 전원에 어떤 저항도 직렬로 연결되어 있지 않기 때문에, 우리는 전압 전원을 전류 전원으로 바꿀 수 없다. 그러나 우리는 전압 전원이 마디 전압 v_1과 v_3를 구속한다는 것을 알 수 있다. 즉, $v_1 - v_3 = v$라는 것을 알 수 있다. 이것이 하나의 방정식이다(구속 방정식). 다른 두 개의 방정식은 마디 1과 3이 결합된 마디와 마디 2에 KCL을 적용함으로써 구해진다. 마디 1과 3이 결합된 마디는 구속 방정식에 의해 이미 고려된 전압 전원을 포함하지 않는 마디로서, 우리는 이를 슈퍼마디[supernode(그림 3.27에 파선으로 표시된)]라고 부른다. 우리는 이 슈퍼마디에서 네 개의 전류(즉, 마디 1에서 두 개의 전류, 그리고 마디 3에서 두 개의 전류)가 유출된다는 것을 알 수 있다. 결론적으로, 우리는 슈퍼마디 방정식과 구속 방정식이 마디 1과 3을 처리한다는 것을 알 수 있다.

이 문제를 푸는 데 필요한 세 개의 방정식은 다음과 같다.

$$-v_1 + v_3 = -v \qquad \text{(구속 방정식)}$$
$$2v_1 - 2v_2 + 2v_3 = 0 \qquad \text{(슈퍼마디 방정식)}$$
$$-v_1 + 2v_2 - v_3 = i \qquad \text{(마디 2에 대한 방정식)}$$

여기서 만일 우리가 v_1을 i_1으로, v_2를 i_3로, v_3를 i_2로, v를 $-i$로, 그리고 i를 $-v$로 대체한다면, 이 방정식들은 앞에서 구한 망로 방정식들과 동일하게 될 것이다. 따라서 우리는 앞에서 구한 망로 전류들의 해에 이들을 적당히 대입함으로써 다음을 구할 수 있을 것이다.

$$v_1 = \frac{1}{2}(i + v)$$
$$v_2 = i$$
$$v_3 = \frac{1}{2}(i - v)$$

마디 전압들을 구했으므로, 우리는 그림 3.27의 고찰로부터 망로 전류들을 다음과 같이 쉽게 계산할 수 있을 것이다.

$$i_1 = -\frac{v_1}{1} = -\frac{1}{2}(i + v)$$
$$i_2 = \frac{v_3}{1} = \frac{1}{2}(i - v)$$
$$i_3 = \frac{v_3 - v_2}{1} + i_2 = -v$$

3.7 망로 방정식과 마디 방정식의 선택

일반적으로, 많은 직렬-접속 소자들을 포함하고 있는 회로는, 망로-방정식 법으로 해석하는 것이 적절하다. 반면에, 많은 병렬-접속 소자들을 포함하고 있는 회로는, 마디-방정식 법으로 해석하는 것이 적절하다. 예를 들어, 만일 우리가 그림 3.28(a)에 나타낸 회로를 망로 해석법으로 푼다면, 두 개의 방정식이 필요할 것이다. 반면에, v_s-R_s 결합을 비이상적인 전류 전원으로 변환시킨 후, 그 결과의 회로를 마디 해석법으로 푼다면, 다섯 개의 방정식이 요구될 것이다(다섯 개의 미지의 마디 전압이 존재하기 때문에). 이 회로는 많은 소자들이 직렬로 접속되어 있기 때문에 망로 해석법으로 푸는 것이 좋다. 이와는 대조적으로, 그림 3.28(b)의 회로에는 많은 소자들이 병렬로 접속되어 있다. 따라서 이 회로는 망로 방정식보다 마디 방정식을 이용하여 푸는 것이 적합하다. 즉, 이 회로를 망로-방정식 법으로 푼다면 여섯 개의 망로 방정식이 필요할 것이지만, 마디-방정식 법으로 푼다면 두 개의 마디 방정식만 필요할 것이다.

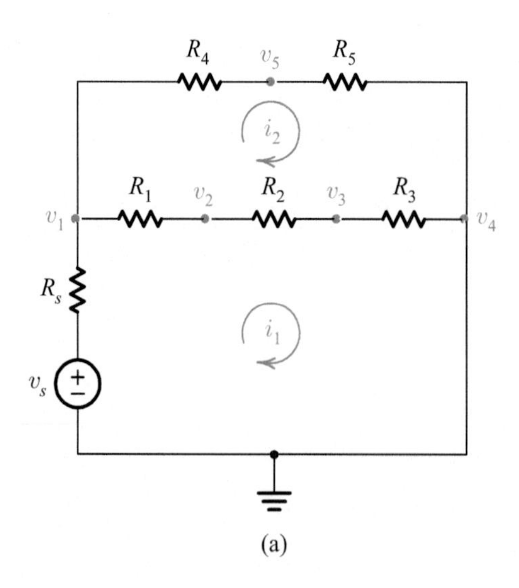

(a)

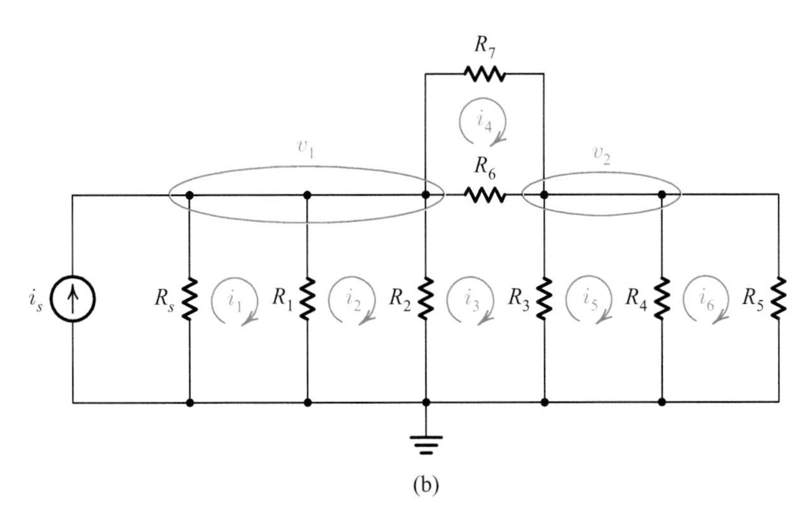

그림 3.28 (a) 많은 직렬-접속 소자들을 포함하고 있는 회로,
(b) 많은 병렬-접속 소자들을 포함하고 있는 회로.

3.8 회로 해석 요령

지금까지 우리는 선형 회로를 해석하기 위한 여러 가지의 회로 해석 기법들을 살펴보았다. 이들을 다시 열거하면 다음과 같다. 즉, 2장에서 배운 저항기들의 직렬 및 병렬-접속 공식, 전압-분배 공식과 전류-분배 공식, 그리고 3장에서 배운 테브난 등가 회로와 노튼 등가 회로, 망로 방정식과 마디 방정식 등이다. 비록 이들 법칙 각각에 대해 배웠지만, 실제로 주어진 회로를 해석하고자 할 때에는 이들 법칙 중에서 어떤 법칙을 선택하여 어떻게 적용해야 효과적인지를 잘 고려해야 할 것이다. 이는 또 많은 연습을 통하여 독자들 스스로 터득해야 하는 중요한 사항이기도 하다.

일반적으로 많이 사용되는 회로 해석 순서도(flow diagram)를 그림 3.29에 나타냈다. 이 순서도에 의하면, 회로를 해석하는 경로가 세 갈래가 있다는 것을 알 수 있다. 즉, 첫 번째 경로는 주어진 회로에서 저항기들의 직렬 및 병렬-접속 공식을 적용한 후, 그 결과의 회로에 전압 또는 전류-분배 공식을 적용하여 해를 구하는 것이다. 그러나, 저항기들의 직렬 및 병렬-접속 공식을 적용한 후의 회로에 전압 또는 전류-분배 공식을 적용하는 것이 용이하지 않을 때에는, 그 회로를 테브난 또는 노튼 등가 회로로 변환한 다음, 그 결과의 회로에 전압 또는 전류-분배 공식을 적용할 수 있을 것이다. 이것이 두 번째 경로이다. 끝으로, 저항기들의 직렬 및 병렬-접속 공식을 적용한 후의 회로에 전압 또는 전류-분배 공식을 적용하는 것이 여의치 않고, 또한 그 회로를 테브난 또는 노튼 등가 회로로 변환하는 것도 여의치 않을 때에는, 세 번째 경로를 따라 망로 또는 마디-방정식 법으로 회로를 해석할 수 있을 것이다. 다음 예제에서 우리는 회로 해석 요령을 구체적으로 고찰할 것이다.

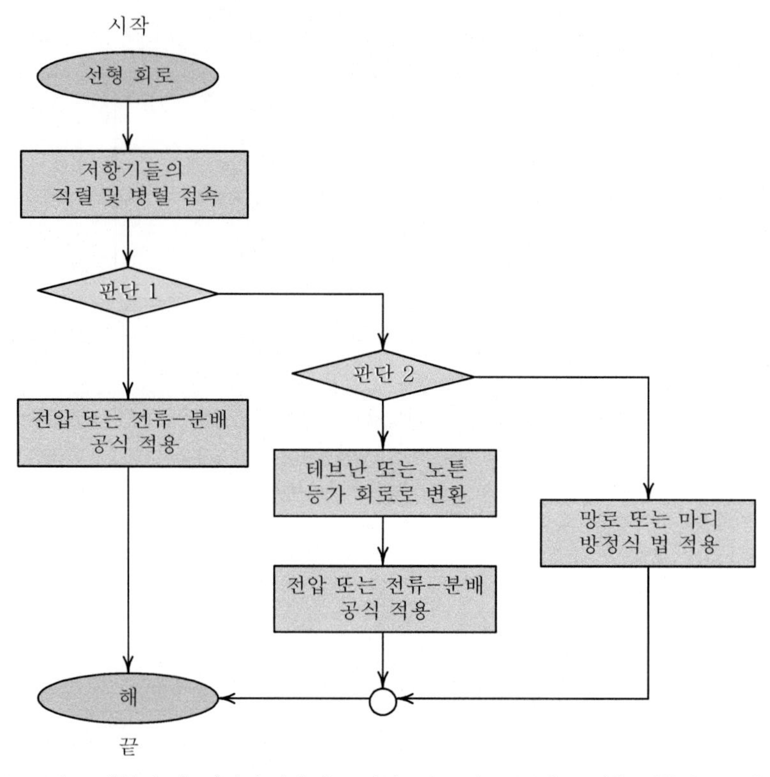

그림 3.29 회로 해석 순서도 '판단 1'에서는 전압 또는 전류-분배 공식을 적용할 수 있는지의 여부를 조사한다. '판단 2'에서는 테브난 또는 노튼 등가 회로로 변환할 수 있는지의 여부를 조사한다.

예제 3.11 그림 3.30에 보인 회로는 2.14 절에서 배운 브리지 회로에 부하 저항 $R_L = 1\,\text{k}\Omega$이 접속되어 있는 것이다. 이 회로를 해석하여 부하 저항에 흐르는 전류 i_L과 부하 저항에 걸리는 전압 v_L을 구하라.

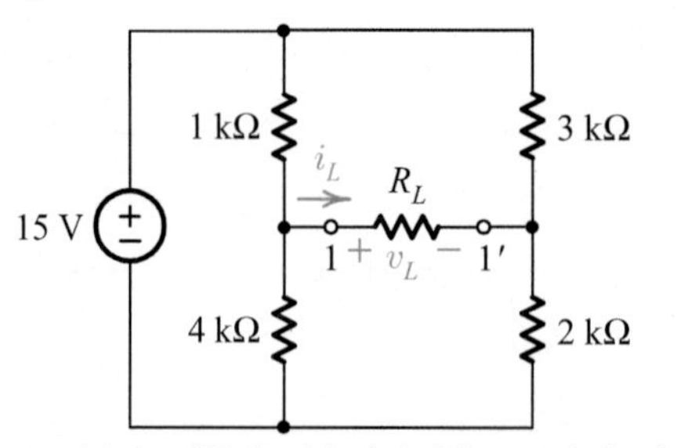

그림 3.30 부하 저항이 접속되어 있는 브리지 회로망.

풀이 부하가 없을 때, 즉 부하 저항 $R_L = \infty$ 일 때 부하 전류 $i_L = 0$ 이고, 부하 전압 v_L은 전압-분배 공식을 이용하여 구할 수 있을 것이다. 그러나, 이 경우처럼 부하 저항이 존재할 때는 i_L이 0이 아니므로 전압-분배 공식을 적용할 수 없을 것이다. 따라서 우리는 그림 3.29의 회로 해석 순서도에서 두 번째 경로를 따라 회로 해석을 행할 수 있을 것이다.

먼저 테브난 등가 전압 v_{eq}를 구하기 위해, 그림 3.31(a)에 보인 것처럼 단자 1-1'를 개방한 다음, 전압-분배 공식을 이용하여 v_{eq}를 구하면,

$$v_{eq} = \frac{4}{1 + 4}15 - \frac{2}{3 + 2}15 = 6 \text{ V}$$

를 얻을 것이다. 다음으로, 테브난 등가 저항을 구하기 위해 전원 전압을 제거하면, 그림 3.31(b)의 회로가 얻어질 것이다. 우리는 이 회로를 그림 3.31(c)와 같이 다시 그릴 수 있을 것이다. 이 그림으로부터 우리는

$$R_{eq} = (1 \parallel 4) + (3 \parallel 2) = 2\text{k}\Omega$$

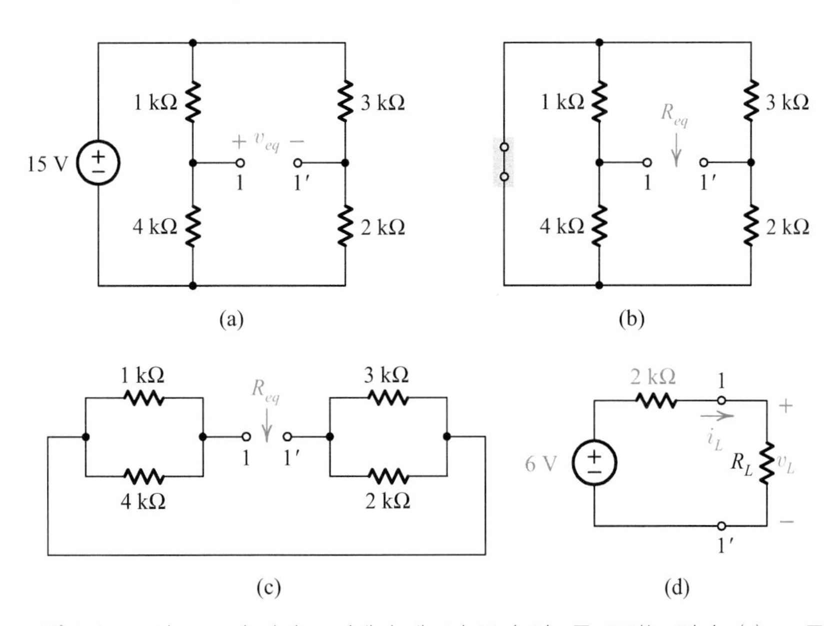

그림 3.31 그림 3.30의 단자 1-1'에서 테브난 등가 회로를 구하는 절차: (a) v_{eq}를 구하기 위한 회로, (b) R_{eq}를 구하기 위한 회로, (c) 그림 (b)의 등가 표현, (d) 테브난 등가 회로를 이용하여 간략화한 회로.

을 얻을 수 있을 것이다. 이제 우리는 그림 3.30의 회로를 그림 3.31(d)에 보인 테브난 등가 회로로 바꿀 수 있을 것이다. 이 회로로부터 우리는 $i_L = 6/(2 + 1) = 2$ mA와 $v_L = 2 \times 1 = 2$ V 를 얻을 것이다.

우리는 그림 3.30의 브리지 회로를 그림 3.29의 회로 해석 순서도에서 세 번째 경로를 따라 해석할 수도 있을 것이다. 부하 전류 i_L을 구하기 위해 이 회로에 망로-방정식 법을 적용하면, 그림 3.32의 회로가 얻어질 것이다. 각각의 망로에 대해 망로 방정식을 세우면,

$$-15 + 1(i_1 - i_2) + 4(i_1 - i_3) = 0$$
$$1(i_2 - i_1) + 3i_2 + 1(i_2 - i_3) = 0$$
$$4(i_3 - i_1) + 1(i_3 - i_2) + 2i_3 = 0$$

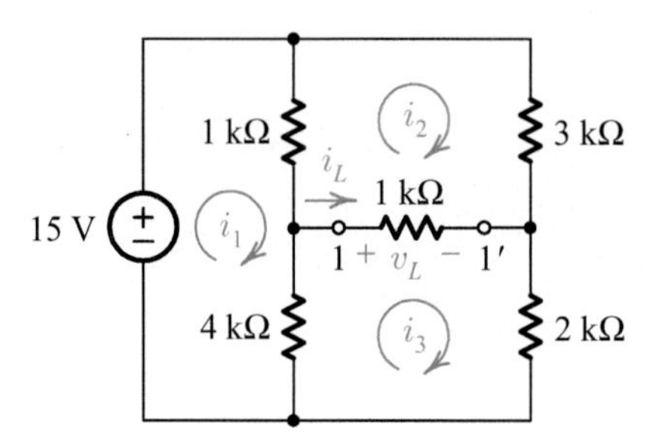

그림 3.32 그림 3.30에 세 개의 망로 전류가 설정된 상태.

이 식은 다음과 같이 정리될 수 있을 것이다.

$$5i_1 - i_2 - 4i_3 = 15$$
$$-i_1 + 5i_2 - i_3 = 0$$
$$-4i_1 - i_2 + 7i_3 = 0$$

행렬식은 다음과 같이 주어질 것이다.

$$\Delta = \begin{vmatrix} 5 & -1 & -4 \\ -1 & 5 & -1 \\ -4 & -1 & 7 \end{vmatrix}, \quad \Delta_2 = \begin{vmatrix} 5 & 15 & -4 \\ -1 & 0 & -1 \\ -4 & 0 & 7 \end{vmatrix}, \quad \Delta_3 = \begin{vmatrix} 5 & -1 & 15 \\ -1 & 5 & 0 \\ -4 & -1 & 0 \end{vmatrix}$$

망로 전류 i_2와 i_3는 다음과 같이 구해질 것이다.

$$i_2 = \frac{\Delta_2}{\Delta} = \frac{55}{25}\text{ mA}, \quad i_3 = \frac{\Delta_3}{\Delta} = \frac{105}{25}\text{ mA}$$

따라서 부하 전류 $i_L = i_3 - i_2 = 2\text{ mA}$ 이고 부하 전압 $v_L = 2 \times 1 = 2\text{ V}$ 이다. 회로 해석은 빠르고 정확하게 하는 것이 중요하다. 이런 관점에서 볼 때 지금까지 우리가 다루었던 브리지 회로는 두 번째 경로를 따라 해석하는 것이 세 번째 경로를 따라 해석하는 것보다 빠르고 정확할 것이다.

연습문제 3.8

그림 E3.8을 참조하라. 회로에 있는 모든 전류와 모든 전압이 회로의 고찰에 의해 직관적으로 계산될 수 있다는 것을 보여라.

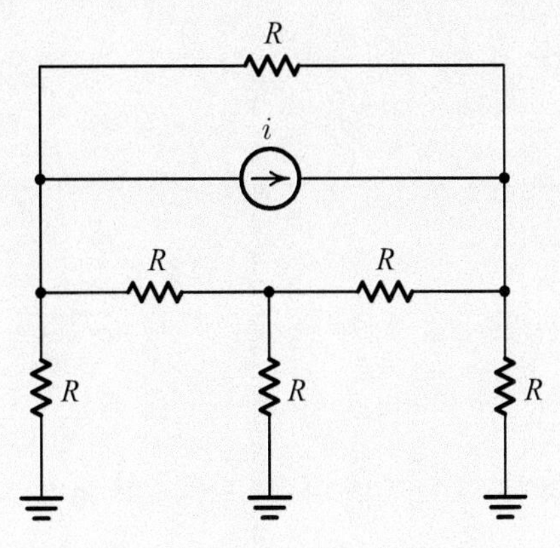

그림 E3.8 연습문제 3.8을 위한 회로.

요 약

- ✔ 응답은 회로의 다른 부분에 인가된 단일 여기, 또는 몇 개의 여기에 의해 야기되는 결과이다.
- ✔ 하나 이상의 여기가 존재할 때, 그 응답은 개개의 응답들을 더함으로써 얻을 수 있다. 이것이 중첩의 원리이다. 여기서 개개의 응답이란 다른 여기들을 0으로 유지하는 동안 하나의 여기에 의해 야기되는 응답을 의미한다.
- ✔ 저항기들과 전원들로 구성되는 모든 2-단자 회로의 특성은 테브난 또는 노튼 등가 회로로 등가적으로 나타낼 수 있다.
- ✔ 테브난 등가 표현은 하나의 전압 전원과 직렬인 하나의 저항을 사용한다.
- ✔ 노튼 등가 표현은 하나의 전류 전원과 병렬인 하나의 저항을 사용한다.
- ✔ 테브난과 노튼 등가 표현에서 저항은 두 단자를 들여다봄으로써 구해지는 등가 저항이다.
- ✔ 테브난 등가 전압 전원은 두 단자 사이에 걸리는 개방-회로 전압이고, 노튼 등가 전류 전원은 두 단자를 통해 흐르는 단락-회로 전류이다. 개방-회로 전압은 등가 저항에 단락-회로 전류를 곱한 것과 같다.
- ✔ 우리는 마디 해석법이나 망로 해석법을 이용하여 대부분의 회로 문제들을 풀 수 있다.
- ✔ 망로 해석법에서는 회로의 각각의 망로 주위에 KVL을 적용하고, 그 결과로 얻은 방정식을 풀어 미지의 망로 전류를 구한다. 망로 방정식은 회로를 여기하는 전원들이 모두 전압 전원들일 때 체계적으로 쓸 수 있다.
- ✔ 마디 해석법에서는 기준 마디를 제외한 각각의 마디에 KCL을 적용하고, 그 결과로 얻은 방정식을 풀어 미지의 마디 전압을 구한다. 마디 방정식은 회로를 여기하는 전원들이 모두 전류 전원들일 때 체계적으로 쓸 수 있다.
- ✔ 어떤 회로가 전압 전원과 전류 전원 둘 다에 의해 여기될 경우에는, 모든 전원을 한 가지 형태의 전원으로 변환시킨 다음, 그 결과의 회로를 마디 해석법이나 망로 해석법으로 풀면 쉽게 해를 구할 수 있다. 따라서, 하나의 저항이 각각의 전압 전원과 직렬로 나타날 때는, 각각의 전원을 전류 전원으로 변환시킬 수 있다. 그 결과의 회로는 전류 전원만을 포함하므로, 마디 해석법으로 쉽게 풀 수 있다. 또한, 하나의 저항이 각각의 전류 전원과 병렬로 나타날 때는, 각각의 전원을 전압 전원으로 변환시킬 수 있다. 그 결과의 회로망은 전압 전원만을 포함하므로, 망로 해석법으로 쉽게 풀 수 있다.
- ✔ 이와는 달리, 두 가지 형태의 전원에 의해 여기되는 회로는 구속 방정식과 마디 방정식 또는 망로 방정식을 써서 풀 수도 있다.

문제 Question

3.1 중첩의 원리

3.1 그림 P3.1에서 물음표로 표시된 전압과 전류를 구하라.

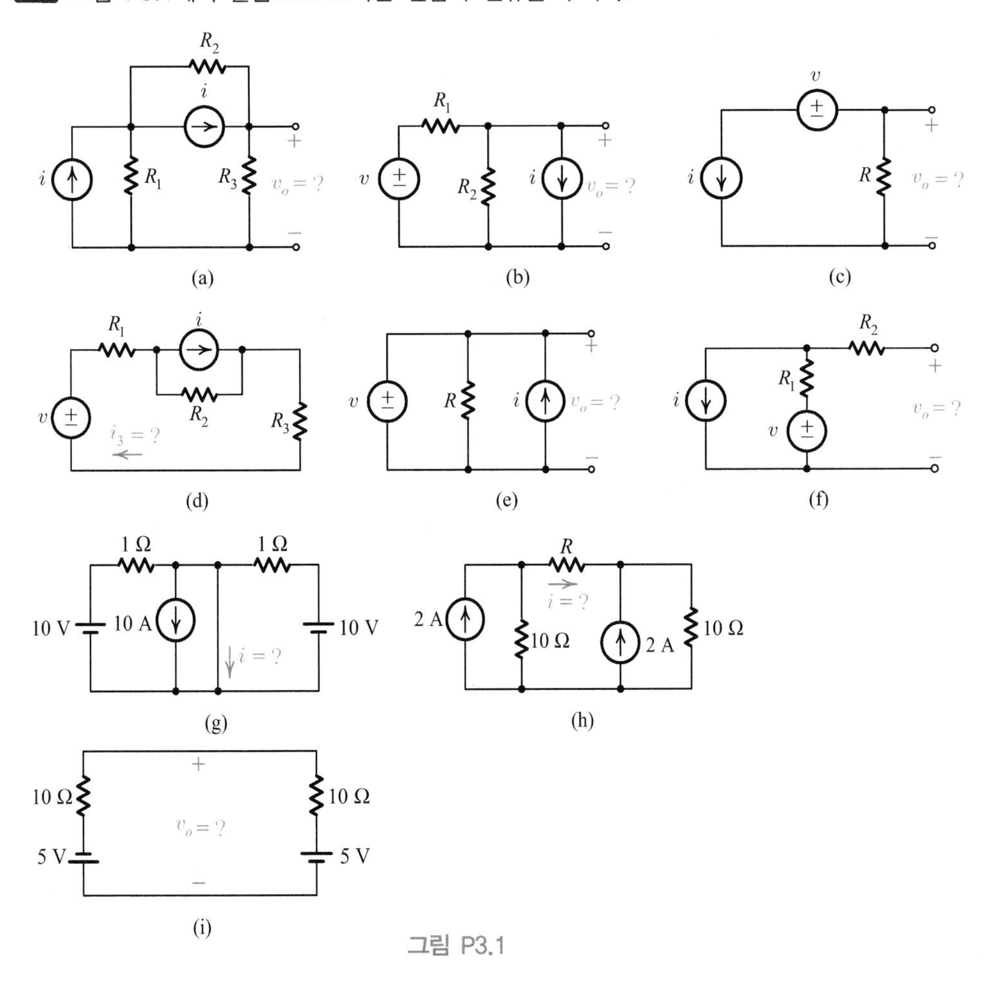

그림 P3.1

3.2 그림 P3.2에서 v_o를 구하라.

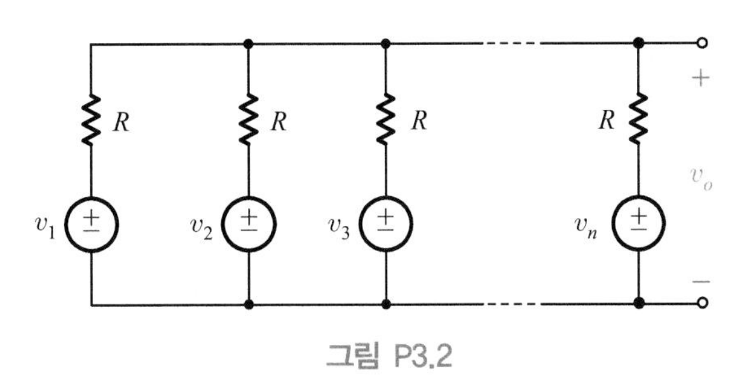

그림 P3.2

3.3 그림 P3.2에서 만일 부하 저항 R_L이 출력에 연결된다면, 출력 전압은 어떻게 되겠는가?

3.4 그림 P3.4에서 v_1, v_2, 그리고 v_3의 파형이 그림과 같이 주어졌다. v_o의 출력 파형을 구하라.

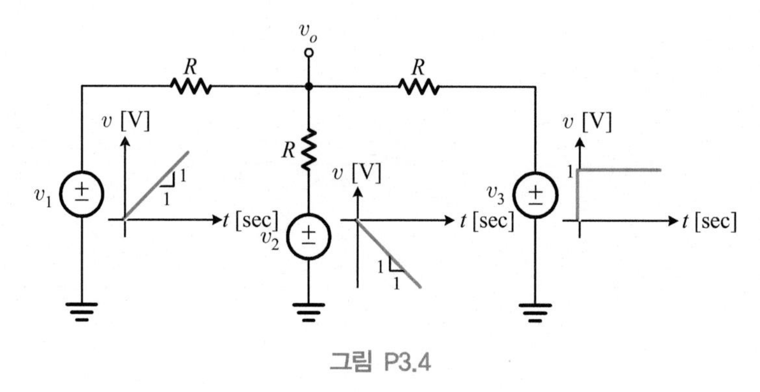

그림 P3.4

3.2 신호의 가산과 감산, 레벨-시프팅

3.5 전압 전원 v_1은 $600\,\Omega$의 내부 저항을 가지고 있고, 전압 전원 v_2는 $500\,\Omega$의 내부 저항을 가지고 있으며, 전압 전원 v_3는 $600\,\Omega$의 내부 저항을 가지고 있다. $k(v_1 + v_2 + v_3)$의 전압을 얻을 수 있는 간단한 회로를 설계하라. 상수 k는 가능한 한 커야 한다. 전압 전원은 공통 접지를 가지고 있다.

3.6 이상적인 두 전류 전원 i_1과 i_2가 있다. 이들 전류를 가산하는 회로를 설계하라.

3.7 그림 P3.7에서 n개의 비이상적인 전류 전원이 그림에 보인 것처럼 접속되어 있다. R_L에 흐르는 전류를 구하라.

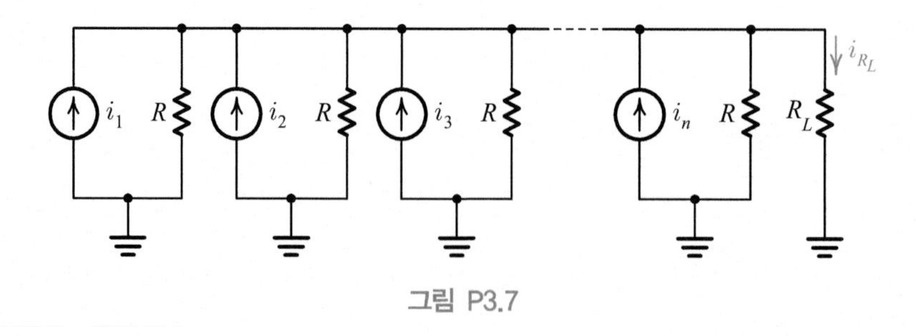

그림 P3.7

3.8 $(i_1,\ R_1)$과 $(i_2,\ R_2)$로 기술되는 두 개의 접지된 비이상적인 전류 전원과 하나의 저항을 연결하여, $(i_1 + 2i_2)$에 비례하는 출력 전압을 얻고자 한다. 이 회로를 설계하라.

3.9 접지된 두 개의 이상적인 전압 전원이 주어졌다. 출력 전류가 $i_o = k_1 v_1 + k_2 v_2$가 되도록 회로를 설계하라. 여기서 k_1과 k_2는 양의 값이다.

3.10 접지된 두 개의 이상적인 전류 전원이 주어졌다. 다음의 출력 전압을 얻을 수 있는 회로를 설계하라.

$$v_o = \frac{1}{2}i_1 + \frac{1}{3}i_2$$

3.11 그림 P3.11에 나타낸 회로가 무엇을 하는 회로인지 설명하라.

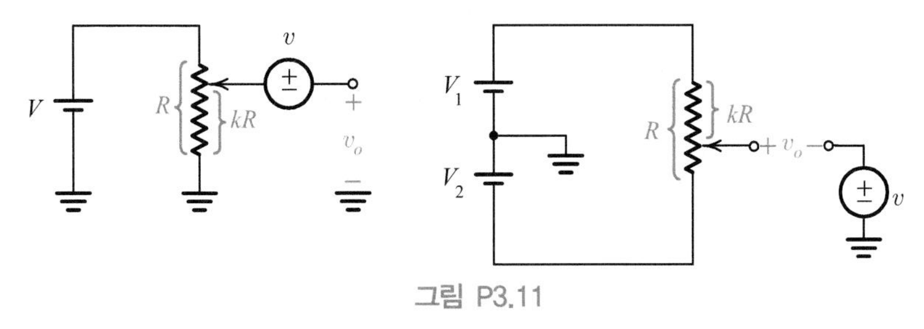

그림 P3.11

3.12 그림 P3.12에 나타낸 회로에 대해 출력 전압 v_0를 그려라.

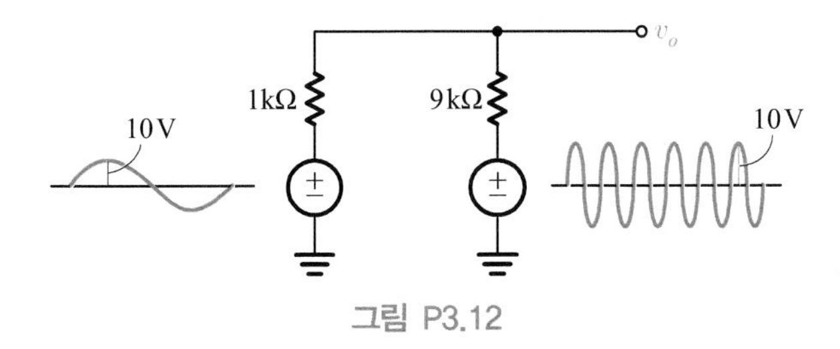

그림 P3.12

3.13 10V 피크를 갖는 사인파를 2 : 1로 감쇠시키려고 한다. 또, 사인파의 평균 레벨을 0에서 −5V로 이동시키려고 한다. 회로의 배선도를 그리고, 소자 값들을 구하라.

3.3 테브난과 노튼 등가 회로

3.14 그림 P3.14의 회로들의 테브난 등가 회로를 구하라.

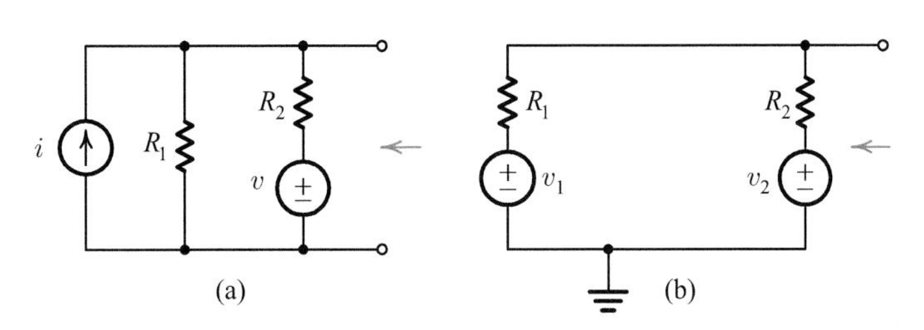

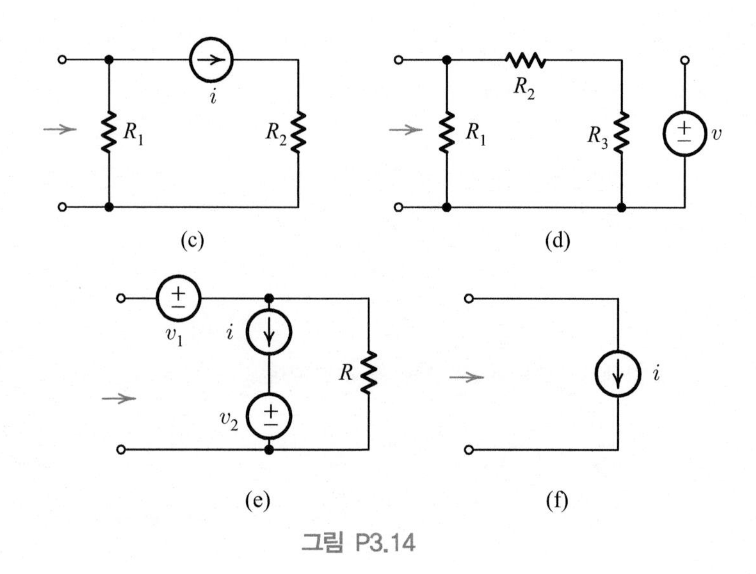

그림 P3.14

3.15 그림 P3.15의 회로들의 노튼 등가 회로를 구하라.

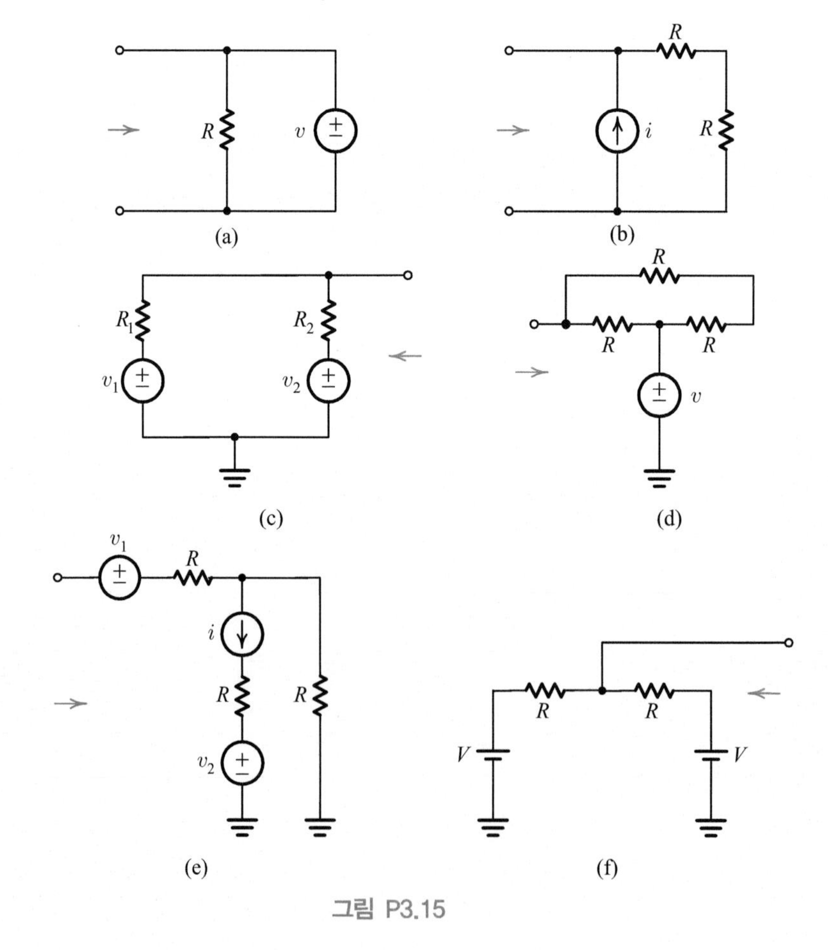

그림 P3.15

3.16 그림 P3.16을 참조하라.

(a) a와 b 사이에서 바라다본 노튼 등가 회로를 구하라.

(b) b와 c 사이에서 바라다본 테브난 등가 회로를 구하라.

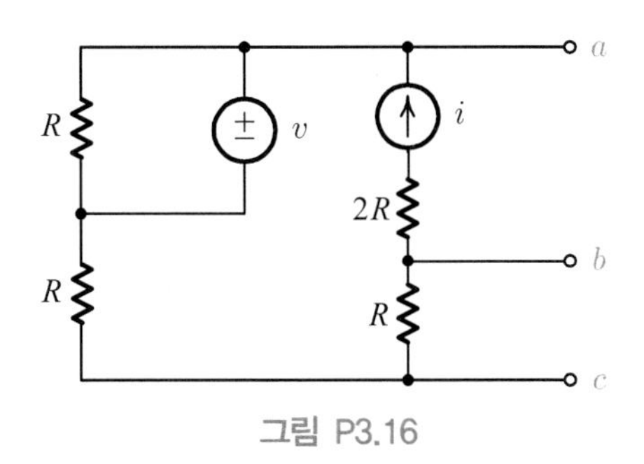

그림 P3.16

3.17 그림 P3.17을 참조하라.

(a) 출력 전압의 표현식을 구하라.

(b) 각각의 전원은 0이거나 그렇지 않으면 $15\,\mathrm{V}$이다. 입력 전압을 어떻게 결합해야 $v_o = 8\,\mathrm{V}$를 얻을 수 있겠는가?

(c) $v_o = 13\,\mathrm{V}$에 대해 (b)를 반복하라.

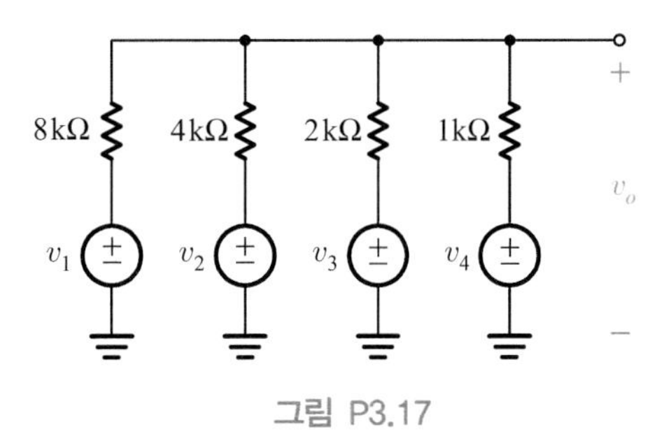

그림 P3.17

3.18 그림 P3.18을 참조하라.

(a) 출력 단자에서 바라다본 테브난 등가 회로를 구하라.

(b) T 회로가 전원에 어떤 영향을 미치는가?

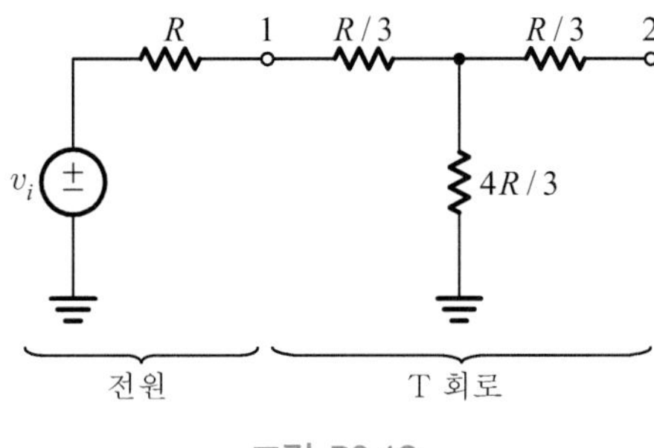

그림 P3.18

3.19 (a) 그림 P3.19에 보인 브리지의 출력 단자들 사이에서 바라다본 테브난 등가 회로를 구하라.

(b) R_L이 출력 단자들 사이에 접속될 경우, R_L에 걸리는 전압은 얼마인가?

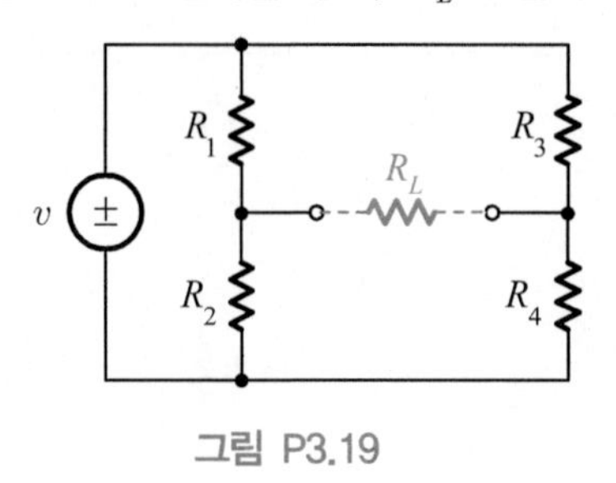

그림 P3.19

3.20 (a) 그림 P3.20에 보인 브리지 회로의 출력 단자들 사이에서 바라다본 테브난 등가 회로를 구하라.

(b) R_L이 출력 단자들 사이에 접속될 경우, R_L을 통해 흐르는 전류는 얼마인가?

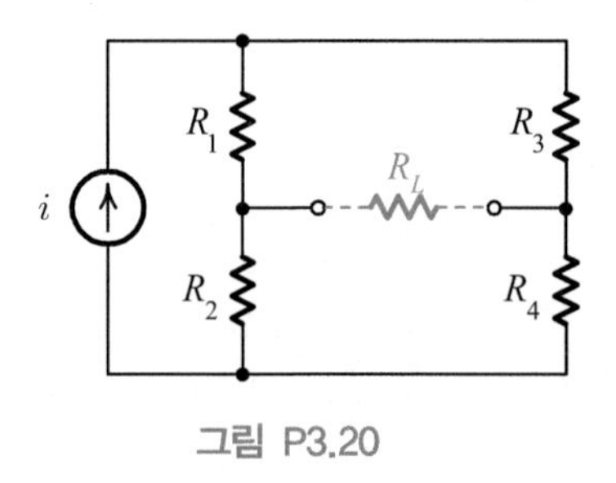

그림 P3.20

3.21 그림 P3.21에서 물음표로 표시된 응답을 계산하라. N으로 명명된 상자들은 저항 회로를 나타낸다.

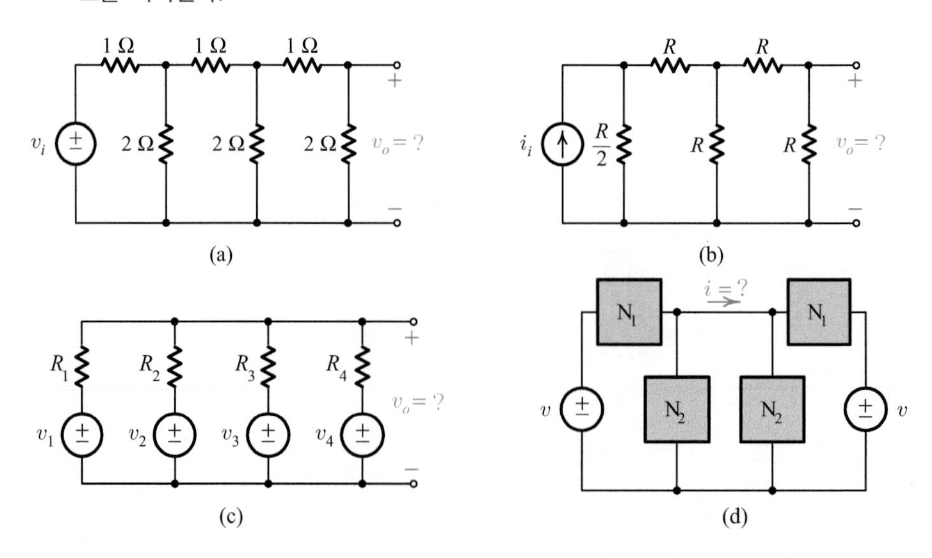

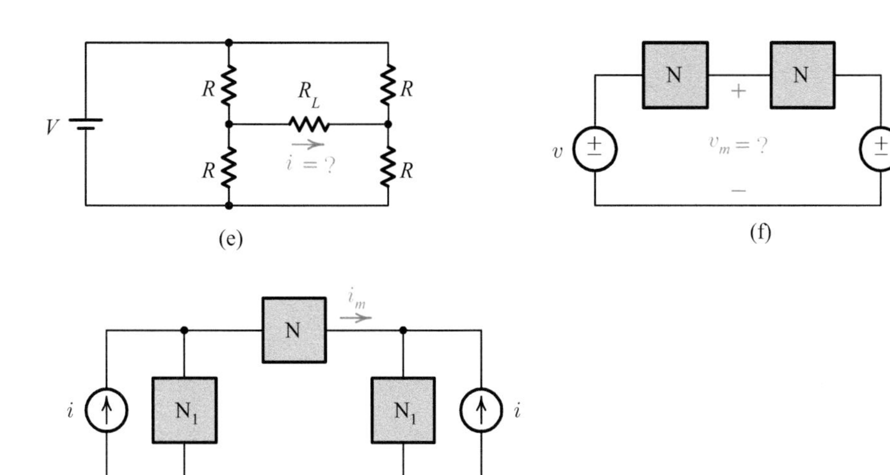

그림 P3.21

3.22 그림 P3.22에서 v_{ab}와 v_a를 구하라.

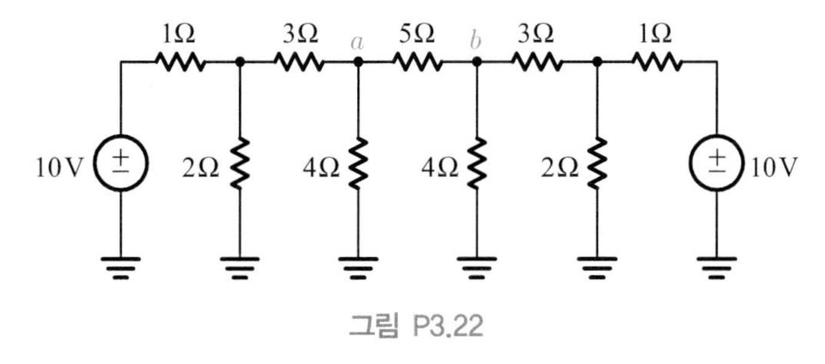

그림 P3.22

3.23 그림 P3.23에서 i_o와 i_2를 구하라.

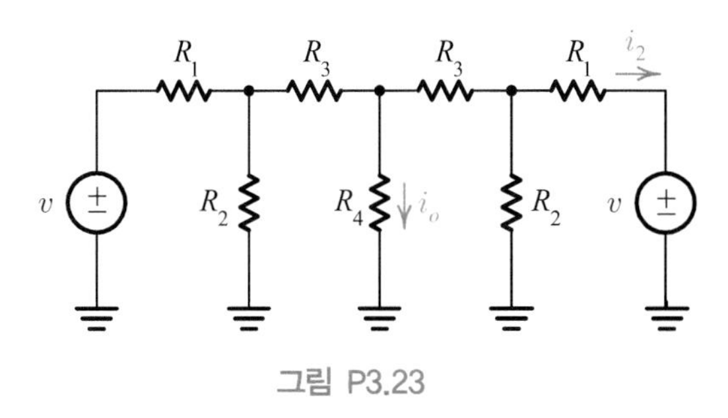

그림 P3.23

3.4 망로 방정식

3.24 (a) 그림 P3.24에 보인 두 개의 루프에 KVL을 적용하라.

(b) (a)에서 구한 두 개의 방정식을 결합시켜 v_c를 소거하라. 그 결과의 방정식이 갖는 의미를 회로를 참조하여 설명하라.

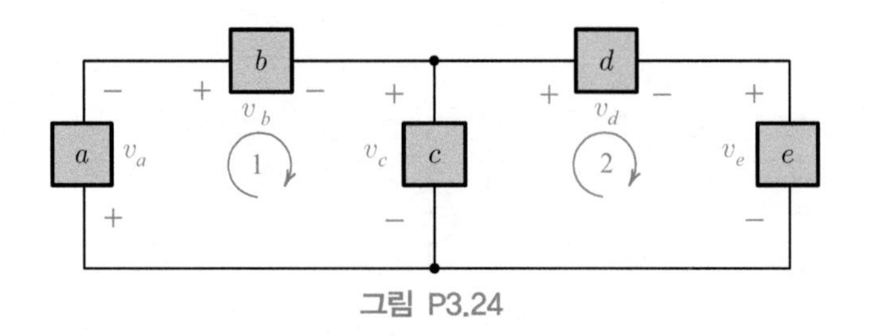

그림 P3.24

3.25 그림 P3.25에 보인 회로를 고찰하여 망로 행렬식을 세워라. 전원이 포함되지 않았다는 사실에 개의치 말라.

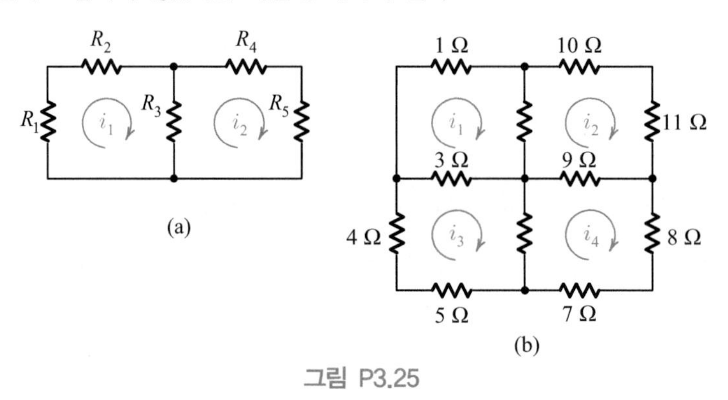

그림 P3.25

3.26 그림 P3.26에 보인 회로를 고찰하여, 두 개의 행렬식의 비로 세 개의 망로 전류에 대한 표현식을 구하라. 행렬식은 계산하지 말라.

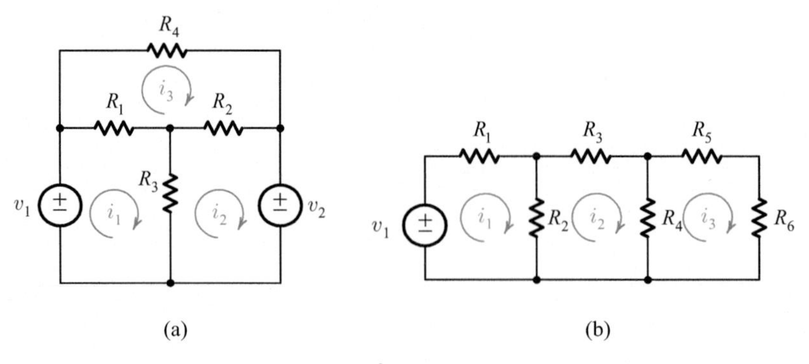

그림 P3.26

3.27 그림 P3.27에 보인 회로에서 망로 방정식을 풀어 출력 전압을 구하라.

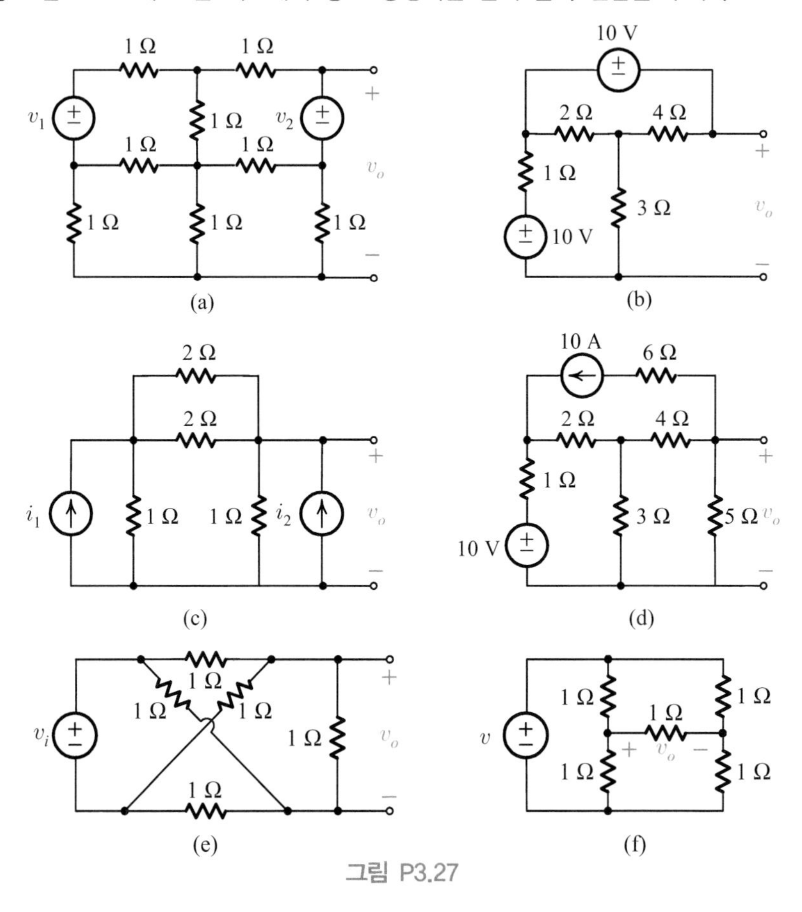

그림 P3.27

3.5 마디 방정식

3.28 (a) 그림 P3.28에 보인 두 개의 마디에 KCL을 적용하라.

(b) (a)에서 구한 두 개의 방정식을 결합시켜 i_b와 i_c를 소거하라. 그 결과로 얻은 식이 갖는 의미를 회로망을 참조하여 설명하라.

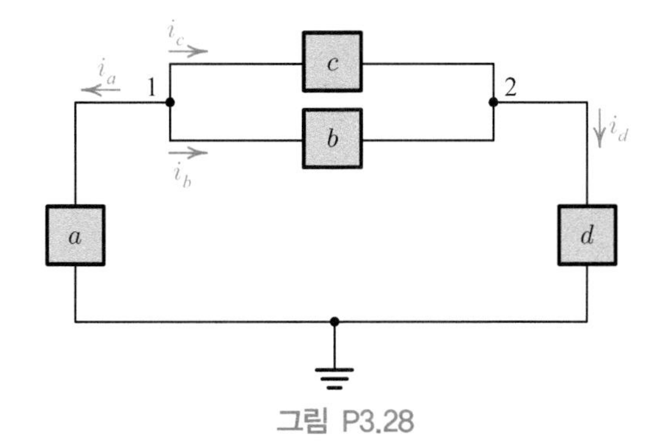

그림 P3.28

3.29 그림 P3.29에 보인 회로들을 고찰하여, 두 개의 행렬식의 비로 세 개의 마디 전압에 대한 표현식을 구하라. 행렬식은 계산하지 말라.

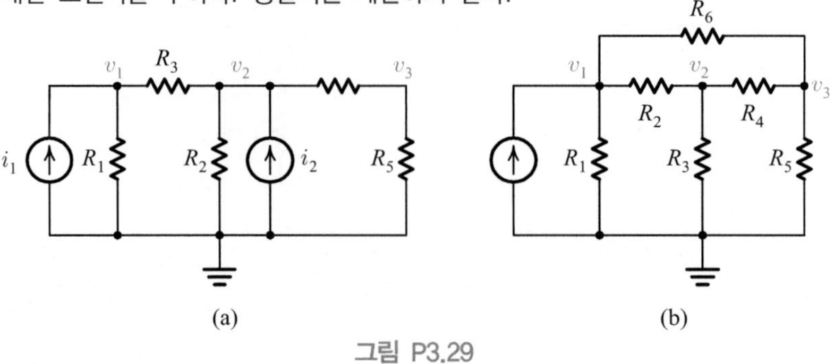

그림 P3.29

3.6 혼합 전원

3.30 그림 P3.30에 보인 회로들에 대해, 적당한 방정식을 세워라. 그리고 물음표로 표시된 출력을 구하라(이 문제를 풀기 위해 중첩의 원리를 사용하지는 말라).

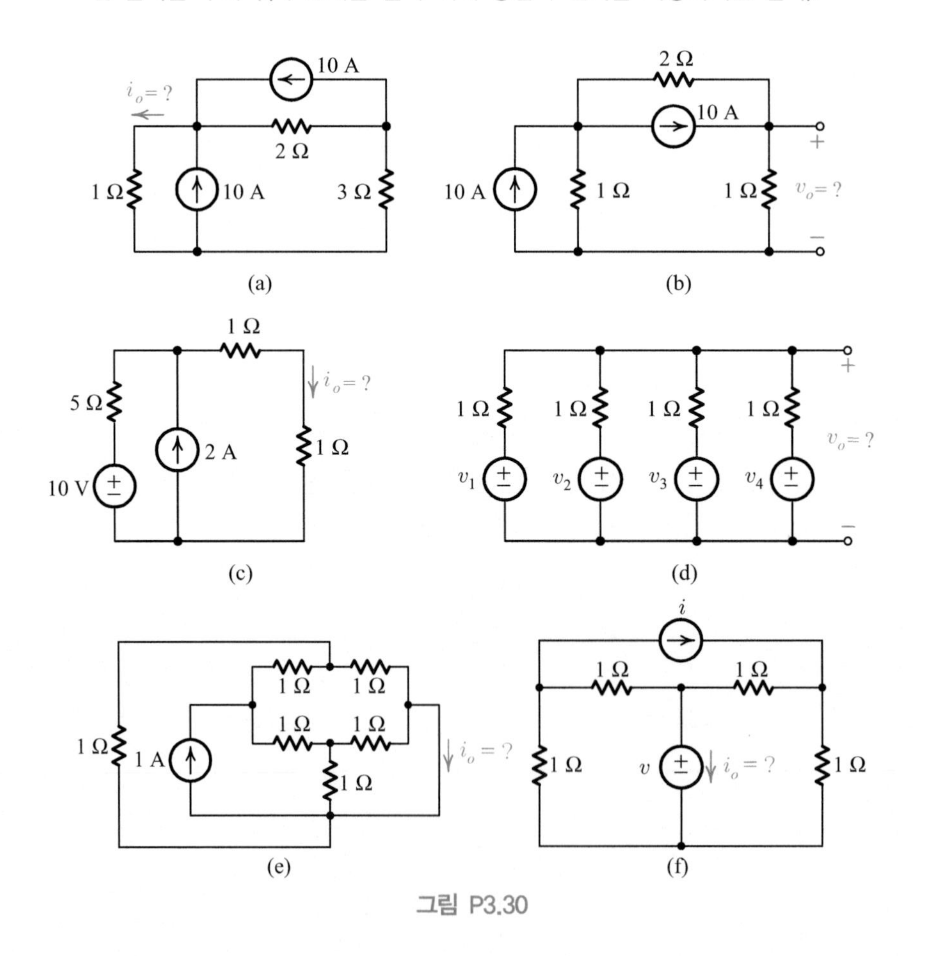

그림 P3.30

3.8 회로 해석 요령

3.31 그림 P3.31에 보인 회로에 대해 망로 행렬식과 마디 행렬식을 써라.

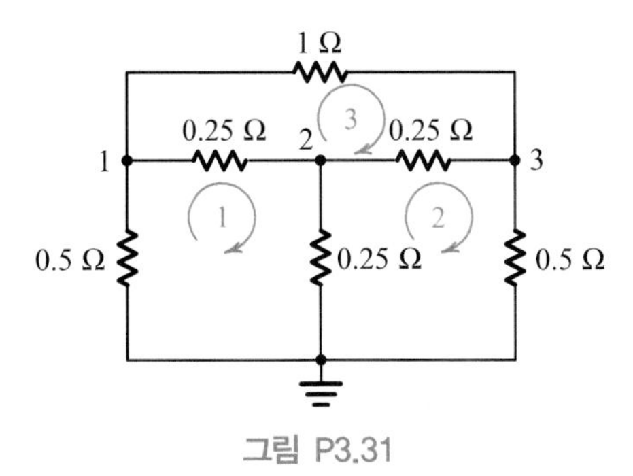

그림 P3.31

3.32 그림 P3.32에서 i_3는 Δ_3/Δ로부터 구해진다. Δ_3의 값은 얼마인가?

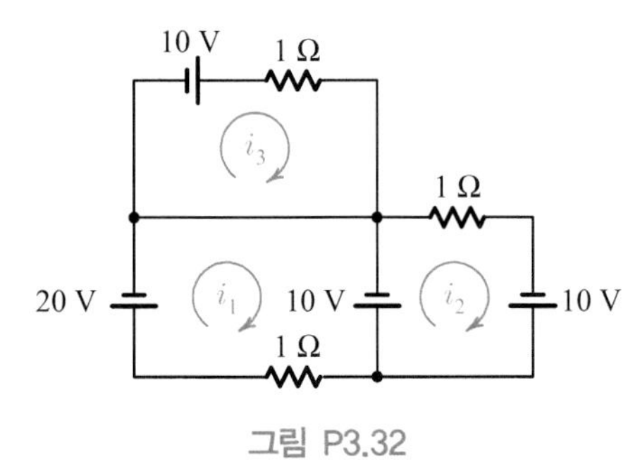

그림 P3.32

3.33 어떤 3-망로 회로에서 i_1은 다음과 같이 주어진다. 회로의 배선도를 그려라.

$$i_1 = \frac{\begin{vmatrix} -1 & 0 & -1 \\ 1 & 1 & -1 \\ 0 & -1 & 3 \end{vmatrix}}{\begin{vmatrix} 2 & 0 & -1 \\ 0 & 1 & -1 \\ -1 & -1 & 3 \end{vmatrix}}$$

3.34 어떤 3-망로 회로에서 전류 i_1은 다음과 같이 주어진다.

$$i_1 = \frac{\begin{vmatrix} -8 & -2 & 0 \\ 0 & 6 & -2 \\ 8 & -2 & 4 \end{vmatrix}}{\begin{vmatrix} 4 & -2 & 0 \\ -2 & 6 & -2 \\ 0 & -2 & 4 \end{vmatrix}}$$

회로는 하나의 전압 전원만을 포함한다. 회로를 도시하고, 소자 값들을 지정하라.

CHAPTER 04

신호 파형과 에너지 축적 소자

서론

지금까지 우리는 직류 전압 전원과 직류 전류 전원 그리고 저항기의 단자 특성을 살펴보았고, 또한 이들로 구성된 저항 회로들에서 전압과 전류를 구하는 데 필요한 회로 법칙들을 공부했었다. 직류 전압 전원과 직류 전류 전원은 시간에 관계없이 일정한 전압 또는 전류(예를 들어, 10V 또는 -3mA)를 회로에 제공한다. 이들 전원 이외에, 전기 및 전자공학에서 많이 사용되는 전원들에는 계단파(step wave) 전원과 사인파(정현파, sinusoidal wave) 전원이 있다. 계단파 전원은 시간에 따라 변하는 시변 신호(time-varying signal)인 계단파 전압 또는 전류를 생성하고, 사인파 전원은 역시 시변 신호인 사인파 전압 또는 전류를 생성한다. 이 장에서 우리는 계단파와 사인파에 대해 자세히 공부할 것이다.

저항기 이외에, 전기 및 전자공학에서 많이 사용되는 회로 소자들에는 커패시터(capacitor)와 인덕터(inductor)가 있다. 저항기는 에너지를 소비하기만 하는데 반해, 커패시터와 인덕터는 에너지를 흡수, 저장 그리고 방출할 수 있다. 따라서, 저항기의 단자 특성은 시간과 무관한 대수 식(algebraic equation)으로 표현되는데 반해, 커패시터와 인덕터의 단자 특성은 시간에 대한 1차 미분 또는 적분 식(integro-differential equation)으로 표현된다. 이와 같이, 커패시터와 인덕터는 그들의 단자 특성이 시간에 의존하기 때문에 **동적 소자**(dynamic element)라고 불린다. 이 장에서 우리는 커패시터와 인덕터의 단자 특성들을 자세하게 살펴볼 것이다. 우리는 또, 저항기, 커패시터, 그리고 인덕터로 구성된 회로[이를 **동적 회로**(dynamic circuit)라고 부르기도 한다]에 계단파 또는 사인파가 인가되었을 때, 회로에 나타나는 전압 또는 전류를 구하는 방법에 대해서도 자세하게 공부할 것이다.

4.1 계단파

지금까지 우리가 다루어 왔던 직류 전압과 직류 전류 파형을 그림 4.1에 나타냈다. 그림으로부터 알 수 있듯이, 직류 파형들은 모든 시간 동안 일정하다. 직류 파형들에 대한 수학적인 표현은

$$v(t) = V_{dc}, \qquad -\infty < t < \infty \tag{4.1a}$$

$$i(t) = I_{dc}, \qquad -\infty < t < \infty \tag{4.1b}$$

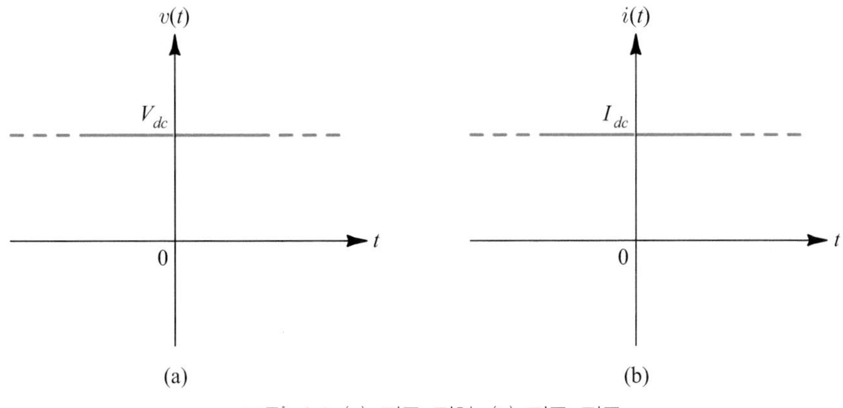

그림 4.1 (a) 직류 전압, (b) 직류 전류.

이다.

회로들은 종종 계단파 또는 계단 함수로 여기된다. 또, 계단파는 회로를 시험하는 데 널리 사용되기도 한다. 우리는 계단파를 매우 쉽게 만들 수 있다. 즉, 그림 4.2(a)에 나타낸 것과 같이, 전지 또는 직류 전력 공급기와 같은 직류 전원에 직렬로 연결된 스위치가 $t=0$에서 폐쇄될 때, 계단파 전압이 1-1' 단자 사이에 발생한다. 전지-스위치 결합을 계단파 전압이 옆에 표시된 전압-전원 기호로 등가적으로 나타낸다는 점에 주목하기 바란다(그림 4.2(a)를 보라). 이와 유사하게, 계단파-전류 전원은 그림 4.2(b)에 나타낸 것과 같이 전류 전원에 병렬로 연결된 스위치가 개방될 때 발생한다. 그 외에도, 우리는 트랜지스터 또는 다른 능동 소자를 사용하여 계단파 전류 발생기로 동작하는 회로를 설계할 수도 있다.

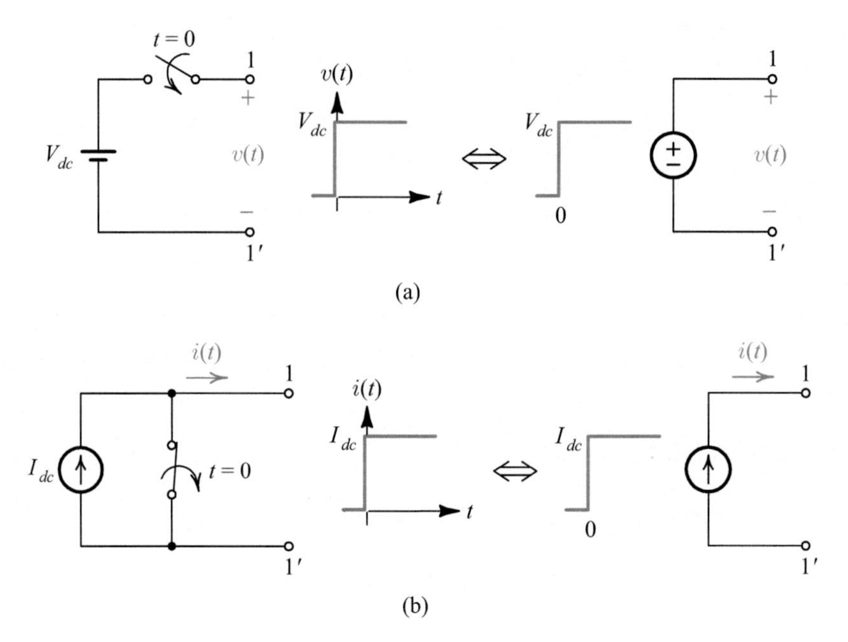

그림 4.2 (a) 계단파 전압의 발생, (b) 계단파 전류의 발생.

그림 4.2(a)에 보인 계단파 전압의 수학적인 표현은

$$V_{dc}u(t) = \begin{cases} 0, & t < 0 \\ V_{dc}, & t > 0 \end{cases} \tag{4.2}$$

이다. 여기서 V_{dc} = 계단파의 **진폭**(amplitude)

$u(t)$ = **단위 계단 함수**(unit step function)

이다. 단위 계단 함수는 다음과 같이 정의된다.

$$u(t) = \begin{cases} 0, & t < 0 \\ 1, & t > 0 \end{cases} \tag{4.3}$$

그림 4.2(b)에 보인 계단파 전류의 수학적인 표현은

$$I_{dc}\, u(t) = \begin{cases} 0, & t < 0 \\ I_{dc}, & t > 0 \end{cases} \tag{4.4}$$

이다.

4.2 사인파

회로들을 구동하는 데 많이 사용되는 또 다른 파형은 사인파이다. 사인파는 수학적으로 다음과 같이 표현된다.

$$A \sin(2\pi ft + \theta) = A \sin(\omega t + \theta) = A \sin\left(\frac{2\pi}{T}t + \theta\right) \tag{4.5}$$

여기서 A = 사인파의 진폭 또는 **피크 값**(peak value)

f = 단위가 헤르츠인 사인파의 **주파수**(frequency)

ω = 단위가 라디안/초인 사인파의 **각 주파수**(angular frequency)

T = 단위가 초인 사인파의 **주기**(period)

θ = 단위가 라디안인 사인파의 **위상각**(phase angle)

$T = 1/f$

$\omega = 2\pi f$

이다.

사인파를 그림 4.3에 나타냈다. 여기서, 진폭 A는 사인파의 피크 값을 나타내고, 주파수 f는 1초 동안에 포함된 사인파의 사이클(cycle)들의 수를 나타낸다. 주파수의 단위는 **헤르츠**(hertz)이고, 헤르츠는 약자로 Hz로 표시된다. (1Hz는 초당 1사이클과 같다.) 각각의 사이클은 2π **라디안**(radian)의 각(angle)을 포함하므로, $2\pi f$는 매초마다 포함되는 전체의 각(라디안의)을 나타낸다. 따라서, $2\pi f = \omega$는 초당 라디안(rad/s)으로 측정된 각 주파수를 나타낸다. 1 라디안은 $180/\pi \simeq 57$도(degree)이다.

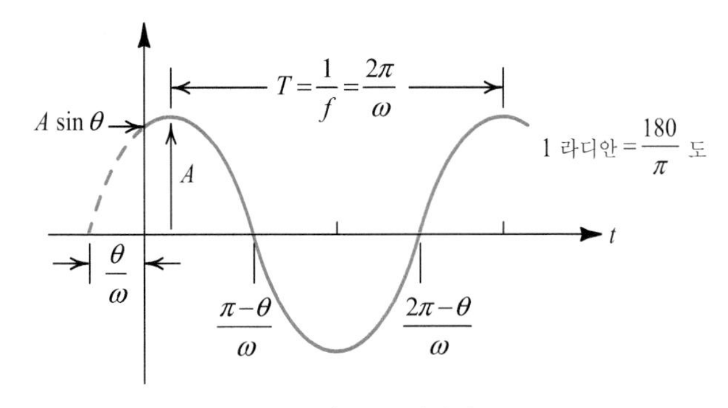

그림 4.3 사인파.

주파수의 역수는 주기 T이고, 주기 T는 1 사이클의 동작을 완료하는 데 걸리는 초 단위의 시간을 나타낸다. 따라서 $T = 1/f$이다.

각 θ는 사인파의 위상각이라고 불리며, 라디안으로 측정된다. θ는 $t = 0$일 때의 사인파의 각(편각)을 나타낸다. $\theta = 0$일 때, 식 (4.5)는 사인파가 될 것이고, $\theta = \pi/2$일 때에는 코사인파가 될 것이다. 즉,

$$A\sin\left(\omega t + \frac{\pi}{2}\right) = A\cos\omega t$$

일반적으로, θ의 값에 관계없이, 그림 4.3에 나타낸 파형을 우리는 정현파 또는 간단히 사인파라고 부른다. 회로를 다룰 때, 우리는 시간을 독립 변수로 취한다. 따라서, 사인파는 (각도보다는 오히려) 시간 t를 가로 좌표로 하여 그려진다.

만일 세 개의 상수들 즉 A, f, θ 또는 A, ω, θ 또는 A, T, θ가 주어지면, 우리는 사인파를 완전하게 명시할 수 있을 것이다.

끝으로, 우리는 트랜지스터 또는 다른 능동 소자를 사용하여 사인파를 발생시키는 회로를 설계할 수 있다는 것을 언급해 둔다.

4.3 커패시터

그림 4.4(a)에 보인 i 대 dv/dt 특성을 갖는 2-단자 소자를, 우리는 **커패시터**(capacitor)라고 부른다. 앞에서 다루었던 세 가지 소자(v_s, i_s, R)들과는 달리, 커패시터는 i 대 v 특성 곡선이 아닌 i 대 dv/dt 특성 곡선으로 정의된다. 만일 우리가 i 대 v 특성 곡선을 그린다면, i 대 v 특성 곡선의 형태가 i 또는 v파형에 따라 달라질 것이며, 이는 i 대 v 특성 곡선의 형태가 일률적이지 않기 때문에 바람직하지 못할 것이다. 반면에, i 대 dv/dt 특성 곡선은 그림에 보인 것처럼, C의 기울기를 갖고, 원점을 지나는 직선이며, 이 결과는 i 또는 v파형과 무관하다.

커패시터에 대한 수학적인 모델은, 그림 4.4(a)의 직선을 식으로 씀으로써 구할 수 있다. 즉[9],

$$\boxed{i = C\frac{dv}{dt}} \tag{4.6a}$$

우리는 또, v를 i의 함수로 나타낼 수도 있다. 즉, 식 (4.6a)의 변수들을 분리하고 고정된 하한 t_0와 변수 상한 t사이에서 적분하면,

---

[9] 기울기 C가 시간에 따라 변하는 경우에는, 식 (4.6a)가 다음과 같이 수정된다. 즉,
$i = \frac{d}{dt}(Cv) = \frac{dq}{dt}$ 여기서, $q = Cv$는 커패시터에 축적된 **전하**(charge)를 나타낸다.

$$dv = \frac{1}{C} i\,dt, \qquad \int_{v(t_0)}^{v(t)} dv = \frac{1}{C}\int_{t_0}^{t} i\,dt'$$

$$v(t) - v(t_0) = \frac{1}{C}\int_{t_0}^{t} i\ dt', \qquad v(t) = v(t_0) + \frac{1}{C}\int_{t_0}^{t} i\,dt'$$

를 얻는다. 여기서 t'는 적분 변수이다.

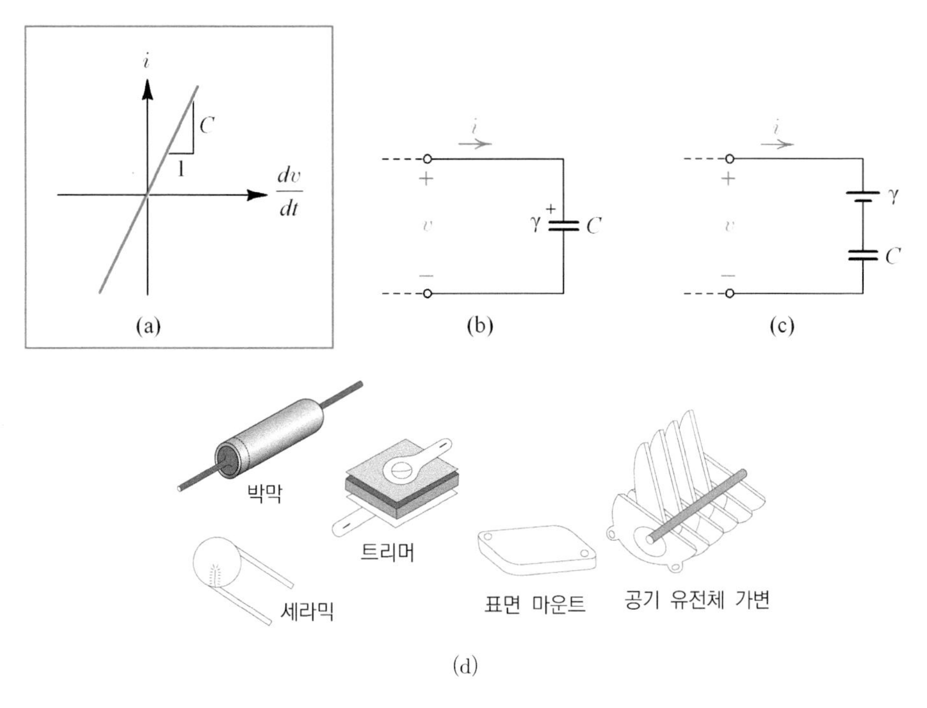

그림 4.4 커패시터: (a) 특성 곡선, (b) 회로 기호, (c) (b)의 등가 표현, (d) 종류 및 외형.

일반적으로, 우리는 상수 t_0를 0으로 취하며, 이 시간에 전압 또는 전류가 회로에 인가되는 것으로 간주한다. 따라서 우리는 $v(t)$를

$$v(t) = \underbrace{v(0)}_{\gamma} + \frac{1}{C}\int_{0}^{t} i\ dt'$$

$$\boxed{v = \gamma + \frac{1}{C}\int_{0}^{t} i\ dt'} \tag{4.6b}$$

로 나타낼 수 있다.

우리는 식 (4.6a) 또는 식 (4.6b) 둘 중의 하나를 커패시터에 대한 정의 방정식으로 사용할 수 있다. 상수 C는 커패시터의 **커패시턴스**(capacitance)를 나타낸다. 커패시턴스는 **패럿**(farad:F)으로 측정된다. 차원적으로, 1 F = 1(암페어×초)/1볼트이다. 마이크로패럿은 μF로 나타내며 10^{-6}F이다. 상수 γ (gamma: 감마)는 커패시터의 **초기 전압**(initial voltage) $v(0)$를 나타낸다. 이 초기 전압은 $t = 0$일 때 커패시터 사이에 나타나는 전압의 값이며, 과거($t = 0$ 이전)에 커패시터에서 일어났던 사상들의 축적된(적분된) 결과를 나타낸다. 이제부터 우리는 별도의 언급이 없는 한, γ를 0으로 간주할 것이다.

커패시터의 도식적인 표현을 그림 4.4(b)에 나타냈다. 이 그림은 커패시터의 회로 모델로 사용된다. 그림에서 초기 전압 γ가 어떻게 표시되어 있는지에 주목하기 바란다. 그림 4.4(b)와 식 (4.6b)는 똑같은 내용을 말해준다. 때로는, 초기 전압을 따로 분리하여 표시하는 것이 바람직할 수도 있다. 우리는 식 (4.6b)를 KVL을 이용하여 두 전압, 즉 γ와 $(1/C)\int_0^t i\,dt'$의 합으로 해석함으로써, 그렇게 표시할 수 있을 것이다. 첫 번째 전압은 상수이므로, 우리는 이를 전지로 표시할 수 있을 것이다. 두 번째 전압은 $t = 0$ 이후에 커패시터에 축적된 전압이므로, 우리는 이를 초기 전압이 0인 "새로운(fresh)" 커패시터 사이에 걸리는 전압으로 나타낼 수 있을 것이다. 그 결과의 회로를 그림 4.4(c)에 나타냈다. 이 등가 표현에는 두 소자가 존재하지만, 커패시터의 실제의 단자들은 여전히 v와 i로 나타내어진다는 점에 주목하기 바란다. 커패시터의 내부 구조를 이와 같이 표시하는 것은 단지 이해를 돕기 위한 것이며, 그것이 실제의 물리적인 현상을 나타내는 것은 아니다. 주로 사용되는 커패시터의 종류와 외형을 그림 4.4(d)에 나타냈다.

회로에서 모든 커패시터의 i와 v는 식 (4.6a) 또는 식 (4.6b)에 의해 결정된다. 즉, 이 두 식 중의 한 식이 커패시터의 i와 v 변수 중의 하나를 결정한다. 이들 식에는 두 변수가 존재하므로, i와 v의 값을 구하려면 i와 v를 포함하는 또 하나의 식이 필요할 것이다(두 변수의 해를 구하려면, 독립적인 두 식이 필요하다). 두 번째 식은, 커패시터가 접속된 회로를 고찰함으로써 구해진다. 예를 들어, 만일 커패시터가 전압 전원 v_s에 연결된다면, 우리는 두 번째 식 즉 $v = v_s$를 얻을 수 있을 것이다. 따라서 만일 v_s의 값을 안다면, 우리는 식 (4.6a)를 이용하여 i를 계산할 수 있을 것이다.

예제 4.1 그림 4.5에 나타낸 회로는 $t=0$에서 직류 전류 I_{dc}로 여기된다. 커패시터 사이에 걸리는 전압 v를 구하라.

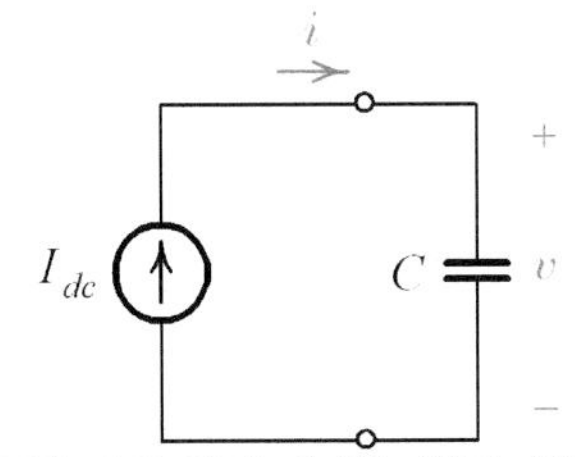

그림 4.5 예제 4.1을 위한 회로.

풀이 식 (4.6b)에 의하면, 커패시터에 걸리는 전압과 커패시터를 통해 흐르는 전류 사이에는 다음과 같은 관계가 있다. 즉,

$$v = \gamma + \frac{1}{C}\int_0^t i\ dt'$$

여기서, 초기 전압이 주어지지 않았으므로, $\gamma=0$으로 간주한다. 커패시터를 통해 흐르는 전류는 $i = I_{dc}$로 주어졌기 때문에,

$$v = \frac{1}{C}\int_0^t I_{dc}dt' = \frac{I_{dc}}{C}\int_0^t dt' = \frac{I_{dc}}{C}t'\ \Big|_0^t = \frac{I_{dc}}{C}t$$

가 된다. 이 결과는, 커패시터가 직류 전류 전원으로 구동되면, 커패시터 사이에 걸리는 전압이 시간에 따라 선형적으로 증가한다는 것을 가리킨다. 따라서, 우리는 커패시터 사이에 걸리는 전압을 읽음으로써 시간을 측정할 수 있다.

(a) 그림 4.6에서 $v = V_m \sin\omega t$이다. i를 구하고, i 대 v 특성 곡선을 그려라.

(b) $v = E$에 대해 (a)를 반복하라. 단, E는 상수이다.

(c) (a)와 (b)의 결과에 대해 논의하라.

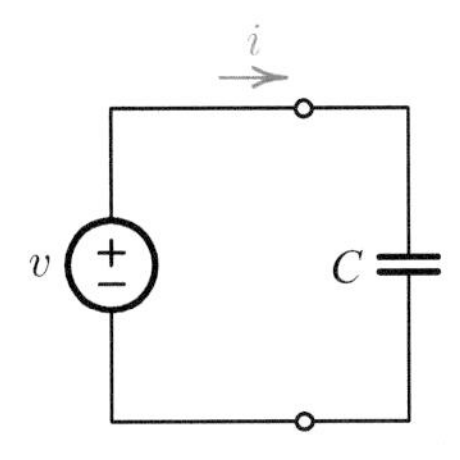

그림 4.6 예제 4.2를 위한 회로.

풀이 (a) 식 (4.6a)에 의해,

$$i = C\frac{dv}{dt} = C\frac{d}{dt}(V_m \sin\omega t) = V_m\,\omega C \cos\omega t$$

이다. 따라서 커패시터에 걸리는 전압과 커패시터에 흐르는 전류는

$$v = V_m \sin\omega t$$
$$i = V_m \omega C \cos\omega t$$

로 주어질 것이다. 우리는 이 식들을 이용하여, t를 파라미터로 사용한 i 대 v 특곡선을 그릴 수 있을 것이다. 그러나, 두 식에서 t를 소거할 수 있다면, i 대 v 특성 곡선을 훨씬 더 쉽게 그릴 수 있을 것이다. 따라서 우리는 다음과 같이 할 수 있을 것이다.

$$\left(\frac{v}{V_m}\right)^2 + \left(\frac{i}{V_m \omega C}\right)^2 = \sin^2\omega t + \cos^2\omega t$$

여기서 $\sin^2\omega t + \cos^2\omega t = 1$이므로, 우리는

$$\left(\frac{v}{V_m}\right)^2 + \left(\frac{i}{V_m \omega C}\right)^2 = 1$$

을 얻을 수 있을 것이다. 이 식은 그림 4.7처럼 스케치되는 타원 방정식이다.

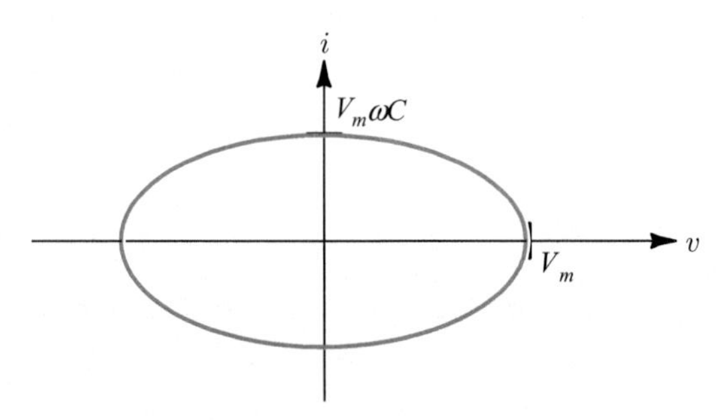

그림 4.7 예제 4.2(a)의 i 대 v 특성 곡선.

(b) 만일 $v = E$라면,

$$i = C\frac{dv}{dt} = C\frac{dE}{dt} = 0$$

일 것이다. 따라서,

$$v = E$$
$$i = 0$$

의 두 식이 이 경우에 대한 단자 상태를 나타낸다. i 대 v 특성 곡선은 그림 4.8에 보인 것처럼 점으로 나타내어진다.

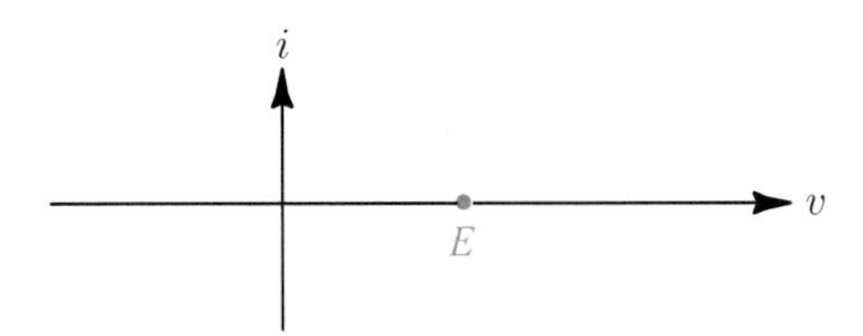

그림 4.8 예제 4.2(b)의 i 대 v 특성 곡선.

(c) 이 예제로부터 우리는 다음을 알 수 있다. 즉, 만일 우리가 i 대 v의 그래프로 커패시터를 기술한다면, 우리는 우리가 사용한 파형의 유형에 따라 서로 다른 형태의 그래프가 얻어진다는 것을 알 수 있다. 즉, 그림 4.7에 나타낸 것처럼, 전압이 사인파이면, i 대 v 특성 곡선은 타원이 된다. 반면에, 그림 4.8에 나타낸 것처럼, 만일 전압이 상수이면, i 대 v 특성 곡선은 곡선이 아닌 점이 된다. 이와 같이, i 대 v 특성 곡선은 커패시터의 단자 특성을 일률적으로 기술하지 못한다. 그러나, 만일 우리가 i 대 dv/dt 특성 곡선을 그린다면, (a)의 경우에서는 직선을 얻을 것이고 (b)의 경우에서는 이 직선의 원점에 위치한 점을 얻을 것이다. 따라서, i 대 dv/dt 특성 곡선상의 점들은 항상 C의 기울기를 갖는 직선상에 위치할 것이다.

예제 4.3 그림 4.9에 나타낸 삼각형의 전압 파형이 커패시터에 인가된다. 전류 파형을 구하라.

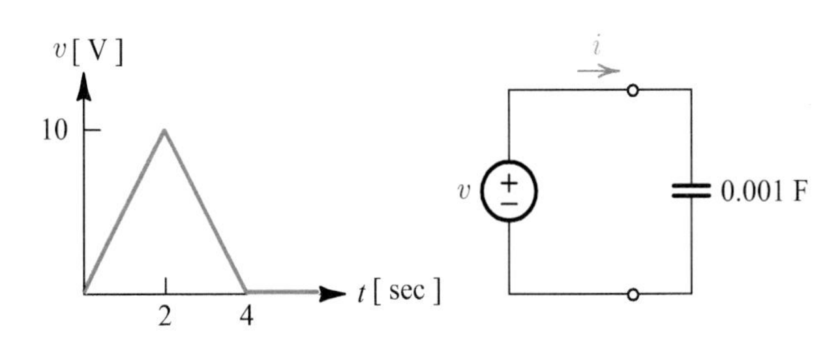

그림 4.9 예제 4.3을 위한 그림.

풀이 전류 i는 다음과 같이 구해질 것이다.

$$i = C\frac{dv}{dt} = 0.001\frac{dv}{dt}$$

v 대 t 그래프의 관찰로부터, 우리는 다음을 알 수 있다. 즉,

$$\frac{dv}{dt} = \begin{cases} \frac{10}{2} = 5, & 0 < t < 2 \\ -\frac{10}{2} = -5, & 2 < t < 4 \\ 0, & 4 < t \end{cases}$$

따라서, 우리는

$$i = 0.001\frac{dv}{dt} = \begin{cases} 0.005 \text{ A}, & 0 < t < 2 \\ -0.005 \text{ A}, & 2 < t < 4 \\ 0, & 4 < t \end{cases}$$

를 얻는다. 이 전류를 그림 4.10에 스케치했다.

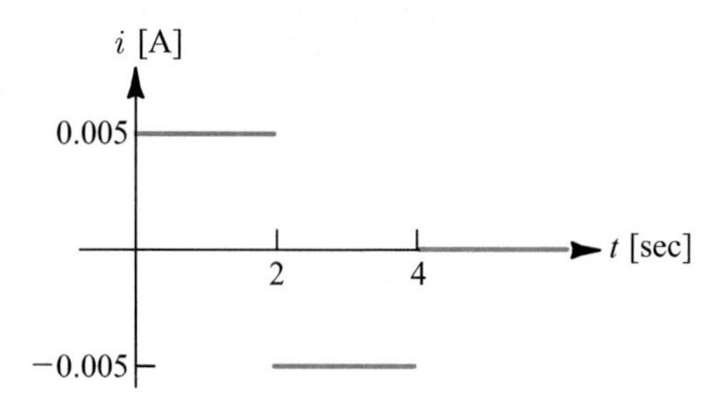

그림 4.10 그림 4.9의 회로의 전류 파형.

연습문제 4.1

0.01 F의 커패시터가 그림 E4.1에 보인 전류 파형으로 구동된다. 커패시터의 단자들 사이에 걸리는 전압 파형을 스케치하라. 그리고 그들의 값을 표기하라.

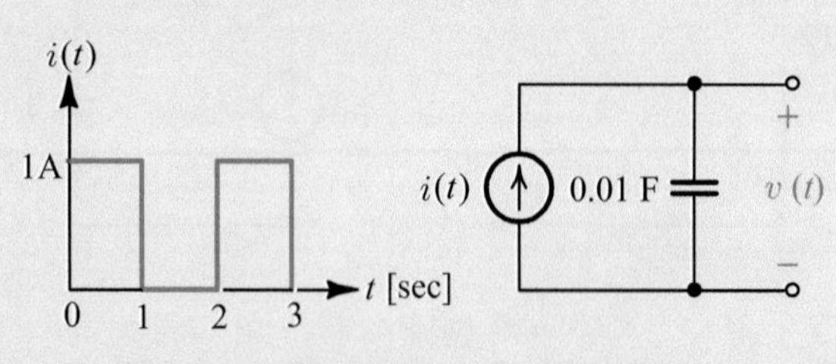

그림 E4.1 연습문제 4.1을 위한 그림.

답 $v = 100t \quad 0 \le t \le 1$, $\quad v = 100 \quad 1 \le t \le 2$,
$v = -100 + 100t \quad 2 \le t \le 3$, $\quad v = 200 \quad 3 \le t \le 4$

4.4 인덕터

그림 4.11(a)에 보인 v 대 di/dt 특성을 갖는 2-단자 소자를 우리는 **인덕터**(inductor)라고 부른다. 비록 단자 변수들이 v와 i이지만, 인덕터는 그림에 보인 것처럼 v 대 di/dt 특성 곡선으로 정의된다. 만일 우리가 i 대 v 특성 곡선을 그린다면, 특성 곡선의 모양이 i 또는 v에 따라 달라질 것이며, 이는 특성 곡선의 모양이 일률적이지 않기 때문에 바람직하지 못할 것이다. 반면에, v 대 di/dt 특성 곡선은 그림에 보인 것처럼, L의 기울기를 갖고, 원점을 지나는 직선이며, 이 결과는 i 또는 v 파형과 무관하다.

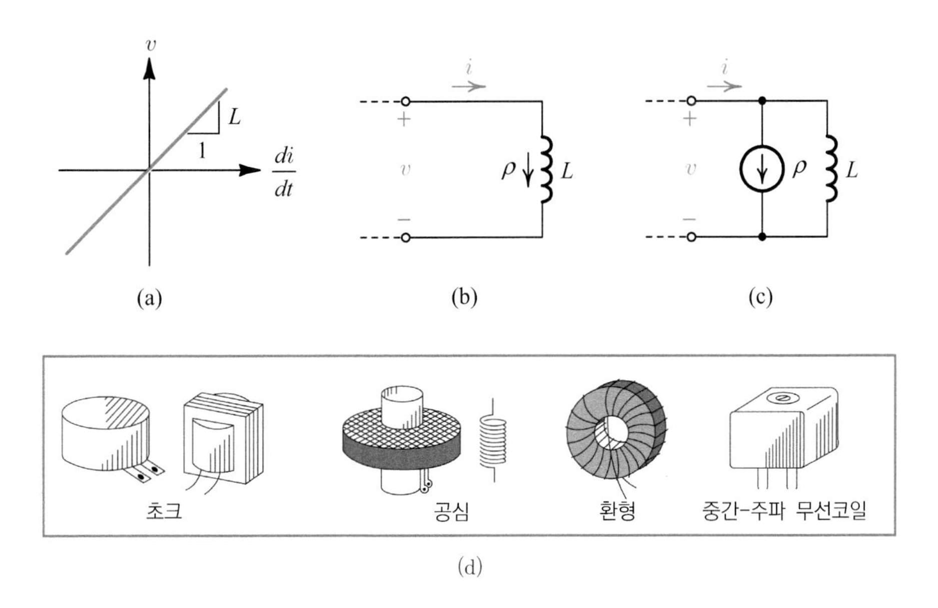

그림 4.11 인덕터: (a) 특성 곡선, (b) 회로 기호, (c) (b)의 등가 표현, (d) 종류 및 외형.

인덕터에 대한 수학적인 모델은, 그림 4.11(a)의 직선을 식으로 씀으로써 구할 수 있다. 즉[10],

$$v = L\frac{di}{dt} \tag{4.7a}$$

우리는 또, i를 v의 함수로 나타낼 수도 있다. 즉, 식 (4.7a)을 변수 분리하고, 0부터 t까지 적분하면,

---

[10] 기울기 L이 시간에 따라 변하는 경우에는, 식 (4.7a)가 다음과 같이 수정된다. 즉,
$v = \frac{d}{dt}(Li) = \frac{d\phi}{dt}$ 여기서, ϕ(phi: 화이) = Li는 인덕터를 쇄교하는 **자속**(flux)을 나타낸다.

$$di = \frac{1}{L}v\ dt, \qquad \int_{i(0)}^{i(t)} di = \frac{1}{L}\int_0^t v\ dt'$$

$$i(t) - i(0) = \frac{1}{L}\int_0^t v\ dt', \qquad i(t) = i(0) + \underbrace{\frac{1}{L}\int_0^t}_{\rho} v\ dt'$$

$$\boxed{i(t) = \rho + \frac{1}{L}\int_0^t v\ dt'} \tag{4.7b}$$

를 얻는다.

우리는 식 (4.7a) 또는 식 (4.7b) 둘 중의 하나를 인덕터에 대한 정의 방정식으로 사용할 수 있다. 상수 L은 인덕터의 **인덕턴스**(inductance)를 나타낸다. 인덕턴스는 **헨리**(henry:H)로 측정된다. 차원적으로, $1\text{H} = 1$(볼트× 초)/1암페어이다. 상수 ρ (rho:로)는 인덕터의 **초기 전류**(initial current) $i(0)$를 나타낸다. 이 초기 전류는 $t = 0$ 일 때 인덕터에 존재하는 전류의 값이며, 과거($t = 0$ 이전)에 인덕터에 일어났던 사상들의 축적된 결과를 나타낸다. 이제부터 우리는, 별도의 언급이 없는 한, ρ를 0으로 간주할 것이다.

인덕터의 도식적인 표현을 그림 4.11(b)에 나타냈다. 이 그림은 인덕터의 회로 모델로 사용된다. 그림에서 초기 전류 ρ가 어떻게 표시되어 있는지에 주목하기 바란다. 그림 4.11(b)와 식 (4.7b)는 똑같은 내용을 말해준다. 경우에 따라서는, 초기 전류를 분리해서 나타내는 것이 바람직할 때도 있다. 우리는 식 (4.7b)를 KCL을 이용하여 두 전류 즉 ρ와 $(1/L)\int_0^t v dt'$의 합으로 해석함으로써, 그렇게 표시할 수 있을 것이다. 첫 번째 전류는 상수이므로, 우리는 이것을 직류 전류 전원으로 표시할 수 있을 것이다. 두 번째 전류는 $t = 0$ 이후에 인덕터에 축적된 전류이므로, 우리는 이것을 초기 전류가 0인 "새로운" 인덕터를 통해 흐르는 전류로 나타낼 수 있을 것이다. 그 결과의 회로를 그림 4.11(c)에 나타냈다. 이 등가 표현에는 두 소자가 존재하지만, 인덕터의 실제의 단자들은 여전히 v와 i로 나타내어진다는 점에 주목하기 바란다. 커패시터의 경우에서와 마찬가지로, 인덕터의 구조를 이와 같이 표시하는 것은 단지 이해를 돕기 위한 것이며, 이것이 실제의 물리적인 현상을 반영하는 것은 아니다. 주로 사용되는 인덕터의 종류와 외형을 그림 4.11(d)에 나타냈다.

회로에서 모든 인덕터의 i와 v는 식 (4.7a) 또는 식 (4.7b)에 의해 결정된다. 두 식 중의 한 식이 인덕터의 i와 v 변수 중의 한 변수를 결정한다. 만일 v와 i 중의 하나가 결정되었다면, 우리는 나머지 변수를 구하기 위해, v와 i 사이의 다른 관계를 찾아야 할 것이다. 이 두 번째 관계는 인덕터가 접속된 회로를 고찰함으로써 구해진다. 예를 들어, 만일 인덕터가 전류 전원 i_s에 연결된다면, 우리는 두 번째 식 즉 $i = i_s$ 를 얻을 수 있을 것이다. 따라서 만일 i_s의 값을 안다면, 우리는 식 (4.7a)를 이용하여 v를 계산할 수 있을 것이다.

예제 4.4 그림 4.12에서 $t = 0$ 에서 스위치를 닫음으로써 인덕터에 전지가 인가된다. 이로 인해, 인덕터에 흐르는 전류는 얼마인가? 단, 인덕터의 초기 전류는 0이다.

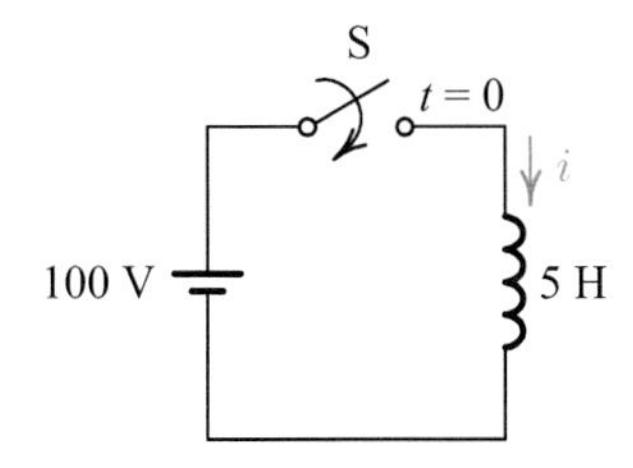

그림 4.12 예제 4.4를 위한 회로.

풀이 $\rho = 0$으로 하여 식 (4.7b)를 이용함으로써, 우리는 i를 다음과 같이 계산할 수 있을 것이다. 즉,

$$i = \frac{1}{L}\int_0^t v\ dt' = \frac{1}{5}\int_0^t 100\ dt' = 20t'\ \Big|_0^t = 20t$$

예제 4.5 그림 4.13에 보인 것처럼, 어떤 인덕터에 $v = 5\ \sin 0.2t$ 볼트의 사인파 전압을 인가했다. 인덕터를 통해 흐르는 전류를 측정한 결과 $i = -0.1\cos 0.2t$ 암페어였다. 인덕턴스의 값은 얼마인가?

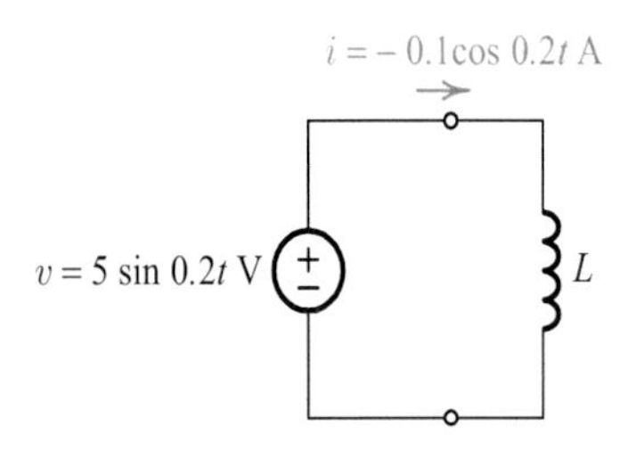

그림 4.13 예제 4.5를 위한 회로.

풀이 식 (4.7a)에 의해,

$$v = L\frac{di}{dt}$$

이다. 따라서

$$L = \frac{v}{di/dt} = \frac{5\sin 0.2t}{(d/dt)(-0.1\cos\ 0.2t)} = \frac{5\sin 0.2t}{0.02\sin 0.2t} = 250\ \mathrm{H}$$

연습문제 4.5

(a) 어떤 인덕터 L을 통해 흐르는 전류가 $I_m \sin\omega t$이었다. 인덕터에 걸리는 전압을 구하라.

(b) (a)에서 구한 i와 v를 이용하여 i 대 v 식을 구하고, 그래프를 스케치하라.

(c) (a)에서 구한 i와 v를 이용하여 v 대 di/dt 식을 구하고, 그래프를 스케치하라.

답 (a) $v = \omega L I_m \cos\omega t$, (b) $\left(\frac{i}{I_m}\right)^2 + \left(\frac{v}{\omega L I_m}\right)^2 = 1$, (c) $v = L\frac{di}{dt}$

4.5 회로들의 계단파 응답과 사인파 응답

1장에서부터 3장에 걸쳐, 우리는 단지 저항기들과 직류 전원들로만 구성되어 있는 회로들을 어떻게 풀 것인가를 공부했다. 그렇다면 그림 4.14에 보인 것처럼, 저항기와 에너지 축적 소자, 즉 커패시터 및 인덕터가 포함된 회로에 계단파 또는 사인파가 인가되었을 때에는 회로의 응답 $r(t)$를 어떻게 구할 것인가? 좀더 구체적으로 말하면, 그림 4.15에 나타낸 것과 같은 문제들을 어떻게 풀 것인가 하는 의문이 생긴다.

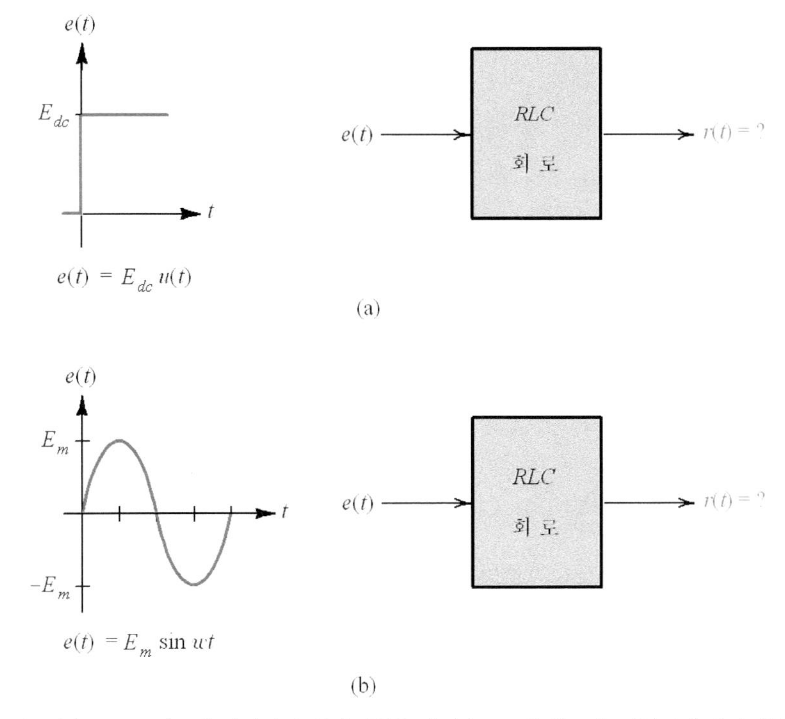

그림 4.14 (a) RLC 회로에 계단파가 인가되었을 때, (b) RLC 회로에 사인파가 인가되었을 때.

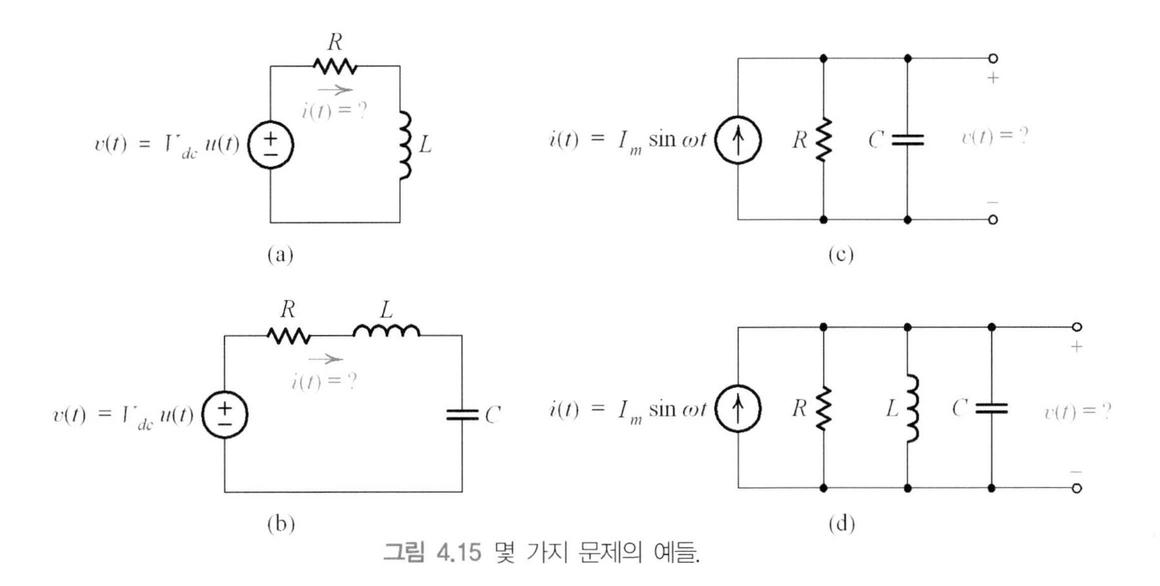

그림 4.15 몇 가지 문제의 예들.

논의를 단순화하기 위해, 커패시터와 인덕터의 초기 조건을 0이라고 가정하자. 그리고 지금까지 배웠던 방법들을 이용하여, 우리가 이 회로들을 어느 정도까지 처리할 수 있는지 생각해 보자. 그림 4.15(a)의 저항기-인덕터(RL) 회로를 망로-방정식 법으로 해석하기 위해, 우리는 우선 그림 4.16(a)에 보인 것처럼 망로 전류 $i(t)$를 시계 방향의 화살표로 표시하고, 저항기와 인덕터에 걸리는 전압, 즉 $v_R(t)$와 $v_L(t)$의 극성을 망로 전류의 방향과 일치되게 잡을 수 있을 것이다(즉, 전류가 흘러 들어가는 단자 쪽을 +로 흘러 나가는 쪽을 −로 잡을 수 있을 것이다). 그런 다음, 망로 주위의 전압들을 + − 극성 순서로 더하고, 그 결과를 0으로 놓으면, 다음과 같은 망로 방정식을 얻을 것이다.

$$-v(t) + v_R(t) + v_L(t) = 0 \tag{4.8}$$

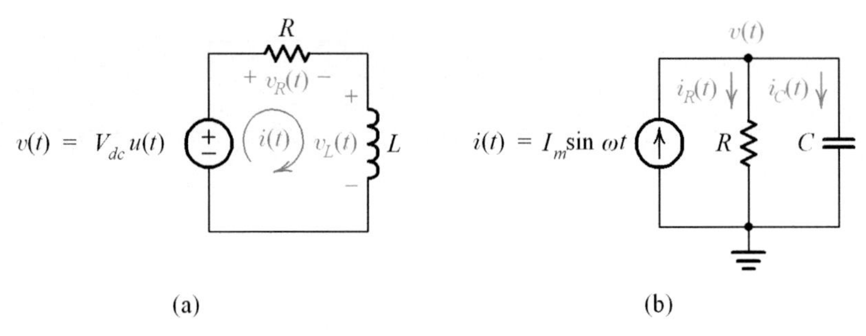

그림 4.16 (a) 그림 4.15(a)에 망로–방정식 법의 적용.
(b) 그림 4.15(c)에 마디–방정식 법의 적용.

여기서 $v_R(t)$와 $v_L(t)$는 소자 정의 식에 의해 각각

$$v_R(t) = Ri(t) \tag{4.9a}$$

$$v_L(t) = L\frac{di(t)}{dt} \tag{4.9b}$$

이다. 식 (4.9)를 식 (4.8)에 대입하고, 입력 여기와 관련된 항이 방정식의 우변에 위치하도록 하면

$$Ri(t) + L\frac{di(t)}{dt} = v(t)$$

가 얻어질 것이다. 그런 다음, 우리는 이 식을 다음과 같이 정리할 수 있을 것이다. 즉, $di(t)/dt$ (최고차 도함수)가 좌변의 첫 번째 항에 위치하고, 그 다음에 $i(t)$를 포함하는 항이 위치하도록 정리할 수 있을 것이다.

$$\frac{di(t)}{dt} + \frac{R}{L}i(t) = \frac{1}{L}v(t)$$

$v(t) = V_{dc}u(t)$ 이므로 우리는 위 식을 다음과 같이 쓸 수 있을 것이다.

$$\frac{di(t)}{dt} + \frac{R}{L}i(t) = \frac{1}{L}[V_{dc}u(t)] \tag{4.10}$$

이 식은 선형, 상계수, 1차 미분 방정식이다. 우리가 원하는 결과를 얻기 위해서는, 이 방정식을 $i(t)$에 대해 풀어야 한다.

그림 4.15(b)의 저항기-인덕터-커패시터(RLC) 회로에 대한 망로 방정식을 세우면,

$$Ri(t) + L\frac{di(t)}{dt} + \frac{1}{C}\int i(t)\ dt = v(t)$$

를 얻을 것이다. 적분 항을 없애기 위해 양변을 t에 대해 미분하면,

$$R\frac{di(t)}{dt} + L\frac{d^2i(t)}{dt^2} + \frac{1}{C}i(t) = \frac{dv(t)}{dt}$$

를 얻을 것이다. 이 식을 L로 나누고, $v(t) = V_{dc}u(t)$를 대입하면

$$\frac{d^2i(t)}{dt^2} + \frac{R}{L}\frac{di(t)}{dt} + \frac{1}{LC}i(t) = \frac{1}{L}\frac{d}{dt}[V_{dc}u(t)] \tag{4.11}$$

를 얻을 것이다. 이 식은 선형, 상계수, 2차 미분 방정식이다. 이 식의 해가 우리가 구하려고 하는 전류 $i(t)$이다.

다음으로, 그림 4.15(c)의 저항기-커패시터(RC) 회로를 마디-방정식 법으로 해석해 보기로 하자. 우리는 우선 그림 4.16(b)에 보인 것처럼, 아래 쪽 마디를 기준 마디로 잡고, 위 쪽 마디에 마디 전압 $v(t)$를 할당할 수 있을 것이다. 그런 다음, 위 쪽 마디에서 유출되는 전류들을 더하고, 그 결과를 0으로 놓으면, 다음과 같은 마디 방정식을 얻을 것이다.

$$-i(t) + i_R(t) + i_C(t) = 0 \tag{4.12}$$

여기서 $i_R(t)$와 $i_C(t)$는 소자 정의 식에 의해 각각

$$i_R(t) = Gv(t) \tag{4.13a}$$

$$i_C(t) = C\frac{dv(t)}{dt} \tag{4.13b}$$

이고, $G = 1/R$이다. 식 (4.13)을 식 (4.12)에 대입하고, 입력 여기와 관련된 항이 방정식의 우변에 위치하도록 하면,

$$Gv(t) + C\frac{dv(t)}{dt} = i(t)$$

가 얻어질 것이다. $i(t) = I_m \sin \omega t$를 대입한 후, 우리는 그 결과의 식을 다음과 같이 정리할 수 있을 것이다.

$$\frac{dv(t)}{dt} + \frac{G}{C}v(t) = \frac{1}{C}(I_m \sin \omega t) \tag{4.14}$$

이 식은 선형, 상계수, 1차 미분 방정식이다. 우리가 원하는 결과를 얻기 위해서는, 이 방정식을 $v(t)$에 대해 풀어야 한다.

끝으로, 그림 4.15(d)의 RLC 회로에 대한 마디 방정식을 세우면,

$$Gv(t) + \frac{1}{L}\int v(t)\ dt + L\frac{dv(t)}{dt} = i(t)$$

를 얻을 것이다. 적분 항을 없애기 위해 양변을 t에 대해 미분하고 정리하면,

$$\frac{d^2v(t)}{dt^2} + \frac{G}{C}\frac{dv(t)}{dt} + \frac{1}{LC}v(t) = \frac{1}{C}\frac{d}{dt}(I_m \sin \omega t) \tag{4.15}$$

이 식은 선형, 상계수, 2차 미분 방정식이다. 이 식의 해가 우리가 구하려고 하는 전압 $v(t)$이다.

이들 네 가지의 예들로부터, 우리는 RLC 소자들과 (계단파 또는 사인파) 전원들로 구성된 회로의 전류-전압 관계는 미분 방정식으로 나타내어진다는 것을 알 수 있다. 따라서 이들 회로의 출력 응답을 구하려면, 반드시 미분 방정식을 풀어야 한다. 그러나, 우리는 아직까지 미분 방정식을 푸는 법을 배우지 않았으므로, 현 단계에서 우리가 할 수 있는 것은 문제의 해를 지배하는 미분 방정식을 세우는 일이다. 식 (4.10), (4.11), (4.14), 그리고 (4.15)를 비교하면, 미분 방정식의 일반적인 형태가

$$a_2\frac{d^2f(t)}{dt^2} + a_1\frac{df(t)}{dt} + a_0f(t) = g(t) \tag{4.16}$$

라는 것을 알 수 있다. 여기서 a는 회로의 소자 값들에 의해 정해지는 상수이고, $f(t)$는 우리가 구하려고 하는 출력 응답을 나타낸다. 그리고 $g(t)$는 회로의 입력 여기를 나타낸다. 식 (4.16)은 2차 방정식이다. $a_2 = 0$으로 만들면, 이 식은 1차 방정식이 된다. 다음 장에서 우리는 식 (4.16)과 같은 미분 방정식을 어떻게 풀어 해를 구해야 할 것인지를 살펴볼 것이다.

4.6 전력과 에너지

전력

두 회로 N_1과 N_2가 그림 4.17(a)와 같이 접속되어 있는 경우를 생각해 보자. 전압 $v(t)$와 전류 $i(t)$는 두 회로에 공통이다. 그림에 표시한 바와 같이, 전압과 전류 변수가 $v(t)$와 $i(t)$일 때 N_1이 전달하는 또는 N_2가 전달받는 **순시 전력**(instantaneous power)은 다음과 같이 주어진다.

$$\boxed{p(t) = v(t)\,i(t)} \tag{4.17}$$

만약 $i(t)$의 방향이 반대일 경우에는, N_2가 전달받는 전력은 $v(t)[-i(t)] = -v(t)i(t)$일 것이다. 두 회로를 접속하는 도선의 저항을 0으로 가정했으므로, 이 도선에서의 전력의 손실이나 이득은 발생하지 않을 것이다. 전력은 **와트**(watt : W)로 측정되며, 1와트 = 1볼트× 1 암페어의 차원을 가진다.

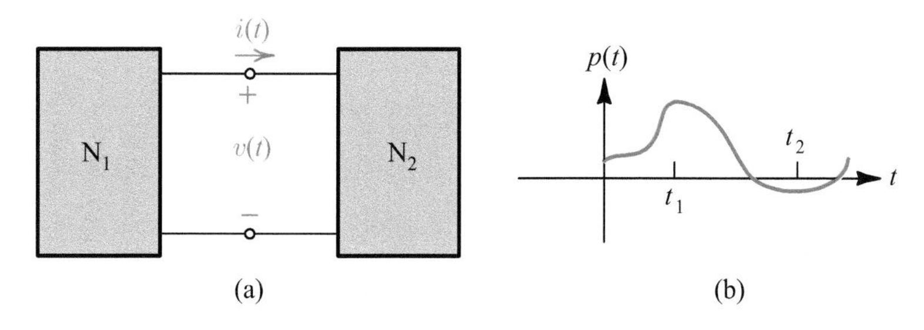

그림 4.17 (a) 두 회로가 접속되어 전력을 전달할 때, (b) 전달하는 순시 전력 곡선.

식 (4.17)과 그림 4.17(b)에 나타낸 바와 같이, N_2로 전달되는 전력은 시간의 함수이다. 따라서, 전력은 순간에 따라 변할 것이다. 특히, 어떤 주어진 순간에서 전력은 양의 값이 될 수도 있을 것이고, 음의 값이 될 수도 있을 것이다. t_1 시간에서 $p(t_1)$은 양의 값이다. 즉, 이는 N_1이 전력을 전달하고 있으며 N_2가 전력을 전달받고 있다는 것을 의미한다. 어떤 회로 N이 음의 전력을 전달받는다는 것은, N이 양의 전력을 전달하는 것과 마찬가지이다. 따라서 $t = t_2$에서 N_2는 N_1에 양의 전력을 전달한다. 전압의 극성과 전류의 방향이 그림 4.17과 같이 표시되어 있는 경우에는, 우리는 혼잡을 피하기 위해, $p(t)$의 부호에 관계없이 N_2는 전력을 전달받고 있으며 N_1은 전력을 전달하고 있다고 말한다.

두 개 또는 그 이상의 전원들이 하나의 회로를 구동할 때, 전압과 전류는 다른 전원들을 0으로 놓고 각각의 전원에 의해 발생되는 응답들을 중첩함으로써 구할 수 있었다. 그러나, 전력에는 중첩의 원리가 적용되지 않는다. 이 말은 그림 4.17(a)에서 $v(t)$와 $i(t)$가 두 전원에 의해 발생되며, 그 결과로 다음과 같이 중첩된 형식으로 쓸 수 있다고 가정해 봄으로써 쉽게 입증할 수 있다.

$$v = v_1 + v_2, \qquad i = i_1 + i_2$$

여기서 첨자 1과 2는 각각 전원 1과 2에 의해 발생하는 응답이라는 것을 나타낸다. 이때, N_2에 전달된 전력은

$$p = vi = (v_1 + v_2)(i_1 + i_2) = (v_1 i_1 + v_2 i_2) + (v_1 i_2 + v_2 i_1)$$

으로 주어질 것이다. 만약 전원 1만 동작한다면, 전원 1은 $v_1 i_1$의 전력을 전달할 것이다. 만약 전원 2만 동작한다면, 전원 2는 $v_2 i_2$의 전력을 전달할 것이다. 만약 두 전원이 동시에 동작한다면, 전달된 전력은 개개의 전력들, 즉$(v_1 i_1 + v_2 i_2)$에 혼합된 변수를 포함하는 다른 항, 즉 $(v_1 i_2 + v_2 i_1)$을 더한 것이 될 것이다. 이 부가된 항 때문에, 우리는 전력을 구할 때 중첩의 원리를 이용할 수 없다.

$p(t)$가 어느 시간 동안에는 양의 값이다가 그 다음에는 음의 값이 될 수 있으므로, 평균적으로 N_2가 전력을 전달받는지 아니면 전달하는지를 아는 것이 중요하다. 이를 알기 위해서는, 특정한 기간 동안 $p(t)$를 평균해야 한다. 그 결과가 그 기간 동안 N_2가 전달받는(따라서 N_1이 전달하는) **평균 전력**(average power)이다. 이는 다음과 같이 주어진다.

$$p_{av} = \frac{1}{t_2 - t_1}\int_{t_1}^{t_2} p(t)\,dt = \frac{1}{t_2 - t_1}\int_{t_1}^{t_2} v(t)\,i(t)\,dt \qquad (4.18)$$

여기서 $(t_2 - t_1)$은 순시 전력이 평균되는 시간 간격의 길이를 나타낸다. 만약 p_{av}가 양의 수로 판명되면, N_2가 평균적으로 전력을 전달받은 것이 된다. 만약 p_{av}가 음의 수로 판명되면, N_2가 평균적으로 음의 전력을 전달받은 것이 되는데, 이는 실제로 N_2가 평균적으로 양의 전력을 전달한 것을 의미한다. 평균 전력은 와트로 측정된다.

에너지

전력은 에너지의 변화율을 나타내기 때문에, 다음과 같이 쓸 수 있다.

$$p = vi = \frac{dw}{dt} \qquad (4.19)$$

여기서 w는 **와트-초**(watt-second)의 단위를 갖는 에너지를 나타낸다[1와트-초 = **1주울**(joule)]. 변수들을 분리하고 t_1과 t_2 사이에서 적분하면, 식 (4.19)를 w에 관해서 풀 수 있을 것이다.

$$dw = p\ dt = vi\ dt$$

$$\int_{w(t_1)}^{w(t_2)} dw = \int_{t_1}^{t_2} p\,dt = \int_{t_1}^{t_2} vi\,dt$$

$$w(t_2) - w(t_1) = \int_{t_1}^{t_2} p\ dt = \int_{t_1}^{t_2} vi\ dt$$

$$w(t_2) = w(t_1) + \int_{t_1}^{t_2} p\ dt = w(t_1) + \int_{t_1}^{t_2} vi\ dt \tag{4.20}$$

식 (4.20)에서 $w(t_2)$와 $w(t_1)$은 각각 $t = t_1$과 $t = t_2$일 때 N_2와 연관된 에너지를 나타내는데(그림 4.17을 보라) 반해, $\int_{t_1}^{t_2} vi\,dt$는 t_1과 t_2 초 사이에 N_2로 전달된 에너지를 나타낸다.

식 (4.18)을 재정리하면, 다음 식을 얻는다.

$$\int_{t_1}^{t_2} vi\ dt = p_{av}(t_2 - t_1) \tag{4.21}$$

따라서, 우리는 식 (4.20)을 다음과 같이 쓸 수 있을 것이다.

$$w(t_2) = w(t_1) + p_{av}(t_2 - t_1) \tag{4.22}$$

이 식으로부터 우리는, $t_2 - t_1$ 초의 기간 동안 N_1에 의해 전달된 전력이 N_2에 저장된 에너지를 $w(t_1)$으로부터 $w(t_2)$까지 증가시킨다는 것을 알 수 있다.

종종 t_1을 0으로 취하고 t_2를 t로 취해, 식 (4.20)을 다음과 같이 쓰기도 한다.

$$\boxed{w(t) = w(0) + \int_0^t p\ dt' = w(0) + \int_0^t vi\ dt'} \tag{4.23}$$

여기서 $w(t)$와 $w(0)$는 각각 t시간과 0시간에서의 N_2의 에너지 상태를 나타내고, $\int_0^t vi\,dt'$는 0부터 t까지의 시간 동안 N_2로 전달된 에너지를 나타낸다. 이제부터 특별한 언급이 없는 한, 우리는 $w(0)$를 0으로 간주할 것이다.

4.7 저항기의 전력과 에너지

저항기의 단자 변수들은 다음과 같은 관계를 가진다.

$$v = iR$$

따라서 저항기로 전달되는 전력은

$$p = vi = i^2 R = \frac{v^2}{R} \tag{4.24}$$

이다. i 또는 v가 제곱이 되기 때문에, 저항기로 전달되는 전력은 결코 음의 값이 되지 않는다. 바꿔 말하면, 저항기는 언제나 전력을 흡수한다. 저항기에 의해 흡수되는 에너지는

$$w(t) = \int_0^t p(t')\, dt' = R\int_0^t i^2(t')\, dt' = \frac{1}{R}\int_0^t v^2(t')\, dt' \tag{4.25}$$

이다. 이 모든 에너지는 저항기에 의해 소비된다(열로 전환된다).

110 V 백열 전구의 정격이 100 W이다.

(a) 전구의 저항은 얼마인가?

(b) 110 V 전원으로부터 전구가 빼내는 전류는 얼마인가?

(c) 백열 전구를 110 V에 접속하여 한 달 동안 사용할 경우, 전구에서 소비되는 킬로와트-시간은 얼마인가?

(d) 만일 백열 전구가 100 V에 접속되어 있다면, 전구가 소비하는 전력은 얼마인가?

풀이 (a) 식 (4.24)가 전력, 전압, 와트수 사이의 관계를 보여준다. 따라서

$$R = \frac{v^2}{p} = \frac{110^2}{100} = 121\ \Omega$$

(b) 옴의 법칙에 의해

$$i = \frac{v}{R} = \frac{110}{121} = \frac{10}{11} = 0.909\ \text{A}$$

(c) 소비 전력이 100W로 일정하기 때문에, 식 (4.25)로부터

$$w = \int_0^t p(t')\, dt' = \int_0^{30\times 24} 100\, dt' = 100t' \int_0^{30\times 24}$$
$$= 100 \times 30 \times 24 = 72,000\ \text{Wh} = 72\ \text{kWha}$$

를 얻는다.

(d) 전구의 저항이 $121\,\Omega$이고 100V에 접속되어 있기 때문에,

$$p = \frac{v^2}{R} = \frac{100^2}{121} = 82.6\text{W}, \ i = \frac{v}{R} = \frac{100}{121} = 0.826\,\text{A}$$

이다. 엄밀히 말하면, 전구의 저항은 일정한 값에 머무르지 않는다. 즉, 전류가 (b)의 경우보다 작기 때문에, 전구는 보다 낮은 온도에서 동작할 것이고, 그 결과로 전구의 저항은 줄어들 것이다. 그러나 여기서 우리는 이 효과를 무시했다.

연습문제 4.6

$10\ \Omega$의 히터(heater)가 $1.5\ \text{A}$의 전류를 운반한다.

(a) 1분 동안 열로 전환되는 에너지는 몇 주울인가?

(b) 저항기가 파괴되지 않고 이 많은 열을 취급할 수 있으려면, 저항기의 정격 와트수는 얼마이어야 하나?

(c) 킬로와트-시간당 요금이 6센트이면, 한 달 동안 히터를 가동시키는 데 드는 비용은 얼마인가?

답 (a) 1350 J, (b) 22.5 W, (c) 97.2센트

그림 4.18에 보인 것처럼, $V_m \sin \omega t$인 사인파 전압이 $t = 0$일 때 저항기에 인가된다.

(a) 저항기에 걸리는 전압, 저항기에 흐르는 전류, 그리고 저항기에 의해 소비되는 순시 전력을 그려라.

(b) $2\pi/\omega$초 동안 저항기에 의해 소비되는 평균 전력은 얼마인가?

(c) $2\pi/\omega$초 동안 저항기로 전달되는 에너지는 얼마인가?

(d) 저항기로 전달되는 에너지를 시간의 함수로 그려라.

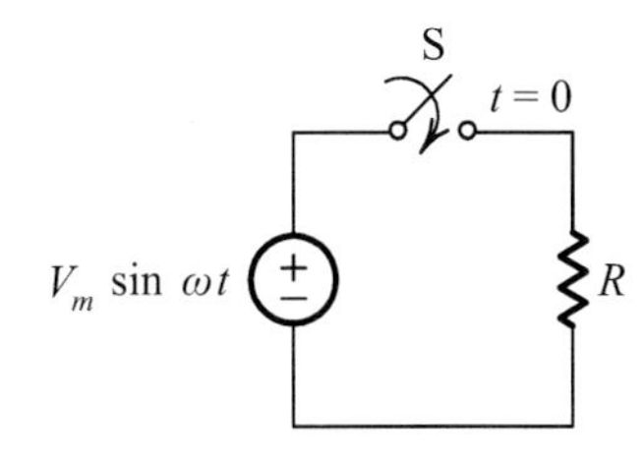

그림 4.18 예제 4.7을 위한 회로.

풀이 (a) 저항기에 걸리는 전압, 저항기에 흐르는 전류, 그리고 저항기에 의해 소비되는 순시 전력은 다음과 같다.

$$v = V_m \sin\omega t$$

$$i = \frac{v}{R} = \frac{V_m}{R}\sin\omega t$$

$$p = vi = \frac{V_m^2}{R}\sin^2\omega t = \frac{V_m^2}{2R}(1 - \cos 2\omega t)$$

이들 파형을 그림 4.19에 도시했다.

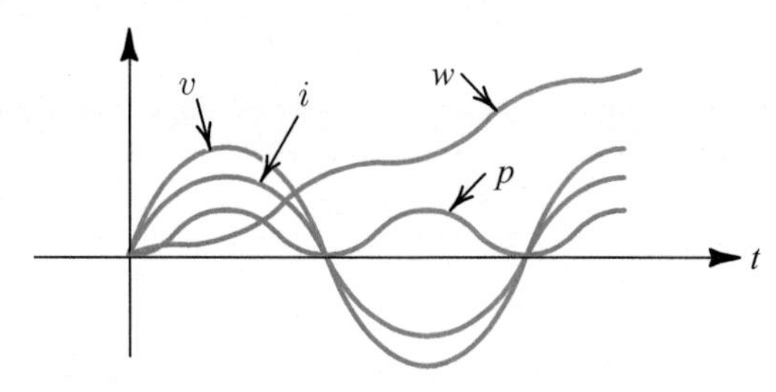

그림 4.19 예제 4.7에서 구해진 전압, 전류, 순시 전력 및 에너지 파형.

(b) $2\pi/\omega$ 초 동안 저항기에 의해 소비되는 평균 전력은

$$p_{av} = \frac{1}{2\pi/\omega}\int_0^{2\pi/\omega} p\ dt = \frac{\omega}{2\pi}\int_0^{2\pi/\omega}\frac{V_m^2}{2R}(1 - \cos 2\omega t)\,dt$$

$$= \frac{\omega V_m^2}{4\pi R}\left(t - \frac{1}{2\omega}\sin 2\omega t\right)\bigg|_0^{2\pi/\omega}\frac{\omega V_m^2}{4\pi R}\frac{2\pi}{\omega}$$

$$= \frac{V_m^2}{2R}\,\mathrm{W}$$

이다.

(c) $2\pi/\omega$ 초 동안 저항기로 전달되는 에너지는

$$p_{av}\frac{2\pi}{\omega} = \frac{\pi V_m^2}{\omega R}\,\mathrm{J}$$

이다.

(d) 저항기로 전달되는 에너지는

$$w(t) = \int_0^t p(t')\ dt' = \int_0^t \frac{V_m^2}{2R}(1 - \cos 2\omega t')\ dt'$$

$$= \frac{V_m^2}{2R}\left(t - \frac{\sin 2\omega t}{2\omega}\right)$$

이다. t의 선형 항 때문에, 저항기로 전달되는 에너지가 시간에 따라 증가한다는 점에 유의하기 바란다. 그림 4.19를 보라.

4.8 최대 전력 전달

그림 4.20(a)에 보인 전압 전원에 대해 생각해 보자. 전압 전원의 전원 저항 R_s 는 고정되어 있다. 즉, 우리는 전원 저항 R_s 를 변경할 수 없다. 여기서, 이 전원이 저항성 부하에 공급할 수 있는 최대 전력이 얼마인지 생각해 보자. 단, 여기서 우리는 부하 저항 R_L을 우리가 원하는 임의의(양의) 값으로 조정할 수 있다고 가정할 것이다.

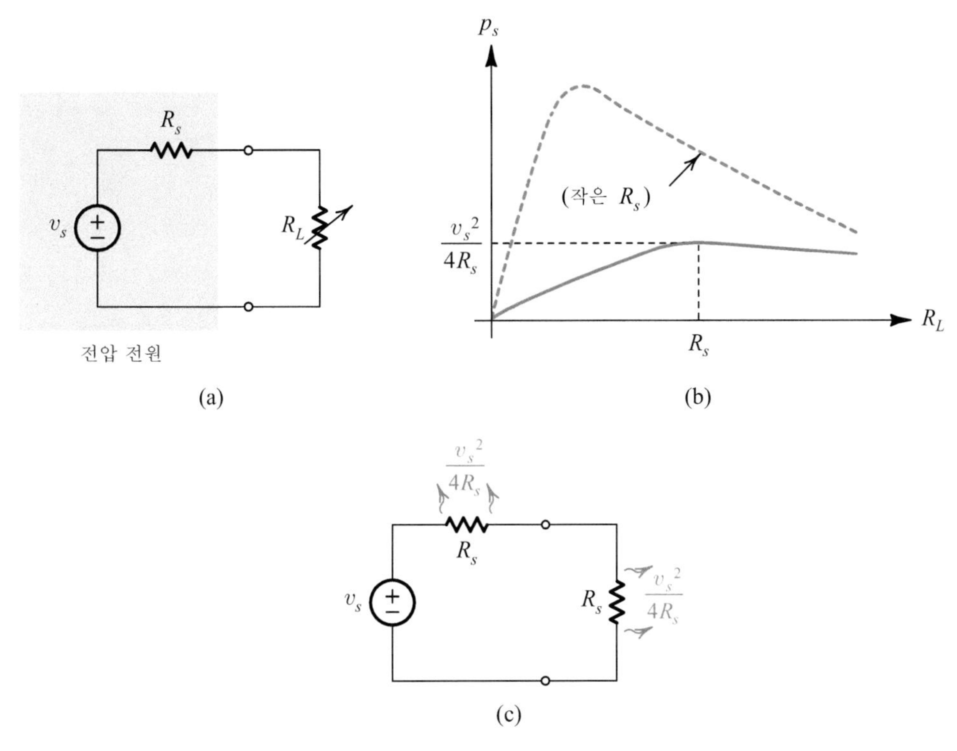

그림 4.20 고정된 전원 저항을 갖는 전압 전원이 가변의 부하 저항으로 전력을 전달할 때: (a) 회로 구성, (b) 저항 값의 변화에 따른 전력 곡선, (c) 최대 전력이 전달되는 상태.

전압 전원(점선)으로 표시된 상자 안의 v_s-R_s 결합)에 의해 공급되는 모든 전력은 부하로 가기 때문에, 우리는 R_L이 전달받는 전력을 다음과 같이 계산할 수 있을 것이다. 즉,

$$p_L = i^2 R_L = \left(\frac{v_s}{R_s + R_L}\right)^2 R_L \tag{4.26}$$

이 식으로부터 우리는, $R_L = 0$ 또는 ∞일 때 전압 전원에 의해 공급되는 전력이 0이라는 것을 알 수 있다. 바꿔 말하면, 단락 또는 개방 회로는 어떠한 전력도 흡수할 수 없다는 것을 알 수 있다. 이제 우리는 0과 무한대 사이의 R_L의 어떤 값에서 R_L이 전달받는 전력이 반드시 그림 4.20(b)와 같이 최대를 이룰 것임을 짐작할 수 있다. p_L이 최대가 될 때의 R_L 값을 구하기 위해, 식 (4.26)을 R_L에 대해 미분하고, 그 결과를 0으로 놓은 다음, R_L에 관해 풀면

$$\frac{dp_L}{dR_L} = \frac{v_s^2[(R_s + R_L)^2 - 2R_L(R_s + R_L)]}{(R_s + R_L)^4} = v_s^2 \frac{(R_s - R_L)}{(R_s + R_L)^3} = 0$$

$$\boxed{R_L = R_s} \tag{4.27}$$

를 얻을 것이다. 따라서 우리는, 부하 저항이 전원 저항과 같을 때, 전압 전원은 자신이 공급할 수 있는 최대 전력을 부하에 전달한다는 것을 알 수 있다. 우리는 이 전력을 **최대 유효 전력**이라고 부르며, 식 (4.27)을 식 (4.26)에 대입하여 구할 수 있다. 즉,

$$(p_L)_{\max} = \left(\frac{v_s}{R_s + R_L}\right)^2 R_L \Bigg|_{R_L = R_s}$$

따라서

$$\boxed{(p_L)_{\max} = \frac{v_s^2}{4R_s}} \tag{4.28}$$

이다. $(p_L)_{\max}$가 R_L에서 소비되는 동안, 똑같은 양의 전력이 그림 4.20(c)와 같이 전원의 내부 저항에서 소비된다는 점에 주목하기 바란다.

일반적으로, 전원 저항뿐 아니라 부하 저항도 고정된 값을 가지므로, R_s와 R_L이 같은 값을 갖지 않을 경우에는, 전원이 전달할 수 있는 양보다 더 적은 양의 전력이 부하에 전달될 것이다.

만일 전원의 내부 저항을 감소시킬 수 있다면, 우리는 전원으로부터 끌어낼 수 있는 최대 유효 전력을 증가시킬 수 있을 것이다. 예를 들어, 내부 저항을 세 배로 줄이고 전원 저항과 부하 저항을 정합시키면, 그림 4.20(b)에 나타낸 점선 곡선과 같이, 세 배 큰 전력을 전원으로부터 끌어낼 수 있다.

4.9 커패시터의 전력과 에너지

커패시터의 단자 변수들은 다음과 같은 관계를 가진다.

$$i = C\frac{dv}{dt}$$

따라서 커패시터로 전달되는 전력은

$$p = vi = vC\frac{dv}{dt} = Cv\frac{dv}{dt} \quad (4.29)$$

이다. 커패시터에 저장되는 에너지를 구하려면, 식 (4.23)을 사용해야 한다. 따라서 우리는

$$w(t) = w(0) + \int_0^t p(t')\,dt' = w(0) + \int_0^t \left(Cv\frac{dv}{dt'}\right)dt'$$

$$= w(0) + C\int_{v(0)}^{v(t)} v\,dv = w(0) + \frac{1}{2}Cv^2\Big|_{v(0)}^{v(t)}$$

$$w(t) = w(0) + \frac{1}{2}C[v^2(t) - v^2(0)] \quad (4.30)$$

을 얻을 수 있다.

식 (4.30)에서 우변의 첫째 항, 즉 $w(0)$는 $t = 0$에서 커패시터에 저장된 에너지를 나타낸다. 둘째 항, 즉 $\frac{1}{2}C[v^2(t) - v^2(0)]$은 0에서 t까지의 시간 동안 커패시터로 전달된 에너지를 나타낸다. 이제, $t \geq t_1$일 때 $v(t) = 0$이라고 가정하기로 하자. 그러면, $i(t) = Cdv(t)/dt$이기 때문에, $t > t_1$일 때 0일 것이다. $v(t)$와 $i(t)$ 모두가 $t > t_1$일 때 0이므로, 커패시터에는 에너지가 저장되지 않을 것이다. 따라서 $t > t_1$일 때, 식 (4.30)으로 주어지는 $w(t)$는 반드시 0이어야 할 것이다. 이는

$$\frac{1}{2}Cv^2(0) = w(0) \quad (4.31)$$

이어야 한다는 것을 의미한다. 결국, 식 (4.30)은

$$w(t) = \frac{1}{2}Cv^2(t) \quad (4.32)$$

으로 간단해질 것이다. 이 식으로부터 우리는, 임의의 시간 t에서 커패시터에 저장되는 에너지는 커패시터에 걸리는 전압의 제곱과 커패시턴스의 곱의 2분의 1이라는 것을 알 수 있다.

그림 4.21에 보인 것처럼, $t = 0$일 때 $V_m \sin\omega t$의 사인파 전압이 커패시터에 인가된다.

(a) 커패시터에 걸리는 전압, 커패시터에 흐르는 전류, 그리고 커패시터로 전달되는 순시 전력을 도시하라.

(b) $2\pi/\omega$초 동안 커패시터에 공급되는 평균 전력은 얼마인가?

(c) $2\pi/\omega$초 동안 커패시터에 저장되는 에너지는 얼마인가?

(d) 커패시터로 전달되는 에너지를 시간의 함수로 도시하라.

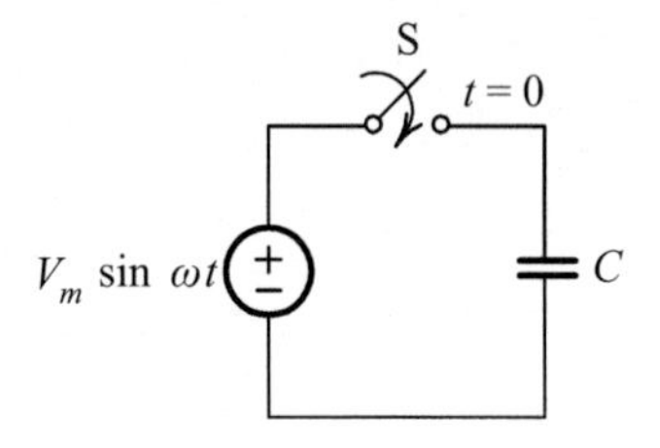

그림 4.21 예제 4.8을 위한 회로.

풀이 (a) 커패시터에 걸리는 전압, 커패시터에 흐르는 전류, 그리고 커패시터로 전달되는 순시 전력은 다음과 같다.

$$v = V_m \sin\omega t$$

$$i = C\frac{dv}{dt} = \omega C V_m \cos\omega t$$

$$p = vi = \omega C V_m^2 \sin\omega t \cos\omega t = \frac{1}{2}\omega C V_m^2 \sin 2\omega t$$

이들 파형을 그림 4.22에 도시했다.

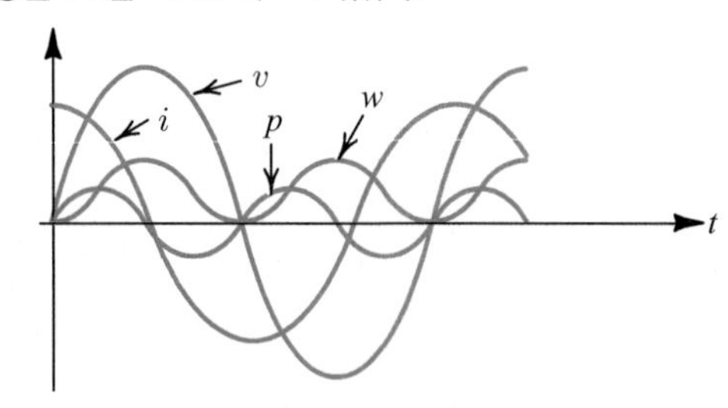

그림 4.22 예제 4.8에서 구해진 전압, 전류, 순시 전력 및 에너지 파형.

(b) $2\pi/\omega$초 동안 커패시터에 공급되는 평균 전력은 다음과 같다.

$$p_{av} = \frac{1}{2\pi/\omega}\int_0^{2\pi/\omega} p(t)\ dt = \frac{1}{4}\frac{\omega^2}{\pi} C V_m^2 \int_0^{2\pi/\omega} \sin 2\omega t\ dt$$

$$= \frac{\omega^2 C V_m^2}{4\pi}\left[-\frac{\cos 2\omega t}{2\omega}\right]_0^{2\pi/\omega} = 0$$

(c) $2\pi/\omega$초 동안 커패시터에 저장되는 에너지는

$$w(t) = \frac{1}{2}Cv^2(t) = \frac{1}{2}CV_m^2 \sin^2 \omega t$$

이며, $t = 2\pi/\omega$ 이므로

$$w\left(\frac{2\pi}{\omega}\right) = \frac{1}{2}CV_m^2 \sin^2 \omega\frac{2\pi}{\omega} = 0$$

이 된다. 우리는 이 결과를 $p_{av} \times 2\pi/\omega = 0$으로부터 직접 구할 수도 있다.

(d) 커패시터로 전달되는 에너지는

$$w(t) = \int_0^t p(t')\,dt' = \frac{1}{2}Cv^2(t) = \frac{1}{2}CV_m^2 \sin^2 \omega t$$

이다. 저항기와는 달리, 커패시터로 전달되는 에너지는 시간에 따라 증가하지 않는다는 점에 주목하기 바란다. 그림 4.22를 보라.

연습문제 4.7

초기 전압이 10 V인 1 μF의 커패시터에, 5 mA, 2 ms의 전류 펄스가 그림 E4.4와 같이 인가된다.

(a) 전류 펄스가 인가되기 전과 인가된 후에 커패시터에 저장되는 에너지는 각각 얼마인가?

(b) 전류 전원이 공급하는 총 에너지는 얼마인가?

(c) $t = 1$ ms일 때, 전류 전원이 전달하는 전력은 얼마인가?

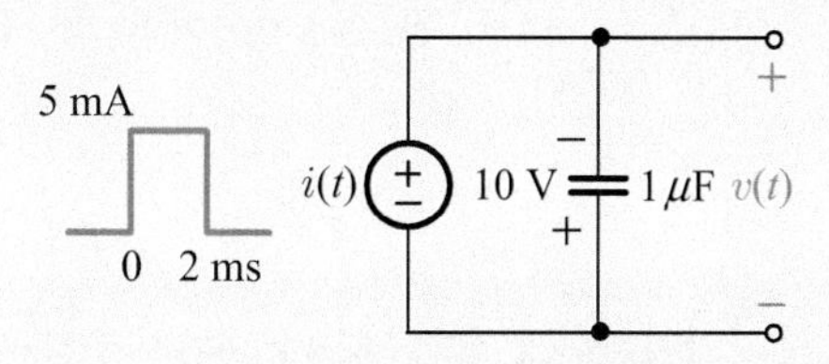

그림 E4.4 연습문제 4.4를 위한 회로.

답 (a) 인가되기 전 50 μJ, 인가된 후 0, (b) -50 μJ, (c) −25 mW

4.10 인덕터의 전력과 에너지

인덕터의 단자 변수들은 다음과 같은 관계를 가진다. 즉,

$$v = L\frac{di}{dt}$$

따라서 인덕터로 전달되는 전력은

$$p = vi = L\frac{di}{dt}i \tag{4.33}$$

이다. 인덕터에 저장되는 에너지를 구하기 위해 식 (4.23)을 사용하면,

$$w(t) = w(0) + \int_0^t p(t')\, dt' = w(0) + \int_0^t \left(Li\frac{di}{dt'}\right)dt'$$

$$= w(0) + L\int_{i(0)}^{i(t)} i\,di = w(0) + \frac{1}{2}Li^2 \Big|_{i(0)}^{i(t)}$$

$$w(t) = w(0) + \frac{1}{2}L[i^2(t) - i^2(0)] \tag{4.34}$$

을 얻을 수 있다. 식 (4.34)의 우변의 첫 번째 항, 즉 $w(0)$는 $t = 0$ 일 때 인덕터에 저장된 에너지를 나타낸다. 두 번째 항, 즉 $\frac{1}{2}L[i^2(t) - i^2(0)]$ 은 0에서 t까지의 시간 동안 인덕터로 전달된 에너지를 나타낸다. 이제, $t \geq t_1$ 일 때 $i(t) = 0$ 으로 가정하면, $v(t) = L\,di(t)/dt$ 이므로 $v(t) = 0$ 일 것이다. $t > t_1$ 일 때 $i(t)$와 $v(t)$가 둘다 0이므로, 인덕터에는 에너지가 저장되지 않을 것이다. 따라서 $t > t_1$ 일 때, 식 (4.34)로 주어지는 $w(t)$는 반드시 0이어야 할 것이다. 이는

$$\frac{1}{2}Li^2(0) = w(0) \tag{4.35}$$

이어야 한다는 것을 의미한다. 결국, 식 (4.34)는

$$w(t) = \frac{1}{2}Li^2(t) \tag{4.36}$$

으로 간단해지고, 이 식으로부터 우리는 어떤 시간 t에서 인덕터에 저장되는 에너지는 인덕터를 통해 흐르는 전류의 제곱과 인덕턴스의 곱의 2분의 1이라는 것을 알 수 있다.

예제 4.9 V-볼트의 계단 전압이 그림 4.23에 보인 것처럼 $t=0$ 일 때 스위치를 닫음으로써 인덕터에 인가된다. 인덕터로 전달되는 에너지와 전력을 시간 함수의 식으로 나타내어라.

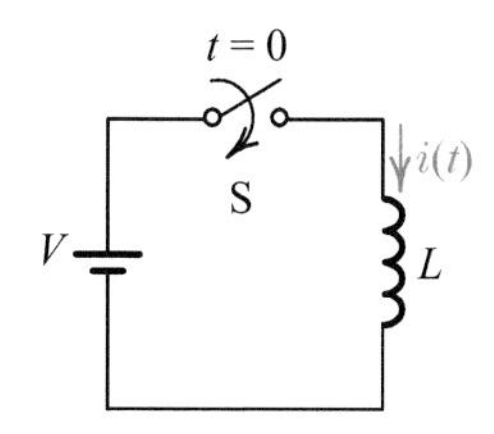

그림 4.23 예제 4.9를 위한 회로.

풀이 $t \geq 0$ 후에, 인덕터에 걸리는 전압은 항상 V 볼트이다. 이 일정한 전압이 다음 식으로 주어지는 전류 $i(t)$를 발생시킬 것이다.

$$i(t) = \frac{1}{L}\int_0^t v\,dt' = \frac{1}{L}\int_0^t V\,dt' = \frac{V}{L}t'\Big|_0^t = \frac{V}{L}t$$

따라서 인덕터로 전달되는 전력은

$$p(t) = v(t)i(t) = V\left(\frac{V}{L}t\right) = \frac{V^2}{L}t$$

일 것이고, 인덕터로 전달되는 에너지는

$$w(t) = \int_0^t p(t')\,dt' = \int_0^t \frac{V^2}{L}t'\,dt' = \frac{V^2}{L}\frac{t'^2}{2}\Big|_0^t = \frac{1}{2}\frac{V^2}{L}t^2$$

일 것이다. $w(t)$를 다음과 같이 직접 구할 수도 있다는 점에 유의하기 바란다.

$$w(t) = \frac{1}{2}Li^2(t) = \frac{1}{2}L\left(\frac{V}{L}t\right)^2 = \frac{1}{2}\frac{V^2}{L}t^2$$

연습문제 4.8

선형적으로 증가하는 전압이 그림 E4.5에 보인 RLC 회로에 인가된다. 1 초 동안 전원에 의해 공급된 에너지는 얼마인가?

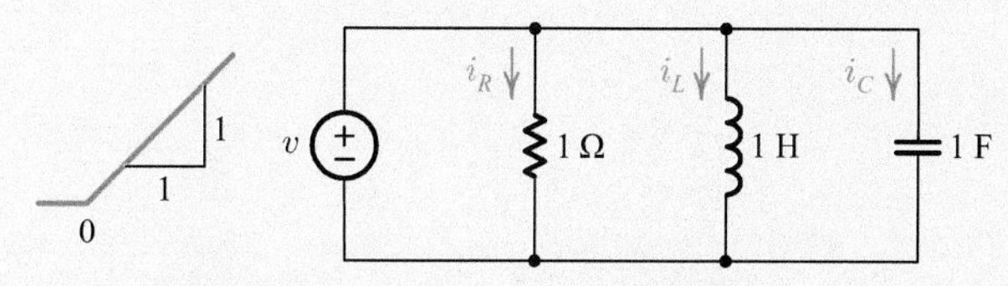

그림 E4.5 연습문제 4.5를 위한 회로.

답 $\frac{23}{24}$ J

요 약

- ✔ 계단파는 그것의 진폭과 시간-편이 파라미터로 정의된다.
- ✔ 사인파는 세 개의 파라미터, 즉 진폭, 주파수(또는 각 주파수나 주기), 그리고 위상각의 식으로 정의된다.
- ✔ 커패시터와 인덕터의 단자 특성은 다음 식으로 나타낼 수 있다.

  커패시터 $\left(i = C\dfrac{dv}{dt}\right)$, 인덕터 $\left(v = L\dfrac{di}{dt}\right)$
- ✔ 전력은 전압과 전류의 곱이고, 에너지는 전력의 시간 적분이다.
- ✔ 저항기에서 소비되는 전력은 i^2R이다.
- ✔ 커패시터에 저장되는 에너지는 $\frac{1}{2}Cv^2$이고, 인덕터에 저장되는 에너지는 $\frac{1}{2}Li^2$이다.

문제 Question

4.2 사인파

4.1 다음 사인파의 주기와 위상을 구하라.

$$4\sin(\pi/2)(t-3)$$

4.3 커패시터

4.2 임의의 커패시터에 대해, $\int_0^t i\, dt'$ 대 v 그래프를 그려라.

4.3 0.01 F의 커패시터에 걸리는 전압이 $v = t + \sin t$이다. 커패시터를 통해 흐르는 전류 i를 구하라.

4.4 (a) $v = t$일 때, 1F의 커패시터에 대한 i 대 v 그래프를 $t \geq 0$에 대해 도시하라.

(b) $i = e^{-t}$일 때, 1F의 커패시터에 대한 i 대 v 그래프를 $t \geq 0$에 대해 도시하라.

4.5 그림 P4.5에 보인 전류 파형이 1F의 커패시터를 구동한다. 커패시터에 걸리는 전압 $v(t)$에 대한 표현식을 구하라.

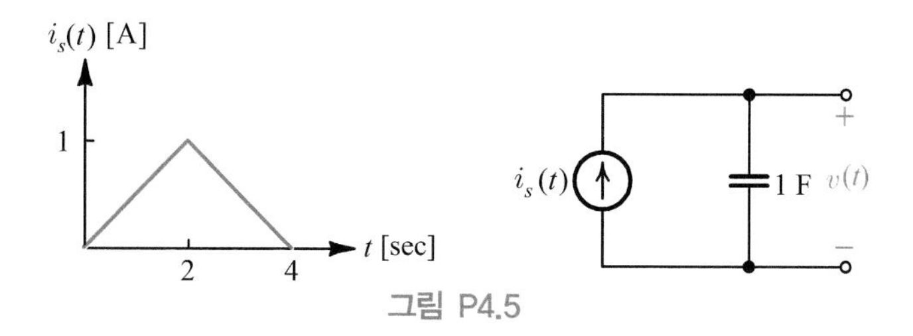

그림 P4.5

4.6 그림 P4.6에서 $t \geq 0$ 일 때 $i = t$이다. $t \geq 0$ 에서 v 대 t, i 대 v, 그리고 i 대 dv/dt 그래프를 그려라.

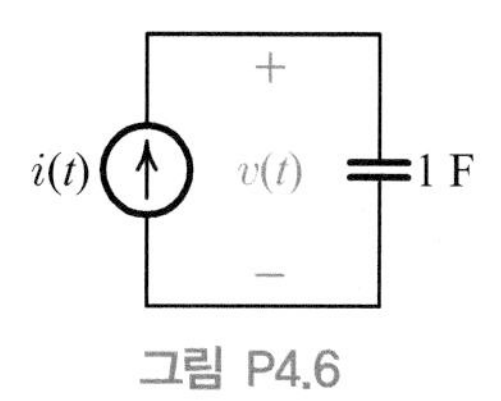

그림 P4.6

4.7 1A의 계단 전류가 그림 P4.7에 보인 것처럼 3V의 초기 전압을 가지고 있는 커패시터에 인가된다. v 대 t 그래프를 스케치하라. 커패시터에 걸리는 전압이 0이 되는 것은 언제인가?

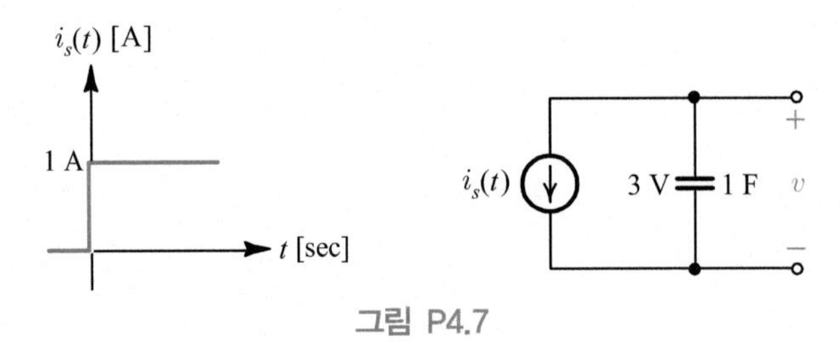

그림 P4.7

4.8 그림 P4.8에서 커패시터에 걸린 초기 전압은 그림에 보인 것처럼 10V이다. $v(t)$에 대한 표현식을 구하라.

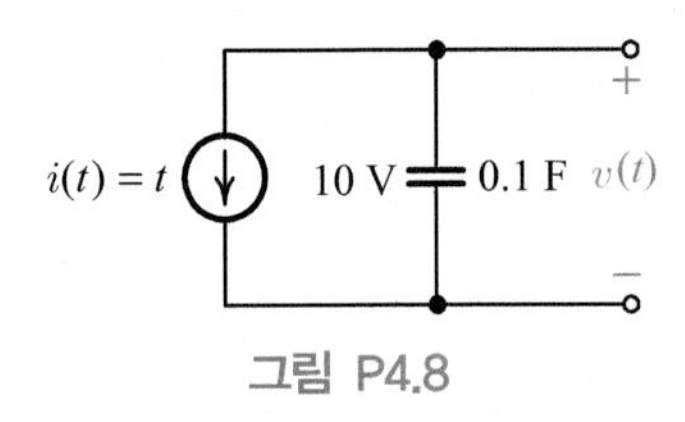

그림 P4.8

4.4 인덕터

4.9 $i=t$로 주어지는 전류 전원이 $t=0$에서 10H의 인덕터에 인가된다. 그 결과로 생기는 전압을 구하라.

4.10 1H의 인덕터에 걸린 전압이 $\sin t$이었다.

(a) 그 결과로 생기는 전류 파형을 스케치하라.

(b) i 대 v 그래프를 스케치하고, 그들의 값을 표기하라.

4.11 그림 P4.11에 보인 회로에 대해, $v(t)$ 대 t와 $i(t)$ 대 $v(t)$ 그래프들을 스케치하라.

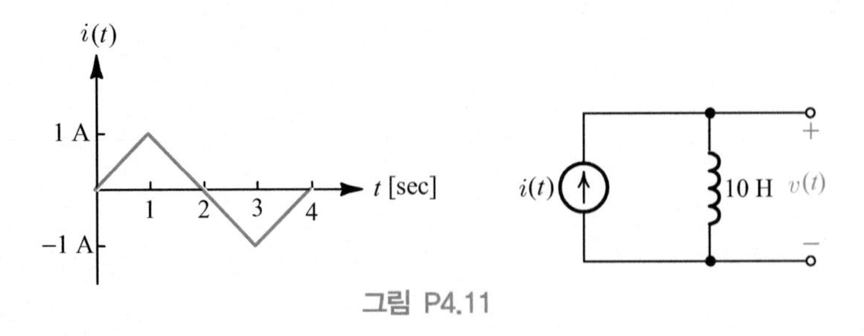

그림 P4.11

4.12 그림 P4.12에서 i 대 t, i 대 v, 그리고 v 대 di/dt 그래프들을 스케치하라.

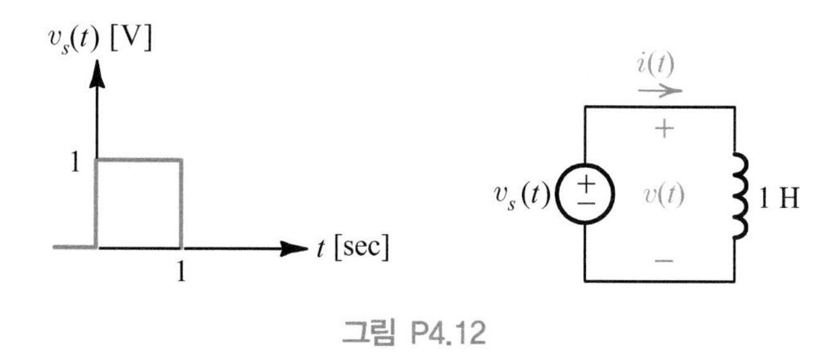

그림 P4.12

4.13 그림 P4.13에서 스위치 S는 $t=0$에서 닫히고, 그 결과로 단자 1-1'가 단락 회로가 된다.

(a) 스위치가 닫히기 전에 인덕터에 흐르던 전류는 얼마인가?

(b) 스위치가 닫힌 10 초 후에, 인덕터를 통해 흐르는 전류와 단락 회로를 통해 흐르는 전류는 각각 얼마인가?

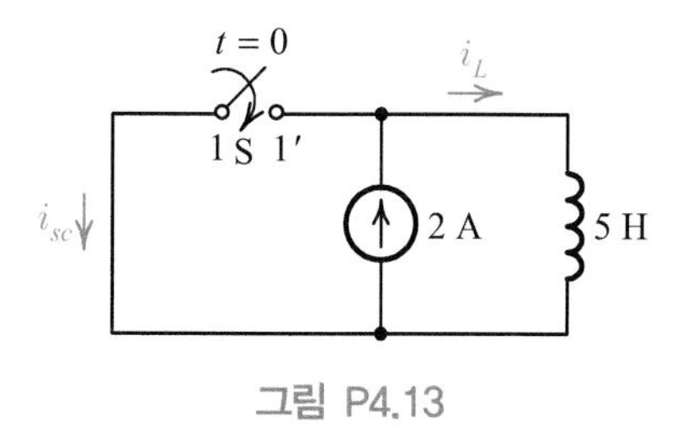

그림 P4.13

4.14 임의의 인덕터에 대해, i 대 $\int_0^t v\ dt'$ 그래프를 스케치하라.

4.6 전력과 에너지

4.15 어떤 소자 사이에 걸리는 전압과 그 소자를 통해 흐르는 전류를 그림 P4.15에 나타냈다. 순시 전력대 시간의 그래프를 도시하라.

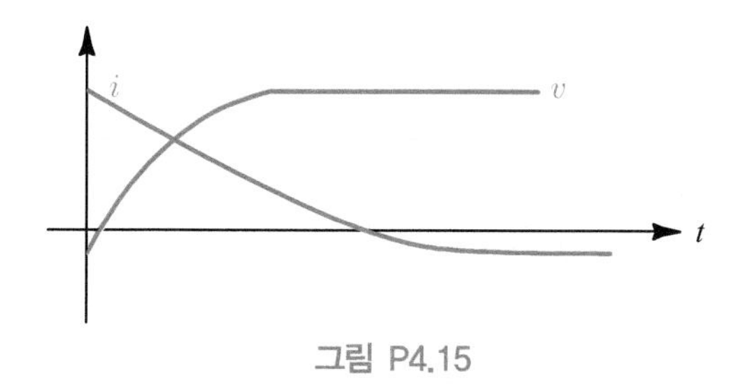

그림 P4.15

4.16 어떤 소자로 전달된 에너지를 그림 P4.16에 나타냈다. 그 소자로 전달된 순시 전력을 그려라. 그리고, 그 값을 구하라.

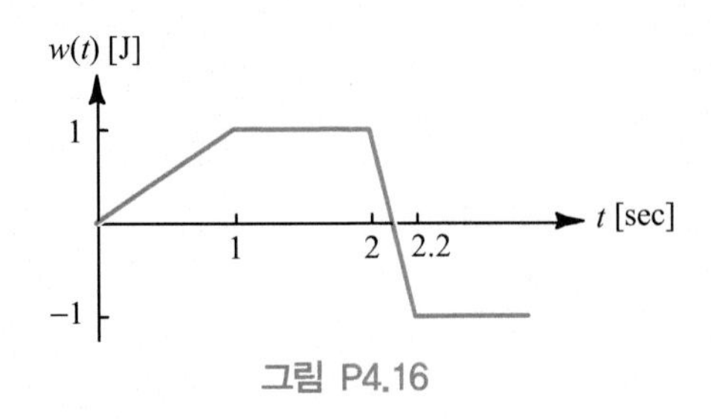

그림 P4.16

4.17 1 kW의 토스터에 의해 1분 동안 발생되는 열은 몇 주울인가?

4.7 저항기의 전력과 에너지

4.18 100 V 직류 회로에서 1 kΩ 저항기의 정격 전력은 얼마이어야 하는가?

4.19 (a) 0.5 W, 25 Ω의 저항기 두 개가 직렬로 접속되어 있다. 저항기의 손상 없이 각각의 저항기를 통해 흐를 수 있는 전류는 얼마인가?

(b) 저항기가 병렬로 접속되어 있다고 가정하여 (a)를 반복하라.

4.20 그림 P4.20에 나타낸 두 회로는 똑같은 단자 전압을 가지고 있다. 언제 (a)의 회로를 사용하는 것이 (b)의 회로를 사용하는 것보다 유리한가?

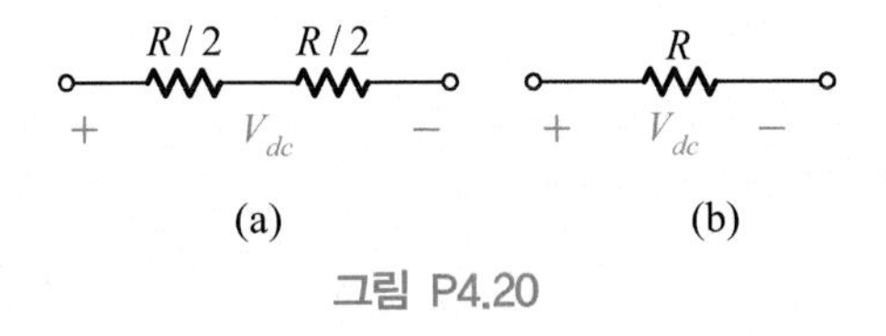

그림 P4.20

4.8 최대 전력 전달

4.21 12 V, 0.05 Ω의 전원으로부터 끌어낼 수 있는 최대 전력은 얼마인가?

4.22 (a) 8 Ω의 스피커가 16 Ω, 10 V의 피크 사인파 전원에 접속되어 있다. 사인파의 한 주기 동안 스피커로 전달된 평균 전력은 얼마인가?

(b) 16 Ω 스피커를 사용한다고 가정하여 (a)를 반복하라.

4.23 부하 저항은 R_L로 고정되어 있고, 전원 저항 R_s는 가변할 수 있다. 전압 전원으로부터 R_L에 최대 전력을 전달하려면 R_s의 값을 얼마로 해야 하는가?

4.24 그림 P4.24에서 R을 조정할 수 있다고 가정하자. R이 어떤 값일 때 R이 최대 전력을 전달받을 수 있겠는가?

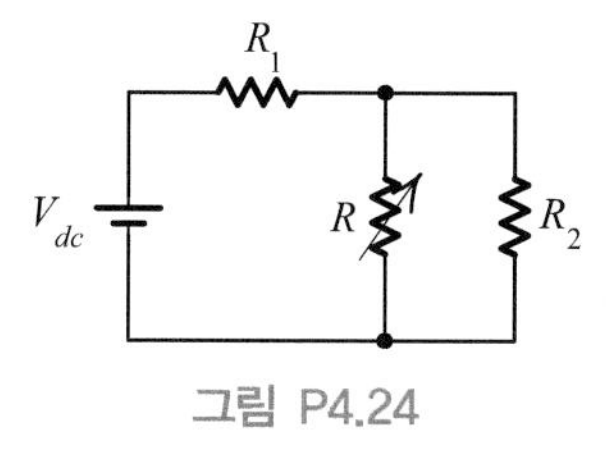

그림 P4.24

4.25 그림 P4.25를 참조하라.

(a) R_1만을 조정하여 R_L에 최대 전력을 전달하고자 한다. 적당한 R_1의 값을 구하고, R_L로 전달된 전력을 구하라.

(b) R_2만이 조정 가능한 저항일 때 (a)를 반복하라.

(c) R_L만이 조정 가능한 저항일 때 (a)를 반복하라.

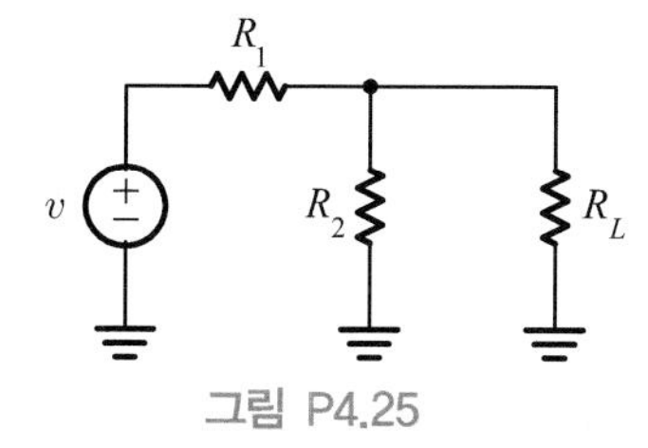

그림 P4.25

4.26 그림 P4.26에서 I_{dc}, R_1, 그리고 R_2는 고정되어 있다. 저항기 R_3는 그림에 보인 것처럼 가변시킬 수 있다.

(a) R_3가 어떤 값일 때 R_1에서 소비되는 전력이 최대가 되겠는가?

(b) R_3가 어떤 값일 때 R_2에서 소비되는 전력이 최대가 되겠는가?

(c) R_3가 어떤 값일 때 R_3에서 소비되는 전력이 최대가 되겠는가?

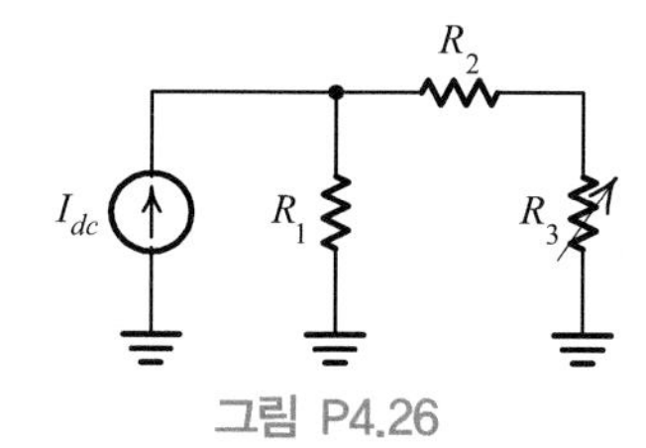

그림 P4.26

4.9 커패시터의 전력과 에너지

4.27 1 주울의 에너지를 100V에서 저장하려면, 어떤 용량의 커패시터를 사용해야 하는가?

4.28 그림 P4.28을 참조하라. $v_c(t)$, $p_c(t)$, 그리고 $w_c(t)$에 대한 표현식을 구하고, 이들과 시간과의 관계를 도시하라.

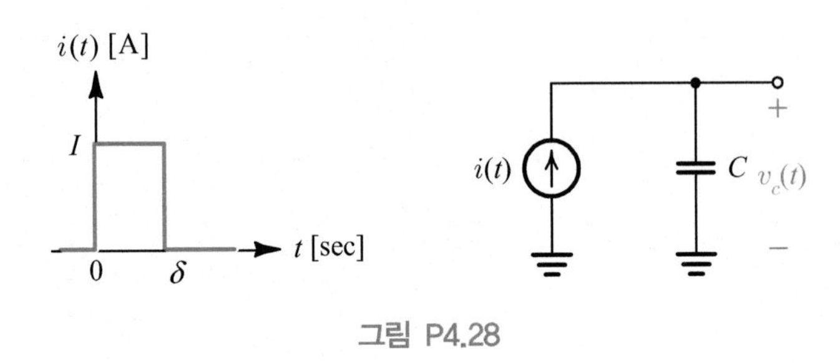

그림 P4.28

4.29 그림 P4.29에 나타낸 회로에서 전류 전원에 의해 전달된 전력을 시간에 대한 함수로 도시하라. 그리고 그 값을 구하라.

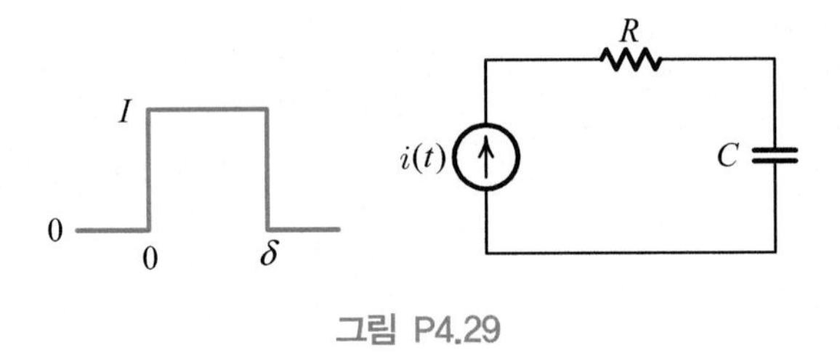

그림 P4.29

4.10 인덕터의 전력과 에너지

4.30 그림 P4.30의 회로에서 $t = 2$ 초에서 인덕터에 저장되는 에너지는 얼마인가?

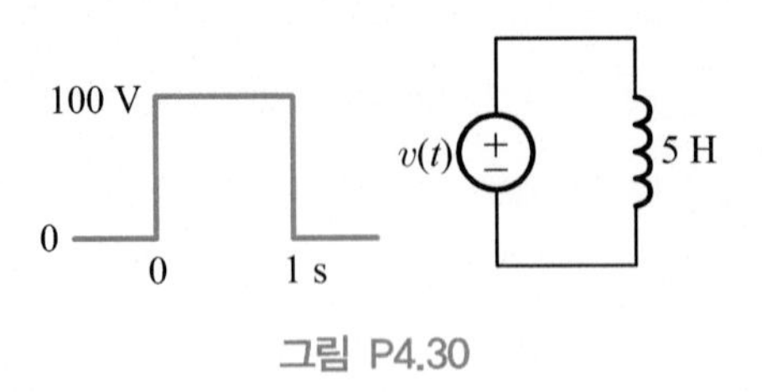

그림 P4.30

4.31 그림 P4.31에 보인 회로에서 전압 전원에 의해 공급된 전력과 에너지를 시간의 함수로 계산하라.

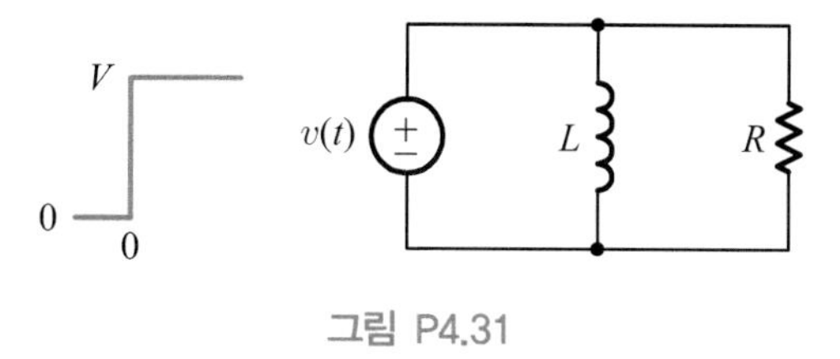

그림 P4.31

4.32 그림 P4.32에 나타낸 회로에서 각각의 전원에 의해 전달된 전력을 구하라.

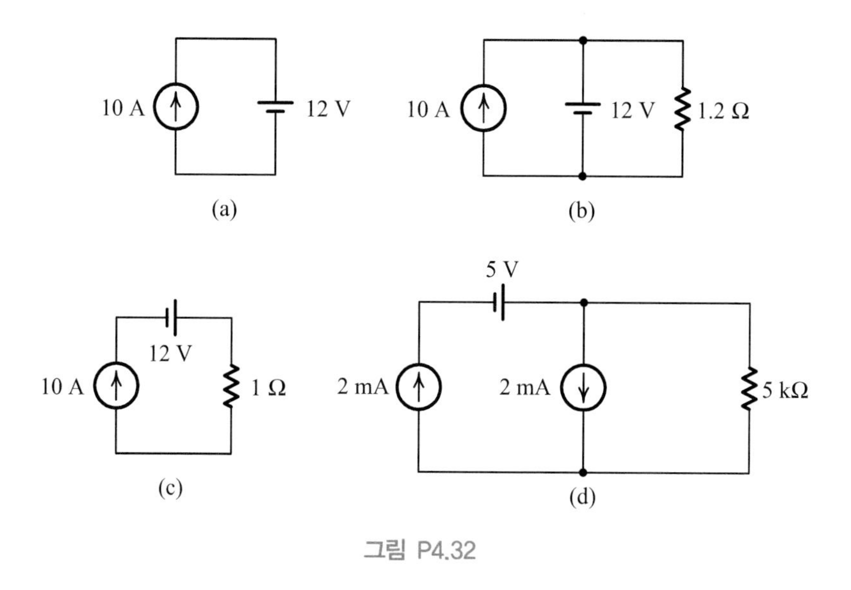

그림 P4.32

4.33 $I_m \sin \omega t$ 로 주어지는 사인파 전류가 인덕터에 인가되었다.

(a) 인덕터 사이에 걸리는 전압, 인덕터를 통해 흐르는 전류, 그리고 인덕터로 전달된 순시 전력을 도시하라.

(b) $2\pi/\omega$ 초의 주기 동안 인덕터에 공급된 평균 전력은 얼마인가?

(c) $2\pi/\omega$ 초의 끝에서 인덕터에 저장된 에너지는 얼마인가?

Circuit Theory
Fundamentals
and
Applications

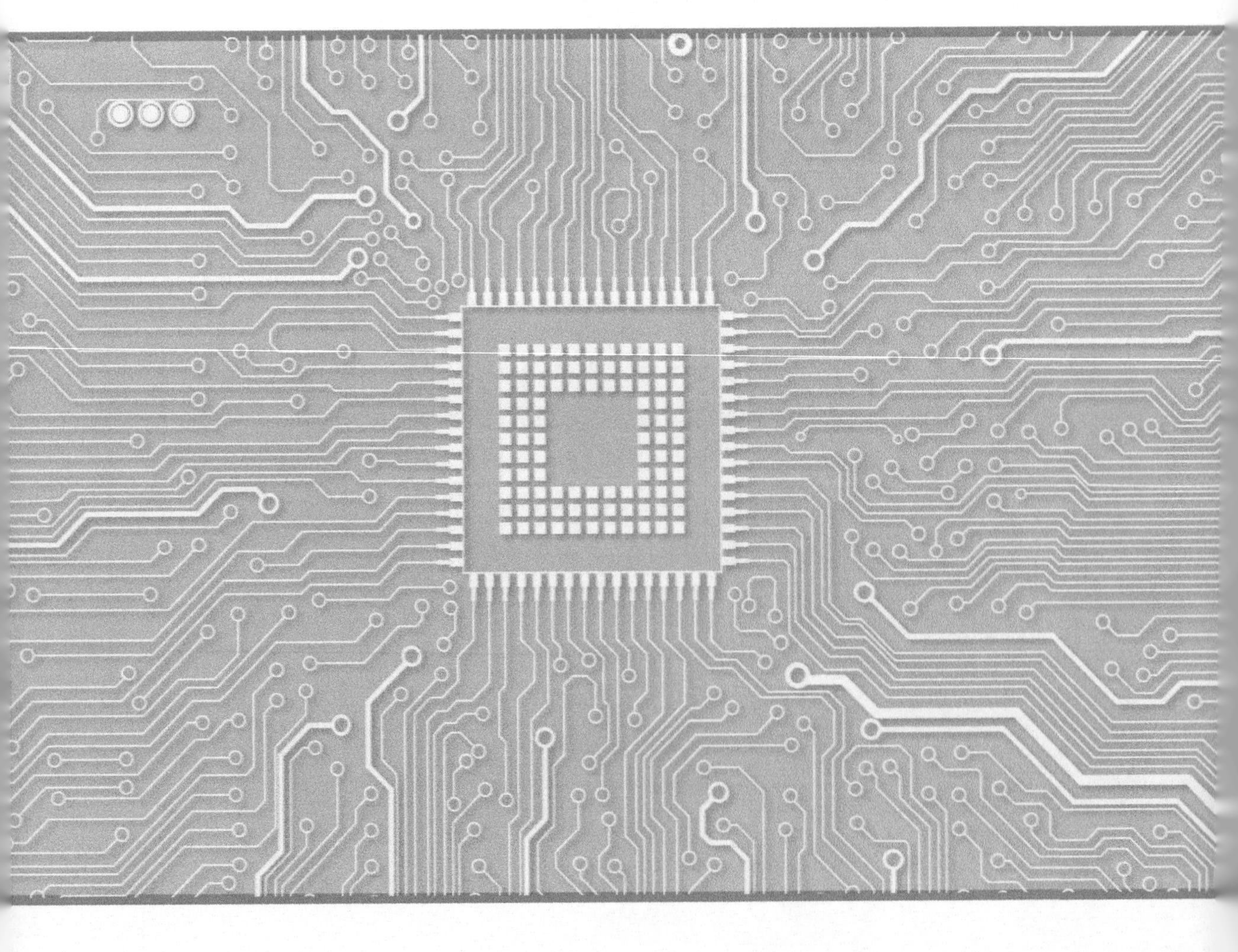

PART 02

주파수 영역 해석

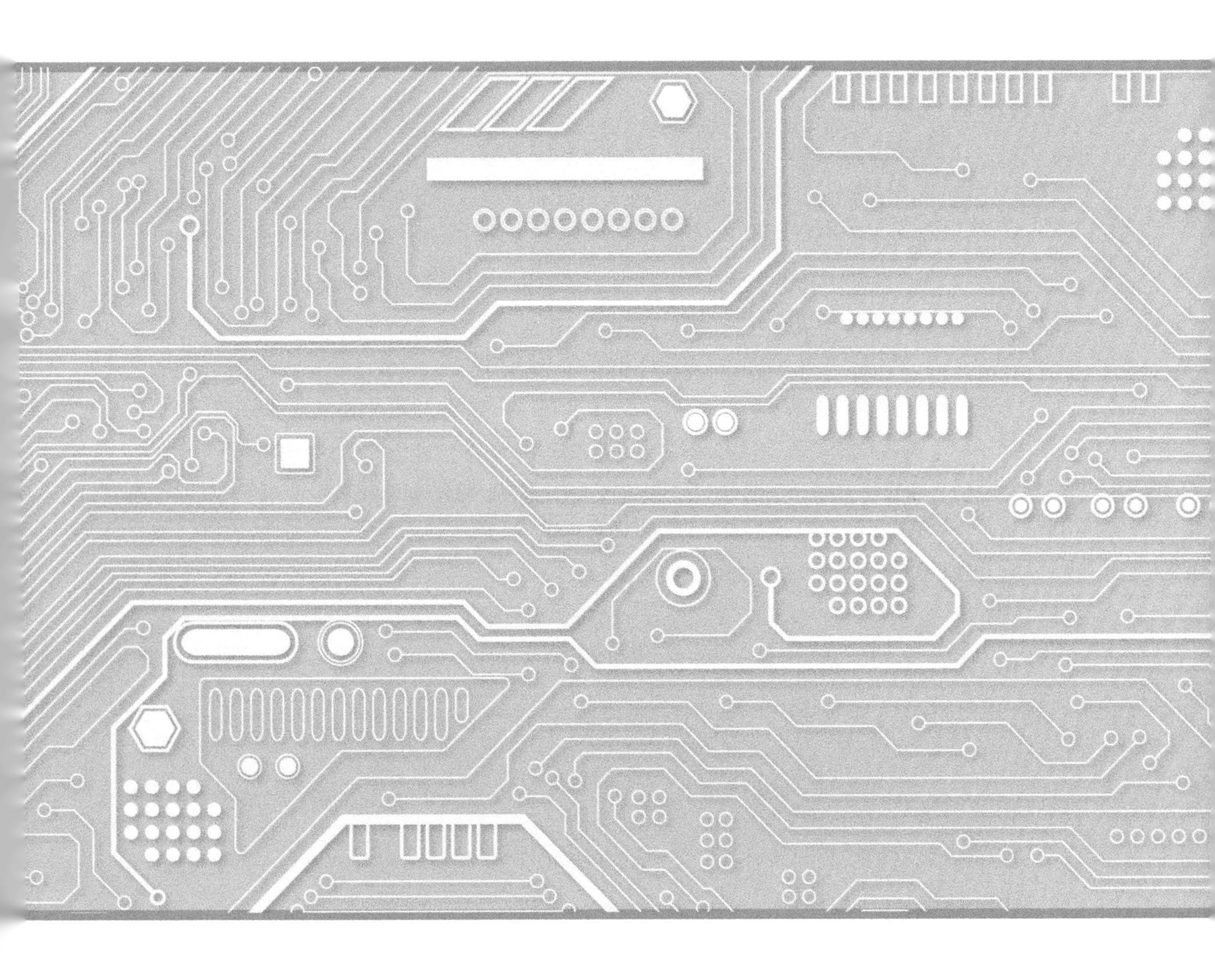

CHAPTER 05

라플라스 변환

서론

입력이 인가된 저항 회로에서 전압과 전류를 계산하는 것은 간단한 과정이다. 그러나 미분 관계식[$v = L(di/dt)$, $i = C(dv/dt)$] 으로 나타내어지는 특성을 갖는 커패시터나 인덕터와 같은 에너지 저장 소자들을 포함한 회로에서, 전압과 전류를 계산하기란 그리 간단한 일이 아니다. 즉, 이와 같은 회로의 전압 식과 전류 식은 미분 방정식으로 나타내어지며, 그 해를 얻기 위해서는 많은 노력을 들여야 한다. 미분 방정식은 고전적인 방법으로 풀 수 있다. 그러나 회로에 종사하는 기술자들은 **라플라스 변환**(Laplace trans- formation) 방법을 더 선호한다. 왜냐하면, 이 방법이 사용하기에 더 간단하고, 회로 동작에 대한 통찰력을 주기 때문이다. 이 장에서 우리는 라플라스 변환의 실용적인 지식을 습득하고, 그 결과를 RLC 소자로 구성된 회로의 해석에 적용할 것이다.

라플라스 변환은 복소수에 대한 지식을 필요로 한다. 복소수에 익숙하지 못한 독자는 부록 2를 참고하여 필요한 지식을 얻기 바란다.

5.1 라플라스 변환

변환법의 원리

라플라스 변환의 구체적인 내용을 공부하기 전에, 공학에서 곧잘 사용되는 **변환법**(transform method)의 원리에 대해 살펴보기로 하자. 미분 방정식을 풀기 위해 변환법을 이용하는 것과 산술 연산을 수행하기 위해 **로그**(logarithm)를 이용하는 것 사이에는 눈에 띄는 유사함이 있다. 두 실수 a와 b가 주어졌다고 가정해 보기로 하자. 그리고 이들의 곱

$$c = a \times b \tag{5.1}$$

를 로그를 이용해 구해 보기로 하자. 두 항들의 곱의 로그는 각각의 항들의 로그들의 합이므로, 우리는

$$\log c = \log(a \times b) = \log a + \log b \tag{5.2}$$

를 얻을 수 있을 것이다. 따라서 우리는 우리가 구하고자 하는 c를 다음과 구할 수 있을 것이다.

$$c = \log^{-1}(\log a + \log b) \tag{5.3}$$

만일 a와 b 모두가 여섯-자리 수라면, 로그를 사용하여 곱셈을 덧셈으로 변환시켜 계산한 다음, 그 결과에 **역로그**(antilogarithm)를 취해 c를 구하는 것이 더 손쉬울 것이다.

미-적분 방정식을 풀기 위해 변환법을 이용할 때에도 이와 유사한 과정을 거친다. 선형 미분 방정식

$$y(x(t), t) = f(t) \tag{5.4}$$

를 생각해 보자. 여기서 t는 시간을 의미하는 독립 변수(independent variable)이고, $f(t)$는 기지의(known) **시간-영역 함수**(time-domain function)이다. 또한, $x(t)$는 우리가 구하려고 하는 미지의(unknown) 시간-영역 함수이다. $y(x(t), t)$는 $x(t)$의 미분 방정식이다. **변환 과정**(transformation process)을 $T[\cdot]$로 표시하기로 하고, s를 주파수를 의미하는 독립 변수라고 하자. 식 (5.4)의 양변을 변형시키면,

$$T[y(x(t), t)] = T[f(t)] \tag{5.5}$$

를 얻을 것이다. 여기서, **주파수 영역 함수**(frequency-domain function)를 대문자로 표기하기로 하면, 식 (5.5)를 다음과 같이 쓸 수 있을 것이다.

$$Y(X(s),\ s)\ =\ F(s) \tag{5.6}$$

여기서 $X(s)\ =\ T[x(t)]$, $F(s)\ =\ T[f(t)]$ 이고 $Y(X(s),\ s)$는 s의 **대수 방정식**(algebraic equation)이다. 이 변환법의 핵심은 시간의 미분 방정식을 주파수의 대수 방정식으로 바꾸는 것이다. 그 다음에, 우리는 식 (5.6)을 대수적으로(algebraically) 풀어 $X(s)$를 얻을 수 있을 것이다. 마지막 단계로, **역변환**(inverse transform)을 행함으로써 우리는 우리가 구하려고 하는 미지의 함수 $x(t)$를 다음과 같이 얻을 수 있을 것이다.

$$x(t)\ =\ T^{-1}[X(s)] \tag{5.7}$$

변환법의 개요를 그림 5.1에 나타냈다.

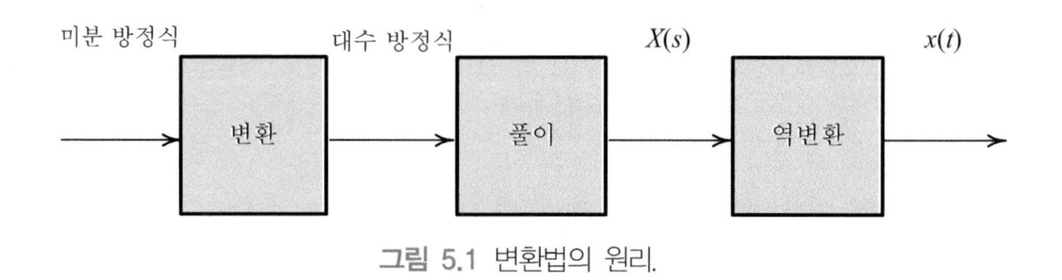

그림 5.1 변환법의 원리.

라플라스 변환

회로에서 변수 $v(t)$와 $i(t)$는 **시간-영역 변수**(time-domain variable)들이다. 우리는 이들을 전압계과 전류계를 사용하여 시간 영역에서(시간의 특정한 순간에서) 측정할 수 있을 것이다. 우리는 또, 이들을 시간의 함수로서 오실로스코프 상에 표시할 수도 있을 것이다. 이와 같이, 우리는 실험을 통해 $v(t)$와 $i(t)$에 대한 지식을 얻을 수 있을 것이다. 따라서 회로 문제를 푸는 데 어떤 해결 방법을 사용하든 상관없이, 우리는 우리가 얻은 최종 결과를 시간 영역의 식으로 나타내고 분석하는 것이 좋을 것이다. 회로의 해를 구하기 위해, 우리는 잠시 동안 시간 영역으로부터 벗어날 수도 있을 것이다. 그러나 우리의 궁극적인 목적이 회로의 동작을 시간 영역에서 이해하는 것이기 때문에, 우리는 다시 시간 영역으로 되돌아가야 할 것이다. 라플라스 변환은 적은 노력으로 회로 방정식을 푸는 방법을 우리에게 제공해준다. 따라서, 이제부터 우리는 라플라스 변환에 대해 살펴볼 것이다.

시간의 함수 $f(t)$의 **라플라스 변환**(Laplace transform)[11]은 다음과 같이 주어진다.

---

[11] 프랑스의 수학자인 Pierre Simon, Marquis de Laplace(1749-1827)가 제안한 변환법.

$$\mathcal{L}\{f(t)\} = \int_0^\infty f(t)e^{-st}dt = F(s) \tag{5.8}$$

적분 구간이 $t = 0$에서부터 $t = \infty$까지기 때문에, $f(t)$의 라플라스 변환은 시간의 함수가 아니라 e^{-st} 인수를 거쳐 도입된 s의 함수이다. 우리는 독립 변수 s를 **복소-주파수 변수**(complex-frequency variable)라고 부른다. 우리는 또 변환된 함수 $F(s)$를 복소-주파수 영역의 함수, 또는 간단히 주파수 영역의 함수라고 부른다. 시간 영역의 함수를 소문자 f로 표시하고, 주파수 영역의 함수를 대문자 F로 표시한다는 점에 유의하기 바란다.

식 (5.8)의 정의가 부적당한(상한이 무한대인) 적분을 포함하고 있으므로, 우리는 적분이 존재하는(수렴하는) 조건들을 반드시 검토해야 할 것이다. 만일 함수 $f(t)$가 구분적 연속이고 지수 함수계라면, 적분이 존재할 것이다. **구분적 연속**(piecewise continuous)이라는 것은, $f(t)$가 어떤 유한한 구간에서 유한 개의 (계단 같은) 불연속점들을 가진다는 것을 의미한다. **지수 함수계**(exponential order)라는 것은, 모든 $t > 0$에 대해 $|f(t)| < Me^{bt}$와 같은 상수들 M과 b가 존재한다는 것을 의미한다. 실제로, 회로와 관련된 많은 함수들은 이 조건들을 만족시킨다. 즉, 회로와 관련된 많은 함수들은 라플라스 변환이 가능하다. 하지만, 우리는 라플라스 변환이 불가능한 함수를 구성할 수도 있을 것이다. 예를 들어, $f(t) = e^{t^2}$은 지수 함수계가 아니기 때문에 라플라스 변환될 수 없을 것이다(즉, $t \to \infty$로 접근할 때, $|e^{t^2}|$을 Me^{bt}보다 작게 만드는 M과 b가 존재하지 않는다).

전기적인 두 변수, 즉 $v(t)$와 $i(t)$를 라플라스 변환시키면 $V(s)$와 $I(s)$가 되고, 이들은 다음과 같이 주어질 것이다.

$$V(s) = \int_0^\infty v(t)e^{-st}dt, \qquad I(s) = \int_0^\infty i(t)e^{-st}dt \tag{5.9}$$

따라서, 전압과 전류는 이제부터는 시간의 함수가 아니라 s의 함수가 된다. 따라서 우리는 $V(s)$와 $I(s)$를 오실로스코프 상에 나타낼 수 없을 것이다. 그럼에도 불구하고, 우리는 이 변수들을 주파수 영역에서 다룰 수 있으며, 그들의 사용법도 익힐 수 있을 것이다. 우리는 또 이 변수들의 주파수 영역 특성을 그들의 시간-영역 특성에 연관시킬 수도 있을 것이다.

응답을 얻으려면 RLC 회로를 여기시켜야 한다(입력 여기가 없으면, 모든 응답이 0이다). 가장 **일반적인 여기 함수**(excitation function)는 복소-지수 함수인 e^{-kt}이다. k가 실수일 경우, 이 함수는 k값에 따라 **지수적인 감소**(exponential decay)

(k < 0일 때)를 나타내기도 하고, **상수**(constant)(k=0일 때)를 나타내기도 하며, **지수적인 증가**(exponential growth)(k > 0일 때)를 나타내기도 한다. 만약 입력 여기가 $t = 0$ 이전에는 0이고, $t = 0$ 이후에는 e^{kt} 라고 가정하면, 입력 여기는 그림 5.2에 보인 파형들 중의 하나로 나타내어질 것이다.

k가 복소수일 경우, 우리는 두 개의 복소 지수 함수를 적당한 스케일 인수로 결합시킴으로써 아래에 보인 것처럼, **지수적으로 감소하는 사인파**(exponentially damped sine wave), **사인파**(sine wave), 그리고 **지수적으로 증가하는 사인파**(exponentially growing sine wave)를 생성시킬 수 있을 것이다.

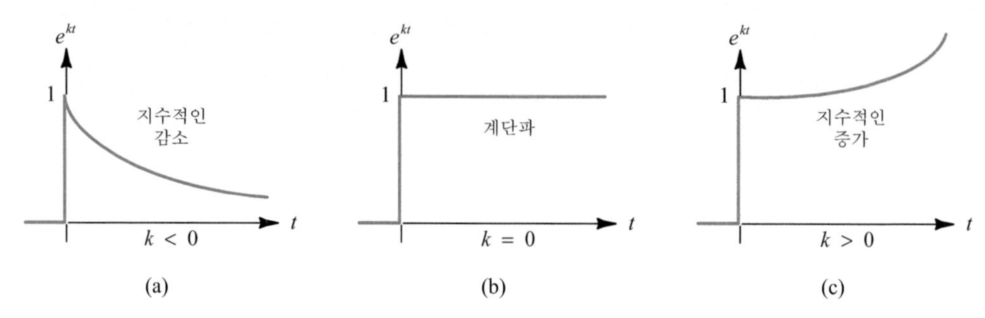

그림 5.2 실 지수 함수의 파형: (a) 지수적인 감소, (b) 상수, (c) 지수적인 증가.

$$\left(\frac{1}{2j}\right)e^{(-\alpha + j\beta)t} - \left(\frac{1}{2j}\right)e^{(-\alpha - j\beta)t} = \frac{e^{-\alpha t}(e^{j\beta t} - e^{-j\beta t})}{2j} = e^{-\alpha t}\sin\beta t \qquad (5.10a)$$

$$\left(\frac{1}{2j}\right)e^{j\beta t} - \left(\frac{1}{2j}\right)e^{-j\beta t} = \frac{e^{j\beta t} - e^{-j\beta t}}{2j} = \sin\beta t \qquad (5.10b)$$

$$\left(\frac{1}{2j}\right)e^{(\alpha + j\beta)t} - \left(\frac{1}{2j}\right)e^{(\alpha - j\beta)t} = \frac{e^{\alpha t}(e^{j\beta t} - e^{-j\beta t})}{2j} = e^{\alpha t}\sin\beta t \qquad (5.10c)$$

이 파형들을 그림 5.3에 나타냈다.

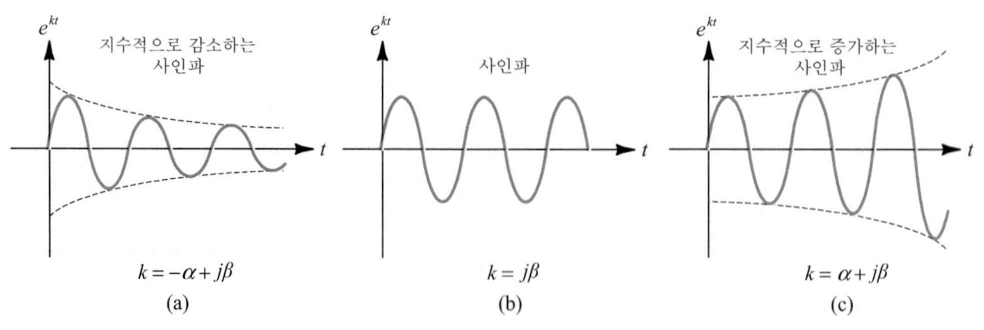

그림 5.3 복소 지수 함수의 파형: (a) 지수적으로 감소하는 사인파, (b) 사인파;
(c) 지수적으로 증가하는 사인파.

e^{kt} 함수의 라플라스 변환은 식 (5.8)을 이용하여 구할 수 있을 것이다. 즉,

$$\mathcal{L}\{e^{kt}\} = \int_0^{\infty} e^{kt} e^{-st}\, dt \tag{5.11}$$

$$\mathcal{L}\{e^{kt}\} = \int_0^{\infty} e^{(k-s)t}\, dt = \frac{e^{(k-s)t}}{(k-s)} \Bigg|_0^{\infty} \tag{5.12}$$

여기서 지수 $k - s$는 복소수이다. 그러나 우리는 $\mathrm{Re}\{k - s\}$를 음의 값으로 규정할 수 있을 것이다. 따라서, $t \to \infty$ 함에 따라 $e^{(k-s)t} \to 0$ 이 될 것이다. 결국, 상한에서 계산한 값은 0이 되고, 하한에서 계산한 값은

$$\frac{e^{(k-s)t}}{k-s} \Bigg|_{t=0} = \frac{1}{k-s}$$

이 될 것이다. 따라서 식 (5.12)는 다음과 같이 간단해질 것이다. 즉,

$$\mathcal{L}\{e^{kt}\} = \frac{1}{s-k} \tag{5.13}$$

$k = 0$인 경우, 식 (5.13)은

$$\mathcal{L}\{1\} = \frac{1}{s} \tag{5.14}$$

이 될 것이다. 이 식은 중요하며, 많이 사용된다. 이 식은 그림 5.2(b)에 보인 **단위-계단 함수**(unit-step function)의 라플라스 변환을 나타낸다. 단위-계단 함수는 1 V의 직류 전압 또는 1 A의 직류 전류가 $t = 0$에서 회로에 공급될 때 발생한다.

많이 사용되는 또 다른 여기 함수는 **사인 함수**(sine function)와 코사인 함수이다. 이 함수들은 다음과 같이 지수 함수의 식으로 표현될 수 있기 때문에,

$$\sin \omega t = \frac{e^{j\omega t} - e^{-j\omega t}}{2j}, \quad \cos \omega t = \frac{e^{j\omega t} + e^{-j\omega t}}{2}$$

우리는 이들의 라플라스 변환을 쉽게 구할 수 있을 것이다. 예를 들면,

$$\begin{aligned}\mathcal{L}\{\sin \omega t\} &= \int_0^{\infty} (\sin \omega t) e^{-st}\, dt = \int_0^{\infty} \left(\frac{e^{j\omega t} - e^{-j\omega t}}{2j}\right) e^{-st}\, dt \\ &= \frac{1}{2j}\left[\int_0^{\infty} e^{j\omega t} e^{-st}\, dt - \int_0^{\infty} e^{-j\omega t} e^{-st}\, dt\right]\end{aligned} \tag{5.15}$$

로 쓸 수 있을 것이다. 괄호 안의 첫 번째 적분은 $k = j\omega$로 한 e^{kt}의 라플라스 변환이고, 두 번째 적분은 $k = -j\omega$로 한 e^{kt}의 라플라스 변환이다. 따라서, 우리는 식 (5.13)을 이용하여 식 (5.15)를 다음과 같이 계산할 수 있을 것이다. 즉,

$$\mathcal{L}\{\sin \omega t\} = \frac{1}{2j}\left(\frac{1}{s - j\omega} - \frac{1}{s + j\omega}\right) = \frac{1}{2j}\left[\frac{(s + j\omega) - (s - j\omega)}{(s - j\omega)(s + j\omega)}\right]$$

$$= \frac{\omega}{s^2 + \omega^2} \tag{5.16}$$

마찬가지로, 우리는 또

$$\mathcal{L}\{\cos \omega t\} = \int_0^\infty \left(\frac{e^{j\omega t} + e^{-j\omega t}}{2}\right) e^{-st}\, dt = \frac{s}{s^2 + \omega^2} \tag{5.17}$$

를 얻을 수 있을 것이다.

일반적으로 많이 사용되는 함수들의 라플라스 변환을 표 5.1에 나타냈다. 이 변환들은 식 (5.8)을 적용함으로써 얻어질 것이다.

표 5.1 많이 사용되는 함수들의 라플라스 변환

$f(t)(t \geq 0)$	$F(s)$
1	$\frac{1}{s}$
$e^{-\alpha t}$	$\frac{1}{s + \alpha}$
$\sin \omega t$	$\frac{\omega}{s^2 + \omega^2}$
$\cos \omega t$	$\frac{s}{s^2 + \omega^2}$
$e^{-\alpha t} \sin \omega t$	$\frac{\omega}{(s + \alpha)^2 + \omega^2}$
$e^{-\alpha t} \cos \omega t$	$\frac{s + \alpha}{(s + \alpha)^2 + \omega^2}$
t	$\frac{1}{s^2}$
$te^{-\alpha t}$	$\frac{1}{(s + \alpha)^2}$

5.2 연산 공식

식 (5.8)로 정의된 라플라스 변환을 이용함으로써, 의 연산 공식을 전개할 수 있다. 단, 여기서 우리는 우리가 다룰 함수들이 라플라스 변환 가능하다고 가정하고, 논의를 진행할 것이다.

❖ 공식 1: 만일 $f_1(t)$와 $f_2(t)$가 시간의 함수라면,

$$\mathcal{L}\{f_1(t) + f_2(t)\} = F_1(s) + F_2(s) \tag{5.18}$$

이다. 따라서 두 함수의 합의 라플라스 변환은 개개의 함수의 라플라스 변환의 합과 같다.

❖ 공식 2: 만일 a가 t의 함수가 아니라면,

$$\mathcal{L}\{af(t)\} = a\mathcal{L}\{f(t)\} = aF(s) \tag{5.19}$$

이다. 따라서, $f(t)$의 상수 배의 라플라스 변환은 $f(t)$의 라플라스 변환에 상수를 곱한 것과 같다.

❖ 공식 3: 만일 $df(t)/dt$가 라플라스 변환 가능하다면,

$$\mathcal{L}\left\{\frac{df(t)}{dt}\right\} = sF(s) - f(0) \tag{5.20}$$

이다. 이 식은 어떤 함수의 시간 도함수의 라플라스 변환은 그 함수의 라플라스 변환에 s를 곱한 값에서 그 함수의 초기 값을 뺀 것과 같다는 것을 말해준다. 식 (5.20)에는 이미 $f(t)$가 미분 가능하다는 것이 내포되어 있다. 특히, $f(t)$가 $t = 0$에서 점프한다면, $f(t)$는 $t = 0$에서 도함수를 가지지 못할 것이다. 그러나 만일 식 (5.20)의 도함수가 우측 도함수, 즉

$$\left.\frac{df(t)}{dt}\right|_{t \to 0 \text{ from the right}}$$

를 의미한다고 이해한다면, 우리는 여전히 식 (5.20)을 사용할 수 있을 것이다. 이 경우, 우리는 $f(0)$를 $f(0^+)$로, 즉

$$f(0^+) = f(t)\,|_{\,t \to 0 \text{ from the right}}$$

로 잡아줘야 할 것이다. 만일 $f(0) = 0$이라면, 식 (5.20)은 다음과 같이 간단해질 것이다.

$$\mathcal{L}\left\{\frac{df(t)}{dt}\right\} = sF(s) \tag{5.21}$$

이 식으로부터 우리는 시간 영역에서의 t에 대한 미분이 주파수 영역으로 넘어가면 s의 곱하기가 된다는 것을 알 수 있다.

❖ 공식 4:

$$\mathcal{L}\left\{\frac{d^2 f(t)}{dt^2}\right\} = s^2 F(s) - sf(0) - f'(0) \tag{5.22}$$

여기서, $f'(0)$는 t에 대한 $f(t)$의 도함수를 $t = 0$에서 계산한 값이다. 이 결과는, $d^2 f(t)/dt^2$가 라플라스 변환 가능하다는 가정 하에서 얻은 것이다.

❖ 공식 5:

$$\mathcal{L}\left\{\int_0^t f(t')\, dt'\right\} = \frac{1}{s}F(s) \tag{5.23}$$

$f(t')$를 0과 t의 구간에서 적분한 것에 대한 라플라스 변환은, $f(t')$의 라플라스 변환에 $1/s$을 곱한 것과 같다. 따라서, 시간 영역에서의 t'에 대한 적분은 주파수 영역으로 넘어가면 s의 나누기가 된다.

$\mathcal{L}\left\{\frac{df(t)}{dt}\right\} = sF(s) - f(0)$ 라는 것을 보여라.

풀이 라플라스 변환의 정의에 의하면,

$$\mathcal{L}\left\{\frac{df(t)}{dt}\right\} = \int_0^\infty \left[\frac{df(t)}{dt}\right] e^{-st}\, dt$$

이다. 이 식의 우변을 부분 적분하면,

$$\mathcal{L}\left\{\frac{df(t)}{dt}\right\} = e^{-st} f(t)\ \Big|_0^\infty - \int_0^\infty f(t)(-se^{-st})\, dt$$

를 얻는다. $\mathrm{Re}\{s\} > 0$에 대해 우변 첫 번째 항의 값은 상한에서 0이고, 하한에서 $f(0)$이다. 따라서, 우리는

$$\mathcal{L}\left\{\frac{df(t)}{dt}\right\} = -f(0) + s\int_0^\infty f(t)e^{-st}dt$$

를 얻는다. 정의에 의하면, 우변에 있는 적분이 $f(t)$의 라플라스 변환을 나타낸다는 것을 알 수 있다. 따라서, 우리는

$$\mathcal{L}\left\{\frac{df(t)}{dt}\right\} = sF(s) - f(0)$$

를 얻는다.

$\mathcal{L}\left\{\int_0^t f(t')dt'\right\} = \frac{1}{s}F(s)$라는 것을 보여라.

풀이 라플라스 변환의 정의에 의하면,

$$\mathcal{L}\left\{\int_0^t f(t')\ dt'\right\} = \int_0^\infty \left[\int_0^t f(t')\ dt'\right]e^{-st}dt$$

이다. 우변을 부분 적분하면,

$$\mathcal{L}\left\{\int_0^t f(t')\ dt'\right\} = \frac{e^{-st}}{-s}\int_0^t f(t')\ dt'\ \Big|_0^\infty - \int_0^\infty\left(\frac{e^{-st}}{-s}\right)f(t)\ dt$$

를 얻는다. 우변 첫 번째 항의 상한에서의 계산 값은 0이다. 또한, 적분 구간이 0이기 때문에 첫 번째 항의 하한에서의 계산 값 역시 0이다. 따라서, 우리는

$$\mathcal{L}\left\{\int_0^t f(t')\ dt'\right\} = \frac{1}{s}\int_0^\infty f(t)e^{-st}dt$$

를 얻는다. 정의에 의하면, 우변의 적분은 $f(t)$의 라플라스 변환이다. 따라서, 우리는 다음과 같은 결과를 얻게 된다.

$$\mathcal{L}\left\{\int_0^t f(t')\ dt'\right\} = \frac{1}{s}F(s)$$

연습문제 5.1

함수 $f_1(t)$와 $f_2(t)$는 라플라스 변환 가능하다. 그리고, a_1과 a_2는 상수이다. $\mathcal{L}[a_1 f_1(t) + a_2 f_2(t)] = a_1 F_1(s) + a_2 F_2(s)$라는 것을 보여라.

5.3 미분 방정식의 라플라스 변환

선형, 상계수, 2차 미분 방정식

$$a_2 \frac{d^2 f(t)}{dt^2} + a_1 \frac{df(t)}{dt} + a_0 f(t) = g(t) \tag{5.24}$$

에 대해 생각해 보기로 하자. 여기서 우리는 a의 계수들과 $g(t)$는 알고 있다. 문제는 이 식의 해를 구하는 것이다. 즉, 주어진 초기 조건들에 대한 $f(t)$를 구하는 것이다. 이제부터 우리는 기지의 $g(t)$와 미지의 $f(t)$가 라플라스 변환 가능하다고 가정하고 논의를 진행할 것이다. $f(t)$와 $g(t)$의 라플라스 변환을 각각 $F(s)$와 $G(s)$라고 하고, 5.2절에서 다룬 연산 공식을 사용하여 식 (5.24)의 양변을 변환시키면,

$$\mathcal{L}\left\{a_2 \frac{d^2 f(t)}{dt^2} + a_1 \frac{df(t)}{dt} + a_0 f(t)\right\} = \mathcal{L}\{g(t)\}$$

$$\mathcal{L}\left\{a_2 \frac{d^2 f(t)}{dt^2}\right\} + \mathcal{L}\left\{a_1 \frac{df(t)}{dt}\right\} + \mathcal{L}\{a_0 f(t)\} = \mathcal{L}\{g(t)\} \qquad \text{(공식 1)}$$

$$a_2 \mathcal{L}\left\{\frac{d^2 f(t)}{dt^2}\right\} + a_1 \mathcal{L}\left\{\frac{df(t)}{dt}\right\} + a_0 \mathcal{L}\{f(t)\} = \mathcal{L}\{g(t)\} \qquad \text{(공식 2)}$$

$$a_2[s^2 F(s) - sf(0) - f'(0)] + a_1[sF(s) - f(0)] + a_0 F(s) = G(s) \qquad \text{(공식 3과 공식 4)} \tag{5.25}$$

를 얻을 것이다. 따라서, 식 (5.24)로 주어진 미분 방정식은 식 (5.25)의 대수 방정식으로 변환되며, 우리는 이 식을 풀어 우리가 구하려고 하는 해의 라플라스 변환을 쉽게 구할 수 있을 것이다. 즉,

$$F(s) = \frac{G(s) + a_2[sf(0) + f'(0)] + a_1 f(0)}{a_2 s^2 + a_1 s + a_0} \tag{5.26}$$

만일 모든 초기 조건들이 0이라면, 즉 $f(0) = f'(0) = 0$이라면, 방정식은 다음과 같이 간단해질 것이다.

$$F(s) = \frac{G(s)}{a_2 s^2 + a_1 s + a_0} \tag{5.27}$$

이 식은 (초기 조건이 0인) 미분 방정식에 대한 주파수 영역의 해이다. 시간 영역으로 되돌아가기 위해서는, $F(s)$를 역변환해야 한다. 즉,

$$f(t) = \mathcal{L}^{-1}\{F(s)\} = \mathcal{L}^{-1}\left\{\frac{G(s)}{a_2 s^2 + a_1 s + a_0}\right\} \tag{5.28}$$

그러나, 우리는 당분간은 우리가 구하려고 하는 해의 라플라스 변환을 얻는 것만으로 만족할 것이다. 5.7절에서 우리는 라플라스 역변환을 구하는 방법에 대해 공부할 것이다.

5.4 회로 방정식의 라플라스 변환

라플라스 변환이 회로 문제 풀이에 어떻게 적용되는지를 알아보기 위해, 4.5절에서 다루었던 문제들을 다시 살펴보기로 하자. 먼저, 계단파로 여기된 그림 4.15(a)의 회로를 살펴보기로 하자. 편의를 위해, 그림 4.15(a)의 회로를 그림 5.4에 다시 나타내었다.

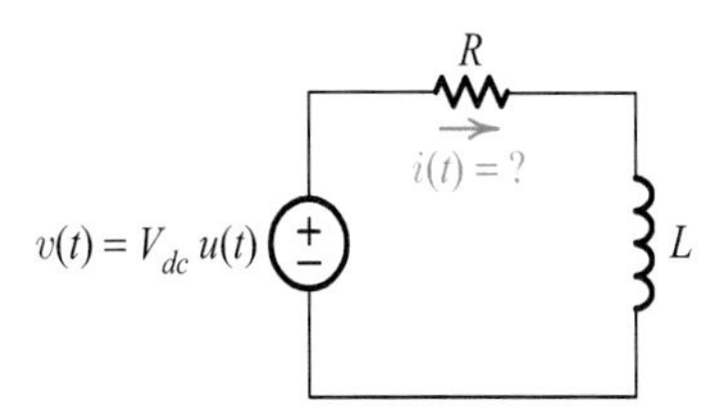

그림 5.4 계단파 전압으로 구동된 RL 직렬 회로.

망로-방정식 법으로 이 회로를 해석하면,

$$Ri(t) + L\frac{di(t)}{dt} = V_{dc}u(t) \tag{5.29}$$

의 시간-영역 방정식을 얻을 것이다. 이 식의 양변을 라플라스 변환하면,

$$RI(s) + L[sI(s) - i(0)] = \frac{V_{dc}}{s} \tag{5.30}$$

를 얻을 것이다. 여기서 $I(s)$는 $i(t)$의 라플라스 변환을 의미하고, $i(0)$는 인덕터의 초기 조건을 의미한다. 인덕터의 초기 조건을 0이라고 가정했으므로, 식 (5.30)은 다음과 같이 간단히 써질 것이다.

$$RI(s) + LsI(s) = \frac{V_{dc}}{s} \tag{5.31}$$

식 (5.29)와 식 (5.31)을 비교하면, 시간 영역에서의 미-적분 방정식이 주파수 영역에서는 대수 방정식이 된다는 것을 알 수 있다. 식 (5.31)을 $I(s)$에 대해 풀면,

$$I(s) = \frac{1}{L}\frac{V_{dc}}{s}\frac{1}{(s + R/L)} \tag{5.32}$$

을 얻을 것이다. 이 출력 전압은 주파수 영역의 해이다. 시간-영역의 해 $i(t)$를 얻으려면 $I(s)$를 라플라스 역변환해야 한다. 즉,

$$i(t) = \mathcal{L}^{-1}\left\{\frac{1}{L}\frac{V_{dc}}{s}\frac{1}{(s + R/L)}\right\} \tag{5.33}$$

라플라스 역변환을 구하는 법은 5.7절에서 공부할 것이다.

다음으로, 사인파로 여기된 그림 4.15(c)의 회로를 살펴보기로 하자. 편의를 위해, 그림 4.15(c)의 회로를 그림 5.5에 다시 나타내었다.

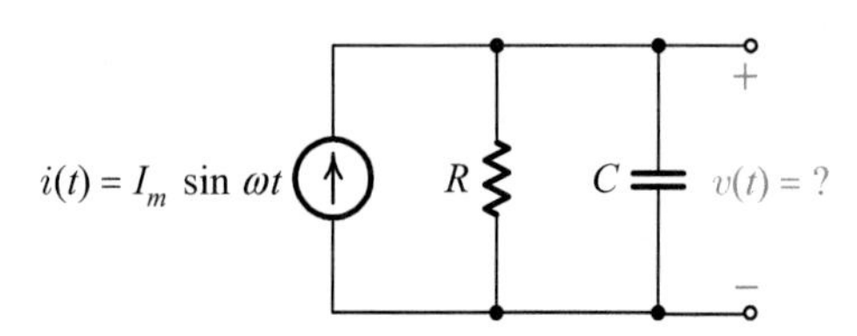

그림 5.5 사인파 전류로 구동된 RC 병렬 회로.

마디-방정식 법으로 이 회로를 해석하면

$$Gv(t) + C\frac{dv(t)}{dt} = I_m \sin \omega t \tag{5.34}$$

의 시간-영역 방정식을 얻을 것이다. 이 식의 양변을 라플라스 변환하면,

$$GV(s) + C[sV(s) + v(0)] = I_m\frac{\omega}{s^2 + \omega^2} \tag{5.35}$$

를 얻을 것이다. 여기서 $V(s)$는 $v(t)$의 라플라스 변환을 의미하고, $v(0)$는 커패시터의 초기 조건을 의미한다. 커패시터의 초기 조건을 0이라고 가정했으므로, 식 (5.35)는 다음과 같이 간단히 쓰여질 것이다.

$$GV(s) + Cs\,V(s) = I_m \frac{\omega}{s^2 + \omega^2} \tag{5.36}$$

이 식을 $V(s)$에 대해 풀면,

$$V(s) = \frac{1}{C} I_m \frac{\omega}{s^2 + \omega^2} \frac{1}{s + G/C} \tag{5.37}$$

을 얻을 것이다. 이 출력 전압은 주파수 영역의 해이다. 시간-영역의 해 $v(t)$를 얻으려면 $V(s)$를 라플라스 역변환해야 한다.

$$v(t) = \mathcal{L}^{-1}\left\{\frac{1}{C} I_m \frac{\omega}{s^2 + \omega^2} \frac{1}{s + G/C}\right\} \tag{5.38}$$

5.5 응답의 성질

앞 절에서 살펴보았듯이, 주파수 영역에서 구해진 모든 회로들의 응답 $R(s)$는 두 다항식의 비, 즉

$$R(s) = \frac{N(s)}{D(s)} = \frac{a_m s^m + a_{m-1} s^{m-1} + \cdots + a_1 s + a_0}{b_n s^n + b_{n-1} s^{n-1} + \cdots + b_1 s + b_0} \tag{5.39}$$

로 주어진다. 여기서,

$N(s)$ = 분자 다항식
m = 분자 다항식의 차수
$a_m, a_{m-1}, \cdots, a_1, a_0$ = 분자 다항식의 계수
$D(s)$ = 분모 다항식
n = 분모 다항식의 차수 = $R(s)$의 차수
$b_n, b_{n-1}, \cdots, b_1, b_0$ = 분모 다항식의 계수

이다. 식 (5.39)는 $(c_0 + c_1 s + c_2 s^2 + \cdots)/(d_0 + d_1 s + d_2 s^2 + \cdots)$의 형태로 라플라스 변환되는 독립 전원으로 여기시킨 어떤 RLC 회로에 대해서도 유효하다. 이 회로는 또 선형 종속 전원(10장에서 다룰)을 포함할 수도 있다.

일반적으로, 분자 다항식의 차수 m은 분모 다항식의 차수 n보다 작다. [만약 $m \geq n$ 일 경우에는, 분자의 차수 m이 분모의 차수 n보다 더 작아질 때까지 $R(s)$를 긴 나눗셈으로 나눠주면 된다.] 계수 a와 b는 R, L, 그리고 C에 의해 결정되기 때문에 모두 실수이다.

5.6 극점

우리는 종종 분모 다항식을 인수분해 할 필요가 있을 것이다. 인수분해 하는 과정은 다음과 같다. 즉, 분모 다항식을 다음과 같이 0으로 놓고, 그 결과로 생긴 방정식을 풀어 n개의 근을 구하면 된다.

$$D(s) = b_n s^n + b_{n-1}s^{n-1} + \cdots + b_1 s + b_0 = 0 \tag{5.40}$$

$D(s) = 0$의 근들을 우리는 $R(s)$의 **극점**(pole)들이라고 부르고, 기호 $p_i (i = 1, 2, \cdots)$로 표시한다. 따라서, 우리는 식 (5.40)과 식 (5.39)를 다음과 같이 쓸 수 있을 것이다.

$$D(s) = b_n(s - p_1)(s - p_2) \cdots (s - p_n) \tag{5.41}$$

$$R(s) = \frac{a_m s^m + a_{m-1}s^{m-1} + \cdots + a_1 s + a_0}{b_n(s - p_1)(s - p_2) \cdots (s - p_n)} \tag{5.42}$$

만약 분모 다항식이 1차 또는 2차일 경우에는 극점들이 쉽게 구해질 것이다. 만약 분모 다항식이 3차 또는 그 이상의 차수일 경우에는, 직관적으로 인수분해 할 수 있는 간단한 경우를 제외하고는, 컴퓨터를 이용한 수치 해석으로 극점들을 구해야 할 것이다. 극점은 실수(real)일 수도 있고, 복소수(complex)일 수도 있다. 복소수일 때는 극점들이 공액 쌍(conjugate pair)으로 생긴다. 즉, $c + jd$가 극점이면, $c - jd$도 극점이다. 이것이 사실이 아니라면, b 계수들 전부가 실수가 아닐 것이다. 우리는 가로 좌표가 실수 값을 나타내고, 세로 좌표가 허수 값을 나타내는 **복소 평면**(complex plane)에 ×를 그려서 극점들의 위치를 표시한다. 복소 평면(또는 s 평면)을 그림 5.6에 도시했다. 이 그림에서 가로 좌표는 Re s로 표시되어 있고, 세로 좌표는 jIm s로 표시되어 있는 점에 주목하기 바란다. 우리는 가로 좌표를 **실수축**(real axis), 그리고 세로 좌표를 **허수축**(imaginary axis)이라고 부른다. 그리고 실수축의 위쪽 평면을 **상반 평면**(upper half-plane)이라고 부르고, 실수축의 아래쪽 평면을 **하반 평면**(lower half- plane)이라고 부른다. 또한, 허수축의 오른쪽 평면을 **우반 평면**(right half-plane)이라고 부르고, 허수축의 왼쪽 평면을 **좌반 평면**(left half-plane)이라고 부른다.

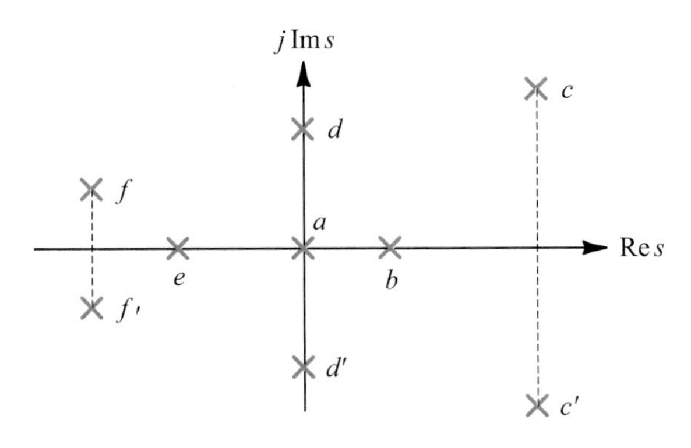

그림 5.6 복소 평면과 극점의 종류.

그림 5.6을 참고하면, a로 표시된 극점이 원점에 있다는 것을 알 수 있다. b로 표시된 극점은 우반 평면의 실수축 상, 즉 양의 실수축 상에 있다. cc'로 표시된 극점들은 복소 공액쌍이고, 우반 평면에 있다. dd'로 표시된 극점들은 복소 공액쌍이고, 허수축 상에 있다. e로 표시된 극점은 좌반 평면의 실수축상, 즉 음의 실수축 상에 있다. ff'로 표시된 극점들은 복소 공액쌍이고, 좌반 평면에 있다.

어떤 함수의 극점들이 주어지면, 우리는 스케일 계수의 범위 내에서 그 함수의 분모 다항식을 구성할 수 있을 것이다. 예를 들어, 그림 5.7의 극점 그림은

$$D(s) = b_5(s+1)(s-j2)(s+j2)(s+2-j)(s+2+j) \tag{5.43}$$

의 분모 다항식에 해당한다. 첫 번째 인수 $(s+1)$은 a 즉 $s=-1$에서 위치한 극점으로부터 유래한 것이고, 두 번째와 세 번째 인수는 bb' 즉 $s=\pm j2$에 위치한 극점들로부터 유래한 것이다. 마지막으로, 네 번째와 다섯 번째 인수는 cc' 즉 $s=-2\pm j$에 위치한 극점들로부터 유래한 것이다. 우리는 식 (5.43)을 다음과 같이 단순화할 수 있을 것이다.

$$\begin{aligned} D(s) &= b_5(s+1)(s^2+4)[(s+2)^2+1] \\ &= b_5(s^5+5s^4+13s^3+25s^2+36s+20) \end{aligned}$$

스케일 계수 b_5는 그림 5.7로부터 구할 수 없다는 점에 주목하기 바란다. 따라서 우리는 b_5를 별도로 지정해 줘야 한다.

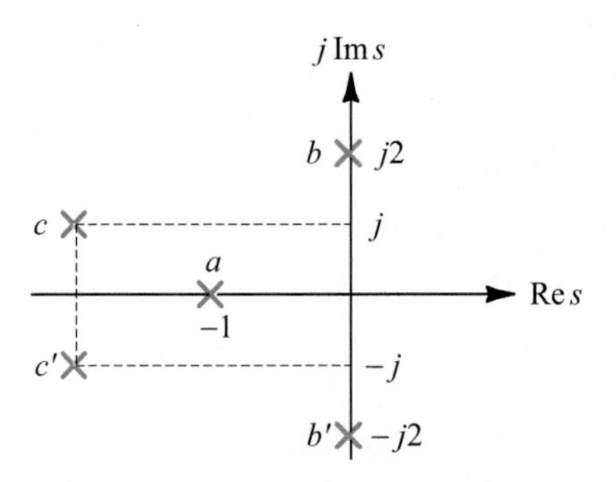

그림 5.7 5개의 극점들로 구성된 예.

예제 5.3 다음 함수의 극점들의 위치를 s 평면에 표시하라.

$$F(s) = \frac{N(s)}{s^3 + s^2 + s + 1}$$

풀이 이 함수의 분모 다항식은

$$D(s) = s^3 + s^2 + s + 1$$

이다. 우리는 이 다항식을 다음과 같이 직관적으로 인수분해 할 수 있을 것이다. 즉,

$$D(s) = (s + 1)(s^2 + 1) = (s + 1)(s - j)(s + j)$$

따라서 극점은 -1, $+j$, 그리고 $-j$에 있다. 극점의 위치를 그림 5.8에 나타내었다.

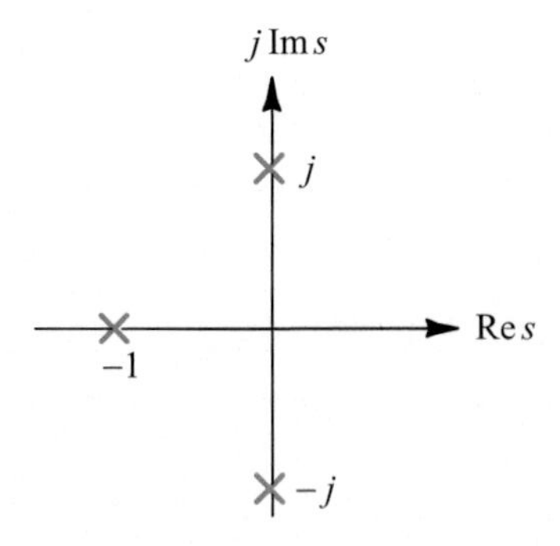

그림 5.8 예제 5.3에서 구해진 극점의 위치.

5.7 부분-분수 전개에 의한 라플라스 역변환

지금까지 우리는 주파수 영역에서 어떻게 적당한 방정식을 세우고, 또 어떻게 전압과 전류를 구해야 하는가에 대해 공부했다. 이제부터 우리는 주파수 영역의 해를 시간 영역의 해로 변환시키는 방법에 대해 살펴볼 것이다.

주파수 영역의 함수를 시간 영역의 함수로 환원시키는 수학적인 처리를 우리는 라플라스 **역변환**(inverse transformation)이라고 부르고, $\mathcal{L}^{-1}$ 기호로 표시한다.

$$\mathcal{L}^{-1}\{F(s)\} = f(t) \tag{5.44}$$

역변환 과정에서 첫 번째 단계는 $F(s)$의 분모를 인수분해 된 형태로 쓰는 것이다. 즉,

$$F(s) = \frac{N(s)}{b_n(s - p_1)(s - p_2) \cdots (s - p_n)} \tag{5.45}$$

여기서 p들은 $F(s)$의 극점들을 나타낸다. $F(s)$를 무한대로 만드는 s의 값이 극점이라는 점에 주목하기 바란다. 다음 단계는, $F(s)$를 보다 간단한 항들의 합으로 분해하는 것이다. 이와 같은 분해는 $F(s)$를 **부분 분수**(partial fraction)로 전개함으로써 얻어진다.

단순 극점(Simple Pole)

$F(s)$의 분모의 차수가 분자의 차수보다 크고, 또 극점들이 단순하다고(즉, 똑같은 극점들이 존재하지 않는다고) 가정하기로 하자. 그렇다면, $F(s)$의 부분 분수 전개는 다음과 같이 주어질 것이다.

$$F(s) = \frac{K_1}{s - p_1} + \frac{K_2}{s - p_2} + \cdots + \frac{K_n}{s - p_n} \tag{5.46}$$

여기서
$$K_1 = (s - p_1)F(s)\big|_{s=p_1}$$
$$K_2 = (s - p_2)F(s)\big|_{s=p_2}$$
$$\vdots$$
$$K_n = (s - p_n)F(s)\big|_{s=p_n}$$

이다. 따라서 K를 구하려면 두 단계의 절차를 거쳐야 한다. 예를 들어, K_1을 구하려면 우선 $F(s)$의 양변을 $(s - p_1)$으로 곱해

$$(s - p_1)F(s) = \frac{N(s)(s - p_1)}{b_n(s - p_1)(s - p_2)\cdots(s - p_n)}$$
$$= K_1 + \frac{K_2(s - p_1)}{(s - p_2)} + \cdots + \frac{K_n(s - p_1)}{(s - p_n)}$$

을 얻어야 한다. 그 다음으로, K_1을 제외한 우변의 모든 항들이 0이 되도록 $s = p_1$으로 놓으면,

$$\frac{N(p_1)}{b_n(p_1 - p_2)\cdots(p_1 - p_n)} = K_1$$

을 얻는다. 따라서 우리는 K_1의 값을 구할 수 있다. 마찬가지 방법으로, 우리는 K_2, $\cdots$, K_n도 구할 수 있다.

다음으로, 부분-분수 전개에 나타나는 대표적인 항, 즉

$$\frac{K_i}{s - p_i} \tag{5.47}$$

에 대해 생각해 보자. 표 5.1을 참고하고, K_i가 단순히 상수라는 것을 인식한다면, 우리는 식 (5.47)이 $K_i e^{p_i t}$의 라플라스 변환이라는 것을 알 수 있다. 따라서

$$\mathcal{L}^{-1}\left\{\frac{K_i}{s - p_i}\right\} = K_i e^{p_i t} \tag{5.48}$$

이다. $F(s)$가 식 (5.47)과 같은 항들의 합이기 때문에, $f(t)$는 식 (5.48)과 같은 항들의 합이 될 것이다. 결과적으로, 우리는

$$F(s) = \frac{K_1}{s - p_1} + \frac{K_2}{s - p_2} + \cdots + \frac{K_n}{s - p_n}$$
$$f(t) = K_1 e^{p_1 t} + K_2 e^{p_2 t} + \cdots + K_n e^{p_n t} \tag{5.49}$$

가 된다는 것을 알 수 있다. 이것은 주목할 만한 결과이다. 이는 $F(s)$의 분자의 차수가 $F(s)$의 분모의 차수보다 낮고, 또 $F(s)$의 모든 극점이 단순할 경우에는, $f(t)$가 n개의 지수 함수[$F(s)$의 각각의 극점에 대해 하나씩]의 합으로 나타내어 진다는 것을 말해준다. 극점들은 각각의 항에서 지수들로 나타난다. 따라서 $f(t)$의 파형은 극점들의 위치에 의해 결정될 것이다. 이 극점들이 실수일 수도 있고, 복소-공액쌍일 수도 있다는 점에 주목하기 바란다.

예제 5.4 (a) 다음 함수를 부분 분수로 전개하라. 단, α 는 상수이다.

$$F(s) = \frac{1}{s(s+\alpha)}$$

(b) $f(t)$ 를 구하라.

풀이 (a) $\frac{1}{s(s+\alpha)} = \frac{K_1}{s} + \frac{K_2}{s+\alpha}$

여기서 $K_1 = \left.\frac{\cancel{s}}{\cancel{s}(s+\alpha)}\right|_{s=0} = \frac{1}{\alpha}$

$K_2 = \left.\frac{\cancel{(s+\alpha)}}{s\cancel{(s+\alpha)}}\right|_{s=-\alpha} = -\frac{1}{\alpha}$

따라서, $F(s)$ 의 부분 분수 전개는

$$F(s) = \frac{1}{\alpha}\frac{1}{s} - \frac{1}{\alpha}\frac{1}{(s+\alpha)}$$

이다.

(b) $\mathcal{L}^{-1}\{1/s\} = 1$ 이고, $\mathcal{L}^{-1}\{1/(s+\alpha)\} = e^{-at}$ 이기 때문에,

$$\mathcal{L}^{-1}\left\{\frac{1}{\alpha}\frac{1}{s} - \frac{1}{\alpha}\frac{1}{(s+\alpha)}\right\} = \frac{1}{\alpha}\mathcal{L}^{-1}\left\{\frac{1}{s}\right\} - \frac{1}{\alpha}\mathcal{L}^{-1}\left\{\frac{1}{s+\alpha}\right\}$$
$$= \frac{1}{\alpha}(1 - e^{-\alpha t})$$

이다.

예제 5.5 $\mathcal{L}^{-1}\left\{\frac{a_1 s + a_0}{s^2 + \omega^2}\right\}$를 구하라.

풀이 • 방법 1 : 표 5.1로부터, 우리는

$$\mathcal{L}^{-1}\left\{\frac{s}{s^2+\omega^2}\right\} = \cos\omega t$$

그리고

$$\mathcal{L}^{-1}\left\{\frac{\omega}{s^2+\omega^2}\right\} = \sin\omega t$$

라는 것을 알 수 있다. 따라서 우리는 주어진 함수를 다음과 같이 재정리할 수 있을 것이다.

$$\mathcal{L}^{-1}\left\{\frac{a_1 s + a_0}{s^2 + \omega^2}\right\} = \mathcal{L}^{-1}\left\{\frac{a_1 s}{s^2 + \omega^2} + \frac{a_0}{s^2 + \omega^2}\right\}$$

$$= a_1 \mathcal{L}^{-1}\left\{\frac{s}{s^2 + \omega^2}\right\} + \frac{a_0}{\omega}\mathcal{L}^{-1}\left\{\frac{\omega}{s^2 + \omega^2}\right\}$$

$$= a_1 \cos\omega t + \frac{a_0}{\omega}\sin\omega t$$

여기서,

$$A\sin\theta + B\cos\theta = \sqrt{A^2 + B^2}\sin\left(\theta + \tan^{-1}\frac{B}{A}\right)$$

$$= \sqrt{A^2 + B^2}\cos\left(\theta - \tan^{-1}\frac{A}{B}\right)$$

이기 때문에, 우리는 다음과 같이 답을 다시 쓸 수 있을 것이다.

$$\sqrt{a_1^2 + \left(\frac{a_0}{\omega}\right)^2}\sin\left[\omega t + \tan^{-1}\left(\frac{a_1\omega}{a_0}\right)\right]$$

- 방법 2 : 표 5.1로부터, 우리는

$$\mathcal{L}^{-1}\left\{\frac{1}{s + \alpha}\right\} = e^{-\alpha t}$$

라는 것을 알 수 있다. 따라서 우리는 표준 항을 얻기 위해 주어진 함수를 다음과 같이 부분 분수로 전개할 수 있을 것이다.

$$\frac{a_1 s + a_0}{s^2 + \omega^2} = \frac{a_1 s + a_0}{(s - j\omega)(s + j\omega)} = \frac{K_1}{s - j\omega} + \frac{K_2}{s + j\omega}$$

$$K_1 = \frac{a_1 s + a_0}{\cancel{(s - j\omega)}(s + j\omega)} \times \cancel{(s - j\omega)}\Bigg|_{s = j\omega} = \frac{a_1 j\omega + a_0}{2j\omega} = \frac{a_1}{2} - j\frac{a_0}{2\omega}$$

$$K_2 = \frac{a_1 s + a_0}{(s - j\omega)\cancel{(s + j\omega)}} \times \cancel{(s + j\omega)}\Bigg|_{s = -j\omega} = \frac{a_1(-j\omega) + a_0}{-2j\omega} = \frac{a_1}{2} + j\frac{a_0}{2\omega}$$

K_2가 K_1의 복소 공액인 점에 주목하기 바란다. 이 결과는 우리가 예측했던 대로이다. 왜냐하면, K_1과 K_2에 대응하는 극점들이 서로 복소 공액이기 때문이다.

$$\mathcal{L}^{-1}\left\{\frac{K_1}{s - j\omega} + \frac{K_2}{s + j\omega}\right\} = K_1 e^{j\omega t} + K_2 e^{-j\omega t}$$

이므로, 우리는

$$\mathcal{L}^{-1}\left\{\frac{a_1 s + a_0}{s^2 + \omega^2}\right\} = \left(\frac{a_1}{2} - j\frac{a_0}{2\omega}\right)e^{j\omega t} + \left(\frac{a_1}{2} + j\frac{a_0}{2\omega}\right)e^{-j\omega t}$$

$$= a_1\underbrace{\left(\frac{e^{j\omega t} + e^{-j\omega t}}{2}\right)}_{\cos\omega t} + \frac{a_0}{\omega}\underbrace{\left(\frac{e^{j\omega t} - e^{-j\omega t}}{2j}\right)}_{\sin\omega t} = a_1\cos\omega t + \frac{a_0}{\omega}\sin\omega t$$

를 얻는다.

$R(s) = \dfrac{1}{(s^3 + 3s^2 + 4s + 2)}$ 이다. $r(t)$를 구하라.

풀이 우리는 우선, $R(s)$의 극점을 구하기 위해 분모를 인수분해 해야 할 것이다. 몇 번 시도하고 나면, 분모가 다음과 같이 인수분해 된다는 것을 알 수 있다. 즉,

$$R(s) = \frac{1}{(s + 1)(s^2 + 2s + 2)}$$

더 나아가서, 우리는

$$s^2 + 2s + 2 = 0 = (s - r_1)(s - r_2)$$

의 근을 구함으로써 $(s^2 + 2s + 2)$를 인수분해 할 수 있을 것이다. 2차 방정식의 근의 공식에 의하면,

$$r_{1,2} = -1 \pm \sqrt{1 - 2} = -1 \pm j$$

이다. 따라서 우리는

$$R(s) = \frac{1}{(s + 1)(s + 1 - j)(s + 1 + j)}$$

을 얻고, 이를 부분 분수로 전개하면,

$$R(s) = \frac{K_1}{s + 1} + \frac{K_2}{s + 1 - j} + \frac{K_3}{s + 1 + j}$$

$$K_1 = \frac{1}{(s + 1 - j)(s + 1 + j)}\bigg|_{s=-1} = \frac{1}{s^2 + 2s + 2}\bigg|_{s=-1} = 1$$

$$K_2 = \frac{1}{(s+1)(s+1+j)}\Big|_{s=-1+j} = \frac{1}{(-1+j+1)(-1+j+1+j)}$$

$$= \frac{1}{j2j} = -\frac{1}{2}$$

$$K_3 = K_2\text{의 공액} = -\frac{1}{2}$$

을 얻는다. 따라서,

$$R(s) = \frac{1}{s+1} - \frac{1}{2}\frac{1}{s+1-j} - \frac{1}{2}\frac{1}{s+1+j}$$

$$r(t) = e^{-t} - \frac{1}{2}e^{(-1+j)t} - \frac{1}{2}e^{(-1-j)t}$$

$$= e^{-t} - e^{-t}\underbrace{\left(\frac{e^{jt}+e^{-jt}}{2}\right)}_{\cos t} = e^{-t}(1-\cos t)$$

예제 5.7 $F(s) = \dfrac{1}{(s+\alpha)}\dfrac{\omega}{(s^2+\omega^2)}$ 의 역변환을 구하라.

풀이 우선, $F(s)$를 부분 분수로 전개하면,

$$F(s) = \frac{K_1}{s+\alpha} + \frac{K_2}{s-j\omega} + \frac{K_3}{s+j\omega}$$

$$K_1 = \frac{\omega}{s^2+\omega^2}\Big|_{s=-\alpha} = \frac{\omega}{\alpha^2+\omega^2}$$

$$K_2 = \frac{\omega}{(s+\alpha)(s+j\omega)}\Big|_{s=j\omega} = \frac{\omega}{(\alpha+j\omega)2j\omega} = \frac{1}{(\alpha+j\omega)2j}$$

$$K_3 = K_2\text{의 복소 공액}$$

을 얻는다. 따라서

$$F(s) = \frac{\omega}{\alpha^2+\omega^2}\frac{1}{(s+\alpha)} + \frac{1}{(\alpha+j\omega)2j}\frac{1}{s-j\omega} + \frac{1}{(\alpha-j\omega)2(-j)}\frac{1}{s+j\omega}$$

$$f(t) = \frac{\omega}{\alpha^2+\omega^2}e^{-\alpha t} + \frac{1}{(\alpha+j\omega)2j}e^{j\omega t} + (\text{앞 항의 복소 공액})$$

을 얻는다. 어떤 함수와 그 함수의 복소 공액을 더하면, 그 함수의 실수부의 두 배가 될 것이다. 즉,

$$(A + jB) + (A - jB) = 2A = 2\mathrm{Re}\{(A + jB)\}$$

따라서

$$\begin{aligned} f(t) &= \frac{\omega}{\alpha^2 + \omega^2} e^{-\alpha t} + 2\mathrm{Re}\left\{\frac{1}{(\alpha + j\omega)2j} e^{j\omega t}\right\} \\ &= \frac{\omega}{\alpha^2 + \omega^2} e^{-\alpha t} + \mathrm{Re}\left\{\frac{e^{j\omega t}}{e^{j\pi/2}\sqrt{\alpha^2 + \omega^2}\, e^{j\tan^{-1}(\omega/\alpha)}}\right\} \\ &= \frac{\omega}{\alpha^2 + \omega^2} e^{-\alpha t} + \frac{1}{\sqrt{\alpha^2 + \omega^2}} \mathrm{Re}\left\{e^{j[\omega t - (\pi/2) - \tan^{-1}(\omega/\alpha)]}\right\} \end{aligned}$$

이다.

$$\mathrm{Re}\{e^{j\theta}\} = \cos\theta \tag{5.50}$$

이기 때문에, $f(t)$는

$$\begin{aligned} f(t) &= \frac{\omega}{\alpha^2 + \omega^2} e^{-\alpha t} + \frac{1}{\sqrt{\alpha^2 + \omega^2}} \cos\left(\omega t - \frac{\pi}{2} - \tan^{-1}\frac{\omega}{\alpha}\right) \\ &= \frac{\omega}{\alpha^2 + \omega^2} e^{-\alpha t} + \frac{1}{\sqrt{\alpha^2 + \omega^2}} \sin\left(\omega t - \tan^{-1}\frac{\omega}{\alpha}\right) \end{aligned}$$

이다.

연습문제 5.2

다음 함수들의 라플라스 역변환을 구하라.

(a) $\dfrac{1}{(s + a)(s + b)}$

(b) $\dfrac{s}{(s^2 + a^2)(s^2 + b^2)}$

답 (a) $\dfrac{1}{(b - a)}(e^{-at} - e^{-bt})$, (b) $\dfrac{1}{(b^2 - a^2)}(\cos at - \cos bt)$

중복 극점(Multiple Pole)

$F(s)$의 분모의 차수가 분자의 차수보다 더 크고, 또 $F(s)$가 두 개의 중복 극점을 가지고 있다고 [즉, $F(s)$의 분모가 $(s-p_i)^2$과 같은 인수를 가지고 있다고] 가정하기로 하자. 여기서 p_i는 극점을 표시한다. 그러면, $F(s)$의 부분 분수 전개에서 **이중 극점**(double pole)에 상응하는 항들이 다음과 같이 나타내어질 것이다.

$$F(s) = \frac{N(s)}{\cdots(s-p_i)^2\cdots} = \cdots + \left[\frac{K_{i1}}{(s-p_i)^2} + \frac{K_{i2}}{s-p_i}\right] + \cdots \tag{5.51}$$

여기서 $K_{i1} = (s-p_i)^2 F(s)\,|_{s=pi}$

$$K_{i2} = \left\{\frac{d}{ds}[(s-p_i)^2 F(s)]\right\}_{s=pi}$$

이다. 식 (5.51)을 잘 살펴보면, 각각의 K_i의 값을 왜 위와 같은 계산으로 구했는지를 알 수 있을 것이다(문제 5.13을 보라). 이중 극점을 부분 분수로 전개하면, 두 개의 항이 생긴다는 점에 유의하기 바란다.

일반적으로, $F(s)$가 $s=p_i$에서 n개의 중복 극점을 가진다면,

$$F(s) = \frac{N(s)}{\cdots(s-p_i)^n\cdots}$$
$$= \cdots + \left[\frac{K_{i1}}{(s-p_i)^n} + \frac{K_{i2}}{(s-p_i)^{n-1}} + \frac{K_{i3}}{(s-p_i)^{n-2}} + \cdots + \frac{K_{in}}{s-p_i}\right] + \cdots \tag{5.52}$$

이 된다. 여기서 $K_{i1} = (s-p_i)^n F(s)\,|_{s=p_i}$

$$K_{i2} = \left\{\frac{d}{ds}[(s-p_i)^n F(s)]\right\}_{s=p_i}$$

$$K_{i3} = \frac{1}{2!}\left\{\frac{d^2}{ds^2}[(s-p_i)^n F(s)]\right\}_{s=p_i}$$

$$\vdots$$

$$K_{in} = \frac{1}{(n-1)!}\left\{\frac{d^{n-1}}{ds^{n-1}}[(s-p_i)^n F(s)]\right\}_{s=p_i}$$

이다. n차 극점을 부분 분수로 전개하면 n개의 항들이 생겨난다는 점에 주목하기 바란다.

예제 5.8 $\dfrac{1}{s^2(s^2+1)^2}$의 역변환을 구하라.

풀이 주어진 함수는 여섯 개의 극점을 가진다. 두 개의 극점은 $s=0$에 있고, 두 개는 $s=+j$, 그리고 두 개는 $s=-j$에 있다. 따라서 이 함수는 세 조의 이중 극점을 가진다. 이 함수를 전개하면, 각각의 이중 극점에 대해 두 개씩, 즉 여섯 개의 항들이 생겨날 것이다. 즉,

$$\frac{1}{s^2(s-j)^2(s+j)^2}=\left(\frac{K_{11}}{s^2}+\frac{K_{12}}{s}\right)+\left[\frac{K_{21}}{(s-j)^2}+\frac{K_{22}}{s-j}\right]+\left[\frac{K_{31}}{(s+j)^2}+\frac{K_{32}}{s+j}\right]$$

$$K_{11}=\frac{1}{(s-j)^2(s+j)^2}\bigg|_{s=0}=\frac{1}{(s^2+1)^2}\bigg|_{s=0}=1$$

$$K_{12}=\left\{\frac{d}{ds}\left[\frac{1}{(s^2+1)^2}\right]\right\}_{s=0}=\frac{-4s}{(s^2+1)^3}\bigg|_{s=0}=0$$

$$K_{21}=\frac{1}{s^2(s+j)^2}\bigg|_{s=j}=\frac{1}{j^2(2j)^2}=\frac{1}{4}$$

$$K_{22}=\left\{\frac{d}{ds}\left[\frac{1}{s^2(s+j)^2}\right]\right\}_{s=j}=\left[\frac{-2}{s^2(s+j)^3}+\frac{-2}{s^3(s+j)^2}\right]_{s=j}=j\frac{3}{4}$$

$$K_{31}=K_{21}\text{의 공액}=\frac{1}{4}$$

$$K_{32}=K_{22}\text{의 공액}=-j\frac{3}{4}$$

따라서, 우리는

$$\frac{1}{s^2}+\frac{1/4}{(s-j)^2}+\frac{j(3/4)}{s-j}+\frac{1/4}{(s+j)^2}-\frac{j(3/4)}{s+j} \tag{5.53}$$

을 얻는다. 표 5.1로부터,

$$\mathcal{L}^{-1}\left\{\frac{1}{s^2}\right\}=t,\quad \mathcal{L}^{-1}\left\{\frac{1}{(s+\alpha)^2}\right\}=te^{-\alpha t},\quad \mathcal{L}^{-1}\left\{\frac{1}{s+\alpha}\right\}=e^{-\alpha t}$$

라는 것을 알 수 있다. 따라서 식 (5.53)의 역변환은

$$t+\frac{1}{4}te^{jt}+j\frac{3}{4}e^{jt}+\frac{1}{4}te^{-jt}-j\frac{3}{4}e^{-jt}=t+\frac{t}{2}\underbrace{\left(\frac{e^{jt}+e^{-jt}}{2}\right)}_{\cos t}-\frac{3}{2}\underbrace{\left(\frac{e^{jt}-e^{-jt}}{2j}\right)}_{\sin t}$$

$$=t+\frac{t}{2}\cos t-\frac{3}{2}\sin t$$

이다.

연습문제 5.3

$\frac{1}{s(s+1)^2}$의 역변환을 구하라.

답 $1-(1+t)e^{-t}$

5.8 라플라스 변환을 이용한 회로 응답 계산

라플라스 변환과 역변환을 공부했으므로, 우리는 이제 임의의 회로에 계단파 또는 사인파가 인가되었을 때의 시간-영역 응답을 구할 수 있을 것이다. 먼저, RL 회로에 계단파 전압이 인가된 경우를 그림 5.9에 나타냈다. 우리는 이미 이 회로를 4.5절에서 해석하여 다음과 같은 시간-영역의 미분 방정식을 얻었다.

$$Ri(t) + L\frac{di(t)}{dt} = V_{dc}u(t) \tag{5.54}$$

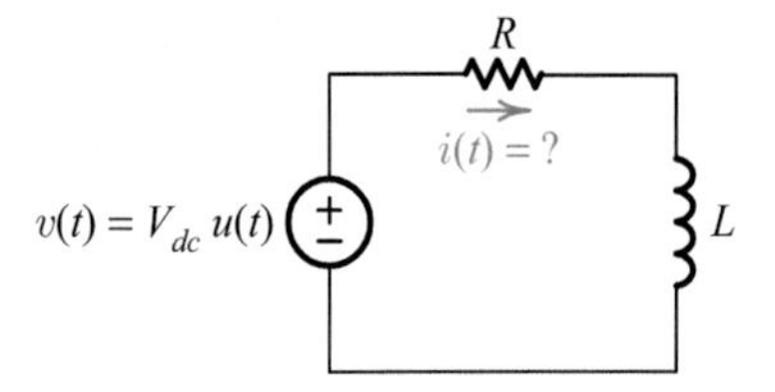

그림 5.9 RL 회로에 계단파 전압이 인가된 경우.

그리고, 5.4절에서 이 식을 라플라스 변환하여

$$I(s) = \frac{V_{dc}}{L}\frac{1}{s}\frac{1}{(s+R/L)} \tag{5.55}$$

의 주파수 영역의 해를 얻었다. 시간-영역의 해 $i(t)$를 얻으려면, $I(s)$를 라플라스 역변환해야 한다. 예제 5.4를 참고하여 $I(s)$의 라플라스 역변환을 구하면,

$$i(t) = \frac{V_{dc}}{R}[1 - e^{-(R/L)t}] \tag{5.56}$$

를 얻을 것이다.

예제 5.9 그림 5.9의 회로에서 $R = 20\ \text{k}\Omega$, $L = 10\ \text{mH}$, 그리고 $V_{dc} = 5\ \text{V}$이다.
(a) $t \geqq 0$ 일 때의 응답 $i(t)$를 구하라. (b) 여기 전압과 응답 전류를 도시하라.

풀이 (a) 식 (5.56)을 이용하면,

$$i(t) = 250\ \mu\text{A} - 250 e^{-2 \times 10^6 t}\ \mu\text{A}$$

를 얻을 것이다.

(b) 여기 전압과 응답 전류를 그림 5.10에 나타내었다.

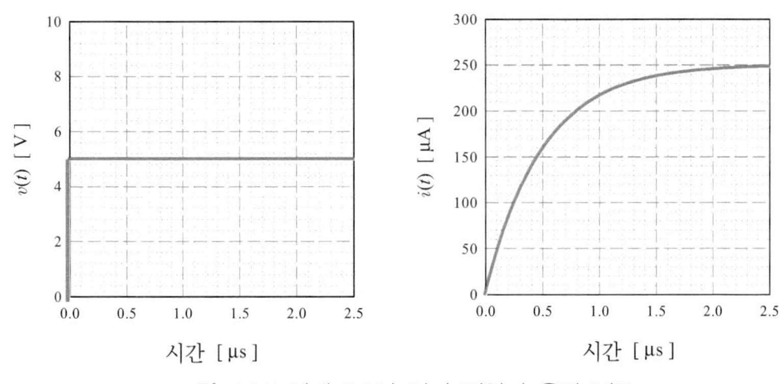

그림 5.10 예제 5.9의 여기 전압과 응답 전류.

다음으로, 그림 5.11에 보인 것처럼, RC 회로에 사인파 전류가 인가된 경우를 생각해 보자. 이 회로 역시 4.5절에서 해석하여 다음과 같은 시간-영역의 미분 방정식을 얻었다.

$$Gv(t) + C\frac{dv(t)}{dt} = I_m \sin \omega t \tag{5.57}$$

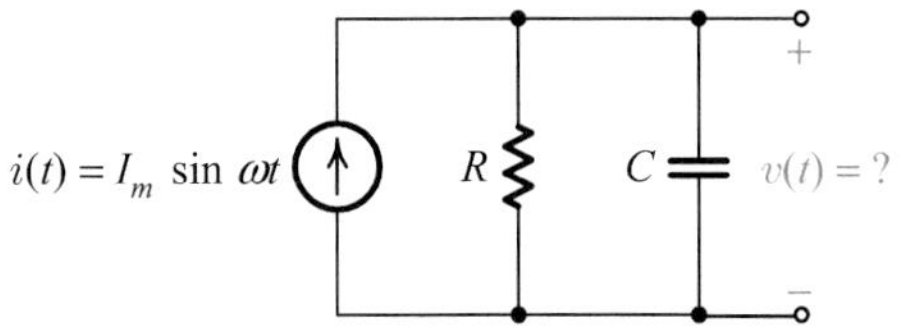

그림 5.11 RC 회로에 사인파 전류가 인가된 경우.

그리고, 5.4절에서 이 식을 라플라스 변환하여

$$V(s) = \frac{I_m}{C}\frac{\omega}{s^2 + \omega^2}\frac{1}{s + G/C} \tag{5.58}$$

의 주파수 영역의 해를 얻었다. 여기서 $G = 1/R$ 이다. 시간-영역의 해 $v(t)$를 얻으려면, $V(s)$를 라플라스 역변환하여야 한다. 예제 5.7을 참고하여 $V(s)$의 라플라스 역변환을 구하면,

$$v(t) = \frac{I_m \omega R^2 C}{1 + \omega^2 R^2 C^2} e^{-t/RC} + \frac{I_m R}{\sqrt{1 + \omega^2 R^2 C^2}} \sin(\omega t - \tan^{-1}\omega RC) \tag{5.59}$$

를 얻을 것이다.

그림 5.11의 회로에서 $R = 1\ \text{k}\Omega$, $C = 1\ \mu\text{F}$ 이고, 사인파 전류의 $I_m = 1\ \text{mA}$, $f = 1000\ \text{Hz}$ 이다.

(a) 응답 $v(t)$를 구하라.

(b) 여기 전류와 응답 전압을 도시하라.

풀이 (a) 식 (5.59)를 이용하면,

$$v(t) = 155 \times e^{-t/5\times10^{-3}}\ \text{mV} + 157 \sin(2\pi \times 10^3 t - 81^\circ)\ \text{mV}$$

를 얻을 것이다.

(b) 여기 전류와 응답 전압을 그림 5.12에 나타내었다.

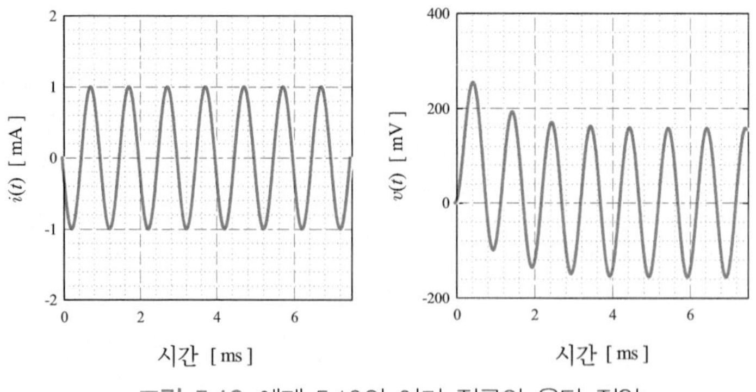

그림 5.12 예제 5.10의 여기 전류와 응답 전압.

마찬가지 방법으로, 우리는 그림 4.15(b)와 (d)에 보인 것처럼, RLC 회로들에 계단파 또는 사인파가 인가되었을 때의 출력 응답도 구할 수 있을 것이다. 이에 대해서는 7장과 8장에서 자세하게 논의할 것이다.

지금까지 우리는 라플라스 변환을 이용하여 회로들의 응답을 구하는 방법을 논의했다. 이 방법을 순서도의 형태로 나타낸 것이 그림 5.13이다. 우리는 이 순서도를 다음과 같이 말로 표현할 수도 있을 것이다.

1. 선형 회로로부터 그것의 동작을 특징짓는 미분 방정식을 구한다.
2. 구해진 미분 방정식을 라플라스 변환하여 주파수 영역의 대수 방정식으로 바꾼다.
3. 대수적인 기법들을 이용하여 주파수 영역의 해를 얻는다.
4. 주파수 영역의 해를 라플라스 역변환하여 시간 영역의 해를 얻는다.

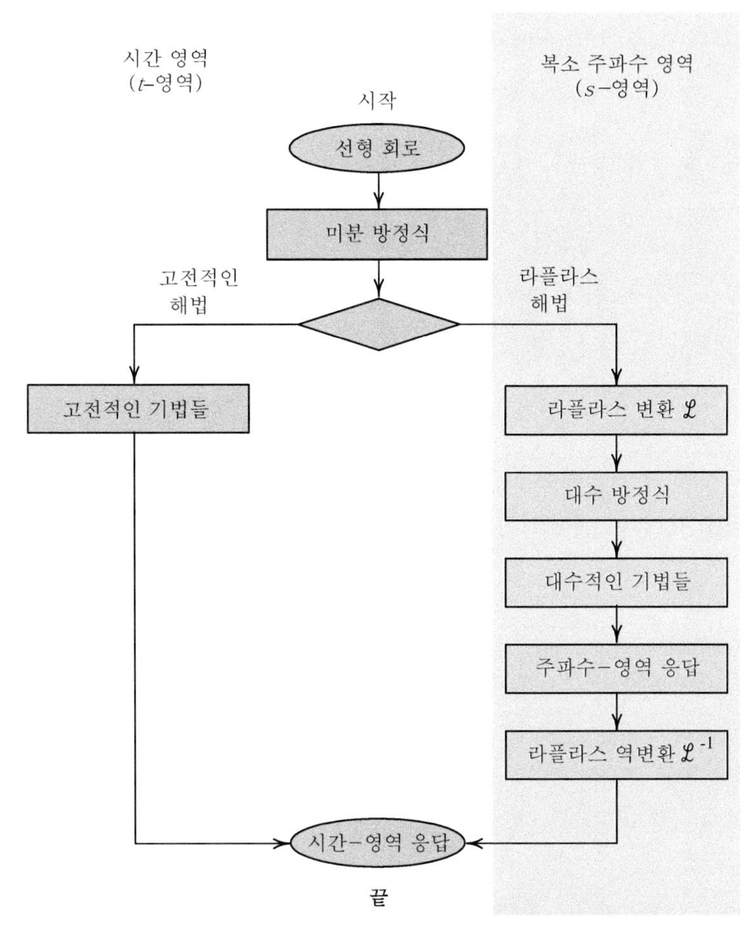

그림 5.13 라플라스 변환을 이용한 회로 응답 계산 방법.

이 순서도는 미분 방정식을 고전적인 기법들을 이용하여 푸는 또 다른 길이 있다는 것을 지적하고 있다. 간단한 회로들에 대해서는 이 길이 더 쉽고, 더 직접적일지도 모른다. 그러나 보다 복잡한 회로들에 대해서는 라플라스 변환의 이점이 매우 중요할 것이다.

예제 5.11 그림 5.14에서 $t > 0$에 대해 $v_o(t)$를 구하라.

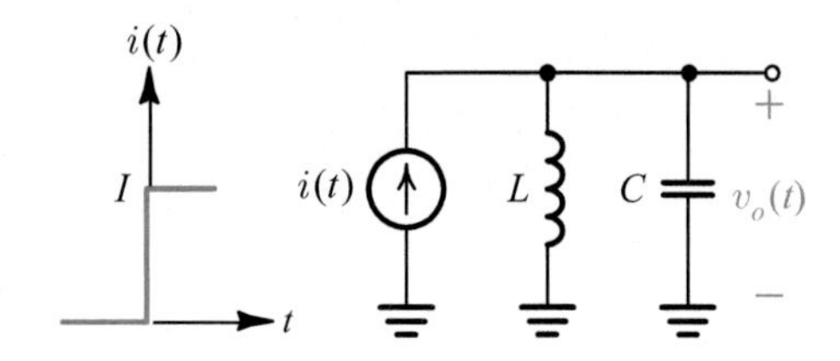

그림 5.14 예제 5.11을 위한 회로.

풀이 회로의 출력 마디에 KCL을 적용하면,

$$i_s(t) = \frac{1}{L}\int v_o(t)\,dt + C\frac{dv_o(t)}{dt}$$

를 얻을 수 있을 것이다. 전류 전원이 크기 I의 계단 전원이고 초기 조건은 모두 0이므로, 위 식의 양변을 라플라스 변환하면 다음과 같은 주파수 영역의 대수 방정식을 얻을 것이다.

$$\frac{I}{s} = \frac{V_o(s)}{sL} + Cs\,V_o(s)$$

이를 $V_o(s)$에 대하여 정리하면, 다음의 주파수 영역 해를 얻을 것이다.

$$V_o(s) = \frac{\frac{I}{s}}{\left(Cs + \frac{1}{sL}\right)} = \frac{\frac{I}{C}}{\left(s^2 + \frac{1}{LC}\right)} = I\sqrt{\frac{L}{C}}\,\frac{\frac{1}{\sqrt{LC}}}{\left(s^2 + \frac{1}{LC}\right)}$$

이 식의 마지막 결과는 우리가 알고 있는 공식을 적용하기 쉽게 하기 위하여 분자항의 값을 조정한 것이다. 이 결과식은 사인 함수로 역변환될 수 있을 것이다. 따라서 우리가 구하고자 하는 시간 영역의 해 $v_o(t)$는

$$v_o(t) = I\sqrt{\frac{L}{C}}\sin\frac{t}{\sqrt{LC}}$$

이다.

연습문제 5.4

그림 E5.4에서 $t > 0$에 대해 $i_o(t)$를 구하라.

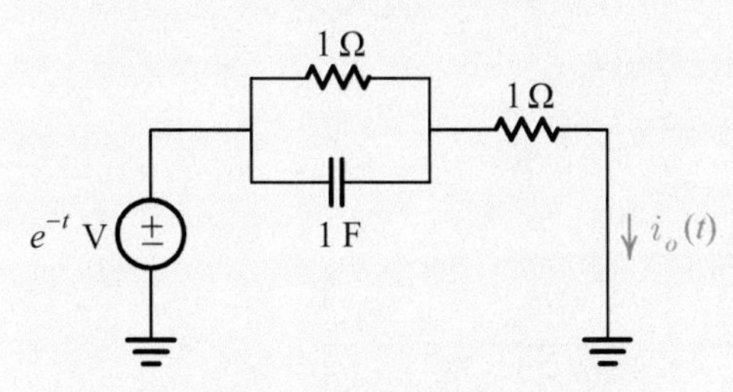

그림 E5.4 연습문제 5.4를 위한 회로.

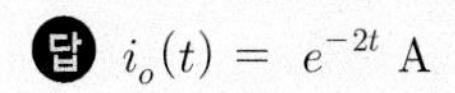

답 $i_o(t) = e^{-2t}$ A

요 약

✔ 라플라스 변환을 이용하면 선형, 상계수, 미분 방정식을 대수 방정식으로 변환시킬 수 있다. 이 대수 방정식은 쉽게 풀리기 때문에, 우리는 우리가 구하고자 하는 변수의 변환된 값을 쉽게 구할 수 있다. 우리는 또, 부분-분수 전개를 이용하여 변환된 변수를 간단한 항들의 합으로 쉽게 분리할 수 있다. 이 항들을 역변환함으로써, 우리는 우리가 구하려고 하는 본래의 변수 값을 얻을 수 있게 된다.

✔ 만일 $F(s) = N(s)/D(s)$ 라고 하면, $F(s)$의 극점들은 $D(s)$를 0으로 만드는 s의 값들이다. 이를 달리 표현하면, $F(s)$의 극점들은 $F(s)$를 무한대로 만드는 s의 값들이다. $D(s)$의 차수가 n이라면, $F(s)$는 n개의 극점을 가진다. 극점들은 부분-분수 전개와 $F(s)$의 역변환에서 중심적인 역할을 한다. $f(t)$의 개개의 항들은 $F(s)$의 극점들에 의해 결정된다.

문제 Question

기본 연산

5.1 다음의 연산을 수행하라.

(a) $\dfrac{(-1-j)^2}{1+j}$

(b) $\dfrac{(1+j)(-1+j)+(1+j2)j}{(1+j)(2+j)}$

5.2 크기와 각을 구하라.

(a) $\dfrac{j(1+j)}{1-j}$

(b) $\dfrac{(1-j)(1+j)-(j+2)}{(-2+j3)(-2+j4)}$

5.3 a, b, c, d, M, 그리고 ϕ를 실수라고 가정하고, 지시된 연산을 수행하라.

(a) $\mathrm{Re}\left\{\dfrac{a+jb}{c+jd}\right\}$

(b) $\mathrm{Mag}\left\{\dfrac{a+jb}{c+jd}\right\}$

(c) $\mathrm{Im}\{(a+jb)e^{(c+jd)}\}$

(d) $\mathrm{Ang}\left\{\dfrac{jc}{a+jb}+jd\right\}$

(e) $e^{j\phi}+(e^{j\phi})^*$

(f) $\mathrm{Mag}\left\{\dfrac{1+j}{e^{j(\pi/2)}}\right\}$

5.4 a, b, c, d, M, 그리고 ϕ를 실수라고 가정하고, 지시된 연산을 수행하라.

(a) $\mathrm{Im}\{e^{(-\alpha+j\beta)t}\}$

(b) $\mathrm{Re}\{(a+jb)e^{j\phi}\}$

(c) $\mathrm{Re}\{(ae^{j\phi})+(ae^{j\phi})^*\}$

(d) $\mathrm{Ang}\left\{\dfrac{1+e^{j\phi}}{e^{j\phi}}\right\}$

(e) $\mathrm{Re}\{je^{jt}\}$

(f) $\mathrm{Re}\{\cos(a+jb)\}$

5.1 라플라스 변환

5.5 다음 함수의 라플라스 변환을 구하라.

(a) $\cos \omega t$　　　(b) $e^{-\alpha t}\sin \omega t$

(c) t　　　(d) $1 - e^{-\alpha t}$

5.3 미분 방정식의 라플라스 변환

5.6 다음과 같이 주어진 미분 방정식과 초기 조건에 대해, $Y(s)$를 구하라.

$$Y(s) = \int_0^{\infty} ye^{-sx}\, dx$$

(a) $\dfrac{d^2y}{dx^2} + y = \sin x,\ y(0) = 0,\ y'(0) = 1$

(b) $\dfrac{d^2y}{dx^2} + \dfrac{dy}{dx} + y - 1 = 0,\ y(0) = y'(0) = 0$

5.6 극점

5.7 다음 함수들의 극점을 구하라.

(a) $\dfrac{(s^2+1)(s+2)}{s^3+s^2-2}$　　　(b) $\dfrac{s(s^2-1)}{s^3+s^2+s+1}$

5.8 어떤 함수의 극점들이 $-\alpha \pm j\beta$ 에 있다. 이 함수의 분모 다항식을 s 의 내림차순으로 적어라.

5.7 부분-분수 전개에 의한 라플라스 역변환

5.9 $\dfrac{1}{s(s+1)(s^2+1)[(s+1)^2+1]}$을 부분 분수로 전개하라.

5.10 다음 함수들의 라플라스 역변환을 구하라.

(a) $\dfrac{s+c}{(s+a)(s+b)}$ (b) $\dfrac{1}{s(s+a)(s+b)}$ (c) $\dfrac{1}{s^2-a^2}$

(d) $\dfrac{s+a}{s(s^2+b^2)}$ (e) $\dfrac{s+c}{(s+\alpha)^2+\beta^2}$ (f) $\dfrac{s}{(s+\alpha)^2+\beta^2}$

(g) $\dfrac{1}{s[(s+\alpha)^2+\beta^2]}$ (h) $\dfrac{2s-4}{(s+2)^2+4}$ (i) $\dfrac{2}{s^3+s^2+s+1}$

5.11 다음 함수들의 라플라스 역변환을 구하라. 답은 어떠한 j도 포함하지 않아야 한다.

(a) $\left[\dfrac{1}{2}\left(\dfrac{1+j}{s+j}\right)+\dfrac{1}{2}\left(\dfrac{1+j}{s+j}\right)^*\right]$ (b) $\dfrac{a_1s+a_0}{(s+\alpha)^2+\beta^2}$

(c) $\left(\dfrac{a+jb}{s-jc}\right)+\left(\dfrac{a+jb}{s-jc}\right)^*$ (d) $\left(\dfrac{1+j}{2}\right)\left(\dfrac{1}{s+1-j}\right)$ + 공액

5.12 다음 함수들의 미분 방정식을 지시된 초기 조건으로 풀어라.

(a) $\dfrac{dy}{dx}+y=e^{-2x},\quad y(0)=1$

(b) $\dfrac{d^2y}{dx^2}+y=0,\quad y(0)=0,\quad y'(0)=1$

(c) $\dfrac{d^3y}{dx^3}+\dfrac{d^2y}{dx^2}+\dfrac{dy}{dx}+y=1$ 모든 초기 조건은 0이다.

(d) $\dfrac{d^2z}{dx^2}-2\dfrac{dz}{dx}+1=0,\quad z(0)=0,\quad z'(0)=1$

(e) $\dfrac{d^2z}{dy^2}+z=1,\quad z(0)=z'(0)=0$

(f) $\dfrac{d^2z}{dx^2}-3\dfrac{dz}{dx}+2z=0,\quad z(0)=1,\quad z'(0)=0$

5.13 식 (5.51)에서 K_i들이 지시된 연산에 의해 얻어진다는 것을 증명하라.

5.14 다음의 역변환을 구하라.

(a) $\dfrac{1}{s^2(s+1)}$ (b) $\dfrac{1}{(s^2+1)^2}$ (c) $\dfrac{1}{s^2(s+1)(s+2)}$

5.8 라플라스 변환을 이용한 회로 응답 계산

5.15 그림 P5.15에서 $t > 0$에 대해 물음표로 표시된 응답을 구하라.

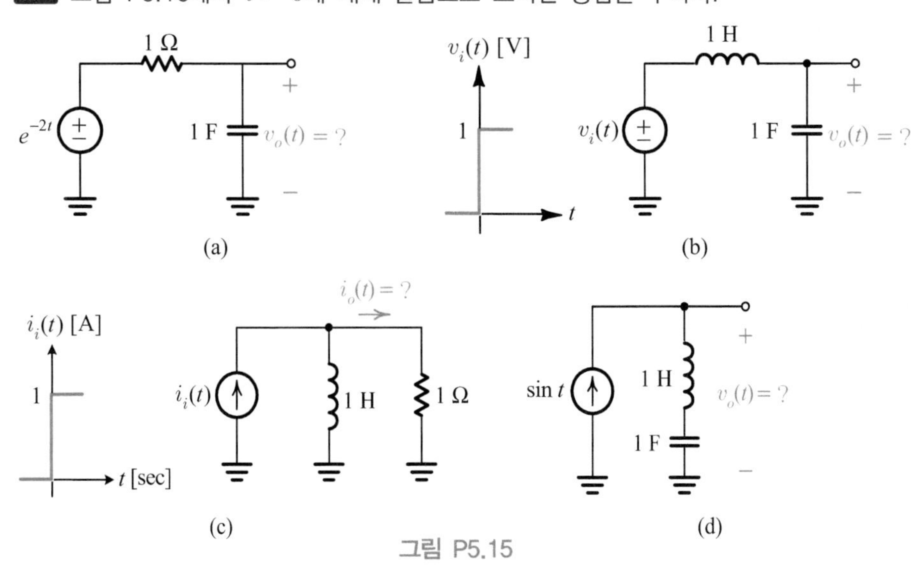

그림 P5.15

5.16 그림 P5.16에서 $t > 0$에 대해 물음표로 표시된 응답을 구하라.

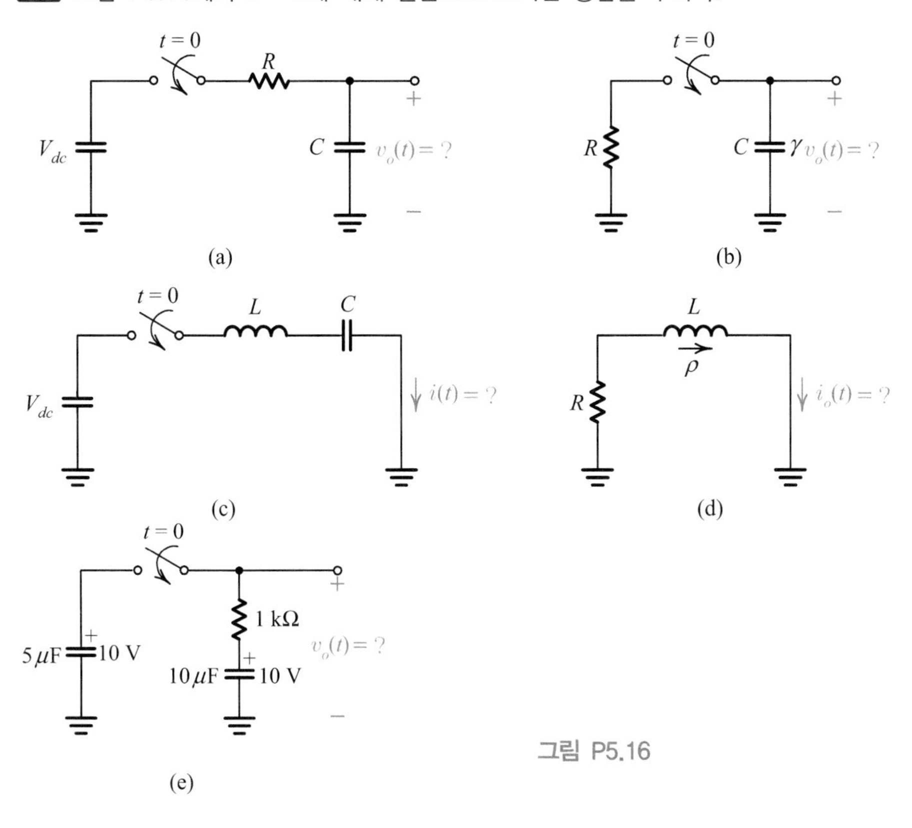

그림 P5.16

CHAPTER 06

주파수-영역 회로 해석

서론

지금까지 우리는 라플라스 변환을 이용하여 회로를 여기하는 신호 파형들을 변환값으로 바꾸었고, 회로로부터 얻어지는 미분 방정식을 대수 방정식으로 바꾸었다. 이들 연산은 유용하며, 주파수 영역의 본질을 간파하게 하는 능력을 제공한다. 그러나 라플라스 변환의 유용성은 단지 미분 방정식을 푸는 게 아니라, 신호 및 시스템들의 또 다른 표현을 제공하는 것이다. 라플라스 변환의 실제의 이점은 우리가 회로 그 자체를 변환시키고, 변환된 회로를 주파수 영역에서 해석할 때 두드러진다. 이 장에서는 어떻게 하면 시간 영역에서 표현된 회로 그 자체를 라플라스 변환시킬 수 있는지를 공부할 것이다. 우리는 또 이 장에서 주파수 영역에서의 각종 회로 해석 기법들을 공부할 것이다.

6.1 키르히호프 법칙과 소자-정의 식의 라플라스 변환

키르히호프 법칙의 라플라스 변환

회로의 접속 법칙들은 키르히호프의 법칙에 기초를 두고 있다. 시간 영역에서

키르히호프의 전류 법칙과 전압 법칙은

$$\text{임의의 마디에서의} \quad \sum i(t) = 0$$
$$\text{임의의 루프에서의} \quad \sum v(t) = 0$$

이다. $I(s)$를 $i(t)$의 라플라스 변환이라고 하고, $V(s)$를 $v(t)$의 라플라스 변환이라고 하자. 그러면, 라플라스 변환 후의 키르히호프의 법칙은

$$\text{임의의 마디에서의} \quad \boxed{\sum I(s) = 0} \tag{6.1a}$$

$$\text{임의의 루프에서의} \quad \boxed{\sum V(s) = 0} \tag{6.1b}$$

이 될 것이다. 식 (6.1a)를 말로 표현하면 다음과 같다. 임의의 마디로 들어오는 (또는 임의의 마디로부터 나가는) 모든 전류 변환 값들의 합은 0이다. 식 (6.1b)를 말로 표현하면 다음과 같다. 임의의 루프를 돌면서 + - 극성 순서로 취한 (또는 임의의 루프를 돌면서 - + 극성 순서로 취한) 모든 전압 변환 값들의 합은 0이다.

소자-정의 식의 라플라스 변환

그림 6.1에 보인 전원들에 대해 생각해 보자. 시간 영역에서 이 소자들의 $i-v$ 관계는

전압 전원 : $v(t) = v_s(t)$ 이고, $i(t)$는 접속된 회로에 의존.
전류 전원 : $i(t) = i_s(t)$ 이고, $v(t)$는 접속된 회로에 의존.

이다. 이 관계식들의 라플라스 변환을 취하면 다음을 얻을 것이다.

전압 전원 : $V(s) = V_s(s)$ 이고, $I(s)$는 접속된 회로에 의존. (6.2a)
전류 전원 : $I(s) = I_s(s)$ 이고, $V(s)$는 접속된 회로에 의존. (6.2b)

전압 전원은 규정된 전압 변환값을 그것의 단자들에 생기게 하고, 그것이 접속된 회로에 의해 요구되는 어떤 전류 변환값도 공급할 수 있다. 전류 전원은 규정된 전류 변환값을 그것의 단자들에 생기게 하고, 그것이 접속된 회로에 의해 요구되는 어떤 전압 변환값도 공급할 수 있다. 실제의 전원들은 시간 영역에서 동작하며 직류, 계단파, 그리고 사인파 등을 제공한다. 여기서는 단지 이들이 수학적으로 라플라스 변환된 전원들이라는 것을 의미한다는 점에 유의하기 바란다.

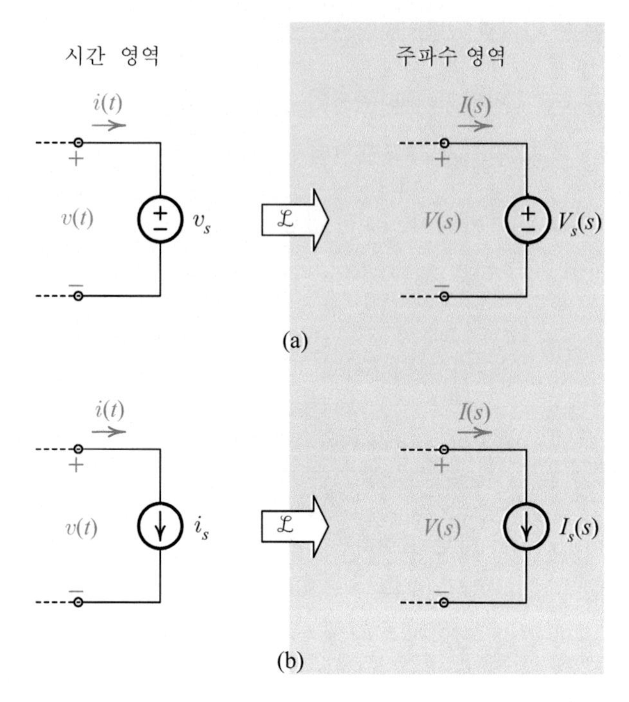

그림 6.1 전원들의 주파수 영역 모델들: (a) 전압 전원, (b) 전류 전원.

시간 영역에서 저항기의 단자 변수들은 다음과 같은 관계를 가진다. 즉,

$$v(t) = Ri(t)$$

이 식을 변환시키면,

$$\boxed{V(s) = RI(s)} \tag{6.3a}$$

또는

$$\boxed{I(s) = \frac{1}{R}V(s)} \quad 6.3b)$$

가 될 것이다. 따라서, 주파수 영역에서는 저항기 사이에 걸리는 전압과 저항기를 통해 흐르는 전류가 식 (6.3)으로 관계한다. 식 (6.3)의 R을 우리는 **저항기의 임피던스**(impedance) 또는 저항이라고 부르며, Z_R로 표시한다. 또한, $1/R = G$를 **저항기의 어드미턴스**(admittance) 또는 컨덕턴스라고 부르며, Y_R로 표시한다.

시간 영역에서 커패시터의 단자 변수들 사이에는 다음과 같은 관계가 있다. 즉,

$$i(t) = C\frac{dv(t)}{dt} \tag{6.4a}$$

또는

$$v(t) = \gamma + \frac{1}{C}\int_0^t i(t')\,dt' \tag{6.4b}$$

여기서, γ는 커패시터에 걸리는 전압의 초기값($t = 0$에서의 값)을 나타낸다. 즉, $\gamma = v(0)$이다. 식 (6.4a)를 변환시키면,

$$I(s) = C[sV(s) - v(0)] \tag{6.5}$$

가 될 것이다. $v(0) = \gamma$이므로, 우리는 식 (6.5)를 다음과 같이 쓸 수 있을 것이다.

$$\boxed{I(s) = sCV(s) - C\gamma} \tag{6.6a}$$

한편, $\mathcal{L}\{\gamma\} = (1/s)\gamma$ 이므로, 식 (6.4b)는 다음과 같이 변환될 것이다.

$$\boxed{V(s) = \frac{\gamma}{s} + \frac{1}{sC}I(s)} \tag{6.6b}$$

식 (6.6a)를 $V(s)$에 대해 풀면 알 수 있듯이, 식 (6.6a)와 식 (6.6b)는 서로 같은 의미의 진술이다. 특히, 커패시터에 걸리는 전압의 초기값이 0일 경우에는, 식 (6.6b)는 다음과 같이 간단해질 것이다.

$$\boxed{V(s) = \frac{1}{sC}I(s)} \tag{6.7a}$$

또는

$$\boxed{I(s) = sCV(s)} \tag{6.7b}$$

따라서, 우리는 이 식들로부터 다음을 알 수 있다. 즉, 주파수 영역에서 초기 전압이 0인 커패시터에 걸리는 전압은 커패시터에 흐르는 전류에 $1/sC$을 곱함으로써 구할 수 있다는 것을 알 수 있다. 또한, 초기 전압이 0인 커패시터에 흐르는 전류는 커패시터에 걸리는 전압에 sC를 곱함으로써 구할 수 있다는 것도 알 수 있다. 우리는 $1/sC$을 **커패시터의 임피던스**라고 부르며, Z_C로 표시한다. 또한, sC를 **커패시터의 어드미턴스**라고 부르며, Y_C로 표시한다.

시간 영역에서 인덕터의 단자 변수들 사이에는 다음과 같은 관계가 있다. 즉,

$$v(t) = L\frac{di(t)}{dt} \tag{6.8a}$$

또는

$$i(t) = \rho + \frac{1}{L}\int_0^t v(t')\ dt' \tag{6.8b}$$

여기서, ρ는 인덕터에 흐르는 전류의 초기값을 나타낸다. 즉, $\rho = i(0)$ 이다. 식 (6.8a)를 변환시키면,

$$V(s) = L[sI(s) - i(0)] \tag{6.9}$$

가 될 것이다. $i(0) = \rho$이므로, 우리는 윗 식을 다음과 같이 쓸 수 있을 것이다.

$$\boxed{V(s) = sLI(s) - \rho L} \tag{6.10a}$$

한편, $\mathcal{L}\{\rho\} = (1/s)\rho$ 이므로, 식 (6.8b)는 다음과 같이 변환될 것이다.

$$\boxed{I(s) = \frac{\rho}{s} + \frac{1}{L}\frac{V(s)}{s}} \tag{6.10b}$$

특히, 인덕터에 흐르는 전류의 초기값이 0일 경우에는, 식 (6.10)은

$$\boxed{V(s) = sLI(s)} \tag{6.11a}$$

또는

$$\boxed{I(s) = \frac{1}{sL}V(s)} \tag{6.11b}$$

가 될 것이다. 따라서, 우리는 이 식으로부터 다음을 알 수 있다. 즉, 주파수 영역에서 초기 전류가 0인 인덕터에 걸리는 전압은 인덕터에 흐르는 전류에 sL을 곱함으로써 구할 수 있다는 것을 알 수 있다. 또한, 초기 전류가 0인 인덕터에 흐르는 전류는 인덕터에 걸리는 전압에 $1/sL$을 곱함으로써 구할 수 있다는 것도 알 수 있다. 우리는 sL을 **인덕터의 임피던스**라고 부르며, Z_L로 표시한다. 또한, $1/sL$을 **인덕터의 어드미턴스**라고 부르며, Y_L로 표시한다.

시간 영역과 주파수 영역에서의 소자-정의 식들을 그림 6.2에 요약해 놓았다. 여기서, 우리는 초기 조건들이 0이라고 가정했다. 이 그림과 식 (6.3), (6.7), 그리고 (6.11)로부터 우리는

$$Y = \frac{1}{Z}, \quad V(s) = I(s)Z, \quad I(s) = V(s)Y \tag{6.12}$$

가 된다는 것을 확실히 알 수 있다. 저항기, 커패시터, 또는 인덕터의 단자 특성들은 오직 하나의 식, 즉 $V(s) = I(s)Z$, 또는 $I(s) = V(s)Y$ 중의 하나만으로 설명

이 된다. 바로 이 보편성 때문에, 임피던스(또는 어드미턴스)의 개념이 매우 유용하게 사용되는 것이다. 주파수 영역에서의 모든 관계식들이 대수 식으로 표현된다는 점에 주목하기 바란다. 즉, 주파수 영역 식들에는 미분 또는 적분 관계가 나타나지 않는다.

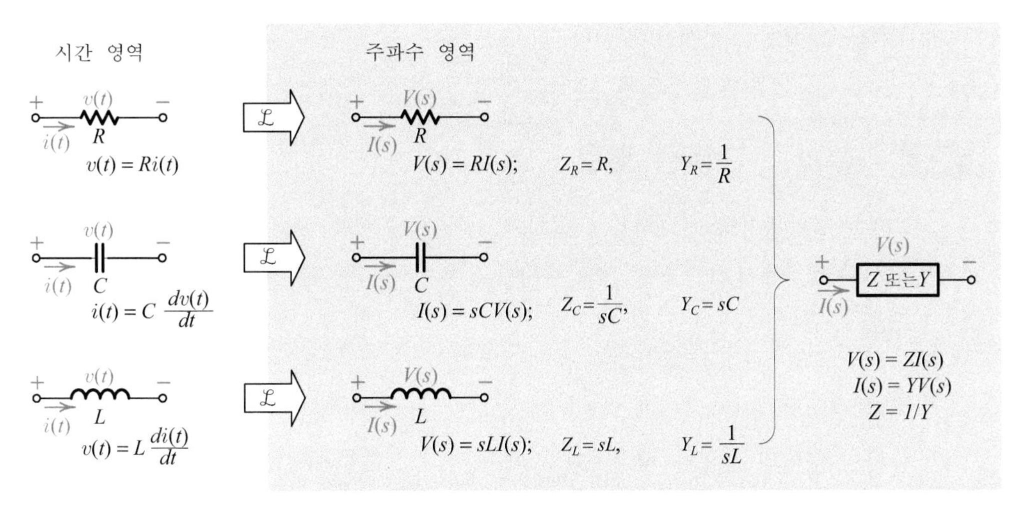

그림 6.2 시간 영역과 주파수 영역에서의 소자-정의 식.

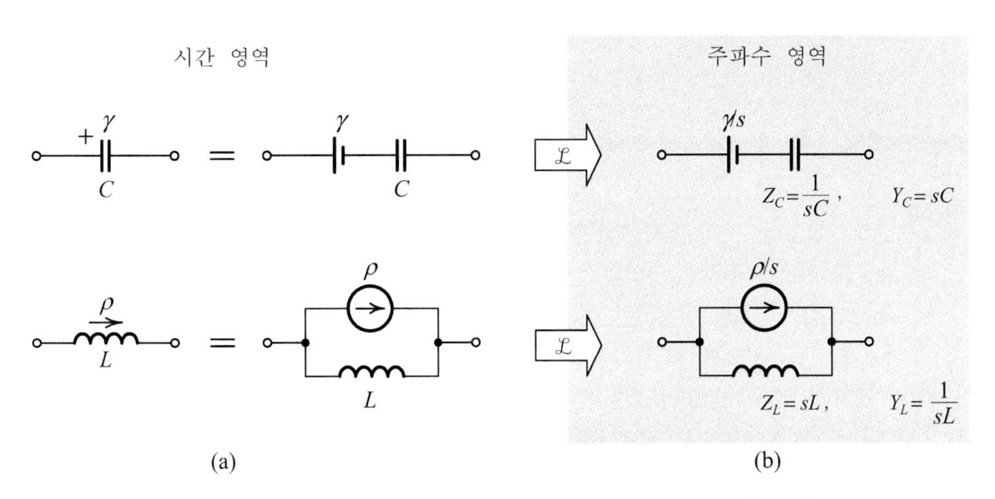

그림 6.3 초기 조건들을 고려한 수동 소자들의 주파수 영역 모델들.

커패시터의 초기 전압이 γ이고, 인덕터의 초기 전류가 ρ일 때는, 그림 6.3(a)와 같이 이 초기 조건들을 소자 옆에 기호로 표시하거나, 그렇지 않으면 소자에 접속된 별도의 전원으로 나타내거나 한다. 후자의 표현법을 이용하면, 단자 전압과 전류 사이의 관계를 개념적으로 보다 쉽게 구할 수 있을 것이다. 상수의 라플라스 변환이 그 상수를 s로 나눈 것임을 상기한다면, 우리는 초기-조건 전원들이 주파수 영역 표현에서 s로 나누어진다는 사실을 강조하기 위해, 그림 6.3(a)를 그림 6.3(b)와 같이 다시 그릴 수 있을 것이다. 따라서, 우리는 초기 조건들을 $t = 0$에서 회로에 인가된 계단-함수 전원들로 간주할 수 있다.

이제부터는, 커패시터와 인덕터 옆에 명확한 표시가 없는 한, 우리는 이들의 초기 조건들을 0으로 가정할 것이다.

6.2 라플라스 변환된 회로

주파수 영역에서의 키르히호프 법칙과 소자-정의 식을 살펴보았으므로, 우리는 이제 시간 영역에서 주어진 문제를 주파수 영역에서 다룰 수 있을 것이다. 그 절차는 다음과 같다.

1. 시간 영역의 회로를 주파수 영역의 회로로 변환시킨다.
2. 주파수 영역의 회로를 해석하여 주파수 영역의 해를 구한다.
3. 주파수 영역의 해를 라플라스 역변환하여 시간 영역의 해를 구한다.

다음의 예제들을 참조하기 바란다.

그림 6.4(a)는 5.8절에서 다루었던 RL 회로를 나타낸 것이다.

(a) 이 회로를 주파수 영역의 회로로 변환하여라.

(b) 변환된 회로를 이용하여 전류 변환값 $I(s)$를 구하라.

(c) $I(s)$를 역변환하여 $i(t)$를 구하라. 단, 인덕터의 초기 조건(전류)은 0이다.

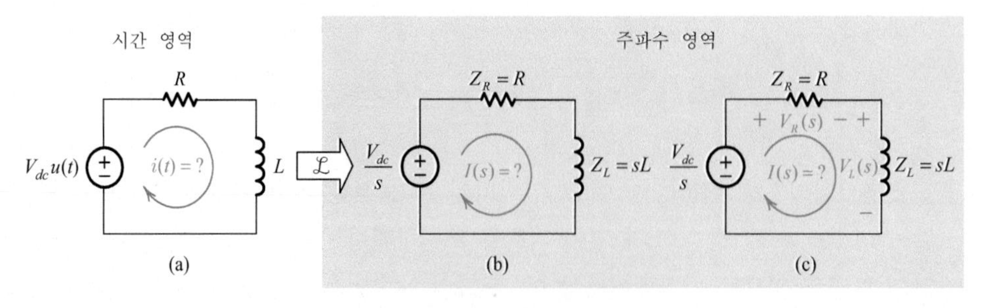

그림 6.4 예제 6.1을 위한 회로.

풀이 (a) 라플라스 변환을 통해 주파수 영역으로 변환된 회로를 그림 6.4(b)에 나타냈다. 이 그림에서 시간 영역의 전압 전원 $V_{dc}u(t)$, 저항 R, 인덕턴스 L, 그리고 전류 $i(t)$가 각각 주파수 영역의 전압 전원 V/s, 저항 R, 임피던스 sL, 그리고 전류 $I(s)$로 변환되었다는 점에 주목하기 바란다. 변환된 회로에서 저항기와 인덕터에 걸리는 전압을 각각 $V_R(s)$와 $V_L(s)$로 표시해 놓은 것이 그림 6.4(c)의 회로이다.

(b) KVL에 의하면, 이 회로의 망로 주위에 있는 전압 변환값들의 합은

$$-\frac{V_{dc}}{s} + V_R(s) + V_L(s) = 0 \tag{6.13}$$

이다. 전압 $V_R(s)$와 $V_L(s)$는 소자-정의 식을 이용하여 망로 전류 $I(s)$의 식으로 쓸 수 있을 것이다. 즉,

$$V_R(s) = Z_R I(s) = RI(s) \tag{6.14a}$$

$$V_L(s) = Z_L I(s) = sLI(s) \tag{6.14b}$$

식 (6.14)들을 식 (6.13)에 대입하고, 항들을 정리하면

$$(sL + R)I(s) = \frac{V_{dc}}{s} \tag{6.15}$$

를 얻을 것이고, 이 식을 $I(s)$에 대해 풀면

$$I(s) = \frac{V_{dc}}{L}\frac{1}{s}\frac{1}{(s + R/L)} \tag{6.16}$$

을 얻을 것이다. 이것이 계단-함수 입력에 대한 망로 전류의 변환값이다. 이 변환값에 상응하는 전류 파형을 구하려면, 변환값을 라플라스 역변환하여야 한다.

(c) 5.8절의 결과를 이용하면 식 (6.16)의 라플라스 역변환은

$$i(t) = \frac{V_{dc}}{R}[1 - e^{-(R/L)t}] \tag{6.17}$$

이다. 이 결과가 5.8절에서 회로로부터 얻은 시간 영역의 미분 방정식을 라플라스변환시킴으로써 얻은 결과와 동일하다는 점에 주목하기 바란다.

그림 6.5(a)는 5.8절에서 다루었던 RC 회로를 나타낸 것이다.

(a) 이 회로를 라플라스 변환하여라.

(b) 변환된 회로를 이용하여 전압 변환값 $V(s)$를 구하라.

(c) + $V(s)$를 역변환하여 $v(t)$를 구하라. 단, 커패시터의 초기 조건(전압)은 0이다.

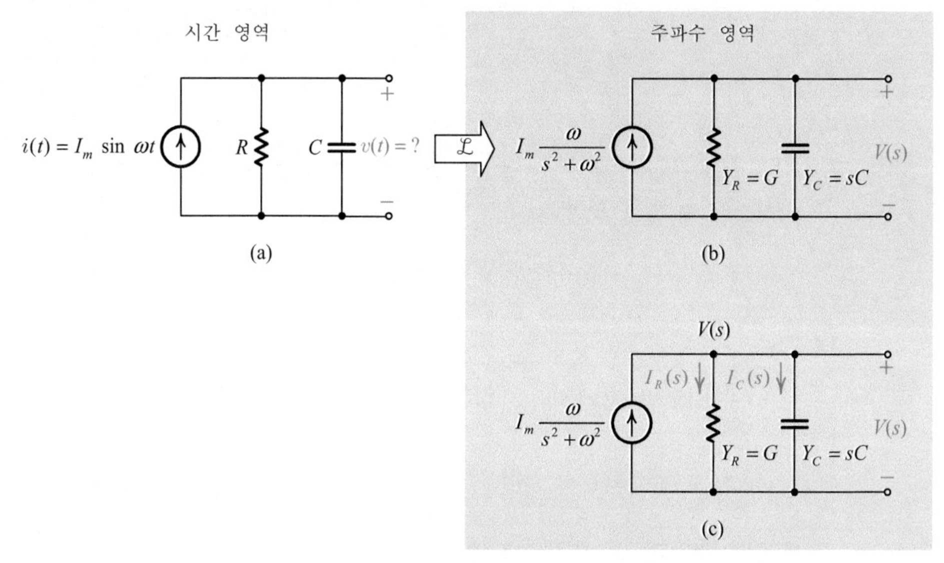

그림 6.5 예제 6.2에 사용된 RC 회로.

풀이 (a) 라플라스 변환을 통해 주파수 영역으로 변환된 회로를 그림 6.5(b)에 나타냈다. 변환된 회로에서 저항기와 커패시터에 흐르는 전류를 각각 $I_R(s)$와 $I_C(s)$로 표시해 놓은 것이 그림 6.5(c)의 회로이다.

(b) KCL에 의하면, 이 회로의 위 쪽 마디에서 유출되는 전류 변환값들의 합은

$$-I_m \frac{\omega}{s^2 + \omega^2} + I_R(s) + I_C(s) = 0 \tag{6.18}$$

이다. 전류 $I_R(s)$와 $I_C(s)$는 소자-정의 식을 이용하여 마디 전압 $V(s)$의 식으로 쓸 수 있을 것이다. 즉,

$$I_R(s) = Y_R V(s) = GV(s) \tag{6.19a}$$

$$I_C(s) = Y_C V(s) = sCV(s) \tag{6.19b}$$

식 (6.19)들을 식 (6.18)에 대입하고, 항들을 정리하면

$$(sC+G)V(s) = I_m \frac{\omega}{s^2+\omega^2} \tag{6.20}$$

를 얻을 것이고, 이 식을 $V(s)$에 대해 풀면

$$V(s) = \frac{I_m}{C}\frac{\omega}{s^2+\omega^2}\frac{1}{s+G/C} \tag{6.21}$$

을 얻을 것이다. 이것이 사인-함수 입력에 대한 마디 전압의 변환값이다. 이 변환값에 상응하는 전압 파형을 구하려면, 변환값을 라플라스 역변환하여야 한다.

(c) 5.8절의 결과를 이용하면 식 (6.21)의 라플라스 역변환은

$$v(t) = \frac{I_m\omega R^2 C}{1+\omega^2R^2C^2}e^{-t/RC} + \frac{I_m R}{\sqrt{1+\omega^2R^2C^2}}\sin(\omega t - \tan^{-1}\omega RC) \tag{6.22}$$

이다. 이 결과 역시 5.8절에서 회로로부터 얻은 시간 영역의 미분 방정식을 라플라스 변환시킴으로써 얻은 결과와 동일하다는 점에 주목하기 바란다.

이제 우리는 주파수 영역에서 회로를 해석하는 방식을 그림 6.6의 순서도로 나타낼 수 있을 것이다. 이 그림은 선형 회로를 해석하여 그 해가 되는 결과 파형(또는 출력 파형)을 얻는 데 두 가지 방법(또는 경로)이 있다는 것을 보여준다. 오른쪽으로 향하는 경로는 다음과 같이 순서적으로 설명될 수 있다. 즉,

1. 회로 해석은 통상적인 방법대로 시간 영역에서 표현된 회로로 시작된다.
2. 시간 영역에서 표현된 회로를 주파수 영역의 회로로 변환시킨다.
3. 주파수 영역의 회로로부터 회로 방정식을 대수 방정식의 형태로 쓴다.
4. 대수적인 기법들을 이용하여 회로 방정식을 풀어 전류 또는 전압 변환값을 구한다.
5. 구해진 변환값들을 라플라스 역변환하여 전류 또는 전압 파형을 구한다.

이 예시는 또, 시간 영역에서 표현된 회로로부터 미분 방정식을 얻고, 그 미분 방정식을 고전적인 기법들을 이용하여 풀어 전류 또는 전압 파형을 구할 수 있는 또 다른 길이 있다는 것도 보여준다.

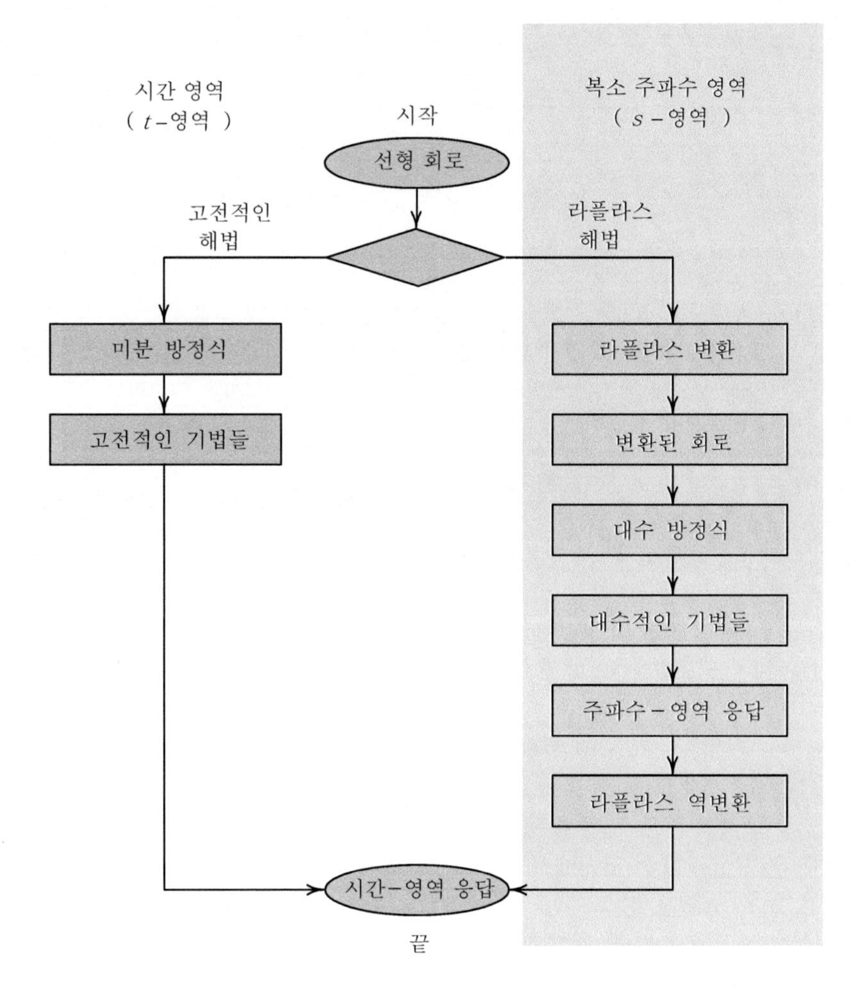

그림 6.6 주파수 영역에서 회로를 해석하는 방법.

연습문제 6.1

그림 E6.1에서 $i_i(t) = t$ 이다.

(a) 그림에 보인 시간 영역의 회로를 라플라스 변환하여라. 그리고 변환된 회로를 해석하여 전압 변환값 $V_o(s)$를 구하라.

(b) $V_o(s)$를 라플라스 역변환하여 $v_o(t)$를 구하라.

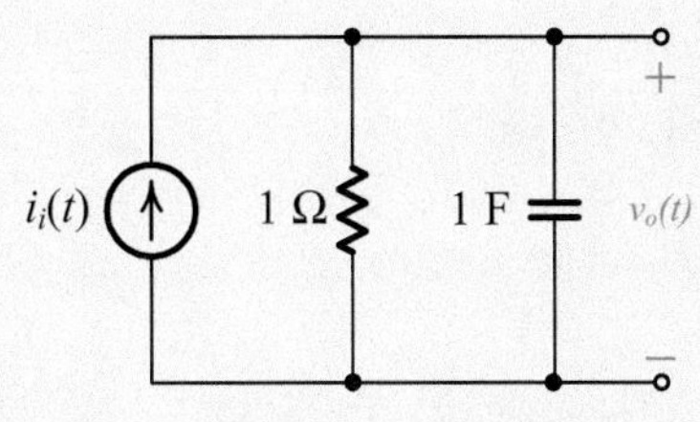

그림 E6.1 연습문제 6.1을 위한 회로.

답 (a) $V_o(s) = 1/s^2(s+1)$, (b) $v_o(t) = t - 1 + e^{-t}$

6.3 임피던스의 직렬 접속과 병렬 접속

우리는 이미 저항기의 임피던스는 R인 반면에, 그것의 어드미턴스는 $1/R = G$인 것을 알고 있다. 우리는 또, 인덕터의 임피던스는 sL이고, 어드미턴스는 $1/sL$이며, 커패시터의 임피던스는 $1/sC$이고, 어드미턴스는 sC인 것을 알고 있다. 이제부터 우리는 이들이 직렬 또는 병렬로 접속되어 있는 경우에 대해 살펴볼 것이다.

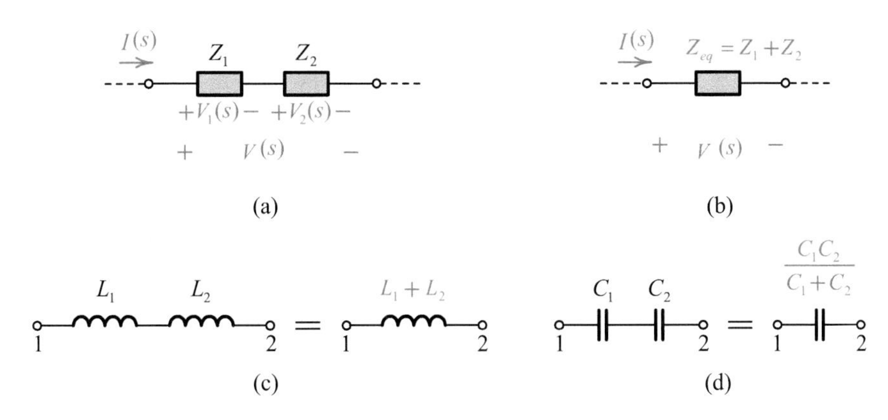

그림 6.7 두 개의 임피던스의 직렬 접속.

그림 6.7(a)에 임피던스 Z_1과 임피던스 Z_2의 직렬 접속을 나타냈다. 그림으로부터 우리는 동일한 전류 $I(s)$가 Z_1과 Z_2를 통해 흐른다는 것을 알 수 있다. 따라서, Z_1에는 $I(s)Z_1$ 전압이 걸릴 것이고, Z_2에는 $I(s)Z_2$ 전압이 걸릴 것이다. 따라서, Z_1Z_2 결합에는

$$V(s) = V_1(s) + V_2(s) = I(s)Z_1 + I(s)Z_2 = I(s)(Z_1 + Z_2) = I(s)Z_{eq}$$

의 전압이 걸릴 것이다. 여기서

$$Z_{eq} = Z_1 + Z_2 \tag{6.23}$$

이다. 따라서 우리는 직렬로 접속된 두 임피던스의 단자 특성은 두 임피던스를 합한 값을 갖는 단일 임피던스의 단자 특성과 동일하다는 것을 알 수 있다. 그림 6.7(b)를 보라.

그림 6.7(c)에 두 인덕터의 직렬 접속을 나타냈다. 단자 1과 2 사이의 임피던스는

$$Z_{eq} = Z_1 + Z_2 = sL_1 + sL_2 = s\underbrace{(L_1 + L_2)}_{L_{eq}}$$

이다. 따라서, 이들 단자에서 바라다본 등가 인덕턴스는 $L_1 + L_2$ 이다.

그림 6.7(d)에 두 커패시터의 직렬 접속을 나타냈다. 단자 1과 2 사이의 임피던스는

$$Z_{eq} = \frac{1}{sC_1} + \frac{1}{sC_2} = \frac{1}{s}\left(\frac{1}{C_1} + \frac{1}{C_2}\right) = \frac{1}{\underbrace{s[C_1C_2/(C_1 + C_2)]}_{C_{eq}}}$$

이고, 이 식은 이들 단자에서 바라다본 등가 커패시턴스가 $C_1C_2/(C_1 + C_2)$ 라는 것을 의미한다.

만일 n개의 임피던스들이 직렬로 접속되어 있다면,

$$\boxed{Z_{eq} = Z_1 + Z_2 + \cdots + Z_n} \tag{6.24}$$

이다. 즉, 등가 임피던스는 개개의 임피던스들의 합으로 주어진다.

그림 6.8(a)에 임피던스 Z_1과 임피던스 Z_2의 병렬 접속을 나타냈다. 그림으로부터 우리는 동일한 전압 $V(s)$가 Z_1과 Z_2에 걸린다는 것을 알 수 있다. Z_1에 흐르는 전류는 $V(s)Y_1$이고, Z_2에 흐르는 전류는 $V(s)Y_2$이다. 따라서 Z_1Z_2의 결합에는

$$I(s) = I_1(s) + I_2(s) = V(s)Y_1 + V(s)Y_2 = V(s)(Y_1 + Y_2) = V(s)Y_{eq}$$

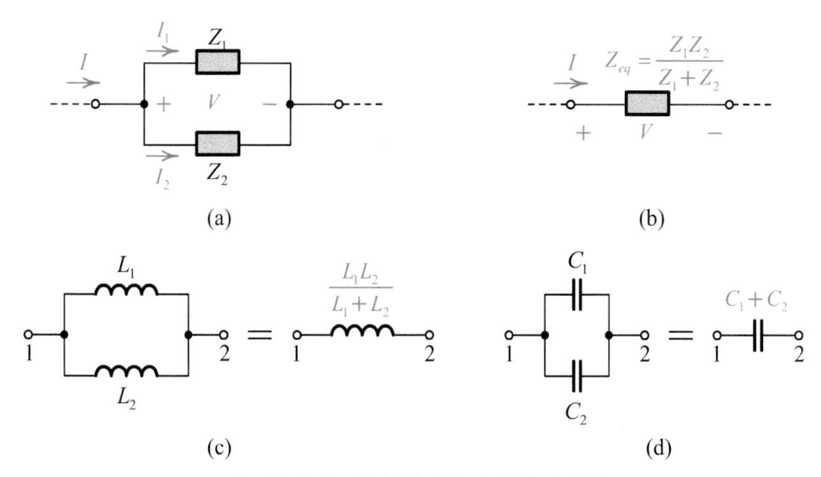

그림 6.8 두 개의 임피던스의 병렬 접속.

의 전류가 흐를 것이다. 여기서

$$Y_{eq} = Y_1 + Y_2 \tag{6.25}$$

이다. 따라서 우리는 병렬로 접속된 두 어드미턴스의 단자 특성은 두 어드미턴스를 합한 값을 갖는 단일 어드미턴스의 단자 특성과 동일하다는 것을 알 수 있다. 어드미턴스가 임피던스의 역수이기 때문에, 우리는 식 (6.25)를 다음과 같이 쓸 수 있을 것이다. 즉,

$$\frac{1}{Z_{eq}} = \frac{1}{Z_1} + \frac{1}{Z_2} = \frac{Z_1 + Z_2}{Z_1 Z_2}, \qquad Z_{eq} = \frac{Z_1 Z_2}{Z_1 + Z_2} \tag{6.26}$$

따라서, 병렬로 접속된 두 임피던스의 등가 임피던스는 두 임피던스의 곱을 두 임피던스의 합으로 나눈 것이 된다. 그림 6.8(b)를 보라.

그림 6.8(c)에 두 인덕터의 병렬 접속을 나타냈다. 단자 1과 2 사이의 어드미턴스는

$$Y_{eq} = Y_1 + Y_2 = \frac{1}{sL_1} + \frac{1}{sL_2} = \frac{1}{s}\left(\frac{1}{L_1} + \frac{1}{L_2}\right) \qquad = \frac{1}{\underbrace{s[L_1 L_2/(L_1 + L_2)]}_{L_{eq}}}$$

이다. 따라서, 이들 단자에서 바라다본 등가 인덕턴스는 $L_1 L_2/(L_1 + L_2)$이다.

그림 6.8(d)에 두 커패시터의 병렬 접속을 나타냈다. 단자 1과 2 사이의 어드미턴스는

$$Y_{eq} = sC_1 + sC_2 = \underbrace{s(C_1 + C_2)}_{C_{eq}}$$

이다. 따라서, 이들 단자에서 바라다본 등가 커패시턴스는 $C_1 + C_2$이다.

만일 n개의 어드미턴스가 병렬로 연결되어 있다면,

$$\boxed{Y_{eq} = Y_1 + Y_2 + \cdots + Y_n} \tag{6.27}$$

이다. 즉, 등가 어드미턴스는 개개의 어드미턴스들의 합이다. 따라서,

$$\boxed{Z_{eq} = \frac{1}{Y_{eq}} = \frac{1}{Y_1 + Y_2 + \cdots + Y_n}}$$

이다. 만일 임피던스들이 한꺼번에 둘로 결합된다면, 우리는 식 (6.26)으로 주어진 공식, 즉 "곱 나누기 합"의 공식을 이용하여 Z_{eq}를 구할 수도 있을 것이다.

우리가 어떤 소자를 임피던스로 다룰 것인지 아니면, 어드미턴스로 다룰 것인지는 중요하지 않다. 왜냐하면, 이들 각각이 단자 특성을 나타내기 때문이다. 그러나 소자들이 직렬로 접속되어 있을 때는, 임피던스로 다루는 것이 훨씬 더 용이할 것이다. 왜냐하면, 이 경우에는, 등가 임피던스가 개개의 임피던스들의 합으로 구해지기 때문이다. 한편, 소자들이 병렬로 접속되어 있을 때는, 어드미턴스로 다루는 것이 훨씬 더 쉬울 것이다. 왜냐하면, 이 경우에는 등가 어드미턴스가 개개의 어드미턴스들의 합이기 때문이다. 끝으로, 지금까지의 설명에서 모든 변수들이 주파수 영역 변수들이라는 점에 유의하기 바란다.

그림 6.9에 보인 회로의 입력 임피던스 Z_i를 구하라.

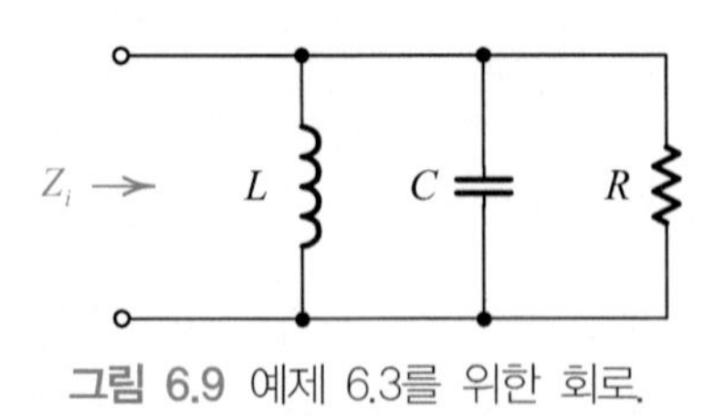

그림 6.9 예제 6.3를 위한 회로.

풀이 세 개의 소자 모두가 병렬이기 때문에, 우선 입력 어드미턴스 Y_i를 계산하는 것이 쉬울 것이다.

$$Y_i = Y_L + Y_C + Y_R = \frac{1}{sL} + sC + G = \frac{s^2LC + sLG + 1}{sL}$$

따라서, 입력 임피던스는

$$Z_i = \frac{1}{Y_i} = \frac{sL}{s^2LC + sLG + 1}$$

이다.

연습문제 6.2

그림 E6.2에 보인 회로의 입력 임피던스는 얼마인가?

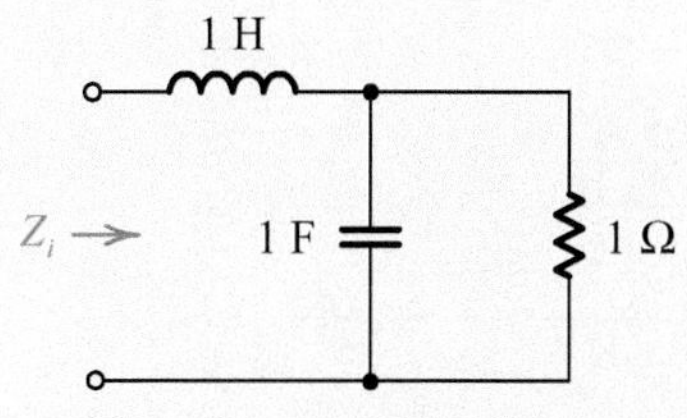

그림 E6.2 연습문제 6.2를 위한 회로.

답 $\dfrac{s^2 + s + 1}{s + 1}$

6.4 전원 변환

어떤 임피던스와 직렬인 전압 전원은 똑같은 임피던스와 병렬인 전류 전원으로 바꿀 수 있다. 이 2-단자 등가를 그림 6.10(a)에 나타냈다. 두 회로의 단자 전류 $I(s)$와 단자 전압 $V(s)$가 서로 똑같을 때, 두 회로는 등가가 된다. 따라서 두 회로에서 단자 1로 나오는 전류를 $I(s)$라고 할 때, 두 회로가 등가가 되기 위해서는 두 회로의 1-1' 단자 사이에 걸리는 전압이

$$\underbrace{V(s) = V_s(s) - I(s)Z_s}_{\text{전압 전원으로부터}} = \underbrace{\left[\frac{V_s(s)}{Z_s} - I(s)\right]Z_s}_{\text{전류 전원으로부터}}$$

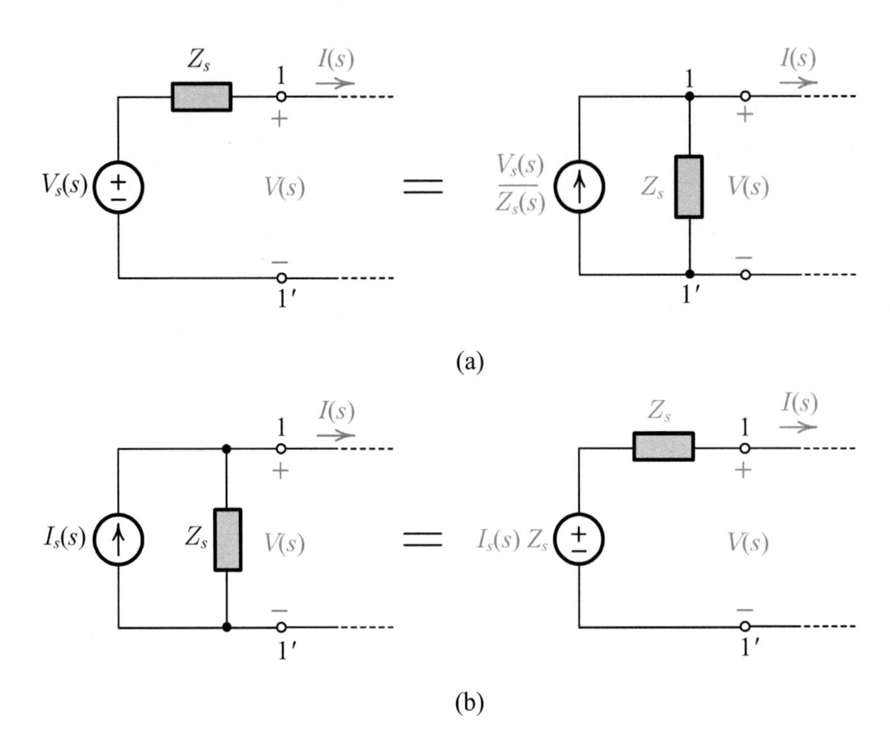

그림 6.10 전원 변환: (a) 임피던스 직렬 전압 전원을 임피던스 병렬 전류 전원으로 변환, (b) 임피던스 병렬 전류 전원을 임피던스 직렬 전압 전원으로 변환.

로 똑같아야 한다. 전류 전원의 값은 단자 1-1'를 단락시킨 후에, 전압 전원에 의해 흐르게 되는 단락-회로 전류, 즉 $V_s(s)/Z_s$를 계산함으로써 구해진다.

마찬가지로, 어떤 임피던스와 병렬인 전류 전원은 똑같은 임피던스와 직렬인 전압 전원으로 변환시킬 수 있다. 전압 전원의 값은 단자 1-1'를 개방한 후에, 전류 전원에 의해 걸리게 되는 개방-회로 전압, 즉 $I_s(s)Z_s$를 계산함으로써 구해진다. 그림 6.10(b)를 보라.

예제 6.4 그림 6.11에 보인 전원을 전류 전원으로 변환하여라.

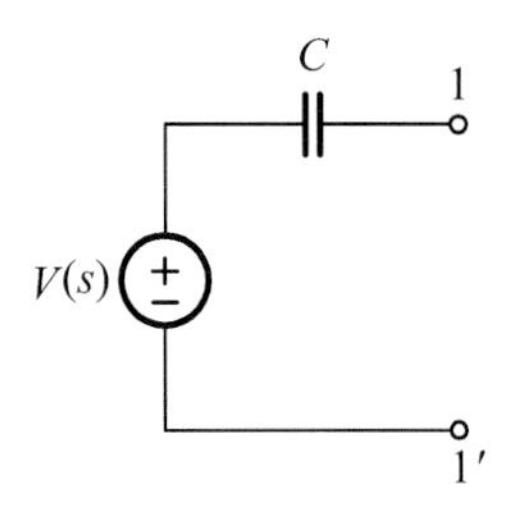

그림 6.11 예제 6.4를 위한 회로.

풀이 단자 1-1'를 단락시켰을 때, 이들 단자에 흐르는 단락-회로 전류는 $I_{sc}(s) = V(s)\,Y = V(s)\,s\,C$이다. 따라서, 우리는 등가 전류 전원을 그림 6.12와 같이 그릴 수 있을 것이다.

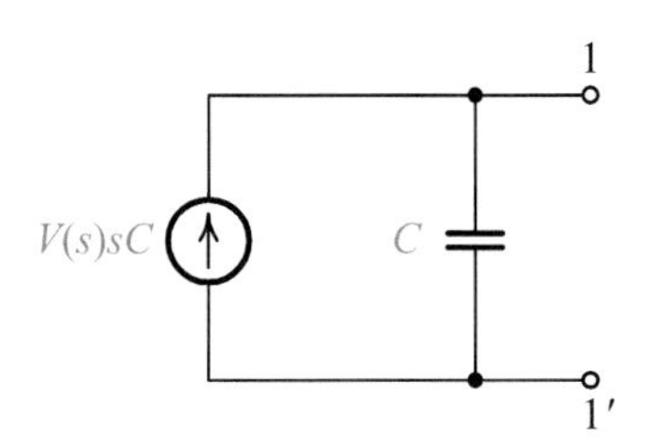

그림 6.12 예제 6.4에서 구해진 등가 전류 전원.

6.5 전압-분배 공식과 전류-분배 공식

그림 6.13(a)에서 우리는

$$I_i(s) = \frac{V_i(s)}{Z_{eq}} = \frac{V_i(s)}{Z_1 + Z_2} = V_i(s)\left(\frac{Y_1 Y_2}{Y_1 + Y_2}\right)$$

$$V_2(s) = I_i(s)\,Z_2 = \frac{I_i(s)}{Y_2}$$

$$V_2(s) = V_i(s)\left(\frac{Z_2}{Z_1 + Z_2}\right) = V_i(s)\left(\frac{Y_1}{Y_1 + Y_2}\right) \tag{6.28}$$

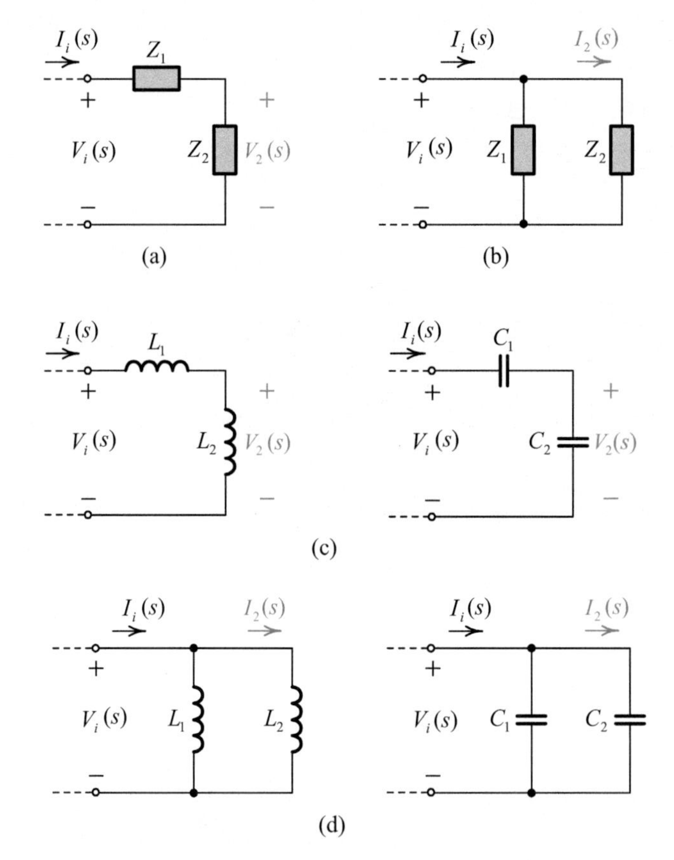

그림 6.13 (a) 전압 분배, (b) 전류 분배, (c) 인덕터와 커패시터에서의 전압 분배. (d) 인덕터와 커패시터에서의 전류 분배.

이 되는 것을 알 수 있다. 따라서, Z_2에 걸리는 전압은 입력 전압에

$$\frac{Z_2}{Z_1 + Z_2} \qquad \text{또는} \qquad \frac{Y_1}{Y_1 + Y_2}$$

의 인수를 곱한 것과 같다. 식 (6.28)을 우리는 전압-분배 공식이라고 부른다.

그림 6.13(b)에서 우리는

$$V_i(s) = I_i(s)\,Z_{eq} = I_i(s)\left(\frac{Z_1 Z_2}{Z_1 + Z_2}\right) = I_i(s)\left(\frac{1}{Y_1 + Y_2}\right)$$

$$I_2(s) = \frac{V_i(s)}{Z_2} = V_i(s)\,Y_2$$

$$\boxed{I_2(s) = I_i(s)\left(\frac{Z_1}{Z_1 + Z_2}\right) = I_i(s)\left(\frac{Y_2}{Y_1 + Y_2}\right)} \qquad 6.29)$$

가 되는 것을 알 수 있다. 따라서, Z_2에 흐르는 전류는 입력 전류에

$$\frac{Y_2}{Y_1 + Y_2} \quad \text{또는} \quad \frac{Z_1}{Z_1 + Z_2}$$

의 인수를 곱한 것과 같다. 식 (6.29)를 우리는 전류-분배 공식이라고 부른다.

그림 6.13(c)를 이용하면, 두 개의 인덕터와 두 개의 커패시터 사이의 전압 분배를 다음과 같이 구할 수 있을 것이다. 즉,

$$V_2(s) = V_i(s)\left(\frac{Z_2}{Z_1 + Z_2}\right) = V_i(s)\left(\frac{sL_2}{sL_1 + sL_2}\right) = V_i(s)\left(\frac{L_2}{L_1 + L_2}\right)$$

$$V_2(s) = V_i(s)\left(\frac{Y_1}{Y_1 + Y_2}\right) = V_i(s)\left(\frac{sC_1}{sC_1 + sC_2}\right) = V_i(s)\left(\frac{C_1}{C_1 + C_2}\right)$$

그림 6.13(d)를 이용하면, 두 개의 인덕터와 두 개의 커패시터 사이의 전류 분배를 다음과 같이 구할 수 있을 것이다. 즉,

$$I_2(s) = I_i(s)\left(\frac{Z_1}{Z_1 + Z_2}\right) = I_i(s)\left(\frac{sL_1}{sL_1 + sL_2}\right) = I_i(s)\left(\frac{L_1}{L_1 + L_2}\right)$$

$$I_2(s) = I_i(s)\left(\frac{Y_2}{Y_1 + Y_2}\right) = I_i(s)\left(\frac{sC_2}{sC_1 + sC_2}\right) = I_i(s)\left(\frac{C_2}{C_1 + C_2}\right)$$

그림 6.14에서 $I_o(s)$를 $I_i(s)$의 식으로 나타내어라.

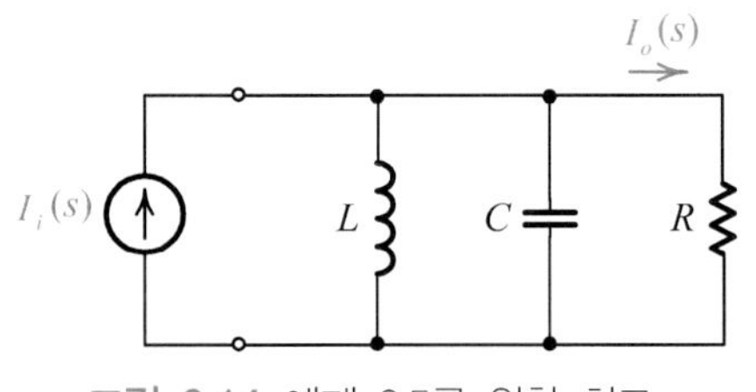

그림 6.14 예제 6.5를 위한 회로.

풀이 LC 결합을 하나의 임피던스로 나타내면,

$$Z_{LC} = \frac{sL \times (1/sC)}{sL + (1/sC)} = \frac{(1/C)s}{s^2 + (1/LC)}$$

를 얻을 것이다. 그 후, 전류-분배 공식을 사용하여 R에 흐르는 전류를 구하면,

$$I_o(s) = I_i(s)\left(\frac{Z_{LC}}{Z_{LC}+R}\right) = I_i(s)\left\{\left[\frac{(1/C)s}{s^2+(1/LC)}\right]\Big/\left[\frac{(1/C)s}{s^2+(1/LC)}+R\right]\right\}$$

$$= I_i(s)\left[\frac{(1/RC)s}{s^2+(1/RC)s+(1/LC)}\right]$$

를 얻을 것이다.

연습문제 6.3

그림 E6.3에서 $V_o(s)$를 $V_i(s)$의 식으로 나타내라.

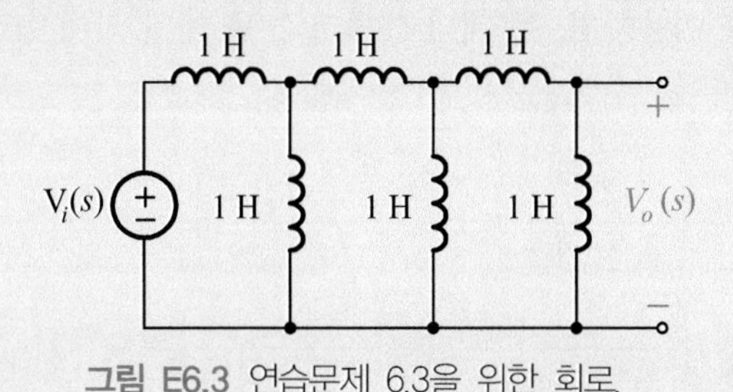

그림 E6.3 연습문제 6.3을 위한 회로.

답 $V_o(s) = \dfrac{V_i(s)}{13}$ V

6.6 중첩의 원리

3장에서 우리는 둘 이상의 여기 전원을 가진 저항 회로에서, 그 회로의 응답은 한번에 하나의 전원만 동작시키고, 다른 모든 전원들은 0으로 유지함으로써 얻어지는 개개의 응답들의 합으로 계산될 수 있다는 것을 배웠다. 따라서 우리는 홀로 동작하는 각각의 전원에 기인한 응답들을 중첩함으로써, 모든 전원에 의한 응답에 도달할 수 있었다. 이 절에서 우리는 중첩의 원리를 일반화하여 RLC 회로의 응답을 구하는 데에도 이용할 수 있다는 것을 보일 것이다.

예제 6.6 그림 6.15에서 중첩의 원리를 이용하여 $V_o(s)$와 $I_o(s)$를 구하라.

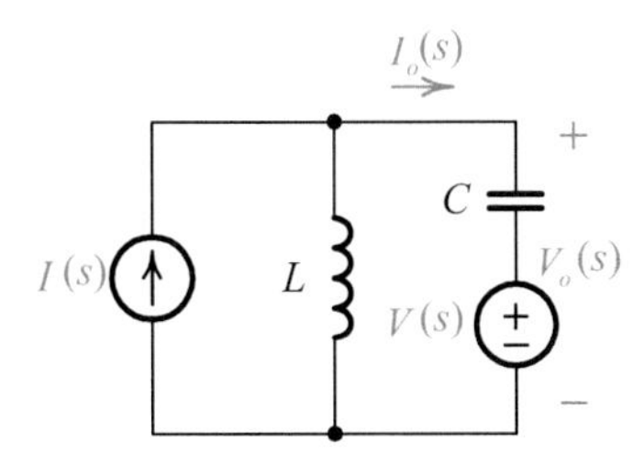

그림 6.15 예제 6.6을 위한 회로.

풀이 우리는 먼저 그림 6.16(a)와 같이, 전류 전원은 켜고, 전압 전원은 끌 수 있을 것이다. 전류-분배 공식을 이용하여 $I_{o1}(s)$를 구하고, 병렬 임피던스들을 결합하여 $V_{o1}(s)$를 구하면,

$$I_{o1}(s) = I(s)\left[\frac{sL}{sL + (1/sC)}\right] = I(s)\left[\frac{s^2}{s^2 + (1/LC)}\right]$$

$$V_{o1}(s) = I(s)\,Z_{LC1} = I(s)\left[\frac{sL \times (1/sC)}{sL + (1/sC)}\right] = I(s)\left[\frac{(1/C)s}{s^2 + (1/LC)}\right]$$

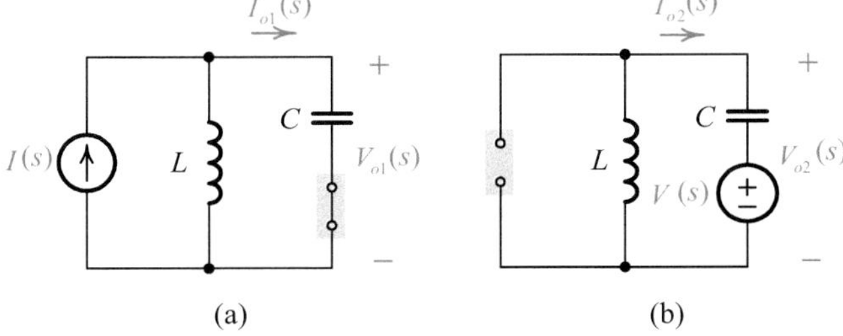

그림 6.16 (a) 그림 6.19에서 전류 전원만 켠 상태. (b) 그림 6.15에서 전압 전원만 켠 상태.

를 얻을 것이다. 이번에는, 그림 6.16(b)와 같이, 전압 전원을 켜고, 전류 전원을 끌 수 있을 것이다. 직렬 임피던스들을 결합하여 $I_{o2}(s)$를 구하고, 전압-분배 공식으로 $V_{o2}(s)$를 구하면,

$$I_{o2}(s) = -\frac{V(s)}{Z_{LC2}} = -\frac{V(s)}{sL + (1/sC)} = -\frac{1}{L}\left[\frac{s}{s^2 + (1/LC)}\right]V(s)$$

$$V_{o2}(s) = V(s)\left[\frac{sL}{sL + (1/sC)}\right] = V(s)\left[\frac{s^2}{s^2 + (1/LC)}\right]$$

을 얻을 것이다. 우리가 구하고자 하는 응답은

$$I_o(s) = I_{o1}(s) + I_{o2}(s) = I(s)\left[\frac{s^2}{s^2 + (1/sL)}\right] + \frac{-(s/L)V(s)}{s^2 + (1/LC)}$$

$$= \frac{[I(s)s - (V(s)/L)]s}{s^2 + (1/LC)}$$

$$V_o(s) = V_{o1}(s) + V_{o2}(s) = I(s)\left[\frac{(1/C)s}{s^2 + (1/LC)}\right] + V(s)\left[\frac{s^2}{s^2 + (1/LC)}\right]$$

$$= \frac{[(I(s)/C) + V(s)s]s}{s^2 + (1/LC)}$$

이다.

연습문제 6.4

그림 E6.4에서 중첩의 원리를 이용하여 $V_2(s)$를 구하라.

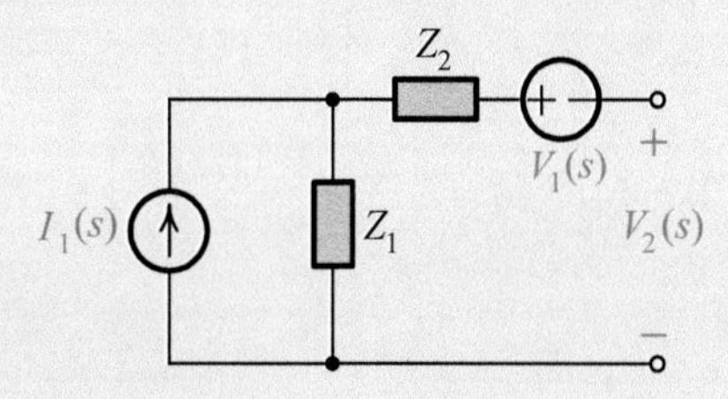

그림 E6.4 연습문제 6.4를 위한 회로.

답 $V_2(s) = Z_1 I_1(s) - V_1(s)$

6.7 테브난 및 노튼 등가 회로들

RLC 소자들과 전원들로 구성된 회로의 단자 특성은, 하나의 등가 임피던스와 직렬인 하나의 등가 전압 전원, 또는 하나의 등가 임피던스와 병렬인 하나의 등가 전류 전원으로 나타낼 수 있다. 그림 6.17에 이들의 등가성을 그림으로 나타냈다. 전압 전원과 직렬 임피던스의 결합이 테브난 등가 표현이고, 전류 전원과 병렬 임피던스의 결합이 노튼 등가 표현이다.

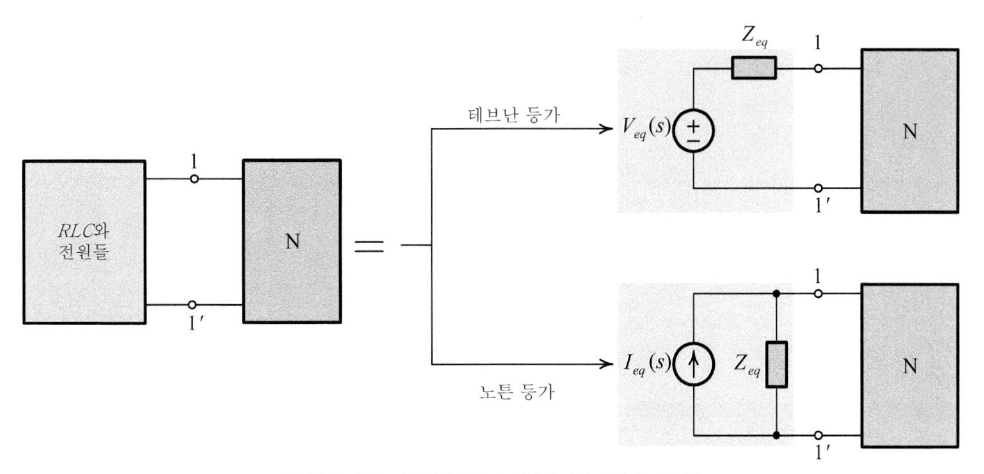

그림 6.17 테브난 등가 및 노튼 등가 표현.

6.4절에서 다루었던 전원 변환에 관한 논의로부터, 우리는 $V_{eq}(s)$와 $I_{eq}(s)$가 다음과 같이 관계한다는 것을 분명히 알 수 있다. 즉,

$$V_{eq}(s) = I_{eq}(s)\,Z_{eq} \tag{6.30}$$

이제 등가 임피던스 Z_{eq}, 테브난 등가 전압 $V_{eq}(s)$, 그리고 노튼 등가 전류 $I_{eq}(s)$를 구하는 방법에 대해 논의해 보자. 우선 Z_{eq}를 구하려면, RLC 회로 안의 모든 독립 전원들을 0으로 만든 후, 1-1' 단자에서 회로 쪽으로 바라다본 임피던스를 계산해야 한다. 만일 직-병렬 결합 공식들을 적용할 수 있는 경우라면, 우리는 이들 공식을 적용하여 Z_{eq}를 계산할 수 있을 것이다. 만일 이 결합 공식들을 적용할 수 없는 경우라면, 우리는 전압 전원 또는 전류 전원을 단자 1-1'에 인가한 후, $V(s)/I(s)$의 비를 취하여 Z_{eq}를 구해야 할 것이다. 이 단계를 그림 6.18(a)에 나타냈다.

다음으로, 테브난 등가 전압 $V_{eq}(s)$를 구하려면, 그림 6.18(b)에 보인 것처럼 단자 1-1'를 개방 회로로 만든 후(단자 1-1'에 다른 회로가 접속되어 있지 않은 경우에는, 이 단계가 필요치 않다.), $V_{oc}(s)$를 계산해야 한다. 이 개방-회로 전압이 $V_{eq}(s)$이다. 즉,

$$V_{eq}(s) = V_{oc}(s) \tag{6.31}$$

끝으로, 노튼 등가 전류 $I_{eq}(s)$를 구하려면, 그림 6.18(c)에 보인 것처럼 단자 1-1'를 단락 회로로 만든 후, $I_{sc}(s)$를 계산해야 한다. 이 단락-회로 전류가 $I_{eq}(s)$이다. 즉,

$$I_{eq}(s) = I_{sc}(s) \tag{6.32}$$

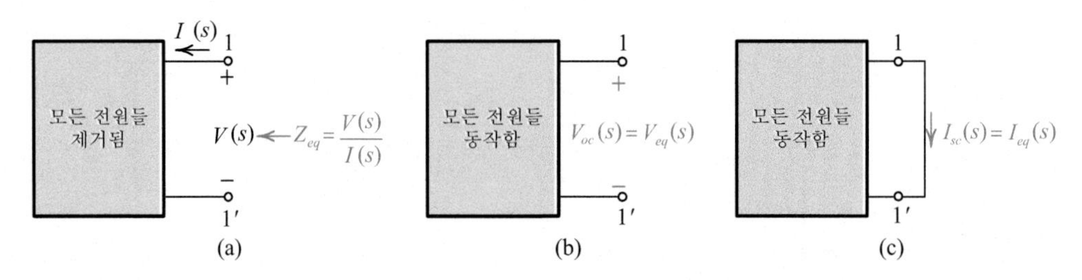

그림 6.18 (a) Z_{eq}를 구하는 절차, (b) $V_{eq}(s)$를 구하는 절차, (c) $I_{eq}(s)$를 구하는 절차.

(a) 그림 6.19의 회로에서 R_L에 걸리는 전압을 구하라.

(b) 브리지는 언제 평형이 되는가?

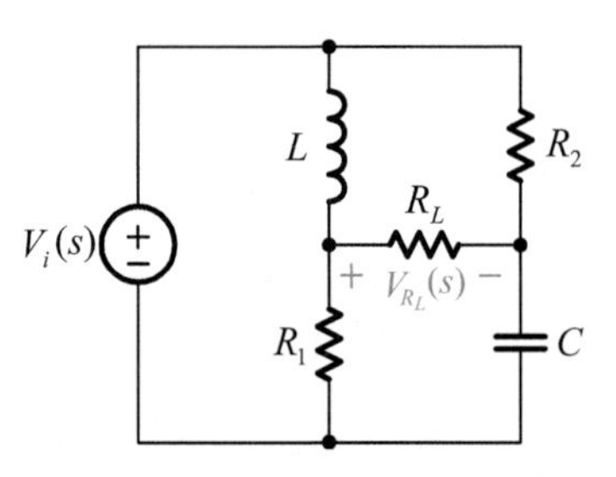

그림 6.19 예제 6.7을 위한 회로.

풀이 (a) 우리는 우선, 그림 6.20(a)와 같이 회로를 다시 그릴 수 있을 것이다. L의 위쪽 단자와 R_2의 위쪽 단자가 여전히 $V_i(s)$에 의해 구동되기 때문에, 이 회로는 [$V_i(s)$ 전원에 의해 공급되는 전류를 제외한] 모든 관점에서 본래의 회로와 동일하다. 다음으로, 우리는 두 개의 테브난 등가 회로, 즉 하나는 1-1'의 왼쪽 회로에 대한 등가 회로와 다른 하나는 2-2'의 오른쪽 회로에 대한 등가 회로를 구할 수 있을 것이다. 그 결과가 그림 6.20(b)이다. 여기서

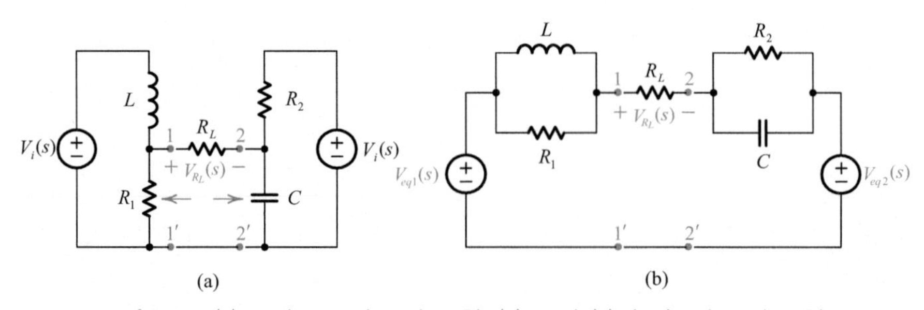

그림 6.20 (a) 그림 6.19의 등가 표현, (b) 그림 (a)의 테브난 등가 표현.

$$V_{eq1}(s) = V_i(s)\left(\frac{R_1}{sL + R_1}\right) = V_i(s)\left[\frac{R_1/L}{s + (R_1/L)}\right]$$

$$V_{eq2}(s) = V_i(s)\left[\frac{1/sC}{R_2 + (1/sC)}\right] = V_i(s)\left[\frac{1/R_2C}{s + (1/R_2C)}\right]$$

이다. 이 그림에서 Z_{eq1}이 sL과 R_1의 병렬 결합이고, Z_{eq2}가 $1/sC$과 R_2의 병렬 결합인 점에 주목하기 바란다. 그림 6.20(b)로부터, 우리는 이제 $V_{R_L}(s)$를 다음과 같이 구할 수 있을 것이다. 즉,

$$V_{R_L}(s) = \underbrace{\left\{(V_{eq1}(s) - V_{eq2}(s))\Big/\left[\frac{R_1 sL}{R_1 + sL} + R_L + \frac{R_2(1/sC)}{R_2 + (1/sC)}\right]\right\}}_{R_L\text{을 통해 흐르는 전류}} R_L$$

$$= V_i(s)\left[\frac{R_1}{sL + R_1} - \frac{1/R_2C}{s + (1/R_2C)}\right]R_L\Big/\left[\frac{sLR_1}{sL + R_1} + R_L + \frac{1/C}{s + (1/R_2C)}\right]$$

$$V_{R_L}(s) = V_i(s)\frac{s}{R_2}\left(R_1R_2 - \frac{L}{C}\right)R_L\Big/\left[sLR_1\left(s + \frac{1}{R_2C}\right) + R_L(sL + R_1)\left(s + \frac{1}{R_2C}\right) + \frac{1}{C}(sL + R_1)\right]$$

(b) 브리지가 평형이 되려면, $V_{R_L}(s)$가 0이 되어야 한다. 따라서

$$R_1R_2 = \frac{L}{C}$$

이 되어야 하고, 우리는 이 식을 다음과 같이 쓸 수 있을 것이다.

$$R_1R_2 = Z_L Z_C \tag{6.33}$$

여기서

$$Z_L = sL \qquad \text{그리고} \qquad Z_C = \frac{1}{sC}$$

이다. 그림 6.19와 식 (6.33)을 참조함으로써, 우리는 브리지가 평형이 되기 위한 조건을 알 수 있다. 즉, 브리지가 평형이 되려면, 대각선으로 반대편에 있는 임피던스의 곱들이 서로 같아야 한다.

연습문제 6.5

그림 E6.5의 회로에서 $V_o(s)$를 구하라.

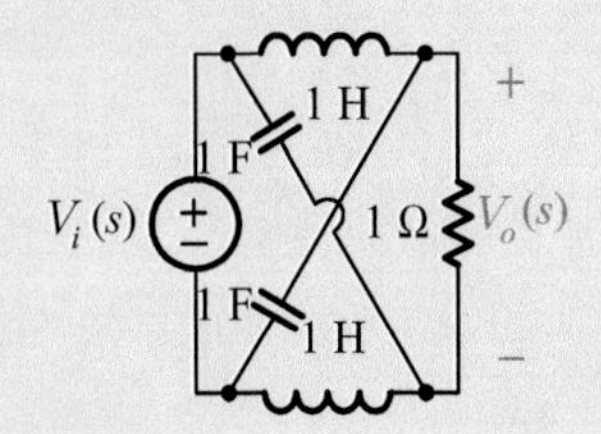

그림 E6.5 연습문제 6.5를 위한 회로.

답 $V_o(s) = V_i(s)\left(\frac{1-s}{1+s}\right)$

6.8 망로 방정식과 마디 방정식

망로 방정식

그림 6.21의 회로를 고찰해 보기로 하자. 그림에서 변수들이 대문자로 표시되어 있다. 이는 우리가 이 회로를 주파수 영역에서 해석한다는 것을 가리킨다. 인덕터와 커패시터의 초기 조건들은 0이고, 우리가 구하려고 하는 것은 $V_o(s)$이다. 우리는 망로 방정식을 이용함으로써 해를 구할 수 있을 것이다. 인덕터에 걸리는 전압이 $sLI(s)$이고, 커패시터에 걸리는 전압이 $(1/sC)I(s)$인 것을 이용함으로써 우리는 망로 방정식을 식 (6.34)와 같이 쉽게 쓸 수 있을 것이다.

$$\underbrace{-V_i}_{\text{전압 전원}} + \underbrace{sLI_1}_{\text{인덕터에 걸리는 전압}} + \underbrace{\frac{1}{sC}(I_1 - I_2)}_{\text{커패시터에 걸리는 전압}} = 0 \qquad (\text{망로 1})$$

$$\underbrace{\frac{1}{sC}(I_2 - I_1)}_{\text{커패시터에 걸리는 전압}} + \underbrace{RI_2}_{\text{저항기에 걸리는 전압}} = 0 \qquad (\text{망로 2}) \qquad (6.34)$$

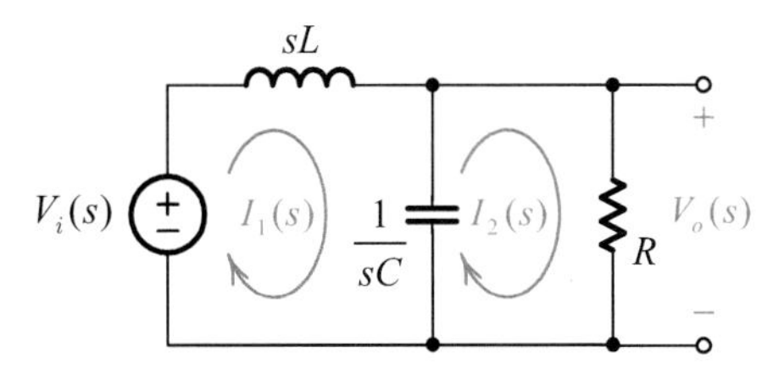

그림 6.21 주파수 영역에서 망로 방정식의 적용 예.

이들 식에서 전압과 전류들이 주파수의 함수임을 나타내는 (s)를 생략한 점에 유의하기 바란다. 이 식들을 재정리하면,

$$\left(sL + \frac{1}{sC}\right)I_1 - \left(\frac{1}{sC}\right)I_2 = V_i$$

$$-\left(\frac{1}{sC}\right)I_1 + \left(R + \frac{1}{sC}\right)I_2 = 0 \tag{6.35}$$

을 얻을 것이다. 따라서 이 방정식들의 행렬식은

$$\triangle = \begin{vmatrix} \left(sL + \frac{1}{sC}\right) & -\frac{1}{sC} \\ -\frac{1}{sC} & \left(R + \frac{1}{sC}\right) \end{vmatrix} = \begin{vmatrix} a_{11} & a_{12} \\ a_{21} & a_{22} \end{vmatrix}$$

이다.

이 행렬식의 요소들을 조사해 보면, 앞에서 설명한 방법과는 달리, 그림 6.21의 회로 그림으로부터 곧바로 행렬식을 쓸 수 있다는 것을 알 수 있다.

a_{11} = 망로 1에 있는 임피던스들의 합: $(sL + \frac{1}{sC})$

$a_{12} = a_{21}$ = -(망로 1과 망로 2 사이에 있는 임피던스들의 합): $-\frac{1}{sC}$

a_{22} = 망로 2에 존재하는 임피던스들의 합: $(R + \frac{1}{sC})$

행렬식이 회로 소자에 관한 정보들을 제공하고, 또 모든 전원들을 0으로 만든 상태에서 이 소자들이 어떻게 접속되어 있는지를 알려준다는 점에 주목하기 바란다.

행렬식의 값은

$$\triangle = a_{11}a_{22} - a_{12}a_{21} = \left(sL + \frac{1}{sC}\right)\left(R + \frac{1}{sC}\right) - \left(-\frac{1}{sC}\right)\left(-\frac{1}{sC}\right)$$

$$= sRL + \frac{L}{C} + \frac{R}{sC} = \frac{LR}{s}\left(s^2 + \frac{1}{RC}s + \frac{1}{LC}\right) \tag{6.36}$$

이다. 식 (6.36)으로부터 알 수 있듯이, 음의 항들이 일단 소거되고 나면, 행렬식의 모든 항들은 양의 값이 된다. 회로가 독립 전원들에 의해서만 여기될 때는, 항상 그와 같이 된다는 점에 주목하기 바란다 (만일 어느 한쪽의 망로 전류의 방향을 반대로 잡는다면, 행렬식의 모든 항들은 음의 값이 될 것이다).

V_o에 대해 풀려면, 우선 I_2를 구해야 한다. I_2를 구하려면 Δ_2를 계산해야 한다. Δ_2는 Δ의 두 번째 열을 두 망로 상에서 동작하는 전원들로 대체함으로써 구할 수 있다. 이 경우에는 망로 1에만 V_i 전원이 동작하고, 망로 2에는 전원이 포함되어 있지 않으므로,

$$\Delta_2 = \begin{vmatrix} sL + \dfrac{1}{sC} & V_i \\ -\dfrac{1}{sC} & 0 \end{vmatrix} = V_i \frac{1}{sC}$$

이 되고, I_2는

$$\begin{aligned} I_2 = \frac{\Delta_2}{\Delta} &= V_i \frac{1}{sC} \Big/ \frac{LR}{s}\left(s^2 + \frac{1}{RC}s + \frac{1}{LC}\right) \\ &= \left[\frac{1}{RLC} \Big/ \left(s^2 + \frac{1}{RC}s + \frac{1}{LC}\right)\right] V_i \end{aligned}$$

가 된다. $V_o = I_2 R$이기 때문에,

$$V_o = \left[\frac{1}{LC} \Big/ \left(s^2 + \frac{1}{RC}s + \frac{1}{LC}\right)\right] V_i \tag{6.37}$$

가 된다.

마디 방정식

그림 6.22에 보인 회로를 고찰해 보기로 하자. 회로의 관찰로부터 우리는, 하나의 전류 전원이 회로를 여기하고, 두 개의 미지 전압, 즉 $V_i(s)$와 $V_o(s)$가 이 회로에 존재한다는 것을 알 수 있다. 따라서, 우리는 마디 해석법을 이용하여 $V_o(s)$를 구하는 것이 편리할 것이다. 주파수 영역에서 이 회로의 마디 방정식을 세우면,

$$\underbrace{-I_i}_{\text{전류 전원}} + \underbrace{V_i G_s}_{R_s\text{에 흐르는 전류}} + \underbrace{(V_i - V_o)sC}_{C\text{에 흐르는 전류}} + \underbrace{(V_i - V_o)\frac{1}{sL}}_{L\text{에 흐르는 전류}} = 0 \qquad (\text{마디 } i)$$

$$(V_o - V_i)sC + (V_o - V_i)\frac{1}{sL} + V_o G_L = 0 \qquad (\text{마디 } o)$$

C에 흐르는 전류 / L에 흐르는 전류 / R_L에 흐르는 전류

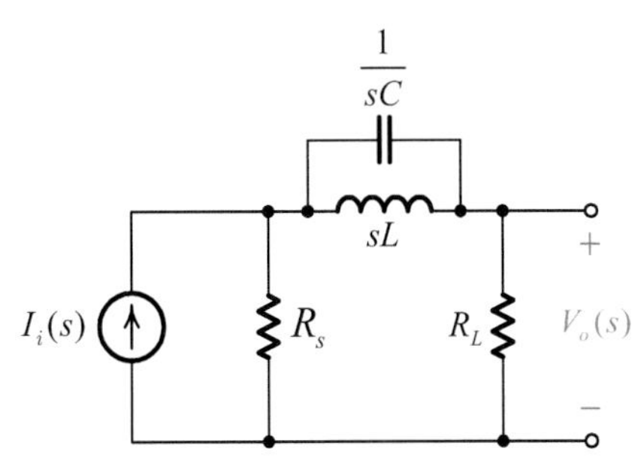

그림 6.22 주파수 영역에서 마디 방정식의 적용 예.

을 얻을 것이다. 여기서, 변수들이 주파수의 함수임을 나타내는 (s)를 편의상 생략한 점에 다시 한번 유의하기 바란다. 이 식들을 재정리하면,

$$V_i\left(G_s + sC + \frac{1}{sL}\right) - V_o\left(sC + \frac{1}{sL}\right) = I_i$$

$$-V_i\left(sC + \frac{1}{sL}\right) + V_o\left(sC + \frac{1}{sL} + G_L\right) = 0$$

을 얻을 것이다. 따라서 행렬식은

$$\Delta = \begin{vmatrix} \left(G_s + sC + \frac{1}{sL}\right) & -\left(sC + \frac{1}{sL}\right) \\ -\left(sC + \frac{1}{sL}\right) & \left(sC + \frac{1}{sL} + G_L\right) \end{vmatrix} = \begin{vmatrix} a_{11} & a_{12} \\ a_{21} & a_{22} \end{vmatrix}$$

이다. 여기서

$a_{11} = i$ 마디에 접속된 어드미턴스들의 합 : $\left(G_s + sC + \frac{1}{sL}\right)$

$a_{12} = a_{21} = -(i$ 마디와 o 마디 사이에 접속된 어드미턴스들의 합$)$: $-\left(sC + \frac{1}{sL}\right)$

$a_{22} = o$ 마디에 접속된 어드미턴스들의 합 : $\left(sC + \frac{1}{sL} + G_L\right)$

이다. 이로써, 우리는 행렬식을 회로 그림으로부터 직접 쓸 수 있다는 것을 확실히 알 수 있다. V_o에 대해 풀어야 하기 때문에, 우리는 우선 Δ_2를 구해야 할 것이다. Δ_2는 Δ의 두 번째 열을 (i와 o 마디로 흘러 들어가는 전류 전원들을 나타내는)

I_i와 0으로 대체함으로써 쉽게 구할 수 있을 것이다. 즉,

$$\Delta_2 = \begin{vmatrix} \left(G_s + sC + \dfrac{1}{sL}\right) & I_i \\ -\left(sC + \dfrac{1}{sL}\right) & 0 \end{vmatrix}$$

따라서,

$$\begin{aligned} V_o = \frac{\Delta_2}{\Delta} &= I_i\left(sC + \frac{1}{sL}\right) \Big/ \left[\left(G_s + sC + \frac{1}{sL}\right)\left(sC + \frac{1}{sL} + G_L\right) - \left(sC + \frac{1}{sL}\right)^2\right] \\ &= \left\{\left(sC + \frac{1}{sL}\right) \Big/ \left[\left(sC + \frac{1}{sL}\right)(G_s + G_L) + G_s G_L\right]\right\} I_i \\ &= \frac{R_s R_L}{R_s + R_L}\left\{\left(sC + \frac{1}{sL}\right) \Big/ \left[\left(sC + \frac{1}{sL}\right) + \frac{1}{R_s + R_L}\right]\right\} I_i \\ &= \frac{R_s R_L}{R_s + R_L}\left[\left(s^2 + \frac{1}{LC}\right) \Big/ \left(s^2 + s\frac{1}{(R_s + R_L)C} + \frac{1}{LC}\right)\right] I_i \end{aligned}$$

예제 6.8 그림 6.23에 혼합 전원으로 여기되는 회로를 나타냈다. 망로 해석법과 마디 해석법을 이용하여 이 회로의 방정식을 세워라.

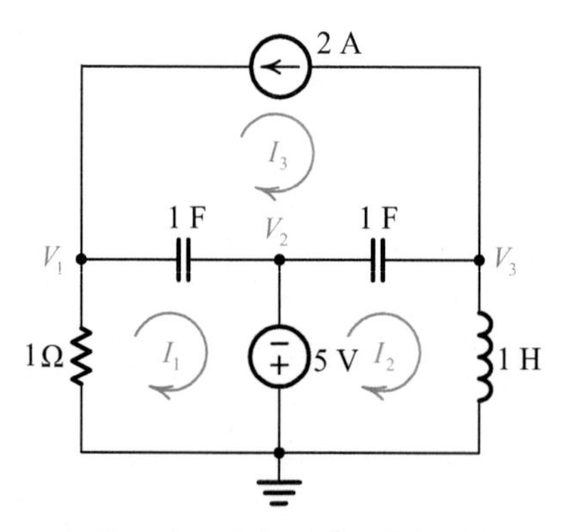

그림 6.23 예제 6.8을 위한 회로.

풀이 • 망로 해석법에 의한 방정식들

이 회로에는 세 개의 망로 전류, 즉 I_1, I_2, 그리고 I_3가 존재한다. 전류 전원이 하나 있으므로, 우리는 하나의 구속 방정식을 쓸 수 있을 것이다. 또한, 다른 두 식은 망로 1과 2에서 구할 수 있을 것이다. 즉,

$$\left.\begin{aligned} I_3 &= -2 && \text{(구속 방정식)} \\ I_1\left(1+\frac{1}{s}\right) - I_3\frac{1}{s} &= 5 && \text{(망로 1)} \\ I_2\left(s+\frac{1}{s}\right) - I_3\frac{1}{s} &= -5 && \text{(망로 2)} \end{aligned}\right\}$$

- 마디 해석법에 의한 방정식들

  이 회로에는 세 개의 마디 전압, 즉 V_1, V_2, 그리고 V_3가 존재한다. 전압 전원이 하나 있으므로, 우리는 하나의 구속 방정식을 쓸 수 있을 것이다. 또한, 다른 두 식은 마디 1과 3에서 구할 수 있을 것이다. 즉,

$$\left.\begin{aligned} V_2 &= -5 && \text{(구속 방정식)} \\ V_1(s+1) - V_2 s &= 2 && \text{(마디1)} \\ -V_2 s + V_3\left(s+\frac{1}{s}\right) &= -2 && \text{(마디3)} \end{aligned}\right\}$$

연습문제 6.6

그림 E6.6에 보인 회로에 대해 망로 행렬식과 마디 행렬식을 구하라. 회로가 여기되지 않는다는 점에 개의치 말라.

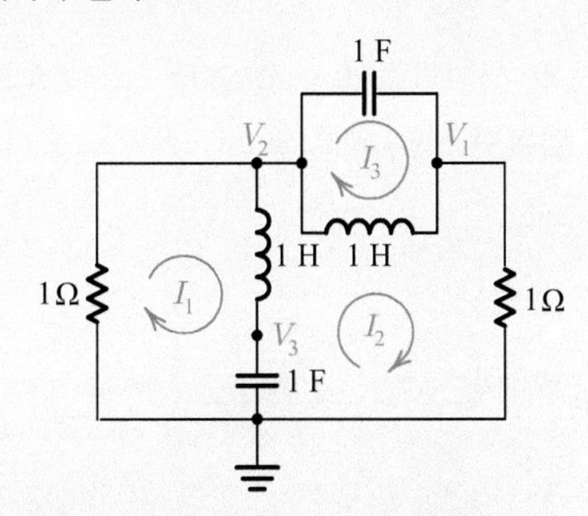

그림 E6.6 연습문제 6.6을 위한 회로.

답 $\Delta_l = \begin{vmatrix} s+1+\frac{1}{s} & -\left(s+\frac{1}{s}\right) & 0 \\ -\left(s+\frac{1}{s}\right) & 2s+1+\frac{1}{s} & -s \\ 0 & -s & s+\frac{1}{s} \end{vmatrix}$ $\Delta_n = \begin{vmatrix} s+\frac{1}{s}+1 & -\left(s+\frac{1}{s}\right) & 0 \\ -\left(s+\frac{1}{s}\right) & s+1+\frac{2}{s} & -\frac{1}{s} \\ 0 & -\frac{1}{s} & s+\frac{1}{s} \end{vmatrix}$

6.9 구동점 임피던스와 어드미턴스

6.3절에서 우리는 임피던스들의 직렬 접속과 병렬 접속에 대해서 공부했었다. 임피던스들이 복잡한 형태로 접속되어 이와 같이 직렬 및 병렬로 구분할 수 없는 경우를 위해서 이제부터 우리는 임피던스 구하는 방법을 일반화할 것이다.

저항기, 커패시터, 그리고 인덕터를 포함하는 2-단자 회로망을 고찰해 보기로 하자. 즉, 그림 6.24에 대해 생각해 보기로 하자. 이 회로망에 포함되어 있는 소자들은 수많은 방식으로 서로 접속될 수 있을 것이다. 이 회로망은 어떤 독립 전원도 포함하지 않는다. 또한, 이 회로망은 어떤 초기 조건도 포함하지 않는다. 즉, 커패시터의 초기 전압과 인덕터의 초기 전류는 0이다. 바꿔 말하면, 이 회로망은 죽어 있다. 즉, 이 회로망은 어떤 입력 여기도 포함하고 있지 않다. 이 회로망의 단자 변수들을 $V(s)$와 $I(s)$로 표시하기로

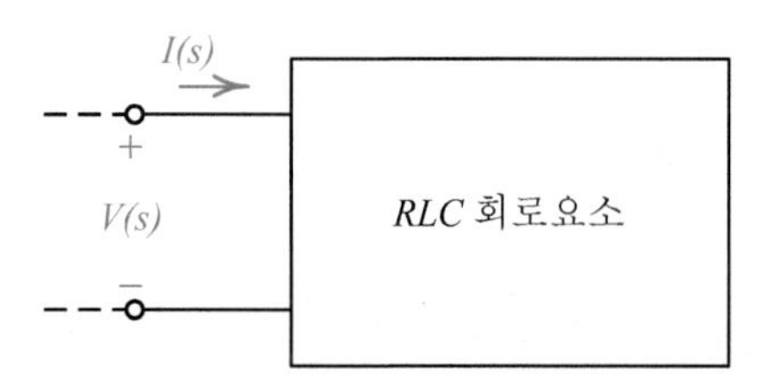

그림 6.24 2-단자 회로의 임피던스.

하자. 그러면, **구동점 임피던스**(driving-point impedance), **입력 임피던스**(input impedance), **등가 임피던스**(equivalent impedance)는 다음과 같이 정의될 것이다. 즉,

$$Z(s) = \frac{V(s)}{I(s)} \tag{6.38}$$

여기서, 모든 변수들이 s의 함수라는 점에 유의하기 바란다. 임피던스 함수(impedance function)는 주파수 영역에서의 전압과 전류와의 관계를 말해준다.

다시 한번, 그림 6.24를 참조하면, 구동점 어드미턴스는 다음과 같이 정의될 것이다. 즉,

$$Y(s) = \frac{I(s)}{V(s)} \tag{6.39}$$

따라서, 분명히

$$Z(s) = \frac{1}{Y(s)} \tag{6.40}$$

이다.

$Z(s)$[또는 $Y(s)$]의 정의로부터, 우리는 어떤 회로망을 들여다본 임피던스를 어떻게 구해야 하는지를 알 수 있다. 즉, 전압 전원을 두 단자 사이에 인가하고 그 결과로서 생기는 전류를 계산한 다음, $V(s)/I(s)$의 비를 잡아주면 된다. 또는, 전류 전원을 두 단자 사이에 인가하고 그 결과로서 생기는 전압을 계산한 후, $V(s)/I(s)$의 비를 잡아주면 된다. 그러나 우리는 그 회로망이 그림 6.24에 보인 조건들을 만족하는지를, 즉 그 회로망이 어떤 독립 전원들이나 초기 조건들을 포함하지 않고 단지 RLC 소자들로만 구성되어 있는지를 반드시 확인해야 한다. 만일, 어떤 독립 전원들이나 초기 조건들이 그 회로망에 존재한다면, 우리는 $Z(s)$를 계산하기 전에 이들을 반드시 제거해야 한다. 이는 모든 독립 전압 전원과 전류 전원을 0으로 만드는 것을 의미한다.

예제 6.9 그림 6.25에 보인 회로의 입력 임피던스(또는 단순히 임피던스) Z_i를 계산하라.

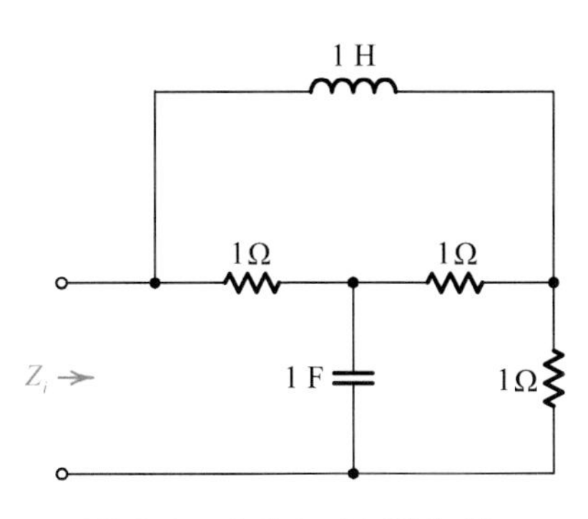

그림 6.25 예제 6.9를 위한 회로.

풀이 이 회로에서는 소자들이 간단한 직렬 및 병렬 결합을 형성하고 있지 않기 때문에, 우리는 임피던스들의 직렬 및 병렬 접속 공식을 이용하여 이 문제를 풀 수 없다. 따라서 입력 임피던스 Z_i를 구하려면, 입력 단자에 전압 전원이나 전류 전원을 인가한 후, 그 결과로서 생기는 전류 또는 전압을 계산해야 한다. 전압 전원을 인가할 경우에는, 회로에 세 개의 망로 전류가 존재할 것이고, 그 결과로서 3×3(3행 3열)의 행렬식이 생길 것이다. 전류 전원을 인가할 경우에는, 회로에 세 개의 마디 전압이 존재할 것이고, 그 결과로서 3×3의 행렬식이 생길 것이다. 따라서, 우리는 입력을 전압 전원 대신에 전류 전원으로 선택해도 아무런 이점이 없다는 것을 알 수 있다. 즉, 해를 구하는 데 수반되는 작업의 양이 두 경우가 똑같다는 것을 알 수 있다. 그림 6.26에 나타냈듯이, Z_i를 구하기 위해 전압 전원 $V_1(s)$를 인가한 다음, 그 결과로서 생기는 전류 $I_1(s)$를 망로 해석법을 이용하여 풀어보기로 하자.

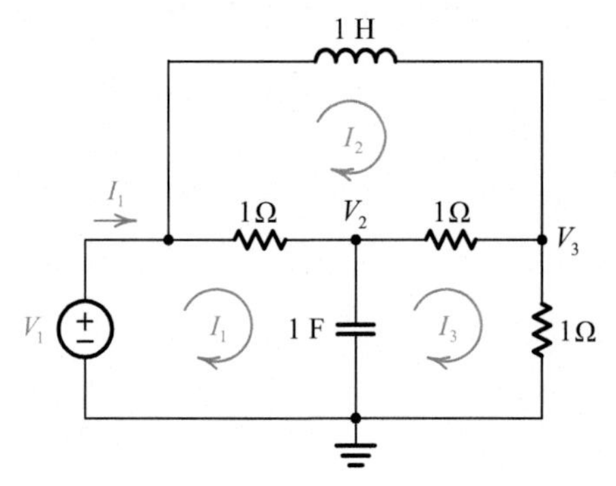

그림 6.26 그림 6.9에 전압 전원을 인가하고, 망로 전류를 표시한 상태.

회로를 살펴봄으로써, 우리는 Δ와 Δ_1을 다음과 같이 구할 수 있을 것이다.

$$\Delta = \begin{vmatrix} \left(1 + \frac{1}{s}\right) & -1 & -\frac{1}{s} \\ -1 & (2 + s) & -1 \\ -\frac{1}{s} & -1 & \left(2 + \frac{1}{s}\right) \end{vmatrix}$$

$$= \left(1 + \frac{1}{s}\right)\left[(2+s)\left(2+\frac{1}{s}\right) - 1\right] + \left[-\left(2 + \frac{1}{s}\right) - \frac{1}{s}\right] - \frac{1}{s}\left[1 + \frac{1}{s}(2+s)\right]$$

$$= 2\left(s + 2 + \frac{1}{s}\right)$$

$$\Delta_1 = \begin{vmatrix} V_1 & -1 & -\frac{1}{s} \\ 0 & (2 + s) & -1 \\ 0 & -1 & \left(2 + \frac{1}{s}\right) \end{vmatrix} = V_1\left[(2 + s)\left(2 + \frac{1}{s}\right) - 1\right]$$

$$= V_1 2\left(s + 2 + \frac{1}{s}\right)$$

$$I_1 = \frac{\Delta_1}{\Delta} = \frac{V_1 2[s + 2 + (1/s)]}{2[s + 2 + (1/s)]} = V_1$$

따라서, 입력 임피던스는

$$Z_i = \frac{V_1}{I_1} = 1\ ohm$$

이다.

6.10 전달 함수

한 쌍의 단자를 다룰 때, 우리는 그 단자의 전압과 전류를 연관시키기 위해 임피던스의 개념을 사용했었다. 그러나, 두 쌍 또는 더 많은 쌍의 단자들을 다룰 때는, 한 쌍의 단자 전압과 전류를 다른 쌍의 단자 전압과 전류에 연관시키기 위해 전달 함수의 개념을 사용한다. 회로가 세 쌍의 단자를 갖고 있는 경우를 그림 6.27에 나타냈다. 여기서 우리는 한 쌍의 단자를 입력으로 간주하고 1-1'로 표시했다. 그리고 다른 두 쌍의 단자들을 출력으로 간주하고 2-2'와 3-3'로 표시했다. 이제, 회로 N 안에는 독립 전원이 없다고 가정해 보자. 그리고 이 회로는 그림 6.27(a)에 보인 것처럼 전압 전원에 의해 여기될 수도 있고, 또한 그림 6.27(b)에 보인 것처럼 전류 전원에 의해 여기될 수도 있다고 가정해 보자. 즉, 어느 쪽이든 회로는 단 하나의 전원에 의해 여기된다고 가정해 보자. 그렇다면 우리는 **전달 함수**(transfer function)를 다음과 같이 정의할 수 있을 것이다.

$$T(s) = \frac{\text{출력}(s)}{\text{입력}(s)} = \frac{\text{응답}(s)}{\text{여기}(s)} \tag{6.41}$$

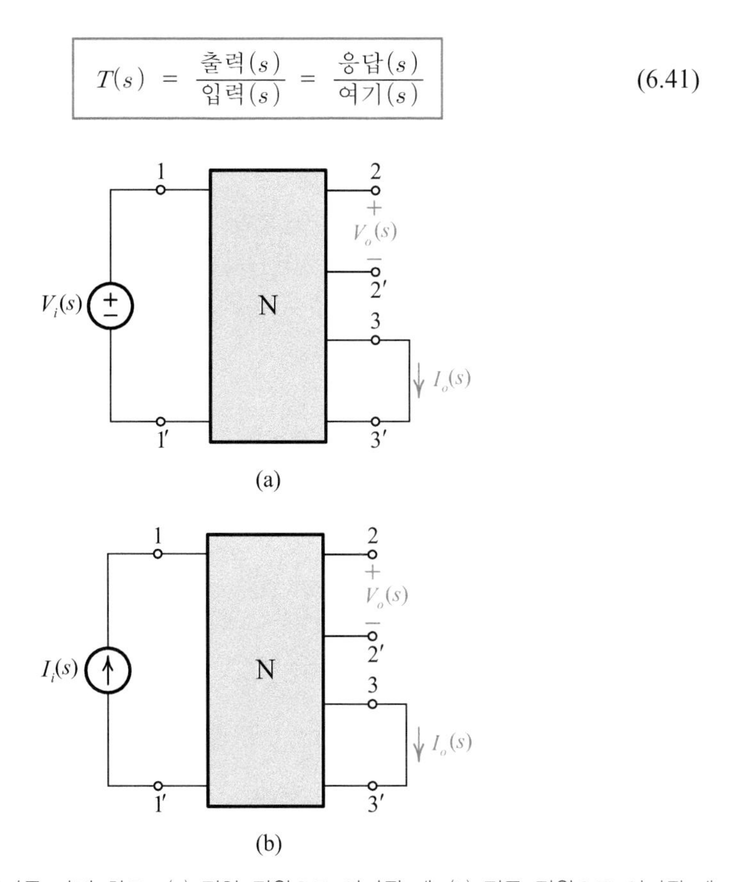

그림 6.27 세 쌍의 단자를 가진 회로: (a) 전압 전원으로 여기될 때, (b) 전류 전원으로 여기될 때.

그림 6.27(a)에서 입력은 전압 전원이다. 출력은 두 개로서, 하나는 전압 출력이고, 다른 하나는 전류 출력이다. 따라서, 이 회로에는 각각의 출력에 대해 하나씩, 즉 두 개의 전달 함수가 존재할 것이다. 이 전달 함수들은

$$T_1(s) = \frac{V_o(s)}{V_i(s)} \qquad \text{(전달 전압비)} \tag{6.42}$$

$$T_2(s) = \frac{I_o(s)}{V_i(s)} \qquad \text{(전달 어드미턴스)} \tag{6.43}$$

이다.

그림 6.27(b)에서는 입력이 전류 전원이다. 출력은 두 개로서, 하나는 전압 출력이고, 다른 하나는 전류 출력이다. 이에 상응하는 전달 함수들은

$$T_1(s) = \frac{V_o(s)}{I_i(s)} \qquad \text{(전달 임피던스)} \tag{6.44}$$

$$T_2(s) = \frac{I_o(s)}{I_i(s)} \qquad \text{(전달 전류비)} \tag{6.45}$$

이다. 따라서 변수들의 조합은 다음과 같이 네 가지가 가능할 것이다. 즉,

$$\frac{\text{전압}}{\text{전압}},\quad \frac{\text{전류}}{\text{전압}},\quad \frac{\text{전압}}{\text{전류}},\quad \frac{\text{전류}}{\text{전류}}$$

전압/전압과 전류/전류의 비는 차원이 없다. 전압/전류의 비는 임피던스의 차원을 가지며, 전류/전압의 비는 어드미턴스의 차원을 가진다. 따라서, 우리는 이들을 각각 **전달 임피던스**(transimpedance) 그리고 **전달 어드미턴스**(transadmittance)라고 부른다.

그림 6.28에 보인 회로의 전달 함수를 구하라.

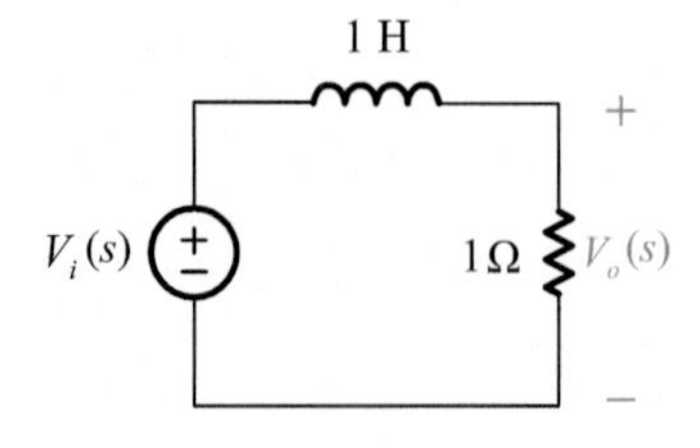

그림 6.28 예제 6.10을 위한 회로.

풀이 전압-분배 공식으로 $V_o(s)$를 구하면,

$$V_o(s) = V_i(s)\left(\frac{1}{s+1}\right)$$

을 얻는다. 따라서 전달 함수는

$$\frac{출력}{입력} = \frac{V_o(s)}{V_i(s)} = \frac{1}{s+1} \qquad \text{(전압비)}$$

이다.

연습문제 6.7

그림 E6.7의 회로에는 $I_1(s)$, $I_2(s)$, 그리고 $V_1(s)$의 세 개의 응답이 있다. 따라서, 이 회로에는 세 개의 전달 함수가 존재할 것이다. 이들을 구하라.

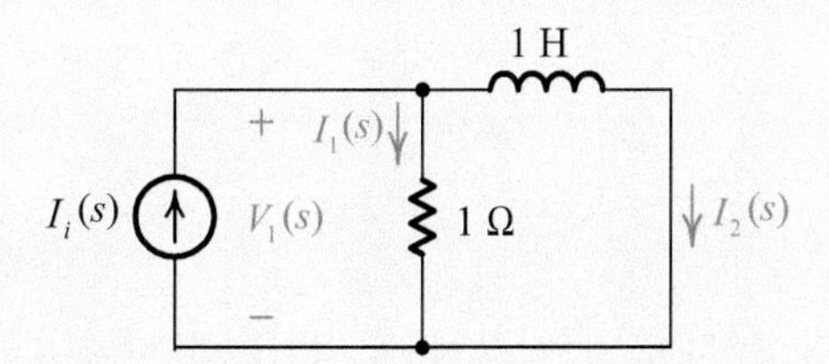

그림 E6.7 연습문제 6.7을 위한 회로.

답 $\dfrac{I_1(s)}{I_i(s)} = \dfrac{s}{s+1}$, $\dfrac{I_2(s)}{I_i(s)} = \dfrac{1}{s+1}$, $\dfrac{V_1(s)}{I_i(s)} = \dfrac{s}{s+1}$

6.11 응답의 고유 부분과 강제 부분

입력 임피던스는 입력 전압과 입력 전류와의 관계를 나타낸다. 전달 함수는 입력 단자의 전압 또는 전류와 출력 단자의 전압 또는 전류와의 관계를 나타낸다. 입력 임피던스와 전달 함수 모두가 회로의 특성을 말해준다. 따라서, 어떤 회로의 입력 임피던스와 전달 함수가 계산되기만 하면, 우리는 모든 종류의 입력에 대한 회로의 응답을 구할 수 있을 것이다. 예를 들어, 그림 6.29에 보인 블록도에서 우리가 전달 함수 $T(s)$를 알고 있다면, 응답 $R(s)$는

$$\text{응답} = \text{전달 함수} \times \text{여기}$$

$$R(s) = T(s)E(s) \tag{6.46}$$

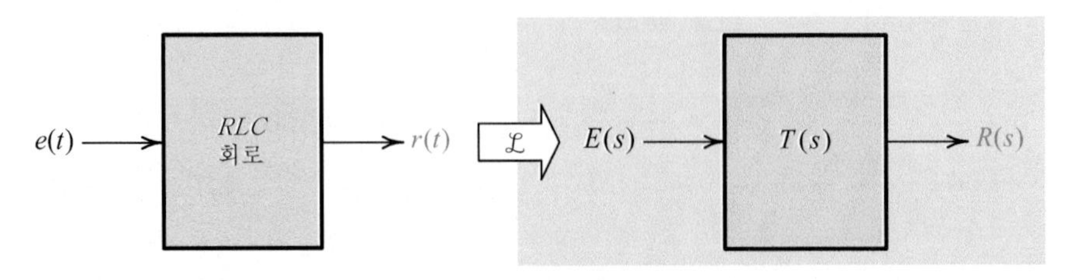

그림 6.29 회로의 여기 및 응답과 전달 함수의 관계.

로 구할 수 있을 것이다.

우리는 이미 RLC 회로의 $T(s)$가 두 다항식의 비로 나타내어진다는 것을 알고 있다. 표 5.1을 보면, 일반적으로 사용되는 여기 파형들 역시 라플라스 변환을 거치고 나면, 다항식들의 비로 나타내어진다는 것을 알 수 있다. 결국, 응답 그 자체는 두 다항식의 비로 나타내어지며, 우리는 이를

$$R(s) = \frac{N(s)}{D(s)} \tag{6.47}$$

로 나타낼 수 있다. 여기서, $N(s)$는 분자 다항식을 나타내고, $D(s)$는 분모 다항식을 나타낸다. 특히, 이 책에서 다룰 여러 유형의 입력과 회로에 대해서는, $D(s)$의 차수가 $N(s)$의 차수보다 항상 더 크다. 따라서 우리는 응답을 부분 분수로 쉽게 전개할 수 있을 것이다. 식 (6.46)으로부터 우리는 $R(s)$의 극점들 중에서 몇 개의 극점은 $T(s)$에서 구할 수 있고, 나머지 극점들은 $E(s)$에서 구할 수 있다는 것을 알 수 있다. 극점들의 근원을 판별하기 위해, 전달 함수 극점들을 아래 첨자 n(응답의 고유 부분을 나타내는)으로 표시하기로 하고, 여기 극점들을 아래 첨자 f (응답의 강제 부분을 나타내는)로 표시하기로 하면, 우리는 식 (6.47)을 다음과 같이 쓸 수 있을 것이다.

$$R(s) = \frac{N(s)}{\underbrace{[(s-p_{n1})(s-p_{n2})\cdots]}_{\text{전달 함수 극점을 포함하는 인수들}}\underbrace{[(s-p_{f1})(s-p_{f2})\cdots]}_{\text{여기 극점을 포함하는 인수들}}} \tag{6.48}$$

이제 모든 극점들이 단순 극점이라고 가정하기로 하자. 즉, 같은 값을 갖는 극점이 존재하지 않는다고 가정하기로 하자. 식 (6.48)을 부분 분수로 전개하면, 각각의

극점에 속하는 항들이 생겨날 것이다. 만일 우리가 전달 함수 극점들로부터 생겨난 항들을 한쪽으로 모으고, 여기 극점들로부터 생겨난 항들을 다른 한쪽으로 모은다면, 식 (6.48)은

$$R(s) = \underbrace{\left(\frac{K_{n1}}{s - p_{n1}} + \frac{K_{n2}}{s - p_{n2}} + \cdots\right)}_{\text{전달 함수 극점에 속하는 항들 } R_n(s)} + \underbrace{\left(\frac{K_{f1}}{s - p_{f1}} + \frac{K_{f2}}{s - p_{f2}} + \cdots\right)}_{\text{여기 극점에 속하는 항들 } R_f(s)}$$

$$= R_n(s) + R_f(s) \tag{6.49}$$

로 써질 수 있을 것이다. 여기서, $R_n(s)$는 응답의 고유 부분(natural part)을 나타내고, $R_f(s)$는 응답의 강제 부분(forced part)을 나타낸다. 응답의 고유 부분은 전달 함수의 극점들에 의존하며, 회로의 특성을 나타낸다. 이 점을 강조하기 위해, 우리는 전달 함수 극점을 **회로 극점**(network pole)이라고 부르기도 한다. 응답의 강제 부분은 여기 극점들에 의존하며, 입력 함수의 특성을 나타낸다. 응답은 하나이지만, 편의상 이를 고유 부분과 강제 부분으로 분리한다는 점에 유의하기 바란다. 우리가 오실로스코프로 응답 파형을 관찰할 경우, 우리는 단지 하나의 파형만을 볼 수 있을 것이다. 이 파형은 식 (6.49)를 역변환함으로써 얻어지며, 다음 식으로 나타내어진다.

$$r(t) = \underbrace{(K_{n1}e^{p_{n1}t} + K_{n2}e^{p_{n2}t} + \cdots)}_{r_n(t)} + \underbrace{(K_{f1}e^{p_{f1}t} + K_{f2}e^{p_{f2}t} + \cdots)}_{r_f(t)} \tag{6.50}$$

만일 우리가 여기 파형을 알고 있다면, 우리는 응답 파형을 주의 깊게 관찰함으로써 응답 파형의 고유 성분과 강제 성분을 확실하게 구별해 낼 수 있을 것이다.

예제 6.11 그림 6.30에서 사인파가 $t = 0$에서 인덕터에 인가된다. 응답 $i(t)$의 고유 부분과 강제 부분을 구하라.

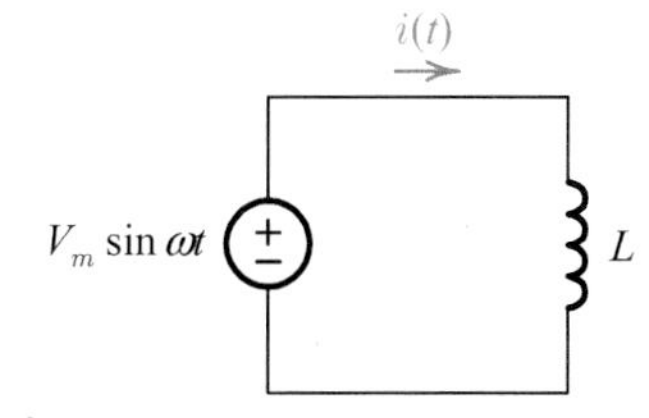

그림 6.30 예제 6.11을 위한 회로.

풀이 • 방법 1 : 이 문제는 간단하므로 우리는 라플라스 변환을 사용하지 않고도 $i(t)$를 구할 수 있을 것이다. 즉,

$$i(t) = \frac{1}{L}\int_0^t V_m \sin\omega t'\, dt' = \frac{-V_m}{\omega L}\cos\omega t' \Big|_0^t$$
$$= \frac{V_m}{\omega L} - \frac{V_m}{\omega L}\cos\omega t$$

입력은 사인파이고, 출력은 상수가 더해진 코사인파이다. 따라서 출력 파형의 상수는 회로의 고유 특성으로부터 생겨난 것임에 틀림이 없다. 따라서 우리는 응답 $i(t)$의 고유 부분과 강제 부분을

$$\begin{Bmatrix} i_n(t) = \dfrac{V_m}{\omega L} \\ i_f(t) = \dfrac{-V_m}{\omega L}\cos\omega t = \dfrac{V_m}{\omega L}\sin\left(\omega t + \dfrac{3\pi}{2}\right) \end{Bmatrix}$$

로 쓸 수 있을 것이다. 입력과 출력의 강제 부분을 비교하면,

$$V_m \sin\omega t \qquad \text{(입력)}$$
$$\frac{V_m}{\omega L}\sin\left(\omega t + \frac{3\pi}{2}\right) \qquad \text{(출력의 강제 부분)}$$

라는 것을 알 수 있다. 이 두 식으로부터 우리는 사인파의 진폭과 각이 회로에 의해 변경되었다는 것을 알 수 있다.

• 방법 2 : 위에서 얻은 결과를 극점의 관점에서 해석하기 위해 라플라스 변환으로 문제를 풀어 보기로 하자. 그림 6.30의 시간-영역 회로를 라플라스 변환시키면, 그림 6.31의 회로가 얻어질 것이다. 이 회로로부터 우리는 $I(s)$를 다음과 같이 구할 수 있을 것이다.

$$I(s) = \frac{V_m \dfrac{\omega}{(s^2+\omega^2)}}{sL} = \frac{V_m}{L}\frac{\omega}{s(s^2+\omega^2)} = \frac{V_m}{L}\frac{\omega}{s(s-j\omega)(s+j\omega)}$$

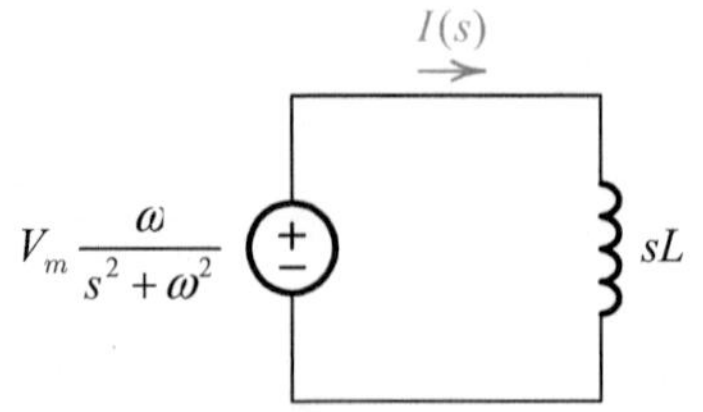

$I(s)$

$V_m \dfrac{\omega}{s^2+\omega^2}$ ± sL

그림 6.31 그림 6.30이 라플라스 변환된 회로.

이 식으로부터 우리는 $I(s)$ 응답이 세 개의 극점을 가지고 있으며, 그 극점들이 $s = 0$, $s = +j\omega$, 그리고 $s = -j\omega$에 위치한다는 것을 알 수 있다. 우리는 또, $s = 0$에 위치한 극점은 회로(sL로 나눔)로부터 생겨난 것이고, $s = \pm j\omega$에 위치한 극점들은 입력 사인파로부터 생겨난 것임을 알 수 있다. 이 식을 부분 분수로 전개하면,

$$I(s) = \left(\frac{K_1}{s}\right) + \left(\frac{K_2}{s - j\omega} + \frac{K_3}{s + j\omega}\right)$$

가 될 것이고, 여기서 $K_1 = V_m/\omega L$, $K_2 = -V_m/2\omega L$, 그리고 $K_3 = K_2$이므로,

$$I(s) = \left(\frac{V_m}{\omega Ls}\right) + \left[\frac{-V_m}{2\omega L}\left(\frac{1}{s - j\omega} + \frac{1}{s + j\omega}\right)\right]$$

$$= \underbrace{\left(\frac{V_m}{\omega Ls}\right)}_{\text{고유 부분}} + \underbrace{\left(\frac{-V_m}{\omega L}\frac{s}{s^2 + \omega^2}\right)}_{\text{강제 부분}}$$

$$i(t) = \underbrace{\frac{V_m}{\omega L}}_{\text{고유 부분}} + \underbrace{\frac{-V_m}{\omega L}\cos\omega t}_{\text{강제 부분}}$$

가 될 것이다. 따라서 우리는, $s = 0$에 위치한 극점이 응답의 고유 부분을 발생시키고, $s = \pm j\omega$에 위치한 극점이 응답의 강제 부분을 발생시킨다는 것을 알 수 있다.

연습문제 6.8

그림 E6.8의 회로에서 $t = 0$일 때 입력 전류가 회로에 인가된다. 출력 전압을 구하라.

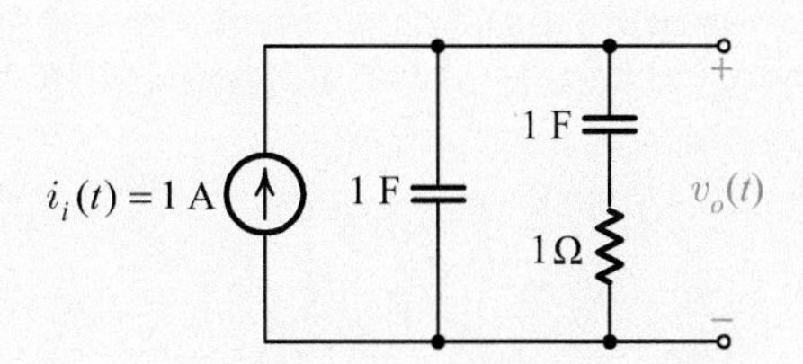

그림 E6.8 연습문제 6.8을 위한 회로.

답 $v_o(t) = \frac{1}{2}t + \frac{1}{4} - \frac{1}{4}e^{-2t}$

6.12 극점의 위치와 응답 사이의 관계

일반적으로, 응답 $R(s)$는 $s = 0$인 원점에, $s = -\alpha_1(\alpha_1 > 0)$ 인 음의 실수축 상에, $s = \alpha_2(\alpha_2 > 0)$ 인 양의 실수축 상에, $s = \pm j\beta$ 인 허수축 상에, $s = -\alpha_3 \pm j\beta_3(\alpha_3 > 0)$ 인 좌반 평면에, 그리고 $s = \alpha_4 \pm j\beta_4(\alpha_4 > 0)$ 인 우반 평면에 극점들을 가질 수 있다. 우리는 이와 같은 모든 경우의 극점을 포함한 응답을

$$R(s) = \frac{N(s)}{s(s+\alpha_1)(s-\alpha_2)\underbrace{(s-j\beta)(s+j\beta)}_{(s^2+\beta^2)}\underbrace{(s+\alpha_3-j\beta_3)(s+\alpha_3+j\beta_3)}_{[(s+\alpha_3)^2+\beta_3^2]}\underbrace{(s-\alpha_4-j\beta_4)(s-\alpha_4+j\beta_4)}_{[(s-\alpha_4)^2+\beta_4^2]}\cdots} \tag{6.51}$$

로 나타낼 수 있을 것이다. 여기서 분모에 표시된 점들은 다른 극점들이 더 있다는 것을 의미한다. 분모 다항식의 차수가 분자 다항식의 차수보다 크고, 또 극점들이 단순 극점일 경우, $R(s)$의 부분-분수 전개는

$$\begin{aligned} R(s) = &\frac{K_1}{s} + \frac{K_2}{s+\alpha_1} + \frac{K_3}{s-\alpha_2} + \frac{K_4}{s-j\beta} + \frac{K_4^*}{s+j\beta} \\ &+ \frac{K_5}{s+\alpha_3-j\beta_3} + \frac{K_5^*}{s+\alpha_3+j\beta_3} + \frac{K_6}{s-\alpha_4-j\beta_4} + \frac{K_6^*}{s-\alpha_4+j\beta_4} + \cdots \end{aligned} \tag{6.52}$$

으로 주어질 것이다. 여기서 별(*) 표시는 고려중인 K의 공액을 의미한다(복소-공액 극점들의 K들이 서로 공액이라는 것은 이들의 값을 직접 구해봄으로써 증명할 수 있다). 따라서 $r(t)$는

$$\begin{aligned} r(t) = &K_1 + K_2e^{-\alpha_1 t} + K_3e^{\alpha_2 t} + K_4e^{j\beta t} + K_4^*e^{-j\beta t} \\ &+ K_5e^{-\alpha_3 t}e^{j\beta_3 t} + K_5^*e^{-\alpha_3 t}e^{-j\beta_3 t} + K_6e^{\alpha_4 t}e^{j\beta_4 t} + K_6^*e^{\alpha_4 t}e^{-j\beta_4 t} + \cdots \end{aligned} \tag{6.53}$$

이 될 것이다. 어떤 함수와 그 함수의 공액의 합은 그 함수의 실수부의 두 배이므로, 우리는 식 (6.53)을

$$\begin{aligned} r(t) = &K_1 + K_2e^{-\alpha_1 t} + K_3e^{\alpha_2 t} + 2\mathrm{Re}\{K_4e^{j\beta t}\} + 2\mathrm{Re}\{K_5e^{-\alpha_3 t}e^{j\beta_3 t}\} \\ &+ 2\mathrm{Re}\{K_6e^{\alpha_4 t}e^{j\beta_4 t}\} + \cdots \end{aligned} \tag{6.54}$$

으로 쓸 수 있을 것이다. 상수 K_4, K_5, 그리고 K_6는 일반적으로 복소수이므로, 우리는 이들을 크기와 각의 형태로 나타낼 수 있을 것이다. 즉,

$$K_4 = |K_4| e^{j\theta_4}$$
$$K_5 = |K_5| e^{j\theta_5}$$
$$K_6 = |K_6| e^{j\theta_6} \tag{6.55}$$

따라서 우리는 식 (6.54)를

$$r(t) = K_1 + K_2 e^{-\alpha_1 t} + K_3 e^{\alpha_2 t} + 2\mathrm{Re}\left\{|K_4| e^{j\theta_4} e^{j\beta t}\right\}$$
$$+ 2\mathrm{Re}\left\{|K_5| e^{j\theta_5} e^{-\alpha_3 t} e^{j\beta_3 t}\right\} + 2\mathrm{Re}\left\{|K_6| e^{j\theta_6} e^{\alpha_4 t} e^{j\beta_4 t}\right\} + \cdots \tag{6.56}$$
$$= K_1 + K_2 e^{-\alpha_1 t} + K_3 e^{\alpha_2 t} + 2|K_4| \mathrm{Re}\left\{e^{j(\beta t + \theta_4)}\right\}$$
$$+ 2|K_5| e^{-\alpha_3 t}\mathrm{Re}\left\{e^{j(\beta_3 t + \theta_5)}\right\} + 2|K_6| e^{\alpha_4 t}\mathrm{Re}\left\{e^{j(\beta_4 t + \theta_6)}\right\} + \cdots \tag{6.57}$$

으로 다시 쓸 수 있을 것이다. 여기서

$$\mathrm{Re}\{e^{j\theta}\} = \cos\theta$$

이므로, 우리는 식 (6.57)을 다음과 같이 간단하게 쓸 수 있을 것이다.

$$r(t) = K_1 + K_2 e^{-\alpha_1 t} + K_3 e^{\alpha_2 t} + 2|K_4| \cos(\beta t + \theta_4)$$
$$+ 2|K_5| e^{-\alpha_3 t}\cos(\beta_3 t + \theta_5) + 2|K_6| e^{\alpha_4 t}\cos(\beta_4 t + \theta_6) + \cdots \tag{6.58}$$

이것은 매우 중요한 결과이다. 이 결과로부터 우리는 주파수 영역 응답의 극점 위치와 시간-영역 응답의 파형 사이에 다음과 같은 관계가 있다는 것을 알 수 있다. 즉,

1. 원점에 위치한 극점은 상수 파형, 즉 K_1을 생기게 한다.
2. 음의 실수축 상의 $s = -\alpha_1$에 위치한 극점은 지수적으로 감소하는 파형, 즉 $K_2 e^{-\alpha_1 t}$를 생기게 한다.
3. 양의 실수축 상의 $s = \alpha_2$에 위치한 극점은 지수적으로 증가하는 파형, 즉 $K_3 e^{\alpha_2 t}$를 생기게 한다.
4. 허수축 상의 $s = \pm j\beta$에 위치한 공액 극점 쌍은 사인파, 즉 $2|K_4| \cos(\beta t + \theta_4)$를 생기게 한다.
5. 좌반 평면의 $s = -\alpha_3 \pm j\beta_3$에 위치한 복소-공액 극점 쌍은 지수적으로 감소하는 사인파, 즉 $2|K_5| e^{-\alpha_3 t}\cos(\beta_3 t + \theta_5)$를 생기게 한다.
6. 우반 평면 $s = \alpha_4 \pm j\beta_4$에 위치한 복수-공액 극점 쌍은 지수적으로 증가하는 사인파, 즉 $2|K_6| e^{\alpha_4 t}\cos(\beta_4 t + \theta_6)$를 생기게 한다.

주파수 응답의 극점들이 단순 극점일 경우에는, 시간 응답은 상기의 파형들로만 구성될 것이다. 그러나, 주파수 응답이 K 번 중복된 극점을 가질 경우에는, 시간 응답은 $K_i' \ t^{(i-1)} e^{\alpha t} \cos(\beta t + \theta_i)$, $i = 1, 2, 3, \cdots, K$로 주어지는 파형들을 포함할 것이다. 여기서 α 또는 β 또는 둘 다가 0이 될 수 있을 것이다. 따라서, 중복 극점에 의한 파형들은 식 (6.58)로 주어진 파형들에 $t^{(i-1)}$을 곱함으로써 구할 수 있을 것이다.

이 시점에서 식 (6.58)로 주어진 결과의 의미를 되새겨보는 것이 유익할 것이다. 이 결과로부터 우리는 임의의 회로의 응답이 간단한 파형들, 즉 직류, 증가하거나 감소하는 지수 파형, 사인 파형, 그리고 지수적으로 증가하거나 감소하는 사인 파형들의 합으로 나타내어진다는 것을 알 수 있다. K로 표시된 상수는 양의 값, 0, 또는 음의 값을 가질 수 있을 것이다. 따라서, 응답은 다양한 종류의 파형들을 발생시킬 것이다. 한편, 위의 결과로부터 우리는 또, 개개의 파형들의 모양은 극점의 위치에 의해 결정되고, 응답을 구성하는 여러 성분들의 부호, 크기, 그리고 위상각(θ)은 K에 의해 결정된다는 것을 알 수 있다. K의 값은 입력과 전달 함수의 분자 및 분모 다항식에 의해 결정된다.

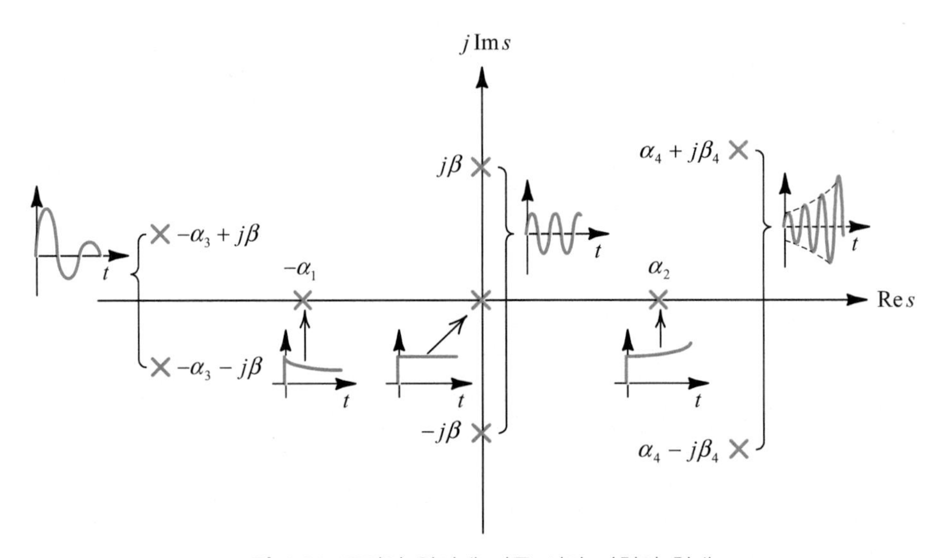

그림 6.32 극점의 위치에 따른 시간 파형의 형태.

단순 극점들에 의해 발생될 수 있는 파형들을 요약하고, 주파수 영역과 시간 영역 사이의 관계를 설명하기 위해, 그림 6.32를 고찰해 보기로 하자. 우리는 이 그림으로부터 다음의 사항들을 알 수 있을 것이다. 첫째, 실수축 상의 극점이 좌측에서 우측으로 옮겨짐에 따라, 감소 지수 파형, 상수, 그리고 증가 지수 파형이 생긴다.

둘째, 공액-복소 극점 쌍이 좌측에서 우측으로 이동함에 따라, 지수적으로 감소하는 사인파, 사인파, 그리고 지수적으로 증가하는 사인파가 생긴다. 셋째, 좌반 평면(허수축의 좌측 평면)에 위치한 극점들은 감소하는 파형을 발생시키고, 우반 평면(허수축의 우측 평면)의 극점들은 증가하는 파형을 발생시킨다. 넷째, (좌반 평면과 우반 평면을 분리하는) 허수축 상의 단순 복소-공액 극점 쌍은 감소하거나 증가하지 않으면서 똑같은 값을 유지하는 파형을 발생시킨다.

요 약

- ✔ 만일 우리가 주파수 영역에서 회로를 해석하고 R을 Z로 대체한다면, 저항 회로의 해석과 관련된 모든 기법들을 RLC 회로의 해석에 그대로 적용할 수 있다.
- ✔ 저항기의 임피던스는 R이고, 인덕터의 임피던스는 sL이며, 커패시터의 임피던스는 $1/sC$이다. 복잡한 회로망의 임피던스는 회로 내부의 모든 독립 전원들을 0으로 놓고, 고려중인 단자에서 $V(s)/I(s)$의 비를 취함으로써 구할 수 있다.
- ✔ 전달 함수는 회로의 입-출력 관계를 나타낸다. 입력 임피던스와 전달 함수는 주파수 영역의 개념들이다. 즉, 이들은 s 다항식의 비로 나타내어진다. 다항식의 계수들은 R, L, 그리고 C에 의해 결정된다.
- ✔ RLC 회로가 전압 전원 또는 전류 전원에 의해 여기되면, 회로 전체에 걸쳐서 응답이 발생한다. 응답은 여기 파형뿐 아니라, 회로 자체에도 의존한다. 여기와 관련된 응답 부분을 강제 응답이라고 부르고, 회로와 관련된 응답 부분을 고유 응답이라고 부른다.
- ✔ 고유 응답 파형은 회로의 극점들에 의존한다. 회로 극점들이 음의 실수축 상에 존재할 경우, 고유 응답은 감소 지수 함수로 이루어진다. 회로 극점들이 복소수이고 좌반 평면에 존재할 경우, 고유 응답은 지수적으로 감소하는 사인파로 이루어진다. 어느 경우이든, 감소 지수 함수 때문에 고유 응답은 결국 소멸된다.

문제 Question

6.1 키르히호프 법칙과 소자-정의 식의 라플라스 변환

6.1 그림 P6.1에 보인 회로들에서 물음표로 표시된 전압과 전류를 구하라. 필요한 방정식들(망로, 마디, 그리고 구속 방정식)을 세우고, 그것들을 풀어라.

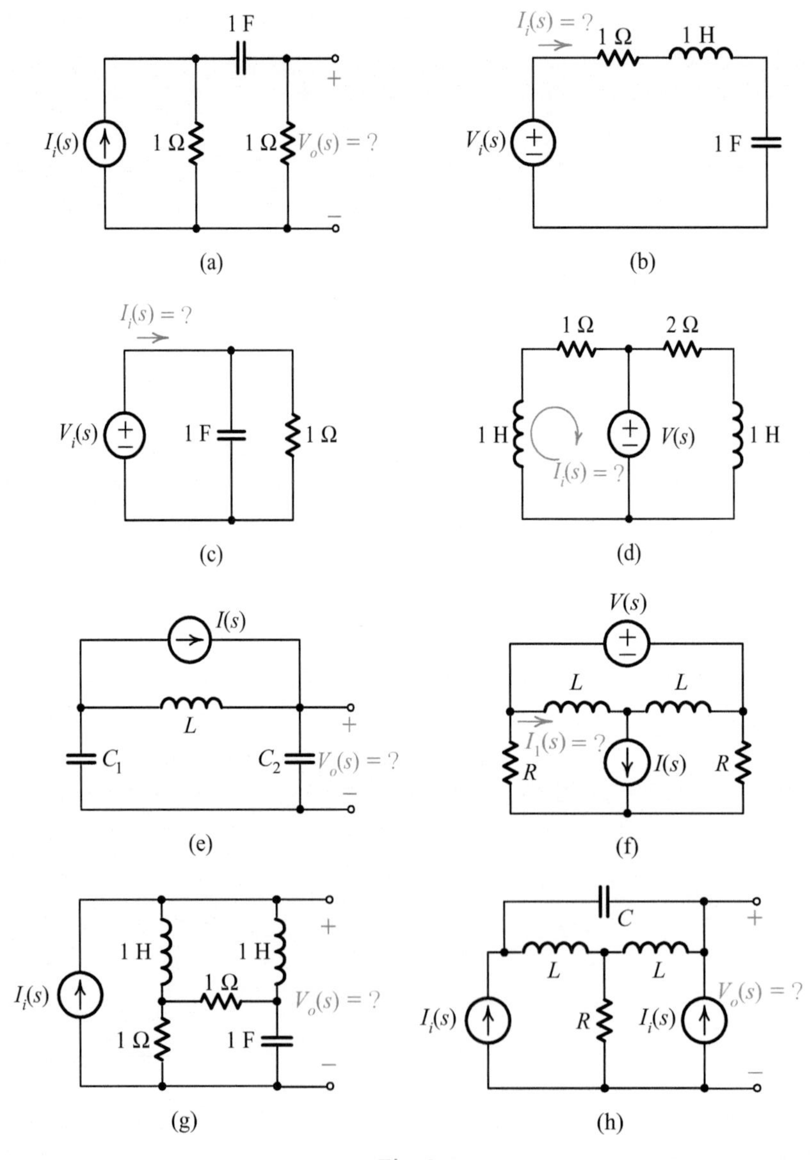

그림 P6.1

6.2 그림 P6.2에 보인 회로에서 V_o와 I_o를 계산하라.

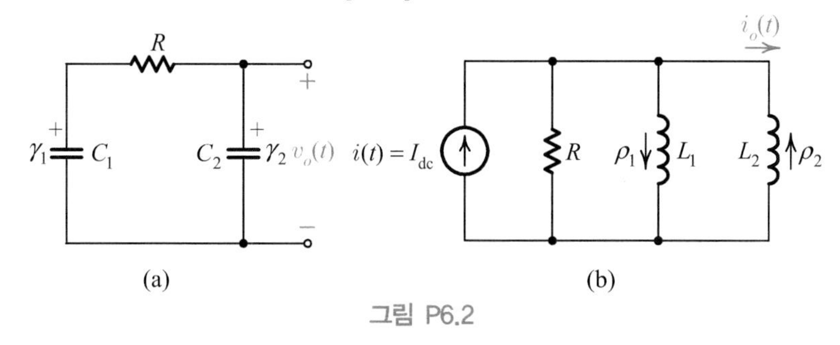

그림 P6.2

6.3 임피던스의 직렬 접속과 병렬 접속

6.3 그림 P6.3에 보인 회로들의 임피던스를 계산하라.

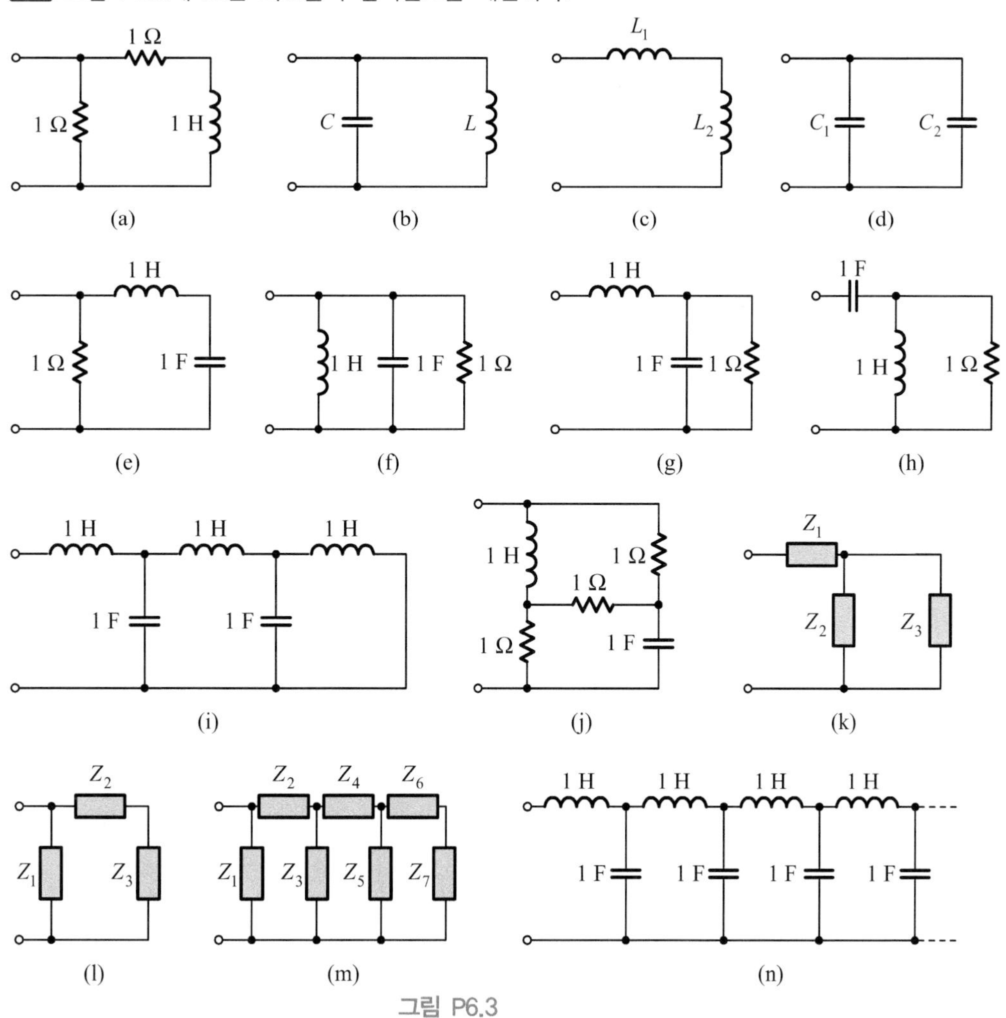

그림 P6.3

6.4 그림 P6.4에서 만일

(a) $V_2 = V_1$ 이라면 I_1은 얼마인가?

(b) $V_2 = -V_1$ 이라면 I_1은 얼마인가?

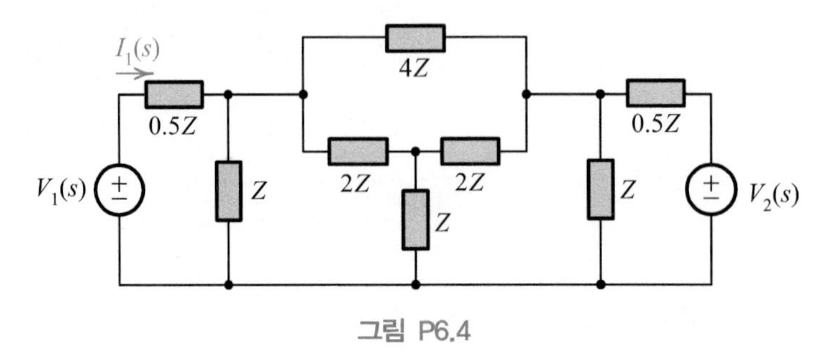

그림 P6.4

6.6 중첩의 원리

6.5 그림 P6.5에 보인 회로들에서 물음표로 표시된 응답을 구하라.

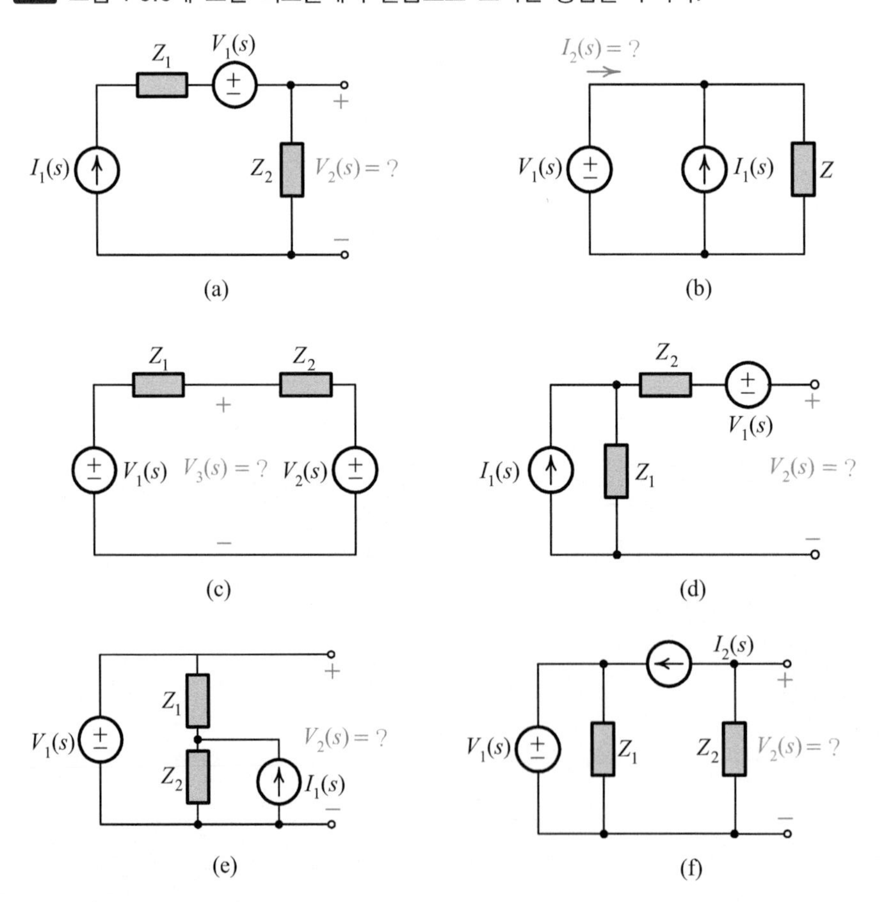

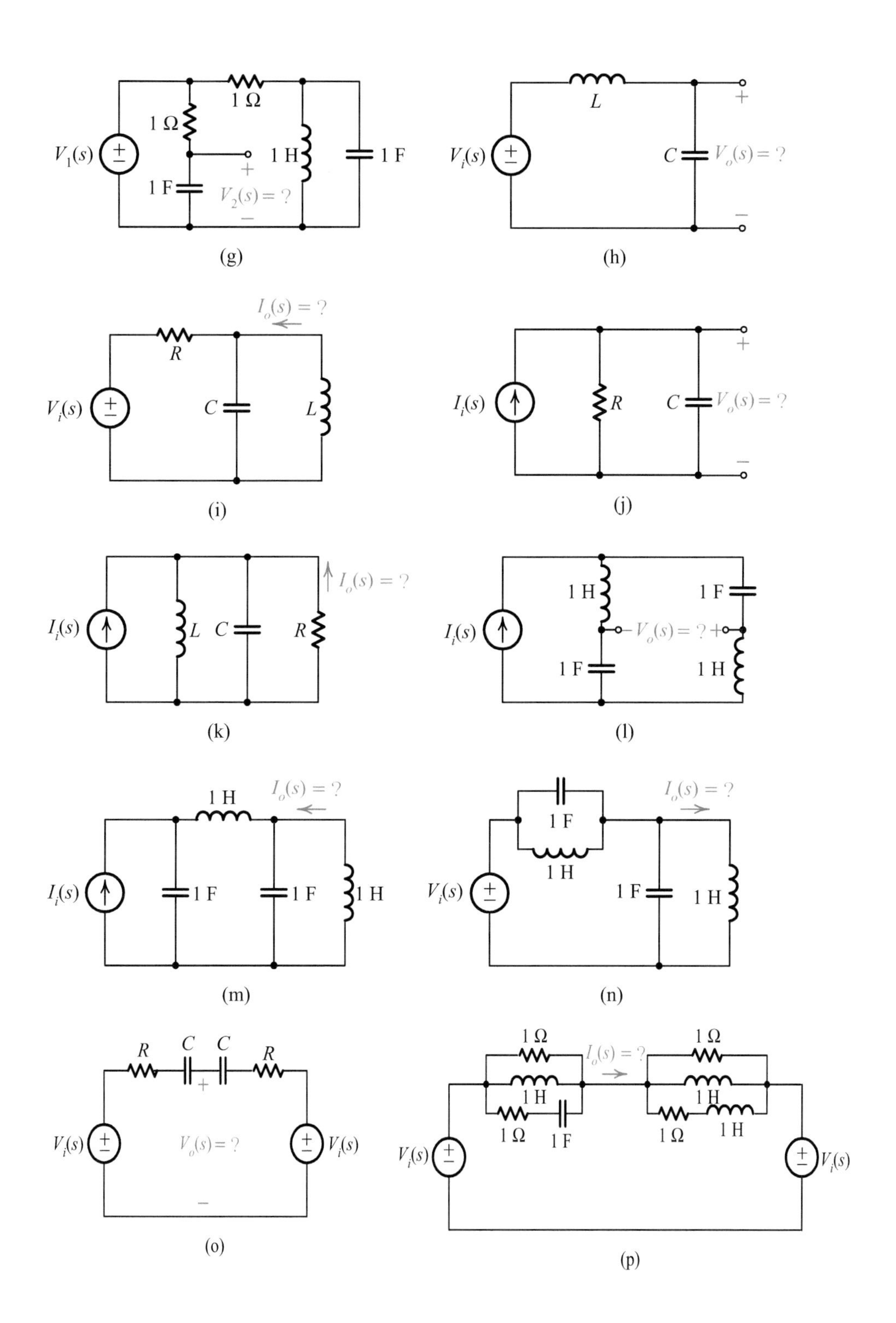

1 Ω
1 Ω
$V_1(s)$
1 H
1 F
1 F
$V_2(s) = ?$
(g)
L
$V_i(s)$
C
$V_o(s) = ?$
(h)
$I_o(s) = ?$
R
$V_i(s)$
C
L
(i)
$I_i(s)$
R
C
$V_o(s) = ?$
(j)
$I_o(s) = ?$
$I_i(s)$
L
C
R
(k)
1 H
1 F
$I_i(s)$
$V_o(s) = ?$
1 F
1 H
(l)
1 H
$I_o(s) = ?$
$I_i(s)$
1 F
1 F
1 H
(m)
1 F
$I_o(s) = ?$
1 H
$V_i(s)$
1 F
1 H
(n)
R C C R
$V_i(s)$
$V_o(s) = ?$
$V_i(s)$
(o)
1 Ω
$I_o(s) = ?$
1 Ω
1 H
1 H
1 Ω
1 F
1 Ω
1 H
$V_i(s)$
$V_i(s)$
(p)

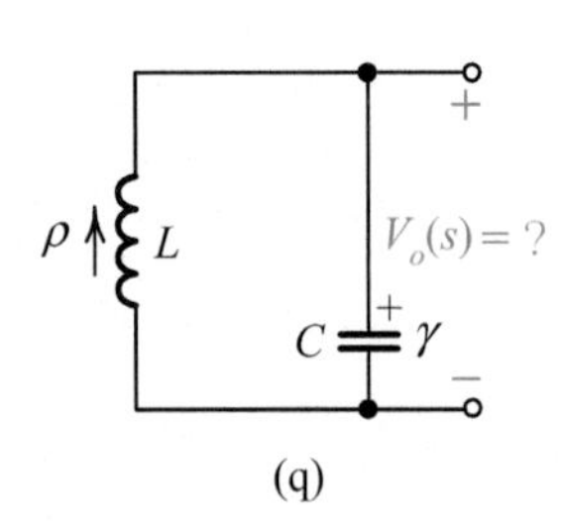

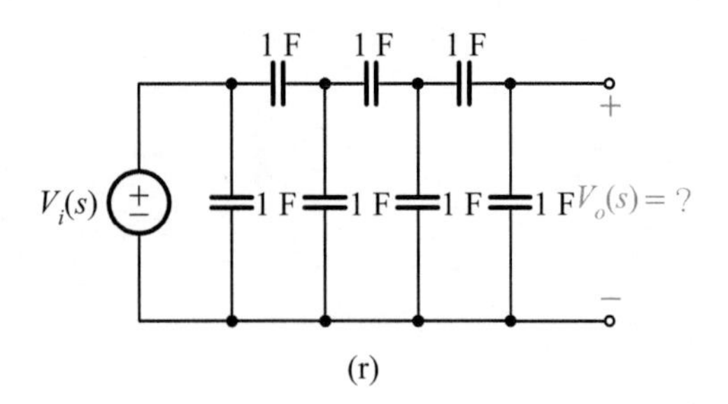

(q) (r)

그림 P6.5

6.6 그림 P6.6에 보인 각각의 회로에서 브리지가 평형되기 위한 조건을 유도하라.

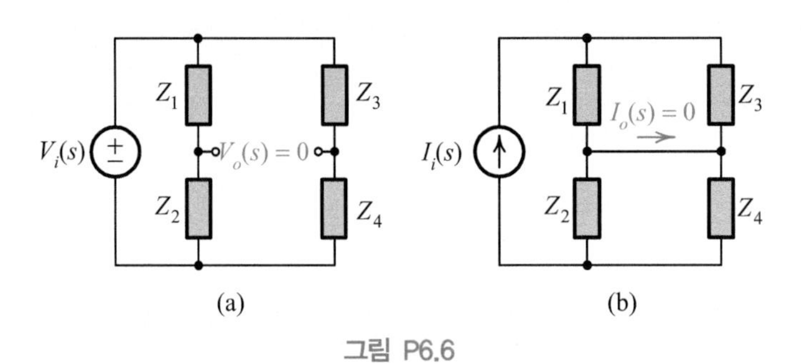

(a) (b)

그림 P6.6

6.7 테브난 및 노튼 등가 회로

6.7 그림 P6.7에 보인 회로들에 대해 테브난과 노튼 등가 회로를 구하라.

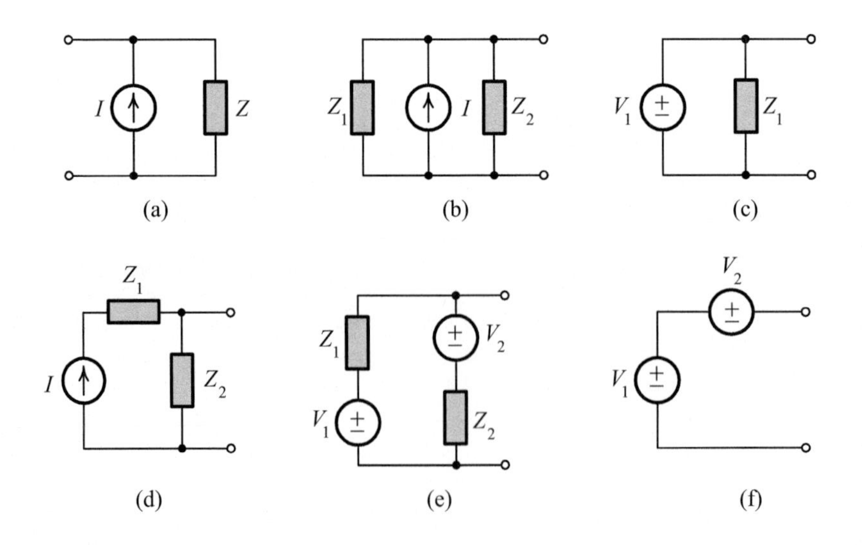

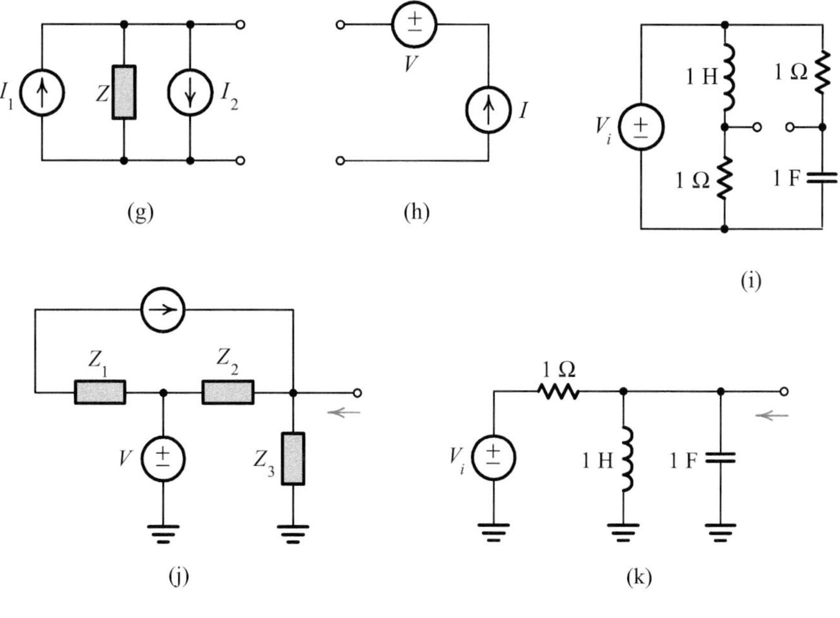

그림 P6.7

6.8 그림 P6.8에서

(a) 전원이 전압 전원일 때, a와 b 사이에서 바라다본 등가 임피던스는 얼마인가?

(b) 전원이 전류 전원일 때, a와 b 사이에서 바라다본 등가 임피던스는 얼마인가?

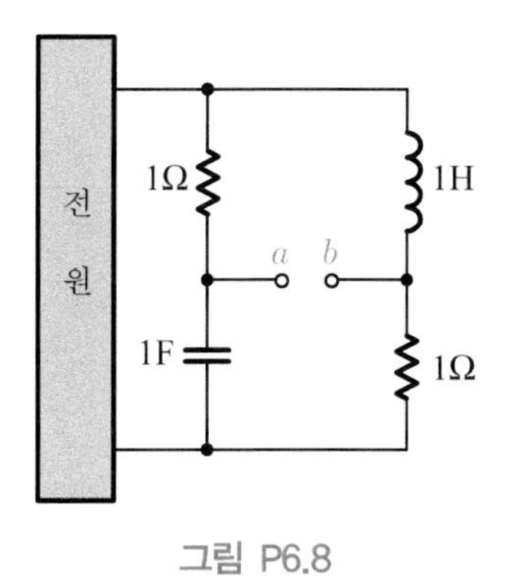

그림 P6.8

6.9 그림 P6.9를 참조하라.

(a) 단자들이 개방되어 있다. 개방-회로 전압 $V_{oc}(s)$를 구하라.

(b) 단자들이 단락되어 있다. 단락-회로 전류 $I_{sc}(s)$를 구하라.

(c) 단자에서 바라다본 임피던스 $Z(s)$를 구하라.

(d) 출력 단자에서 바라다본 테브난 등가 회로와 노튼 등가 회로를 구하라.

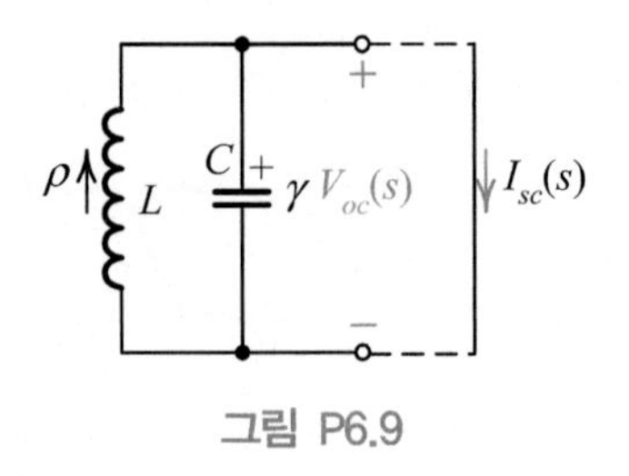

그림 P6.9

6.8 망로 방정식과 마디 방정식

6.10 그림 P6.10에 보인 회로에 대해 망로 행렬식과 마디 행렬식을 구하라. 회로가 여기되지 않는다는 점에 개의치 말라.

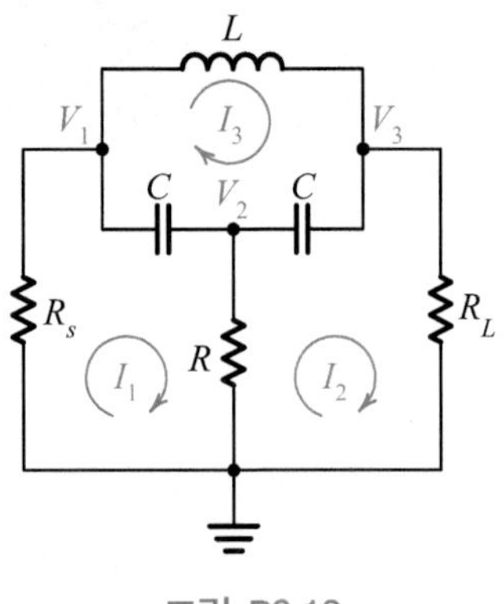

그림 P6.10

6.11 그림 P6.11을 참조하라.

(a) 세 전류의 해를 구하는 데 필요한 방정식들을 정리된 형태로 써라.

(b) 세 전압의 해를 구하는 데 필요한 방정식들을 정리된 형태로 써라.

(c) 전류 전원을 어떻게 바꾸고 제거할 수 있는지를 보여라.

(d) 전압 전원을 어떻게 바꾸고 제거할 수 있는지를 보여라.

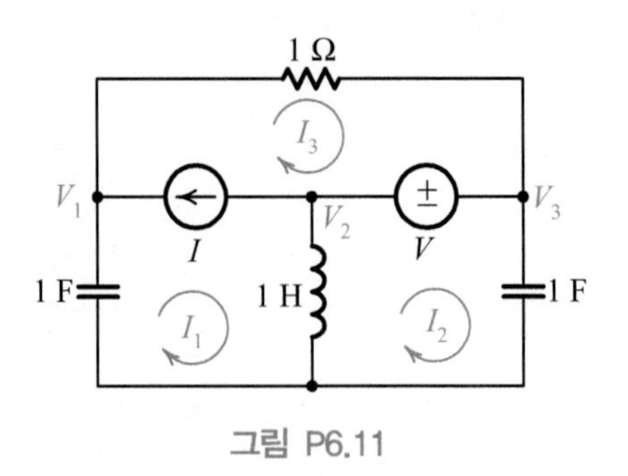

그림 P6.11

6.10 전달 함수

6.12 그림 P6.12에 보인 회로들의 전달 함수를 구하라. 입력과 출력은 그림에 표시되어 있다.

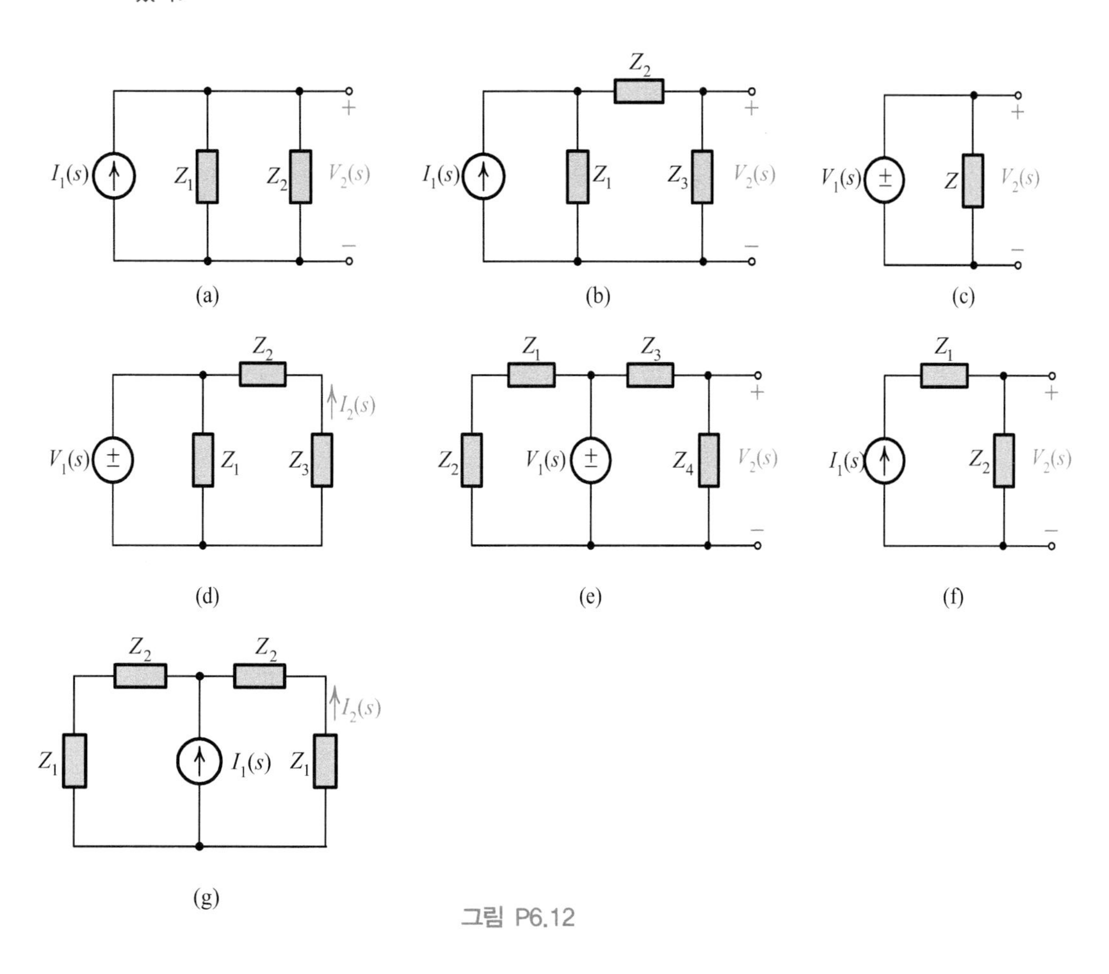

그림 P6.12

6.13 입력이 단위-계단 함수일 때, 응답은 $\sin t$ 이다. 전달 함수 $T(s)$를 구하라.

6.14 전달 함수가 $T(s) = 1/(s+1)$인 시스템이 $1 - e^{-t}$ 의 출력을 가진다. 입력은 무엇이어야 하는가?

6.11 응답의 고유 부분과 강제 부분

6.15 그림 P6.15에 보인 회로에서 물음표로 표시된 시간-영역 응답의 고유 부분과 강제 부분을 구하라. 모든 입력은 $t=0$ 일 때 인가된다. 두 부분으로 분리할 수 없는 경우에는 출력을 구하라.

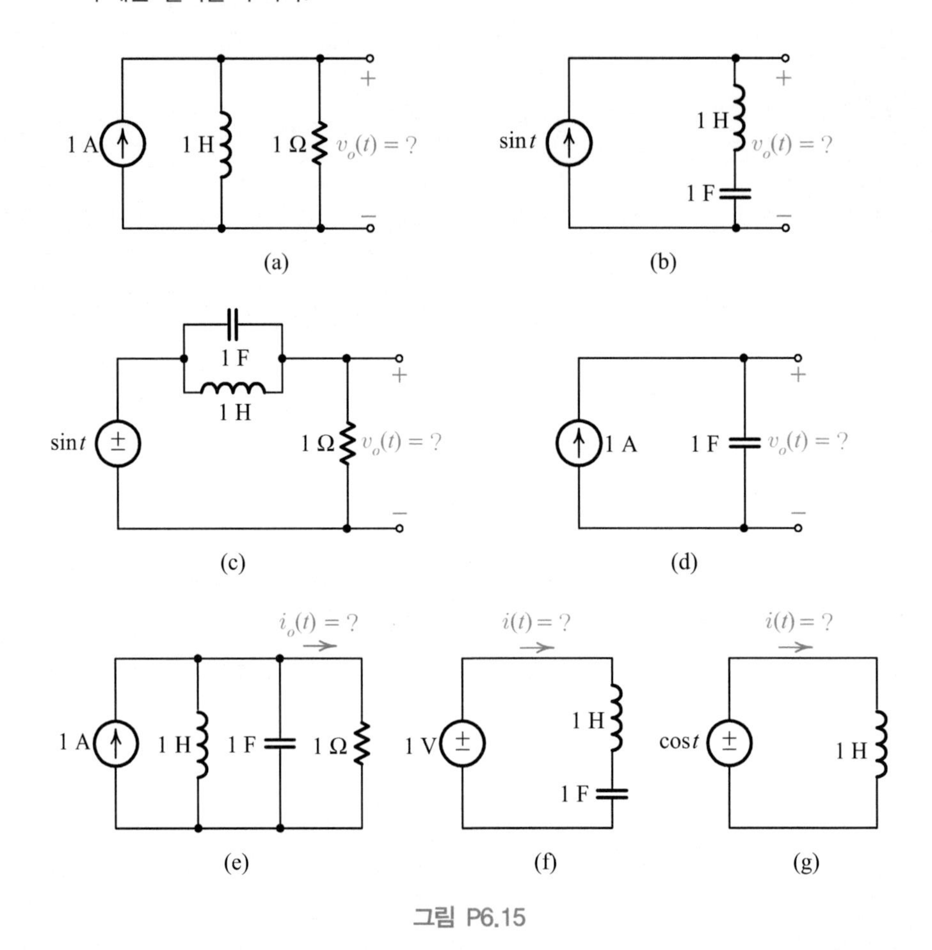

그림 P6.15

6.12 극점의 위치와 응답 사이의 관계

6.16 응답 함수 $R(s)$의 극점들이 $0, -1, \pm j, -1 \pm j$에 있다. $r(t)$는 어떤 파형인가?

PART 03

회로 응답

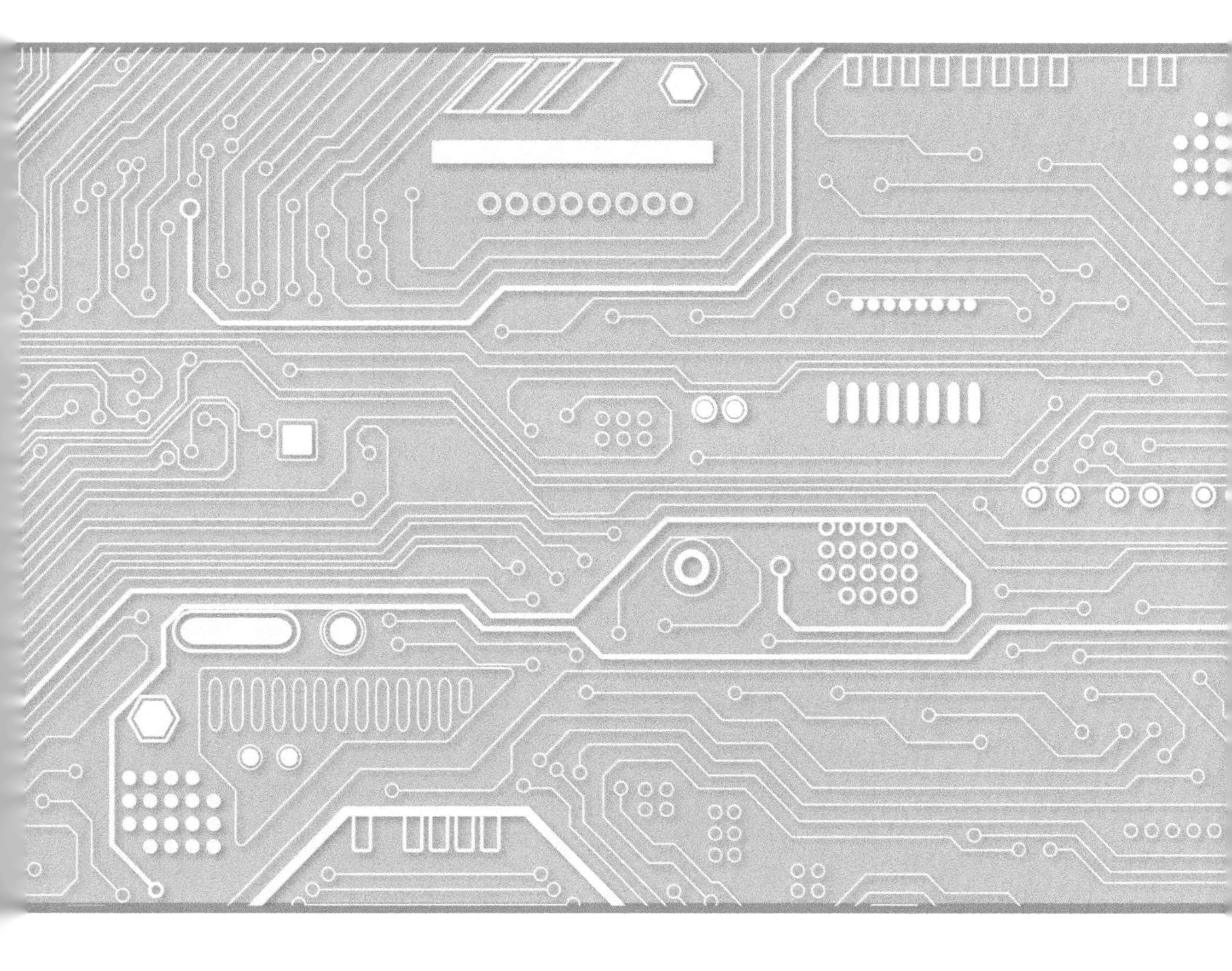

CHAPTER 07

계단파 응답

서론

6.10절에서 우리는 커패시터나 인덕터와 같은 에너지 저장 소자들이 포함된 회로에 여기 전원들이 인가되면 회로 전체에 걸쳐 응답이 발생하며, 그 응답은 고유 부분과 강제 부분으로 구성된다는 것을 알았다. 응답의 고유 부분은 회로의 자체 특성에 의해 생겨나는 것이고, 응답의 강제 부분은 여기에 의해 부여되는 강제적인 동작에 기인한 것이다. 이 장과 다음 장에서 우리는 에너지 저장 소자들이 포함된 회로에 계단파가 인가되었을 때 출력 응답을 구하는 방법을 체계적으로 공부할 것이다.

얼마나 많은 저항기들이 포함되어 있느냐에 상관없이, 하나의 에너지 저장 소자가 포함된 회로를 우리는 1차 선형 회로라고 부른다. 1차 선형 회로는 1차 미분 방정식으로 특징지어진다. 이들 방정식을 라플라스 변환하면, 두 다항식의 비로 표현되는 전달 함수가 얻어진다. 이때 전달 함수의 분모 다항식이 1차이므로, 1차 회로는 1-극점 회로로 특징지어지기도 한다. 이 장에서 우리는 1차 회로에 계단파가 인가되었을 때 응답을 구하는 방법을 공부할 것이고, 구해진 응답을 이용하여 회로의 물리적인 동작을 이해할 것이다.

2차 선형 회로 또는 시스템은 2차 미분 방정식으로 특징지어진다. 이들 방정식을 라플라스 변환하면, 두 다항식의 비로 표현되는 전달 함수가 얻어진다. 이때 전달 함수의 분모 다항식이 2차이므로, 2차 회로는 2-극점 회로로 특징지어지기도 한다. 일반적으로 많이 사용되는 RL, RC, 그리고 RLC 회로들은 두 개의 극점을 가진다. 이와 같은 회로들은 종종 계단 함수로 여기되곤 한다. 또한, 계단 입력은 시험용으로 널리 사용되기도 한다. 따라서, 2차 회로들의 계단 응답을 어떻게 해석해야 하는가를 배우고, 이해하는 것은 중요하다.

7.1 회로들의 계단파 응답

그림 7.1에서 전달 함수 $T(s)$로 표시된 회로에 **단위-계단 함수**(unit-step function)가 인가된다. 우리는 그 결과로 생기는 응답 $r(t)$를 구하고자 한다. [$T(s)$ 대신에 우리는 $Z(s)$ 또는 $Y(s)$를 사용할 수도 있을 것이다. 그럴 경우, 응답은 입력 전압이거나 입력 전류일 것이다.] 주파수 영역에서 응답은

$$R(s) = T(s)E(s) \tag{7.1}$$

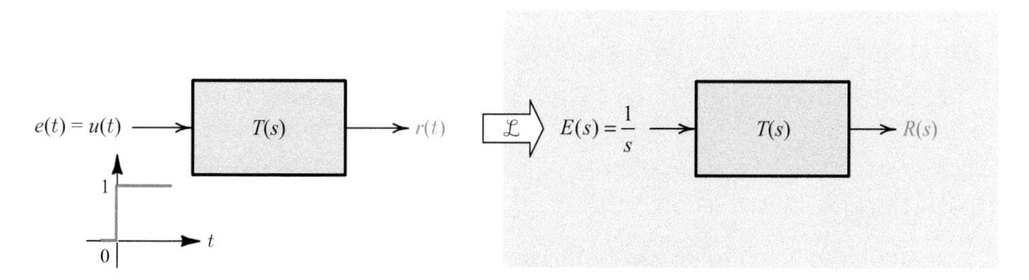

그림 7.1 단위-계단 함수의 여기와 응답.

로 주어질 것이다. $E(s) = 1/s$이므로, 우리는

$$R(s) = \frac{T(s)}{s} \tag{7.2}$$

로 쓸 수 있을 것이다. 따라서 우리는 여기 극점이 $s = 0$에 위치한다는 것을 알 수 있다. 그러나, 회로의 극점들은 명확하게 나타나 있지 않다. 즉, 회로의 극점들은 $T(s)$의 분모 다항식으로부터 구할 수 있을 것이다.

식 (7.2)의 단순 극점들에 대한 부분-분수 전개는

$$R(s) = \underbrace{\frac{K_1}{s}}_{\text{강제부분}} + \underbrace{R_n(s)}_{\text{고유부분}} \tag{7.3}$$

로 주어질 것이다. 여기서 K_1/s 은 단위-계단 입력으로부터 발생된 강제 응답을 나타내고, $R_n(s)$ 는 $T(s)$ 의 극점으로부터 발생된 고유 응답을 나타낸다. 상수 K_1 은 다음과 같이 쉽게 구해질 것이다.

$$K_1 = sR(s)\,|_{s=0} = T(0)$$

따라서, 우리는

$$R(s) = \frac{T(0)}{s} + R_n(s)$$

를 얻을 것이다. 이에 상응하는 시간-영역 응답은

$$r(t) = T(0) + r_n(t) \qquad (t > 0) \tag{7.4}$$

일 것이다. 우리는 이 $r(t)$ 를 회로의 **단위-계단 응답**(unit-step response)이라고 부른다. 입력의 계단 함수가 한 단위의 높이일 때, 출력 응답 $r(t)$ 는 $T(0)$ 단위의 높이를 가진다는 점에 주목하기 바란다. 또한, 출력에 (단위-계단 입력으로 구동될) 회로의 고유 반응을 나타내는 $r_n(t)$ 가 포함된다는 점에도 주목하기 바란다. 입력이 한 단위의 높이 대신에 A 단위의 높이를 가질 경우, 그 결과로 생기는 응답은 단위-계단 응답보다 A배 클 것이다. 즉,

$$r(t) = A\,[T(0) + r_n(t)] \tag{7.5}$$

가 될 것이다.

입력 여기가 $t = 0$에서 불연속이기 때문에, 출력 응답 역시 $t = 0$에서 불연속일 것이다. 즉, $t = 0$ 바로 전의 응답의 값과 $t = 0$ 바로 후의 응답의 값이 다를 것이다. 우리는 전자를 $t = 0^-$ 값이라고 부르고, 후자를 $t = 0^+$ 값이라고 부른다. $t = 0^-$ 값은 초기 조건(이에 대해서는 후에 논의할 것이다)으로부터 구해지고, $t = 0^+$ 값은 식 (7.4)로부터 구해진다. 만일 두 값이 같다면, 응답은 $t = 0$에서 연속일 것이고, 식 (7.4)는 $t = 0$에 대해서도 유효할 것이다.

이 장에서 우리는 1차 회로들, 즉 한 개의 극점을 갖는 전달 함수로 특징지어지는 회로들의 계단 응답을 공부할 것이고, 다음 장에서는 2차 회로들, 즉 두 개의 극점을 갖는 전달 함수로 특징지어지는 회로들의 계단 응답을 살펴볼 것이다.

7.2 1차 회로들의 계단 응답 계산

1차 회로(first-order circuit) 또는 **1차 시스템**(first-order system)은 **한 개의 극점**을 갖는 전달 함수(또는 입력 임피던스 또는 어드미턴스 함수)

$$T(s) = \frac{N(s)}{s + \alpha} \tag{7.6}$$

로 특징지어진다. 1차 회로와 연관된 $N(s)$의 가장 일반적인 형태는

$$N(s) = a_1 s + a_0$$

이다. 따라서 우리는 $T(s)$를

$$T(s) = \frac{a_1 s + a_0}{s + \alpha} \tag{7.7}$$

로 쓸 수 있을 것이다. 그림 7.2에 보인 것처럼, 이러한 회로가 단위-계단 함수 $u(t)$에 의해 여기될 때, 그것의 주파수-영역 응답은

$$R(s) = E(s)\,T(s) = \frac{1}{s}\left(\frac{a_1 s + a_0}{s + \alpha}\right)$$

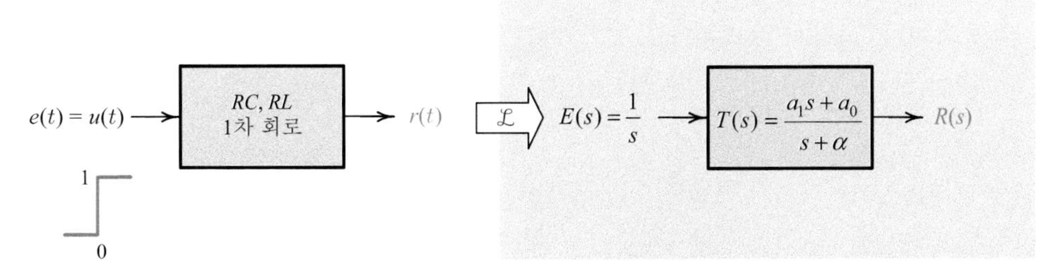

그림 7.2 1차 회로의 단위-계단 응답.

일 것이다. $\alpha \neq 0$ 일 때의 이 식의 부분-분수 전개는

$$R(s) = \frac{1}{s}\left(\frac{a_1 s + a_0}{s + \alpha}\right) = \frac{K_0}{s} + \frac{K_1}{s + \alpha}$$

이다. 여기서 $K_0 = sR(s)\mid_{s=0} = \dfrac{a_0}{\alpha}$

$$K_1 = (s + \alpha)R(s)\mid_{s=-\alpha} = \frac{-a_1\alpha + a_0}{-\alpha}$$

이다. 따라서

$$R(s) = \frac{a_0/\alpha}{s} + \frac{(-a_1\alpha + a_0)/-\alpha}{s + \alpha}$$

이다. 이 식의 양변에 라플라스 역변환을 취하면, 다음과 같은 시간-영역 응답을 얻을 것이다.

$$r(t) = \frac{a_0}{\alpha} + \left(a_1 - \frac{a_0}{\alpha}\right)e^{-\alpha t} \qquad (t > 0) \tag{7.8}$$

여기서 $t \to 0$ 에 접근함에 따라, $e^{-\alpha t} \to 1$이 되고,

$t \to \infty$에 접근함에 따라, $e^{-\alpha t} \to 0$이 되므로

우리는

$$r(0^+) = a_1 = \text{응답의 초기값} = I$$
$$r(\infty) = \frac{a_0}{\alpha} = \text{응답의 최종값} = F$$

를 얻을 수 있을 것이다. 따라서, 우리는 1차 회로의 단위-계단 응답을 다음 식과 같이 초기값과 최종값으로 나타낼 수 있을 것이다.

$$r(t) = F + (I - F)e^{-\alpha t} \qquad (t > 0) \tag{7.9}$$

식 (7.7)에 의하면 $a_1 = T(s)\,|_{s=\infty} = T(\infty)$ 이고 $a_0/\alpha = T(s)\,|_{s=0} = T(0)$이다. 따라서 우리는 $r(t)$를 다음과 같이 쓸 수도 있을 것이다.

$$r(t) = T(0) + [T(\infty) - T(0)]e^{-\alpha t} \qquad (t > 0) \tag{7.10}$$

여기서 $s = \infty$에서의 전달 함수, 즉 $T(\infty)$가 응답의 초기($t = 0^+$) 값 I를 결정하고, $s = 0$에서 계산한 전달 함수, 즉 $T(0)$가 응답의 최종($t = \infty$) 값 F를 결정한다는 점에 주목하기 바란다.

식 (7.8) 또는 식 (7.10)으로부터 알 수 있듯이, 1차 회로의 계단 응답은 상수와 감소 지수 함수의 합으로 나타내어진다($\alpha > 0$이라고 가정했을 경우). 상수는 강제 응답을 나타내고, 지수 함수는 고유 응답을 나타낸다. 이 회로가 계단 함수에 의해 여기될 때, 출력이 바로 계단 함수가 아닌 계단 함수와 지수 함수의 합으로 나타내어진다는 점에 주목하기 바란다. 응답의 지수 부분은 시간에 따라 작아지기 때문에, 우리는 이 부분을 응답의 **과도 부분**(transient part)이라고 부른다. 과도 부분 그리고 고유 부분이라는 용어는 동의어로서, 출력의 지수적으로 감소하는 부분을 가리키는 말이다.

과도 부분이 0이 아닌 한, 입력과 출력 파형 사이에는 닮은 점이 없을 것이다. 과도 부분이 소멸된 후에는, 출력 응답은 입력 여기와 모양은 같고, 크기 [$T(0) = a_0/\alpha$ 의 스케일 계수]만 다를 것이다. 이때부터 출력 응답은 정상 상태에 (자신의 최종값에) 머무르게 된다.

예제 7.1 그림 7.3에 나타낸 회로의 단위-계단 응답을 구하라.

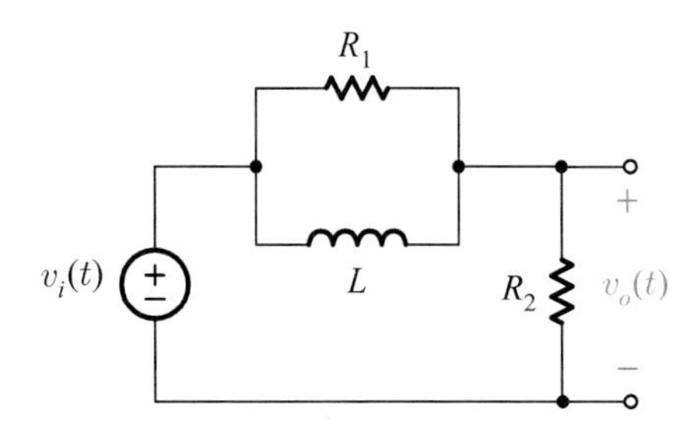

그림 7.3 예제 7.1을 위한 회로

풀이 이 회로의 입-출력 관계는 다음의 전달 함수로 표현된다.

$$\frac{V_o(s)}{V_i(s)} = T(s) = R_2 \bigg/ \left(R_2 + \frac{sLR_1}{sL + R_1}\right)$$
$$= \left[\left(\frac{R_2}{R_1 + R_2}\right)s + \frac{1}{L}\left(\frac{R_1R_2}{R_1 + R_2}\right)\right] \bigg/ \left[s + \frac{1}{L}\left(\frac{R_1R_2}{R_1 + R_2}\right)\right] = \frac{a_1 s + a_0}{s + \alpha}$$

여기서

$$\alpha = \frac{1}{L}\left(\frac{R_1R_2}{R_1 + R_2}\right), \qquad T(0) = 1, \qquad T(\infty) = \frac{R_2}{R_1 + R_2}$$

이다. 우리는 이제 식 (7.10)을 이용하여, 출력 전압을 다음과 같이 구할 수 있을 것이다.

$$v_o(t) = T(0) + [T(\infty) - T(0)]e^{-\alpha t}$$
$$= 1 + \left(\frac{R_2}{R_1 + R_2} - 1\right)e^{-t/[L(R_1 + R_2)/R_1R_2]}$$
$$= 1 - \frac{R_1}{R_1 + R_2}e^{-t/[L(R_1 + R_2)/R_1R_2]}$$

연습문제 7.1

그림 E7.1에 보인 회로에서 $i(t)$를 구하라.

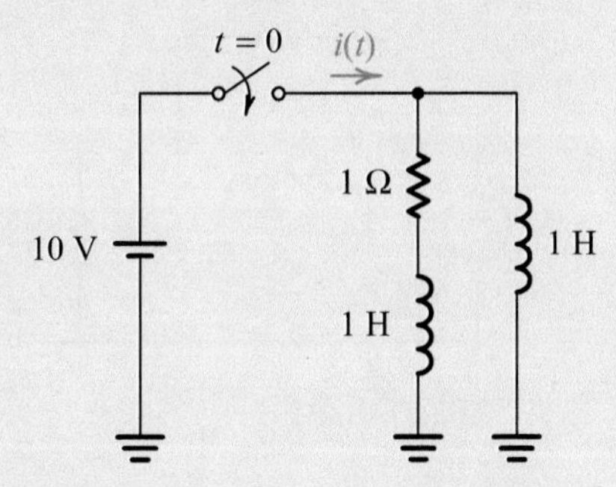

그림 E7.1 연습문제 7.1을 위한 회로.

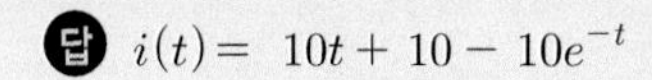

7.3 1차 회로들의 계단 응답의 스케치

앞 절에서 우리는 1차 회로의 단위-계단 응답이 식 (7.9)로 나타내어진다는 것을 공부했다. 이 식을 편의상 여기에 다시 쓰면,

$$r(t) = F + (I - F)e^{-\alpha t} \qquad (t > 0) \tag{7.11}$$

이다. 이 응답의 스케치를 쉽게 하기 위해서는 $t = 1/\alpha$ 에서의 $r(t)$ 값을 구해야 할 것이다. 즉,

$$\begin{aligned} r\left(\frac{1}{\alpha}\right) &= F + (I - F)e^{-1} = F + (I - F)0.37 \\ &= I + (F - I)0.63 \end{aligned} \tag{7.12}$$

식 (7.12)가 나타내는 바와 같이, $t = 1/\alpha$ 에서 응답은 초기값과 최종값 사이의 변화의 63%에 다다를 것이다. $-\alpha$가 회로[$T(s) = (a_1 s + a_0)/(s + \alpha)$]의 극점이므로, 우리는 $1/\alpha$ 이 극점 크기의 역수를 나타내고, 초(second) 차원의 단위를 가진다는 것을 알 수 있다. $1/\alpha$ 을 기호 τ(tau : 타우)로 표시하고, 이를 **시정수**(time constant)라고 부른다는 점에 유의하기 바란다. 따라서, 우리는

$$\tau = \frac{1}{\alpha}$$

$$\text{시정수} = \frac{1}{|\text{극점}|} \tag{7.13}$$

의 관계를 얻을 수 있을 것이다.

이상의 설명으로부터 우리는 (회로에 의해 결정되는) 시정수 하나에 해당하는 시간이 경과할 때, 응답은 초기값과 최종값 사이의 변화의 63%에 다다른다는 것을 알 수 있다. 시정수의 이런 개념을 이용하여, 우리는 식 (7.11)을 다음과 같이 나타낼 수 있을 것이다. 즉,

$$\boxed{r(t) = F + (I - F)e^{-t/\tau} \qquad (t > 0)} \tag{7.14}$$

마지막으로, 우리는 다음의 두 가지 사항을 관찰할 수 있을 것이다. 즉,

$$r(5\tau) = F + (I - F)e^{-5} = F + (I - F)0.00674 \cong F \tag{7.15}$$

$$\left.\frac{dr(t)}{dt}\right|_{t=0^+} = -\frac{1}{\tau}(I - F)e^{-t/\tau}\Big|_{t=0} = \frac{F - I}{\tau} \tag{7.16}$$

식 (7.15)로부터 우리는 시정수의 다섯 배(5τ)에 해당하는 시간이 경과했을 때, 응답은 실질적으로 자신의 최종값이 된다는 것을 알 수 있다. 바꿔 말하면, 초기값으로부터 최종값까지의 천이는 5τ의 시간이 경과했을 때 종결된다는 것을 알 수 있다. 회로의 시정수가 작으면 작을수록, 회로의 응답은 자신의 최종값(정상-상태 값)에 빨리 도달할 것이다. 식 (7.16)은 응답의 초기 기울기가 응답의 총 변화(즉, 최종값과 초기값의 차)를 시정수로 나눈 것과 같다는 것을 보여준다. 바꿔 말하면, 만일 응답이 자신의 초기 변화율(기울기)을 유지한다면, 응답은 1τ 동안에 최종값에 도달할 것이다.

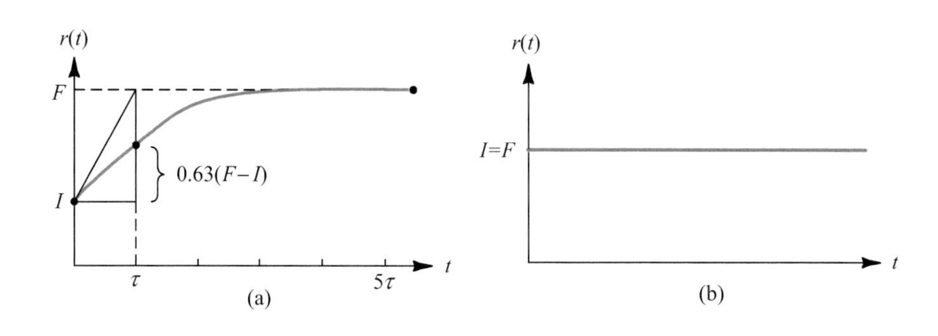

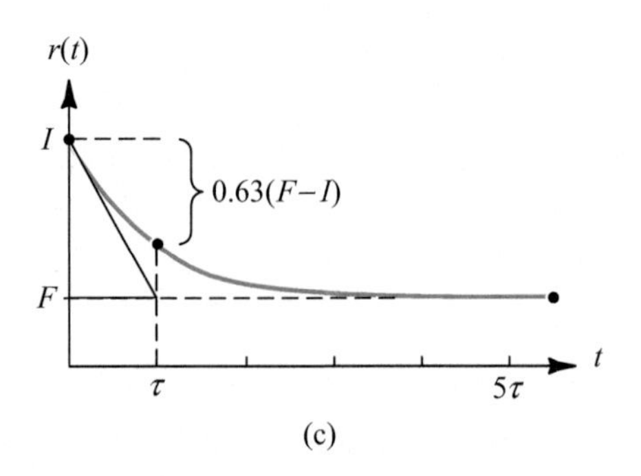

그림 7.4 I와 F의 상대 값에 따른 응답 파형의 형태: (a) $F > I$, (b) $I = F$, (c) $I > F$.

식 (7.14)로부터 알 수 있듯이, 응답을 스케치하기 위해서는 세 가지의 값, 즉 초기값 I, 최종값 F, 그리고 시정수 τ의 값만 알면 된다. 식 (7.12), 식 (7.15), 그리고 식 (7.16)은 단지 응답의 스케치를 용이하게 해줄 뿐이다. I와 F의 상대 값에 따라, 응답은 그림 7.4에 나타낸 파형들 중의 하나로 나타내어질 것이다.

그림 7.4(a)는 $F > I$이고, 응답이 최종값을 향해 지수적으로 증가하는 경우를 나타낸 것이다. 응답이 [$(F - I)/\tau$의 초기 기울기를 설정하는] 삼각형의 빗변을 따라 시작한다는 것과 시간이 1τ 경과할 때 응답이 $(F - I)$ 변화의 63%에 다다른다는 사실에 주목하기 바란다. 그림으로부터 우리는 시간이 5τ 경과할 때 응답은 실질적으로 최종값이 된다는 것을 알 수 있다.

그림 7.4(b)는 $I = F$이고, 응답이 일정한 경우를 나타낸 것이다. 이 경우에는 전달 함수가 다음과 같이 상수가 되기 때문에, 응답에 지수 함수가 포함되지 않을 것이다.

$$T(s) = \frac{a_1 s + a_0}{s + \alpha} = \frac{Is + \alpha F}{(s + \alpha)},$$

$$T(s)\,\Big|_{I=F} = I\frac{(s + \alpha)}{(s + \alpha)} = I = F$$

그림 7.4(c)는 $I > F$ 이고, 응답이 최종값을 향해 지수적으로 감소하는 경우를 나타낸 것이다. 응답이 [$-(I - F)/\tau$ 의 초기 기울기 값을 설정하는] 삼각형의 빗변을 따라 시작한다는 것과 시간이 1τ 경과할 때 응답이 $(F - I)$ 변화의 63%에 다다른다는 사실에 다시 한번 주목하기 바란다. 그림으로부터 우리는 응답이 5τ에서 최종값이 된다는 것을 알 수 있다.

그림 7.4에 나타낸 응답들은 I와 F를 양의 값으로 가정해서 그린 것이다. 물론, 둘 중의 어느 하나 또는 둘 다가 음의 값이 될 수도 있을 것이다. 여하튼간에, 초기

값과 최종값 사이의 과도 현상은 ($I = F$가 아닌 한) 지수적으로 변화할 것이고, 시간이 1τ 경과할 때 ($F - I$) 변화의 63%에 다다를 것이다. 그리고 5τ에서는 정상 상태에 도달할 것이다.

예제 7.2 $r(t) = 10 - 15e^{-t/2}$ 를 스케치하라.

풀이 초기값, 최종값, 그리고 시정수는

$$r(0^+) = 10 - 15 = -5, \qquad r(\infty) = 10, \qquad \tau = 2$$

로 구해질 것이다. 따라서 우리는 이 값들을 사용하여 $r(t)$를 그림 7.5와 같이 그릴 수 있을 것이다.

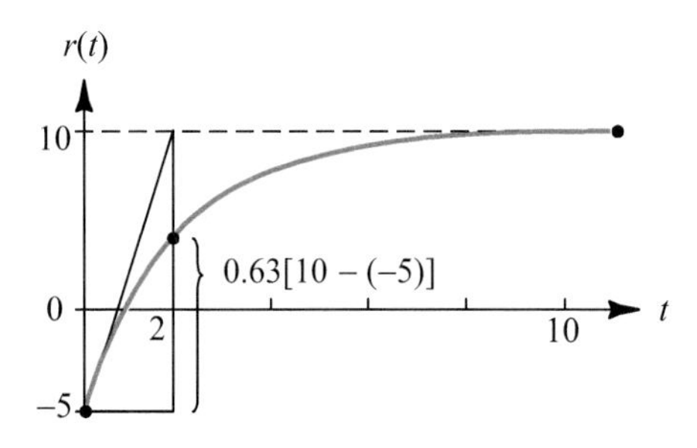

그림 7.5 예제 7.2의 결과.

연습문제 7.2

그림 E7.2에 보인 회로의 계단 응답을 구하고, 그 결과를 스케치하라.

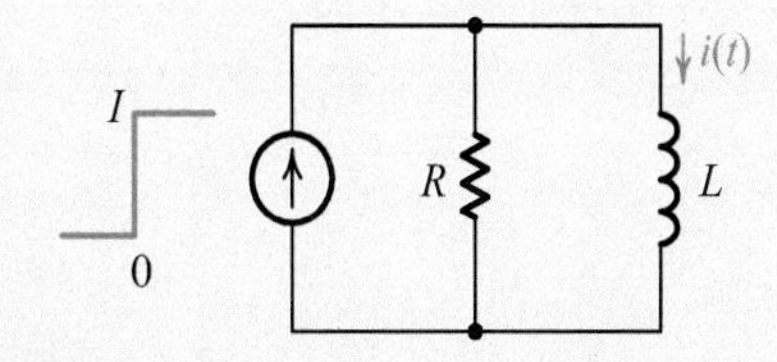

그림 E7.2 연습문제 7.2를 위한 회로.

답 $i(t) = I(1 - e^{-\frac{R}{L}t})$

7.4 회로의 시정수, 초기값, 그리고 최종값의 계산

앞 절에서 우리는 1차 회로의 계단 응답이 회로의 시정수, 응답의 초기값, 그리고 응답의 최종값에 의해 결정된다는 것을 알았다. 즉,

$$r(t) = F + (I - F)e^{-t/\tau} \qquad (t > 0)$$

회로의 시정수, 응답의 초기값, 그리고 응답의 최종값은 예제 7.1에서와 같이 회로의 전달 함수를 이용하여 구할 수 있다(시정수 = 1/ | 극점 |). 그러나 우리는 지금부터 설명할 바와 같이, 전달 함수를 이용하지 않고 회로로부터 직접 이 값들을 구할 수 있을 것이다. 이 방법은 응답을 빠르고 정확하게 구하게 해줄 뿐 아니라, 회로에 대한 통찰력을 제공하기도 한다.

시정수의 계산

우리는 단일 극점으로 특징지어지는 모든 회로들을 (모든 여기들을 0으로 만든 후에) 그림 7.6의 RC 또는 RL 회로로 줄일 수 있다. 이 회로들의 극점을 구하려면, 우선 저항기와 병렬인 전류 전원 또는 저항기와 직렬인 전압 전원으로 회로를 여기시켜야 한다. 그런 다음, 저항기 사이에 걸리는 전압 등의 응답을 구하고, 그 응답과 여기와의 비를 취해야 한다. 이 비의 분모 다항식을 0으로 만드는 s의 값이 극점이다. 따라서 그림 7.6에 나타낸 회로들에 대해, 우리는

$$s + \frac{1}{RC} = 0, \qquad s = -\frac{1}{RC} \tag{7.17}$$

$$s + \frac{R}{L} = 0, \qquad s = -\frac{R}{L} \tag{7.18}$$

을 얻을 수 있을 것이다.

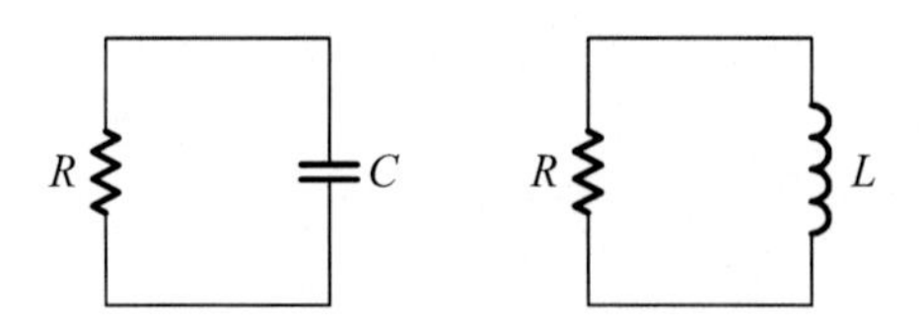

그림 7.6 간단한 단일-극점 회로.

RC 회로의 극점은 $-1/RC$에 위치하고, RL 회로의 극점은 $-R/L$에 위치한다. 따라서, 이들 회로와 연관된 시정수는

$$\tau_{RC} = RC \tag{7.19}$$

$$\tau_{RL} = \frac{L}{R} \tag{7.20}$$

이다. [식 (7.13)을 참조하라.]

단일-극점 회로(one-pole circuit)의 시정수는 회로의 고찰에 의해 직관적으로 구할 수 있다. 그 한 예로서, 그림 7.7(a)의 회로를 살펴보기로 하자. 극점과 그에 따른 시정수는 입력 여기의 특성이 아니라 회로의 특성이기 때문에, 이를 구하려면 입력 여기를 제거해야 한다. 즉, 전압 전원은 단락 회로로 대체하고 전류 전원은 개방 회로로 대체해야 한다. 그 결과를 그림 7.7(b)에 나타냈다. 그런 다음, 직렬 및 병렬 결합 공식 또는 다른 기법들을 이용하여, 이 회로를 그림 7.7(c)와 같이 단일 저항기와 단일 인덕터로 구성되는 회로로 단순화해야 한다. 따라서 우리는

$$R_{eq} = R_3 + \frac{R_1 R_2}{R_1 + R_2}, \qquad L_{eq} = L_1 + L_2, \qquad \tau = \frac{L_{eq}}{R_{eq}}$$

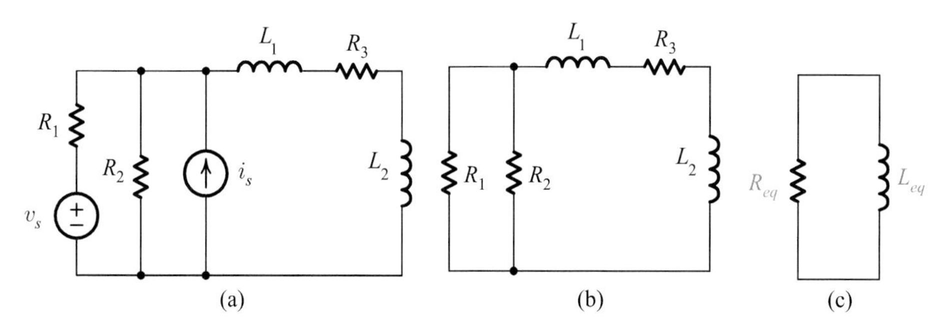

그림 7.7 단일-극점 회로의 시정수를 직관적으로 구하는 예: (a) 주어진 회로, (b) 전원이 제거된 상태, (c) 단일 저항기-인덕터 결합으로 단순화된 회로.

를 얻을 수 있다.

어떤 회로가 이와 같이 단일 저항기-인덕터 결합 또는 단일 저항기-커패시터 결합으로 단순화되지 않을 경우에는, 그 회로가 단일-극점 회로가 아니라는 것을 의미한다. 따라서, 그 회로는 1차 회로가 아닐 것이며, 그것의 계단 응답은 초기값과 최종값의 점들을 연결하는 하나의 지수 함수로 묘사되지 않을 것이다.

초기값과 최종값의 계산

이제, 계단 함수로 여기된 1차 회로의 전압과 전류의 초기값과 최종값을 구해

보기로 하자. 이 값들은 인덕터와 커패시터를 $t=0$과 $t>5\tau$에 대해서만 유효한 간단한 등가 회로(그림 7.8을 보라)로 대체함으로써 구할 수 있다. 이 등가 회로들은 인덕터와 커패시터를 기술하는 식으로부터 다음과 같이 유도된다.

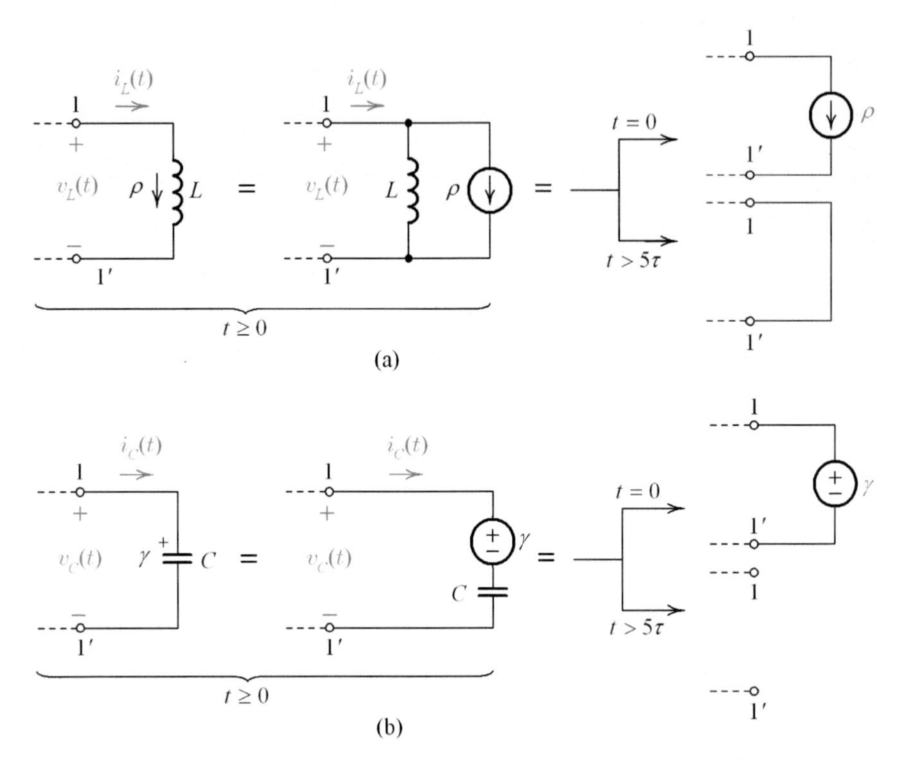

그림 7.8 시간 조건에 따른 인덕터와 커패시터의 등가 표현.

그림 7.8(a)에 나타낸 인덕터에서,

$$v_L(t) = L\frac{di_L(t)}{dt} \tag{7.21a}$$

$$i_L(t) = \underbrace{i_L(0)}_{\rho} + \frac{1}{L}\int_0^t v_L(t')\,dt' \tag{7.21b}$$

로 주어진다. 인덕터에 흐르는 전류가 변하기 위해서는, 식 (7.21b)에서 보는 바와 같이, 인덕터에 걸리는 전압의 적분이 0이 되지 않도록 시간이 경과되어야 할 것이다. [우리는 0시간 동안에 무한소의 양을 더할(적분할) 수 없으며, 또 그 결과가 0이 아닌 다른 값이 되리라고 기대할 수 없다.] 따라서, 우리는 인덕터에 흐르는 전류가 시간의 연속 함수라는 것을 알 수 있다. 즉, $i_L(t)$ 대 t 곡선이 급격한 기울기를 가질 수는 있지만, 어떤 시간에서도 한 값에서 다른 값으로 점프(jump)할 수 없다[12]는 것을 알 수 있다. 따라서, 인덕터에 흐르는 전류는 계단 입력이 인가되기 바로 전, 인가된 바로 그 순간, 그리고 인가된 바로 후에 같은 값을 가질 것이다. 즉,

$$\boxed{i_L(0^-) = i_L(0) = I_L(0^+) = \rho} \tag{7.22}$$

따라서 우리는 $t=0$인 순간에 한하여 인덕터를 ρ 값의 직류 전류 전원으로 대체할 수 있을 것이다. 이 초기 전류 값은 주어지거나, 그렇지 않으면 계단 입력이 인가되기 전에 회로에 존재하던 상황에 의해 결정되거나 할 것이다. 비록, 인덕터의 전류는 $t=0$에서 점프할 수 없지만, 인덕터에 걸리는 전압은 전류의 도함수이기 때문에 점프할 수 있다는 점에 유의하기 바란다.

1차 회로의 계단 응답

$$r(t) = F + (I - F)e^{-t/\tau}$$

는 $r(t)$가 5τ 후에 상수가 된다(F의 값에 도달한다)는 것을 보여준다. 따라서, dr/dt은 $t > 5\tau$ 일 때 0이 될 것이다. $r(t)$가 전압 또는 전류 둘 중의 하나를 나타내므로, 1차 회로의 모든 전압과 전류의 도함수는 최종적으로 0이 될 것이다. 따라서, 인덕터에 대해 우리는

$$\left.\frac{di_L(t)}{dt}\right|_{t>5\tau} = 0$$

을 얻을 수 있다. 인덕터에 걸리는 전압은 $v(t) = L\,di_L(t)/dt$이므로, 이 전압 역시 5τ 후에 0이 될 것이다. 즉,

$$\boxed{v_L(t)\mid_{t>5\tau} = 0} \tag{7.23}$$

따라서 우리는 $t > 5\tau$일 때 인덕터를 단락 회로로 대체할 수 있을 것이다. 인덕터의 등가 회로들과 등가 회로들이 갖고 있는 조건들을 그림 7.8(a)에 나타냈다.

그림 7.8(b)에 나타낸 커패시터에서,

$$i_C(t) = C\frac{dv_C(t)}{dt} \tag{7.24a}$$

$$v_C(t) = \underbrace{v_C(0)}_{\gamma} + \frac{1}{C}\int_0^t i_C(t')\,dt' \tag{7.24b}$$

---

[12] 임펄스(impulse) 함수의 경우는 예외이다. 즉, 인덕터에 전압 임펄스가 인가되면, 인덕터 전류는 순간적으로 변할 수 있다. 그러나, 실제의 회로에서는 전압 임펄스가 발생하지 않는다.

로 주어진다. 식 (7.21)과 식 (7.24)를 비교함으로써, 우리는 인덕터에 걸리는 전압에 대한 진술은 커패시터에 흐르는 전류에 대해서도 유효하고, 그 반대로 커패시터에 흐르는 전류에 대한 진술은 인덕터에 걸리는 전압에 대해서도 유효하다는 것을 알 수 있다. 따라서 우리는 계단 함수로 여기된 1차 회로의 커패시터에 대해 다음과 같이 진술할 수 있을 것이다.

1. 커패시터에 걸리는 전압은 시간의 연속 함수이다. 따라서, 이 전압은 어떤 시간에서도 한 값에서 다른 값으로 점프할 수 없다.[13] 즉,

$$\boxed{v_C(0^-) = v_C(0) = v_C(0^+) = \gamma} \tag{7.25}$$

따라서 우리는, $t = 0$인 순간에 한하여 커패시터를 γ 값의 직류 전압 전원으로 대체할 수 있다. 커패시터에 흐르는 전류는 커패시터에 걸리는 전압의 도함수이기 때문에 점프할 수 있다.

2. 5τ 이후에 커패시터에 흐르는 전류는 실질적으로 0이다. 따라서 우리는 $t > 5\tau$일 때 커패시터를 개방 회로로 대체할 수 있다. 즉,

$$\boxed{i_C(t)\,|_{\,t>5\tau} = 0} \tag{7.26}$$

커패시터에 대한 등가 회로들과 이들이 갖고 있는 조건들을 그림 7.8(b)에 나타냈다. 비록 여기에 제시된 결과들이 1차 회로에 관한 것들이기는 하지만, 그림 7.8에 나타낸 등가 회로들은 좌반-평면 극점들을 가지면서 계단 함수로 여기된 고차(higher-order) 회로들에 대해서도 적용될 수 있다. 단 하나의 차이점은 고차 회로에는 한 가지 이상의 시정수가 포함된다는 것이다. 따라서, 이와 같은 고차 회로의 응답은 가장 큰 시정수[허수축 상에 가장 인접한 극점(들)에 대응하는]에 의한 지수 곡선이 0으로 감소한 후에만 상수가 될 것이다.

커패시터에 걸리는 전압과 인덕터에 흐르는 전류가 임펄스 함수를 제외한 모든 상황들에서 시간의 연속 함수라는 것을 강조해 둔다. 이들 특성이 사용된 입력 여기에 좌우되는 것이 아니라, 식 (7.21b)와 식 (7.24b)의 적분 관계에 의해 결정된다는 점에 주목하기 바란다.

---

[13] 커패시터에 전류 임펄스가 인가되면, 커패시터 전압은 순간적으로 변할 수 있다. 그러나 실제의 회로에서는 전류 임펄스가 발생하지 않는다.

7.5 1차 회로들의 계단 응답 예들

우리는 앞 절에서 하나의 극점을 갖는 임의의 회로가 계단 함수 전원들로 여기될 경우, 그 회로의 응답인 전압 또는 전류가

$$r(t) = F + (I - F)e^{-t/\tau}$$

의 식으로 나타내어진다는 것을 공부했었다. 여기서

$$F = \text{응답의 최종값}$$
$$I = \text{응답의 초기값}$$
$$\tau = \text{회로와 연관된 시정수}$$

이다. 회로의 관찰로부터 F, I, 그리고 τ를 구할 수 있으므로, 우리는 회로의 응답을 쉽게 구할 수 있을 것이다. 참고로, F, I, 그리고 τ를 구하는 절차들을 요약하면, 다음과 같이 기술될 것이다.

❖ 시정수 τ를 구하는 절차:

1. 회로의 입력 여기를 제거한다. 즉, 전압 전원은 단락 회로로 대체하고, 전류 전원은 개방 회로로 대체한다.
2. 그 결과의 회로를 소자들의 직렬 및 병렬 결합 공식 또는 다른 기법들을 이용하여 단일-시정수 회로로 단순화한다.

❖ 초기값 I를 구하는 절차:

1. $t = 0^-$일 때의 회로에서 인덕터의 전류 $i_L(0^-)$ 또는 커패시터의 전압 $v_C(0^-)$를 구한다.
2. $i_L(0^-) = i_L(0^+)$이고 $v_C(0^-) = v_C(0^+)$이므로 $t = 0^+$일 때의 회로에서 인덕터는 $i_L(0^-)$의 값을 갖는 전류 전원으로 대체하고, 커패시터는 $v_C(0^-)$의 값을 갖는 전압 전원으로 대체한 다음, 구하고자 하는 응답의 초기값 I를 구한다.

❖ 최종값 F를 구하는 절차:

1. $v_L(\infty) = 0$이고 $i_C(\infty) = 0$이므로 $t > 0$일 때의 회로에서 인덕터는 단락 회로로 대체하고, 커패시터는 개방 회로로 대체한 다음, 구하고자 하는 응답의 최종값 F를 구한다.

이제부터 우리는 몇 가지 예제들을 이들 절차에 의거해 풀어볼 것이다.

예제 7.3 그림 7.9에서 $t = 0$일 때 스위치가 폐쇄되고, 이로 말미암아 RL 회로가 V_{dc} 단위 높이의 계단 전압으로 여기된다. 출력 응답 $v_o(t)$를 구하라. $L/R = 10$, 그리고 $L/R = 1$일 때의 $v_o(t)$를 스케치하라.

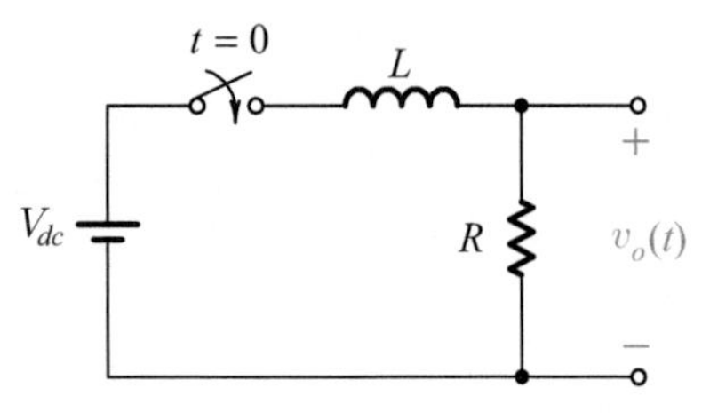

그림 7.9 예제 7.3을 위한 회로.

풀이 우선, 시정수를 구해 보자. 시정수를 구하려면, 그림 7.10(a)와 같이 전압 전원을 단락 회로로 바꾸고, 스위치가 폐쇄된 것으로 하여 회로를 다시 그려야 할 것이다. 이 그림으로부터 우리는

$$\tau = \frac{L}{R}$$

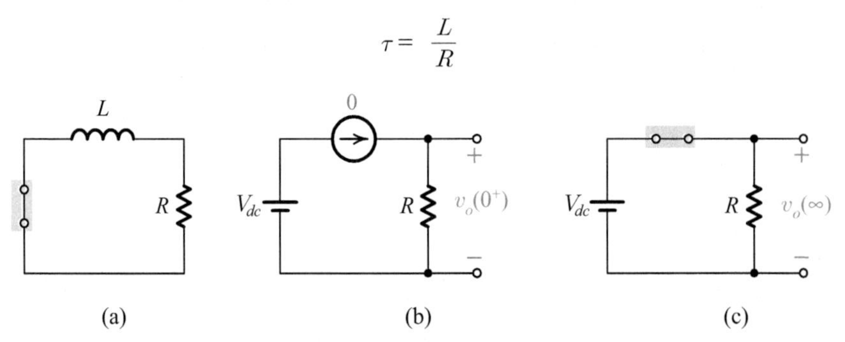

그림 7.10 그림 7.9에서 시정수, 초기값 및 최종값을 구하기 위한 회로.

을 얻을 수 있다.

다음으로, 출력 전압의 초기값을 구해 보자. 스위치가 폐쇄되기 전에, 인덕터에 흐르던 전류는 0이다. 즉, $i_L(0^-) = 0$이다. 인덕터에 흐르는 전류는 시간의 연속 함수이므로, 스위치가 폐쇄된 바로 후에도 이 전류는 여전히 0일 것이다. 즉, $i_L(0^+) = 0$일 것이다. 따라서 우리는 $t = 0^+$ 일 때 인덕터를, 그림 7.10(b)에 보인 것처럼, 0값의 전류 전원으로 (또는 개방 회로로) 대체할 수 있을 것이다. 이 그림으로부터 우리는

$$v_o(0^+) = 0$$

이라는 것을 알 수 있다.

마지막으로, 출력 전압의 최종값을 구해 보자. $t = \infty$일 때(실제로는 $t > 5\tau$ 일 때), 인덕터 전압은 0일 것이다. 따라서 인덕터를 단락 회로로 바꾸고, 회로를 다시 그리면 그림 7.10(c)가 얻어질 것이다. 이 그림으로부터 우리는

$$v_o(\infty) = V_{dc}$$

라는 것을 알 수 있다. 따라서 우리는 스위치가 닫힌 후에 출력에 나타나는 전압의 식이

$$v_o(t) = v_o(\infty) + [v_o(0^+) - v_o(\infty)]e^{-t/\tau} = V_{dc} + (0 - V_{dc})e^{-t/(L/R)}$$
$$= V_{dc}[1 - e^{-(R/L)t}] \qquad (t \geq 0)$$

로 주어진다는 것을 알 수 있다.

$L/R = 10$, 그리고 $L/R = 1$일 때의 출력 응답들을 그림 7.11에 스케치했다. 이 그림들로부터 우리는, $L/R = 10$일 때는 출력 전압이 $t = 10$에서 최종값 V_{dc}의 63%에 도달한다는 것을 알 수 있다. 또한, $L/R = 1$일 때는 출력 전압이 $t = 1$에서 V_{dc}의 63%에 도달한다는 것을 알 수 있다. 이 두 경우로부터 우리는 시정수가 크면 클수록 응답이 최종값의 63%에 도달하는 데 그만큼 시간이 더 걸린다는 것을 명확히 알 수 있다.

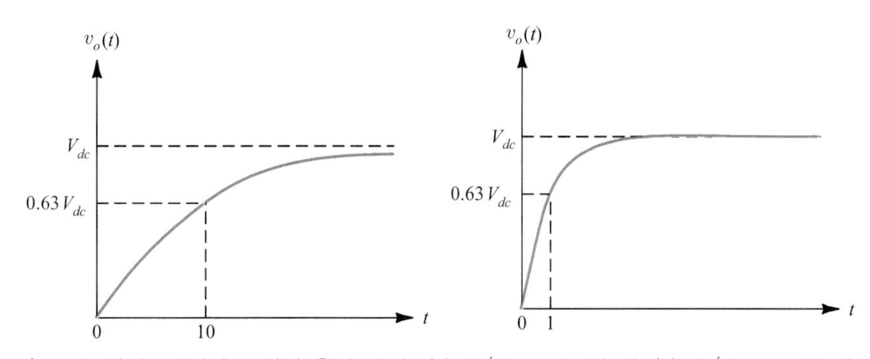

그림 7.11 예제 7.3에서 구해진 응답 곡선: (a) $L/R = 10$ 일 때, (b) $L/R = 1$ 일 때.

예제 7.4 그림 7.12에서 $t = 0$일 때 V_{dc} 단위 높이의 계단 전압이 RC 회로에 인가된다. 출력 응답 $v_o(t)$를 구하라. $RC = 10$, 그리고 $RC = 1$일 때의 $v_o(t)$를 그려라.

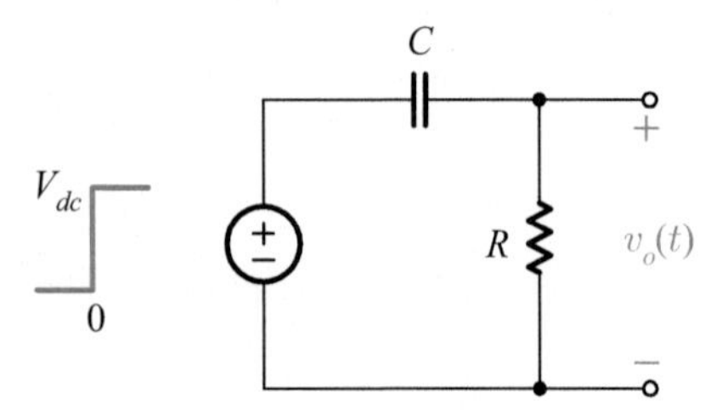

그림 7.12 예제 7.4를 위한 회로.

풀이

- 시정수 τ의 계산 : 시정수를 구하기 위해 그림 7.12의 회로에서 전압 전원을 제거하면(단락 회로로 대체하면), 그림 7.13(a)의 회로가 얻어질 것이다. 이 회로로부터 우리는

$$\tau = RC$$

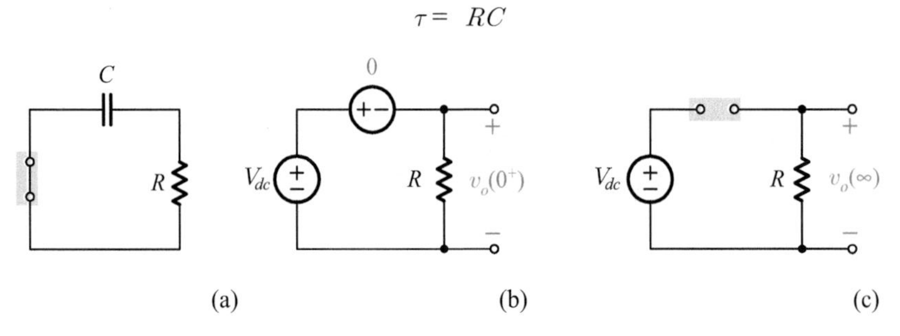

그림 7.13 그림 7.12에서 시정수, 초기값 및 최종값을 구하기 위한 회로.

를 얻을 수 있다.

- 초기값 $v_o(0^+)$의 계산 : $t = 0^-$ 일 때 커패시터에 걸리는 전압은 0이다(왜냐하면, 이때는 입력 여기가 0이므로). 즉, $v_C(0^-) = 0$이다. 커패시터에 걸리는 전압은 시간의 연속 함수이므로, 계단 전압이 인가된 후에도 이 전압은 여전히 0일 것이다. 즉, $v_C(0^+) = 0$일 것이다. 따라서 우리는 $t = 0^+$ 일 때 커패시터를, 그림 7.13(b)에 보인 것처럼, 0 값의 전압 전원으로 (또는 단락 회로로) 대체할 수 있을 것이다. 이 그림으로부터 우리는

$$v_o(0^+) = V_{dc}$$

라는 것을 알 수 있다.

- 최종값 $v_o(\infty)$의 계산 : $t = \infty$일 때(실제로는 $t > 5\tau$ 일 때), 커패시터 전류는 0일 것이다. 따라서 커패시터를 개방 회로로 바꾸고, 회로를 다시 그리면 그림

7.13(c)가 얻어질 것이다. 이 그림으로부터 우리는

$$v_o(\infty) = 0$$

이라는 것을 알 수 있다.

- 출력 응답 $v_o(t)$의 계산 : $v_o(t) = v_o(\infty) + [v_o(0^+) - v_o(\infty)]e^{-t/\tau}$

$$v_o(t) = V_{dc} e^{-t/RC} \qquad (t \geq 0)$$

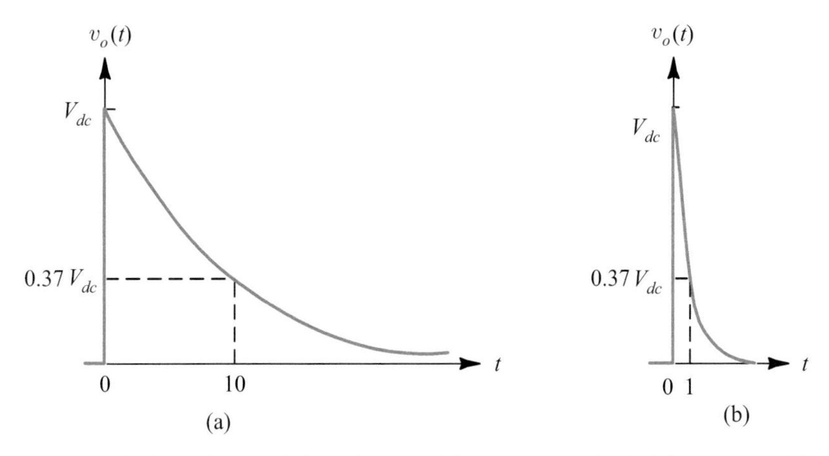

그림 7.14 예제 7.4에서 구해진 응답 곡선: (a) $RC = 10$ 일 때, (b) $RC = 1$ 일 때.

$RC = 10$일 때의 출력을 그림 7.14(a)에 나타냈고0, $RC = 1$일 때의 출력을 그림 7.14(b)에 나타냈다. $RC = 1$인 경우가 $RC = 10$인 경우보다 시정수가 열 배 작기 때문에, 초기값과 최종값 사이의 천이는 $RC = 1$인 경우가 $RC = 10$인 경우보다 열 배 빠를 것이다.

예제 7.5 그림 7.15에서 $t = 0$일 때 스위치가 개방되어 RC 회로를 I_{dc} 단위 높이의 계단 전류로 여기시킨다. $v_o(t)$를 구하고, 그 결과를 스케치하라.

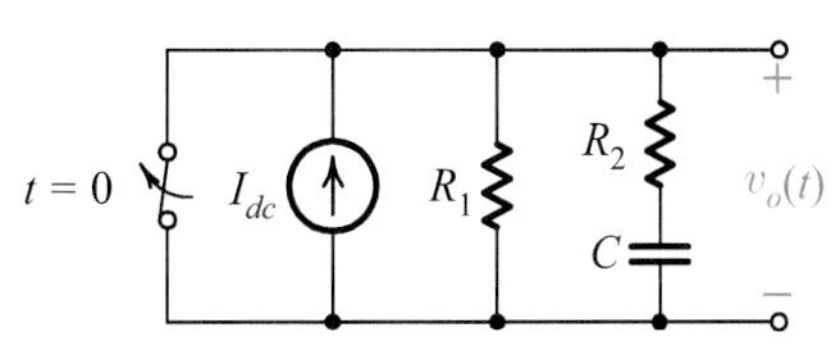

그림 7.15 예제 7.5를 위한 회로.

풀이 • τ의 계산 : 스위치를 개방하고, I_{dc} 전원을 개방 회로로 대체하면, 그림 7.15가 그림 7.16(a)와 같이 다시 그려질 것이다. 이 그림으로부터 우리는 τ를 다음과 같이 구할 수 있을 것이다.

$$\tau = R_{eq}C = (R_1 + R_2)C$$

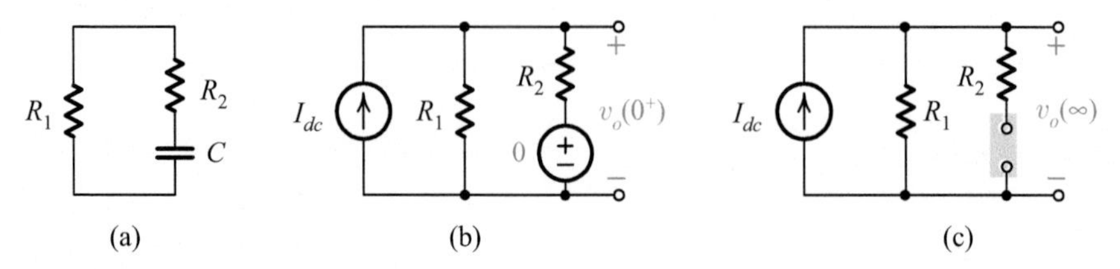

그림 7.16 그림 7.15에서 시정수, 초기값 및 최종값을 구하기 위한 회로.

• $v_o(0^+)$의 계산 : 스위치가 개방되기 전에 커패시터에 걸려 있던 전압은 0이다(왜냐하면, R_2C 회로에는 입력 여기가 걸리지 않기 때문에). 커패시터에 걸리는 전압은 시간의 연속적인 함수이므로, 스위치가 개방된 바로 후에도 그 전압은 여전히 0일 것이다. 따라서 우리는 $t = 0^+$ 에서 커패시터를 그림 7.16(b)와 같이 0값의 전압 전원으로 (또는 단락 회로로) 바꿀 수 있을 것이다. 이 그림으로부터 우리는 출력 전압의 초기값을 다음과 같이 구할 수 있을 것이다. 즉,

$$v_o(0^+) = I_{dc}\left(\frac{R_1R_2}{R_1 + R_2}\right)$$

• $v_o(\infty)$의 계산 : $t = \infty$ 일 때(실제로는 $t > 5\tau$ 일 때), 커패시터 전류는 0일 것이다. 따라서 커패시터를 개방 회로로 바꾸고, 회로를 다시 그리면, 그림 7.16(c)가 얻어질 것이다. 이 그림으로부터 우리는 출력 전압의 최종값을 다음과 같이 구할 수 있을 것이다. 즉,

$$v_o(\infty) = I_{dc}R_1$$

• $v_o(t)$의 계산 :

$$\begin{aligned} v_o(t) &= v_o(\infty) + [v_o(0^+) - v_o(\infty)]e^{-t/\tau} \\ &= I_{dc}R_1 + \left[I_{dc}\left(\frac{R_1R_2}{R_1 + R_2}\right) - I_{dc}R_1\right]e^{-t/(R_1+R_2)C} \\ &= I_{dc}R_1\left[1 - \left(\frac{R_1}{R_1 + R_2}\right)e^{-t/(R_1+R_2)C}\right] \end{aligned}$$

출력 파형을 그림 7.17에 스케치했다.

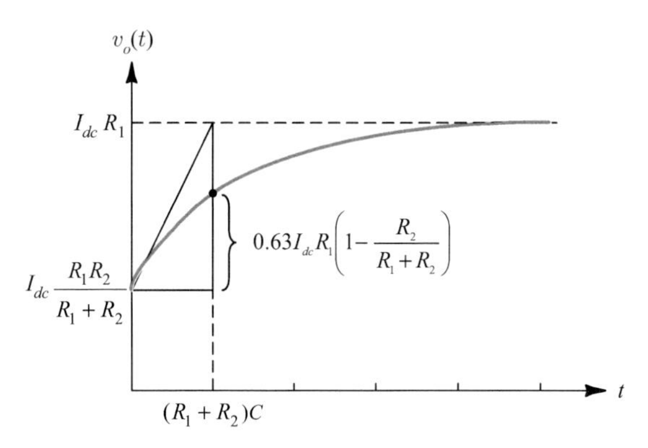

그림 7.17 예제 7.5에서 구해진 응답 곡선.

연습문제 7.3

그림 E7.3에 보인 회로에서 $R = 20\,\mathrm{k\Omega}, L = 10\,\mathrm{mH}$, 그리고 $V_{dc} = 5\,\mathrm{V}$ 이다. 출력 전압 $v_o(t)$를 구하라.

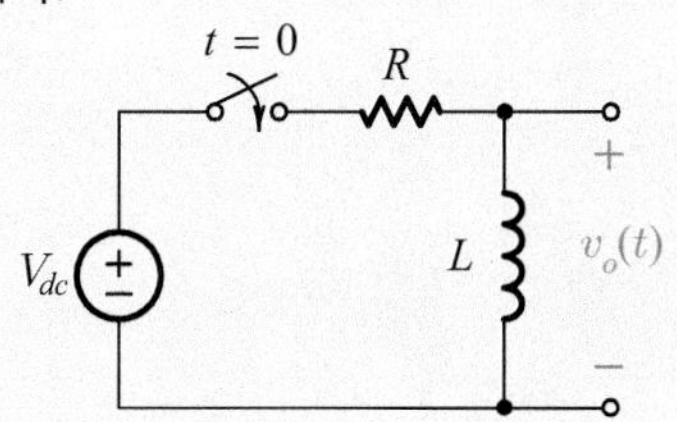

그림 E7.3 연습문제 7.3을 위한 회로.

답 $v_o(t) = 5\,e^{-t/0.5 \times 10^{-6}}\,\mathrm{V}$

연습문제 7.4

그림 E7.4에 보인 회로에서 $R = 500\ \mathrm{k\Omega}, C = 10\ \mu\mathrm{F}$, 그리고 $V_{dc} = 5\ \mathrm{V}$ 이다. 출력 전압 $v_o(t)$를 구하라.

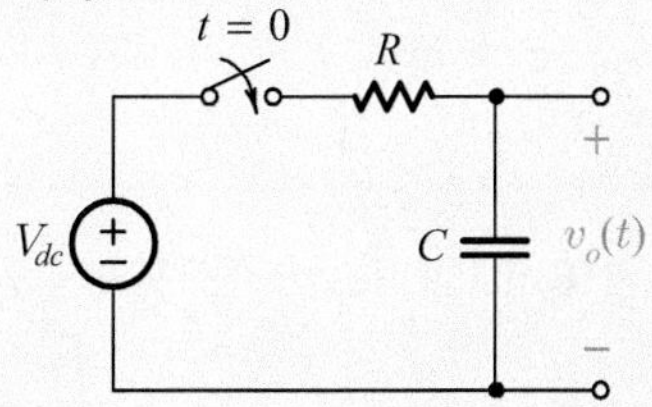

그림 E7.4 연습문제 7.4를 위한 회로.

답 $v_o(t) = 5(1 - e^{-0.2t})\ \mathrm{V}$

참고로 하기 위해, 자주 쓰이는 1차 회로들의 단위-계단 응답과 응답 곡선을 그림 7.18에 나타냈다.

회로	전달 함수
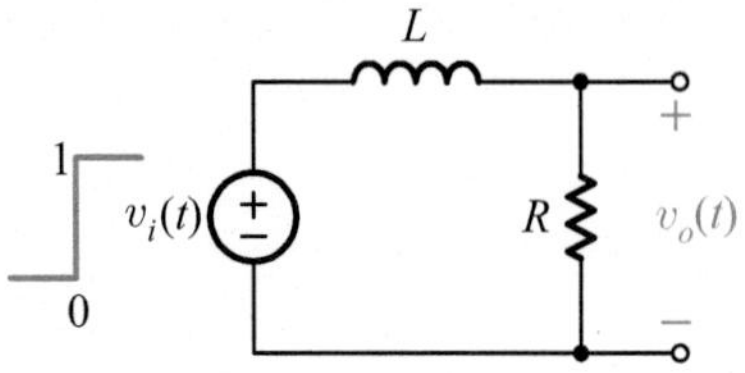 (a) LR 적분회로	$T(s) = \dfrac{\frac{R}{L}}{s + \frac{R}{L}}$
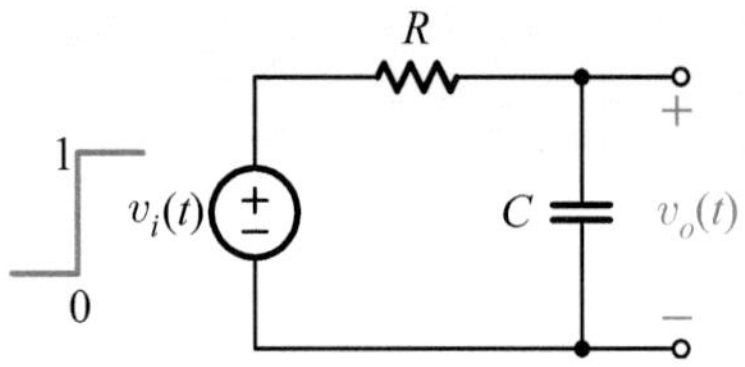 (b) RC 적분회로	$T(s) = \dfrac{\frac{1}{CR}}{s + \frac{1}{CR}}$
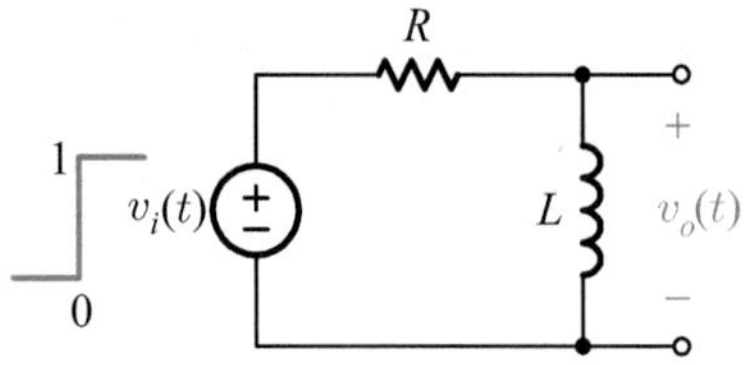 (c) RL 미분회로	$T(s) = \dfrac{s}{s + \frac{R}{L}}$
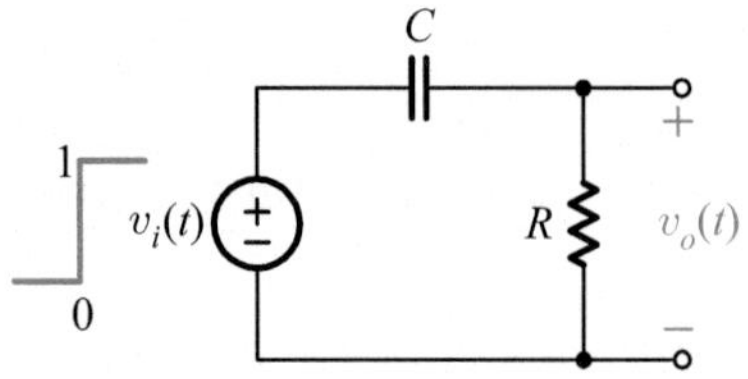 (d) CR 미분회로	$T(s) = \dfrac{s}{s + \frac{1}{CR}}$

그림 7.18 1차 회로들의 단위-계단 응답.

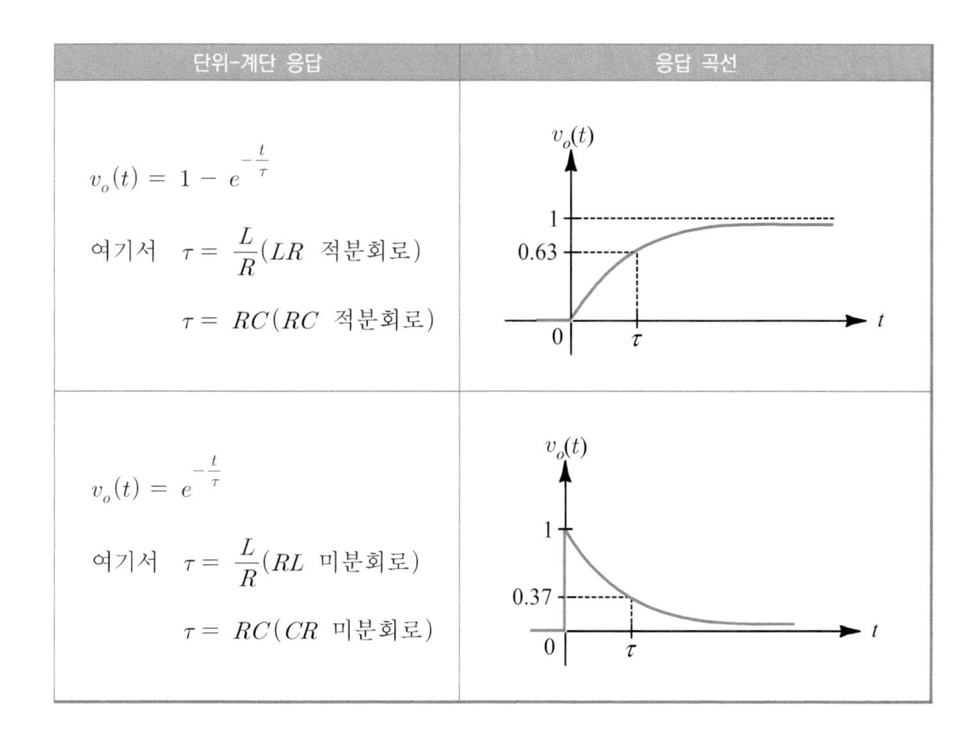

단위-계단 응답	응답 곡선
$v_o(t) = 1 - e^{-\frac{t}{\tau}}$ 여기서 $\tau = \frac{L}{R}$(LR 적분회로) $\tau = RC$(RC 적분회로)	$v_o(t)$, 1, 0.63, 0, τ, t
$v_o(t) = e^{-\frac{t}{\tau}}$ 여기서 $\tau = \frac{L}{R}$(RL 미분회로) $\tau = RC$(CR 미분회로)	$v_o(t)$, 1, 0.37, 0, τ, t

7.6 초기 조건들로부터 고전압 서지 및 고전류 서지의 생성

우리는 인덕터의 초기 전류를 이용하여 **고전압 서지**(high voltage surge)를 생성시킬 수 있다. 또 커패시터의 초기 전압을 이용하여 **고전류 서지**(high current surge)를 생성시킬 수도 있다.

고전압 서지의 생성

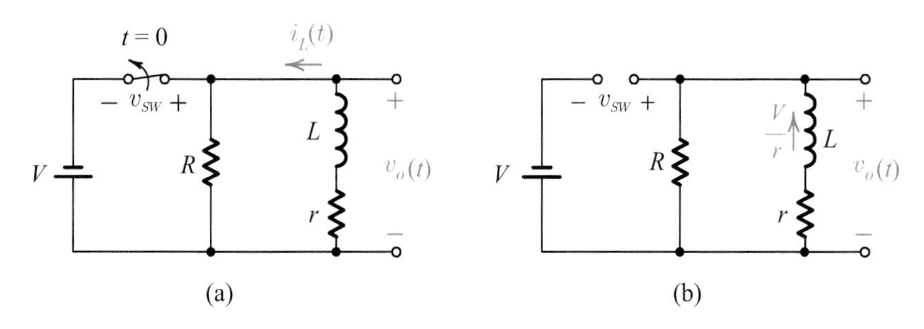

그림 7.19 (a) 고전압 서지를 발생시키는 회로, (b) 그림 (a)의 등가 표현.

먼저, 고전압 서지의 생성에 대해 고찰해 보자. 서지 전압을 발생시키는 회로를 그림 7.19(a)에 나타냈다. 여기서 우리는 V/r의 전류가 인덕터에 흐를 수 있도록 스위치가 충분히 오랜 시간 동안 닫혀져 있었다고 가정할 것이다. 이는 스위치가 적어도 $5\tau_0 = 5L/r$ 초 동안 닫힌 상태를 유지하고 있었다는 것을 의미한다. $t = 0$에서 스위치가 열린다고 가정해 보자. 우리는 이때의 회로를 그림 7.19(b)와 같이 나타낼 수 있을 것이다. 이 회로에서 인덕터가 V/r의 초기 전류를 갖고 있다는 점에 유의하기 바란다.

$t = 0^+$일 때 인덕터에 흐르는 전류는 여전히 V/r일 것이다(왜냐하면, 인덕터에 흐르는 전류는 순간적으로 변할 수 없으므로). 그리고 스위치가 열려 있으므로, 모든 전류는 R을 통해 흐를 것이다. 따라서,

$$v_o(0^+) = \frac{V}{r}R$$
$$v_{sw}(0^+) = v_o(0^+) - (-V) = V\left(1 + \frac{R}{r}\right)$$

이 될 것이다. LrR 루프에 흐르는 전류는 $\tau = L/(R+r)$의 시정수로 감소하여 결국에는 0이 되기 때문에(인덕터 사이의 전압은 $t = \infty$일 때 0이므로), 출력과 스위치에 걸리는 최종 전압은

$$v_o(\infty) = 0, \qquad v_{sw}(\infty) = V$$

가 될 것이다. 따라서, 우리는 $v_o(t)$와 $v_{sw}(t)$를 다음과 같이 쓸 수 있을 것이다.

$$\left.\begin{aligned} v_o(t) &= V\frac{R}{r}e^{-t/\tau} \\ v_{sw}(t) &= V\left(1 + \frac{R}{r}e^{-t/\tau}\right) \end{aligned}\right\} \quad (t > 0) \tag{7.27}$$

이 전압들을 그림 7.20에 스케치했다.

식 (7.27)로부터, 우리는 R/r의 비를 크게 하면 할수록, $t = 0^+$일 때의 전압 값들이 그만큼 더 커진다는 것을 알 수 있다. 예를 들어, $V = 50$ V, $R = 10$ kΩ, 그리고 $r = 100$ Ω일 경우에는

$$v_o(0^+) = 5{,}000 \text{ V}, \qquad v_{sw}(0^+) = 5{,}050 \text{ V}$$

가 될 것이다. 이와 같이 큰 전압들이 단지 하나의 50 V 전원을 사용함으로써 생성된다는 점에 주목하기 바란다. 만일 10 kΩ 대신에 100 kΩ의 R을 사용했다면, 우리는

$$v_o(0^+) = 50{,}000\,\text{V} \quad , \qquad v_{sw}(0^+) = 50{,}050\ \text{V}$$

를 얻을 것이다. 스위치 단자들 사이에 걸린 이런 고전압들은 스위치가 개방될 때 아크(arc)를 발생시킬 것이다. 아크를 최소화하거나 방지하기 위해서는, 스위치 단자들 사이에 커패시터를 접속해 줘야 한다. 이 경우, 커패시터에 걸리는 전압은 순간적으로 변할 수 없기 때문에, v_o 나 v_{sw} 도 $t = 0$ 에서 순간적으로 변할 수 없을 것이다. 그 대신에, 이 전압들은 그림 7.20에 점으로 나타낸 곡선과 같이 빠르게 증가할 것이다. 커패시터가 작으면 작을수록, 전압들은 그만큼 빠르게 변할 것이다. 회로에 커패시터가 포함됨으로써, 전압 곡선은 $t = 0$에서 불연속이 되지 않을 것이다. 그러나 피크 전압은 커패시터를 사용하지 않은 경우보다 작은 값이 될 것이다. 스위치 단자들 사이에 커패시터를 사용한 회로는 2차 회로이며, 이에 대한 해석은 7.8절에서 다룰 것이다.

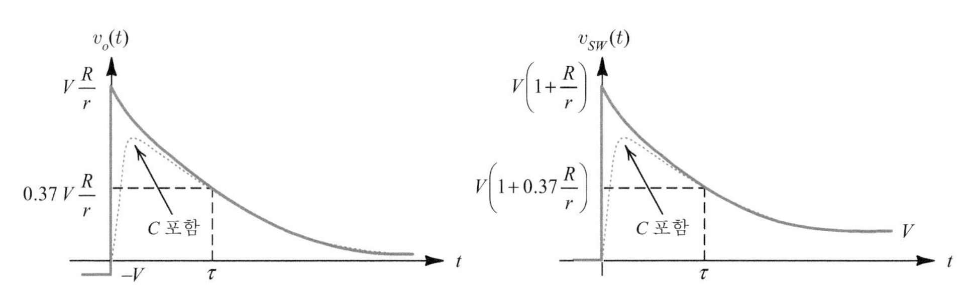

그림 7.20 그림 7.19에서 얻어지는 v_o 와 v_{sw} 의 곡선.

인덕터에 저장된 초기 에너지는 $\frac{1}{2}L\rho^2 = \frac{1}{2}L(V/r)^2$ 이다. 여기서 ρ 는 인덕터의 초기 전류를 의미한다. r 이 작기 때문에, 인덕터에 이 에너지를 설정하는 데 오랜 시간($5\tau_0 = 5L/r$)이 소요될 것이다. 그러나, 일단 $t = 0$ 에서 스위치가 개방되기만 하면, 에너지는 주로 큰 저항기인 R 에서 빠르게 [$5\tau_1 = 5L/(R + r) = (5L/r)/(1 + R/r)$ 기간 안에] 소비될 것이다.

끝으로, $\tau_1 \ll \tau_0$ 이기 때문에, 모든 에너지를 공급하는 전압 전원 V 로부터는 매우 작은 전력이 요구되는데 반해, 회로에는 커다란 양의 순간 전력(에너지 변화율)이 발생한다는 점에 주목하기 바란다.

고전류 서지의 생성

다음으로, 고전류 서지를 발생시키는 회로를 그림 7.21(a)에 나타냈다. 여기서,

우리는 커패시터에 V 의 전압이 걸릴 수 있도록 스위치가 충분히 오랜 시간 동안 열려 있었다고 가정할 것이다. 이는 스위치가 최소한 $5\tau_0 = 5RC$ 초 동안 열려 있었다는 것을 의미한다. 이제 $t = 0$에서 스위치가 닫힌다고 가정해 보자. 우리는 이 때의 회로를 그림 7.21(b)와 같이 나타낼 수 있을 것이다. 이 회로에서 커패시터가 V의 초기 전압을 갖고 있다는 점에 유의하기 바란다.

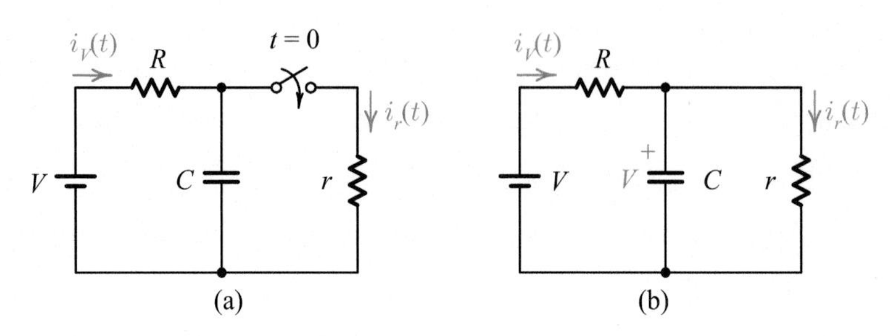

그림 7.21 (a) 고전류 서지를 발생시키는 회로, (b) 그림 (a)의 등가 표현.

$t = 0^+$ 일 때 커패시터에 걸리는 전압은 여전히 V 일 것이다(왜냐하면, 커패시터에 걸리는 전압은 순간적으로 변할 수 없으므로). 그리고 스위치가 닫혀 있으므로, 이 전압은 모두 r 사이에 나타날 것이다. 따라서, 두 저항기에는

$$i_r(0^+) = \frac{V}{r}, \qquad i_V(0^+) = \frac{V - V}{R} = 0$$

의 전류가 흐를 것이다. t가 ∞에 접근함에 따라, 커패시터 전류는 $\tau = CRr/(R + r)$의 시정수로 감소할 것이며, 결국에는 0이 될 것이다. 따라서 $t = \infty$일 때, 커패시터에 흐르는 전류는 0일 것이며, 두 저항기에 흐르는 전류는

$$i_r(\infty) = i_V(\infty) = \frac{V}{R + r}$$

가 될 것이다. 결국, 우리는 $i_r(t)$와 $i_V(t)$를

$$\left.\begin{aligned} i_r(t) &= \frac{V}{R + r} + \left(\frac{V}{r} - \frac{V}{R + r}\right)e^{-t/\tau} = \frac{V}{R + r}\left(1 + \frac{R}{r}e^{-t/\tau}\right) \quad (t > 0) \\ i_V(t) &= \frac{V}{R + r}(1 - e^{-t/\tau}) \end{aligned}\right\} \quad (t > 0) \tag{7.28}$$

로 쓸 수 있을 것이다. 그림 7.22에 이 전류들을 스케치했다.

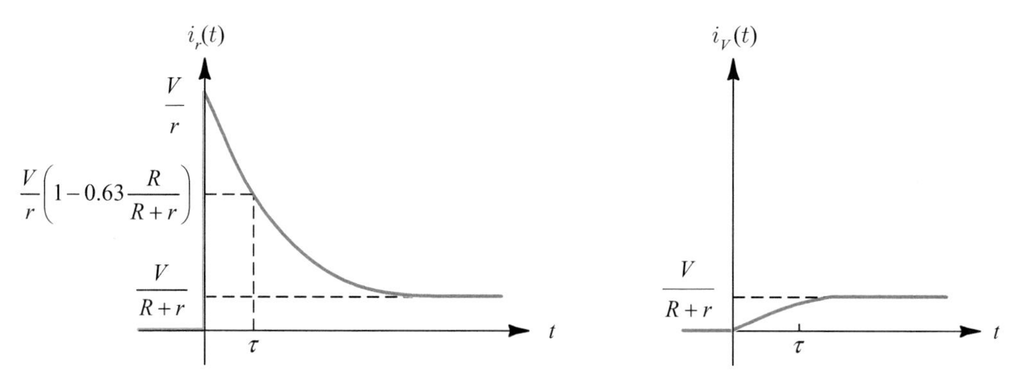

그림 7.22 그림 7.21에서 얻어지는 i_r과 i_V의 곡선.

식 (7.28)로부터, 우리는 r을 작게 하면 할수록, 부하 r에 흐르는 초기 서지 전류가 그만큼 더 커진다는 것을 알 수 있다. 예를 들어, 만약 $V = 50$ V, $R = 10$ kΩ, 그리고 $r = 10$ Ω일 경우에는,

$$i_r(0^+) = 15 \text{ A}, \qquad (i_V)_{\max} \cong 5 \text{ mA}$$

가 될 것이다. 겨우 5 mA의 전류가 전지로부터 공급된데 반해, 5 A의 피크 전류가 생성되었다는 점에 주목하기 바란다.

커패시터에 저장된 초기 에너지는 $\frac{1}{2}C\gamma^2 = \frac{1}{2}CV^2$이다. 여기서 γ는 커패시터의 초기 전압을 의미한다. R이 크기 때문에, 커패시터에 이 에너지를 저장하는 데 오랜 시간($5\tau_0 = 5RC$)이 소요될 것이다. 그러나, 일단 $t = 0$에서 스위치가 폐쇄되기만 하면, 에너지는 주로 작은 저항기인 r에서 급속히, 즉 $5\tau_1 = 5[rR/(r+R)]C = 5RC/(1+R/r)$ 기간 안에 소비될 것이다. 끝으로, $\tau_1 \ll \tau_0$ 이기 때문에, 모든 에너지를 공급하는 전압 전원 V로부터는 매우 작은 전력이 요구되는데 반해, 회로에는 커다란 양의 순시 전력이 발생한다는 점에 주목하기 바란다.

연습문제 7.5

두 개의 독립 계단 전원과 하나의 초기-전압 전원이 그림 E7.5의 회로를 여기시킨다. $v_o(t)$를 구하라.

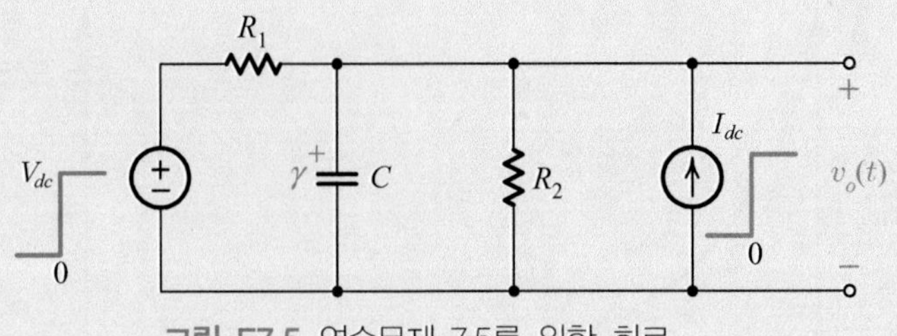

그림 E7.5 연습문제 7.5를 위한 회로.

답 $v_o(t) = V_{dc}\left(\dfrac{R_2}{R_1 + R_2}\right) + I_{dc}\left(\dfrac{R_1R_2}{R_1 + R_2}\right) + \left[\gamma - V_{dc}\left(\dfrac{R_2}{R_1 + R_2}\right) - I_{dc}\left(\dfrac{R_1R_2}{R_1 + R_2}\right)\right]e^{-t/[CR_1R_2/(R_1 + R_2)]}$

7.7 1차 회로들의 펄스 응답

펄스(pulse) 파형을 그림 7.23(a)에 나타냈다. 그림에서 펄스의 진폭(amplitude)은 A이고 폭(width)은 δ(delta: 델타)이다. 우리는 펄스를 두 개의 계단 함수, 즉 $t = 0$ 에서 A의 진폭으로 일어나는 계단 함수와 $t = \delta$ 에서 $-A$의 진폭으로 일어나는 계단 함수의 합으로 나타낼 수 있다. 펄스를 분해한 결과를 그림 7.23(b)에 나타냈다. 따라서 우리는 어떤 회로에 펄스가 인가되는 것을, 그 회로에 진폭은 같고, 극성은 반대인 두 개의 계단 함수가 δ 초 떨어져서 인가되는 것으로 간주할 수 있다. 펄스 응답을 구하려고 할 때는, 첫 번째 계단 함수에 의한 응답만을 계산하면 된다. 즉, 두 번째 계단 함수에 대한 응답은 첫 번째 응답을 반전시키고 지연시킨 것과 마찬가지이기 때문에, 우리는 계산하지 않고도 이 응답을 곧바로 쓸 수 있다. 펄스 응답 그 자체는 중첩의 원리에 의해 두 개의 계단 함수 응답의 합이 될 것이다.

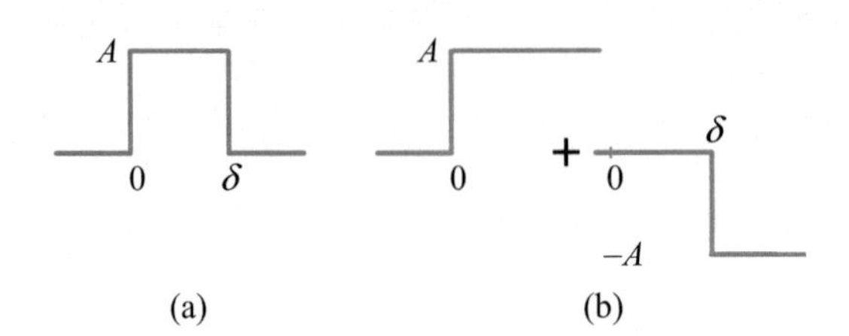

그림 7.23 (a) 펄스 파형, (b) 두 개의 계단 함수의 합으로 분해된 펄스 파형.

1차 회로의 펄스 응답을 구하는 절차는 다음과 같이 요약될 수 있을 것이다.

1. 주어진 펄스를 두 개의 계단 함수의 합으로 분해한다.
2. 첫 번째 계단 함수에 의한 응답을 구한다.
3. 첫 번째 계단 함수에 의한 응답을 반전시키고 지연시켜, 두 번째 계단 함수에 의한 응답을 구한다.
4. 두 개의 계단 함수 응답을 더한다(중첩시킨다).

그림 7.24에 나타낸 회로를 참조하라.

(a) 이 회로의 펄스 응답을 구하라.

(b) 펄스의 진폭 $V = 10$ V 이고, 폭 $\delta = 100\ \mu s$ 이다. $L = 10$ mH 이고 $R = 1\ k\Omega$ 일 때 펄스 응답을 구하고, 그것을 도시하라.

(c) 펄스의 진폭 $V = 10$ V 이고, 폭 $\delta = 100\ \mu s$ 이다. $L = 10$ mH 이고 $R = 10\ \Omega$ 일 때 펄스 응답을 구하고, 그것을 도시하라.

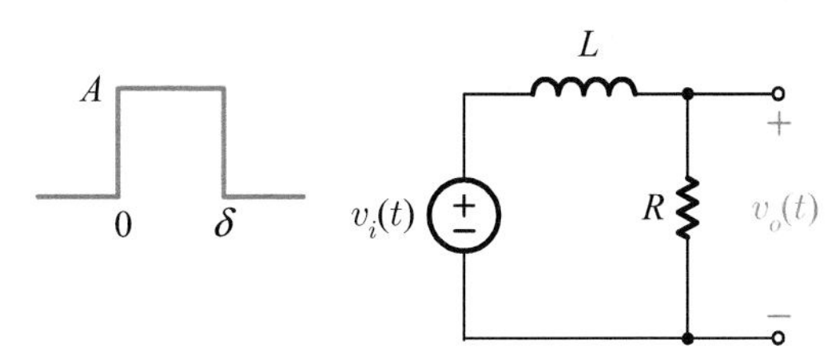

그림 7.24 예제 7.6을 위한 회로.

풀이 (a) 우선, 입력 펄스를 두 개의 계단 전압, 즉 $t = 0$에서 발생하는 V 볼트 진폭의 계단 전압과 $t = \delta$에서 발생하는 $-V$ 볼트 진폭의 계단 전압의 합으로 분해하자. 그러면, 우리는 그림 7.25와 같이 회로를 다시 그릴 수 있을 것이다. 여기서, 우리는 펄스 전원을 직렬로 연결된 두 개의 계단 전압 전원, 즉 $v_{i1}(t)$와 $v_{i2}(t)$로 나타냈다. $v_o(t)$를 구하기 위해 중첩의 원리를 적용하면,

$$v_o(t) = v_{o1}(t) + v_{o2}(t)$$

를 얻을 것이다. 여기서 $v_{o1}(t)$는 그림 7.26(a)에 보인 것처럼, $v_{i2}(t)$ 입력이 0으로 유지되는 동안 $v_{i1}(t)$ 입력에 의해 야기되는 출력 전압을 의미한다.

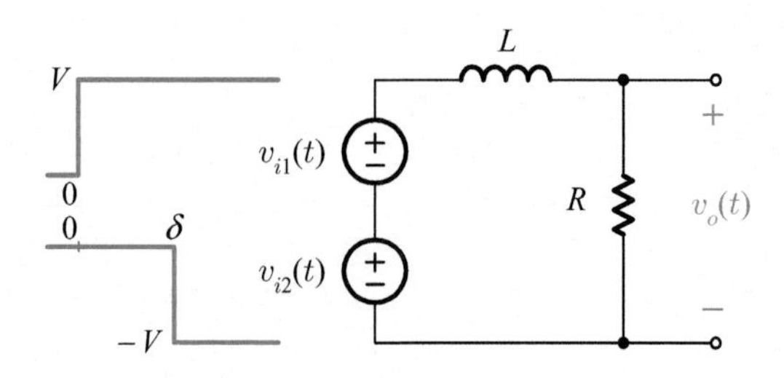

그림 7.25 그림 7.24의 등가 표현.

회로의 관찰로부터, 우리는 $v_{o1}(0^+) = 0$ ($t = 0^-$ 에서 L에 흐르는 전류는 0이고, 이 전류는 점프할 수 없으므로)이라는 것과 $v_{o1}(\infty) = V$(L에 걸리는 전압은 $t = \infty$에서 0이므로)라는 것을 알 수 있다. 따라서, 우리는

$$v_{o1}(t) = V(1 - e^{-t/\tau}) \qquad (t > 0)$$

를 얻을 수 있다. $v_{o2}(t)$는, 그림 7.26(b)에 보인 것처럼, $v_{i1}(t)$ 입력이 0으로 유지되는 동안 $v_{i2}(t)$ 입력에 의해 야기되는 출력 전압이다. $t < \delta$ 일 때는, $v_{i2}(t) = 0$이므로 $v_{o2}(t) = 0$이다. $t > \delta$ 일 때는, $v_{o2}(t)$가 두 가지 사항 즉 $v_{o1}(t)$와 부호가 반대인 것과 δ만큼 지연된 것을 제외하고는 $v_{o1}(t)$와 같다. 이러한 시간 지연을 수학적으로 표현하려면, t를 $(t - \delta)$로 바꿔 줘야 한다. 따라서, 우리는

$$v_{o2}(t) = \begin{cases} 0, & t < \delta \\ -V[1 - e^{-(t-\delta)/\tau}], & t > \delta \end{cases}$$

를 얻을 수 있다. 이제 우리는 $v_{o1}(t)$와 $v_{o2}(t)$의 식을 사용하여 출력을 다음과 같이 쓸 수 있을 것이다.

$$v_o(t) = \begin{cases} V(1 - e^{-t/\tau}), & 0<t<\delta \\ V(1 - e^{-t/\tau}) - V[1 - e^{-(t-\delta)/\tau}] = V(e^{\delta/\tau} - 1)e^{-t/\tau}, & t>\delta \end{cases}$$

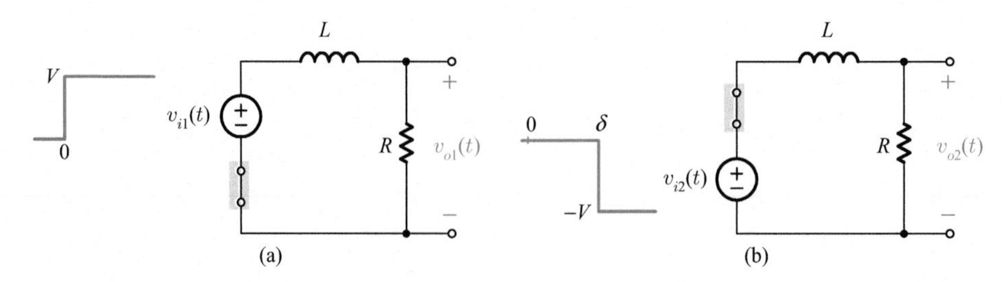

그림 7.26 그림 7.25에 중첩의 원리 적용.

(b) 문제에 주어진 값들을 이용하면,

$$v_o(t) = \begin{cases} 10(1 - e^{-t/\tau}), & 0 < t < 100\mu s \\ 10(1 - e^{-t/\tau}) - 10[1 - e^{-(t-10^{-4})/\tau}] = 10(e^{10^{-4}/\tau} - 1)e^{-t/\tau}, & t > 100\,\mu s \end{cases}$$

을 얻는다, 여기서

$$\tau = \frac{L}{R} = \frac{10 \times 10^{-3}}{10^3} = 10 \times 10^{-6}\text{ s} = 10\ \mu s$$

이다. 그림 7.27에 $v_{o1}(t)$, $v_{o2}(t)$, 그리고 $v_o(t)$를 t에 대해 도시했다. $v_{o2}(t)$가 $v_{o1}(t)$ 곡선을 오른쪽으로 $100\ \mu s$ 이동시킨 후에 그것을 반전시킨 것으로 도시된 점에 주목하기 바란다.

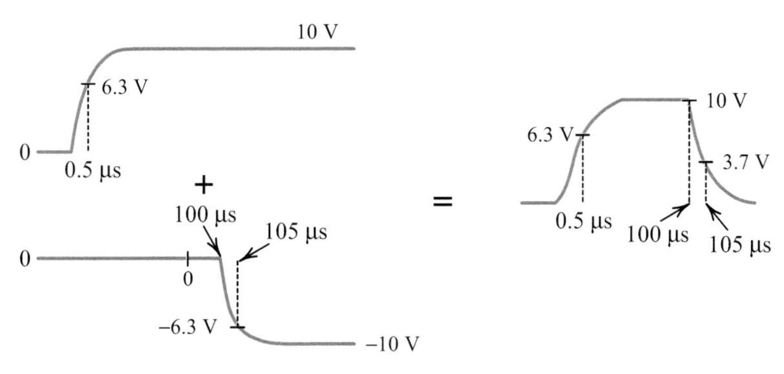

그림 7.27 예제 7.6(b)의 결과 곡선.

(c) $0 < t < 100\ \mu s$ 일 때, 출력 전압은

$$v_o(t) = 10(1 - e^{-t/\tau}) \qquad (0 < t < 100\ \mu s) \tag{7.29}$$

이다. 여기서

$$\tau = \frac{L}{R} = \frac{10 \times 10^{-3}}{10} = 10^{-3}\text{s} = 1\text{ ms}$$

이다. 따라서 $\tau \gg \delta(= 100\ \mu s)$ 이므로, 식 (7.29)에 포함된 $e^{-t/\tau}$는 멱급수 전개식의 맨 처음의 두 항으로 근사화될 수 있을 것이다. 즉,

$$e^{-t/\tau} \cong 1 - \frac{t}{\tau} \qquad \left(\frac{t}{\tau} \ll 1\right)$$

이제 우리는 식 (7.29)를 다음과 같이 단순화할 수 있을 것이다. 즉,

$$v_o(t) \cong 10\left[1 - \left(1 - \frac{t}{\tau}\right)\right] = 10\frac{t}{\tau} \qquad \left(\frac{t}{\tau} \ll 1,\ \ 0 < t < 100\ \mu s\right)$$

따라서 $t \ll \tau$ 인 한, 출력 전압은 시간에 따라 선형적으로 증가할 것이다. 펄스가 끝나기 바로 전에, 출력 전압은 다음 값에 이를 것이다.

$$v_o(100\ \mu s) \cong 10\frac{100\ \mu s}{1\,ms} = 1\,V$$

$t > 100\,\mu s$ 일 때의 출력 전압은

$$v_o(t) = 10(e^{\delta/\tau} - 1)e^{-t/\tau} \quad (t > 100\ \mu s) \tag{7.30}$$

이다. $\delta/\tau \ll 1$ 이므로, $e^{\delta/\tau}$는 다음과 같이 근사화될 수 있을 것이다.

$$e^{\delta/\tau} \cong 1 + \frac{\delta}{\tau} \qquad \left(\frac{\delta}{\tau} \ll 1\right)$$

따라서 우리는 식 (7.30)을 다음과 같이 단순화할 수 있을 것이다.

$$v_o(t) \cong 10\frac{\delta}{\tau}e^{-t/\tau} = e^{-t/\tau} \qquad \left(\frac{\delta}{\tau} \ll 1,\quad t > 100\ \mu s\right)$$

출력 전압을 그림 7.28에 나타냈다. 이 그림으로부터 우리는 시정수가 펄스폭에 비해 (10배) 크기 때문에, 출력 전압이 이 기간 동안 많이 변화할 수 없다는 것을 알 수 있다(시정수가 길어지면 길어질수록, 출력 전압이 변화하는 데 그만큼 시간이 더 걸린다는 것을 상기하기 바란다). 따라서, 출력 전압은 큰 값에 도달할 수 없을 것이다. 결국, 우리는 $t = 100\ \mu s$ 바로 후의 출력 전압의 감소도 직선으로 근사화할 수 있을 것이다. 그러나, t가 증가함에 따라, 곡선의 지수 특성이 명백해진다는 점에 유의하기 바란다.

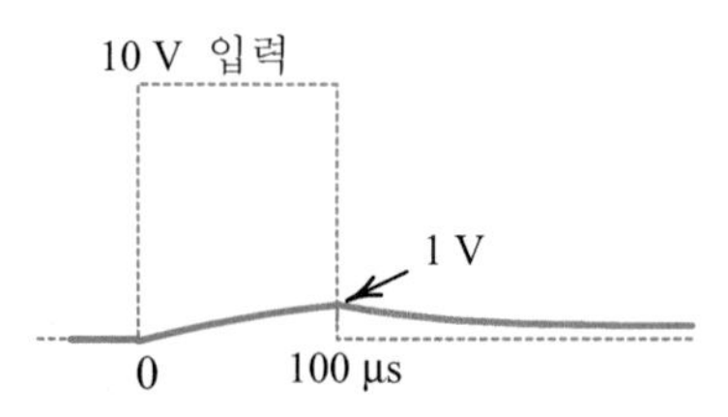

그림 7.28 예제 7.6(c)의 결과 곡선.

그림 7.29에 나타낸 회로를 참조하라.

(a) 이 회로의 펄스 응답을 구하라.

(b) 펄스의 진폭 $V = 10\ V$ 이고, 폭 $\delta = 100\ \mu s$ 이다. $C = 0.05\ \mu F$ 이고, $R = 200\ \Omega$ 일 때 펄스 응답을 구하고, 그것을 도시하라.

(c) 펄스의 진폭 $V = 10\ V$ 이고, 폭 $\delta = 100\ \mu s$ 이다. $C = 0.05\ \mu F$ 이고, $R = 20\ k\Omega$ 일 때 펄스 응답을 구하고, 그것을 도시하라.

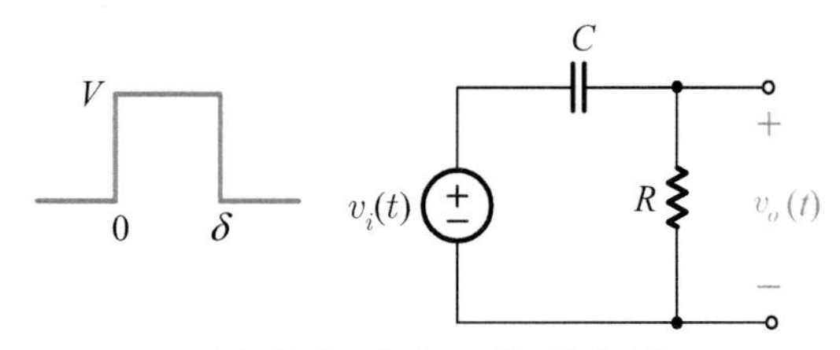

그림 7.29 예제 7.7을 위한 회로.

풀이 (a) 앞의 예제와 마찬가지로, 우리는 입력 펄스를 두 개의 계단 전압의 합으로 분해할 수 있을 것이고, 그림 7.30과 같이 회로를 다시 그릴 수 있을 것이다. $v_o(t)$를 구하기 위해 중첩의 원리를 적용하면,

$$v_o(t) = v_{o1}(t) + v_{o2}(t)$$

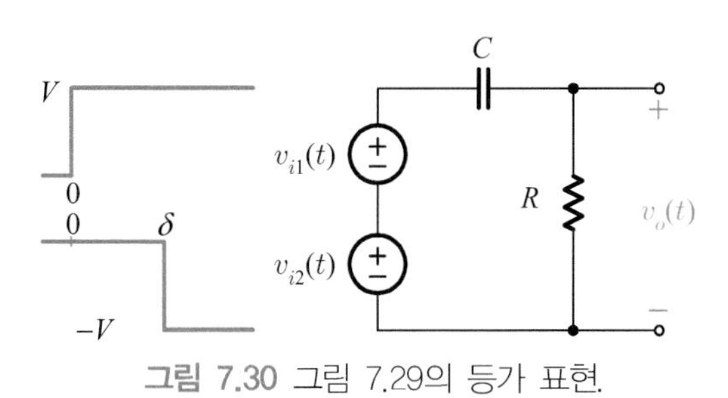

그림 7.30 그림 7.29의 등가 표현.

를 얻을 것이다. 여기서, $v_{o1}(t)$는 $v_{i2}(t)$ 입력이 0으로 유지되는 동안 $v_{i1}(t)$ 입력에 의해 야기되는 출력 전압을 의미한다. 회로의 관찰로부터, 우리는 $v_{o1}(0^+) = V$ ($t = 0^-$ 에서 C에 걸리는 전압은 0이고, 이 전압은 점프할 수 없으므로)라는 것과 $v_{o1}(\infty) = 0$(C에 흐르는 전류는 $t = \infty$에서 0이므로)이라는 것을 알 수 있다. 따라서, 우리는

$$v_{o1}(t) = Ve^{-t/\tau} \qquad (t > 0)$$

를 얻을 수 있다. $v_{o2}(t)$는 $v_{i1}(t)$ 입력이 0으로 유지되는 동안 $v_{i2}(t)$ 입력에 의해 야기되는 출력 전압이다. $t < \delta$일 때는, $v_{i2}(t) = 0$이므로 $v_{o2}(t) = 0$이다. $t > \delta$일 때는, $v_{o2}(t)$가 두 가지 사항, 즉 $v_{o1}(t)$와 부호가 반대인 것과 δ만큼 지연된 것을 제외하고는 $v_{o1}(t)$와 같다. 이러한 시간 지연을 수학적으로 표현하려면, t를 $(t - \delta)$로 바꿔줘야 한다. 따라서, 우리는

$$v_{o2}(t) = \begin{cases} 0, & t < \delta \\ -Ve^{-(t-\delta)/\tau}, & t > \delta \end{cases}$$

를 얻을 수 있다. 이제 우리는 $v_{o1}(t)$와 $v_{o2}(t)$의 식을 사용하여 출력을 다음과 같이 쓸 수 있을 것이다.

$$v_o(t) = \begin{cases} Ve^{-t/\tau}, & 0 < t < \delta \\ Ve^{-t/\tau} - Ve^{-(t-\delta)/\tau} = V(1 - e^{\delta/\tau})e^{-t/\tau}, & t > \delta \end{cases}$$

(b) 문제에 주어진 값들을 이용하면,

$$v_o(t) = \begin{cases} 10e^{-t/\tau}, & 0 < t < 100\ \mu s \\ 10e^{-t/\tau} - 10e^{-(t-10^{-4})/\tau} = 10(1 - e^{10^{-4}/\tau})e^{-t/\tau}, & t > 100\ \mu s \end{cases}$$

을 얻는다, 여기서

$$\tau = RC = 200 \times 0.05 \times 10^{-6} = 10 \times 10^{-6}\ s = 10\ \mu s$$

이다. 그림 7.31에 $v_{o1}(t)$, $v_{o2}(t)$, 그리고 $v_o(t)$를 t에 대해 도시했다. $v_{o2}(t)$가 $v_{o1}(t)$ 곡선을 오른쪽으로 100 μs 이동시킨 후에 그것을 반전시킨 것으로 도시된 점에 주목하기 바란다.

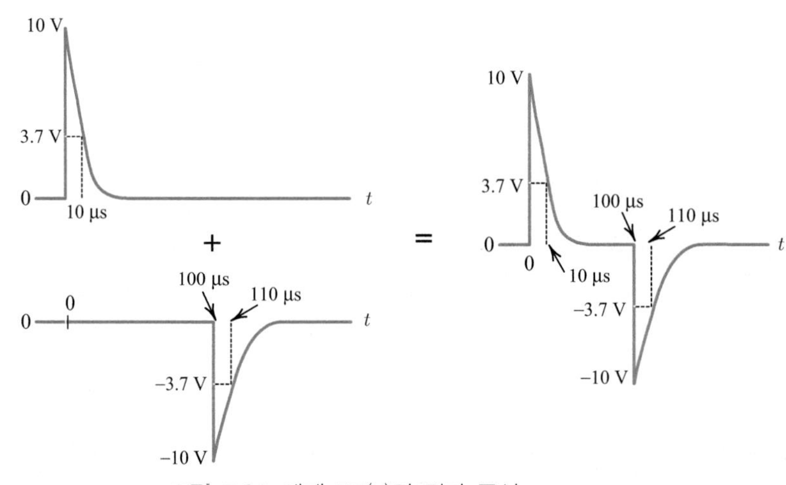

그림 7.31 예제 7.7(b)의 결과 곡선.

(c) $0 < t < 100\ \mu s$ 일 때, 출력 전압은

$$v_o(t) = 10e^{-t/\tau} \quad (0 < t < 100\ \mu s) \tag{7.31}$$

이다. 여기서

$$\tau = RC = 20 \times 10^3 \times 0.05 \times 10^{-6} = 10^{-3} s = 1\ ms$$

이다. 따라서 $\tau \gg \delta(= 100\ \mu s)$이므로, 식 (7.31)에 포함된 $e^{-t/\tau}$는 멱급수 전개식의 맨 처음의 두 항으로 근사화될 수 있을 것이다. 즉,

$$e^{-t/\tau} \cong 1 - \frac{t}{\tau} \qquad \left(\frac{t}{\tau} \ll 1\right)$$

이제 우리는 식 (7.31)을 다음과 같이 단순화할 수 있을 것이다. 즉,

$$v_o(t) \cong 10\left(1 - \frac{t}{\tau}\right) = 10 - 10\frac{t}{\tau} \qquad \left(\frac{t}{\tau} << 1, \quad 0 < t < 100\ \mu\text{s}\right)$$

따라서 $t \ll \tau$인 한, 출력 전압은 시간에 따라 선형적으로 감소할 것이다. 펄스가 끝나기 바로 전에, 출력 전압은 다음 값에 이를 것이다.

$$v_o(100\ \mu\text{s}) \cong 10 - 10\frac{100\ \mu\text{s}}{1\ \text{ms}} = 9\ \text{V}$$

$t > 100\mu\text{s}$ 일 때의 출력 전압은

$$v_o(t) = 10(1 - e^{\delta/\tau})e^{-t/\tau} \qquad (t > 100\ \mu\text{s}) \tag{7.32}$$

이다. $\delta/\tau \ll 1$ 이므로, $e^{\delta/\tau}$는 다음과 같이 근사화될 수 있을 것이다.

$$e^{\delta/\tau} \cong 1 + \frac{\delta}{\tau} \qquad \left(\frac{\delta}{\tau} \ll 1\right)$$

따라서 우리는 식 (7.32)를 다음과 같이 단순화할 수 있을 것이다.

$$v_o(t) \cong -10\frac{\delta}{\tau}e^{-t/\tau} = -e^{-t/\tau} \qquad \left(\frac{\delta}{\tau} \ll 1, \quad t > 100\ \mu\text{s}\right)$$

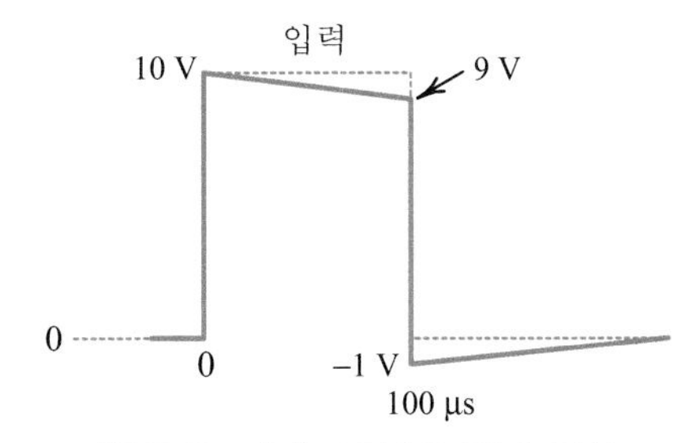

그림 7.32 예제 7.7(c)의 결과 곡선.

출력 전압을 그림 7.32에 나타냈다. 이 그림으로부터 우리는, 커패시터 전압이 순간적으로 변할 수 없기 때문에, 입력이 점프하면 출력도 같은 양만큼 점프한다는 것을 알 수 있다. 그 다음에는, 시정수가 펄스 폭에 비해 (10배) 크기 때문에, 출력 전압이 이 기간 동안 많이 변화할 수 없다는 것도 알 수 있다. 따라서 우리는 $t = 100\mu\text{s}$ 바로 후의 출력 전압의 증가도 직선으로 근사화할 수 있을 것이다. 그러나, t가 증가함에 따라, 곡선의 지수 특성이 명백해진다는 점에 유의하기 바란다.

참고로 하기 위해, 자주 쓰이는 1차 회로들의 펄스 응답과 응답 곡선을 그림 7.33에 나타냈다.

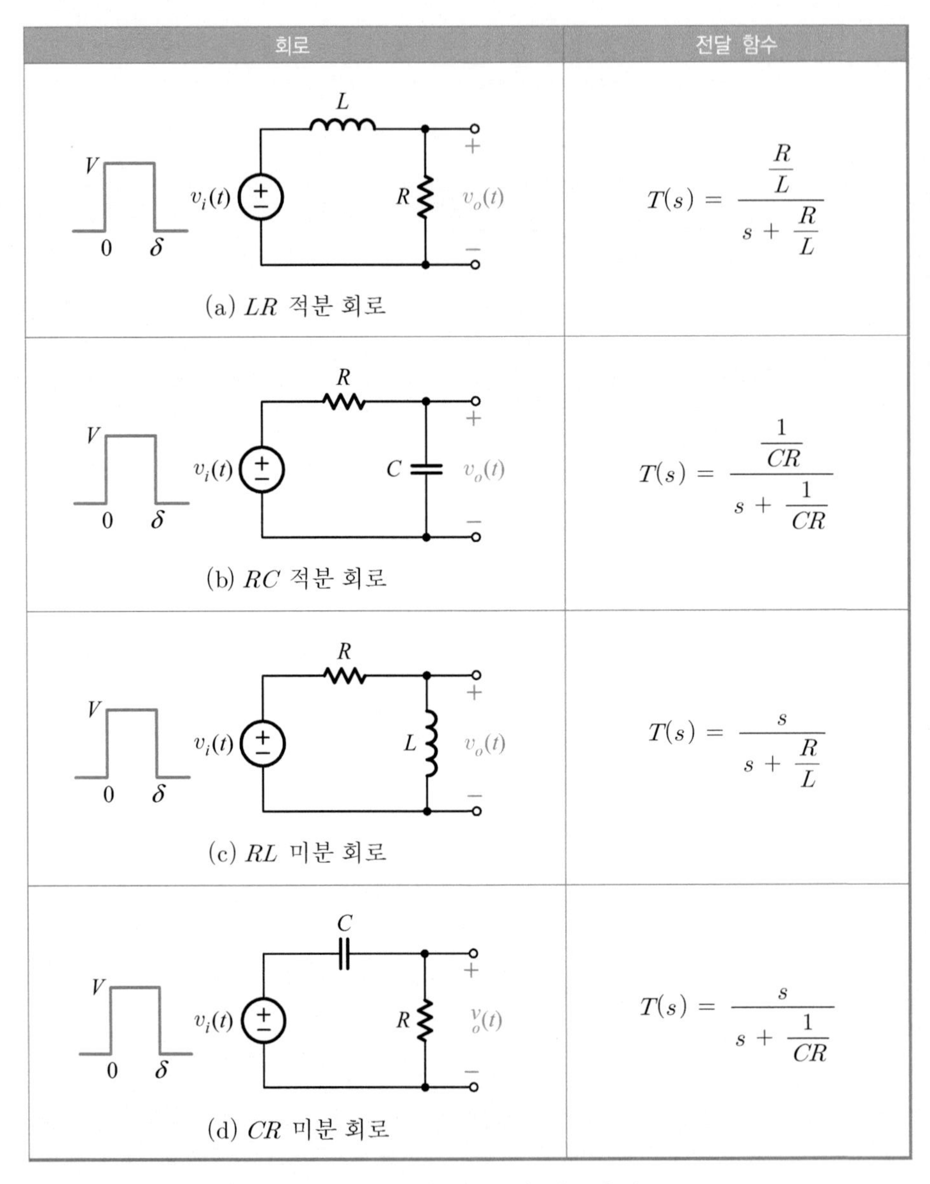

그림 7.33 1차 회로들의 펄스 응답.

펄스 응답	응답 곡선
$v_o(t) = \left(\begin{array}{ll} V(1-e^{-\frac{t}{\tau}}), & 0 < t < \delta \text{ 초} \\ V(e^{\delta/\tau}-1)e^{-t/\tau}, & t > \delta \text{ 초} \end{array} \right)$ 여기서 $\tau = \frac{L}{R}$(LR 적분 회로) $\tau = RC$(RC 적분 회로)	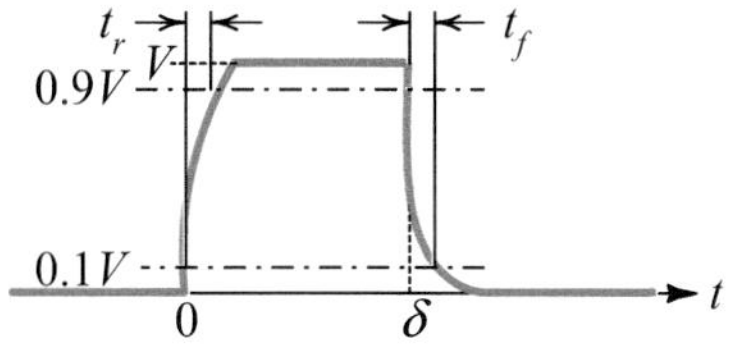 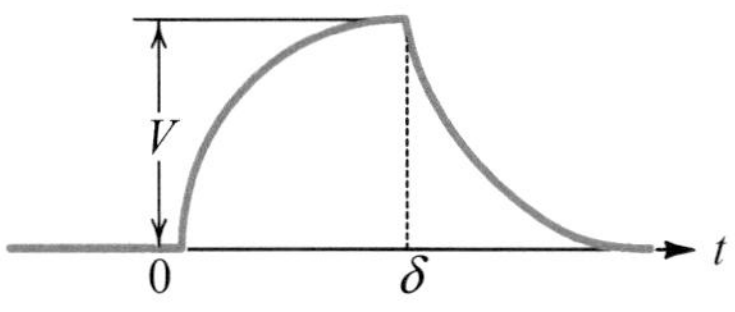 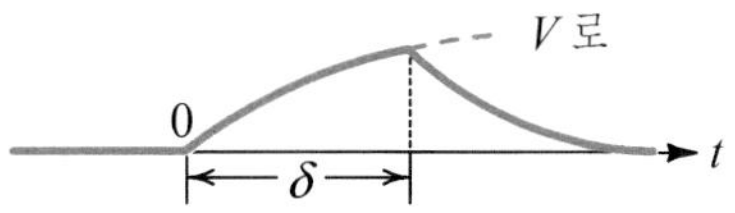 t_r t_f V $0.9V$ $0.1V$ 0 δ t (i) $\tau \ll \delta$ V 0 δ t (ii) $\tau = \delta$ V로 0 δ t (iii) $\tau \gg \delta$
$v_o(t) = \left(\begin{array}{ll} Ve^{-t/\tau}, & 0 < t < \delta \text{ 초} \\ V(1-e^{\delta/\tau})e^{-t/\tau}, & t > \delta \text{ 초} \end{array} \right)$ 여기서 $\tau = \frac{L}{R}$(RL 미분 회로) $\tau = RC$(CR 미분 회로)	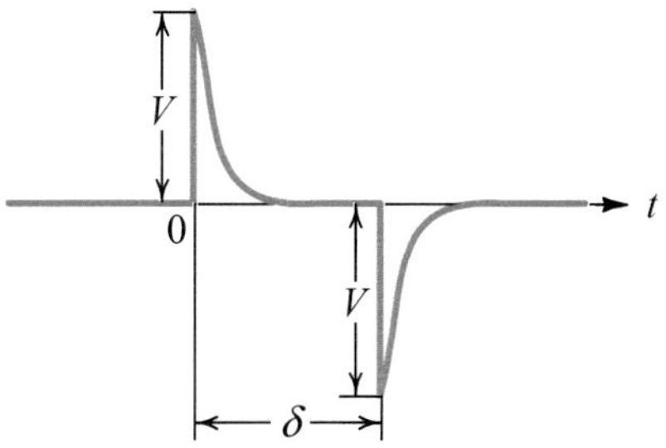 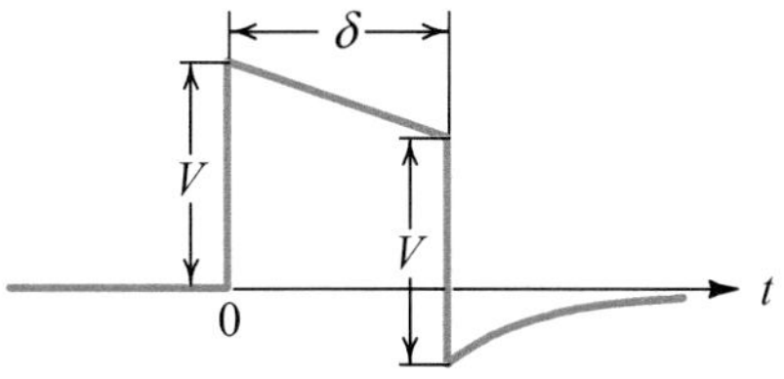 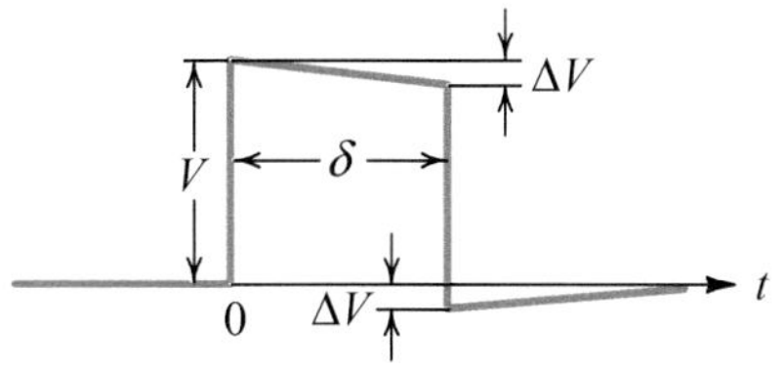 V 0 t V δ (i) $\tau \ll \delta$ δ V V 0 t (ii) $\tau = \delta$ ΔV V δ 0 ΔV t (iii) $\tau \gg \delta$

연습문제 7.6

그림 E7.6에 보인 회로에서 $v_o(t)$의 표현식을 구하라. $t < 0$일 때 회로가 정상 상태에 있다고 가정하라.

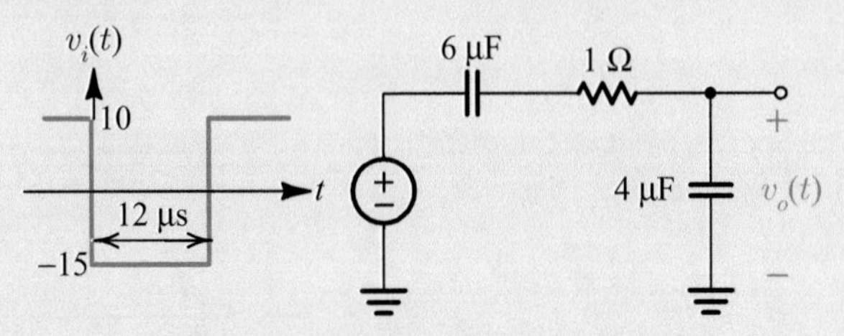

그림 E7.6 연습문제 7.6을 위한 회로.

답 $$v_o(t) = \begin{cases} 6\text{ V}, & t = 0^- \\ -9 + 15e^{\frac{-t_{\mu s}}{2.4}}, & 0 \le t \le 12\ \mu s \\ 6 - 15e^{-\frac{t_{\mu s}-12}{2.4}}, & t > 100\ \mu s \end{cases}$$

7.8 2차 회로들의 계단 응답

2차 회로는 2-극점 회로이다. 따라서 (입력 임피던스 또는 입력 어드미턴스 함수뿐만 아니라) 전달 함수의 분모 다항식은 2차이다. 일반적으로, 분자 다항식 역시 2차이다. 결론적으로, 우리는 $T(s)$를

$$T(s) = \frac{a_2 s^2 + a_1 s + a_0}{s^2 + b_1 s + b_0} \tag{7.33}$$

로 쓸 수 있다. 여기서 계수 a와 b는 회로의 $R, L,$ 그리고 C에 의해 결정되는 실수들이다.

$T(s)$의 분모를 0으로 만드는 s의 값들이 $T(s)$의 극점들이며, 이 극점들은 분모 다항식을 0으로 놓고, 그 결과로 생긴 2차 방정식을 근의 공식을 이용하여 풀어서 구한다. 즉,

$$s^2 + b_1 s + b_0 = 0$$

$$s = \frac{-b_1 \pm \sqrt{b_1^2 - 4b_0}}{2} \tag{7.34}$$

한 극점은

$$s = p_1 = \frac{-b_1 + \sqrt{b_1^2 - 4b_0}}{2}$$

에 있고, 다른 극점은

$$s = p_2 = \frac{-b_1 - \sqrt{b_1^2 - 4b_0}}{2}$$

에 있다.

$T(s)$의 분자를 0으로 만드는 s의 값들이 $T(s)$의 영점들이다. 영점들은 분자 다항식을 0으로 놓고, 두 근을 구하여 얻는다. 즉,

$$a_2 s^2 + a_1 s + a_0 = 0$$

$$s = \frac{-a_1 \pm \sqrt{a_1^2 - 4a_0 a_2}}{2a_2} \tag{7.35}$$

영점 하나는

$$s = z_1 = \frac{-a_1 + \sqrt{a_1^2 - 4a_0 a_2}}{2a_2}$$

에 있고, 다른 영점은

$$s = z_2 = \frac{-a_1 - \sqrt{a_1^2 - 4a_0 a_2}}{2a_2}$$

에 있다. s 평면에서 영점들의 위치는 ○(원)으로 표시된다.

우리는 a와 b 계수들 대신에 극점들과 영점들을 사용하여 $T(s)$를 나타낼 수도 있다. 이 경우, 식 (7.33)은 다음과 같이 표현될 것이다.

$$T(s) = \frac{a_2(s - z_1)(s - z_2)}{(s - p_1)(s - p_2)} \tag{7.36}$$

여기서 극점들과 영점들은 회로의 R, L, 그리고 C의 함수이다.

예제 7.8 (a) 그림 7.34에 나타낸 회로의 전달 함수 $T(s) = I_o(s) / I_i(s)$ 를 구하라.

(b) 전달 함수 극점들과 영점들을 구하라.

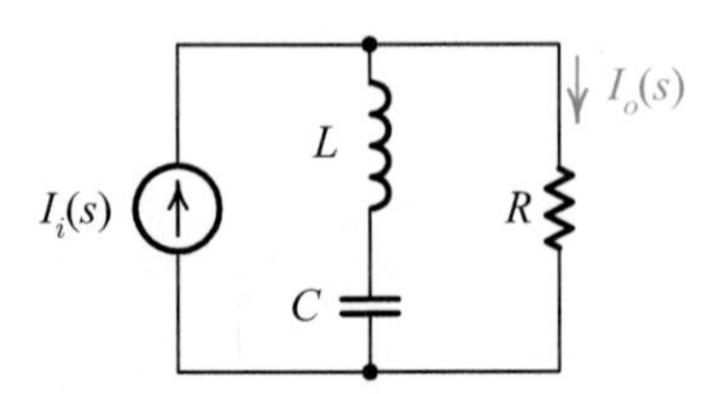

그림 7.34 예제 7.8을 위한 회로.

풀이 (a) 우리는 전류-분배 공식에 의해 이 전달 함수를 다음과 같이 구할 수 있을 것이다.

$$I_o(s) = I_i(s)\left[\frac{sL + (1/sC)}{sL + (1/sC) + R}\right] = I_i(s)\left[\frac{s^2 + (1/LC)}{s^2 + s(R/L) + (1/LC)}\right]$$

$$T(s) = \frac{I_o(s)}{I_i(s)} = \frac{s^2 + (1/LC)}{s^2 + s(R/L) + (1/LC)} = \frac{a_2 s^2 + a_1 s + a_0}{s^2 + b_1 s + b_0}$$

여기서

$$a_2 = 1, \quad a_1 = 0, \quad a_0 = \frac{1}{LC}, \quad b_1 = \frac{R}{L}, \quad b_0 = \frac{1}{LC}$$

이다.

(b) 극점들은

$$p_{1,2} = \frac{-b_1 \pm \sqrt{b_1^2 - 4b_0}}{2} = -\frac{R}{2L} \pm \sqrt{(\frac{R}{2L})^2 - \frac{1}{LC}}$$

에 위치하고, 영점들은

$$z_{1,2} = \frac{-a_1 \pm \sqrt{a_1^2 - 4a_0 a_2}}{2a_2} = \pm j\sqrt{\frac{a_0}{a_2}} = \pm j\frac{1}{\sqrt{LC}}$$

에 위치한다.

2차 RLC 회로의 계단 응답은 $T(s)$ 의 극점들과 영점들의 위치에 따라 그 형태가 달라진다. 2차 회로에서는 전달 함수의 극점이 두 개뿐이므로, 이들은 좌반 평면에서 둘 다 실수이거나, 그렇지 않으면 복소-공액쌍을 이룬다.

그림 7.35는 2차 회로 또는 시스템에 단위-계단 입력이 인가된 것을 블록도 형태로 나타낸 것이다. 왼쪽의 시간-영역 블록도를 라플라스 변환한 것이 오른쪽의 주파수-영역 블록도이다. 이 블록도는 다음의 주파수-영역 방정식의 도식적인 표현이라는 점에 유의하기 바란다.

$$R(s) = E(s)\,T(s) = \frac{1}{s}T(s) \tag{7.37}$$

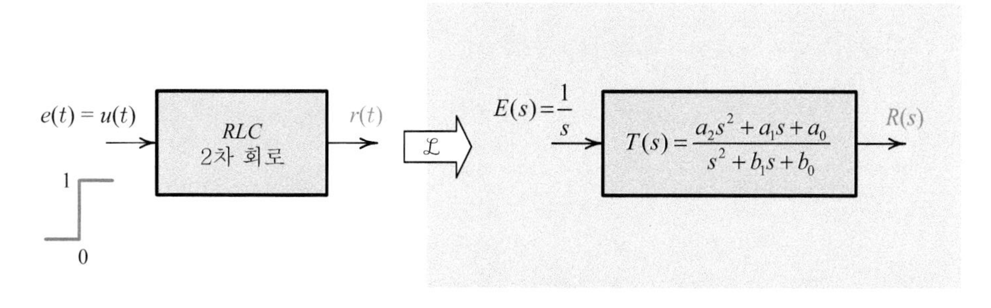

그림 7.35 2차 회로에 단위-계단 입력이 인가될 때의 블록도.

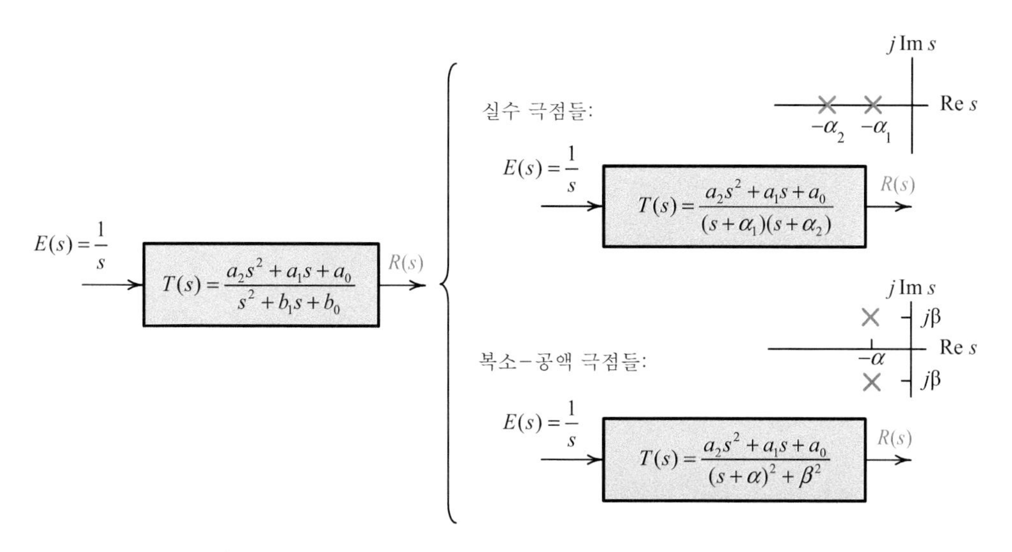

그림 7.36 극점의 위치에 따른 전달 함수의 두 가지 형태.

즉, 이 식으로부터 우리는 (블록 안에 표시된) 전달 함수 $T(s)$에 입력 $1/s$을 곱함으로써 출력 $R(s)$를 구할 수 있다는 것을 알 수 있다. 그림 7.36에 나타냈듯이, $T(s)$의 두 가지 특별한 형태가 $T(s)$를 ($-\alpha_1$과 $-\alpha_2$에 위치한) 실수 극점들과 ($-\alpha \pm j\beta$에 위치한) 복소-공액 극점들의 식으로 좀더 자세하게 특징짓는다는 점에 주목하기 바란다. 따라서, 2차 회로의 고유 응답은 두 지수 함수의 합(두 극점이 실수 극점들일 때)으로 나타내어지든지, 그렇지 않으면 지수적으로 감소하는 사인파(두 극점이 복소-공액쌍일 때)로 나타내어진다. 양쪽 모두의 경우에서 강제 응답은 계단 함수로 나타내어지며, 그것의 진폭은 입력 계단 함수의 진폭과 회로의 전달 함수에 의해 결정된다.

2차 회로들의 계단 응답 유도와 응용을 내하출판사 홈페이지(www.naeha.co.kr) - 자료실 - 일반자료실 [회로이론(정원섭)]에 수록해 놓았다.

요 약

✔ 1차 회로는 단일 극점으로 특징지어진다. 음의 실수축 상에 하나의 극점을 갖는 1차 회로의 계단 응답은, 상수와 감소 지수 함수의 합으로 나타내어진다. 이 응답은 회로의 관찰로부터 응답의 초기값($t = 0^+$)과 최종값($t = \infty$) 그리고 시정수를 계산함으로써 구할 수 있다.

✔ 시정수는 모든 직류 전원들을 제거한 후에, 회로를 등가 저항과 등가 커패시터 또는 등가 인덕터로 구성되는 단일 루프로 단순화함으로써 구할 수 있다. 시정수는 $R_{eq}C_{eq}$이거나, 그렇지 않으면 L_{eq}/R_{eq}이다.

✔ 초기값은 인덕터에 흐르는 전류와 커패시터에 걸리는 전압이 점프할 수 없다는 점에 주목함으로써 계산할 수 있다. 따라서, $t = 0^+$일 때, 우리는 인덕터를 인덕터의 초기 전류를 나타내는 전류 전원으로 바꿀 수 있다. 그리고 커패시터는 커패시터의 초기 전압을 나타내는 전압 전원으로 바꿀 수 있다. 초기 조건이 0이면, 우리는 인덕터를 개방 회로로 대체할 수 있고, 커패시터를 단락 회로로 대체할 수 있다.

✔ 최종값은 시간이 충분히 경과한 뒤에 인덕터에 걸리는 전압과 커패시터에 흐르는 전류가 0이라는 점에 주목함으로써 계산할 수 있다. 따라서, $t = \infty$일 때, 우리는 인덕터를 단락 회로로 대체할 수 있고, 커패시터를 개방 회로로 대체할 수 있다.

✔ 대전압 스파이크(spike)는 인덕터에 저장된 에너지를 큰 저항기에 갑자기 쏟아 부을 때 발생한다. 그리고, 대전류 스파이크는 커패시터에 저장된 에너지를 작은 저항기에 갑자기 쏟아 부을 때 발생한다.

✔ 우리는 폭이 δ인 펄스를 진폭은 같으나, 극성이 반대이며, δ 초 떨어져서 발생하는 두 개의 계단 함수의 합으로 간주할 수 있다.

✔ 회로의 펄스 응답은 동일한 회로의 계단 응답으로부터 계산할 수 있다.

✔ 2차 회로들의 계단 응답은 음의 실수축 상에 위치한 두 개의 극점들로부터 발생하는 두 지수 곡선의 합이거나, 그렇지 않으면 좌반 평면에 위치한 한 쌍의 복소-공액 극점들로부터 발생하는 감쇠 사인파이거나 둘 중의 하나이다.

문제 Question

7.1 회로들의 계단파 응답

7.1 그림 P7.1에서 $T(s)$의 극점들이 좌반 평면에 위치한다. 정상-상태 응답은 무엇인가?

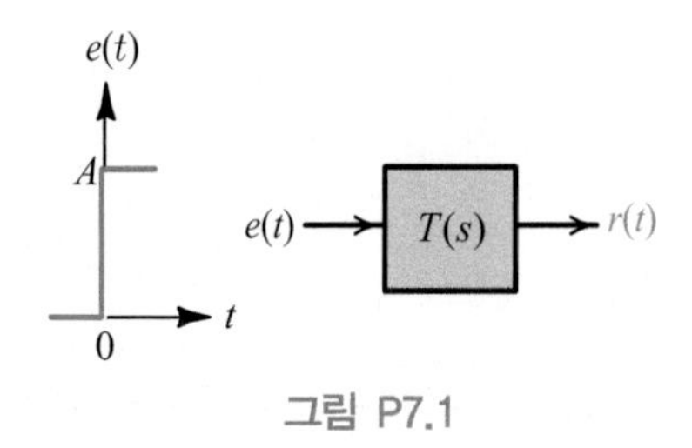

그림 P7.1

7.2 1차 회로들의 계단 응답 계산

7.2 그림 P7.2에서 a는 응답에 어떤 영향을 미치는가?

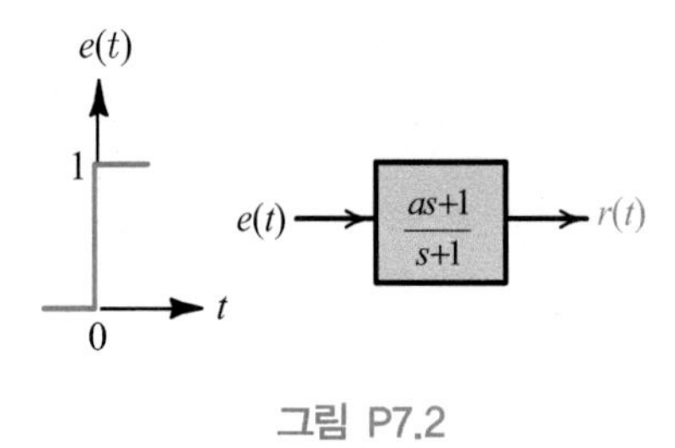

그림 P7.2

7.3 1차 회로들의 계단 응답의 스케치

7.3 라플라스 변환을 이용하여 그림 P7.3에 보인 회로들의 계단 응답을 구하고, 그 결과를 스케치하라.

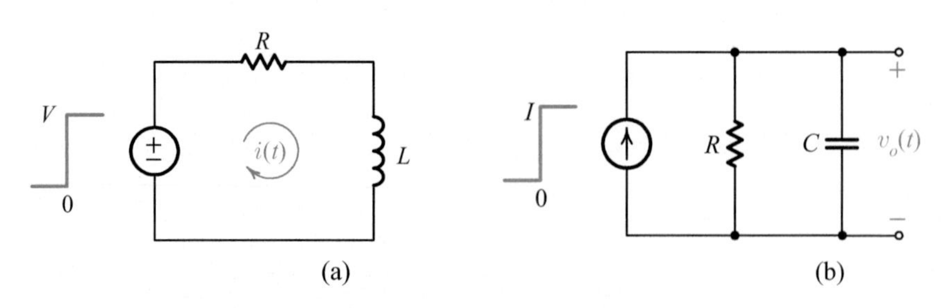

그림 P7.3

7.4 (a) 그림 P7.4에 보인 회로의 $v_o(t)$를 구하고 그것을 스케치하라.

(b) $\alpha \to \infty$ 일 때 (a)의 결과는 어떻게 변하는가?

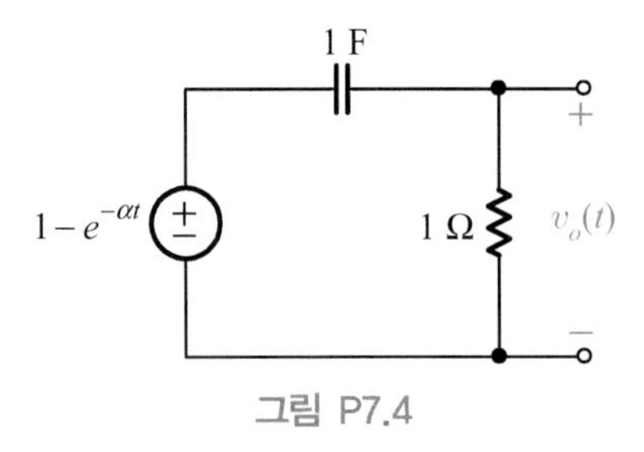

그림 P7.4

7.5 그림 P7.4의 회로의 입력을 $v_i(t) = t$ 인 단위-램프 함수로 바꾸었다. $v_i(t)$와 $v_o(t)$를 동일 축상에 스케치하라.

7.4 회로의 시정수, 초기값, 그리고 최종값의 계산

7.5 1차 회로들의 계단 응답 예들

7.6 그림 P7.6에 보인 회로들에서 물음표로 표시된 응답을 구하라.

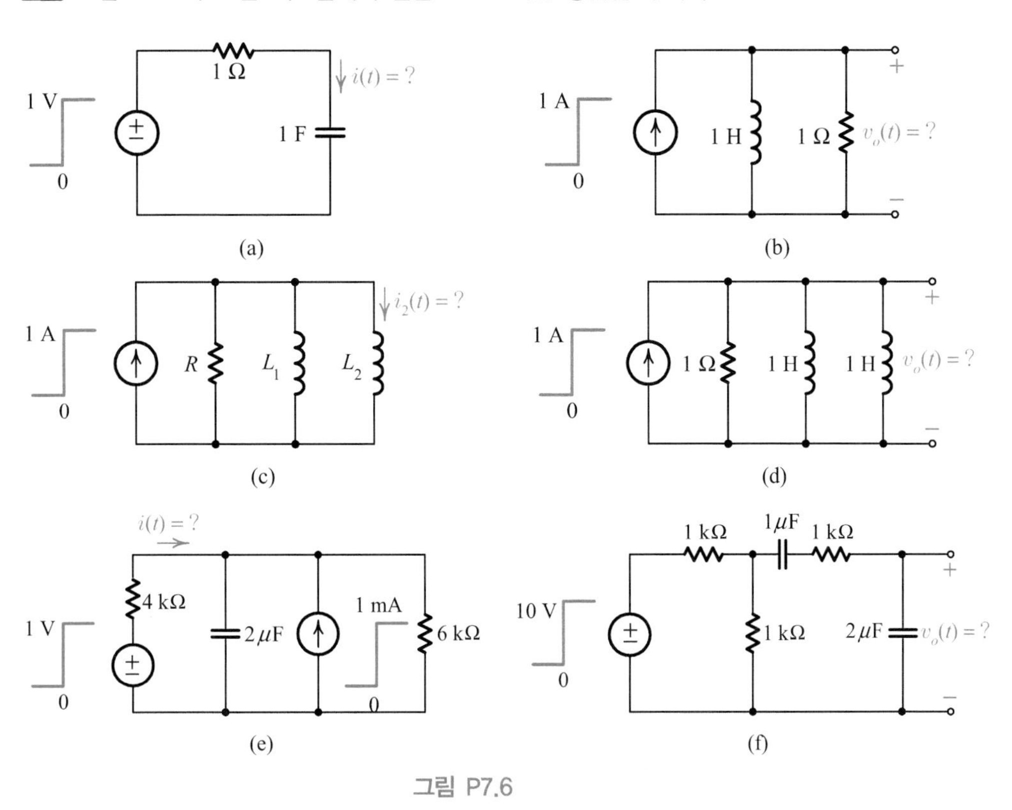

그림 P7.6

7.7 그림 P7.7에 보인 회로에서 $v_o(t)$를 구하라.

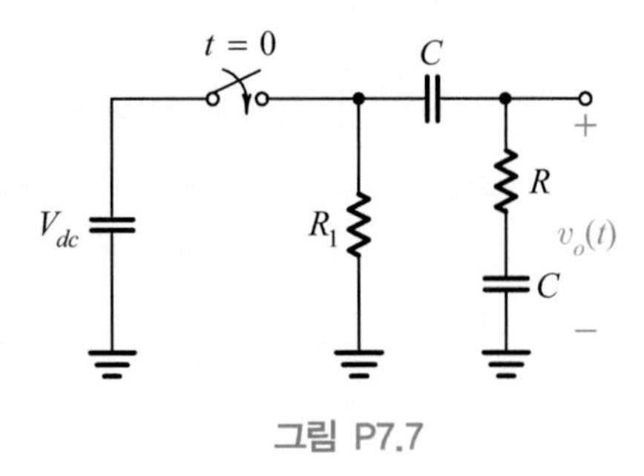

그림 P7.7

7.8 (a) 그림 P7.8에 보인 회로에서 $v(t)$의 표현식을 구하라.
(b) $R = 0$으로 하여 (a)에서 구한 표현식을 간단히 하라.

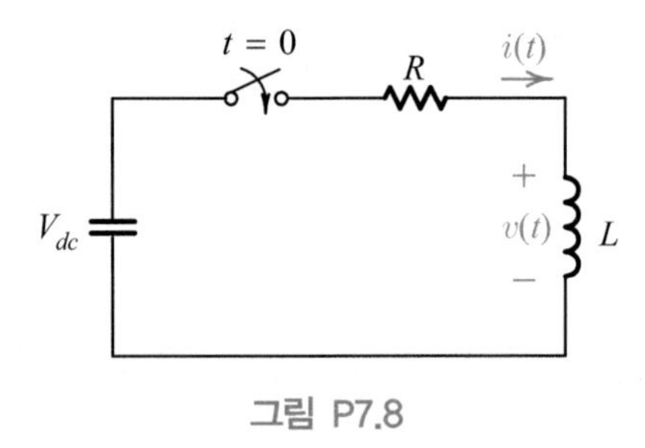

그림 P7.8

7.9 (a) 그림 P7.9에 보인 회로에서 $i(t)$와 $v(t)$의 표현식을 구하라.
(b) $R = \infty$로 하여 (a)에서 구한 표현식을 간단히 하라.

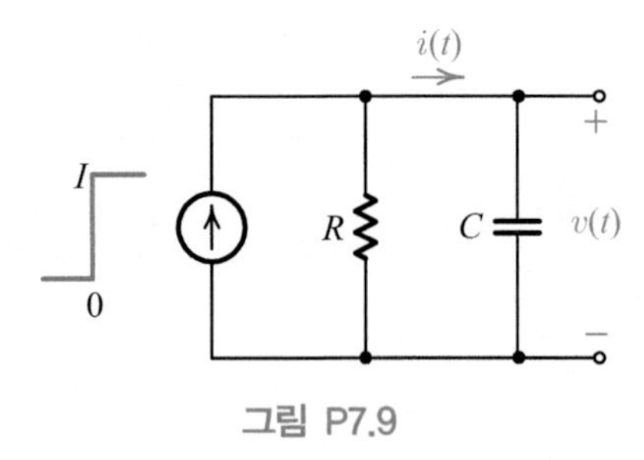

그림 P7.9

7.10 그림 P7.10에 보인 회로들에서 물음표로 표시된 응답을 도시하라. 여러 가지 레벨과 시간의 값들을 나타내어라.

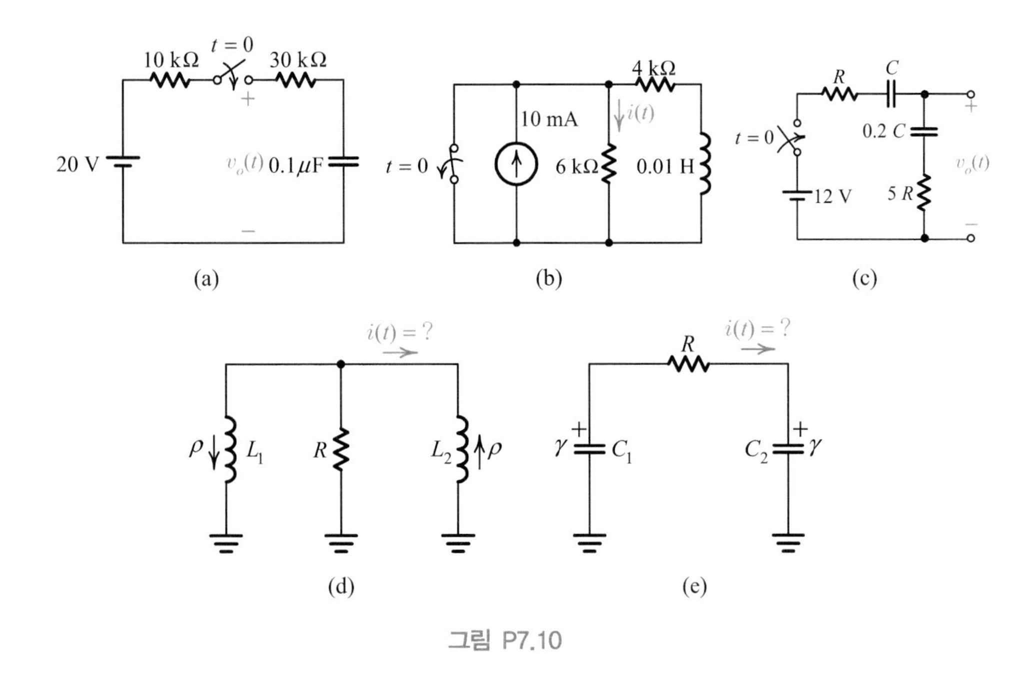

그림 P7.10

7.11 그림 P7.11에 보인 응답은 1차 회로로부터 출력된 것이다. $r(t)$ 의 표현식을 구하라.

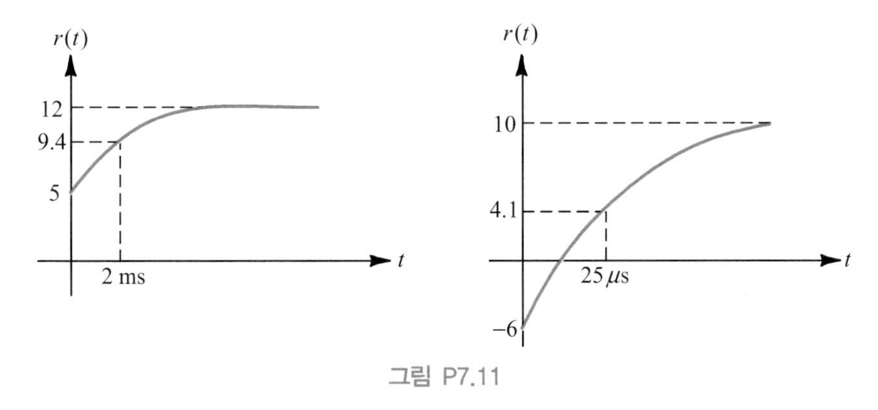

그림 P7.11

7.12 그림 P7.12에 표시된 응답에 대해 회로를 관찰하여 초기값과 최종값을 구하라. 또한 시정수도 구하라.

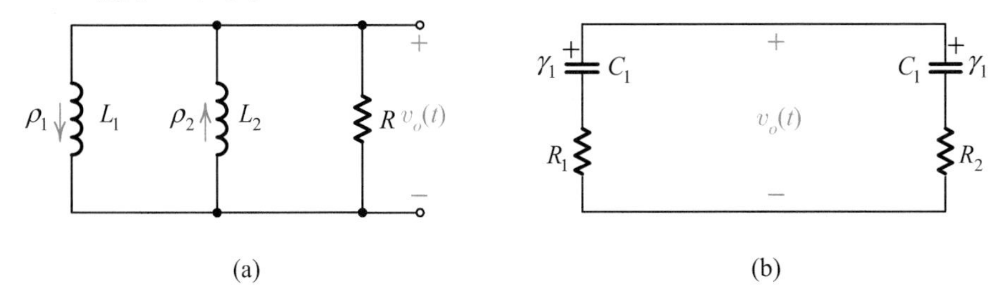

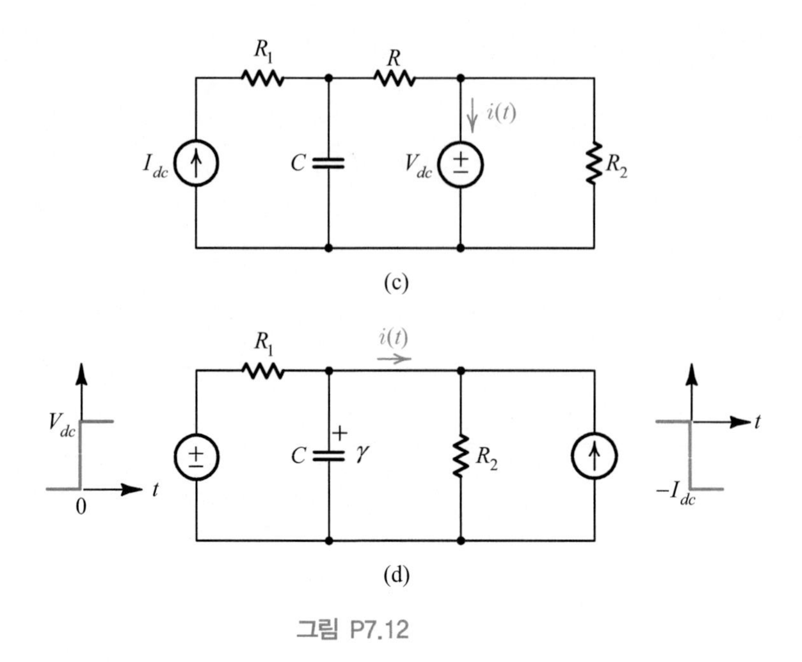

그림 P7.12

7.13 그림 P7.13의 회로는 스위치가 열려있을 때 정상 상태에 있다. $t=0$에서 스위치가 닫힌다. $v_o(t)$와 $i_o(t)$의 표현식을 구하라.

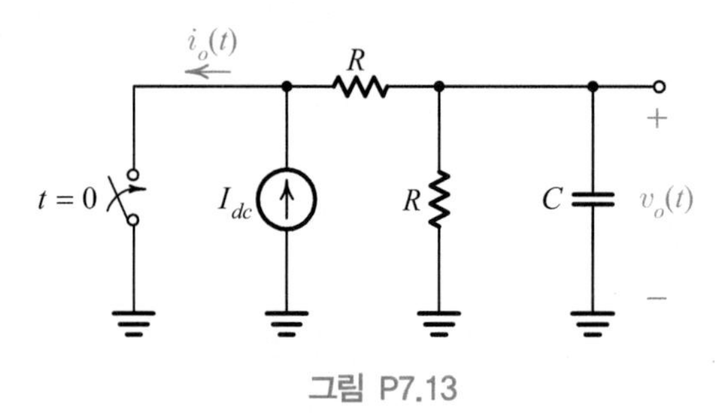

그림 P7.13

7.14 그림 P7.14에 보인 회로에서 물음표로 표시된 응답을 스케치하라. 회로는 스위치가 개방되거나 단락되기 전에 정상 상태에 있다.

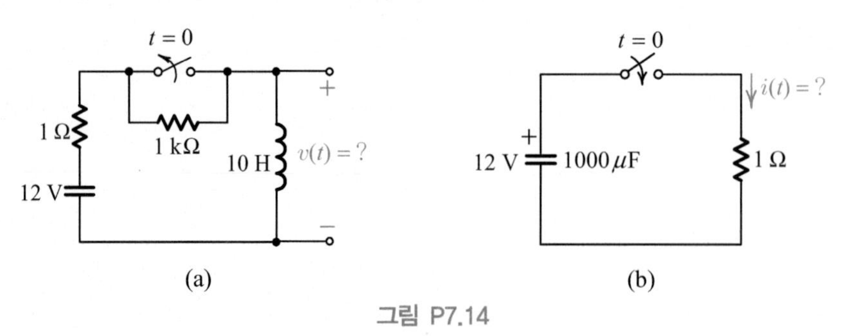

그림 P7.14

7.15 그림 P7.15에서 회로는 정상 상태에 있다. 스위치가 $t=0$에서 개방된 후의 $v_o(t)$를 구하라.

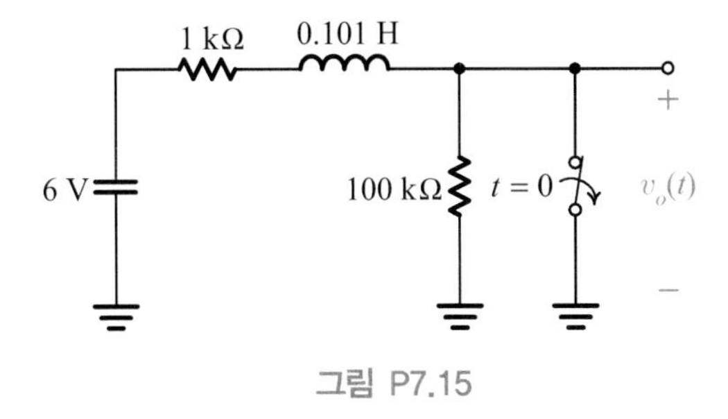

그림 P7.15

7.16 그림 P7.16에서 스위치가 닫혀 있을 때 회로는 정상 상태에 있다. $t=0$일 때 스위치가 개방된다. $v_o(t)$의 표현식을 구하라.

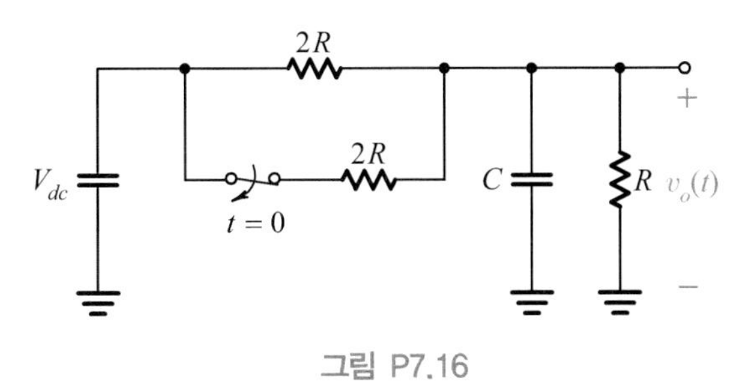

그림 P7.16

7.17 그림 P7.17을 참조하라. $t=0$에서 스위치가 닫힌다. 스위치는 회로가 정상 상태에 도달할 때까지 닫힌 상태를 유지한다. 그런 다음 스위치가 열린다. $R \gg r$로 가정하여 $i(t)$ 대 t와 $v(t)$ 대 t를 스케치 하고, 그들의 값을 구하라.

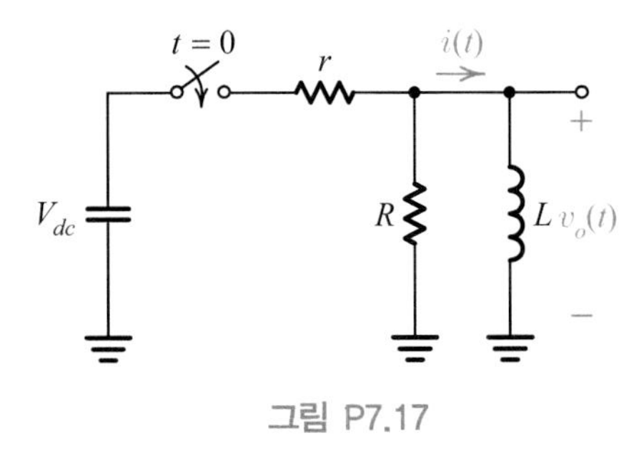

그림 P7.17

7.18 그림 P7.18에 보인 회로의 $v_o(t)$를 스케치하라. $v_o(t)$는 언제 0이 되는가?

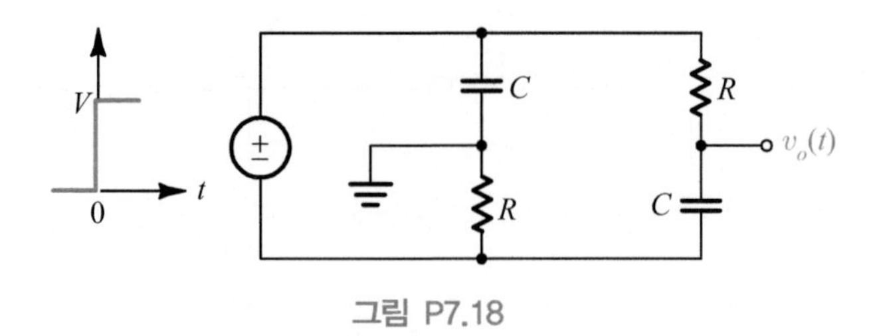

그림 P7.18

7.19 그림 P7.19의 회로는 $t < 0$일 때 정상 상태에 있다. $t = 0$에서 그림과 같이 입력이 V_1에서 $-V_2$로 변화한다. $v_{o1}(t)$와 $v_{o2}(t)$의 표현식을 구하라.

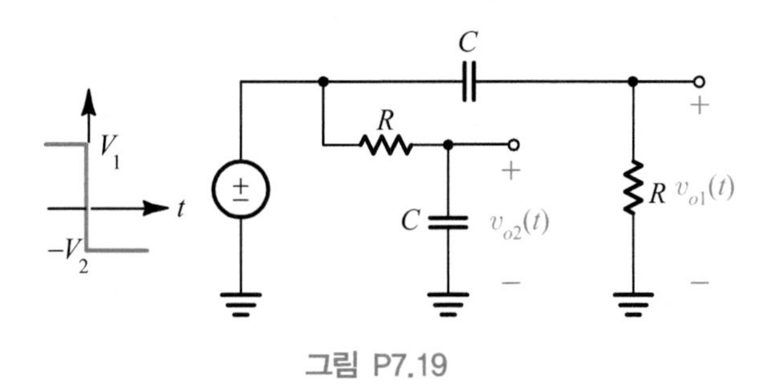

그림 P7.19

7.6 초기 조건들로부터 고전압 서지 및 고전류 서지의 생성

7.20 그림 P7.20에 보인 회로는 두 스위치가 단락되어 정상 상태에 있다. $t = 0$에서 다음과 같이 될 때, $v_o(0^+)$를 구하라.

(a) S_1이 개방될 때

(b) S_2가 개방될 때

(c) S_1과 S_2가 모두 개방될 때.

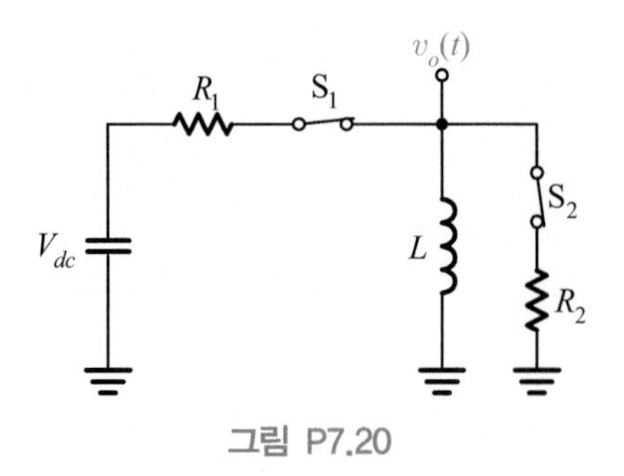

그림 P7.20

7.21 직류 전원 V_{dc}, 두 저항기 R_1과 $R_2\,(R_2 > R_1)$, 그리고 스위치와 인덕터가 주어졌다. 스위치가 개방될 때 V_{dc} 보다 큰 양의 전압 스파이크가 발생하도록 이들 소자를 접속하라. 스파이크의 진폭은 얼마인가? 적어도 두 가지의 서로 다른 회로를 설계하라.

7.7 1차 회로들의 펄스 응답

7.22 그림 P7.22에 보인 회로들의 펄스 응답을 구하고, 그것들을 스케치하라.

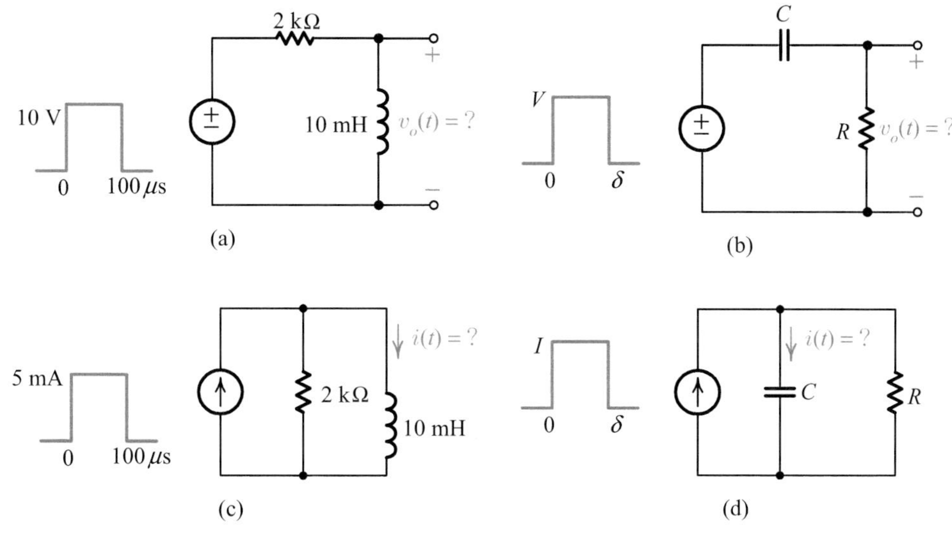

그림 P7.22

7.23 그림 P7.23에 보인 회로를 고찰하여, 다음의 경우들에 대한 $i(t)$ 대 t와 $v(t)$ 대 t를 스케치하라.

(a) $\delta \gg L/R$

(b) $\delta = L/R$

(c) $\delta \ll L/R$

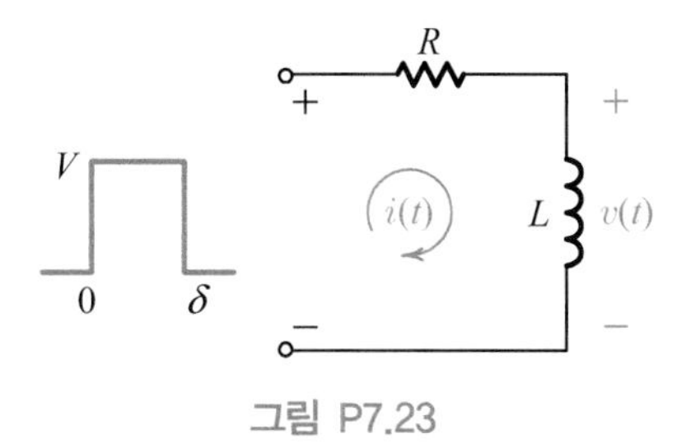

그림 P7.23

7.24 그림 P7.24에 보인 회로에서 물음표로 표시된 파형들을 스케치하라.

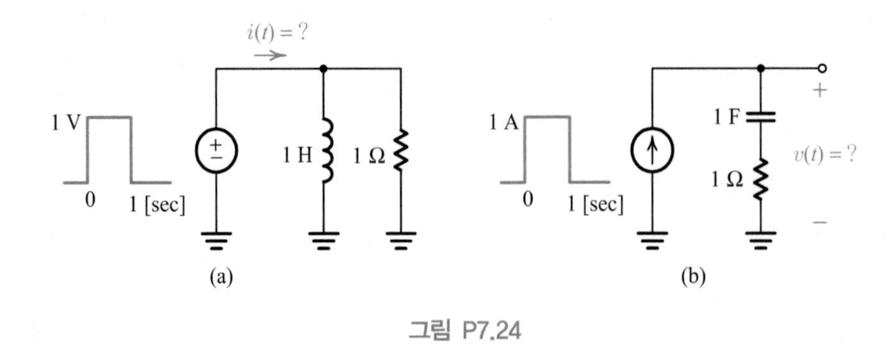

그림 P7.24

7.25 그림 P7.25에 보인 회로에서 $v_o(t)$의 표현식을 구하고, 그것을 스케치하라. 회로는 입력이 상승하기 전에 정상 상태에 있다. $\tau \ll \delta$로 가정하라.

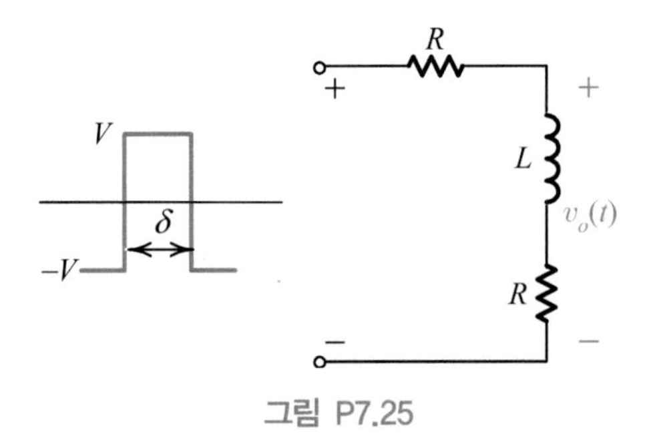

그림 P7.25

7.26 그림 P7.26에서 $t < 0$일 때 회로는 정상 상태에 있다. $t > 0$ 동안 입력은 그림과 같이 변한다. 출력 파형을 스케치하고, 그 값을 구하라.

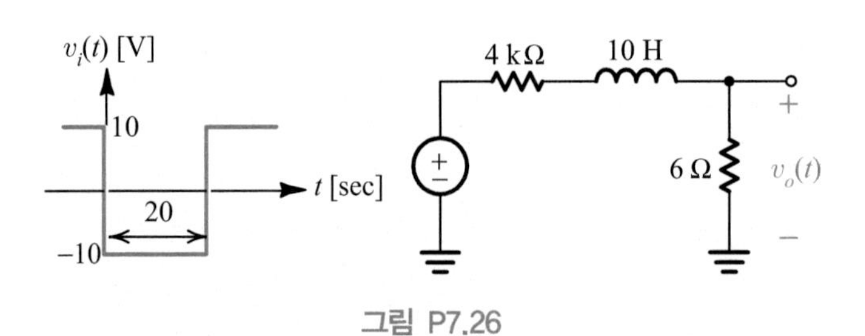

그림 P7.26

CHAPTER 08

사인파 응답

서론

사인파(sine wave) 또는 **정현파**(sinusoidal wave)는 전기 및 전자 공학에서 가장 자주 접하게 되고, 널리 사용되는 파형들 중의 하나이다. 교류 기기에 의해 쉽게 발생되는 사인파는 전송 선로들에 의해 분배되고, 우리의 가정으로 전송되어 다양한 가전 제품들을 작동시킨다. 또한, 사인파는 실험용 발진기에 의해 발생되어 여러 회로들의 성능을 시험하는 데 사용되기도 한다. 수학적으로, 사인파는 미분 또는 적분을 거쳐도 사인파 함수를 산출하는 간단한 함수로 표현된다. 따라서, 인덕터나 커패시터를 통해 사인파 전류가 흐르면, 인덕터[$v = L(di/dt)$] 또는 커패시터 [$v = (1/C) \int i\,dt$] 양단에 사인파 전압이 걸린다. 게다가, 동일한 주파수의 두 사인파, 또는 그 이상의 사인파들의 합도 역시 사인파이다. 따라서, 키르히호프의 법칙을 적용해 사인파 전압 또는 전류들을 더할 때, 우리는 미지의 변수들을 쉽게 구할 수 있을 것이다.

사인파는 매우 중요하고, 다루기가 간단하기 때문에, 사인파로 여기된 회로에 대해서는 많은 실험적인 지식뿐만 아니라 이론적인 지식이 존재한다. 이 장에서 우리는 RLC 회로들의 사인파 정상-상태 응답을 계산하는 방법을 배울 것이다.

8.1 회로들의 사인파 응답

그림 8.1에 나타낸 선형 회로(또는 시스템)의 전달 함수(또는 입력 임피던스 또는 입력 어드미턴스)를 $T(s)$로 표시하기로 하자. 입력 여기는 사인파이다. 이 회로의 사인파 응답 $r(t)$를 구해 보자. 출력을 입력에 관련시키기 위해, 우리는 주파수 영역에서 이 회로를 다룰 수 있을 것이고, 다음과 같이 쓸 수 있을 것이다.

$$R(s) = T(s)E(s) = T(s)\mathcal{L}\{A\sin(\omega t + \theta)\} \tag{8.1}$$

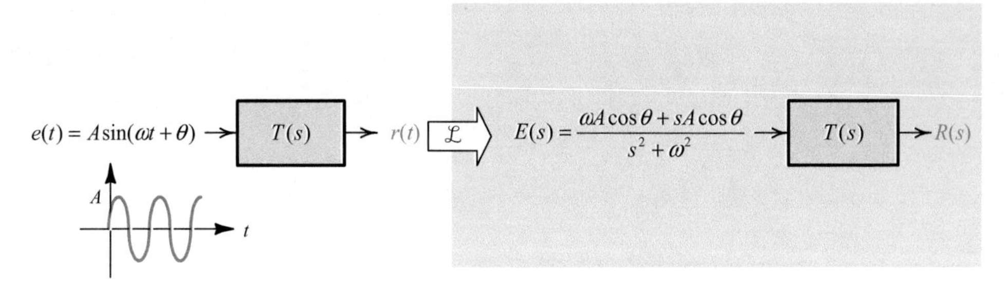

그림 8.1 전달 함수 $T(s)$에 사인파가 인가된 상태의 블록도.

여기서

$$A\sin(\omega t + \theta) = A\cos\theta\sin\omega t + A\sin\theta\cos\omega t$$

이므로,

$$\mathcal{L}\{A\sin(\omega t + \theta)\} = A\cos\theta\left(\frac{\omega}{s^2 + \omega^2}\right) + A\sin\theta\left(\frac{s}{s^2 + \omega^2}\right)$$

이다. 따라서, 우리는 식 (8.1)을 다음과 같이 쓸 수 있을 것이다.

$$R(s) = T(s)\left(\frac{\omega A\cos\theta + sA\sin\theta}{s^2 + \omega^2}\right) \tag{8.2}$$

이제 역변환을 취하려면, $R(s)$를 부분 분수로 전개해야 할 것이고, $R(s)$를 부분 분수로 전개하려면 $R(s)$의 모든 극점들을 알아야 할 것이다. 식 (8.2)는 $R(s)$의 극점들 중에 두 개는 여기(강제) 함수에 기인한다는 것을 보여준다. 이 두 극점은 허수축 상에 존재하며, $s = \pm j\omega$에 위치한다. 사인파의 주파수를 변화시킴으로써, 우리는 여기의 극점들을 허수축 상에서 위 또는 아래로 이동시킬 수 있을 것이다. (발진기의 주파수를 변화시킴으로써 야기되는) 시간 영역에서의 변화를 그에 상응하는 (허수축 상을 따라 극점들이 움직이는) 주파수 영역에서의 변화로 관련지어 생각하는 것은 매우 중요하다. 사인파의 주파수가 높아지면 높아질수록, 공액쌍 극점들이 원점으로부터 그만큼 더 멀어진다는 점에 주목하기 바란다.

$R(s)$의 나머지 극점들은 회로의 전달 함수를 나타내는 $T(s)$에 포함되어 있을 것이고, 이 극점들이 응답의 고유 부분을 생기게 할 것이다. [여기서, 우리는 $T(s)$가 여기에 의한 극점들과 일치하는 어떤 극점도 갖지 않는다고 가정했다.] 따라서, 우리는 식 (8.2)를 다음과 같이 분할하여 쓸 수 있을 것이다.

$$R(s) = \underbrace{R_n(s)}_{\substack{T(s)\text{의 극점들에} \\ \text{기인한 고유 부분}}} + \underbrace{R_f(s)}_{\substack{\text{여기의 극점들에} \\ \text{기인한 강제 부분}}}$$

$$R(s) = R_n(s) + \underbrace{\left(\frac{K}{s - j\omega} + \frac{K^*}{s + j\omega}\right)}_{R_f(s)} \tag{8.3}$$

여기서 K^*는 K의 공액이다. 다음 단계는 $R(s)$의 역변환을 취해 $r(t)$를 구하는 것이다.

$$r(t) = \underbrace{r_n(t)}_{\text{고유}} + \underbrace{(Ke^{j\omega t} + K^* e^{-j\omega t})}_{\text{강제}}$$

두 복소-공액 함수들의 합은 어느 한쪽 함수의 실수부의 두 배이므로, 우리는

$$r(t) = r_n(t) + 2 \operatorname{Re} Ke^{j\omega t} \tag{8.4}$$

로 나타낼 수 있을 것이다.

식 (8.3)을 이용하여 우리는 K를 다음과 같이 쉽게 계산할 수 있을 것이다.

$$K = (s - j\omega)R(s)|_{s = j\omega} = \cancel{(s - j\omega)}\, T(s)\left[\frac{\omega A\cos\theta + sA\sin\theta}{\cancel{(s - j\omega)}(s + j\omega)}\right]\Bigg|_{s = j\omega}$$

$$= T(j\omega)\left(\frac{\omega A\cos\theta + j\omega A\sin\theta}{2j\omega}\right) = \frac{1}{2}T(j\omega)\left(\frac{A\cos\theta + jA\sin\theta}{j}\right)$$

다음으로, K의 모든 항들을 지수 형태로 변환시키면,

$$K = \frac{1}{2}|T(j\omega)|e^{j\theta_T}\left[\frac{Ae^{j\theta}}{e^{j(\pi/2)}}\right] = \frac{1}{2}A\,|T(j\omega)|e^{j[\theta + \theta_T - (\pi/2)]} \tag{8.5}$$

가 될 것이다. 여기서 $|T(j\omega)|$는 $T(j\omega)$의 진폭을 나타내고, θ_T는 $T(j\omega)$의 각을 나타낸다. 식 (8.5)를 식 (8.4)에 대입하면,

$$
\begin{aligned}
r(t) &= r_n(t) + 2\ \mathrm{Re}\left\{\frac{1}{2}A|T(j\omega)|e^{j[\omega t + \theta + \theta_T - (\pi/2)]}\right\} \\
&= r_n(t) + A|T(j\omega)|\ \mathrm{Re}\left\{e^{j[\omega t + \theta + \theta_T - (\pi/2)]}\right\} \\
&= r_n(t) + A|T(j\omega)|\cos\left(\omega t + \theta + \theta_T - \frac{\pi}{2}\right) \\
&= r_n(t) + \underbrace{A|T(j\omega)|\sin(\omega t + \theta + \theta_T)}_{r_f(t)} \qquad (8.6)
\end{aligned}
$$

가 얻어질 것이다.

지금까지 우리는 사인파로 여기된 선형 회로에 대한 일반해를 얻었다. 만일 회로의 전달 함수 $T(s)$가 주어진다면, 우리는 $|T(j\omega)|$와 θ_T 그리고 $r_n(t)$를 계산하여 회로의 사인파 응답 $r(t)$를 구할 수 있을 것이다.

그림 8.2에 보인 것처럼, $t = 0$에서 사인파가 회로에 인가된다.

(a) 응답을 구하라. 응답의 고유 성분과 강제 성분은 무엇인가?

(b) $\omega = 10$ 라디안/초일 때의 응답과 그 성분들을 그려라.

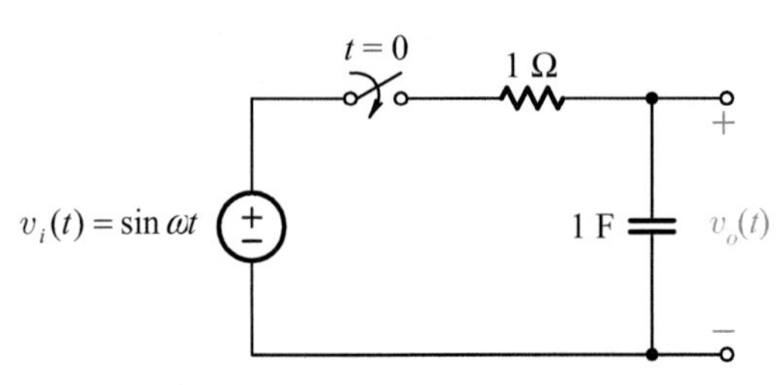

그림 8.2 예제 8.1을 위한 회로.

풀이 (a) 그림 8.2의 시간-영역 회로를 주파수-영역 회로로 변환시키면, 그림 8.3의 회로가 얻어질 것이다. 이 회로를 해석하여 주파수-영역 응답을 구하면

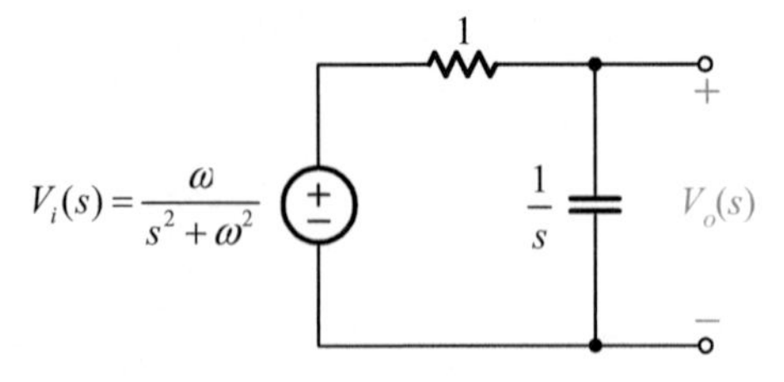

그림 8.3 그림 8.2 회로의 주파수 영역 표현.

$$V_o(s) = V_i(s)T(s) = \frac{\omega}{s^2 + \omega^2}\left(\frac{1}{s + 1}\right) = V_n(s) + V_f(s)$$

가 얻어질 것이다. $V_n(s)$는 $T(s)$의 극점에 기인하는 응답의 고유 부분이고, $V_f(s)$는 여기 극점에 기인하는 응답의 강제 부분이다. 따라서 우리는 $V_o(s)$를 다음과 같이 쓸 수 있을 것이다.

$$V_o(s) = \left(\frac{K}{s + 1}\right) + V_f(s)$$

여기서

$$K = (s + 1)V_o(s)\,|_{s=-1} = (s + 1)\frac{\omega}{s^2 + \omega^2}\left(\frac{1}{s + 1}\right)\Big|_{s=-1}$$

$$= \frac{\omega}{s^2 + \omega^2}\Big|_{s=-1} = \frac{\omega}{1 + \omega^2}$$

이다. K를 $V_o(s)$의 식에 대입하면

$$V_o(s) = \left(\frac{\omega}{1 + \omega^2}\right)\frac{1}{s + 1} + V_f(s)$$

가 얻어질 것이다. $v_o(t)$를 구하기 위해, 이 식의 양변을 라플라스 역변환시키면,

$$v_o(t) = \left(\frac{\omega}{1 + \omega^2}\right)e^{-t} + v_f(t)$$

가 얻어질 것이다.

$v_f(t)$는 식 (8.6)으로 주어진 공식을 이용하여 구할 수 있을 것이고, 식 (8.6)을 이용하려면 $|T(j\omega)|$과 θ_T를 계산해야 할 것이다.

$$T(j\omega) = \frac{1}{s + 1}\Big|_{s=j\omega} = \frac{1}{1 + j\omega} = \underbrace{\frac{1}{\sqrt{1 + \omega^2}}}_{|T(j\omega)|}\, e^{\overbrace{j(-\tan^{-1}\omega)}^{\theta_T}}$$

이고, 입력 사인파의 $A = 1,\ \theta = 0$ 이므로

$$v_f(t) = |T(j\omega)|\sin(\omega t + \theta_T) = \frac{1}{\sqrt{1 + \omega^2}}\sin(\omega t - \tan^{-1}\omega)$$

이다. 따라서 응답과 그 성분들은 다음과 같이 주어질 것이다.

$$\left\{\begin{aligned} v_o(t) &= \frac{\omega}{1+\omega^2}e^{-t} + \frac{1}{\sqrt{1+\omega^2}}\sin(\omega t - \tan^{-1}\omega) \\ v_n(t) &= \frac{\omega}{1+\omega^2}e^{-t} \\ v_f(t) &= \frac{1}{\sqrt{1+\omega^2}}\sin(\omega t - \tan^{-1}\omega) \end{aligned}\right\}$$

여기서,

$$\begin{aligned} v_o(0) &= \left(\frac{\omega}{1+\omega^2}\right) + \frac{1}{\sqrt{1+\omega^2}}\sin(-\tan^{-1}\omega) \\ &= \left(\frac{\omega}{1+\omega^2}\right) - \frac{1}{\sqrt{1+\omega^2}}\sin(\tan^{-1}\omega) \\ &= \frac{\omega}{1+\omega^2} - \frac{1}{\sqrt{1+\omega^2}}\frac{\omega}{\sqrt{1+\omega^2}} = 0 \end{aligned}$$

이라는 점에 주목하기 바란다. 커패시터 양단에 걸리는 전압이 출력 전압이므로, 출력 전압은 점프할 수 없을 것이다. 따라서, 우리는 출력의 초기값이 0이라는 것을 미리 예측할 수 있을 것이다.

(b) $\omega = 10$ 라디안/초일 때, $v_o(t)$, $v_n(t)$, 그리고 $v_f(t)$는

$$\begin{aligned} v_o(t) &= \frac{10}{101}e^{-t} + \frac{1}{\sqrt{101}}\sin(10t - \tan^{-1}10) \\ v_n(t) &= \frac{10}{101}e^{-t} \\ v_f(t) &= \frac{1}{\sqrt{101}}\sin(10t - \tan^{-1}10) \end{aligned}$$

이 된다. 그림 8.4에 이들 파형을 도시했다. 지수 함수와 관련된 시정수가($s = -1$에 위치한 극점에 기인하기 때문에) 1 초이므로, 응답의 고유 부분은 5 초 이내에 소멸될 것이다. 사인파의 주기는

$$T = \left.\frac{2\pi}{\omega}\right|_{\omega=10} = 0.2\,\pi$$

이다. 따라서, 응답이 완전히 안정될 때까지는 사인파의 약 여덟 사이클($8 \times 0.2\pi \cong 5$ 초)이 소요될 것이고, 그 후에는 응답의 강제 성분만 남을 것이다. 전자 회로에서는 응답의 고유 성분이 밀리초 또는 이보다 더 짧은 시간내에 소멸된다는 것을 참고로 알아두기 바란다.

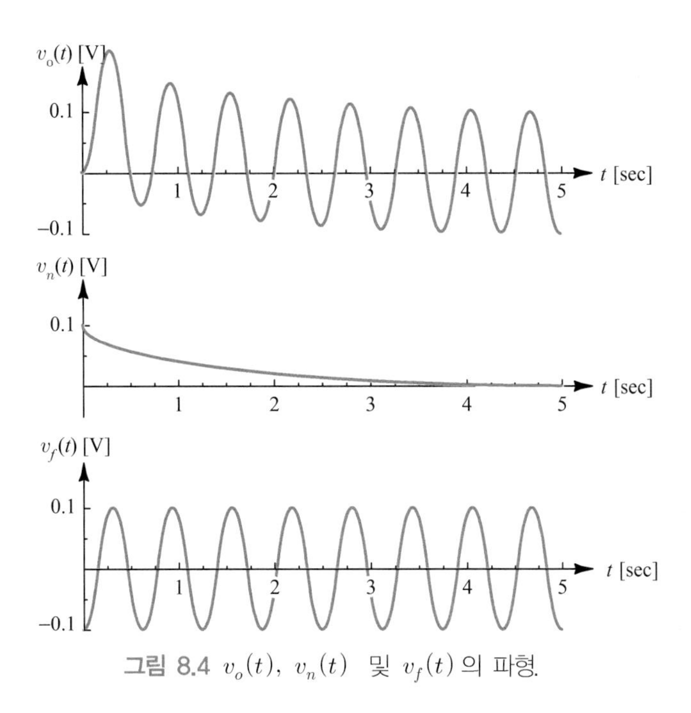

그림 8.4 $v_o(t)$, $v_n(t)$ 및 $v_f(t)$의 파형.

입력 사인파가 인가되는 시간과 동일한 시간에 오실로스코프의 스위프(sweep)를 정확하게 트리거(trigger)시키지 못하면, 오실로스코프의 화면에 응답의 고유 부분은 나타나지 않고, 순수한 사인파만 나타날 것이다. 따라서, 이러한 상황이 일어날 때, 우리는 입력이 사인파이면 출력도 사인파라는 잘못된 생각을 할 수도 있다. 그러나 사실은 그렇지 않고, 응답의 고유 부분이 아주 짧은 시간 동안에 소멸되었기 때문에, 순수한 사인파만 우리의 눈에 보이는 것이다.

연습문제 8.1

그림 E8.1에서 θ를 적절하게 선택할 경우 응답의 고유 부분을 0으로 만들 수 있다. θ의 값과 그 결과의 응답을 구하라.

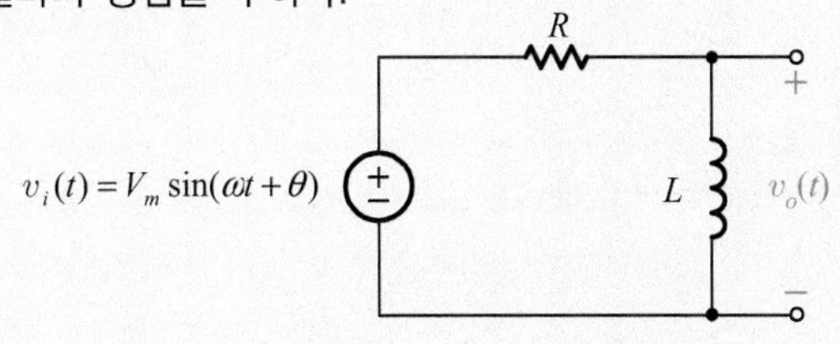

그림 E8.1 연습문제 8.1을 위한 회로.

답 $\text{ctn}\,\theta = R/\omega L$인 θ, $v_o(t) = V_m \dfrac{\omega L}{\sqrt{R^2 + \omega^2 L^2}} \cos \omega t$

8.2 회로들의 사인파 정상-상태 응답

임의의 사인파 $A\sin(\omega t + \theta)$가 $T(s)$로 기술되는 선형 회로에 인가될 때, 응답은 식 (8.6)으로 주어진다. 이 식을 편의상 다시 쓰면,

$$r(t) = r_n(t) + A|T(j\omega)|\sin(\omega t + \theta + \theta_T) \tag{8.7}$$

이다.

만일 $T(s)$의 모든 극점들이 좌반 평면에 존재한다면, 고유 응답 $r_n(t)$는 감소 지수 함수들의 합, 또는 지수적으로 감소하는 사인파들의 합이 될 것이다(그림 6.33을 보라). 따라서, 이 파형들은 결국 소멸될 것이다. 그 결과로, 우리는 $r_n(t)$를 응답의 **과도 부분**(transient part)이라고 부르기도 한다. 과도 부분이 소멸된 다음에는, 응답이 입력과 같은 주파수의 사인파인 강제 응답과 동일해질 것이다. 이러한 상황이 일어날 때, 우리는 응답이 **정상 상태**(steady state)에 있다고 말한다. 즉, 정상 상태에서는 출력을 입력 파형과 다르게 보이도록 만드는 과도 파형이 존재하지 않는다. 정상 상태는 $5\tau_{\max}$ 후에 도달한다. 여기서 $\tau_{\max}$는 허수축에 가장 가까운 $T(s)$의 극점(복소-공액쌍인 경우에는 두 극점)과 관련이 있는 시정수($1/\alpha$)를 나타낸다. 정상-상태 응답을 그림 8.5에 나타냈다. 여기서 첨자 ss는 정상 상태를 의미한다. 우리는 또, 강제 응답을 의미하는 첨자 f를 사용할 수도 있을 것이다. 이 경우, 정상-상태 응답은 강제 응답과 동일할 것이다.

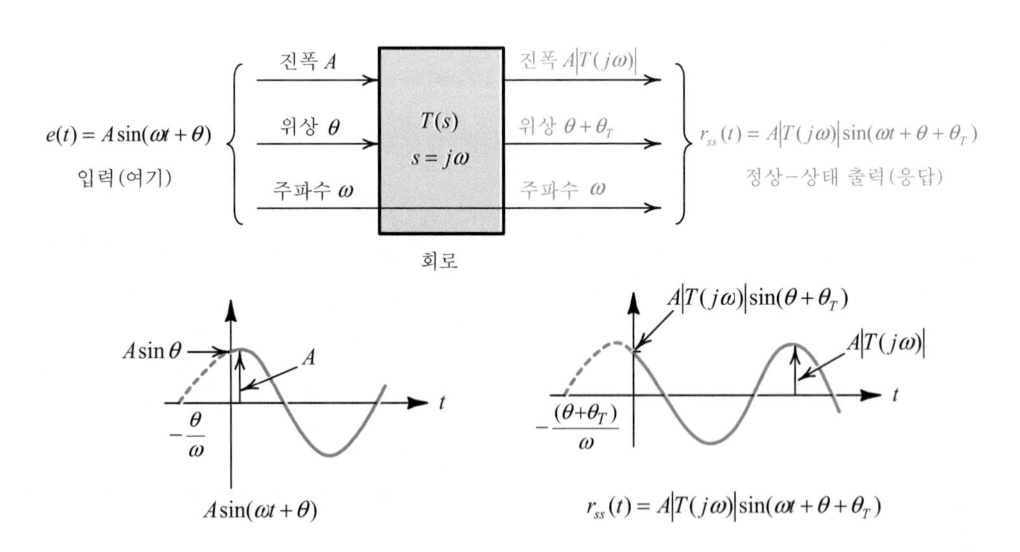

그림 8.5 전달 함수 $T(s)$에 대한 사인파 여기 및 정상-상태 응답.

그림 8.5로부터 우리는 정상 상태에서는 입력과 출력 파형 모두가 동일한 주파수의 사인파들이라는 것을 알 수 있다. 우리는 또한 입력의 진폭이 A일 때 출력의 진폭은 $A|T(j\omega)|$가 되고, 입력의 위상이 θ일 때 출력의 위상은 $\theta + \theta_T$가 된다는 것도 알 수 있다. 이와 같이 사인파가 회로를 통과함에 따라, 그것의 진폭과 위상에 변화가 생긴다는 점에 유의하기 바란다. 이들 변화의 양은 $T(j\omega)$의 크기와 각에 의존하며, $T(j\omega)$의 크기와 각은 다시 회로의 전달 함수 $T(s)$와 입력 주파수 ω에 의존한다. 따라서 주파수가 변하면, $|T(j\omega)|$와 θ_T 모두가 변할 것이다. 결론적으로, 우리는 출력 응답이 사인파의 주파수에 의존한다는 것을 알 수 있다.

이제 우리는 정상-상태 응답을 계산하기 위한 체계적인 절차를 다음과 같이 공식화할 수 있을 것이다.

1. 회로로부터, $T(s)$를 계산한다. [만약 응답이 입력 전류 또는 입력 전압과 같은 입력 함수일 경우에는, 입력 어드미턴스 $Y(s)$, 또는 입력 임피던스 $Z(s)$를 계산한다.] $T(s)$가 입력 파형과 무관하기 때문에, 우리는 실제의 입력 대신에 입력의 일반 명칭인 $V_i(s)$ 또는 $I_i(s)$를 사용하여 $T(s)$를 손쉽게 계산할 수 있을 것이다.
2. $s = j\omega$에 대한 $T(s)$의 값을 구한다. 여기서 ω는 입력 사인파의 주파수(라디안/초)이다.
3. $T(j\omega)$의 진폭과 각, 즉 $|T(j\omega)|$와 θ_T를 구한다.
4. 정상-상태 응답을 다음과 같이 쓴다.

$$r_{ss}(t) = A|T(j\omega)|\sin(\omega t + \theta + \theta_T) \tag{8.8}$$

여기서, A와 θ는 입력의 진폭과 위상을 나타낸다. 만일 입력이 코사인파로 주어질 경우에는, 식 (8.8)에서 $\sin$을 $\cos$으로 바꾸기만 하면 된다.

예제 8.2 그림 8.6에서 정상-상태 출력 전압을 구하라.

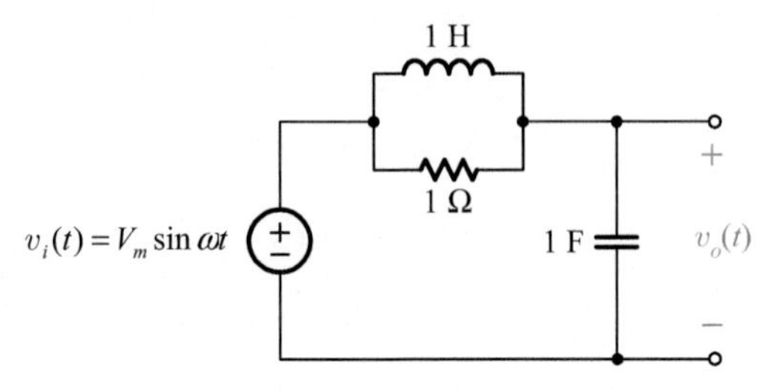

그림 8.6 예제 8.2를 위한 회로.

풀이 $v_{oss}(t)$를 계산하려면, 먼저 $T(s)$를 구해야 한다. 그림 8.6으로부터 우리는

$$T(s) = \frac{V_o(s)}{V_i(s)} = \frac{Z_2}{Z_1 + Z_2}$$

$$= \frac{1/s}{(s \times 1)/(s + 1) + 1/s} = \frac{s + 1}{s^2 + s + 1}$$

이라는 것을 알 수 있다. 다음으로, $s = j\omega$에 대한 $T(s)$를 계산한 다음, 그 결과로 생기는 크기와 각을 구하면,

$$T(j\omega) = \left.\frac{s + 1}{s^2 + s + 1}\right|_{s = j\omega} = \frac{1 + j\omega}{(1 - \omega^2) + j\omega}$$

$$= \frac{\sqrt{1 + \omega^2}\, e^{j\tan^{-1}\omega}}{\sqrt{(1 - \omega^2)^2 + \omega^2}\, e^{j\tan^{-1}[\omega/(1-\omega^2)]}}$$

$$= \underbrace{\frac{\sqrt{1 + \omega^2}}{\sqrt{(1 - \omega^2)^2 + \omega^2}}}_{|T(j\omega)|}\, e^{\overbrace{j\tan^{-1}\omega - \tan^{-1}[\omega/(1-\omega^2)]}^{\theta_T}}$$

를 얻는다. 입력 크기와 위상은 각각 V_m 볼트와 0 라디안이다. 따라서 정상-상태 출력 전압은 다음과 같이 구해질 것이다.

$$v_{oss}(t) = V_m\, |\, T(j\omega)\, |\, \sin(\omega t + \theta_T)$$

$$= V_m \sqrt{\frac{\omega^2 + 1}{\omega^4 - \omega^2 + 1}} \sin\left(\omega t + \tan^{-1}\omega - \tan^{-1}\frac{\omega}{1 - \omega^2}\right)$$

연습문제 8.2

그림 E8.2에서 정상-상태 출력 전압을 구하라.

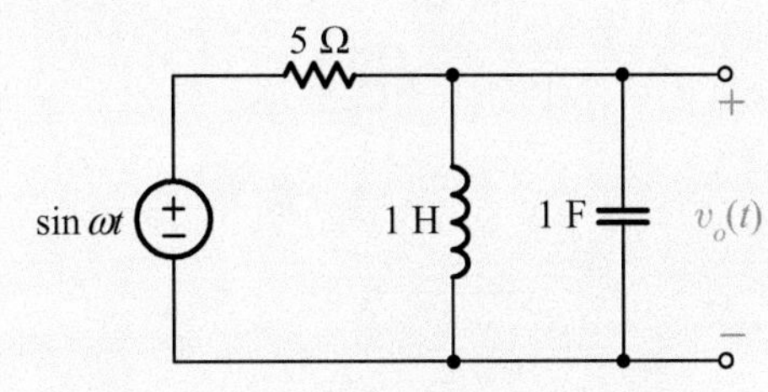

그림 E8.2 연습문제 8.2를 위한 회로.

답 $v_{oss}(t) = \dfrac{0.2\omega}{\sqrt{(1-\omega^2)^2 + 0.04\omega^2}} \cos\left(\omega t - \tan^{-1}\dfrac{0.2\omega}{1-\omega^2}\right)$

예제 8.3 그림 8.7에서 입력 전류의 정상-상태 응답을 구하라.

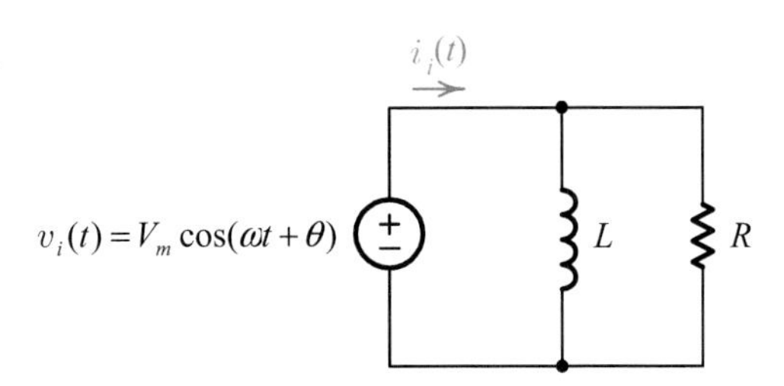

그림 8.7 예제 8.3을 위한 회로.

풀이 응답이 입력 전류이므로, 우리는 전달 함수가 아닌 입력 함수로 문제를 해결할 수 있을 것이다. 따라서 입력 어드미턴스를 구하면,

$$\frac{\text{응답}}{\text{여기}} = \frac{I_i(s)}{V_i(s)} = Y_i(s) = \frac{1}{R} + \frac{1}{sL} = \frac{sL + R}{sLR}$$

이 얻어질 것이다. 입력 주파수가 ω 라디안/초이므로, $s = j\omega$에 대해 $Y_i(s)$를 계산하면

$$Y_i(j\omega) = \left.\frac{sL + R}{sLR}\right|_{s=j\omega} = \frac{j\omega L + R}{j\omega LR}$$
$$= \frac{\sqrt{R^2 + \omega^2 L^2}\, e^{j\tan^{-1}(\omega L/R)}}{\omega LRe^{j\tan^{-1}\infty}}$$

$$= \underbrace{\frac{\sqrt{R^2 + \omega^2 L^2}}{\omega L R}}_{|\,Y_i(j\omega)\,|} e^{\overbrace{j[\tan^{-1}(\omega L/R) - \frac{\pi}{2}]}^{\theta_{Y_i}}}$$

가 얻어질 것이다. 따라서 정상-상태 응답은 다음과 같이 주어질 것이다.

$$i_{iss}(t) = V_m\,|\,Y_i(j\omega)\,|\cos(\omega t + \theta + \theta_{Y_i})$$

$$= V_m \frac{\sqrt{R^2 + \omega^2 L^2}}{kLR} \cos\left(\omega t + \theta + \tan^{-1}\frac{\omega L}{R} - \frac{\pi}{2}\right)$$

$$= V_m \frac{\sqrt{R^2 + \omega^2 L^2}}{\omega L R} \sin\left(\omega t + \theta + \tan^{-1}\frac{\omega L}{R}\right)$$

연습문제 8.3

그림 E8.3에서 정상-상태 출력 전류를 구하라.

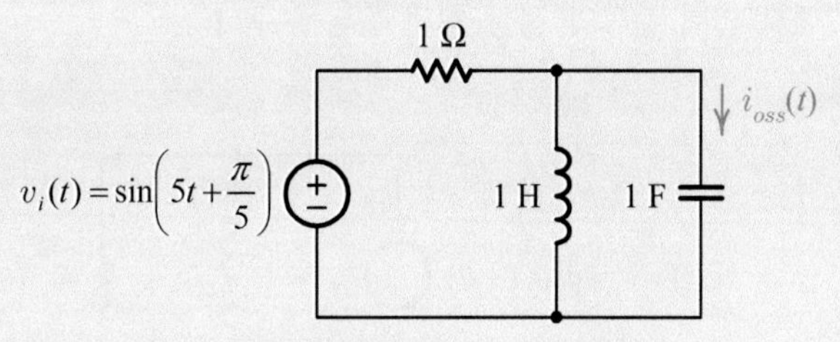

그림 E8.3 연습문제 8.3을 위한 회로.

답 $i_{oss}(t) = \frac{250}{\sqrt{601}} \sin\left(5t + \frac{\pi}{5} + \tan^{-1}\frac{5}{24}\right)$

8.3 1차 회로들의 사인파 정상-상태 응답

대표적인 1차 회로들의 사인파 정상-상태 응답을 고찰하기에 앞서, 사인파들의 위상 관계를 알아보기로 하자. 다음과 같이 주어진 세 개의 사인파를 살펴보기로 하자.

$$s_1 = A\sin\omega t, \quad s_2 = B\sin(\omega t - \theta), \quad s_3 = C\sin(\omega t + \theta) \tag{8.9}$$

우리는 먼저, 이들 모두가 동일한 각주파수 ω를 가지고 있다는 것을 알 수 있다. 다음으로, s_2의 편각이 s_1의 편각보다 θ 라디안만큼 더 작은 것을 알 수 있는데, 이때 우리는 s_2가 s_1보다 θ 라디안만큼 뒤져 있다(lag)고 말한다. 끝으로, s_3의 편각이 s_1의 편각보다 θ 라디안만큼 더 큰 것을 알 수 있는데, 이때 우리는 s_3가 s_1보다 θ 라디안만큼 앞서 있다(lead)고 말한다.

우리는 식 (8.9)를 다음과 같이 쓸 수도 있다.

$$s_1 = A\sin\omega t, \quad s_2 = B\sin\omega(t - t'), \quad s_3 = C\sin\omega(t + t') \tag{8.10}$$

여기서 $t' = \theta/\omega$이다. s_1, s_2 그리고 s_3 파형들을 그림 8.8(a), (b), 그리고 (c)에 각각 나타냈다. s_1과 s_2 파형을 비교하면, s_2의 영점 교차가 s_1의 영점 교차보다 t'초 후에 일어난다는 것을 알 수 있다. 이때 우리는 s_2가 s_1보다 t'초만큼 뒤져 있다고 말한다. 다른 한편으로, s_1과 s_3 파형을 비교하면, s_3의 영점 교차가 s_1의 영점 교차보다 t'초 전에 일어난다는 것을 알 수 있다. 이때 우리는 s_3가 s_1보다 t'초만큼 앞서 있다고 말한다.

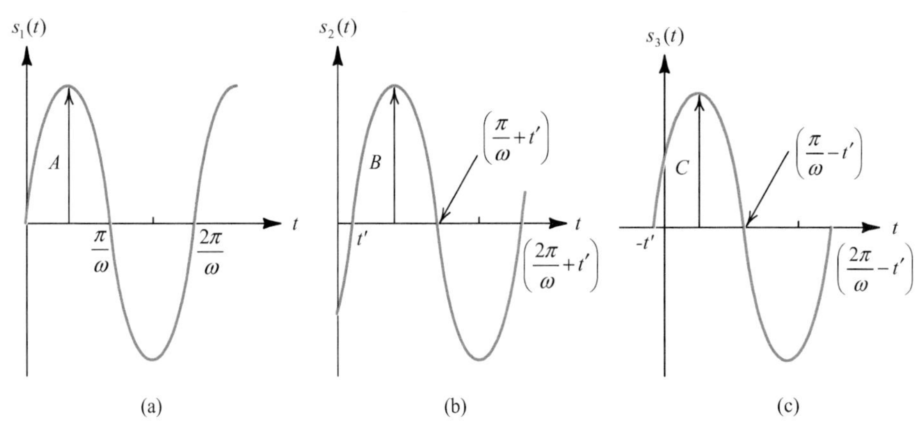

그림 8.8 식 (8.10)의 세 사인파.

파형들의 뒤짐 또는 앞섬은 위상각 θ [식 (8.9)를 보라.] 또는 시간 t'[식 (8.10)을 보라.]의 식으로 나타낼 수 있다. 한 파형이 다른 파형보다 뒤져 있는지 아니면 앞서 있는지는, ωt의 위상각 뒤에 따라오는 위상각 θ의 부호에 의해 결정된다. 즉, 음의 부호는 뒤짐을 의미하고, 양의 부호는 앞섬을 의미한다. 예를 들어, 다음 식

$$s_A = A\sin(\omega t + \theta_1) \qquad (A > 0)$$
$$s_B = B\sin(\omega t - \theta_2) \qquad (B > 0)$$

로 주어진 두 파형을 비교하기 위해, 우리는 이 파형들을 다음과 같이 지상각(lag angle) 또는 진상각(lead angle)의 식으로 나타낼 수 있을 것이다.

$$\left.\begin{aligned} s_A &= A\sin[\omega t - (-\theta_1)] \\ s_B &= B\sin[\omega t - (\theta_2)] \end{aligned}\right\} \text{(지상각은 } -\theta_1 \text{과 } \theta_2 \text{이다)}$$

$$\left.\begin{aligned} s_A &= A\sin[\omega t + (\theta_1)] \\ s_B &= B\sin[\omega t + (-\theta_2)] \end{aligned}\right\} \text{(진상각은 } \theta_1 \text{과 } -\theta_2 \text{이다)}$$

이제 우리는 s_B가 $[\theta_2 - (-\theta_1)] = (\theta_2 + \theta_1)$ 라디안만큼 s_A에 뒤져 있다고 말할 수 있을 것이다. 이와는 달리, s_B가 $[(-\theta_2) - \theta_1] = -(\theta_2 + \theta_1)$ 라디안만큼 s_A에 앞서 있다고 말할 수도 있을 것이다. 이 결과들로부터 우리는 다음 식이 성립한다는 것을 알 수 있다.

$$-(\theta_2 + \theta_1)\text{의 진상각} = (\theta_2 + \theta_1)\text{의 지상각}$$

사인파들의 위상 관계를 알아보았으므로, 이제부터는 1차 회로들을 해석하여 이들의 위상 관계를 살펴볼 것이다.

(a) 그림 8.9의 RC 1차 회로에서 전류는 입력 전압보다 앞서는데 반해, 출력 전압은 입력 전압보다 뒤진다는 것을 보여라.

(b) 그림 8.9의 회로에서 $R = 10\ \text{k}\Omega$ 이고, $C = 10\ \text{nF}$ 이다. 입력 $v_i(t)$의 진폭 $V_m = 2\ \text{V}$ 이고, 각주파수 $\omega = 10^4$ 라디안/초일 때, 정상-상태 입력 전류 $i_{iss}(t)$와 정상-상태 출력 전압 $v_{oss}(t)$를 구하라. 또한 이들 파형을 도시하라.

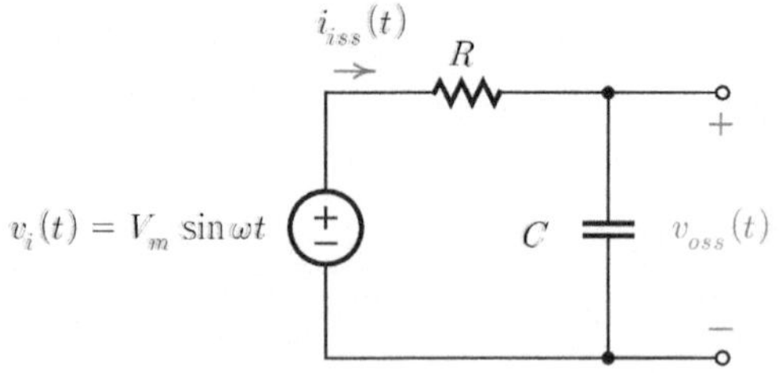

$i_{iss}(t)$ R + $v_i(t) = V_m \sin\omega t$ C $v_{oss}(t)$ −

그림 8.9 예제 8.4를 위한 회로.

풀이 (a) $i_{iss}(t)$는 다음과 같이 구해질 것이다.

$$i_{iss}(t) = V_m\,|\,Y(j\omega)\,|\,\sin(\omega t + \theta_Y)$$

회로로부터 $Y(s) = 1/Z(s) = \dfrac{1}{R + \dfrac{1}{sC}} = \dfrac{sC}{1 + sCR}$

$$Y(j\omega) = \frac{j\omega C}{1 + j\omega RC} = \frac{\omega C \angle \frac{\pi}{2}}{\sqrt{1 + \omega^2 R^2 C^2} \angle \tan^{-1}\omega RC},$$

$$|Y(j\omega)| = \frac{\omega C}{\sqrt{1 + \omega^2 R^2 C^2}}, \ \theta_Y = \frac{\pi}{2} - \tan^{-1}\omega RC$$

를 구할 수 있으므로

$$i_{iss}(t) = V_m \frac{\omega C}{\sqrt{1 + \omega^2 R^2 C^2}} \sin(\omega t + \frac{\pi}{2} - \tan^{-1}\omega RC)$$

를 얻는다. 이 식으로부터 우리는 $i_{iss}(t)$의 위상이 $v_i(t)$의 위상보다

$$\frac{\pi}{2} - \tan^{-1}\omega RC$$

라디안 앞선다는 것을 알 수 있다. ωRC 곱의 값에 따라, 이 진상각이 $\pi/2$와 0 라디안 사이의 임의의 값을 갖게 된다는 점에 주목하기 바란다.
출력 전압 $v_{oss}(t)$는 다음과 같이 구해진다.

$$v_{oss}(t) = V_m |T(j\omega)| \sin(\omega t + \theta_T)$$

회로로부터

$$T(s) = \frac{V_o(s)}{V_i(s)} = \frac{\dfrac{1}{sC}}{R + \dfrac{1}{sC}} = \frac{1}{1 + sCR}$$

$$T(j\omega) = \frac{1}{1 + j\omega RC} = \frac{1 \angle 0}{\sqrt{1 + \omega^2 R^2 C^2} \angle \tan^{-1}\omega RC}$$

$$|T(j\omega)| = \frac{1}{\sqrt{1 + \omega^2 R^2 C^2}}, \ \theta_T = -\tan^{-1}\omega RC$$

를 구할 수 있으므로

$$v_{oss}(t) = V_m \frac{1}{\sqrt{1 + \omega^2 R^2 C^2}} \sin(\omega t - \tan^{-1}\omega RC)$$

를 얻는다. 이 식으로부터 우리는 $v_{oss}(t)$의 위상이 $v_i(t)$의 위상보다 $\tan^{-1}\omega RC$ 라디안만큼 뒤진다는 것을 알 수 있다. 이 지상각이 0과 $\pi/2$ 라디안 사이에 있다는 점에 주목하기 바란다.

(b) 위에서 구한 입력 전류는

$$i_{iss}(t) = V_m \frac{\omega C}{\sqrt{1 + \omega^2 R^2 C^2}} \sin\left(\omega t + \frac{\pi}{2} - \tan^{-1}\omega RC\right)$$

이다. 따라서 주어진 입력 조건들에 대한 응답은

$$i_{iss}(t) = 0.14 \sin(10^4 t + 45°)\ \text{mA}$$

이다. 마찬가지 방법으로 $v_{oss}(t)$를 구하면,

$$v_{oss}(t) = V_m \frac{1}{\sqrt{1 + \omega^2 R^2 C^2}} \sin(\omega t - \tan^{-1}\omega RC)$$
$$= 1.41 \sin(10^4 t - 45°)\ \text{V}$$

입력 전압, 입력 전류, 그리고 출력 전압 파형들을 그림 8.10에 나타냈다. 우리는 이 그림으로부터 또는 표현식으로부터, ωRC의 값에 상관없이 $i_{iss}(t)$가 $v_{oss}(t)$보다 $\pi/2$ 라디안만큼 위상이 앞선다는 것을 알 수 있다. 우리는 또, 저항기에 걸리는 전압 $i_{iss}(t)R$이 전류와 같은 위상이므로, 커패시터에 걸리는 전압이 저항기에 걸리는 전압보다 $\pi/2$ 라디안만큼 뒤진다는 것도 알 수 있다.

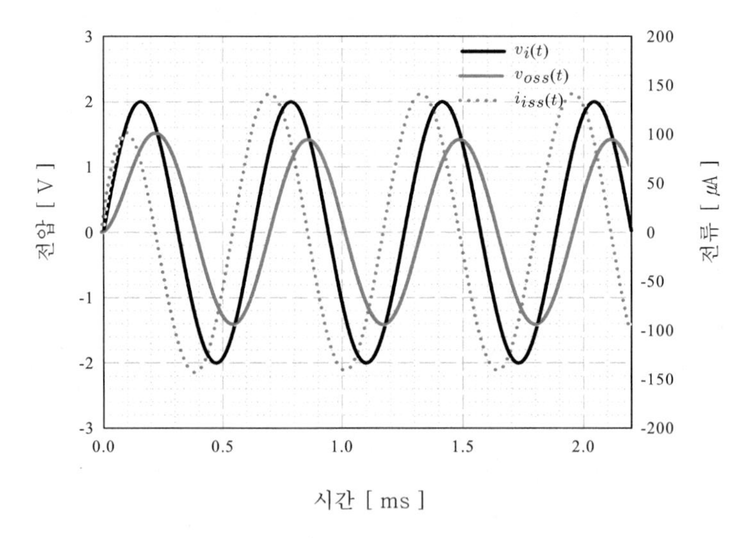

그림 8.10 RC 회로의 사인파 응답.

예제 8.5

(a) 그림 8.11의 RL 1차 회로에서 전류는 입력 전압보다 뒤지는데 반해, 출력 전압은 입력 전압보다 앞선다는 것을 보여라.

(b) 그림 8.11의 회로에서 $R = 1\ \mathrm{k\Omega}$ 이고, $L = 1\ \mathrm{mH}$ 이다. 입력 $v_i(t)$ 의 진폭 $V_m = 2\ \mathrm{V}$ 이고, 각주파수 $\omega = 10^6$ 라디안/초일 때, 정상-상태 입력 전류 $i_{iss}(t)$ 와 정상-상태 출력 전압 $v_{oss}(t)$ 를 구하라. 또한, 이들 파형을 도시하라.

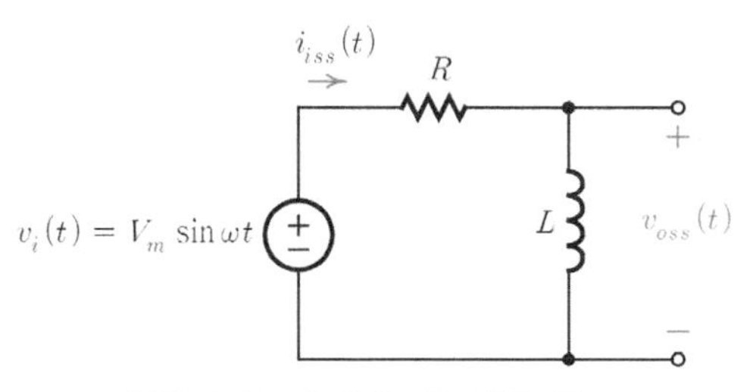

그림 8.11 예제 8.5를 위한 회로.

풀이 (a) $i_{iss}(t)$ 는 다음과 같이 구해질 것이다.

$$i_{iss}(t) = V_m \mid Y(j\omega) \mid \sin(\omega t + \theta_Y)$$

회로로부터 $Y(s) = 1/Z(s) = \dfrac{1}{R + sL}$

$$Y(j\omega) = \frac{1}{R + j\omega L} = \frac{1\angle 0}{\sqrt{R^2 + \omega^2 L^2}\angle \tan^{-1}\frac{\omega L}{R}}$$

$$= \frac{1}{\sqrt{R^2 + \omega^2 L^2}}\angle -\tan^{-1}\frac{\omega L}{R}$$

를 구할 수 있으므로

$$i_{iss}(t) = V_m \frac{1}{\sqrt{R^2 + \omega^2 L^2}} \sin\left(\omega t - \tan^{-1}\frac{\omega L}{R}\right)$$

을 얻는다. 이 식으로부터 우리는 $i_{iss}(t)$의 위상이 $v_i(t)$의 위상보다

$$\tan^{-1}\frac{\omega L}{R}$$

라디안 뒤진다는 것을 알 수 있다. $\omega L/R$의 값에 따라, 이 지상각이 0와 $\pi/2$ 라디안 사이의 임의의 값을 갖게 된다는 점에 주목하기 바란다.

출력 전압 $v_{oss}(t)$ 는 다음과 같이 구해진다.

$$v_{oss}(t) = V_m \mid T(j\omega) \mid \sin(\omega t + \theta_T)$$

회로로부터

$$T(s) = \frac{V_o(s)}{V_i(s)} = \frac{sL}{R + sL}$$

$$T(j\omega) = \frac{j\omega L}{R + j\omega L} = \frac{\omega L \angle \frac{\pi}{2}}{\sqrt{R^2 + \omega^2 L^2} \angle \tan^{-1}\frac{\omega L}{R}}$$

$$= \frac{\omega L}{\sqrt{R^2 + \omega^2 L^2}} \angle \frac{\pi}{2} - \tan^{-1}\frac{\omega L}{R}$$

를 구할 수 있으므로

$$v_{oss}(t) = V_m \frac{\omega L}{\sqrt{R^2 + \omega^2 L^2}} \sin\left(\omega t + \frac{\pi}{2} - \tan^{-1}\frac{\omega L}{R}\right)$$

을 얻는다. 이 식으로부터 우리는 $v_{oss}(t)$의 위상이 $v_i(t)$의 위상보다

$$\frac{\pi}{2} - \tan^{-1}\frac{\omega L}{R}$$

라디안만큼 앞선다는 것을 알 수 있다. 이 진상각이 $\pi/2$와 0 라디안 사이에 있다는 점에 주목하기 바란다.

(b) 위에서 구한 입력 전류는

$$i_{iss}(t) = V_m \frac{1}{\sqrt{R^2 + \omega^2 L^2}} \sin\left(\omega t - \tan^{-1}\frac{\omega L}{R}\right)$$

이다. 따라서 주어진 입력 조건들에 대한 응답은

$$i_{iss}(t) = 1.41 \sin(10^6 t - 45^\circ)\ \mathrm{mA}$$

이다. 마찬가지 방법으로 $v_{oss}(t)$를 구하면,

$$\begin{aligned} v_{oss}(t) &= V_m \frac{\omega L}{\sqrt{R^2 + \omega^2 L^2}} \sin\left(\omega t + \frac{\pi}{2} - \tan^{-1}\frac{\omega L}{R}\right) \\ &= 1.41 \sin(10^6 t + 45^\circ)\ \mathrm{V} \end{aligned}$$

를 얻는다. 입력 전압, 입력 전류, 그리고 출력 전압 파형들을 그림 8.12에 나타냈다. 우리는 이 그림으로부터 또는 표현식으로부터, $\omega L/R$의 값에 상관없이 $i_{iss}(t)$가 $v_{oss}(t)$보다 $\pi/2$ 라디안만큼 뒤진다는 것을 알 수 있다. 우리는 또, 저항기에 걸리는 전압 $i_{iss}(t)R$이 전류와 같은 위상이므로, 인덕터에 걸리는 전압이 저항기에 걸리는 전압보다 $\pi/2$ 라디안만큼 앞선다는 것도 알 수 있다.

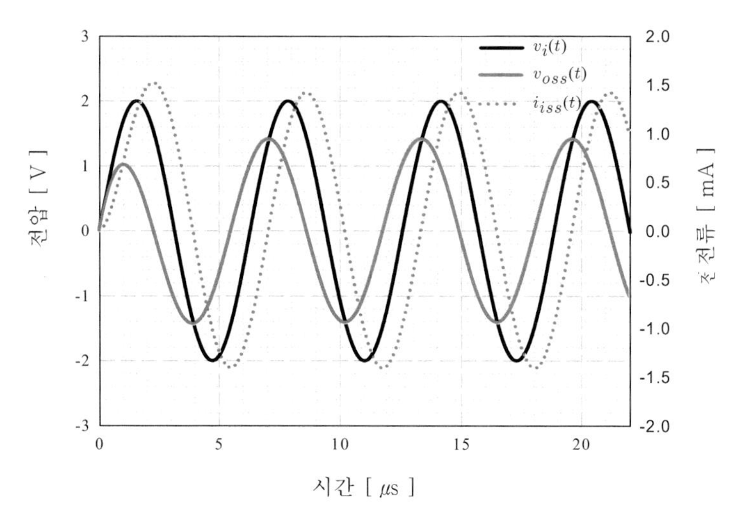

그림 8.12 RL 회로의 사인파 응답.

연습문제 8.4

그림 E8.4에서 주파수에 관계없이 $v_{o1ss}(t)$과 $v_{o2ss}(t)$가 동상(in phase)이라는 것을 보여라.

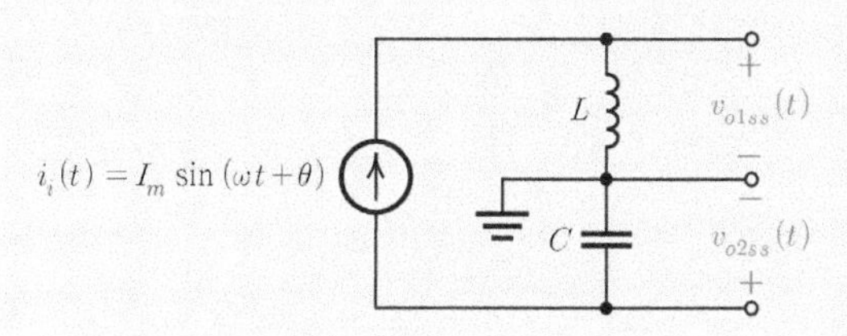

그림 E8.4 연습문제 8.4를 위한 회로.

(a) 그림 8.13에서 $v_{1ss}(t)$와 $v_{2ss}(t)$ 신호가 90°의 위상차를 가진다는 것을 보여라.

(b) $v_{1ss}(t)$를 오실로스코프의 x 입력에 연결했고, $v_{2ss}(t)$를 y 입력에 연결했다. 오실로스코프는 무엇을 디스플레이(display)하겠는가? 또, 이 디스플레이는 주파수에 따라 어떻게 변하겠는가?

(c) (b)에 제시된 결과들을 일반화하여, 위상이 ϕ(phi: 화이) 라디안 떨어져 있는 두 사인파에 적용할 공식을 만들어라.

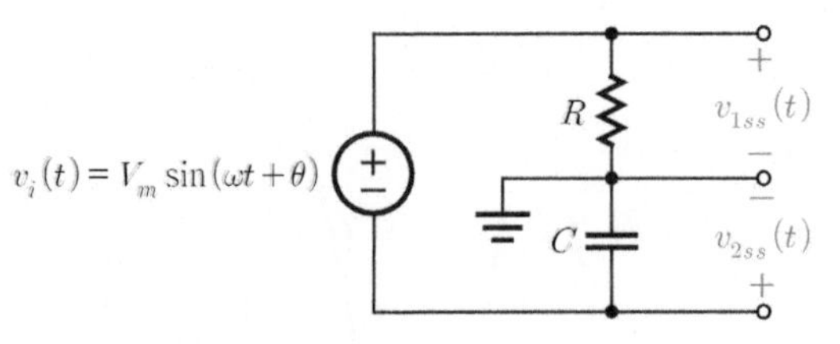

그림 8.13 예제 8.6을 위한 회로.

풀이 (a) 회로의 고찰로부터 우리는 $v_{1ss}(t)$와 $v_{2ss}(t)$를 다음과 같이 구할 수 있을 것이다.

$$v_{1ss}(t) = V_m \mid T_1(j\omega) \mid \sin(\omega t + \theta + \theta_{T_1})$$

$$T_1(j\omega) = \frac{R}{R + (1/j\omega C)} = \frac{j\omega RC}{j\omega RC + 1}$$

$$= \frac{\omega RC}{\sqrt{1 + \omega^2 R^2 C^2}} \angle \frac{\pi}{2} - \tan^{-1}\omega RC$$

$$v_{1ss}(t) = V_m \frac{\omega RC}{\sqrt{1 + \omega^2 R^2 C^2}} \sin\left(\omega t + \theta + \frac{\pi}{2} - \tan^{-1}\omega RC\right),$$

$$v_{2ss}(t) = V_m \mid T_2(j\omega) \mid \sin(\omega t + \theta + \theta_{T_2})$$

$$T_2(j\omega) = -\frac{1/j\omega C}{R + (1/j\omega C)} = -\frac{1}{j\omega RC + 1}$$

$$= \frac{1}{\sqrt{1 + \omega^2 R^2 C^2}} \angle \pi - \tan^{-1}\omega RC$$

$$v_{2ss}(t) = V_m \frac{1}{\sqrt{1 + \omega^2 R^2 C^2}} \sin(\omega t + \theta + \pi - \tan^{-1}\omega RC).$$

$v_i(t) = V_m \sin(\omega t + \theta)$ 이므로, $v_{1ss}(t)$과 $v_{2ss}(t)$의 위상은 다음과 같이 주어질 것이다.

$$\theta_1 = \theta + \frac{\pi}{2} - \tan^{-1}\omega RC, \quad \theta_2 = \theta + \pi - \tan^{-1}\omega RC$$

$v_{2ss}(t)$와 $v_{1ss}(t)$ 사이의 위상차는

$$\theta_2 - \theta_1 = \frac{\pi}{2} \text{라디안} = 90^\circ$$

이다. 그림 9.13에 보인 것처럼, $(\theta_2 - \theta_1) = 90^\circ$ 의 위상차는 두 사인파 사이의 $(\theta_2 - \theta_1)/\omega = T/4$ 초의 시간차에 해당한다.

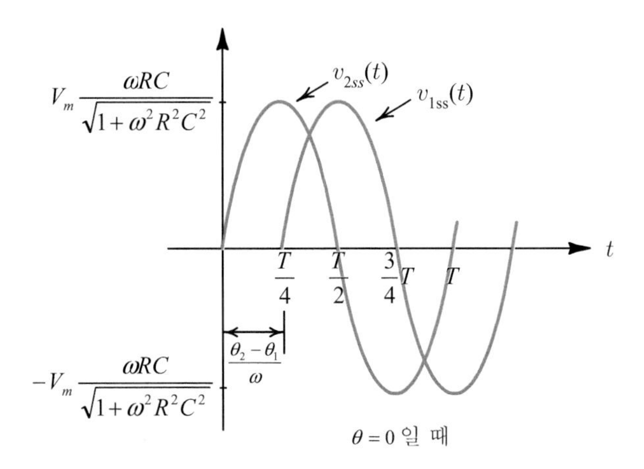

그림 9.13 $\theta = 0$ 일 때 두 사인파의 위상차를 나타낸 그림.

(b) V_m과 θ가 각각 입력 사인파의 진폭과 위상이므로, 오실로스코프의 x와 y 입력은

$$x(t) = v_{1ss}(t) = V_m \frac{\omega RC}{\sqrt{1 + \omega^2 R^2 C^2}} \sin\left(\omega t + \theta + \frac{\pi}{2} - \tan^{-1}\omega RC\right)$$

$$= V_m \frac{\omega RC}{\sqrt{1 + \omega^2 R^2 C^2}} \cos(\omega t + \theta - \tan^{-1}\omega RC)$$

$$y(t) = v_{2ss}(t) = V_m \frac{1}{\sqrt{1 + \omega^2 R^2 C^2}} \sin(\omega t + \theta + \pi - \tan^{-1}\omega RC)$$

$$= -V_m \frac{1}{\sqrt{1 + \omega^2 R^2 C^2}} \sin(\omega t + \theta - \tan^{-1}\omega RC)$$

일 것이다. 오실로스코프가 어떤 종류의 곡선을 디스플레이할 것인가를 알아보기 위해서는, 다음과 같이 x와 y 신호 사이에서 t를 제거해야 할 것이다.

$$\frac{x}{V_m(\omega RC/\sqrt{1 + \omega^2 R^2 C^2})} = \cos(\omega t + \theta - \tan^{-1}\omega RC)$$

$$\frac{y}{V_m(1/\sqrt{1 + \omega^2 R^2 C^2})} = -\sin(\omega t + \theta - \tan^{-1}\omega RC)$$

$\sin^2\phi + \cos^2\phi = 1$이므로, 우리는 다음 식을 얻는다.

$$\left(\frac{x}{V_m \omega RC/\sqrt{1 + \omega^2 R^2 C^2}}\right)^2 + \left(\frac{y}{V_m/\sqrt{1 + \omega^2 R^2 C^2}}\right)^2 = 1$$

이 식은

$$\pm V_m \frac{\omega RC}{\sqrt{1 + \omega^2 R^2 C^2}}$$

에서 x축을 교차하고,

$$\pm V_m \frac{1}{\sqrt{1 + \omega^2 R^2 C^2}}$$

에서 y축을 교차하는 타원의 방정식이다.

사인파의 주파수가 증가함에 따라 x축 절편은 더 커질 것이고, y축 절편은 더 작아질 것이다. 따라서, 오실로스코프의 디스플레이는 수직 방향의 타원으로부터 수평 방향의 타원으로 변할 것이다. $\omega = 1/RC$일 때에는 x축과 y축 절편이 같으므로, (만일 오실로스코프의 수평 증폭기와 수직 증폭기가 같은 이득으로 조정되어 있다면) 타원은 원이 될 것이다. 이 결과들을 그림 8.15에 나타냈고, 이들로부터 우리는 다음의 결론을 얻을 수 있을 것이다. 즉, 90°의 위상차를 갖는 두 사인파가 오실로스코프의 x와 y 입력에 접속될 때, 그 결과로 생기는 디스플레이는 타원이다. (원은 타원의 특별한 경우이다.)

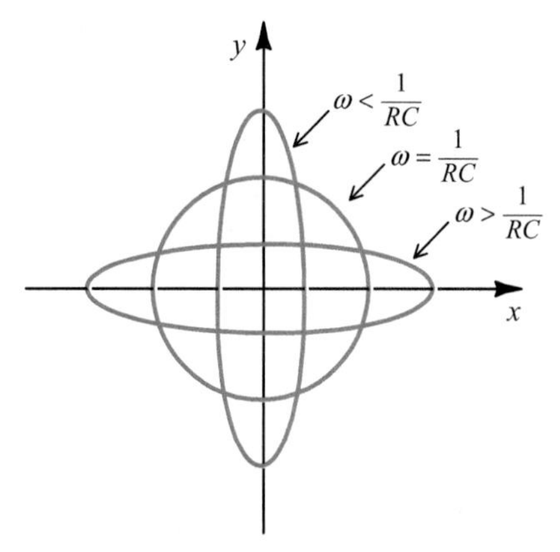

그림 8.15 예제 8.6(b)의 결과인 오실로스코프의 디스플레이 파형.

(c) 일반적인 경우로서, 우리는 x와 y입력을 다음과 같이 쓸 수 있을 것이다.

$$x = A\sin(\omega t + \theta), \qquad y = B\sin(\omega t + \theta + \phi) \tag{8.11}$$

여기서 ϕ는 두 사인파 사이의 위상차를 나타낸다. 이들 식에서 t를 소거하면,

$$\left(\frac{x}{A}\right)^2 - 2\left(\frac{x}{A}\right)\left(\frac{y}{B}\right)\cos\phi + \left(\frac{y}{B}\right)^2 = \sin^2\phi \tag{8.12}$$

이 얻어질 것이다(문제 8.14를 보라). 이 식은 경사진 타원을 나타낸다. x축과 y축 절편은

$$x_{int} = \pm A \sin\phi = \pm x_{\max}\sin\phi, \qquad y_{int} = \pm B \sin\phi = \pm y_{\max}\sin\phi$$

이고, 이 두 식으로부터 우리는 다음 식을 유도할 수 있을 것이다.

$$\pm\sin\phi = \frac{x_{int}}{x_{\max}} = \frac{y_{int}}{y_{\max}} \tag{8.13}$$

우리는 또, 이 결과를 다음과 같이 일반화하고 공식화할 수 있을 것이다.

$$\sin|\phi| = \frac{\text{중간 스윙}}{\text{피크에서 피크까지의 스윙}}$$

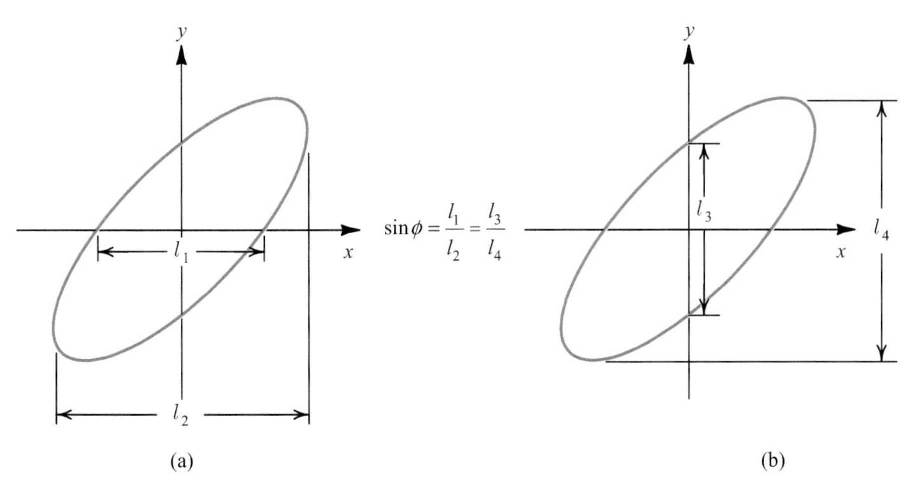

그림 8.16 리서쥬 도형.

이 타원의 측정은 그림 8.16(a)와 (b)에 보인 것처럼, 수평 또는 수직 어느 쪽으로도 취할 수 있다. 만일 ω가 충분히 낮아서(오실로스코프 디스플레이를 형성하는 전자빔에 의해) 타원이 (시계 방향 또는 반시계 방향) 어느 쪽 방향으로 발생되는지를 볼 수 없다면, 우리는 x와 y신호 중에서 어느 쪽 신호가 ϕ라디안만큼 앞서는지를 확인할 수 없을 것이다. 즉, 그림 8.16에 보인 것과 같은 디스플레이로부터 우리가 알 수 있는 것은 단지 위상차뿐이다. 끝으로, 이 그림을 **리서쥬 도형**(Lissajous pattern)이라고 부른다는 것을 언급해 둔다.

연습문제 8.5

(a) 그림 E8.5에서 $v_{1ss}(t)$과 $v_{oss}(t)$ 전압들의 진폭과 위상을 구하라.

(b) $v_{oss}(t)$와 $v_{1ss}(t)$의 위상차를 구하라. 또한, $R = 0$, $R = 1/\omega C$, 그리고 $R = \infty$ 일 때의 위상차 값을 계산하라.

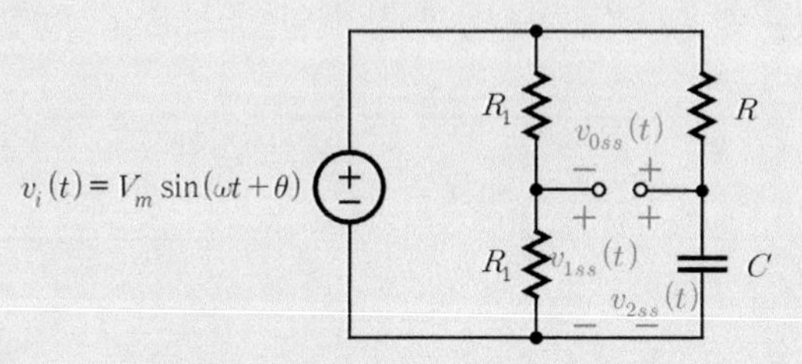

그림 E8.5 연습문제 8.5를 위한 회로.

답 (a) $v_{1ss}(t) = \dfrac{1}{2} V_m \sin(\omega t + \theta)$, $v_{oss}(t) = \dfrac{1}{2} V_m \sin(\omega t + \theta - 2\tan^{-1}\omega RC)$,

(b) $2\tan^{-1}\omega RC$, $0°$, $90°$, $180°$

8.4 2차 회로들의 사인파 정상-상태 응답

병렬 공진 회로

그림 8.17에 보인 RLC 병렬 회로를 고찰해 보자. 이 회로는 사인파 전압 전원에 의해 여기된다. 그림에 보인 네 개의 전류들은 다음 식들로 입력과 연관될 것이다.

$$I_R(s) = \frac{V_i(s)}{R}, \quad I_L(s) = \frac{V_i(s)}{sL}, \quad I_C(s) = V_i(s)sC$$

$$I_i(s) = I_R(s) + I_L(s) + I_C(s) = V_i(s)\left[\frac{1}{R} + \frac{1}{sL} + sC\right] = V_i(s)Y_i(s)$$

$s = j\omega$ 를 대입하면

$$Y_i(j\omega) = \frac{1}{R} + j\left(\omega C - \frac{1}{\omega L}\right)$$

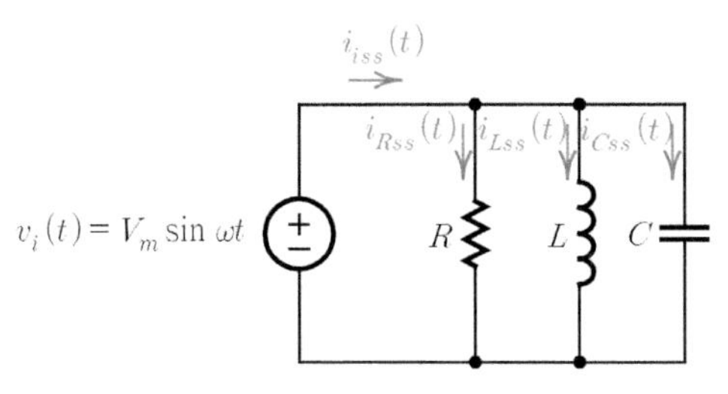

그림 8.17 사인파로 여기된 RLC 병렬 회로

여기서 $Y_i(j\omega)$는 RLC 병렬 회로의 입력 어드미턴스를 나타낸다.

입력 전류 $i_{iss}(t)$는 다음과 같이 구해진다.

$$\begin{aligned} i_{iss}(t) &= I_m \sin(\omega t + \theta_i) = V_m \mid Y_i(j\omega) \mid \sin(\omega t + \theta_{Y_i}) \\ &= V_m \sqrt{\left(\frac{1}{R}\right)^2 + \left(\omega C - \frac{1}{\omega L}\right)^2} \sin\left[\omega t + \tan^{-1} R(\omega C - \frac{1}{\omega L})\right] \end{aligned}$$

입력 전류 $i_{iss}(t)$의 피크값은

$$I_m = V_m \mid Y_i(j\omega) \mid = V_m \sqrt{\left(\frac{1}{R}\right)^2 + \left(\omega C - \frac{1}{\omega L}\right)^2} \tag{8.14}$$

이다. 여기서 V_m은 입력 전압 $v_i(t)$의 피크값을 나타낸다. 식 (8.14)로부터 알 수 있듯이, 피크 전류 I_m은 주파수 ω에 좌우된다. 이 피크 전류는 낮은 주파수에서는 $1/\omega L$이 크기 때문에 클 것이고, 높은 주파수에서는 ωC가 크기 때문에 역시 클 것이다. 피크 전류 I_m이 최소가 되는 것은 $\omega = 1/\sqrt{LC}$ 일 때이고, 그 때의 값은

$$(I_m)_{\min} = \frac{V_m}{R} \tag{8.15}$$

일 것이다.

I_m과 주파수와의 관계를 그림 8.18(a)에 나타냈다. 이 그림은 식 (8.14)를 ω에 대해 도시한 것이다. 사인파 전원의 주파수를 $\omega = 1/\sqrt{LC}$ 에 맞췄다고 가정해 보자. 이 주파수에서의 전류들과 입력 임피던스에 대한 표현식들은 다음과 같이 간단해질 것이다.

$$i_{Rss}(t) = \frac{V_m}{R} \sin \omega t$$

$$i_{Lss}(t) = V_m \frac{1}{\omega L} \sin(\omega t - \frac{\pi}{2}) = V_m \sqrt{\frac{C}{L}} \sin(\omega t - \frac{\pi}{2})$$

$$i_{Css}(t) = V_m \omega C \sin(\omega t + \frac{\pi}{2}) = V_m \sqrt{\frac{C}{L}} \sin(\omega t + \frac{\pi}{2})$$

$$Z_i = \frac{1}{Y_i} = R$$

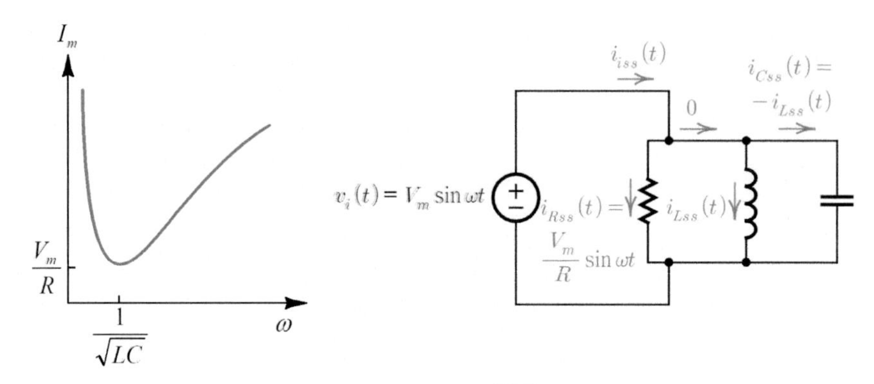

그림 8.18 (a) I_m과 주파수와의 관계, (b) $\omega = 1/\sqrt{LC}$ 일 때 소자들에 흐르는 전류들 사이의 관계.

이 식들로부터 인덕터를 통해 흐르는 전류와 커패시터를 통해 흐르는 전류 사이에 180°의 위상차가 있다는 것을 알 수 있다. $i_{Css}(t)$를 다음과 같이 쓸 수 있으므로

$$i_{Css}(t) = V_m \sqrt{\frac{C}{L}} \sin(\omega t + \frac{\pi}{2}) = V_m \sqrt{\frac{C}{L}} \sin(\omega t + \pi - \frac{\pi}{2})$$

$$= -V_m \sqrt{\frac{C}{L}} \sin(\omega t - \frac{\pi}{2})$$

$i_{Css}(t)$와 $i_{Lss}(t)$는 크기는 같고 흐르는 방향이 정반대라는 것을 알 수 있다. 이는 그들의 합이 0이라는 것과 회로의 LC 부분에 인가된 전류가 0이라는 것을 의미한다. 그럼에도 불구하고, 인덕터와 커패시터에는 전류가 흐르므로, 우리는 이 전류를 그림 8.18(b)에 보인 것처럼 LC 루프를 도는 전류로 생각할 수 있을 것이다. 입력 전류 $i_{iss}(t)$ 전부가 저항기를 통해 흐르는데, 만약 이 저항기의 저항이 무한대라면 입력 전류 역시 0일 것이다. 결국, 우리는 0의 입력 전류로 LC 루프 내에 전류를 흘릴 수 있는 흥미로운 상황을 맞게 될 것이다. 비록 이 상황이 처음에는 이상하게 보일지 모르지만, 우리는 여기서 사인파의 정상-상태 조건들을 다루고 있다는 사실을 깨달아야 한다. 즉, 이 시간 전에(정상 상태에 도달하기 전에) 전류가 LC 회로 안으로 들어갔으며, 이에 따라 에너지가 인덕터와 커패시터로 전달되었다는 것을 깨달아야 한다. 정상 상태에 도달한 후에, 이 에너지는 인덕터와 커패시

터 사이를 왔다 갔다 하는데, 이는 에너지를 소모할 어떤 저항도 이 루프 내에 존재하지 않기 때문이다. 실제로는, 인덕터 또는 커패시터의 피할 수 없는 손실 때문에, 이와 같은 상황은 불가능하다. 그러나, 병렬 LC 회로 안으로 들어오는 비교적 작은 전류로 인덕터와 커패시터에 큰 전류를 흘리게 하는 것은 가능하다.

직렬 공진 회로

다음으로, 그림 8.19에 보인 RLC 직렬 회로를 고찰해 보자. 이 회로는 사인파 전류 전원에 의해 여기된다. 그림에 표시된 네 개의 전압들과 입력 전류 $i_i(t)$ 사이에는 다음과 같은 관계가 있을 것이다.

$$V_R(s) = RI_i(s), \quad V_L(s) = sLI_i(s), \quad V_C(s) = \frac{1}{sC}I_i(s)$$

$$V_i(s) = V_R(s) + V_L(s) + V_C(s) = I_i(s)\left[R + sL + \frac{1}{sC}\right] = I_i(s)Z_i(s)$$

$s = j\omega$ 를 대입하면

$$Z_i(j\omega) = R + j\left(\omega L - \frac{1}{\omega C}\right)$$

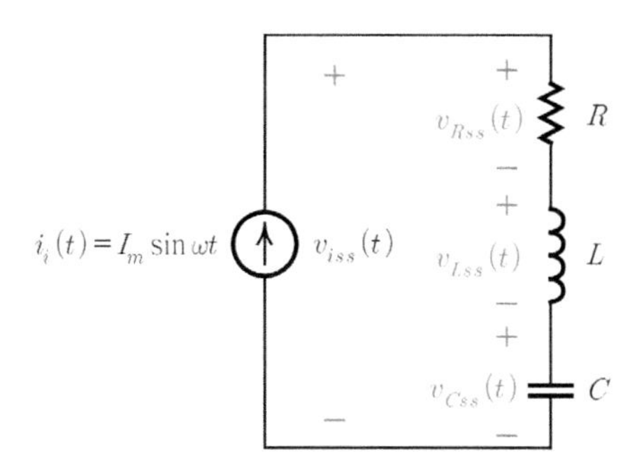

그림 8.19 사인파로 여기된 RLC 직렬 회로.

여기서 $Z_i(j\omega)$는 RLC 직렬 회로의 입력 임피던스이다.

입력 전압 $v_{iss}(t)$는 다음과 같이 구해진다.

$$v_{iss}(t) = V_m \sin(\omega t + \theta_v) = I_m \mid Z_i(j\omega) \mid \sin(\omega t + \theta_{Z_i})$$

$$= I_m \sqrt{R^2 + \left(\omega L - \frac{1}{\omega C}\right)^2} \sin\left(\omega t + \tan^{-1}\frac{\omega L - \dfrac{1}{\omega C}}{R}\right)$$

입력 전압 $v_{iss}(t)$의 피크값은

$$V_m = I_m \mid Z_i(j\omega) \mid = I_m\sqrt{R^2 + \left(\omega L - \frac{1}{\omega C}\right)^2} \tag{8.16}$$

이다. 여기서 I_m은 입력 전류 $i_i(t)$의 피크값을 나타낸다. 이 식으로부터 우리는 피크 전압 V_m이 낮은 주파수에서는 $1/\omega C$ 때문에 커지고, 높은 주파수에서는 ωL 때문에 커진다는 것을 알 수 있다. 피크 전압 V_m이 최소가 되는 것은

$$\omega = \frac{1}{\sqrt{LC}}$$

일 때이고, 그 때의 값은

$$(V_m)_{\min} = I_m R \tag{8.17}$$

일 것이다. V_m과 주파수와의 관계를 그림 8.20(a)에 나타냈다. $\omega = 1/\sqrt{LC}$에서 전압들과 입력 임피던스는 다음과 같이 주어질 것이다.

$$v_{Rss}(t) = I_m R \sin\omega t$$

$$v_{Lss}(t) = I_m \omega L \sin(\omega t + \frac{\pi}{2}) = I_m\sqrt{\frac{L}{C}}\sin(\omega t + \frac{\pi}{2})$$

$$v_{Css}(t) = I_m \frac{1}{\omega C}\sin(\omega t - \frac{\pi}{2}) = I_m\sqrt{\frac{L}{C}}\sin(\omega t - \frac{\pi}{2})$$

$$Z_i = R$$

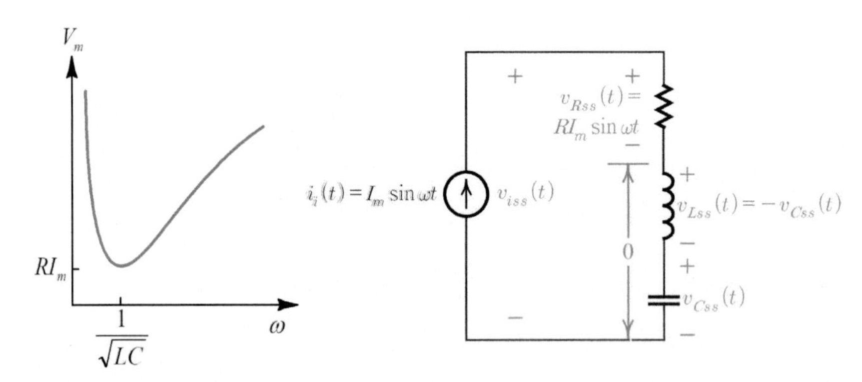

그림 8.20 (a) V_m과 주파수와의 관계, (b) $\omega = 1/\sqrt{LC}$ 일 때 소자들에 걸리는 전압들 사이의 관계.

이 식들로부터 인덕터에 걸리는 전압과 커패시터에 걸리는 전압 사이에 180°의 위상차가 있다는 것을 알 수 있다. $v_{Lss}(t)$를 다음과 같이 쓸 수 있으므로

$$v_{Lss}(t) = I_m\sqrt{\frac{L}{C}}\sin(\omega t + \frac{\pi}{2}) = I_m\sqrt{\frac{L}{C}}\sin(\omega t + \pi - \frac{\pi}{2})$$

$$= -I_m\sqrt{\frac{L}{C}}\sin(\omega t - \frac{\pi}{2})$$

$v_{Lss}(t)$와 $v_{Css}(t)$는 크기는 같고 걸리는 극성이 정반대라는 것을 알 수 있다. 이제 우리는 이들의 합이 0이라는 것을 알 수 있고, 이에 따라 비록 L 양단과 C 양단에 전압이 존재할지라도, 회로의 LC 부분에는 전압이 존재하지 않는다는 것도 알 수 있다. 따라서, 그림 8.20(b)에 보인 것처럼, 입력 전압 $v_{iss}(t)$의 전부가 저항기 양단에 나타날 것이다. 만일 $R = 0$이면, 저항기 양단의 전압이 0이 될 것이고, 그 결과로 입력 전압 역시 0이 될 것이다. 결국, 우리는 LC 결합 양단에 걸리는 전압은 0이지만, 각각의 L과 C 양단에는 전압이 존재하는 흥미로운 상황을 맞게 될 것이다. 이때, 에너지는 아무 손실 없이 L과 C 사이에서 왔다 갔다 이동할 것이다. 실제로는, 실제의 인덕터 및 커패시터와 연관된 피할 수 없는 손실 때문에, LC 결합 양단에 걸리는 전압이 0이 되는 상황은 일어나지 않을 것이다. 그러나, 직렬 LC 회로 양단에 걸리는 비교적 작은 입력 전압으로 인덕터와 커패시터에 큰 전압이 걸리게 하는 것은 가능할 것이다.

요 약

✔ 사인파가 RLC 회로를 여기할 때, 두 개의 서로 다른 부분을 갖는 응답이 발생한다. 응답의 한 부분은 RLC 회로의 극점들에 의한 것인데, RLC 회로의 극점들은 음의 실수부를 갖기 때문에, 이 부분은 결국 소멸된다. 응답의 다른 부분은 입력 여기의 극점들에 기인한다. 따라서 이 부분은 사인파이다. 이 사인파는 진폭과 위상에서 입력 사인파와 다른데, 그 이유는 전달 함수 $T(j\omega)$에 의해 설명된다. 즉, 전달 함수의 크기 $|T(j\omega)|$는 입력 진폭에 곱해져 출력 진폭을 산출하고, 전달 함수의 위상 $\theta_T(\omega)$는 입력의 위상에 더해져 출력 위상을 산출한다. 따라서, 만일 A와 θ가 입력 진폭과 위상이라면, 출력 진폭과 위상은 $A|T(j\omega)|$와 $[\theta + \theta_T(\omega)]$가 된다. 입력 함수를 다룰 때, 우리는 $T(j\omega)$ 대신에 입력 임피던스 $Z(j\omega)$ 또는 입력 어드미턴스 $Y(j\omega)$를 사용하여 입력 전압 또는 입력 전류의 진폭과 위상을 구할 수도 있다.

문제 Question

8.1 회로들의 사인파 응답

8.1 그림 P8.1에서 입력이 $t = 0$일 때 인가된다.

(a) $v_i = V_m \sin\omega t$ 일 때 응답을 구하라.

(b) $v_i = V_m \cos\omega t$ 일 때 응답을 구하라.

(c) 입력은 $v_i = V_m \sin(\omega t + \theta)$ 이다. θ를 적절하게 선택하면, 즉 입력 사인파를 정확하게 인가하면 출력 응답에 고유 성분이 포함되지 않는다는 것을 보여라. 그리고 그 결과의 응답을 구하라.

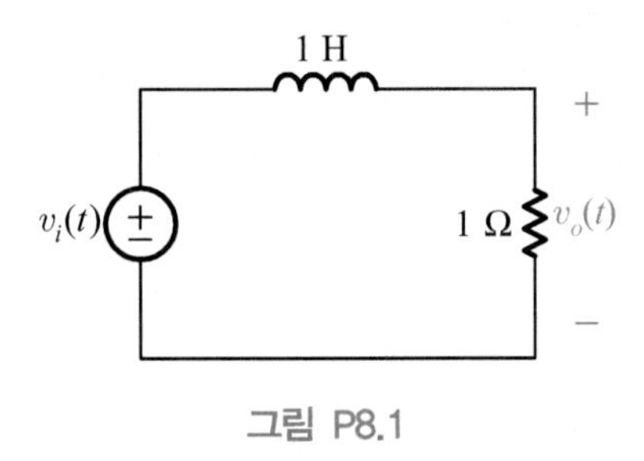

그림 P8.1

8.2 그림 P8.2에서 $v_o(t)$를 계산하라.

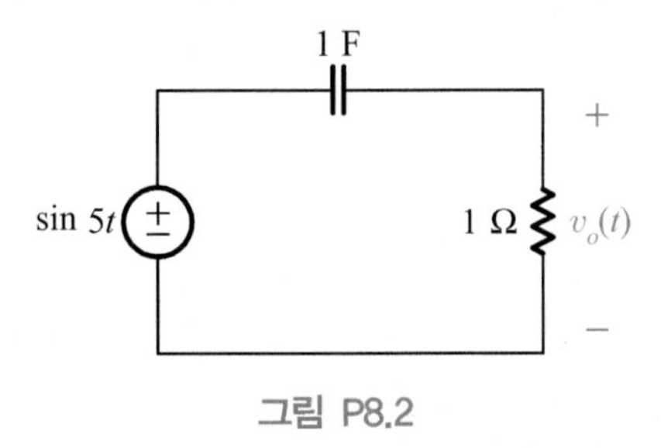

그림 P8.2

8.3 그림 P8.3에서 강제 응답이 0이 되기 위한 ω의 값을 구하라.

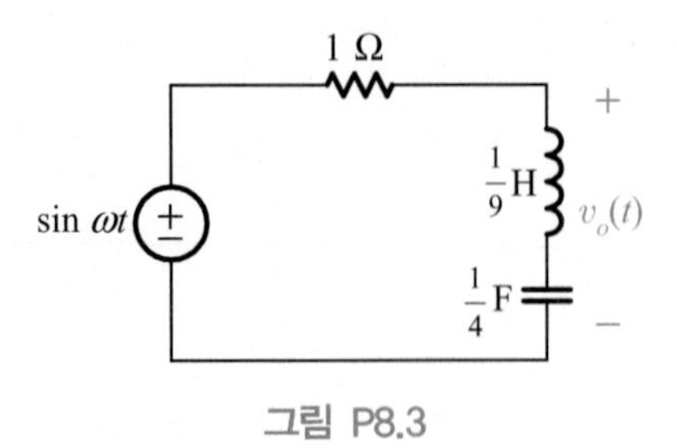

그림 P8.3

8.4 그림 P8.4에서 θ 를 적절하게 선택함으로써 응답의 고유 부분을 0 으로 만들 수 있다. θ 와 그 결과로 생기는 응답을 구하라.

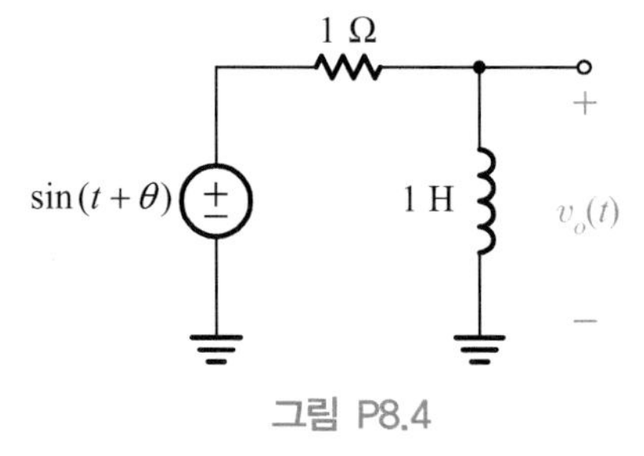

그림 P8.4

8.5 그림 P8.5에서 $t = 0$일 때 사인파가 인가된다. $v_o(t)$ 의 고유 성분과 강제 성분에 대한 표현식을 구하라.

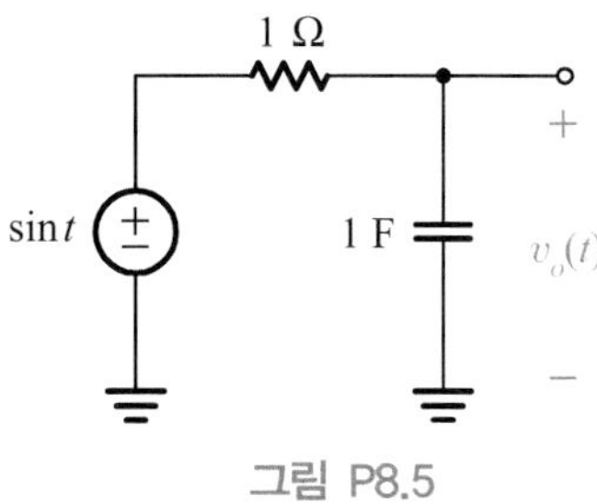

그림 P8.5

8.6 그림 P8.6에 보인 회로들에 대해, 고유 응답이 소멸될 때까지 시간이 얼마나 걸리는지를 구하라.

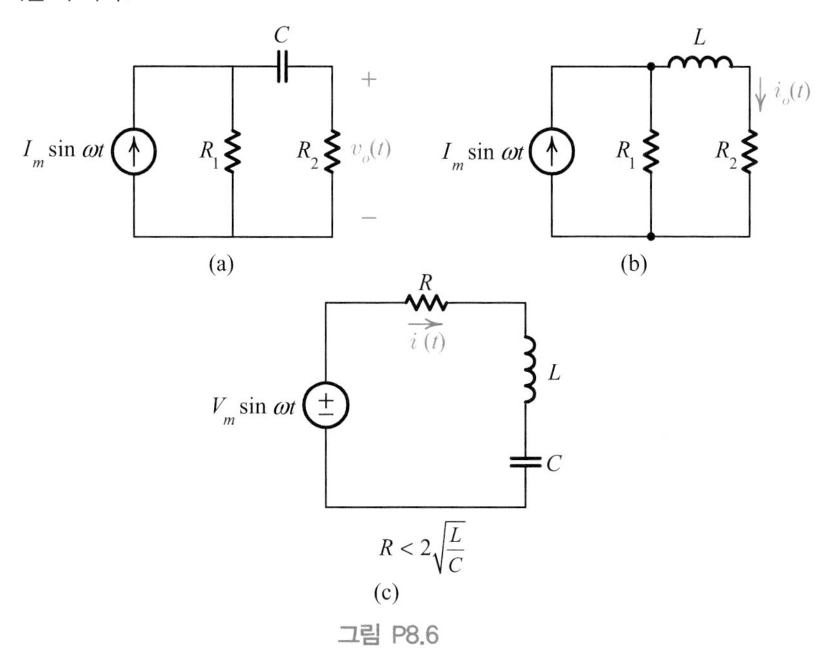

그림 P8.6

8.7 그림 P8.7에 보인 회로에서 출력은 어떤 사인파도 포함하지 않는다. 어떤 주파수에서 이 상황이 일어나겠는가?

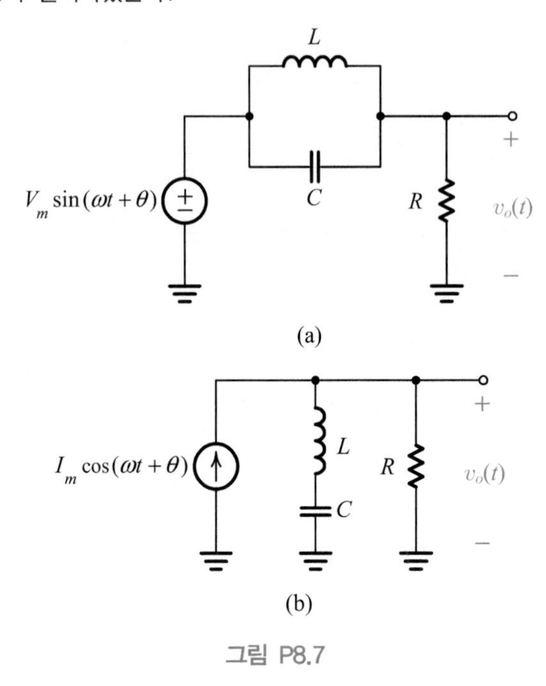

그림 P8.7

8.2 회로들의 사인파 정상-상태 응답

8.8 그림 P8.8에 보인 회로들에서 물음표로 지시된 변수들의 정상-상태 응답을 구하라.

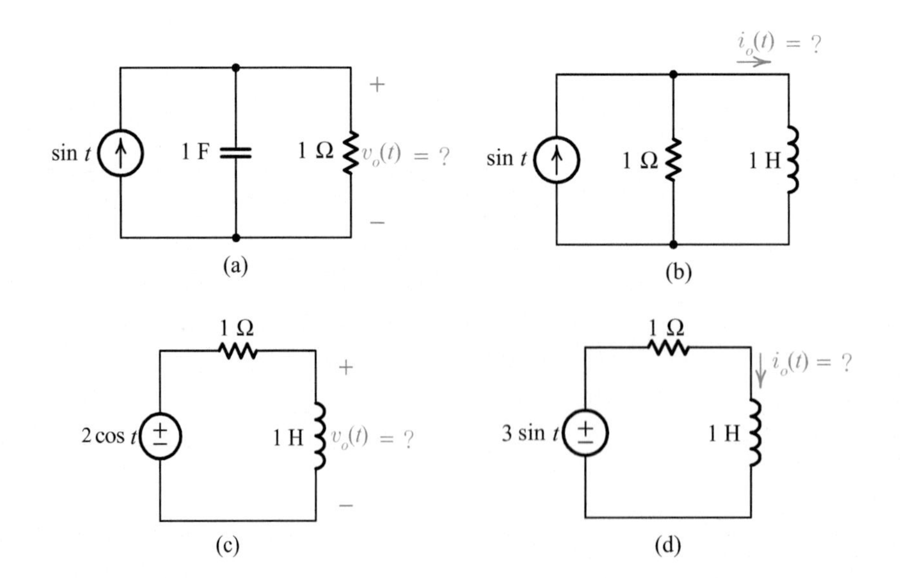

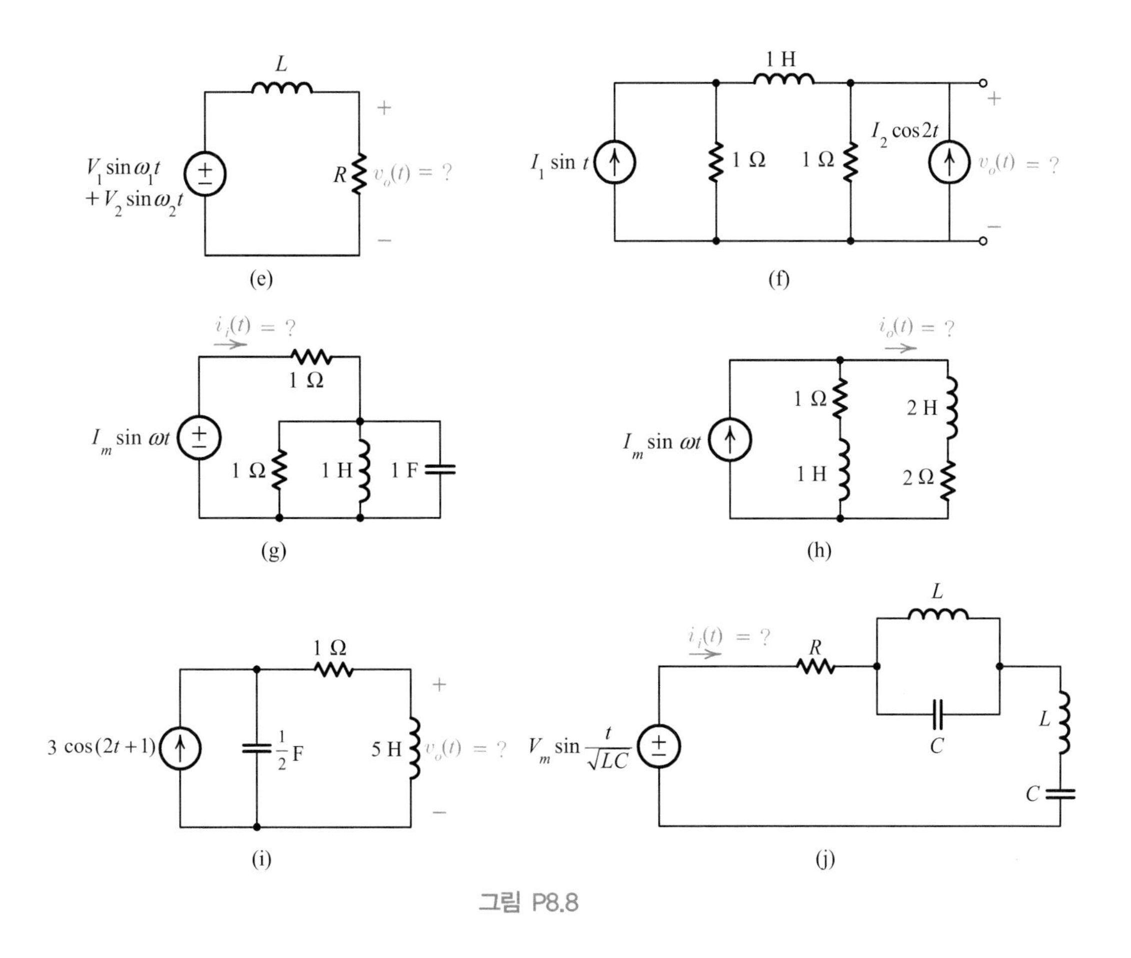

그림 P8.8

8.9 그림 P8.9에 보인 시스템에 대해 정상-상태 응답을 구하라.

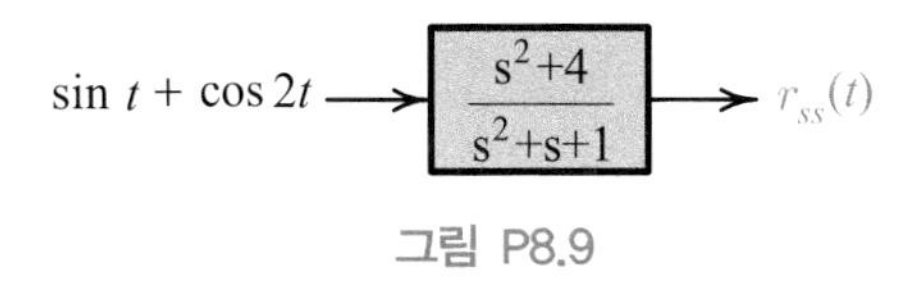

그림 P8.9

8.3 1차 회로들의 사인파 정상-상태 응답

8.10 다음 소자들의 전압과 전류 사이의 위상 관계는 무엇인가?

(a) 저항기　　　(b) 커패시터　　　(c) 인덕터

8.11 $s_1 = A\cos\omega t$, $s_2 = B\cos(\omega t - \theta)$, $s_3 = -C\cos(\omega t + \psi)$가 주어졌다. 단, 이 식들에서 A, B, 그리고 C는 양의 수이다.

(a) s_1과 s_2가 s_3보다 위상이 앞서는지 아니면 뒤지는지를 식으로 나타내어라.

(b) s_2는 s_1보다 위상이 얼마만큼 앞서는가?

8.12 그림 P8.12의 회로에서 출력 전압은 입력 전압보다 위상이 앞서는데 반해, 전류는 입력 전압보다 위상이 뒤진다는 것을 보여라.

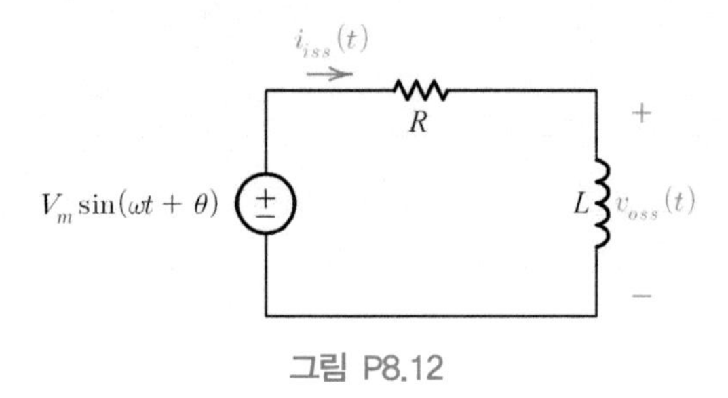

그림 P8.12

8.13 그림 P8.13을 참고하라. 어떤 주파수에서 V_{m1}과 V_{m2}가 같아지는가? 그 주파수에서의 위상차 $\theta_1 - \theta_2$ 는 얼마인가?

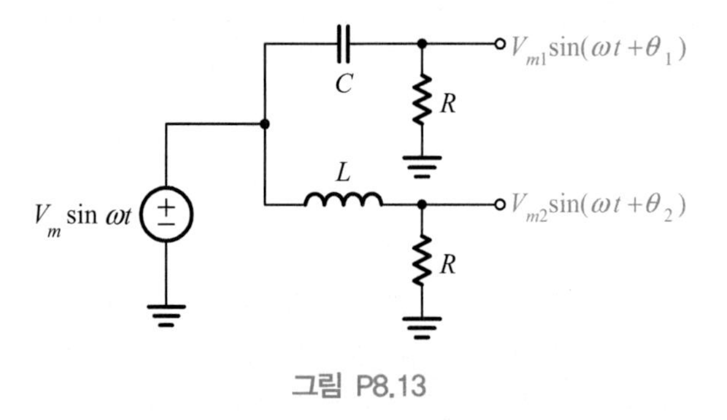

그림 P8.13

8.14 식 (8.12)를 유도하라.

8.4 2차 회로들의 사인파 정상-상태 응답

8.15 식 (8.15)와 식 (8.17)을 유도하라.

8.16 그림 P8.15에서 $i(t) = I_m \sin\omega t$ 이다. 정상 상태에서 출력 전압은 $v_o(t) = V_m \sin(\omega t + \theta)$의 형태로 나타내어질 것이다. V_m과 θ를 구하고, 그들을 ω의 함수로 도시하라. 그리고, 어떤 주파수에서 V_m이 최대가 되는지 구하고, 그 주파수에서의 위상 θ를 구하라.

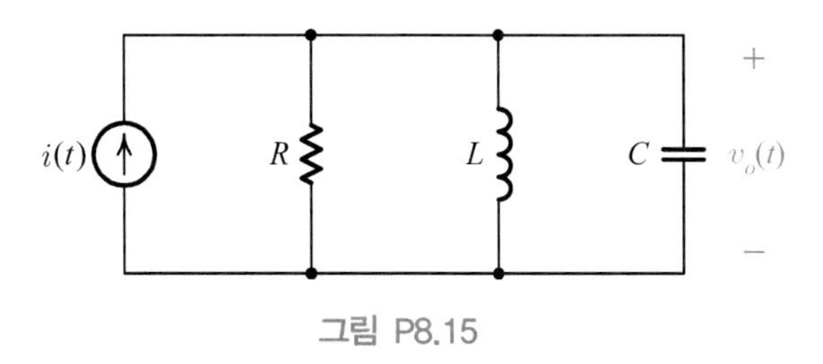

그림 P8.15

8.17 그림 P8.16에서 $i(t) = I_m \sin(\omega t + \theta)$ 이고, 응답은 정상 상태에 있다.

(a) $v_R(t)$, $v_L(t)$, $v_C(t)$, 그리고 $v(t)$를 계산하라.

(b) V_{mR}, V_{mL}, V_{mC}, 그리고 V_m 대 ω를 그려라.

(c) $\omega = 1/\sqrt{LC}$일 때의 전압 이득 V_{mC}/V_m를 구하라.

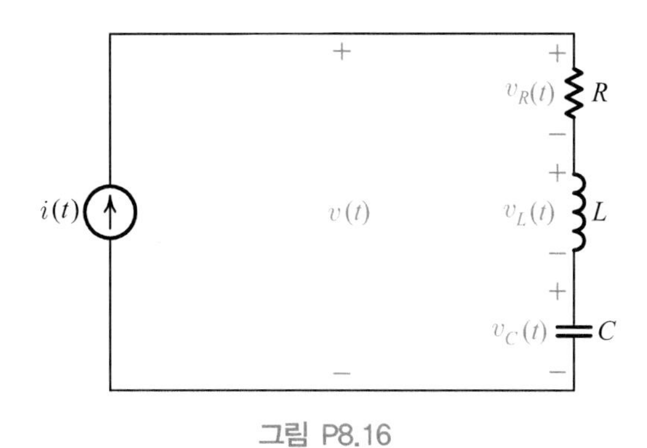

그림 P8.16

CHAPTER 09

주파수 응답

서론

8장에서 우리는 사인파로 여기된 회로들을 해석할 때, 지정된 (또는 주어진) 한 주파수에 대한 사인파 정상-상태 응답을 구하는 데에 주의를 집중했었다. 우리는 이제 사인파 회로 해석의 또 다른 중요한 양상을 고찰할 것이다. 즉, 입력 사인파의 진폭은 일정한데 반해, 주파수가 변할 때 출력 사인파의 진폭과 위상이 어떻게 되는지를 조사할 것이다. 이렇게 함으로써 우리는 회로들의 주파수 응답을 고찰할 것이다. 주파수 응답은 통신, 신호처리, 그리고 제어 분야에서 매우 중요하다.

우리가 라디오를 어떤 방송국에 동조시키려고 할 때 또는 텔레비젼을 어떤 특정 채널에 맞추려고 할 때는, 수신기의 한 부분 회로[동조기 또는 튜너(tuner)]를 조정하여, 그 회로가 그 방송국 또는 그 채널에 할당된 주파수의 신호만을 증폭하고 그 외의 들어오는 신호들은 감쇠시키도록 해줘야 할 것이다. 또한, 아주 작은 레벨의 생체 신호들을 기록하고자 할 때에는, 우리가 측정하고자 하는 생체 신호를 왜곡시키는 60 Hz 전원의 간섭 신호(이를 전원 잡음 또는 전원 간섭이라고 한다)를 제거하기 위한 어떤 회로들을 사용해야 할 것이다. 한편, 음향기 시스템에서는 크로스오버(crossover) 회로라고 불리는 회로를 사용하여 저주파 신호와 고주파 신호를 분리한 다음, 이들을 각각 저주파용 스피커와 고주파용 스피커로 보낸다. 또, 여러 응용에서 우리는 위상-편이 회로망(phase-shift network)을 사용하여 입력 사인파와 출력 사인파 사이의 특정한 위상 관계를 만들어내기도 한다. 우리는 지금까지 언급한 이 회로들과 사인파 신호들의 진폭과 위상 특성들을 규정된 방식에 따라 변경시키는 다른 모든 회로들을 일컬어 **여파기**[또는 **필터**(filter)]라고 부른다. 이 장에서 우리는 널리 사용되고 있는 여파기들의 특성과 그 여파기들이 실제의 응용에서 어떻게 사용되는지를 살펴볼 것이다.

9.1 사인파 주파수 응답

임의의 회로에

$$e(t) = A\sin(\omega t + \theta) \tag{9.1}$$

의 사인파가 입력되면, 정상 상태에서의 출력 $r(t)$는 입력과 같은 주파수 ω를 갖는 사인파이지만, 그 진폭과 위상은 회로의 전달 함수 $T(s) = V_o(s)/V_i(s)$에 의해 다음과 같이 바뀐다.

$$r(t) = A|T(j\omega)|\sin[\omega t + \theta + \theta_T(\omega)] \tag{9.2}$$

여기서, $|T(j\omega)| = T(j\omega)$의 크기

$\theta_T(\omega) = T(j\omega)$의 위상각

$T(j\omega) = T(s)|_{s=j\omega}$

이다. 식 (9.2)는 그림 9.5에 도식적으로 나타낸 것처럼, 회로가 사인파의 진폭 A를 $A|T(j\omega)|$로, 또한 사인파의 위상 θ를 $\theta + \theta_T(\omega)$로 각각 바꾸어 놓는다는 것을 말해 준다. 따라서 식 (9.2)는 지정된 (또는 주어진) 한 주파수에서의 사인파 정상-상태 응답을 구하는 데에 유용하다.

지금부터는 입력 사인파의 진폭과 위상은 일정하고, 주파수가 변할 때 사인파 정상-상태 응답이 어떻게 되는지를 생각해 보기로 하자. 그림 9.5로부터 우리는 입력 사인파의 진폭과 위상이 일정함에도 불구하고, 고려중인 회로의 $|T(j\omega)|$와 $\theta_T(\omega)$가 ω의 함수이므로, 입력 사인파의 주파수가 바뀌면 출력 사인파의 진폭과 위상이 바뀐다는 것을 알 수 있다. 주파수 변화에 따른 출력 사인파 진폭의 변화를 입력 사인파 진폭의 값에 상관없이 관찰하려면, 출력 사인파 진폭 $A|T(j\omega)|$ 대 입력 사인파 진폭 A의 비를 취한 다음, 그 비인 $|T(j\omega)|$가 주파수에 따라 어떻게 변하는지를 조사하면 될 것이다. 즉, $|T(j\omega)|$ 대 ω 특성을 구함으로써, 우리는 서로 다른 주파수의 사인파들이 회로를 통과할 때 그들의 진폭이 어떻게 서로

다른 영향을 받는지를 명확하게 알 수 있을 것이다. 한편, 주파수 변화에 따른 출력 사인파 위상의 변화를 입력 사인파 위상의 값에 상관없이 관찰하려면, 출력 사인파 위상 $\theta+\theta_T(\omega)$ 와 입력 사인파 위상 θ 의 차를 취한 다음, 그 차인 $\theta_T(\omega)$ 가 주파수에 따라 어떻게 변하는지를 조사하면 될 것이다. 즉, $\theta_T(\omega)$ 대 ω 특성을 구함으로써, 우리는 서로 다른 주파수의 사인파들이 회로를 통과할 때 그들의 위상이 어떻게 서로 다른 영향을 받는지를 명확하게 알 수 있을 것이다. $|T(j\omega)|$ 대 ω 특성을 우리는 회로의 **크기 특성**(magnitude characteristic)이라고 부르고, $\theta_T(\omega)$ 대 ω 특성을 **위상 특성**(phase characteristic)이라고 부른다. 그리고, 이 두 특성을 합쳐 회로의 **사인파 주파수 특성**(sinusoidal frequency characteristic) 또는 **사인파 주파수 응답**(sinusoidal frequency response)이라고 부른다. 이를 간단히, 주파수 특성 또는 주파수 응답이라고 부르기도 한다.

주파수 응답은 회로의 전달 함수를 이용하여 수학적으로 구할 수도 있고, 오실로스코프를 이용하여 실험적으로 구할 수도 있다. 수학적으로 구하는 방법은 다음과 같다. 즉,

1. 고려중인 회로의 전달 함수 $T(s) = V_o(s)/V_i(s)$ 를 구한다.
2. $T(s)$ 에서 $s = j\omega$ 로 놓아 $T(j\omega)$ 를 구한다.
3. $T(j\omega)$ 의 크기 $|T(j\omega)|$ 와 위상 $\theta_T(\omega)$ 를 구한다.
4. $|T(j\omega)|$ 대 ω 특성 및 $\theta_T(\omega)$ 대 ω 특성을 그린다.

회로의 주파수 응답을 실험적으로 구하는 방법은 다음과 같다. 즉,

1. 진폭과 위상은 A 와 θ 로 고정되어 있지만, 주파수 ω 를 바꿀 수 있는 사인파 신호를 회로에 인가한다.
2. ω 의 서로 다른 값들에 대한 응답의 진폭 $A' = A|T(j\omega)|$ 와 위상 $\theta' = \theta + \theta_T(\omega)$ 를 오실로스코프로 측정한다.
3. 각각의 ω 에 대한 크기 $|T(j\omega)| = A'/A$ 및 위상 $\theta_T(\omega) = \theta' - \theta$ 를 계산하여 도면상에 하나하나 그린다.

이해를 돕기 위해 다음의 예제들을 살펴보기로 하자.

예제 9.1 그림 9.1의 회로에서 $R = 10\ \text{k}\Omega$ 이고, $C = 10\ \text{nF}$ 일 때, 다음의 각각의 입력에 대한 출력 $v_o(t)$ 를 구하라.

(a) $v_i(t) = 2\ \sin 10^3 t, \text{V};$

(b) $v_i(t) = 2\ \sin 10^4 t, \text{V};$

(c) $v_i(t) = 2\ \sin 10^5 t, \text{V};$

(d) $v_i(t) = 2\ \sin 10^6 t, \text{V}.$

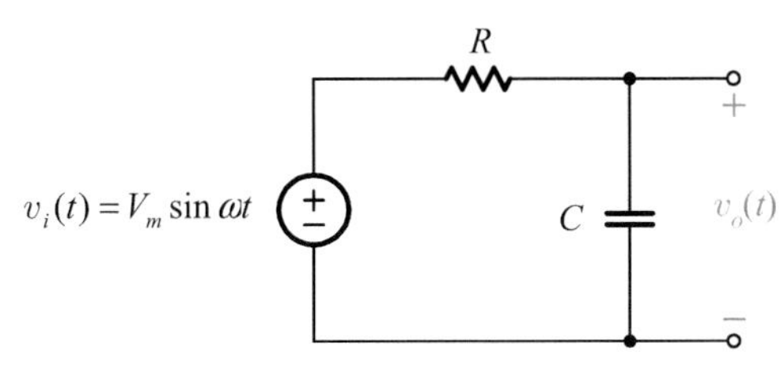

그림 9.1 예제 9.1을 위한 회로.

풀이 그림 9.1에 보인 회로의 $|T(j\omega)|$ 와 $\theta_T(\omega)$ 는 다음과 같이 구해진다.

$$T(s) = \frac{V_o(s)}{V_i(s)} = \frac{1/sC}{R + 1/sC} = \frac{1}{sRC + 1}, \quad T(j\omega) = \frac{1}{j\omega RC + 1}$$

$$|T(j\omega)| = \frac{1}{\sqrt{1 + (\omega RC)^2}}, \quad \theta_T(\omega) = -\tan^{-1}\omega RC$$

따라서, $v_o(t)$ 는 다음과 같이 구해진다.

$$v_o(t) = \frac{V_m}{\sqrt{1 + (\omega RC)^2}} \sin(\omega t - \tan^{-1}\omega RC)$$

(a) $\omega = 10^3$ 라디안/초에 대해 $|T(j\omega)| = 1/\sqrt{1 + 10^{-2}} \cong 1$이고, $\theta_T(\omega) = -\tan^{-1} 0.1 = -5.7^\circ$ 이다. 따라서 $v_o(t) = 2\ \sin(10^3 t - 5.7^\circ)$이다.

(b) $\omega = 10^4$ 라디안/초에 대해 $|T(j\omega)| = 1/\sqrt{1 + 1} = 0.707$이고, $\theta_T(\omega) = -\tan^{-1} 1 = -45^\circ$ 이다. 따라서 $v_o(t) = 1.41\ \sin(10^4 t - 45^\circ)$이다.

(c) $\omega = 10^5$ 라디안/초에 대해 $|T(j\omega)| = 1/\sqrt{1 + 10^2} \cong 0.1$ 이고, $\theta_T(\omega) = -\tan^{-1} 10 = -84.2^\circ$ 이다. 따라서 $v_o(t) = 0.2\ \sin(10^5 t - 84.2^\circ)$ 이다.

(d) $\omega = 10^6$ 라디안/초에 대해 $|T(j\omega)| = 1/\sqrt{1 + 10^4} \cong 0.01$이고, $\theta_T(\omega) = -\tan^{-1} 100 \cong -90^\circ$ 이다. 따라서 $v_o(t) = 0.02\ \sin(10^6 t - 90^\circ)$ 이다.

앞의 예제로부터 알 수 있듯이, 주파수 ω 값의 범위가 너무 넓기 때문에 크기 특성과 위상 특성을 그릴 때에는 그림 9.2에 보인 **반로그 스케일**(semilogarithmic scale)을 이용하는 것이 편리할 것이다. 이 그래프에서 크기 $20\log|T(j\omega)|$와 위상 $\theta_T(\omega)$는 각각 **데시벨**(decibel)과 **도**(degree)로 눈금 그어진 **선형 스케일**(linear scale) 상에 그려져 있다. 이와는 대조적으로, 주파수 ω는 주파수 데케이드(frequency decade)로 눈금 그어진 **로그 스케일**(logarithmic scale) 상에 그려져 있다. 이 반로그 선도를 **보드 선도**(Bode plot)[14]라고 부르기도 한다.

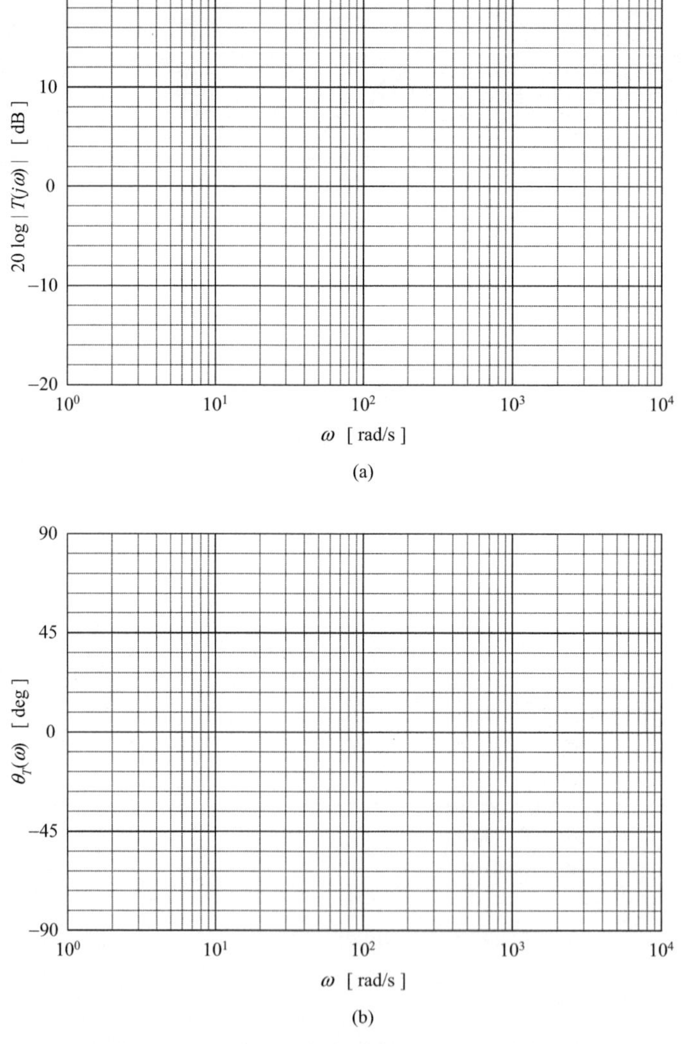

그림 9.2 반로그 선도의 스케일: (a) 크기 특성, (b) 위상 특성.

[14] 미국의 기술자 H. W. Bode(1905-1982)가 이 선도를 처음으로 사용했다.

예제 9.2 예제 9.1에서 얻을 결과들을 이용하여 그림 9.1에 보인 회로의 크기 특성과 위상 특성을 반로그 스케일 그래프 상에 그려라.

풀이 예제 9.1에서 얻은 네 개의 데이터를 이용하여 그린 특성들을 그림 9.3에 나타냈다.

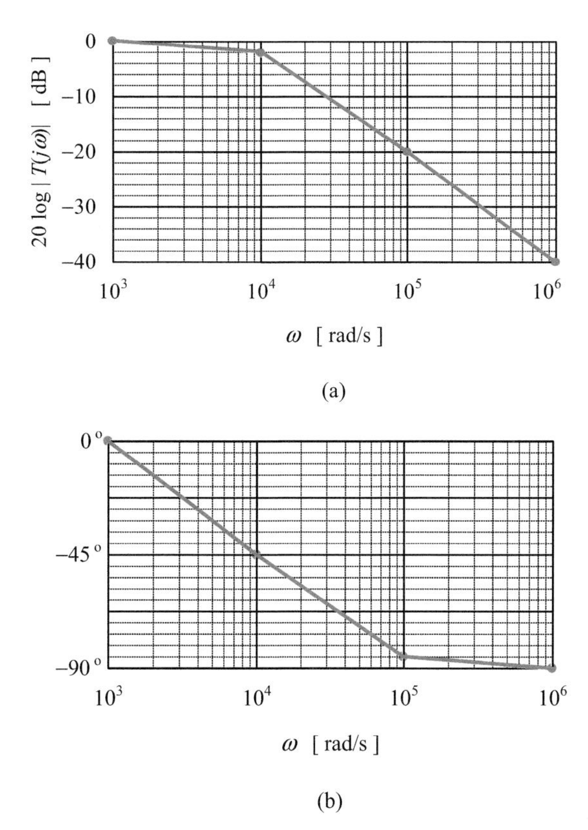

그림 9.3 예제 9.1 결과의 반로그 그래프: (a) 크기 특성, (b) 위상 특성.

보드 선도

앞의 예제들에서는 회로의 크기 특성과 위상 특성을 구하기 위해 여러 주파수에서 전달 함수의 크기와 위상을 일일이 구했었다. 이 방법은 비록 정확하기는 하지만, 계산이 복잡하고 지루하다. 회로의 전달 함수로부터 근사적으로 크기 특성과 위상 특성을 손쉽게 구하는 방법이 있다. 이 역시 보드가 제안한 것이다.

설명을 위해, 우리는 그림 9.1에 보인 RC 회로의 크기 함수와 위상 함수를 다음과 같이 다시 쓸 수 있을 것이다.

$$|T(j\omega)| = \frac{1}{\sqrt{1 + (\omega RC)^2}} = \frac{1}{\sqrt{1 + (\omega/\omega_c)^2}} \tag{9.3}$$

$$\theta_T(\omega) = -\tan^{-1}\omega RC = -\tan^{-1}(\omega/\omega_c) \tag{9.4}$$

여기서 $\omega_c = 1/RC = 10^4$ 이다. 먼저, 식 (9.3)의 크기 함수를 그래프로 그려보기로 하자. 이를 위해 우리는 다음과 같이 다섯 가지의 주파수에서 크기 함수의 값들을 구할 수 있을 것이다.

$$\frac{\omega}{\omega_c} = 0.01, \quad 20\log|T(j\omega)| = 0 \text{ dB}$$

$$\frac{\omega}{\omega_c} = 0.1, \quad 20\log|T(j\omega)| \cong 0 \text{ dB}$$

0 dB의 저주파 점근선

$$\frac{\omega}{\omega_c} = 1, \quad 20\log|T(j\omega)| = -3 \text{ dB}$$

$$\frac{\omega}{\omega_c} = 10, \quad 20\log|T(j\omega)| \cong -20 \text{ dB}$$

$$\frac{\omega}{\omega_c} = 100, \quad 20\log|T(j\omega)| = -40 \text{ dB}$$

기울기가 −20 dB/데케이드인 고주파 점근선

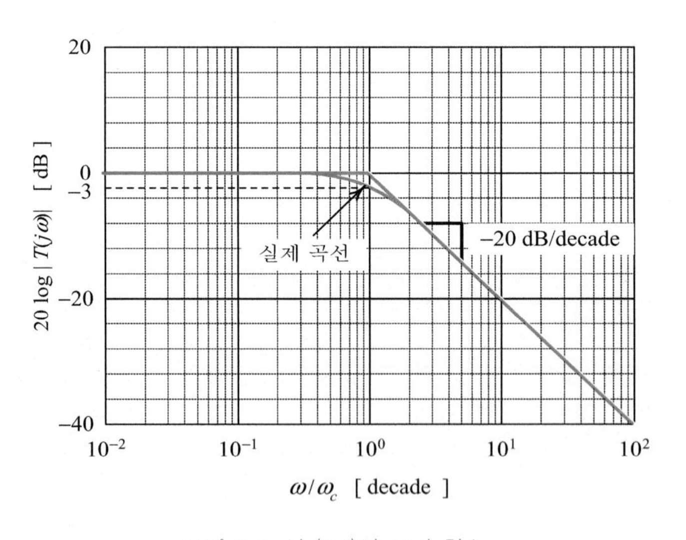

그림 9.4 식 (9.3)의 크기 함수.

이 값들을 이용함으로써 우리는 크기 함수의 그래프를 그림 9.4에 보인 것처럼 그릴 수 있을 것이다. 0 dB의 저주파 점근선과 −20 dB/데케이드의 기울기를 갖는 고주파 점근선이 $\omega/\omega_c = 1$에서 만나므로, ω_c를 **코너 주파수**(corner frequency)라고 부른다. 이 주파수는 여파기의 주파수 특성을 설명할 때에는 **차단 주파수**(cutoff fre- quency)라고 불리기도 한다. 점근선과 실제 특성 곡선과의 최대 편차는 $\omega/\omega_c = 1$ 에서 일어나며, 3 dB이다. 이 곡선과 예제 9.2에서 구한 크기 특성[그림 9.3(a)]을 비교해 보기 바란다.

다음으로, 식 (9.4)의 위상 함수를 그래프로 그려보기로 하자. 이를 위해 우리는 다음과 같이 다섯 가지의 주파수에서 위상 함수의 값들을 구할 수 있을 것이다.

$$\frac{\omega}{\omega_c} = 0.01, \quad \theta_T(\omega) = 0^\circ$$

$$\frac{\omega}{\omega_c} = 0.1, \quad \theta_T(\omega) \cong 0^\circ$$

0°의 저주파 점근선

$$\frac{\omega}{\omega_c} = 1, \quad \theta_T(\omega) = -45^\circ$$

기울기가 −45°/데케이드인 직선

$$\frac{\omega}{\omega_c} = 10, \quad \theta_T(\omega) \cong -90^\circ$$

$$\frac{\omega}{\omega_c} = 100, \quad \theta_T(\omega) = -90^\circ$$

-90°의 고주파 점근선

이 값들을 이용하여 위상 함수의 그래프를 그리면 그림 9.5가 얻어질 것이다. 점근선과 실제 특성 곡선과의 최대 편차는 $\omega/\omega_c = 0.1$ 과 $\omega/\omega_c = 10$ 에서 일어나며, 약 6° 이다. 이 곡선과 예제 9.2에서 구한 위상 특성[그림 9.3(b)]을 비교해 보기 바란다.

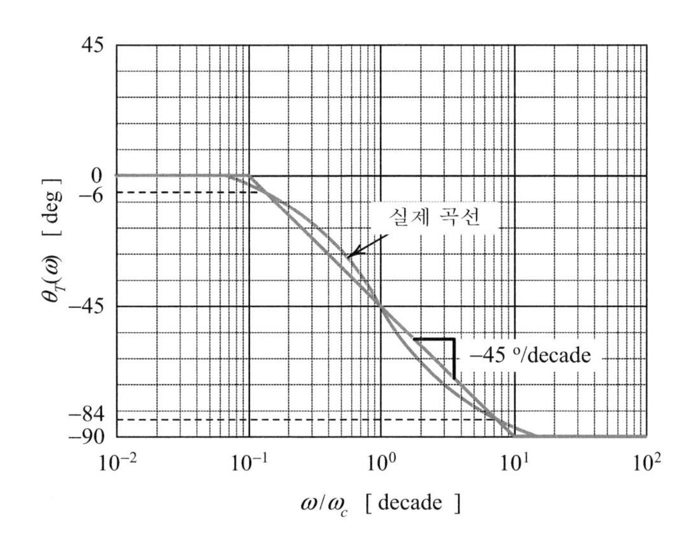

그림 9.5 식 (9.4)의 위상 함수.

예제 9.3 그림 9.6의 RL 회로에서 $R = 100\ \Omega$ 이고, $L = 10\ \mathrm{mH}$ 이다. 전달 함수의 보드 선도를 스케치하라.

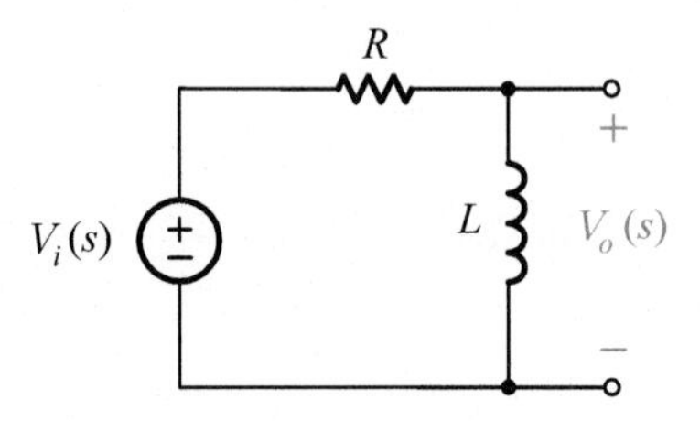

그림 9.6 예제 9.3을 위한 회로.

풀이 그림 9.6에 보인 회로의 $|T(j\omega)|$ 와 $\theta_T(\omega)$ 는 다음과 같이 구해진다.

$$T(s) = \frac{sL}{R + sL} = \frac{s(L/R)}{1+ s(L/R)}, \quad T(j\omega) = \frac{j\omega(L/R)}{1+ j\omega(L/R)}$$

$$|T(j\omega)| = \frac{\frac{\omega L}{R}}{\sqrt{1 + \left(\frac{\omega L}{R}\right)^2}}, \quad \theta_T(\omega) = \frac{\pi}{2} - \tan^{-1}\frac{\omega L}{R}$$

우리는 이 식들을 다음과 같이 다시 쓸 수 있을 것이다.

$$|T(j\omega)| = \frac{\omega/\omega_c}{\sqrt{1 + (\omega/\omega_c)^2}} \tag{9.5}$$

$$\theta_T(\omega) = \frac{\pi}{2} - \tan^{-1}(\omega/\omega_c) \tag{9.6}$$

여기서 $\omega_c = R/L = 10^4$ 이다. 식 (9.5)의 크기 함수를 그래프로 그리기 위해, 우리는 다음과 같이 다섯 가지의 주파수에서 크기 함수의 값들을 구할 수 있을 것이다.

$$\frac{\omega}{\omega_c} = 0.01, \quad 20\log|T(j\omega)| = -40\ \mathrm{dB}$$

$$\frac{\omega}{\omega_c} = 0.1, \quad 20\log|T(j\omega)| \cong -20\ \mathrm{dB}$$

$$\frac{\omega}{\omega_c} = 1, \quad 20\log|T(j\omega)| = -3\ \mathrm{dB}$$

(위의 세 값: +20 dB/데케이드 기울기의 저주파 점근선)

$$\frac{\omega}{\omega_c} = 10, \quad 20\log|T(j\omega)| \cong 0\ \mathrm{dB}$$

$$\frac{\omega}{\omega_c} = 100, \quad 20\log|T(j\omega)| = 0\ \mathrm{dB}$$

(위의 세 값: 0 dB의 고주파 점근선)

이 값들을 이용함으로써 우리는 크기 함수의 그래프를 그림 9.7에 보인 것처럼 그릴 수 있을 것이다. +20 dB/데케이드 기울기의 저주파 점근선과 0 dB의 고주파 점근선이 $\omega/\omega_c = 1$에서 만나며, 이 주파수에서 점근선과 실제 특성 곡선과의 편차는 3 dB이다.

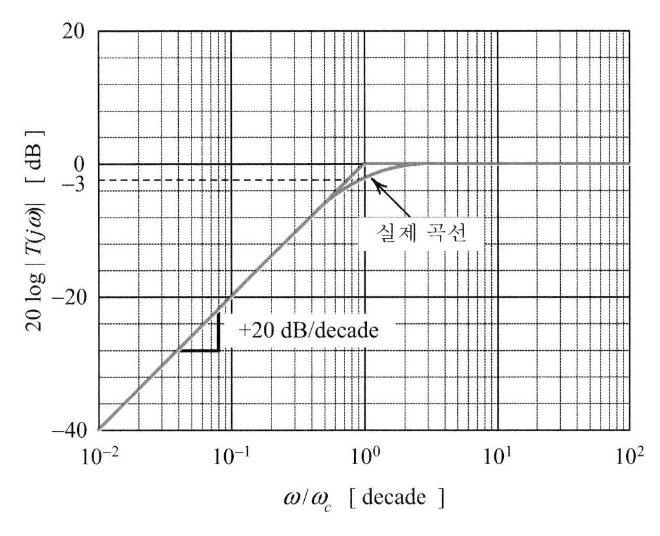

그림 9.7 식 (9.5)의 크기 함수.

식 (9.6)의 위상 함수를 그래프로 그리기 위해, 우리는 다음과 같이 다섯 가지의 주파수에서 위상 함수의 값들을 구할 수 있을 것이다.

$$\frac{\omega}{\omega_c} = 0.01, \quad \theta_T(\omega) = 90^\circ$$

$$\frac{\omega}{\omega_c} = 0.1, \quad \theta_T(\omega) \cong 90^\circ$$

90°의 저주파 점근선 (0.01 ~ 0.1)

$$\frac{\omega}{\omega_c} = 1, \quad \theta_T(\omega) = 45^\circ$$

기울기가 −45°/데케이드인 직선 (0.1 ~ 10)

$$\frac{\omega}{\omega_c} = 10, \quad \theta_T(\omega) \cong 0^\circ$$

$$\frac{\omega}{\omega_c} = 100, \quad \theta_T(\omega) = 0^\circ$$

0°의 고주파 점근선 (10 ~ 100)

이 값들을 이용하여 위상 함수의 그래프를 그리면 그림 9.8이 얻어질 것이다. 점근선과 실제 특성 곡선과의 최대 편차는 $\omega/\omega_c = 0.1$ 과 $\omega/\omega_c = 10$ 에서 일어나며, 약 6° 이다.

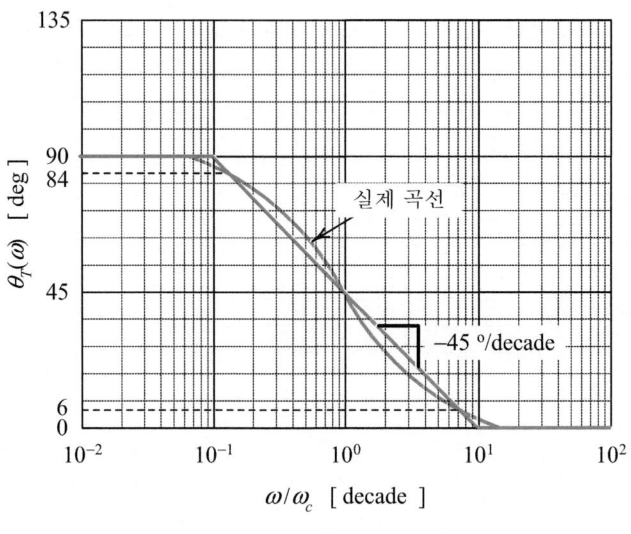

그림 9.8 식 (9.6)의 위상 함수.

9.2 여파기의 입-출력 관계

전기 여파기(electrical filter)라고 하는 것은 사인파 신호의 진폭과 위상을 어떤 규정된 방식대로 변화시키는 데 사용되는 회로를 일컫는다. 여기서, 사인파 신호의 진폭과 위상이 변한다고 하는 것은 이들의 값이 주파수에 따라 달라진다는 것을 의미한다. 예를 들면, 어떤 여파기는 어떤 주파수 대역(frequency band)내에 드는 사인파들은 통과시키고, 그 외의 주파수를 갖는 모든 사인파들은 감쇠시킨다. 또, 어떤 여파기는 높은 주파수의 사인파들은 감쇠시키고, 낮은 주파수의 사인파들은 통과시킨다.

일반적으로, 임의의 여파기는 그림 9.9에 보인 것처럼 R_s의 내부 저항를 갖는 전압 전원과 부하 저항 R_L 사이에서 동작한다. 그림으로부터 우리는 여파기의 입력 단자와 출력 단자에 연결된 이 저항들이 여파기의 성능에 영향을 미치리라는 것을 짐작할 수 있을 것이다. 따라서, 여파기의 특성은 부하가 걸린 상태에서의 전달 함수 $T(s) = V_o(s)/V_i(s)$ 를 사용하여 구해야 한다. 여파기의 특성에서 우리가 알고 싶은 것은, 사인파가 여파기를 통과할 때 그 파형이 어떻게 바뀌는가에 있다. 따라서 우리는 $|T(j\omega)|$ 대 ω 특성과 $\theta_T(\omega)$ 대 ω 특성을 구체화함으로써, 우리가 선택할 수 있는 어떤 방식으로든 사인파들을 그들의 주파수에 따라 여파(구분)할 수 있을 것이다.

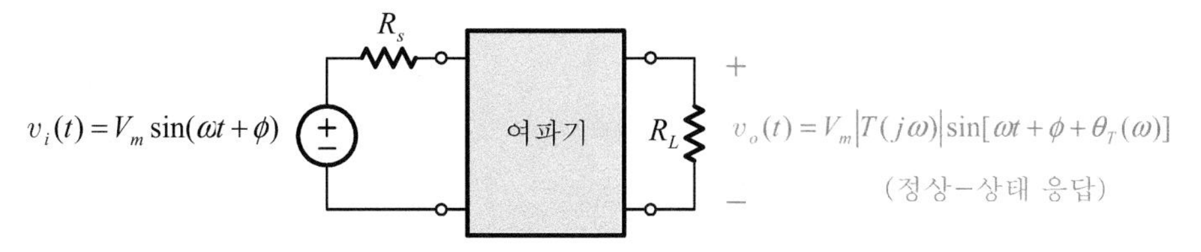

그림 9.9 일반적인 여파기 회로의 구성도.

네 가지 종류의 널리 쓰이는 여파기들의 이상적인(ideal) 크기 특성들을 그림 9.10에 나타냈다. 이 그림으로부터 우리는 이들 여파기 모두가 크기 특성이 1인 주파수 대역[우리는 이를 여파기의 **통과 대역**(passband)이라고 부른다]과 크기 특성이 0인 주파수 대역[우리는 이를 **저지 대역**(stopband)이라고 부른다]을 가진다는 것을 알 수 있다. 이 대역들이 어디에 위치하느냐에 따라 여파기는 사인파들을 통과시키기도 하고, 저지시키기도 할 것이다. 그림 9.10(a)에 보인 것처럼, 저주파의 사인파들은 통과시키고, 고주파의 사인파들을 저지시키는 여파기를 우리는 **저역-통과 여파기**(low-pass filter)라고 부른다. 이와는 반대로 그림 9.10(b)에 보인 것처럼, 저주파의 사인파들은 저지시키고, 고주파의 사인파들을 통과시키는 여파기를 우리는 **고역-통과 여파기**(high-pass filter)라고 부른다. 그림 9.10(c)는 **대역-통과 여파기**(bandpass filter)의 특성을 나타낸 것이고, 그림 9.10(d)는 **대역-저지 여파기**(bandstop filter)의 특성을 나타낸 것이다.

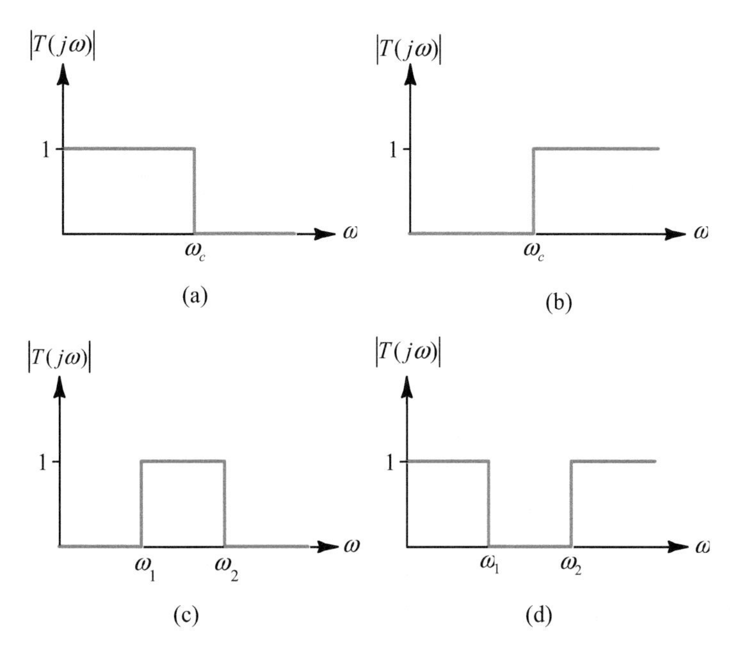

그림 9.10 널리 쓰이는 네 가지 여파기들의 이상적인 크기 특성.

9.3 저역-통과 여파기

저역-통과 여파기는 저주파의 사인파들은 통과시키고, 고주파의 사인파들은 감쇠시키는 데 사용된다. 통과 대역($\omega < \omega_c$)과 저지 대역($\omega > \omega_c$)을 구분하기 위해, 우리는 차단 주파수 ω_c를 사용한다. 이상적인 저역-통과 여파기는 그림 9.11에 나타낸 크기 곡선과 위상 곡선으로 특징지어진다. 저지 대역에서 크기 함수가 0이므로, 그곳에서의 위상 특성의 모양은 중요하지 않다.

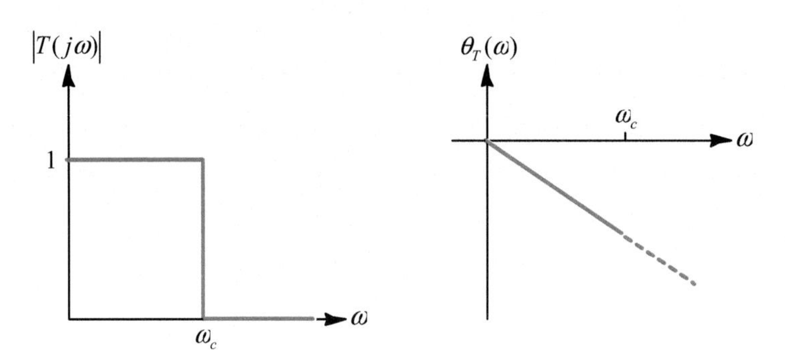

그림 9.11 이상적인 저역-통과 여파기의 크기 특성과 위상 특성.

위와 같은 이상적인 저역-통과 특성을 갖는 회로를 구현하는 것은 불가능하다. 실제의 회로들은 이상적인 저역-통과 특성에 근사한 특성을 가진다. 실제 특성이 이상적인 특성에 가까우면 가까울수록, 그만큼 근사(approximation)가 잘된 것이다. 그러나, 이러한 특성을 얻으려면 회로가 상당히 복잡해지게 된다는 점에 유의할 필요가 있다. 즉, 이런 여파기를 구현하기 위해서는 L과 C를 부가적으로 더 많이 사용해야 한다. 이렇게 함으로써, 여파기는 더욱 비싸지고, 부피가 커지고, 무게도 무거워진다. 여기서 우리는 저역-통과 특성을 갖는 1차(1-극점) 및 2차(2-극점) 함수들과 회로들에 대해서만 살펴볼 것이다.

1차 함수와 1차 회로

1차 저역-통과 함수는 다음과 같이 주어진다.

$$T_1(s) = \frac{\omega_c}{s + \omega_c} = \frac{1}{s/\omega_c + 1} \tag{9.7}$$

이 함수가 이상적인 저역-통과 특성에 가까운 것인지를 알아보기 위해, $s = j\omega$ 로 놓은 다음, 크기 함수와 위상 함수를 구하면

$$T_1(j\omega) = \frac{1}{1 + j(\omega/\omega_c)}$$

$$|T_1(j\omega)| = \frac{1}{\sqrt{1 + (\omega/\omega_c)^2}} \tag{9.8a}$$

$$\theta_1(\omega) = -\tan^{-1}\left(\frac{\omega}{\omega_c}\right) \tag{9.8b}$$

가 얻어질 것이다.

이들 두 함수를 그림 9.12(a)와 (b)에 각각 도시했다. 그림 9.12(a)에서 크기 함수의 특성이 통과 대역과 저지 대역을 주파수에 따라 명확히 구분할 수 있는 급격한 크기의 저하를 보이지는 않는다는 점에 유의하기 바란다. 그럼에도 불구하고, $\omega = 0$일 때의 크기의 $1/\sqrt{2}$배 되는 크기를 갖는 주파수를 우리는 차단 주파수라고 부른다. $\omega = \omega_c$ 일 때 크기는 70.7%로 감소한다. 따라서, 우리는 식 (9.7)에서 상수 ω_c가 차단 주파수를 나타낸다는 것을 알 수 있다. $\omega = \omega_c$일 때 부하에 전달되는 전력(이 전력은 $|T_1(j\omega)|^2$에 비례한다)이 $\omega = 0$일 때의 반이므로, 우리는 이 주파수를 **반전력 주파수**(half-power frequency)라고 부르기도 한다.

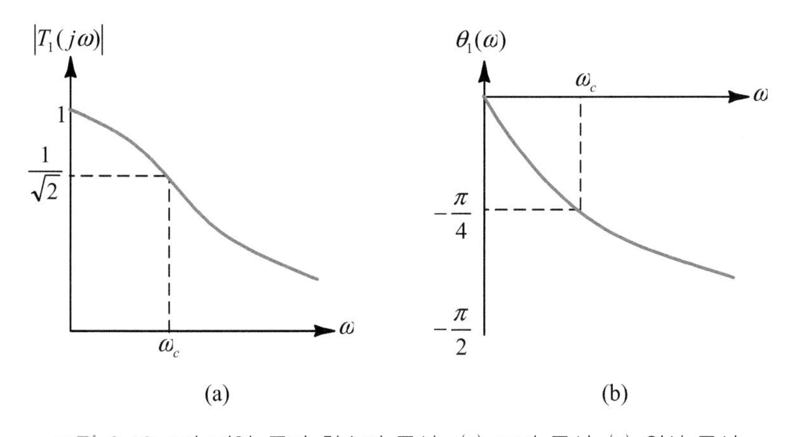

그림 9.12 1차 저역-통과 함수의 특성: (a) 크기 특성, (b) 위상 특성.

0에서부터 ω_c까지의 모든 주파수의 신호들은 (대체로) 통과되므로, 우리는 ω_c를 저역-통과 **대역폭**(bandwidth)이라고 부르기도 한다. ω_c의 단위는 라디안/초(rad/sec)로 주어지므로, 헤르츠(Hz) 단위의 차단 주파수 또는 대역폭을 구하기 위해서는 ω_c를 2π로 나누어야 한다.

그림 9.12(b)에서 우리는 $T_1(j\omega)$의 위상 특성이 점진적으로 $-\pi/2$ 라디안에 접근하고, 통과 대역($\omega < \omega_c$)에서는 이 특성이 거의 선형이라는 것을 알 수 있다.

식 (9.7)로 주어진 1차 저역-통과 함수는 그림 9.13에 보인 두 회로로(스케일 인수의 범위 내에서) 구현할 수 있을 것이다. 이들 두 회로는 모두 전원 저항 R_s와 부하 저항 R_L 사이에서 동작하며, 다음의 전달 함수로 표현된다.

$$T(s) = \frac{V_o}{V_i} = \frac{R_L}{R_s + R_L}\frac{\omega_c}{s + \omega_c} \tag{9.9}$$

여기서,

$$\omega_c = \frac{1}{[R_s R_L/(R_s + R_L)]\,C} \qquad (RC \text{ 회로})$$

$$\omega_c = \frac{R_s + R_L}{L} \qquad (RL \text{ 회로})$$

이다.

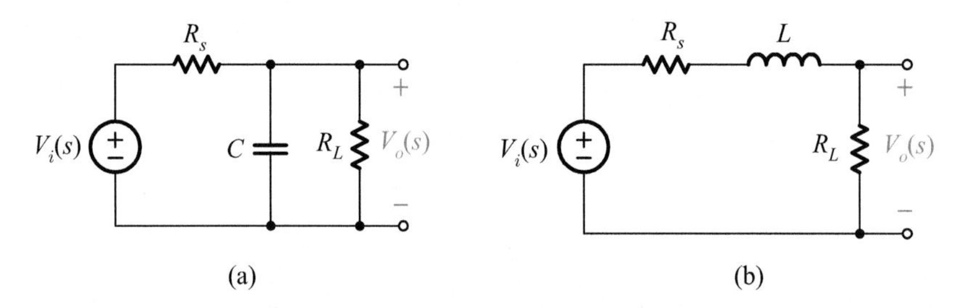

그림 9.13 1차 저역-통과 함수의 구현.

일반적으로 입력 저항과 부하 저항의 값이 정해지면, 차단 주파수는 그림 9.13(a)의 회로에서는 커패시터에 의해 결정되고, 그림 9.13(b)의 회로에서는 인덕터에 의해 결정된다.

스케일 인수 $R_L/(R_s + R_L)$은 모든 주파수에 대해 동등하게 영향을 미치므로, 저역-통과 특성 곡선의 모양을 바꾸지 않을 것이다. 그리고 그 값이 1보다 작기 때문에 저지 대역의 신호뿐 아니라 통과 대역의 신호도 감쇠시킬 것이다.

그림 9.13(a)의 회로에서 $R_s = 0$ 이거나, (b)의 회로에서 $R_L = \infty$이면, 이 스케일 인수가 1이 된다는 점에 주목하기 바란다.

끝으로, 1차 함수로 구현한 저역-통과 근사가 만족스럽지 못할 수도 있을 것이다. 예를 들어, 우리가 저지 대역내의 모든 주파수에 대해 더 많이 감쇠시키기를 원하거나, 통과 대역과 저지 대역 사이를 더 명확히 구분하기를 원할 수도 있을 것이다. 그럴 경우에는, 2차 또는 더 높은 차수의 함수를 사용해야 할 것이다.

2차 함수와 2차 회로

많은 2차 함수들이 저역-통과 특성을 보인다. 이 함수들은 그들의 통과-대역 특성과 저지-대역 특성에서 약간 차이가 있다. 많이 사용되는 함수들 중의 하나는

$$T_2(s) = \frac{\omega_c^2}{s^2 + s\sqrt{2}\,\omega_c + \omega_c^2} \tag{9.10}$$

이다. 이 식과 연관된 크기 함수와 위상 함수는 $s = j\omega$로 놓아서 구할 수 있다. 즉,

$$T_2(j\omega) = \frac{\omega_c^2}{(\omega_c^2 - \omega^2) + j\omega\sqrt{2}\,\omega_c} = \frac{1}{[1 - (\omega/\omega_c)^2] + j\sqrt{2}(\omega/\omega_c)}$$

$$|T_2(j\omega)| = \frac{1}{\sqrt{[1 - (\omega/\omega_c)^2]^2 + 2(\omega/\omega_c)^2}} = \frac{1}{\sqrt{1 + (\omega/\omega_c)^4}} \tag{9.11a}$$

$$\theta_2(\omega) = -\tan^{-1}\left[\frac{\sqrt{2}(\omega/\omega_c)}{1 - (\omega/\omega_c)^2}\right] \tag{9.11b}$$

이 함수들을 그림 9.14(a)와 (b)에 각각 도시했다. 그림 9.14(a)에서 상수 ω_c가 $\omega = 0$일 때의 크기의 $1/\sqrt{2}$ 배 되는 크기를 갖는 주파수를 가리키며, 이 상수가 차단 주파수 또는 대역폭을 나타내는데 사용된다는 점에 다시 한 번 주목하기 바란다. 한편, 그림 9.14(b)에서 우리는 위상 특성이 점진적으로 $-\pi$ 라디안에 접근하고, 통과 대역에서는 이 특성이 거의 선형이라는 것을 알 수 있다.

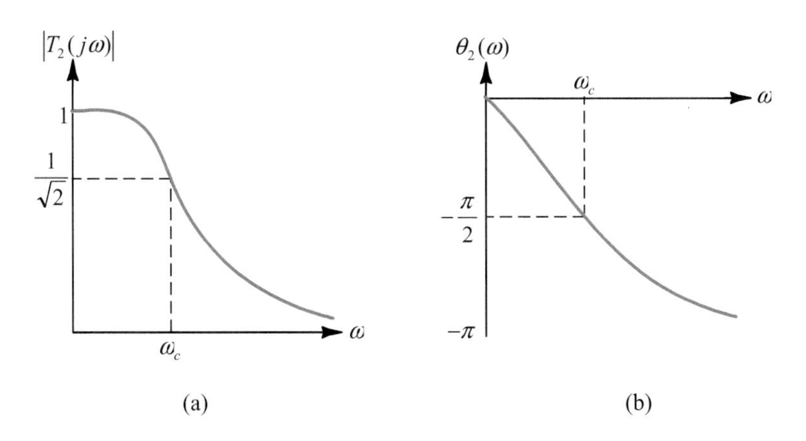

그림 9.14 식 (9.10)의 2차 저역-통과 함수의 특성: (a) 크기 특성, (b) 위상 특성.

그림 9.15에 이 2차 함수[식 (9.11a)]와 1차 함수[식 (9.8a)]의 크기 특성을 비교해 나타냈다. 2차 함수의 통과-대역 특성과 저지-대역 특성이 1차 함수의 그것들보다 이상적인 특성에 더 가깝다는 점에 주목하기 바란다. 즉, 통과 대역에서는 2차

함수의 특성 곡선이 1차 함수의 특성 곡선보다 더 위에 있고, 저지 대역에서는 2차 함수의 특성 곡선이 1차 함수의 특성 곡선보다 더 아래에 있다. 따라서, 2차 함수는 저주파들을 보다 충실하게 통과시키고, 고주파들은 보다 많이 감쇠시킨다.

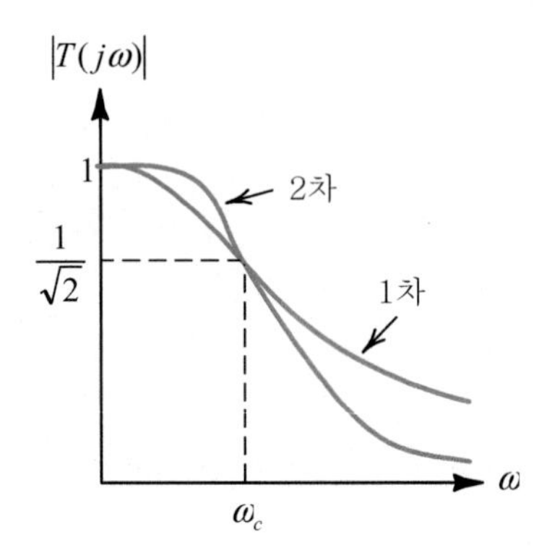

그림 9.15 2차 함수와 1차 함수의 크기 특성 비교.

식 (9.10)의 2차 함수는 그림 9.16에 보인 두 회로 중 어느 쪽 회로로도 (스케일 인수의 범위 내에서) 구현할 수 있을 것이다. 그림 9.16(a)의 회로는 다음의 전달 함수를 가진다.

$$\frac{V_o}{V_i} = \left(\frac{R_L}{R_s + R_L}\right)\left[\frac{(1 + R_s/R_L)(1/LC)}{s^2 + s(R_s/L + 1/R_L C) + (1 + R_s/R_L)(1/LC)}\right] \tag{9.12}$$

식 (9.12)와 식 (9.10)으로 주어진 2차 함수들의 계수들을 비교하면,

$$\omega_c^2 = \left(1 + \frac{R_s}{R_L}\right)\frac{1}{LC}, \qquad \sqrt{2}\,\omega_c = \frac{R_s}{L} + \frac{1}{R_L C} \tag{9.13}$$

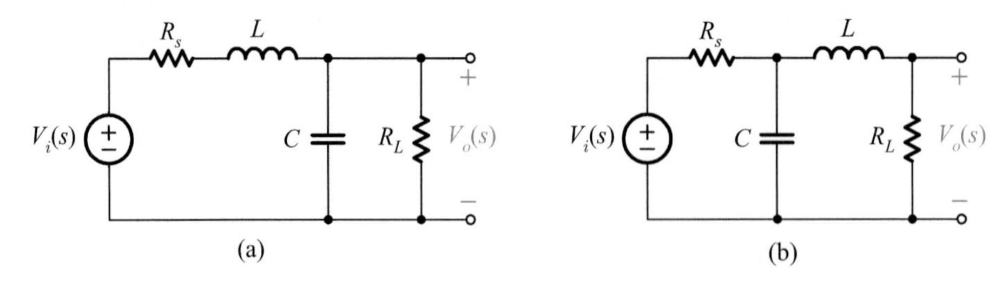

그림 9.16 식 (9.10)의 2차 저역-통과 함수의 구현.

이라는 것을 알 수 있다. 스케일 인수 $R_L/(R_s + R_L)$ 은 모든 주파수들에 동등하게 영향을 미치므로, 주파수 특성 곡선의 모양을 바꾸지 않을 것이다. 실제의 경우에

는, R_s와 R_L이 정해진다. 또한, 설계하고자 하는 차단 주파수 ω_c도 지정된다. 따라서 우리가 원하는 저역-통과 응답을 얻으려면, 식 (9.13)으로 주어진 두 방정식을 연립하여 풀어 L과 C를 구하면 된다.

마찬가지 방법으로, 우리는 그림 9.16(b) 회로의 L과 C의 값을 조정하여 식 (9.10)으로 주어진 [$R_L/(R_s + R_L)$ 의 스케일 인수를 갖는] 2차 저역-통과 전달 함수를 구현할 수도 있을 것이다(연습문제 9.1 참조).

그림 9.16(a)의 회로에서 $R_s = 0$ 또는 $R_L = \infty$이면, 이 스케일 인수가 1이 된다는 점에 주목하기 바란다.

연습문제 9.1

그림 9.16(b)의 회로로 아래에 나타낸 저역-통과 함수를 구현하고자 한다. α와 ω_c를 $R_s, R_L, L,$ 그리고 C의 식으로 나타내어라.

$$T(s) = \frac{\alpha\omega_c^2}{s^2 + s\sqrt{2}\,\omega_c + \omega_c^2}$$

답 $\alpha = \dfrac{R_L}{R_s + R_L}$, $\omega_c = \sqrt{\left(1 + \dfrac{R_L}{R_s}\right)\dfrac{1}{LC}}$

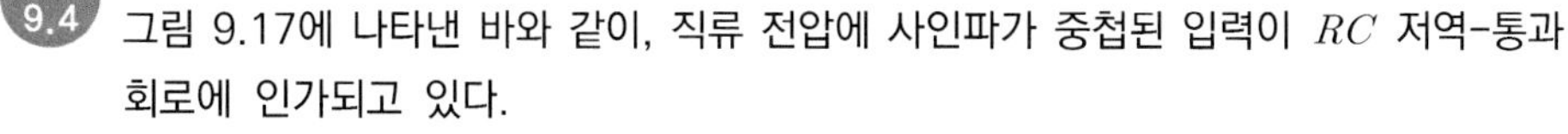

예제 9.4 그림 9.17에 나타낸 바와 같이, 직류 전압에 사인파가 중첩된 입력이 RC 저역-통과 회로에 인가되고 있다.

(a) 정상-상태 출력을 구하라.

(b) 입력 파형과 출력 파형을 비교하라. 그리고 이 회로의 기능에 대해 설명하라.

(c) 입력의 직류 성분은 3V이고, 입력 사인파의 진폭은 2 V, 주파수는 $\omega = 10^4$ 라디안/초이다. $R = 100\ \mathrm{k\Omega}$ 이고, $C = 10\ \mu\mathrm{F}$ 일 때 출력 $v_o(t)$ 를 구하라.

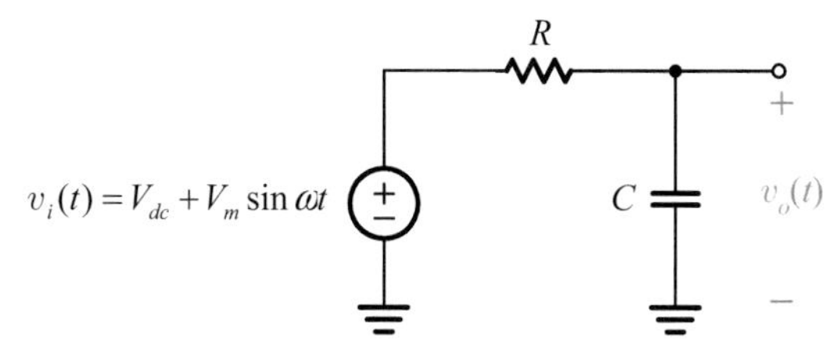

그림 9.17 예제 9.4를 위한 회로.

풀이 (a) 그림 9.18에 나타낸 것과 같이, 입력의 성분들을 한번에 하나씩 고려해 보기로 하자. 입력의 직류 성분은 궁극적으로 출력을 V_{dc}까지 상승시킬 것이다(입력이 일정할 때, RC 회로의 전류는 시정수의 5배의 시간이 경과한 후에는 실질적으로 0이 될 것이다). 정상 상태에서 입력의 사인파 부분은 출력에 사인파를 야기할 것이다. 중첩의 원리에 의해 우리는

$$v_o = v_{o1} + v_{o2} = V_{dc} + V_m \mid T(j\omega) \mid \sin(\omega t + \theta_T)$$

를 얻을 수 있을 것이다. 여기서, $\mid T(j\omega) \mid$ 와 θ_T는 다음과 같이 구해진다.

$$T(s) = \frac{1/sC}{R + 1/sC} = \frac{1}{sRC + 1}, \quad T(j\omega) = \frac{1}{j\omega RC + 1}$$

$$\mid T(j\omega) \mid = \frac{1}{\sqrt{1 + (\omega RC)^2}}, \quad \theta_T = -\tan^{-1}\omega RC$$

따라서, $v_o(t)$ 는 다음과 같이 구해진다.

$$v_o(t) = V_{dc} + \frac{V_m}{\sqrt{1 + (\omega RC)^2}} \sin(\omega t - \tan^{-1}\omega RC)$$

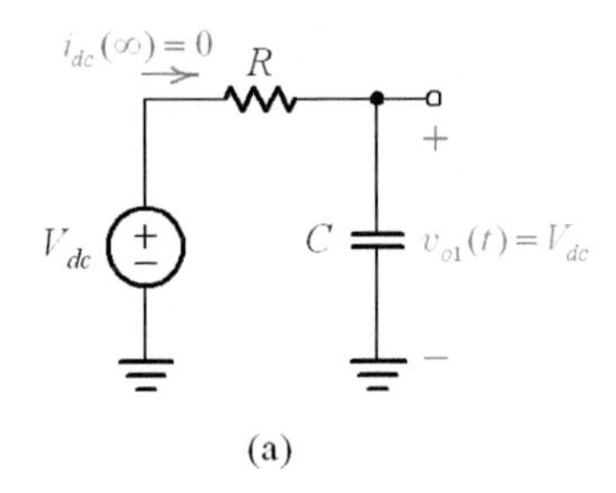

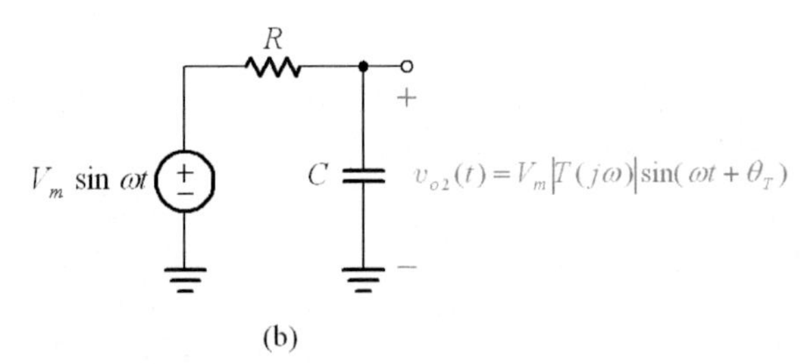

그림 9.18 그림 9.17의 회로에서 입력 성분을 분리한 해석:
(a) 직류 입력만 고려할 때, (b) 사인파 입력만 고려할 때.

(b) 입력과 출력 파형의 식은

$$v_i(t) = V_{dc} + V_m \sin\omega t$$

$$v_o(t) = V_{dc} + \frac{V_m}{\sqrt{1 + (\omega RC)^2}} \sin(\omega t - \tan^{-1}\omega RC)$$

이다. 이 식들로부터 우리는 두 파형의 직류 성분은 똑같다는 것을 알 수 있다. 그러나, RC 회로가 저역-통과 여파기(차단 주파수 $\omega_c = 1/RC$)로 동작하므로, 출력 파형의 사인파 성분의 진폭은 입력 파형의 사인파 성분의 진폭보다 작을 것이다. 따라서, 입력과 출력 파형은 그림 9.19에 보인 것처럼 서로 다를 것이다. 여파기의 차단 주파수를 입력 사인파의 주파수보다 훨씬 작게 $(1/RC \ll \omega)$ 함으로써, 우리는 사인파 성분을 더 많이 감쇠시킬 수 있을 것이다. 따라서, 출력 파형은 실질적으로 입력의 직류 값을 나타내는 일정한 레벨에 머무를 것이다. 이와 같은 방법으로, 우리는 입력 파형의 직류 성분만을 분리하여 완전히 재생시킬 수 있을 것이다. 달리 말하면, 이 회로는 입력 파형의 평균값을 검출하는 회로이다.

(c) 주어진 값들에 대해, $|T(j\omega)| = 1/\sqrt{1+10^4} \cong 0.01$이고, $\theta_T(\omega) = -\tan^{-1}100 \cong -90°$ 이다. 따라서 $v_o(t) = 3 + 0.02\sin(10^4 t - 90°)$이다.

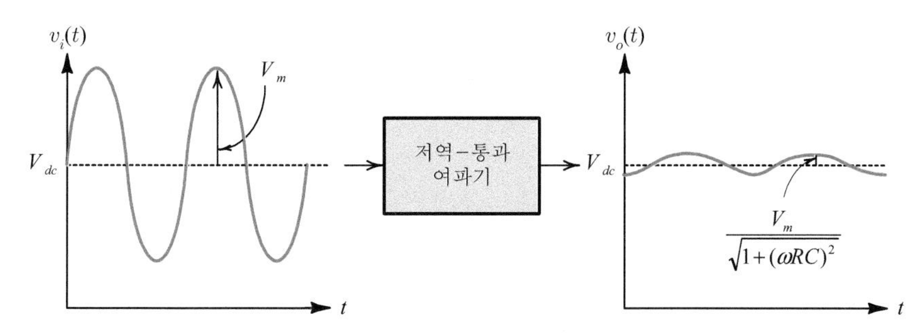

그림 9.19 예제 9.4의 입력 파형과 출력 파형.

그림 9.20의 회로를 $R_s = R_L = R$ 인 저역-통과 여파기로 만들고자 한다. 저항 R의 값과 차단 주파수 ω_c는 주어졌다.

(a) L과 C를 구하기 위한 설계 방정식을 세워라.

(b) $R = 50\ \Omega$ 이고, 차단 주파수는 $1000\,\text{Hz}$ 이다. 회로를 설계하라.

(c) 설계된 회로의 크기 특성을 보드 선도로 나타내어라.

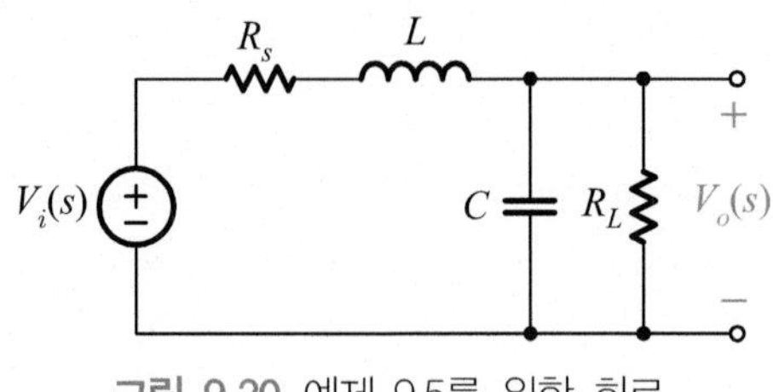

그림 9.20 예제 9.5를 위한 회로.

풀이 (a) 식 (9.12)를 이용하여 이 회로의 전달 함수를 구하면

$$T(s) = \frac{V_o(s)}{V_i(s)} = \frac{1}{2}\left[\frac{2/LC}{s^2 + s(R/L + 1/RC) + 2/LC}\right] \tag{9.14}$$

를 얻을 것이다. 식 (9.10)이 우리가 구하고자 하는 전달 함수이다. 즉,

$$T(s) = \frac{\omega_c^2}{s^2 + s\sqrt{2}\,\omega_c + \omega_c^2} \tag{9.15}$$

이 두 식의 분자 계수들과 분모 계수들을 맞춰 주면, 우리가 구하고자 하는 전달 함수(스케일 인수가 $\frac{1}{2}$ 인)를 구현할 수 있을 것이다. 그 결과는

$$\omega_c^2 = \frac{2}{LC}, \qquad \sqrt{2}\,\omega_c = \frac{R}{L} + \frac{1}{RC} \tag{9.16}$$

이다. 이 식들은 네 개의 변수, 즉 ω_c, R, L, 그리고 C를 포함하고 있다. 그러나 ω_c와 R은 주어졌으므로 기지수이다. 따라서, 우리는 이 두 방정식을 연립하여 풀어 L과 C를 구할 수 있을 것이다. 첫 번째 방정식을 풀어 C를 구한 다음, 그 결과를 두 번째 방정식에 대입하면,

$$C = \frac{2}{\omega_c^2 L} \tag{9.17}$$

$$\sqrt{2}\,\omega_c = \frac{R}{L} + \frac{\omega_c^2 L}{2R}$$

을 얻을 것이다. 이 식을 다시 정리하면, 다음과 같이 L에 대한 2차 방정식이 될 것이다.

$$\left(\frac{\omega_c^2}{2R}\right)L^2 - (\sqrt{2}\,\omega_c)L + R = 0$$

이 2차 방정식을 L에 대해 풀면,

$$L = \frac{\sqrt{2}\,\omega_c \pm \sqrt{(\sqrt{2}\,\omega_c)^2 - 4(\omega_c^2/2R)R}}{2(\omega_c^2/2R)} = \sqrt{2}\,\frac{R}{\omega_c}$$

을 얻을 것이고, 이 L 값을 식 (9.17)에 대입하면, 다음의 C 값을 얻을 것이다.

$$C = \frac{2}{\omega_c^2(\sqrt{2}\,R/\omega_c)} = \frac{\sqrt{2}}{\omega_c R}$$

따라서, L과 C를 구하기 위한 설계 방정식은

$$L = \sqrt{2}\,\frac{R}{\omega_c}, \qquad C = \frac{\sqrt{2}}{\omega_c R} \tag{9.18}$$

이다.

(b) 식 (9.18)에서 $R = 50\,\Omega$ 과 $\omega_c = 2\pi \times 1000$ 을 사용하면,

$$L = \frac{\sqrt{2} \times 50}{2\pi \times 10^3} = 11.25\ \mathrm{mH}$$

$$C = \frac{\sqrt{2}}{2\pi \times 10^3 \times 50} = 4.50\,\mu\mathrm{F}$$

을 얻을 것이다. 그림 9.21에 이 값들을 가진 회로를 나타냈다.

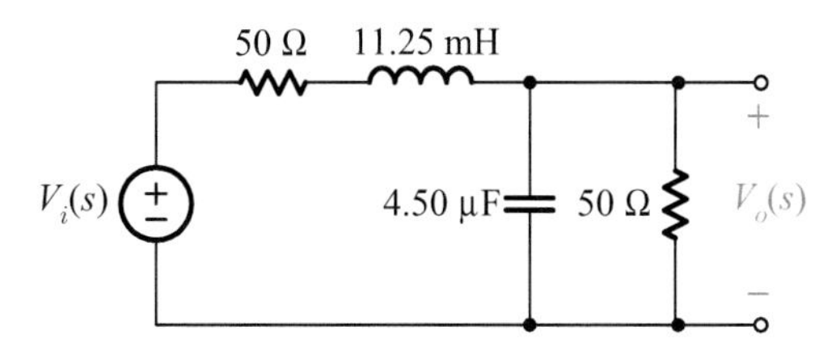

그림 9.21 예제 9.5의 (b)에서 제시된 값으로 설계된 회로.

(c) 식 (9.14)와 식 (9.16)을 이용하면, 전달 함수를

$$T(s) = \frac{1}{2}\,\frac{\omega_c^2}{s^2 + s\sqrt{2}\,\omega_c + \omega_c^2}$$

으로 쓸 수 있고, 이에 해당하는 크기 함수는

$$|T(j\omega)| = \left|\frac{1}{2}\,\frac{\omega_c^2}{(\omega_c^2 - \omega^2) + j\omega\sqrt{2}\,\omega_c}\right|$$
$$= \frac{1}{2}\,\frac{\omega_c^2}{\sqrt{(\omega_c^2 - \omega^2)^2 + 2\omega^2\omega_c^2}}$$

$$= \frac{1}{2}\frac{\omega_c^2}{\sqrt{\omega_c^4 + \omega^4}} = \frac{1}{2}\frac{1}{\sqrt{1 + (\omega/\omega_c)^4}} \tag{9.19}$$

이다. 보드 선도를 그리기 위해, 식 (9.19)에 로그를 취하고, 20을 곱해주면,

$$\begin{aligned} 20\log|T(j\omega)| &= 20\log\left[\frac{1}{2}\frac{1}{\sqrt{1 + (\omega/\omega_c)^4}}\right] \\ &= 20\log 0.5 + 20\log\left[\frac{1}{\sqrt{1 + (\omega/\omega_c)^4}}\right] \\ &= -6\ \text{dB} + 20\log\left[\frac{1}{\sqrt{1 + (\omega/\omega_c)^4}}\right] \end{aligned} \tag{9.20}$$

식 (9.20)은 $20\log|T(j\omega)|$의 그래프는 $20\log\left[1/\sqrt{1 + (\omega/\omega_c)^4}\right]$의 그래프를 6 dB만큼 아래로 내린 것임을 의미한다. $20\log\left[1/\sqrt{1 + (\omega/\omega_c)^4}\right]$의 그래프를 구하기 위해, 우리는 다음과 같이 세 가지의 주파수에서 이 함수의 값들을 구할 수 있을 것이다.

$$\frac{\omega}{\omega_c} = 0.1, \quad 20\log\left[1/\sqrt{1 + (\omega/\omega_c)^4}\right] \cong 0\ \text{dB}$$

$$\frac{\omega}{\omega_c} = 1, \quad 20\log\left[1/\sqrt{1 + (\omega/\omega_c)^4}\right] = -3\ \text{dB}$$

0 dB의 저주파 점근선

$$\frac{\omega}{\omega_c} = 10, \quad 20\log\left[1/\sqrt{1 + (\omega/\omega_c)^4}\right] \cong -40\ \text{dB}$$

-40 dB/데케이드 기울기의 고주파 점근선

이 값들을 이용함으로써 우리는 $20\log\left[1/\sqrt{1 + (\omega/\omega_c)^4}\right]$의 그래프를 그림 9.22의 곡선 1에 보인 것처럼 그릴 수 있을 것이다. 그림에서 $\omega_c = 2\pi \times 1000$ 라디안/초이다. $20\log|T(j\omega)|$의 그래프는 곡선 1을 6 dB만큼 아래로 내린 것이다(곡선 2). 1차 저역-통과 여파기의 고주파 점근선의 기울기가 -20 dB/데케이드인데 비해(그림 9.4 참조), 2차 저역-통과 여파기의 고주파 점근선의 기울기는 -40 dB/데케이드라는 점에 주목하기 바란다. 이는 2차 여파기가 1차 여파기보다 고주파 입력 신호를 보다 많이 감쇠시킨다는 것을 의미한다.

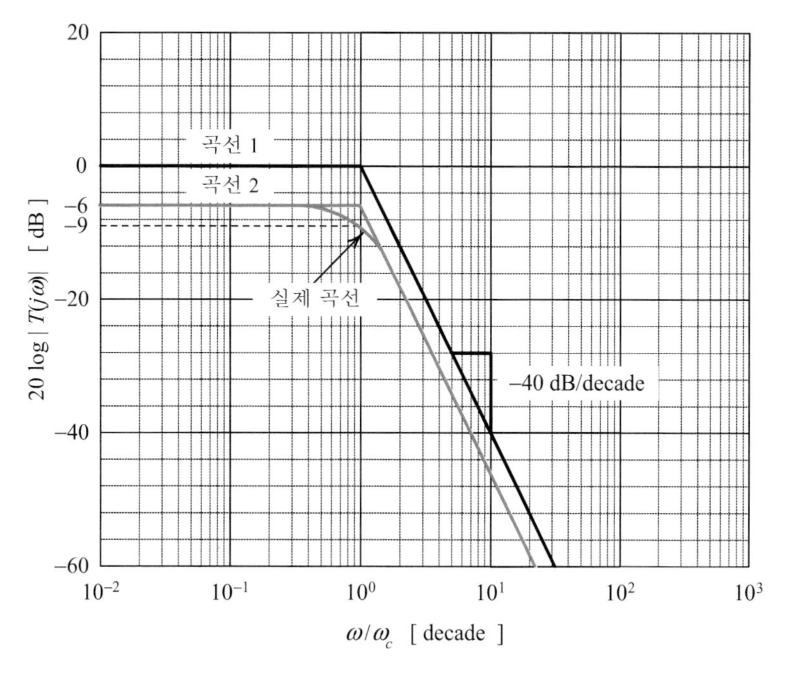

그림 9.22 예제 9.5에서 설계된 회로의 크기 특성의 보드 선도.

9.4 고역-통과 여파기

고역-통과 여파기는 저주파의 사인파를 저지시키고, 고주파의 사인파를 통과시키는 데 사용된다. 우리는 저지 대역($\omega < \omega_c$)과 통과 대역($\omega > \omega_c$)을 구분하기 위해 차단 주파수 ω_c를 사용한다. 이상적인 고역-통과 여파기는 그림 9.23에 보인 크기 곡선과 위상 곡선으로 특징지어진다. 저지 대역에서의 크기 함수가 0이므로, 그곳에서의 위상 특성의 모양은 중요하지 않다.

이와 같은 이상적인 고역-통과 특성을 갖는 회로를 구현하는 것은 불가능하다. 실제의 회로들은 이상적인 고역-통과 특성에 근사한 특성을 나타낸다. 전달 함수의 차수가 높으면 높을수록, 회로의 특성은 그만큼 더 이상적인 특성에 가까워질 것이다. 그러나, 전달 함수의 차수를 높이면, 회로를 적절히 동작시키기 위해 조정해야 할 부품의 수가 훨씬 많아지므로, 실제로 회로를 구현하는 것이 그만큼 더 어려워질 것이다. 여기서 우리는 1차 및 2차 함수들과 회로들에 대해서만 논의할 것이다.

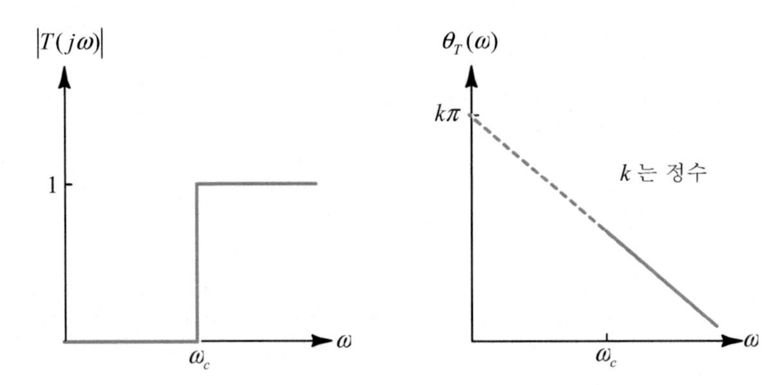

그림 9.23 이상적인 고역–통과 여파기의 크기 특성과 위상 특성.

1차 함수와 1차 회로

1차 고역-통과 함수는 다음과 같이 주어진다.

$$T_1(s) = \frac{s}{s+\omega_c} = \frac{s/\omega_c}{s/\omega_c+1} \tag{9.21}$$

이 함수가 이상적인 고역-통과 특성에 가까운 것인지를 알아보기 위해, $s = j\omega$ 로 놓은 다음, 크기 함수와 위상 함수를 구하면

$$T_1(j\omega) = \frac{j\omega/\omega_c}{j\omega/\omega_c+1}$$

$$T_1(j\omega) = \frac{\omega/\omega_c}{\sqrt{1+(\omega/\omega_c)^2}} \tag{9.22a}$$

$$\theta_1(\omega) = \frac{\pi}{2} - \tan^{-1}\frac{\omega}{\omega_c} \tag{9.22b}$$

가 얻어질 것이다.

이들 두 함수를 그림 9.24(a)와 (b)에 각각 도시했다. 그림 9.24(a)에서 크기 함수의 특성이 저지 대역과 통과 대역을 주파수에 따라 명확히 구분할 수 있는 급격한 크기의 상승을 보이지는 않는다는 점에 유의하기 바란다. 그럼에도 불구하고, 주파수가 무한대일 때의 크기 값의 $1/\sqrt{2}$ 배 되는 크기를 갖는 주파수, 즉 ω_c를 우리는 차단 주파수 또는 반전력 주파수로 간주한다. ω_c의 단위가 라디안/초이므로, 헤르츠 단위의 차단 주파수는 $f_c = \omega_c/2\pi$ 로 주어질 것이다. 고역-통과 여파기의 차단 주파수는 저지 대역폭을 나타내기도 한다.

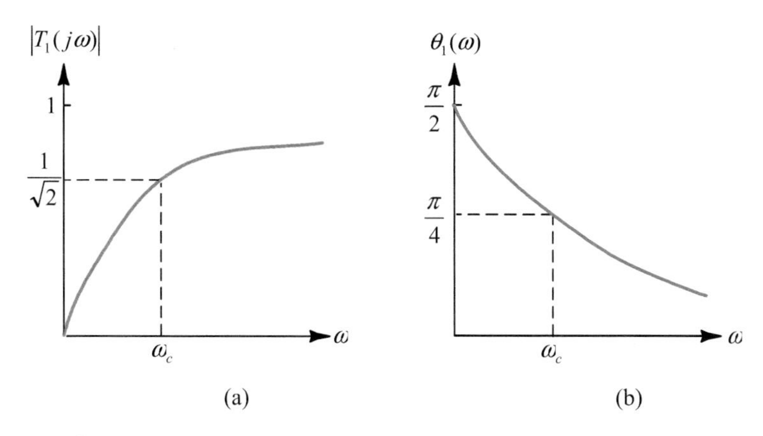

그림 9.24 1차 고역–통과 함수의 특성: (a) 크기 특성, (b) 위상 특성.

그림 9.24(b)는 고역-통과 함수의 위상 특성이 점진적으로 0에 접근한다는 것을 보여준다. 따라서, 만일 우리가 그림 9.23에 보인 이상적인 위상-특성 곡선에서 k와 곡선의 기울기 모두를 0으로 취한다면, 그림 9.24(b)의 위상 곡선은 통과 대역 내에서 이상적인 위상 곡선과 비슷해질 것이다.

식 (9.21)로 주어진 1차 고역-통과 함수는 그림 9.25에 보인 두 회로로 구현할(1보다 작은 스케일 인수로) 수 있을 것이다. 이들 두 회로는 모두 입력 저항 R_s와 부하 저항 R_L 사이에서 동작하며, 다음의 전달 함수로 표현된다.

$$T(s) = \frac{V_o}{V_i} = \frac{R_L}{R_s + R_L}\left(\frac{s}{s + \omega_c}\right) \tag{9.23}$$

여기서,

$$\omega_c = \frac{1}{(R_s + R_L)C} \qquad (RC\ 회로)$$

$$\omega_c = \frac{R_s R_L}{R_s + R_L}\frac{1}{L} \qquad (RL\ 회로)$$

이다.

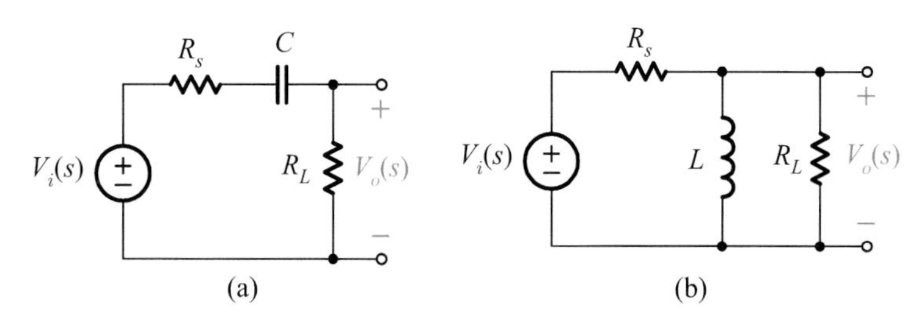

그림 9.25 1차 고역–통과 함수의 구현.

이 식들은 입력 저항과 부하 저항이 주어졌거나 이미 알고 있을 경우, 특정한 차단 주파수를 얻기 위한 C의 값[그림 9.25(a)의 회로의 경우] 또는 L의 값[그림 9.25(b)의 회로의 경우]을 구하는 데 사용된다.

스케일 인수 $R_L/(R_s+R_L)$ 은 모든 주파수에 대해 동등하게 영향을 미치므로, 특성 곡선의 모양을 변형시키지 않을 것이다. 다만, 이 스케일 인수는 그 값이 1보다 작기 때문에, 통과 대역내의 신호를 감쇠시키기만 할 것이다(저지 대역내의 신호도 같이 감쇠된다).

그림 9.25(a)의 회로에서 $R_s = 0$ 이거나, (b)의 회로에서 $R_L = \infty$ 이면, 이 스케일 인수가 1이 된다는 점에 주목하기 바란다.

끝으로, 만일 1차 함수로 구현한 고역-통과 특성이 우리가 원하는 특성에 만족할 만한 근사를 보이지 못한다면, 우리는 2차 또는 더 높은 차수의 함수를 사용해야 할 것이다.

1차 회로의 유형을 찾는 방법

지금까지의 논의로부터 알 수 있듯이, 1차 회로는 두 가지 부류, 즉 저역-통과 회로와 고역-통과 회로로 분류되며, 이 두 부류의 각각은 뚜렷하게 서로 다른 신호 응답을 나타낸다. 주어진 1차 회로가 고역-통과형인지, 아니면 저역-통과형인지를 알아내는 방법은 회로의 출력을 두 개의 주파수, 즉 $\omega = 0$ 또는 $\omega = \infty$ 에서 구해 보는 것이다. 즉, $\omega = 0$ 에서 커패시터는 그것의 임피던스 $Z_C(j\omega) = 1/j\omega C = \infty$ 이므로 개방 회로로 대체될 것이고, 인덕터는 그것의 임피던스 $Z_L(j\omega) = j\omega L = 0$ 이므로 단락 회로로 대체될 것이다. 만일 이때 출력이 0 이면, 그 회로는 고역-통과형이고, 만일 출력이 유한하면, 그 회로는 저역-통과형이다. 이와는 달리, 우리는 $\omega = \infty$ 에서 커패시터는 단락 회로($1/j\omega C = 0$)로 대체하고 인덕터는 개방 회로($j\omega L = \infty$)로 대체함으로써 1차 회로의 유형을 시험할 수도 있을 것이다. 만일 이때 출력이 유한하면, 그 회로는 고역-통과형이고, 만일 출력이 0 이면, 그 회로는 저역-통과 회로이다. 표 9.1에 이 결과들을 요약해 놓았다(표에서 s.c는 단락 회로를 의미하고, o.c는 개방 회로를 의미한다). 이 방법은 2차 회로에 대해서도 적용될 수 있다.

표 9.1 1차 회로의 유형을 찾는 방법

시험 주파수	대체	만일 다음과 같으면, 회로는 저역-통과형이다	만일 다음과 같으면, 회로는 고역-통과형이다
$\omega = 0$	C를 o.c로 L을 s.c로	출력이 유한	출력이 0
$\omega = \infty$	C를 s.c로 L을 o.c로	출력이 0	출력이 유한

2차 함수와 2차 회로

많은 2차 함수들이 고역-통과 특성을 보인다. 이 함수들은 그들의 저지-대역 특성과 통과-대역 특성에서 약간 차이가 있다. 널리 사용되는 함수들 중의 하나가

$$T_2(s) = \frac{s^2}{s^2 + s\sqrt{2}\,\omega_c + \omega_c^2} \tag{9.24}$$

이다. 이 식과 연관된 크기 함수와 위상 함수는 $s = j\omega$로 놓아서 구할 수 있다. 즉,

$$T_2(j\omega) = \frac{-\omega^2}{(\omega_c^2 - \omega^2) + j\omega\sqrt{2}\,\omega_c} = \frac{(\omega/\omega_c)^2}{[(\omega/\omega_c)^2 - 1] - j\sqrt{2}\,(\omega/\omega_c)}$$

$$|T_2(j\omega)| = \frac{(\omega/\omega_c)^2}{\sqrt{[(\omega/\omega_c)^2 - 1]^2 + 2(\omega/\omega_c)^2}} = \frac{(\omega/\omega_c)^2}{\sqrt{1 + (\omega/\omega_c)^4}} \tag{9.25a}$$

$$\theta_2(\omega) = -\tan^{-1}\frac{-\sqrt{2}\,(\omega/\omega_c)}{(\omega/\omega_c)^2 - 1} = \pi - \tan^{-1}\frac{\sqrt{2}\,(\omega/\omega_c)}{1 - (\omega/\omega_c)^2} \tag{9.25b}$$

이 함수들을 그림 9.26(a)와 (b)에 각각 도시했다. 그림 9.26(a)에서 상수 ω_c는 $\omega = \infty$일 때의 크기의 $1/\sqrt{2}$ 배 되는 크기를 갖는 주파수를 가리키며, 이 상수가 차단 주파수 또는 저지 대역폭을 나타내는 데 사용된다는 점에 다시 한번 주목하기 바란다. 한편, 그림 9.26(b)에서 우리는 위상 특성이 주파수가 커짐에 따라 점진적으로 0에 접근한다는 것을 알 수 있다.

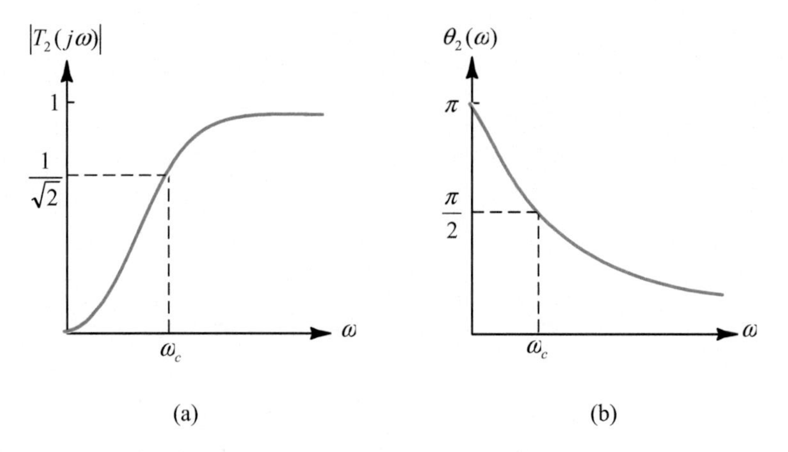

그림 9.26 식 (9.24)의 2차 고역-통과 함수의 특성: (a) 크기 특성, (b) 위상 특성.

그림 9.27에 이 2차 함수[식 (9.25a)]와 1차 함수[식 (9.22a)]의 크기 특성을 비교해 나타냈다. 저지 대역에서는 2차 함수의 특성 곡선이 1차 함수의 특성 곡선보다 더 아래에 있고(따라서, 2차 함수가 입력 신호를 더 많이 감쇠시킨다), 통과 대역에서는 2차 함수의 특성 곡선이 1차 함수의 특성 곡선보다 더 위에 있다(따라서, 2차 함수가 입력 신호를 더 잘 통과시킨다)는 점에 주목하기 바란다.

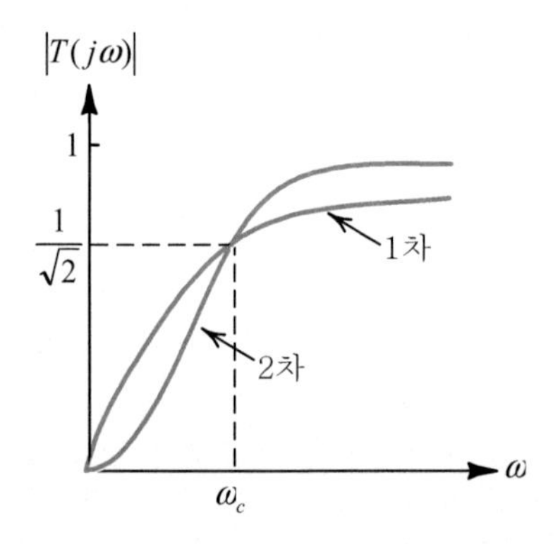

그림 9.27 2차 함수와 1차 함수의 크기 특성 비교.

식 (9.24)의 2차 함수는 그림 9.28에 보인 두 회로 중 어느 쪽 회로로도 (스케일 인수의 범위 내에서) 구현할 수 있을 것이다. 이들 회로를 해석하면, $R_s = R_L = R$일 경우 두 회로의 전달 함수가 똑같고, 다음과 같이 주어진다는 것을 알 수 있을 것이다(연습문제 9.2를 참조하라).

$$\frac{V_o}{V_i} = \frac{1}{2}\left[\frac{s^2}{s^2 + s\frac{1}{2}\left(\frac{R}{L} + \frac{1}{RC}\right) + \frac{1}{2LC}}\right] \tag{9.26}$$

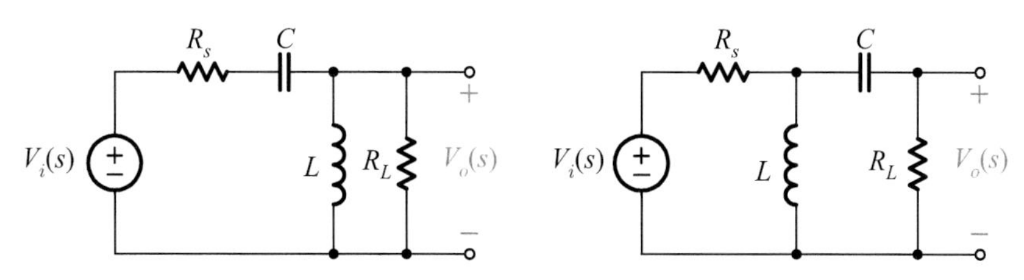

그림 9.28 식 (9.24)의 2차 고역–통과 함수의 구현.

이제, 우리는 이 전달 함수가 식 (9.24)로 주어진 고역-통과 함수(스케일 인수가 $\frac{1}{2}$ 인), 즉

$$\frac{V_o}{V_i} = \frac{1}{2}\left(\frac{s^2}{s^2 + s\sqrt{2}\,\omega_c + \omega_c^2}\right) \tag{9.27}$$

를 나타내도록 만들어야 할 것이다. 이를 위해 식 (9.26)과 식 (9.27)의 분모 다항식 계수들을 같게 놓으면,

$$\sqrt{2}\,\omega_c = \frac{1}{2}\left(\frac{R}{L} + \frac{1}{RC}\right), \qquad \omega_c^2 = \frac{1}{2LC} \tag{9.28}$$

이 얻어질 것이다. 통상적으로, R은 주어지고 ω_c는 정해진다. 따라서, 남아 있는 미지수 L과 C는 식 (9.28)로 주어진 두 방정식을 연립하여 풀면 구할 수 있을 것이다. 그 결과는

$$L = \frac{R}{\sqrt{2}\,\omega_c}, \qquad C = \frac{1}{\sqrt{2}\,\omega_c R} \tag{9.29}$$

이다. (문제 9.5를 참고하라.) 이것으로 여파기 설계가 완료된다.

끝으로, 그림 9.28(a)의 회로에서 $R_s = 0$, 또는 $R_L = \infty$ 로 놓으면, 스케일 인수가 1인 2차 고역-통과 여파기가 얻어진다는 점에 유의하기 바란다.

연습문제 9.2

그림 9.28의 회로들에서 $R_s = R_L = R$이다. 이 회로들을 해석하여 이들의 전달 함수가 식 (9.26)으로 주어진다는 것을 보여라.

예제 9.6 그림 9.29에 보인 것처럼, 입력 전압 파형의 직류 성분은 제거하고, 사인파 성분은 통과시키는 1차 고역-통과 회로를 설계하라. 입력 신호 전원의 내부 저항은 R_s 이다.

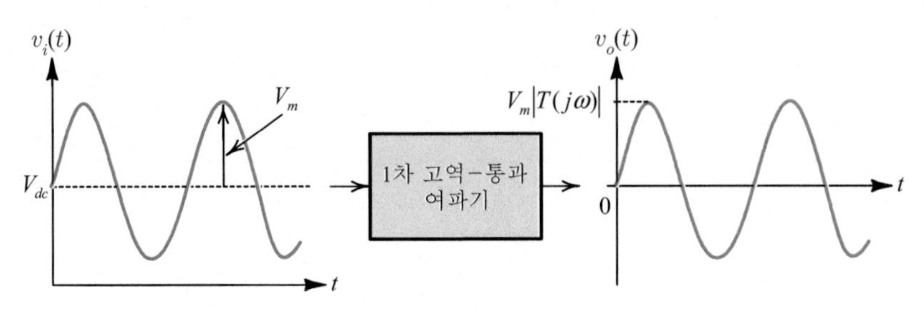

그림 9.29 예제 9.6을 위한 그림.

풀이 1차 고역-통과 회로는 그림 9.30에 보인 RL 또는 RC 회로를 사용하여 설계할 수 있을 것이다. 그림 9.30(a)의 RL 회로에서 직류 전압 전원에 기인하여 인덕터에 걸리는 전압은 0이다(직류 전압이 인가된 시간으로부터 시정수의 5배에 해당하는 시간이 지난 후에는, 인덕터에 걸리는 전압이 0이라는 것을 상기하기 바란다). 따라서, 정상-상태 출력은 다음과 같이 교류 신호에만 기인할 것이다.

$$v_{oa} = V_m \mid T_a(j\omega) \mid \sin(\omega t + \theta_a) \tag{9.30}$$

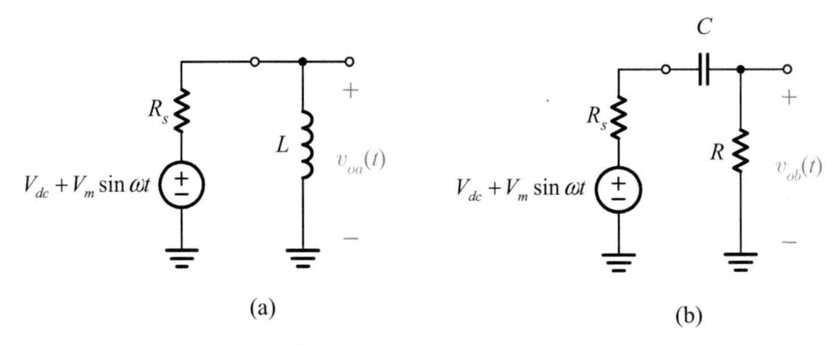

그림 9.30 예제 9.6에서 사용 가능한 회로의 형태.

여기서

$$\mid T_a(j\omega) \mid = \frac{\omega}{\sqrt{\omega^2 + (R_s/L)^2}}$$

$$\theta_a = \frac{\pi}{2} - \tan^{-1}\frac{\omega L}{R_s}$$

이다. 이 고역-통과 여파기의 차단 주파수는

$$f_{ca} = \frac{1}{2\pi}\frac{R_s}{L}\,\text{Hz}$$

이다. $\omega \gg \omega_{ca}$ 인 주파수들에 대해서는 $|T_a(j\omega)| \cong 1$ 이고, $\theta_a \cong 0$ 이다. 따라서, 출력은 입력의 사인파 성분과 똑같다. 그림 9.30(b)의 RC 회로에서는 직류 전압 전원에 기인하여 커패시터를 통해 흐르는 전류가 0이다(직류 전압 전원이 인가된 시간으로부터 시정수의 5배에 해당하는 시간이 경과한 후에는, 커패시터에 흐르는 전류가 0이라는 것을 상기하기 바란다). 따라서, 출력 저항기 양단에는 직류 전압이 걸리지 않을 것이다. 즉, 직류 성분은 커패시터에 의해 차단될 것이다. 결국, 정상-상태 출력은 다음과 같이 교류 신호에만 기인할 것이다.

$$v_{ob} = V_m\,|T_b(j\omega)|\,\sin(\omega t + \theta_b) \tag{9.31}$$

여기서

$$|T_b(j\omega)| = \frac{R}{R_s + R}\frac{\omega}{\sqrt{\omega^2 + 1/[(R_s + R)^2 C^2]}}$$

$$\theta_b(\omega) = \frac{\pi}{2} - \tan^{-1}[\omega(R_s + R)C]$$

이다. 이 고역-통과 여파기의 차단 주파수는

$$f_{cb} = \frac{1}{2\pi}\frac{1}{(R_s + R)C}$$

이다. $\omega \gg \omega_{cb}$ 인 주파수들에 대해서는 $|T_b(j\omega)| \cong R/(R_s + R)$ 이고, $\theta_b \cong 0$ 이다. 따라서, 이때의 출력은 다음과 같이 될 것이다.

$$v_{ob} \cong V_m \frac{R}{R_s + R}\sin\omega t$$

$R/(R_s + R)$ 때문에 통과-대역 신호들이 이 여파기에 의해 감쇠된다는 점에 유의하기 바란다. 끝으로, 두 회로 모두에서 차단 주파수는 회로에 의해 통과될 가장 낮은 주파수와 같거나, 그보다 더 낮게 취해져야 한다는 것을 언급해 둔다.

그림 9.28(a)의 회로를 $R_s = R_L = R$인 고역-통과 여파기로 만들고자 한다. 저항 $R = 50\ \Omega$, 그리고 차단 주파수 $f_c = 1000\ \text{Hz}$ 로 각각 주어졌다.

(a) L과 C 값을 구하라.

(b) 설계된 회로의 크기 특성을 보드 선도로 나타내어라.

풀이 (a) 식 (9.29)에서 $R = 50\,\Omega$ 과 $\omega_c = 2\pi \times 1000$ 을 사용하면,

$$L = \frac{50}{\sqrt{2} \times 2\pi \times 10^3} = 5.63 \text{ mH}$$

$$C = \frac{1}{\sqrt{2} \times 2\pi \times 10^3 \times 50} = 2.25 \ \mu\text{F}$$

을 얻을 것이다. 그림 9.31에 이 값들을 가진 회로를 나타냈다.

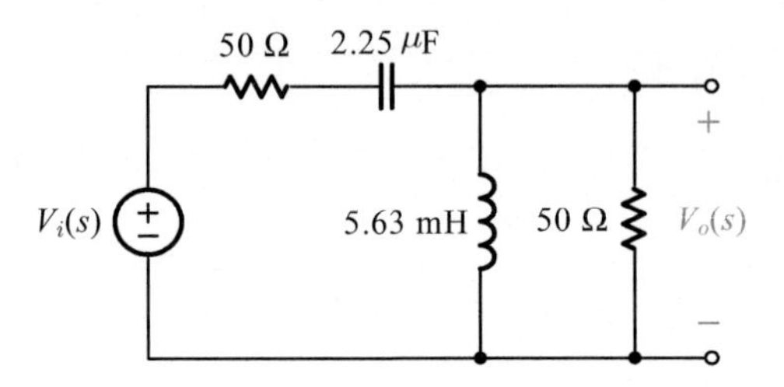

그림 9.31 예제 9.7에서 설계된 고역-통과 여파기.

(b) 식 (9.26)과 식 (10,28)을 이용하면, 전달 함수를

$$T(s) = \frac{1}{2}\frac{s^2}{s^2 + s\sqrt{2}\,\omega_c + \omega_c^2}$$

으로 쓸 수 있고, 이에 해당하는 크기 함수는

$$|T(j\omega)| = \left|\frac{1}{2}\frac{\omega^2}{(\omega_c^2 - \omega^2) + j\omega\sqrt{2}\,\omega_c}\right| = \frac{1}{2}\frac{\omega^2}{\sqrt{(\omega_c^2 - \omega^2)^2 + 2\omega^2\omega_c^2}}$$

$$= \frac{1}{2}\frac{\omega^2}{\sqrt{\omega_c^4 + \omega^4}} = \frac{1}{2}\frac{(\omega/\omega_c)^2}{\sqrt{1 + (\omega/\omega_c)^4}} \tag{9.32}$$

이다. 보드 선도를 그리기 위해 식 (9.32)에 로그를 취하고, 20을 곱해주면,

$$20\log|T(j\omega)| = 20\log\left[\frac{1}{2}\frac{(\omega/\omega_c)^2}{\sqrt{1 + (\omega/\omega_c)^4}}\right]$$

$$= 20\log 0.5 + 20\log\left[\frac{(\omega/\omega_c)^2}{\sqrt{1 + (\omega/\omega_c)^4}}\right]$$

$$= -6 \text{ dB} + 20\log\left[\frac{(\omega/\omega_c)^2}{\sqrt{1 + (\omega/\omega_c)^4}}\right] \tag{9.33}$$

$20\log|T(j\omega)|$ 의 그래프는 $20\log\left[(\omega/\omega_c)^2/\sqrt{1 + (\omega/\omega_c)^4}\right]$ 의 그래프를 6 dB만큼 아래로 내린 것이다. $20\log\left[(\omega/\omega_c)^2/\sqrt{1 + (\omega/\omega_c)^4}\right]$ 의 그래프를 구

하기 위해, 우리는 다음과 같이 세 가지의 주파수에서 이 함수의 값들을 구할 수 있을 것이다.

$$\frac{\omega}{\omega_c} = 0.1, \quad 20\log\left[\frac{(\omega/\omega_c)^2}{\sqrt{1+(\omega/\omega_c)^4}}\right] \cong -40 \text{ dB}$$

$$\frac{\omega}{\omega_c} = 1, \quad 20\log\left[\frac{(\omega/\omega_c)^2}{\sqrt{1+(\omega/\omega_c)^4}}\right] = -3 \text{ dB}$$

$$\frac{\omega}{\omega_c} = 10, \quad 20\log\left[\frac{(\omega/\omega_c)^2}{\sqrt{1+(\omega/\omega_c)^4}}\right] \cong 0 \text{ dB}$$

(첫째~둘째 식: 40 dB/데케이드 기울기의 저주파 점근선, 둘째~셋째 식: 0 dB의 고주파 점근선)

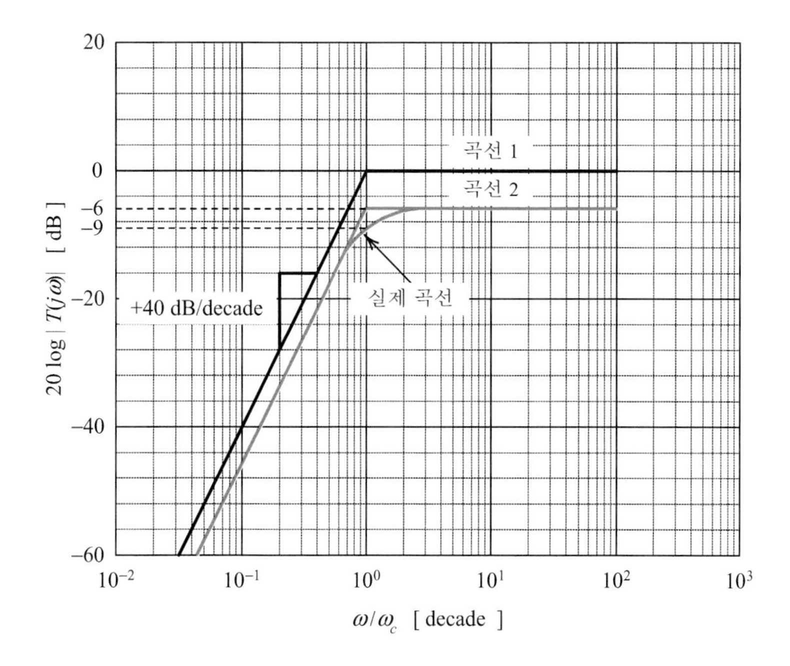

그림 9.32 예제 9.7에서 설계된 회로의 크기 특성.

이 값들을 이용함으로써 우리는 $20\log\left[(\omega/\omega_c)^2/\sqrt{1+(\omega/\omega_c)^4}\right]$의 그래프를 그림 9.32(곡선 1)에 보인 것처럼 그릴 수 있을 것이다. 그림에서 $\omega_c = 2\pi \times 1000$ 라디안/초이다. $20\log|T(j\omega)|$의 그래프는 곡선 1을 6 dB만큼 아래로 내린 것이다(곡선 2). 1차 고역-통과 여파기의 저주파 점근선의 기울기가 20 dB/데케이드인데 비해(그림 9.7 참조), 2차 고역-통과 여파기의 저주파 점근선의 기울기는 40 dB/데케이드라는 점에 주목하기 바란다. 이는 2차 여파기가 1차 여파기보다 저주파 입력 신호를 보다 많이 감쇠시킨다는 것을 의미한다.

9.5 대역-통과 여파기

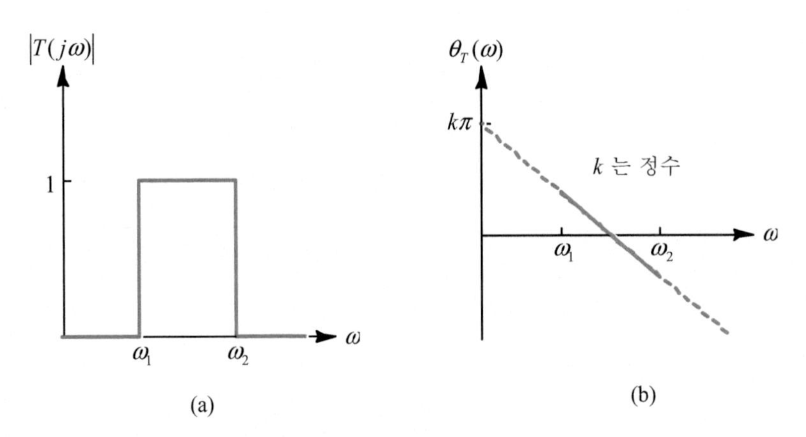

그림 9.33 이상적인 대역-통과 여파기의 특성: (a) 크기 특성, (b) 위상 특성.

대역-통과 여파기는 특정한 대역 내에 드는 주파수들을 갖는 사인파들을 통과시키는 데 사용된다. 우리는 이 주파수 대역을 **대역폭**(bandwidth)이라고 부른다. 이상적인 대역-통과 여파기는 그림 9.33에 보인 크기 곡선과 위상 곡선으로 특징지어진다. 여기서 대역폭은 $(\omega_2 - \omega_1)$ 라디안/초이다.

이와 같은 이상적인 대역-통과 특성을 갖는 회로를 구현하는 것은 불가능하다. 실제의 회로들은 단지 이상적인 대역-통과 특성에 근사한 특성을 나타낸다. 대역-통과 응답을 성취하기 위해서는, 적어도 2차 함수, 즉 2-극점 회로가 요구된다. 대역-통과 특성을 갖는 2차 함수들과 더 높은 차수의 함수들이 많지만, 여기서는 다음 식으로 주어지는 2차 함수의 특성들에 대해서만 살펴볼 것이다.

$$T(s) = \frac{s\,\omega_b}{s^2 + s\,\omega_b + \omega_p^2} \tag{9.34}$$

여기서, ω_b와 ω_p는 상수이다. 위 식에서 $s = j\omega$로 대체한 다음, 크기 함수와 위상 함수를 구하면,

$$T(j\omega) = \frac{j\omega\omega_b}{(\omega_p^2 - \omega^2) + j\omega\omega_b}$$

$$|T(j\omega)| = \frac{\omega\omega_b}{\sqrt{(\omega_p^2 - \omega^2)^2 + (\omega\omega_b)^2}} \tag{9.35a}$$

$$\theta_T(\omega) = \frac{\pi}{2} - \tan^{-1}\left(\frac{\omega\omega_b}{\omega_p^2 - \omega^2}\right) \tag{9.35b}$$

를 얻을 것이다.

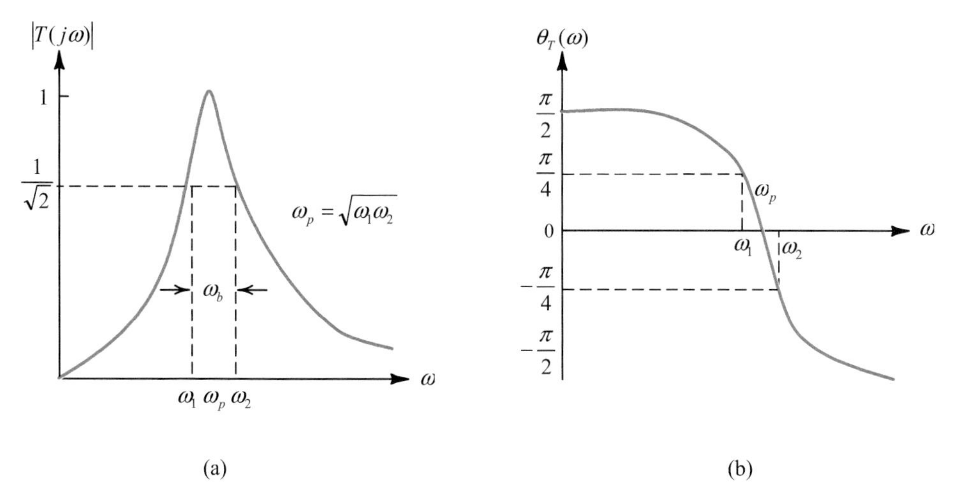

그림 9.34 식 (9.34)의 2차 대역-통과 함수의 특성: (a) 크기 특성, (b) 위상 특성.

크기 함수과 위상 함수를 그림 9.34(a)와 (b)에 각각 도시했다. 크기 함수는 $\omega = \omega_p$ 에서 최대가 된다. 따라서 우리는 식 (9.34)의 상수 ω_p가 크기 곡선이 최대에 도달할 때의 주파수를 나타낸다는 것을 알 수 있으며, 이에 따라 ω_p를 **피크 주파수**(peak frequency) 또는 **중심 주파수**(center frequency)라고 부른다.

대역-통과 함수의 대역폭은 피크 크기의 $1/\sqrt{2}$ 배 되는 크기를 갖는 두 주파수의 차로 정의된다. 이 두 주파수는 반전력 주파수라고 불리기도 하며, 그림 9.34(a)에 ω_1과 ω_2로 표시되어 있다. 이 그림으로부터 우리는, 이 두 주파수의 차가 바로 ω_b라는 것을 볼 수 있다. 즉,

$$\omega_2 - \omega_1 = \omega_b \tag{9.36}$$

이 결과로부터 우리는 식 (9.34)의 상수 ω_b는 라디안/초 단위를 갖는 대역폭을 나타낸다는 것을 알 수 있다.

그림 9.34(b)의 위상 특성은 $\theta_T(\omega_1) = \pi/4$ 이고, $\theta_T(\omega_2) = -\pi/4$ 라는 것을 보여준다(문제 9.14 참조).

대역-통과 함수의 계수들의 중요성을 강조하기 위해, 식 (9.34)에 설명을 덧붙여 아래에 다시 나타냈다.

$$T(s) = \frac{s\,\omega_b}{s^2 + \underbrace{s\,\omega_b}_{\text{대역폭}} + \underbrace{(\omega_p)^2}_{\text{피크 크기의 주파수}}} \tag{9.37}$$

우리는 이 식으로부터, 분모 다항식의 s^1 항의 계수(ω_b)의 값을 바꾸면, 피크가 일어나는 주파수에는 영향을 미치지 않으면서, 대역-통과 특성의 대역폭이 바뀐다는 것을 알 수 있다. 이 계수를 작게 하면 할수록, 대역폭이 그만큼 더 작아지고, 대역-통과 곡선이 그만큼 더 선택적이 된다는 점에 주목하기 바란다. 한편, 분모 다항식의 상수 항(ω_p^2)의 값을 바꾸면, 피크가 일어나는 주파수가 바뀔 것이다. 만일 이 계수를 크게 하면, 대역폭은 바뀌지 않으면서 크기 곡선만 오른 쪽으로 (더 높은 주파수 대역으로) 이동할 것이다. ω_p를 바꾸어 대역-통과 곡선의 주파수를 바꾸는 이러한 과정을 우리는 **동조**(tuning)라고 부른다.

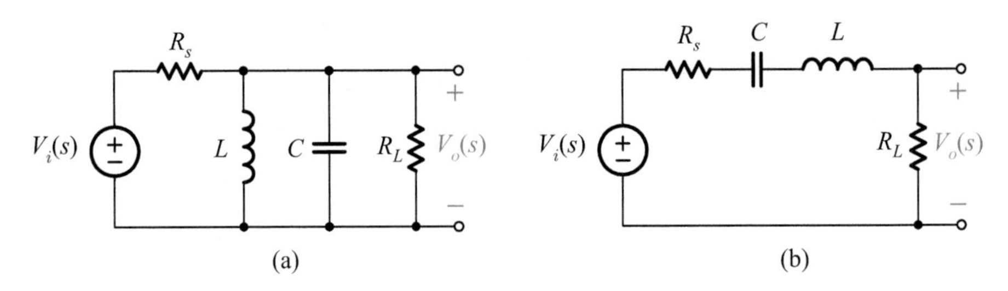

그림 9.35 식 (9.34)의 2차 대역-통과 함수의 구현.

2차 대역-통과 함수는 그림 9.35에 보인 회로들로 구현할 수 있을 것이다. 그림 9.35(a)의 회로에 대해, 우리는 다음을 얻을 수 있을 것이다.

$$\frac{V_o}{V_i} = \frac{R_L}{R_s + R_L}\left[\frac{s\frac{1}{C}\left(\frac{R_s + R_L}{R_s R_L}\right)}{s^2 + s\frac{1}{C}\left(\frac{R_s + R_L}{R_s R_L}\right) + \frac{1}{LC}}\right]$$

$$\frac{V_o}{V_i} = \frac{R_L}{R_s + R_L}\left[\frac{s\,\omega_b}{s^2 + s\,\omega_b + \omega_p^2}\right] \tag{9.38a}$$

이 두 식의 항과 항을 서로 비교하면, 다음의 관계식들이 얻어질 것이다.

$$\omega_b = \frac{1}{C}\left(\frac{R_s + R_L}{R_s R_L}\right) \tag{9.38b}$$

$$\omega_p = \frac{1}{\sqrt{LC}} \tag{9.38c}$$

일반적으로, 회로 설계를 할 때 ω_b와 ω_p는 정해지며, R_s와 R_L도 주어진다. 따라서 남은 두 개의 소자 값은 식 (9.38b)를 C에 대해 풀고, 식 (9.38c)를 L에 대해 풀면 구해질 것이다. 즉,

$$C = \frac{R_s + R_L}{R_s R_L} \frac{1}{\omega_b} \tag{9.39a}$$

$$L = \frac{1}{\omega_p^2 C} = \frac{R_s R_L}{R_s + R_L} \frac{\omega_b}{\omega_p^2} \tag{9.39b}$$

그림 9.35(a)의 회로를 우리는 **병렬-공진**(parallel-resonant) 회로라고 부르기도 한다. 또한, 출력이 최고점에 달하는 주파수($\omega = \omega_p = 1/\sqrt{LC}$)를 **공진 주파수**(resonant frequency)라고 부르기도 한다. 공진 주파수에서 전달 함수는 다음과 같이 될 것이다.

$$\left.\frac{V_o}{V_i}\right|_{s=j\omega_p} = \frac{R_L}{R_s + R_L}\left[\frac{j\,\omega_p\,\omega_b}{-\omega_p^2 + j\,\omega_p\,\omega_b + \omega_p^2}\right] = \frac{R_L}{R_s + R_L}$$

우리는 공진 주파수에서 병렬 LC 회로의 임피던스가 무한대가 된다는 것, 즉

$$Z_{LC} = \left.\frac{s(1/C)}{s^2 + 1/LC}\right|_{s=j(1/\sqrt{LC})} = \frac{j(1/\sqrt{LC})(1/C)}{-1/LC + 1/LC} = \infty$$

라는 것을 인지함으로써, 위 식의 결과를 그림 9.35(a)로부터 곧바로 구할 수도 있을 것이다. 공진 주파수에서는 회로의 저항 부분이 출력을 결정한다는 점에 주목하기 바란다.

그림 9.35(b) 회로의 전달 함수는

$$\frac{V_o}{V_i} = \frac{R_L}{R_s + R_L}\left[\frac{s(R_s + R_L)/L}{s^2 + s(R_s + R_L)/L + 1/LC}\right] \tag{9.40}$$

$$= \frac{R_L}{R_s + R_L}\left(\frac{s\,\omega_b}{s^2 + s\,\omega_b + \omega_p^2}\right)$$

이고, 항과 항을 서로 비교하면 다음의 관계식들이 얻어질 것이다.

$$\omega_b = \frac{R_s + R_L}{L} \tag{9.41a}$$

$$\omega_p = \frac{1}{\sqrt{LC}} \tag{9.41b}$$

이 식들은 ω_b, ω_p, R_s, 그리고 R_L이 주어졌을 때, L과 C를 계산하는 데 사용된다.

그림 9.35(b)의 회로를 우리는 **직렬-공진**(series-resonant) 회로라고 부르기도 한다. 이 경우에도 출력이 최고점에 달하는 주파수($\omega = \omega_p = 1/\sqrt{LC}$)를 **공진 주파수**(resonant frequency)라고 부르기도 한다. 공진 주파수에서 전달 함수는

$$\left.\frac{V_o}{V_i}\right|_{s=j\omega_p} = \frac{R_L}{R_s + R_L}$$

이 될 것이다. 우리는 공진 주파수에서 직렬 LC 회로의 임피던스가 0이 된다는 것, 즉

$$Z_{LC} = \left.\frac{s^2LC+1}{sC}\right|_{s=j(1/\sqrt{LC})} = \frac{-1+1}{j(1/\sqrt{LC})C} = 0$$

이라는 것을 인지함으로써, 위 식의 결과를 그림 9.35(b)로부터 곧바로 구할 수도 있을 것이다. 병렬-공진 회로와 마찬가지로, 공진 주파수에서는 회로의 저항 부분이 출력을 결정한다는 점에 주목하기 바란다.

연습문제 9.3

그림 9.35(b)의 회로를 해석하여 이 회로의 전달 함수가 식 (9.40)으로 주어진다는 것을 보여라.

예제 9.8 그림 9.36의 회로를 참조하라. 이 회로에 사용된 인덕터는 가변 인덕터이다. 인덕터의 L 값이 변함에 따라 크기 곡선이 어떻게 변화하는지를 설명하라.

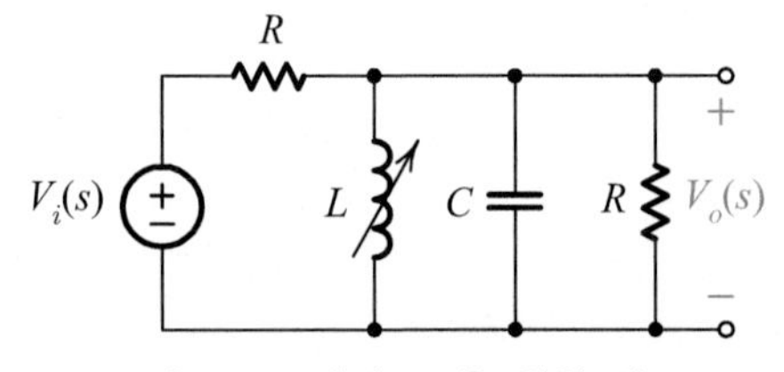

그림 9.36 예제 9.8을 위한 회로.

풀이 식 (9.38)로부터 우리는 이 회로의 전달 함수를 다음과 같이 쓸 수 있을 것이다.

$$\frac{V_o}{V_i} = \frac{1}{2}\frac{s\omega_b}{s^2 + s\omega_b + \omega_p^2}$$

여기서,

$$\omega_b = \frac{2}{RC}, \qquad \omega_p = \frac{1}{\sqrt{LC}}$$

이다. 이 식들로부터 우리는 인덕터가 ω_p에는 영향을 미치지만, ω_b에는 아무런 영향을 미치지 않는다는 것을 알 수 있다. 또한, 크기의 피크 값 역시 L 값과 무관하다는 것을 알 수 있다. 즉,

$$\left|\frac{V_o}{V_i}\right|_{\omega=\omega_p} = \frac{1}{2}$$

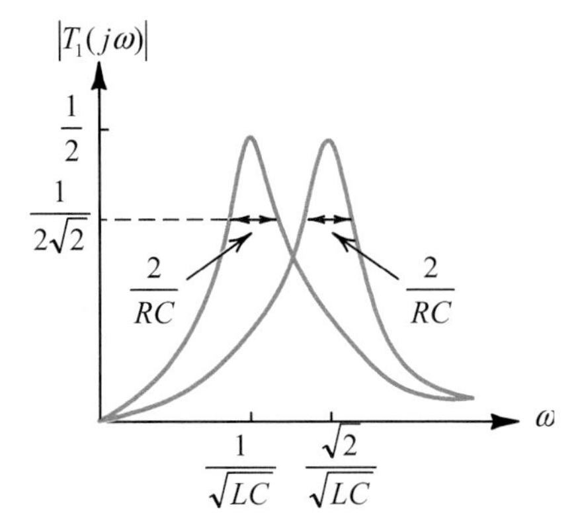

그림 9.37 L값이 2 대 1로 변할 때의 크기 곡선의 이동.

따라서, L값이 변함에 따라 대역-통과 크기 곡선은 대역폭과 피크 값을 일정하게 유지하면서 (L값이 작아질 경우) 오른쪽, 또는 (L값이 커질 경우) 왼쪽으로 이동할 것이다. L값이 2 대 1로 변할 때의 크기 곡선의 이동을 그림 9.37에 나타냈다.

9.6 대역-저지 여파기

대역-저지 여파기는 특정한 주파수 대역내의 주파수를 가진 사인파들을 저지시키는 데 사용된다. 우리는 이 주파수 대역을 **저지 대역**(rejection band) 또는 **차단 대역**(stop band)이라고 부른다. 이상적인 대역-저지 여파기는 그림 9.38에 보인 크기 곡선과 위상 곡선으로 특징지어진다.

그림 9.38(a)의 크기 곡선에서 저지 대역폭은 $(\omega_2 - \omega_1)$ 라디안/초이다. 그림 9.38(b)의 위상 곡선은 두 통과-대역(즉, $\omega < \omega_1$과 $\omega > \omega_2$)에서의 위상 곡선이 똑같은 기울기를 가진다는 것을 보여준다. 저지 대역에서는 출력 크기가 0이므로, 이 대역에서의 위상 곡선의 모양은 중요치 않다.

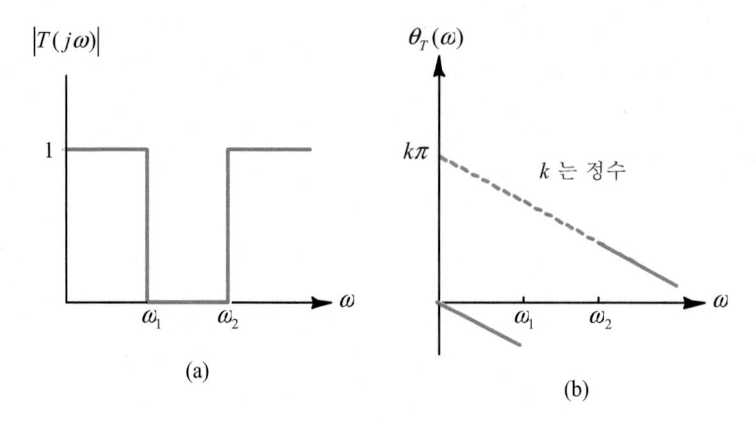

그림 9.38 이상적인 대역-저지 여파기의 특성: (a) 크기 특성, (b) 위상 특성.

이상적인 대역-저지 특성에 근사한 특성을 얻으려면 적어도 2차 함수가 요구된다. 그와 같은 2차 함수의 한 예가

$$T(s) = \frac{s^2 + \omega_r^2}{s^2 + s\omega_b + \omega_r^2} \tag{9.42}$$

이다. 여기서, ω_b와 ω_r은 상수이다. 식 (9.42)에서 $s = j\omega$로 대체한 다음, 크기 함수와 위상 함수를 구하면,

$$T(j\omega) = \frac{\omega_r^2 - \omega^2}{(\omega_r^2 - \omega^2) + j\omega\omega_b} \tag{9.43}$$

$$|T(j\omega)| = \frac{|\omega_r^2 - \omega^2|}{\sqrt{(\omega_r^2 - \omega^2)^2 + (\omega\omega_b)^2}} \tag{9.44a}$$

$$\theta_T(\omega) = -\tan^{-1}\frac{\omega\omega_b}{\omega_r^2 - \omega^2} \qquad (\omega < \omega_r)$$

$$\theta_T(\omega) = \pi - \tan^{-1}\frac{\omega\omega_b}{\omega_r^2 - \omega^2} = \tan^{-1}\frac{\omega\omega_b}{\omega^2 - \omega_r^2} \quad (\omega > \omega_r) \tag{9.44b}$$

를 얻을 것이다. 식 (9.43)에서 ω가 ω_r을 초과함에 따라 분자의 부호가 바뀌므로, 위상 특성을 식 (9.44b)와 같이 두 개의 식으로 나타냈다는 점에 유의하기 바란다.

식 (9.44a)의 크기 함수와 식 (9.44b)의 위상 함수를 그림 9.39(a)와 (b)에 각각 도시했다. $\omega = \omega_r$에서 크기 곡선은 0이다. 따라서 우리는 식 (9.42)의 상수 ω_r이 크기 곡선이 완전히 0이 되는[즉, **노치**(notch)가 일어나는] 주파수를 나타낸다는 것을 알 수 있다.

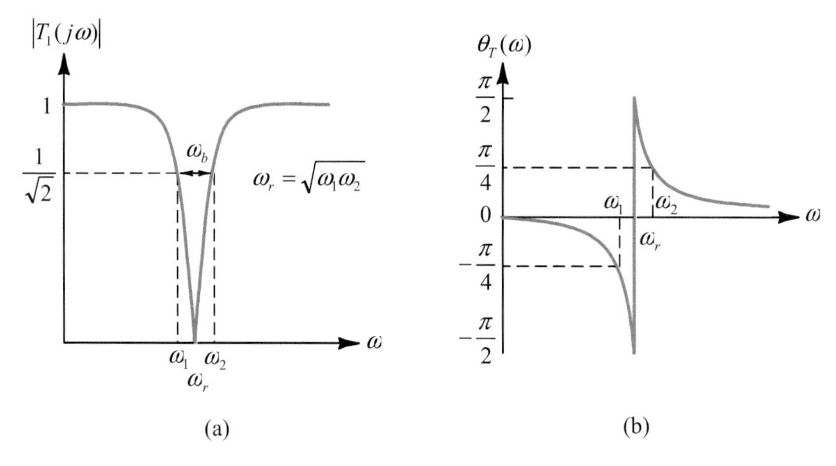

그림 9.39 식 (9.42)의 2차 대역-저지 함수의 특성: (a) 크기 특성, (b) 위상 특성.

저지 대역폭은 $\omega = 0$와 $\omega = \infty$일 때의 크기의 $1/\sqrt{2}$배 되는 크기를 갖는 두 주파수의 차로 정의된다. 이 두 주파수는 반전력 주파수라고 불리기도 하며, 그림 9.39(a)에 ω_1과 ω_2로 표시되어 있다. 이 그림으로부터 우리는 이 두 주파수의 차가 바로 ω_b라는 것을 볼 수 있다. 즉,

$$\omega_2 - \omega_1 = \omega_b \tag{9.45}$$

이 결과로부터 우리는 식 (9.42)의 상수 ω_b가 라디안/초의 단위를 갖는 저지 대역폭을 나타낸다는 것을 알 수 있다.

그림 9.39(b)는 위상 특성이 $\omega = \omega_r$에서 π라디안만큼 점프한다는 것을 보여준다. 또한, $\theta_T(\omega_1) = -\pi/4$이고, $\theta_T(\omega_2) = \pi/4$라는 것도 보여준다(문제 9.18 참조).

대역-저지 함수의 계수들의 중요성을 강조하기 위해, 식 (9.42)에 설명을 덧붙여 아래에 다시 나타냈다.

$$T(s) = \frac{s^2 + \overbrace{(\omega_r)^2}^{\text{노치 주파수}}}{s^2 + s\underbrace{\omega_b}_{\text{저지 대역폭}} + \omega_r^2} \tag{9.46}$$

우리는 이 식으로부터 분모 다항식의 s^1 항의 계수(ω_b)의 값을 바꾸면, 신호가 완전히 저지되는 주파수[이를 **노치 주파수**(notch frequency)라고 부른다.]에는 영향을 미치지 않으면서, 저지 대역폭을 바꿀 있다는 것을 알 수 있다. ω_b를 작게 하면 할수록, 저지되는 주파수 대역이 그만큼 더 좁아진다는 점에 주목하기 바란다. 한

편, 분자 다항식의 상수 항(ω_r^2)(분모에도 이 항이 있음)을 바꾸면, 저지 대역에는 영향을 미치지 않으면서 노치 주파수를 바꿀 수 있을 것이다.

2차 대역-저지 함수는 그림 9.40에 보인 회로들로 구현할 수 있을 것이다. 그림 9.40(a)의 회로에 대해, 우리는 다음을 얻을 수 있을 것이다.

$$\frac{V_o}{V_i} = \frac{R_L}{R_s + R_L}\left[\frac{s^2 + \frac{1}{LC}}{s^2 + s\frac{1}{(R_s + R_L)C} + \frac{1}{LC}}\right]$$

$$= \frac{R_L}{R_s + R_L}\left(\frac{s^2 + \omega_r^2}{s^2 + s\omega_b + \omega_r^2}\right) \tag{9.47a}$$

여기서

$$\omega_b = \frac{1}{(R_s + R_L)C} \tag{9.47b}$$

$$\omega_r = \frac{1}{\sqrt{LC}} \tag{9.47c}$$

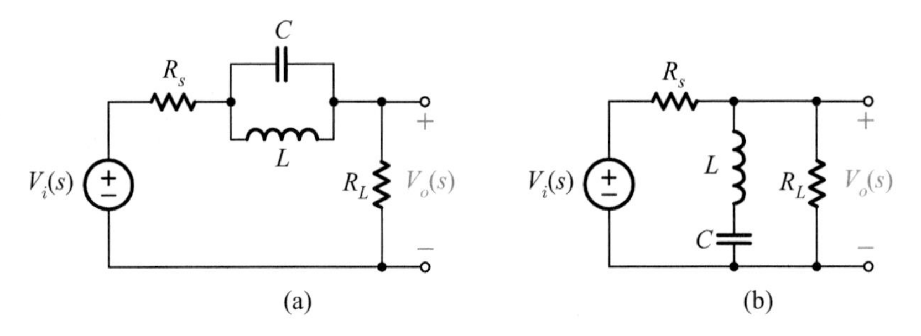

그림 9.40 식 (9.42)의 2차 대역-저지 함수의 구현.

이다. 노치 주파수($\omega = \omega_r = 1/\sqrt{LC}$)에서 LC 병렬 회로의 임피던스가 무한대가 되고, 이로 인해 입력 신호가 출력에 도달하지 못한다는 점에 주목하기 바란다.

일반적으로 회로 설계를 할 때, ω_b, ω_r, R_s, 그리고 R_L은 주어진다. 따라서 남은 두 개의 소자 값은 식 (9.47b)를 C에 대해 풀고, 식 (9.47c)를 L에 대해 풀면 구해질 것이다.

$$C = \frac{1}{(R_s + R_L)\omega_b} \tag{9.48a}$$

$$L = \frac{1}{\omega_r^2 C} = \frac{(R_s + R_L)\omega_b}{\omega_r^2} \tag{9.48b}$$

그림 9.40(b) 회로의 전달 함수는

$$\frac{V_o}{V_i} = \frac{R_L}{R_s + R_L}\left(\frac{s^2 + \dfrac{1}{LC}}{s^2 + s\dfrac{R_s R_L}{R_s + R_L}\dfrac{1}{L} + \dfrac{1}{LC}}\right)$$

$$= \frac{R_L}{R_s + R_L}\left(\frac{s^2 + \omega_r^2}{s^2 + s\omega_b + \omega_r^2}\right) \tag{9.49a}$$

이고, 여기서

$$\omega_b = \frac{R_s R_L}{R_s + R_L}\frac{1}{L} \tag{9.49b}$$

$$\omega_r = \frac{1}{\sqrt{LC}} \tag{9.49c}$$

이다. ω_b, ω_r, R_s, 그리고 R_L이 주어지면, 우리는 위의 두 식을 사용하여 L과 C를 계산할 수 있을 것이다. 노치 주파수에서 LC 직렬 회로의 임피던스가 0이 되고, 이로 인해 출력 역시 0이 된다는 점에 주목하기 바란다.

연습문제 9.4

그림 9.40(b)의 회로를 해석하여 이 회로의 전달 함수가 식 (9.49a)로 주어진다는 것을 보여라.

예제 9.9

(a) 60 Hz의 사인파 신호를 제거하기 위한 대역-저지 여파기를 설계하라. 단, 저지 대역폭은 30 Hz이어야 하고, 입력 저항과 부하 저항의 값은 각각 600 Ω이다.
(b) 입력 신호가 $10 + 5\sin 120\pi t$일 때의 정상-상태 출력을 구하라.

풀이 (a) 그림 9.41의 회로를 이용하여 우리가 원하는 저지 특성을 구현해 보기로 하자. 식 (9.48)에서 $R_s = R_L = R$로 하면,

$$C = \frac{1}{2R\omega_b} = \frac{1}{2 \times 600 \times 2\pi \times 30} = 4.42\,\mu\text{F}$$

$$L = \frac{2R\omega_b}{\omega_r^2} = \frac{2 \times 600 \times 2\pi \times 30}{(2\pi \times 60)^2} = 1.59\ \text{H}$$

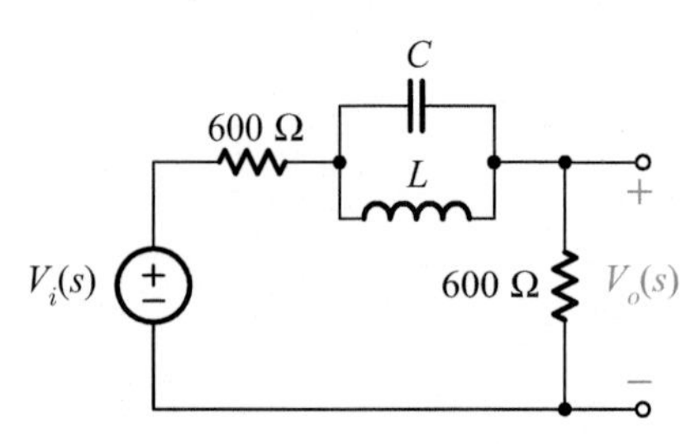

그림 9.41 예제 9.9에서 설계할 대역-저지 여파기 회로.

가 얻어질 것이다.

(b) 입력 사인파의 주파수는 $120\pi/2\pi = 60$ Hz 이다. 회로가 60 Hz 의 사인파를 완전히 제거하도록 조정되어 있으므로, 출력은 단지 직류 입력에만 기인할 것이다. 정상-상태에서 그림 9.41의 인덕터 양단에 걸리는 직류 전압은 0이다. 따라서, 입력 직류 전압은 입력 저항과 부하 저항에 각각 반씩 나뉘어 걸릴 것이고, 그 결과로 출력은 $v_o = \dfrac{10}{2} = 5$ V가 될 것이다.

9.7 전대역-통과 여파기

주파수의 변화에 따라 신호의 크기에는 변화를 일으키지 않으나, 신호의 위상에는 서로 다른 양의 편이(shift)를 일으키는 회로들이 있다. 이런 회로들은 다음과 같은 전달 함수를 가진다.

$$T(s) = \frac{N(s)}{D(s)} = \frac{D(-s)}{D(s)} \tag{9.50}$$

이 식이 가리키는 바와 같이, 분자 다항식 $N(s)$ 는 분모 다항식에 s 대신 $-s$ 를 대입한 것과 같다. 따라서, 우리는

$$T(j\omega) = \frac{D(-j\omega)}{D(j\omega)} = \frac{P(\omega) - jQ(\omega)}{P(\omega) + jQ(\omega)} \tag{9.51}$$

로 쓸 수 있으며, 여기서 $P(\omega)$ 와 $Q(\omega)$ 는 각각 $D(j\omega)$ 의 실수 부분과 허수 부분을 나타낸다. 이 식의 크기 함수와 위상 함수는

$$|T(j\omega)| = \frac{\sqrt{P^2(\omega) + Q^2(\omega)}}{\sqrt{P^2(\omega) + Q^2(\omega)}} = 1 \tag{9.52}$$

$$\theta_T = \tan^{-1}\frac{-Q(\omega)}{P(\omega)} - \tan^{-1}\frac{Q(\omega)}{P(\omega)} = -2\tan^{-1}\frac{Q(\omega)}{P(\omega)} \tag{9.53}$$

이다. 식 (9.52)로부터 우리는 모든 사인파들이 그들의 주파수에 관계없이 통과된다는 것을 알 수 있다. 그러나, 그들의 위상은 식 (9.53)에 따라 편이한다.

사인파의 크기에는 영향을 미치지 않으면서 위상에만 영향을 미치는 함수를, 우리는 **전대역-통과**(all-pass) 함수라고 부른다. 이런 함수들은 전체 위상 특성이 더 선형이 되도록 여파기 함수의 위상을 보정(correction)하는 데 사용될 수 있을 것이다.

1차 전대역-통과 함수는

$$T(s) = \frac{-s + \alpha}{s + \alpha} \tag{9.54}$$

이고, 이 식의 크기와 위상 함수는 다음과 같을 것이다

$$|T(j\omega)| = 1, \qquad \theta_T(\omega) = -2\tan^{-1}\frac{\omega}{\alpha} \tag{9.55}$$

이 함수들을 그림 9.42에 도시했다.

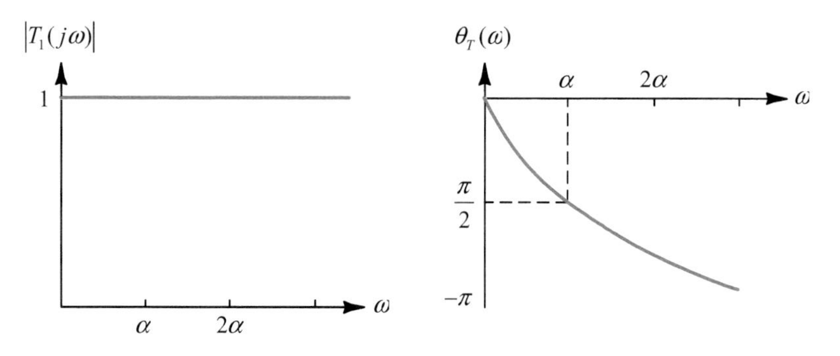

그림 9.42 1차 전대역–통과 함수의 크기 특성과 위상 특성.

그림 9.43에는 1차 전대역-통과 특성을 가진 두 회로를 나타냈다. 이 회로들은 다음의 전달 함수를 구현할 것이다.

$$T(s) = -\frac{1}{2}\frac{s - \alpha}{s + \alpha} \tag{9.56}$$

여기서, $\alpha = \frac{1}{RC}$ (RC회로)

$\alpha = \frac{R}{L}$ (RL회로)

이다. 따라서, 이 회로들은 다음과 같은 크기와 위상 특성들을 보일 것이다.

$$T(j\omega) = \frac{1}{2}, \qquad \theta(\omega) = -2\tan^{-1}\frac{\omega}{\alpha} \tag{9.57}$$

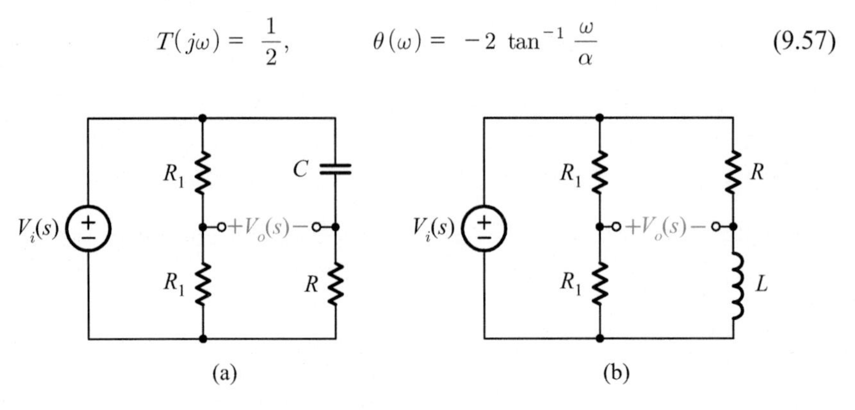

그림 9.43 1차 전대역-통과 특성을 가진 두 회로.

여파기 유형들의 비교

이 장의 전체에 걸쳐서, 우리는 여파기 유형들의 각각의 회로 구성, 전달 함수, 전달 함수의 크기 함수, 그리고 전달 함수의 크기 곡선 등을 살펴보았다. 여러 가지 유형들 사이의 차이점을 강조하기 위해, 그림 9.44에 그 결과를 요약해 두었다.

회로	전달 함수
(a) 저역-통과	$T(s) = \frac{R_L}{R_s + R_L}\frac{\omega_c^2}{s^2 + s\sqrt{2}\,\omega_c + \omega_c^2}$ 여기서, $\omega_c = \sqrt{(1+\frac{R_s}{R_L})\frac{1}{LC}}$ $\sqrt{2}\,\omega_c = \frac{R_s}{L} + \frac{1}{R_L C}$
(b) 고역-통과	$T(s) = \frac{R_L}{R_s + R_L}\frac{s^2}{s^2 + s\sqrt{2}\,\omega_c + \omega_c^2}$ 여기서, $\omega_c = \frac{1}{\sqrt{LC}}$ $\sqrt{2}\,\omega_c = \left(1+\frac{R_s}{R_L}\right)\left(\frac{R_s}{L} + \frac{1}{R_L C}\right)$

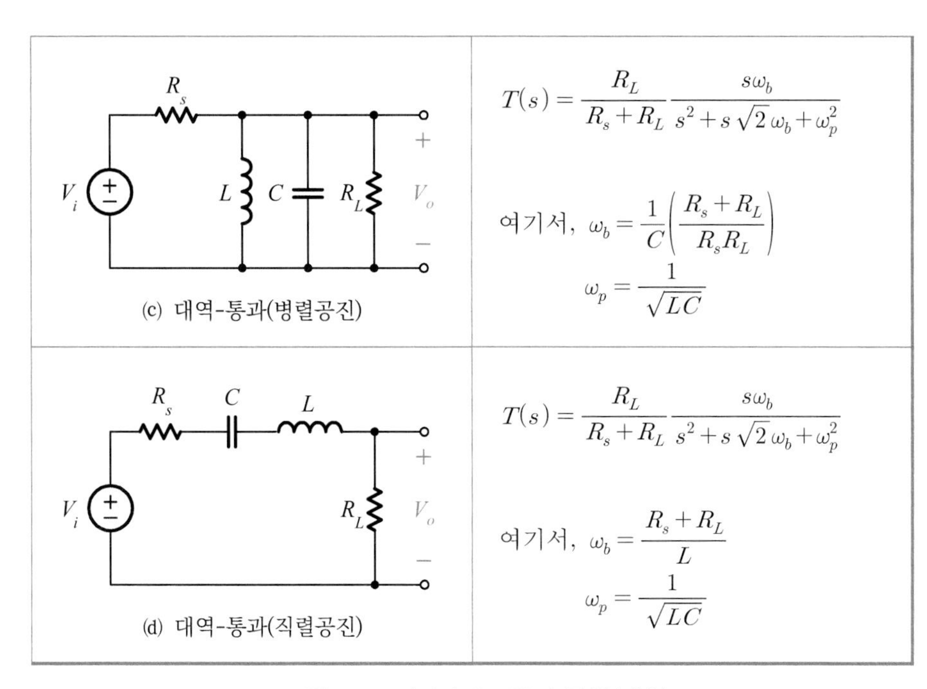

그림 9.44 여파기의 종류와 특성.(계속)

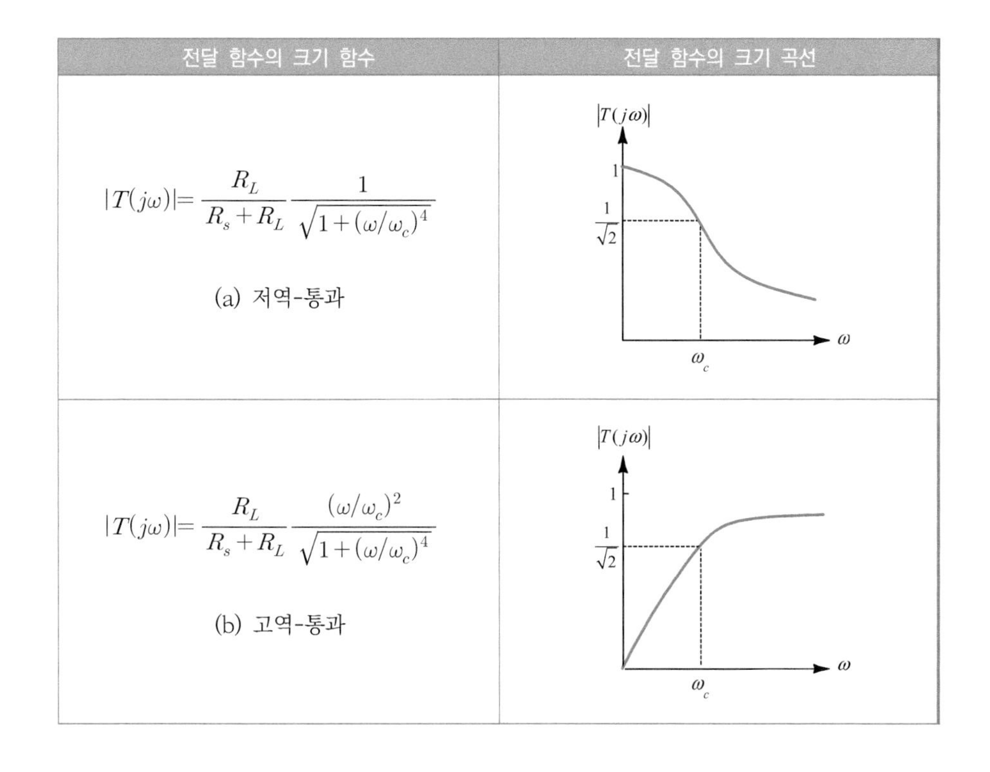

$$\lvert T(j\omega)\rvert = \frac{R_L}{R_s+R_L}\frac{\omega\omega_b}{\sqrt{(\omega_p^2-\omega^2)^2+(\omega\omega_b)^2}}$$ (c) 대역-통과(병렬공진)	$\lvert T(j\omega)\rvert$, 1, $\frac{1}{\sqrt{2}}$, $\omega_p = \sqrt{\omega_1\omega_2}$, ω_b, ω, $\omega_1\ \omega_p\ \omega_2$
$$\lvert T(j\omega)\rvert = \frac{R_L}{R_s+R_L}\frac{\omega\omega_b}{\sqrt{(\omega_p^2-\omega^2)^2+(\omega\omega_b)^2}}$$ (d) 대역-통과(직렬공진)	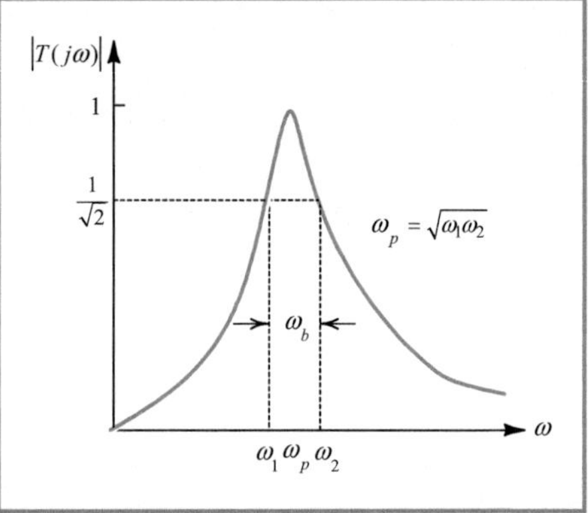

회로	전달 함수
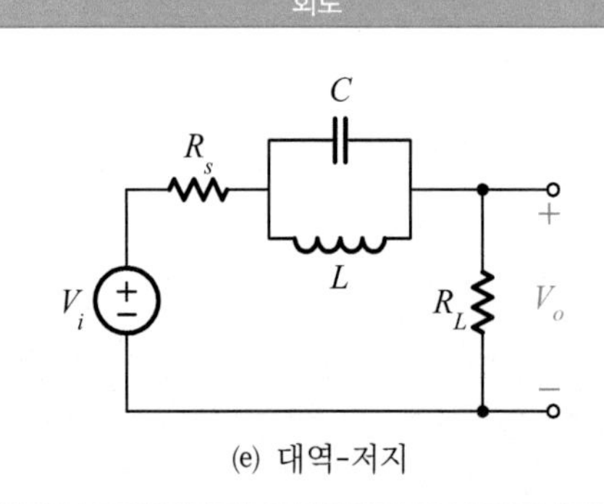 (e) 대역-저지	$$T(s) = \frac{R_L}{R_s+R_L}\frac{s^2+\omega_r^2}{s^2+s\omega_b+\omega_r^2}$$ 여기서, $\omega_b = \frac{1}{(R_s+R_L)C}$ $\omega_r = \frac{1}{\sqrt{LC}}$
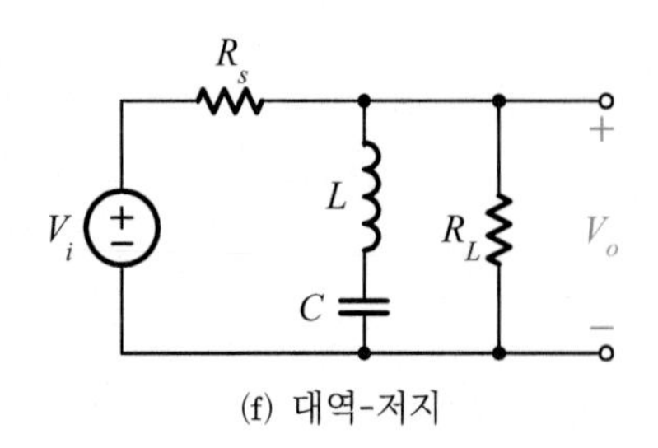 (f) 대역-저지	$$T(s) = \frac{R_L}{R_s+R_L}\frac{s^2+\omega_r^2}{s^2+s\omega_b+\omega_r^2}$$ 여기서, $\omega_b = \frac{R_sR_L}{R_s+R_L}\frac{1}{L}$ $\omega_r = \frac{1}{\sqrt{LC}}$

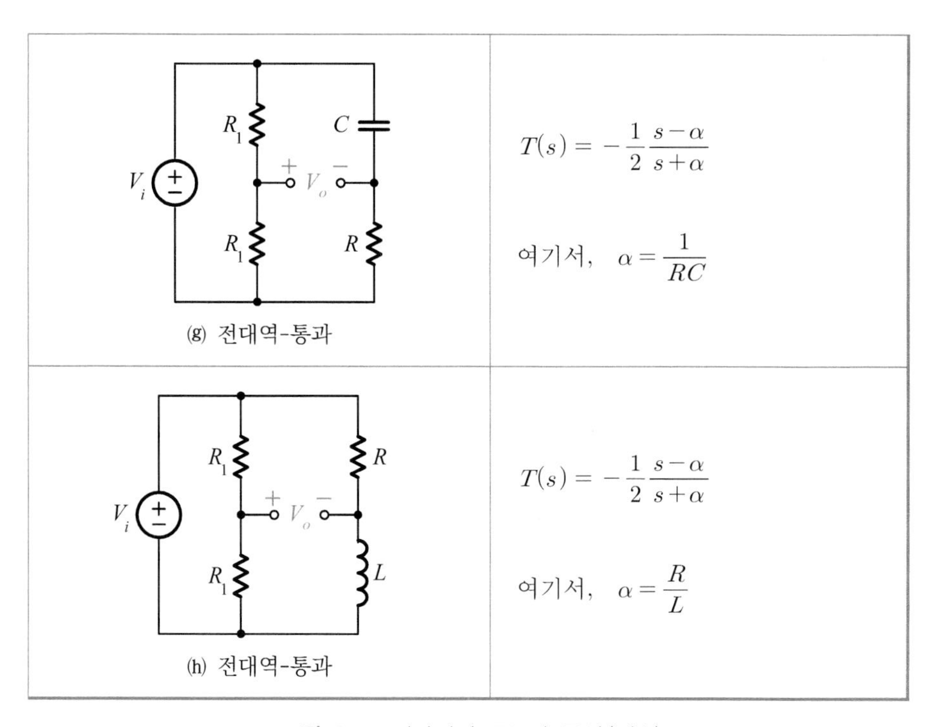

(g) 전대역-통과	$T(s) = -\frac{1}{2}\frac{s-\alpha}{s+\alpha}$ 여기서, $\alpha = \frac{1}{RC}$
(h) 전대역-통과	$T(s) = -\frac{1}{2}\frac{s-\alpha}{s+\alpha}$ 여기서, $\alpha = \frac{R}{L}$

그림 9.44 여파기의 종류와 특성.(계속)

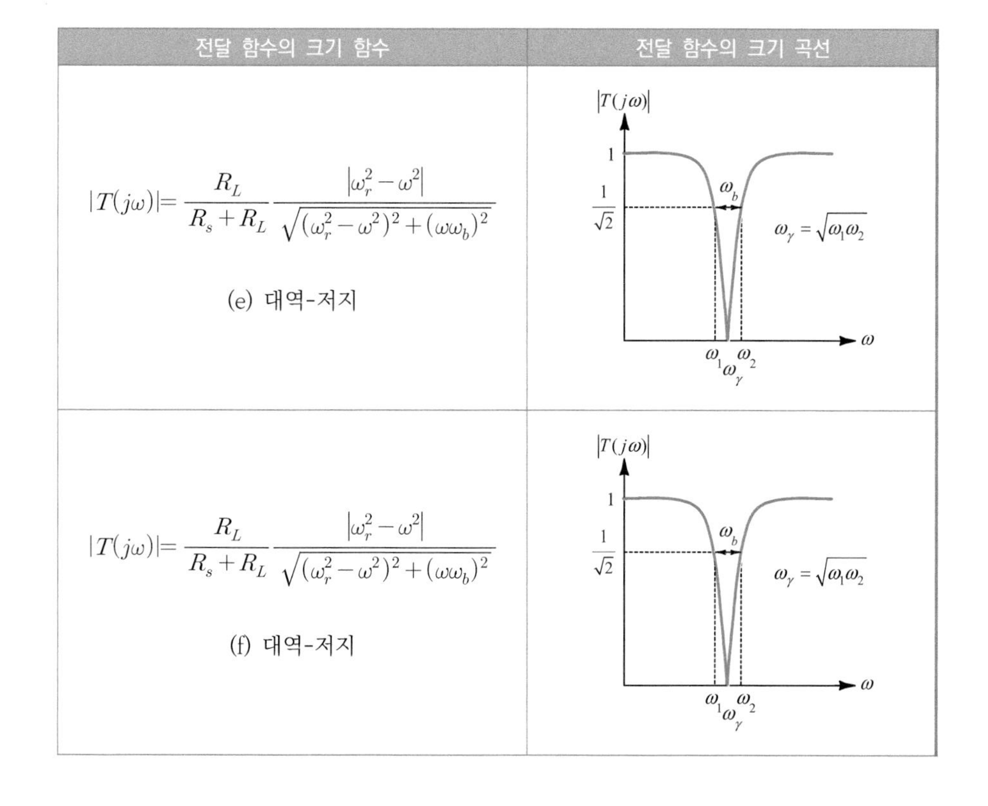

전달 함수의 크기 함수	전달 함수의 크기 곡선
$\lvert T(j\omega)\rvert = \frac{R_L}{R_s+R_L}\frac{\lvert\omega_r^2-\omega^2\rvert}{\sqrt{(\omega_r^2-\omega^2)^2+(\omega\omega_b)^2}}$ (e) 대역-저지	
$\lvert T(j\omega)\rvert = \frac{R_L}{R_s+R_L}\frac{\lvert\omega_r^2-\omega^2\rvert}{\sqrt{(\omega_r^2-\omega^2)^2+(\omega\omega_b)^2}}$ (f) 대역-저지	

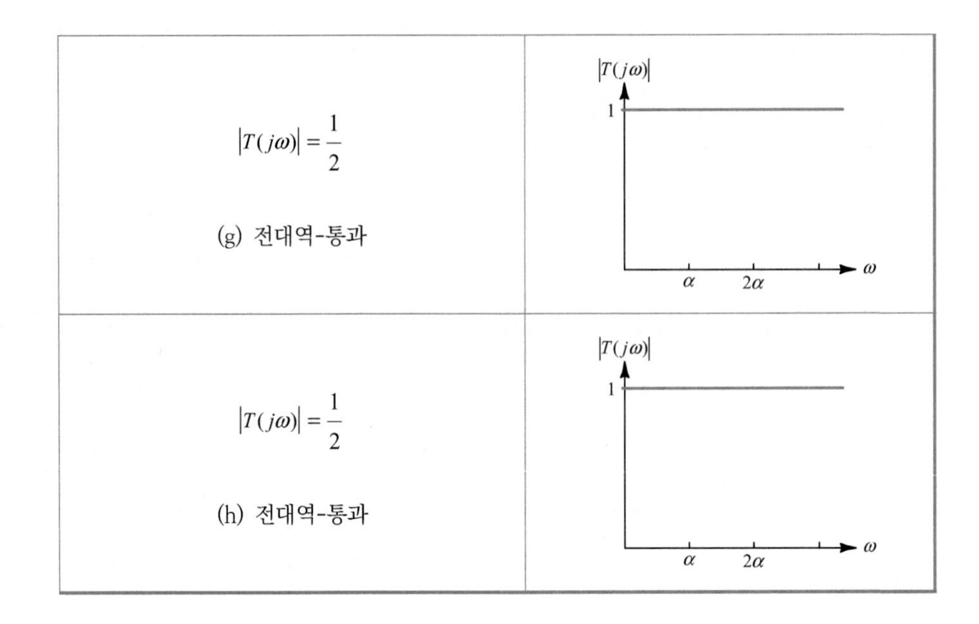

요 약

- 근본적으로, 모든 RLC 회로는 여파기이며, 여파기는 입력 사인파의 주파수에 의존하는 출력을 산출한다. 각각의 사인파가 여파기를 통과할 때, 그 진폭과 위상은 서로 다르게 영향을 받는다.

- 통상적으로, 여파기들은 그들의 사용 용도에 따라 이름이 붙여진다. 즉, 저역-통과 여파기는 저주파들을 통과시키고, 고주파들을 제거하는데 반해, 고역-통과 여파기는 이와 정반대로 동작한다. 대역-통과 여파기는 한 대역의 주파수들만 통과시키고, 대역-저지 여파기는 한 대역의 주파수들만 제거한다. 전대역-통과 여파기는 모든 주파수의 사인파들을 통과시키지만, 그들의 위상을 바꾼다. 모든 여파기 함수들은 RLC 회로로 구현될 수 있다.

문 제 Question

9.3 저역-통과 여파기

9.1 식 (9.9)를 유도하라.

9.2 그림 P9.2에 보인 회로의 전달 어드미턴스 (I_o / V_i)가 저역-통과 함수라는 것을 보여라. 또, 차단 주파수를 구하라.

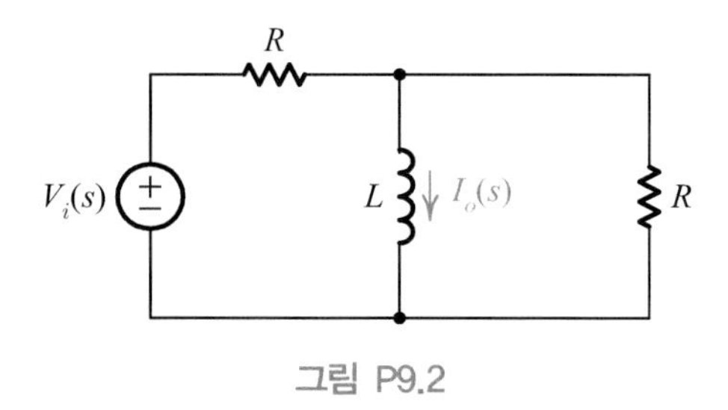

그림 P9.2

9.3 그림 P9.3에 주어진 두 회로가 저역-통과 여파기로 동작할 수 있다는 것을 보여라 (이 회로들의 전달 함수가 그림 9.16의 회로와 같이, 통과 대역과 저지 대역 사이에서 급격한 천이를 보이지 않는다는 점에 유의하기 바란다).

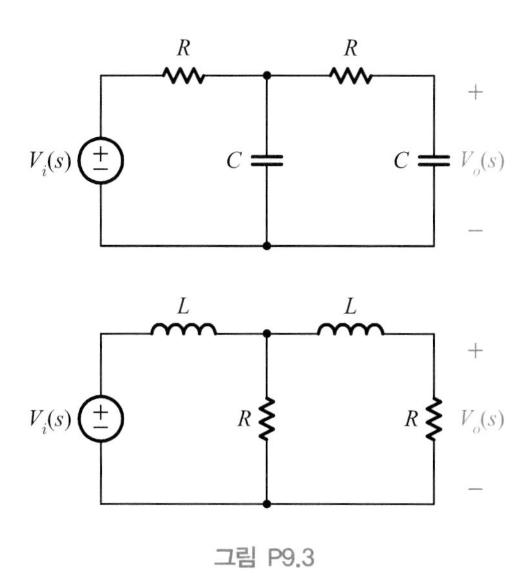

그림 P9.3

9.4 고역-통과 여파기

9.4 그림 P9.4에서 인덕터는 교류 전압뿐 아니라, 직류 전압도 출력에 나타나게 해준다. 또한, 이와 동시에 이 인덕터는 교류 신호가 전력 공급기의 출력 v_s에 영향을 미치는 것을 방지한다. 이 인덕터의 동작을 설명하라.

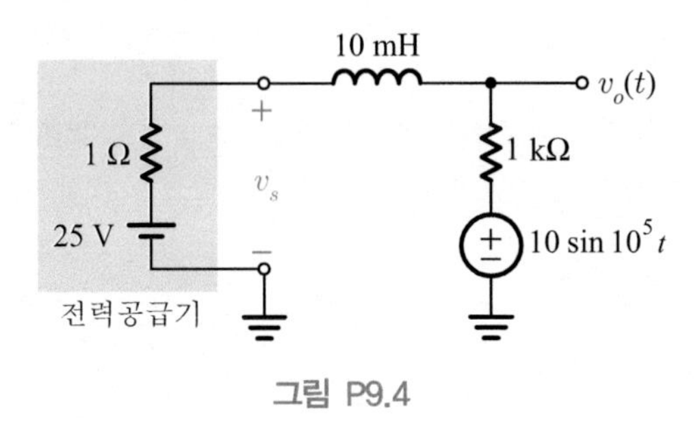

그림 P9.4

9.5 식 (9.29)를 유도하라.

9.6 그림 P9.6을 참조하여 다음 물음에 답하라.

(a) 두 출력의 크기 특성들을 동일한 좌표축들을 사용하여 도시하라. 또한, 그 값들을 표시하라.

(b) 두 전달 함수의 차단 주파수가 같아지기 위해서는 어떤 조건을 만족해야 하는가?

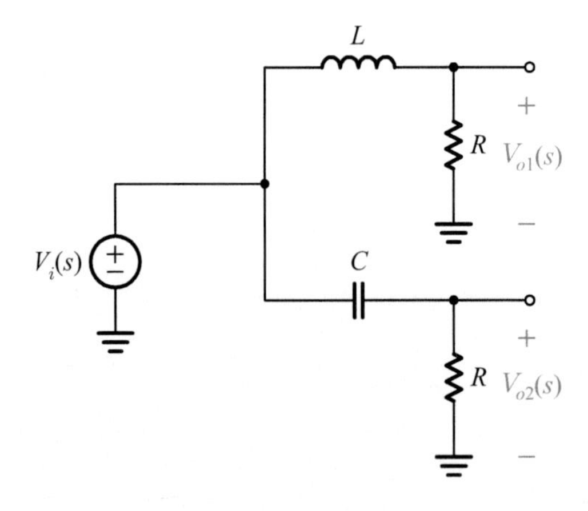

그림 P9.6

9.7 그림 P9.7을 참조하여 다음 물음에 답하라.

(a) Z_i를 s와 무관하게 만들기 위해서는 어떤 조건을 만족시켜야 하는가? 또, 그 결과로 생긴 Z_i는 얼마인가?

(b) (a)의 조건이 만족된 상태에서 각각의 출력과 연관된 전달 함수들을 구하라. 또, 크로스오버 주파수를 구하라.

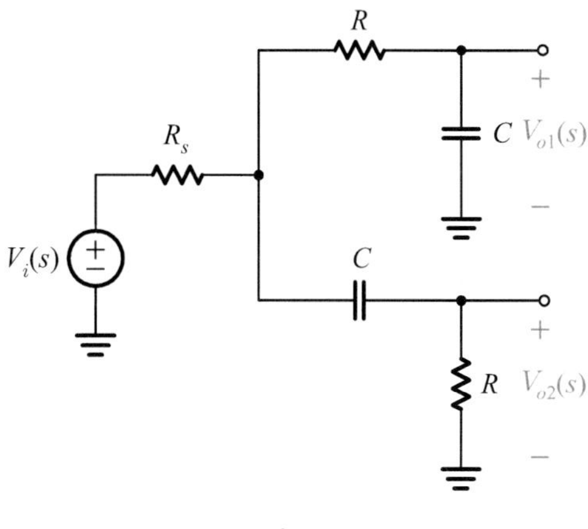

그림 P9.7

9.8 그림 P9.8에 오실로스코프의 입력 회로를 나타내었다. 증폭기의 입력 임피던스는 무한대이다.

(a) ac/dc 스위치의 동작에 대해 설명하라.

(b) 스위치가 ac 위치에 놓여 있을 때, 입력 사인파 신호가 감쇠됨 없이 CR 회로를 통과하려면 그 주파수가 얼마이어야 하는가?

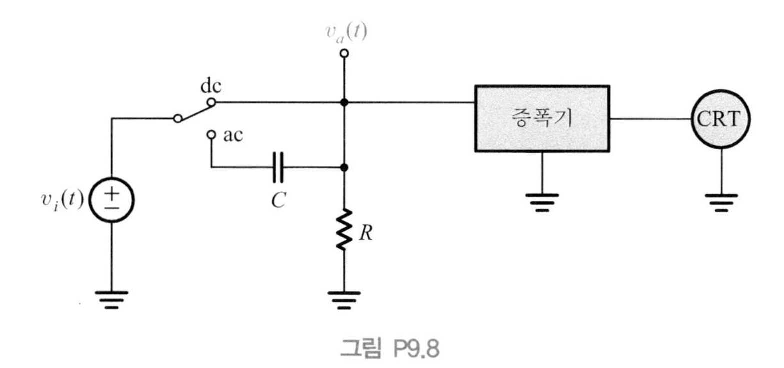

그림 P9.8

9.9 그림 P9.9를 참조하라.

(a) 전원에서 바라다본 임피던스는 얼마인가?

(b) 회로는 정상 상태에서 동작한다. $v_{o1}(t)$ 와 $v_{o2}(t)$ 를 구하라.

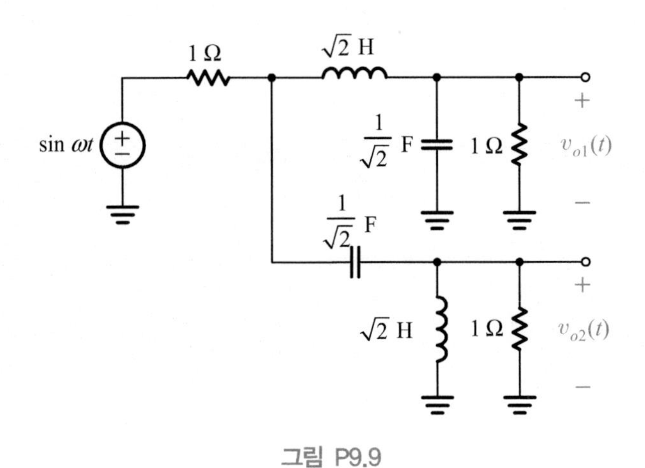

그림 P9.9

9.10 그림 P9.10을 참조하라.

(a) 전류 전원에서 바라다본 임피던스는 얼마인가?

(b) 정상-상태 출력 $v_{o1}(t)$ 와 $v_{o2}(t)$ 를 구하라.

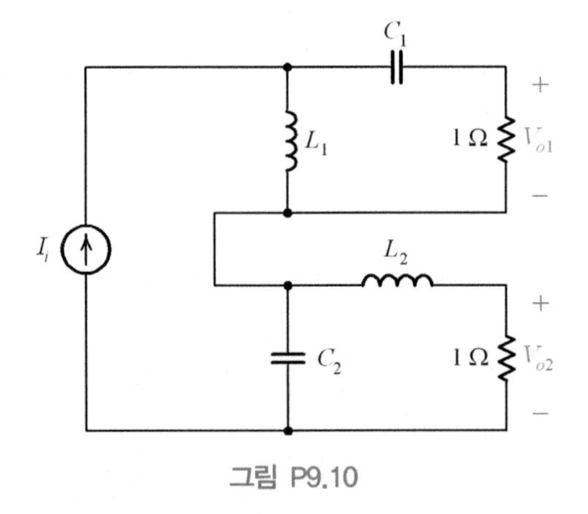

그림 P9.10

9.11 그림 P9.11에 보인 회로들이 고역-통과 여파기로 동작할 수 있다는 것을 증명하라. (이 회로들의 전달 함수가 그림 9.28의 회로와 같이, 저지 대역과 통과 대역 사이에서 급격한 천이를 보이지는 않는다는 점에 유의하기 바란다.)

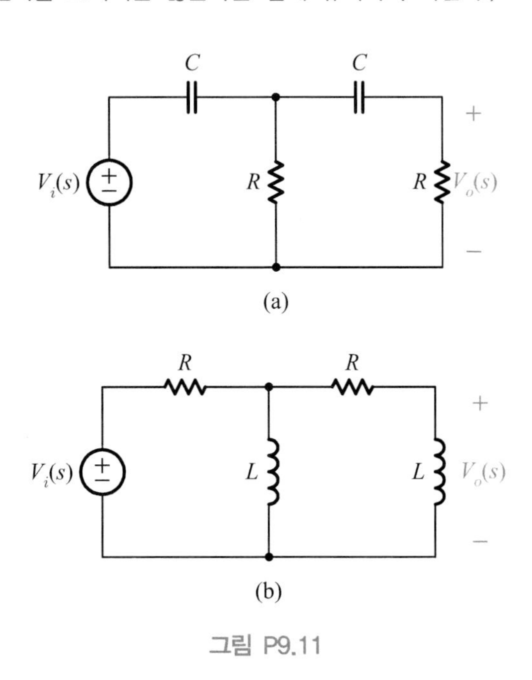

그림 P9.11

9.12 그림 P9.12에서 정상-상태 출력 전압 $v(t)$ 를 구하라.

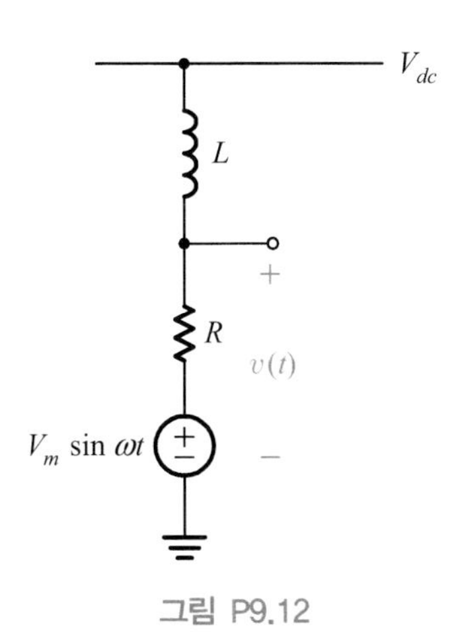

그림 P9.12

9.13 그림 P9.13의 회로는 정상 상태에서 동작한다. 사인파의 주파수 ω는 커패시터 양단에 걸리는 교류 전압과 인덕터를 통해 흐르는 교류 전류를 무시할 수 있을 정도로 충분히 높다. $v_1(t)$와 $v_2(t)$를 구하라.

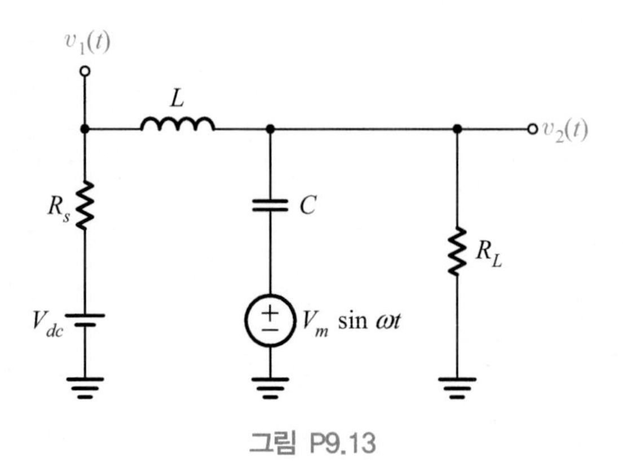

그림 P9.13

9.5 대역-통과 여파기

9.14 다음과 같이 주어진 대역-통과 함수에 대해 생각해 보기로 하자.

$$T(s) = \frac{s\,\omega_b}{s^2 + s\,\omega_b + \omega_p^2}$$

(a) ω_p는 크기 특성 곡선이 피크를 이루는 주파수를 나타내고, ω_b는 크기 곡선이 피크 크기의 $1/\sqrt{2}$ 배되는 두 주파수의 차로 정의되는 대역폭을 나타낸다는 것을 입증하라.

(b) (a)에서 구한 두 주파수에서 위상이 $\pm\pi/4$라는 것을 증명하라. 여기서, 양의 부호는 낮은 쪽 주파수에 해당하고, 음의 부호는 높은 쪽 주파수에 해당한다.

9.15 그림 P9.15에 보인 회로는 대역-통과 여파기이다. R의 값이 두 배가 되면, 크기 특성 곡선이 어떻게 달라지겠는가?

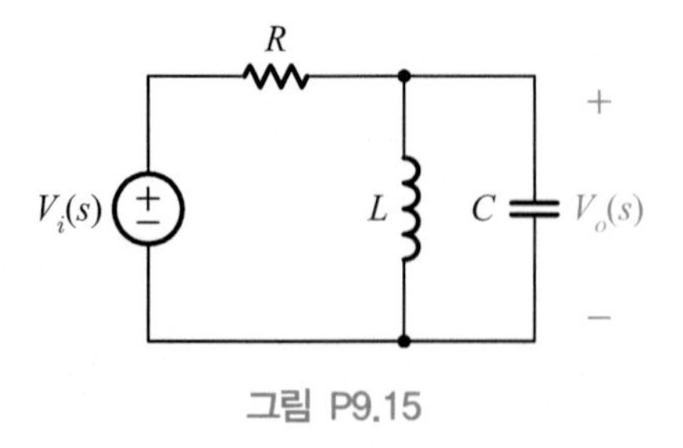

그림 P9.15

9.16 그림 P9.16에 보인 회로들은 각각 어떤 종류의 여파 작용을 행하는가?

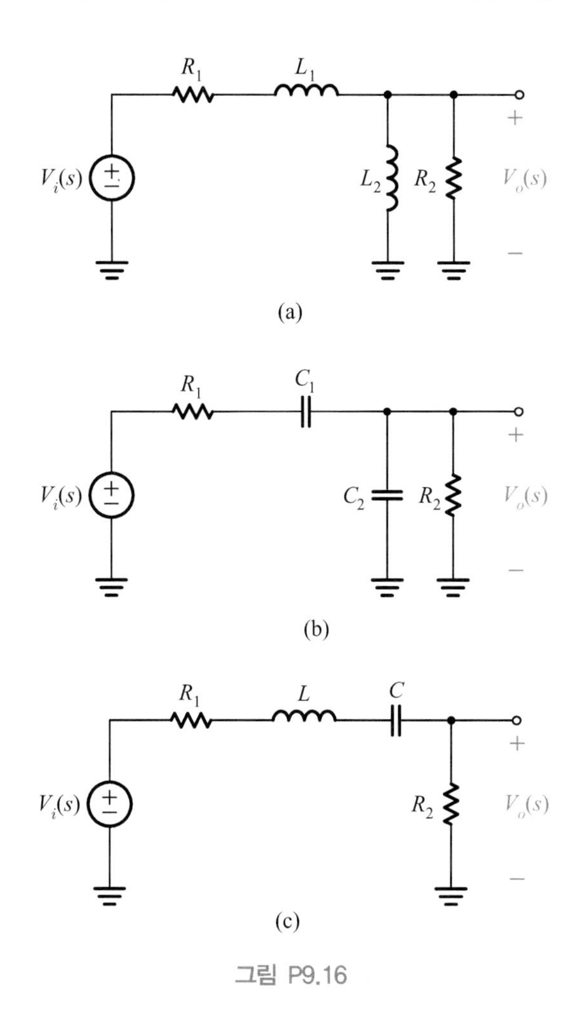

그림 P9.16

9.17 그림 P9.17에 보인 시스템의 입력은 $\sin 0.1t + \sin t + \sin 10t$ 이다. 정상-상태 출력을 구하라.

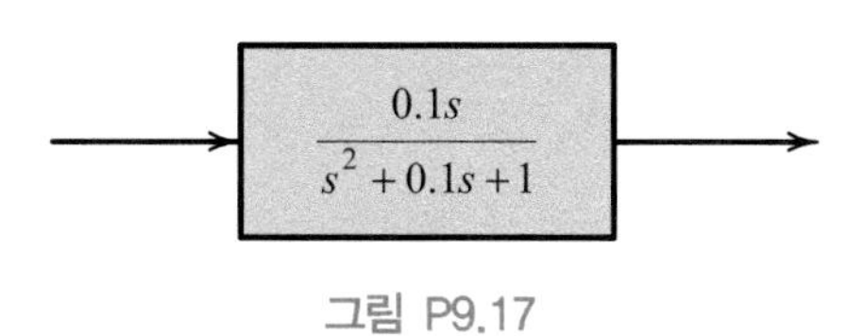

그림 P9.17

9.6 대역-저지 여파기

9.18 대역-저지 함수가 다음과 같이 주어졌다.

$$T(s) = \frac{s^2 + \omega_r^2}{s^2 + s\omega_b + \omega_r^2}$$

(a) ω_b는 $\omega = 0$ 과 $\omega = \infty$ 에서의 크기의 $1/\sqrt{2}$ 배 되는 크기를 갖는 두 주파수의 차를 나타낸다는 것을 보여라.

(b) (a)에서 구한 두 주파수에서 위상이 $\pm\pi/4$라는 것을 보여라. 여기서, 양의 부호는 높은 쪽 주파수에 해당하고, 음의 부호는 낮은 쪽 주파수에 해당한다.

9.19 그림 P9.19의 회로에서 노치 주파수에는 영향을 미치지 않으면서 저지 대역의 대역폭을 좁히고자 한다. 어떻게 하면 이러한 결과를 성취할 수 있겠는가?

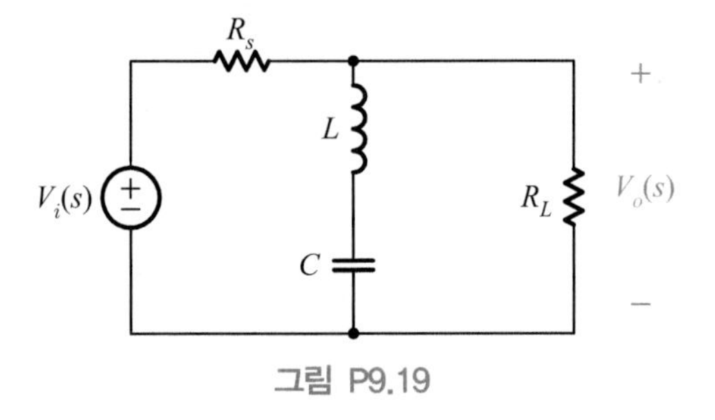

그림 P9.19

9.7 전대역-통과 여파기

9.20 그림 P9.20에서 입력 주파수는 ω_0로 고정되어 있고, 저항 R은 0에서부터 ∞까지 변한다.

(a) 출력 전압 v_o의 진폭과 위상을 R의 함수로 도시하라.

(b) 저항기 R을 $1/\omega_0 C$로 조정했고, 전압 v_a와 v_o를 각각 오실로스코프의 수평 증폭기와 수직 증폭기에 연결했다. 오실로스코프의 화면에 무엇이 나타나겠는가?

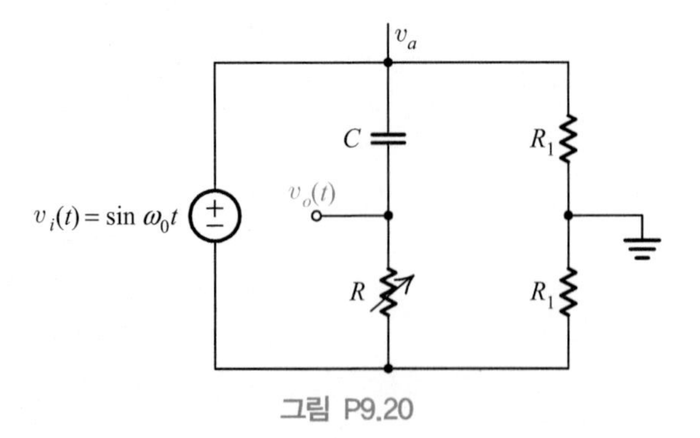

그림 P9.20

9.21 그림 P9.21에 보인 두 회로 모두에 대한 V_o/V_i가 2차 전대역-통과 함수라는 것을 보여라.

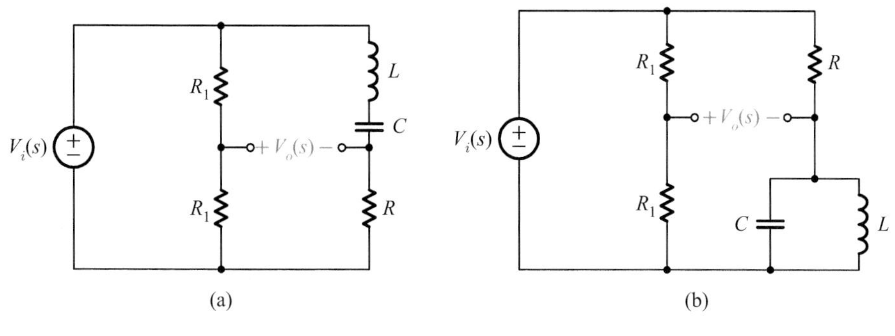

그림 P9.21

9.22 $\frac{V_o}{V_i} = \frac{1}{2}(1 - \frac{2\alpha}{s+\alpha})$를 구현하는 회로를 구하라.

Circuit Theory
Fundamentals
and
Applications

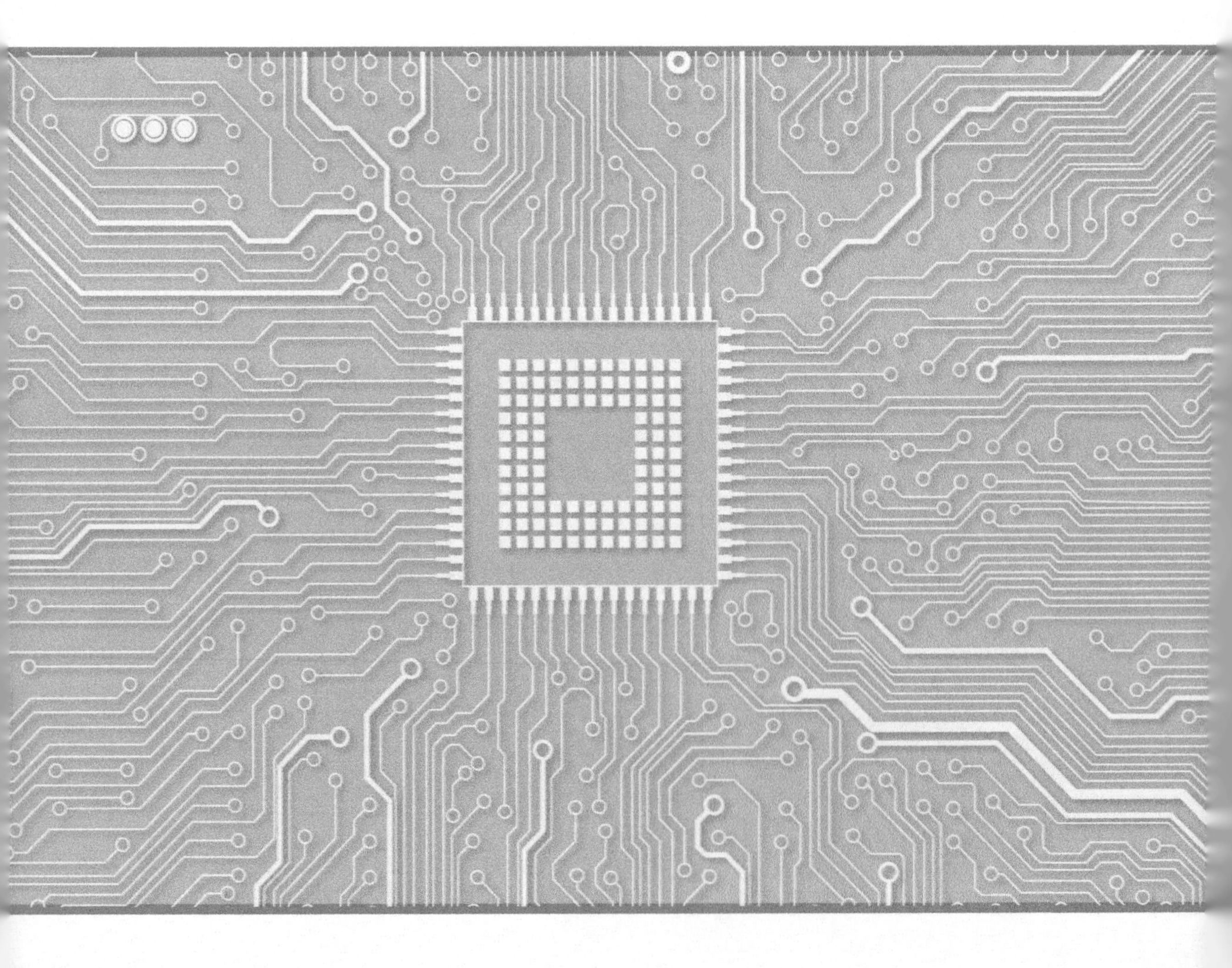

PART 04

종속 전원, 교류 전력, 파형 분석

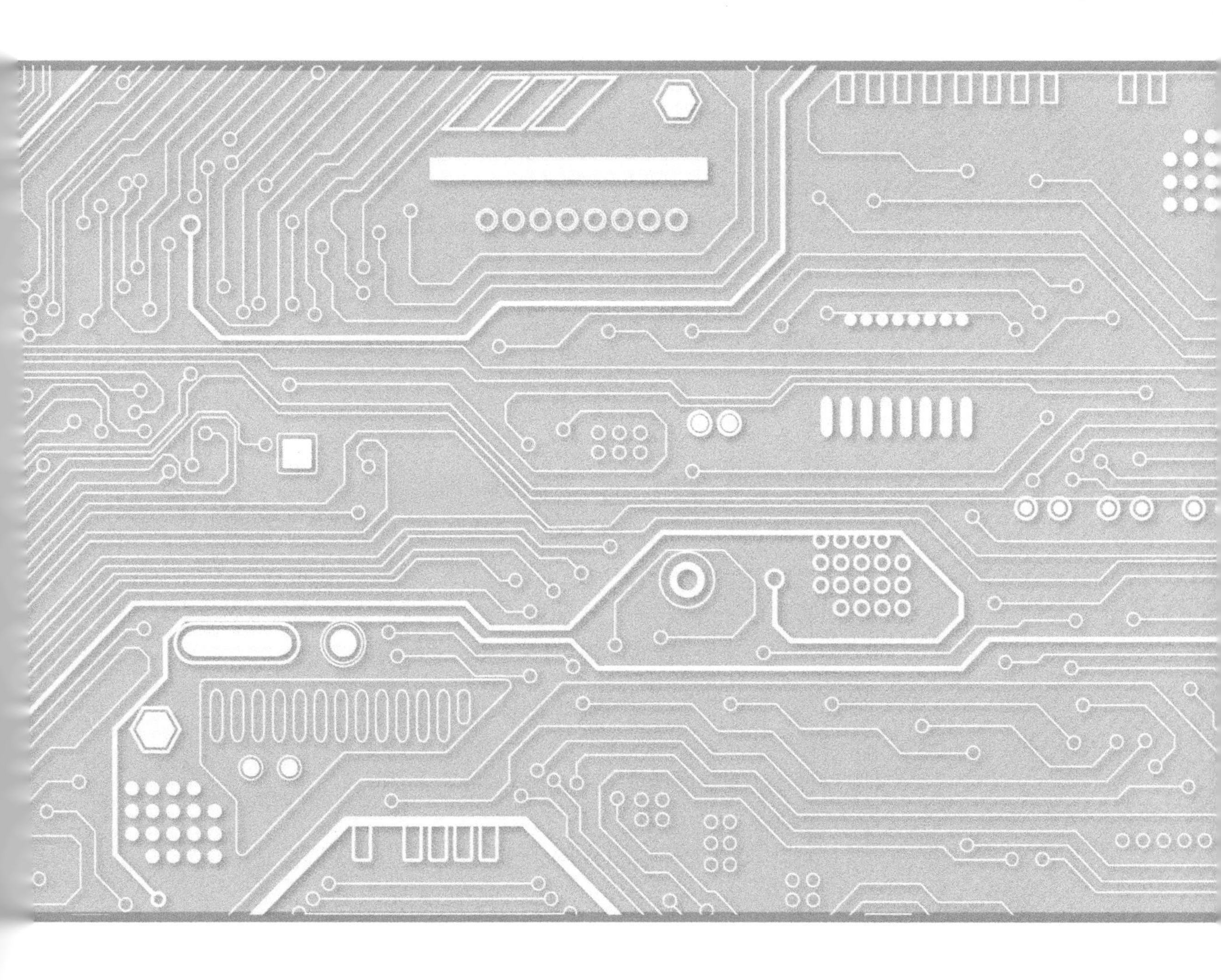

CHAPTER 10

변압기와 증폭기

서론

1장에서부터 9장까지는 저항기, 커패시터, 인덕터, 그리고 독립 전압 전원과 전류 전원을 사용하여 회로를 구성하였다. 이 장에서는 새로운 회로 소자인 종속 전원을 소개하고, 이에 대해 논할 것이다. 변압기와 트랜지스터는 독립 전원들에 의해 적절한 동작 조건이 갖추어질 때 종속 전원으로 모델링되는 소자들이다. 종속 전원을 이용함으로써 우리는 RLC 회로만으로는 불가능한 일들을 실현할 수 있을 것이다. 예를 들어, 변압기를 이용하면 전압과 전류를 변성시킬(transform) 수 있을 것이고, 트랜지스터를 이용하면 신호를 증폭시키거나 사인파를 생성시키는 회로들을 만들 수 있을 것이다. 우리는 또, 종속 전원과 RC 소자를 결합시켜 인덕터 대신에 사용할 수 있을 것이며, 음의 저항 값을 갖는 부성(negative) 소자를 만들거나, 임피던스 함수의 크기를 증가 또는 감소시킬 수도 있을 것이다. 이러한 모든 조작들은 종속 전원을 RLC 소자들과 함께 사용할 때 가능해진다.

변압기는 네 개의 단자를 가지고 있다. 또한, 트랜지스터는 3-단자 소자이기는 하지만, 세 개의 단자 중에서 한 개를 접지시킴으로써 이를 4-단자 회로 또는 2-포트(two-port) 회로로 바꿀 수 있다. 종속 전원에 대한 지식과 함께 2-포트 회로에 대한 지식은 회로망 합성 또는 트랜지스터 특성 모델링 등에 매우 유용하다. 2-포트 회로에 대한 자세한 설명은 부록 C에 수록해 놓았다.

10.1 이상적인 변압기

변압기(transformer)들은 여러 분야에 폭 넓게 사용된다. 즉, 전력 전송 및 배전 시스템에서 이들은 전송 손실을 줄이기 위해 송전단 측의 전압을 높이는 데 사용되고, 수전단 측에서는 안전하고 사용하기 쉽도록 전압을 낮추는 데 사용된다. 변압기들은 또, 전압과 전류를 필요한 크기만큼 크게 하거나 작게 변성시키는 데 사용되기도 하고, 최대 출력 전압 또는 최대 전력 전달이 가능하도록 부하 임피던스를 변환시켜 전원 임피던스와 정합시키는 데 사용되기도 한다. 한편, 변압기는 회로들 사이에서 직류를 격리시키므로, 우리는 이들을 사용하여 회로의 입력 측과 출력 측이 서로 다른 기준 전압에서 동작할 수 있도록 만들 수 있다.

그림 10.1(a)에 보인 것처럼, 결합 계수가 1에 가까운 즉 $k \cong 1$로 상호 결합된 회로를 우리는 **밀결합된 변압기**(transformer with tight coupling)라고 부른다. (결합 계수는 내하출판사 홈페이지(www.naeha.co.kr) - 자료실 - 일반자료실 [회로이론(정원섭)]에 수록된 10.7절에 자세히 설명되어 있다.) 밀결합을 이루기 위해 코일들이 그림에 보인 것처럼 철심(iron core)에 감겨져 있다는 점에 유의하기 바란다. 이 철심을 우리가 도식적으로 나타낼 때는 그림 10.1(b)에 보인 것처럼 두 줄로 표시한다. 코일 기호 위에 점이 찍힌 단자들이 동상 전압을 산출하는 (즉, 전압이 함께 오르고 내리는) **대응 단자**(corresponding terminal)이다. 일반적으로, 여기 또는 입력을 받는 권선을 **1차 권선**(primary winding)이라고 하고, 다른 권선을 **2차 권선**(secondary winding)이라고 한다. 1차 코일과 2차 코일의 권선수를 각각 N_1과 N_2라고 할 때, 우리는 권선수의 비 $n = N_2/N_1$을 변압기의 **권선비**(turn ratio)라고 부른다.

권선에는 인덕턴스 외에 저항도 있을 것이다. 권선의 저항은 그림 10.1(b)에 보인 것처럼, 코일과 직렬인 별도의 저항으로 표시된다. $1 : n$ 의 표시는 좌측 코일의 권선수가 1일 때 우측 코일의 권선수가 n이라는 것을 의미한다. 여기에 표시된 i_2의 방향이 앞의 회로들에서 사용된 방향과 정반대라는 점에 유의하기 바란다. 이는 신호나 전력의 흐름이 왼쪽에서 오른쪽으로 향한다는 것을 의미한다. 참고로, 변압기의 외형들을 그림 10.1(c)에 나타내었다.

변압기가 이상적일(ideal) 때, 즉 권선의 저항이 0이고, 결합 계수 $k = 1$일 때, 2차 측 전압 및 전류는 1차 측 전압 및 전류와 다음과 같은 관계를 가진다.

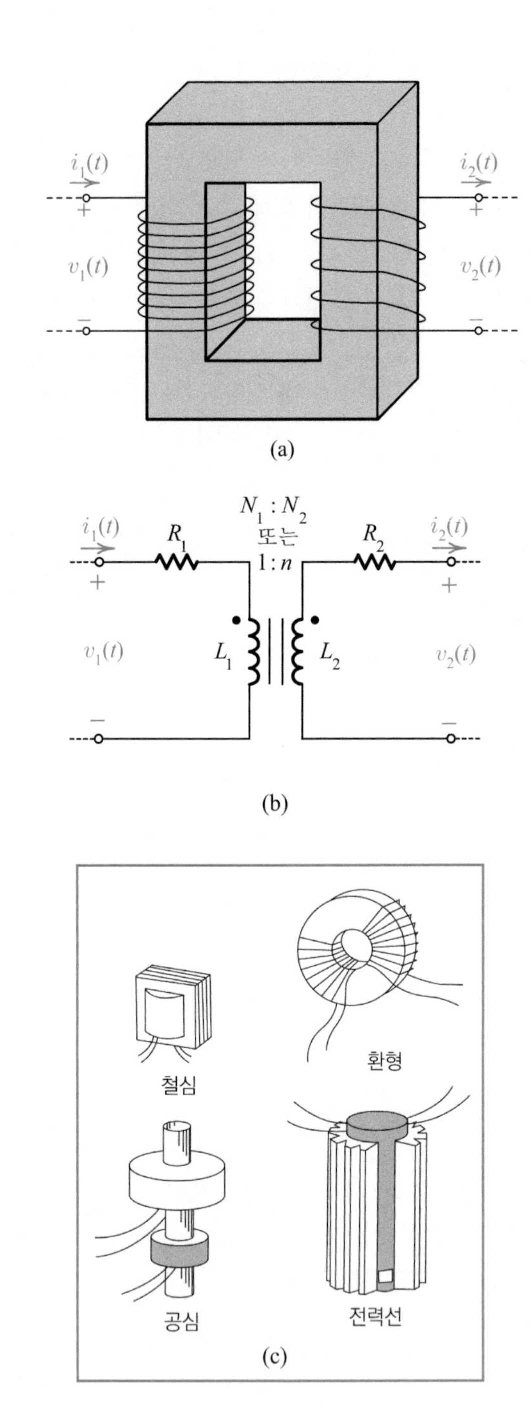

그림 10.1 밀결합된 변압기: (a) 구조, (b) 회로 기호, (c) 외형들.

변압기가 이상적일(ideal) 때, 즉 권선의 저항이 0이고, 결합 계수 $k = 1$일 때, 2차 측 전압 및 전류는 1차 측 전압 및 전류와 다음과 같은 관계를 가진다.

$$v_2 = nv_1, \qquad i_2 = \frac{1}{n}i_1 \tag{10.1}$$

이 식을 등가 모델로 나타낸 것이 그림 10.2의 오른쪽 회로이다. 이 등가 모델이 전압과 전류를 식 (10.1)에 따라 변성시키는 **이상적인 변압기**(ideal transformer)를 기술한다는 점에 주목하기 바란다.

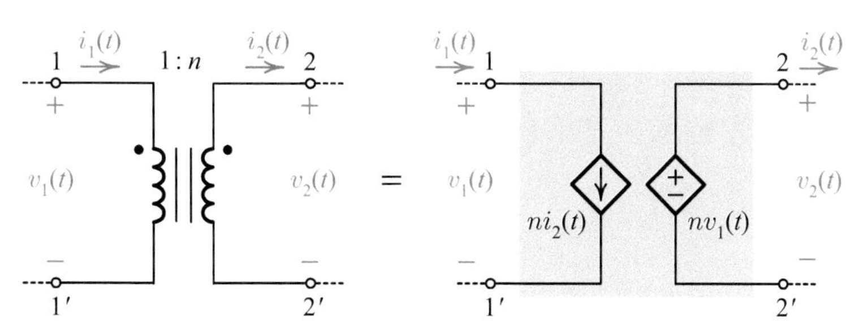

그림 10.2 이상적인 변압기의 회로 기호와 등가 회로

식 (10.1)은 시변 신호(time-varying signal), 즉 시간에 따라 변하는 신호에 대해서만 유효하다. 그림 10.2의 이상적인 변압기가 직류로 여기될 때는 1차 측 전압과 2차 측 전압 모두가 최종적으로 0이 되므로, 1차 권선과 2차 권선은 단락 회로로 대체될 수 있을 것이다.

변압기를 이상적인 모델로 표현할 경우에는, 단자 변수들의 극성과 방향을 그림 10.2에 보인 것과 같은 극성 또는 방향으로 취하는 것이 가장 좋을 것이다. 만약 어떤 한 단자 변수가 반대 극성 또는 방향으로 표시되어 있다면, 우리는 그 변수 앞에 음의 부호를 붙이고, 그 변수의 극성 또는 방향을 반전시킴으로써, 그 변수의 극성 또는 방향을 그림 10.2의 극성 또는 방향에 따르게 할 수 있을 것이다. 입력 단자 및 출력 단자의 전압과 전류가 함께 반전되어도, 즉 대응 단자를 표시하는 점들이 위쪽 대신에 아래쪽에 놓인다 해도 등가 회로는 변하지 않는다는 점에 유의하기 바란다. 이와는 달리, 점 하나는 위쪽에 있고, 다른 하나는 아래쪽에 있는 경우에는, 등가 회로에서 전류 전원의 방향과 전압 전원의 극성을 동시에 반전시켜야 한다.

만일 권선수의 비가 그림에 보인 것처럼 $1:n$으로 표시되어 있지 않고, 그 대신에 $n:1$로 왼쪽에서 오른쪽으로 지정되어 있다면, 등가 회로에서 n을 $1/n$로 대체해야 할 것이다.

그림 10.2 또는 식 (10.1)을 참조하면, 이상적인 변압기에 관한 다음과 같은 중요한 관찰 결과를 얻을 수 있을 것이다.

1. $n = 1$(1차 측과 2차 측이 똑같은 권선수를 가진 경우)이면,

$$v_2 = v_1, \qquad i_2 = i_1$$

이다. 입력을 출력에 연결하는 한 쌍의 도선들 역시 이와 동일한 결과를 산출할 것이다. 그러나, 변압기는

(a) 직류를 통과시키지 않으므로, 다른 권선에 흐르는 전류에 영향을 미치지 않으면서 각각의 권선에 서로 다른 직류 전류를 흘릴 수 있게 해준다.

(b) 입력과 출력측 상의 각기 다른 기준 전압에 관해 전압들을 지정할 수 있게 해주거나, 한 쪽은 접지시키고, 다른 쪽은 "부유(floating)"시킬 수 있게 해준다.

2. $n > 1$(2차 측이 1차 측보다 더 많은 권선수를 가진 경우)이면,

$$v_2 > v_1, \qquad i_2 < i_1$$

이다. 따라서 이 경우에는, 1차 측에서 2차 측으로 전송될 때, 전압은 증가하고, 전류는 감소한다. 우리는 변압기의 이런 능력을 이용하여 큰 교류 전압을 얻을 수 있을 것이다.

3. $n < 1$ (2차 측이 1차 측보다 더 적은 권선수를 가진 경우)이면,

$$v_2 < v_1, \qquad i_2 > i_1$$

이다. 따라서 이 경우에는, 1차 측에서 2차 측으로 전송될 때, 전압은 감소하고, 전류는 증가한다. 우리는 변압기의 이런 능력을 이용하여 큰 교류 전류를 얻을 수 있을 것이다.

예제 10.1 그림 10.3의 변압기는 이상적인 변압기이다. 입력 전류 $i_i(t)$와 출력 전압 $v_o(t)$를 구하라.

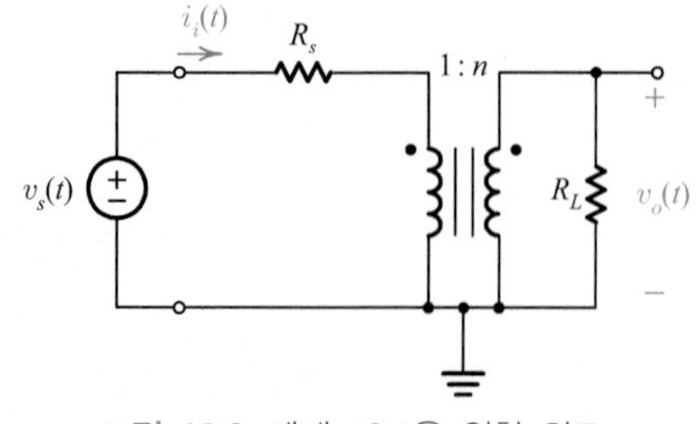

그림 10.3 예제 10.1을 위한 회로.

풀이 우리는 먼저, 변압기를 그림 10.4에 보인 것처럼 그것의 등가 회로로 대체할 수 있을 것이다. 세 개의 전원이 이 회로에서 작동하고 있지만, 독립 전원은 오직 하나, 즉 $v_s(t)$ 뿐이다. 전류 전원 ni_2는 부하 R_L에 흐르는 전류에 의존하는데 반해, 전압 전원 nv_p는 변압기의 입력에 걸리는 전압 v_p에 의존한다는 점에 주목하기 바란다. 우리는 이제, v_p와 i_2를 v_s 전원에 연관시키기 위해, 다음과 같이 각각의 측으로부터 하나의 방정식을 쓸 수 있을 것이다.

$$v_p = v_s - (ni_2)R_s \qquad \text{(1차 측)}$$

$$nv_p = i_2 R_L \qquad \text{(2차 측)}$$

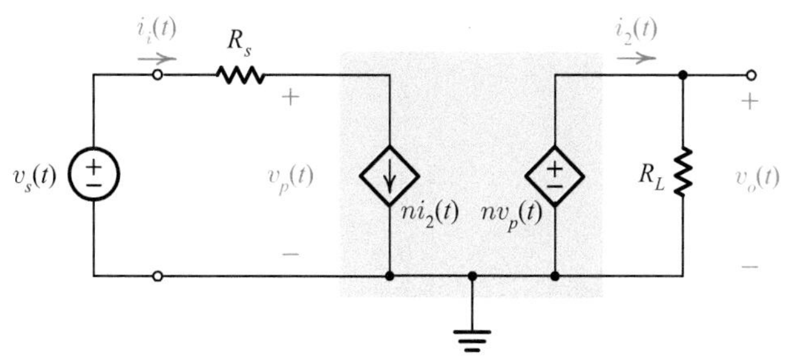

그림 10.4 그림 10.3의 등가 회로.

이 식을 정리하면,

$$v_p + (nR_s)i_2 = v_s$$

$$(n)v_p - (R_L)i_2 = 0$$

이 될 것이다. 두 개의 미지수 v_p와 i_2는 이 식들을 연립하여 풀어 구할 수 있을 것이다. 첫 번째 식에서 구한 i_2를 두 번째 식에 대입하면, 다음 식이 얻어질 것이다.

$$nv_p - R_L\frac{(v_s - v_p)}{nR_s} = 0$$

이 식으로부터 우리는 v_p를 다음과 같이 얻을 수 있을 것이다.

$$v_p = v_s\frac{R_L}{n^2R_s + R_L}$$

v_p를 구했으므로, i_2는 다음과 같이 쉽게 구해질 것이다.

$$i_2 = \frac{nv_p}{R_L} = v_s\frac{n}{n^2R_s + R_L}$$

$i_i = ni_2$ 이고, $v_o = nv_p$ 이므로, i_i와 v_o는 각각 다음과 같이 구해질 것이다.

$$i_i = v_s \frac{n^2}{n^2 R_s + R_L}$$

$$v_o = v_s \frac{n R_L}{n^2 R_s + R_L}$$

연습문제 10.1

그림 E10.1의 변압기는 이상적인 변압기이다. 정상 상태에서의 1차 측 전류와 2차 측 전류 그리고 출력 전압을 구하라.

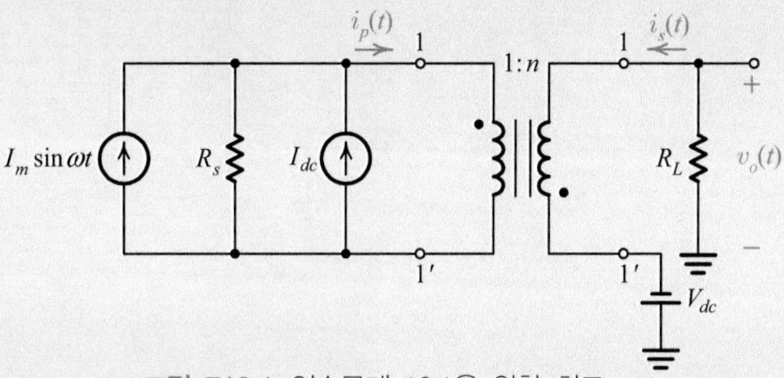

그림 E10.1 연습문제 10.1을 위한 회로.

답 $i_p = I_{dc} + \dfrac{I_m R_s n^2}{n^2 R_s + R_L} \sin\omega t$, $i_s = \dfrac{V_{dc}}{R_L} + \dfrac{I_m R_s n}{n^2 R_s + R_L} \sin\omega t$,

$v_o = -V_{dc} - \dfrac{I_m R_s R_L n}{n^2 R_s + R_L} \sin\omega t$

10.2 이상적인 변압기를 이용한 임피던스 변환

변압기는 전압과 전류를 변성시킨다. 따라서, 이러한 변압기의 특성을 이용하면, 저항을 한 값에서 다른 값으로 변환시킬 수 있을 것이다. 이를 설명하기 위해, 이상적인 변압기가 저항성 부하로 종단되어(terminated) 있는 그림 10.5(a)를 참조하기로 하자. 그리고, 이 회로의 단자 1-1'에서 바라다본 저항을 구해 보기로 하자. 이를 위해, 우리는 그림 10.5(b)에 보인 것처럼 변압기를 그것의 이상적인 모델로 대체할 수 있을 것이다. 그리고, R_1을 나타내는 v_1/i_1의 비를 다음과 같이 계산할 수 있을 것이다.

$$i_1 = ni_2 = n\left(\frac{nv_1}{R_2}\right)$$

$$\boxed{R_1 = \frac{v_1}{i_1} = \frac{R_2}{n^2} \quad (\text{권선비 } 1:n)} \tag{10.2}$$

이는 중요하고 흥미 있는 결과이다. 즉, 이 식은 한 쌍의 단자(1-1')에서 바라다본 저항은 다른 쌍의 단자(2-2') 사이에 연결된 저항을 권선비의 제곱으로 나눈 것과 같다는 것을 말해준다. 만약 권선비가 1보다 크다면, 즉 2차 측 권선이 1차 측 권선보다 더 많은 권선수를 가지고 있다면, 저항은 감소할 것이다. 그 반대의 경우에는, 저항이 증가할 것이다. 이제 우리는, 그림 10.5(c)에 보인 것처럼, 저항으로 종단된 변압기 전체를 끄집어낸 다음, 그 자리에 하나의 저항(R_2/n^2)을 다시 놓을 수 있을 것이다. 1-1' 단자들에서 바라다보면, 그림 10.5(a)의 실제 회로와 그림 10.5(c)의 등가 회로가 구별되지 않는다는 점에 주목하기 바란다.

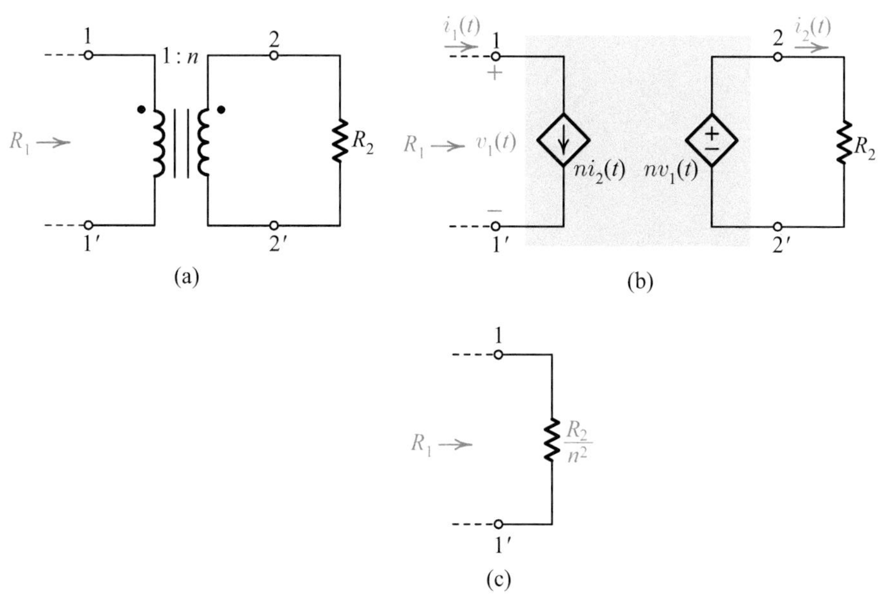

그림 10.5 (a) 저항성 부하로 종단되어 있는 이상적인 변압기 회로, (b) 이상적인 변압기를 등가 회로로 대체한 회로, (c) 하나의 저항으로 표현된 등가 회로.

만일 1-1' 단자들로부터 2-2' 단자들로의 권선비가 $1:n$ 대신에 $n:1$ 이라면, 우리는 식 (10.2)에서 n을 $1/n$로 대체하여 다음 식을 얻게 될 것이다.

$$\boxed{R_1 = n^2 R_2 \qquad (\text{권선비 } n:1)} \tag{10.3}$$

식 (10.2)와 식 (10.3)이 의미하는 것을 우리는 다음과 같이 말로 표현할 수 있을 것이다. 즉, 권선수가 더 적은 단자들에서 바라다보면, 항상 더 작은 저항이 보인다. 이와 반대로, 권선수가 더 많은 단자들에서 바라다보면, 언제나 더 큰 저항이 보인다. 이러한 저항 변환은 시변 신호에 대해서만 유효하고, 직류에 대해서는 적용되지 않는다는 사실에 유의하기 바란다.

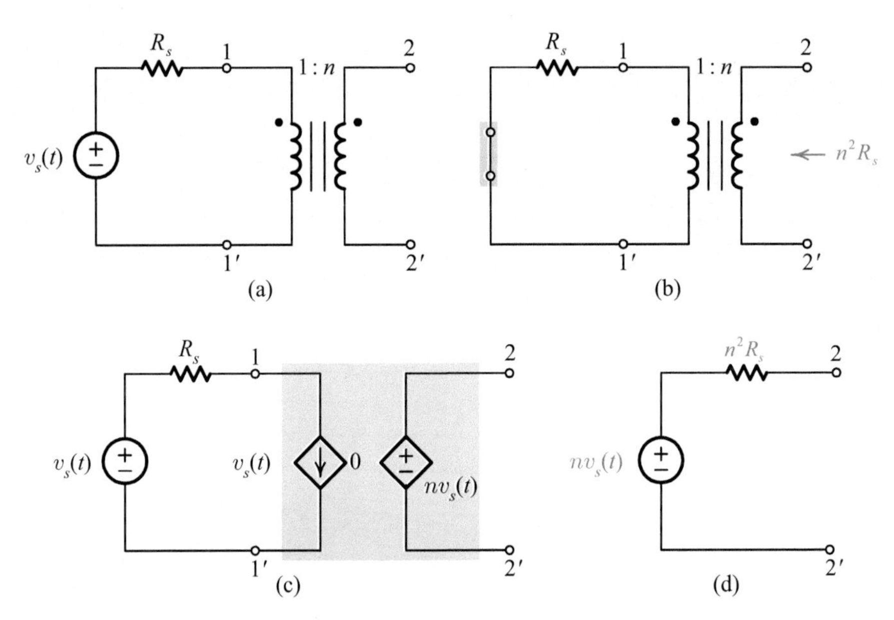

그림 10.6 비이상적인 전압 전원으로 구동된 이상적인 변압기의 테브난 등가 회로를 구하는 절차: (a) 주어진 회로, (b) 전압 전원의 제거, (c) 변압기의 등가 회로로 대체, (d) 최종 등가 회로.

우리는 이제, 비이상적인 전압 전원으로 구동된 이상적인 변압기[그림 10.6(a)를 보라.]의 테브난 등가 회로를 쉽게 구할 수 있을 것이다. 즉, 그림 10.6(a)의 2-2' 단자들에서 회로 쪽으로 들여다보면, 하나의 전압 전원과 그와 직렬인 하나의 저항으로 구성된 등가(테브난) 회로를 볼 수 있을 것이다. 등가 저항을 구하기 위해, 우리는 독립 전압 전원 $v_s(t)$ 를 단락 회로로 대체한 다음, 그림 10.6(b)에 표시한 것처럼 2-2' 단자들에서 회로 쪽으로 들여다볼 수 있을 것이다. 변압기의 권선비가 $n{:}1$ 이므로, 2-2' 단자들에서 들여다본 저항은 n^2R_s 일 것이다. 개방-회로 전압(즉, 테브난 등가 전압)을 구하기 위해, 우리는 그림 10.6(c)에 보인 것처럼 변압기를 그것의 모델로 대체할 수 있을 것이다. 이 그림에서, 2차 측이 개방되어 있으므로, 2차 측 전류는 0일 것이고, 그 결과로 1차 측 전류 역시 0일 것이다. 1차 측 전류가 0이므로, 전원 전압은 모두 1차 측 권선(즉, 1-1' 단자들) 사이에 걸릴 것이다. 그리고, 이 전압은 변성되어, 개방된 2차 측 단자들 사이에 nv_s 로 나타날 것이다. 끝으로, 이 결과들을 종합함으로써, 우리는 그림 10.6(d)에 보인 완전한 등가 회로를 얻을 수 있을 것이다.

변압기를 테브난 등가 회로로 대체하면, 변압기 모델과 관련된 종속 전원들의 값을 계산할 필요 없이 회로의 전압과 전류를 쉽게 계산할 수 있다는 점에 주목하기 바란다. 여기서 유도된 결과들은 R_s 가 Z_s 로 대체되는 보다 일반적인 경우에도 그대로 적용될 수 있을 것이다. 변환된 변수들을 이용함으로써, 우리는 그림 10.7과 같은 등가 회로를 얻을 수 있을 것이다.

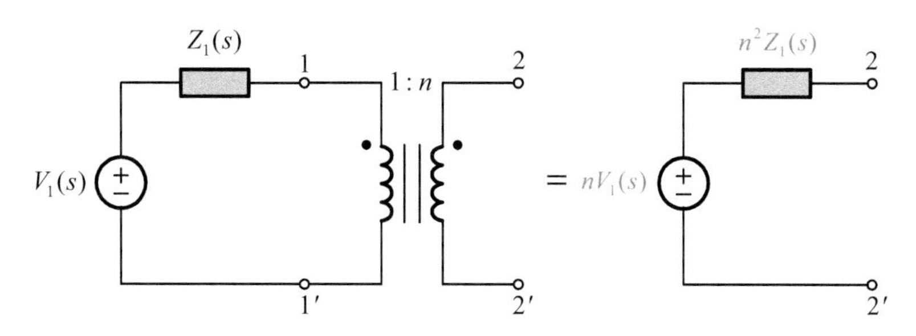

그림 10.7 주파수 영역에서 표현된 변압기의 테브난 등가 회로.

예제 10.2 그림 10.8의 변압기 회로에서 두 전원 전류 $I_1(s)$ 와 $I_2(s)$ 를 구하라.

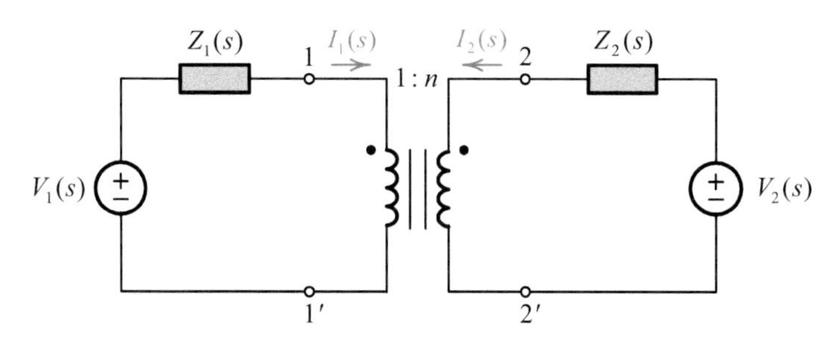

그림 10.8 예제 10.2를 위한 회로.

풀이 $I_1(s)$ 를 구하기 위해, 우리는 1-1' 단자들의 우측 회로를 그림 10.7에 나타낸 결과를 사용하여 그것의 등가 회로로 대체할 수 있을 것이다. 그 상황을 그림 10.9(a)에 나타냈다. 여기서, 그림 10.7에 나타낸 결과를 사용할 때, n 을 $1/n$ 로 대체하여 사용했다는 점에 유의하기 바란다. 그림 10.9(a)의 회로로부터, 우리는

$$I_1(s) = \frac{V_1(s) - (1/n)V_2(s)}{Z_1(s) + Z_2(s)/n^2}$$

라는 것을 직관적으로 알 수 있다. $I_2(s)$를 구하기 위해, 2-2' 단자들의 왼쪽 회로를 그것의 등가 회로로 대체하면, 그림 10.9(b)가 얻어질 것이다. 이 회로로부터, 우리는

$$I_2(s) = \frac{V_2(s) - nV_1(s)}{Z_2(s) + n^2 Z_1(s)}$$

라는 것을 알 수 있다.

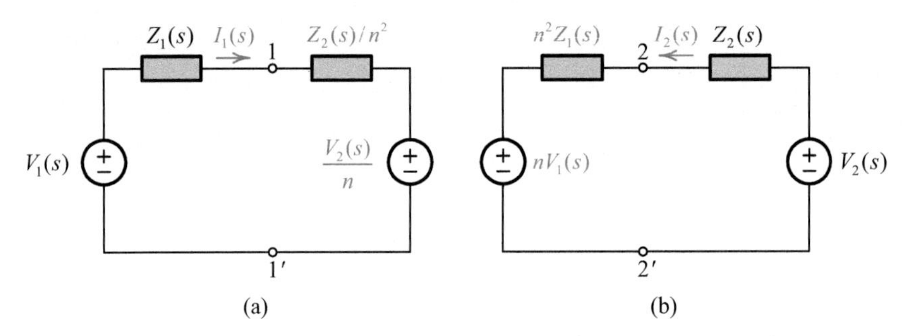

그림 10.9 그림 10.8의 변압기를 테브난 등가 회로로 대체한 회로: (a) 1–1' 단자의 우측, (b) 2–2' 단자의 좌측.

연습문제 10.2

그림 E10.2에서 입력 전류 $i_i(t)$와 출력 전압 $v_o(t)$를 구하라.

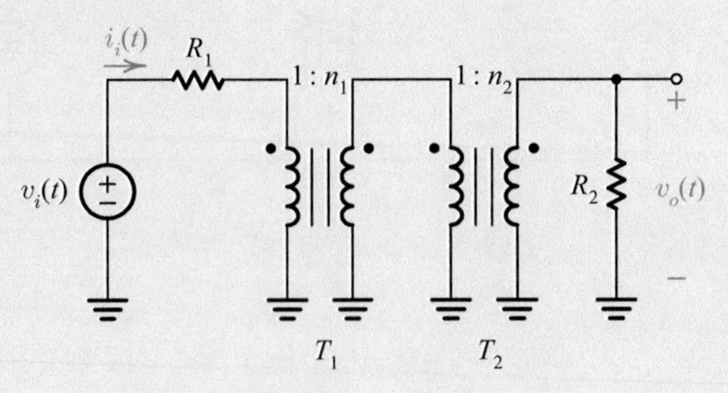

그림 E10.2 연습문제 10.2를 위한 회로.

답 $i_i(t) = \dfrac{v_i(t)}{R_1 + R_2/(n_1^2 n_2^2)} = \left(\dfrac{n_1^2 n_2^2}{n_1^2 n_2^2 R_1 + R_2}\right) v_i(t)$,

$v_o(t) = n_1 n_2 \left(\dfrac{R_2}{n_1^2 n_2^2 R_1 + R_2}\right) v_i(t)$

예제 10.3 우리는 종종, 전원 저항과 부하 저항이 고정된 값을 가질 때, 부하에 가능한 한 큰 신호를 보내야 하는 문제에 직면하게 된다. 이를 해결하기 위해, 우리는 그림10.10(a)에 보인 것처럼 적절한 권선비를 가진 변압기를 전원과 부하 사이에 접속할수 있을 것이다. 이와 같은 **변압기 결합**(transformer coupling)이 그림 10.10(b)에 보인 것처럼 전원과 부하를 직접 연결한 **직접 결합**(direct coupling)보다 유리하다는 것을 보여라.

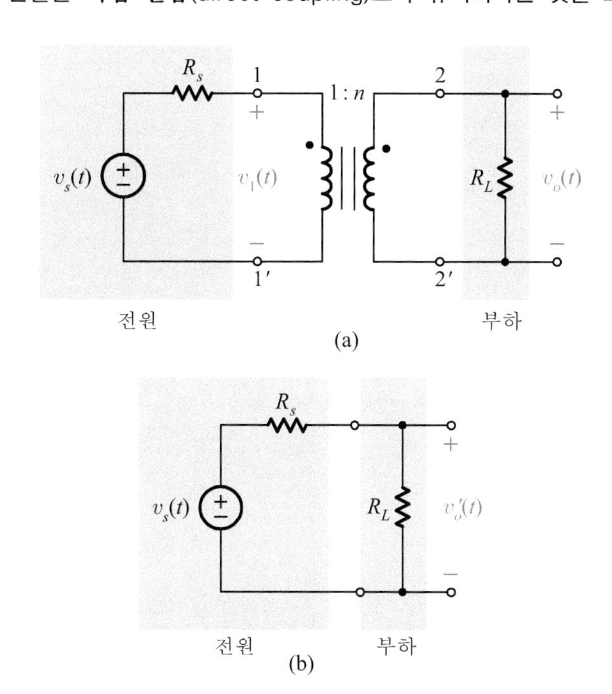

그림 10.10 예제 10.3을 위한 회로: (a) 변압기 결합, (b) 직접 결합.

풀이 이 문제는 n이 적절하게 선택될 때 부하에 걸리는 전압이 최대가 된다는 것과, 이렇게 해서 얻어진 전압이 전원과 부하의 직접 결합에 의해 얻어지는 전압보다 크다는 것을 증명하는 것이다.

우리는 먼저, 그림 10.10(a)의 회로에서 출력을 구할 수 있을 것이다. 1-1' 단자들의 오른편 회로를 R_L/n^2의 저항으로 표현할 수 있으므로, 우리는 다음 식들을 얻을 수 있을 것이다.

$$v_1(t) = v_s\left(\frac{R_L/n^2}{R_s + R_L/n^2}\right) = v_s\left(\frac{R_L}{n^2 R_s + R_L}\right)$$

$$v_o = nv_1 = v_s\left(\frac{nR_L}{n^2 R_s + R_L}\right)$$

다음으로, 우리는 v_o를 최대로 만드는 n을 구할 수 있을 것이다. $n = 0$일 때와 $n = \infty$일 때 v_o가 0이므로, v_o는 n의 어떤 값에서 틀림없이 피크를 이룰 것이다. v_o가 최대가 되는 n의 값에서 $dv_o/dn = 0$이므로, 우리는 다음 식을 쓸 수 있을 것이다.

$$\frac{dv_o}{dn} = v_s R_L\left[\frac{(n^2 R_s + R_L) - n(2nR_s)}{(n^2 R_s + R_L)^2}\right] = 0$$

v_o 대 n의 곡선의 기울기는

$$R_L = n^2 R_s \qquad \text{또는} \qquad R_s = \frac{R_L}{n^2} \tag{10.4}$$

일 때 0일 것이다. 우리는 여기서, 최대 출력을 얻기 위해서는, 부하 저항이 부하에서 전원 쪽으로 바라다본 등가 저항($R_L = n^2 R_s$)과 같아야 하고, 또는 같은 의미이지만, 전원의 내부 저항이 전원에서 부하 쪽으로 바라다본 등가 저항($R_s = R_L/n^2$)과 일치해야 한다는 것을 상기할 필요가 있을 것이다. R_s와 R_L이 고정되어 있으므로, 최대 출력을 얻으려면 다음 식에 따라 변압기의 권선비를 선택해야 할 것이다.

$$n = \sqrt{\frac{R_L}{R_s}} \tag{10.5}$$

최대 출력 조건 하에서 출력은 다음과 같이 주어질 것이다.

$$v_o = v_s\left(\frac{nR_L}{n^2 R_s + R_L}\right)\Bigg|_{n^2 R_s = R_L} = \frac{n}{2}v_s = \frac{1}{2}\sqrt{\frac{R_L}{R_s}}\,v_s \tag{10.6}$$

만일 (변압기를 사용하지 않고,) 그림 10.10(b)에 보인 것처럼 전원과 부하를 직접 연결했다면, 출력은 다음 식으로 주어졌을 것이다.

$$v_o' = v_s\left(\frac{R_L}{R_s + R_L}\right) \tag{10.7}$$

변압기를 사용했을 때와 그렇지 않았을 때의 출력들을 비교하기 위해, 식 (10.6)과 식 (10.7)에서 v_s를 제거하면

$$\begin{aligned} v_o &= \frac{1}{2}\sqrt{\frac{R_L}{R_s}}\left(\frac{R_s + R_L}{R_L}\right)v_o' \\ &= \frac{1}{2}\left(\sqrt{\frac{R_s}{R_L}} + \sqrt{\frac{R_L}{R_s}}\right)v_o' \end{aligned} \tag{10.8}$$

가 얻어질 것이다. $(\sqrt{R_s/R_L} + \sqrt{R_L/R_s})$의 최소값이 2이고, 이 최소값이 $R_s = R_L$일 때 일어나므로,

$$v_o \geq v_o'$$

일 것이다. 따라서 우리는 변압기를 사용하여 회로를 정합시켰을 때의 출력이 (변압기를 사용하지 않고) 회로를 직접 결합시켰을 때의 출력보다 크거나 같다는 것을 알 수 있다. 변압기 결합에 의한 출력을 직접 결합에 의한 출력보다 얼마나 크게 만들 수 있는지의 문제는 R_s/R_L의 비에 의해 결정된다. 예를 들어, 만일 $R_s = 100\ \text{k}\Omega$ 이고, $R_L = 1\ \text{k}\Omega$ 이라면, 우리는 식 (10.8)로부터 정합용 변압기를 사용한 경우의 출력 전압이 직접 결합한 경우의 출력 전압보다 다섯 배 이상 더 크다는 것[$\frac{1}{2}(10 + 0.1) = 5.05$]을 알 수 있다. $R_s = 1\ \text{k}\Omega$ 이고, $R_L = 100\ \text{k}\Omega$ 인 경우에도, 이와 동일한 결과가 얻어질 것이다. 변압기로 정합된 회로는 $R_L > 4R_s$일 때 이득을 제공하지만, 즉 $v_o > v_s$ 이지만[식 (10.6)을 보라.], 직접 결합된 회로는 언제나 입력 신호를 감쇠시킨다는 점에 주목하기 바란다.

끝으로 우리는 입력 신호가 사인파 신호이고, 전원과 부하 임피던스가 $Z_s(j\omega)$와 $Z_L(j\omega)$로 각각 지정된 경우에는, 최대 출력 전압이 $n = \sqrt{|Z_L|/|Z_S|}$ 일 때 얻어진다는 것(문제 10.9 참조)을 보일 수 있을 것이다.

10.3 변압기에서의 전력 관계

그림 10.11에 보인 이상적인 변압기에 대해 생각해 보기로 하자. 변압기의 입력과 출력 전력은

$$p_i(t) = v_1(t)\,i_1(t), \qquad p_o(t) = v_2(t)\,i_2(t)$$

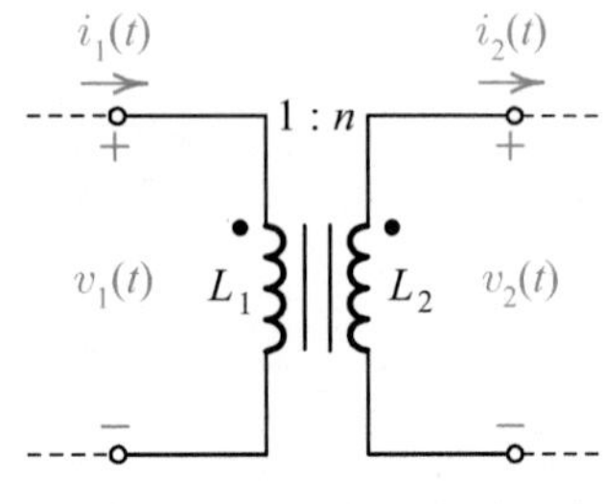

그림 10.11 이상적인 변압기.

일 것이다. 이상적인 변압기에서

$$v_2(t) = n v_1(t), \qquad i_2(t) = \frac{i_1(t)}{n}$$

이므로, 우리는 출력 전력을 다음과 같이 나타낼 수 있을 것이다.

$$p_o(t) = v_2(t)\,i_2(t) = n v_1(t)\frac{i_1(t)}{n} = v_1(t)\,i_1(t) = p_i(t)$$

이 식에서 출력 전력이 입력 전력과 같다는 것은 놀랄 만한 일이 아닐 것이다. 왜냐하면, 이상적인 변압기는 손실이 없으므로(즉, 전력을 소비하는 저항이 없으므로), 1차 측(또는 입력 측)에서 받은 모든 전력을 2차 측(또는 출력 측)으로 전송하기 때문이다.

고정된 내부 저항을 갖는 전원으로부터 역시 고정된 부하 저항으로 전력을 전달하는 상황을 고려해 보기로 하자. 만약 그림 10.12(a)에 보인 것처럼 전원을 부하에 직접 연결한다면, 부하에 공급되는 전력은

$$p_L{}'(t) = i_L^2(t)\,R_L = \frac{R_L}{(R_s + R_L)^2}v_s^2(t) \tag{10.9}$$

일 것이다. 한편, 그림 10.12(b)에 보인 것처럼 전원과 부하 사이에 변압기를 접속하고, $n^2 R_s = R_L$ 이 되도록 n을 선택한다면, 부하로 전달되는 전력은

$$p_L(t) = i_L^2(t)R_L\Big|_{n^2R_s=R_L} = \left[\frac{nv_s(t)}{n^2R_s + R_L}\right]^2 R_L\Bigg|_{n^2R_s=R_L} = \frac{1}{4}\frac{1}{R_s}v_s^2(t) \qquad (10.10)$$

가 될 것이다.

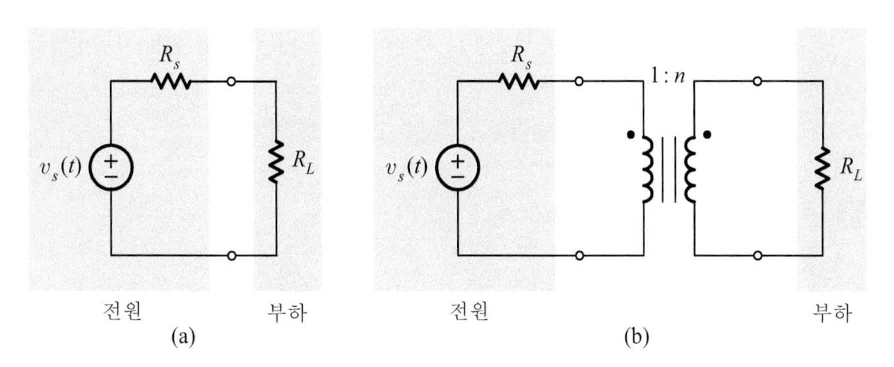

그림 10.12 전원과 부하의 연결: (a) 직접 결합, (b) 변압기 결합.

이 식은 전원으로부터 부하로 공급할 수 있는 전력의 최대값을 나타낸다. 여기서 우리는 전력을 최대로 전달하는 데 필요한 권선비의 조건이 출력 전압을 최대로 만드는 데 필요한 권선비의 조건과 같다는 것($n = \sqrt{R_L/R_s}$)을 알 수 있는데, 이와 같이 되는 이유는 [$p_L(t) = v_L^2(t)/R_L$ 식이 나타내듯이] 저항에 걸리는 전압이 최대가 될 때 그 저항이 최대 전력을 소비하기 때문이다.

이제 식 (10.9)와 식 (10.10)을 비교하면, 다음의 관계가 성립한다는 것을 알 수 있을 것이다.

$$p_L(t) = \frac{1}{4}\frac{1}{R_s}\frac{(R_s+R_L)^2}{R_L}p_L'(t) = \frac{1}{4}\left(\sqrt{\frac{R_s}{R_L}} + \sqrt{\frac{R_L}{R_s}}\right)^2 p_L'(t) \qquad (10.11)$$

($\sqrt{R_s/R_L} + \sqrt{R_L/R_s}$) ≥ 2 이므로,

$$p_L(t) \geq p_L'(t)$$

일 것이다.

변압기가 $R_L/n^2 = R_s$ 또는 $n^2R_s = R_L$로 정합되면, $R_L = R_s$ 가 아닌 상태로 부하가 전원에 직접 연결되었을 때보다 더 많은 전력이 부하로 전달된다는 점에 주목하기 바란다. 한편, R_L과 R_s가 같을 때는 변압기를 사용할 필요가 없을 것이다.

예제 10.4 $128\,\Omega$ 의 내부 저항을 가진 증폭기로부터 이용할 수 있는 모든 전력을 $8\,\Omega$ 의 스피커로 전달하려고 한다.

(a) 변압기의 권선비를 얼마로 해야 하는가?

(b) 만일 10 W 의 평균 전력이 스피커로 전달되어야 한다면, 입력 사인파의 피크 값은 얼마이어야 하는가 ?

(c) 부하가 전원에 직접 접속되었다고 가정하고, (b)를 반복하라.

풀이 (a) 그림 10.13(a)의 회로도로부터 우리는

$$n^2 8 = 128, \qquad n = 4$$

라는 것을 알 수 있다. 따라서, 증폭기의 유효 전력 전부를 스피커로 전달하려면, 4:1의 체강(step-down) 변압기가 필요할 것이다.

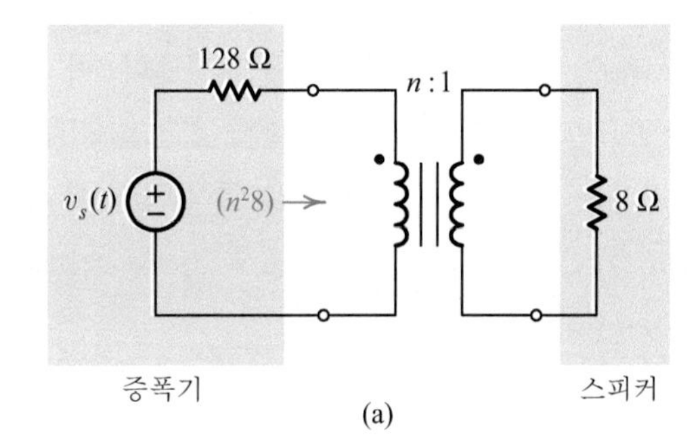

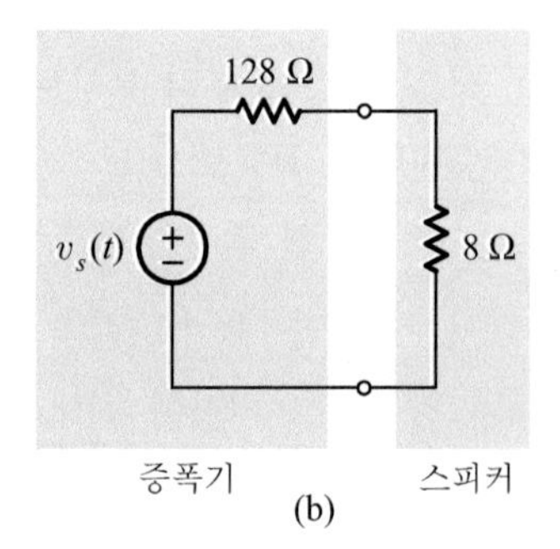

그림 10.13 128 Ω 의 증폭기와 8 Ω 의 스피커의 연결: (a) 변압기 결합, (b) 직접 결합.

(b) 회로가 정합된 상태 하에서, 사인파 전원으로부터 부하로 전달되는 전력은

$$p_L(t) = \frac{1}{4}\frac{1}{R_s}v_s^2(t) = \frac{1}{4}\frac{1}{R_s}V_m^2 \sin^2 \omega t = \frac{V_m^2}{8R_s}(1 - \cos 2\omega t)$$

이다. 한 주기 동안의 코사인파의 평균값이 0이므로, 우리는 다음 식을 쓸 수 있을 것이다.

$$(p_L)_{av} = \frac{V_m^2}{8R_s} = \frac{V_m^2}{1024} = 10 \text{ W}$$

그리고, 이 식으로부터

$$V_m = 101.2 \text{ V}$$

의 해를 얻을 수 있을 것이다.

(c) 만약 전원과 부하가 직접 접속되어 있다면, 우리는 그림 10.13(b)로부터 다음 식들을 구할 수 있을 것이다.

$$p_L{}'(t) = \left[\frac{v_s(t)}{136}\right]^2 8 = \frac{1}{2312} v_s^2(t)$$

$$= \frac{1}{2312} V_m^2 \sin^2 \omega t = \frac{V_m^2}{4624}(1 - \cos 2\omega t)$$

$$(p_L{}')_{av} = \frac{V_m^2}{4624} = 10$$

$$V_m = 215.0 \text{ V}$$

10.4 종속 전원

독립 전원은 외부의 영향에 관계없이 단자 전압 또는 단자 전류를 고정시킨다. 따라서 10 V 전압 전원은 그것이 어떤 회로에 접속되든 상관없이 단자 전압을 항상 10 V로 유지한다. 마찬가지로, 2 A 전류 전원은 주변 상태에 무관하게 2 A의 단자 전류를 유지한다. 만일 어떤 회로 안에 독립 전원이 하나도 없다면, 모든 응답은 0일 것이다. 따라서, 임의의 회로를 구동시키려면 최소한 하나의 독립 전원이 필요하다.

한편, **종속 전원**(dependent source)은 회로내의 다른 곳에 있는 전류 또는 전압에 의해 전적으로 제어되는 전원이다. 따라서 우리는 이를 **제어 전원**(controlled source)이라고 부르기도 한다. 종속 전원의 단자 전압 또는 단자 전류는 독립 전원에 의해 회로내의 다른 소자들에 설정되는 전압 또는 전류에 예속된다. 즉, 종속 전원 스스로는 어떤 응답도 만들어내지 못한다. 단지 독립 전원이 그 회로를 구동시킬 때에만 종속 전원이 작동하여 응답에 영향을 미친다.

독립 전원에는 두 가지 종류가 있다. 즉, 전압 전원과 전류 전원이 있다. 한편, 종속 전원에는 네 가지 종류가 있다. 즉, **전압-종속 전압 전원**(voltage-dependent voltage source), **전압-종속 전류 전원**(voltage-dependent current source), **전류-종속 전압 전원**(current-dependent voltage source), 그리고 전류-종속 전류 전원(current- dependent current source)이 있다. 그림 10.14에 이 전원들을 나타냈다. 독립 전원들은 왼쪽에 나타냈고, 종속 전원들은 오른쪽에 나타냈다. 그림에서 두 개의 종속 전원, 즉 $K_1 V$와 $K_2 V$는 회로내의 어딘가의 전압 V(그림의 맨 위쪽에 보인)에 의존하는데 반해, 다른 두 개의 종속 전원, 즉 K_3I 및 K_4I는 회로내의 어딘가의 전류 I(그림의 맨 아래쪽에 보인)에 의존한다는 점에 주목하기 바란다. 여기서 V와 I는 (전원이 아니라) 회로내의 응답이다. K_1과 K_4는 단위가 없고, K_2는 어드미턴스(모오), 그리고 K_3는 임피던스(옴)와 같은 차원을 가진다.

그림 10.14에 보인 종속 전원은 선형(linear) 종속 전원들이다(KV^2, KI^3, 그리고 KVI로 주어지는 종속 전원은 비선형 종속 전원이며, 여기서는 고려되지 않을 것이다).

종속 전원들이 포함된 회로내의 응답을 계산할 때는 종속 변수 V와 I를 먼저 구하는 것이 최선이다. 그림 10.14에서는 여섯 개의 전원(두 개는 독립 전원이고, 네 개는 종속 전원)이 회로에 가해져 V와 I를 산출한다. V와 I를 구하기 위해 우리는 중첩의 원리를 이용할 수 있을 것이다. 즉, 한번에 하나의 전원만 고려하고, 나머지 전원들은 모두 0으로 만들 수 있을 것이다(즉, 전압 전원들은 단락시키고, 전류 전원들은 개방시킬 수 있을 것이다). 그리고, 그 전원에 대한 응답을 적절한 전달 함수 또는 입력 함수를 통해 계산할 수 있을 것이다. 중첩의 원리를 이용할 때 우리는 종속 전원을 마치 독립 전원처럼 취급할 것이다. 즉, 이들이 홀로 동작할 때 0이 아닌 응답을 산출할 수 있다고 가정할 것이다. 우리는 하나 또는 그 이상의 독립 전원들(V_i 및 I_i와 같은)이 회로에 존재하며, 이것들이 종속 전원들을 작동시킨다는 사실을 알고 있는 한, 그와 같이 가정할 수 있을 것이다.

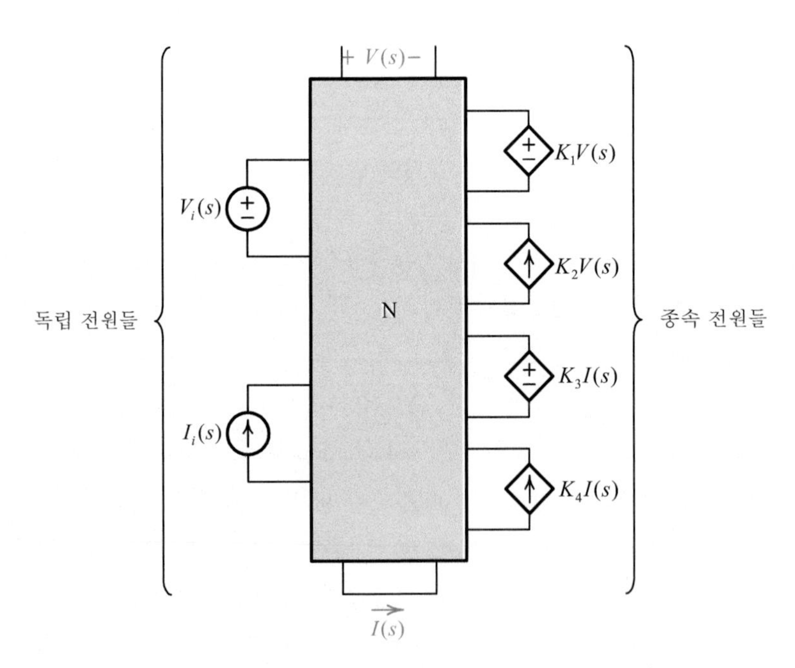

그림 10.14 네 가지 종속 전원들을 포함하는 회로망.

일단 V와 I가 계산되면, 회로내의 다른 응답은 여섯 개의 전원에 의한 응답들을 중첩시킴으로써 구할 수 있을 것이다. 따라서 최종의 답은 항상 독립 전원들만의 함수로 표현될 것이다(왜냐하면, 종속 전원 자신이 독립 전원의 함수이므로). 문제를 풀 때는 여러 전달 함수들 또는 입력 함수들을 구할 필요가 없을 것이다. 즉, 우리는 단지 통상적인 회로 해석 기법을 사용하여 응답을 구하면 된다. 다음 예제들은 해를 구하는 방법을 보여준다.

예제 10.5 그림 10.15에서 m과 접지 사이의 전압 V_m이 검출되어 전압 전원 K_1V_m으로 변환된다. 그리고, 이 전압-종속 전압 전원은 그림에 보인 것처럼 회로로 귀환된다(feedback). 출력 전압을 구하라.

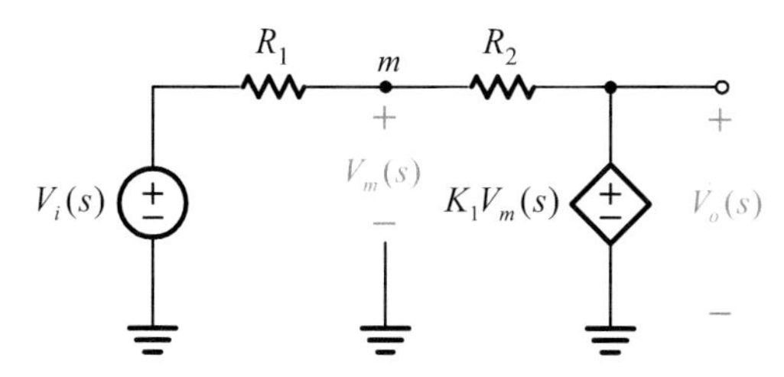

그림 10.15 예제 10.5를 위한 회로.

풀이 우리는 먼저 종속 변수 V_m을 구해야 한다. 그림으로부터, 독립 전원 V_i와 종속 전원 K_1V_m이 저항 회로에 작용하여 V_m을 산출한다는 것을 알 수 있을 것이다. 따라서 우리는 중첩의 원리를 이용하여 다음 식을 얻을 수 있을 것이다.

$$V_m = \frac{V_iR_2 + (K_1V_m)R_1}{R_1 + R_2}$$

이 식을 V_m에 대해 풀면,

$$V_m = V_i\left[\frac{R_2}{R_1(1 - K_1) + R_2}\right]$$

가 얻어질 것이다. 따라서 우리는 V_m을 독립 전원 V_i의 함수로 구했다. 이제 출력 전압은 다음과 같이 쉽게 구해질 것이다.

$$V_o = K_1V_m = \left[\frac{K_1R_2}{R_1(1 - K_1) + R_2}\right]V_i$$

예제 10.6 그림 10.16에서 인덕터 양단의 전압이 검출되어 전류 전원 $K_2 V_L$로 변환된다. 그리고 이 전압-종속 전류 전원은 그림에 보인 것처럼 회로로 귀환된다. 인덕터에 흐르는 전류를 구하라.

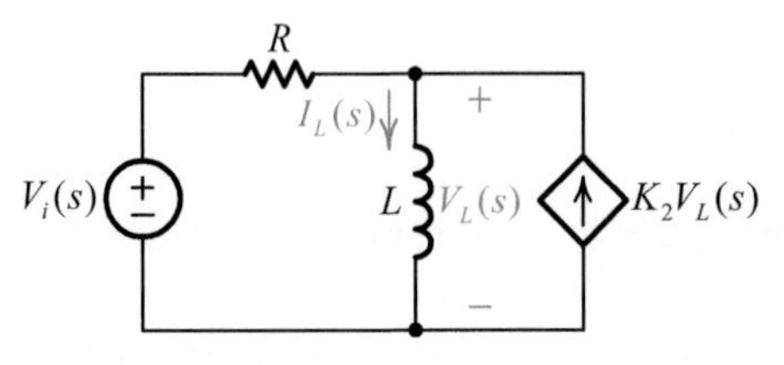

그림 10.16 예제 10.6을 위한 회로.

풀이 우리는 먼저 종속 변수 V_L을 구해야 한다. 그림으로부터, 독립 전원 V_i와 종속 전원 $K_2 V_L$이 회로에 작용하여 V_L을 만든다는 것을 알 수 있다. 따라서 우리는 중첩의 원리를 이용하여 다음 식을 얻을 수 있을 것이다.

$$V_L = V_i\left(\frac{sL}{R+sL}\right) + (K_2 V_L)\left(\frac{RsL}{R+sL}\right)$$

이 식을 V_L에 대해 풀면, 다음과 같이 V_L을 V_i의 함수로 나타낼 수 있을 것이다.

$$V_L = \frac{V_i[sL/(R+sL)]}{1-K_2[RsL/(R+sL)]} = \left[\frac{sL}{sL(1-K_2R)+R}\right] V_i$$

따라서, 인덕터에 흐르는 전류는

$$I_L = \frac{V_L}{sL} = \left[\frac{1}{sL(1-K_2R)+R}\right] V_i$$

이다.

연습문제 10.3

그림 E10.3에서 전압 전원 V_i에 흐르는 전류가 검출되어 전압 전원 K_3I로 변환된다. 그리고, 이 전류-종속 전압 전원은 그림에 보인 것처럼 회로로 귀환된다. 전압 전원 V_i에 흐르는 전류를 구하라.

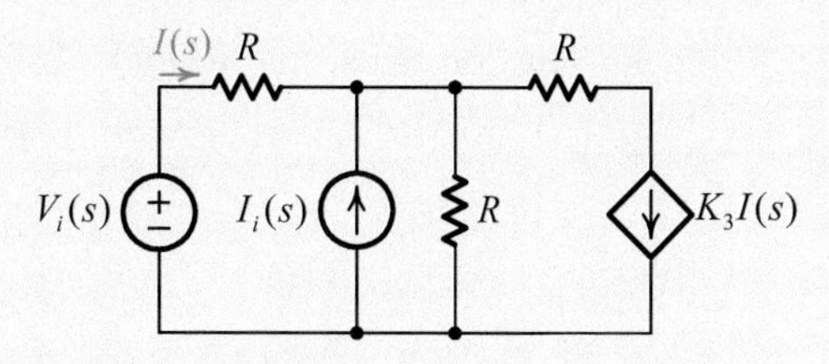

그림 E10.3 연습문제 10.3을 위한 회로.

답 $I = \dfrac{V_i - I_iR}{2R - K_3R}$

연습문제 10.4

그림 E10.4에서 회로의 중앙 가지에 흐르는 전류가 검출되어 전류 전원 K_4I_m으로 변환된다. 그리고 이 전류-종속 전류 전원은 그림에 보인 것처럼 회로로 귀환된다. V_o를 구하라.

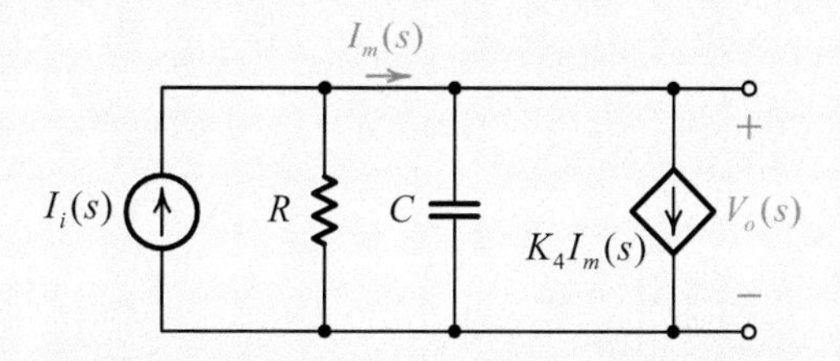

그림 E10.4 연습문제 10.4를 위한 회로.

답 $V_o = \left[\dfrac{(1 - K_4)R}{sRC + 1 - K_4}\right]I_i$

10.5 변압기와 증폭기

종속 전원으로 등가 표현이 되는 대표적인 소자들은 변압기와 **증폭기**(amplifier)이다. 변압기에 대해서는 이미 앞장에서 공부했으므로, 지금부터는 증폭기에 대해 살펴보기로 하자. 증폭기는 통상적으로 **트랜지스터**(transistor)라는 반도체 소자로 구성된다. 가장 많이 쓰이는 트랜지스터 중의 하나인 npn **바이폴라 접합 트랜지스터**(bipolar junction transistor : BJT)의 회로 기호와 등가 모델을 그림 10.17에 나타냈다. 등가 모델에 지시되어 있듯이, 트랜지스터는 외부 전류 i_b를 B(base: 베이스) 단자로부터 받아들이고, 이 전류를 상수 β배만큼 증대시켜 C(collector: 컬렉터) 단자로부터 끌어들인다. 또한, 이들 두 전류는 더해져 E(emitter: 이미터) 단자로 흘러나간다. 모델에서 상수 β는 **전류 이득**(current gain)이라고 불리며, 그 값은 약 100이다. 저항 r_π는 경우에 따라 다르지만, 약 수 kΩ 에서 수십 kΩ 사이의 값을 가진다.

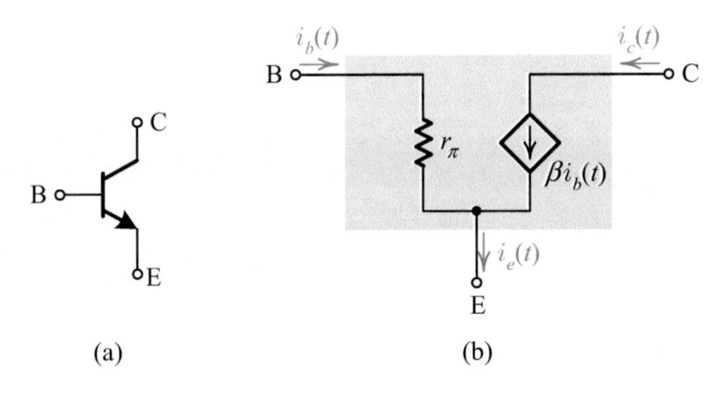

그림 10.17 (a) BJT의 회로 기호, (b) 등가 모델.

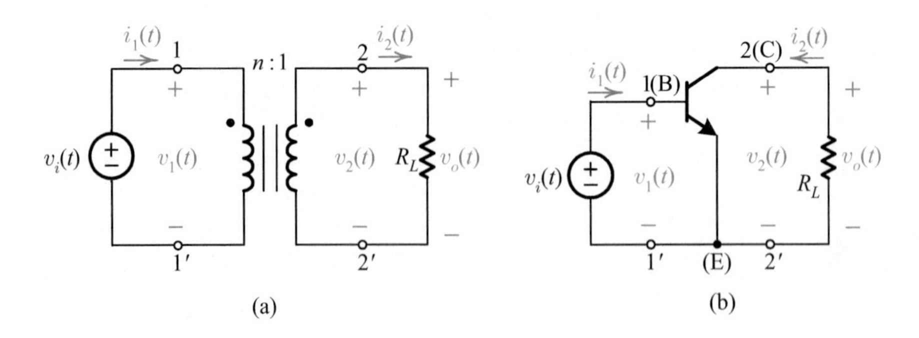

그림 10.18 (a) 변압기 회로, (b) 증폭기 회로.

변압기와 증폭기가 어떻게 다른지를 알아보기 위해, 그림 10.18(a)와 (b)에 보인 회로들에서 입-출력 전압, 전류, 그리고 전력을 구해 보기로 하자. 그림 10.18(a)의 변압기 회로에서 변압기를 그것의 등가 회로로 대체한 것이 그림 10.19의 회로이다. 이 회로로부터 우리는 전압 이득 A_v, 전류 이득 A_i, 그리고 전력 이득 A_p를 각각 다음과 같이 구할 수 있을 것이다.

$$A_v \equiv \frac{v_o}{v_i} = n, \quad A_i \equiv \frac{i_2}{i_1} = \frac{1}{n}, \quad A_p \equiv \frac{p_o}{p_i} = \frac{v_o i_2}{v_i i_1} = 1$$

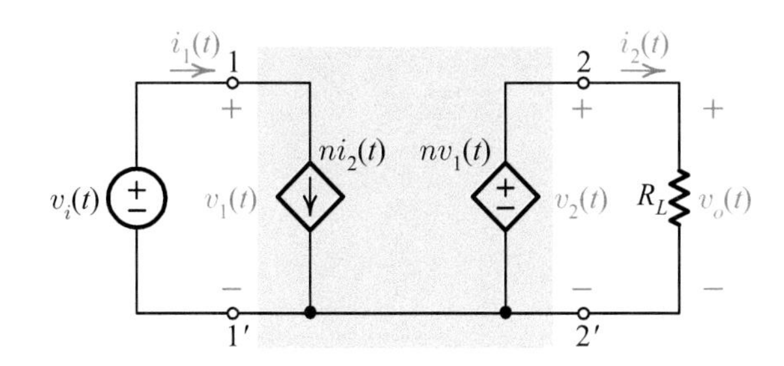

그림 10.19 그림 10.18(a)에 보인 변압기 회로의 등가 회로.

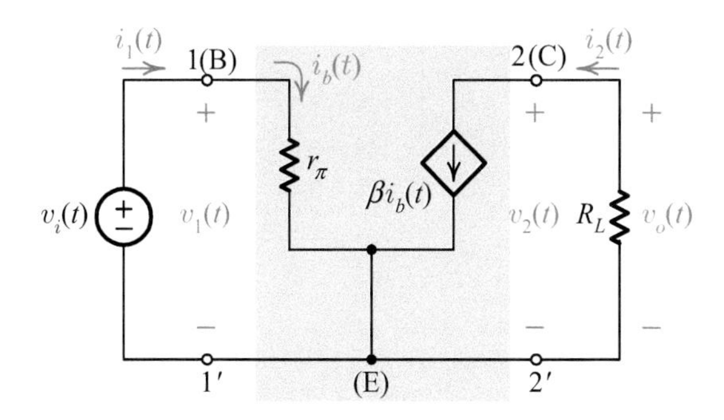

그림 10.20 그림 10.18(b)에 보인 증폭기 회로의 등가 회로.

그림 10.18(b)의 증폭기 회로에서 트랜지스터를 그것의 등가 회로로 대체한 것이 그림 10.20의 회로이다. 이 회로로부터 우리는 A_v, A_i, 그리고 A_p를 각각 다음과 같이 구할 수 있을 것이다.

$$A_v \equiv \frac{v_o}{v_i} = -\beta\frac{R_L}{r_\pi}, \quad A_i \equiv \frac{i_2}{i_1} = -\beta, \quad A_p \equiv \frac{p_o}{p_i} = \frac{v_o i_2}{v_i i_1} = \beta^2\frac{R_L}{r_\pi}$$

변압기 회로의 전력 이득은 1인데 반해, 증폭기 회로의 그것은 상당히 크다(부하 저항 R_L을 r_π 저항과 같은 크기의 것으로 선택했을 때 약 10,000배)는 점에 주목하기 바란다. 증폭기는 이와 같이 전압 또는 전류 신호 그리고 전력을 증대시킬 뿐만 아니라, 다음절에서 논하겠지만, 임피던스를 변환시키고, 사인파를 발생시키는 데에도 이용된다.

10.6 테브난 등가 회로와 노튼 등가 회로

우리가 어떤 임의의 회로를 한 쌍의 단자로부터 들여다본다고 가정해 보자. 만일 그 회로가 (초기 조건 전원들을 포함한) 독립 전원, 종속 전원, 저항기, 커패시터, 그리고 인덕터 등으로 구성되어 있다면, 우리는 그 회로의 단자 특성을 테브난 또는 노튼 등가 회로로 완벽하게 나타낼 수 있을 것이다. 그림 10.21을 보라.

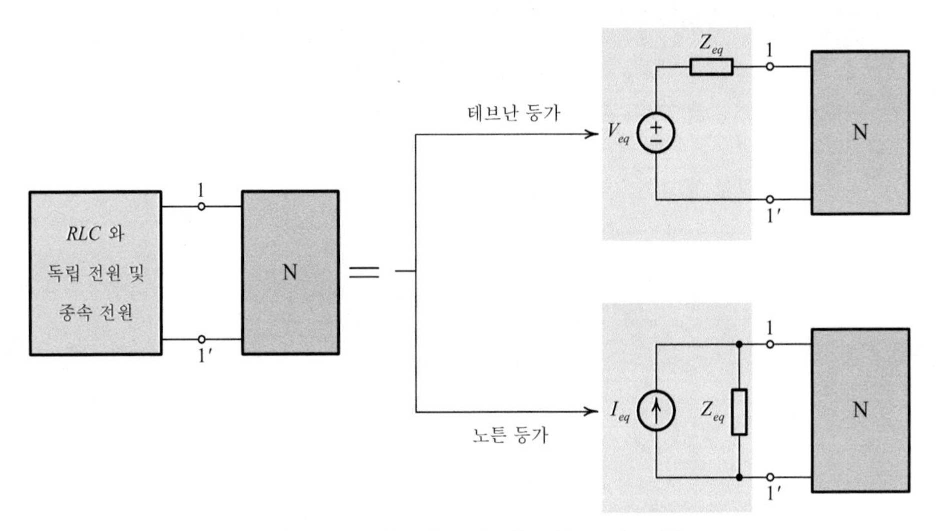

그림 10.21 테브난 등가 및 노튼 등가 표현.

앞장들에서 사용했던 테브난 또는 노튼 등가 표현들과 이 표현들과의 유일한 차이는 등가 표현을 종속 전원들을 포함한 회로에까지 적용할 수 있도록 일반화했다는 것이다.

테브난 또는 노튼 등가 회로는 두 단계의 절차로 구할 수 있다. 즉, 먼저 V_{eq} 또는 I_{eq}를 구한 다음, 별도의 계산으로 Z_{eq}를 구하는 것이다.

❖ V_{eq}를 구하려면,

1. 단자 1-1'를 개방하고, (단자들이 다른 회로에 연결되어 있지 않은 경우에는 이 과정이 필요치 않다.)
2. (1-1' 사이에 걸리는) 개방-회로 전압 V_{oc}를 구해야 한다. 이때 $V_{eq} = V_{oc}$ 이다.

❖ I_{eq}를 구하기 위해서는,

1. 단자 1-1'를 단락시키고,
2. 단락 전류 I_{sc}(1에서 1'로 흐르는)를 구해야 한다. 이때 $I_{eq} = I_{sc}$ 이다.

❖ Z_{eq}를 구하려면,

1. 우선 회로내의 모든 독립 전원들을 0으로 놓아야 한다. 만일 어떤 초기 조건들이 있으면, 그것들도 역시 0으로 놓아야 한다. 그러나, 종속 전원들은 0으로 놓지 않는다는 점에 유의하기 바란다. 따라서 회로는 (혼자서는 응답을 만들 수 없는) 종속 전원들이 있음에도 불구하고, 죽은 상태에 놓일 것이다.
2. 그 다음으로, 회로를 구동시키기 위해 단자들에 테스트(test) 전압 전원 V_x(또는 테스트 전류 전원 I_x)를 가한 다음, 그 결과로 생기는 단자 전류 I_x(또는 단자 전압 V_x)를 구해야 한다.
3. 등가 임피던스 Z_{eq}는 V_x / I_x 비를 구함으로써 얻어진다.

이 절차를 그림 10.22에 나타냈다. 종속 전원이 없는 간단한 회로에서는 직렬 및 병렬 결합 공식들을 사용하여 Z_{eq}를 구할 수도 있을 것이다.

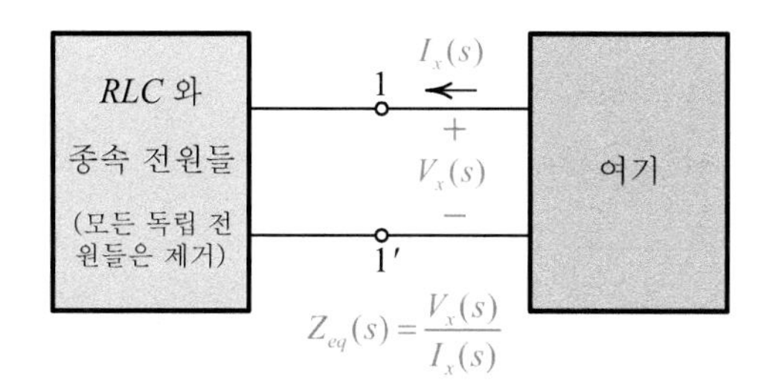

그림 10.22 등가 임피던스를 구하기 위한 회로 구성.

등가 회로를 얻기 위한 이러한 방법들은 새로운 것이 아니다. 즉, 우리는 이미 앞장들에서 이 방법들을 사용했었다. 여기서는 단지 회로 내에 종속 전원들을 포함시킴으로써 이 방법들을 일반화한 것일 뿐이다. 이제부터는 이 여러 가지 방법들이 어떻게 적용되는지를 알아보기 위해 많은 예제들을 다룰 것이다.

예제 10.7 그림 10.23에 보인 회로가 음(negative)의 임피던스를 생성한다는 것을 증명하라.

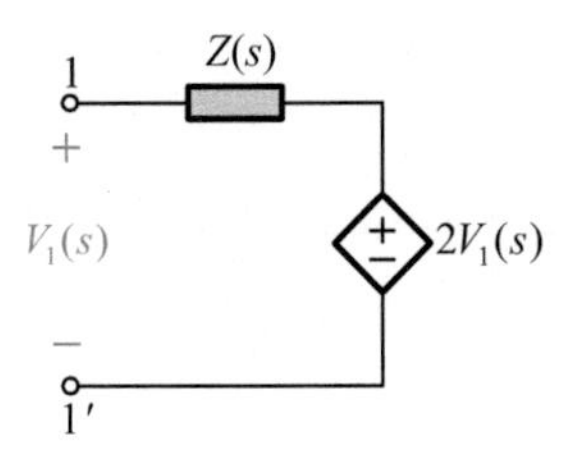

그림 10.23 예제 10.7을 위한 회로.

풀이 단자들에서 회로를 들여다보면, 임피던스 Z가 전압 전원 $2V_1$과 직렬로 연결되어 있다는 것을 알 수 있다. 언뜻 보기에 이 회로는 테브난 등가 회로와 같은 형태를 취하고 있으므로, 더 간략화될 수 없을 것처럼 보인다. 그러나 좀더 면밀히 고찰하면, $2V_1$의 전압 전원이 독립 전원이 아닌 것을 알 수 있다. 즉, 이 전압 전원은 V_1에 종속되어 있다. 따라서, 회로는 죽어 있고, 단지 하나의 임피던스 Z_{eq}로 표현될 수 있을 것이다. 달리 말하면, 테브난 등가 표현에서 $V_{eq} = 0$ 이다. Z_{eq}를 구하기 위해, 우리는 그림 10.24(a)에 보인 것처럼 입력 단자 1-1'에 임의의 전압 전원 V_1을 접속한 다음, 그 결과로 흐르는 전류 I_1을 구할 수 있을 것이다. 그리고, 전압-대-전류의 비를 구할 수 있을 것이다. 즉,

$$I_1 = \frac{V_1 - 2V_1}{Z} = -\frac{V_1}{Z}$$

$$Z_{eq} = \frac{V_1}{I_1} = -Z$$

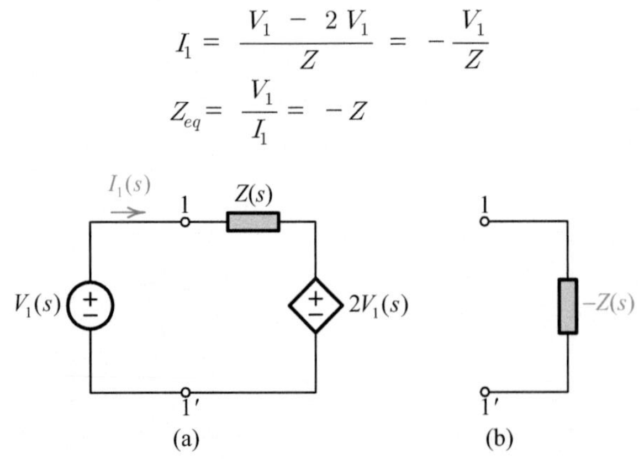

그림 10.24 (a) 그림 10.23에 전압 전원을 인가하여 Z_{eq}를 구하는 회로. (b) 구해진 Z_{eq}를 이용한 등가 표현.

라는 것을 알 수 있을 것이다. 따라서 우리는, 단자 특성에 관한 한, 본래의 회로와 그림 10.24(b)에 보인 회로를 구별할 수 없을 것이다. 만일 Z가 저항기 R을 나타낸다면, 단자 1-1'에서 우리는 $-R$을 볼 수 있을 것이다. 만일 Z가 커패시터 C를 나타낸다면, 단자 1-1'에서 우리는 $-C$를 볼 수 있을 것이다.

이 예제에서 보인 것처럼, 종속 전원을 사용하여 음의 임피던스를 생성할 수 있다는 점에 주목하기 바란다.

예제 10.8 그림 10.25에 보인 회로에 의해 임피던스가 역(inverse)으로 된다는 것을 증명하라.

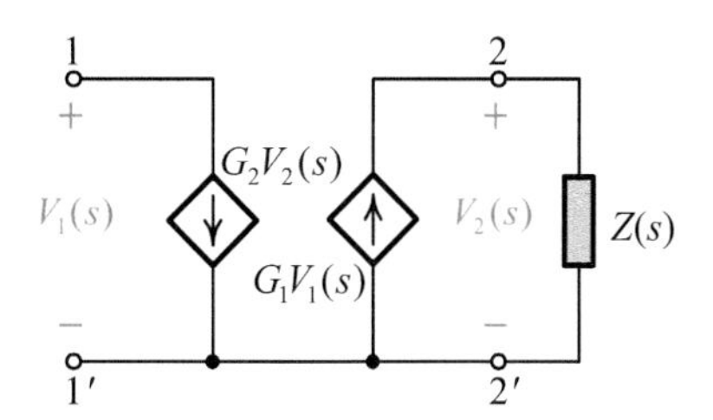

그림 10.25 예제 10.8을 위한 회로.

풀이 회로는 두 개의 전압-종속 전류 전원을 가지고 있다. 이들 중의 하나는 입력 전압 V_1에 종속되어 있고, 다른 하나는 임피던스 Z 양단의 전압 V_2에 종속되어 있다. G_1과 G_2는 컨덕턴스를 나타낸다. 회로 내에 독립 전원이 하나도 없으므로, 우리는 이 회로의 단자 특성을 하나의 등가 임피던스로 표현할 수 있을 것이다. 이 임피던스를 구하기 위해, 우리는 그림 10.26(a)에 보인 것처럼 임의의 전류 전원을 접속하여 회로를 구동시킬 수 있을 것이다.

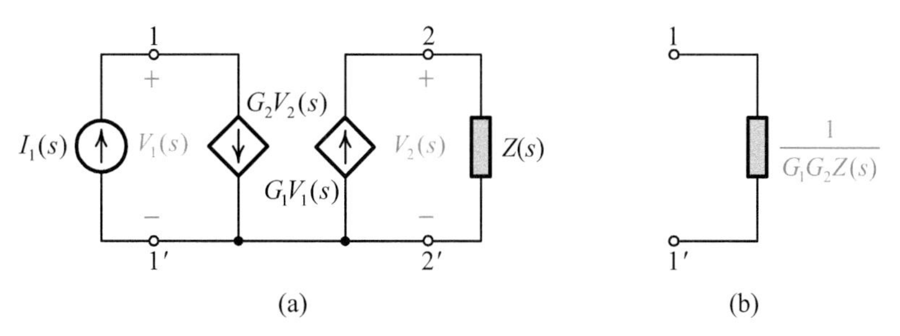

그림 10.26 (a) 그림 10.25에 전류 전원을 인가하여 Z_{eq}를 구하는 회로. (b) 구해진 Z_{eq}를 이용한 등가 표현.

회로의 고찰로부터 우리는

$$I_1 = G_2 V_2, \qquad V_2 = G_1 V_1 Z$$

이고, 이에 따라

$$I_1 = G_1 G_2 V_1 Z \qquad Z_{eq} = \frac{V_1}{I_1} = \frac{1}{G_1 G_2 Z}$$

이라는 것을 알 수 있다. 만일 $G_1 = G_2 = 1\,\mho$ 라고 가정한다면, 본래 회로의 출력 쪽에 접속된 임피던스 Z는 입력 쪽에서 볼 때 $1/Z$처럼 보일 것이다. 이러한 회로를 우리는 임피던스 인버터(impedance inverter)라고 부른다. 예를 들어, 만일 커패시터 $C(Z = 1/sC)$ 가 출력 측에 접속되어 있다면, 입력 쪽에서는 C-헨리 인덕터의 임피던스를 나타내는 $Z_{eq} = 1/Z = sC$가 보일 것이다.
이와 같이 종속 전원을 사용함으로써 임피던스를 역으로 만들 수도 있다는 점에 주목하기 바란다.

연습문제 10.5

그림 E10.5에 나타낸 회로에서 단자 B와 G 사이의 입력 저항을 구하라. 전압 전원 v_x는 테스트 전압 전원이고, 이 테스트 전압 전원에서 바라보이는 입력 저항 R_{in}은 $R_{in} \equiv v_x/i_x$ 로 정의된다.

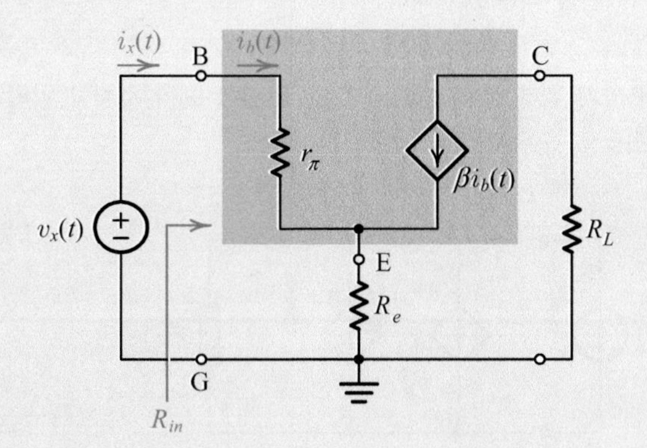

그림 E10.5 연습문제 10.5를 위한 회로.

답 $R_{in} = r_\pi + (1 + \beta) R_e$

그림 10.27을 참조하라.

(a) 전원에서 바라보이는 저항은 얼마인가? 즉, 단자 1-1'의 오른쪽 등가 저항은 얼마인가?

(b) 단자 2-2'의 왼쪽 회로를 테브난 등가 회로로 고쳐라.

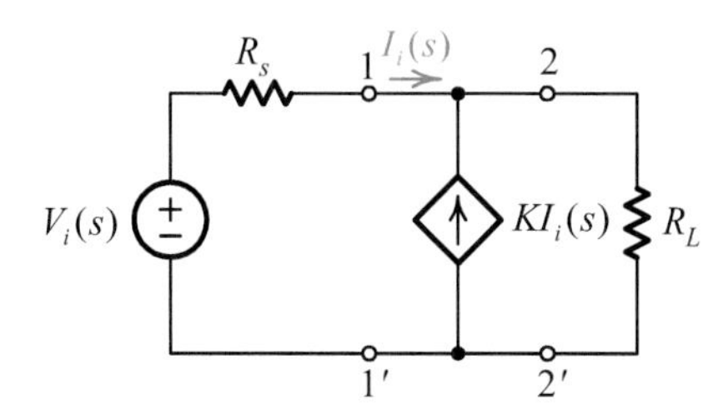

그림 10.27 예제 13.9를 위한 회로.

풀이 (a) 단자 1-1'의 오른쪽 회로에 어떤 독립 전원도 포함되어 있지 않으므로, 우리는 이 부분을 하나의 등가 저항으로 표현할 수 있을 것이다. 등가 저항 R_{eq}를 구하기 위해, 그림 10.28(a)에 보인 것처럼 단자 1-1' 사이의 전압을 V_i라고 가정하기로 하자. 그러면, 등가 저항 $R_{eq} = V_i/I_i$ 일 것이다. 그림 10.28(a)에서 KCL을 이용하면 다음 식이 얻어질 것이다.

$$I_i = -KI_i + \frac{V_i}{R_L}$$

따라서

$$R_{eq} = \frac{V_i}{I_i} = R_L(1 + K)$$

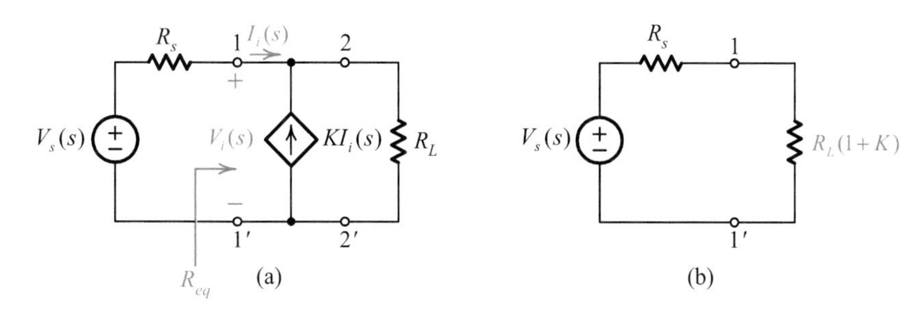

그림 10.28 (a) 그림 10.27의 R_{eq}를 구하기 위한 회로. (b) 구해진 R_{eq}로 대체된 회로.

이 식은 전원(단자 1-1')에서 오른쪽으로 바라봤을 때, 부하 저항보다 $(1 + K)$ 배 더 큰 등가 저항이 보인다는 것을 의미한다. 결과적으로, 우리는 그림

10.28(a)에서 단자 1-1'의 오른쪽 회로를 제거하고, 그 자리에 하나의 저항, 즉 $R_L(1 + K)$를 대신 놓을 수 있을 것이다. 이러한 상황을 그림 10.28(b)에 도식적으로 나타냈다. 이와 같이, 종속 전원을 이용하여 임피던스를 더 크게 만들 수 있다는 점에 주목하기 바란다.

(b) 테브난 등가 회로는 하나의 등가 전압 전원과 이에 직렬로 연결된 하나의 등가 저항으로 구성된다. 등가 전압 V_{eq}를 구하려면, 10.29(a)에 보인 것처럼 단자 2-2'를 개방하고, 개방 회로 전압 V_{oc}를 구해야 할 것이다. 이 회로에 KVL을 적용하면,

$$V_s = R_s I_i + V_{oc}$$

를 얻을 것이고, 위의 마디에서 KCL을 적용하면,

$$I_i + KI_i = 0$$

를 얻을 것이다. 따라서 I_i는 0이고, $V_{oc} = V_s$ 이다.

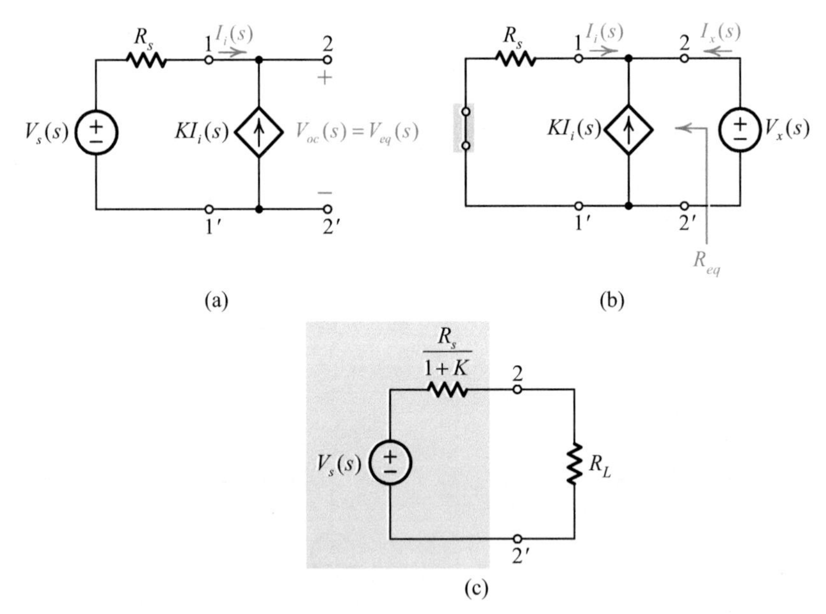

그림 10.29 그림 10.27에서 단자 2-2'의 왼쪽 회로의 테브난 등가 회로를 구하는 과정: (a) V_{oc}를 구하기 위한 회로, (b) R_{eq}를 구하기 위한 회로, (c) 구해진 테브난 등가 회로로 대체된 회로.

다음으로, 단자 2-2'에서 왼쪽으로 바라보이는 등가 저항 R_{eq}를 구하려면, 그림 10.29(b)에 보인 것처럼, 독립 전원 V_s를 제거하고, 단자 2-2' 사이에 테스트 전압 전원 V_x를 접속해야 한다. 그리고 V_x / I_x 비를 구해야 한다. 회로로부터

우리는

$$I_x = -(1 + K)I_i, \qquad I_i = -\frac{V_x}{R_s}$$

라는 것을 알 수 있다. 이 두 식을 결합시키면,

$$R_{eq} = \frac{V_x}{I_x} = \frac{R_s}{1 + K}$$

를 얻을 것이다.

테브난 등가 표현을 그림 10.29(c)에 도식적으로 나타냈다. 만일 우리가 $V_s = 0$으로 놓고, 단자 2-2'에서 왼쪽으로 들여다본다면, 전원 저항을 $(1+K)$로 나눈 값의 등가 저항, 즉 $R_s/(1 + K)$의 등가 저항이 보일 것이다. 이와 같이, 종속 전원을 이용하여 임피던스를 더 작게 만들 수 있다는 점에 주목하기 바란다.

연습문제 10.6

그림 E10.6(a)의 회로를 그림 E10.6(b)에 보인 테브난 등가 회로로 고치려고 한다. 테브난 등가 전압 V_{eq}와 테브난 등가 저항 R_{eq}를 구하라.

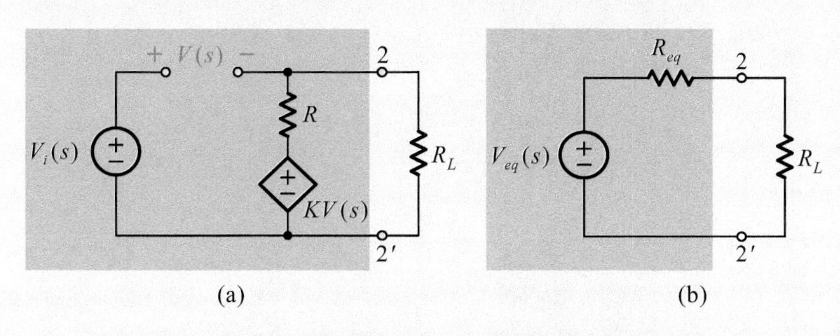

그림 E10.6 연습문제 10.6을 위한 회로.

답 $V_{eq} = \dfrac{K}{1 + K}V_i$, $R_{eq} = \dfrac{R}{1 + K}$

연습문제 10.7

그림 E10.7(a)의 회로를 그림 E10.7(b)에 보인 노튼 등가 회로로 고치려고 한다. 노튼 등가 전류 I_{eq}와 노튼 등가 저항 R_{eq}를 구하라.

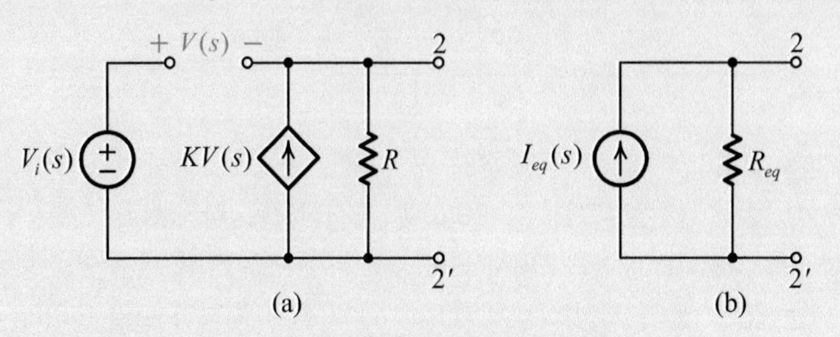

그림 E10.7 연습문제 10.7을 위한 회로.

답 $I_{eq} = KV_i$, $R_{eq} = \dfrac{R}{1 + KR}$

예제 10.10 그림 10.30(a)에서 $t = 0$일 때 직류 전압이 회로에 가해진다. K라고 표시된 소자의 모델은 그림 10.30(b)에 주어진 바와 같다. (이 소자는 하나의 연산 증폭기와 두 개의 저항기로 구현할 수 있다.) 출력 전압을 구하라. 그리고 K를 적절히 조정하면 출력이 사인파가 된다는 것을 증명하라.

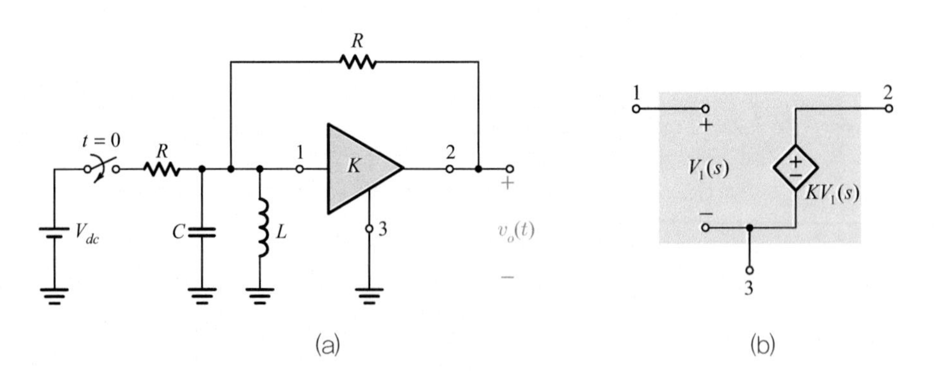

그림 10.30 예제 10.10을 위한 회로.

풀이 그림 10.30(a)의 회로에서 소자를 그것의 모델로 대체하여 다시 그린 것이 그림 10.31(a)의 회로이다. 이 회로는, 그림 10.31(b)에 보인 것처럼, 두 개의 저항기-전원 결합 회로를 그들의 노튼 등가 회로로 대체함으로써 간략화될 수 있을 것이다. 그런 다음에, 우리는 두 저항기와 두 전류 전원을 결합할 수 있을 것이고, 그 결과로 그림 10.31(a)의 회로를 그림 10.31(c)에 보인 것처럼 LC 회로를 구동하는 하나의 노튼 등가 회로로 나타낼 수 있을 것이다. (여기서 입력 전압을 주파수 영역의 식으로 변환하기 위해 V_{dc}를 s로 나누었다는 점에 유의하기 바란다.)

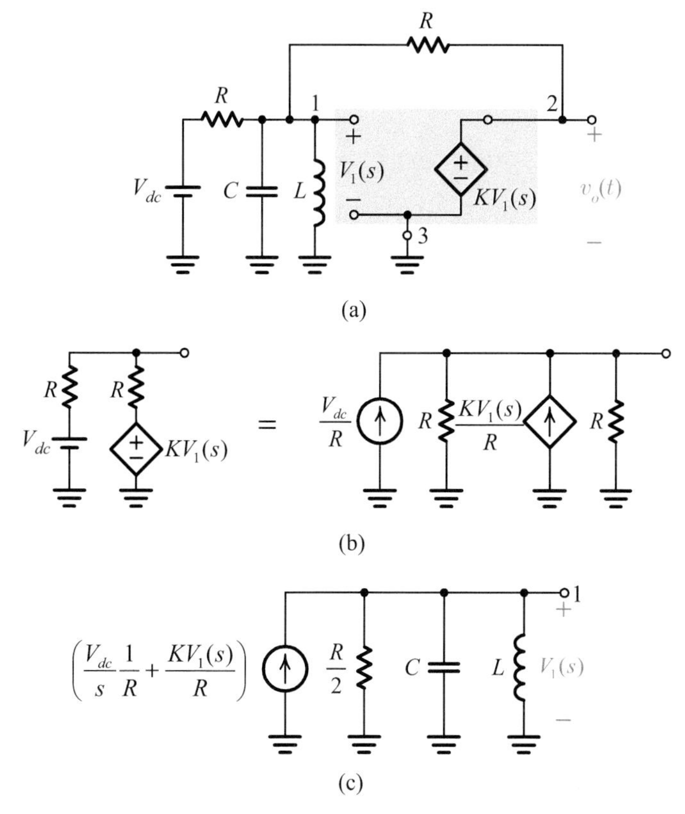

그림 10.31 (a) 그림 10.30(a)의 회로에서 소자를 모델로 대체한 회로, (b) 노튼 등가 회로로 대체할 수 있는 부분, (c) 간략화된 회로.

이제 우리는 입력 전류를 회로의 임피던스에 곱함으로써 $V_1(s)$를 구할 수 있을 것이다.

$$V_1 = \left(\frac{V_{dc}}{s}\frac{1}{R} + K\frac{V_1}{R}\right)\left[\frac{1}{2/R + sC + 1/sL}\right]$$

$$= \left(\frac{V_{dc}}{s} + KV_1\right)\left[\frac{(1/RC)s}{s^2 + s(2/RC) + 1/LC)}\right]$$

$$V_1\left[s^2 + s(2 - K)\frac{1}{RC} + \frac{1}{LC}\right] = \frac{V_{dc}}{RC}$$

$$V_1 = \frac{V_{dc}/RC}{s^2 + s(2 - K)/RC + 1/LC}$$

따라서

$$V_o = KV_1 = \frac{K(V_{dc}/RC)}{s^2 + s(2 - K)/RC + 1/LC}$$

이다. 출력이 사인파가 되려면 분모 다항식의 s 항의 계수가 반드시 0이 되어야 할 것이다. 따라서 우리는 K를 2로 조정해야 한다. 이때, 출력 전압은

$$V_o = \frac{(2/RC)V_{dc}}{s^2 + (1/LC)} = 2V_{dc}\frac{1}{R}\sqrt{\frac{L}{C}}\left(\frac{1/\sqrt{LC}}{s^2 + 1/LC}\right)$$

$$v_o(t) = 2V_{dc}\frac{1}{R}\sqrt{\frac{L}{C}}\sin\frac{1}{\sqrt{LC}}t$$

가 될 것이다.

요 약

- ✔ 변압기는 전압과 전류를 변성시킨다. 따라서, 변압기는 임피던스도 변환시킨다. $1:n$ 변압기에서 출력에 접속된 Z 임피던스는 입력 측에서는 Z/n^2처럼 보인다. 만약 $n>1$이라면 임피던스는 작아지고, $n<1$ 이라면 임피던스는 커진다. 이러한 특성 때문에, 변압기를 전원 임피던스와 부하 임피던스를 정합시키는 데 사용하면 출력 전압 또는 전력 전달을 극대화할 수 있다.

- ✔ 독립 전원은 그 자체에 의해 결정되는 전압 또는 전류를 임의의 회로에 부과하는데 반해, 종속 전원은 회로 내의 다른 전압 또는 전류에 의해 제어된다. 종속 전원만으로는 어떤 응답도 만들어 내지 못한다. 그러나, 종속 전원을 독립 전원과 함께 사용하면, RCL 회로만으로는 실현할 수 없는 여러 가지 응답들을 얻을 수 있다.

- ✔ 응답을 계산할 때, 종속 전원은 독립 전원처럼 취급될 수 있다. 중첩의 원리, 테브난 및 노튼 등가 표현은 독립 전원뿐만 아니라 종속 전원에도 적용된다. 응답을 종속 전원(또는 종속 변수)의 식으로 나타내어도 틀리지는 않지만, 그 답은 응답의 진정한 특질을 반영하지 못한다. 왜냐하면, 종속 전원(또는 종속 변수) 그 자체가 회로내의 독립 전원들의 식으로 표현될 수 있기 때문이다.

- ✔ R, L, C, 그리고 종속 전원들로 구성된 회로를 한 쌍의 단자를 통해 들여다보면, 하나의 등가 임피던스가 보일 것이다. 이 임피던스는 그 단자들에서 V/I 비를 구함으로써 얻어진다. 만일 그 회로에 하나 또는 그 이상의 독립 전원들이 포함되어 있다면, 등가 임피던스에 직렬로 등가 전압 전원을 첨가하거나 그렇지 않으면 등가 임피던스에 병렬로 등가 전류 전원을 첨가함으로써, 그 회로의 단자 특성을 완전하게 표현할 수 있을 것이다. 여기서, 등가 전압 전원은 개방된 단자들에 걸리는 전압이고, 등가 전류 전원은 단락된 단자들을 통해 흐르는 전류이다.

문 제 Question

10.1 이상적인 변압기

10.1 그림 P10.1의 회로에서 변압기는 이상적이다. 이 변압기에 상응하는 등가 회로를 그려라.

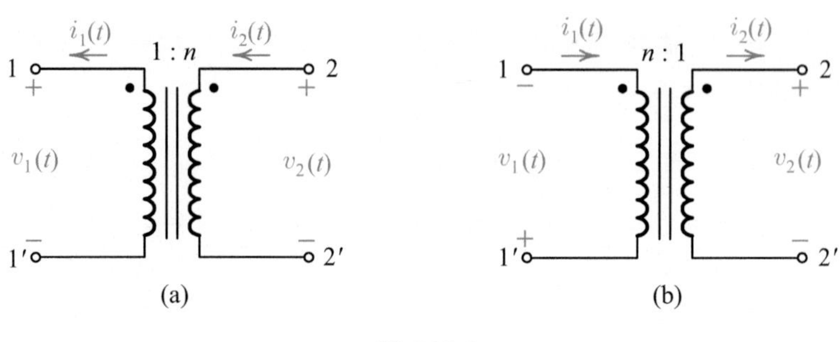

그림 P10.1

10.2 그림 P10.2에서 변압기는 이상적이다. $v_1(t)$ 와 $v_2(t)$ 를 구하라.

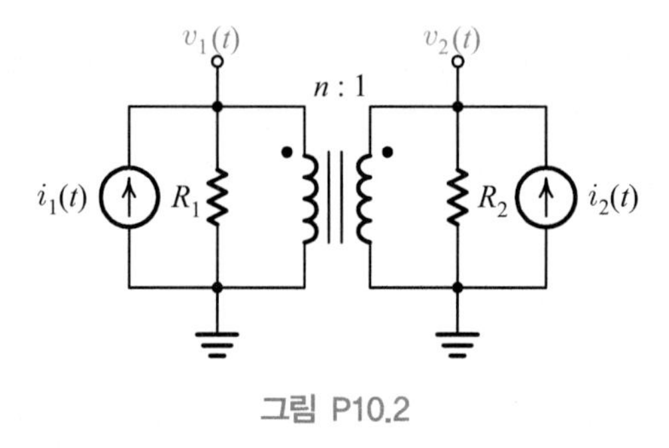

그림 P10.2

10.3 그림 P10.3에서 변압기는 이상적이다. $i_1(t)$ 와 $i_2(t)$ 를 구하라.

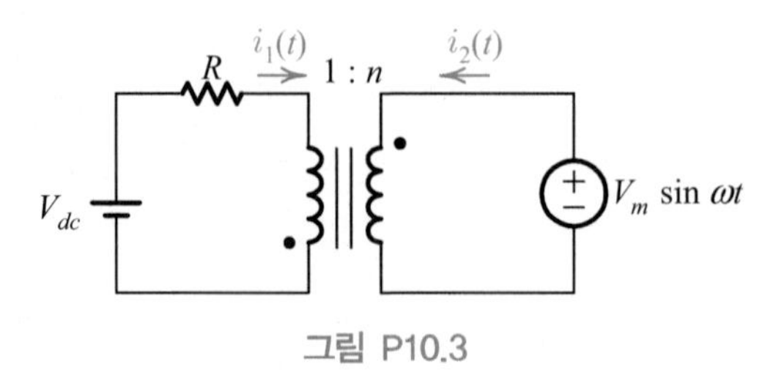

그림 P10.3

10.4 그림 P10.4를 참조하여 다음 물음에 답하라.

(a) 출력 단자에 나타나는 개방-회로 전압을 구하라.

(b) $V_1(s) = 0$ 일 때, 출력 단자에서 바라다본 임피던스는 얼마인가?

(c) 테브난 등가 회로를 구하라.

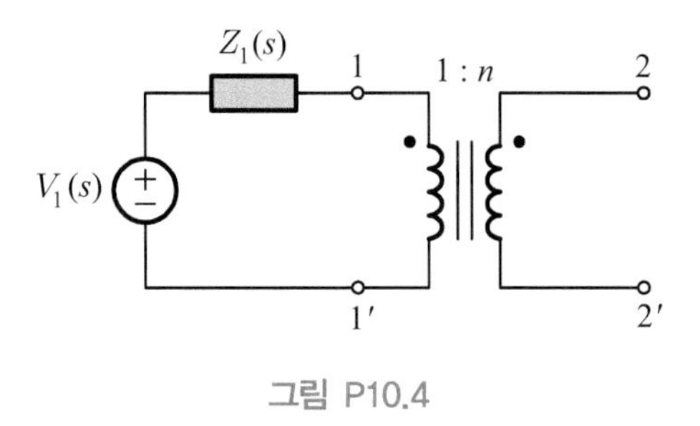

그림 P10.4

10.5 그림 P10.5에서 $v_1(t)$ 와 $v_2(t)$ 를 구하라. 단, 변압기는 이상적이다.

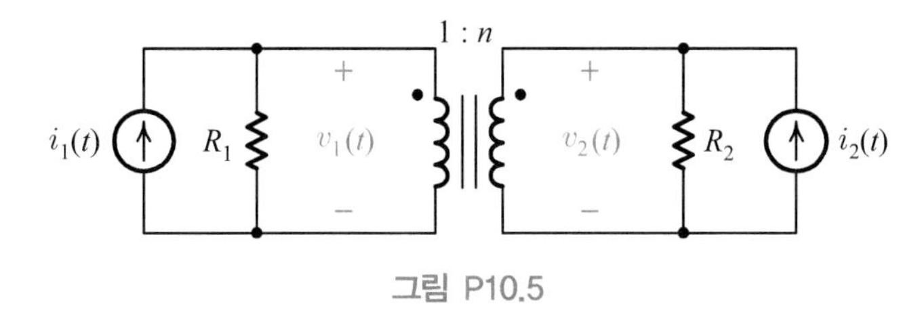

그림 P10.5

10.2 이상적인 변압기를 이용한 임피던스 변환

10.6 그림 P10.6에 보인 회로의 입력 임피던스를 구하라.

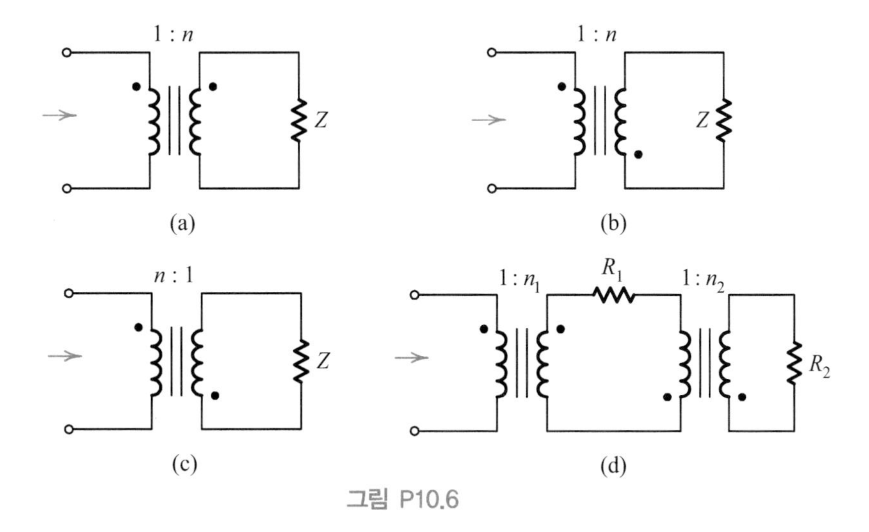

그림 P10.6

10.7 그림 P10.7에서 $v_1(t)$, $v_2(t)$ 그리고 $v_3(t)$를 구하라.

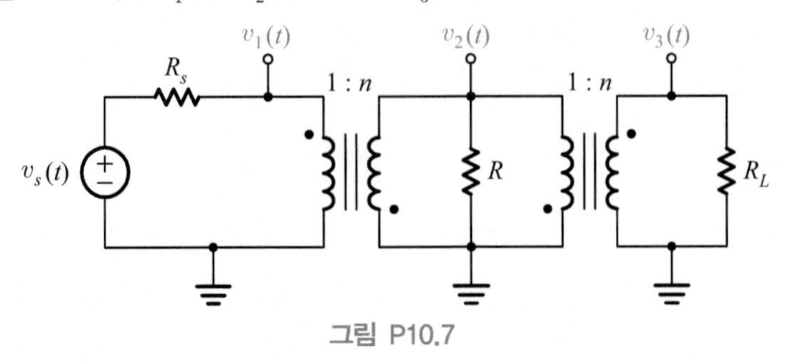

그림 P10.7

10.8 그림 P10.8에서 R_1, R_2 그리고 R_3는 고정된 값을 갖고 있다. 권선비가 얼마일 때 출력 전압이 최대가 되겠는가?

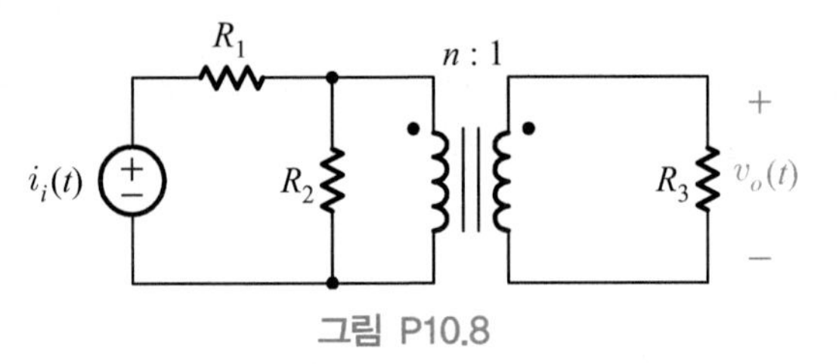

그림 P10.8

10.9 그림 P10.9에서 $v_i(t) = V_m \sin\omega t$ 이다. 우리는 이 회로의 정상-상태 출력을 $v_o(t) = V_{mo}\sin(\omega t + \theta)$ 로 쓸 수 있을 것이다.

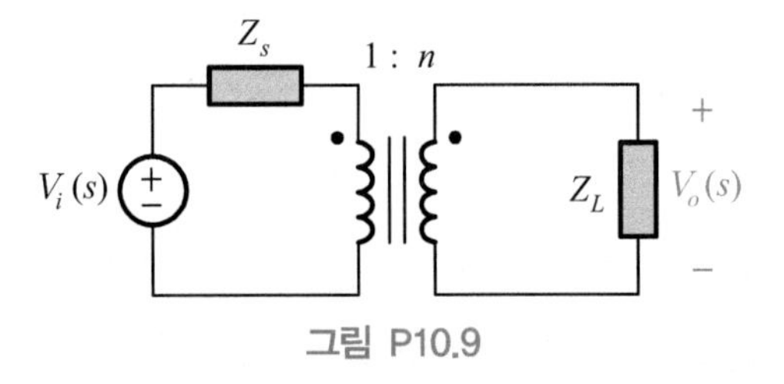

그림 P10.9

(a) V_{mo}를 다음과 같이 나타낼 수 있다는 것을 보여라.

$$V_{mo} = V_m \frac{n\,|Z_L|}{\sqrt{|Z_L|^2 + 2n^2(R_s R_L + X_s X_L) + n^4 |Z_s|^2}}$$

여기서, $Z_s = R_s + jX_s$, $Z_L = R_L + jX_L$ 이다.

(b) Z_s와 Z_L은 고정된 값을 갖고 있다.

$$n = \sqrt{\frac{|Z_L|}{|Z_s|}}$$

일 때, V_{mo}가 최대가 된다는 것을 보여라.

10.3 변압기에서의 전력 관계

10.10 어떤 전력 증폭기가 144Ω 의 내부 저항과 $60\sin\omega t$ 의 개방-회로 전압을 갖고 있다.

(a) 이 증폭기로부터 얻을 수 있는 최대 평균 전력은 얼마인가?

(b) 어떻게 하면 이 전력을 16Ω 의 스피커에 전달할 수 있을까?

(c) 스피커 단자 사이에 걸리는 전압은 얼마인가?

10.4 종속 전원

10.11 그림 P10.11에서 1-1'에 걸리는 전압이 검출되어 전압 전원 K_1V 로 변환된다. 그리고, 이 전압 전원은 그림에 보인 것처럼 회로로 귀환된다. 출력 전압을 구하라.

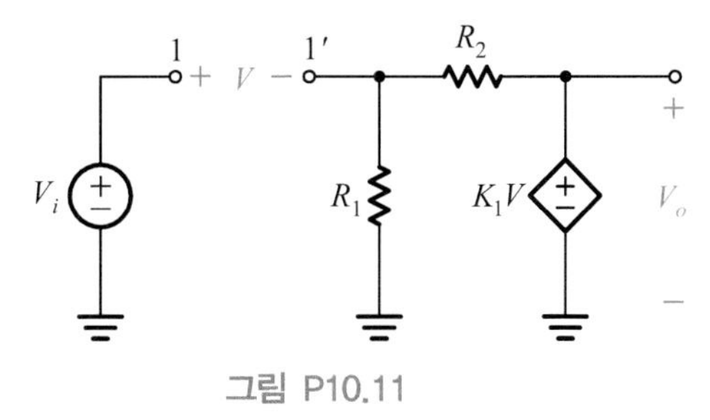

그림 P10.11

10.12 그림 P10.12에서 커패시터 양단의 전압이 검출되어 전류 전원 K_2V_c 로 변환된다. 그리고, 이 전류 전원은 그림에 보인 것처럼 회로로 귀환된다. 커패시터에 흐르는 전류를 구하라.

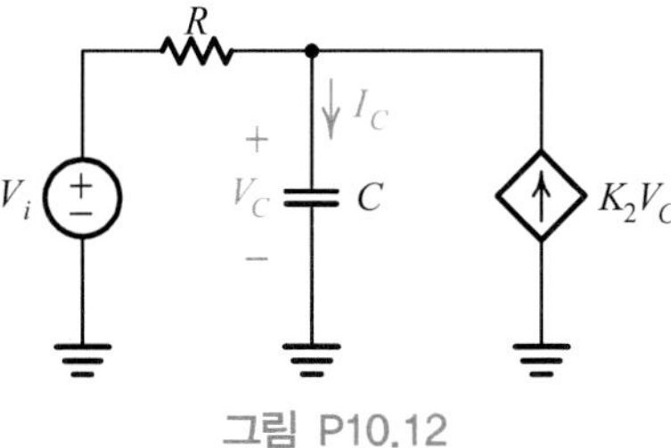

그림 P10.12

10.13 그림 P10.13에서 독립 전압 전원에 흐르는 전류가 검출되어 전압 전원 K_3I_1 으로 변환된다. 그리고, 이 전압 전원은 그림에 보인 것처럼 회로로 귀환된다. 인덕터에 걸리는 전압을 구하라.

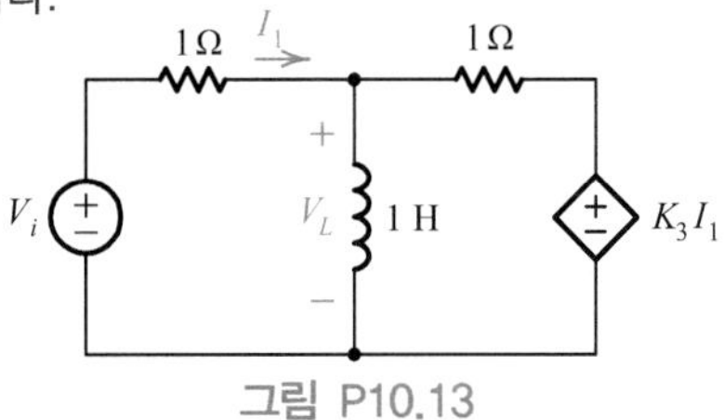

그림 P10.13

10.14 그림 P10.14에서 저항기에 흐르는 전류가 검출되어 전류 전원 $K_4 I_R$로 변환된다. 그리고, 이 전류 전원은 그림에 보인 것처럼 회로로 귀환된다. 저항기에 흐르는 전류를 구하라.

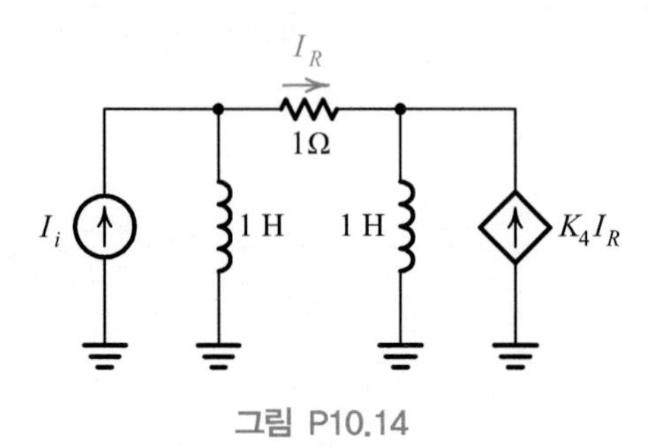

그림 P10.14

10.15 그림 P10.15에서 하나의 독립 전원과 두 개의 종속 전원이 회로를 여기시킨다. V_o를 구하라.

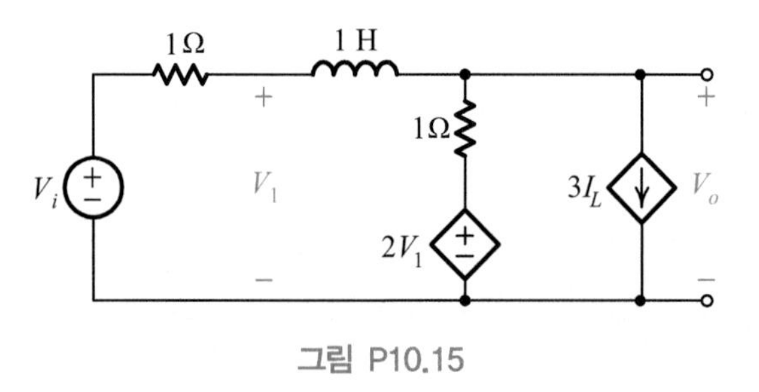

그림 P10.15

10.16 그림 P10.16에서 회로를 전류 전원으로 구동시켜 입력 임피던스를 구하라.

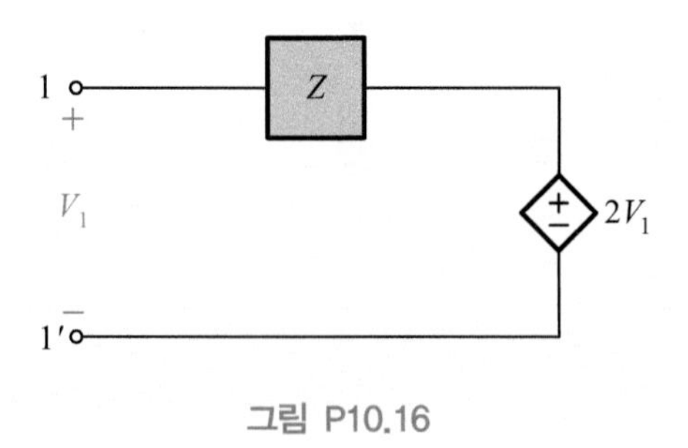

그림 P10.16

10.6 테브난 등가 회로와 노튼 등가 회로

10.17 그림 P10.17과 같이 회로를 배치함으로써 음의 임피던스를 만들 수 있다는 것을 보여라.

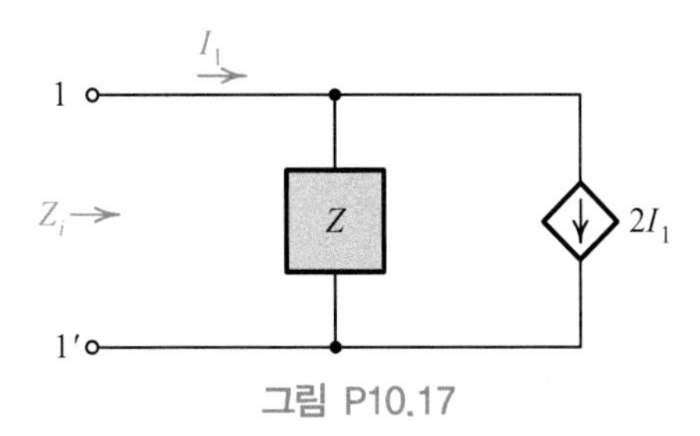

그림 P10.17

10.18 그림 P10.18에 보인 회로의 입력 임피던스는 무엇인가?

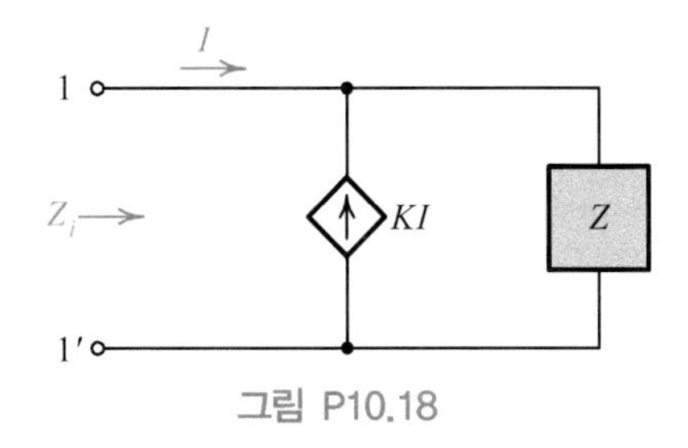

그림 P10.18

10.19 (a) 그림 P10.19의 회로를 전압 전원으로 구동시켜라. 그리고, 회로의 입력 임피던스를 구하라.

(b) 만일 Z가 $1\mu F$ 커패시터의 임피던스를 나타내고 $K_1 = K_2 = 10^{-3}$이라면, 입력 임피던스 Z_i는 무엇을 나타내는가?

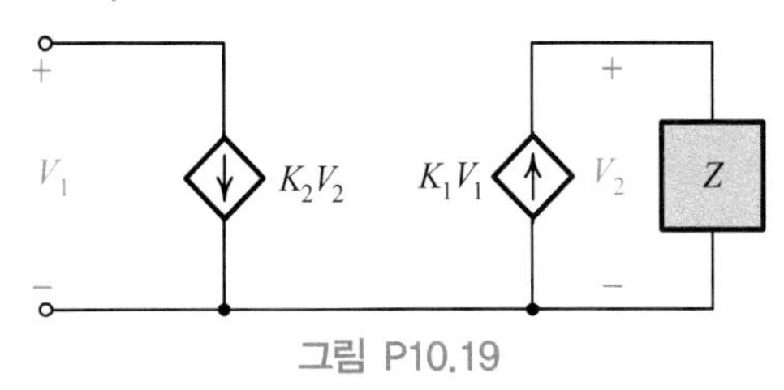

그림 P10.19

10.20 그림 P10.20에 보인 회로의 입력 임피던스를 구하라.

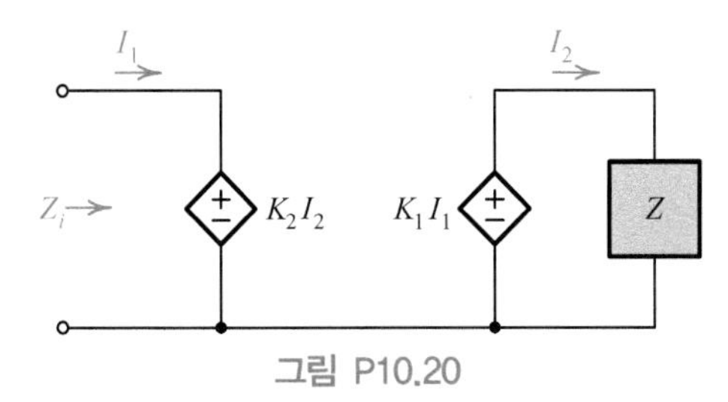

그림 P10.20

10.21 그림 P10.21에 보인 회로와 똑같은 단자 특성을 갖는 전기 소자는 무엇인가?

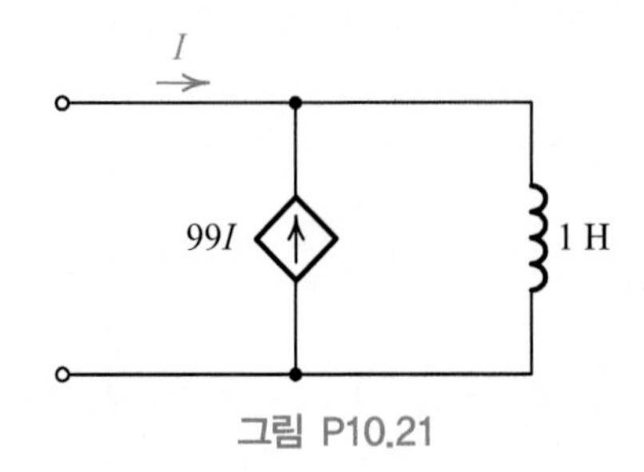

그림 P10.21

10.22 그림 P10.22에 보인 회로들은 종속 전원을 제거함으로써 간략화될 수 있다. 그 결과의 회로들을 구하라.

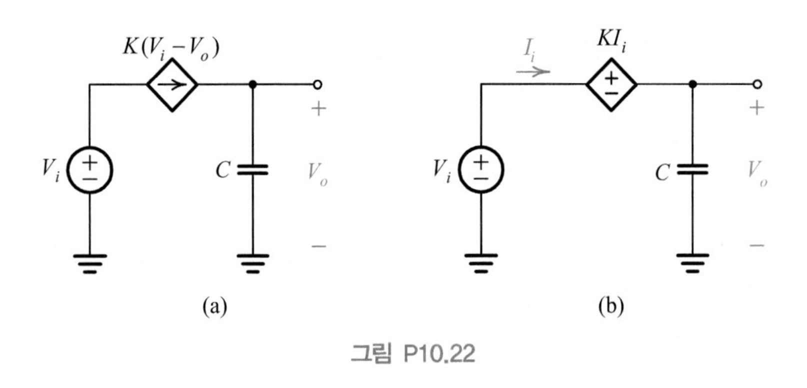

그림 P10.22

10.23 그림 P10.23에 보인 회로와 똑같은 입력 특성을 갖는 회로를 구하라.

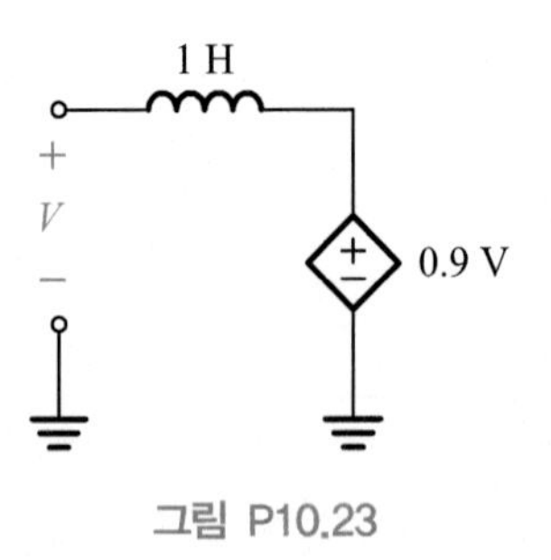

그림 P10.23

10.24 그림 P10.24에 보인 회로의 입력 임피던스를 구하라.

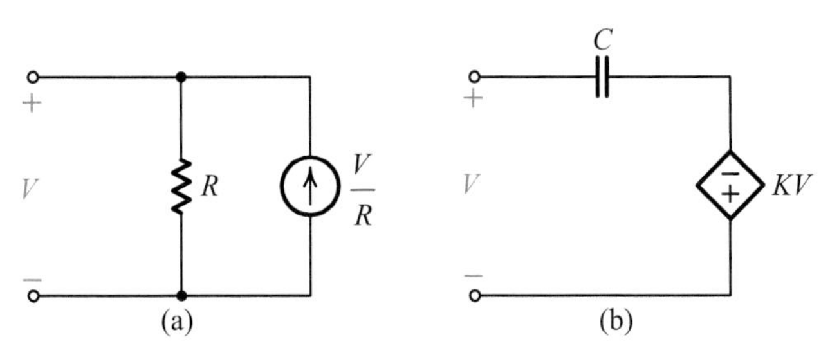

그림 P10.24

10.25 그림 P10.25를 참조하라.

(a) 스위치는 1에 있다. v_{oc}를 구하라.

(b) 스위치는 2에 있다. i_{sc}를 구하라.

(c) 화살표 왼쪽으로 바라보이는 노튼 등가 회로를 구하라.

(d) 전원 v_i 에서 오른쪽으로 바라다봤을 때, 무엇이 보이겠는가?

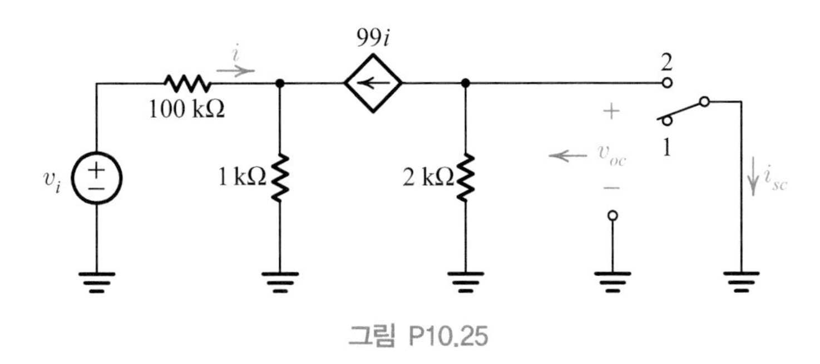

그림 P10.25

10.26 그림 P10.26을 참조하라.

(a) 전원 v_i 에서 오른쪽으로 바라보이는 테브난 등가 회로를 구하라.

(b) 전원 i_i 에서 왼쪽으로 바라보이는 노튼 등가 회로를 구하라.

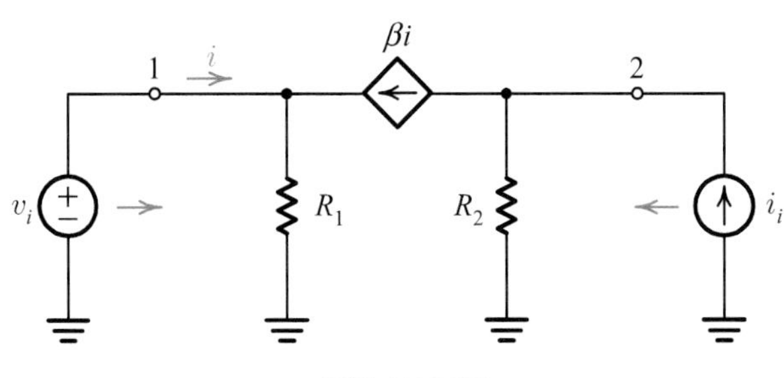

그림 P10.26

10.27 그림 P10.27을 참조하라.

(a) 전원 v_i 에서 오른쪽으로 바라다봤을 때, 무엇이 보이겠는가?

(b) 부하 R_L에서 왼쪽으로 바라다봤을 때, 무엇이 보이겠는가?

(c) 이득 v_o/v_i 를 구하라.

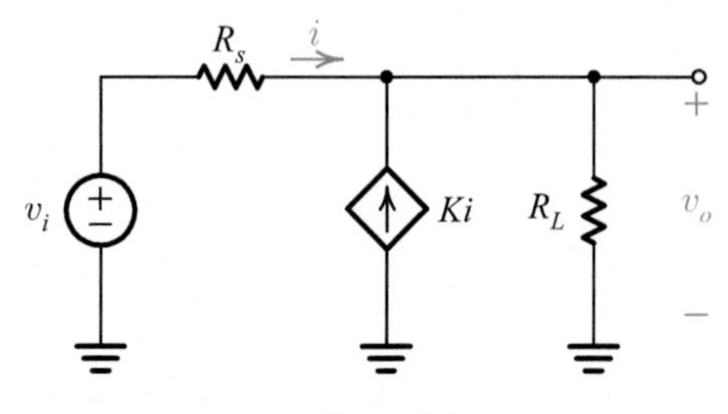

그림 P10.27

10.28 그림 P10.28을 참조하라.

(a) 스위치는 2에 있다. v_{oc}를 구하라.

(b) 스위치는 1에 있다. i_{sc}를 구하라.

(c) 화살표 왼쪽으로 바라보이는 테브난 및 노튼 등가 회로를 구하라.

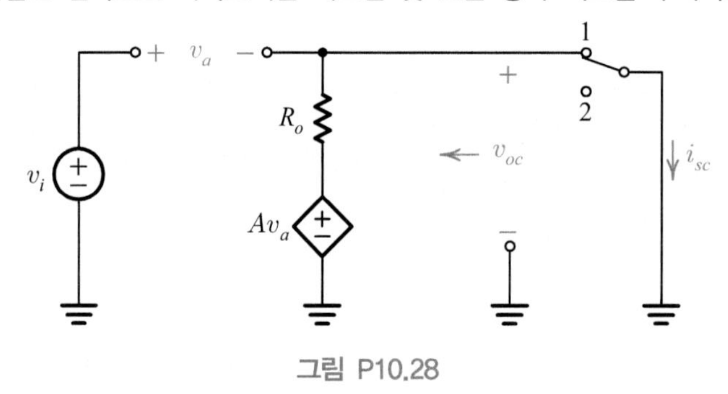

그림 P10.28

10.29 그림 P10.29를 참조하라.

(a) 출력 단자는 개방되어 있다. v_{oc}를 구하라.

(b) 출력 단자는 단락되어 있다. i_{sc}를 구하라.

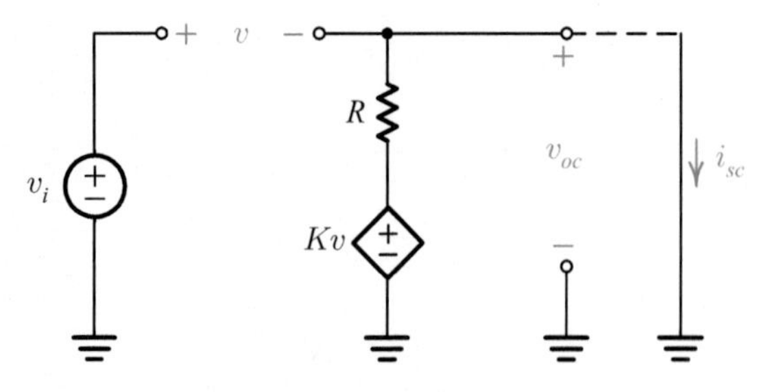

그림 P10.29

10.30 그림 P10.30에서 입력 등가 회로를 구하라.

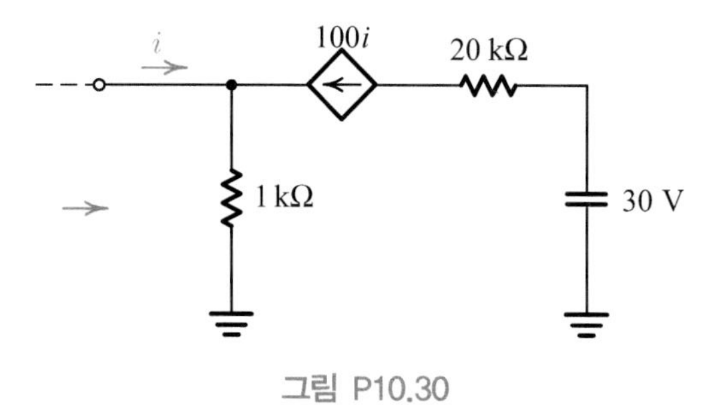

그림 P10.30

10.31 그림 P10.31을 참조하라.

(a) v_o를 v_i의 함수로 나타내어라.

(b) (a)에서 구한 결과를 이용하여, 부하 R_L에서 왼쪽으로 바라보이는 테브난 등가 회로를 구하라.

(c) 전원 v_i에서 오른쪽으로 바라다봤을 때, 무엇이 보이겠는가?

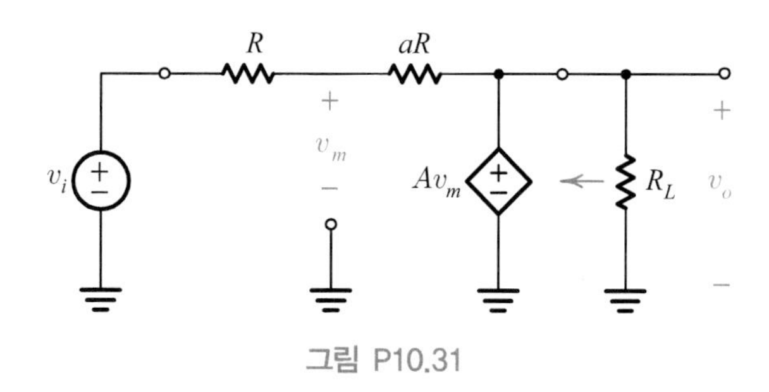

그림 P10.31

10.32 그림 P10.32에서 A를 무한히 크게 했을 때 v와 v_o를 구하라.

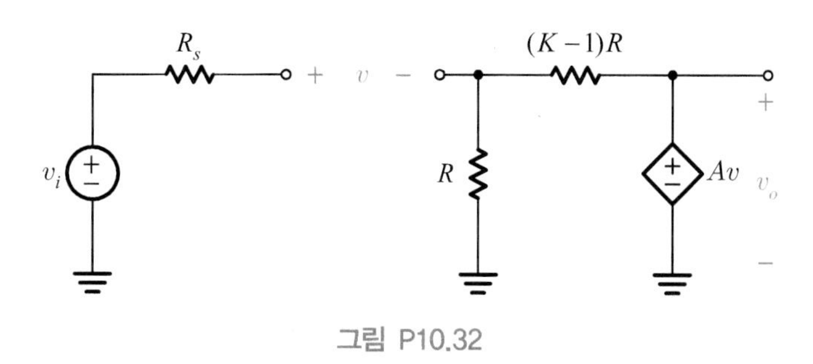

그림 P10.32

CHAPTER 11

페이저와 교류 전력

서론

8장에서 우리는 회로에 인가된 사인파의 응답을 구하기 위해 라플라스 변환법을 이용했었다. 라플라스 변환법을 이용하면, 사인파의 강제 응답과 고유(정상-상태) 응답 모두를 구할 수 있다. 만일 사인파의 정상-상태 응답만을 구하고 싶을 경우에는, 라플라스 변환법 대신에 사인파의 벡터(vector) 표현을 이용할 수 있다. 이 벡터 표현은 찰스 스타인메츠(Charles Steinmetz)가 1893년에 제안한 것으로 교류 회로 해석에 유용한 도구로 사용되어 왔다. 1950년에 이 벡터 표현은 전기장(electromagnetic field)을 기술하는데 사용되는 공간 벡터(space vector)와 혼동되는 것을 피하기 위해 **페이저**(phasor)라고 불리게 되었다.

페이저는 교류 회로에서 전력 계산을 하는데 편리하게 이용될 수 있다. 이 장의 후반부에서는 교류 회로에서의 전력 관계를 공부한다. 임의의 교류 회로에 전달되는 순시 전력과 평균 전력을 살펴보고, 최대 전력 전달에 대해서 논의한다. 끝으로, 저항기에서 소비되는 실효 전력을 고찰한다.

11.1 페이저

8.2절에서 공부했듯이, 사인파로 구동된 회로가 정상 상태에 있을 때, 그것의 입력과 출력은

$$\begin{aligned}&\text{입력 : } A\sin(\omega t + \theta)\\&\text{출력 : } A\,|\,T(j\omega)\,|\sin(\omega t + \theta + \theta_T)\end{aligned} \tag{11.1}$$

로 주어진다. 한편, 만일 입력이 코사인파일 경우에는,

$$\begin{aligned}&\text{입력 : } A\cos(\omega t + \theta)\\&\text{출력 : } A\,|\,T(j\omega)\,|\cos(\omega t + \theta + \theta_T)\end{aligned} \tag{11.2}$$

로 주어진다.

이들 식에서 우리는 입력과 출력의 주파수가 같다는 것과, 입력과 출력이 사인 함수 또는 코사인 함수 둘 중의 하나로 쓰여진다는 것을 볼 수 있다. 따라서 우리는 사인 함수(또는 코사인 함수)의 주파수 또는 본질은 시스템에 의해 변경되지 않는다는 것을 알 수 있는데, 이는 우리가 회로 응답을 계산할 때 이 정보(즉, 주파수)를 끌고 다닐 필요가 없다는 것을 의미한다. 그러나, 사인 함수의 진폭과 위상은 시스템에 의해 변경되므로, 우리는 이들의 변화를 반드시 구해내야 한다. 이들의 변화는 다음과 같이 입력과 출력을 비교함으로써 구할 수 있을 것이다. $\sin\phi = \mathrm{Im}\{e^{j\phi}\}$이므로, 우리는 식 (11.1)을 다음과 같이 쓸 수 있을 것이다.

$$i(t) = \mathrm{Im}\{Ae^{j(\omega t + \theta)}\}, \qquad o(t) = \mathrm{Im}\{A|T(j\omega)|e^{j(\omega t+\theta+\theta_T)}\}$$

여기서 $i(t)$는 입력을 나타내고(전류와 혼동하지 않도록 주의하기 바란다.), $o(t)$는 출력을 나타낸다. 우리는 이 식들을 다음과 같이 다시 정리할 수 있을 것이다.

$$i(t) = \mathrm{Im}\{(Ae^{j\theta})e^{j\omega t}\}, \qquad o(t) = \mathrm{Im}\{(Ae^{j\theta})[T(j\omega)]e^{j\omega t}\}$$

여기서 $T(j\omega) = |\,T(j\omega)\,|\,e^{j\theta_T}$ 이다.

만일 우리가

$$i(t) = \mathrm{Im}\{\,\mathbf{I}\,e^{j\omega t}\}, \qquad o(t) = \mathrm{Im}\{\mathbf{O}\,e^{j\omega t}\} \tag{11.3}$$

로 쓴다면, 입력과 출력을 유사한 형태로 나타낼 수 있을 것이다. 여기서

$$\mathbf{I} = Ae^{j\theta}, \qquad \mathbf{O} = (Ae^{j\theta})\,T(j\omega) \tag{11.4}$$

이다.

만약 우리가 입력을 사인파가 아니라 코사인파로 나타냈다면, 식 (11.3)은 허수 부분이 아니라 실수 부분의 항으로 나타났을 것이다. 그렇지만, 식 (11.4)는 여전히 동일할 것이다. 식 (11.4)로부터 우리는

$$\mathbf{O} = \mathbf{I}\,T(j\omega) \tag{11.5}$$

라는 것을 알 수 있는데, 이는 우리에게 친숙한 식, 즉

$$\text{출력} = \text{입력} \times \text{전달 함수}$$

이다.

식 (11.5)에서 입력과 출력은 진폭과 위상 정보만을 지니는 복소 함수이다. 이 점을 강조하기 위해, 우리는 입력과 출력을 다음과 같이 쓰기도 한다.

$$\mathbf{I} = \underbrace{A}_{\substack{\text{입력}\\\text{진폭}}} \times \underbrace{e^{j\theta}}_{\substack{\text{입력}\\\text{위상}}} \tag{11.6}$$

$$\mathbf{O} = (Ae^{j\theta})\,T(j\omega) = (Ae^{j\theta})\,[|T(j\omega)|e^{j\theta_T}] = \underbrace{A|T(j\omega)|}_{\substack{\text{출력}\\\text{진폭}}} \times \underbrace{e^{j(\theta+\theta_T)}}_{\substack{\text{출력}\\\text{위상}}} \tag{11.7}$$

일단 진폭과 위상 정보를 알면, 우리는 입력과 출력에 대한 시간-영역 파형을 다음과 같이 쓸 수 있다.

$$\text{진폭} \times \sin(\omega t + \text{위상})$$

또는

$$\text{진폭} \times \cos(\omega t + \text{위상})$$

이제부터, 특별한 언급이 없는 한, 우리는 사인 형태를 사용할 것이다.

위의 설명과는 반대로, 우리는 모든 사인파와 코사인파를

$$\text{진폭} \times e^{j\,\text{위상}} \tag{11.8}$$

의 형태로 쓸 수 있으며, 이 축약된 표현을 **페이저**(phasor)라고 부른다. 따라서, 페이저는 사인파 또는 코사인파를 나타내는 복소수이다. 이 정의에 의해, **I**와 **O**는 페이저이다. 즉, 이들은 진폭과 위상 정보만을 지닌다. 다른 변수들과 구별하기 위해, 우리는 페이저를 굵은 활자로 표시한다. 따라서 페이저

$$\mathbf{A} = Ae^{j\theta}$$

는 A의 진폭(크기)과 θ의 위상(각)을 가진다(비록 특별히 나타내지는 않았지만, 사인파의 주파수가 ω라는 것은 말할 나위도 없다).

전달 함수 $T(j\omega)$는 페이저가 아니다. 즉, 전달 함수는 사인파를 나타내지 않는다. 그러나, $T(j\omega)$는 복소-주파수 변수 $j\omega$의 함수이므로 크기와 각을 가진다. 페이저에 $T(j\omega)$가 곱해질 때, 그 결과로 생기는 것은 진폭과 위상이 $T(j\omega)$의 크기와 각에 의존하는 또 다른 페이저이다.

페이저에 대한 많은 등가적인 표현들이 있는데, 이들은 아래와 같다.

$$\mathbf{A} = \begin{cases} Ae^{j\theta} & (\text{지수 형식}) \\ A(\cos\theta + j\sin\theta) & (\text{삼각 형식}) \\ A\angle\theta & (\text{극 형식}) \end{cases}$$

이들 세 형식을 비교해 봄으로써, 우리는

$$e^{j\theta} = \cos\theta + j\sin\theta = \angle\theta$$

라는 것을 명백히 알 수 있다. 여기서 우리는

$$e^{j\theta} = \cos\theta + j\sin\theta$$

의 등식에는 익숙하지만,

$$e^{j\theta} = \angle\theta$$

의 등식은 처음 보는 것일 수 있다. 이제부터는 $\angle\theta$를 보면, 우리는 그것을 $e^{j\theta}$ 또는 $\cos\theta + j\sin\theta$로 바꿀 수 있을 것이다. 우리는 또, $\angle\theta$를 직접 사용하는 연산들도 할 수 있을 것이다. 예를 들어, 우리는 다음 결과들을 쉽게 얻을 수 있을 것이다.

$$(\angle\theta_1)(\angle\theta_2) = (e^{j\theta_1})(e^{j\theta_2}) = e^{j(\theta_1+\theta_2)} = \underline{/\theta_1 + \theta_2}$$

$$\frac{\angle\theta_1}{\angle\theta_2} = \frac{e^{j\theta_1}}{e^{j\theta_2}} = e^{j(\theta_1-\theta_2)} = \underline{/\theta_1 - \theta_2}$$

따라서

$$(\angle\theta_1)(\angle\theta_2) = \underline{/\theta_1 + \theta_2}, \qquad \frac{\angle\theta_1}{\angle\theta_2} = \underline{/\theta_1 - \theta_2}$$

이다.

곱셈과 나눗셈과 같은 연산은 페이저, 또는 복소수의 지수 형식, 또는 극 형식을 사용하여 쉽게 행할 수 있다. 한편, 덧셈과 뺄셈을 행하려면, 페이저 또는 복소수를 삼각(또는 직각 좌표) 형식으로 나타내어야 한다. 따라서 혼합된 연산을 행하려면,

한 형식을 다른 형식으로 바꿀 수 있어야 한다. 형식들 사이의 관계를 그림 11.1에 나타냈다. 그림으로부터, 우리는 페이저 A를 복소 평면상의 한 점으로 나타낼 수 있다는 것을 알 수 있다. 또, A의 크기는 그 점에서 원점까지의 거리를 나타내고, A의 위상은 그림에 보인 것처럼 실수축으로부터 반시계 방향으로 측정된 각 θ를 나타낸다는 것도 알 수 있다. 끝으로, A의 실수 부분이 실수축에 따라 측정된 거리 A_r이고, A의 허수 부분이 허수축을 따라 측정된 거리 A_i 라는 것도 알 수 있다. 이 그림으로부터 우리는 다음의 변환 공식을 얻을 수 있을 것이다.

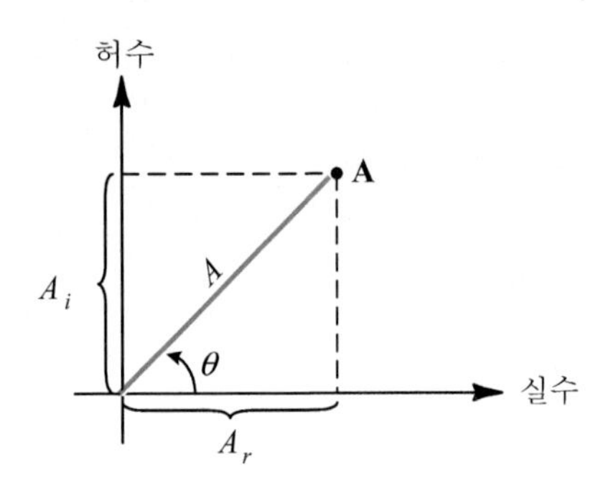

그림 11.1 복소 평면상의 페이저 표현.

1. 만일 페이저가 지수 형식 또는 극 형식으로 주어졌고, 우리가 그것을 삼각 형식으로 바꾸려고 한다면,

$$Ae^{j\theta} = A\angle\theta = \underbrace{A\cos\theta}_{A_r} + \underbrace{jA\sin\theta}_{A_i}$$

를 사용하면 된다.

2. 만일 페이저가 삼각 형식으로 주어졌고, 우리가 그것을 극 형식 또는 지수 형식으로 바꾸려고 한다면,

$$A_r + jA_i = \underbrace{\sqrt{A^2 + A_i^2 r}}_{A} \angle \overbrace{\tan^{-1}\frac{A_i}{A_r}}^{\theta} = Ae^{j\theta}$$

를 사용하면 된다.

이 변환 공식들은 복소수에도 적용된다. 페이저에 복소수가 곱해져도, 그 결과는 페이저라는 점에 유의하기 바란다.

$x(t) = A\sin\left(\omega t + \dfrac{\pi}{3}\right)$, $y(t) = B\cos\left(\omega t - \dfrac{7\pi}{6}\right)$가 주어졌다.

(a) $\mathbf{X}$, $\mathbf{Y}$, 그리고 $\mathbf{P} = \mathbf{X} + \mathbf{Y}$ 를 구하라.

(b) $\mathbf{P} = \mathbf{X}/[C(-1 + j)]$로 놓고(여기서 C는 실수이다.), $\mathbf{P}$와 $p(t)$ 를 구하라.

풀이 (a) 우리는 $x(t)$와 $y(t)$ 둘 다를 사인파로 나타낼 수 있을 것이다. 그런 다음, 다음과 같이 이들의 진폭과 위상을 구해 페이저를 형성할 수 있을 것이다.

$$x(t) = A\sin\left(\omega t + \frac{\pi}{3}\right)$$

$$y(t) = B\cos\left(\omega t - \frac{7\pi}{6}\right) = B\sin\left(\omega t - \frac{7\pi}{6} + \frac{\pi}{2}\right) = B\sin\left(\omega t - \frac{2\pi}{3}\right)$$

$$\mathbf{X} = A\angle\frac{\pi}{3}, \quad \mathbf{Y} = B\angle\frac{-2\pi}{3}$$

이 두 페이저의 합을 구하기 위해서는, 우선 각각의 페이저를 삼각 형식으로 변환시켜야 한다.

$$\mathbf{X} = A\angle\frac{\pi}{3} = A\cos\frac{\pi}{3} + jA\sin\frac{\pi}{3} = \frac{A}{2} + j\frac{A\sqrt{3}}{2}$$

$$\mathbf{Y} = B\angle\frac{-2\pi}{3} = B\cos\left(-\frac{2\pi}{3}\right) + jB\sin\left(-\frac{2\pi}{3}\right)$$

$$= -\frac{B}{2} - j\frac{B\sqrt{3}}{2}$$

$$\mathbf{X} + \mathbf{Y} = \left(\frac{A}{2} + j\frac{A\sqrt{3}}{2}\right) + \left(-\frac{B}{2} - j\frac{B\sqrt{3}}{2}\right)$$

$$= \frac{1}{2}(A - B) + j\frac{\sqrt{3}}{2}(A - B)$$

$$= \frac{1}{2}(A - B)(1 + j\sqrt{3})$$

우리는 이 답을 다음과 같이 극 형식으로 나타낼 수도 있을 것이다.

$$\mathbf{X} + \mathbf{Y} = \frac{1}{2}(A - B)\sqrt{1^2 + (\sqrt{3})^2} \ \angle \tan^{-1}\frac{\sqrt{3}}{1}$$

$$= (A - B)\angle \frac{\pi}{3}$$

(b) $$\mathbf{P} = \frac{\mathbf{X}}{C(-1 + j)} = \frac{A\angle\frac{\pi}{3}}{C\sqrt{1^2 + 1^2}\ \angle\tan^{-1}\frac{1}{-1}} = \frac{A\angle\frac{\pi}{3}}{C\sqrt{2}\ \angle\pi - \frac{\pi}{4}}$$

$$= \frac{A}{C\sqrt{2}}\angle\frac{\pi}{3} - \left(\pi - \frac{\pi}{4}\right) = \frac{A}{C\sqrt{2}}\angle -\frac{5}{12}\pi$$

우리는 이 답을 다음과 같이 삼각 형식으로 나타낼 수도 있을 것이다.

$$\mathbf{P} = \frac{A}{C\sqrt{2}}\left[\cos\left(-\frac{5\pi}{12}\right) + j\sin\left(-\frac{5\pi}{12}\right)\right] = \frac{A}{C\sqrt{2}}\left(\cos\frac{5\pi}{12} - j\sin\frac{5\pi}{12}\right)$$

극 형식 표현에 주어진 크기와 각을 사용하여, 우리는 $p(t)$를 다음과 같이 구할 수 있을 것이다.

$$p(t) = \frac{A}{C\sqrt{2}}\sin\left(\omega t - \frac{5\pi}{12}\right)$$

페이저를 사용해 연산을 행할 때, 그 연산이 단일 주파수에서 행해진다는 것은 더 말할 나위도 없다. 우리는 서로 다른 두 주파수와 관련된 두 페이저를 가지고는 연산을 행할 수 없다. 따라서 만일 ω_1 주파수에서 $\mathbf{X}_1 = A + jB$이고, ω_2 주파수에서 $\mathbf{X}_2 = C + jD$라면,

$$\mathbf{X}_1 + \mathbf{X}_2 \neq (A + C) + j(B + D)$$

이다. 그러나 시간 영역에서는 중첩의 원리를 사용하여, 다음과 같은 결과를 얻을 수 있다.

$$x_1(t) + x_2(t) = \sqrt{A^2 + B^2}\sin\left(\omega_1 t + \tan^{-1}\frac{B}{A}\right) + \sqrt{C^2 + D^2}\sin\left(\omega_2 t + \tan^{-1}\frac{D}{C}\right)$$

11.2 페이저를 이용한 사인파 정상-상태 응답 계산

회로에서 전압 전원과 전류 전원들은 입력으로 사용된다. 그림 11.2(a)에서 회로 N은 R, L, C 소자로 구성되며, 페이저 $\mathbf{V}_i$로 표시된 단일, 독립, 사인파 전압 전원으로 여기된다. 그림에서 페이저로 표시된 세 개의 변수, 즉 입력 전류 $\mathbf{I}_i$, 출력 전압 $\mathbf{V}_o$, 그리고 출력 전류 $\mathbf{I}_o$가 회로의 응답들을 나타낸다. 이 응답들은 각각 $s = j\omega$에서 계산된 입력 어드미턴스, 전압 전달 함수, 그리고 전달 어드미턴스 함수에 의해 입력과 연관된다. 여기서 ω는 라디안/초 단위의 사인파의 주파수를 나타낸다. 즉,

$$\mathbf{I}_i = \mathbf{V}_i Y(j\omega) \tag{11.9a}$$

$$\mathbf{V}_o = \mathbf{V}_i T_V(j\omega) \tag{11.9b}$$

$$\mathbf{I}_o = \mathbf{V}_i T_Y(j\omega) \tag{11.9c}$$

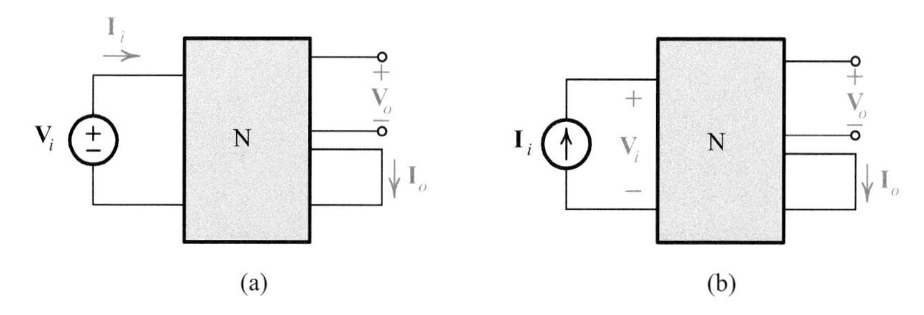

그림 11.2 페이저를 이용한 회로 표현: (a) 전압 전원으로 여기될 때, (b) 전류 전원으로 여기될 때.

그림 11.2(b)의 회로는 페이저 $\mathbf{I}_i$로 표시된 단일, 독립, 사인파 전류 전원에 의해 여기된다. 그림에서 페이저 $\mathbf{V}_i$, $\mathbf{V}_o$, 그리고 $\mathbf{I}_o$로 표시된 변수들이 회로의 응답들을 나타낸다. 이 응답들은 각각 $s = j\omega$에서 계산된 입력 임피던스, 전달 임피던스 함수, 그리고 전류 전달 함수에 의해 입력과 연관된다. 즉,

$$\mathbf{V}_i = \mathbf{I}_i Z(j\omega) \tag{11.10a}$$

$$\mathbf{V}_o = \mathbf{I}_i T_Z(j\omega) \tag{11.10b}$$

$$\mathbf{I}_o = \mathbf{I}_i T_I(j\omega) \tag{11.10c}$$

여기서 우리는 식 (11.9)와 식 (11.10)으로 주어진 일련의 방정식들이

$$\boxed{\textbf{응답} = \textbf{여기} \times T(j\omega)} \qquad (11.11)$$

의 일반적인 결과의 특별한 형태들이라는 것을 알 수 있다. 이 식에서 $T(j\omega)$가 모든 입력 함수, 또는 전달 함수를 나타낼 수 있도록 넓은 의미로 사용되었다는 점에 유의하기 바란다.

이제는 복소-주파수 변수 s를 사용할 필요가 없으므로, 우리는 입력과 전달 함수를 $j\omega$의 함수로 직접 나타낼 수 있을 것이다. 즉, $Z(j\omega)$ 또는 $Y(j\omega)$, 그리고 $T(j\omega)$로 나타낼 수 있을 것이다. $j\omega$ 표시는 우리가 본질적으로 사인파 정상-상태를 고려하고 있다는 것을 의미한다. 이와는 달리, $Z(s)$ 또는 $Y(s)$, 그리고 $T(s)$는 회로의 일반적인 특성을 기술하는 데 사용된다. 따라서 우리는 이들을 라플라스 변환 가능한 모든 종류의 입력 파형에 적용할 수 있고, 그 결과로서 고유 응답과 강제 응답을 동시에 알려주는 해를 얻을 수 있다.

사인파 정상-상태 계산을 위해, 우리는 인덕터의 임피던스와 어드미턴스를

$$Z_L(j\omega) = j\omega L, \qquad Y_L(j\omega) = \frac{1}{j\omega L} = \frac{-j}{\omega L} \qquad (11.12)$$

로 쓸 수 있다. 마찬가지로, 커패시터의 임피던스와 어드미턴스는

$$Z_C(j\omega) = \frac{1}{j\omega C} = \frac{-j}{\omega C}, \qquad Y_C(j\omega) = j\omega C \qquad (11.13)$$

로 쓸 수 있다.

이제 우리는 페이저를 이용하여 사인파 정상-상태 응답을 구하기 위한 절차를 다음과 같이 정리할 수 있을 것이다.

1. 사인파 여기(또는 입력)와 응답(출력)을 페이저로 표현한다.
2. 회로 소자들의 임피던스와 어드미턴스를 $j\omega$의 함수로 표현한다.
3. 회로를 해석하여 전달 함수 $T(j\omega)$ (또는 입력 함수 $Z(j\omega)$ 또는 $Y(j\omega)$)를 구한다.
4. 페이저 응답 = 페이저 여기 $\times\ T(j\omega)$ 를 이용하여 페이저 응답을 구한다.
5. 페이저 응답을 시간-영역 응답으로 표현한다.

페이저가 어떻게 사용되는지를 구체적으로 알아보기 위해, 다음 예제들을 살펴보기로 하자.

예제 11.2 그림 11.3의 회로에서 사인파 정상-상태 출력 전류 $i_{oss}(t)$ 를 구하고자 한다.

(a) 페이저를 사용하여 출력 전류를 구하라.

(b) 라플라스 변환법을 이용하여 출력 전류를 구하라.

(c) (a)의 페이저 방법과 (b)의 라플라스 변환 방법을 비교하라.

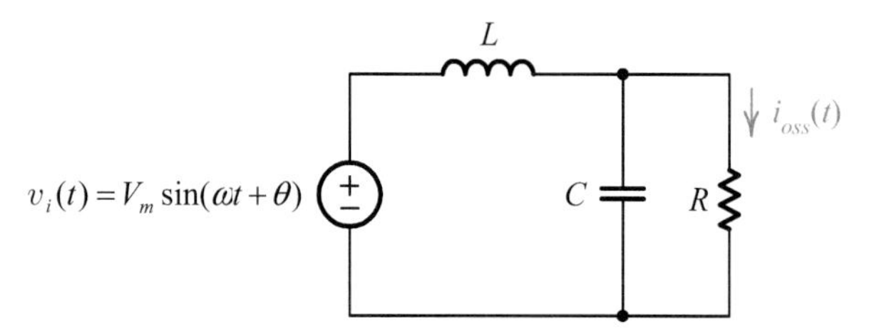

그림 11.3 예제 11.2를 위한 회로.

풀이 (a) 그림 11.3의 시간-영역 회로를 페이저-영역 회로로 표현하면 그림 11.4가 얻어질 것이다. 전압 전원 $\mathbf{V}_i$ 에서 바라보이는 입력 임피던스 $Z_i(j\omega)$ 는 다음과 같이 구해질 것이다.

$$Z_i(j\omega) = j\omega L + \frac{R(1/j\omega C)}{R + (1/j\omega C)}$$

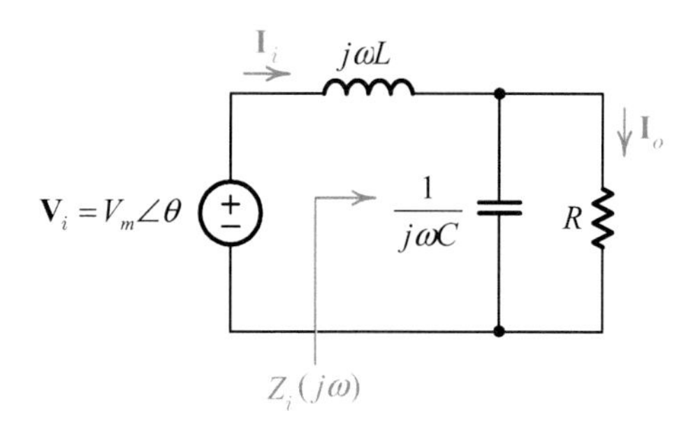

그림 11.4 그림 11.3의 페이저-영역 표현.

입력 전류 $\mathbf{I}_i$ 는 다음과 같이 얻어질 것이다.

$$\mathbf{I}_i = \frac{\mathbf{V}_i}{Z_i(j\omega)} = \frac{\mathbf{V}_i}{j\omega L + \dfrac{R(1/j\omega C)}{R + (1/j\omega C)}}$$

출력 전류 $\mathbf{I}_o$ 는 전류-분배 공식으로부터 다음과 같이 구해질 것이다.

$$\mathbf{I}_o = \mathbf{I}_i \frac{1/j\omega C}{R + (1/j\omega C)} = \left[\frac{\mathbf{V}_i}{j\omega L + \dfrac{R(1/j\omega C)}{R + (1/j\omega C)}} \right] \left[\frac{1/j\omega C}{R + (1/j\omega C)} \right]$$

$$= \left[\frac{\mathbf{V}_i}{j\omega L + R/(j\omega RC + 1)} \right] \left(\frac{1}{j\omega RC + 1} \right) = \mathbf{V}_i \underbrace{\frac{1}{R(1 - \omega^2 LC) + j\omega L}}_{T(j\omega)} \tag{11.14}$$

$T(j\omega)$를 크기와 각의 형태로 놓으면, 다음을 얻을 것이다.

$$\mathbf{I}_o = \mathbf{V}_i \left[\frac{1}{\sqrt{R^2(1 - \omega^2 LC)^2 + \omega^2 L^2}} \right] \angle -\tan^{-1} \frac{\omega L}{R(1 - \omega^2 LC)} \tag{11.15}$$

식 (11.15)는 페이저 형태로 나타낸 출력 전류를 보여 준다. 우리는 이 식에 정상 상태에서의 출력 전류에 관한 모든 정보가 포함되어 있다는 것을 알 수 있다. 즉,

$$\mathbf{V}_i = V_m \angle \theta$$

이므로,

$$\mathbf{I}_o = V_m \angle \theta \left[\frac{1}{\sqrt{R^2(1 - \omega^2 LC)^2 + \omega^2 L^2}} \right] \angle -\tan^{-1} \frac{\omega L}{R(1 - \omega^2 LC)}$$

$$= \frac{V_m}{\sqrt{R^2(1 - \omega^2 LC)^2 + \omega^2 L^2}} \angle \theta - \tan^{-1} \frac{\omega L}{R(1 - \omega^2 LC)}$$

$$i_{oss}(t) = \frac{V_m}{\sqrt{R^2(1 - \omega^2 LC)^2 + \omega^2 L^2}} sin \left[\omega t + \theta - \tan^{-1} \frac{\omega L}{R(1 - \omega^2 LC)} \right] \tag{11.16}$$

이다.

(b) 페이저에 의존하지 않고도, 정상-상태 응답을 잘 구할 수 있다는 것을 우리는 이미 앞 절들에서 설명했었다. 그 방법을 그림 11.3의 회로에 다시 한번 적용해 보기로 하자. 8.2절에서 했던 것처럼, 우리는 먼저 전달 함수 $T(s)$를 구해야 한다. 이 경우에는 전달 함수가 전달 어드미턴스 함수(I_o/V_i)이다. 따라서 전달 어드미턴스 함수를 구한 다음, 그 결과를 $s = j\omega$에 대해 계산하면

$$T(s) = \frac{I_o(s)}{V_i(s)} = \underbrace{\left[\frac{1}{sL + \dfrac{R(1/sC)}{R + (1/sC)}} \right]}_{\frac{1}{Z_i(s)}} \underbrace{\left[\frac{1/sC}{R + (1/sC)} \right]}_{\text{전류 분배}}$$

$$= \frac{1/(sRC + 1)}{sL + R/(sRC + 1)}$$
$$= \frac{1}{R + s^2LCR + sL}$$
$$T(j\omega) = \frac{1}{R(1 - \omega^2 LC) + j\omega L}$$

을 얻는다. $T(j\omega)$ 가 얻어졌으므로, 우리는 다음 공식을 이용하여 정상-상태 응답을 쉽게 계산할 수 있을 것이다. 즉, $T(j\omega)$ 의 크기와 각은 다음 식에 따라 입력 사인파의 진폭과 위상을 변형시킨다.

$$i_{oss}(t) = V_m \mid T(j\omega) \mid \sin(\omega t + \theta + \theta_T) \quad (11.17)$$

따라서

$$i_{oss}(t) = \frac{V_m}{\sqrt{R^2(1 - \omega^2 LC)^2 + \omega^2 L^2}} \sin\left[\omega t + \theta - \tan^{-1}\frac{\omega L}{R(1 - \omega^2 LC)}\right]$$

(c) 비록 후자의 접근 방법이 사용하기에 더 간단하기는 하지만, 일반적으로는 페이저의 사용이 더 널리 받아들여지고 있다는 것을 언급해 둔다. 이와 같이 페이저가 폭넓게 사용되는 이유는 사인파 정상-상태 응답을 구할 때 라플라스 변환을 몰라도 되기 때문이다. 바꿔 말하면, 라플라스 변환에 익숙한 독자들은 굳이 페이저를 사용하지 않아도 회로들의 사인파 정상-상태 응답을 구하는 데 불편함이 없을 것이다.

연습문제 11.1

그림 E11.1에서 페이저 출력 전압 $\mathbf{V}_o$를 구하라.

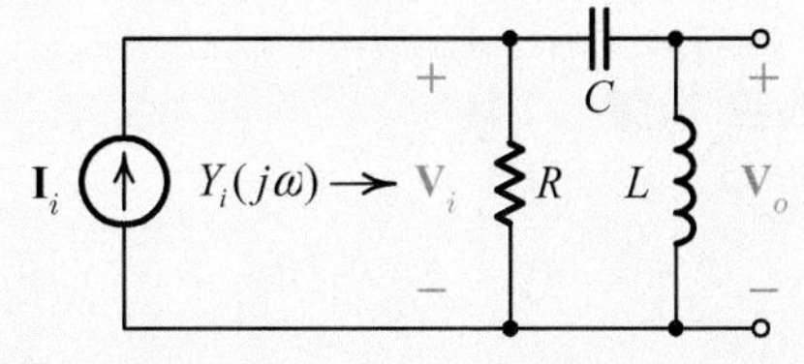

그림 E11.1 연습문제 11.1을 위한 회로.

답 $\mathbf{V}_o = \mathbf{I}_i \dfrac{-\omega^2 LCR}{\sqrt{(1 - \omega^2 LC)^2 + \omega^2 R^2 C^2}} \angle -\tan^{-1}\dfrac{\omega RC}{1 - \omega^2 LC}$

11.3 교류 회로에서의 전력 관계

그림 11.5와 같은 임의의 2-단자 회로로 전달되는 순시 전력은

$$p(t) = v(t)\,i(t) \tag{11.18}$$

로 주어진다.

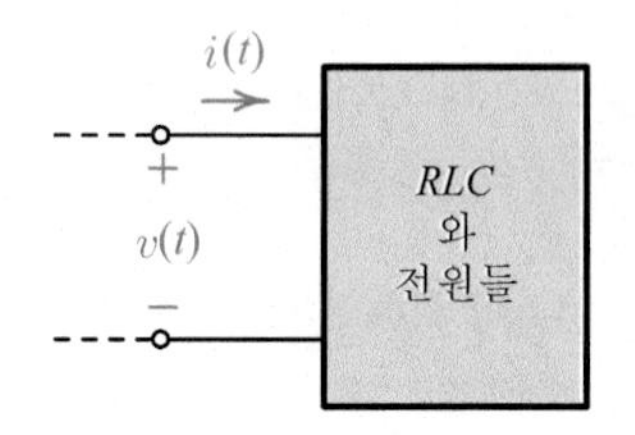

그림 11.5 임의의 2-단자 회로.

만일 모든 여기가 사인파이고, 이들의 주파수가 동일하다면, $v(t)$와 $i(t)$ 모두 정상 상태에서 사인파일 것이다. 따라서, 우리는 일반적으로 이들을 다음과 같이 나타낼 수 있을 것이다.

$$\begin{aligned} v(t) &= V_m \sin(\omega t + \theta_V) \\ i(t) &= I_m \sin(\omega t + \theta_I) \end{aligned} \tag{11.19}$$

여기서 θ_V와 θ_I는 전압 파형과 전류 파형의 위상각을 나타낸다. 정상 상태에서 순시 전력은

$$p(t) = V_m I_m \sin(\omega t + \theta_V)\sin(\omega t + \theta_I) \tag{11.20}$$

로 주어진다.

$$\sin A \sin B = \frac{1}{2}[\cos(A - B) - \cos(A + B)]$$

이므로, 우리는 식 (11.20)을

$$p(t) = \frac{1}{2} V_m I_m [\cos(\theta_V - \theta_I) - \cos(2\omega t + \theta_V + \theta_I)] \tag{11.21}$$

로 쓸 수 있을 것이다.

교류 회로에서는 평균 전력이 순시 전력보다 더 중요하다. 식 (11.21)에서 $p(t)$가 π/ω의 주기를 갖는 주기 함수이므로, 우리는 $p(t)$를 동작의 한 주기에 대해 평균할 수 있을 것이다. [$p(t)$를 $k\pi/\omega$의 시간 간격에 대해 바로 평균할 수도 있는

데(여기서 k는 정수이다), 그 결과는 동일할 것이다.]

$$p_{av} = \frac{\omega}{\pi}\int_0^{\pi/\omega} p(t)\ dt = \frac{\omega}{\pi}\int_0^{\pi/\omega}\frac{1}{2}V_m\ I_m[\cos(\theta_V - \theta_I) - \cos(2\omega t + \theta_V + \theta_I)]\ dt$$
$$= \frac{1}{2}V_m\ I_m\frac{\omega}{\pi}\cos(\theta_V - \theta_I)\int_0^{\pi/\omega} dt - \frac{1}{2}V_m\ I_m\frac{\omega}{\pi}\int_0^{\pi/\omega}\cos(2\omega t + \theta_V + \theta_I)\ dt \tag{11.22}$$

적분들을 계산하면, 첫 번째와 두 번째 적분이 각각 π/ω와 0일 것이다. 따라서 식 (11.22)는

$$p_{av} = \frac{1}{2}V_m\ I_m\cos(\theta_V - \theta_I) \tag{11.23}$$

로 간단해진다.

이것은 중요한 결과이다. 즉, 이 결과는 사인파 정상 상태에서 전달되는 평균 전력은 최대 전압, 최대 전류, 그리고 전압 파형과 전류 파형 사이의 위상차의 코사인의 곱의 반이라는 것을 말해준다. $\cos(\theta_V - \theta_I) = \cos\theta_Z$ (θ_Z: 임피던스의 위상각)가 평균 전력의 결정에 중요한 역할을 하기 때문에, 우리는 이를 특별히 이름 붙여 **역률**(power factor : PF)이라고 부른다. 따라서,

$$\text{PF} = \cos(\theta_V - \theta_I) = \cos(\theta_Z)$$
$$p_{av} = \frac{1}{2}V_m\ I_m\ \text{PF} \tag{11.24}$$

이다.

만일 역률이 0이라면, 회로에 전달되는 평균 전력도 0일 것이다. 이 상황은 전압과 전류의 위상차가 ±90°[$(\theta_V - \theta_I) = \pm\pi/2$] 일 때 일어난다. 그림 11.6(a)를 보라. 전류와 전압의 곱인 순시 전력이 교대로 양과 음의 값이 된다는 점에 주목하기 바란다. 따라서, 전력의 반주기 동안에는 전력이 회로에 의해 받아들여질 것이고, 다른 반주기 동안에는 전력이 회로에 의해 내보내질 것이다. T를 전압 파형 또는 전류 파형의 주기라고 한다면, 결과적으로, 회로는 $T/4$ 초에 걸쳐 에너지를 흡수할 것이고, 흡수된 에너지를 다음의 $T/4$ 초에 걸쳐 내보낼 것이다.

전압과 전류 사이의 위상차가 −90°와 90°사이에 있을 경우에는, 그림 11.6(b)에 그려진 상황이 일어날 것이다. 순시 전력 곡선이 다시 주기적이지만, 양의 평균값을 가진다는 점에 주목하기 바란다. 따라서, 회로는 에너지를 흡수할 것이다.

만일 전압과 전류 사이의 위상차가 90°와 270°사이에 있다면, 그림 11.6(c)에 그려진 상황이 일어날 것이다. 따라서 이 경우에는, 평균 전력이 음의 값이고, 회로는 에너지를 전달할(내보낼) 것이다.

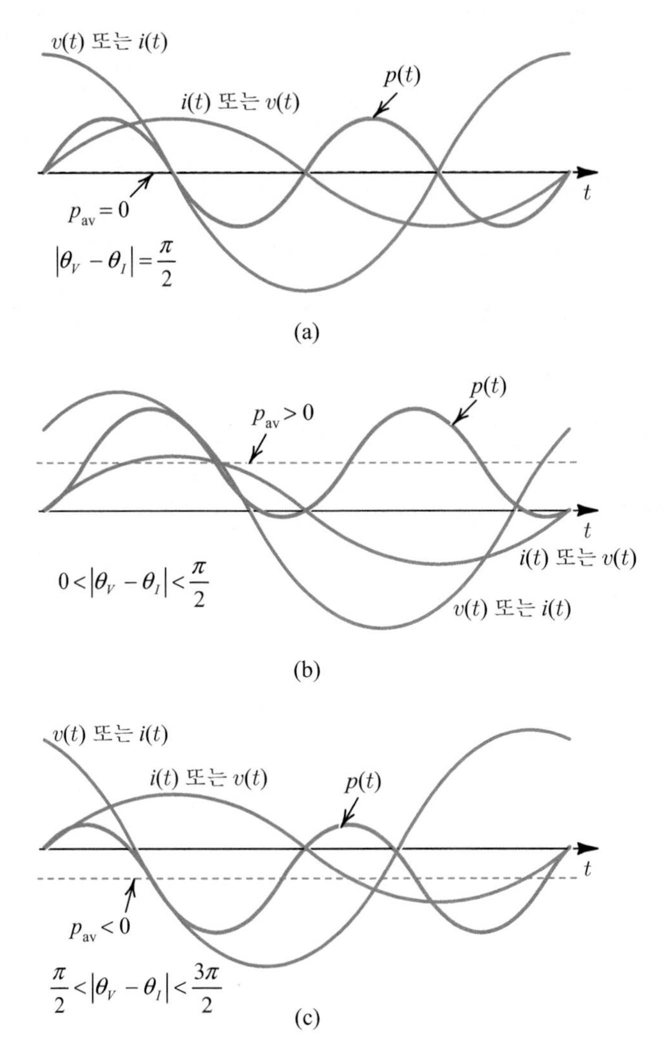

그림 11.6 전압과 전류의 위상차에 따른 순시 전력 및 평균 전력:
(a) $|\theta_V - \theta_I| = \pi/2$ 일 때,
(b) $0 < |\theta_V - \theta_I| < \pi/2$ 일 때; (c) $\pi/2 < |\theta_V - \theta_I| < 3\pi/2$.

식 (11.24)로부터 알 수 있듯이, PF 만으로는 어느 파형이 앞서는지 또는 뒤지는지를 확인할 수 없을 것이다. 따라서 우리는, 전류가 전압보다 위상이 앞설 때, 역률이 앞선 것으로 간주하고, 이때의 역률을 **진상 역률**(leading power factor)이라고 부른다. 반면에, 전류가 전압보다 위상이 뒤질 때, 우리는 역률이 뒤진 것으로 간주하고, 이때의 역률을 **지상 역률**(lagging power factor)이라고 부른다.

가정에서 우리는 전송선을 통해 일정한 V_m 으로 전송되는 전력을 공급받는다. 즉, 공급된 전압의 피크값은 변하지 않는다. 한편, 가정에서 소비되는 평균 전력은 주어진 시간에 사용된 전기 기기의 수에 따라 하루 동안에도 수시로 변할 것이다. 전송선을 타고 들어오는 전류는 식 (11.24)를 이용해 다음과 같이 구할 수 있을 것이다.

$$I_m = \frac{2p_{av}}{V_m \mathrm{PF}}$$

전류가 역률에 반비례하므로, PF가 낮으면 낮을수록, 전력 수요를 충족시키는 데 필요한 전류의 양은 그만큼 더 커질 것이다. 이와는 반대로, 만일 PF가 1이면, 최소 전류로 전력을 공급할 수 있을 것이다. 우리는 이 상황이 바람직하다는 것을 알 수 있다. 왜냐하면, 선로 전류의 제곱에 비례하는 전송 전력 손실이 이때 최소가 되기 때문이다. 낮은 역률의 전력이 요구되는 산업 응용의 경우에는, 전기 회사가 적은 전류로(따라서 보다 적은 선로 손실로) 신청된 양의 전력을 공급하기 위해, 전기 사용자들에게 특수한 소자들을 사용하여 역률이 1에 가까워지도록 조치할 것을 요구할 것이다.

중첩의 원리는 전력에 적용되지 않는다. 따라서, 우리는 한 번에 한 전원씩 고려하여 다중-전원 문제에서의 전력 계산을 행할 수 없을 것이다. 그러나, 전압과 전류에는 중첩의 원리가 적용되므로, 우리는 한 번에 한 전원씩 취하여 전압과 전류를 계산할 수 있을 것이다. 그런 다음, 전압과 전류의 전체 값을 사용하여 전력을 구할 수 있을 것이다.

(a) 그림 11.7(a)에 보인 것처럼 사인파로 여기된 저항기에 전달된 평균 전력과 역률을 계산하라.

(b) 그림 11.7(b)에 보인 것처럼, 사인파로 여기된 커패시터에 전달된 평균 전력과 역률을 계산하라.

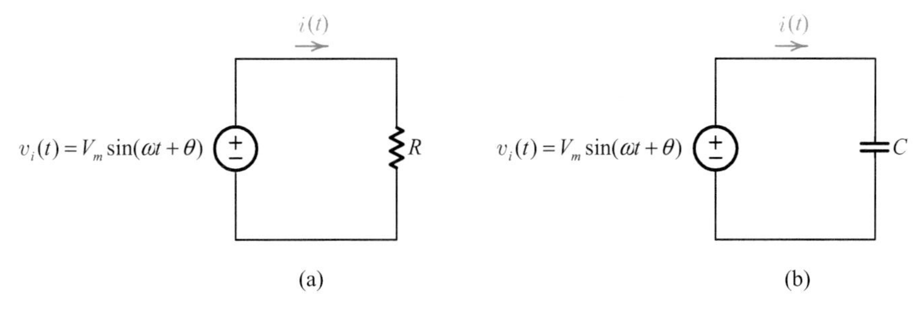

그림 11.7 예제 11.3을 위한 회로들.

풀이 (a) 저항기에 걸리는 전압이

$$v(t) = V_m \sin(\omega t + \theta)$$

이므로, 저항기를 통해 흐르는 전류는

$$i(t) = \frac{v(t)}{R} = \underbrace{\frac{V_m}{R}}_{I_m} \sin(\omega t + \theta)$$

일 것이다. 전압과 전류 사이의 위상차가 $0°$이므로, 역률은

$$\text{PF} = \cos 0° = 1$$

이다. 따라서, 저항기에 전달된 평균 전력은

$$p_{av} = \frac{1}{2} V_m I_m = \frac{1}{2} I_m^2 R = \frac{1}{2} \frac{V_m^2}{R}$$

이다.

(b) 커패시터에 걸리는 전압이

$$v(t) = V_m \sin(\omega t + \theta)$$

이므로, 커패시터를 통해 흐르는 전류는

$$i(t) = C\frac{dv(t)}{dt} = \omega C V_m \cos(\omega t + \theta) = \underbrace{\omega C V_m}_{I_m} \sin\left(\omega t + \theta + \frac{\pi}{2}\right)$$

일 것이다. 전압과 전류 사이의 위상차가 $90°$이므로, 역률은

$$\text{PF} = \cos 90° = 0$$

이다. 따라서, 커패시터에 전달된 평균 전력은

$$p_{av} = 0$$

이다.

연습문제 11.2

사인파로 여기된 인덕터의 평균 전력 입력은 얼마인가?

답 $p_{av} = 0$

예제 11.4 그림 11.8에서 전원에 의해 전달된 평균 전력과 역률은 얼마인가?

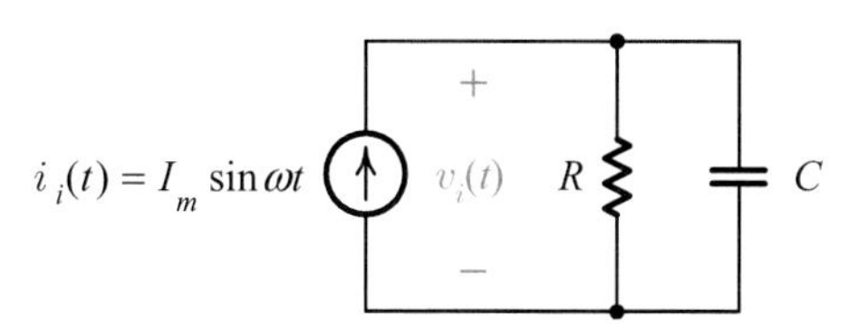

그림 11.8 예제 11.4를 위한 회로.

풀이 입력 전류와 입력 전압 사이의 위상차를 구하기 위해, 입력 양단에 걸리는 페이저 전압을 페이저 전류의 식으로 계산하면,

$$\mathbf{V}_i = \mathbf{I}_i Z_i(j\omega) = \mathbf{I}_i \left[\frac{R(1/j\omega C)}{R + (1/j\omega C)} \right] = \mathbf{I}_i \left(\frac{R}{j\omega RC + 1} \right)$$

$$\mathbf{V}_i = \mathbf{I}_i \frac{R}{\sqrt{1 + (\omega RC)^2}} \angle -\tan^{-1}\omega RC \tag{11.25}$$

를 얻을 것이다. 식 (11.25)로부터, 우리는 전압의 위상이 전류의 위상에 $(-\tan^{-1}\omega RC)$ 를 더한 것임을 알 수 있다. 따라서, 위상차의 크기는 $\tan^{-1}\omega RC$ 이다. 이 위상각의 코사인 값을 구하기 위해 그림 11.9를 참조하면,

$$\text{PF} = \cos\theta = \frac{1}{\sqrt{1 + (\omega RC)^2}}$$

을 얻을 것이다. 식 (11.25)로부터 우리는 입력 전압의 최대값이

$$V_m = I_m \frac{R}{\sqrt{1 + (\omega RC)^2}}$$

이라는 것을 알 수 있다.

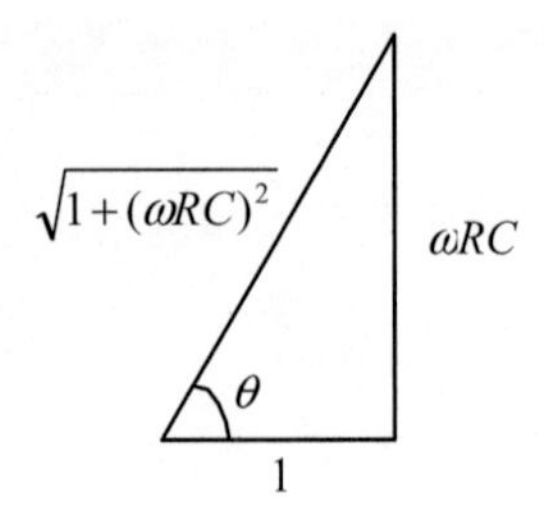

그림 11.9 $\tan\theta = \omega RC$ 의 삼각도.

따라서 평균 전력은

$$\begin{aligned} p_{av} &= \frac{1}{2} V_m I_m \mathrm{PF} \\ &= \frac{1}{2} I_m^2 \frac{R}{\sqrt{1 + (\omega RC)^2}} \frac{1}{\sqrt{1 + (\omega RC)^2}} \\ &= \frac{1}{2} I_m^2 \left[\frac{R}{1 + (\omega RC)^2} \right] = \frac{1}{2} \frac{V_m^2}{R} \end{aligned}$$

이다. 여기서

$$p_{av} = \begin{cases} \frac{1}{2} I_m^2 R, & C = 0 \quad (\text{저항성 회로: PF} = 1) \\ 0, & R = \infty \quad (\text{용량성 회로: PF} = 0) \end{cases}$$

라는 점에 주목하기 바란다.

11.4 $R(\omega)$와 $G(\omega)$의 식으로 나타낸 전력

단자 변수들이 사인파일 때, 선형 2-단자 회로에 공급되는 평균 전력은

$$p_{av} = \frac{1}{2} V_m I_m \cos\theta \tag{11.26}$$

이다. 여기서 V_m = 전압의 피크값

I_m = 전류의 피크값

θ = 전압과 전류 사이의 위상차

이다.

만일 회로내에 전원이 없다면, 단자 변수들은 다음과 같은 관계를 가질 것이다.

$$\mathbf{V} = \mathbf{I}\, Z(j\omega) \tag{11.27}$$

여기서 $Z(j\omega)$는 회로의 입력 임피던스를 나타낸다. 그림 11.10(a)를 참고하라. $Z(j\omega)$가 복소수이므로, $Z(j\omega)$를 그림 11.10(b)에서 보인 것처럼 복소 평면상의 한 점으로 나타낼 수 있을 것이고, 또 이 점을 다음과 같이 극 형식 또는 직각 좌표 형식으로 표현할 수 있을 것이다.

$$Z(j\omega) = |Z(j\omega)| \angle \theta_Z(\omega) \tag{11.28}$$

$$Z(j\omega) = R(\omega) + jX(\omega) \tag{11.29}$$

여기서

$$|Z(j\omega)| = Z(j\omega)\text{의 크기}$$
$$\theta_Z(\omega) = Z(j\omega)\text{의 각}$$
$$R(\omega) = Z(j\omega)\text{의 실수(저항성) 부분}$$
$$X(\omega) = Z(j\omega)\text{의 허수(리액티브) 부분}$$

이다.

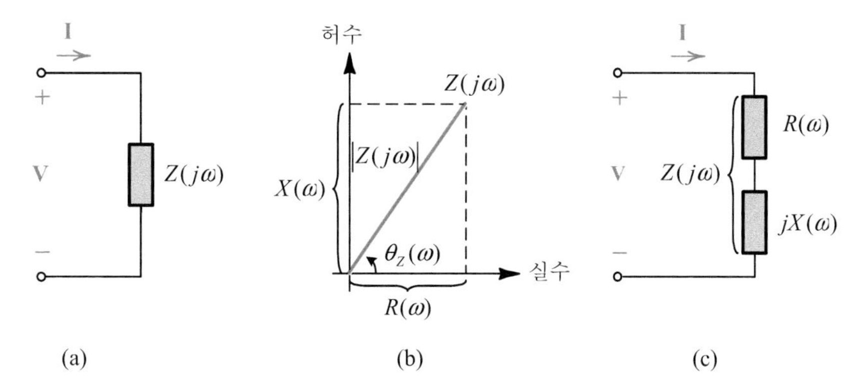

그림 11.10 (a) 임의의 회로의 입력 임피던스. (b) 복소 평면상의 임피던스 표현. (c) 임피던스를 $R(\omega)$와 $jX(\omega)$의 직렬 결합으로 나타낸 회로.

그림 11.10(b)로부터, 우리는 다음을 알 수 있을 것이다.

$$R(\omega) = |Z(j\omega)| \cos\theta_Z \tag{11.30}$$

$$X(\omega) = |Z(j\omega)| \sin\theta_Z \tag{11.31}$$

$$|Z(j\omega)|^2 = R^2(\omega) + X^2(\omega) \tag{11.32}$$

$$\theta_Z = \tan^{-1}\frac{X(\omega)}{R(\omega)} \tag{11.33}$$

이제 우리는 입력 주파수가 변함에 따라, 복소 평면 내에서 $Z(j\omega)$의 위치가 변하고, 이에 따라 $Z(j\omega)$의 크기, 각, 실수 부분, 그리고 허수 부분이 새로운 값을 가진다는 것을 알 수 있다.

입력 전압과 입력 전류 사이의 크기와 각의 관계를 살펴보기 위해, 우리는 식 (11.27)을 극 형식으로 다시 쓸 수 있을 것이다. Z의 ω에 대한 의존은 충분히 이해되었기 때문에, 이제부터는 ω를 생략할 것이다.

$$\underbrace{V_m \angle \theta_V}_{\mathbf{V}} = \underbrace{(I_m \angle \theta_I)}_{\mathbf{I}} \underbrace{(|Z| \angle \theta_Z)}_{\mathbf{Z}} \tag{11.34}$$

$$V_m \angle \theta_V = I_m |Z| \underline{/\theta_I + \theta_Z}$$

여기서, 크기와 각을 등식화하면,

$$V_m = I_m |Z| \tag{11.35}$$

$$\theta_V = \theta_I + \theta_Z$$

또는

$$\theta_V - \theta_I = \theta_Z = \theta \tag{11.36}$$

를 얻을 것이다.

식 (11.35)와 식 (11.36)을 사용하여, 우리는 식 (11.26)으로 주어진 평균 전력을 입력 임피던스의 식으로 나타낼 수 있을 것이다.

$$p_{av} = \frac{1}{2} V_m I_m \cos\theta = \frac{1}{2} I_m^2 |Z| \cos\theta_Z \tag{11.37}$$

$|Z| \cos\theta_Z = R(\omega)$ 이므로, 식 (11.37)은 다음과 같이 간략화 될 것이다.

$$p_{av} = \frac{1}{2} I_m^2 R(\omega) \tag{11.38}$$

이 식은 임피던스의 실수 부분, 즉 $R(\omega)$가 임피던스에 의해 흡수되는 전력을 결정하고, 임피던스의 허수 부분 즉 $X(\omega)$는 어떤 전력도 흡수하지 않는다는 것을 보여준다. 우리는 이 중요한 결과를 그림 11.10(c)로부터 쉽게 얻을 수도 있다. 여기서 $Z(j\omega) = R(\omega) + jX(\omega)$는 $R(\omega)$와 $jX(\omega)$의 직렬 결합으로 나타내어져 있다. $Z(j\omega)$에 공급된 전력은 반드시 회로내의 성분들에 의해 소비되어야 하므로, $R(\omega)$와 $jX(\omega)$에 전달된 전력들의 합은 반드시 p_{av}와 같아야 할 것이다. 즉,

$$p_{av} = p_R + p_X$$

$$p_{av} = \frac{1}{2}V_{mR}I_m\cos\theta_R + \frac{1}{2}V_{mX}I_m\cos\theta_X \quad (11.39)$$

$R(\omega)$가 실수이므로 $\theta_R = 0$ 이고, $jX(\omega)$이 순 허수이므로 $\theta_X = 90°$ 이다. 따라서, 식 (11.39)는 다음과 같이 간단해질 것이다.

$$p_{av} = \frac{1}{2}V_{mR}I_m = \frac{1}{2}[I_m R(\omega)]I_m = \frac{1}{2}I_m^2 R(\omega)$$

이 전개 과정에서 우리는 입력 전류를 입력 전압과 관련시키기 위해 입력 임피던스를 사용했다. 그러나, 경우에 따라서는 그림 11.11(a)에 보인 것처럼, 입력 어드미턴스를 사용하는 편이 나을 수도 있다.

$$Y(j\omega) = |Y(j\omega)| \angle\theta_Y(\omega) = G(\omega) + jB(\omega)$$

여기서 $|Y(j\omega)| = Y(j\omega)$의 크기

$\theta_Y(\omega) = Y(j\omega)$ 의 각

$G(\omega) = Y(j\omega)$의 실수 부분

$B(\omega) = Y(j\omega)$의 허수 부분

이다.

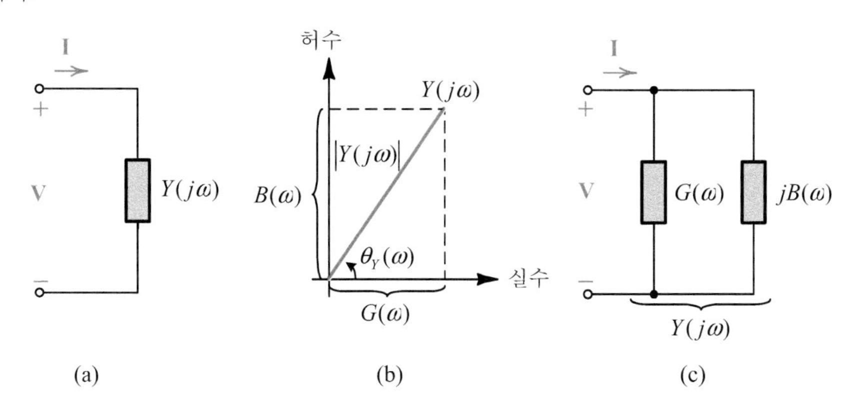

그림 11.11 (a) 그림 11.10을 어드미턴스로 대치한 회로. (b) 복소 평면상의 어드미턴스 표현. (c) 어드미턴스를 $G(\omega)$와 $jB(\omega)$의 병렬 결합으로 나타낸 회로.

여러 변수들 사이의 관계를 그림 11.11(b)에 나타냈고, 그림 11.11(c)에는 $Y(j\omega)$를 $G(\omega)$와 $jB(\omega)$의 병렬 결합으로 나타냈다. 결국 우리는 $Y(j\omega)$에 전달된 평균 전력을 다음 식으로 나타낼 수 있는데, 이에 대한 증명은 이 장의 뒤에 있는 문제에서 다룰 것이다.

$$p_{av} = \frac{1}{2} V_m^2 \,|\, Y \,|\, \cos\theta_Y = \frac{1}{2} V_m^2 \, G(\omega) \qquad (11.40)$$

이제 우리는 식 (11.38) 또는 식 (11.40)을 사용하여 임의의 RLC 회로에 전달된 평균 전력을 계산할 수 있을 것이다. $R(\omega)$를 포함하는 식은 회로내의 소자들이 직렬로 접속되어 있을 때 사용하기 더 간단한 반면에, $G(\omega)$를 포함하는 식은 회로 소자들이 병렬로 접속되어 있을 때 사용하기 더 간단할 것이다.

만일 회로 내에 사인파 전원들이 있을 경우에는, 우리는 더 이상 입력 임피던스나 입력 어드미턴스를 입력 변수로 사용할 수 없을 것이다. 이 경우, 평균 입력 전력을 계산하려면 식 (11.26)으로 주어진 일반 공식을 사용해야 할 것이다.

예제 11.5 그림 11.12에서

(a) $Z(j\omega)$, $|Z(j\omega)|$, $\theta_Z(\omega)$, $R(\omega)$, 그리고 $X(\omega)$를 구하라.

(b) R_1R_2L 회로에 전달된 평균 전력을 구하라.

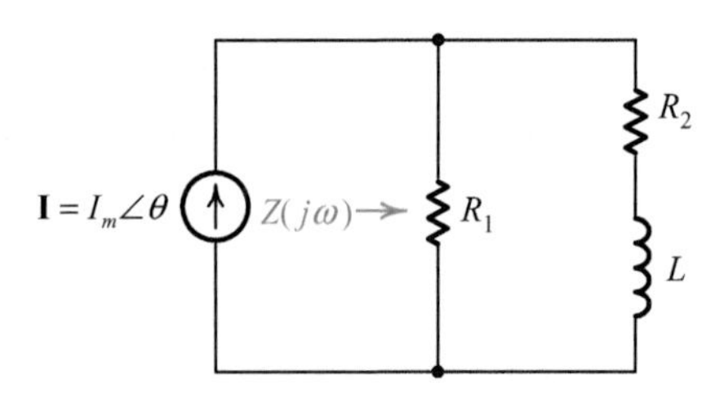

그림 11.12 예제 11.5를 위한 회로.

풀이 (a) $$Z(j\omega) = \frac{R_1(R_2 + j\omega L)}{R_1 + R_2 + j\omega L}$$

이다. $|Z(j\omega)|$와 $\theta_Z(\omega)$를 구하기 위해, $Z(j\omega)$의 분모와 분자를 극 형식으로 놓으면

$$Z(j\omega) = \frac{R_1\sqrt{R_2^2 + \omega^2L^2}\,\Big/\tan^{-1}\dfrac{\omega L}{R_2}}{\sqrt{(R_1 + R_2)^2 + \omega^2L^2}\,\Big/\tan^{-1}\dfrac{\omega L}{R_1 + R_2}}$$

$$= \frac{R_1\sqrt{R_2^2 + \omega^2L^2}}{\sqrt{(R_1 + R_2)^2 + \omega^2L^2}}\,\Big/\tan^{-1}\frac{\omega L}{R_2} - \tan^{-1}\frac{\omega L}{R_1 + R_2}$$

$$|Z(j\omega)| = \frac{R_1\sqrt{R_2^2 + \omega^2L^2}}{\sqrt{(R_1 + R_2)^2 + \omega^2L^2}}$$

$$\theta_Z(\omega) = \tan^{-1}\frac{\omega L}{R_2} - \tan^{-1}\frac{\omega L}{R_1 + R_2}$$

을 얻을 것이다. $R(\omega)$와 $X(\omega)$를 구하기 위해서는 $Z(j\omega)$를 실수 부분과 허수 부분의 형태, 즉 $R(\omega) + jX(\omega)$의 형태로 만들어야 한다. 그렇게 하기 위해 $Z(j\omega)$의 분모와 분자를 분모의 복소 공액으로 곱하면

$$Z(j\omega) = \frac{R_1(R_2 + j\omega L)}{(R_1 + R_2) + j\omega L} \times \frac{(R_1 + R_2) - j\omega L}{(R_1 + R_2) - j\omega L}$$

$$= \frac{R_1[R_2(R_1 + R_2) + \omega^2 L^2 + j\omega L R_1]}{(R_1 + R_2)^2 + \omega^2 L^2}$$

$$R(\omega) = \frac{R_1[R_2(R_1 + R_2) + \omega^2 L^2]}{(R_1 + R_2)^2 + \omega^2 L^2},$$

$$X(\omega) = \frac{\omega L R_1^2}{(R_1 + R_2)^2 + \omega^2 L^2}$$

을 얻는다.

(b) $R_1 R_2 L$ 회로에 전달된 평균 전력은

$$p_{av} = \frac{1}{2} I_m^2 R(\omega) = \frac{1}{2} I_m^2 \frac{R_1[R_2(R_1 + R_2) + \omega^2 L^2]}{(R_1 + R_2)^2 + \omega^2 L^2}$$

이다.

11.5 최대 전력 전달

비이상적인 전압 전원이 부하에 전력을 공급하고 있는 상황을 그림 11.13(a)에 나타냈다. 여기서 우리는 전원 임피던스를 다음과 같이 실수 부분과 허수 부분의 식으로 표현할 수 있을 것이다.

$$Z_s(j\omega) = R_s(\omega) + jX_s(\omega)$$

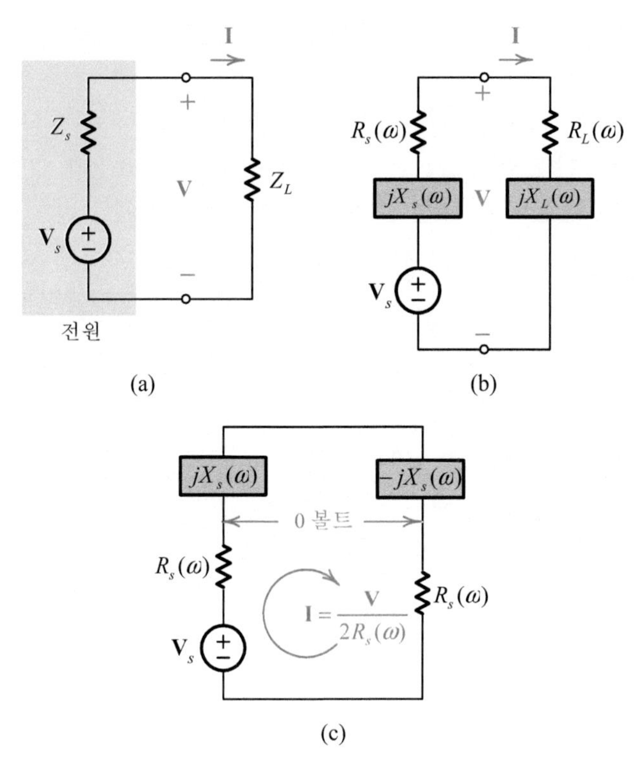

그림 11.13 (a) 비이상적인 전원이 부하에 전력을 전달하는 회로, (b) 전원 임피던스와 부하 임피던스를 등가 회로로 대체한 회로, (c) 최대 전력이 전달될 때의 회로 상태.

마찬가지로, 부하 임피던스도

$$Z_L(j\omega) = R_L(\omega) + jX_L(\omega)$$

로 표현할 수 있을 것이다. 이제 우리는 전원 임피던스와 부하 임피던스에 대한 등가 표현을 사용함으로써, 그림 11.13(a)를 (b)와 같이 다시 그릴 수 있을 것이다. 대부분의 전원들의 경우에서처럼, 우리는 전원 임피던스를 조절할 수 없을 것이다. 지금부터 이 전원이 전달할 수 있는 최대 전력은 얼마인지, 그리고 어떤 조건 하에서 이와 같은 상황이 일어나는지를 고찰해 보기로 하자.

다시 말해, $\mathbf{V}_s$와 Z_s는 고정되어 있고, $Z_L(j\omega)$의 실수 부분과 허수 부분은 독립적으로 조정될 수 있다고 가정할 때, Z_L이 전원으로부터 받아들일 수 있는 가장 큰 전력이 얼마인지를 구해 보기로 하자. 이를 위해, 우리는 그림 11.13(b)를 참고하여 부하 Z_L에 전달된 평균 전력을 다음과 같이 계산할 수 있을 것이다.

$$p_{av} = \frac{1}{2} I_m^2 R_L(\omega)$$

$$\mathbf{I} = \frac{\mathbf{V}_s}{R_s(\omega) + jX_s(\omega) + R_L(\omega) + jX_L(\omega)}$$

$$= \frac{\mathbf{V}_s}{[R_s(\omega) + R_L(\omega)] + j[X_s(\omega) + X_L(\omega)]}$$

$$I_m = \frac{V_m}{\sqrt{[R_s(\omega) + R_L(\omega)]^2 + [X_s(\omega) + X_L(\omega)]^2}}$$

$$p_{av} = \frac{1}{2} \frac{V_m^2 R_L(\omega)}{[R_s(\omega) + R_L(\omega)]^2 + [X_s(\omega) + X_L(\omega)]^2} \tag{11.41}$$

식 (11.41)로부터 우리는 부하의 허수 부분, 즉 $X_L(\omega)$를

$$\boxed{X_L(\omega) = -X_s(\omega)} \tag{11.42}$$

가 되도록 조정했을 때, p_{av}가 최대가 된다는 것을 알 수 있다. 따라서, p_{av}의 최대값은

$$p_{av} = \frac{1}{2} V_m^2 \frac{R_L(\omega)}{[R_s(\omega) + R_L(\omega)]^2} \tag{11.43}$$

이다. 3.11절에서 보았듯이,

$$\boxed{R_L(\omega) = R_s(\omega)} \tag{11.44}$$

로 만듦으로써 우리는 이 p_{av}를 더욱 극대화할 수 있을 것이다. 따라서 부하 임피던스가 전원 임피던스의 복소 공액, 즉

$$Z_L(j\omega) = R_s(\omega) - jX_s(\omega) \tag{11.45}$$

로 조정될 때, 전원은 부하에

$$\boxed{(p_{av})_{\max} = \frac{1}{8} \frac{V_m^2}{R_s(\omega)}} \tag{11.46}$$

의 최대 전력을 공급할 것이다. 이 조건이 만족되었을 때, 우리는 부하가 전원과 정합되었다고 말한다. $R_s(\omega) = R_L(\omega)$ 이므로, 우리는 부하에 전달된 전력과 똑같은 양의 전력이 전원 임피던스에서 손실된다는 것을 알 수 있다.

부하가 전원과 정합되어 있을 때, 회로에 흐르는 전류 [그림 11.13(b)를 참고하라]는

$$\mathbf{I} = \frac{\mathbf{V}_s}{R_s(\omega) + R_L(\omega) + j[X_s(\omega) + X_L(\omega)]}\Bigg|_{R_L(\omega)=R_s(\omega),\ X_L(\omega)=-X_s(\omega)}$$
$$= \frac{\mathbf{V}_s}{2R_s(\omega)}$$

로 주어질 것이다. 이 식으로부터 우리는 부하와 전원이 정합되어 있을 때, 부하 임피던스와 전원 임피던스의 허수 성분들이 상쇄되고, 그 결과로 전원 $\mathbf{V}_s$ 로부터 바라보이는 임피던스는 $2R_s(\omega)$ 라는 것을 알 수 있다. 따라서, 그림 11.13(b)를 (c)처럼 다시 그린다면, (비록 개개의 허수 성분들 양단에 걸리는 전압은 0이 아닐지라도) 회로의 허수 성분들 양단에 걸리는 전압이 0이라는 것을 쉽게 알 수 있을 것이다.

만일 부하 임피던스는 고정되어 있고, 전원 임피던스를 조정할 수 있다면, 식 (11.41)로부터 알 수 있듯이, $X_s(\omega) = -X_L(\omega)$ 일 때 부하가 최대 전력, 즉

$$p_{av} = \frac{1}{2}\frac{V_m^2 R_L(\omega)}{[R_s(\omega) + R_L(\omega)]^2}$$

를 전달받을 것이다. 이 식은 $R_s(\omega)$ 를 작게 하면 할수록 부하가 그만큼 더 많은 전력을 전달받는다는 것을 보여준다. 실제로, 만일 우리가 $R_s(\omega) = 0$으로 만들 수 있다면, 부하는 그때 가장 큰 전력을 전달받을 것이다.

어떤 임의의 전압 전원이 $R + j\omega L$ 의 내부 임피던스를 갖고 있다.

(a) 이 전원으로부터 최대 전력을 뽑아내려면 전원 양단에 어떤 부하 임피던스를 연결해야 하는가?

(b) 이 전원이 전달할 수 있는 최대 전력은 얼마인가?

풀이 (a) 전원은 부하 임피던스가 전원 임피던스의 복소 공액일 때 최대 전력을 전달한다. 따라서 우리는

$$Z_L(j\omega) = R - j\omega L$$

을 얻는다. 우리는 또 이 Z_L을 $Z_L(j\omega) = R + \frac{\omega L}{j} = R + \frac{1}{j\omega C}$로 쓸 수 있을 것이다. 여기서 $\frac{1}{\omega C} = \omega L$이다. 따라서 C에 대해 풀면,

$$C = \frac{1}{\omega^2 L}$$

을 얻는다. 그 결과의 회로를 그림 11.14에 나타냈다.

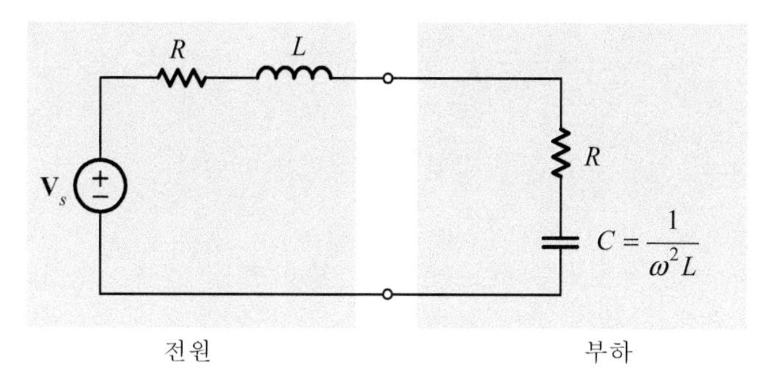

그림 11.14 예제 11.6(a)의 결과로 얻어진 회로.

(b) 부하가 전원과 정합되어 있을 때, 전원이 최대 전력을 전달한다. 식 (11.46)으로부터 이 전력은

$$(p_{av})_{\max} = \frac{1}{8}\frac{V_m^2}{R}$$

이다. 여기서 V_m은 V_s의 피크값을 나타낸다.

11.6 실효값

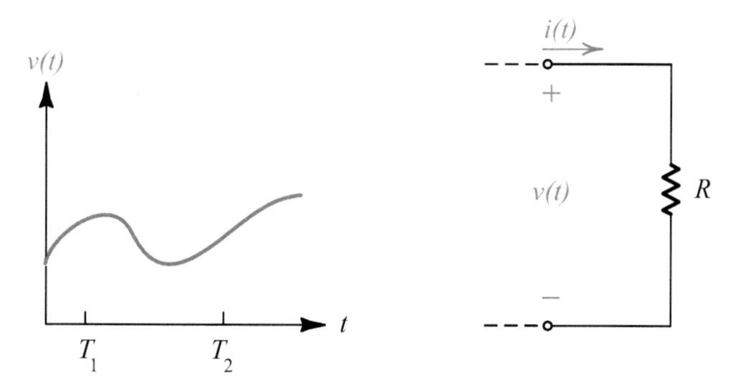

그림 11.15 임의의 회로 안에 있는 저항기와 저항기 전압의 예.

그림 11.15에서 임의의 회로 안에 있는 하나의 저항기에 주목해 보자. 그림에 나타낸 것처럼, 저항기 양단에 걸리는 전압은 시간의 임의 함수이다. 저항기에 전달된 순시 전력은

$$p(t) = v(t)i(t) = i^2(t)R = \frac{v^2(t)}{R} \tag{11.47}$$

이고, 시간 T_1에서 T_2까지의 기간 동안 저항기에 전달된 평균 전력은

$$p_{av} = \frac{1}{T_2 - T_1}\int_{T_1}^{T_2} i^2(t)R\ dt \tag{11.48}$$

이다. 우리는 이 결과를 다음과 같이 쓸 수 있을 것이다.

$$p_{av} = \left[\sqrt{\frac{1}{T_2 - T_1}\int_{T_1}^{T_2} i^2(t)\ dt}\right]^2 R \tag{11.49}$$

p_{av}를 조금 복잡하게 나타내기는 했지만, 우리는 이 식의 형태로부터 다음을 알 수 있을 것이다. 즉, 중괄호 안의 항은 상수이고, 암페어의 단위를 가진다는 것을 알 수 있을 것이다. 이 가상 전류를 I_{rms} 라고 부르기로 하자. 그러면, 우리는 저항기에 전달된 평균 전력을

$$p_{av} = I_{\mathrm{rms}}^2\ R \tag{11.50a}$$

로 쓸 수 있을 것이다. 여기서 가상 전류는

$$I_{\mathrm{rms}} = \sqrt{\frac{1}{T_2 - T_1}\int_{T_1}^{T_2} i^2(t)\ dt} \tag{11.50b}$$

이다. 마찬가지로, 만일 우리가 $p(t)$의 다른 형태, 즉 $v^2(t)/R$으로 이 논의를 시작했다면, 우리는

$$p_{av} = \frac{V_{\mathrm{rms}}^2}{R} \tag{11.51a}$$

에 도달했을 것이다. 여기서

$$V_{\mathrm{rms}} = \sqrt{\frac{1}{T_2 - T_1}\int_{T_1}^{T_2} v^2(t)\ dt} \tag{11.51b}$$

이다.

I_{rms} 와 V_{rms} 는 상수들이므로 이들은 직류 값들을 나타낸다. 식 (11.50)과 식 (11.51)은 임의의 전류 파형, 또는 전압 파형에 의해 저항기에서 소비되는 평균 전력은 저항기를 통해 흐르는 등가 직류 전류, 또는 저항기 양단에 걸리는 등가 직류 전압을 이용하여 계산할 수 있다는 것을 보여 준다. 우리는 이들 등가 직류 값을 **rms 값**(root-mean-square value)이라고 부른다.

수학적인 관점으로 엄밀하게 말하자면, 시간 함수 $s(t)$ 의 rms 값은

$$S_{rms} = \sqrt{\frac{1}{T_2 - T_1}\int_{T_1}^{T_2} s^2(t)\ dt} \tag{11.52}$$

로 정의된다. rms 표현에서 r은 제곱근($\sqrt{\quad}$)을 나타내고, m은 평균값

$$\left[\frac{1}{T_2 - T_1}\int_{T_1}^{T_2} (\ )\ dt\right]$$

를 나타낸다. 그리고 s는 함수의 제곱$[s^2(t)]$을 나타낸다. 평균은 $(T_2 - T_1)$ 초의 시간 간격에 걸쳐 행해진다. rms 값은 제곱된 함수의 평균값의 제곱근을 나타낸다.

임의의 사인파 함수

$$s(t) = A\sin(\omega t + \theta)$$

에 대해서는 주기 $T = 2\pi/\omega$를 평균 간격으로 사용할 수 있을 것이다. 따라서 임의의 사인파의 rms 값은

$$S_{rms} = \sqrt{\frac{1}{T}\int_0^T s^2(t)\ dt} = \sqrt{\frac{1}{T}\int_0^T A^2\sin^2(\omega t + \theta)\ dt} \tag{11.53}$$

$$S_{rms} = A\sqrt{\frac{1}{T}\int_0^T \sin^2(\omega t + \theta)\ dt} \tag{11.54}$$

이다. 여기서 우리는 제곱근 안의 지시된 적분을 풀어 제곱근 안의 값이 $\frac{1}{2}$이라는 것을 알 수도 있고, 그렇지 않으면 사인-제곱된 함수의 평균값이 $\frac{1}{2}$이라는 것을 인지하여 제곱근 안의 값이 $\frac{1}{2}$이라는 것을 직관적으로 알 수도 있을 것이다. 따라서, 식 (11.54)는

$$S_{rms} = \frac{A}{\sqrt{2}} \tag{11.55}$$

가 되고, 우리는 이 식으로부터 사인파의 rms 값이 사인파의 피크값을 $\sqrt{2}$로 나눈 것과 같다는 것을 알 수 있다.

이제 우리는, 다음과 같이, 사인파로 여기된 회로에서의 평균 전력을 rms 값들의 식으로 표현할 수 있을 것이다.

$$p_{av} = \frac{1}{2} V_m I_m \cos\theta = \frac{V_m}{\sqrt{2}} \frac{I_m}{\sqrt{2}} \cos\theta = V_{\text{rms}} I_{\text{rms}} \cos\theta \tag{11.56}$$

여기서

$$V_{\text{rms}} = \frac{V_m}{\sqrt{2}}, \quad I_{\text{rms}} = \frac{I_m}{\sqrt{2}}$$

이다. 일반적으로, 사인파는 그것의 피크값보다는 오히려 rms 값으로 표현된다. 즉,

$$s(t) = A\sin(\omega t + \theta) = \sqrt{2}\, A_{\text{rms}} \sin(\omega t + \theta)$$

게다가, 우리는 피크값을 사용하여 페이저$(A\angle\theta)$를 나타내는 대신에, rms 값을 사용하여 페이저$(A_{\text{rms}}\angle\theta)$를 나타낼 수도 있다. 이때에는 모든 전압과 전류들이 그들의 rms 값의 식들로 표현될 것이다. 전력 산업에서는 모든 계산과 측정이 rms 값으로 행해지며, 피크값에 대해서는 언급조차 하지 않는다. 예를 들면, 우리들의 가정으로 공급되는 전력은 220 V이다. 특별히 지적하지 않더라도, 이 전압은 사인파 전압의 rms 값을 나타낸다. 물론, 우리는 rms 값에 $\sqrt{2}$를 곱해 언제라도 그것의 피크값을 알 수 있다. 즉, $220\sqrt{2} = 311$ V인 것이다.

사인파로 여기되는 저항기에서의 전압과 전류는 동상이다. 즉, $\mathbf{V} = \mathbf{I}R$ 이고, 역률은 1이다. 따라서 우리는 다음의 관계식들을 쓸 수 있을 것이다.

$$V_{\text{rms}} = I_{\text{rms}} R \tag{11.57}$$

$$p_{av} = V_{\text{rms}} I_{\text{rms}} \text{ PF} = V_{\text{rms}} I_{\text{rms}} = \frac{V_{\text{rms}}^2}{R} = I_{\text{rms}}^2 R$$

직류로 여기되는 저항기에 대해서는 다음 식들이 성립할 것이다.

$$V_{dc} = I_{dc} R \tag{11.58}$$

$$p_{av} = V_{dc} I_{dc} = \frac{V_{dc}^2}{R} = I_{dc}^2 R$$

여기서 V_{dc}와 I_{dc}는 직류값들을 나타낸다. 식 (11.57)과 식 (11.58)을 비교함으로써, 우리는

$$V_{\text{rms}} = V_{dc} \quad \text{또는} \quad I_{\text{rms}} = I_{dc} \tag{11.59}$$

일 때 사인파로 여기된 저항기가 직류로 여기된 저항기와 똑같은 전력을 받아들인다는 것을 알 수 있다. 달리 말하면, 만일 어떤 저항기에 1 V의 rms 전압 또는 1 V의 직류 전압이 걸린다면, 똑같은 전력이 그 저항기에서 소비될 것이다. 마찬가지로, 1 A의 rms 전류 또는 1 A의 직류 전류 역시 저항기에서 동일한 양의 전력을 소비할 것이다. 이런 이유로 해서, 우리는 rms 값을 **실효값**(effective value)이라고 부르기도 한다. 전력 소비에 관한 한, 실효값과 직류값 사이에는 차이가 없다. 이것을 저항기에 흐르는 전류를 이용하여 도식적으로 설명한 것이 그림 11.16이다. 이 관계는 전압에 대해서도 유효하다.

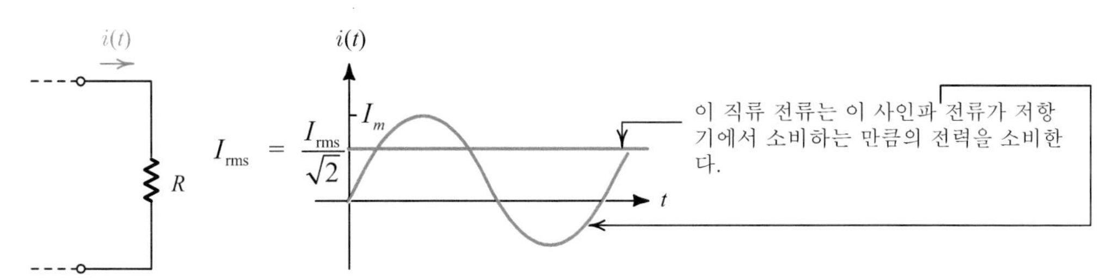

그림 11.16 전력 소비에서 실효값과 직류값 사이에는 차이가 없다.

그림 11.17에 보인 주기적인 전류 파형이 저항기에 인가되었다.

(a) 어떤 직류 전류가 그 저항기에서 동일한 양의 평균 전력 소비를 산출하겠는가?

(b) 어떤 사인파 전류가 그 저항기에서 동일한 양의 평균 전력 소비를 산출하겠는가?

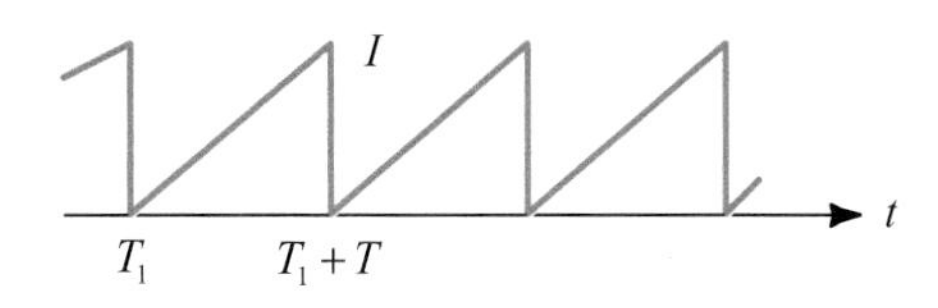

그림 11.17 예제 11.7을 위한 그림.

풀이 (a) 저항기에서 소비되는 순시 전력은

$$p(t) = v(t)i(t) = i^2(t)R$$

이다. 그림 11.16으로부터, 우리는

$$i(t) = \frac{I}{T}(t - T_1) \qquad T_1 < t < T_1 + T$$

을 얻는다. 여기서, 우리는 T_1을 0으로 취해도 보편성을 잃지 않을 것이다.

따라서

$$p(t) = \left(\frac{I}{T}t\right)^2 R = \frac{I^2 R}{T^2}t^2$$

을 얻는다. 평균 전력을 구하기 위해, 순시 전력 $p(t)$를 주기 T에 걸쳐 적분하고 T로 나누면

$$\left.\begin{aligned} p_{av} &= \frac{1}{T}\int_0^T p(t)\ dt = \frac{I^2 R}{T^3}\int_0^T t^2 dt \\ p_{av} &= \frac{I^2 R}{T^3}\frac{t^3}{3} \end{aligned}\right\} \tag{11.60}$$

을 얻을 것이다. 동일한 저항기에서 직류 전류 I_{dc}에 의해 소비되는 전력은

$$p_{av} = I_{dc}^2 R \tag{11.61}$$

일 것이다. 만일 톱니파 전류 파형에 의해 소비되는 것과 동일한 양의 평균 전력이 직류 전류에 의해 소비된다면, 식 (11.60)은 식 (11.61)과 반드시 일치해야 할 것이다. 따라서

$$\frac{I^2 R}{3} = I_{dc}^2 R$$

이고, 이로부터 우리는

$$I_{dc} = \frac{I}{\sqrt{3}}$$

를 얻는다.

(b) (a)에서 얻은 직류 전류 값과 동일한 rms 값을 갖는 사인파 전류는 그 저항기에서 동일한 양의 평균 전력 소비를 발생시킬 것이다. 따라서

$$I_{\mathrm{rms}} = I_{dc} = \frac{I}{\sqrt{3}}$$

이다. 저항기에서 동일한 평균 전력을 소비하는 세 개의 전류 파형을 그림 11.17에 나타냈다. 사인파의 주파수가 톱니파의 주파수와 무관하다는 점에 주목하기 바란다. 즉, 실효값들은 주파수와 무관하다.

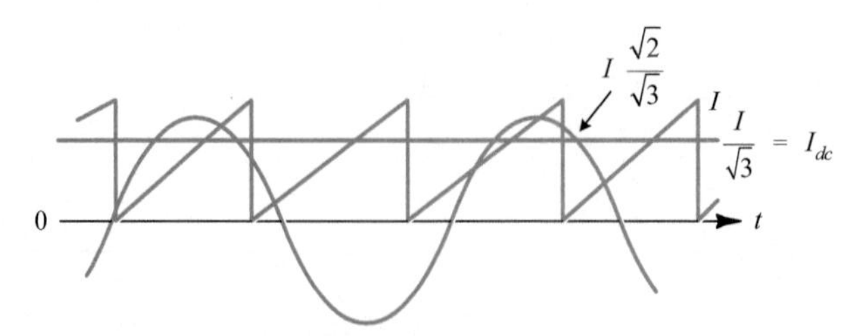

그림 11.18 저항기에서 동일한 평균 전력을 소비하는 세 개의 전류 파형.

연습문제 11.3

그림 E11.3에 보인 주기적인 전압 파형이 어떤 저항기에 인가되었다.

(a) 저항기에서 소비되는 평균 전력과 똑같은 평균 전력을 발생시키는 직류 전압을 구하라.

(b) 저항기에서 소비되는 평균 전력과 똑같은 평균 전력을 발생시키는 사인파 전압을 구하라.

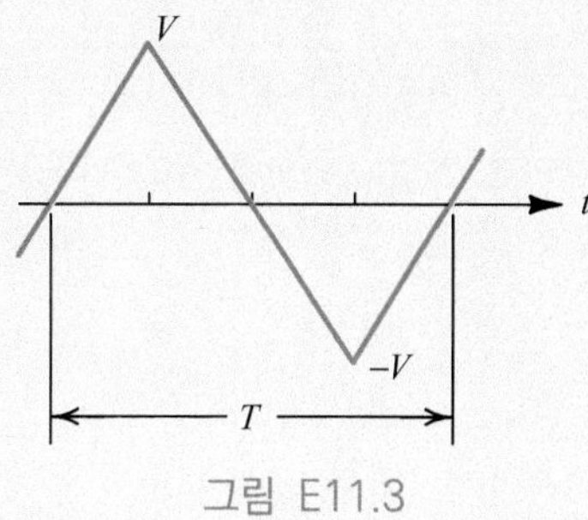

그림 E11.3

답 (a) $V_{dc} = \dfrac{V}{\sqrt{3}}$, (b) $V_{\mathrm{rms}} = V_{dc} = \dfrac{V}{\sqrt{3}}$

요 약

✔ 페이저는 사인파와 관련된 크기 및 위상 정보를 지닌다. 전압 페이저는 기호 $\mathbf{V}$로 표시하고, 전류 페이저는 기호 $\mathbf{I}$로 표시한다. 만일 우리가 사인파 정상-상태 응답에만 관심이 있다면, 우리는 페이저를 사용해 복소수를 다룰 수 있고, 그 결과로 출력 전압 또는 출력 전류를 구할 수 있다. 즉, 만일 출력 페이저가 $\mathbf{X}$ (이는 전류를 나타낼 수도 있고, 그렇지 않으면 전압을 나타낼 수 있다.)라면, 이에 상응하는 시간-영역 응답은 $x(t) = |X| \sin(\omega t + \theta_x)$ 또는 $|X| \cos(\omega t + \theta_x)$이다. 여기서 $|X|$는 $\mathbf{X}$의 크기를 나타내고, θ_x는 각을 나타낸다. 만일 사용된 입력 함수가 사인파이면 출력은 사인파 형태로 표현되고, 만일 입력이 코사인파로 주어졌다면 출력은 코사인파 형태로 표현된다.

✔ 임의의 RLC 회로에 공급되는 사인파, 정상-상태, 평균 전력은 $\frac{1}{2} V_m I_m \mathrm{PF} = V_{\mathrm{rms}} I_{\mathrm{rms}} \mathrm{PF}$이다. 여기서 첨자 m은 피크값을 나타내고 rms는 실효값을 나타낸다(피크값 = $\sqrt{2}$ 실효값). 역률 PF는 $\cos\theta$ 와 같다. 여기서 θ는, 우리가 전력을 계산하고 있는 단자에서의 전류와 전압 페이저들 사이의 위상차를 나타낸다. 진상 PF는 전류가 전압보다 위상이 앞선다는 것을 의미하고, 지상 PF는 전류가 전압보다 위상이 뒤진다는 것을 의미한다.

✔ 고정된 내부 임피던스를 갖는 전원이 부하에 최대 전력을 전달하는 것은 부하 임피던스가 전원 임피던스와 정합될 때이다. 따라서, 만일 전원 임피던스가 $Z_s = R + jX_s$라면, 부하 임피던스가 $Z = R_s - jX_s$일 때 부하는 전원으로부터 (이용 가능한) 최대 전력을 공급받을 것이다.

문제 Question

11.1 페이저

11.1 $A_1 \sin(\omega t + \theta_1) + A_2 \sin(\omega t + \theta_2) = A_3 \sin(\omega t + \theta) = A_4 \cos(\omega t + \phi)$가 주어졌다. 페이저를 사용하여 A와 B의 함수로서 A_3, θ, A_4, 그리고 ϕ를 구하라.

11.2 $\sqrt{2}\sin(t + \frac{\pi}{4}) - \cos t + \sqrt{2}\cos(t - \frac{\pi}{4}) = A\sin(t + \theta)$가 주어졌다. A와 θ를 구하라.

11.3 $x(t) = \sin t$ 그리고 $y(t) = \cos t$가 주어졌다.

(a) $\mathbf{X} + \mathbf{Y}$ 를 구하라. 답을 극 형식으로 나타내어라.

(b) $\mathbf{X} + \mathbf{Y}$ 의 시간-영역 표현은 무엇인가?

11.2 페이저를 이용한 사인파 정상-상태 응답 계산

11.4 그림 P11.4에 보인 회로들에서 물음표로 지시된 페이저 응답들을 구하라. 단, 여기 주파수는 ω이고, 여기 진폭은 V_m 또는 I_m이며, 위상은 0이다.

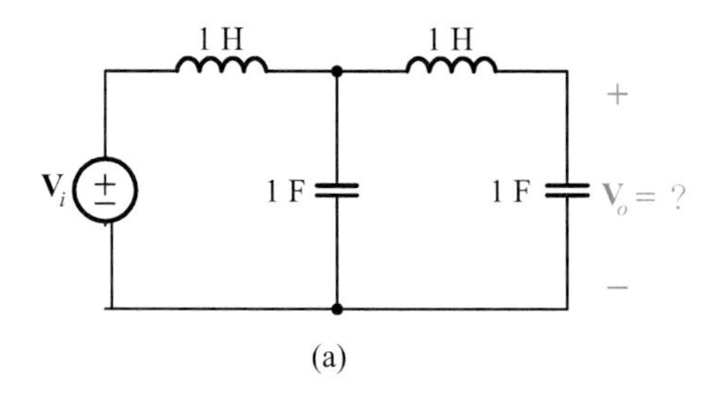

(a)

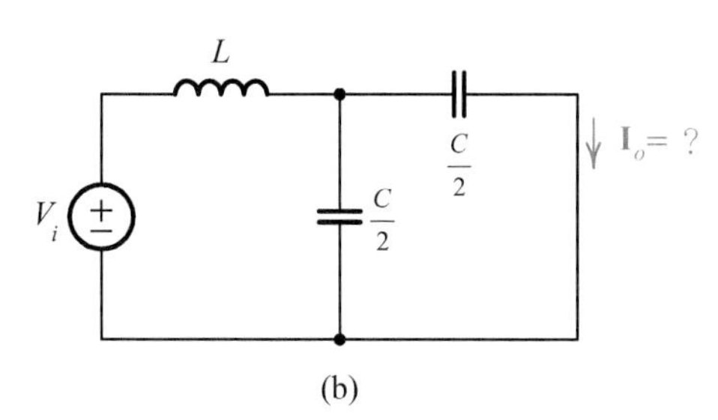

(b)

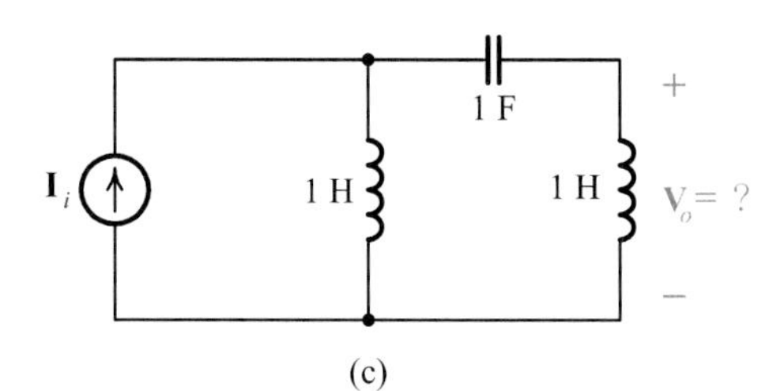

(c)

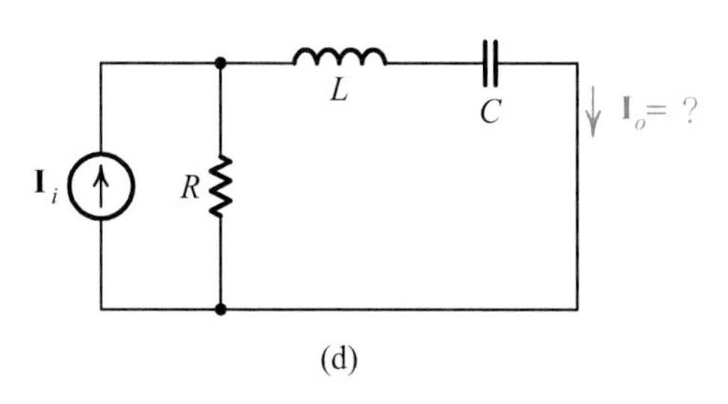

(d)

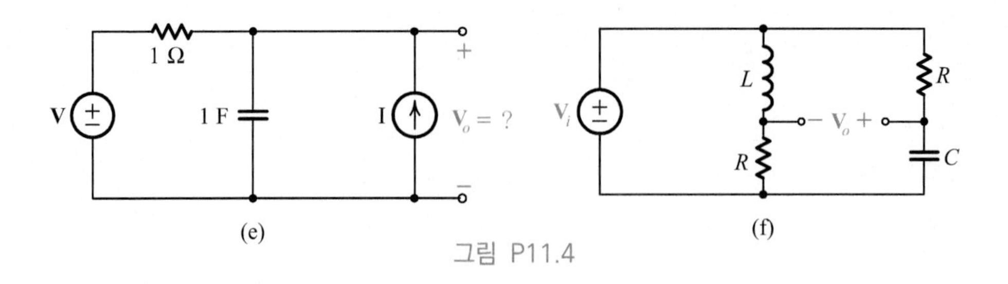

그림 P11.4

11.5 그림 P11.5에 보인 회로들에서 물음표로 지시된 응답들을 크기 ∠각 의 형태로 구하라.

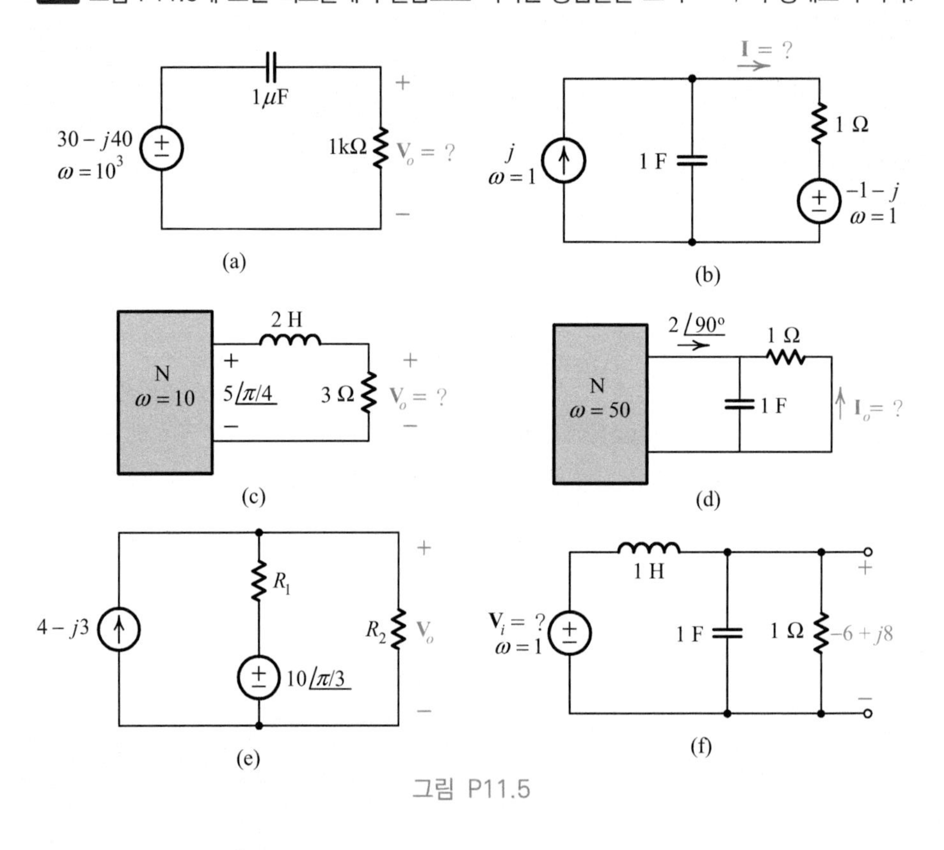

그림 P11.5

11.6 그림 P11.6에서 그림에 보인 출력 전압을 산출하는 $v_i(t)$를 구하라. 단, $\omega = 1$ 로 가정하라.

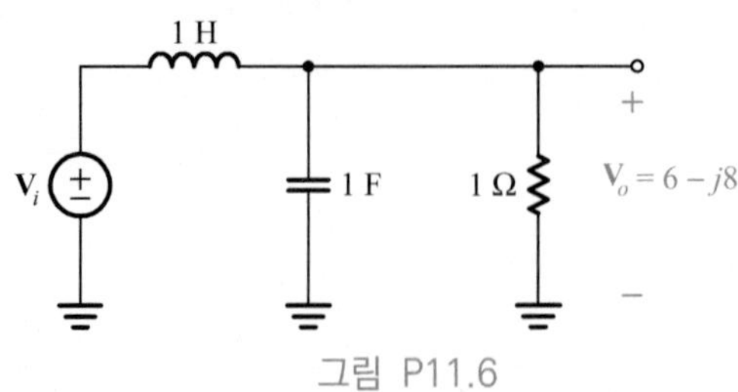

그림 P11.6

11.7 그림 P11.7에서 $v_R(t)$와 $v_L(t)$는 각각 6 V와 8 V의 진폭을 갖는 사인파이다. $v_i(t)$를 구하라.

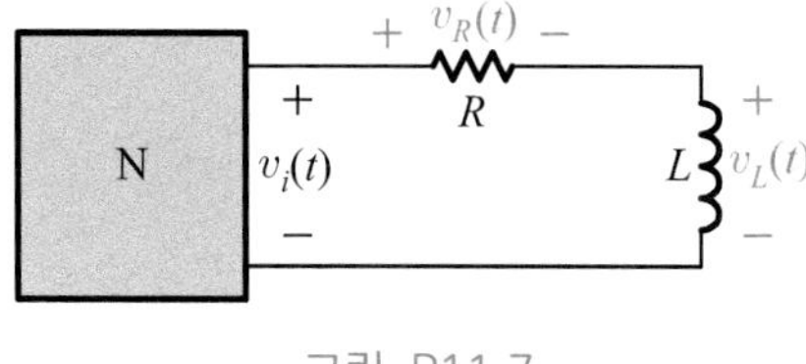

그림 P11.7

11.8 그림 P11.8에서 $\mathbf{V}_{o1}$과 $\mathbf{V}_{o2}$가 주파수와 상관없이 90°의 위상차를 가진다는 것을 보여라.

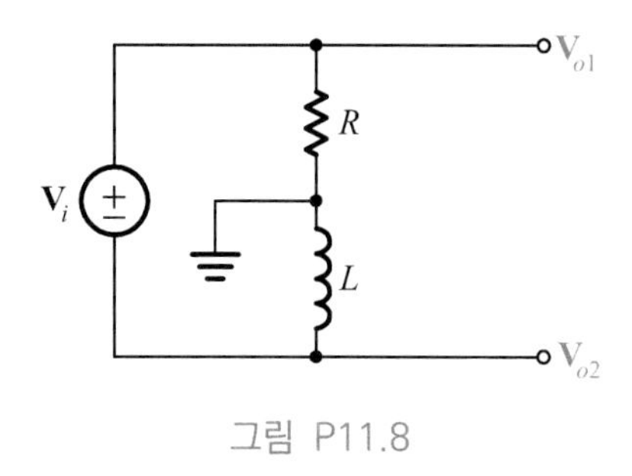

그림 P11.8

11.3 교류 회로에서의 전력 관계

11.9 어떤 회로에 다음 식들로 주어지는 입력 전류와 전압이 인가됐다.

$$v_i(t) = V_m \sin(\omega t + \Theta) \text{ 그리고 } i_i(t) = I_m \cos(\omega t + \phi)$$

이 회로로 전달된 평균 전력을 구하라.

11.10 그림 P11.10의 회로와 관련된 역률을 구하라.

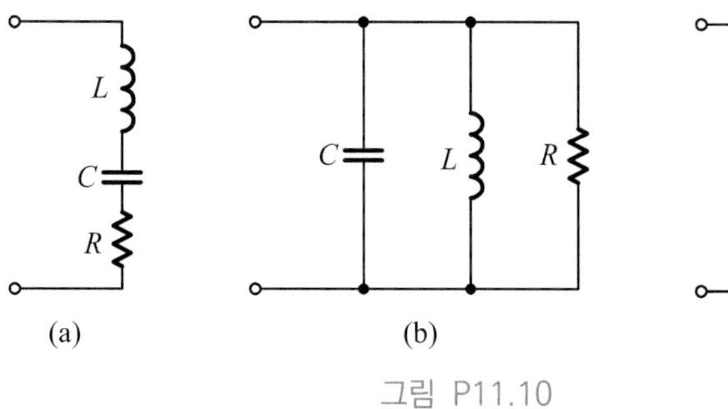

그림 P11.10

11.11 그림 P11.11을 참조하라.

(a) 유도성 부하($R-L$ 결합)와 관련된 PF는 얼마인가?

(b) 용량성 부하와 관련된 PF는 얼마인가?

(c) 병렬 결합과 관련된 PF는 얼마인가?

(d) 병렬 결합의 PF를 1로 만들려면 어떤 크기의 C를 사용해야 하는가?

(e) RLC의 PF는 어떤 주파수에서 1이 되는가?

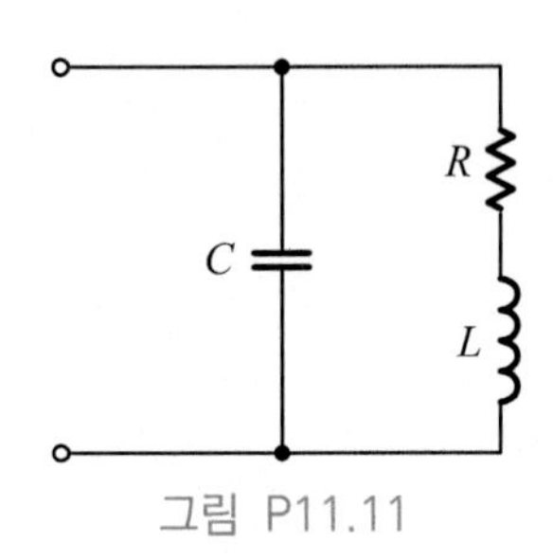

그림 P11.11

11.12 어떤 모터의 표찰에 다음의 정보가 적혀 있다. 즉,

선 로 전 압	:	230 V_{rms}
선로 주파수	:	60 Hz
선 로 전 류	:	14 A_{rms}
마 력	:	3(1 hp = 746 W)

(a) 모터의 역률(지상)은 얼마인가?

(b) PF가 1이 되도록 하기 위해서는 모터의 입력 단자들 사이에 어떤 크기의 C를 접속시켜야 하는가?

11.13 그림 P11.13에서 회로 N은 그림에 나타낸 것처럼, I_m의 전류를 지상각 θ에서 끌어들인다. 커패시터 C는 역률을 보정하기 위해 첨가된 것이다.

(a) 입력에 의해 공급되는 평균 전력은 얼마인가?

(b) N에 의해 소비되는 평균 전력은 얼마인가.

(c) C의 값이 얼마일 때, 선로 전류 i_L이 최소 진폭을 갖는가?

(d) 커패시터 C를 (c)에서 구한 값으로 조정했다. 이 때의 선로 전류 $i_L(t)$의 값은 얼마인가?

(e) 커패시터-N 병렬 결합의 역률은 얼마인가?

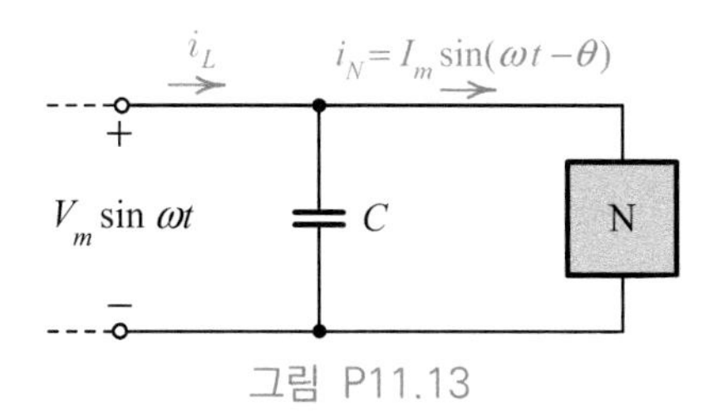

그림 P11.13

11.14 그림 P11.14를 참조하여 다음 물음에 답하라.

(a) 회로의 PF를 구하라.

(b) PF가 1이 되도록 하기 위해서는 입력 단자들 사이에 어떤 크기의 L을 접속시켜야 하는가?

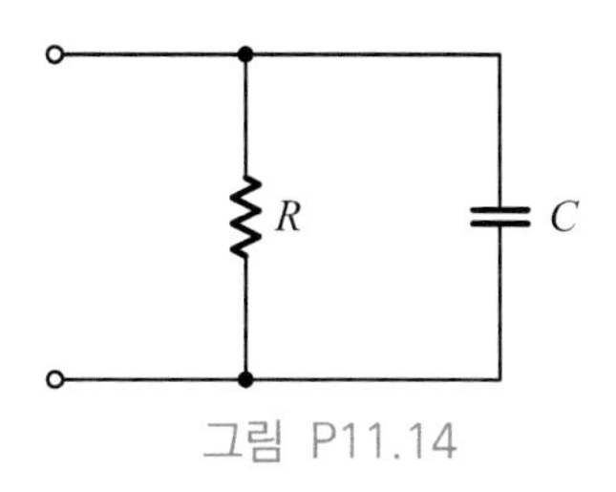

그림 P11.14

11.4 $R(\omega)$과 $G(\omega)$의 식으로 나타낸 전력

11.15 그림 P11.15에서 $Z(j\omega)$, $|Z(j\omega)|$, Θ_Z, $R(\omega)$, $X(\omega)$ 및 $R_1 R_2 C$ 회로에 공급되는 평균 전력을 구하라.

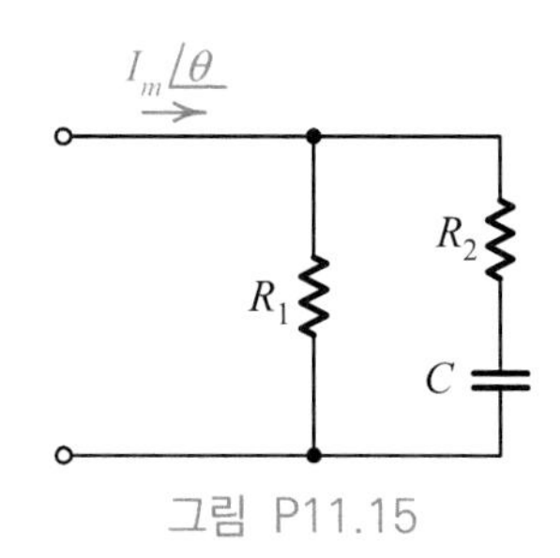

그림 P11.15

11.16 식 (11.40)을 유도하라.

11.17 그림 P11.17에 보인 회로들에 대해, $Y(j\omega)$, $|Y(j\omega)|$, Θ_Y, $G(\omega)$, $B(\omega)$ 및 회로에 공급된 평균 전력을 계산하라.

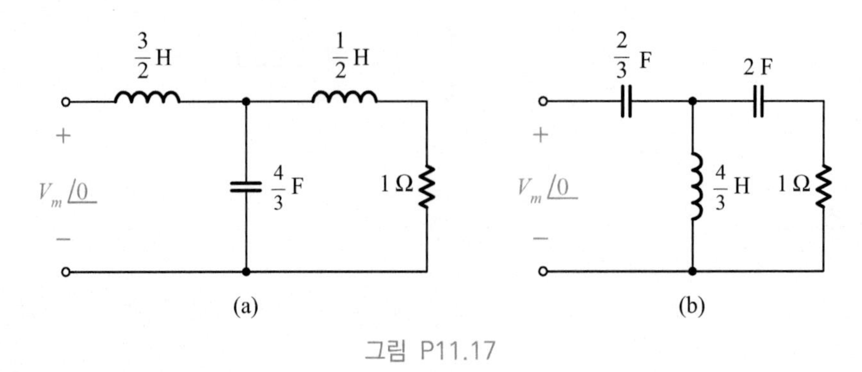

그림 P11.17

11.5 최대 전력 전달

11.18 그림 P11.18에서 부하 Z_L에 공급될 수 있는 최대 전력을 구하라.

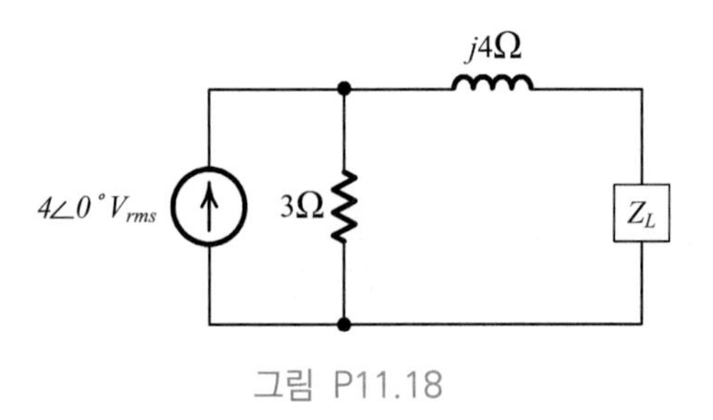

그림 P11.18

11.6 실효값

11.19 그림 P11.19에 보인 주기적인 전압 파형이 어떤 저항기에 인가되었다.

(a) 저항기에서 소비되는 평균 전력과 똑같은 평균 전력을 발생시키는 직류 전압을 구하라.

(b) 저항기에서 소비되는 평균 전력과 똑같은 평균 전력을 발생시키는 사인파 전압을 구하라.

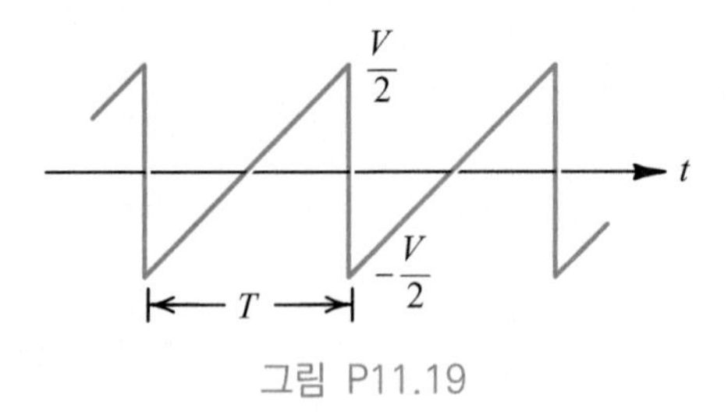

그림 P11.19

11.20 그림 P11.20에 보인 주기적인 전압 파형이 어떤 저항기에 인가되었다.

(a) 저항기에서 소비되는 평균 전력과 똑같은 평균 전력을 발생시키는 직류 전압을 구하라.

(b) 저항기에서 소비되는 평균 전력과 똑같은 평균 전력을 발생시키는 사인파 전압을 구하라.

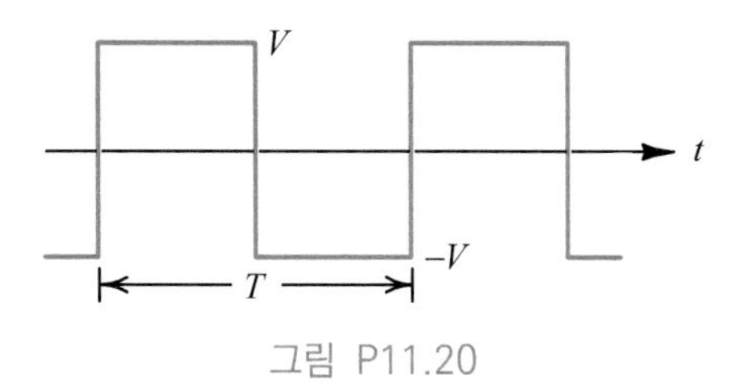

그림 P11.20

11.21 그림 P1.21에 보인 주기적인 파형의 rms 값은 얼마인가?

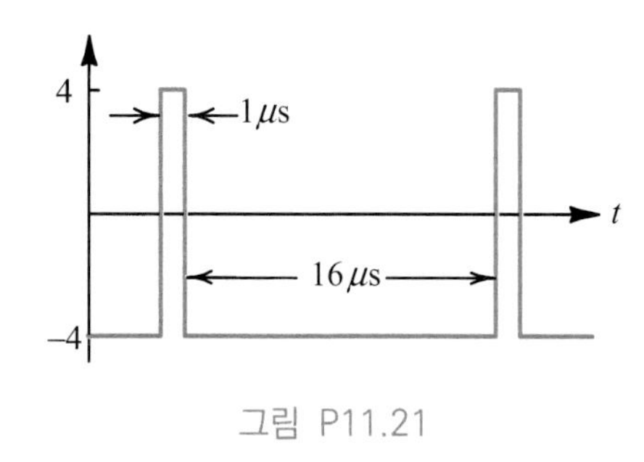

그림 P11.21

11.22 그림 P11.22에 보인 주기 파형의 rms 값은 얼마인가?

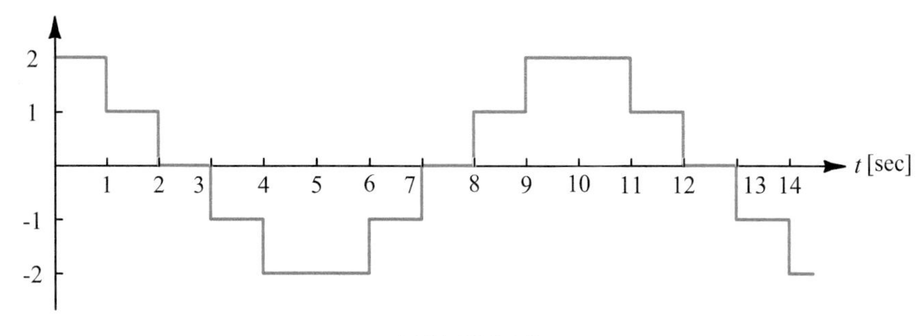

그림 P11.22

CHAPTER 12

푸리에 급수와 응용

서론

1장과 4장에서 우리는 저항기, 인덕터, 그리고 커패시터를 선형 소자들로서 소개했었고, 그 이후의 장들에서도 이들을 선형 소자들로서 사용해 왔다. 10장에서는 또 다른 회로 소자들로서 선형 전압 종속 전원과 선형 전류 종속 전원을 소개했었고, 이들을 저항기, 인덕터, 그리고 커패시터와 함께 사용하여 좀더 다양한 회로들을 생성시켰었다. 선형 소자들만으로 구성된 선형 회로에서, 만일 그 회로를 여기시키는 독립 전원들을 한번에 하나씩 고려한다면, 독립 전원들에 정비례하는 응답들이 산출될 것이다. 물론, **비선형**(nonlinear) 특성을 나타내는 회로 소자들도 있다. 임의의 선형 회로에 단 하나의 비선형 소자라도 포함되면, 그 회로의 응답은 독립 전원 여기에 비례하지 않을 것이다. 일반적으로, 이러한 비선형 회로는 해석하기가 매우 어렵다. 그러나, 만일 입력 신호가 주기적이고, 우리가 정상-상태 응답에만 관심이 있다면, 신호의 푸리에 급수(Fourier series) 표현이 해를 얻는 데 유용하게 사용될 수 있을 것이다. 또한, 선형 회로에서도 푸리에 급수 표현은 주기적인 입력 여기에 대한 정상-상태 응답을 얻는 데 사용되기도 한다. 이 장에서 우리는 주기적인 신호(또는 함수)를 푸리에 급수로 전개하는 방법과 그 결과들을 실제의 회로 문제들을 푸는 데 어떻게 적용해야 하는가를 고찰할 것이다.

12.1 주기 함수

모든 t에 대해 다음 식, 즉

$$f(t + T) = f(t) \tag{12.1}$$

를 만족시키는 양의 상수 T가 존재한다면, 이 $f(t)$ 함수는 주기 함수이다. 식 (12.1)을 만족시키는 가장 작은 T의 값을 $f(t)$의 **주기**(period)라고 한다. 그림 12.1에 주기 함수의 한 예를 나타냈다. 그림에 표시된 두 점이 가리키는 바와 같이, 어떤 임의의 시간 t_0에서의 함수 값은 시간 $t_0 + T$에서의 함수 값과 같다. 즉, 이 파형은 매 T 초마다 반복된다. 따라서, 이 파형의 반복 주파수(repetition frequency) f_0는 $1/T$ Hz 이다.

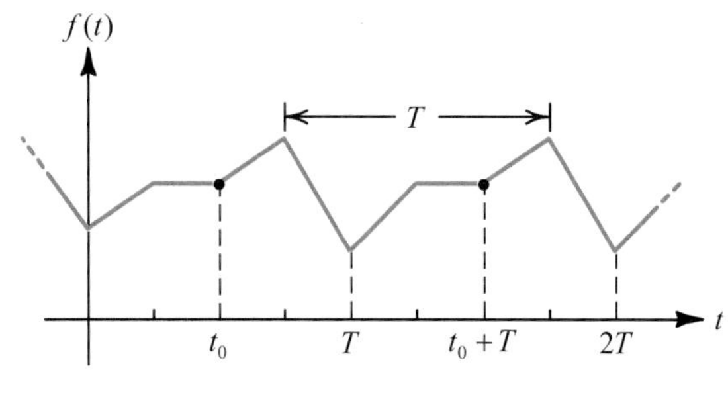

그림 12.1 주기 함수의 한 예.

12.2 푸리에 급수

이 장에서 우리는 그림 12.1에 보인 것과 같은 주기적인 파형이 회로들에 입력되었을 때, 그 회로들의 정상-상태 응답을 구하는 방법을 공부할 것이다. 푸리에 이론에 의하면, 이와 같은 주기적인 파형들은 조화적으로(harmonically) 연관된 사인파(정현파)들의 무한 합으로 구성되는 **푸리에 급수**(Fourier series)[15]로 표현될 수 있다. 좀더 구체적으로 말하면, 만약 어떤 함수(또는 파형) $f(t)$가 주기가 T인 주기 파형이라면, $f(t)$는 다음 형태의 푸리에 급수로 표현될 수 있다.

$$\begin{aligned} f(t) = {} & a_0 + a_1 \cos(2\pi f_0 t) + a_2 \cos(2\pi 2 f_0 t) + \cdots + a_n \cos(2\pi n f_0 t) + \cdots \\ & b_1 \sin(2\pi f_0 t) + b_2 \sin(2\pi 2 f_0 t) + \cdots + b_n \sin(2\pi n f_0 t) + \cdots \end{aligned} \tag{12.2}$$

[15] 프랑스의 수학자이자 물리학자인 Jean Baptiste Joseph Fourier(1768-1830)가 1822년에 발표 한 이론이다.

또는 좀더 간결하게,

$$f(t) = \underbrace{a_0}_{\text{직류}} + \underbrace{\sum_{n=1}^{\infty} [a_n \cos(2\pi n f_0 t) + b_n \sin(2\pi n f_0 t)]}_{\text{교류}} \tag{12.3}$$

여기서 계수 a_0는 $f(t)$의 직류 성분 또는 한 주기 동안의 평균값을 나타낸다. 상수 a_n과 $b_n (n = 1, 2, 3, ...)$은 교류 성분에 있는 코사인파와 사인파들의 **푸리에 계수**(Fourier coefficients)들이다. 교류 성분에서 가장 낮은 주파수는 $n = 1$일때 일어난다. 이 주파수는 **기본 주파수**(fundamental frequency)라고 불리며, $f_0 = 1/T$로 정의된다. 이 주파수에 해당하는 성분, 즉 $a_1 \cos(2\pi f_0 t) + b_1 \sin(2\pi f_0 t)$를 우리는 $f(t)$의 **기본파 성분**(fundamental component) 또는 **제1 고조파 성분**(first harmonic component)이라고 부른다. 기본 주파수 f_0는 단위가 라디안/초인 **각 주파수**(angular frequency) $\omega_0 = 2\pi f_0 = 2\pi/T$로 표현되기도 하며, 이에 따라 기본파 성분은 $a_1 \cos \omega_0 t + b_1 \sin \omega_0 t$와 같이 ω_0의 식으로 표현되기도 한다. 다른 주파수들은 기본 주파수의 정수배이며, **제2 고조파**(second harmonic frequency)($2\omega_0$), **제3 고조파**($3\omega_0$), 그리고 일반적으로 **제n 고조파**($n\omega_0$)라고 불린다. 이들 고조파에 해당하는 성분들은 $a_2 \cos 2\omega_0 t + b_2 \sin 2\omega_0 t$, $a_3 \cos 3\omega_0 t + b_3 \sin 3\omega_0 t$ 그리고 $a_n \cos n\omega_0 t + b_n \sin n\omega_0 t$이며, 각각 $f(t)$의 **제2 고조파 성분**(second harmonic component), **제3 고조파 성분**, 그리고 **제n 고조파 성분**이라고 불린다.

식 (12.3)이 무한 급수이므로, 수렴성(convergence) 문제가 항상 존재한다. 기본적으로, 이 무한 급수는 $f(t)$가 다음의 조건들을 만족시킬 때 수렴한다. 즉,

1. $f(t)$는 단일 값을 가져야 한다.
2. $f(t)$는 임의의 한 주기 내에서 유한 개의 불연속점들을 가져야 한다.
3. $f(t)$는 임의의 한 주기 내에서 유한 개의 최대값들과 최소값들을 가져야 한다.
4. 임의의 t_0에 대해 적분 $\int_{t_0}^{t_0+T} |f(t)|\, dt$가 존재해야 한다.

이 조건들을 우리는 **디리끄레 조건**(Dirichlet condition)이라고 부른다. 공학에서 우리가 실제로 만나는 신호들은 대부분 이 디리끄레 조건을 만족시킨다.

예제 12.1 그림 12.2에 보인 구형파의 푸리에 급수는 다음과 같이 구해진다(구형파의 푸리에 급수는 이 절의 뒷부분에서 구할 것이다).

$$f(t) = \frac{4A}{\pi}\left(\sin\omega_0 t + \frac{1}{3}\sin 3\omega_0 t + \frac{1}{5}\sin 5\omega_0 t + \cdots\right) \tag{12.4}$$

여기서 $\omega_0 = 2\pi f_0 = 2\pi/T$이다.

(a) 기본파와 제3 고조파의 합성 파형을 도시하라.

(b) 제1 고조파, 제3 고조파, 그리고 제5 고조파의 합성 파형을 도시하라.

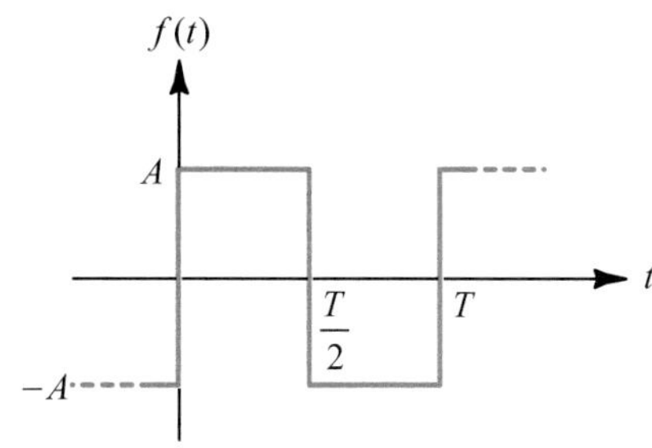

그림 12.2 예제 12.1을 위한 구형파.

풀이 (a) 식 (12.4)로부터 우리는 고조파들의 진폭이 $1/n$에 따라 감소한다는 것, 즉 제3 고조파 성분의 진폭은 기본파 성분의 진폭의 $1/3$ 크기이고, 제5 고조파 성분의 진폭은 기본파 성분의 진폭의 $1/5$ 크기라는 것을 알 수 있다. 기본파 성분과 제3 고조파 성분과의 합성 파형, 즉

$$f_1(t) + f_3(t) = \frac{4A}{\pi}\sin\omega_0 t + \frac{4A}{3\pi}\sin 3\omega_0 t$$

를 그림 12.3(a)에 나타냈다. $f_3(t)$ 파형은 다음과 같은 성질을 가지고 있다. 즉, 이 파형은 $f_1(t)$ 파형을 모서리들에서 증가시키고, 그것에 의해 양옆을 더욱 가파르게 만든다. 또한, 이 파형은 $f_1(t)$ 파형의 꼭대기 부분에서 $f_1(t)$ 파형과 반대이기 때문에, $f_1(t)$ 파형의 꼭대기를 평평하게 만들기도 한다.

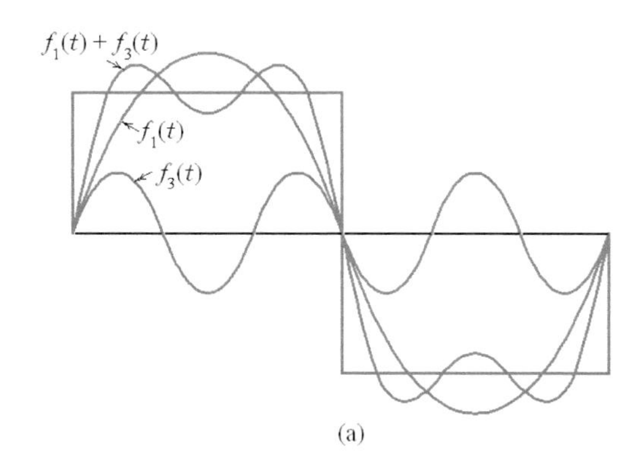

(a)

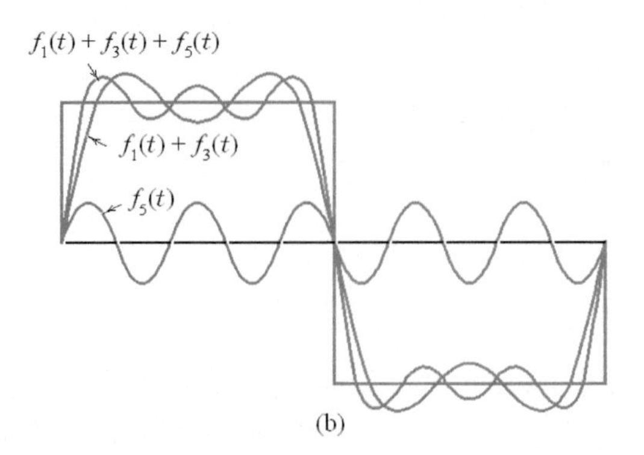

그림 12.3 예제 12.1의 결과 파형: (a) 기본파와 제3 고조파의 합성 파형, (b) 기본파, 제3 고조파, 그리고 제5 고조파의 합성 파형.

(b) 기본파 성분, 제3 고조파 성분, 그리고 제5 고조파 성분의 합성 파형, 즉

$$f_1(t)+f_3(t)+f_5(t)=\frac{4A}{\pi}\sin\omega_0 t+\frac{4A}{3\pi}\sin 3\omega_0 t+\frac{4A}{5\pi}\sin 5\omega_0 t$$

를 그림 12.3(b)에 나타냈다. $f_5(t)$ 와 이전의 합성 파형 $f_1(t)+f_3(t)$ 와의 관계는 다음과 같다. 즉, $f_5(t)$ 파형은 $f_1(t)+f_3(t)$ 파형의 양옆의 가파름을 더욱 증가시키는 한편, 중앙 부분을 적당한 장소에서 더하거나 빼어 새로운 합성 파형 $f_1(t)+f_3(t)+f_5(t)$ 를 만든다. 이 새로운 합성 파형은 꼭 대기에서 더 많은 리플(ripple)을 가지지만, 전체적으로 상수에 더 가까워질 것이다. 더 높은 고조파들이 더해짐에 따라, 파형은 더욱 개선되기는 하나, 높은 고조파들은 낮은 진폭을 가지고 있기 때문에, 파형이 개선되는 정도가 처음 몇 개의 고조파들에 의한 것만큼 극적이지는 않을 것이다. 그러나, 이들의 진폭이 낮아 대수롭지 않을지 모르지만, 만약 구형파를 정확하게 구성해야 한다면 모든(무한개)의 고조파 성분들이 필요할 것이다.

푸리에 계수

주기 함수 $f(t)$ 가 그것의 기본 주기(임의로 선택한 순간 t_0 로부터 t_0+T 까지의 시간 간격)에 걸쳐 정의되기만 하면, 우리는 푸리에 계수들을 다음과 같이 구할 수 있다.

$$a_0 = \frac{1}{T}\int_{t_0}^{t_0+T} f(t)\ dt \tag{12.5a}$$

$$a_n = \frac{2}{T}\int_{t_0}^{t_0+T} f(t)\ \cos n\omega_0 t\, dt \tag{12.5b}$$

$$b_n = \frac{2}{T}\int_{t_0}^{t_0+T} f(t)\sin n\omega_0 t\, dt \tag{12.5c}$$

$$n = \text{정수}$$

이 식들은 다음의 적분 관계식들을 기억해 냄으로써 쉽게 구할 수 있을 것이다. 즉,

$$\int_{t_0}^{t_0+T} \sin k\omega_0 t\, dt = 0 \qquad \text{모든 } k\text{에 대해} \tag{12.6a}$$

$$\int_{t_0}^{t_0+T} \cos k\omega_0 t\, dt = 0 \qquad k \neq 0\text{에 대해}$$

$$= T \qquad k = 0\text{에 대해} \tag{12.6b}$$

여기서 k는 정수이다. 이 식들은 사인파나 코사인파의 연속적인 반 사이클들 아래의 면적들이 상쇄되므로, 어떤 사인파(또는 코사인파)를 $k \neq 0$의 사이클들에 걸쳐 적분하면 그 결과가 0이 된다는 것을 나타낸다. 한 가지 예외가 있는데, 이는 $k = 0$일 때 일어난다. 이 경우에는 코사인 함수가 1이 되고, 한 주기에 대한 면적이 T가 된다. 직류 성분 a_0는 식 (12.3)의 양변을 t_0로부터 $t_0 + T$까지 적분함으로써 구할 수 있다. 즉,

$$\int_{t_0}^{t_0+T} f(t)\, dt = a_0 \int_{t_0}^{t_0+T} dt + \sum_{n=1}^{\infty}\left[a_n \int_{t_0}^{t_0+T} \cos n\omega_0 t\, dt + b_n \int_{t_0}^{t_0+T} \sin n\omega_0 t\, dt\right]$$

$$= a_0 T \qquad + \qquad 0 \qquad + \qquad 0 \tag{12.7}$$

식 (12.6)에 제시된 성질 때문에 교류 성분들의 적분들이 0이 되고, 그 결과로 식 (12.7)의 우변이 $a_0 T$가 된다는 점에 주목하기 바란다. 식 (12.7)을 a_0에 대해 풀면, 식 (12.5a)을 산출할 것이다.

a_n에 대한 식을 구하기 위해, 우리는 식 (12.3)의 양변에 $\cos m\omega_0 t$를 곱할 수 있을 것이고(여기서 m은 양의 정수이다.), 그 결과의 식을 t_0로부터 $t_0 + T$까지 적분할 수 있을 것이다. 즉,

$$\int_{t_0}^{t_0+T} f(t)\cos m\omega_0 t\,dt = a_0\int_{t_0}^{t_0+T}\cos m\omega_0 t\,dt$$
$$+\sum_{n=1}^{\infty}\left(a_n\int_{t_0}^{t_0+T}\cos n\omega_0 t\cos m\omega_0 t\,dt + b_n\int_{t_0}^{t_0+T}\sin n\omega_0 t\cos m\omega_o t\,dt\right) \qquad (12.8)$$

이 식의 우변에 있는 모든 적분이 한 가지 경우만 제외하고 0이라는 점에 주목하기 바란다. 이를 증명하기 위해 우리는 다음의 항등식들, 즉

$$\cos x\cos y = \frac{1}{2}[\cos(x-y)+\cos(x+y)]$$
$$\cos x\sin y = \frac{1}{2}[\sin(x-y)+\sin(x+y)]$$

을 이용하여 식 (12.8)을 다음의 형태로 바꿀 수 있을 것이다.

$$\int_{t_0}^{t_0+T} f(t)\cos m\omega_0 t\,dt = a_0\int_{t_0}^{t_0+T}\cos m\omega_0 t\,dt$$
$$+\sum_{n=1}^{\infty}\left\{\frac{a_n}{2}\left[\int_{t_0}^{t_0+T}\cos(n-m)\omega_0 t\,dt + \int_{t_0}^{t_0+T}\cos(n+m)\omega_0 t\,dt\right]\right\}$$
$$+\sum_{n=1}^{\infty}\left\{\frac{b_n}{2}\left[\int_{t_0}^{t_0+T}\sin(n-m)\omega_0 t\,dt + \int_{t_0}^{t_0+T}\sin(n+m)\omega_0 t\,dt\right]\right\} \qquad (12.9)$$

모든 적분들이 이제는 식 (12.6)의 형태를 취하고 있다. 따라서, 우리는 식 (12.9)의 우변에 있는 적분들이 $m = n$ 일 때의 두 번째 적분만을 제외하고는 모두 0이 된다는 것을 알 수 있다. 구체적으로 말하면, $m \neq n$ 일 때 식 (12.9)의 우변에 있는 모든 적분들이 0이 된다는 것을 알 수 있다. $m = n$ 일 때에는 우변의 두 번째 적분만 $\int_{t_0}^{t_0+T}\cos 0\,dt = T$가 되고, 나머지 적분들은 또다시 0이 된다. [살아남은 이 하나의 적분은 식 (12.6b)에서 $k = 0$ 인 경우에 해당한다.] 따라서 우리는 $m = n$ 일 때 식 (12.9)로부터 다음을 얻을 수 있다.

$$\int_{t_0}^{t_0+T} f(t)\cos n\omega_0 t\,dt = \frac{a_n}{2}T$$

이 식을 a_n에 대해 풀면 식 (12.5b)가 얻어진다.

이와 유사한 과정을 거쳐, 우리는 b_n을 구할 수도 있을 것이다. b_n을 구하기 위해, 우리는 식 (12.3)의 양변에 $\sin m\omega_0 t$를 곱할 수 있을 것이고, 그 결과의 식을 t_0로부터 $t_0 + T$까지 적분할 수 있을 것이다. 그 결과, 직류 성분의 적분은 0이 되고, 교류 성분의 적분들은 $b_n T/2$가 되어 식 (12.5c)가 얻어질 것이다.

식 (12.5)의 푸리에 계수 표현식들을 유도했으므로, 이제부터는 이 식들을 이용하여 주로 많이 사용되는 파형들의 푸리에 계수들을 구해보기로 한다.

(a) 예제 12.1의 그림 12.2에 보인 구형파의 푸리에 계수들을 구하라.
(b) (a)에서 구한 푸리에 계수들을 이용하여 구형파의 푸리에 급수를 구하라.

풀이 (a) 시간 간격 $0 < t < T$ 에 대한 구형파의 표현식은

$$f(t) = \begin{cases} A & 0 < t < T/2 \\ -A & T/2 < t < T \end{cases}$$

이다. 식 (12.5a)를 이용하여 a_0 계수를 구하면,

$$\begin{aligned} a_0 &= \frac{1}{T}\int_0^{T/2} A\,dt + \frac{1}{T}\int_{T/2}^{T}(-A)\,dt \\ &= \frac{A}{T}\left[\frac{T}{2} - 0 - T + \frac{T}{2}\right] = 0 \end{aligned}$$

을 얻는다. $a_0 = 0$ 이라는 결과는 구형파의 직류 값이 0이라는 것을 의미한다. 이는 양의 반 사이클 아래의 면적이 음의 반 사이클 아래의 면적을 상쇄시키기 때문에 쉽게 이해할 수 있다. a_n 계수는 식 (12.5b)를 이용하여 다음과 같이 구할 수 있다.

$$\begin{aligned} a_n &= \frac{2}{T}\int_0^{T/2} A\cos(2\pi nt/T)\,dt + \frac{2}{T}\int_{T/2}^{T}(-A)\cos(2\pi nt/T)\,dt \\ &= \frac{2A}{T}\left[\frac{\sin(2\pi nt/T)}{2\pi n/T}\right]_0^{T/2} - \frac{2A}{T}\left[\frac{\sin(2\pi nt/T)}{2\pi n/T}\right]_{T/2}^{T} \\ &= \frac{A}{n\pi}(\sin n\pi - \sin 0 - \sin 2n\pi + \sin n\pi) = 0 \end{aligned}$$

b_n 계수는 식 (12.5c)를 이용하여 다음과 같이 구할 수 있다.

$$\begin{aligned} b_n &= \frac{2}{T}\int_0^{T/2} A\sin(2\pi nt/T)\,dt + \frac{2}{T}\int_{T/2}^{T}(-A)\sin(2\pi nt/T)\,dt \\ &= \frac{2A}{T}\left[-\frac{\cos(2\pi nt/T)}{2\pi n/T}\right]_0^{T/2} - \frac{2A}{T}\left[-\frac{\cos(2\pi nt/T)}{2\pi n/T}\right]_{T/2}^{T} \\ &= \frac{A}{n\pi}(-\cos n\pi + \cos 0 + \cos 2n\pi - \cos n\pi) \\ &= \frac{A}{n\pi}(2 - 2\cos n\pi) = \frac{2A}{n\pi}(1 - \cos n\pi) \end{aligned}$$

$[1 - \cos(n\pi)]$ 항은 n이 홀수(odd)일 때 2이고, n이 짝수(even)일 때 0이므로, 우리는 b_n을 다음과 같이 쓸 수 있을 것이다.

$$b_n = \begin{cases} \dfrac{4A}{n\pi} & n \text{홀수} \\ 0 & n \text{짝수} \end{cases} \tag{12.10}$$

(b) 구형파에 대한 푸리에 계수들이 각각 $a_0 = 0$, $a_n = 0$, 그리고 식 (12.10)의 b_n이므로, 구형파에 대한 푸리에 급수는 식 (12.3)을 이용하여 다음과 같이 구할 수 있을 것이다.

$$f(t) = \frac{4A}{\pi} \sum_{n=1}^{\infty} \frac{1}{n} \sin n\omega_0 t \qquad n \text{ 홀수} \tag{12.11}$$

고조파들의 진폭을 알아보기 위해, 우리는 이 식을 다음과 같이 쓸 수 있을 것이다. 즉,

$$f(t) = \frac{4A}{\pi}\left(\sin \omega_0 t + \frac{1}{3} \sin 3\omega_0 t + \frac{1}{5} \sin 5\omega_0 t + \cdots\right) \tag{12.12}$$

이 급수에 코사인 항이 없다는 점과 홀수 고조파들만 포함되어 있다는 점에 주목하기 바란다. 이 급수의 합성 파형들을 그림 12.3에 나타냈다.
끝으로, 전기 및 전자공학에서 주로 많이 사용되는 파형들의 푸리에 계수들을 그림 12.4에 나타냈다.

파형	푸리에 계수들
상수	$a_0 = A$ $a_n = 0$ 모든 n $b_n = 0$ 모든 n
코사인파	$a_0 = 0$ $a_1 = A$ $a_n = 0$ $n \neq 1$ $b_n = 0$ 모든 n

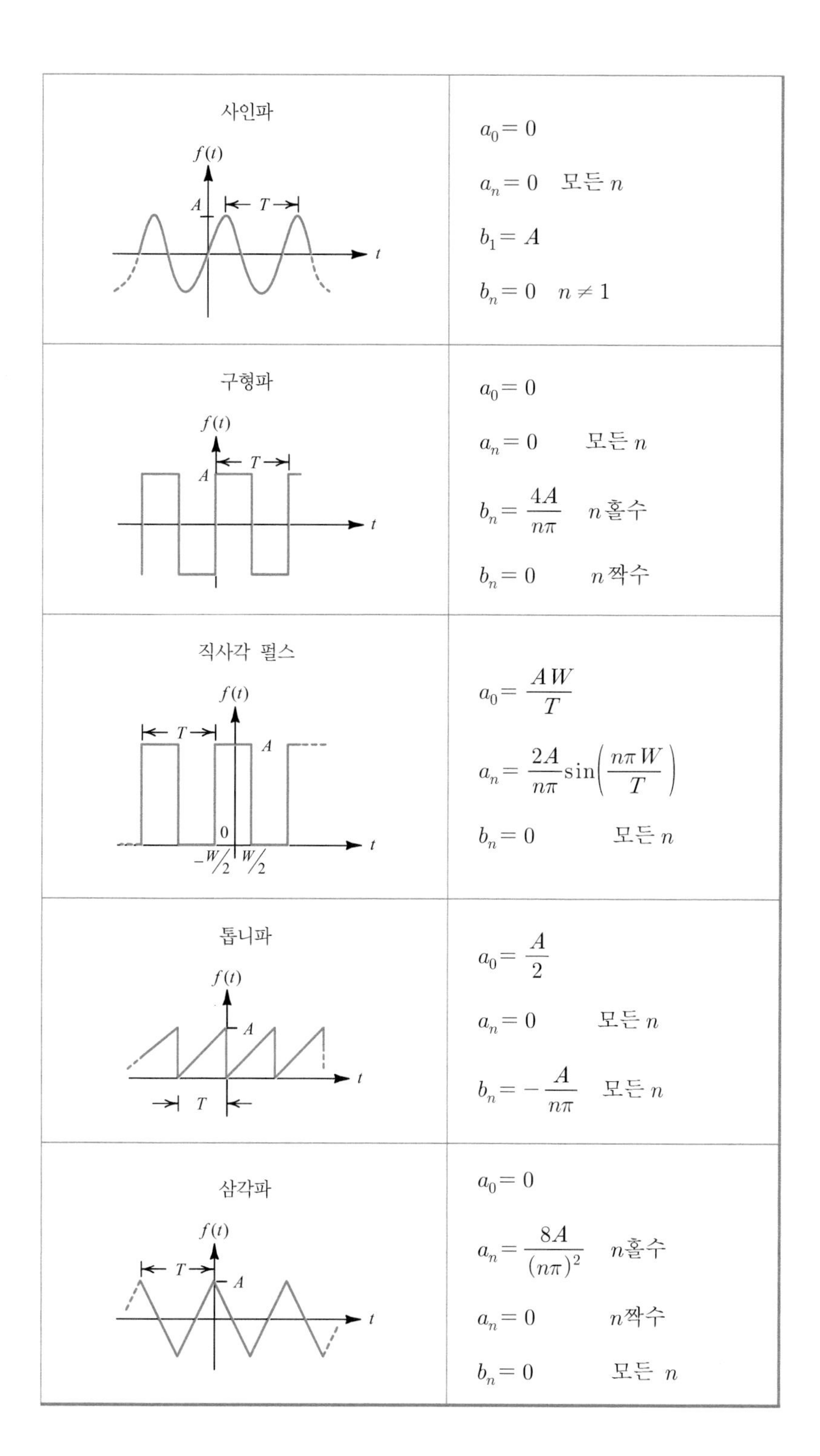

파형	계수
사인파	$a_0 = 0$ $a_n = 0$ 모든 n $b_1 = A$ $b_n = 0 \quad n \neq 1$
구형파	$a_0 = 0$ $a_n = 0$ 모든 n $b_n = \dfrac{4A}{n\pi}$ n홀수 $b_n = 0$ n짝수
직사각 펄스	$a_0 = \dfrac{AW}{T}$ $a_n = \dfrac{2A}{n\pi}\sin\left(\dfrac{n\pi W}{T}\right)$ $b_n = 0$ 모든 n
톱니파	$a_0 = \dfrac{A}{2}$ $a_n = 0$ 모든 n $b_n = -\dfrac{A}{n\pi}$ 모든 n
삼각파	$a_0 = 0$ $a_n = \dfrac{8A}{(n\pi)^2}$ n홀수 $a_n = 0$ n짝수 $b_n = 0$ 모든 n

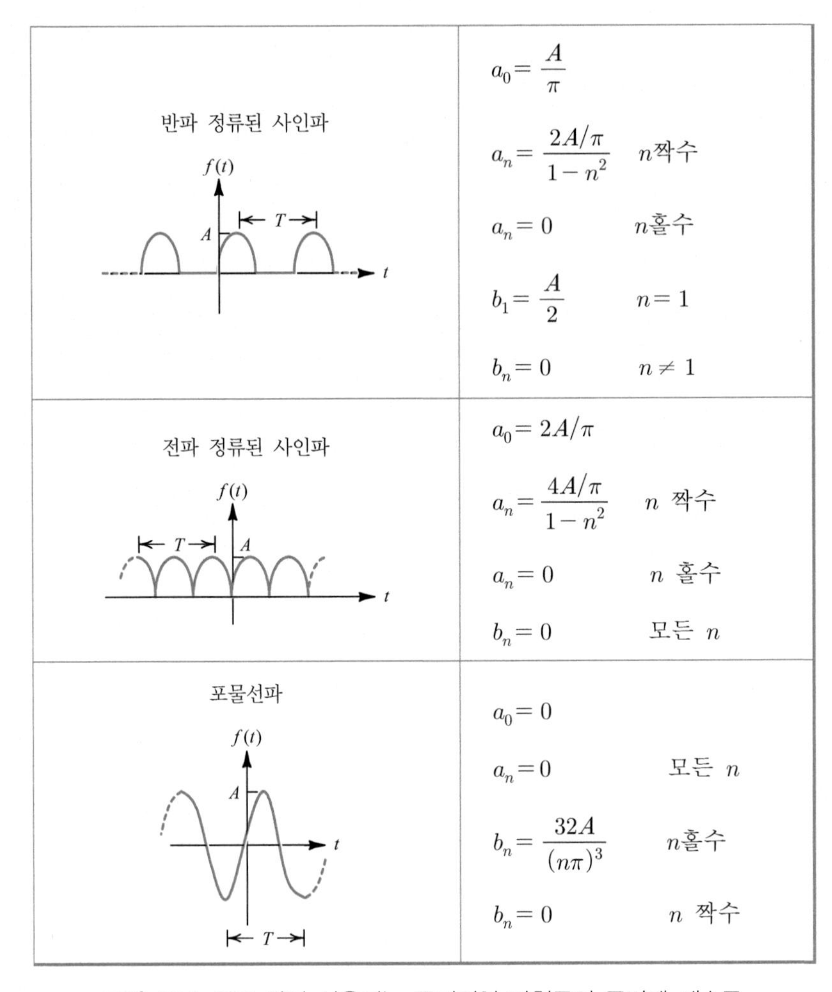

그림 12.4 주로 많이 사용되는 주기적인 파형들의 푸리에 계수들.

연습문제 12.1

그림 12.4에 보인 삼각파가 $A = 10$ 의 진폭과 $T = 2$ ms 의 주기를 갖는다고 하자.

(a) 제9고조파까지의 푸리에 계수들을 계산하라.

(b) 푸리에 급수를 구하라.

답 (a) $a_0 = 0$, $a_1 = 8.11$, $a_2 = 0$, $a_3 = 0.901$, $a_4 = 0$, $a_5 = 0.324$, $a_6 = 0$, $a_7 = 0.165$, 모든 n에 대해 $b_n = 0$;

(b) $f(t) = 8.11 \cos 2\pi \times 500t + 0.901 \cos 2\pi \times 1500t + 0.324 \times \cos 2\pi \times 2500t + 0.165 \cos 2\pi \times 3500t + \cdots$

12.3 우함수, 기함수, 그리고 반파 대칭

임의의 주기적인 파형이 우함수 대칭이거나 기함수 대칭 또는 반파 대칭일 때에는, 푸리에 계수들의 계산이 간단해진다. 지금부터 우리는 파형들의 대칭성이 푸리에 계수들에 미치는 영향을 살펴볼 것이다.

우함수 대칭

어떤 함수 $f(t)$가 다음과 같은 성질을 가질 때,

$$f(-t) = f(t) \tag{12.13}$$

우리는 이 함수를 **우함수**(even function)라고 부른다. 이는 우리가 원점의 왼쪽과 오른쪽으로 동등한 양의 시간만큼 이동할 때, 이 함수가 동일한 값을 가진다는 것을 발견하리라는 것을 의미한다. 따라서 우함수는 수직축에 대해 대칭이다.

그림 12.4에서 코사인파, 직사각 펄스, 그리고 삼각파가 우함수의 예들이다. 이 파형들로부터 볼 수 있듯이, 임의로 선택된 시간 t_1에서 $f(-t_1) = f(t_1)$ 이다. 상수도 역시 우함수이다. 우함수의 푸리에 급수는 상수와 코사인 항들만으로 구성된다. 즉, 모든 b_n 계수들은 0이다. 따라서 우함수 $f(t)$의 푸리에 급수는

$$\boxed{f(t) = a_0 + \sum_{n=1}^{\infty} a_n \cos n\omega_0 t} \tag{12.14}$$

이다. 여기서,

$$\begin{aligned} a_0 &= \frac{1}{T}\int_0^T f(t)\ dt = \frac{2}{T}\int_{-T/2}^{T/2} f(t)\ dt \\ a_n &= \frac{2}{T}\int_0^T f(t)\ \cos n\omega_0 t\ dt = \frac{2}{T}\int_{-T/2}^{T/2} f(t)\ \cos n\omega_0 t\ dt \end{aligned} \tag{12.15}$$

이다.

a_n을 구하기 위한 피적분 함수는 두 개의 우함수[$f(t)$와 $\cos n\omega_0 t$]의 곱이므로 우함수이다. 우함수의 적분은 다음과 같은 특징을 가지고 있다. 즉,

$$\int_{-T/2}^{T/2} f_{even}(t)\ dt = 2\int_0^{T/2} f_{even}(t)\ dt \tag{12.16}$$

따라서, a_0와 a_n을 구하는 두 식 모두에서 $-T/2$에서 $T/2$까지의 적분은 0에서 $T/2$까지의 적분의 두 배로 대체될 수 있을 것이다. 결국, a_0와 a_n의 표현식은 다

음과 같이 될 것이다.

$$a_0 = \frac{4}{T}\int_0^{T/2} f(t)\ dt$$

$$a_n = \frac{4}{T}\int_0^{T/2} f(t)\ \cos n\omega_0 t\ dt \qquad (12.17)$$

기함수 대칭

어떤 함수 $f(t)$가 다음과 같은 성질을 가질 때,

$$f(-t) = -f(t) \qquad (12.18)$$

우리는 이 함수를 **기함수**(odd function)라고 부른다. 이는 우리가 원점으로부터 동등한 양의 시간만큼 앞 또는 뒤로 이동할 때, 이 함수가 부호가 반대인 것을 제외하고는 동일하다는 것을 발견하리라는 것을 의미한다. 따라서 기함수는 원점에 대해 대칭이다.

그림 12.4에서 사인파, 구형파, 그리고 포물선파가 기함수의 예들이다. 이 파형들로부터 볼 수 있듯이, 임의로 선택된 시간 t_1에서 $f(-t_1) = -f(t_1)$ 이다. 기함수의 푸리에 급수는 사인 항들만으로 구성된다. 즉, 모든 a_n 계수들은 0이다. 따라서 기함수 $f(t)$ 의 푸리에 급수는

$$f(t) = \sum_{n=1}^{\infty} b_n \sin n\omega_0 t \qquad (12.19)$$

이다. 여기서,

$$b_n = \frac{2}{T}\int_0^{T} f(t)\ \sin n\omega_0 t\ dt = \frac{2}{T}\int_{-T/2}^{T/2} f(t)\ \sin n\omega_0 t\ dt \qquad (12.20)$$

이다. b_n을 구하기 위한 피적분 함수는 두 개의 기함수[$f(t)$와 $\sin(2\pi n/T)t$] 의 곱이므로 우함수이다. 따라서, 우리는 $-T/2$에서 $T/2$까지의 적분을 0에서 $T/2$까지의 적분의 두 배로 대체할 수 있고, 그 결과로 b_n에 대한 표현식을 다음과 같이 쓸 수 있을 것이다.

$$b_n = \frac{4}{T}\int_0^{T/2} f(t) \sin n\omega_0 t\ dt \qquad (12.21)$$

반파 대칭

만약 어떤 함수 $f(t)$가

$$f\left(t \pm \frac{T}{2}\right) = -f(t) \tag{12.22}$$

의 성질을 가지면, 이 함수는 **반파 대칭**(half-wave symmetry)이다. 이는 함수 $f(t)$를 반주기만큼 우측 또는 좌측으로 이동시키고, 수평축을 중심으로 하여 뒤집으면 원래의 함수와 같아진다는 것을 의미한다.

그림 12.4에서 사인파, 코사인파, 구형파, 삼각파, 그리고 포물선파가 반파 대칭의 예들이다. 설명할 목적으로, 그림 12.5에 삼각파와 구형파를 다시 나타냈다. 그림에서 실선은 원래의 파형을 나타낸 것이고, 파선은 이 파형을 반주기만큼 이동시킨 것이다. 파선 파형을 수평축을 중심으로 하여 뒤집으면(−1을 곱하면), 원래의 파형과 일치한다는 점에 주목하기 바란다. 또한, 왼쪽에 보인 삼각파는 기함수인데 반해, 오른쪽에 보인 구형파는 우함수라는 점에도 주목하기 바란다.

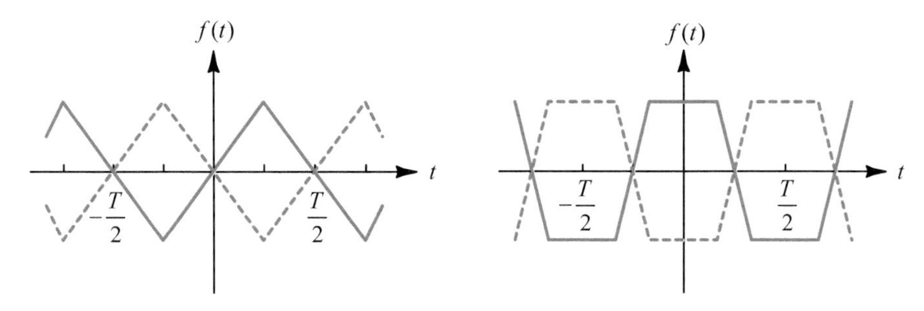

그림 12.5 반파 대칭의 예인 삼각파와 구형파.

반파 대칭 함수의 푸리에 급수는 기수 고조파들만으로 구성되며, 0의 평균값을 가진다. 즉,

$$f(t) = \sum_{n=1}^{\infty} (a_n \cos n\omega_0 t + b_n \sin n\omega_0 t) \qquad n \text{ 홀수} \tag{12.23}$$

이다. 여기서

$$a_n = \frac{4}{T}\int_0^{T/2} f(t)\cos n\omega_0 t\, dt \qquad n \text{ 홀수} \tag{12.24a}$$

$$b_n = \frac{4}{T}\int_0^{T/2} f(t)\sin n\omega_0 t\, dt \qquad n \text{ 홀수} \tag{12.24b}$$

이다. 이 식의 유도는 문제 12.3과 12.4를 참조하기 바란다.

만약 $f(t)$ 가 반파 대칭이고, 또 우함수라면, $f(t)$ 의 푸리에 급수는 $b_n = 0$일 것이고, 홀수 고조파의 코사인 항들만 남을 것이다. 즉,

$$f(t) = \sum_{n=1}^{\infty} a_n \cos n\omega_0 t \qquad n \text{ 홀수} \tag{12.25}$$

여기서,

$$a_n = \frac{8}{T}\int_0^{T/4} f(t)\ \cos n\omega_0 t\ dt \qquad n \text{ 홀수} \tag{12.26}$$

이다.

만약 $f(t)$ 가 반파 대칭이고, 또 기함수라면, $f(t)$ 의 푸리에 급수는 $a_n = 0$일 것이고, 홀수 고조파의 사인 항들만 남을 것이다. 즉,

$$f(t) = \sum_{n=1}^{\infty} b_n \sin n\omega_0 t \qquad n \text{ 홀수} \tag{12.27}$$

여기서,

$$b_n = \frac{8}{T}\int_0^{T/4} f(t)\ \sin n\omega_0 t\ dt \qquad n \text{ 홀수} \tag{12.28}$$

이다.

a_n과 b_n 계수들이 위에 주어진 표현식으로 간단히 된다는 것을 증명하는 것은 문제 12.5에서 다룰 것이다.

예제 12.3 그림 12.6에 보인 삼각파의 푸리에 급수 표현을 구하라.

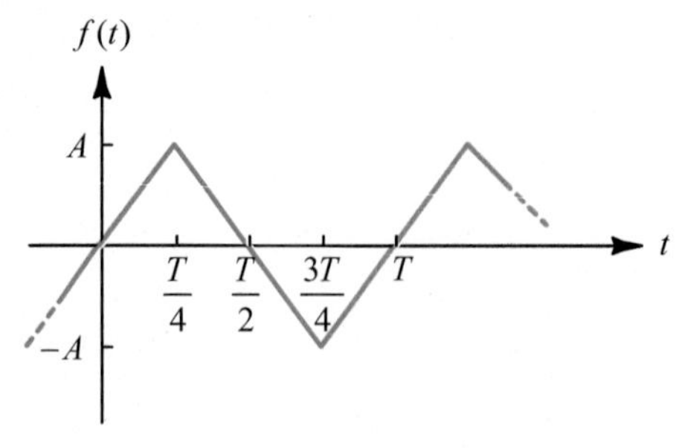

그림 12.6 예제 12.3을 위한 삼각파.

풀이 그림에 보인 삼각 파형은 기함수이면서, 반파 대칭이다. 따라서, 이 파형의 푸리에 급수 표현은 홀수 고조파의 사인파들만 내포할 것이다. 결국, 우리는 식 (12.27)을 이용하여 $f(t)$를 다음과 같이 쓸 수 있을 것이다.

$$f(t) = \sum_{n=1}^{\infty} b_n \sin n\omega_0 t \qquad n \text{ 홀수} \qquad (12.29)$$

여기서

$$b_n = \frac{8}{T}\int_0^{T/4} f(t)\ \sin n\omega_0 t\, dt \qquad n \text{ 홀수}$$

이다. 적분 범위에 걸쳐 $f(t)$는 $(4A/T)t$로 표현된다. 따라서 우리는 b_n을

$$b_n = \frac{8}{T}\int_0^{T/4} \frac{4A}{T}t\ \sin n\omega_0 t\ dt$$

로 쓸 수 있을 것이고, 이 식에 부분-적분 공식

$$\int_a^b f(x)\,g'(x)\,dx = [f(x)\,g(x)]_a^b - \int_a^b f'(x)\,g(x)$$

을 적용하면,

$$\begin{aligned} b_n &= \frac{32A}{T^2}\left[t\left(\frac{-\cos n\omega_0 t}{n\omega_0}\right)\Bigg|_0^{T/4} - \int_0^{T/4}\left(\frac{-\cos n\omega_0 t}{n\omega_0}\right)dt\right] \\ &= \frac{32A}{T^2}\left\{\frac{T^2}{8\pi n}\left(-\cos\frac{n\pi}{2}\right) + \left[\left(\frac{T}{2\pi n}\right)^2 \sin\frac{2\pi n}{T}t\right]_0^{T/4}\right\} \\ &= \frac{8A}{n\pi}\left(-\frac{1}{2}\cos\frac{n\pi}{2} + \frac{1}{n\pi}\sin\frac{n\pi}{2}\right) \end{aligned}$$

를 얻을 것이다. n이 홀수이므로 $\cos(n\pi/2) = 0$이다. 따라서 우리는 b_n을

$$b_n = \frac{8A}{n^2\pi^2}\sin\frac{n\pi}{2} = (-1)^{(n+3)/2}\frac{8A}{n^2\pi^2} \qquad n \text{ 홀수} \qquad (12.30)$$

로 나타낼 수 있을 것이다. 식 (12.30)을 식 (12.29)에 대입함으로써, 우리는 그림 12.6에 보인 삼각파의 푸리에 급수 표현을 다음과 같이 얻을 수 있을 것이다.

$$f(t) = \frac{8A}{\pi^2}\sum_{n=1}^{\infty}\left(\frac{\sin\dfrac{n\pi}{2}}{n^2}\right)\sin n\omega_0 t \qquad n \text{ 홀수} \qquad (12.31)$$

여러 고조파들의 진폭을 알아보기 위해, 우리는 식 (12.31)을 다음과 같이 다시 쓸 수 있을 것이다.

$$f(t) = \frac{8A}{\pi^2}\left(\sin\omega_0 t - \frac{1}{9}sin\,3\omega_0 t + \frac{1}{25}sin\,5\omega_0 t - ...\right) \qquad (12.32)$$

여기서, 진폭들이 $1/n^2$에 따라 감소한다는 점, 즉 제3 고조파의 진폭은 기본파 진폭의 $1/9$ 크기이고, 제5 고조파 진폭은 기본파 진폭의 $1/25$ 크기라는 등등에 유의하기 바란다. 일반적으로, 삼각파와 같이 연속 함수이지만 불연속의 1차 도함수를 갖는 파형들은, $1/n^2$에 따라 감소하는 고조파 진폭들을 가진다(그림 12.6에 보인 삼각파의 1차 도함수는 $t = \frac{1}{4}T,\ \frac{3}{4}T,\ \frac{5}{4}T$ 등에서 점프하는 구형파이다). 고조파 진폭들이 $1/n^2$에 따라 감소하기 때문에, 삼각파는 구형파보다 더 적은 고조파들로 상당히 근사화될 수 있을 것이다.

12.4 진폭 스펙트럼과 위상 스펙트럼

지금까지 우리는 코사인 항들과 사인 항들로 구성된 푸리에 급수를 다루어 왔다. 편의를 위해, 이 푸리에 급수를 아래에 다시 나타냈다.

$$f(t) = a_0 + \sum_{n=1}^{\infty}(a_n\cos n\omega_0 t + b_n\sin n\omega_0 t) \qquad (12.33)$$

이 식을 우리는 **코사인-사인**(cosine-sine) **푸리에 급수**라고 부른다. 삼각 항등식

$$a\cos x + b\sin x = \sqrt{a^2 + b^2}\cos\left(x + \tan^{-1}\frac{-b}{a}\right) \qquad (12.34)$$

를 이용하면, 코사인-사인 푸리에 급수를 **코사인**(또는 **진폭-위상**) **푸리에 급수**로 바꿀 수 있을 것이다. 즉,

$$f(t) = a_0 + \sum_{n=1}^{\infty}\sqrt{a_n^2 + b_n^2}\cos\left(n\omega_0 t + \tan^{-1}\frac{-b_n}{a_n}\right) \qquad (12.35)$$

우리는 이 식을 다음과 같은 형태로 쓸 수 있을 것이다.

$$\boxed{f(t) = A_0 + \sum_{n=1}^{\infty}A_n\cos(n\omega_0 t + \theta_n)} \qquad (12.36)$$

여기서

$$A_0 = a_0$$
$$A_n = \sqrt{a_n^2 + b_n^2}$$
$$\theta_n = \tan^{-1}(-b_n/a_n) \tag{12.37}$$

이다. A_n 계수는 각각의 고조파의 **진폭**(amplitude)을 나타내고, θ_n 계수는 각각의 고조파의 **위상**(phase)을 나타낸다. 진폭 A_n과 위상 θ_n이 코사인 푸리에 급수를 구성하는 데 필요한 모든 정보를 제공한다는 점에 유의하기 바란다.

식 (12,36)으로부터 알 수 있듯이, A_n과 θ_n은 $n\omega_0$의 함수이고, $n\omega_0$는 고려중인 고조파 주파수를 나타낸다. 각각의 이산 주파수(discrete frequency) $n\omega_0$에 대한 A_n의 값을 그래프로 나타낸 것을 우리는 $f(t)$의 **진폭 스펙트럼**(amplitude spectrum)이라고 부른다. A_n이 푸리에 급수 전개에서 각각의 코사인파의 진폭을 나타내므로, 진폭 스펙트럼은 파형의 고조파 성분들의 상대적인 크기를 한눈에 볼 수 있게 해준다. 각각의 이산 주파수 $n\omega_0$에 대한 θ_n의 값을 그래프로 나타낸 것을 우리는 $f(t)$의 **위상 스펙트럼**(phase spectrum)이라고 부른다. 위상 스펙트럼은 푸리에 급수 전개에서 각각의 코사인파의 위상을 나타낸다.

(a) 그림 12.4에 보인 톱니파의 코사인 푸리에 급수의 진폭 A_n과 θ_n을 구하라.
(b) 톱니파의 진폭 $A = 5$ 이고, 주기 $T = 4\text{ms}$ 일 때, 이 톱니파의 진폭 스펙트럼과 위상 스펙트럼을 구하라.

풀이 (a) 그림 12.4에 톱니파의 푸리에 계수들이 다음과 같이 주어져 있다.

$$a_0 = \frac{A}{2} \qquad a_n = 0 \qquad b_n = -\frac{A}{n\pi} \qquad n > 0$$

식 (12.37)을 이용하면, 진폭과 위상 계수들을 다음과 같이 얻을 수 있을 것이다.

$$A_0 = \frac{A}{2}$$
$$A_n = \sqrt{a_n^2 + b_n^2} = \frac{A}{n\pi} \qquad n > 0$$
$$\theta_n = \tan^{-1}(-b_n/a_n) = 90^\circ \qquad n > 0$$

식 (12.36)을 이용하여 우리는 톱니파의 푸리에 급수를 다음과 같이 쓸 수 있을 것이다.

$$f(t) = \frac{A}{2} + \sum_{n=1}^{\infty} \frac{A}{n\pi} \cos(n\omega_0 t + 90^\circ) \qquad (12.38)$$

(b) $A = 5$, 그리고 $f_0 = 1/T = 250$ Hz 를 윗식에 대입한 다음, 제4 고조파까지 구하면

$$f(t) = 2.5 + 1.59\cos(2\pi 250t + 90^\circ) + 0.796\cos(2\pi 500t + 90^\circ) + 0.531\cos(2\pi 750t + 90^\circ) + \ldots$$

를 얻을 것이다. 이 신호에 대한 진폭 및 위상 스펙트럼을 그림 12.7에 나타냈다.

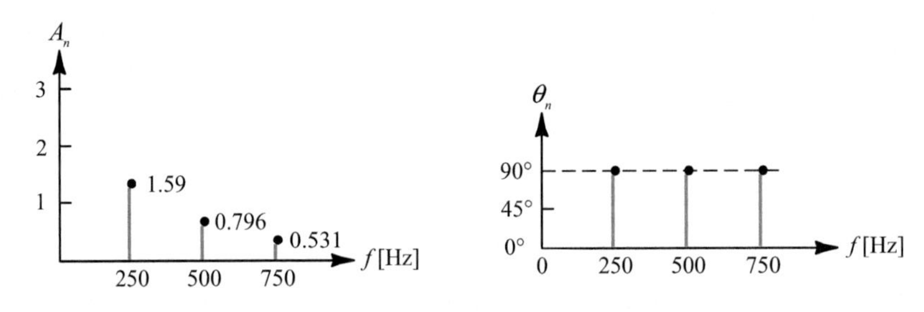

그림 12.7 그림 12.4에 보인 톱니파의 진폭 및 위상 스펙트럼.

연습문제 12.2

(a) 그림 12.4에 보인 삼각파의 코사인 푸리에 급수의 진폭 A_n과 위상 θ_n의 식을 유도하라.

(b) 삼각파의 진폭 $A = \pi^2/8$ 이고, 주기 $T = 2\pi/5000$ s 이다. 제3 고조파까지의 푸리에 급수를 구하라.

답 (a) $A_n = \frac{8A}{(n\pi)^2}$ $\theta_n = 0^\circ$ n 홀수, $A_n = 0$ $\theta_n =$ 정의되지 않음 n 짝수

(b) $f(t) = \cos 5000t + \frac{1}{9}\cos 15{,}000t + \frac{1}{25}\cos 25{,}000t + \ldots$

12.5 푸리에 급수를 이용한 회로 해석

지금까지 우리는 주기적인 파형들의 푸리에 급수를 구하는 데에 관심을 집중해 왔다. 우리는 이제 푸리에 급수를 회로 해석에 어떻게 응용할 지를 살펴볼 것이다. 푸리에 급수는, 그림 12.8에 보인 것처럼, 사인파가 아닌 주기적인 신호 입력 $e(t)$ 로 여기된 선형 회로의 정상-상태 응답 $r(t)$ 을 구하는 데 사용될 수 있다. 그 과정은 다음의 세 단계로 나뉘진다.

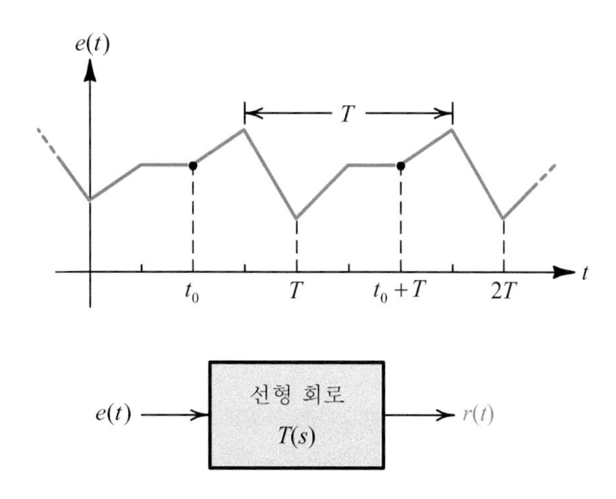

그림 12.8 사인파가 아닌 주기적인 입력이 인가된 선형 회로

1. 입력 신호를 푸리에 급수로 전개하여 코사인파 (또는 사인파) 성분들의 합으로 나타낸다. 즉,

$$e(t) = E_0 + \sum_{n=1}^{\infty} E_n \cos(n\omega_0 t + \theta_{en}) \tag{12.39}$$

2. 사인파 응답을 구하는 해석 기법들을(8장 참조) 이용하여 개개의 사인파 성분들에 대한 응답들을 구한다. 즉,

$$R_n = E_n \times |T(jn\omega_0)| \tag{12.40}$$

$$\theta_{rn} = \theta_{en} + \theta_T(n\omega_0)$$

   여기서 $T(jn\omega_0)$ 는 $n\omega_0$ 주파수에서 계산된 회로의 전달 함수이고, $n = 0, 1, 2, \ldots$ 이다.

3. 중첩의 원리를 적용하여 이 응답들을 더하여 전체 응답의 푸리에 급수를 구한다. 즉,

$$r(t) = R_0 + \sum_{n=1}^{\infty} R_n \cos\,(n\omega_0 t + \theta_{rn})$$

$$= R_0 + \sum_{n=1}^{\infty} E_n \mid T(jn\omega_0) \mid \cos\,[n\omega_0 t + \theta_{en} + \theta_T(n\omega_0)] \qquad (12.41)$$

이 과정을 그림 12.9에 나타냈다.

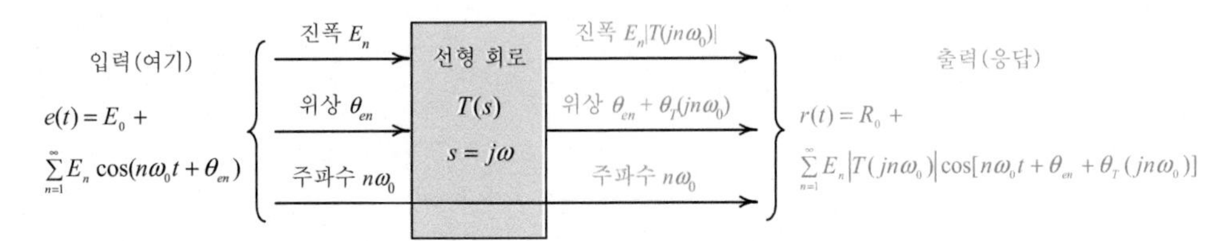

그림 12.9 푸리에 급수를 이용하여 사인파가 아닌 주기적인 입력에 대한 응답을 구하는 방법.

지금부터 우리는 푸리에 급수를 이용하여 회로 문제들을 푸는 몇 가지 예제들을 고찰할 것이다.

그림 12.10을 참조하여 다음 물음에 답하라.

(a) 푸리에 급수를 이용하여 정상-상태 응답 $v_o(t)$ 를 구하라.

(b) 입력 구형파의 주기 $T = 6.28(= 2\pi)$ ms 이고, 진폭 $A = 15.7(= 5\pi)$ V 이다. 회로의 소자 값은 $R = 10$ kΩ, $C = 50$ nF 이다. 정상-상태 응답 $v_o(t)$ 를 계산하라.

(c) 입력의 진폭 스펙트럼과 출력의 진폭 스펙트럼을 제4 고조파까지 도시하라.

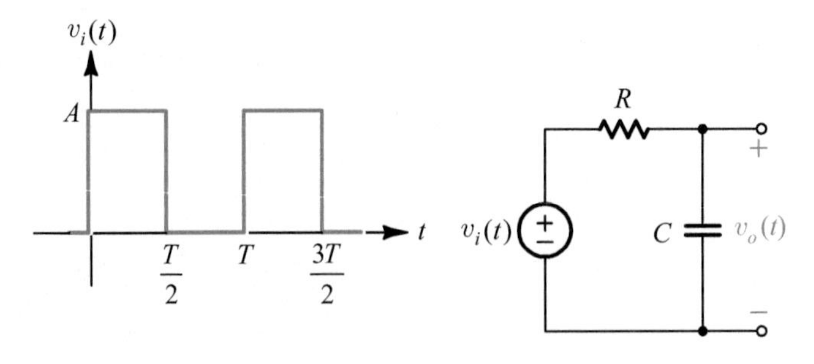

그림 12.10 예제 12.5를 위한 RC 회로.

풀이 (a) 입력 구형파의 평균값은 $A/2$이다. 이 값을 예제 12.2의 결과와 함께 사용하면, 입력 파형의 푸리에 급수를 다음과 같이 얻을 수 있을 것이다.

$$v_i(t) = \frac{A}{2} + \frac{2A}{\pi}\sum_{n=1}^{\infty}\frac{1}{n}\sin n\omega_0 t \qquad n \text{ 홀수} \tag{12.42}$$

여기서, $\omega_0 = 2\pi/T$는 기본 주파수를 나타낸다.
회로의 전달 함수는

$$T(s) = \frac{V_o(s)}{V_i(s)} = \frac{\frac{1}{sC}}{R + \frac{1}{sC}} = \frac{1}{1 + sRC} \tag{12.43}$$

이다. 이 $T(s)$는 1차 저역-통과 여파기의 전달 함수를 나타낸다. (9장 3절을 참조하기 바란다.) $T(s)$의 크기 특성과 위상 특성은 ω의 연속 함수이며, 다음과 같이 구해질 것이다.

$$T(j\omega) = \frac{1}{1 + j\omega RC}$$

$$|T(j\omega)| = \frac{1}{\sqrt{1 + (\omega RC)^2}}$$

$$\theta_T(\omega) = -\tan^{-1}\omega RC$$

입력의 직류 성분은

$$v_{odc} = \frac{A}{2}T(0) = \frac{A}{2} \tag{12.44}$$

의 정상-상태 출력을 산출할 것이다. 이산 주파수 $n\omega_0$에 해당하는 입력의 제n 고조파 성분은

$$v_{on}(t) = \frac{2A}{\pi n}|T(jn\omega_0)|\sin[n\omega_0 t + \theta_T(n\omega_0)] \tag{12.45}$$

의 정상-상태 출력을 산출할 것이다. 여기서,

$$|T(jn\omega_0)| = \frac{1}{\sqrt{1 + (n\omega_0 RC)^2}}$$

$$\theta_T(n\omega_0) = -\tan^{-1}n\omega_0 RC$$

이다. [이 수식들의 일부에서 글자 T가 전달 함수 $T(s)$와 주기 T 둘 다를 나타내지만, 이것이 혼동을 야기하지는 않을 것이다.]
입력은 무한개의 사인파 전압 전원으로 간주될 수 있을 것이고, 이들의 각각은 각자의 유일한 출력을 발생시킬 것이다. 따라서, 출력은 개개의 출력들을 모두 중첩(더)함으로써 얻어질 것이다. 식 (12.44)와 식 (12.45)의 결과들을 이용하면, 출력 응답 $v_o(t)$를 다음과 같이 나타낼 수 있을 것이다.

$$v_o(t) = \frac{A}{2} + \frac{2A}{\pi}\sum_{n=1}^{\infty}\frac{1}{n} \mid T(jn\omega_0) \mid \sin[n\omega_0 t + \theta_T(n\omega_0)] \quad n \text{ 홀수}$$

$$= \frac{A}{2} + \frac{2A}{\pi}\sum_{n=1}^{\infty}\frac{1}{n\sqrt{1 + (n\omega_0 RC)^2}} \sin(n\omega_0 t - \tan^{-1} n\omega_0 RC) \quad n \text{ 홀수} \tag{12.46}$$

(b) 주어진 입력 및 회로 사양들을 식 (12.46)에 대입하면, 출력 응답을 다음과 같이 얻을 것이다.

$$v_o(t) = 7.85 + 10\sum_{n=1}^{\infty}\frac{1}{n\sqrt{1 + 0.25n^2}} \sin(n1000t - \tan^{-1}0.5n)\,\mathrm{V} \quad n \text{ 홀수} \tag{12.47}$$

비록 이 식이 출력을 정확히 표현한 식이기는 하지만, 무한 합으로 나타나기 때문에 그 파형의 형태를 상상하는 것은 어려울 것이다. 실제로 이 식으로는 출력 파형을 도시할 수 없을 것이다. 따라서, 푸리에 급수의 효력과 좋은 점은 여기서 상실될 것이다. 반면에, 7장에서 배운 시간-영역 해석 기법은 이 문제에 아주 적합할 것이다. 시간-영역 해석 기법으로 구한 결과 파형을 그림 12.11에 나타냈다.

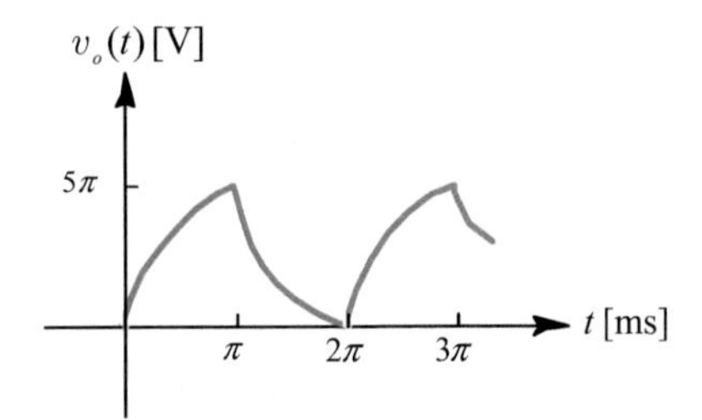

그림 12.11 예제 12.5의 RC 회로의 출력 파형.

푸리에 급수를 이용한 회로 해석은, 다음 문제에서 다룰 것처럼, 회로가 입력 파형을 어떻게 처리하는지를 알아보는 데 매우 유용하다.

(c) 식 (12.42)를 이용하여 입력의 푸리에 급수를 제4 고조파까지 구하면,

$$v_o(t) = 7.854 + 10.000\sin\omega_0 t + 3.333\sin 3\omega_0 t$$
$$+ 2.000\sin 5\omega_0 t + 1.429\sin 7\omega_0 t + \ldots \mathrm{V}$$

를 얻을 것이다. 여기서 $\omega_0 = 2\pi/T = 10^3$ 라디안/초이다. 이 신호에 대한 진폭 스펙트럼을 그림 12.12(a)에 나타냈다. 출력의 푸리에 급수는 식 (12.47)을 이용하여 구할 수 있다. 그 결과는

$$v_o(t) = 7.854 + 8.944\sin(\omega_0 t + 26.57°) + 1.849\sin(3\omega_0 t + 56.31°)$$
$$+\ 0.7428(\sin 5\omega_0 t + 68.2°) + 0.3925\sin(7\omega_0 t + 74.05°) + \ldots \text{V}$$

이다. 출력 신호의 진폭 스펙트럼을 그림 12.12(c)에 나타냈다. 그림 12.12(b)는 저역-통과 여파기의 전달 특성을 도시한 것이다. 이 그림에서 $\omega_c = 1/RC =$ 2,000 라디안/초이다.

우리는 그림 12.12로부터 다음의 사실들을 관찰할 수 있을 것이다. 첫째, 입력 직류 성분은 ω_c에 관계없이 회로를 전부 통과하여 출력에 나타난다. 둘째, $n\omega_0 \gg \omega_c$ 에서 입력 진폭과 전달 함수의 크기 $|T(jn\omega_0)|$ 는 주파수가 증가함에 따라 $1/n$을 따라 감소하고, 출력 진폭은 $1/n^2$을 따라 감소한다. 이는 저역-통과 여파기가 저주파 성분들은 통과시키고, 고주파 성분들은 감쇠시킨다는 것을 의미한다.

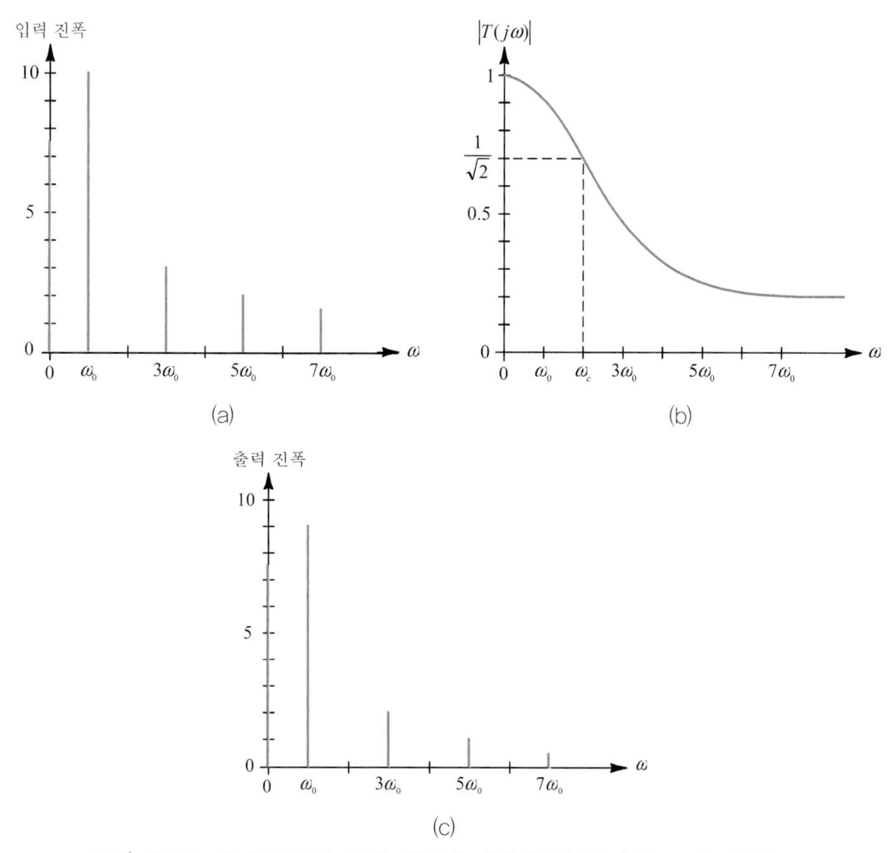

그림 12.12 예제 12.5의 RC 회로에 대한 입력 및 출력 스펙트럼들.

끝으로, 우리는 위상 스펙트럼들을 도시하여 위상이 어떻게 변하는지를 알아 볼 수도 있을 것이다.

연습문제 12.3

그림 12.10의 RC 회로에서 R과 C를 서로 교환하면 CR 회로가 된다. 이 회로에 예제 12.5의 입력 파형이 인가되고, 소자 값들 역시 예제 12.5와 동일하다.

(a) 정상-상태 응답 $v_o(t)$ 를 계산하라.

(b) 출력의 푸리에 급수를 제4 고조파까지 구하라.

답 (a) $v_o(t) = 0 + \sum_{n=1}^{\infty} \frac{0.5}{\sqrt{1+0.25n^2}} \sin(n1000t + 90^\circ - \tan^{-1}0.5n)$ V n 홀수

(b) $v_o(t) = 0 + 4.472\sin(\omega_0 t + 63.43^\circ) + 2.273\sin(3\omega_0 t + 33.69^\circ)$
$+ 1.857(\sin 5\omega_0 t + 21.8^\circ) + 1.373\sin(7\omega_0 t + 15.95^\circ) + \ldots$ V

12.6 RMS 값과 평균 전력

11장에서 우리는 사인파에 의해 회로에 전달되는 평균 전력을 계산하기 위해 사인파의 rms 값을 도입했었다. 이 절에서는 파형의 rms 값을 그 파형의 푸리에 급수를 구성하는 직류와 교류 성분의 진폭들에 연관시킬 것이다. 임의의 주기적인 파형 $f(t)$ 의 rms 값은

$$F_{\text{rms}} = \sqrt{\frac{1}{T}\int_0^T f^2(t)\ dt} \tag{12.48}$$

로 정의된다. 파형 $f(t)$ 는 다음 형태의 푸리에 급수로 나타낼 수 있을 것이다.

$$f(t) = A_0 + \sum_{n=1}^{\infty} A_n \cos(n\omega_0 t + \theta_n) \tag{12.49}$$

이 식을 식 (12.48)에 대입하면, F_{rms}^2 를 다음과 같이 쓸 수 있을 것이다.

$$F_{\text{rms}}^2 = \frac{1}{T}\int_0^T \Big[A_0 + \sum_{n=1}^{\infty} A_n \cos(n\omega_0 t + \theta_n)\Big]^2 dt \tag{12.50}$$

이 식의 우변의 피적분 함수를 제곱하고 전개하면, 세 가지 형태의 항들을 얻을 것이다. 첫 번째 항은 직류 성분의 제곱이다. 즉,

$$\frac{1}{T}\int_0^T [A_0]^2\, dt = A_0^2 \tag{12.51}$$

두 번째 항은 직류 성분과 교류 성분의 곱이다. 이는 다음의 형태를 취할 것이다.

$$\frac{1}{T}\sum_{n=1}^{\infty} 2A_0 \int_0^T A_n \cos\left(n\omega_0 t + \theta_n\right) dt = 0 \tag{12.52}$$

이 항들은 코사인파를 정수의 사이클에 걸쳐 적분하는 항들을 포함하고 있기 때문에 모두 0이 될 것이다. 세 번째의 마지막 항은 교류 성분들의 제곱이다. 우리는 이 항을 다음과 같이 쓸 수 있을 것이다.

$$\frac{1}{T}\sum_{n=1}^{\infty}\sum_{m=1}^{\infty}\int_0^T A_n \cos\left(n\omega_0 t + \theta_n\right) A_m \cos\left(m\omega_0 t + \theta_m\right) dt = \frac{1}{2}\sum_{n=1}^{\infty} A_n^2 \tag{12.53}$$

$m = n$ 일 때를 제외하고는 모든 적분들이 0이 되기 때문에, 이 복잡한 식이 A_n 계수의 제곱들의 합으로 간단해진다는 점에 주목하기 바란다.

식 (12.48)부터 식 (12.53)까지를 결합시키면, rms 값을 다음과 같이 얻을 것이다.

$$F_{\mathrm{rms}} = \sqrt{A_0^2 + \sum_{n=1}^{\infty}\frac{A_n^2}{2}} = \sqrt{A_0^2 + \sum_{n=1}^{\infty}\left(\frac{A_n}{\sqrt{2}}\right)^2} \tag{12.54}$$

진폭이 A 인 사인파(또는 코사인파)의 rms 값이 $A/\sqrt{2}$ 이므로, 우리는 이 식을 다음과 같이 표현할 수 있을 것이다.

$$F_{\mathrm{rms}} = \sqrt{(\mathrm{dc})^2 + \sum_{n=1}^{\infty}(\mathrm{rms_n})^2} \tag{12.55}$$

어떤 함수의 푸리에 급수 표현을 알기만 하면, 우리는 그 함수의 rms 값을 식 (12.55)를 이용하여 구할 수 있을 것이다. 어떤 파형의 rms 값을 알면, 그 파형에 의해 저항기에 전달되는 평균 전력은 V_{rms}^2/R 또는 $I_{\mathrm{rms}}^2 R$을 이용하여 계산할 수 있을 것이다.

그림 12.13의 톱니 전압 파형에 의해 저항기로 전달되는 평균 전력은 얼마인가?

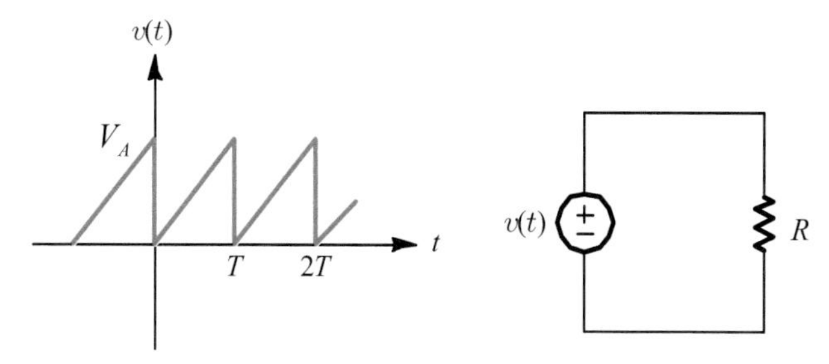

그림 12.13 예제 12.6을 위한 전압 파형 및 회로.

풀이 톱니파 전압 $v(t)$에 대한 표현식은

$$v(t) = \frac{V_A}{T}t, \qquad 0 < t < T$$

이다. 이 톱니파 전압의 rms 값의 제곱은

$$V_{\rm rms}^2 = \frac{1}{T}\int_0^T \left(\frac{V_A t}{T}\right)^2 dt = V_A^2 \left[\frac{t^3}{3T^3}\right]_0^T = \frac{V_A^2}{3}$$

이다. 저항기로 전달된 평균 전력은

$$p_{av} = \frac{V_{\rm rms}^2}{R} = \frac{V_A^2}{3R} = 0.333\frac{V_A^2}{R}$$

이다. 여기서, 무한 급수의 합을 구하지 않고, 톱니파로부터 평균 전력을 직접 구했다는 점에 유의하기 바란다. 무한 급수의 합을 이용해도 이와 동일한 결과를 얻을 것이다.

연습문제 12.4

어떤 저항기에 걸리는 전압이 $v(t) = V_{dc} + V_m \sin\omega t$일 때, 이 저항기에 전달되는 평균 전력은 얼마인가?

답 $(V_{dc}^2 + \frac{1}{2}V_m^2)/R$

12.7 지수 형식의 푸리에 급수

식 (12.33)의 코사인-사인 푸리에 급수와 식 (12.36)의 코사인 푸리에 급수는 **삼각 형식**(trigonometric form)의 푸리에 급수라고 불린다. 오일러(Euler)의 공식

$$\cos x = \frac{e^{jx} + e^{-jx}}{2}, \qquad \sin x = \frac{e^{jx} - e^{-jx}}{2j}$$

를 이용하면, 식 (12.33)의 코사인-사인 푸리에 급수를 **지수 형식**(exponential form)으로 바꿀 수 있을 것이다.

$$f(t) = a_0 + \sum_{n=1}^{\infty} \left[a_n \left(\frac{e^{jn\omega_0 t} + e^{-jn\omega_0 t}}{2} \right) + b_n \left(\frac{e^{jn\omega_0 t} - e^{-jn\omega_0 t}}{2j} \right) \right]$$

$$= a_0 + \sum_{n=1}^{\infty} \left[\left(\frac{a_n - jb_n}{2} \right) e^{jn\omega_0 t} + \left(\frac{a_n + jb_n}{2} \right) e^{-jn\omega_0 t} \right]$$

$$= c_0 + \sum_{n=1}^{\infty} \left[c_n e^{jn\omega_0 t} + c_{-n} e^{-jn\omega_0 t} \right] = \sum_{n=-\infty}^{\infty} c_n e^{jn\omega_0 t} \qquad (12.56)$$

여기서,

$$c_0 = a_0 \qquad (12.57a)$$

$$c_n = \frac{a_n - jb_n}{2} \qquad (12.57b)$$

$$c_{-n} = \frac{a_n + jb_n}{2} = c_n^* \qquad (12.57c)$$

이다. $n = 1, 2, 3, \ldots$ 이고, c_n^* 은 c_n 의 복소 공액을 나타낸다. 식 (12.5)에 주어진 a_n 과 b_n 의 식을 위의 식들에 대입하면, 다음을 얻을 것이다.

$$c_0 = a_0 = \frac{1}{T}\int_{t_0}^{t_0+T} f(t)\, dt = f(t) \text{ 의 평균값} \qquad (12.58a)$$

$$c_n = \frac{a_n - jb_n}{2} = \frac{1}{2}\left[\frac{2}{T}\int_{t_0}^{t_0+T} f(t)\cos n\omega_0 t\, dt - j\frac{2}{T}\int_{t_0}^{t_0+T} f(t)\sin n\omega_0 t\, dt \right]$$

$$= \frac{1}{T}\int_{t_0}^{t_0+T} f(t)(\cos n\omega_0 t - j\sin n\omega_0 t)\, dt = \frac{1}{T}\int_{t_0}^{t_0+T} f(t)\, e^{-jn\omega_0 t} dt \qquad (12.58b)$$

$$c_{-n} = \frac{a_n + jb_n}{2} = \frac{1}{T}\int_{t_0}^{t_0+T} f(t)\, e^{jn\omega_0 t} dt = c_n^* \qquad (12.58c)$$

이다. 따라서, 지수 형식의 푸리에 급수는 a_n 과 b_n 계수를 따로 계산할 필요 없이 다음과 같이 직접 구할 수 있을 것이다.

$$\boxed{f(t) = \sum_{n=-\infty}^{\infty} c_n e^{jn\omega_0 t}} \qquad (12.59)$$

여기서,

$$\boxed{c_n = \frac{1}{T}\int_{t_0}^{t_0+T} f(t)\, e^{-jn\omega_0 t} dt} \qquad (12.60)$$

이다. 덧셈의 범위가 $n = -\infty$ 에서부터 $n = \infty$ 까지라는 점에 주목하기 바란다. 또한, 삼각 형식의 푸리에 급수의 계수들을 구하는 데에는 식 (12.5)의 세 개의 각기 다른 공식들이 요구되는데 반해, 지수 형식의 푸리에 급수의 모든 계수들은 식

(12.60)의 공통의 공식을 통해 구해진다는 점에도 주목하기 바란다. 따라서, 지수 형식의 푸리에 급수가 수학적으로 더 간결하며, 보다 빠르고 세련된 수학적 처리에 적합하다.

지수 형식의 푸리에 급수는 이산(discrete) 주파수 $n\omega_0$에서만 고조파 성분들을 포함하기 때문에 이산 스펙트럼을 낳는다. 이 이산 스펙트럼에 양과 음의 주파수 둘 다가 포함되기 때문에, 즉 $n = 0, \pm 1, \pm 2, \pm 3, ...$ 이므로, 우리는 이 이산 스펙트럼을 양측 스펙트럼(two-sided spectrum)이라고 부른다. c_n 계수의 진폭과 위상은 삼각 형식의 푸리에 계수들과 다음과 같은 관계를 가진다.

$$|c_n| = \frac{\sqrt{a_n^2 + b_n^2}}{2} = \frac{A_n}{2} \tag{12.61}$$

$$\theta_{cn} = \tan^{-1}(-b_n/a_n) = \theta_n \tag{12.62}$$

따라서, $|c_n|$은 주기 함수 $f(t)$의 양측 진폭 스펙트럼이고, θ_{cn}은 양측 위상 스펙트럼이다.

어떤 파형의 푸리에 계수 a_n과 b_n이 주어졌을 때는 식 (12.57b)를 이용하여 c_n을 구할 수 있을 것이고, 파형의 $f(t)$가 주어졌을 때에는 식 (12.60)을 이용하여 c_n을 구할 수 있을 것이다. 이 두 방법 모두를 다음 예제에서 설명할 것이다.

그림 12.14에 보인 주기적인 펄스 열(pulse train)에 대해 생각해 보기로 하자.

(a) 식 (12.60)을 이용하여 c_n 계수를 구하라.

(b) 식 (12.57b)와 그림 12.4에 주어진 a_n과 b_n의 식들을 이용하여 c_n 계수를 구하라.

(c) $W = T/4$ 일 때, 파형의 양측 진폭 스펙트럼 $|c_n|$을 도시하라.

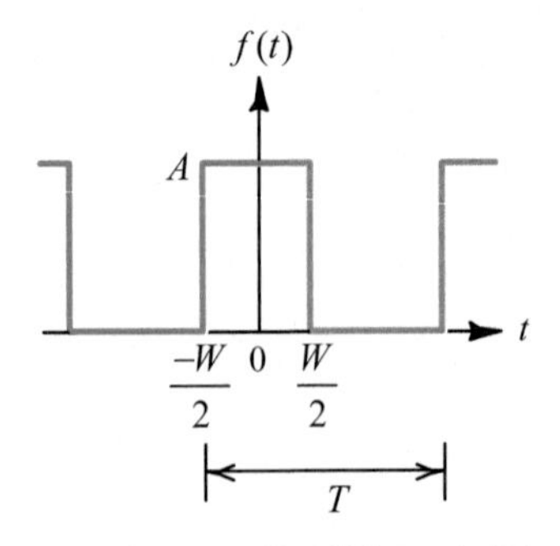

그림 12.14 예제 12.7을 위한 주기적인 펄스 열.

풀이 (a) 그림 12.14의 파형은 원점에 중심이 있고, $-W/2 < t < W/2$ 범위를 제외하고는 0의 진폭을 가진다. 식 (12.60)의 적분은 다음과 같은 형태를 취한다.

$$c_n = \frac{1}{T}\int_0^T Ae^{-jn\omega_0 t}dt = \frac{1}{T}\int_{-W/2}^{W/2} Ae^{-jn\omega_0 t}dt = \frac{A}{T}\frac{e^{-jn\omega_0 t}}{-jn\omega_0}\bigg|_{-W/2}^{W/2}$$

$$= \frac{2A}{n\omega_0 T}\left(\frac{e^{jn\omega_0 W/2} - e^{-jn\omega_0 W/2}}{j2}\right) = \frac{2A}{T}\frac{\sin(n\omega_0 W/2)}{n\omega_0} \tag{12.63}$$

c_n을 함수 $(\sin x)/x$의 형태로 쓰는 것이 편리할 것이다. [$(\sin x)/x$는 **샘플링 함수**(sampling function)라고 불리며, 통신 이론에서 특히 중요한 함수이다.] 이를 위해, 식 (12.63)의 우변의 분모와 분자에 $W/2$를 곱하고 정리하면,

$$c_n = \frac{AW}{T}\frac{\sin(n\omega_0 W/2)}{n\omega_0 W/2} \tag{12.64}$$

(b) 그림 12.4에 펄스 열의 푸리에 계수들 a_n과 b_n이 다음과 같이 주어져 있다.

$$a_n = \frac{2A}{n\pi}\sin(n\pi W/T) \qquad \text{그리고} \qquad b_n = 0$$

$b_n = 0$이므로, 식 (12.57b)의 c_n의 정의를 이용하면,

$$c_n = \frac{A}{n\pi}\sin(n\pi W/T)$$

를 얻을 것이다. 이 식은 다음과 같이 항들을 정리함으로써 $(\sin x)/x$의 형태로 쓸 수 있을 것이다. 즉,

$$n\pi W/T = n\frac{2\pi}{T}W/2 = n\omega_0 W/2$$

그리고

$$\frac{A}{n\pi}\frac{W/T}{W/T} = \frac{AW}{T}\frac{1}{n\frac{2\pi}{T}W/2} = \frac{AW}{T}\frac{1}{n\omega_0 W/2}$$

로 정리하면,

$$c_n = \frac{AW}{T}\frac{\sin(n\omega_0 W/2)}{n\omega_0 W/2}$$

를 얻을 것이다. 이는 (a)에서 구한 것과 같다.

(c) 그림 12.15에 $W = T/4$일 때 $|c_n|$ 대 각주파수 ω의 그래프를 도시해 놓았다. 스펙트럼의 선 사이의 간격은 기본 주파수 ω_0이다. 진폭 스펙트럼의 포락선이 $K|(\sin x)/x|$ 형태의 함수라는 점에 주목하기 바란다. 여기서,

$x = \omega W/2$ 이다. $x = 0$ 에서 $(\sin x)/x$ 를 구하면 부정 형태 0/0을 낳는다. 따라서 호스피탈의 공식을 적용하면,

$$\lim_{x \to 0} \frac{\sin x}{x} = 1$$

을 얻어 $x = 0$ 에서 $(\sin x)/x = 1$ 이라는 것을 알 수 있다. 스펙트럼의 포락선의 최대는 $\omega = 0$ 에서 일어나며, 그 값은 $K = AW/T$ 이다. $|c_n|$ 의 포락선의 0 값들은 $\sin x = 0$ 일 때 일어난다. 따라서 이 0 값들은 $x = m\pi(m = \pm 1, \ \pm 2, \ldots)$ 일 때 또는 $\omega = \pm 2\pi m/W$ 주파수들에서 일어난다.

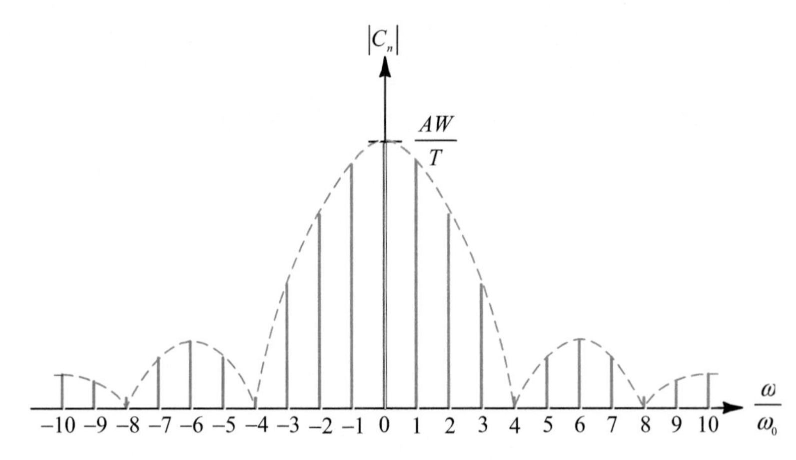

그림 12.15 $W = T/4$ 인 펄스 열의 진폭 스펙트럼.

연습문제 12.5

그림 12.4에 보인 톱니파의 c_n 계수를 구하라.

답 $c_0 = A/2$; $c_n = jA/2\pi n$, $n = \pm 1, \pm 2, \pm 3, \ldots$

요 약

✔ 코사인-사인 형식의 푸리에 급수는

$$f(t) = a_0 + \sum_{n=1}^{\infty}(a_n \cos n\omega_0 t + b_n \sin n\omega_0 t)$$

이다. 여기서,

$$a_0 = \frac{1}{T}\int_{t_0}^{t_0+T} f(t)\, dt$$

$$a_n = \frac{2}{T}\int_{t_0}^{t_0+T} f(t) \cos n\omega_0 t\, dt$$

$$b_n = \frac{2}{T}\int_{t_0}^{t_0+T} f(t) \sin n\omega_0 t\, dt$$

이다. 상수 t_0는 임의의 값을 가질 수 있다. 일반적으로, t_0는 0 또는 $-T/2$로 취해진다.

✔ 만약 $f(t)$가 우함수, 즉 $f(-t) = f(t)$ 라면, $b_n = 0$이고, a_n은 다음 식으로부터 구해질 것이다.

$$a_n = \frac{4}{T}\int_{0}^{T/2} f(t) \cos n\omega_0 t\, dt$$

✔ 만약 $f(t)$가 기함수, 즉 $f(-t) = -f(t)$ 라면, $a_n = 0$이고, b_n은 다음 식으로부터 구해질 것이다.

$$b_n = \frac{4}{T}\int_{0}^{T/2} f(t) \sin n\omega_0 t\, dt$$

✔ 만약 $f(t)$가 반파 대칭, 즉 $f(t \pm T/2) = -f(t)$ 라면, 이 $f(t)$의 푸리에 급수 전개는 기수 고조파들만 포함하고, a_n과 b_n 계수들은 다음 식으로부터 구해질 것이다.

$$a_n = \frac{4}{T}\int_{0}^{T/2} f(t) \cos n\omega_0 t\, dt \qquad n \text{ 홀수}$$

$$b_n = \frac{4}{T}\int_{0}^{T/2} f(t) \sin n\omega_0 t\, dt \qquad n \text{ 홀수}$$

✔ 만약 $f(t)$가 반파 대칭이고, 또 우함수라면, $f(t)$는 다음 식으로 주어질 것이다.

$$f(t) = \sum_{n=1}^{\infty} a_n \cos n\omega_0 t \qquad n \text{ 홀수}$$

여기서,

$$a_n = \frac{8}{T}\int_0^{T/4} f(t)\cos n\omega_0 t\, dt$$

이다.

✔ 만약 $f(t)$가 반파 대칭이고, 또 기함수라면, $f(t)$는 다음 식으로 주어질 것이다.

$$f(t) = \sum_{n=1}^{\infty} b_n \sin n\omega_0 t$$

여기서,

$$b_n = \frac{8}{T}\int_0^{T/4} f(t)\sin n\omega_0 t\, dt$$

이다.

✔ 코사인 형식의 푸리에 급수는

$$f(t) = A_0 + \sum_{n=1}^{\infty} A_n \cos(n\omega_0 t + \theta_n)$$

$$\text{여기서} \begin{cases} A_0 = a_0 \\ A_n = \sqrt{a_n^2 + b_n^2} \\ \theta_n = \tan^{-1}(-b_n/a_n) \end{cases}$$

이고, a_0 a_n, 그리고 b_n 계수들은 코사인-사인 형식의 푸리에 계수와 동일하다.

✔ 지수 형식의 푸리에 급수는

$$f(t) = \sum_{n=-\infty}^{\infty} c_n e^{jn\omega_0 t}$$

이다. 여기서,

$$c_n = \frac{1}{T}\int_{t_o}^{t_o+T} f(t)\, e^{-jn\omega_0 t}\, dt$$

$$c_{-n} = c_n^*$$

이다.

문제 Question

12.3 우함수, 기함수, 그리고 반파 대칭

12.1 식 (12.24a)를 증명하라.

12.2 식 (12.24b)를 증명하라.

12.3 어떤 함수가 반파 대칭이면, 그것의 평균값이 0이라는 것을 증명하라.

12.4 (a) 함수 $f(t)$가 우함수이고, 또 반파 대칭일 경우, a_n에 대한 표현식이

$$a_n = \frac{4}{T}\int_0^{T/2} f(t)\cos n\omega_0 t\,dt$$

로부터

$$a_n = \frac{8}{T}\int_0^{T/4} f(t)\cos n\omega_0 t\,dt$$

로 간단해질 수 있다는 것을 보여라.

(b) 함수 $f(t)$가 기함수이고, 또 반파 대칭일 경우, b_n에 대한 표현식이

$$b_n = \frac{4}{T}\int_0^{T/2} f(t)\sin n\omega_0 t\,dt$$

로부터

$$b_n = \frac{8}{T}\int_0^{T/4} f(t)\sin n\omega_0 t\,dt$$

로 간단해질 수 있다는 것을 보여라.

12.5 그림 P12.5에서 보인 함수들의 푸리에 급수 표현을 구하라.

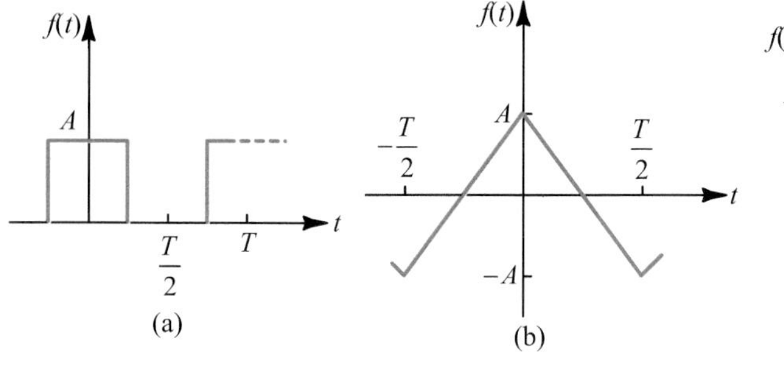

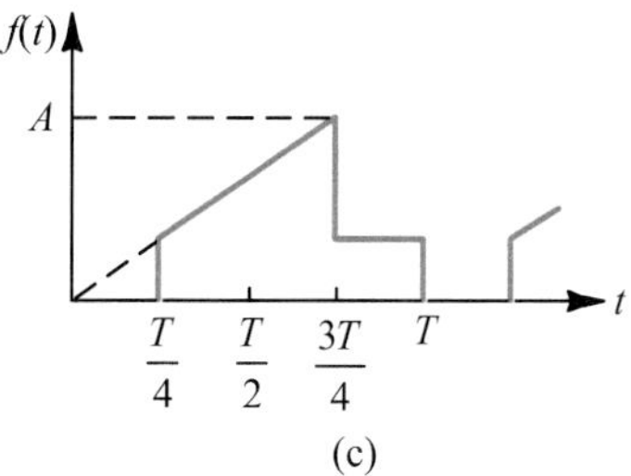

그림 P12.5

12.6 $-\frac{1}{2} \leq t \leq \frac{1}{2}$에 대해, $f(t) = \frac{16}{3}t(1 - 4t^2)$이다. 주기는 1초이다.

(a) $f(t)$, $f'(t)$, 그리고 $f''(t)$의 파형을 그려라.

(b) $f(t)$의 푸리에 급수 전개식을 구하고, 그 결과를 논하라.

12.7 (a) 그림 P12.7에 보인 두 파형에 대한 푸리에 급수를 구하라.

(b) 그림 P12.7(a)에 보인 파형의 푸리에 급수로부터 그림 P12.7(b)에 보인 파형의 푸리에 급수를 직접 구하는 방법을 보여라.

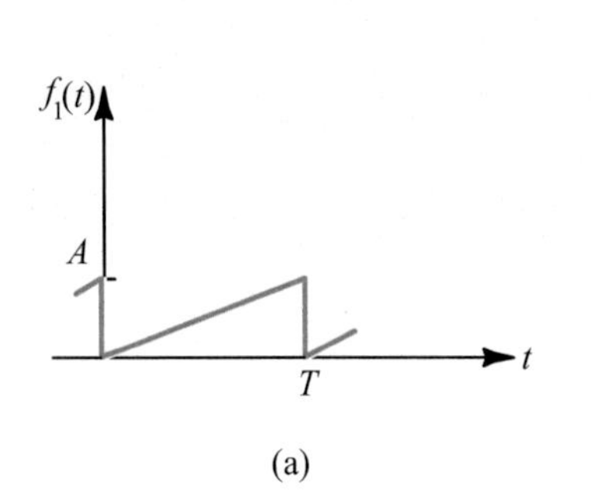

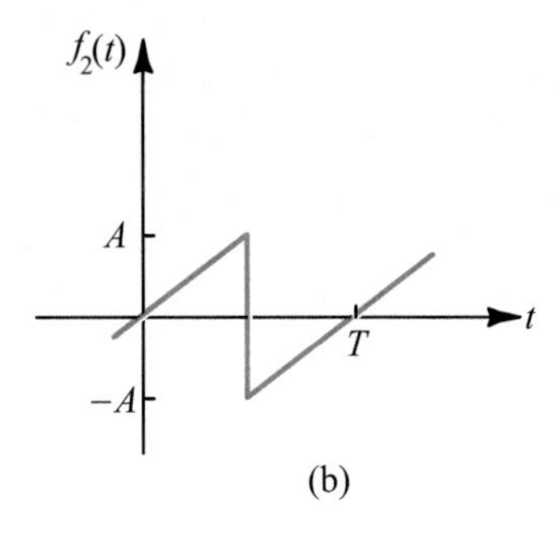

그림 P12.7

12.8 임의의 주기 함수 $f(t)$는 그것의 우함수 부분과 기함수 부분의 합으로 분해될 수 있다. 즉,

$$f(t) = f_e(t) + f_o(t)$$

(a) $f_e(t)$와 $f_o(t)$를 $f(t)$와 $f(-t)$의 적절한 결합으로 얻을 수 있다는 것을 보여라.

(b) (a)의 결과를 이용하여, 그림 P12.8에 보인 함수의 우수 부분과 기수 부분의 파형을 구하라.

(c) $f(t)$의 삼각 형식 푸리에 급수를 구하라.

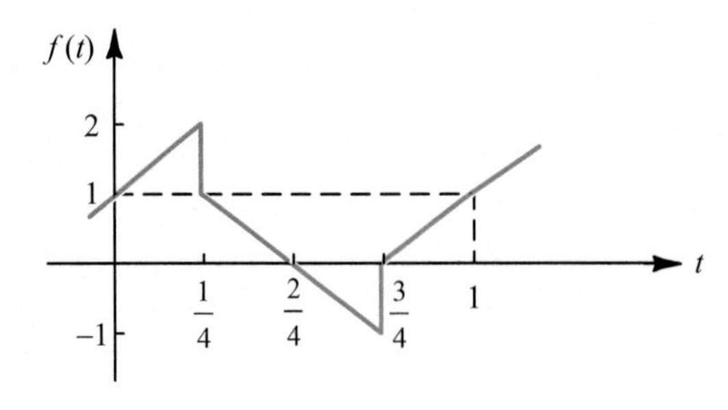

그림 P12.8

12.5 푸리에 급수를 이용한 회로 해석

12.9 어떤 소자의 전달 특성을 그림 P12.9에 나타냈다.

(a) 입력 v_i가 $v_i = V_m \sin\omega t$일 때, 출력이 입력에 선형적으로 관계하기 위한 조건은 무엇인가?

(b) $V_m > V$라고 가정하면, 출력에 어떤 고조파들이 나타나겠는가?

(c) 삼각 형식의 푸리에 급수 계수들을 구하기 위한 방정식을 세워라.

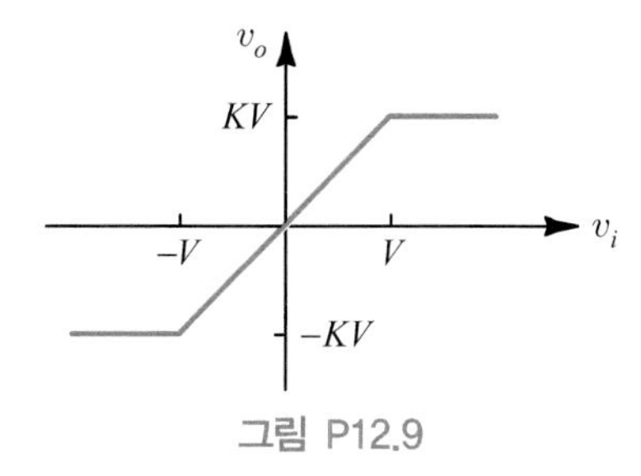

그림 P12.9

12.10 어떤 소자의 전달 특성을 그림 P12.10에 나타냈다. $v_i = V_m \cos\omega t$라고 가정하라.

(a) $m_2 = 0$일 때, 출력 파형을 도시하고, 그것의 삼각 형식 푸리에 급수를 구하라.

(b) $m_2 = m_1$일 때, 출력 파형을 도시하고, 그것의 삼각 형식 푸리에 급수를 구하라.

(c) $v_{ob} = 2v_{oa} - m_1 v_i$를 이용하여, (a)의 해답으로부터 (b)의 해답을 구할 수 있다는 것을 보여라.

(d) 만약 m_2가 m_1과 약간 다르다면, (b)에서 구한 결과가 어떻게 달라지겠는가?

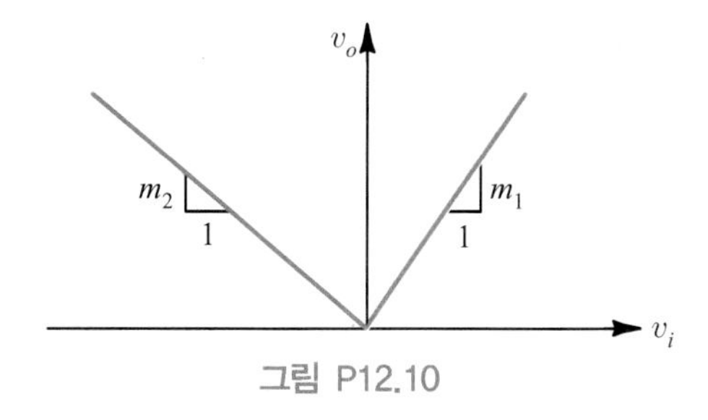

그림 P12.10

12.11 그림 P12.11에 보인 파형의 기본파 성분과 평균값 사이에는 어떤 관계가 있는가? 단, 이 펄스의 폭은 주기에 비해 좁다.

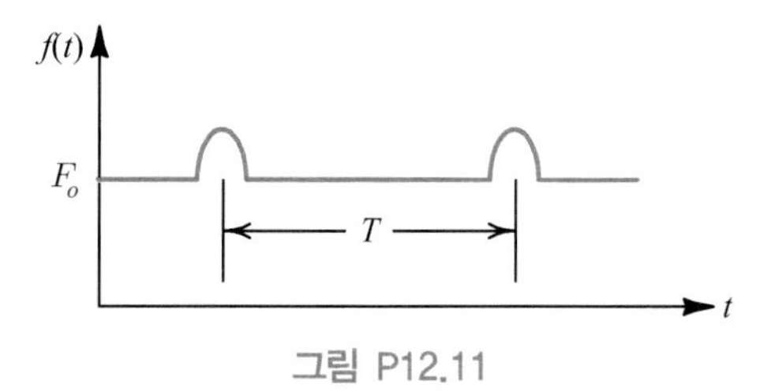

그림 P12.11

12.12 그림 P12.12에서 R의 값은 고정되어 있다. 저역-통과 여파기는 무시할 수 있을 정도의 작은 리플을 갖는 직류 출력을 만들어내기 위해 사용되었다. 리플의 기본파 성분이 직류 출력 전압의 10%보다 작아야 한다면, L의 크기는 얼마이어야 하는가? 입력 전압 v_i는 $|t| \leq \frac{1}{2}T$ 동안 사인파이다.

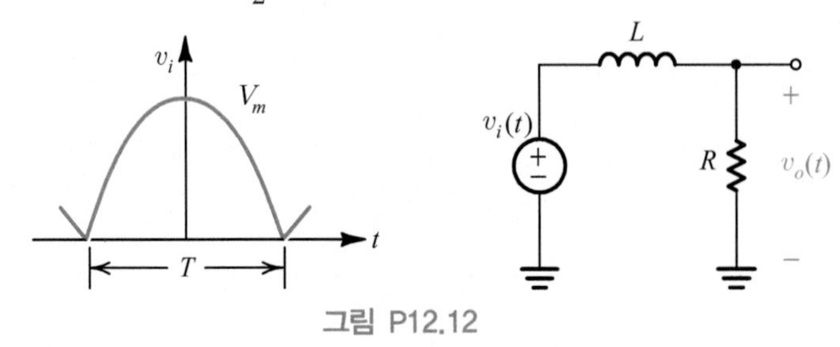

그림 P12.12

12.13 그림 P12.13에서 회로는 제3 고조파에 동조되어 있다. 이 회로의 대역폭이 중심 주파수의 10%일 때,

(a) 출력 전압의 기본파, 제3 고조파, 그리고 제5 고조파 성분을 구하라.

(b) 제3 고조파 출력의 진폭을 기본파 및 제5 고조파 출력의 진폭과 비교하라. 단, 비교할 때, 제3 고조파의 진폭을 1로 하라. 비교한 결과를 논하라.

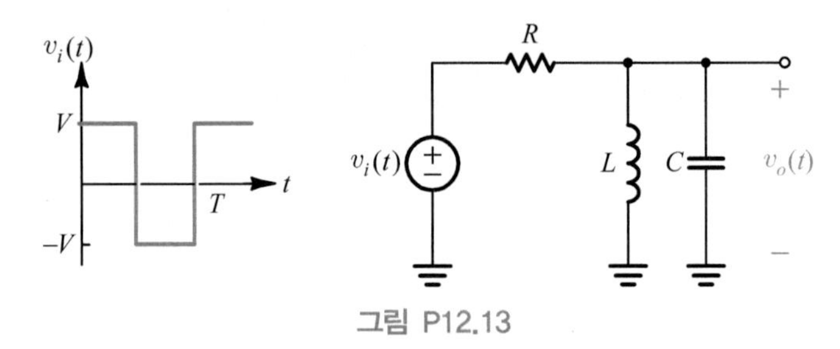

그림 P12.13

12.14 그림 P12.14의 대역-저지 회로는 입력의 기본 주파수, 즉 $T = 2\pi\sqrt{LC}$에 동조되어 있다. 이 회로의 주파수 제거 대역폭이 좁다고 가정하고,

(a) 출력 전압을 구하라.

(b) $v_o(t)$를 그래프로 그리고, 값들을 표시하라.

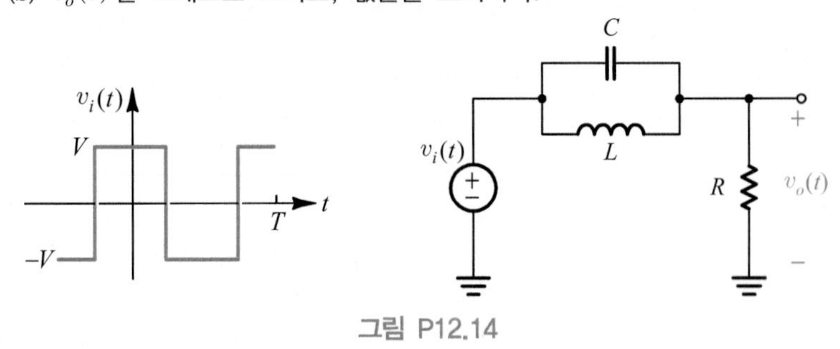

그림 P12.14

12.7 지수 형식의 푸리에 급수

12.15 그림 P12.15에 보인 파형에 대한 지수 형식 푸리에 급수를 구하라.

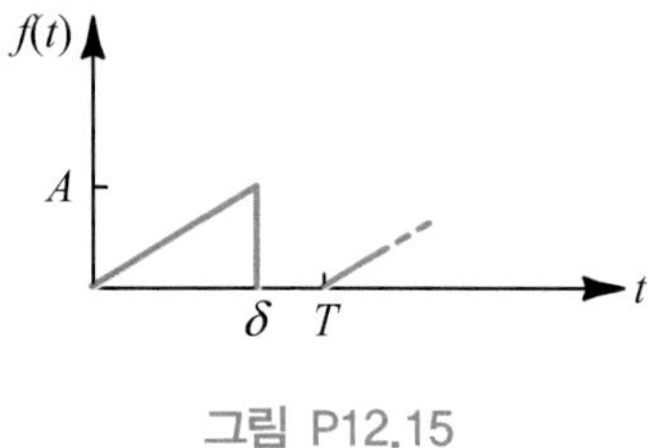

그림 P12.15

12.16 (a) 그림 P12.16에 보인 두 파형의 지수 형식 푸리에 급수를 구하라.

(b) (a)에서 구한 두 급수를 더했을 때, 그 결과의 급수는 어떤 파형을 나타내겠는가?

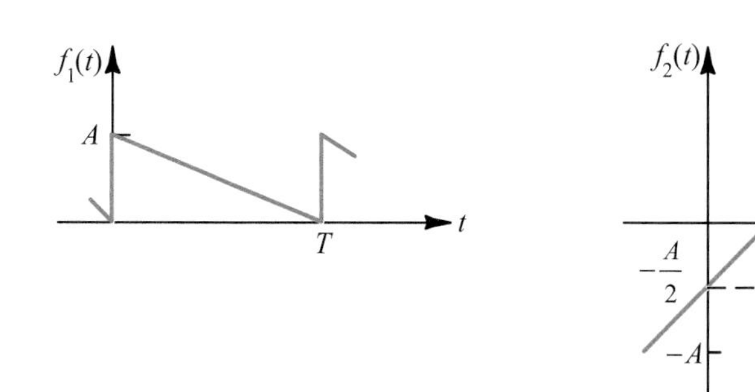

그림 P12.16

12.17 그림 P12.17에 대해,

(a) 전압 전원에 의해 전달되는 평균 전력을 파형으로부터 직접 구하라.

(b) 입력 전류의 지수 형식 푸리에 급수를 구하라.

(c) 입력 전류와 입력 전압의 지수 형식 푸리에 급수를 이용하여, 전압 전원에 의해 전달되는 평균 전력을 구하라. 이 결과가 (a)의 결과와 일치하는가?

(d) 입력 전압의 지수 형식 푸리에 급수를 이용하여, 저항기에 전달된 평균 전력을 구하라. 이 결과가 (a)의 결과와 일치하는가?

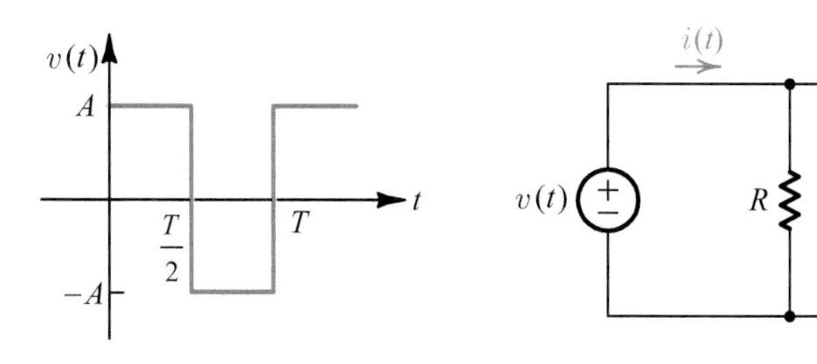

그림 P12.17

12.18 그림 P12.18에서 $0 \leq t < T/2$ 에 대해 $f_1(t) = 1 - e^{-t/\tau}$ 이고, $T/2 \leq t < T$에 대해 $f_2(t) = e^{-[t-(T/2)]/\tau}$ 이다. $10\tau < T$ 라고 가정한다.

(a) 지수 형식 푸리에 급수의 계수들을 구하라.

(b) $\tau = 0$이라고 하라. 이때 그 결과의 함수가 구형파의 푸리에 급수를 나타낸다는 것을 증명하라.

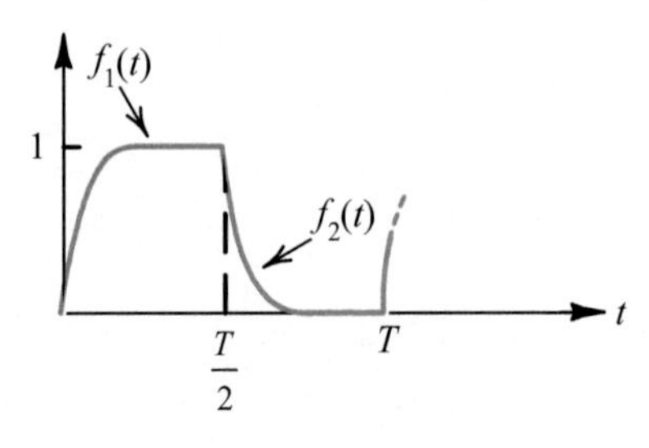

그림 P12.18

12.19 (a) 그림 P12.19에 보인 반복되는 단일-사이클 사인파의 푸리에 급수를 구하라. 단, $T \geq T_o$ 라고 가정하라.

(b) $T = T_o$일 때, (a)에서 구한 식을 간단히 하라.

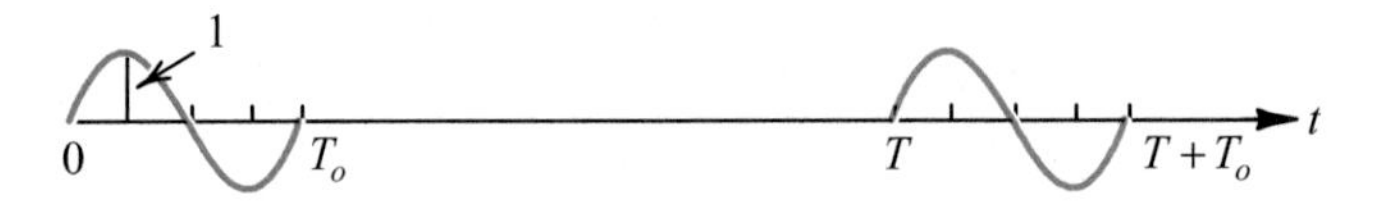

그림 P12.19

PART 05

부 록

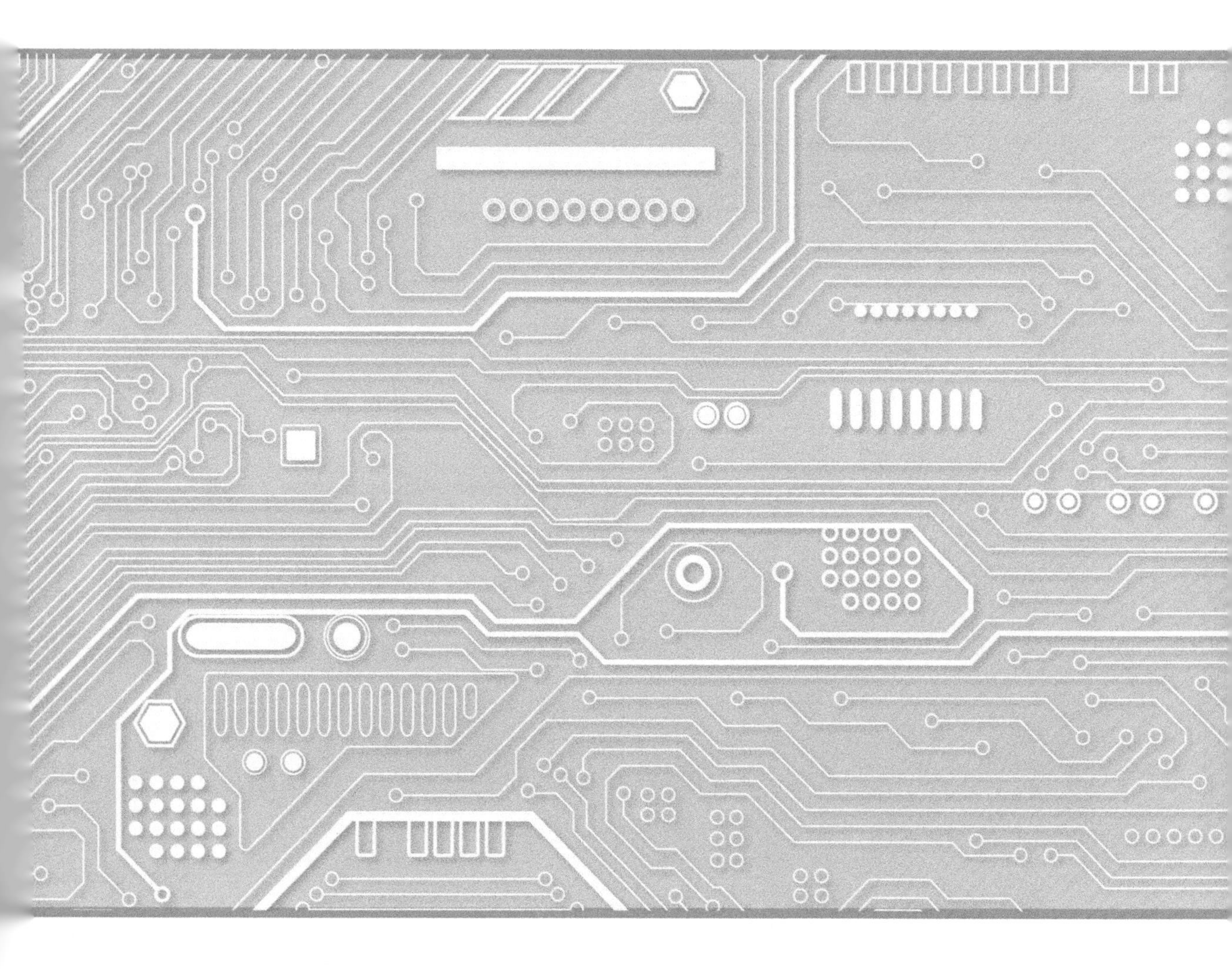

APPENDIX A

행렬식

n개의 미지수 즉 $x_1, x_2, \ldots, x_n$ 을 포함하는 n개의 선형, 독립, 연립 방정식을 살펴보기로 하자.

$$\begin{aligned} a_{11}x_1 + a_{12}x_2 + \cdots + a_{1n}x_n &= b_1 \\ a_{21}x_1 + a_{22}x_2 + \cdots + a_{2n}x_n &= b_2 \\ &\vdots \\ a_{n1}x_1 + a_{n2}x_2 + \cdots + a_{nn}x_n &= b_n \end{aligned}$$

크래머의 공식(Cramer's rule)에 의하면, 이 연립 방정식의 해는 다음과 같이 주어진다.

$$x_1 = \frac{\Delta_1}{\Delta}, \quad x_2 = \frac{\Delta_2}{\Delta}$$
$$\vdots$$
$$x_n = \frac{\Delta_n}{\Delta}$$

여기서

$$\Delta = \begin{vmatrix} a_{11} & a_{12} & \ldots & a_{1n} \\ a_{21} & a_{22} & \ldots & a_{2n} \\ \cdot & \cdot & & \cdot \\ \cdot & \cdot & & \cdot \\ \cdot & \cdot & & \cdot \\ a_{n1} & a_{n2} & \ldots & a_{nn} \end{vmatrix}$$

$$\Delta_1 = \begin{vmatrix} b_1 & a_{12} & \ldots & a_{1n} \\ b_2 & a_{22} & \ldots & a_{2n} \\ \cdot & \cdot & & \cdot \\ \cdot & \cdot & & \cdot \\ \cdot & \cdot & & \cdot \\ b_n & a_{n2} & \ldots & a_{nn} \end{vmatrix} \qquad \Delta_2 = \begin{vmatrix} a_{11} & b_1 & \ldots & a_{1n} \\ a_{21} & b_2 & \ldots & a_{2n} \\ \cdot & \cdot & & \cdot \\ \cdot & \cdot & & \cdot \\ \cdot & \cdot & & \cdot \\ a_{n1} & b_n & \ldots & a_{nn} \end{vmatrix}$$

$$\cdot \;\cdot \;\cdot \qquad \Delta_n = \begin{vmatrix} a_{11} & a_{12} & \ldots & b_1 \\ a_{21} & a_{22} & \ldots & b_2 \\ \cdot & \cdot & & \cdot \\ \cdot & \cdot & & \cdot \end{vmatrix}$$

이고, 우리는 이들을 **행렬식**(determinant)이라고 부른다. $n \times n$ 행렬식은 어떤 임의의 **행**(row) 또는 **열**(column)을 따라 전개함으로써 계산할 수 있다. 예를 들어, 우리는 다음과 같이 Δ를 첫번째 열을 따라 전개함으로써 그 값을 구할 수 있을 것이다.

$$\Delta = \begin{vmatrix} a_{11} & a_{12} & a_{13} & \cdots & a_{1n} \\ a_{21} & a_{22} & a_{23} & \cdots & a_{2n} \\ a_{31} & a_{32} & a_{33} & \cdots & a_{3n} \\ \vdots & \vdots & \vdots & & \\ a_{n1} & a_{n2} & a_{n3} & \cdots & a_{nn} \end{vmatrix}$$

$$= a_{11}M_{11} - a_{21}M_{21} + a_{31}M_{31} - \cdots + (-1)^{n+1}a_{n1}M_{n1}$$

여기서, M_{ij}는 Δ에서 i번째 행과 j번째 열을 삭제함으로써 얻어지는 $(n-1)\times(n-1)$ 행렬식을 의미한다. 이와는 달리, 우리는 다음과 같이 Δ를 첫번째 행을 따라 전개함으로써 그 값을 구할 수도 있을 것이다. 즉,

$$\Delta = a_{11}M_{11} - a_{12}M_{12} + a_{13}M_{13} - \cdots + (-1)^{n+1}a_{1n}M_{1n}$$

2차와 3차 행렬식들의 전개는 아래와 같이 주어질 것이다.

$$\Delta = \begin{vmatrix} a_{11} & a_{12} \\ a_{21} & a_{22} \end{vmatrix} = a_{11}a_{22} - a_{21}a_{22}$$

$$\Delta = \begin{vmatrix} a_{11} & a_{12} & a_{13} \\ a_{21} & a_{22} & a_{23} \\ a_{31} & a_{32} & a_{33} \end{vmatrix} = a_{11}\begin{vmatrix} a_{22} & a_{23} \\ a_{32} & a_{33} \end{vmatrix} - a_{21}\begin{vmatrix} a_{12} & a_{13} \\ a_{32} & a_{33} \end{vmatrix} + a_{31}\begin{vmatrix} a_{12} & a_{13} \\ a_{22} & a_{23} \end{vmatrix}$$

$$= a_{11}(a_{22}a_{33} - a_{32}a_{23}) - a_{21}(a_{12}a_{33} - a_{32}a_{13}) + a_{31}(a_{12}a_{23} - a_{22}a_{13})$$

$$= a_{11}a_{22}a_{33} + a_{21}a_{32}a_{13} + a_{31}a_{12}a_{23} - a_{11}a_{32}a_{23} - a_{21}a_{12}a_{33} - a_{31}a_{22}a_{13}$$

APPENDIX B

복소수의 대수학

복소수

a와 b가 -2.1, 0, 3.4와 같은 실수를 나타낸다고 가정하기로 하자. 그리고, 문자 j가 $\sqrt{-1}$을 나타낸다(즉, $j=\sqrt{-1}$)고 가정하기로 하자.

허수는 실수에 j를 곱함으로써 얻어진다. 따라서 ja와 jb는 허수를 나타낸다. 이 정의에 의하면, $\sqrt{-3}$은 $(\sqrt{-1})(\sqrt{3}) = j\sqrt{3}$으로 쓸 수 있기 때문에 허수이다. 이와는 반대로, j^2은 $j^2=-1$이므로 실수이다.

복소수는 실수와 허수를 더함으로써 얻어진다. 따라서, $a+jb$와 $b+ja$는 복소수를 나타낸다. 복소수를 표시하는 데는 굵은체의 단일 문자가 사용된다. 즉,

$$\mathbf{z} = a + jb$$

여기서 $\mathbf{z}$의 **실수부**(real part)는 a이다. 즉,

$$\mathrm{Re}\{\mathbf{z}\} = a$$

한편, $\mathbf{z}$의 **허수부**(imaginary part)는 b이다. 즉,

$$\mathrm{Im}\{\mathbf{z}\} = b$$

따라서, 복소수 $\mathbf{z}_1=-2+j3$는 -2의 실수부와 3의 허수부를 가진다. 복소수 $\mathbf{z}_2=-j4 = 0+j(-4)$는 0의 실수부와 -4의 허수부를 가진다. 복소수의 허수부가 실수라는 점에 유의하기 바란다. 즉, j의 다음에 오는 것이 허수부이고, 이 허수부는 j를 포함하지 않는다.

만일

$$\mathrm{Re}\{\mathbf{z}_1\} = \mathrm{Re}\{\mathbf{z}_2\} \qquad \text{그리고} \qquad \mathrm{Im}\{\mathbf{z}_1\} = \mathrm{Im}\{\mathbf{z}_2\}$$

라면, 두 복소수 $\mathbf{z}_1$과 $\mathbf{z}_2$는 서로 같을 것이다. 따라서 만일

$$\underbrace{c + jd}_{\mathbf{z}_1} = \underbrace{-2 + j}_{\mathbf{z}_2}$$

라면, $c = -2$이고 $d = 1$이다.

$\mathbf{z}$의 **복소 공액**(complex conjugate)은 $\mathbf{z}^* = -a - jb$이다. 따라서, 임의의 복소수에서 j가 $-j$로 대체되면, 그 복소수는 공액화된다. 예를 들어, 만일 $\mathbf{z} = -3 - j4$라면, $\mathbf{z}^* = -3 + j4$이다.

복소 평면

실수들을 그래프로 그리면, 한 직선상의 점들로 표시된다. 한편, 복소수들은 수평축과 수직축에 의해 형성되는 한 평면상의 점들로 나타내어진다. 그림 B.1을 보라. 이 평면의 수평축을 우리는 **실수축**(real axis)이라고 부른다. 만일 어떤 수가 실수이면, 이 수는 실수축 상의 한 점으로 나타내어진다. 예를 들어, -3이라는 수는 P 점으로 나타내어진다. 이 평면의 수직축을 우리는 **허수축**(imaginary axis)이라고 부른다. 만일 어떤 수가 허수이면, 이 수는 허수축 상의 한 점으로 나타내어질 것이다. 예로서, $-j2$라는 수는 Q 점으로 나타내어진다. 만일 어떤 수가 $3 + j2$와 같은 복소수라면, 이 복소수는 R점으로 나타내어진다. 이 수의 실수부가 3이고, 허수부가 2라는 점에 주목하기 바란다. 원점은 $\mathbf{z} = 0$이라는 수를 나타낸다. 이 전체 평면을 우리는 **복소 평면**(complex plane)이라고 부른다.

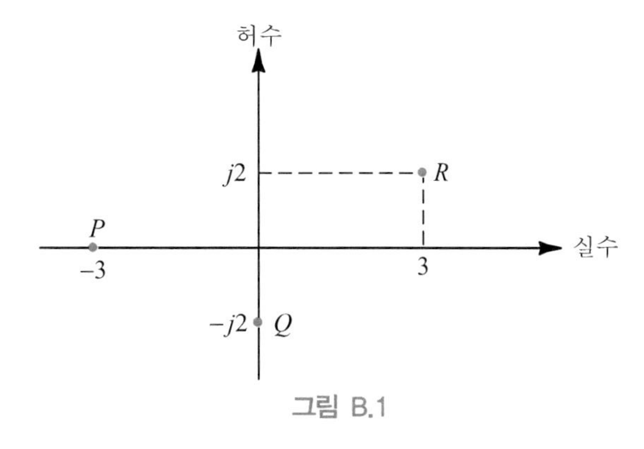

그림 B.1

그림 B.1에서 우리는, 임의의 한 복소수가 그것의 실수부와 허수부로 나타내어진다는 것과 이 실수부와 허수부가 함께 복소 평면상의 한 점을 표시한다는 것을

알 수 있다. 이와는 달리, 같은 점을 우리는 그림 B.2에 보인 것처럼 원점으로부터 이 점으로 향하는 직선으로 나타낼 수도 있다.

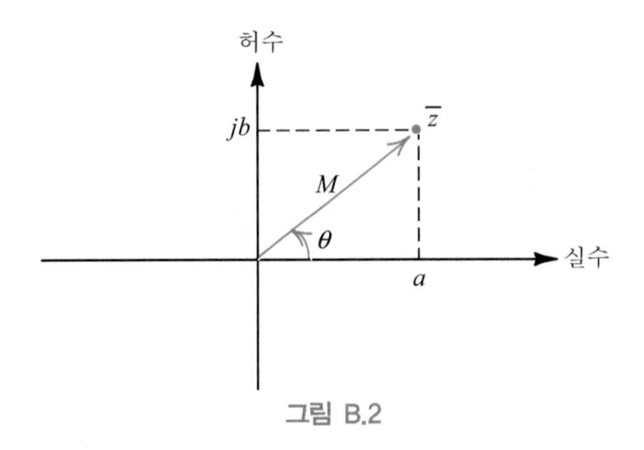

그림 B.2

M으로 표시된 직선의 길이를 우리는 복소수 $\mathbf{z}$의 **크기**(magnitude) 또는 절대값이라고 부르며, $|z|$ 의 기호로 나타낸다. 즉, $|z| = M$ 으로 나타낸다. 임의의 복소수의 크기가 항상 플러스의 수라는 점에 유의하기 바란다.

플러스 실수축으로부터 M 직선까지 시계 반대 방향으로 취해지는 각도 θ를 $\mathbf{z}$의 각(angle) 또는 편각이라고 부른다. a와 b의 부호에 따라, 직선 M은 4상한 중의 어느 한 곳에 위치할 수 있을 것이다. 예를 들어, a와 b가 모두 마이너스일 경우에는, 이 직선은 $\pi < \theta < 3\pi/2$에 해당하는 3상한에 위치할 것이다. 편각이 마이너스라는 것은, 이 직선이 플러스 실수축으로부터 시계 방향으로 회전했다는 것을 의미한다. 따라서, 우리는 한 쌍의 실수들, 즉$(a,\ b)$ 또는 $(M,\ \theta)$를 사용하여 임의의 모든 복소수들을 표시할 수 있을 것이다. 즉, 허수부와 실수부 $(a,\ b)$는 $\mathbf{z}$ 점의 **직각 좌표**(rectangular coordinate)들을 지정하고, 크기와 각 $(M,\ \theta)$는 극 **좌표**(polar coordinate)들을 지정한다. 한 형식으로부터 다른 형식으로의 변환 공식은 다음과 같이 쉽게 구할 수 있다. 즉, 그림 B.2로부터 우리는

$$a = M\cos\theta, \qquad b = M\sin\theta \tag{B.1}$$

$$M = \sqrt{a^2 + b^2} = \sqrt{(\text{실수부})^2 + (\text{허수부})^2}$$

$$\theta = \tan^{-1}\frac{b}{a} = \tan^{-1}\left(\frac{\text{허수부}}{\text{실수부}}\right) \tag{B.2}$$

임을 알 수 있다. 식 (B.1)을 사용함으로써 우리는 극 좌표 형식을 직각 좌표 형식으로 바꿀 수 있고, 이와는 반대로 식 (B.2)를 사용함으로써 직각 좌표 형식을 극 좌표 형식으로 바꿀 수 있다. 예를 들어, 만일 $(M,\ \theta) = (10, -3\pi/4)$ 이라면,

$$a = M\cos\theta = 10\cos(-\frac{3\pi}{4}) = 10\cos\frac{3\pi}{4} = -10\cos\frac{\pi}{4} = -\frac{10}{\sqrt{2}} = -5\sqrt{2}$$

$$b = M\sin\theta = 10\sin(-\frac{3\pi}{4}) = -10\sin\frac{3\pi}{4} = -10\sin\frac{\pi}{4} = \frac{-10}{\sqrt{2}} = -5\sqrt{2}$$

$$(a, b) = (-5\sqrt{2}, -5\sqrt{2})$$

일 것이다.

직각 좌표 형식을 극 좌표 형식으로 바꿀 때 주의해야 할 점이 있는데, 그것은 각 θ를 정확히 구하는 일이다. 각 θ를 구할 때, 우리는 a와 b의 부호에 따라 다음 형태들 중의 하나를 사용할 수 있을 것이다.

$$a > 0,\ b > 0,\ \theta = \tan^{-1}\frac{b}{a} \qquad (\text{I 상한}) \qquad \text{(B.3a)}$$

$$a < 0,\ b > 0,\ \theta = \pi - \tan^{-1}\frac{b}{|a|} \qquad (\text{II 상한}) \qquad \text{(B.3b)}$$

$$a < 0,\ b < 0,\ \theta = \pi + \tan^{-1}\frac{|b|}{|a|} \qquad (\text{III 상한}) \qquad \text{(B.3c)}$$

$$a > 0,\ b < 0,\ \theta = 2\pi - \tan^{-1}\frac{|b|}{a} \qquad (\text{IV 상한}) \qquad \text{(B.3d)}$$

$$a = 0,\ b > 0,\ \theta = \frac{\pi}{2} \qquad \text{(B.3e)}$$

$$a = 0,\ b < 0,\ \theta = \frac{3\pi}{2} \qquad \text{(B.3f)}$$

$$a > 0,\ b = 0,\ \theta = 0 \qquad \text{(B.3g)}$$

$$a < 0,\ b = 0,\ \theta = \pi \qquad \text{(B.3h)}$$

이 식들에서 θ의 단위는 라디안이다. θ에 $k2\pi(k = 1, 2, 3, \cdots)$를 더하거나 빼도, 복소수는 변하지 않는다는 점에 유의하기 바란다. 예를 들어, 식 (B.3c)에서, 3상한의 한 점을 나타내기 위해 $\theta = \pi + \tan^{-1}|b|/|a|$를 사용하는 대신에, $\theta' = \theta - 2\pi = -\pi + \tan^{-1}|b|/|a|$를 사용할 수도 있다. 비록 $\theta' \neq \theta$ 이지만, 우리는 그 복소수를 (M, θ)나 (M, θ') 어느 쪽으로도 나타낼 수 있다. 일반적으로, 우리는 θ를 $\theta' = \theta \pm k2\pi(k = 0, 1, 2, \cdots)$로 대체할 수 있다.

또 다른 예로서, $(a, b) = (\sqrt{3}/2, -1/2)$의 직각 좌표 형식으로 나타내어진 복소수를 고려해 보자. 이 복소수의 극 좌표 형식 (M, θ)는 다음과 같이 구해질 것이다.

$$M = \sqrt{a^2 + b^2} = \sqrt{\left(\frac{\sqrt{3}}{2}\right)^2 + \left(-\frac{1}{2}\right)^2} = \sqrt{\frac{3}{4} + \frac{1}{4}} = 1$$

$$\theta = \tan^{-1}\frac{b}{a} = 2\pi - \tan^{-1}\frac{|b|}{a} = 2\pi - \tan^{-1}\frac{1/2}{\sqrt{3}/2} = 2\pi - \tan^{-1}\frac{1}{\sqrt{3}}$$

$$= 2\pi - \frac{\pi}{6} = \frac{11}{6}\pi \text{ 라디안}$$

이와는 달리, 우리는 θ에서 2π를 뺄 수 있을 것이고, 그 결과로 이 복소수를 $(M, \theta') = (1, -\pi/6)$으로 나타낼 수 있을 것이다.

지수 표현

식 (B.1)은 다음과 같이 실수부와 허수부로 결합시킴으로써 단일 식으로 바꿀 수 있다.

$$a + jb = M\cos\theta + jM\sin\theta = M(\cos\theta + j\sin\theta) \tag{B.4}$$

$f(\theta) = \cos\theta + j\sin\theta$ 함수는 흥미로운 특성들을 가지고 있다. 즉, 이 함수는 2차 선형 미분 방정식

$$f''(\theta) + f(\theta) = 0$$

의 해이고,

$$f(0) = 1, \qquad f'(0) = j$$

의 초기 조건들을 만족시킨다. 우리는 이 결과들을 쉽게 증명할 수 있을 것이다. 우리는 또, 위에서 언급한 방정식과 초기 조건들이 $e^{j\theta}$ 함수에 의해서도 만족된다는 것을 입증할 수 있을 것이다. 따라서, 우리는 다음의 항등식이 성립된다는 것을 알 수 있을 것이다.

$$\cos\theta + j\sin\theta = e^{j\theta} \tag{B.5}$$

이 항등식은 **오일러의 항등식**(Euler's identity)이라고 불리기도 한다. 결국, 우리는 식 (B.4)를

$$a + jb = Me^{j\theta} \tag{B.6}$$

로 쓸 수 있을 것이다. 따라서, 우리는 임의의 복소수를 $Me^{j\theta}$의 지수 형식(expo-nential form)으로 나타낼 수 있을 것이다.

이제 우리는 임의의 복소수를 표현하는 세 가지의 형식들을 아래와 같이 요약할 수 있을 것이다.

$$\text{직각 좌표 형식 : } a + jb$$
$$\text{극 좌표 형식 : } M\angle\theta$$
$$\text{지수 형식 : } Me^{j\theta}$$

여기서, (a, b)와 (M, θ) 사이의 관계는 그림 B.2, 식 (B.1) 또는 식 (B.2)로부터 알 수 있을 것이다. 복소수를 계산할 때, 극 좌표 형식으로 주어진 복소수를 지수 형식으로 바꾸면 편리할 때가 있는데, 이때에는 단순히 $\angle\theta$를 $e^{j\theta}$로 대체하면 된다.

덧셈과 뺄셈

$\mathbf{z}_1 = a + jb$와 $\mathbf{z}_2 = c + jd$가 두 복소수라고 가정하자. 이들의 합과 차는

$$\mathbf{z}_1 + \mathbf{z}_2 = (a + jb) + (c + jd) = (a + c) + j(b + d) \tag{B.7}$$

$$\mathbf{z}_1 - \mathbf{z}_2 = (a + jb) - (c + jd) = (a - c) + j(b - d) \tag{B.8}$$

로 주어질 것이다. 따라서 우리는, 합의 실수부 즉 $(a+c)$는 각각의 실수부들 즉 a와 b의 합이라는 것과, 합의 허수부 즉 $(b + d)$는 각각의 허수부들의 합이라는 것을 알 수 있다. 마찬가지로, 두 복소수의 차의 실수부와 허수부는 두 복소수 각각의 실수부들과 허수부들의 차라는 것도 알 수 있다. 예를 들면,

$$(3 + j4) + (1 - j) = (3 + 1) + j(4 - 1) = 4 + j3$$
$$(3 + j4) - (1 - j) = (3 - 1) + j[4 - (-1)] = 2 + j5$$

이다.

만일 복소수들이 직각 좌표 형식으로 나타내어져 있다면, 우리는 이들의 덧셈과 뺄셈을 쉽게 행할 수 있을 것이다. 이와는 달리, 만일 복소수들이 극 좌표 형식 또는 지수 형식으로 나타내어져 있다면, 우리는 먼저 $e^{j\theta} = \cos\theta + j\sin\theta$를 사용하여 이들을 직각 좌표 형식으로 바꾼 다음, 변환된 형식의 복소수들을 더하거나 뺄 수 있을 것이다. 예를 들어, 만일 $\mathbf{z}_1 = 2\angle\pi/6$ 이고 $\mathbf{z}_2 = 6e^{-j\pi/3}$ 이라면, 우리는 $\mathbf{z}_1 + \mathbf{z}_2$ 를 다음과 같이 구할 수 있을 것이다. 즉,

$$\mathbf{z}_1 + \mathbf{z}_2 = \underbrace{2\angle\pi/6}_{\text{극 좌표 형식}} + \underbrace{6e^{-j\pi/3}}_{\text{지수 형식}} = \underbrace{2e^{j\pi/6} + 6e^{-j\pi/3}}_{\text{지수 형식}}$$

$$= \underbrace{2\left(\cos\frac{\pi}{6} + j\sin\frac{\pi}{6}\right)}_{\text{직각 좌표 형식}} + \underbrace{6\left[\cos\left(-\frac{\pi}{3}\right) + j\sin\left(-\frac{\pi}{3}\right)\right]}_{\text{직각 좌표 형식}}$$

$$= 2\left(\frac{\sqrt{3}}{2} + j\frac{1}{2}\right) + 6\left(\frac{1}{2} - j\frac{\sqrt{3}}{2}\right) = (\sqrt{3} + 3) + j(1 - 3\sqrt{3})$$

필요하다면, 식 (B.2)를 사용해서 이 결과를 극 좌표 형식 또는 지수 형식으로 바꿀 수 있을 것이다. 즉,

$$\mathbf{z}_1 + \mathbf{z}_2 = \underbrace{(\sqrt{3} + 3)}_{a} + j\underbrace{(1 - 3\sqrt{3})}_{b} = M\angle\theta = Me^{j\theta}$$

여기서

$$M = \sqrt{a^2 + b^2} = \sqrt{(\sqrt{3} + 3)^2 + (1 - 3\sqrt{3})^2} = 2\sqrt{10}$$

$$\theta = \tan^{-1}\frac{b}{a} = \tan^{-1}\left(\frac{1 - 3\sqrt{3}}{\sqrt{3} + 3}\right) = 2\pi - \tan^{-1}\left(\frac{3\sqrt{3} - 1}{\sqrt{3} + 3}\right) \text{ 라디안}$$

이다.

곱셈과 나눗셈

$\mathbf{z}_1 = M_1 e^{j\theta_1}$ 과 $\mathbf{z}_2 = M_2 e^{j\theta_2}$ 가 두 복소수라고 가정하자. 이들의 곱과 몫은

$$\mathbf{z}_1 \times \mathbf{z}_2 = (M_1 e^{j\theta_1})(M_2 e^{j\theta_2}) = M_1 M_2 e^{j(\theta_1 + \theta_2)} \quad \text{(B.9)}$$

$$\frac{\mathbf{z}_1}{\mathbf{z}_2} = \frac{M_1 e^{j\theta_1}}{M_2 e^{j\theta_2}} = \frac{M_1}{M_2} e^{j(\theta_1 - \theta_2)} \quad \text{(B.10)}$$

으로 주어질 것이다. 따라서 우리는, 두 복소수의 곱의 크기 즉 $M_1 M_2$는 각각의 크기들 즉 M_1과 M_2의 곱이라는 것과, 두 복소수의 곱의 위상각 즉 $\theta_1 + \theta_2$는 각각의 위상각들 즉 θ_1과 θ_2의 합이라는 것을 알 수 있다. 마찬가지로, 두 복소수의 몫의 크기는 각각의 크기들의 몫이라는 것과, 두 복소수의 위상각은 각각의 위상각들의 차라는 것도 알 수 있다. 예를 들면,

$$[3e^{j(\pi/12)}][2e^{-j(\pi/9)}] = 3 \times 2e^{j(\pi/12 - \pi/9)} = 6e^{-j(\pi/36)}$$

$$\frac{3e^{j(\pi/12)}}{2e^{-j(\pi/9)}} = \frac{3}{2}e^{j[\pi/12 - (-\pi/9)]} = 1.5e^{j(7/36)\pi}$$

이다.

만일 복소수들이 지수 형식 또는 극 좌표 형식으로 나타내어져 있다면, 우리는 이들의 곱셈과 나눗셈을 쉽게 행할 수 있을 것이다. 이와는 달리, 만일 복소수들이 직각 좌표 형식으로 나타내어져 있다면, 우리는 이들을 먼저 지수 형식으로 바꾼 다음, 그 결과의 식들을 곱하거나 나눌 수 있을 것이다. 예를 들어, 만일 $\mathbf{z}_1 = -1 + j$이고 $\mathbf{z}_2 = 1 - j$라면, $\mathbf{z}_1 \times \mathbf{z}_2$는 다음과 같이 구해질 것이다. 즉,

$$\mathbf{z}_1 \times \mathbf{z}_2 = \underbrace{(-1 + j)}_{\text{직각 좌표 형식}} \times \underbrace{(1 - j)}_{\text{직각 좌표 형식}}$$

$$= \underbrace{\left[\sqrt{(-1)^2 + (1)^2}\, e^{j\tan^{-1}(1/-1)}\right]}_{\text{지수 형식}} \underbrace{\left[\sqrt{(1)^2 + (-1)^2}\, e^{j\tan^{-1}(-1/1)}\right]}_{\text{지수 형식}}$$

$$= \left[\sqrt{2}\, e^{j(\pi - \pi/4)}\right]\left[\sqrt{2}\, e^{j(2\pi - \pi/4)}\right] = \left[\sqrt{2}\, e^{j(3/4)\pi}\right]\left[\sqrt{2}\, e^{j(7/4)\pi}\right] = 2e^{j(5/2)\pi}$$

우리는 이 결과로부터, $\mathbf{z}_1$과 $\mathbf{z}_2$의 곱의 크기가 2이고 위상각이 $5\pi/2$라는 것을 알 수 있다. 복소 평면에서, $5\pi/2$의 위상각은 $5\pi/2 - 2\pi = \pi/2$의 위상각과 똑같은 위치를 차지한다. 따라서, 우리는 이들 두 복소수의 곱을 다음과 같이 쓸 수 있을 것이다.

$$\mathbf{z}_1 \times \mathbf{z}_2 = 2e^{j(\pi/2)} = 2\angle\pi/2$$

필요하다면, 이 결과를 다음과 같이 직각 좌표 형식으로 바꿀 수도 있을 것이다.

$$\mathbf{z}_1 \times \mathbf{z}_2 = 2\left(\cos\frac{\pi}{2} + j\cos\frac{\pi}{2}\right) = j2$$

이와는 달리, 우리는 직각 좌표 형식으로 두 복소수를 곱함으로써 그들의 곱을 구할 수도 있을 것이다. 즉, 실수들에 대한 대수 공식들을 이용하면, $\mathbf{z}_1 \times \mathbf{z}_2$는 다음과 같이 될 것이다.

$$\mathbf{z}_1 \times \mathbf{z}_2 = (-1 + j) \times (1 - j) = (-1)(1 - j) + j(1 - j) = -1 + j + j + 1 = j2$$

일반적으로,

$$\mathbf{z}_1 \times \mathbf{z}_2 = (a + jb) \times (c + jd) = (ac - bd) + j(bc + ad)$$

이다.

마찬가지로, $\mathbf{z}_1$과 $\mathbf{z}_2$의 몫은 다음과 같이 구할 수 있을 것이다.

$$\frac{\mathbf{z}_1}{\mathbf{z}_2} = \frac{-1 + j}{1 - j} = \frac{\sqrt{2}\, e^{j(3/4)\pi}}{\sqrt{2}\, e^{j(7/4)\pi}} = e^{-j\pi} = \cos(-\pi) + j\sin(-\pi) = -1$$

이와는 달리, 다음과 같이 몫의 분자와 분모를 분모의 복소 공액으로 곱해 분모를 실수로 만든 다음, 나눗셈을 행하는 것이 더 간단할 수도 있을 것이다. 즉,

$$\frac{\mathbf{z}_1}{\mathbf{z}_2} = \left(\frac{-1+j}{1-j}\right)\left(\frac{1+j}{1+j}\right) = \frac{-1(1+j)+j(1+j)}{1^2-(j)^2} = \frac{-2}{2} = -1$$

일반적으로

$$\frac{\mathbf{z}_1}{\mathbf{z}_2} = \frac{a+jb}{c+jd} = \frac{a+jb}{c+jd} \times \frac{c-jd}{c-jd} = \frac{(ac+bd) + j(bc-ad)}{c^2+d^2}$$

이다.

복소 대수학

복소수들의 덧셈과 뺄셈에는 직각 좌표 형식이 사용되고, 곱셈과 나눗셈에는 직각 좌표 형식 또는 지수 형식이 사용된다. 덧셈과 곱셈을 동시에 해야 하는 즉 혼합된 연산을 해야 할 경우에는, 처음부터 끝까지 직각 좌표 형식을 사용할 수도 있을 것이고, 그렇지 않으면 복소수들을 한 형식에서 다른 형식으로 바꿔 지시된 연산을 행한 다음, 다음 연산을 위해 그 결과를 본래의 형식으로 다시 바꿀 수도 있을 것이다.

한 예로서,

$$\mathbf{z}_1 + \frac{\mathbf{z}_2+\mathbf{z}_3}{\mathbf{z}_4}$$

의 계산을 생각해 보자. 여기서

$$\mathbf{z}_1 = j2$$
$$\mathbf{z}_2 = e^{j(\pi/3)}$$
$$\mathbf{z}_3 = -e^{-j(\pi/3)}$$
$$\mathbf{z}_4 = \frac{\sqrt{3}+j}{4}$$

이다. 우리는 연산의 순서와 각각의 연산에 사용될 복소수들의 형식을 다음과 같이 쓸 수 있을 것이다.

$\mathbf{z}_2+\mathbf{z}_3$	(직각 좌표 형식)
$\dfrac{\mathbf{z}_2+\mathbf{z}_3}{\mathbf{z}_4}$	(직각 좌표 형식 또는 지수 형식)
$\mathbf{z}_1 + \dfrac{\mathbf{z}_2+\mathbf{z}_3}{\mathbf{z}_4}$	(직각 좌표 형식)

나눗셈을 직각 좌표 형식 또는 지수 형식 중의 하나로 행할 수 있으나, 여기서는 직각 좌표 형식을 사용할 것이다. 왜냐하면, 나눗셈 바로 전과 바로 후의 연산들이 직각 좌표 형식으로 행해지기 때문이다.

$$\mathbf{z}_2+\mathbf{z}_3 = e^{j(\pi/3)} + [-e^{-j(\pi/3)}]$$

$$= \left[\cos\left(\frac{\pi}{3}\right) + j\sin\left(\frac{\pi}{3}\right)\right] + \left\{-\left[\cos\left(-\frac{\pi}{3}\right) + j\sin\left(-\frac{\pi}{3}\right)\right]\right\}$$

$$= \cos\frac{\pi}{3} + j\sin\frac{\pi}{3} - \cos\frac{\pi}{3} + j\sin\frac{\pi}{3} = j\,2\sin\frac{\pi}{3} = j\sqrt{3}$$

$$\frac{\mathbf{z}_2+\mathbf{z}_3}{\mathbf{z}_4} = \frac{j\sqrt{3}}{(\sqrt{3}+j)/4} = j\frac{4\sqrt{3}}{\sqrt{3}+j}\times\frac{\sqrt{3}-j}{\sqrt{3}-j} = \frac{4\sqrt{3}+j12}{3+1} = \sqrt{3}+j3$$

$$\frac{\mathbf{z}_2+\mathbf{z}_3}{\mathbf{z}_4}+\mathbf{z}_1 = (\sqrt{3}+j3)+(j2) = \sqrt{3}+j5$$

또 다른 예로서,

$$\mathbf{z}_4+\mathbf{z}_1\mathbf{z}_2\mathbf{z}_3$$

의 계산을 생각해 보기로 하자. 여기서 $\mathbf{z}$ 값들은 전과 동일하다. 또 다시, 우리는 지시된 모든 연산을 직각 좌표 형식을 사용하여 행할 수 있을 것이다. 그러나, 여기서는, 지수 형식을 사용하여 $\mathbf{z}_1\mathbf{z}_2\mathbf{z}_3$의 곱을 구하는 것이 더 쉬울 것이다. 그런 다음, 그 결과를 직각 좌표 형식으로 바꾸고 $\mathbf{z}_4$와 더함으로써 우리가 원하는 계산을 수월하게 행할 수 있을 것이다. 즉,

$$\mathbf{z}_1\mathbf{z}_2\mathbf{z}_3 = (j2)[e^{j(\pi/3)}][-e^{-j(\pi/3)}] = [2e^{j\tan^{-1}(2/0)}][e^{j(\pi/3)}][-e^{-j(\pi/3)}]$$

$$= [2e^{j(\pi/2)}][e^{j(\pi/3)}][-e^{-j(\pi/3)}] = -2e^{j(\pi/2)}$$

$$= -2\left(\cos\frac{\pi}{2} + j\sin\frac{\pi}{2}\right) = -j2$$

$$\mathbf{z}_1\mathbf{z}_2\mathbf{z}_3+\mathbf{z}_4 = -j2+\frac{\sqrt{3}+j}{4} = \frac{\sqrt{3}-j7}{4}$$

만일 필요하다면, 이 결과를 다음과 같이 지수 형식으로 바꿀 수도 있을 것이다.

$$\frac{\sqrt{3}-j7}{4} = \frac{\sqrt{(\sqrt{3})^2+(-7)^2}}{4}e^{j\tan^{-1}(-7/\sqrt{3})} = \frac{\sqrt{13}}{2}e^{j[2\pi-\tan^{-1}(7/\sqrt{3})]}$$

$$= \frac{\sqrt{13}}{2}e^{-j\tan^{-1}(7/\sqrt{3})}$$

유용한 관계식들

$$\mathbf{z} = a + jb$$ 라면,

$$\mathbf{z} + \mathbf{z}^* = (a + jb) + (a - jb) = 2a = 2\,\mathrm{Re}\,\{\mathbf{z}\} = 2\,\mathrm{Re}\,\{\mathbf{z}^*\}$$

$$\mathbf{z} - \mathbf{z}^* = (a + jb) - (a - jb) = j2b = j2\,\mathrm{Im}\,\{\mathbf{z}\} = -j2\,\mathrm{Im}\,\{\mathbf{z}^*\}$$

$$\mathbf{z} \times \mathbf{z}^* = (a + jb)(a - jb) = a^2 + b^2 = |\mathbf{z}|^2 = |\mathbf{z}^*|^2$$

이다.

$$e^{j\theta} = \cos\theta + j\sin\theta$$

이기 때문에,

$$\cos\theta = \mathrm{Re}\,\{e^{j\theta}\}, \quad \sin\theta = \mathrm{Im}\,\{e^{j\theta}\}$$

$$|e^{j\theta}| = \sqrt{\cos^2\theta + \sin^2\theta} = 1, \quad e^{-j\theta} = \cos\theta - j\sin\theta$$

$$\frac{e^{j\theta} + e^{-j\theta}}{2} = \cos\theta, \quad \frac{e^{j\theta} - e^{-j\theta}}{2} = \sin\theta$$

$$e^{j(\theta \pm k2\pi)} = e^{j\theta} \quad (k = 0,\ 1,\ 2,\ \cdots)$$

$$e^{j(\pi/2)} = j, \quad e^{-j(\pi/2)} = -j, \quad e^{\pm j\pi} = -1, \quad e^{\pm j2\pi} = 1$$

이다. 만일 α와 ω가 실수들이라면,

$$\mathrm{Re}\,\{e^{(\alpha + j\omega)t}\} = \mathrm{Re}\,\{e^{\alpha t}e^{j\omega t}\} = e^{\alpha t}\mathrm{Re}\,\{e^{j\omega t}\} = e^{\alpha t}\cos\omega t$$

$$\mathrm{Im}\,\{e^{(\alpha + j\omega)t}\} = \mathrm{Im}\,\{e^{\alpha t}e^{j\omega t}\} = e^{\alpha t}\mathrm{Im}\,\{e^{j\omega t}\} = e^{\alpha t}\sin\omega t$$

이다.

APPENDIX C

2-포트 회로의 파라미터들

트랜지스터는 3-단자 소자이기 때문에, 우리는 세 개의 단자 중에서 한 개를 접지시킴으로써 이를 **4-단자 회로**(four-terminal circuit) 또는 **2-포트 회로**(two-port circuit)로 바꿀 수 있을 것이다. 2-포트 회로에 대한 지식은 회로망 합성 또는 트랜지스터 특성 모델링 등에 매우 유용하다.

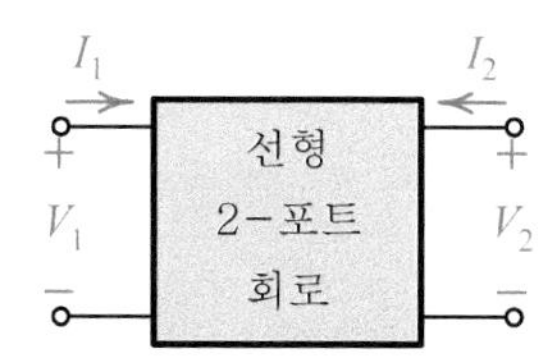

그림 C.1 선형 2-포트 회로의 네 개의 포트 변수들의 기준 방향.

그림 C.1에 보인 2-포트 회로는 네 개의 포트 변수, 즉 V_1, I_1, V_2, 그리고 I_2를 가진다. 만일 이 2-포트 회로가 선형이라면, 우리는 이 변수들 중의 두 개를 여기 변수(excitation variable)로, 그리고 다른 두 개를 응답 변수(response variable)로 사용할 수 있을 것이다. 예를 들어, 우리는 그림에 보인 회로를 포트 1에서 전압 V_1으로 여기시키고, 포트 2에서 V_2로 여기시킨 다음, 회로의 응답을 나타내는 두 전류 I_1과 I_2를 측정할 수 있을 것이다. 이 경우 V_1과 V_2가 독립 변수들이고, I_1과 I_2가 종속 변수들이며, 회로 동작은 다음의 두 식으로 기술될 수 있을 것이다.

$$I_1 = y_{11} V_1 + y_{12} V_2 \tag{C.1}$$

$$I_2 = y_{21} V_1 + y_{22} V_2 \tag{C.2}$$

여기서 네 개의 파라미터 y_{11}, y_{12}, y_{21}, 그리고 y_{22}는 어드미턴스들이고, 이들의 값이 선형 2-포트 회로를 완전하게 특징지을 것이다.

네 개의 포트 변수 중에서 어느 두 개가 회로 여기를 나타내는 데 사용되었는가에 따라, 그 회로의 특성을 나타내는 서로 다른 일련의 식들이 (그리고 이에 상응하여 서로 다른 파라미터들이) 얻어질 것이다. 이제부터 우리는 일반적으로 많이 사용되는 네 개의 파라미터 집합을 소개할 것이다.

y 파라미터

단락-회로 어드미턴스 (또는 y-파라미터) 특성 표현은, 그림 C.2(a)에 보인 것처럼, 회로를 V_1과 V_2로 여기시키는 경우에 사용된다. 이 회로를 기술하는 방정식(describing equations)은 식 (C.1)과 식 (C.2)이다. 네 개의 어드미턴스 파라미터는 식 (C.1)과 식 (C.2)에서의 그들의 역할에 따라 정의된다.

구체적으로 설명하면, 식 (C.1)로부터 우리는 y_{11}이

$$y_{11} = \left.\frac{I_1}{V_1}\right|_{V_2=0} \tag{C.3}$$

로 정의된다는 것을 알 수 있을 것이다. 따라서 y_{11}은 포트 2가 단락된 상태에서 포트 1을 들여다본 입력 어드미턴스이다. 이 정의를 그림 C.2(b)에 나타냈다. 우리는 이 그림으로부터 입력 단락-회로 어드미턴스 y_{11}을 측정하기 위한 개념상의 방법을 알 수 있을 것이다.

y_{12}의 정의는 식 (C.1)으로부터 다음과 같이 얻어질 것이다.

$$y_{12} = \left.\frac{I_1}{V_2}\right|_{V_1=0} \tag{C.4}$$

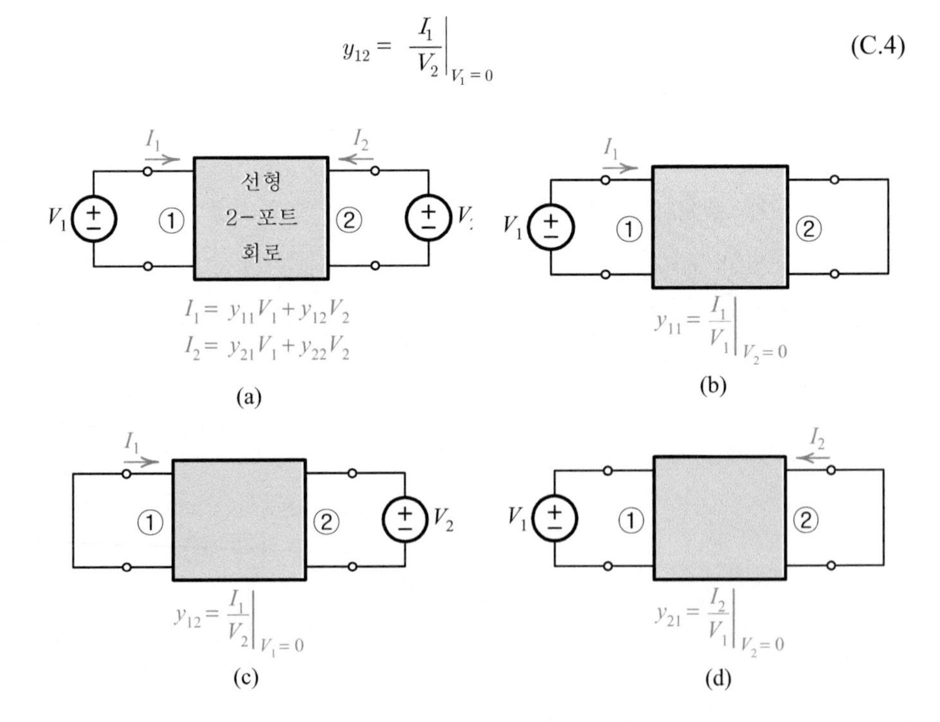

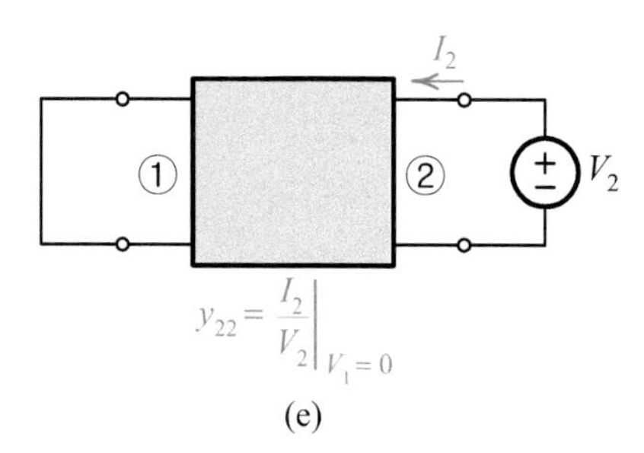

(e)

그림 C.2 y 파라미터들의 정의와 그들을 측정하기 위한 개념상의 회로들.

따라서 y_{12}는 포트 2로부터 포트 1으로의 전송을 나타낸다. 증폭기에서는 포트 1이 입력 포트를 나타내고, 포트 2가 출력 포트를 나타내므로, y_{12}는 회로의 내부 귀환을 나타낸다. 그림 C.2(c)에 y_{12}의 정의와 그것을 측정하는 방법을 나타냈다.

y_{21}의 정의는 식 (C.1)로부터 다음과 같이 얻어질 것이다.

$$y_{21} = \left.\frac{I_2}{V_1}\right|_{V_2=0} \tag{C.5}$$

따라서 y_{21}은 포트 1로부터 포트 2로의 전송을 나타낸다. 포트 1이 어떤 증폭기의 입력 포트이고, 포트 2가 출력 포트라면, y_{21}은 순방향 이득 또는 순방향 전송을 나타낼 것이다. 그림 C.2(d)에 y_{21}의 정의와 그것을 측정하는 방법을 나타냈다.

y_{22} 파라미터는 식 (C.2)에 의거하여 다음과 같이 정의된다.

$$y_{22} = \left.\frac{I_2}{V_2}\right|_{V_1=0} \tag{C.6}$$

따라서 y_{22}는 포트 1을 단락시키고, 포트 2를 들여다본 어드미턴스이다. 증폭기의 경우에는 y_{22}가 출력 단락-회로 어드미턴스이다. 그림 C.2(e)에 y_{22}의 정의와 그것을 측정하는 방법을 나타냈다.

z 파라미터

2-포트 회로의 개방-회로 임피던스 (또는 z-파라미터) 특성 표현은, 그림 C.3(a)에 보인 것처럼, 회로를 I_1과 I_2로 여기시키는 경우에 사용된다. 이 회로를 기술하는 방정식은

$$V_1 = z_{11} I_1 + z_{12} I_2 \tag{C.7}$$

$$V_2 = z_{21} I_1 + z_{22} I_2 \tag{C.8}$$

이다. z-파라미터와 y-파라미터 특성 표현들 사이의 쌍대성(duality) 때문에, z 파라미터들에 대한 자세한 논의는 생략할 것이다. 네 개의 z 파라미터의 정의와 그것들을 측정하는 방법을 그림 C.3에 나타냈다.

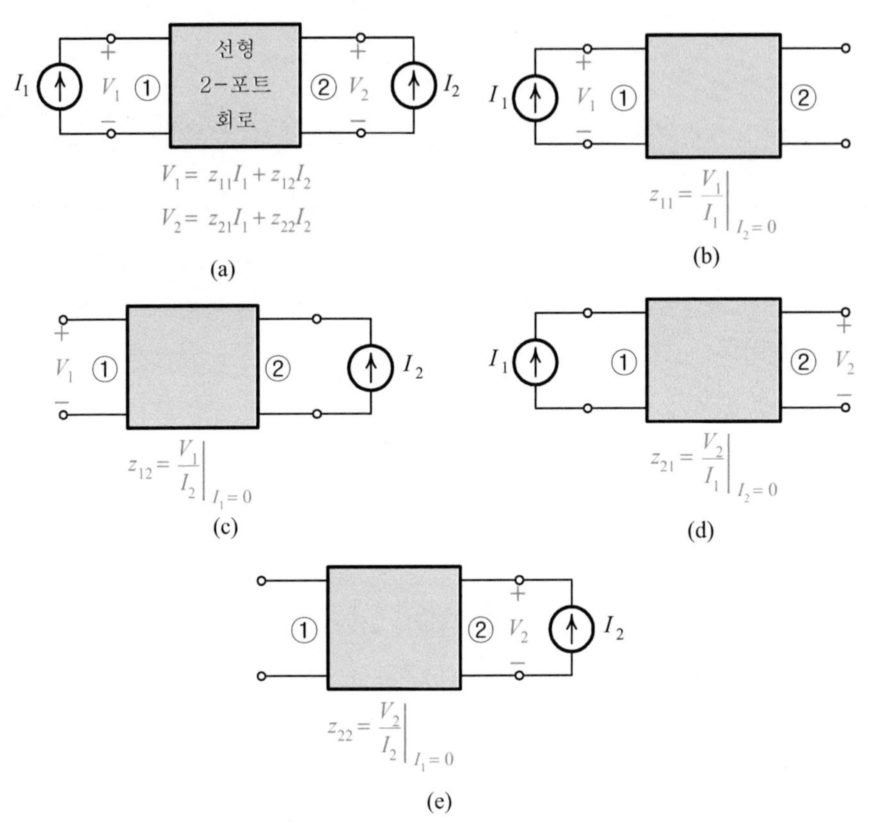

그림 C.3 z 파라미터들의 정의와 그들을 측정하기 위한 개념상의 회로들.

h 파라미터

2-포트 회로의 하이브리드(hybird; 혼성) (또는 h-파라미터) 특성 표현은, 그림 C.4(a)에 보인 것처럼, 회로를 I_1과 V_2로 여기시키는 경우에 사용된다(하이브리드, 즉 혼성이라는 이름이 붙은 이유에 주목하기 바란다). 이 회로를 기술하는 방정식은

$$V_1 = h_{11} I_1 + h_{12} V_2 \tag{C.9}$$

$$I_2 = h_{21} I_1 + h_{22} V_2 \tag{C.10}$$

이다. 이 식으로부터 h 파라미터들의 정의가 다음과 같이 얻어질 것이다.

$$h_{11} = \left.\frac{V_1}{I_1}\right|_{V_2=0} \qquad h_{21} = \left.\frac{I_2}{I_1}\right|_{V_2=0}$$

$$h_{12} = \left.\frac{V_1}{V_2}\right|_{I_1=0} \qquad h_{22} = \left.\frac{I_2}{V_2}\right|_{I_1=0}$$

따라서 h_{11}은 포트 2가 단락된 상태에서 포트 1을 들여다본 입력 임피던스이다. h_{12}는 회로의 역방향 전압비 또는 귀환 전압비를 나타내며, 입력 포트가 개방된 상태에서 측정된다. 순방향-전송 파라미터 h_{21}은 출력 포트가 단락된 상태에서의 회로의 전류 이득을 나타낸다. 출력 포트가 단락된 상태에서 측정되기 때문에, h_{21}은 **단락-회로 전류 이득**(short-circuit current gain)이라고 불린다. 끝으로, h_{22}는 입력 포트를 개방한 상태에서 포트 2를 들여다본 출력 어드미턴스이다.

h 파라미터들의 정의와 그것들을 측정하기 위한 개념상의 방법을 그림 C.4에 나타냈다.

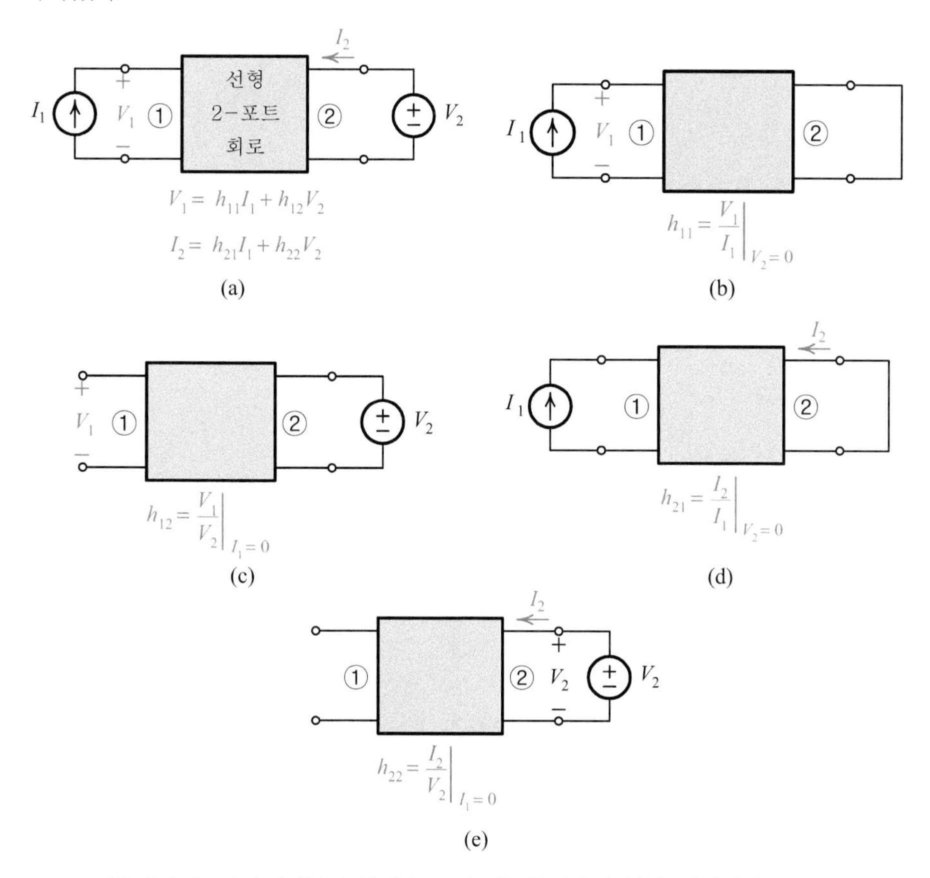

그림 C.4 h 파라미터들의 정의와 그것들을 측정하기 위한 개념상의 회로들.

g 파라미터

2-포트 회로의 역하이브리드(inverse-hybrid : 역혼성) (또는 g-파라미터) 특성 표현은, 그림 C.5(a)에 보인 것처럼, 회로를 V_1과 I_2로 여기시키는 경우에 사용된다. 이 회로를 기술하는 방정식은

$$I_1 = g_{11} V_1 + g_{12} I_2 \qquad \text{(C.11)}$$

$$V_2 = g_{21} V_1 + g_{22} I_2 \qquad \text{(C.12)}$$

이다. g 파라미터들의 정의와 그것들을 측정하기 위한 개념상의 방법을 그림 C.5에 나타냈다.

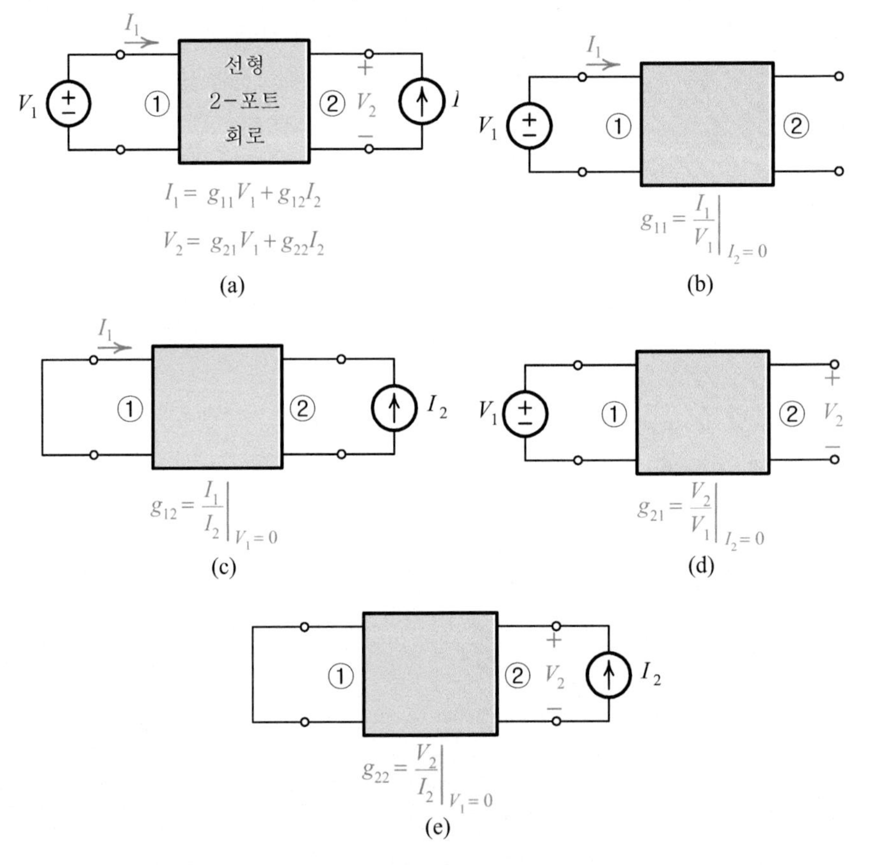

그림 C.5 g 파라미터들의 정의와 그것들을 측정하기 위한 개념상의 회로

등가 회로 표현

모든 2-포트 회로는 그것의 특성 표현에 사용된 일련의 파라미터들에 의거해 하나의 등가 회로로 나타낼 수 있다. 그림 C.6에 위에서 논의한 네 가지 종류의 파라미터에 해당하는 네 가지 가능한 등가 회로를 나타냈다. 이 등가 회로들의 각각은 특정한 파라미터 집합으로 회로를 기술하는 두 방정식을 그림으로 곧바로 나타낸 것이다.

끝으로, 2-포트 회로의 특성을 표현하는 다른 파라미터 집합들도 있다는 것을 언급해 둔다.

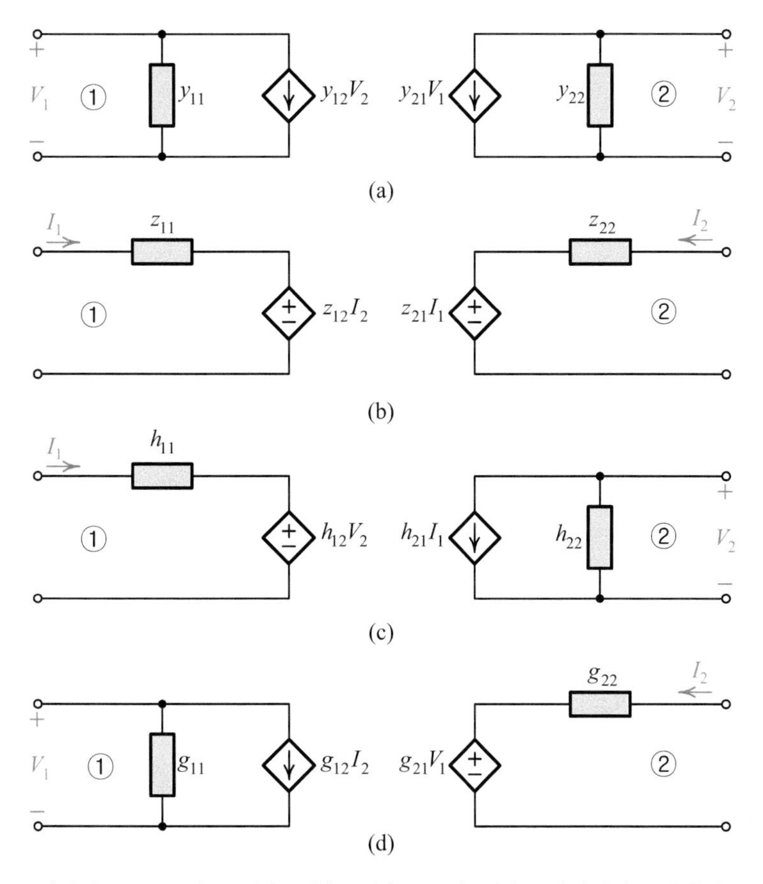

그림 C.6 임의의 2-포트 회로를 (a) y, (b) z, (c) h 그리고 (d) g 파라미터로 나타낸 등가 회로.

예제 C.1 그림 C.7에 보인 2-포트 회로는 BJT의 소신호 등가 모델을 나타낸 것이다. 이등가 모델로부터 h 파라미터들을 구하라.

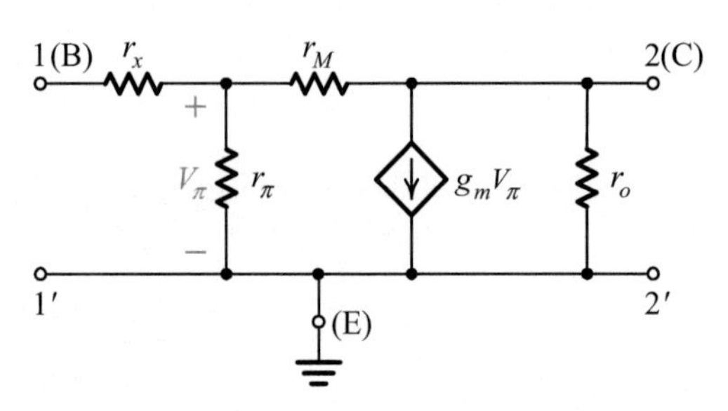

그림 C.7 BJT의 소신호 등가 모델.

풀이 h_{11}과 h_{21}은 그림 C.8에 보인 회로를 해석함으로써 구할 수 있다. 이 회로에서 포트 2(CE 포트)가 단락되고, 포트 1(BE 포트)에 V_1 전압이 인가되어 있다는 점에 주목하기 바란다. $h_{11}(= V_1/I_1)$을 구하기 위해 B' 마디에 KCL을 적용하면,

$$I_1 = \frac{V_\pi}{r_\pi} + \frac{V_\pi}{r_\mu} \tag{C.13}$$

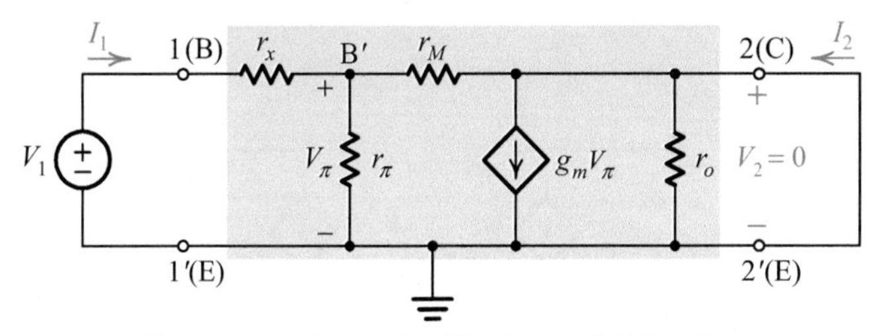

그림 C.8 h_{11}과 h_{21}의 식을 유도하기 위한 회로.

을 얻을 것이고, 회로의 맨 왼쪽 루프에 KVL을 적용하면,

$$V_1 = r_x I_1 + V_\pi \tag{C.14}$$

를 얻을 것이다. 식 (C.13)과 식 (C.14)를 결합시키면,

$$h_{11} = \frac{V_1}{I_1} = r_x + \frac{1}{\dfrac{1}{r_\pi} + \dfrac{1}{r_\mu}} = r_x + (r_\pi // r_\mu) \tag{C.15}$$

를 얻을 것이다.

$h_{21}(= I_2/I_1)$을 구하기 위해 C 마디에 KCL을 적용하면,

$$I_2 = g_m V_\pi - \frac{V_\pi}{r_\mu} \tag{C.16}$$

를 얻을 것이다. 식 (C.13)으로부터 우리는

$$V_\pi = I_1(r_\pi // r_\mu) \tag{C.17}$$

라는 것을 알고 있다. 따라서 식 (C.16)과 식 (C.17)을 결합시키면 다음을 얻을 것이다.

$$h_{21} = \frac{I_2}{I_1} = (g_m - \frac{1}{r_\mu})(r_\pi // r_\mu) \tag{C.18}$$

h_{12}와 h_{22}를 구하기 위해서는 그림 C.9에 보인 회로를 이용해야 할 것이다. 이 회로에서 포트 1(BE 포트)이 개방되고, 포트 2(CE 포트)에 V_2 전압이 인가되어 있다는 점에 주목하기 바란다. $h_{12}(= V_1/V_2)$를 구하기 위해서는 V_1을 먼저 구해야 할 것이다. r_x에 전류가 흐르지 않으므로 r_x에 걸리는 전압은 0이다. 따라서 $V_1 = V_\pi$이고, V_π는 전압-분배 공식에 의해 다음과 같이 구해진다.

$$V_\pi = \frac{r_\pi}{r_\mu + r_\pi} V_2 \tag{C.19}$$

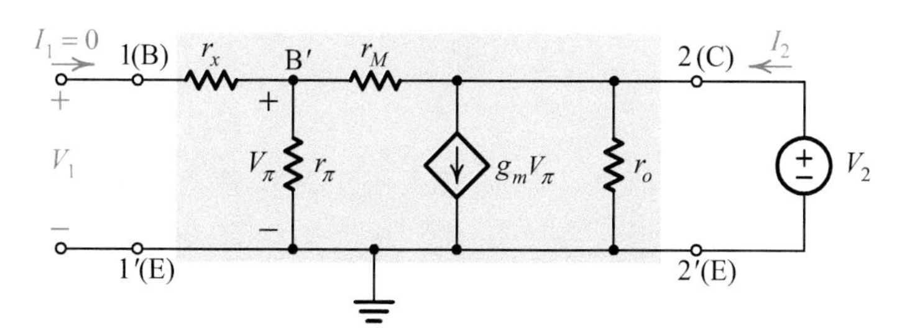

그림 C.9 h_{12}와 h_{22}를 유도하기 위한 회로.

따라서 h_{12}는 다음과 같이 구해질 것이다.

$$h_{12} = \frac{V_1}{V_2} = \frac{r_\pi}{r_\pi + r_\mu} \tag{C.20}$$

$h_{22}(= I_2/V_2)$를 구하기 위해 C 마디에 KCL을 적용하면,

$$I_2 = \frac{V_2}{r_o} + g_m V_\pi + \frac{V_2 - V_\pi}{r_\mu} \tag{C.21}$$

를 얻을 것이고, 식 (C.19)를 식 (C.21)에 적용하면

$$h_{22} = \frac{I_2}{V_2} = \frac{1}{r_o} + \frac{1}{r_\mu} + (g_m - \frac{1}{r_\mu})\frac{r_\pi}{r_\mu + r_\pi} \tag{C.22}$$

를 얻을 것이다.

연습문제 C.1

그림 EC.1은 BJT의 소신호 등가 회로 모델을 나타낸 것이다. h 파라미터들의 값을 계산하라.

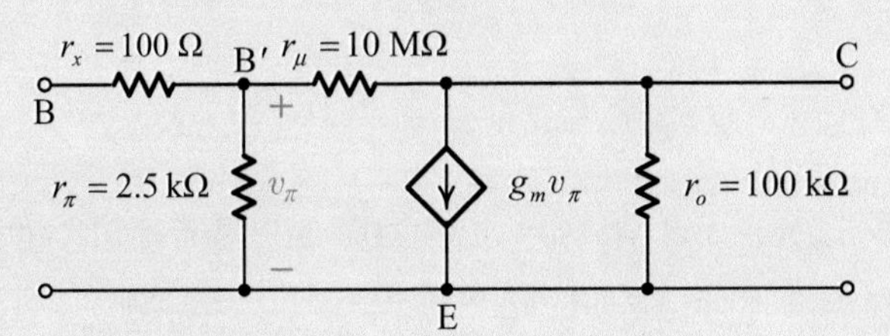

그림 EC.1 연습문제 C.1을 위한 BJT의 소신호 등가 회로 모델. $g_m = 40\ \text{mA/V}$이다.

답 $h_{11} \simeq 2.6\ \text{k}\Omega$, $h_{12} \simeq 2.5 \times 10^{-4}$, $h_{21} \simeq 100$, ;$h_{22} \simeq 2 \times 10^{-5}\ \Omega$

연습문제 C.2

(a) 그림 C.6(c)의 h-파라미터 등가 회로로 특성화된 어떤 증폭기가, V_s 전압과 R_s 저항을 가지는 전원으로 구동되고, 저항 R_L로 부하된다. 이 증폭기의 전압 이득이

$$\frac{V_2}{V_s} = \frac{-h_{21}}{(h_{11} + R_s)(h_{22} + 1/R_L) - h_{12}h_{21}}$$

로 주어진다는 것을 보여라.

(b) (a)에서 구한 표현식을 사용하여 연습문제 C.1에 사용된 트랜지스터의 전압 이득을 구하라. 단, $R_s = 1\text{k}\Omega$, 그리고 $R_L = 10\ \text{k}\Omega$으로 하라.

답 $-246\ \text{V/V}$

문제 Question

C.1 어떤 2-포트 회로의 단자 특성이 다음과 같이 측정되었다. 즉, 출력을 단락시키고 $0.01\mathrm{mA}$ 의 입력 전류를 가했을 때, 출력 전류는 $1.0\mathrm{mA}$ 이었고 입력 전압은 $26\mathrm{mV}$ 이었다. 입력을 개방하고 $10\mathrm{V}$ 의 전압을 출력에 가했을 때, 출력 전류는 $0.2\mathrm{mA}$ 이었고 입력에서 측정된 전압은 $2.5\mathrm{mV}$ 이었다. 이 회로의 h 파라미터들을 구하라.

C.2 그림 PC.2는 어떤 BJT의 고주파 등가 회로를 나타낸 것이다. (편의상, r_x는 생략했다.) y 파라미터들을 구하라. B와 E 단자 사이를 포트 1이라고 가정하고, C와 E 단자 사이를 포트 2라고 가정하라.

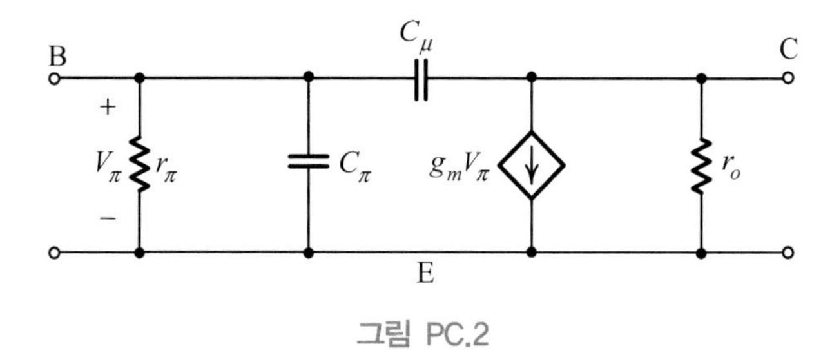

그림 PC.2

해답

C.1 $h_{11} = 2600\,\Omega$, $h_{12} = 2.5 \times 10^{-4}$, $h_{21} = 100$, $h_{22} = 2\times 10^{-5}\ \Omega$

C.2 $y_{11} = \dfrac{1}{r_\pi} + s(c_\pi + c_\mu)$, $y_{12} = -sC_\mu$, $y_{21} = g_m - sC_\mu$, $y_{22} = \dfrac{1}{r_o} + sC_\mu$

APPENDIX D

참고문헌

- R. E. Thomas and A. J. Rosa, *The Analysis and Design of Linear Circuits, 2nd ed.,* New Jersey, Prentice-Hall, 1998.
- S. Franco, *Electric Circuits Fundamentals,* Sounders College Publishing, 1995.
- R. A. DeCarlo and Pen-min Lin, *Linear Circuit Analysis,* New Jersey, Prentice- Hall, 1995.
- G. Rizzoni, *Principles and Applications of Electrical Engineering, 3rd ed.,* McGraw -Hill, 2000.
- A. S. Sedra and K. C. Smith, *Microelectronic Circuits, 8th ed.,* New York, OXford University Press, 2021.

APPENDIX E

문제 해답집

CH 01 회로 이론의 기본적인 관계

1.1 (a) $i=-2\text{A}$, (b) $i=-0.5\text{A}$, (c) $i=-5\text{A}$, (d) $i=6\text{A}$

1.2 -5A

1.3 $i_1=-2\text{A}$, $i_2=0$

1.4 (a) -3A, (b) $i=-5\text{A}$

1.5 (a) $v=-12\text{V}$, (b) $v=0$, (c) $v=-15\text{V}$, (d) $v=-5\text{V}$, (e) $v=-2\text{V}$

1.6 (a) -10 V, (b) $v_d=0$

1.7 (a) $i=25\text{A}$, (b) $i=5\text{A}$

1.8 (a) $v=-40\text{V}$, (b) $v=0$

1.9 (a) $i=2\text{A}$, (b) $i=-2\text{A}$, (c) $i=-2\text{A}$, (d) $i=2\text{A}$

1.10 (a) $v=20\text{V}$, (b) $v=10\text{V}$, (c) $v=8\text{V}$, (d) $v=10\text{V}$

1.11 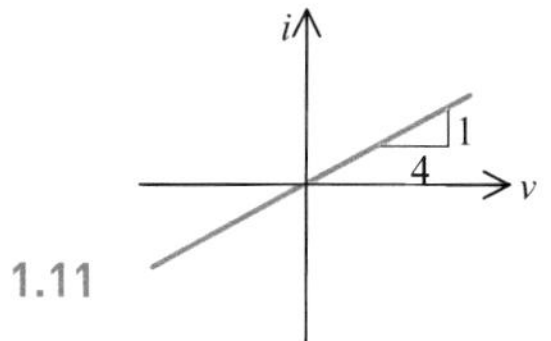

1.12 2Ω 저항

1.13 A_1 : 5A , A_2 : 0, V_1 : 0 , V_2 : 50V

1.14 $i_1=5\text{A}$

1.15 A_1 : -5 A , A_2 : 5A , V : 25V

1.16 $i_s=-4\text{A}$

1.17 $v_3=-6\text{V}$, $i_b=0$

CH 02 저항 회로

2.1 (a) $Req = R_1 + \dfrac{R_2 R_3}{R_2 + R_3}$, (b) $Req = \dfrac{R_1(R_2 + R_3)}{R_1 + R_2 + R_3}$, (c) $Req = \dfrac{R}{2}$,

(d) $Req = \infty$, (e) $Req = 0$, (f) $Req = 0$, (g) $Req = R$, (h) $Req = 1$

2.2 $Req = \dfrac{R}{n}$

2.3 $Req = 1.618\ \Omega$

2.4 (a)

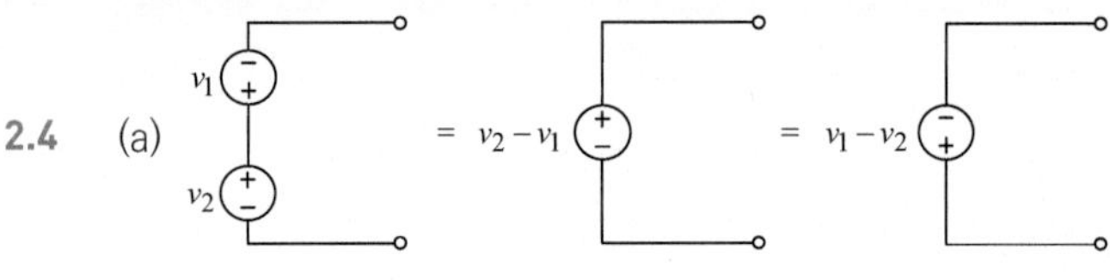

(b)

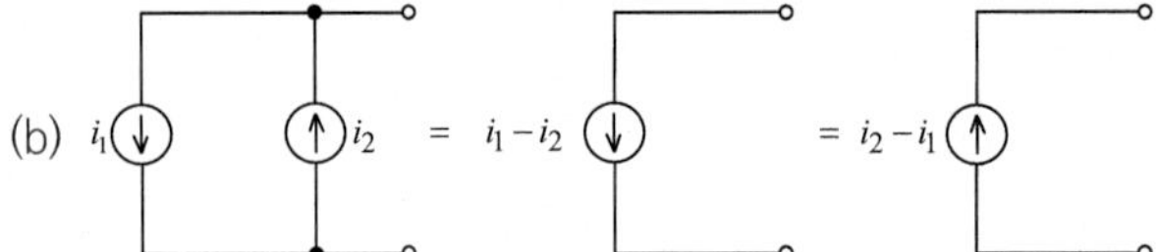

(c)

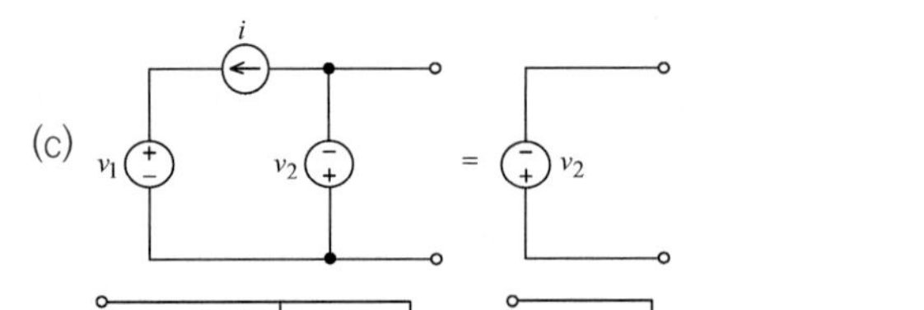

(d)

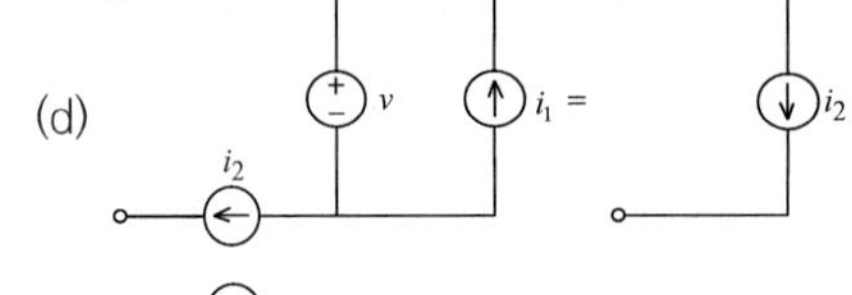

(e)

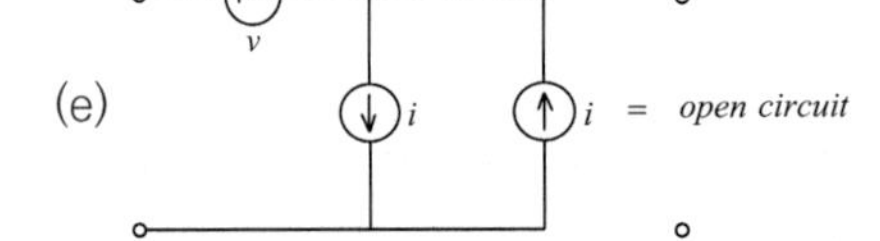

2.5

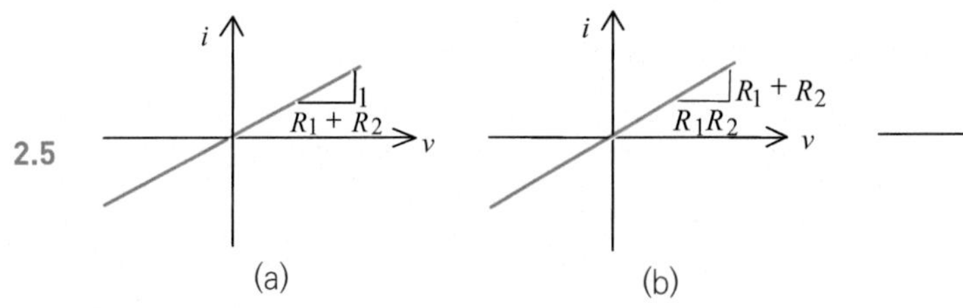

(a) (b) (c)

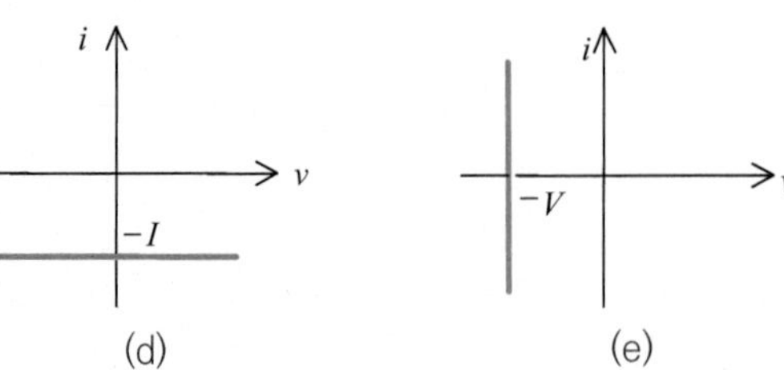

(d) (e) (f)

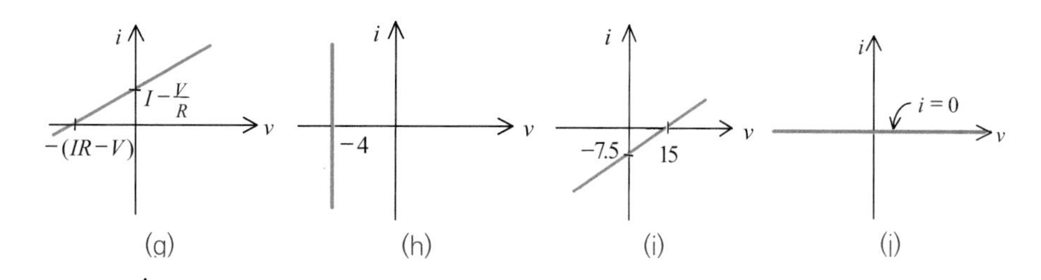

2.6

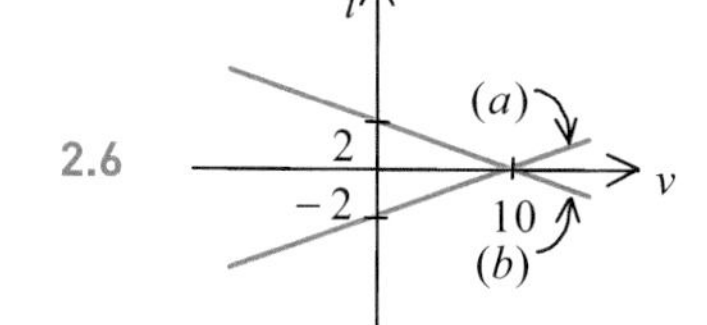

2.7

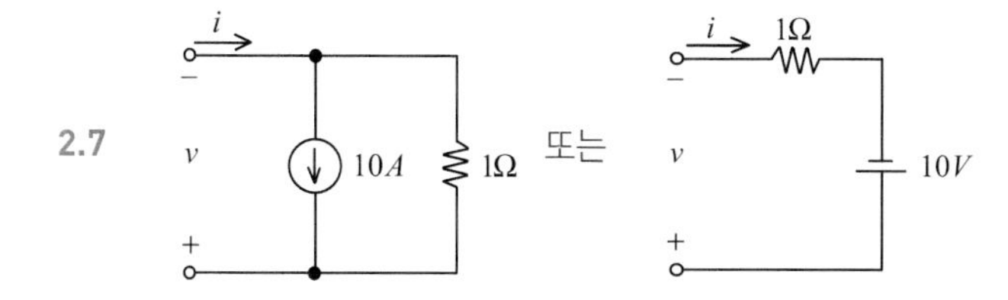

2.8

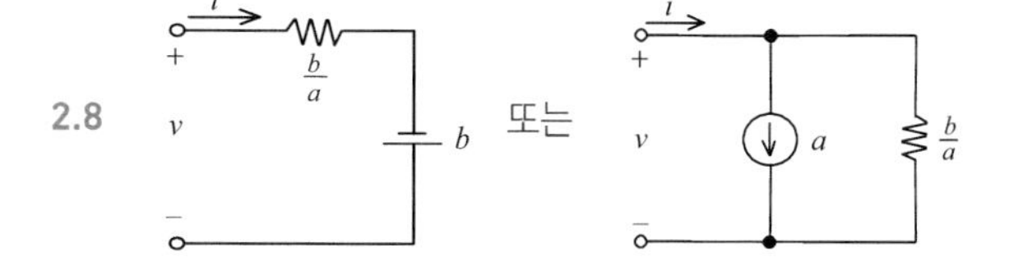

2.9

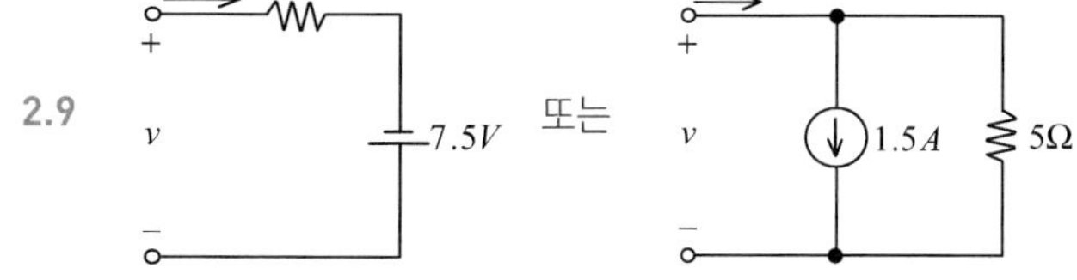

2.10 (a) $v=0$, (b) $v=-4\text{V}$, (c) $v=30\text{V}$, (d) $v=-10\text{V}$, (e) $i=0$, (f) $i=8\text{A}$, (g) $v=-25\text{V}$, (h) $v=-5\text{V}$, (i) $i=30\text{A}$, (j) $v=0$, (k) $v=0$, (l) $i=0$

2.11 (a) $v_{oc}=IR-V$; $i_{sc}=\dfrac{V}{R}-I$, $v=(i+I)R-V=iR+(IR-V)$

(b) $v_{oc}=IR_2-V$, $i_{sc}=\dfrac{V}{R_2}-I$, $v=(i+I)R_2-V=iR_2+(IR_2\,V)$;

(c) $v_{oc}=-IR_1$, $i_{sc}=I$, $v=(i-I)R_1$

2.12 $R=\dfrac{10}{9}\ \text{K}\Omega$

2.13

0.02Ω 600A

2.14 $V = IR$

2.15 (a) $v_o = 10\text{V}$, (b) $v_o = 0$, (c) $v_o = 0$, (d) $v_o = 12\text{V}$, (e) $v_o = 12\text{V}$,
(f) $v_o = -50\text{V}$, (g) $i_o = -1\text{A}$, (h) $i_o = 4\text{A}$, (i) $v_o = 24\text{V}$

2.16 (a) $i = 3\text{mA}$, (b) $i = 6\text{mA}$, (c) $v = -5\text{V}$, (d) $v = 15\text{V}$, (e) $v_o = 20\text{V}$,
(f) $i_o = -\dfrac{V}{R}$, (g) $v_o = IR_2 + V$, (h) $v_o = v$, (i) $v_o = -7\text{V}$, (j) $v_o = 0$,
(k) $i_o = \dfrac{2}{3}i$

2.17 (a) $v_1 = \dfrac{V}{2}$, $v_2 = -\dfrac{V}{2}$, (b) $v_1 = \dfrac{V}{3}$, $v_2 = -\dfrac{2}{3}V$;
(c) $v_1 = \dfrac{V}{2}$, $v_2 = -\dfrac{V}{2}$, (d) $v_1 = \dfrac{3}{7}V$, $v_2 = -\dfrac{4}{7}V$

2.18 $v_1 = -\dfrac{2}{3}V$, $v_2 = -\dfrac{1}{3}V$, $v_3 = \dfrac{1}{3}V$

2.19 (a) $v_o = 3\text{V}$, (b) $v_o = \dfrac{1}{4}IR$

2.20 전차 1: 442.5V, 전차 2: 356.5V, 전차 3: 270.5V

2.21 $i = -15\mu\text{A}$

2.22 (a) $i = -1\text{mA}$, (b) $i = 7\text{mA}$

2.23 (a) $0 \leqq R_L \leqq \dfrac{10}{9}\ \Omega$, (b) $\infty \geqq R_L \geqq 90\ \Omega$

2.24 부하저항 R_L인 경우 $R/R_L \ll 1$을 만족할 때

2.25 $v_o = \alpha$

2.26 (a) $v_o = V\left(\dfrac{R_2}{\alpha R_1 + R_2}\right)$, (b) $v_o = V\left[\dfrac{R_2}{R_2 + (1-\alpha)R_1}\right]$,
(c) $v_o = V_1(1-\alpha) + \alpha V_2$; (d) $v_o = V\left(\dfrac{1-\alpha}{2-\alpha}\right)$, (e) $v_o = V\dfrac{\theta}{2\pi}$

2.27 $-50\text{V} \leqq v_o \leqq 50\text{V}$

2.28 (a) $v_o = i\dfrac{RR_L}{R + 2R_L}$, (b) $v_o = i\dfrac{R}{2}$

2.29 (a) 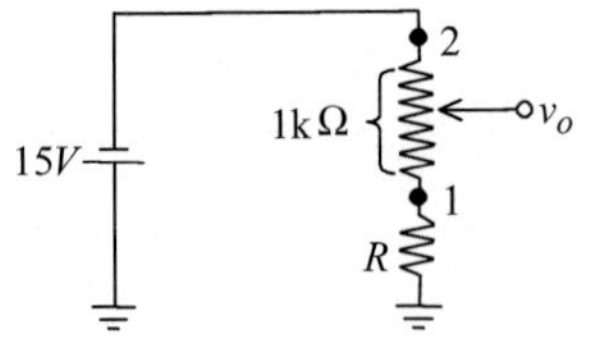 15V, 1kΩ, 2, v_o, 1, R　　$R = 2\ \text{K}\Omega$

(b) $v_o = 6\text{V}$, (c) $v_o = 15\text{V}$

2.30 $V \leq v_o \leq IR + V$

2.31 $v_o = V\dfrac{\Delta R}{R}$

2.32 $v_o = i\ \dfrac{\Delta R}{2}$

2.33 $v_o = -v\dfrac{1}{2}\dfrac{\Delta R}{R}$

2.34 전류전원 사이의 전압=$10.5\,\mathrm{V}$, $\alpha = 1$ 일 때 브리지 평형

2.35 $9.90\,\mathrm{k\Omega} \ \le R_x \le\ 10.10\mathrm{k}\ \Omega$

2.36 $R = 100 \pm 1\ \Omega$일 때 $v_o = \cong \pm \dfrac{1}{40}\mathrm{V} = \pm 25\mathrm{mV}$

2.37 $i = 2\mathrm{mA}$

2.38 $i_o = i\left(\dfrac{R_2 - R_1}{R_1 + R_2}\right)$

2.39 $i_o = \dfrac{v_i(R_2R_3 - R_1R_4)}{R_1R_3(R_2 + R_4) + R_2R_4(R_1 + R_3)}$

CH 03 회로 해석 기법

3.1 (a) $v_o = \dfrac{i(R_1 + R_2)R_3}{R_1 + R_2 + R_3}$, (b) $v_o = \dfrac{R_2}{R_1 + R_2}(v - iR_1)$, (c) $v_o = -iR$,

(d) $i_3 = \dfrac{v + iR_2}{R_1 + R_2 + R_3}$, (e) $v_o = v$, (f) $v_o = -(iR_1 + v)$, (g) $i = 10$,

(h) $i = 0$, (i) $v_o = 0$

3.2 $v_o = \dfrac{1}{n}(v_1 + v_2 + v_3 + \cdots + v_n)$

3.3 $v_o = (v_1 + v_2 + v_3 + \cdots + v_n)\dfrac{R_L}{R + nR_L}$

3.4

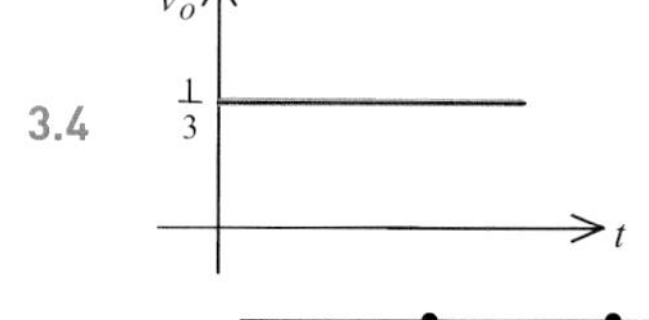

3.5

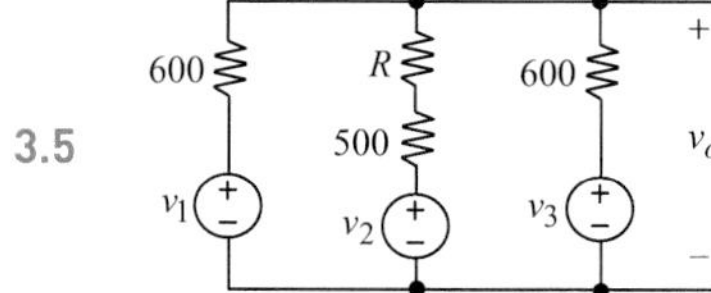

$R = 100\ \Omega$, $v_o = \dfrac{v_1 + v_2 + v_3}{3}$

3.6 $i_o = i_1 + i_2$

3.7 $i_{RL} = (i_1 + i_2 + i_3 + \cdots + i_n)\dfrac{R/n}{R/n + R_L} = (i_1 + i_2 + i_3 + \cdots + i_n)\dfrac{R}{R + nR_L}$

3.8

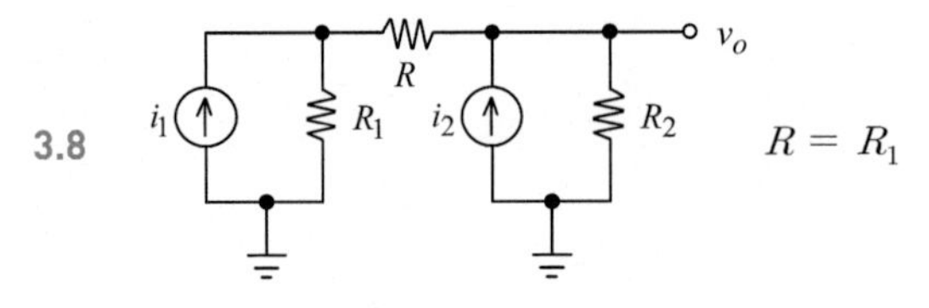

$R = R_1$

3.9

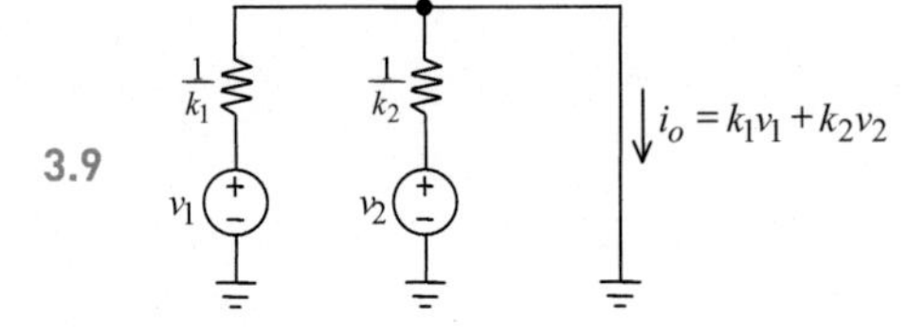

3.10 $v_o = \dfrac{1}{2}i_1 + \dfrac{1}{3}i_2$

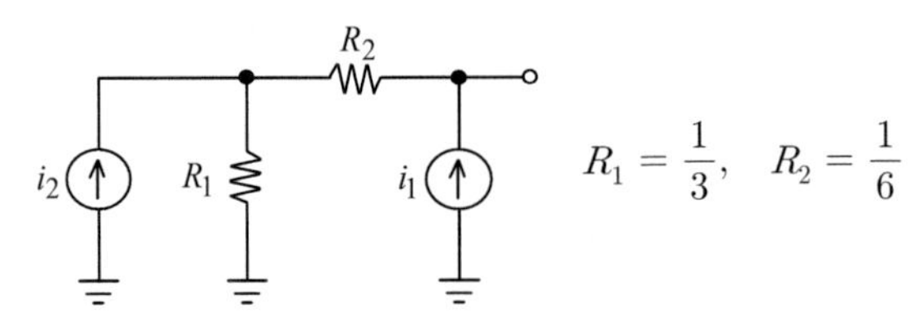

$R_1 = \dfrac{1}{3}, \quad R_2 = \dfrac{1}{6}$

3.11 (a) v의 레벨을 k 값의 변화에 의해 변경할 수 있는 회로

(b) v의 레벨을 $V_2(k=1)$로부터 $-V_1(k=0)$까지 변경할 수 있는 회로

3.12

3.13

3.14

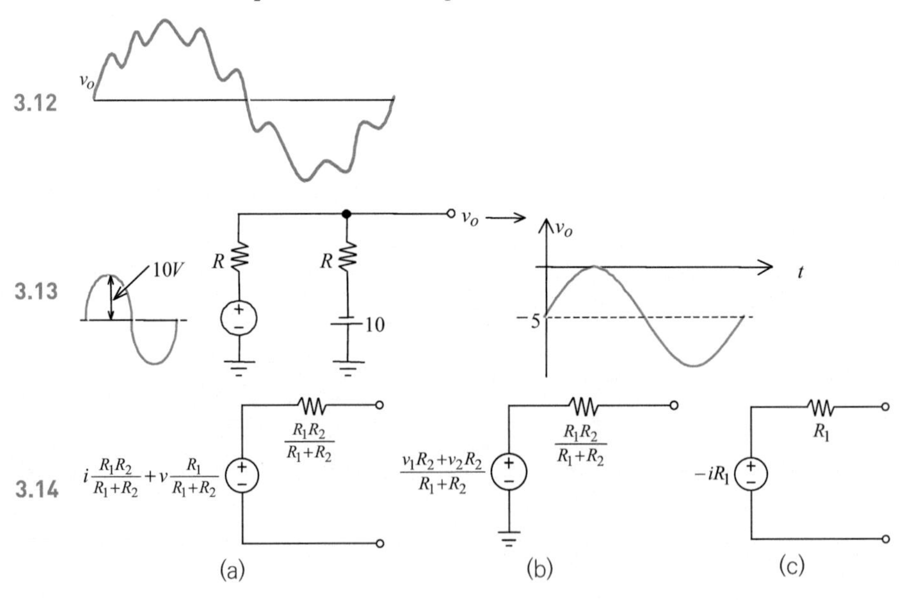

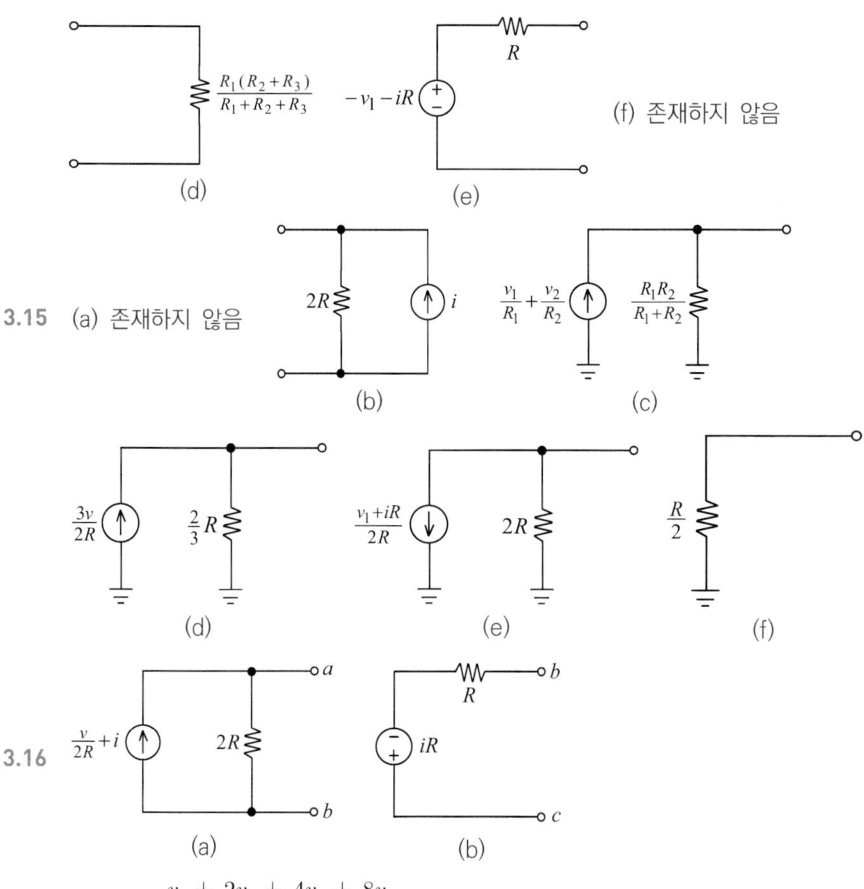

3.17 (a) $v_o = \dfrac{v_1 + 2v_2 + 4v_3 + 8v_4}{15}$, (b) $v_1 = v_2 = v_3 = 0$, $v_4 = 15$,

(c) $v_1 = v_3 = v_4 = 15$, $v_2 = 0$

3.18 (a) $\frac{1}{2}v_i$, R, 2

(b) 원래의 전원과 같은 전원 저항을 갖고, 전압은 반인 새로운 전원을 생성한다.

3.19 (a) $v\frac{R_4}{R_3+R_4} - v\frac{R_2}{R_1+R_2}$, $\frac{R_1R_2}{R_1+R_2}+\frac{R_3R_4}{R_3+R_4}$, 1, 2

(b) $v_o = v\left(\dfrac{R_4}{R_3 + R_4} - \dfrac{R_2}{R_1} + R_2\right)\left(\dfrac{R_L}{R_L + \dfrac{R_1R_2}{R_1 + R_2} + \dfrac{R_3R_4}{R_3 + R_4}}\right)$

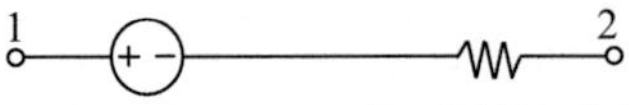

3.20 (a) $\dfrac{i(R_2R_3-R_1R_4)}{R_1+R_2+R_3+R_4}$ $\quad \dfrac{(R_1+R_3)(R_2+R_4)}{R_1+R_2+R_3+R_4}$

(b) $i_{R_L}=i_{1-2}=\dfrac{i(R_2R_3-R_1R_4)}{R_L(R_1+R_2+R_3+R_4)+(R_1+R_3)(R_2+R_4)}$

3.21 (a) $v_o=\dfrac{v_i}{8}$, (b) $v_o=\dfrac{i_iR}{13}$,

(c) $v_o=\left(\dfrac{v_1}{R_1}+\dfrac{v_2}{R_2}+\dfrac{v_3}{R_3}+\dfrac{v_4}{R_4}\right)\dfrac{1}{\left(\dfrac{1}{R_1}+\dfrac{1}{R_2}+\dfrac{1}{R_3}+\dfrac{1}{R_4}\right)}$,

(d) $i=0$, (e) $i=0$, (f) $v_m=0$, (g) $i_m=0$

3.22 $v_{ab}=0$, $v_a=\dfrac{80}{23}\text{V}$

3.23 $i_o=0,\quad i_2=\dfrac{v}{R_1+\dfrac{R_2R_3}{R_2+R_3}}$

3.24 (a) Loop1: $v_a+v_b+v_c=0$, Loop2: $-v_c+v_d+v_e=0$,

(b) $v_a+v_b+v_d+v_e=0$, 이 식은 바깥 루프 주위의 전압의 합을 나타낸다.

3.25 (a) $\triangle=\begin{vmatrix} R_1+R_2+R_3 & -R_3 \\ -R_3 & R_3+R_4+R_5 \end{vmatrix}$, (b) $\triangle=\begin{vmatrix} 6 & -2 & -3 & 0 \\ -2 & 32 & 0 & -9 \\ -3 & 0 & 18 & -6 \\ 0 & 9 & -6 & 30 \end{vmatrix}$

3.26 (a) $\triangle=\begin{vmatrix} R_1+R_3 & -R_3 & -R_1 \\ -R_3 & R_2+R_3 & -R_2 \\ -R_1 & -R_2 & R_1+R_2+R_4 \end{vmatrix}$, $\triangle_1=\begin{vmatrix} v_1 & -R_3 & -R_1 \\ -v_2 & R_2+R_3 & -R_2 \\ 0 & -R_2 & R_1+R_2+R_4 \end{vmatrix}$,

$\triangle_2=\begin{vmatrix} R_1+R_3 & v_1 & -R_1 \\ -R_3 & -v_2 & -R_2 \\ -R_1 & 0 & R_1+R_2+R_4 \end{vmatrix}$, $\triangle_3=\begin{vmatrix} R_1+R_3 & -R_3 & v_1 \\ -R_3 & R_2+R_3 & -v_2 \\ -R_1 & -R_2 & 0 \end{vmatrix}$,

$i_1=\dfrac{\triangle_1}{\triangle},\quad i_2=\dfrac{\triangle_2}{\triangle},\quad i_3=\dfrac{\triangle_3}{\triangle}$

(b) $\triangle=\begin{vmatrix} R_1+R_2 & -R_2 & 0 \\ -R_2 & R_2+R_3+R_4 & -R_4 \\ 0 & -R_4 & R_4+R_5+R_6 \end{vmatrix}$, $\triangle_1=\begin{vmatrix} v_1 & -R_2 & 0 \\ 0 & R_2+R_3+R_4 & -R_4 \\ 0 & -R_4 & R_4+R_5+R_6 \end{vmatrix}$,

$\triangle_2=\begin{vmatrix} R_1+R_2 & v_1 & 0 \\ -R_2 & 0 & -R_4 \\ 0 & 0 & R_4+R_5+R_6 \end{vmatrix}$, $\triangle_3=\begin{vmatrix} R_1+R_2 & -R_2 & v_1 \\ -R_2 & R_2+R_3+R_4 & 0 \\ 0 & -R_4 & 0 \end{vmatrix}$,

$i_1=\dfrac{\triangle_1}{\triangle},\quad i_2=\dfrac{\triangle_2}{\triangle},\quad i_3=\dfrac{\triangle_3}{\triangle}$

3.27 (a) $v_o=\dfrac{2v_1+12v_2}{15}$, (b) $v_o=-\dfrac{5}{4}$, (c) $v_o=\dfrac{i_1+2i_2}{3}$, (d) $v_o=-\dfrac{150}{7}$

(e) $v_o = 0$, (f)$v_o = 0$

3.28 (a) Node 1:$i_a + i_b + i_c = 0$, Node 2:$-i_b - i_c + i_d = 0$,

(b) $i_a + i_d = 0$, 이 식은 b와 c 소자를 포함한 슈퍼마디에 대한 방정식을 나타낸다.

3.29 (a) $\triangle = \begin{vmatrix} G_1+G_2 & -G_2 & 0 \\ -G_2 & G_2+G_3+G_4 & -G_4 \\ 0 & -G_4 & G_4+G_5 \end{vmatrix}$, $\triangle_1 = \begin{vmatrix} i_1 & -G_2 & 0 \\ i_2 & G_2+G_3+G_4 & -G_4 \\ 0 & -G_4 & G_4+G_5 \end{vmatrix}$,

$\triangle_2 = \begin{vmatrix} G_1+G_2 & i_1 & 0 \\ -G_2 & i_2 & -G_4 \\ 0 & 0 & G_4+G_5 \end{vmatrix}$, $\triangle_3 = \begin{vmatrix} G_1+G_2 & -G_2 & i_1 \\ -G_2 & G_2+G_3+G_4 & i_2 \\ 0 & -G_4 & 0 \end{vmatrix}$,

$v_1 = \dfrac{\triangle_1}{\triangle}$, $v_2 = \dfrac{\triangle_2}{\triangle}$, $v_3 = \dfrac{\triangle_3}{\triangle}$;

(b) $\triangle = \begin{vmatrix} G_1+G_2+G_6 & -G_2 & -G_6 \\ -G_2 & G_2+G_3+G_4 & -G_4 \\ -G_6 & -G_4 & G_4+G_5+G_6 \end{vmatrix}$

$\triangle_1 = \begin{vmatrix} i_1 & -G_2 & -G_6 \\ 0 & G_2+G_3+G_4 & -G_4 \\ 0 & -G_4 & G_4+G_5+G_6 \end{vmatrix}$,

$\triangle_2 = \begin{vmatrix} G_1+G_2+G_6 & i & -G_6 \\ -G_2 & 0 & -G_4 \\ -G_6 & 0 & G_4+G_5+G_6 \end{vmatrix}$,

$\triangle_3 = \begin{vmatrix} G_1+G_2+G_6 & -G_2 & i \\ -G_2 & G_2+G_3+G_4 & 0 \\ -G_6 & -G_4 & 0 \end{vmatrix}$, $v_1 = \dfrac{\triangle_1}{\triangle}$, $v_2 = \dfrac{\triangle_2}{\triangle}$, $v_3 = \dfrac{\triangle_3}{\triangle}$

3.30 (a) $i_o = \dfrac{35}{3}$, (b) $v_o = 7.5$, (c) $i_o = 0$, (d) $v_o = \dfrac{1}{4}(v_1 + v_2 + v_3 + v_4)$,

(e) $i_o = \dfrac{1}{2}$, (f) $i_o = -v$

3.31 $\triangle_m = \begin{vmatrix} 1 & -0.25 & -0.25 \\ -0.25 & 1 & -0.25 \\ -0.25 & -0.25 & 1.5 \end{vmatrix}$, $\triangle_n = \begin{vmatrix} 7 & -4 & -1 \\ -4 & 12 & -4 \\ -1 & -4 & 7 \end{vmatrix}$

3.32 $\triangle_3 = \begin{vmatrix} 1 & 0 & -10 \\ 0 & 1 & 0 \\ 0 & 0 & 10 \end{vmatrix}$

3.33

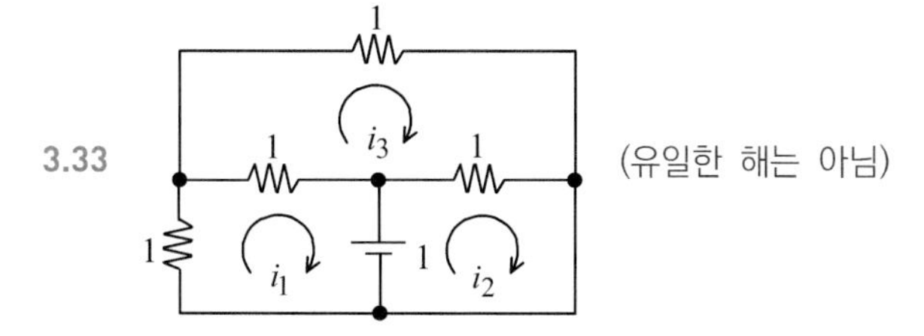

(유일한 해는 아님)

3.34 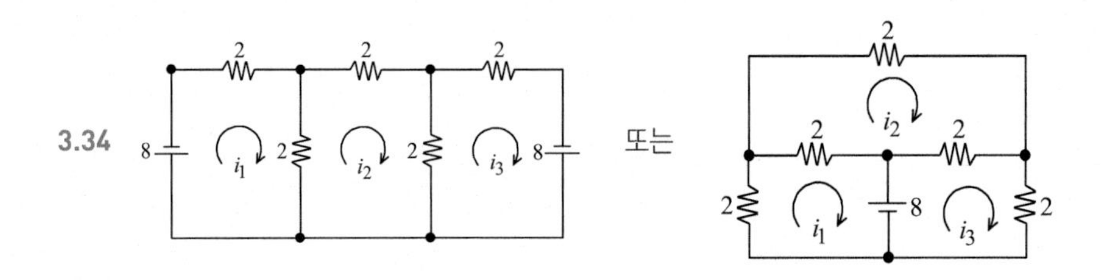

CH 04 신호 파형과 에너지 축적 소자

4.1 주기 $T = 4$ 초, 위상 $\theta = -\dfrac{3\pi}{2}$ 라디안

4.2

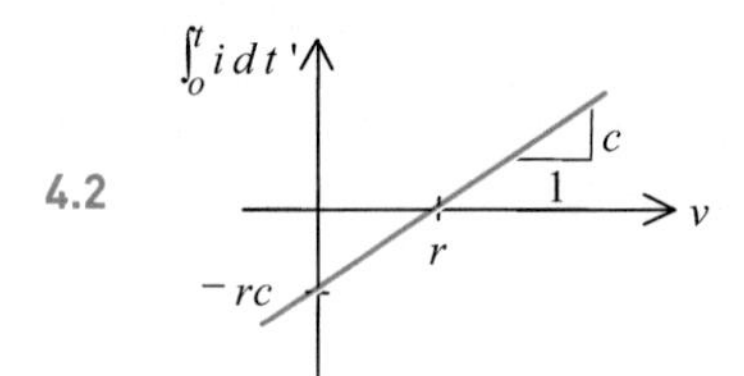

4.3 $i = 0.01(1 + \cos\ t)$

4.4 (a) (b)

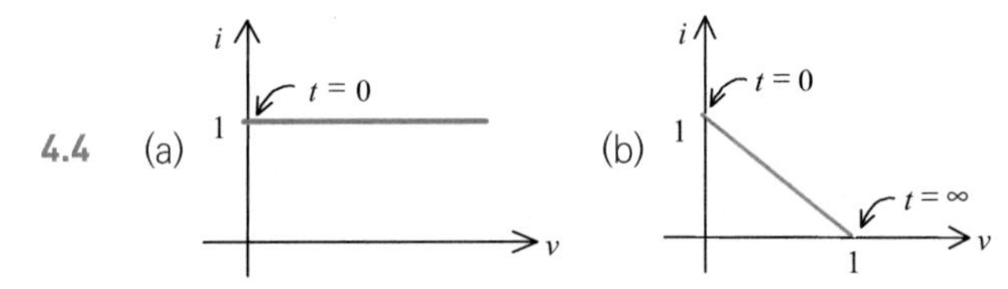

4.5 $v = \dfrac{1}{4}t^2 \quad 0 \leqq t \leqq 2$, $v = -2 + 2t - \dfrac{t^2}{4} \quad 2 \leqq t \leqq 4$, $v = 2 \quad t \geqq 4$

4.6

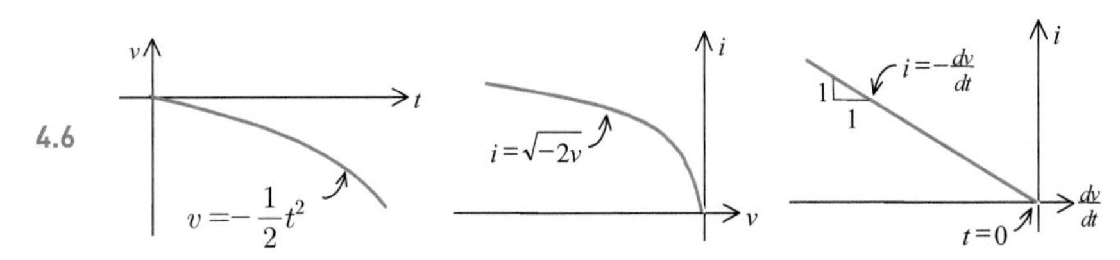

4.7 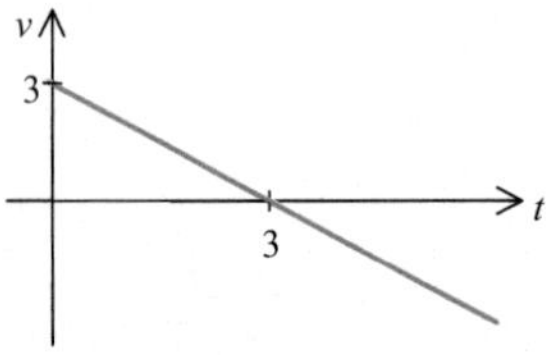 $t = 3$ 일 때 전압이 0이 된다.

4.8 $v(t) = -10 - 5t^2$

4.9 $v = 10, \quad t > 0$

4.10

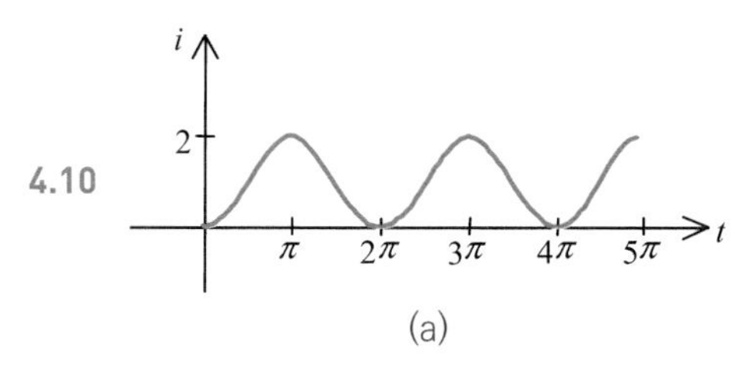

(a)

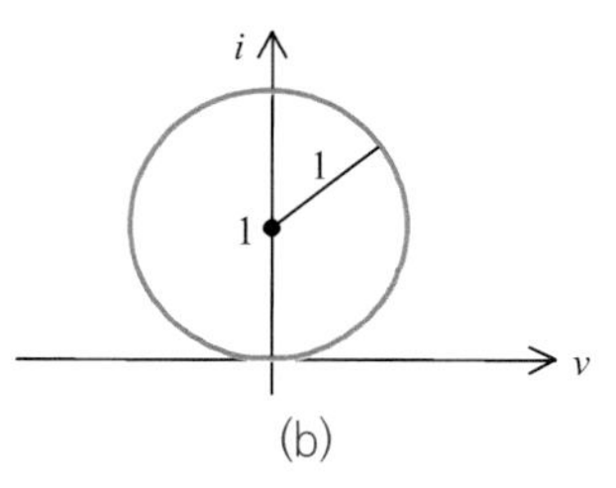

(b)

4.11

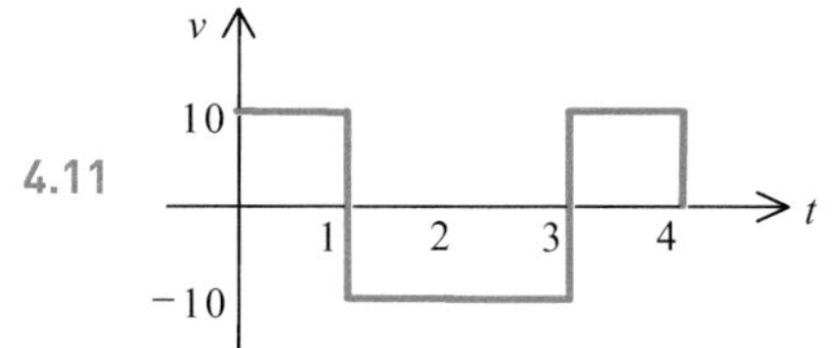

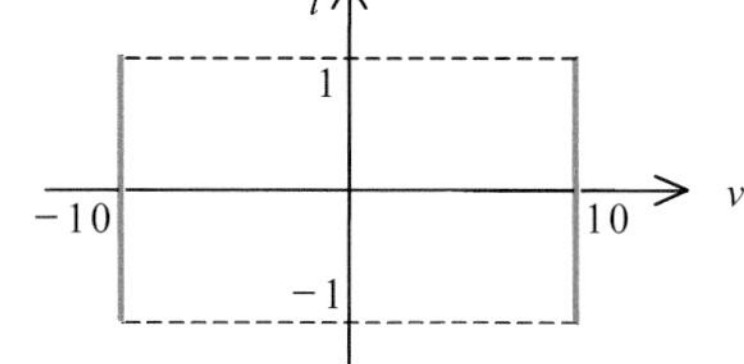

4.12

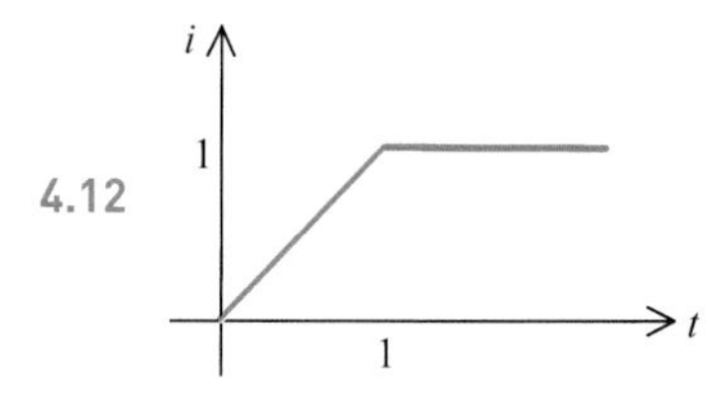

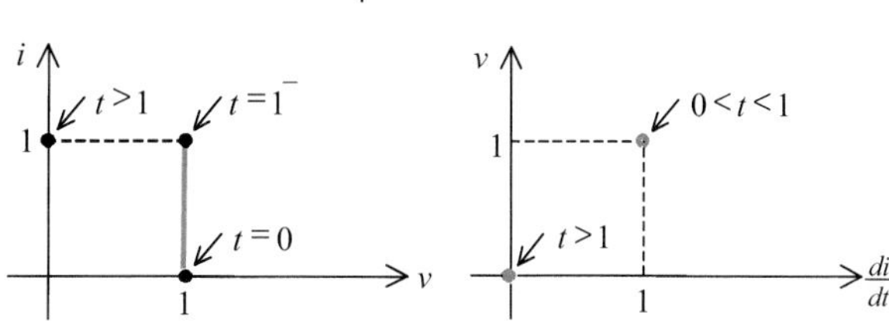

4.13 (a) $i_L(0^-) = 2\mathrm{A}$, (b) $i_L(t) = 2,\ i_{sc}(t) = 0$

4.14

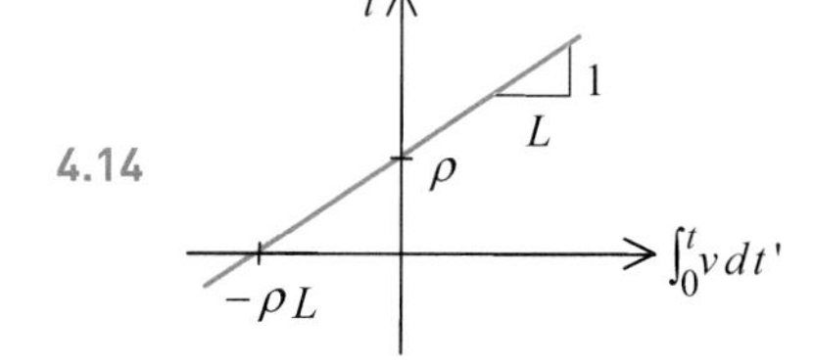

4.15

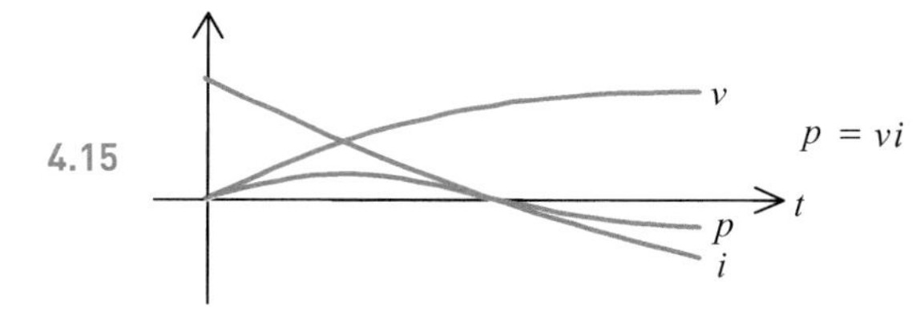

4.16

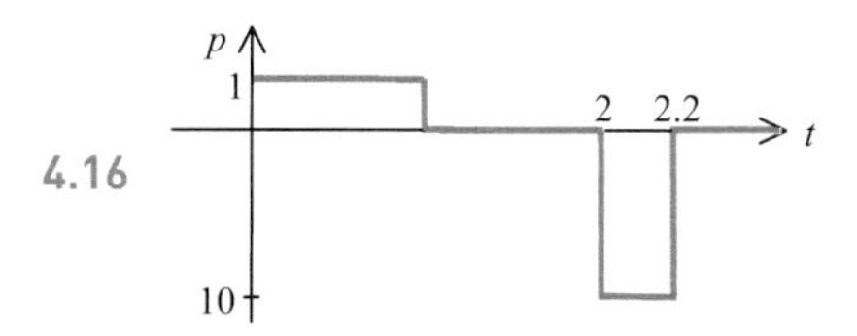

4.17 $w = 6 \times 10^4 \mathrm{J}$

4.18 $p = 10\,\mathrm{watts}$

4.19 (a) $i = 0.141\,\mathrm{A}$, (b) (a)와 같음

4.20 (b) 저항의 정격 와트수가 (a) 저항의 반이므로, 낮은 정격 와트수의 저항이 필요할 때 (b)가 유리하다.

4.21 $p = 0.72\text{kwatts}$

4.22 (a) 0.694watts, (b) 0.781watts

4.23 $R_s = 0$

4.24 $R = R_1 R_2 / (R_1 + R_2)$

4.25 (a) $R_1 = 0$ 일 때 $p_L\big|_{R_1=0} = \dfrac{v^2}{R_L}$, (b) $R_2 = \infty$ 일 때 $p_L\big|_{R_2=\infty} = \left(\dfrac{v}{R_1 + R_L}\right)^2 R_L$,

(c) $R_L = \dfrac{R_1 R_2}{R_1 + R_2}$ 일 때 $p_L\big|_{R_L = \frac{R_1 R_2}{R_1 + R_2}} = v^2 \dfrac{R_2}{4R_1(R_1 + R_2)}$

4.26 (a) $R_3 = \infty$, (b) $R_3 = 0$, (c) $R_3 = R_1 + R_2$

4.27 $C = 200\mu\text{F}$

4.28 $v_c(t) = \begin{cases} \dfrac{I}{C}t & 0 < t < \delta \\ \dfrac{I}{C}\delta & t > \delta \end{cases}$ $\qquad p_c(t) = \begin{cases} \dfrac{I^2 t}{C} & 0 < t < \delta \\ 0 & t > \delta \end{cases}$

$w_c(t) = \begin{cases} \dfrac{1}{2}\dfrac{I^2 t^2}{C} & 0 < t < \delta \\ \dfrac{1}{2}\dfrac{I^2 \delta^2}{C} & t > \delta \end{cases}$

4.29 $p(t) = \begin{cases} I^2(R + \dfrac{t}{C}) & 0 < t < \delta \\ 0 & t > \delta \end{cases}$

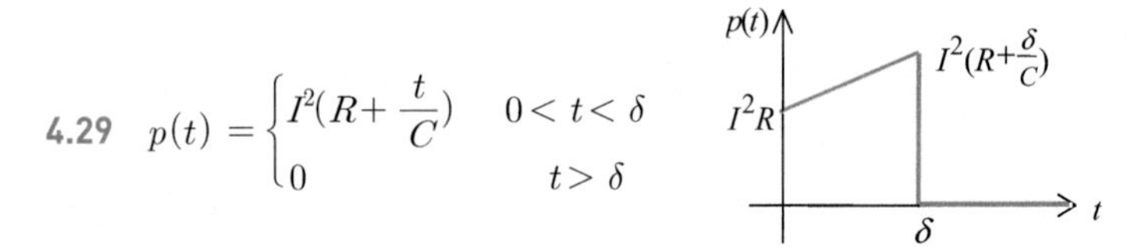

4.30 $1000\,\text{J}$

4.31 $p(t) = V^2\left(\dfrac{1}{R} + \dfrac{t}{L}\right)$, $w(t) = V^2 t\left(\dfrac{1}{R} + \dfrac{t}{2L}\right)$

4.32 (a) 전류전원 : 120watts, 전압전원 : -120watts

(b) 전류전원 : 120watts, 전압전원 : 0

(c) 전류전원 : -20watts, 전압전원 : 120watts

(d) 왼쪽 전류전원 : $-30\,\text{mwatts}$, 가운데 전류전원 : 0, 전압전원 : 30mwatts

4.33 (a)

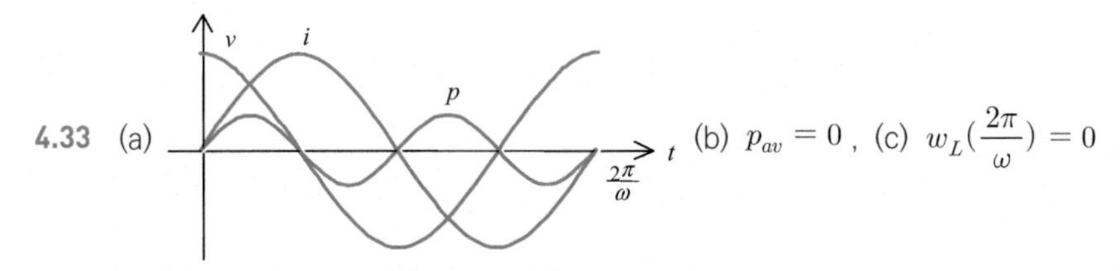

(b) $p_{av} = 0$, (c) $w_L(\dfrac{2\pi}{\omega}) = 0$

CH 05 라플라스 변환

5.1 (a) $1+j$, (b) $\dfrac{-1+j13}{10}$

5.2 (a) $1\angle\pi$, (b) $\dfrac{1}{2\sqrt{65}}\angle\dfrac{\pi}{2}-\tan^{-1}\dfrac{7}{4}$

5.3 (a) $Re\left\{\dfrac{a+jb}{c+jd}\right\}=\dfrac{ac+bd}{c^2+d^2}$, (b) $Mag\left\{\dfrac{a+jb}{c+jd}\right\}=\sqrt{\dfrac{a^2+b^2}{c^2+d^2}}$,

(c) $Im\{(a+jb)e^{c+jd}\}=e^c\sqrt{a^2+b^2}\cos\left(d-\tan^{-1}\dfrac{a}{b}\right)$,

(d) $Ang\left\{\dfrac{jc}{a+jb}+jd\right\}=\tan^{-1}\dfrac{c+ad}{-bd}-\tan^{-1}\dfrac{b}{a}$ (또는 $\tan^{-1}\dfrac{ac+a^2d+b^2d}{bc}$),

(e) $e^{j\phi}+(e^{j\phi})^*=2\cos\phi$, (f) $Mag\left\{\dfrac{1+j}{e^{j\pi/2}}\right\}=\sqrt{2}$

5.4 (a) $Im\{e^{(-\alpha+j\beta)t}\}=e^{-\alpha t}\sin\beta t$,

(b) $Re\{(a+jb)e^{j\phi}\}=a\cos\phi-b\sin\phi$, (c) $Re\{(ae^{j\phi})+(ae^{j\phi})^*\}=2a\cos\phi$,

(d) $Ang\left\{\dfrac{1+e^{j\phi}}{e^{j\phi}}\right\}=\tan^{-1}\left(\dfrac{\sin\phi}{1+\cos\phi}\right)-\phi$ (또는 $\tan^{-1}\left(\dfrac{-\sin\phi}{1+\cos\phi}\right)$),

(e) $Re\{je^{jt}\}=-\sin t$, (f) $Re\{\cos(a+jb)\}=\cos a\ \cosh b$

5.5 (a) $\dfrac{s}{s^2+\omega^2}$, (b) $\dfrac{\omega}{(s+\alpha)^2+\omega^2}$, (c) $\dfrac{1}{s^2}$, (d) $\dfrac{\alpha}{s(s+\alpha)}$

5.6 (a) $Y(s)=\dfrac{s^2+2}{(s^2+1)^2}$, (b) $Y(s)=\dfrac{1}{s(s^2+s+1)}$

5.7 (a) $1,\ -1\pm j$, (b) $-1,\ \pm j$

5.8 $D(s)=s^2+s2\alpha+\alpha^2+\beta^2$

5.9 $\dfrac{\frac{1}{2}}{s}+\dfrac{-\frac{1}{2}}{s+1}+\dfrac{\frac{1+j3}{20}}{s-j}+\dfrac{\frac{1-j3}{20}}{s+j}+\dfrac{\frac{-1+j3}{20}}{s+1-j}+\dfrac{\frac{-1-j3}{20}}{s+1+j}$

5.10 (a) $\dfrac{1}{b-a}[(c-a)e^{-at}-(c-b)e^{-bt}]$, (b) $\dfrac{1}{ab}+\dfrac{1}{a-b}\left(\dfrac{1}{a}e^{-at}-\dfrac{1}{b}e^{-bt}\right)$,

(c) $\dfrac{1}{2a}(e^{at}-e^{-at})=\dfrac{\sinh at}{a}$,

(d) $\dfrac{a}{b^2}-\dfrac{\sqrt{a^2+b^2}}{b^2}\cos\left(bt+\tan^{-1}\dfrac{b}{a}\right)$ 또는 $\dfrac{a}{b^2}+\dfrac{\sqrt{a^2+b^2}}{b^2}\sin\left(bt-\tan^{-1}\dfrac{a}{b}\right)$,

(e) $e^{-\alpha t}\left[\cos\beta t+\dfrac{c-\alpha}{\beta}\sin\beta t\right]=\sqrt{1+\left(\dfrac{c-\alpha}{\beta}\right)^2}\,e^{-\alpha t}\sin\left(\beta t+\tan^{-1}\dfrac{\beta}{c-\alpha}\right)$,

(f) $e^{-\alpha t}\left[\cos\beta t-\dfrac{\alpha}{\beta}\sin\beta t\right]=\sqrt{1+\left(\dfrac{\alpha}{\beta}\right)^2}\,e^{-\alpha t}\sin\left(\beta t+\tan^{-1}\dfrac{\beta}{-\alpha}\right)$,

(g) $\frac{1}{\alpha^2+\beta^2}-\frac{e^{-\alpha t}}{\alpha^2+\beta^2}\left(\cos\beta t+\frac{\alpha}{\beta}sin\,\beta t\right)=\frac{1}{\alpha^2+\beta^2}-\frac{e^{-\alpha t}}{\beta\sqrt{\alpha^2+\beta^2}}\sin\left(\beta t+\tan^{-1}\frac{\beta}{\alpha}\right)$

(h) $2e^{-2t}(\cos 2t - 2\sin 2t)$,

(i) $e^{-t}+\sin t-\cos t=e^{-t}+\sqrt{2}\ \sin\left(t+\tan^{-1}\frac{-1}{1}\right)=e^{-t}+\sqrt{2}\ \sin\left(t-\frac{\pi}{4}\right)$

5.11 (a) $\cos t+\sin t=\sqrt{2}\sin(t+\tan^{-1}1)=\sqrt{2}\ \sin\left(t+\frac{\pi}{4}\right)=\sqrt{2}\ \cos\left(t-\frac{\pi}{4}\right)$,

(b) $e^{-\alpha t}\left[a_1\cos\beta t+\frac{(a_0-a_1\alpha)}{\beta}\sin\beta t\right]$,

(c) $2a\ \cos ct-2b\ \sin c\,t=2\sqrt{a^2+b^2}\sin\left(ct+\tan^{-1}\frac{a}{-b}\right)$,

(d) $e^{-t}(\cos t-\sin t)=\sqrt{2}\ e^{-t}\sin\left(t+\frac{3\pi}{4}\right)=\sqrt{2}e^{-t}\cos(t+\frac{\pi}{4})$

5.12 (a) $y(x)=2e^{-x}-e^{-2x}$, (b) $y(x)=\sin x$,

(c) $y(x)=1-\frac{1}{2}e^{-x}-\frac{1}{\sqrt{2}}\cos\left(x-\frac{\pi}{4}\right)=1-\frac{1}{2}e^{-x}-\frac{1}{\sqrt{2}}\sin\left(x+\frac{\pi}{4}\right)$,

(d) $z(x)=\frac{1}{2}x-\frac{1}{4}+\frac{1}{4}e^{2x}$, (e) $z(y)=1-\cos y$, (f) $y=2e^{x}-e^{2x}$

5.14 (a) $t-1+e^{-t}$, (b) $\frac{1}{2}(\sin t-t\cos t)$, (c) $\frac{1}{2}t-\frac{3}{4}+e^{-t}-\frac{1}{4}e^{-2t}$

5.15 (a) $v_o(t)=e^{-t}-e^{-2t}$, (b) $v_o(t)=1-\cos t$, (c) $i_o(t)=e^{-t}$, (d) $v_o(t)=1$

5.16 (a) $v_o(t)=V_{dc}(1-e^{-\frac{t}{RC}})$, (b) $v_o(t)=\gamma e^{-\frac{t}{RC}}$, (c) $i(t)=V_{dc}\sqrt{\frac{C}{L}}\ \sin\frac{t}{\sqrt{LC}}$,

(d) $i_o(t)=\rho e^{-\frac{R}{L}t}$, (e) $v_o(t)=10$

CH 06 주파수-영역 회로 해석

6.1 (a) $V_o=\frac{I_i}{2}\left(\frac{s}{s+1/2}\right)$, (b) $I_i=V_i\frac{s}{s^2+s+1}$, (c) $I_i=V_i(s+1)$,

(d) $I_1=-\frac{V}{s+1}$, (e) $V_o=I\left[\frac{\frac{1}{C_2}s}{s^2+\frac{1}{L}\left(\frac{1}{C_1}+\frac{1}{C_2}\right)}\right]$,

(f) $I_1=-\frac{V}{s2L}+I\frac{1}{2}$, (g) $V_o=I_i$, (h) $V_o=I_i(sL+2R)$

6.2 (a) $V_o=\frac{\gamma^2}{s}+\left(\frac{\gamma_1-\gamma_2}{s}\right)\left[\frac{\frac{1}{sC_2}}{R+\frac{1}{s}\left(\frac{1}{C_1}+\frac{1}{C_2}\right)}\right]$,

(b) $I_o = -\frac{\rho_2}{s} + \left(\frac{I_{dc} + \rho_2 - \rho_1}{s}\right)\left[\frac{R/L_2}{s + R(1/L_1 + 1/L_2)}\right]$

6.3 (a) $Z=\frac{s+1}{s+2}$, (b) $Z=\frac{s\frac{1}{C}}{s^2+\frac{1}{LC}}$, (c) $Z=s(L_1+L_2)$, (d) $Z=\frac{1}{s(C_1+C_2)}$,

(e) $Z=\frac{s^2+1}{s^2+s+1}$, (f) $Z=\frac{s}{s^2+s+1}$, (g) $Z=\frac{s^2+s+1}{s+1}$, (h) $Z=\frac{s^2+s+1}{s(s+1)}$,

(i) $Z=\frac{s^5+4s^3+3s}{s^4+3s^2+1}$, (j) $Z=1$, (k) $Z=Z_1+\frac{Z_2Z_3}{Z_2+Z_3}$, (l) $Z=\frac{Z_1(Z_2+Z_3)}{Z_1+Z_2+Z_3}$,

(m) $Z=\cfrac{1}{Y_1+\cfrac{1}{Z_2+\cfrac{1}{Y_3+\cfrac{1}{Z_4+\cfrac{1}{Y_5+\cfrac{1}{Z_6+\cfrac{1}{Y_7}}}}}}}$, (n) $Z=\frac{s \pm \sqrt{s^2+4}}{2}$

6.4 (a) $I_1 = 0.769\frac{V_1}{Z}$, (b) $I_1 = \frac{V_1}{Z}$

6.5 (a) $V_2 = I_1Z_2$, (b) $I_2 = \frac{V_1}{Z} - I_1$, (c) $V_3 = \frac{V_1Z_2+V_2Z_1}{Z_1+Z_2}$, (d) $V_2 = I_1Z_1 - V_1$,

(e) $V_2 = V_1$, (f) $V_2 = -I_2Z_2$, (g) $V_2 = V_1\frac{1}{s+1}$, (h) $V_0 = V_i\left(\frac{\frac{1}{LC}}{s^2+\frac{1}{LC}}\right)$,

(i) $I_o = \frac{-V_i}{RLC}\left(\frac{1}{s^2+s\frac{1}{RC}+\frac{1}{LC}}\right)$, (j) $V_o = I_i\left(\frac{\frac{1}{C}}{s+\frac{1}{RC}}\right)$,

(k) $I_o = -I_i\frac{1}{RC}\left(\frac{s}{s^2+s\frac{1}{RC}+\frac{1}{LC}}\right)$, (l) $V_o = I\left(\frac{s^2-1}{2s}\right)$, (m) $I_o = \frac{-I_i}{s^4+3s^2+1}$,

(n) $I_o = V_i\frac{1}{2s}$, (o) $V_o = 0$, (p) $I_o = 0$, (q) $V_o = \frac{\frac{\rho}{C}+\gamma s}{s^2+\frac{1}{LC}}$, (r) $V_o = \frac{V_i}{13}$

6.6 (a) $Z_2Z_3 = Z_1Z_4$, (b) $Z_2Z_3 = Z_1Z_4$

6.7

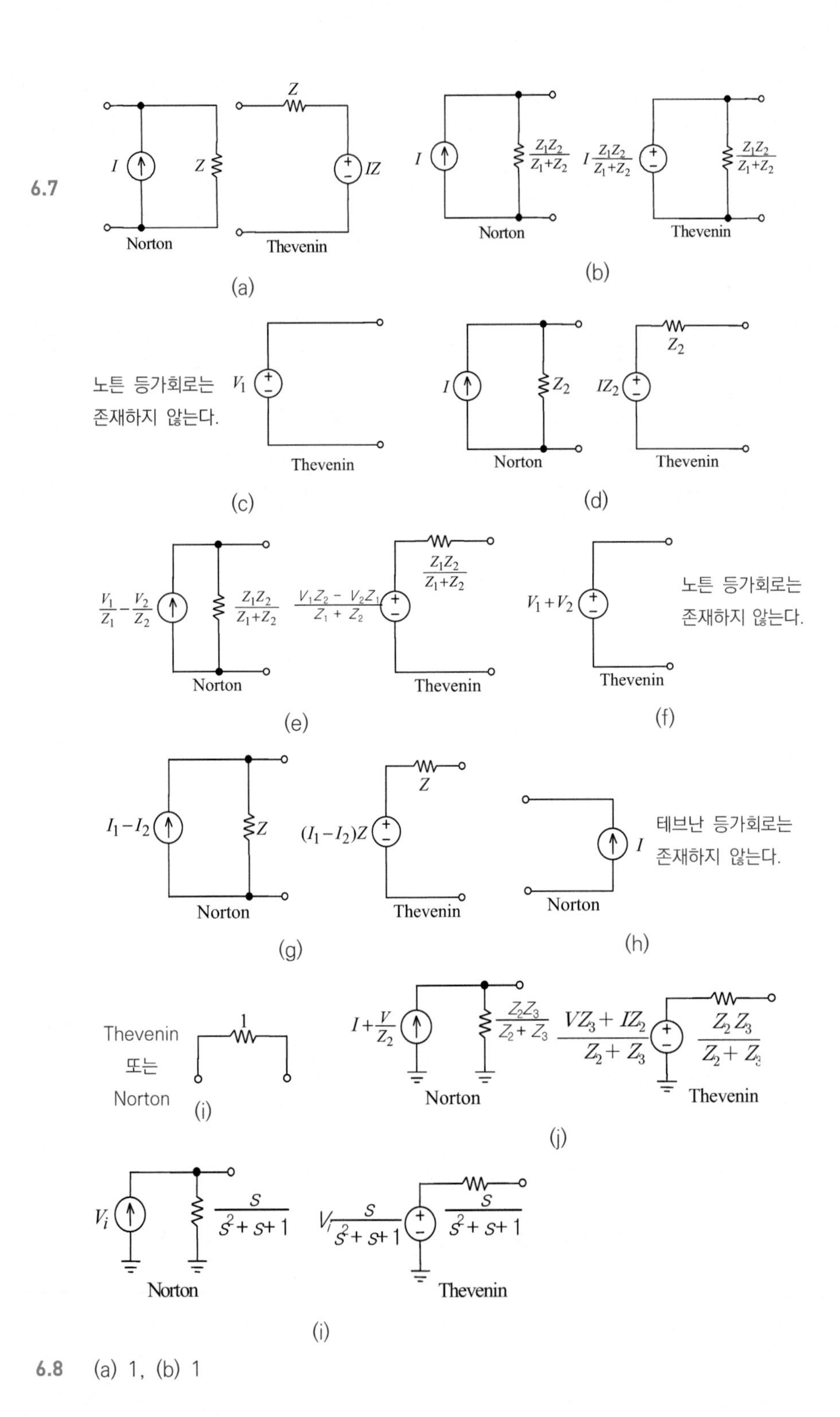

Norton
Thevenin
(a)
Norton
Thevenin
(b)
노튼 등가회로는 존재하지 않는다.
Thevenin
(c)
Norton
Thevenin
(d)
Norton
Thevenin
(e)
Thevenin
노튼 등가회로는 존재하지 않는다.
(f)
Norton
Thevenin
(g)
Norton
테브난 등가회로는 존재하지 않는다.
(h)
Thevenin 또는 Norton
(i)
Norton
Thevenin
(j)
Norton
Thevenin
(i)

6.8 (a) 1, (b) 1

6.9 (a) $V_{oc} = \dfrac{s\gamma + \dfrac{\rho}{C}}{s^2 + \dfrac{1}{LC}}$, (b) $I_{sc} = \dfrac{\rho + \gamma Cs}{s}$, (c) $Z = \dfrac{s\dfrac{1}{C}}{s^2 + \dfrac{1}{LC}}$,

(d) $\dfrac{s\gamma + \dfrac{\rho}{C}}{s^2 + \dfrac{1}{LC}}$ $\dfrac{s\dfrac{1}{C}}{s^2 + \dfrac{1}{LC}}$ $\dfrac{\rho + \gamma Cs}{s}$ $\dfrac{s\dfrac{1}{C}}{s^2 + \dfrac{1}{LC}}$

Thevenin Norton

6.10 $\Delta_l = \begin{vmatrix} R_s + R + \dfrac{1}{sC} & -R & -\dfrac{1}{sC} \\ -R & R + R_L + \dfrac{1}{sC} & -\dfrac{1}{sC} \\ -\dfrac{1}{sC} & -\dfrac{1}{sC} & sL + \dfrac{2}{sC} \end{vmatrix}$,

$\Delta_n = \begin{vmatrix} sC + G_s + \dfrac{1}{sL} & -sC & -\dfrac{1}{sL} \\ -sC & 2sC + G & -sC \\ -\dfrac{1}{sL} & -sC & sC + G_L + \dfrac{1}{sL} \end{vmatrix}$

6.11 (a) $-I_1 + I_3 = I$
$I_1\left(s + \dfrac{1}{s}\right) - I_2 s + I_3 = -V$
$-I_1 s + I_2\left(s + \dfrac{1}{s}\right) = V$

(b) $-V_2 + V_3 = V$
$-V_1 + V_2\dfrac{1}{s} + V_3(s+1) = -I$
$V_1(s+1) - V_3 = I$

(c)

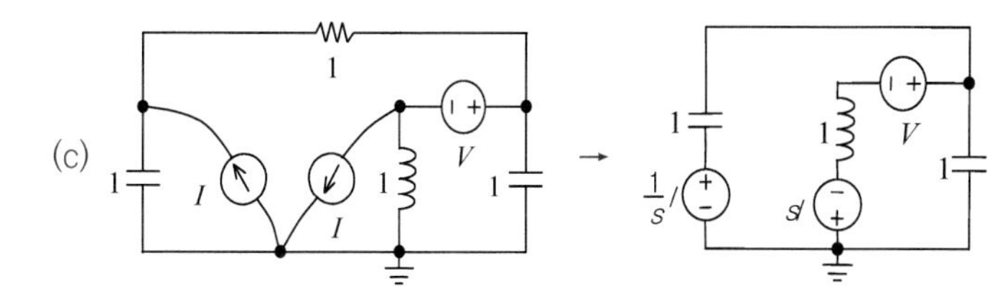

(d)

6.12 (a) $\dfrac{V_2}{I_1} = \dfrac{Z_1 Z_2}{Z_1 + Z_2}$, (b) $\dfrac{V_2}{I_1} = \dfrac{Z_1 Z_3}{Z_1 + Z_2 + Z_3}$, (c) $\dfrac{V_2}{V_1} = 1$,

(d) $\dfrac{I_2}{V_1} = \dfrac{-1}{Z_2 + Z_3}$, (e) $\dfrac{V_2}{V_1} = \dfrac{Z_4}{Z_3 + Z_4}$, (f) $\dfrac{V_2}{I_1} = Z_2$, (g) $\dfrac{I_2}{I_1} = -\dfrac{1}{2}$

6.13 $T(s) = \dfrac{s}{s^2 + 1}$

6.14 단위-계단 함수

6.15 (a) $v_{of}(t) = 0$, $v_{on}(t) = e^{-t}$, (b) $v_{of}(t) = 0$, $v_{on}(t) = 1$,

(c) $v_{of}(t) = 0$, $v_{on}(t) = \frac{2}{\sqrt{3}} e^{-\frac{t}{2}} \sin \frac{\sqrt{3}}{2} t$, (d) $v_o(t) = t$,

(e) $i_{of}(t) = 0$, $i_{on}(t) = \frac{2}{\sqrt{3}} e^{-\frac{1}{2}t} \sin \frac{\sqrt{3}}{2} t$, (f) $i_f(t) = 0$, $i_n(t) = \sin t$,

(g) $i_n(t) = 0$, $i_f(t) = \sin t$

6.16 $r(t) = A + Be^{-t} + C\sin(t + D) + Ee^{-t}\sin(t + F)$, 여기서 A, B, C, D, E, F는 상수이다.

CH 07 계단파 응답

7.1 $r_{ss}(t) = AT(0)$

7.2 상수 a는 초기의 점프 값을 결정하고, 최종값에는 영향이 없다.

7.3 (a) $i(t) = \frac{V}{R}(1 - e^{-Rt/L})$ (b) $v_o(t) = IR(1 - e^{-t/RC})$

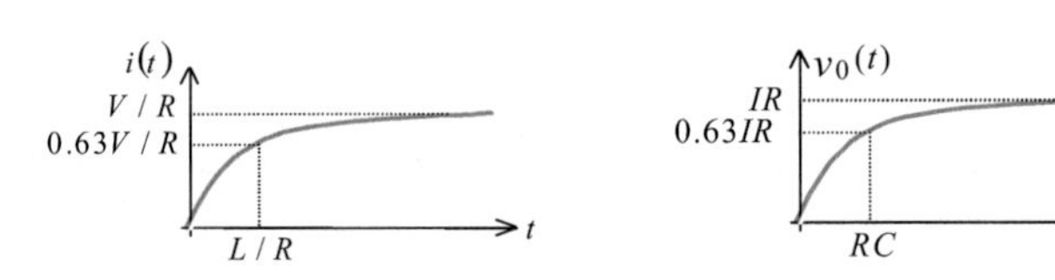

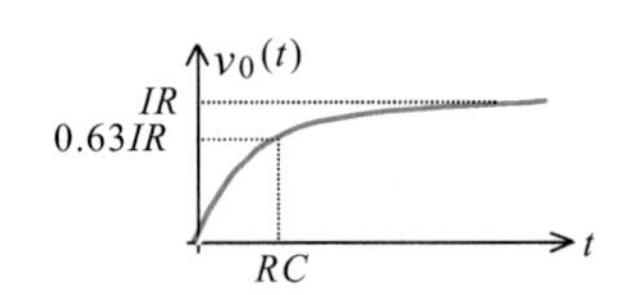

7.4 (a) $v_0(t) = \frac{\alpha}{1 - \alpha}(e^{-\alpha t} - e^{-t})$ (b) $v_0(t) = e^{-t}$

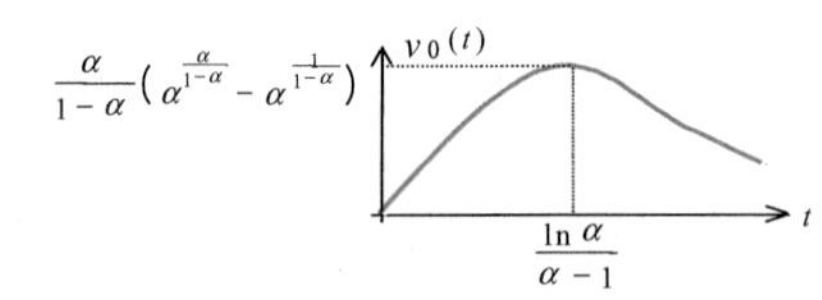

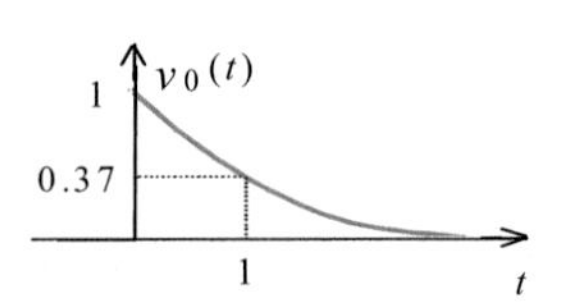

7.5 $v_i(t) = t$, $v_o(t)$

7.6 (a) $i(t) = e^{-t}$, (b) $v_o(t) = e^{-t}$, (c) $i_2(t) = I\frac{L_1}{L_1 + L_2}[1 - e^{-R(L_1 + L_2)t/L_1L_2}]$,

(d) $v_o(t) = e^{-2t}$, (e) $i(t) = -0.5 + 0.75e^{-t_{ms}/4.8}\text{mA}$, (f) $v_o(t) = \frac{5}{3}(1 - e^{-t_{ms}})$

7.7 $v_o(t) = \frac{1}{2}V_{dc}(1 + e^{-\frac{2}{RC}t})$

7.8 (a) $v(t) = Ve^{-\frac{R}{L}t}$, (b) $v(t) = V$

7.9 (a) $i(t) = Ie^{\frac{-t}{RC}}$, $v(t) = IR(1 - e^{\frac{-t}{RC}})$, (b) $i(t) = I$, $v(t) = \frac{I}{C}t$

7.10

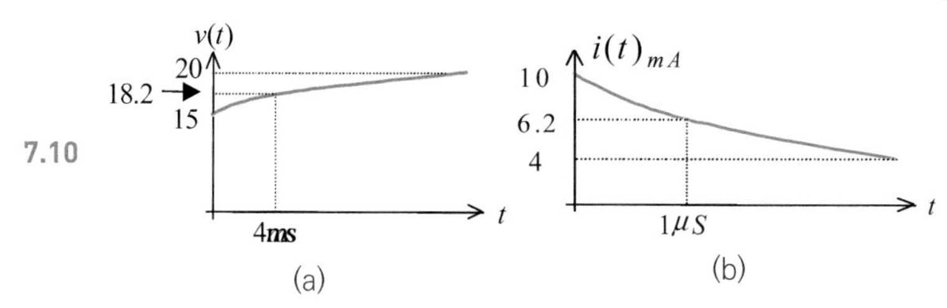

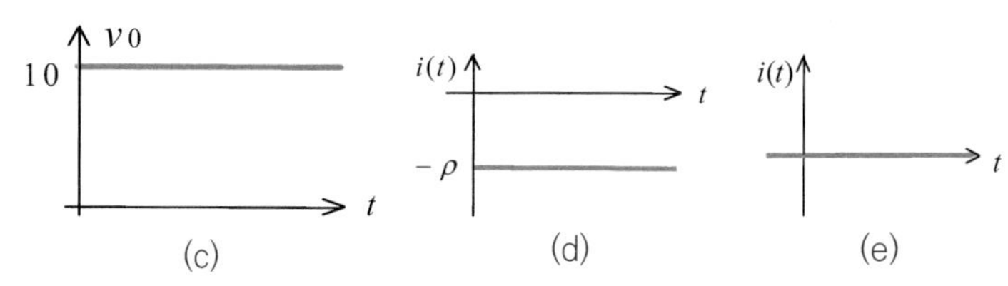

7.11 (a) $r(t) = 12 - 7e^{-\frac{t_{\mu s}}{2}}$, (b) $r(t) = 10 - 16e^{-\frac{t_{\mu s}}{25}}$

7.12 (a) $v_o(0^+) = (\rho_2 - \rho_1)R$, $v_o(\infty) = 0$, $\tau = \frac{L_1 L_2}{L_1 + L_2}/R$,

(b) $v_o(0^+) = \frac{\gamma_1 R_2 + \gamma_2 R_1}{R_1} + R_2$, $v_o(\infty) = \frac{\gamma_1 C_1 + \gamma_2 C_2}{C_1 + C_2}$, $\tau = (R_1 + R_2)\frac{C_1 C_2}{C_1 + C_2}$,

(c) $i(0^+) = -V_{dc}/\frac{R R_2}{R + R_2}$, $i(\infty) = I_{dc} - V_{dc}/R_2$, $\tau = RC$,

(d) $i(0^+) = \gamma/R_2 + I_{dc}$, $i(\infty) = \frac{V_{dc}}{R_1 + R_2} + I_{dc}\frac{R_2}{R_1 + R_2}$, $\tau = \frac{R_1 R_2}{R_1 + R_2}C$

7.13 $v_0(t) = I_{dc} Re^{-\frac{2t}{RC}}$, $i_o(t) = I_{dc} + I_{dc}e^{-\frac{2t}{RC}}$

7.14 (a)

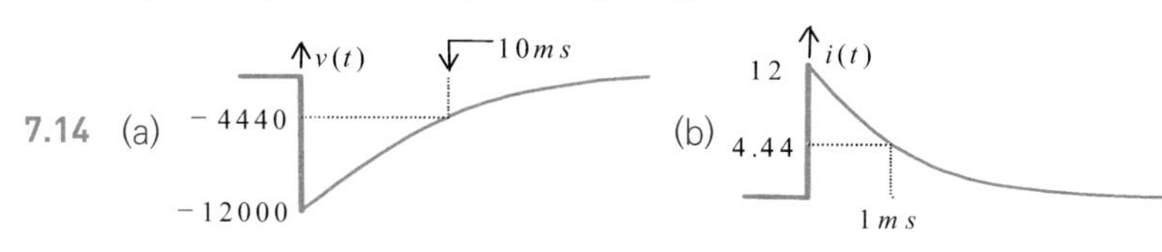

7.15 $v_0(t) = \frac{600}{101} + \left(600 - \frac{600}{101}\right)e^{-10^6 t}$

7.16 $v_0(t) = \frac{V_{dc}}{6}(2 + e^{-\frac{3t}{2RC}})$

7.17

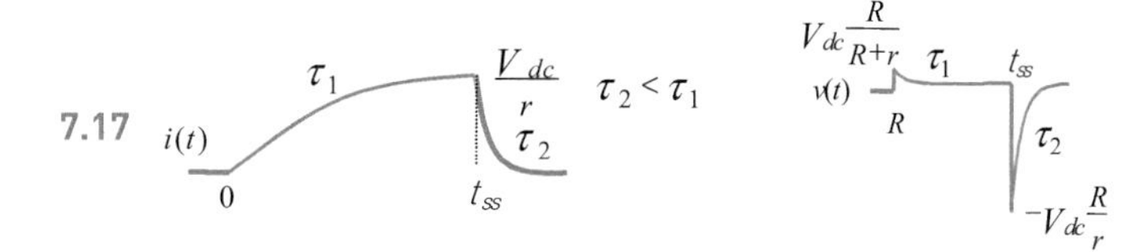

7.18 $t_0 = RC\ln 2$

7.19 $v_{01}(t) = -(V_1 + V_2)e^{-\frac{t}{RC}}$, $v_{02}(t) = -V_2 + (V_1 + V_2)e^{-\frac{t}{RC}}$

7.20 (a) $v_o(0^+) = -V_{dc}\dfrac{R_2}{R_1}$, (b) $v_o(0^+) = 0$, (c) $v_o(0^+) = -\infty$

7.21

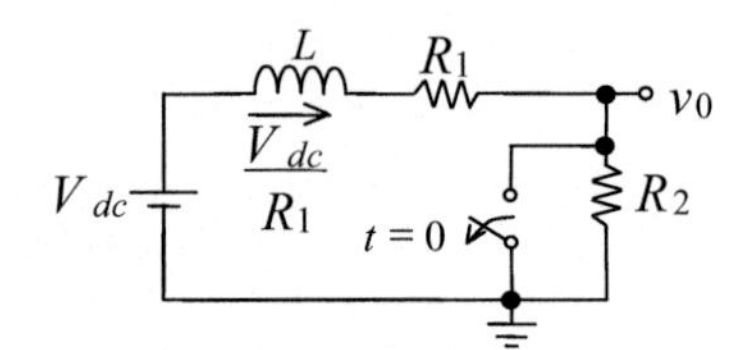

7.22 (a) $v_0(t) = \begin{cases} v_1(t) = 10e^{-\frac{t_{\mu s}}{5}}, & 0 < t < 100\mu s \\ v_2(t) = 10(1-e^{20})e^{-\frac{t_{\mu s}}{5}} = -10(1-e^{-20})e^{-\frac{t_{\mu s}-100}{5}}, & t > 100\mu s \end{cases}$

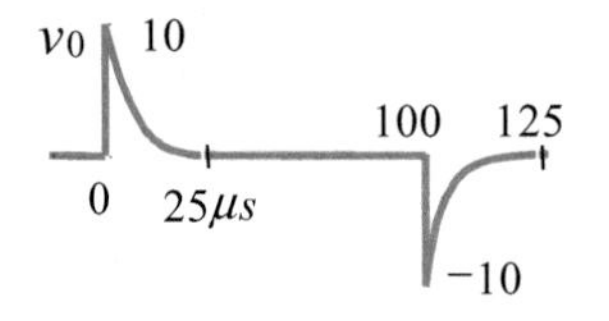

(b) $v_0(t) = \begin{cases} v_1(t) = Ve^{-\frac{t}{RC}}, & 0 < t < \delta \\ v_2(t) = V(1 - e^{\frac{\delta}{RC}})e^{-\frac{t}{RC}} = -V(1 - e^{-\frac{\delta}{RC}})e^{-\frac{t-\delta}{RC}}, & t > \delta \end{cases}$

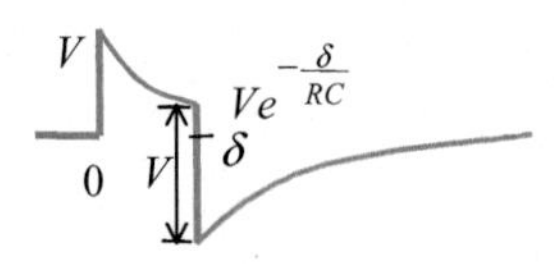

(c) $i(t) = \begin{cases} i_1(t) = 5(1 - e^{-\frac{t_{\mu s}}{5}}), & 0 < t < 100\mu s \\ i_2(t) = 5(e^{20} - 1)e^{-\frac{t_{\mu s}}{5}} = 5(1 - e^{-20})e^{-\frac{t_{\mu s} - 100}{5}}, & t > 100\mu s \end{cases}$

(d) $i(t)=\begin{cases} Ie^{-\frac{t}{RC}}, & 0<t<\delta \\ I(1-e^{\frac{\delta}{RC}})e^{-\frac{t}{RC}}=-I(1-e^{-\frac{\delta}{RC}})e^{-\frac{t-\delta}{RC}}, & t>\delta \end{cases}$

7.23 (a) $\delta \gg L/R$

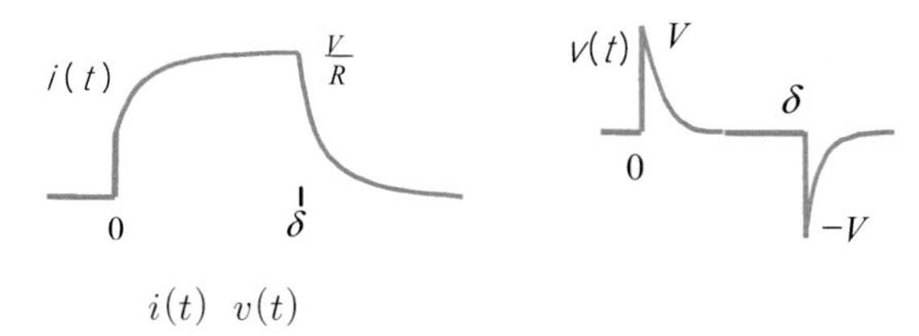

$i(t)$ $v(t)$

(b) $\delta = L/R$

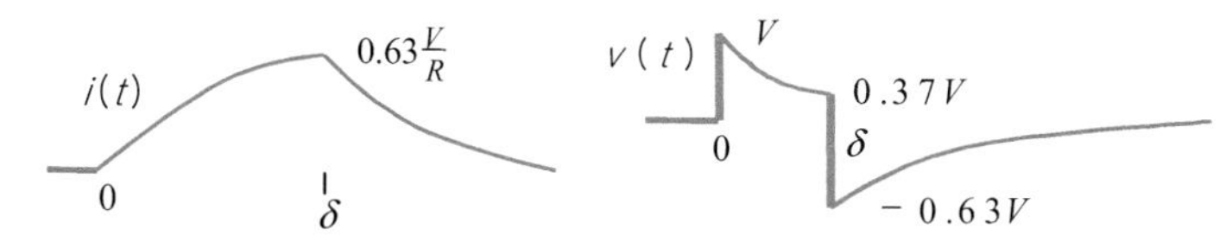

(c) $\delta \ll L/R$

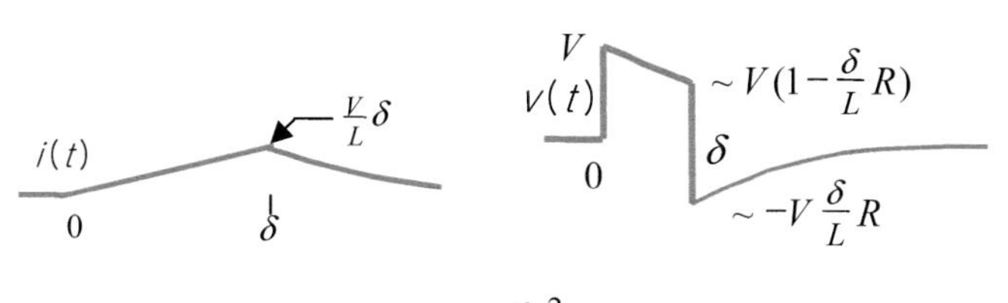

7.24 (a), (b) 전부 같은 모양임

7.25

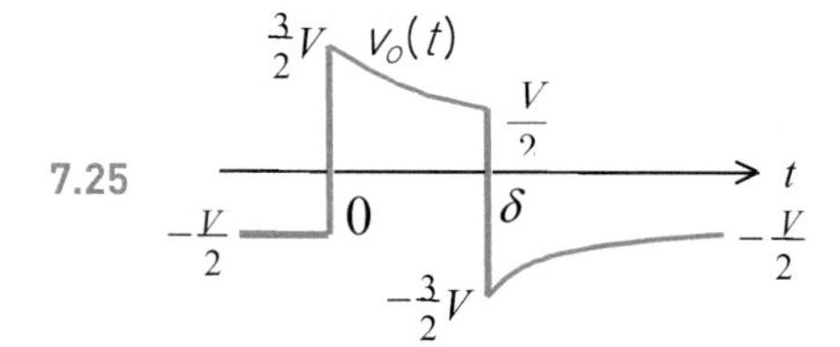

7.26

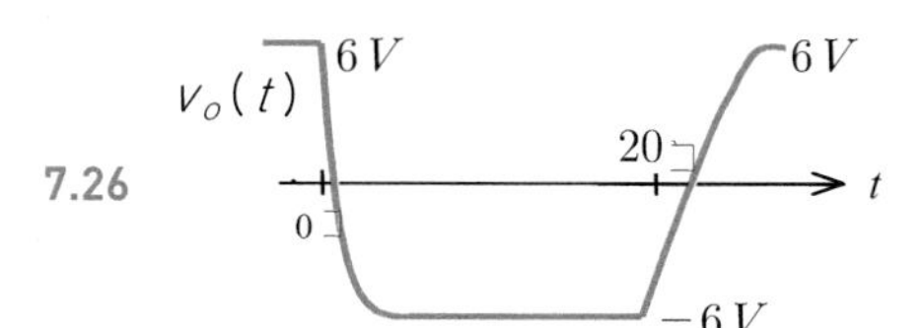

CH 08 사인파 응답

8.1 (a) $v_o(t) = V_m \frac{\omega}{1+\omega^2} e^{-t} + \frac{V_m}{\sqrt{1+\omega^2}} \sin(\omega t - \tan^{-1}\omega)$,

(b) $v_o(t) = -\frac{V_m}{1+\omega^2} e^{-t} + \frac{V_m}{\sqrt{1+\omega^2}} \cos(\omega t - \tan^{-1}\omega)$,

(c) $\theta = \tan^{-1}\omega$, $v_o(t) = \frac{V_m}{\sqrt{1+\omega^2}} \sin\omega t$

8.2 $v_o(t) = -\frac{5}{26} e^{-t} + \frac{5}{\sqrt{26}} \cos(5t - \tan^{-1}5)$

8.3 $\omega = 6$

8.4 $\theta = \frac{\pi}{4}$, $v_o(t) = \frac{1}{\sqrt{2}} \cos t$

8.5 $v_{on}(t) = \frac{1}{2} e^{-t}$, $v_{of}(t) = \frac{1}{\sqrt{2}} \sin\left(t - \frac{\pi}{4}\right)$

8.6 (a) $t = 5(R_1 + R_2)C$, (b) $t = \frac{5L}{R_1 + R_2}$, (c) $t = \frac{10L}{R}$

8.7 (a) $\omega = \frac{1}{\sqrt{LC}}$, (b) $\omega = \frac{1}{\sqrt{LC}}$

8.8 (a) $v_{oss}(t) = \frac{1}{\sqrt{2}} \sin\left(t - \frac{\pi}{4}\right)$, (b) $i_{oss}(t) = \frac{1}{\sqrt{2}} \sin\left(t - \frac{\pi}{4}\right)$,

(c) $v_{oss}(t) = \sqrt{2} \cos\left(t + \frac{\pi}{4}\right)$, (d) $i_{oss}(t) = \frac{3}{\sqrt{2}} \sin\left(t - \frac{\pi}{4}\right)$,

(e) $v_{oss}(t) = V_1 \frac{R}{\sqrt{w_1^2 L^2 + R^2}} \sin\left(\omega_1 t - \tan^{-1}\frac{\omega_1 L}{R}\right) + V_2 \frac{R}{\sqrt{\omega_2^2 L^2 + R^2}} \sin\left(\omega_2 t - \tan^{-1}\frac{\omega_2 L}{R}\right)$,

(f) $v_{oss}(t) = \frac{I_1}{\sqrt{5}} \sin\left(t - \tan^{-1}\frac{1}{2}\right) + \frac{I_2}{2}\sqrt{\frac{5}{2}} \cos\left(2t + \tan^{-1}2 - \frac{\pi}{4}\right)$,

(g) $i_{iss}(t) = \frac{\sqrt{\omega^4 - \omega^2 + 1}}{\omega^2 + 1} V_m \sin\left(\omega t + \tan^{-1}\frac{\omega}{1-\omega^2} - 2\tan^{-1}\omega\right)$,

(h) $i_{oss}(t) = \frac{1}{3} I_m \sin\omega t$, (i) $v_{oss}(t) = \frac{3}{\sqrt{0.82}} \sin\left(2t + 1 + \tan^{-1}\frac{1}{9}\right)$,

(j) $i_{iss}(t) = 0$

8.9 $r_{ss}(t) = -3\cos t$

8.10 (a) 동상, (b) 전류가 전압을 90도 앞섬, (c) 전압이 전류를 90도 앞섬

8.11 (a) s_1은 s_3에 $-(\psi \pm \pi)$만큼 앞서고, $(\psi \pm \pi)$만큼 뒤진다. s_2는 s_3에 $-\theta - (\psi \pm \pi)$ 만큼 앞서고, $\theta + (\psi \pm \pi)$ 만큼 뒤진다.

(b) s_2는 s_1에 $-\theta$만큼 앞서고, θ만큼 뒤진다.

8.13 $\omega = \dfrac{1}{\sqrt{LC}}$, $\theta_1 - \theta_2 = \pi - 2\tan^{-1}\left(R\sqrt{\dfrac{C}{L}}\right)$

8.15 $V_m = \dfrac{I_m}{\sqrt{\left(\dfrac{1}{R}\right)^2 + \left(\omega C - \dfrac{1}{\omega L}\right)^2}}$, $\theta = -\tan^{-1}\left(\dfrac{\omega C - \dfrac{1}{\omega L}}{\dfrac{1}{R}}\right)$,

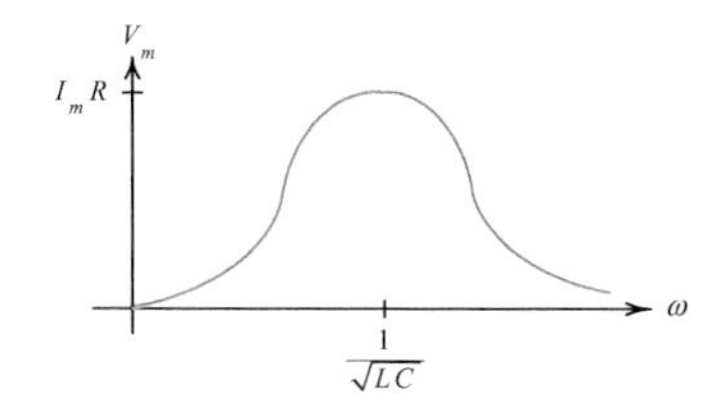

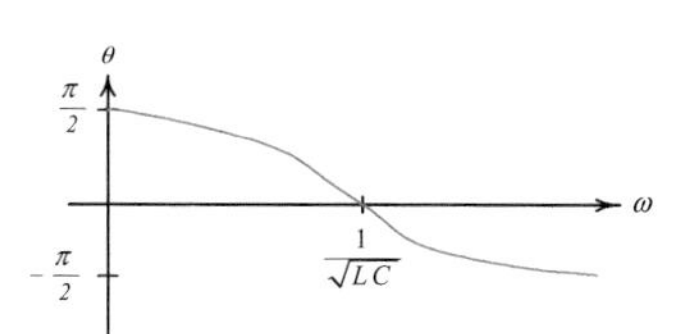

V_m은 $\omega = 1/\sqrt{LC}$일 때 최대이고, 이때 $\theta = 0$이다.

8.16 (a) $v_R(t) = I_m R\sin(\omega t + \theta)$, $v_L(t) = \omega L I_m \cos(\omega t + \theta)$, $v_C(t) = -\dfrac{I_m}{\omega C}\cos(\omega t + \theta)$

$$v(t) = I_m\sqrt{R^2 + (\omega L - \frac{1}{\omega C})^2}\sin\left[\omega t + \theta + \tan^{-1}(\frac{\omega L - 1/\omega C}{R})\right];$$

(b)

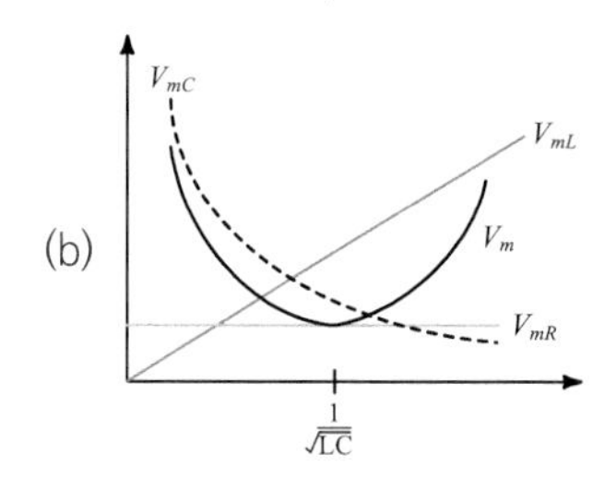

(c) $V_m\big|_{\omega = 1/\sqrt{LC}} = \dfrac{1}{R}\sqrt{\dfrac{L}{C}}$

CH 09 주파수 응답

9.2 $\dfrac{I_O}{V_i} = \dfrac{1}{R}\left(\dfrac{R/2L}{s + R/2L}\right) = \dfrac{1}{R}\left(\dfrac{\omega_C}{s + \omega_C}\right)$, $\omega_C = \dfrac{R}{2L}$

9.6 (a)

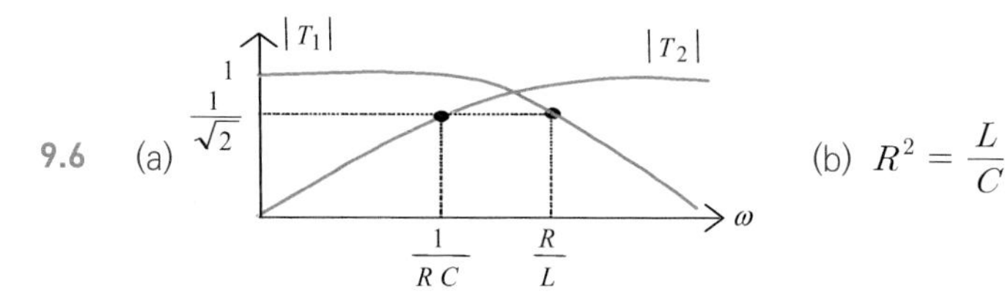

(b) $R^2 = \dfrac{L}{C}$

9.7 (a) $R^2 = \dfrac{L}{C}$, $Z_i = R_S + R$, (b) $T_{LP} = \dfrac{V_{o1}}{V_i} = \dfrac{R}{R_s + R}\left(\dfrac{R/L}{s + R/L}\right)$,

$$T_{HP} = \frac{V_{o2}}{V_i} = \frac{R}{R_s + R}\left(\frac{s}{s + 1/RC}\right),\ \omega_{CLP} = \omega_{CHP} = \omega_{crossover} = \frac{1}{RC} = \frac{R}{L}$$

9.8 (b) $\omega \gg \dfrac{1}{RC}$

9.9 (a) 2Ω

(b) $v_{o1ss}(t) = \frac{1}{2}\frac{1}{\sqrt{1+\omega^4}}\sin\left(\omega t - \tan^{-1}\frac{\omega\sqrt{2}}{1-\omega^2}\right)$,

$v_{o2ss}(t) = -\frac{1}{2}\frac{\omega^2}{\sqrt{1+\omega^4}}\sin\left(\omega t - \tan^{-1}\frac{\omega\sqrt{2}}{1-\omega^2}\right)$

9.10 (a) 1Ω,

(b) $v_{o1ss}(t) = I_m\frac{1}{\sqrt{1+\omega^4}}\sin\left(\omega t - \tan^{-1}\frac{\omega\sqrt{2}}{1-\omega^2}\right)$,

$v_{o2ss}(t) = -I_m\frac{\omega^2}{\sqrt{1+\omega^4}}\sin\left(\omega t - \tan^{-1}\frac{\omega\sqrt{2}}{1-\omega^2}\right)$

9.12 $v_{ss}(t) = V_{dc} + V_m\frac{\omega L}{\sqrt{R^2+(\omega L)^2}}\cos\left(\omega t - \tan^{-1}\frac{\omega L}{R}\right)$

9.13 $v_1(t) = V_{dc}\frac{R_L}{R_s+R_L}$, $v_2(t) = V_{dc}\frac{R_L}{R_s+R_L} + V_m\sin\omega t$

9.15 대역폭이 반으로 줄어든다.

9.16 (a) $\omega_b = \frac{R_1}{L_1} + \frac{R_2}{L_2} + \frac{R_2}{L_1}$, $\omega_p = \sqrt{\frac{R_1R_2}{L_1L_2}}$ 인 대역통과 함수

(b) $\omega_b = \frac{1}{R_1C_1} + \frac{1}{R_2C_2} + \frac{1}{R_1C_2}$, $\omega_p = \frac{1}{\sqrt{R_1R_2C_1C_2}}$ 인 대역통과 함수

(c) $\omega_b = \frac{R_1+R_2}{L}$, $\omega_p = \frac{1}{\sqrt{LC}}$ 인 대역통과 함수

9.17 $r_{ss}(t) = \sin t$

9.19 R_s나 R_L 혹은 둘 다를 감소시킨다.

9.20 (a) $\left|\frac{V_o}{V_i}\right| = \frac{1}{2}$, $\theta = \pi - 2\tan^{-1}\omega RC$, (b) 반경 $V_m/2$인 원

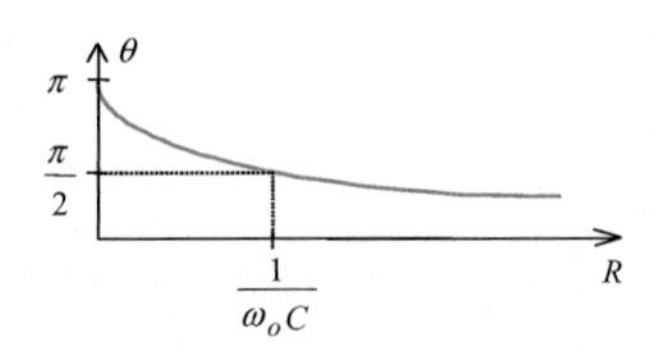

9.22

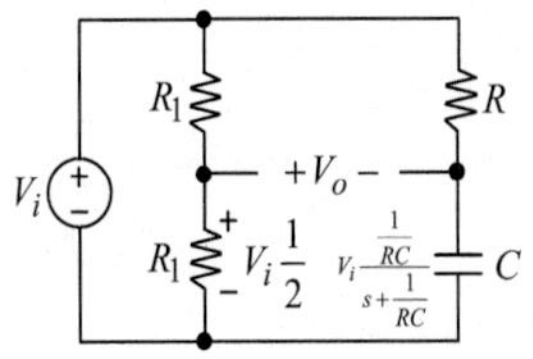

CH 10 변압기와 증폭기

10.1

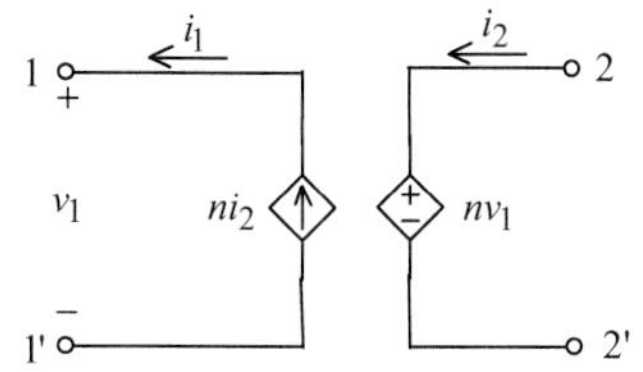

10.2 $v_1(t) = \left(\dfrac{R_1 n^2 R_2}{R_1 + n^2 R_2}\right)\left(i_1 + \dfrac{i_2}{n}\right)$, $v_2(t) = \dfrac{R_2\ R_1/n^2}{R_2 + R_1/n^2}(i_2 + n i_1)$

10.3 $i_1(t) = \dfrac{V_{dc}}{R} + \dfrac{V_m}{nR}\sin wt$, $i_2(t) = \dfrac{V_m}{n^2 R}\sin wt$

10.4 (a) $V_2(s) = n V_1(s)$, (b) $n^2 Z_1$,

(c)

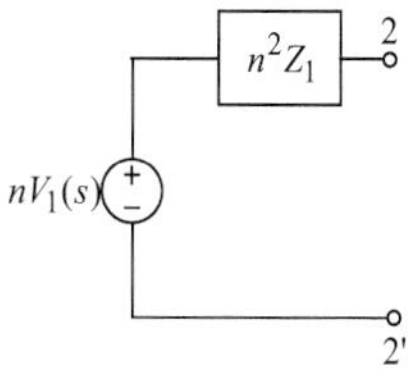

10.5 $v_1(t) = [i_1(t) + n\, i_2(t)]\left(\dfrac{R_1 R_2}{n^2 R_1 + R_2}\right)$, $v_2(t) = [i_1(t) + n\, i_2(t)]\left(\dfrac{n R_1 R_2}{n^2 R_1 + R_2}\right)$

10.6 (a) $Z_i = \dfrac{Z}{n^2}$, (b) $Z_i = \dfrac{Z}{n^2}$, (c) $Z_i = n^2 Z$, (d) $Z_i = \dfrac{1}{n_1^2}\left(R_1 + \dfrac{R_2}{n_2^2}\right)$

10.7 $v_1(t) = v_s(t)\dfrac{R_L}{R_L + n^2 R_s(n^2 + R_L/R)}$, $v_2(t) = -n v_1(t)$, $v_3(t) = -n v_2(t)$

10.8 $n = \sqrt{\left(\dfrac{R_1\ R_2}{R_1 + R_2}\right)/R_3}$

10.10 (a) $P_{av} = 3.125\,\mathrm{W}$

(b) 증폭기와 스피커 사이에 권선비 3:1의 변압기를 연결한다.

(c) $v_{sp} = 10\sin wt$

10.11 $V_o = \dfrac{K_1(R_1 + R_2)}{R_1(1 + K_1 + R_2)} V_i$

10.12 $I_C = V_i \dfrac{sC}{sRC - K_2 R + 1}$

10.13 $V_L = \dfrac{(1 + K_3)s V_i}{s(2 + K_3) + 1}$

10.14 $I_R = I_i\left[\dfrac{s}{s(2 + K_4) + 1}\right]$

10.15 $V_o = 2\dfrac{s-1}{s-3}V_i$

10.16 $Z_i = -Z$

10.18 $Z_i = (1+K)Z$

10.19 (a) $Z_i = \dfrac{1}{K_1 K_2 Z}$

(b) 1H 인덕터의 임피던스

10.20 $Z_i = \dfrac{K_1 K_2}{Z}$

10.21 100H의 인덕터

10.22 (a) (b)

10.23

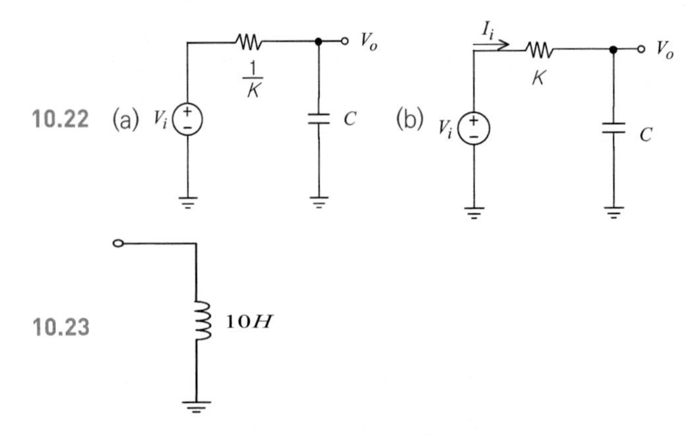

10.24 (a) $Z_i = \infty$, (b) $Z_i = \dfrac{1}{sC(1+K)}$

10.25 (a) $v_{oc} = -0.99v_i$, (b) $i_{sc} = -\dfrac{0.99}{2}v_i$,

(c) (d) 200 kΩ의 저항

10.26 (a) (b)

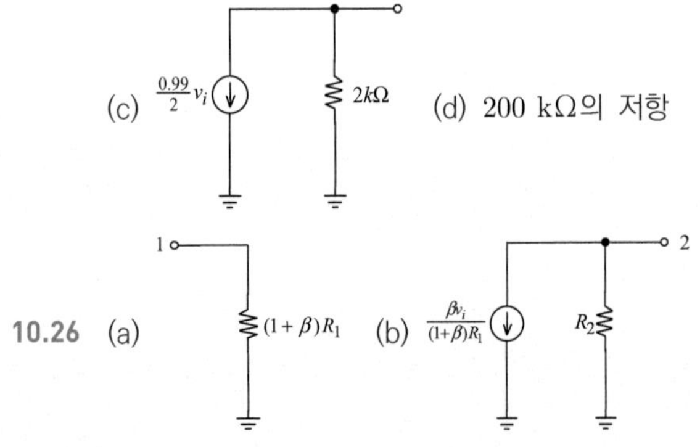

10.27 (a) $R_s + (1+K)R_L$ 의 저항, (b) 전압전원 v_i와 직렬 접속된 저항 $\dfrac{R_s}{(1+K)}$,

(c) $\dfrac{v_o}{v_i} = \dfrac{R_L}{R_L + \dfrac{R_s}{1+K}}$

10.28 (a) $v_{oc} = \dfrac{A}{1+A}v_i$, (b) $i_{sc} = \dfrac{Av_i}{R_o}$,

(c)

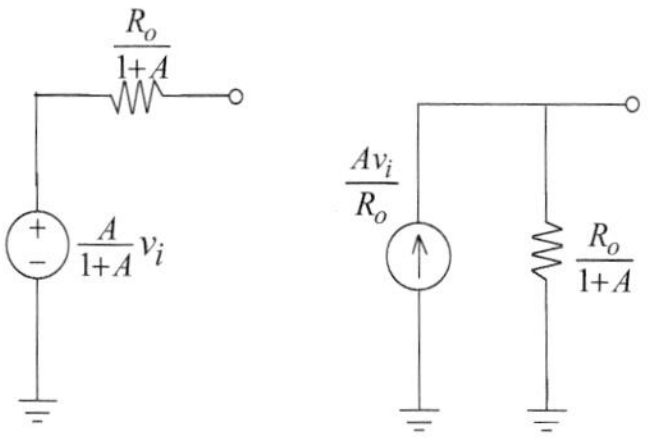

$\frac{R_o}{1+A}$ $\frac{A}{1+A}v_i$ $\frac{Av_i}{R_o}$ $\frac{R_o}{1+A}$

10.29 (a) $v_{oc} = \dfrac{K}{1+K}v_i$, (b) $i_{sc} = \dfrac{Kv_i}{R}$

10.30 $101K\Omega$

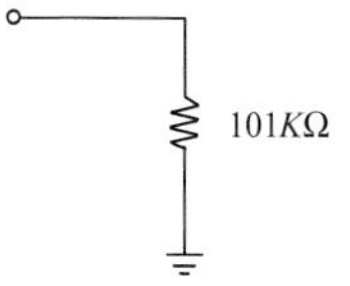

10.31 (a) $v_o = -v_i\dfrac{aA}{1+a+A}$

(b) $\dfrac{-Aa}{1+a+A}$ (c) $\dfrac{R(1+a+A)}{1+A}$ 의 저항

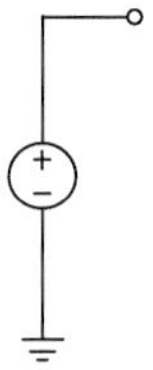

10.32 $v\,|_{A\to\infty} = 0$, $v_o\,|_{A\to\infty} = Kv_i$

CH 11 페이저와 교류 전력

11.1 $A_3 = \sqrt{A_1^2 + A_2^2 + 2A_1A_2\cos(\theta_1 - \theta_2)}$, $\theta = \tan^{-1}\left(\dfrac{A_1\sin\theta_1 + A_2\sin\theta_2}{A_1\cos\theta_1 + A_2\cos\theta_2}\right)$,

$A_4 = \sqrt{A_1^2 + A_2^2 + 2A_1A_2\cos(\theta_1 - \theta_2)}$, $\phi = -\tan^{-1}\left(\dfrac{A_1\cos\theta_1 + A_2\cos\theta_2}{A_1\sin\theta_1 + A_2\sin\theta_2}\right) = \theta - \dfrac{\pi}{2}$

11.2 $A = \sqrt{5}$, $\theta = \tan^{-1}\left(\dfrac{1}{2}\right)$

11.3 (a) $\sqrt{2}\angle\frac{\pi}{4}$, (b) $\sqrt{2}\sin\left(t + \dfrac{\pi}{4}\right)$

11.4 (a) $\mathbf{V_o} = \dfrac{V_m}{\omega^4 - 3\omega^2 + 1}\angle 0$, (b) $\mathbf{I_o} = \dfrac{V_m}{2}\dfrac{\omega C}{1 - \omega^2 LC}\angle\frac{\pi}{2}$,

(c) $\mathbf{V_o} = \dfrac{I_m\omega^3}{1 - 2\omega^2}\angle -\frac{\pi}{2}$, (d) $\mathbf{I_o} = \dfrac{I_m\omega RC}{\sqrt{(1-\omega^2LC)^2 + \omega^2R^2C^2}}\angle\left(\dfrac{\pi}{2} - \tan^{-1}\dfrac{\omega RC}{1-\omega^2LC}\right)$

(e) $\mathbf{V_o} = \dfrac{V_m + I_m}{\sqrt{1 + \omega^2}} \angle -\tan^{-1}\omega$,

(f) $\mathbf{V_o} = V_m \dfrac{\omega(L - R^2C)}{\sqrt{R^2(1-\omega^2LC)^2 + \omega^2(R^2C+L)^2}} \angle \dfrac{\pi}{2} - \tan^{-1}\dfrac{\omega(R^2C+L)}{R(1-\omega^2LC)}$

11.5 (a) $\mathbf{V_o} = \dfrac{50}{\sqrt{2}} \angle -\tan^{-1}\dfrac{4}{3} + \dfrac{\pi}{4}$, (b) $\mathbf{I} = \sqrt{\dfrac{5}{2}} \angle \dfrac{3\pi}{4} - \tan^{-1}2$,

(c) $\mathbf{V_o} = \dfrac{15}{\sqrt{409}} \angle \dfrac{\pi}{4} - \tan^{-1}\dfrac{20}{3}$, (d) $\mathbf{I_o} = \dfrac{2}{\sqrt{2501}} \angle -\dfrac{\pi}{2} - \tan^{-1}50$,

(e) $\mathbf{V_o} = \dfrac{R_2}{R_1 + R_2}\sqrt{(4R_1+5)^2 + (5\sqrt{3} - 3R_1)^2} \angle \tan^{-1}\left(\dfrac{5\sqrt{3} - 3R_1}{4R_1+5}\right)$,

(f) $\mathbf{V_i} = 10 \angle \pi + \tan^{-1}\dfrac{3}{4} = 10 \angle \dfrac{3\pi}{2} - \tan^{-1}\dfrac{4}{3}$

11.6 $v_i(t) = 10\sin\left(t + \tan^{-1}\dfrac{3}{4}\right)$

11.7 $v_i(t) = 6\sin\omega t + 8\cos\omega t = 10\sin\left(\omega t + \tan^{-1}\dfrac{4}{3}\right)$

11.9 $P_{av} = \dfrac{V_m I_m}{2}\sin(\Theta - \Phi)$

11.10 (a) $PF = \dfrac{R}{\sqrt{R^2 + \left(\omega L - \dfrac{1}{\omega C}\right)^2}}$;

(b) $PF = \dfrac{\dfrac{1}{R}}{\sqrt{\left(\dfrac{1}{R}\right)^2 + \left(\omega C - \dfrac{1}{\omega L}\right)^2}}$; (c) $PF = 0$

11.11 (a) $PF = \dfrac{R}{\sqrt{R^2 + (\omega L)^2}}$; (b) $PF = 0$;

(c) $PF = \dfrac{R}{\sqrt{R^2 + \omega^2 L^2\left(\dfrac{R^2C}{L} + \omega^2 LC - 1\right)^2}}$;

(d) $C = \dfrac{L}{\omega^2 L^2 + R^2}$; (e) $\omega = \sqrt{\dfrac{1}{LC} - \dfrac{R^2}{L^2}}$

11.12 (a) $PF = 0.695$; (b) $C = 116.09$ μF

11.13 (a) $P_{av} = \dfrac{1}{2}V_m I_m \cos\Theta$; (b) (a)와 동일 ; (c) $C = \dfrac{I_m \sin\Theta}{V_m \omega}$;

(d) $i_L(t) = (I_m\cos\Theta)\sin\omega t$; (e) $PF = 0$

11.14 (a) $PF = \dfrac{1}{\sqrt{1 + (\omega RC)^2}}$; (b) $L = \dfrac{1}{\omega^2 C}$

11.15 $Z(j\omega) = \dfrac{R_1(1 + j\omega R_2 C)}{1 + j\omega C(R_1 + R_2)}$, $|Z(j\omega)| = \dfrac{R_1\sqrt{1 + (\omega R_2 C)^2}}{\sqrt{1 + \omega^2 C^2 (R_1 + R_2)^2}}$,

$\theta_Z = \tan^{-1}\omega R_2 C - \tan^{-1}\omega C(R_1 + R_2)$, $R(\omega) = \dfrac{R_1[1 + \omega^2 R_2 C^2 (R_1 + R_2)]}{1 + \omega^2 (R_1 + R_2)^2 C^2}$,

$X(\omega) = \dfrac{-\omega C R_1^2}{1 + \omega^2 (R_1 + R_2)^2 C^2}$, $P_{av} = \dfrac{1}{2} I_m^2 \left\{ \dfrac{R_1[1 + \omega^2 R_2 C^2 (R_1 + R_2)]}{1 + \omega^2 (R_1 + R_2)^2 C^2} \right\}$

11.17 (a) $Y(j\omega) = \dfrac{(3 - 2\omega^2) + j4\omega}{3[(1 - 2\omega^2) + j\omega(2 - \omega^2)]}$, $|Y(j\omega)| = \dfrac{1}{3}\sqrt{\dfrac{4\omega^4 + 4\omega^2 + 9}{1 + \omega^6}}$,

$\Theta_Y = \tan^{-1}\dfrac{4\omega}{3 - 2\omega^2} - \tan^{-1}\dfrac{\omega(2 - \omega^2)}{1 - 2\omega^2}$, $G(\omega) = \dfrac{1}{1 + \omega^6}$,

$B(\omega) = -\dfrac{\omega(2\omega^4 + \omega^2 + 2)}{3(1 + \omega^6)}$, $P_{av} = \dfrac{1}{2} V_m^2 \dfrac{1}{1 + \omega^6}$;

(b) $Y(j\omega) = \dfrac{-4\omega^2 + j\omega(2 - 3\omega^2)}{3[(1 - 2\omega^2) + j\omega(2 - \omega^2)]}$, $|Y(j\omega)| = \dfrac{\omega}{3}\sqrt{\dfrac{9\omega^4 + 4\omega^2 + 4}{1 + \omega^6}}$,

$\Theta_Y = \tan^{-1}\dfrac{2 - 3\omega^2}{-4\omega} - \tan^{-1}\dfrac{\omega(2 - \omega^2)}{1 - 2\omega^2}$,

$G(\omega) = \dfrac{\omega^6}{1 + \omega^6}$, $B(\omega) = \dfrac{\omega(2\omega^4 + \omega^2 + 2)}{3(1 + \omega^6)}$, $P_{av} = \dfrac{1}{2} V_m^2 \dfrac{\omega^6}{1 + \omega^6}$

CH 12 푸리에 급수와 응용

12.5 (a) $f(t) = \dfrac{A}{2} + \sum_{n=1,odd}^{\infty} \dfrac{2A}{n\pi} \sin\dfrac{n\pi}{2} \cos\dfrac{2\pi n}{T} t$,

(b) $f(t) = \sum_{n=1,odd}^{\infty} \dfrac{8A}{n^2\pi^2} \cos\dfrac{2\pi n}{T} t$;

(c) $f(t) = \dfrac{5A}{12} + \dfrac{A}{\pi} \sum_{n=1,odd}^{\infty} \dfrac{(-1)^{\frac{n+1}{2}}}{n} cos\dfrac{2\pi n}{T} t - \dfrac{A}{3\pi} \sum_{n=1,odd}^{\infty} \dfrac{1}{n} sin\dfrac{2\pi n}{T} t$

$+ \dfrac{A}{3\pi} \sum_{n=2}^{\infty} \dfrac{[(-1)^{\frac{n+2}{2}} - 1]}{n} sin\dfrac{2\pi n}{T} t$

12.6 (a) $f(t) = \dfrac{16}{3} t(1 - 4t^2)$, $-\dfrac{1}{2} \leq t \leq \dfrac{1}{2}$, $f'(t) = \dfrac{16}{3}(1 - 12t^2)$, $f''(t) = -128t$

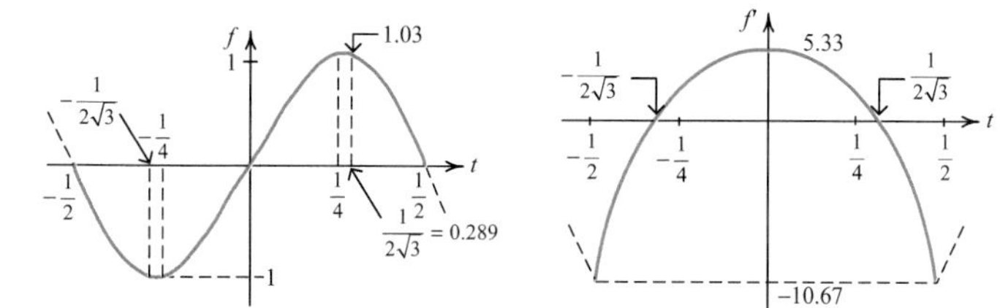

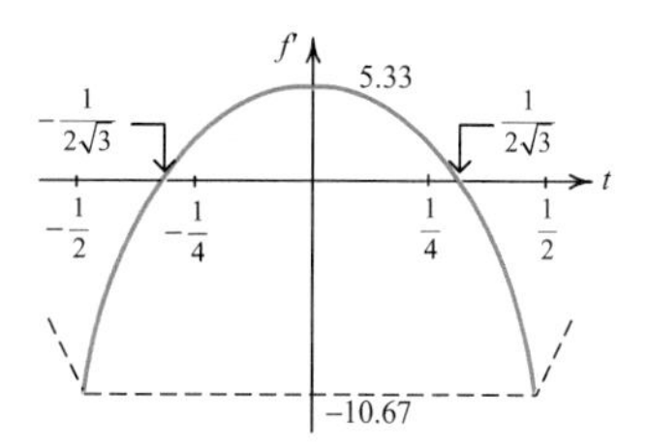

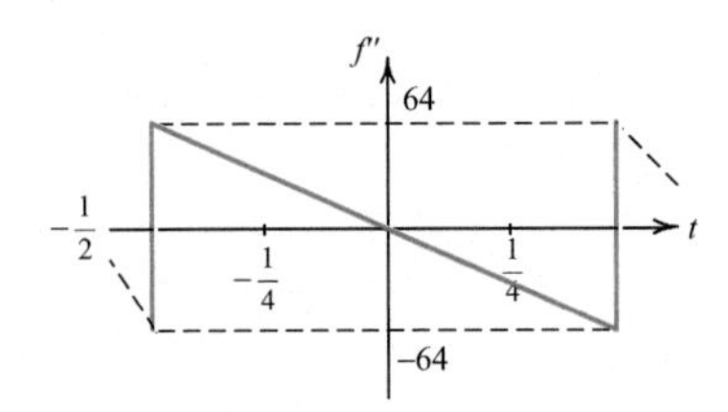

(b) $f(t) = \dfrac{32}{\pi^3} \sum_{n=1}^{\infty} \dfrac{(-1)^{n+1}}{n^3} \sin 2\pi n t$

12.7 (a) $f_1(t) = \dfrac{A}{2} - \dfrac{A}{\pi} \sum_{n=1}^{\infty} \dfrac{1}{n} \sin \dfrac{2\pi n}{T} t,\ f_2(t) = \dfrac{2A}{\pi} \sum_{n=1}^{\infty} \dfrac{(-1)^{n+1}}{n} \sin \dfrac{2\pi n}{T} t$

12.8 (b)

$f_e(t)$ 1 t $\frac{1}{4}$ $\frac{1}{2}$ $\frac{3}{4}$ 1

$f_o(t)$ 1 -1 t $\frac{1}{4}$ $\frac{1}{2}$ $\frac{3}{4}$ 1

(c) $f(t) = \dfrac{1}{2} + \dfrac{2}{\pi} \sum_{n=1,odd}^{\infty} \dfrac{\sin \frac{n\pi}{2}}{n} \left(\cos \dfrac{2\pi n t}{T} + \dfrac{4}{\pi n} \sin \dfrac{2\pi n t}{T} \right)$

12.9 (a) $|V_m| \le V$, (b)

V_m v_i v_o KV $\frac{\pi}{w}$ $\frac{1}{w}\sin^{-1}\left(\frac{V}{V_m}\right)$

(c) $b_n = \dfrac{8}{T} \left[\int_0^{\frac{1}{\omega}\sin^{-1}\left(\frac{V}{V_m}\right)} K V_m \sin \omega t \sin n \omega t\, dt + \int_{\frac{1}{\omega}\sin^{-1}\left(\frac{V}{V_m}\right)}^{\frac{\pi}{2\omega}} K V \sin n \omega t\, dt \right]$,

$v_o = \sum_{n=1,odd}^{\infty} b_n \sin n w t$

12.10 (a)

v_o m_1 1 v_i v_o $m_1 V_m = A$ $\frac{T}{4}$ $\frac{T}{2}$ v_i V_m $\frac{T}{2}$

$v_o = \dfrac{A}{\pi} + \dfrac{A}{\pi} \sum_{n=1}^{\infty} \left[\dfrac{\sin(n+1)\frac{\pi}{2}}{n+1} + \dfrac{\sin(n-1)\frac{\pi}{2}}{n-1} \right] \cos \dfrac{2\pi n}{T} t$

$$= \frac{A}{\pi} - \frac{2A}{\pi}\sum_{n=1}^{\infty}\frac{\cos\frac{n\pi}{2}}{n^2-1}\cos\frac{2\pi n}{T}t$$

$$= \frac{A}{\pi} + \frac{A}{2}\cos\frac{2\pi t}{T} + \frac{2A}{\pi}\sum_{n=2,even}^{\infty}\frac{(-1)^{1+\frac{n}{2}}}{n^2-1}\cos\frac{2\pi n}{T}t\ ;$$

(b)

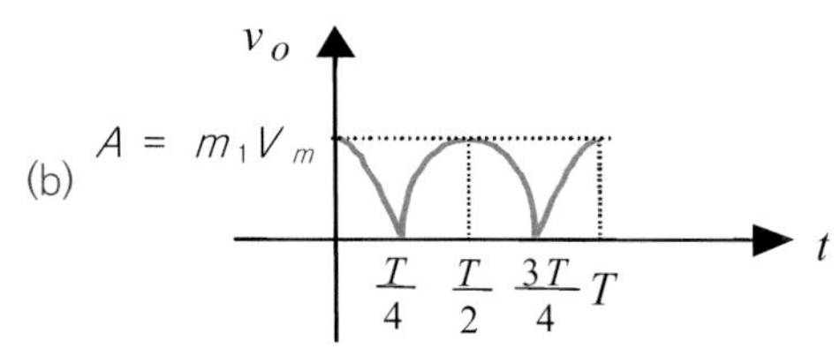

$$v_o(t) = \frac{2A}{\pi} + \frac{2A}{\pi}\sum_{n=2}^{\infty}\left[\frac{\sin(n+1)\frac{\pi}{2}}{n+1} + \frac{\sin(n-1)\frac{\pi}{2}}{n-1}\right]\cos\frac{2\pi n}{T}t$$

$$= \frac{2A}{\pi} - \frac{4A}{\pi}\sum_{n=2}^{\infty}\frac{\cos n\frac{\pi}{2}}{n^2-1}cos\frac{2\pi n}{T}t = \frac{2A}{\pi} + \frac{4A}{\pi}\sum_{n=2,even}^{\infty}\frac{(-1)^{1+\frac{n}{2}}}{n^2-1}cos\frac{2\pi n}{T}t$$

(d) 높이가 달라지고, 스펙트럼에서 기수 고조파들이 돋보일 것이다.

12.12 $L > \frac{RT}{6\pi}\sqrt{391}$

12.13 (a) $v_o(t) = \frac{12V}{\pi\sqrt{6409}}\sin\left(\frac{2\pi t}{T} + \tan^{-1}\frac{80}{3}\right) + \frac{4V}{3\pi}\sin\frac{6\pi t}{T}$

$$+ \frac{12V}{5\pi\sqrt{1033}}\sin\left(\frac{10\pi t}{T} - \tan^{-1}\frac{32}{3}\right) + \ldots.$$

12.14 (a) $v_o(t) = \frac{4V}{\pi}\sum_{n=1,odd}^{\infty}\frac{\sin 0.5n\pi}{n}\frac{1}{\sqrt{1+[nTBW/2\pi(1-n^2)]^2}}cos\left[\frac{2\pi n}{T}t - \tan^{-1}\frac{nTBW}{2\pi(1-n^2)}\right];$

(b)

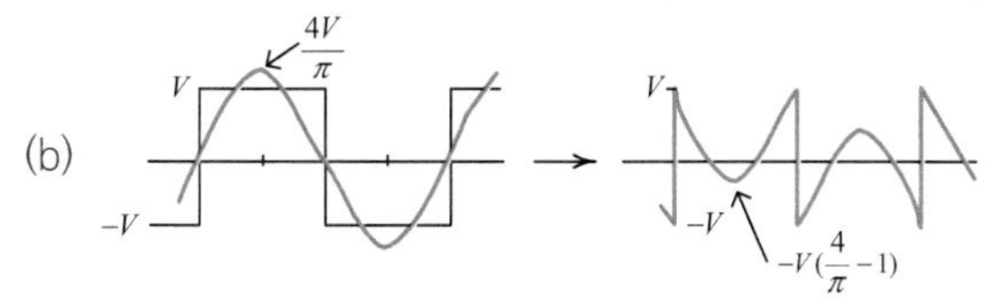

12.15 $f(t) = \frac{1}{2}\frac{A\delta}{T} + \frac{A}{2\pi}\frac{T}{\delta}\sum_{n=-\infty,n\neq 0}^{\infty}\left[\frac{1}{2\pi n}(1-e^{-j\frac{2\pi n}{T}\delta}) + j\frac{\delta}{T}e^{-j\frac{2\pi n}{T}\delta}\right]\frac{e^{j\frac{2\pi n}{T}t}}{n}$

12.16 (a) $f_1(t) = \frac{A}{2} + \sum_{n=-\infty,n\neq 0}^{\infty} -j\frac{A}{2\pi n}e^{j\frac{2\pi n}{T}t},$

$$f_2(t) = -\frac{A}{2} + \sum_{n=-\infty,n\neq 0}^{\infty} j(-1)^n\frac{A}{2\pi n}e^{j\frac{2\pi n}{T}t};$$

(b) 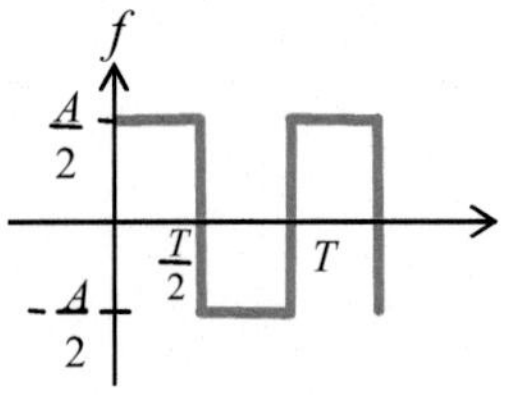 $f(t) = \sum_{n=-\infty, n\neq 0}^{\infty} j\frac{A}{2\pi n}[(-1)^n - 1]e^{j\frac{2\pi n}{T}t}$

12.17 (a) $\frac{A^2}{R}$, (b) $i(t) = \frac{AT}{4L} - \frac{2A}{\pi}\sum_{n=-\infty,odd}^{\infty}\frac{1}{n}\left(\frac{T}{2n\pi L} + j\frac{1}{R}\right)e^{j\frac{2\pi n}{T}t}$,

(c) $P_{av} = \frac{A^2}{R}$, (a)의 결과와 일치함, (d) $P_{avR} = \frac{A^2}{R}$, (a)의 결과와 일치함

12.18 (a) $C_0 \cong \frac{1}{2}$,

$$C_n \cong [(-1)^n - 1]\left\{\frac{\tau/T}{1+(2\pi n\tau/T)^2} + j\left[\frac{1}{2\pi n} - \frac{2\pi n(\tau/T)^2}{1+(2\pi n\tau/T)^2}\right]\right\}, n \neq 0$$

12.19 (a) $f(t) = \frac{T_o}{2\pi T}\sum_{n=-\infty}^{\infty}\frac{1 - e^{-j2\pi n T_o/T}}{1-(nT_o/T)^2}e^{j\frac{2\pi n}{T}t}$, (b) $f(t) = \sin\frac{2\pi}{T}t$

찾아보기 index

ㅈ

ㅊ

ㅋ

ㅌ

ㅍ

ㅎ

기타

저자 소개

■ **정원섭**

한양대학교 공과대학 전자통신공학과(공학사)
한양대학교 일반대학원 전자통신공학과(공학석사)
일본국 시즈오카(靜岡)대학 박사
현재 청주대학교 시스템반도체공학과 명예교수
역서 : 〈마이크로 전자회로(Microelectronic Circuit, 8th Edition)〉
저서 : 〈전자회로 실험〉, 〈회로이론 실험〉

■ **손상희**

한양대학교 공과대학 전자공학과(공학사)
한양대학교 일반대학원 전자공학과(공학석사)
한양대학교 일반대학원 전자공학과(공학박사)
전 순천향대학교 전산학과 전임강사
현재 청주대학교 시스템반도체공학과 교수
역서 : 〈기초전기전자공학(Electronics Fundamentals:Circuits, Devices and Applications)〉,
〈전자회로(Electronic Devices)〉
저서 : 〈회로이론 실험〉

■ **박지만**

청주대학교 반도체공학과 학사
청주대학교 일반대학원 전자공학과 석사
청주대학교 일반대학원 전자공학과 박사
전 한국전자통신연구원 책임연구원
현재 청주대학교 시스템반도체공학과 조교수

회로이론의 기초와 응용

발행일 | 2024년 4월 2일

저 자 | Aram Budak
편 역 | 정원섭·손상희·박지만

발행인 | 모흥숙
발행처 | 내하출판사
주 소 | 서울 용산구 한강대로 104 라길 3
전 화 | TEL : (02)775-3241~5
팩 스 | FAX : (02)775-3246

E-mail | naeha@naeha.co.kr
Homepage | www.naeha.co.kr

ISBN | 978-89-5717-569-9 93560
정 가 | 28,000원